特种设备安全与节能技术进展（五）
——第五届特种设备安全与节能学术会议论文集

上卷

沈功田　李光海　吴　茉　主编
刘三江　主审

化学工业出版社
·北京·

内容简介

本书为第五届全国特种设备安全与节能学术会议的会议论文集，共分为锅炉、压力容器（含气瓶）、管道、电梯、起重机及其他、综合六篇，收录论文102篇。

图书在版编目（CIP）数据

特种设备安全与节能技术进展．五，第五届特种设备安全与节能学术会议论文集/沈功田，李光海，吴茉主编．—北京：化学工业出版社，2021.12

ISBN 978-7-122-40061-1

Ⅰ.①特… Ⅱ.①沈…②李…③吴… Ⅲ.①设备安全-中国-学术会议-文集②设备-节能-中国-学术会议-文集 Ⅳ.①X93-53②TB4-53

中国版本图书馆CIP数据核字（2021）第206212号

责任编辑：邢　涛
责任校对：王佳伟　　　　装帧设计：韩　飞

出版发行：化学工业出版社（北京市东城区青年湖南街13号　邮政编码100011）
印　　装：北京虎彩文化传播有限公司
880mm×1230mm　1/16　印张42¼　字数1500千字　2021年12月北京第1版第1次印刷

购书咨询：010-64518888　　　　售后服务：010-64518899
网　　址：http://www.cip.com.cn
凡购买本书，如有缺损质量问题，本社销售中心负责调换。

定　　价：398.00元

前 言

为不断营造特种设备学术氛围，培育科技创新环境，从而逐步提升特种设备检测科技水平，进一步促进特种设备安全与节能事业发展，以“推动科技创新，引领特检未来”为主题的第五届全国特种设备安全与节能学术会议于2021年4月21日至23日在四川省成都市召开。

本届学术会议得到了平台56家理事单位和中国特种设备安全与节能促进会、中国特种设备检验协会、中国锅炉与锅炉水处理协会、全国锅炉压力容器标准化技术委员会、全国索道与游乐设施标准化技术委员会、《中国特种设备安全》杂志社、中国机械工程学会压力容器分会、中国机械工程学会无损检测分会、中国机械工程学会游乐机械工程分会、中国仪器仪表学会设备结构健康监测与预警分会和中国腐蚀与防护学会承压设备专业委员会共67家单位支持。

本次会议现场实际收到论文165篇。经同行专家评审、编审人员审核和作者修改，本书共收录论文102篇。收录的论文内容涵盖锅炉、压力容器、压力管道、电梯、起重机械、客运索道、大型游乐设施、场（厂）内专用机动车辆、大型常压储罐等设备的设计、检验检测、使用和安全监察等环节的安全和节能技术研究及应用。论文集分上、下两卷，共六篇，上卷包括锅炉篇、压力容器篇和管道篇，下卷包括电梯篇、起重机组篇和综合篇。

本届学术会议的成功召开和这次论文集的及时顺利出版得到了国家市场监督管理总局科技和财务司、特种设备安全监察局和特种设备科技协作平台领导的大力支持，会议组委会和67家支持单位做了大量宣传和精心组织工作，论文作者和评审专家也付出了很多心血，在此，一并表示衷心的感谢。同时，感谢参与论文整理工作的研究生蔡起衡。

为鼓励更多特种设备相关科技人员积极参与学术交流，本书收录的论文水平会高低不等。由于论文征集和评审过程较仓促，如有疏漏或不妥之处，敬请专家和广大读者批评指正。

编者

2021年8月于北京

第五届全国特种设备安全与节能学术会议
支持单位

（共 67 家单位　排名不分先后）

中国特种设备检测研究院

中国特种设备安全与节能促进会

中国特种设备检验协会

中国锅炉与锅炉水处理协会

全国锅炉压力容器标准化技术委员会

全国索道与游乐设施标准化技术委员会

《中国特种设备安全》杂志社

中国机械工程学会压力容器分会

中国机械工程学会无损检测分会

中国机械工程学会游乐机械工程分会

中国仪器仪表学会设备结构健康监测与预警分会

中国腐蚀与防护学会承压设备专业委员会

四川省市场监督管理局

江苏省特种设备安全监督检验研究院

上海市特种设备监督检验技术研究院

重庆市特种设备检测研究院

沈阳市特种设备检测研究院

深圳市特种设备安全检验研究院

北京市特种设备检测中心

天津市特种设备监督检验技术研究院

广东省特种设备检测院

河北省特种设备监督检验院

河南省锅炉压力容器安全检测研究院

河南省特种设备安全检测研究院

福建省特种设备检验研究院

浙江省特种设备检验研究院

四川省特种设备检验研究院

安徽省特种设备检测院

江西省锅炉压力容器检验检测研究院

江西省特种设备检验检测研究院

广西壮族自治区特种设备监督检验院

湖南省特种设备检验检测研究院

陕西省特种设备检验检测研究院

云南省特种设备安全检测研究院

山东省特种设备检验研究院有限公司

辽宁省安全科学研究院

新疆维吾尔自治区特种设备检验研究院

贵州省特种设备检验检测院

海南省锅炉压力容器与特种设备检验所

内蒙古自治区特种设备检验院

内蒙古自治区锅炉压力容器检验研究院

广州市特种机电设备检测研究院

广州市特种承压设备检测研究院

杭州市特种设备检测院

南京市锅炉压力容器检验研究院

南京市特种设备安全监督检验研究院

武汉市特种设备监督检验所

武汉市锅炉压力容器检验研究所

西安市特种设备检验检测院

济南市特种设备检验研究院

长春特种设备检测研究院

大连市锅炉压力容器检验研究院

大连市特种设备监督检验院

宁波市特种设备检验研究院

厦门市特种设备检验检测院

温州市特种设备检测中心

北京市朝阳区特种设备检测所

安庆市特种设备监督检验中心

成都市特种设备检验院

绍兴市特种设备检测院

乌海市特种设备检验所

赤峰市特种设备检验所

衢州市特种设备检验中心

嘉兴市特种设备检验检测院

湖州市特种设备检测研究院

池州市特种设备监督检验中心

丽水市特种设备检测院

目录

上卷

第一篇　锅炉

第二篇　压力容器（含气瓶）

第三篇　管道

下卷

第四篇　电梯

第五篇　起重机及其他

第六篇　综合

第一篇　锅　炉

可控热氛围燃烧器燃烧特性及污染物生成研究

张海涛[1]，汪艳娥[1]，杨必应[1]，林其钊[2]

1. 安徽省特种设备检测院，合肥，230001
2. 中国科学技术大学，合肥，230051

摘　要： 高温空气燃烧技术（HiTAC）作为高效率低污染的新型燃烧技术，通过在高温低氧条件下形成弥散式燃烧，达到降低火焰峰值温度和 NO_x 污染物的目的，已在不同国家工业炉窑设备中得以应用。本文通过设计一种可控热氛围燃烧器，由一级预混贫燃产生可控热废气氛围，在此氛围中的射流扩散火焰可达到与高温空气燃烧相似的燃烧特性。通过研究不同热氛围条件下的湍流射流扩散抬举火焰的燃烧特性、稳定机理以及污染物生成规律，并与数值模拟 CFD 计算数据进行比较，验证了高温空气燃烧具有高安全性、高燃烧效率以及较低污染物排放的特性。本文有助于深入理解高温空气燃烧的燃烧机理和污染物生成机制，为该技术在更广阔领域中安全高效地应用提供支撑。

关键词： 可控热氛围；高温空气燃烧；数值模拟；污染物生成

Study on combustion characteristics and pollutant generation of a controllable hot atmosphere burner

Zhang Haitao[1], Wang Yane[1], Yang Biying[1], Lin Qizhao[2]

1. Anhui Special Equipment Inspection Institute, Hefei, 230001
2. University of Science and Technology of China, Hefei, 230051

Abstract: As a new combustion technology with high efficiency and low pollution, high temperature air combustion (HiTAC) can reduce the peak temperature of flame and NO_x pollutants by forming dispersion combustion under the condition of high temperature and low oxygen. HiTAC has been applied in industrial furnaces in different countries. In this paper, a controllable hot atmosphere burner is designed, in which the first stage premixed lean combustion produces controllable hot exhaust gas atmosphere. The jet diffusion flame in this atmosphere can achieve the combustion characteristics like HiTAC. By studying the combustion characteristics, stability mechanism and pollutant generation of turbulent jet diffusion lift flame under different thermal atmosphere conditions, and comparing with the CFD numerical simulation data, it is verified that high temperature air combustion has the characteristics of high safety, high combustion efficiency and low pollutant emission. This paper is helpful to deeply understand the combustion mechanism and pollutant generation of high temperature air combustion, and provide support for the application of this technology in a broader field safely and efficiently.

基金项目：安徽省重点研究与开发计划面上项目“基于特种设备典型事故的推演预测与应急处置系统关键技术研发”（编号：201904a07020029）。

作者简介：张海涛，1988年生，男，工程师，博士，主要从事锅炉安全节能环保科技研发工作。

Keywords: controllable hot atmosphere; high temperature air combustion (HiTAC); numerical simulation; pollutant generation

0 引言

随着我国能源消耗量的不断增加以及环保法规对污染物排放限制日益严格，国家对锅炉安全节能环保工作愈发重视，“煤改气”“蓝天保卫战”等政策相继实施，燃气锅炉数量大幅增加，并广泛应用于工业生产等众多领域。燃气锅炉燃烧的稳定性、燃烧效率以及污染物生成特性始终是国内外研究者重点关注的内容。近年来高温空气燃烧技术以其高燃烧效率、低污染物生成，并且兼顾稳定安全的特点在众多工业领域中得到应用，其原理是通过在低氧稀释条件下，反应物经高温预热，温度超过自燃温度形成的一种弥散式燃烧，温度场分布均匀，火焰峰值温度相比常规燃烧火焰峰值温度大幅降低，热释放区体积增大，NO_x 和 CO 等污染物生成量明显降低。这一新型燃烧技术可以燃烧常规化石燃料，也可以燃烧低热值燃料，具有很大的工业应用前景。

为了探索在更多燃烧设备中安全、高效地应用高温空气燃烧技术，需要深入研究其火焰特性和化学反应机理，为燃烧的节能和减排提供更多的理论支撑和技术积累。本文通过设计一种可控热氛围燃烧器实现高温空气燃烧模式，采用实验研究和数值模拟研究两种方法，分别对高温空气燃烧技术的燃烧特性、氮氧化物排放特性进行了研究。

1 国内外研究概况

高温空气燃烧（high temperature air combustion，HiTAC），是 20 世纪 90 年代研究者[1] 在蓄热式燃烧器基础上提出的一种新型燃烧技术。日本[2]、英国[3]、德国[4] 研究者都针对高温空气燃烧技术的研发做了大量工作。20 世纪末到 21 世纪初，多国研究者对高温空气燃烧技术提出不同的称谓方法，Wünning J. A. 和 Wünning J. G.[4] 在蓄热式燃烧器的基础上提出了无焰燃烧（flameless oxidation，简称 FLOX）概念，研发了 FLOX 燃烧器，火焰没有可见的火焰面存在，形成一种近似于无可见火焰的燃烧状态。研究结果表明[5]，无焰燃烧可提高热利用效率 30%以上，减少 NO_x 排放超过 70%。Cabra R[6] 通过设计一种 VCB 燃烧器（vitiated coflow burner），研究了不同伴流氛围条件下的 H_2/N_2 混合物湍流射流火焰燃烧特性，并通过简化模型结构和高温废气伴流流场条件，使用数值模拟仿真方法，验证了高温空气燃烧具备均匀温度场、低 NO_x 排放特性。Dally B. B. 和 Medwell P. R. 等人[7] 基于他们所设计的 JHC 燃烧器（jet in hot coflow burner），对不同高温废气伴流氛围下的射流火焰进行数值模拟，认为 EDC（eddy dissipation concept）涡耗散概念模型结合 GRI-Mech 3.0 化学反应机理计算得出的结果具有较高精确度。

国内方面，研究者开展了一系列围绕高温空气燃烧技术的实验、数值模拟以及应用研究。其中，北京大学米建春团队[8] 提出射流初始动量是实现高温空气燃烧的关键因素。中国科学技术大学林其钊[9,10] 团队针对气体和固体燃料的高温空气燃烧开展实验和数值模拟研究，探讨了 NO_x 和 CO 的生成机制。清华大学祁海鹰[11] 研究了预热温度对高温空气燃烧的影响，为工业应用提供了依据。清华大学张海[12] 通过设计一种煤粉浓缩预热低 NO_x 燃烧器，实现了煤粉的高温空气燃烧。北京科技大学苍大强[13] 在蓄热式锻造炉上开展高温空气燃烧特性研究，大幅降低了 NO_x 排放。

2 可控热氛围燃烧器实验平台搭建

由于实际燃烧设备中具有很多复杂因素影响火焰燃烧特性，很难独立控制各个变量进行实验研究，研究者通常通过在热氛围伴流条件下模拟高温空气燃烧的实现条件，研究热氛围条件下湍流射流扩散火焰的燃烧特性、稳定机理，以及该扩散火焰由常规燃烧模式转变为高温空气燃烧模式的规律[14]。我们设计了一种可控热氛围燃烧器，如图 1 所示，简化了复杂的环境因素，燃气混合物在贫燃条件下燃烧，并在多孔燃烧盘上方产生低氧热废气伴流氛围，模拟高温空气燃烧技术的实现条件。通过控制燃气混合物的当量比，可以产生不同温度和组分的伴流氛围。中央射流管道配有水冷套管。此燃烧器还可以为中央燃料射流提供常温气体伴流场。燃烧器上部开放的空间有利于对中央射流火焰特性进行测量，同轴结构设计和简单的边界条件有利于开展相应的数值模拟研究。基于该可控热氛围燃烧器搭建的实验平台，由燃烧器、供气系统及控制系统、测量和数据采集系统四大部分组成，如图 2 所示。

图 1　可控热氛围伴流燃烧器结构图

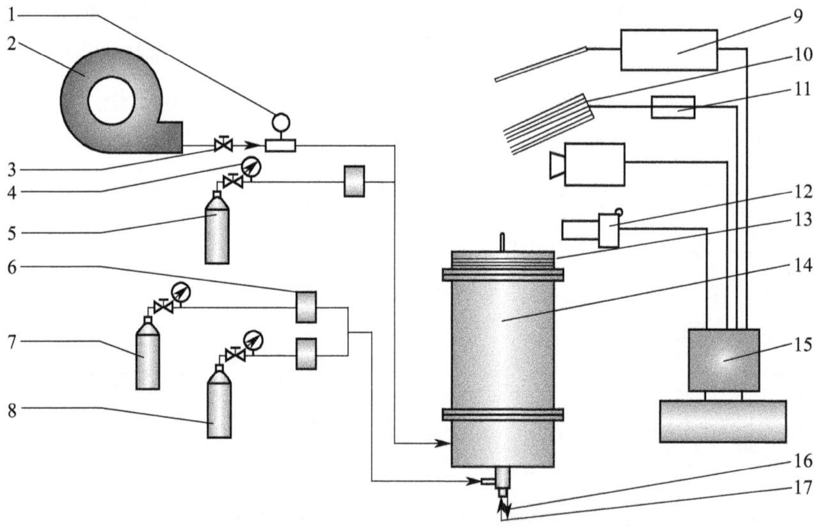

图 2　可控热氛围伴流扩散火焰研究实验平台示意图

1—涡街流量计；2—鼓风机；3—截止阀；4—减压阀；5—伴流燃料；6—质量流量计；7—中央射流燃料；8—稀释惰性气体；9—烟气分析仪；10—热电偶树；11—热电偶数据采集仪；12—高速数码相机；13—水冷铜管；14—可控热氛围伴流燃烧器；15—电脑；16—燃料水冷出口；17—燃料水冷入口

3　不同伴流氛围条件下的湍流射流扩散火焰特性研究

本实验中选取的伴流燃料为甲烷/空气，根据流场速度、温度和氧浓度的不同，可控热氛围伴流燃烧器提供6组不同条件的热氛围伴流流场，具体参数见表1。在这些伴流氛围条件下，测试中央甲烷射流扩散火焰的燃烧特性。

表1 甲烷/空气燃烧废气伴流流场参数表

不同流场编号	φ	X_{O_2}/%	T_{cf}/K	U_{cf}/(m/s)
1	0.5	9.98	1370	0.55
2	0.6	7.91	1463	0.55
3	0.7	5.87	1581	0.55
4	0.79	4	1581	3.5
5	—	21	1581	3.5
6	—	21	300	0

图3是本实验燃烧器提供不同伴流氛围条件下，中央射流扩散火焰的三种典型燃烧特性。在静态空气氛围中，由于没有伴流流场存在，中央甲烷湍流射流从喷口喷出后在下游形成湍流扩散抬举火焰，如图3（b）。当鼓风机为伴流流场注入常温空气时，火焰基部具有很强烈的上下震荡特征，如图3（c），甚至是很小的伴流流场都将导致火焰吹熄。在高温低氧废气伴流氛围条件下，如图3（a），中央射流火焰形态与以上两种条件火焰形态有明显区别，火焰不再具有明显的火焰前峰，化学发光亮度也明显降低。通过使用谱色测温法[15]对火焰温度进行测量（图4），可以看出不同伴流条件下火焰温度分布也有明显差别。静态氛围中的射流火焰在化学当量混合轮廓线位置处存在局部高温，温度梯度较大，是常规扩散火焰的典型特征。而高温废气伴流氛围中的射流火焰没有明显的局部高温区域，峰值火焰温度大幅降低，温度梯度较为平缓，火焰温度场分布较为均匀。当伴流燃料/空气当量比增加时，伴流温度升高，氧浓度降低，相同轴向位置处的火焰区域半径增大，即火焰面积增大；火焰边缘的边界越来越不明显，越来越趋向于弥散式燃烧，即高温空气燃烧的典型特征。

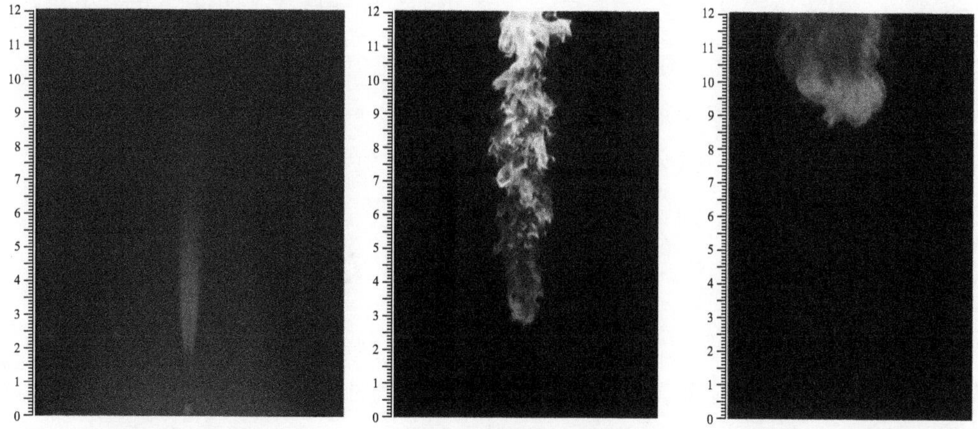

(a) 高温废气伴流氛围　(b) 静态空气氛围　(c) 常温空气伴流氛围

图3 不同伴流条件下的湍流射流扩散火焰

图5显示了轴向位置距离中央射流喷口80mm处的甲烷火焰温度径向分布。静态氛围中的常规火焰温度径向分布具有双峰结构，温度最高处为燃料与氧化剂化学当量混合处。高温废气低氧氛围中，射流火焰峰值温度明显降低，双峰结构变得平缓。随着伴流燃料/空气当量比 φ 的增加，峰值温度继续降低，温度梯度变化更加平缓，并且峰值温度处的径向位置逐渐远离中心轴，逐渐形成面积更大、温度分布更均匀的高温空气燃烧火焰。图5（b）展示了火焰温度与伴流温度差值沿径向位置的分布。图中可以明显看出高温废气伴流条件下火焰温度变化更平缓。

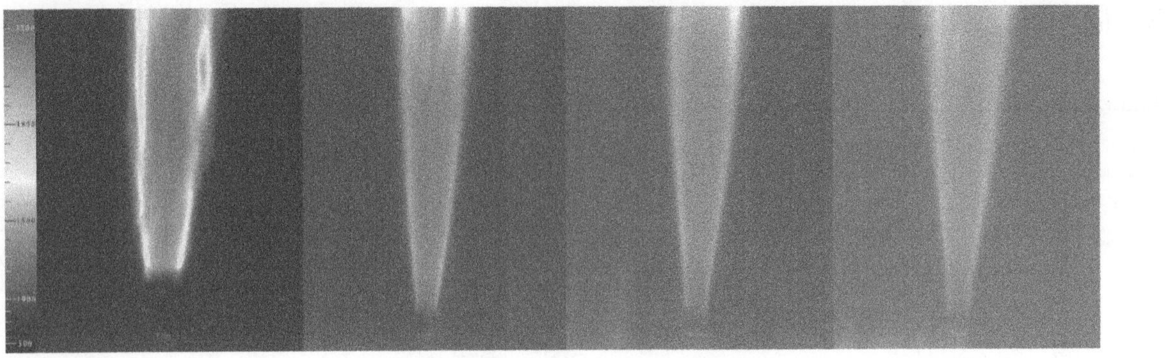

(a)　(b)　(c)　(d)

图 4　不同伴流条件下的甲烷射流火焰温度分布

（a）静态空气氛围，中央射流流速 u_e＝10m/s；（b）高温废气氛围 1，u_e＝10m/s；

（c）高温废气氛围 2，u_e＝10m/s；（d）高温废气氛围 3，u_e＝10m/s

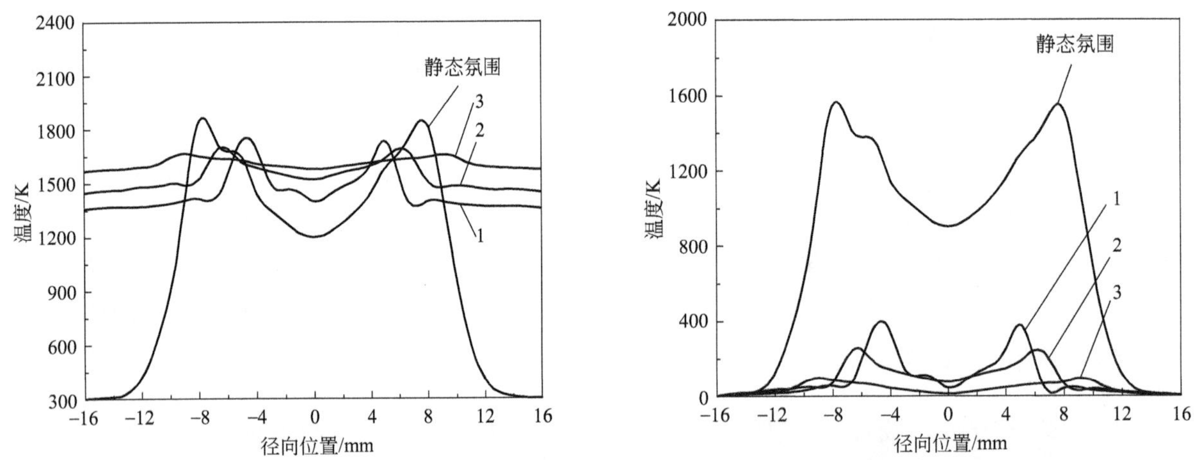

(a)　(b)

图 5　（a）不同伴流条件下甲烷射流火焰温度径向分布，u_e＝10m/s，Z＝80mm；

（b）射流火焰温度与伴流温度差值随径向位置的分布

4　可控热氛围燃烧器生成 NO_x 污染物的数值模拟研究

4.1　建立计算模型

由于燃烧器为开放空间提供了均匀的伴流流场，根据其同轴设计和简单的边界条件，可以将数值计算模型简化成如图 6(a) 所示的二维轴对称平面模型，忽略重力影响，将研究对象简化为稳态条件下二维平面轴对称区域内的气体燃料湍流扩散燃烧。采用结构化四边形网格对计算区域进行网格划分，由于湍流射流火焰区域附近组分浓度梯度和温度梯度相对较大，燃烧化学反应剧烈，所以在燃料入口与烟气伴流入口附近，以及中央射流火焰所在对称轴区域附近加密网格，如图 6(b) 所示。加密后计算区域的网格总数量为 34200。

对于湍流模型和燃烧模型，文献［7，8］均已证明采用 k-ε 湍流模型和 EDC（eddy dissipation concept）涡耗散概念模型可以较好地模拟热伴流射流火焰的流场特性以及燃烧过程中的化学反应。针对 NO_x 生成量的计算，是基于质量守恒的基本原理，通过求解 NO、HCN、NH_3 及 N_2O 组分浓度输运方程，来计算燃烧反应中热力型、快速型以及燃料型 NO_x 的生成[16,17]。本文采用涡耗散概念（EDC）

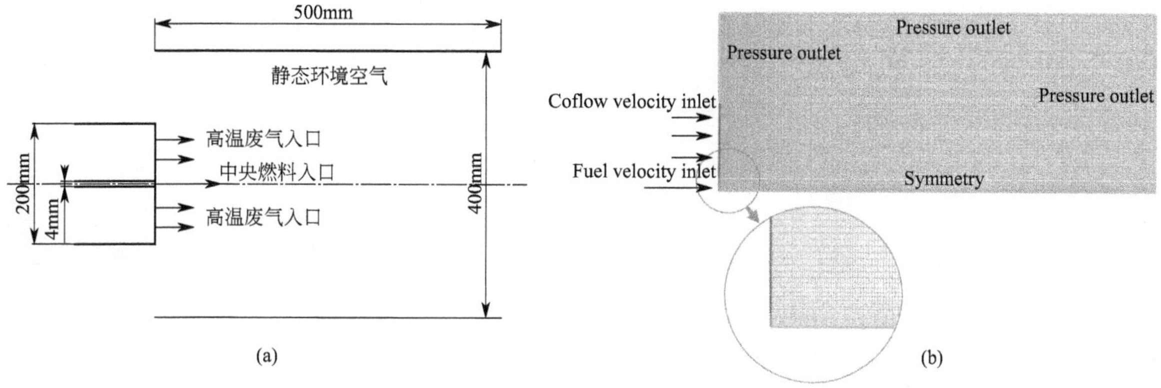

图 6 (a) 简化后的二维轴对称平面模型；(b) CFD 软件计算区域网格划分图

模型配合 GRI-Mech 3.0 甲烷详细反应机理燃烧模型，结合标准 k-ε 湍流模型，DO 辐射模型以及 NO_x 生成模型，对不同伴流氛围中的甲烷扩散火焰进行数值模拟计算，控制方程参照文献［7］。

4.2 数值模拟结果及分析

图 7 显示了燃烧器提供的热伴流氛围中不同轴向位置处的温度分布数值模拟结果与实验测量结果的对比，伴流氧浓度为 5.87%，伴流温度为 1581K，伴流速度为 3.5m/s。采用铠装热电偶树测温法对热伴流温度场进行测温。由图可以看出，热伴流氛围径向温度分布计算结果与测量结果吻合度较好，只是在中央轴线附近实验测得的温度低于数值模拟温度，这是由于实验中与环境的辐射换热、不可避免的热量损失以及热电偶测量误差造成的。

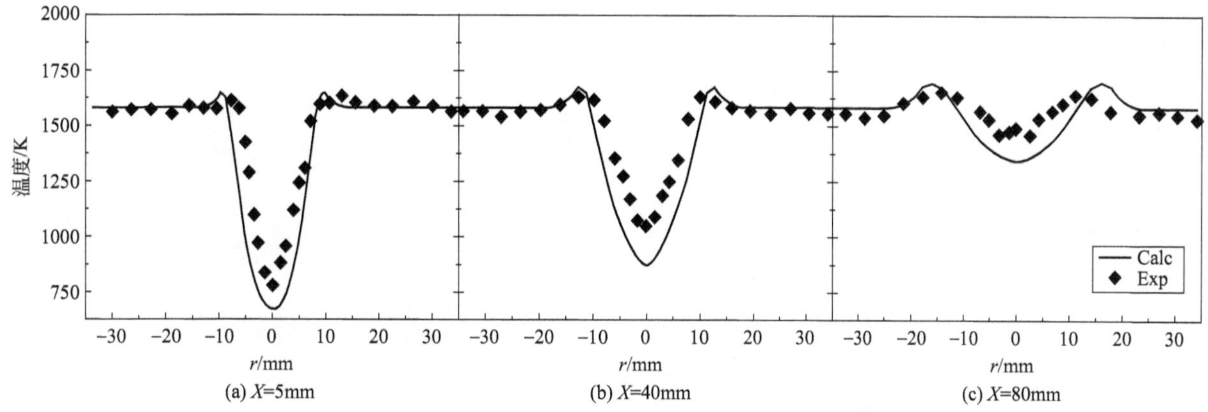

图 7 废气氛围中甲烷火焰不同轴向位置处的温度分布数值模拟与实验测量的对比

根据表 1 提供的高温废气伴流的入口边界参数，对高温低氧伴流氛围 (4)、预热空气伴流氛围 (5) 和静态氛围 (6) 中的甲烷射流扩散火焰燃烧特性进行数值模拟，得到生成 NO 和 N_2O 的质量分数分布，如图 8 所示。可以看出，4 的 NO 生成量相比 5 小两个数量级，4 的 N_2O 生成量也比其他两种氛围分别小 1 个数量级和 2 个数量级。由于预热空气伴流氛围具有较高的温度和氧浓度 (1581K，21%)，导致燃烧反应过程中，从火焰的中上游就开始大量生成热力型 NO，对于静态氛围中的常规射流火焰和高温低氧伴流氛围中的射流火焰，NO 主要集中产生在火焰的下游位置。通常认为火焰反应区域温度越高，氮氧化物生成量越大，但是通过比较图 8 中甲烷在三种不同条件下燃烧的氮氧化物生成量可以看出，较低的伴流氧气浓度配合平均温度高且均匀的伴流温度场可以降低氮氧化物生成。这印证了以高温低氧氛围为特征的高温空气燃烧技术可以降低氮氧化物的生成。

为了更直观地显示高温低氧伴流条件对扩散火焰生成氮氧化物的影响，图 9 比较了伴流温度 1581K，伴流氧浓度为 4%、10%、21%时甲烷和丙烷两种燃料扩散燃烧反应区域热力型和快速型 NO

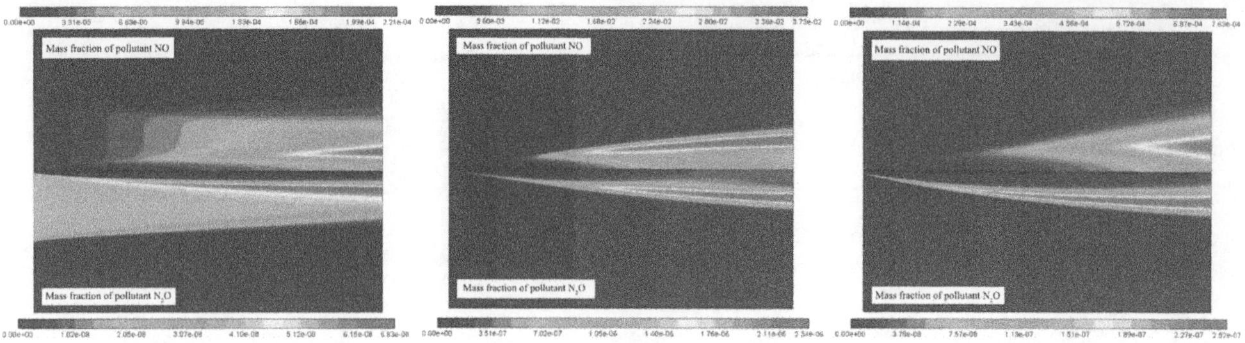

(a) 4，甲烷射流　　(b) 5，甲烷射流　　(c) 6，甲烷射流

图 8　不同伴流条件下甲烷扩散燃烧生成氮氧化物质量分数分布

生成速率在径向位置上的分布。可以看出，甲烷和丙烷在不同条件下热力型 NO 和快速型 NO 产生速率具有相同的趋势，甲烷燃烧产生的氮氧化物更靠近火焰中心。当伴流氧浓度降低时，热力型 NO 和快速型 NO 的峰值产生速率都明显降低，氮氧化物的生成受到抑制。由于高温低氧伴流氛围中火焰峰值温度降低，温度分布均匀，使得主要受温度影响的热力型 NO 产生速率大幅降低，甚至接近快速型 NO 的生成速率。

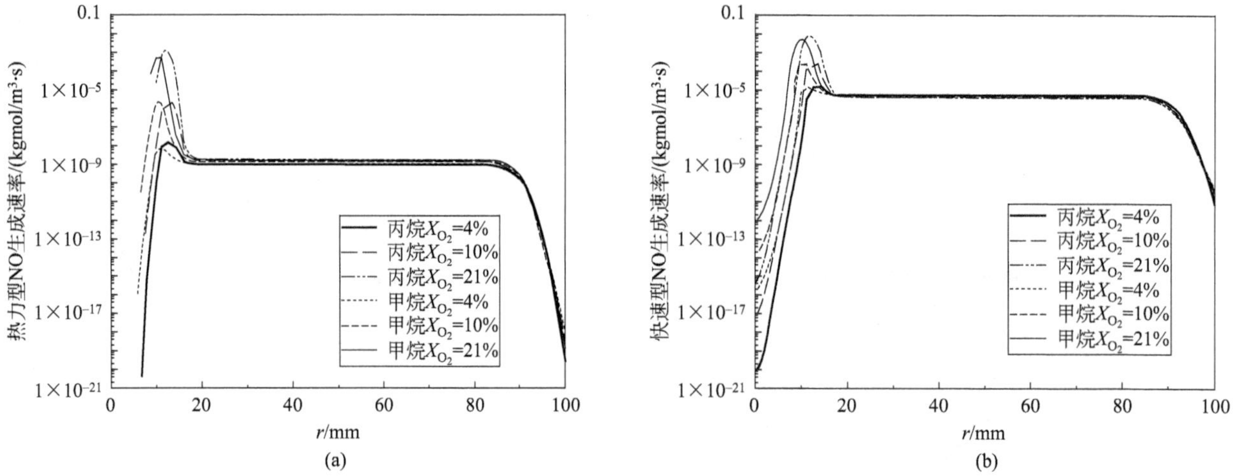

图 9　（a）不同伴流条件下甲烷和丙烷射流火焰热力型 NO 生成速率在径向位置上的分布；（b）不同伴流条件下甲烷和丙烷射流火焰快速型 NO 生成速率在径向位置上的分布

图 10 显示了通过本文提出的数学模型计算得到的出口处氮氧化物体积浓度（μL/L）随伴流温度变化的趋势，并与文献［5］中数据进行对比。可以看出由本模型求得的结果与文献中的高温空气燃烧计算模型结果基本吻合，高温空气燃烧技术相比预热空气燃烧技术，大幅减少了氮氧化物的生成。在更宽的伴流温度范围内，本模型计算的结果整体略高于文献的结果，这很可能是因为环境条件参数的略微差异造成的。

5　结论

本文通过设计一种可控热氛围燃烧器，搭建了可控热氛围伴流燃烧实验平台，采用实验研究和数值模拟研究相结合的方法研究了高温空气燃烧技术的燃烧特性及氮氧化物排放特性，并与常规燃烧方式进行了对比，得到如下结论。

① 可控热氛围伴流燃烧器可提供均匀的伴流温度场和伴流组分浓度场，在高温低氧氛围中的湍流

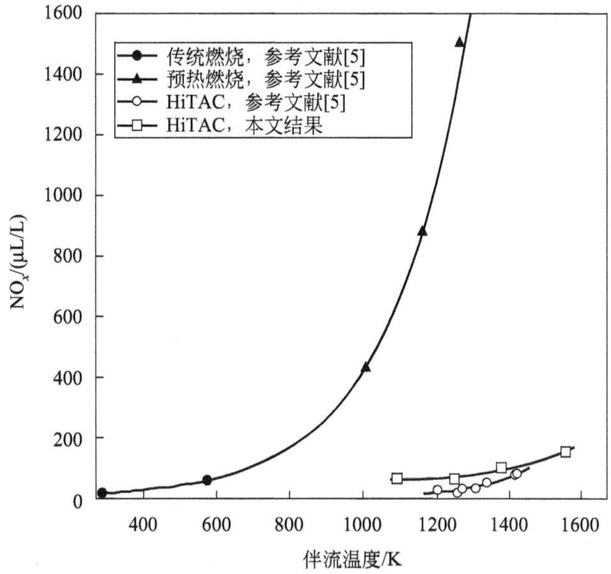

图 10 不同燃烧方式生成氮氧化物的浓度比较

射流扩散火焰具备了高温空气燃烧特性。开放式的伴流流场空间以及简单的边界条件方便实验数据测量以及数值模拟研究。

② 在高温低氧氛围中的高温空气燃烧火焰没有常规射流扩散火焰的明显的双峰温度分布结构，峰值温度大幅降低，火焰温度分布更加均匀，化学当量轮廓线所在径向位置比常规射流扩散火焰更宽。这表明高温空气燃烧具有比常规燃烧方式更均匀、更大的反应区域，降低了火焰峰值温度可以减少高温造成的锅炉等燃烧设备材料损伤，保障燃烧设备长时间安全稳定运行；

③ 针对可控热氛围伴流燃烧器，采用涡耗散概念（EDC）模型配合 GRI-Mech 3.0 甲烷详细反应机理燃烧模型，结合标准 k-ϵ 湍流模型，DO 辐射模型以及 NO_x 生成模型，对不同伴流氛围条件下的甲烷射流扩散燃烧特性及氮氧化物生成特性进行了数值模拟。计算结果与实验测量结果吻合较好，数学模型具有较高的精度。通过对不同伴流条件下射流火焰的温度分布、化学反应组分分布以及氮氧化物生成特性的计算结果进行对比，显示高温空气燃烧相比常规射流扩散燃烧和预热空气燃烧具有更均匀的温度和反应组分分布，并具有更低的氮氧化物生成特征；

④ 基于该燃烧器在实验及数值模拟计算中的结果，在接下来的研究工作中，将开展应用于典型燃气工业锅炉的高温空气燃烧技术数值模拟仿真研究，为该技术在更多型设备中安全高效地应用提供支撑，为特种设备安全节能环保提供技术保障。

参考文献

[1] Wünning J A，Wünning J G. Flameless oxidation to reduce thermal NO-formation [J]. Progress in energy and combustion science, 1997, 23 (1)：81-94.

[2] Hasegawa T. Study on a Fuel Staged Combustion Mechanism for High Performance Burner Design [C]. Paper presented at the Japan Flame Research Committee Conference. 1992.

[3] J. R. Cornforth. Combustion Engineering and Gas Utilization [M]. 3rd edition, 1992.

[4] Wünning J A，Wünning J G. Burners for Flameless Oxidation With Low NOx Formation Even at Maximum Air Preheat [J]. Gaswärme International, 1992, 41 (10)：438-444.

[5] Tsuji H，Gupta A，Hasegawa T，et al. High Temperature Air Combustion：From Energy Conservation to Pollution Reduction. Florida：CRC Press, 2003.

[6] Cabra R，Myhrvold T，Chen J Y，et al. Simultaneous laser raman-rayleigh-lif measurements and numerical modeling

results of a lifted turbulent H_2/N_2 jet flame in a vitiated coflow [J]. Proceedings of the Combustion Institute, 2002, 29 (2): 1881-1888.

[7] B. B. Dally and A. N. Karpetis and R. S. Barlow. Structure of turbulent non-premixed jet flames in a diluted hot coflow [J]. Proceedings of the Combustion Institute, 2002.

[8] Zhang J, Dally B B, Li P, et al. Moderate or Intense Low-Oxygen Dilution Combustion of Methane Diluted by CO_2 and N_2 [J]. Energy & Fuels, 2015.

[9] 唐志国．基于无焰氧化的干法煤粉气化特性研究 [D]. 合肥：中国科学技术大学，2009.

[10] Yu Y, Wang G, Lin Q, et al. Flameless combustion for hydrogen containing fuels [J]. International Journal of Hydrogen Energy, 2010, 35 (7): 2694-2697.

[11] 李宇红，祁海鹰，苑皎，等．预热温度影响甲烷高温空气燃烧特性的数值分析 [J]. 工程热物理学报，2001, 22 (002): 257-260.

[12] Hai Zhang, et al. Development of high temperature air combustion technology in pulverized fossil fuel fired boilers - ScienceDirect [J]. Proceedings of the Combustion Institute, 2007, 31 (2): 2779-2785.

[13] 刘公正，张玲玲，苍大强，等．天然气预热温度对蓄热式加热炉内温度场和 NO_x 排放影响的研究 [J]. 冶金能源，2017, 36 (003): 27-30.

[14] Zhang, H., et al. Liftoff behavior and combustion characteristic of jet flame in a coflow burner. Energy Sources Part A Recovery Utilization and Environmental Effects 40. 7-12 (2018): 1366-1373.

[15] Tai-ran F U, Zang-jian Y, Xiaofang C. Calculation errors of flame temperature field measurements based on color CCD [J]. Proceedings of the CSEE, 2009, 2: 016.

[16] R. K. Hanson and S. Salimian. " Survey of Rate Constants in H/N/O Systems" . In W. C. Gardiner, editorCombustion Chemistry. 361. 1984.

[17] D. L. Baulch, D. D. Drysdall, D. G. Horne, and A. C. Lloyd. Evaluated Kinetic Data for High Temperature Reactions. 1, 2, 3. Butterworth. 1973.

锅炉能效和环保协同检测专用烟气分析仪的研制

陈小玄[1,2]，卢伟业[1,2]

1. 广东省特种设备检测研究院顺德检测院，佛山，528300
2. 国家工业锅炉质量监督检验中心（广东），佛山，528313

摘　要： 近年来，关于锅炉的节能减排政策和方案频频出台，反映了锅炉节能减排能力提升的紧迫性和必要性，为了满足锅炉能效测试和环保检测协同开展的需要，研制了一种能够实现烟气多组分同步快速检测的便携式烟气分析仪。本文主要从硬件系统与软件开发两方面详细描述了该烟气分析仪的功能特点，并对其性能参数进行了测试，结果显示烟气组分（CO、O_2、SO_2、NO、NO_2）的测量相对误差均小于±4%，相对标准偏差均小于1%，响应时间均小于40s，并且上述性能参数均满足国家检定规程的计量性能要求，表明了该烟气分析仪具有优良的准确性和可靠性，能够满足日常检测需求，有助于提高检测效率、降低经济成本，从而推动锅炉能效和环保协同检测工作的开展。

关键词： 锅炉；烟气分析仪；检测

Development of special flue gas analyzer for boiler energy efficiency and environmental protection cooperative detection

Chen Xiaoxuan[1,2]，Lu Weiye[1,2]

1. Guangdong Institute of Special Equipment Inspection and Research Shunde Branch, Foshan, 528300
2. National Industrial Boilers Quality Supervision and Inspection Center (Guangdong), Foshan, 528313

Abstract: In recent years，energy-saving and emission-reduction policies and programs on boilers have been issued frequently，reflecting the urgency and necessity of improving boiler energy-saving and emission-reduction capabilities. In order to meet the needs of boiler energy-efficiency testing and environmental protection testing，a portable flue gas analyzer has been developed which can realize the simultaneous and rapid detection of multi-component flue gas. This paper mainly described the functional characteristics of the flue gas analyzer from the development of hardware and software，and tested its performance parameters. The results show that the relative error of the measured value of the flue gas composition（CO、O_2、SO_2、NO、NO_2）were all less than ±4%；the relative standard deviation were all less than 1%，and the response time were all less than 40s. In addition，the above performance parameters all meet the measurement performance requirements of the national verification regulations，indicating that the flue gas analyzer has excellent accuracy and reliability，able to meet the needs of daily detection，and was conducive to improving the testing efficiency and reducing the economic costs，thereby promoting the development of boiler energy efficiency and environmental protec-

---

基金项目：广东省市场监督管理局科技项目“锅炉能效和环保协同检测专用烟气分析仪的研制”（编号：2021ZT06）。
作者简介：陈小玄，1994年生，女，硕士，主要从事特种设备检验检测和安全节能环保低碳技术研究。

tion cooperative detection.

Keywords: boiler；flue gas analyzer；detection

0 引言

自《大气污染防治法》颁布以来，将锅炉节能环保工作提到了由市场监管部门负责开展，2018 年，国家三部委相继联合发文《市场监管总局 国家发展改革委 生态环境部关于加强锅炉节能环保工作的通知》[1]，提出锅炉节能能效检测和锅炉环保检测协同开展，对于符合新标准、新要求，且同时满足两项测试的烟气分析仪的需求十分迫切。

烟气分析仪作为工业锅炉能效状况和环保状况最重要的检测设备之一[2]，其性能需求越发重要。目前锅炉能效测试着重通过检测烟气温度以及烟气中 CO、O_2、CO_2、SO_2 及氮氧化物等成分来计算锅炉运行能效水平[3]，而锅炉环保检测主要侧重于检测烟气中 NO、NO_2、SO_2 及烟尘颗粒物含量来判断烟气排放达标与否[4]。两者所关注的烟气成分有多项指标重叠，相应的检测设备也是可以通过增加模块而实现兼容，然而两者基本上都是分开单独研究，专门围绕能效和环保协同检测的烟气分析设备，且设备带有服务于第三方检测机构使用的测试记录报告系统尚无。

目前，国内外研发和生产便携式烟气分析仪的公司有超过上百家，基于不同分析原理的烟气分析种类也较多。国外低端以及国内生产的气体分析仪主要采用化学检测方法，存在仪器设备寿命短，化学模块消耗快等明显缺陷[5]。国内目前开发的基于光学检测技术研发的设备在稳定性和灵敏度等方面均不够理想[6]。国内国家级、省级以及技术实力雄厚的第三方检测所采用的烟气分析仪均依赖国外进口，高端智能传感技术分析技术与模型计算掌握在欧美发达国家，属“卡脖子”技术。

针对上述问题，广东省特种设备检测研究院顺德检测院研制了一种能够实现同步采集能效测试与环保测试所需的烟气分析设备，该设备可实现锅炉排放气体（CO_2、CO、O_2、SO_2、NO_x）浓度高灵敏度、低检测限、快速响应的检测。本文分别从硬件系统与软件开发两方面详细描述了该烟气分析仪的功能特点，并对其性能参数进行了测试。

1 烟气分析仪技术原理

本文介绍的锅炉能效和环保协同检测专用烟气分析仪采用先进的紫外差分吸收光谱分析技术（DOAS）与电化学传感技术。其中，烟气中的 SO_2 和 NO_x 的浓度采用紫外差分吸收光谱分析技术进行测量，而 CO 和 O_2 的浓度则采用电化学传感技术进行测量。

1.1 紫外差分吸收光谱分析技术

紫外差分吸收光谱分析技术（DOAS）由德国海德堡大学环境物理研究所的 Platt. U 提出[7]。紫外吸收光谱检测技术的基础是紫外光与分子相互作用时被分子吸收导致光能的变化，由于不同分子内部电子能级的跃迁能量和概率不同，使得不同分子具有特征吸收光谱，通常用吸收截面来描述单位分子的紫外吸收光谱。通过对吸收光谱进行反演即可分析分子浓度，其原理为 Lamber-Beer 定律[8]：

$$I(\lambda)=I_0(\lambda)\exp[-L\sum_i \sigma_i(\lambda)C_i] \tag{1}$$

式中，$I_0(\lambda)$ 为光源发射的原始光强；$I(\lambda)$ 为探测器的接收光强；C_i 为第 i 种气体的浓度；L 为光程；$\sigma_i(\lambda)$ 为第 i 种气体在波长 λ 处的吸收截面。

在实际测量的过程中，考虑到气体中的瑞利散射（微粒直径小于波长所引起的）和米散射（直径大于波长的粉尘所引起的）引起的消光作用[9]，无法直接运用 Lamber-Beer 定律进行混合气体的浓度反演。DOAS 法将气体分子吸收截面分成了由待测气体分子引起的随波长快速变化的差分吸收截面 σ'_i 和由待测气体、干扰气体和粉尘颗粒等引起的随波长缓慢变化的宽带吸收截面 σ_{ib} 两部分。上式还可以表示成：

$$I(\lambda,L)=I_0(\lambda,L)\exp\left[-\int_{l=0}^{l=L}\sum_i C_i\left[\sigma'_i(\lambda)+\sigma_{ib}(\lambda)\right]+\varepsilon_R(\lambda,L)+\varepsilon_M(\lambda,L)\,\mathrm{d}L\right]A(\lambda) \tag{2}$$

式中，$\sigma'_i(\lambda)$ 是随波长快变部分；$\sigma_{ib}(\lambda)$ 是随波长慢变部分；$\varepsilon_R(\lambda, L)$ 和 $\varepsilon_M(\lambda, L)$ 分别是瑞利散射系数和米散射系数；$A(\lambda)$ 是衰减因子。

由于瑞利散射和米散射引起的光密度相对于波长是缓慢变化的，衰减因子也是随波长慢速变化，而由于气体分子的吸收引起的光强变化随波长快速变化，所以可以通过高通滤波除去粉尘、水汽等引起的慢变化，从而得到被测气体的差分吸收截面，并推算出浓度。DOAS 算法将气体吸收光谱分解为快变化和慢变化两部分，只保留与被测气体属性相关的快变化部分，这样通过分离去除测量光谱中的慢变化部分就能够去除背景环境因素对气体浓度分析的影响，从而实现高精度和强抗干扰能力测量[10]。此外，差分吸收光谱法的另一个优点是可以通过分析几种气体在同一波段的重叠吸收光谱，来同时测定几种气体的浓度。增加测量气体的数量只需要更改软件，不需要增加硬件。

从上述 DOAS 的原理可知，对于 SO_2 和 NO_x 的测量，较非分散红外法而言，以 DOAS 法为基础的烟气分析仪解决了被测组分易受粉尘和水汽干扰、零点和量程变化大、灵敏度低，测量精度低等问题，提高了分析仪准确度。

1.2 电化学传感技术

电化学传感技术的原理为将待测物质以适应形式置于电化学反应池中，测其电化学性质（如电容、电势、电导、电流等）的变化，并根据这种电化学性质的变化与被测物质浓度呈现出一定比例关系来实现物质组成及含量的测定[11]。

2 烟气分析仪硬件开发

锅炉能效和环保协同检测专用烟气分析仪是为第三方测试机构开展锅炉能效测试和环保检测业务专门开发的烟气分析仪，具有匹配度高、智能检测、适用于现有检测体系等特点，同时该仪器也可为科研人员提供可靠的分析测试结果。该烟气分析仪的实物图与内部结构图分别如图 1 和图 2 所示。

硬件是科学仪器的基础，本文研制的锅炉能效和环保协同检测专用烟气分析仪的硬件系统组成图如图 3 所示，其主要由箱体、传感器组件、电源组件、烟气采样泵、工控机、数据采集与存储模块、烟气排气泵和打印机等组成。

其中，传感器组件主要由紫外差分传感器、O_2 电化学分析传感器和 CO 电化学分析传感器组成。传感器组件通过进气管道与烟气采样泵的出气端连接，而烟气排气泵的进气端通过排气管与传感器组件连接；电源组件与传感器组件、烟气采样泵、工控机、数据采集与存储模块均电性连接并为其供电，传感器组件与工控机、数据采集与存储模块均电性连接。工控机包括数据传输模块，打印机与数据传输模块连接。

通过上述设置，可将待检测的烟气通过烟气采样泵抽取至箱体内，并通过进气管道将检测气体输送至传感器组件，传感器组件对烟气进行光学与电化学复合检测，对烟气中的多个组分（NO_x、SO_2、CO 和 O_2）进行同步测量，并将测量所得的数据输送至数据采集与存储模块中进行存储，测量后的废气通过排气管在烟气排气泵的动力驱动下排出箱体。此外，箱体内设置的打印机还可供测量人员将测量所得的数据就地打印成纸质件，便于电子数据转化为纸质，进一步提高数据导出的多样性以及便利性。

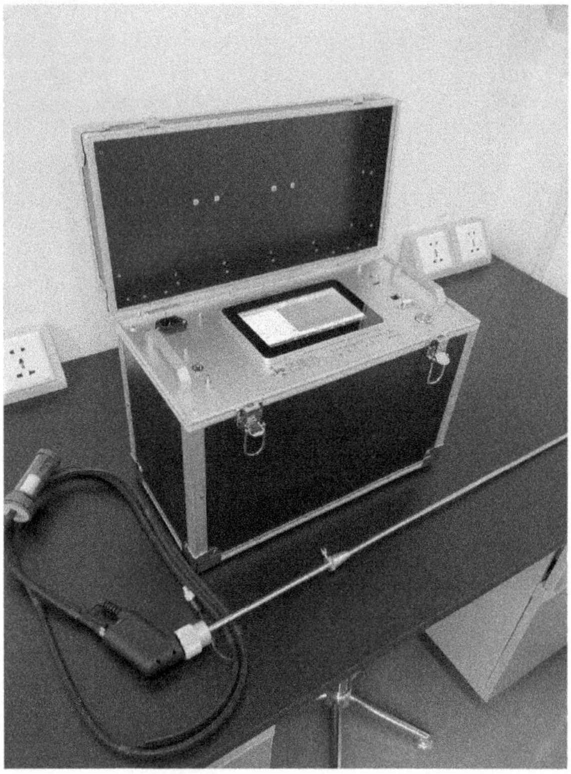

图 1　锅炉能效和环保协同检测专用烟气分析仪实物图

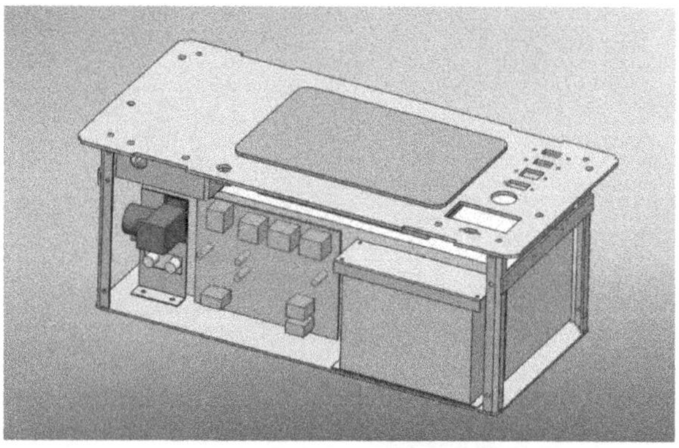

图 2　锅炉能效和环保协同检测专用烟气分析仪内部结构图

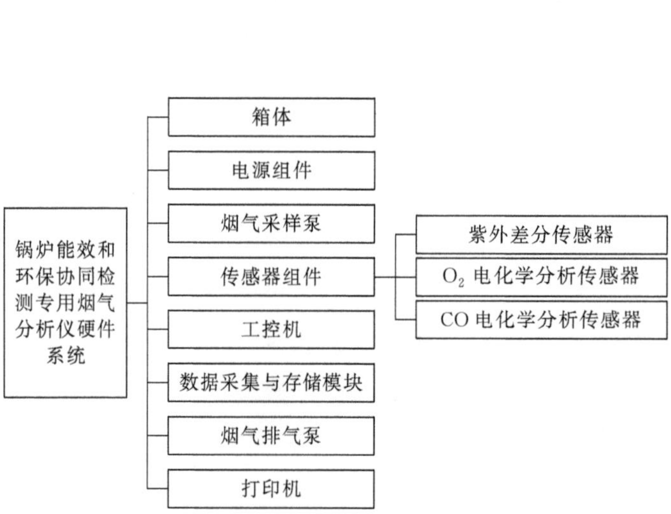

图 3　锅炉能效和环保协同检测专用烟气分析仪硬件系统组成图

3　烟气分析仪软件开发

软件是科学仪器的灵魂，在锅炉能效和环保协同检测专用烟气分析仪的硬件基础上，开发相配套的软件系统。该烟气分析仪的软件系统的功能结构图如图 4 所示，其主要包括仪器校准、数据采集和数据管理三大功能。

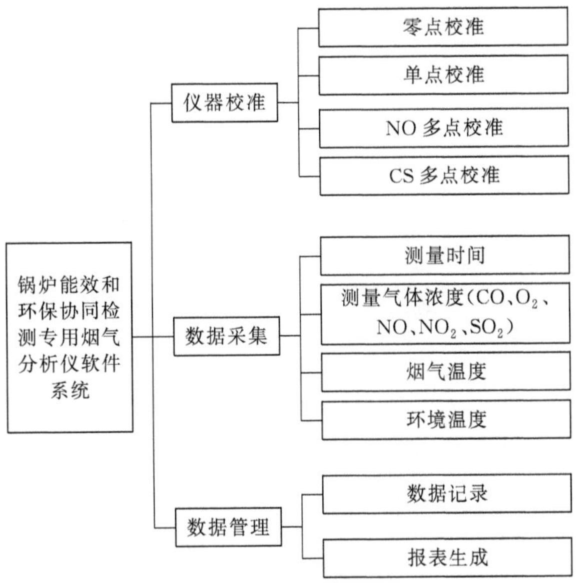

图 4 锅炉能效和环保协同检测专用烟气分析仪软件系统的功能结构图

仪器校准包括零点校准、单点校准、NO 多点校准和 CS 多点校准四种方式。其软件界面如图 5 所示。在进行校准时，可以分别点击待校准模块后面所对应的校准按钮，对每个测量模块单独进行校准，或者选择“自动校准”对所有测量模块同时进行校准，每次的校准时间为 20s。

图 5 烟气分析仪软件的仪器校准界面

数据采集功能的软件界面如图 6 所示。烟气分析仪在对烟气进行测量时，其软件系统会自动对测量时间、测量气体（CO、O_2、NO、NO_2、SO_2）浓度、烟气温度和环境温度等数据进行同步采集，频率为每秒采集一组数据（此时不保存数据）。

数据管理功能主要包括数据记录和报表生成两大功能，其软件界面如图 7 所示。烟气分析仪软件系统具有数据存储量大、保存周期长、数据存档备查等特点，其可对采集的数据进行记录。记录的方式分为单次记录和连续记录，其中，单次记录为保存一个被测数据，连续记录为被测数据每隔 1min 保存一次。此外，该烟气分析仪的软件系统还具备报表生成功能，从电脑中选择记录模板，然后将历史记录数

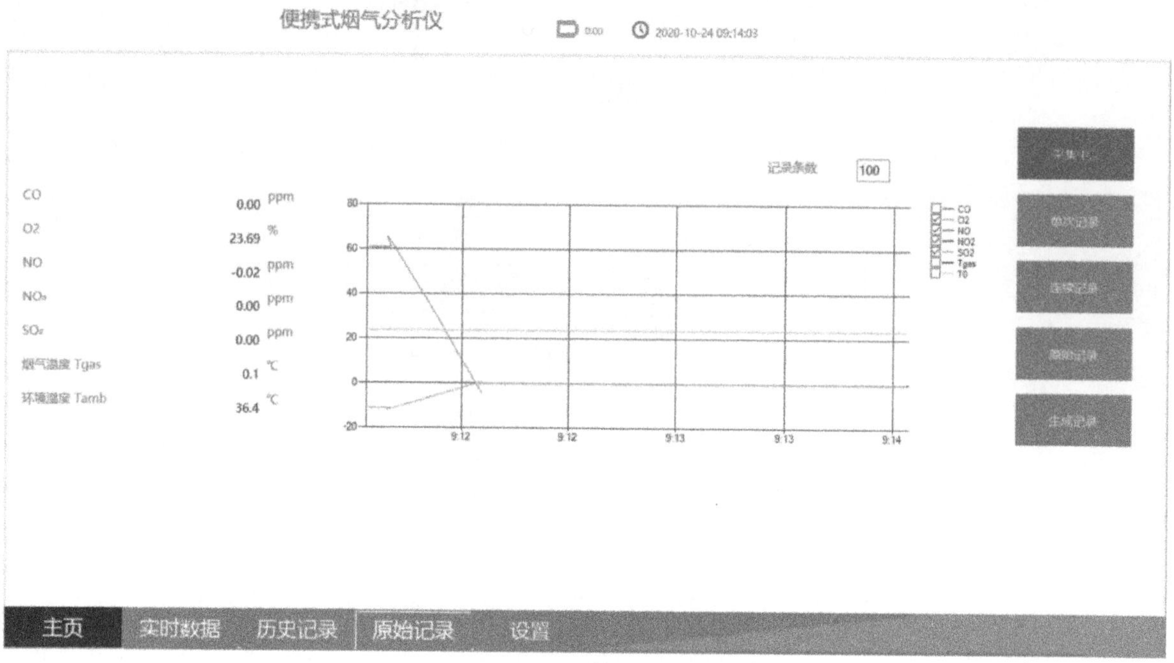

图 6 烟气分析仪软件的数据采集界面

据写入记录模板中，生成记录报表，其中，记录模板包括“锅炉能效简单测试记录表”和“锅炉烟气环保检测记录”两种。

图 7 烟气分析仪软件的数据管理界面

4 烟气分析仪性能测试

4.1 测试评价依据

国家环保部颁发的中华人民共和国国家计量检定规程 JJG 968—2002《烟气分析仪检定规程》[12] 规定了烟气分析仪对烟气中的二氧化硫、氮氧化物、一氧化碳等有害气体及氧气浓度的测量的性能要求，其中包括测量的示值误差、重复性、响应时间及稳定性，具体的值如表 1 所示。

表 1 JJG 968—2002《烟气分析仪检定规程》规定的性能指标要求

序号	指标	计量性能要求
1	示值误差	≤±5%
2	重复性	≤2%
3	响应时间	≤90s
4	稳定性	1h 内示值变化≤±5%FS

4.2 测量使用的标准物质

本次测量使用的是符合国家二级的标准物质：氮中二氧化硫气体标准物质（规格为 0.203×10^{-2}mol/mol）、氮中一氧化碳气体标准物质（规格为 0.204×10^{-2}mol/mol）、氮中氧气气体标准物质（规格为 21.0×10^{-2}mol/mol）、氮中一氧化氮气体标准物质（规格为 0.201×10^{-2}mol/mol）、氮中二氧化氮气体标准物质（规格为 49.9×10^{-6}mol/mol）。

4.3 测量的环境条件

测量过程在清洁通风的实验室内完成，其室温为 (24±2)℃，相对湿度为 55%±5%。

4.4 测量结果分析

本文研制的锅炉能效和环保协同检测专用烟气分析能够对烟气成分（O_2、SO_2、NO、CO、NO_2）的浓度进行同步测量，其测量结果如表 2 所示，由表中可见，O_2、SO_2、NO、CO、NO_2 的测量相对误差均小于±4%；用于评价重复性的相对标准偏差分别为 0.1%、0.3%、0.3%、0.1%、0.7%，均小于 1%；响应时间分别为 23s、30s、23s、22s、30s，均小于 40s，即该烟气分析仪的三项重要技术参数均满足并优于国家环保部颁发的 JJG 968—2002《烟气分析仪检定规程》的计量性能要求。

通过将该烟气分析仪的测量结果与中华人民共和国国家计量检定规程 JJG 968—2002《烟气分析仪检定规程》进行对比，验证了测量结果的准确性和可靠性。

表 2 烟气分析仪的测量结果

检测气体	测量范围	标准值	实测值	相对误差	相对标准偏差	响应时间
O_2	(0.01～25)%mol/mol	5.00%mol/mol	5.03%mol/mol	+0.6%	0.1%	23s
		10.0%mol/mol	10.01%mol/mol	+0.1%		
		20.9%mol/mol	20.90%mol/mol	0.0%		
SO_2	(1～500)μmol/mol	100μmol/mol	99μmol/mol	−1.0%	0.3%	30s
		250μmol/mol	248μmol/mol	−0.8%		
		400μmol/mol	394μmol/mol	−1.5%		
NO	(1～500)μmol/mol	100μmol/mol	102μmol/mol	+2.0%	0.3%	23s
		250μmol/mol	254μmol/mol	+1.6%		
		400μmol/mol	400μmol/mol	0.0%		
CO	(1～2000)μmol/mol	400μmol/mol	415μmol/mol	+3.8%	0.1%	22s
		1000μmol/mol	1027μmol/mol	+2.7%		
		1600μmol/mol	1651μmol/mol	+3.2%		
NO_2	(1～100)μmol/mol	19.5μmol/mol	19.7μmol/mol	+1.0%	0.7%	30s
		49.9μmol/mol	48.4μmol/mol	−3.0%		
		79.0μmol/mol	79.1μmol/mol	+0.1%		

5 结论

通过对烟气分析仪的硬件系统与软件开发两方面的介绍，充分展示了该烟气分析仪的优势和功能特点，并且按照国家计量检定规程，对烟气分析仪进行了重要性能参数的测试，结果表明其性能参数均满足并优于国家检定规程的计量性能要求，具有测量精度高、可靠性高、响应时间快等优势。该设备的研发能够实现锅炉能效与环保的协同检测，打破目前烟气分析仪均依赖国外进口的局面，有助于简化检测人员日常检测工作，提高检测效率、降低经济成本，从而推动国家相关部门的锅炉能效和环保协同检测工作的开展，同时有助于填补行业空白，具有较大的推广应用价值和前景。

参考文献

[1] 中华人民共和国中央人民政府．市场监管总局 国家发展改革委 生态环境部关于加强锅炉节能环保工作的通知 [EB/OL]．http：//www. gov. cn/zhengce/zhengceku/2019-11/11/content_ 5450884. htm, 2018-11-16.

[2] 李学敏．烟气分析仪在锅炉能效测试中准确性 [J]．中国科技信息，2015，6：124-125.

[3] 齐国利，管坚，冷浩．工业锅炉定型产品热效率测试方法探讨 [J]．节能技术，2013，31 (02)：120-122.

[4] GB/T 10180—2017. 工业锅炉热工性能试验规程 [S]．

[5] 朱泽军，李红亮，李峰，等．超低排放的 SO_2/NO_x 便携式烟气分析仪应用综述 [J]．分析仪器，2019，2：1-7.

[6] 张曦丹，朱法华，汤光华，等．一种基于紫外差分吸收光谱技术的便携式低浓度烟气分析仪 [J]．电力科技与环保，2017，33 (5)：40-43.

[7] Platt U，Perner D，Patz H. Simultaneous measurement of atmospheric CH_2O，O_3 and NO_2 by differential optical absorption [J]．Journal of Geophysical Research, 1979，84 (10)：6329-6335.

[8] 汤光华，许传龙，孔明，等．基于差分吸收光谱法的燃煤锅炉烟气浓度反演算法 [J]．中国电机工程学报，2007，11：6-10.

[9] 邵理堂，汤光华，许传龙，等．短光程下差分吸收光谱法测量低浓度污染气体的反演算法 [J]．中国电机工程学报，2008，28 (23)：65-69.

[10] 周斌，刘文清，齐锋，等．差分吸收光谱法测量大气污染的测量误差分析 [J]．光学学报，2002，22 (48)：957-961.

[11] 刘冰倩．新型信号增强电化学传感器用于小分子物质的检测方法研究 [D]．福州：福州大学，2015.

[12] JJG 968—2002. 烟气分析仪检定规程 [S]．

国家质量基础 NQI 对提升锅炉蒸汽系统安全的作用探讨

苏文娟，毛小虎，何　华，张　剑，王志成，李　科，刘　峥，缪春生

江苏省特种设备安全监督检验研究院，南京，210036

摘　要： 本文首先概述了目前国内外国家质量基础的研究现状和科研进展方向。进一步探讨了国家质量基础运用于锅炉蒸汽系统安全提升的研究方向；NQI 服务于锅炉蒸汽系统质量提升，既能满足国家高质量发展的要求，又能为地区锅炉制造产业、锅炉行业发展提供科学方法引导。

关键词： 国家质量基础；锅炉蒸汽系统；分级管理

National Quality Infrastructure and discussion on its role in promoting the safety of boiler steam system

Su Wenjuan，Mao Xiaohu，He Hua，Zhang Jian，Wang Zhicheng，Li Ke，Liu Zheng，Miao Chunsheng

Jiangsu Province Special Equipment Safety Supervision Inspection Institute, Nanjing, 210036

Abstract: This paper summarizes the current research status and research direction of National Quality Infrastructure（NQI）at home and abroad. The research direction of applying NQI to boilers system safety improvement is further discussed. NQI serves to improve the quality of boiler steam system，which can not only meet the national requirements for high-quality development，but also provide scientific guidance for the development of regional boiler manufacturing industry and boiler industry.

Keywords: NQI；boiler steam system；classification management

0　引言

"完善国家质量基础设施，加强标准、计量、专利等体系和能力建设"。《中共中央关于制定国民经济和社会发展第十四个五年规划和二〇三五年远景目标的建议》中专门提到了关于国家质量基础设施建设的规划部署，足以见得，随着我国经济向高质量发展阶段迈进，标准、计量、检验检测和认证等国家质量基础设施在国民经济中的作用将更为凸显。

1　国家质量基础概述

国家质量基础[1]（National Quality Infrastructure，NQI）具有较强的技术专业特性，一般统称为国家质量基础或国家质量基础设施。

基金项目：典型工业设备质量提升评价方法、标准与示范（2018YFF0216004）。

作者简介：苏文娟，1987 年生，女，工程师，硕士研究生，从事承压类特种设备检验与研究工作。

国家质量基础设施的概念最早由德国联邦物理研究院（PTB）于2002年提出。计量、标准、认可和合格评定（检验检测+认证）共同构成了NQI，其中合格评定是作用于经济体的核心要素。标准是合格评定的依据要素，计量是合格评定的方法要素，认可是合格评定的监管要素，这些要素都需要通过合格评定来满足产业和消费者需求。如，当标准不匹配市场需求时，合格评定无疑是一张废纸；当计量存在测不准、测不出或者认可机构监管不力时，合格评定的可信度则大打折扣。因此，NQI发挥价值依赖于四大要素共同发力[2]。目前，学术界和国际组织都十分关注NQI在经济、贸易、质量等领域的影响。

目前NQI在医疗、农业等行业有成功的运用。Mathews等人（2017）[3] 建立了学术卫生系统部门管理的质量管理基础设施（QMI）模型，利用该模型可以实现横向管理以支持部门之间配合和学习，纵向管理以支持医院、董事会、卫生系统等对部门的管理。美国[4] 杜克健康系统通过国家质量项目推动整个医疗系统绩效改进，对70个医疗点和医院进行全面质量评估，制定了改进计划。

2014年，国家质检总局科技司在国内创造性地提出了国家NQI科技专项计划，NQI的概念在我国开始普及。2016年2月，国家科技部对外发布了"国家质量基础的共性技术研究与应用"重点专项。随着《中共中央国务院关于开展质量提升行动的指导意见》的发布实施，NQI即"国家质量基础设施"在政府文件中得到确认，"国家质量基础设施"的提法逐步趋于一致，成为国内政府机构与学术界广泛使用的技术概念[5]。

国家重点研发计划"国家质量基础的共性技术研究与应用"重点专项围绕计量、标准、合格评定（检验检测和认证认可）和典型示范应用5个方向进行了部署。重点研究基本物理常数精密测定、新计量和导出量以及战略性新兴产业、国防等领域关键计量技术，重点研究基础性、公益性和重点产业急需的国际标准、国家标准、检验检测和认证认可技术，以及开展NQI技术在典型领域的集成示范。"国家质量基础的共性技术研究与应用"重点专项，截至2019年已分3批部署128个研究项目。与特种设备有关的项目有"氢能储运装备性能检测及质量评价技术研究""高能耗特种设备能效检测与评价关键技术研究""石化装置关键静设备质量性能检测评价与控制技术研究"等。

目前我国NQI建设成果和发达国家还有较大差距，研究方兴未艾，整体上处于概念定性分析阶段，特别是工程应用上，尚未充分释放质量资源的效能。若能统筹利用，将NQI服务于实践需要，既能满足国家高质量发展的要求，又能为地区产业、行业发展提供科学方法引导。

2 基于NQI工具标尺的隐患排查方法

整体的隐患排查的技术路线如图1所述，通过NQI工具标尺对每个风险隐患的因素进行挖掘和分析，并最终归结至质量基础设施的四要素。通过完善质量基础设施，最终发挥国家质量基础效能，满足企业高质量发展的需求和政府现代化治理的需求。

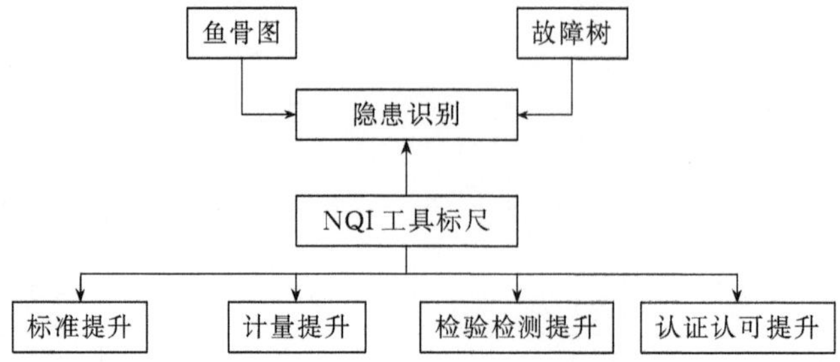

图1 基于NQI的隐患排查技术路线

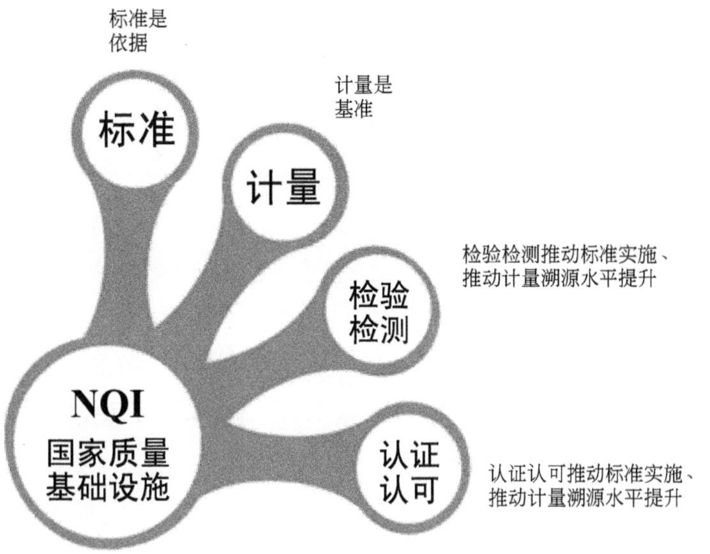

图 2 NQI 隐患排查工具尺

将国家质量基础 NQI 作为隐患排查工具标尺（图 2），对梳理出的问题进行归因，并从 NQI 的四要素寻求解决的途径。在对关键设备各部分进行梳理的过程中，其中各薄弱环节可能会存在 NQI 四要素的交叉和耦合。针对 NQI 四要素的缺失或不合理，进而提出质量提升建议。

我国锅炉制造业是在新中国成立后建立并发展起来的。20 世纪 80 年代初实行许可证管理以来，我国锅炉制造业取得了长足的进步，锅炉企业数量和产能不断扩大。2016 年以来，随着“煤改气”的深入推进，锅炉行业发生了深刻的变化，燃气锅炉得到快速发展和推广普及。此外，借助于信息化技术的应用使分散式供热市场快速发展；生物质清洁供暖政策的出台使生物质利用由以往发电为主向热电联产和生物质供热为主转变；余热锅炉、大型电热锅炉也得到发展；低氮燃烧技术是目前打赢蓝天保卫战的关键技术之一，目前主流技术路线有空气分级、径向浓淡燃烧和烟气再循环等。面对锅炉蒸汽系统技术的新发展，必然会出现一些新问题。

锅炉蒸汽系统结构复杂，影响其运行的风险因素众多。本文通过鱼骨图或故障树，从运维管理、外部环境、设备因素、人员因素这四个方向进行风险识别。鱼骨图分析能将复杂的系统组织起来，定性分析风险成因。鱼骨图又称因果分析图，其外形与鱼骨形状相似，它可定性地反映事件与原因之间的关系；其通过对事件的各种因素进行分类，逐步划分主要原因、中间原因及小原因，并用箭头表示各原因的隶属关系。为了准确全面地分析风险因素，本文采用鱼骨图分析法（图 3）对锅炉蒸汽系统的风险进行识别。

故障树分析法通常利用逻辑推理量化系统失效状态，难以准确量化基本事件概率；而模糊理论可通过评估语言将基本事件的模糊信息转化为失效概率。模糊数只能量化各基本事件的失效概率，无法综合量化锅炉蒸汽系统失效概率。故障树定量分析是以故障树为分析模型，根据底事件发生概率，得到顶事件发生的概率和每个基本事件的概率重要度，根据分析结果对系统进行风险评估。若为了定量分析，可以将锅炉蒸汽系统综合风险鱼骨图转为故障树，如图 4 所示。

通过鱼骨图和故障树的隐患排查，梳理出的原因有：金属软管、密封部件、管道支吊架、液位计、安全保护装置、小径薄壁管腐蚀减薄泄漏、主蒸汽母管、余热锅炉尾部鳍片管的低温腐蚀及应力腐蚀裂纹等关键部件或问题。

3 锅炉蒸汽系统安全性与 NQI 的联系

据统计[6]，2002～2017 年承压类特种设备事故中，锅炉事故最多，为 395 起，占事故总数的

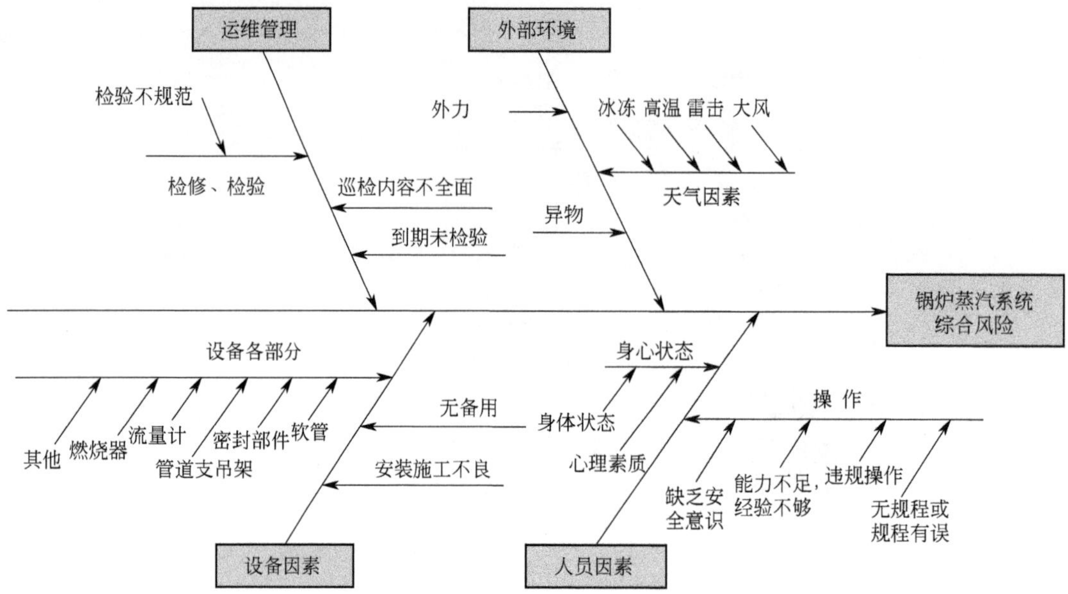

图 3 锅炉蒸汽系统综合风险鱼骨图

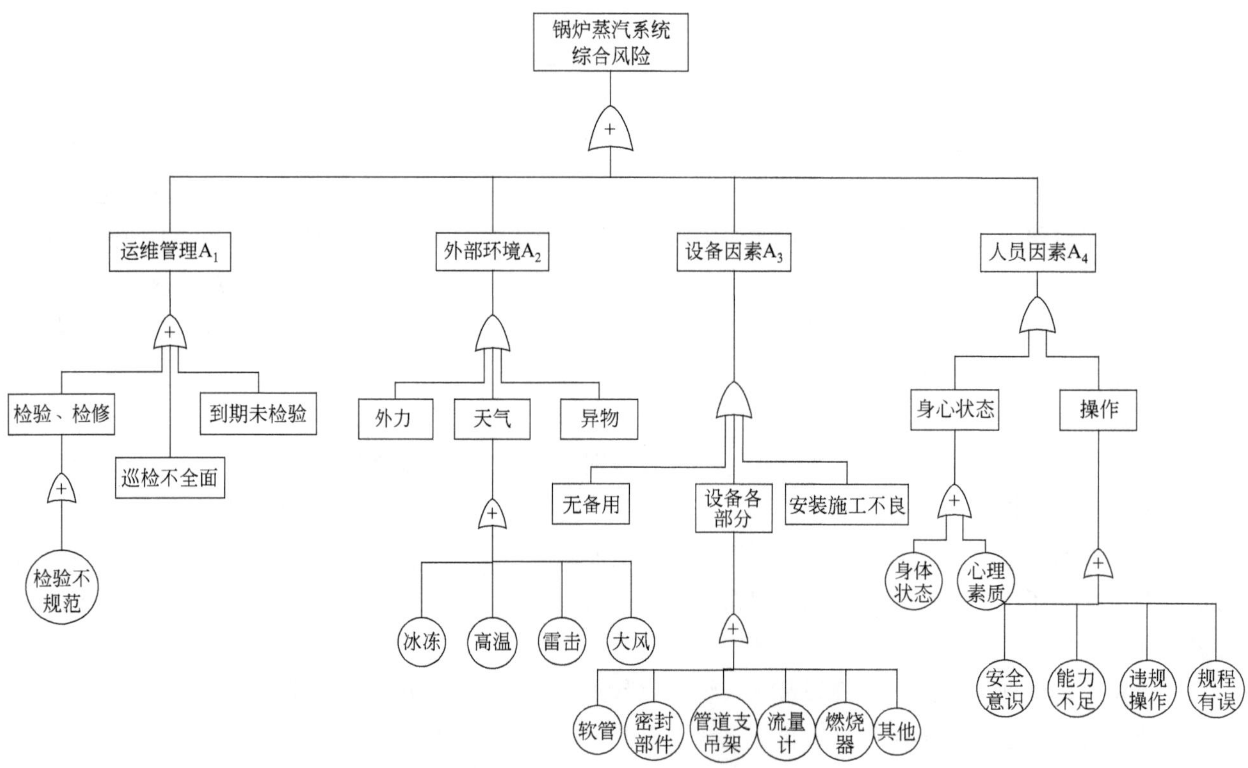

图 4 锅炉蒸汽系统综合风险故障树

40.6%；其中属于《特种设备目录》内的锅炉事故 253 起，按照用途分，生活锅炉、工业锅炉 236 起，电站锅炉 17 起。从该数据也可以看出，电站锅炉因为温度压力参数高，安全管理较为完备。这一方面离不开电力部门多年来积累的一系列标准、规范的有效实行；另一方面电站锅炉目前 DCS 集散控制系统功能健全，事故预警和自动控制能有效动作。锅炉事故的原因可以归结为设备原因、人为原因、管理原因。设备原因有：①燃烧器、阀门、循环泵、流量计质量可靠性不足；②锅炉设计、制造缺陷；③安全阀、安全联锁保护装置失灵；④磨损、腐蚀减薄；⑤原材料质量不良、材料老化；⑥燃料质量不佳。人为原因有：①严重缺水或缺水后加水；②脱岗等原因造成的超压运行；③解列安全联锁保护装置；

④违反操作规程或安全防护不当；⑤承压部件材料错用；⑥违反试压工艺。管理原因有：①无证修理、违规使用存在严重隐患的锅炉；②作业人员无证、锅炉运行维护及水质管理不当；③未建立操作规程和应急预案；④未对安全阀进行定期校验。

锅炉现行的规范标准主要为 TSG G0001—2012《锅炉安全技术监察规程》（新规范 TSG 11—2020《锅炉安全技术规程》2021 年 6 月 1 日起施行）、GB/T 16507.1～8—2013《水管锅炉》、GB/T 16508.1～8—2013《锅壳锅炉》和 GB/T 17410—2008《有机热载体炉》，现行的法律规范较多都关注于设备本体的安全性，对系统安全的关注有所欠缺，事故的发生往往源自于薄弱环节，例如燃烧器点火调试人员的技术能力不足、锅炉温度压力测量仪表、水位计、安全联锁保护装置等产品的质量可靠性不佳；这些都能成为诱发事故的隐患。

结合锅炉蒸汽系统的风险分级管控与隐患排查治理双重预防工作，构建基于 NQI 的锅炉蒸汽系统质量提升方案，进一步提高锅炉蒸汽系统整体可靠性，对于锅炉制造企业和使用单位均具有较好的实用性和适用性。

在质量管理理论中有著名理论“木桶原理”又称短板理论，其核心内容为：一只木桶盛水的多少，并不取决于桶壁上最高的那块木块，而恰恰取决于桶壁上最短的那块。随着全国燃煤锅炉整治，锅炉环保节能的要求逐步提高，锅炉新技术的应用也会带来一些新的安全风险，而原有的技术规范和标准尚未及时发展，一些新问题亟待发现和解决。如何采用科学的方法指导、推动、评价锅炉蒸汽系统，找出锅炉蒸汽系统中如燃烧器、流量计、循环泵、高低水位报警等关键部件的 NQI 短板，以实现锅炉蒸汽关键部件的质量提升，这是 NQI 研究的工程应用和落地效果的实现。本文将尝试以国家质量基础 NQI 为抓手，识别并筛选锅炉蒸汽系统的漏洞，建立相关要素在全生命周期中的“计量-标准-检验检测-认证认可”方面的质量提升方向，从源头上防范化解安全风险隐患。

以密封部件为例，垫片是锅炉蒸汽系统中的一个薄弱环节，从认证认可角度，垫片作为压力管道用密封元件的一种，已列入《特种设备目录》，其制造、使用等需按照特种设备相关法律法规进行监管。TSG 07—2019《特种设备生产和充装单位许可规则》虽然取消了压力管道用密封元件的制造许可要求，但仍需按 TSG D7002—2006《压力管道元件型式试验规则》进行型式试验，目前市场上的密封垫片质量良莠不齐，缺乏有效手段控制质量。从标准、检验检测角度来剖析，我国标准在法兰设计计算时沿用美国的 ASME 规范Ⅷ-1 篇附录 2 规范。该规范在使用 Waters 计算方法时，螺栓法兰接头设计、计算所需的重要垫片特性参数 m、y 根据使用经验和少量的实验结果来确定（GB/T 150-3《压力容器——第 3 部分：设计》表 7-2 中给出了常用材料对应的推荐值）。这两个参数 m、y 只与所选用的垫片结构和材质有关，与密封介质和泄漏率无关，且无法通过标准试验进行确定，难以在新材料、结构的垫片产品中推广使用。因此，对任何一个薄弱环节，用 NQI 隐患工具尺进行深入的剖析，均可查找到相应的提升方向。

4 基于 NQI 的分级管理

通过 NQI 工具尺的隐患排查，我们梳理出了锅炉蒸汽系统中的一些关键部件的质量短板问题，而我国现行政策的主基调为“放管服”，意味着行政许可的删减和合并，貌似这其中是一对矛盾，实则不然，安全监管也是要考虑代价的，并不是不计成本地全部纳入监管，如果根据设备的风险等级，实施分级监管，这既能符合国家政策导向，又能有效实施监管。我国目前的特种设备制造许可对锅炉进行了分类，基本蕴含了分级管理的思路，但并未涵盖锅炉蒸汽系统中的全部关键部件。欧盟 PED 2014-68-EU 指令对压力设备的监管依据了危险等级类别分类的方法，必须确保进入欧盟市场的第三国压力设备与组合件符合该指令要求，特别是那些需要制造商进行合适的合格评定的压力设备或组合件。欧盟 PED 指令将承压设备分为几个类型：容器（vessel）、管道（piping）、安全附件（safety accessories）和组合件（assemblies）。欧盟是将锅炉作为一个组合件来进行管理的，锅炉范围内的压力部件作为一个整体由对该台锅炉负责的制造商打 CE 标记。适用的压力范围为大于 0.5Bar 即 0.05MPa，锅炉本体内包含的承压部件（阀门、液位计、压力计、管道膨胀节等）、安全附件（安全阀、爆破片等）都应该按照 PED 指令规定的由附件制造商施打相应的 CE 标记。整个锅炉的危险性类别是按照其包含的最高危险性类别的设备来确定的，根据 PED 2014-68-EU 指令附录二中表 5 合格评定的划分，若锅炉本体属于Ⅳ类，则需采用基于单台设备的验证认可的符合性认证模式。

可以参照 PED 的分类管理的思路，结合我国特种设备许可规则分类的原则，即要求对电站锅炉和工业锅炉本体及相关的压力附件和安全附件都进行认证。基于此，建议对不同温度、压力和体积的锅炉实施分级监管，较高危险性的锅炉系统各部件都需要经过认证，认证的部件涵盖压力部件和安全附件，且压力部件并不仅限于特种设备目录所列管道元件，包括不在许可目录之中的金属软管、密封垫片等，也包括水位计、压力表、控制系统等有关温度压力参数的测量和控制装置等关键部件。

5 结论

通过对事故案例的分析、对我国及欧盟 PED 规范的比较，为统筹发挥国家质量基础作用于锅炉蒸汽系统安全提升的最大效益，保障锅炉蒸汽系统安全运行，提出以下思考和建议：

① 对锅炉蒸汽系统需要从“计量—标准—检验检测—认证认可”这四个方面来持续梳理制造过程中的短板和缺失，主要为发现认可的不健全，计量的测不准、测不出，标准的不匹配或标准的空白，从而保证合格评定的有效实施。

② 构建以锅炉蒸汽系统本体及关键部件为核心的分级监管模式，对危险性高的锅炉系统的全部压力部件、安全附件及测量控制装置进行认证。

参考文献

[1] 王颖婕，路正南．美国 NQI 发展及对中国的启示研究 [J]．现代管理科学，2018，01：27-29.

[2] 胡杨，蒋家东，郑立伟，等．国家质量基础的价值作用机理和模型研究 [J]．中国标准化，2018，05：40-44.

[3] Mathews S C，Demski R，Hooper J E，et al. A Model for the Departmental Quality Management Infrastructure within an Academic Health system [J]．Academic Medicine，2017，92 (5)：608-613.

[4] Frush K，Chamness C，Olson B，et al. National Quality Program Achieves Improvements in Safety Culture and Reduction in Preventable Harms in Community Hospitals [J]．The Joint Commission Journal on Quality and Patient Safety，2018，7：398-400.

[5] 蒋家东，李相禛，郑立伟．国家质量基础设施研究综述 [J]．工业工程与管理，2019，24 (02)：198-205.

[6] 孙仁山，李赵，等．承压类特种设备事故案例分析（2002-2017）[M]．北京：中国劳动社会保障出版社，2019.

影响电站锅炉水质检验质量的关键要素

赵　青[1]，赵　勇[2]，王步美[1]，房美琳[1]，李风华[1]

1. 江苏省特种设备安全监督检验研究院，南京，210036

2. 安徽省芜湖市湾沚区生态环境分局，芜湖，241100

摘　要： 电站锅炉是火力发电机组的重要设备，而水汽作为循环流动的血液直接影响电站锅炉的安全节能运行。水质检测结果可以有效地反映锅炉的健康状况并用于指导锅炉运行，因此电站锅炉水质检验工作意义十分重大。本文主要就影响电站锅炉水质检验质量的关键要素进行分析总结，规范检验流程，优化检验方法，提高检验质量，促进同行业的交流互通，提升水质检验行业的整体水平，进一步保证电站锅炉的安全节能运行。

关键词： 电站锅炉；水质检验；检验质量；GB/T12145—2016；标准

Key Factors Affecting the Quality of Water Quality Inspection of Power Boiler

Zhao Qing[1], Zhao Yong[2], Wang Bumei[1], Fang Meilin[1], Li Fenghua[1]

1. Jiangsu Province Special Equipment Safety Supervision Inspection Institute, Nanjing, 210036

2. Ecological Environment Branch of Wanzhi District Wuhu City Anhui Province, Wuhu, 241100

Abstract: The power boiler is an important equipment of the thermal power generating unit, and the water vapor as the circulating blood directly affects the safety and energy saving operation of the power boiler. Water quality test results can effectively reflect the health of boilers and can be used to guide the operation of boilers, so the work of water quality inspection of power plant boilers is of great significance. This paper mainly analyzes and summarizes the key elements affecting the quality of water quality testing of power plant boilers, standardizes the testing process, optimizes the testing method, improves the testing quality, promotes the exchange and communication among the same industry, enhances the overall level of water quality testing industry, and further ensures the safe and energy saving operation of power plant boilers.

Keywords: power boiler; water quality testing; testing quality; GB/T 12145—2016; standard

0　引言

电站锅炉是火力发电机组的重要设备，而水汽作为循环流动的血液直接影响电站锅炉的安全节能运行。水质检测结果可以有效地反映锅炉的健康状况并用于指导锅炉运行，因此电站锅炉水质检验工作意义十分重大。本文主要就影响电站锅炉水质检验质量的关键要素进行分析总结，规范检验流程，优化检

作者简介：赵青，1984年生，女，高级工程师，工程硕士，主要从事承压类特种设备检验检测、常压储罐RBI基于风险的检验。

验方法，提高检验质量，促进同行业的交流互通，提升水质检验行业的整体水平，进一步保证电站锅炉的安全节能运行。

随着《中华人民共和国特种设备安全法》的颁布实施以及 TSG 11—2020《锅炉安全技术规程》（以下简称《锅规》）的发布，锅炉水质检测的重要性得到进一步加强。《锅规》第 8.9 条“锅炉水（介）质处理”中对锅炉水（介）质处理工作提出了最基本的要求，并指出电站锅炉水汽质量应当符合 GB/T 12145—2016《火力发电机组及蒸汽动力设备水汽质量》的规定。

1 检测项目及时机

在《锅规》发布之前，锅炉外检和水质定期检验之间相对独立，尤其是电站锅炉的水质检验，现场检验项目较多、专业性较强且样品时效性短，一般由水质检测师独立进行。目前，新《锅规》9.1.4 条明确了水质检测的时机：“水（介）质处理定期检验结合锅炉外部检验进行”。这就意味着今后水质检验和锅炉外检的关系会更加紧密。

GB/T 12145—2016 标准中的水质检验样品主要有：给水、炉水、除盐水（除盐水箱进水、出水）、蒸汽（饱和蒸汽、过热蒸汽、再热蒸汽等）、凝结水、疏水、回水等；对应的检测项目主要有：电导率值、氢电导率值、溶解氧含量、pH 值、铜、铁、钠、磷酸根离子、二氧化硅、氯离子、硬度、联氨、TOCi 等，其中前四个项目须在取样现场进行测定，其余项目须带回实验室并在 72h 内检测完毕。

2 检测的关键要素

（1）取样环节及样品准备

对于电站锅炉而言，水汽洁净度高，有些水样甚至达到超纯水水质。检测项目中大部分为痕量元素，有时轻微的污染都将导致实验结果出现量级的变化，因此取样环节对检测结果的影响非常大，以下列出一些重要但易被忽视的因素：

① 取样环境是否清洁无粉尘。电站锅炉一般要求设置集中取样间，取样时动作应迅速，尽可能采用细口瓶，且水流量不宜过小，尽量避免粉尘等杂质落入取样瓶，减少样品污染可能性。

② 取样瓶是否清洗充分，取样瓶是否为无析出物的合格取样瓶。

③ 取样器材质是否为碳钢。铁元素含量是电站锅炉水质检测的重要指标，直接反映锅炉水汽系统腐蚀程度，碳钢取样器出水容易含铁锈，尤其是将会严重影响铁元素含量的测定，不锈钢制取样器就可以规避此类问题。

④ 取样器管路是否有泄漏。取样器的安装位置是否合理。

⑤ 在检测二氧化硅、钠这两项时，取样不宜用硬质玻璃瓶。检测铁、铜、TOCi 项目时水样不宜用聚乙烯瓶盛取。

⑥ 如果取样时机组升负荷速率在 5.0MW/min 以上时，饱和蒸汽机械携带量较大，应暂停取样。

⑦ 水样从取样到检测时间不应当超过 72h，否则水样变质、挥发、吸附等作用会导致样品检测结果误差超出可接受范围。

⑧ 在测定联氨、铜、铁水样取样时须进行加酸处理，增加测量结果的准确性。加酸以优级纯硝酸或盐酸为宜，水样酸浓度调整为 1%左右。有数据显示水样经过酸化与未经过酸化处理时铁的检测结果偏差量高达 33.0%，比对结果如图 1 所示[1]。

样品号	未经酸化测量值/(μg/L)	经过酸化测量值/(μg/L)	结果偏差量/%
1#	4.637	6.913	32.9
2#	27.342	40.794	33.0
3#	20.595	26.774	23.0

图 1　水样酸化和未酸化对铁测定结果的影响

(2) 检测过程

检测过程是误差产生最主要的部分，需要特别注意以下几点：

① 氢交换柱是否失效。氢电导率是水样经过氢离子交换柱后出水的电导率值，可以直观反映水中的杂质总量。如果测定时氢交换柱处于失效状态则测定结果将会严重超出真实值，并导致超标。为避免此类事件发生，须和水处理工程师确认交换柱更换日期并建议企业采用变色树脂。

② 在线检验时严格控制水样温度。溶解氧含量、pH 值、氢电导率、电导率值的测定均采用现场在线检验的方式，温度对检测结果有很大的影响。测定溶解氧含量目前均采用氧电极在线检测方法，测量方便、精度高，但是氧电极中采用的生物半透膜超过 40℃ 会受损失效。测定 pH 值时水温须严格控制在 25℃，温度的升高会导致测定结果降低，实际测量过程中遇到在 40℃时测得 pH 值为 8.7，在调整水温到 25℃后测得 pH 值为 9.3，结果就从不合格到合格。测定（氢）电导率值时也需要控制水温在 25℃，鉴于目前很多的电导率仪表可以进行温度补偿，可以放宽对温度的要求，但是在测定时务必打开温度补偿功能。

③ TOCi 测定时水样的要求：目前电站锅炉水汽测定所用的 TOCi 痕量测定仪全部由西安热工院生产，该仪器要求待测水样的电导率值<1μS/cm，如果水样电导率值超出范围，则测定数据不可用（此种情况下显示的 TOCi 测定值显示为 5μg/L 以下，严重偏离真实结果，不能反映 TOCi 含量，因此需要在测定前对待测水样电导率值进行筛查）。

④ 由于电站锅炉水汽中铜、铁含量普遍较低，含量大多小于 10μg/L，采用原子吸收光谱测定铜、铁含量时，首选石墨炉法而非火焰法，火焰法一般用于 ppm 级以上含量的测定，对于 ppb 级含量的测定的精度不能满足。

⑤ 钠离子的测定虽然可用原子吸收光谱和离子色谱，但是由于谱线易受相邻波长干扰，一般不采用这两种仪器进行测定。多数选用轻便快捷的钠离子计进行。经验显示钠离子计在测定过程中受干扰因素依旧较多，对空气洁净度、人员操作的规范度都有很高要求，例如不能在测量时说话避免飞沫中盐分污染，实验人员必须戴手套防止汗液污染等。

⑥ 由于电站锅炉水汽中的杂质元素含量很低，因此在实验中必须加入空白实验，以减少测量误差[2]。

(3) 检验结果判定

检验结果和检验结果的判定是受检单位最为关注的事项，结果的判定需要注意以下几项：

① 汽包额定压力小于 9.8MPa 的机组，大部分取样装置都没装设氢离子交换柱。建议在检验时若无法现场测定氢电导率值，氢电导率值则不作为判定依据，而通过其余参数来综合考量[3]。

② 标准 GB/T 12145—2016 中 15 条规定：“当水汽质量劣化时，按三级处理要求执行”。在尚未废止但即将废止的标准 TSG G5002—2010 的附件 A 中规定：“不合格——水汽质量检测结果，有项目不符合相应标准的要求，并且超过 GB/T 12145 规定的一级处理值”。以 GB/T 12145—2016 标准中“表 20 锅炉给水水质异常时的处理”为例（见图 2）[4]，什么情况为超过 GB/T 12145—2016 标准中规定的一级处理值？

项目		标准值	处理等级		
			一级	二级	三级
pH 值(25℃)	无铜给水系统	9.2～9.6	<9.2	—	—
	有铜给水系统	8.8～9.3	<8.8 或>9.3	—	—
氢电导率(25℃)/(μS/cm)	无精处理除盐	≤0.30	>0.30	>0.40	>0.65
	有精处理除盐	≤0.15	>0.15	>0.20	>0.30
溶解氧/(μg/L)	还原性全挥发处理	≤7	>7	>20	—

图 2 锅炉给水水质异常时的处理

假设测得无铜给水系统中给水 pH 值为 9.7，不在一级处理值范围内，是否理解为超过一级处理值？换一种理解："超过一级处理值" 理解为达到二级处理值及以上，似乎没有歧义，作者支持后一种理解。

同时作者认为该标准起草单位应在制定标准时避免出现类似容易产生歧义的问题，否则检验人员理解不一致，势必会对法定检验的权威产生影响。

③ GB/T 12145—2016 标准中，名词术语 "氧化性全挥发处理" 定义为 "锅炉给水只加氨的处理"；"还原性全挥发处理" 定义为 "锅炉给水加氨和联氨的处理"[4]。那么锅炉给水中加入氨和其他还原剂的处理方式该如何定义？严格按照定义既不属于 "氧化性全挥发处理" 又不属于 "还原性全挥发处理"。但是在该标准中（见图 3），只对应 "氧化性全挥发处理" 和 "还原性全挥发处理" 两种方式，没有第三种处理方式。

控制项目		标准值和期望值	过热蒸汽压力/MPa					
			汽包炉				直流炉	
			3.8～5.8	5.9～12.6	12.7～15.6	>15.6	5.9～18.3	>18.3
氢电导率(25℃)/(μS/cm)		标准值	—	≤0.30	≤0.30	≤0.15	≤0.15	≤0.10
		期望值	—	—	—	≤0.10	≤0.10	≤0.08
硬度/(μmol/L)		标准值	≤2.0	—	—	—	—	—
溶解氧/(μg/L)	AVT(R)	标准值	≤15	≤7	≤7	≤7	≤7	≤7
	AVT(O)	标准值	≤15	≤10	≤10	≤10	≤10	≤10

图 3 两种不同的给水处理方式对应的溶解氧含量

可是目前给水中加入氨和其他还原剂（如：抗坏血酸、二甲基酮肟等）的情况越来越普遍，在溶解氧含量的检测中，如果采用宽松的氧化性全挥发处理的指标进行评判，会导致指标放宽的问题；如果按照相对严格的还原性全挥发处理的指标来评判，处于两指标之间的结果被判为不合格又显得依据不足。按照除氧方式综合考量，按照指标严格的还原性全挥发处理的指标进行评判更加合理。

3 结论

① 电站锅炉水质检验过程中，应重点关注取样环节、样品准备环节、检验检测环节中易对检验结果产生影响的一系列因素。

② 检验结果判定时，如取样装置未设置氢离子交换柱，则氢电导率值则不作为判定依据，而通过其余参数来综合考量。

③ 检验结果判定时，GB/T 12145—2016 标准中 "超过一级处理值" 理解为 "达到二级处理值及以上" 更加合理，且无歧义。

④ 检验结果判定时，给水中加入氨和其他还原剂（如：抗坏血酸、二甲基酮肟等）的情况建议按照还原性全挥发处理的指标对给水溶解氧含量进行判定。

参考文献

[1] 赵青，陈彩霞，王一宁．电站锅炉水汽质量检测结果的影响因素 [J]．中国电力，2017，50 (12)：98-100，147.

[2] 亓海峰．锅炉水质安全检测误差因素及预防措施 [J]．劳动保护，2019，12：85-87.

[3] 马丹．电站锅炉水质检验执行标准的分析处理 [C]．中国锅炉水处理协会．第三次全国锅炉水（介）质处理学术交流会论文汇编．中国锅炉水处理协会：中国锅炉水处理协会，2013：9-13.

[4] GB/T 12145—2016. 火力发电机组及蒸汽动力设备水汽质量 [S].

超临界电站锅炉低温过热器管壁磨损数值研究

陈帅甫[1]，王建军[2]

1. 河南省锅炉压力容器安全检测研究院，郑州，450016

2. 中国石油大学（华东），青岛，266580

摘　要： 本文采用数值模拟的方法研究了某电站锅炉系统低温过热器内气固两相流动及煤粉颗粒磨损过程。计算结果表明：低温过热器内最大磨损速率约为 1.01×10^{-7} kg/($m^2\cdot s$)，计算可得管壁每年将减薄 0.397mm；磨损较严重的区域主要集中在管排上边缘及靠近入口的区域。

关键词： 低温过热器；磨损速率；数值模拟；超临界电站

Numerical Study on Wall Abrasion of Low-temperature Superheater in Supercritical Power Station Boiler

Chen Shuaifu[1], Wang Jianjun[2]

1. The Boiler & Pressure Vessel Safety Inspection Institute of Henan Province, Zhengzhou, 450016

2. China University of Petroleum (East China), Qingdao, 266580

Abstract: In this paper, the numerical simulation method is used to study the gas-solid two-phase flow and the abrasion process of pulverized coal particles in a low-temperature superheater of a power station boiler system. The results confirmed that the maximum abrasion rate was approximately 1.01×10^{-7} kg/($m^2\cdot s$), and the wall will be thinned by 0.397mm per year. The areas with more severe abrasion were mainly concentrated on the bend section of front side and the pipe rear side.

Keywords: low-temperature superheater; abrasion rate; numerical simulation; supercritical power station

0　引言

过热器是锅炉中将一定压力下的饱和水蒸气加热为过热水蒸气的受热部件，从蒸汽流程来看，低温过热器作为过热器系统的第一级过热器，是超临界电站锅炉系统中的重要设备[1-4]。低温过热器中的蒸汽与高温烟气进行逆流换热，由于高温烟气中存在大量的飞灰颗粒和未完全燃烧的煤粉颗粒，低温过热器在运行过程中常出现管壁外侧减薄、断裂现象，严重时甚至会导致锅炉停工检修[5-9]。针对低温过热器管壁外侧磨损问题，基于计算流体力学、冲蚀磨损理论，采用数值模拟的方法，探究颗粒在低温过热器管壁的磨损规律。

超临界电站锅炉系统广泛应用的时间有限，有关过热器壁面磨损的研究还不多见，仅有的一些研究

基金项目：基于风险的大型超临界电站锅炉过热器检验技术研究（项目编号：132109000009）。

作者简介：陈帅甫，1988 年生，男，工程师，博士，主要从事承压类特种设备技术研究。

也主要集中在理论分析阶段。孙钜江[10] 分析 410t/h 煤粉炉低温过热器管局部磨损原因，并提出了在低温过热器上安装均流孔板和防磨盖板等措施减轻磨损。应明良[11] 通过分析低温过热器受热磨损情况，估算锅炉运行一段时间后的磨损速率，从而预测低温过热器剩余寿命。然而这种预测方法是在磨损现象出现之后才得以应用，费时费力，数值模拟方法可以弥补这个缺陷，具有理论分析和实验方法所不具备的优势。本文以某电厂 1000MW 超临界机组为研究对象，采用数值模拟方法研究低温过热器内气固两相流动特性，并预测工业条件下运行的低温过热器壁面磨损速率，为锅炉系统的安全运行提供依据。

1 低温过热器结构特点

本文研究的低温过热器整体管道结构如图 1 所示。低温过热器布置在后竖井后烟道内，分为水平段过热器和垂直出口段过热器，整个低温过热器为顺列布置。水平段过热器共 4 组，横向管排为 120 排，横向节距 133.5mm，上、下段管道材料均为 12Cr1MoVG；水平段过热器的两排管合成垂直段的一排管。现场操作参数如表 1 所示。

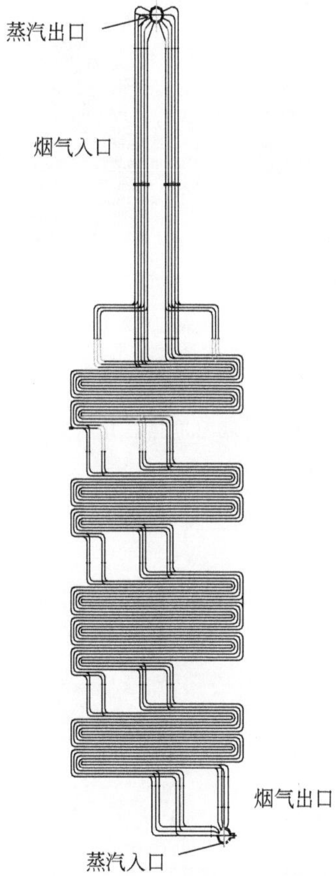

图 1 低温过热器整体管道结构

表 1 低温过热器现场操作参数

测量位置	压力/kPa	温度/℃	速度/$m \cdot s^{-1}$
蒸汽入口	29.3	435	—
蒸汽出口	29.3	450	—
烟气入口	−1.2	560	20
烟气出口	−1.2	380	—

2 几何模型及网格划分

由于低温过热器水平段结构相似，在进行数值模拟时，仅考虑一组水平段及其相邻垂直段管道的几何结构，如图2所示。采用建模软件对低温过热器几何模型进行网格划分，其中，垂直管段采用结构化网格，水平管段结构比较复杂，采用非结构化网格，具体网格划分如图3所示。

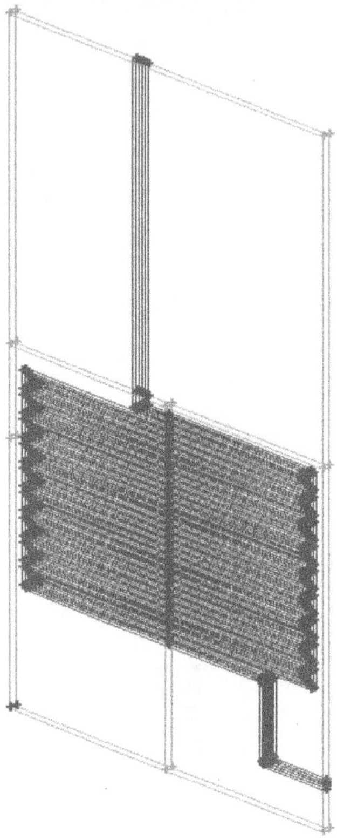

图2 低温过热器几何模型

(a) 整体网格

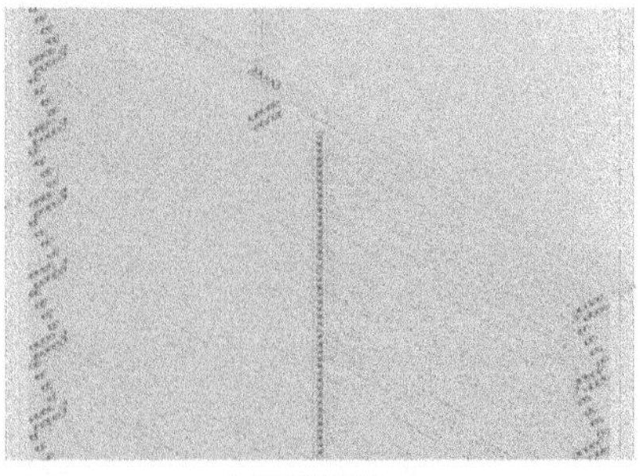

(b) 局部网格

图3 几何模型网格划分

3 数值计算模型及边界条件

3.1 湍流模型

考虑到低温过热器内部流场紊乱程度高，分子黏性的影响可以忽略，因此可采用标准 k-ε 模型[12]，该模型假设流动为完全湍流，其湍动能输运方程通过精确的方程推导得到，如式（1），而耗散率方程通过物理推理，数学上模拟相似原型方程得到，如式（2）。

$$\rho\frac{D_k}{D_t}=\frac{\partial}{\partial x_i}\left[\left(\mu+\frac{\mu_t}{\sigma_k}\right)\frac{\partial k}{\partial x_i}\right]+G_k+G_b-\rho\varepsilon-Y_M \tag{1}$$

$$\rho\frac{D_\varepsilon}{D_t}=\frac{\partial}{\partial x_i}\left[\left(\mu+\frac{\mu_t}{\sigma_k}\right)\frac{\partial \varepsilon}{\partial x_i}\right]+C_{1\varepsilon}\frac{\varepsilon}{k}(G_k+C_{3\varepsilon}G_b)-C_{2\varepsilon}\rho\frac{\varepsilon^2}{k} \tag{2}$$

在上述方程中，G_k 表示由于平均速度梯度引起的湍动能产生，G_b 是用于浮力影响引起的湍动能产生；Y_M 可压速湍流脉动膨胀对总的耗散率的影响。湍流黏性系数 $\mu_t=\rho C_\mu\frac{k^2}{\varepsilon}$。

3.2 离散相模型

对于离散相的求解，离散相模型（DPM 模型）可以获取颗粒的射入位置、初始速度、颗粒大小等信息。相间耦合即离散相和连续相互相影响，离散相的存在影响连续相的流动，同样连续相的流场也会干扰离散相的分布。同时，本文研究的高温烟气中颗粒体积分数较低，因此采用 DPM 模型计算颗粒与流体之间的相互作用。

3.3 颗粒冲蚀模型

管排壁面的磨损情况用磨损速率 R_{erosion} 来表示，定义式为：

$$R_{\text{erosion}}=\sum_{p=1}^{N_{\text{particles}}}\frac{n\times C(d_p)f(\alpha)v^{b(v)}}{A_{\text{face}}} \tag{3}$$

其中，$C(d_p)$ 为颗粒直径的函数；α 为颗粒对壁面的冲击角；$f(\alpha)$ 为冲击角的函数；v 是颗粒相对于壁面的速度；$b(v)$ 为此相对速度的函数；磨损速率的单位是磨损的材料质量/(面积·时间)。

3.4 边界条件的确定

本文模拟的对象为高温烟气及煤粉颗粒组成的气固两相流。颗粒密度为 1400kg/m^3，粒径为 0.001～0.027mm，质量流率为 0.036kg/s。烟气入口设置为速度入口边界条件，流速为 20m/s，烟气出口设置为压力出口边界条件，管壁及炉壁设置为壁面边界条件，计算区域两侧设置为周期性边界条件，压力速度耦合方式采用 SIMPLE 算法。

4 模拟结果及分析

4.1 流场模拟结果

烟气的压力分布云图如图 4 所示，烟气的速度分布云图及速度矢量图如图 5 所示。由图 4 可知，烟气压力沿着流动方向逐渐降低，水平管段上方区域压力最大，压力最大值约为 127555Pa。由图 5（a）可知，烟气速度沿着流动方向逐渐升高，到达水平管段后，流通面积骤减，导致烟气速度突增，在水平管底部壁面附近速度较大，约为 34.58m/s。由图 5（b）可知，各水平管之间空隙很小，烟气速度矢量方向整体指向下方，但速度很小，导致颗粒在水平管缝隙处停留时间延长，增大颗粒与壁面的碰撞概率。

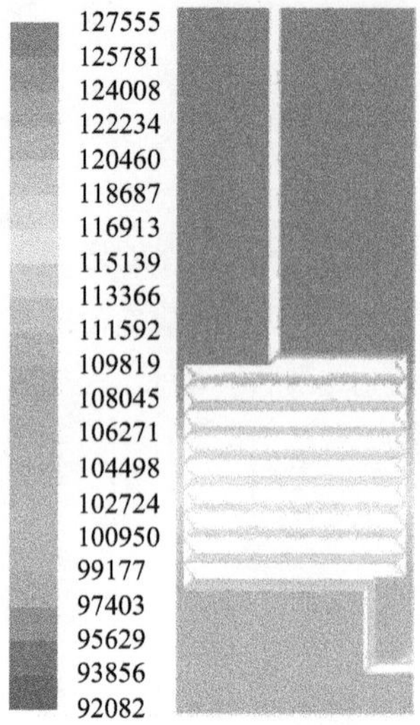

图 4　烟气压力 p 分布云图（Pa）

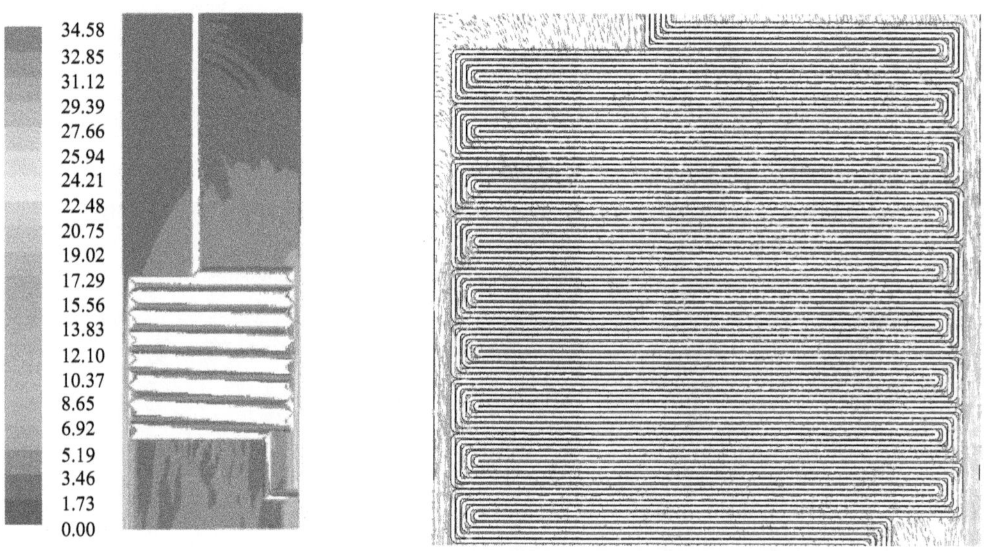

(a) 速度云图　　(b) 速度矢量图

图 5　烟气速度分布云图及矢量图（m/s）

4.2　磨损结果分析

从图 6 不同角度的管排整体和局部磨损速率分布云图可见，高温烟气中颗粒对管排不同部位的磨损程度有所不同，磨损较为严重的区域主要集中在水平管排的上边缘以及靠近烟气入口处的区域，水平管前侧及后侧的磨损区域基本呈条状分布，磨损速率的最大值约为 1.01×10^{-7}kg/($m^2\cdot s$)，结合材料密度计算可得磨损减薄速率为 0.397mm/年。水平段管道两侧壁面也均有一定程度的磨损。

5　结论

本文通过数值模拟研究烟气中固体颗粒对低温过热器管壁的磨损速率，确定了低温过热器炉管表面磨损较严重的区域主要集中在水平管的上边缘以及靠近入口处的区域，水平管前侧及后侧的磨损区域基本呈条状分布，最大磨损速率数值约为 1.01×10^{-7}kg/($m^2\cdot s$)，相应的磨损减薄速率为 0.397mm/年，为低温过热器的安全评价和失效评定提供了重要依据。

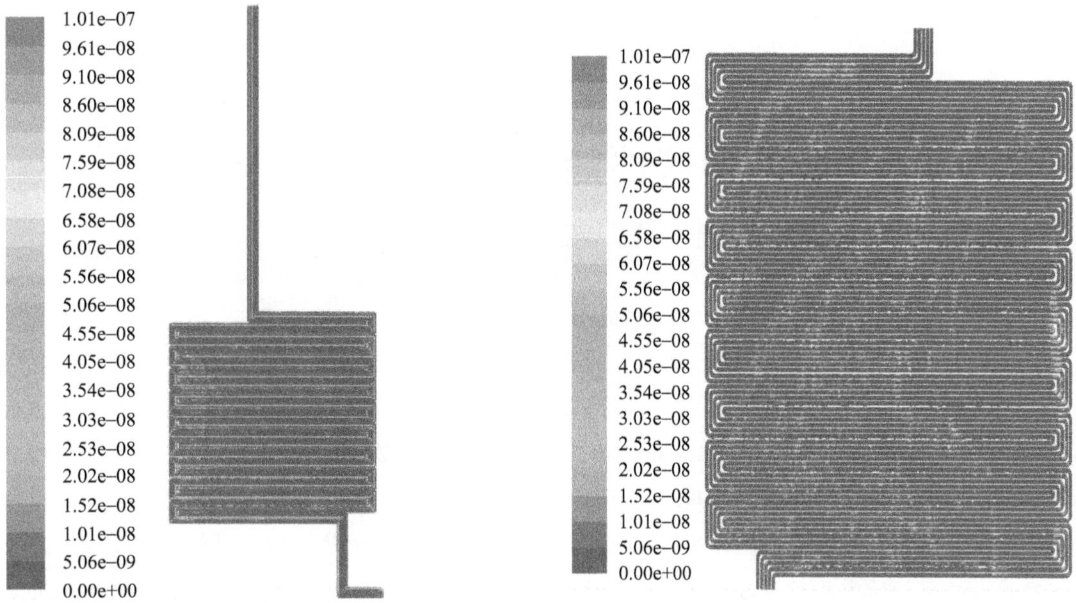

(a) 管排前侧　　(b) 管排后侧

图 6　管排壁面磨损速率分布云图［kg/(m^2·s)］

参考文献

[1] 张建明，滕霞，李四海．锅炉低温过热器垂直段焊口的检验工艺 [J]．中国特种设备安全，2011，12：27-29.

[2] 谢道原，刘盛波，张学星．660MW 超临界机组锅炉低温过热器爆管分析 [J]．发电设备，2011，25 (2)：112-114.

[3] 龙航．660MW 超临界机组锅炉低温过热器爆管研究 [J]．中国新技术新产品，2014，14：68-68.

[4] 容銮恩．电站锅炉原理 [M]．北京：中国电力出版社，1997.

[5] 张多勇．锅炉低温过热器管支吊卡部位减薄原因分析及处理 [J]．电力安全技术，2010，12 (1)：10-12.

[6] 涂卫红，杨文峰．高压锅炉低温过热器的运行防护措施 [J]．大氮肥，2004，27 (5)：344-346.

[7] 张李锋，王小迎，白小云，等．锅炉低温过热器管损伤研究及预防对策 [J]．智慧电力，2011，39 (10)：45-47.

[8] 卿辉，任耀剑，孙智．生物质燃料锅炉 20G 钢低温过热器管爆裂失效分析 [J]．金属热处理，2014，39 (9)：144-147.

[9] 黄鑫，丁克勤，赵军．电站锅炉过热器管失效规律研究 [J]．失效分析与预防，2012，07 (4)：217-220.

[10] 孙钜江．410t/h 煤粉炉低温过热器局部磨损的分析及措施 [J]．黑龙江电力技术，1991，03：143-145.

[11] 应明良．锅炉后包覆低温过热器弯头磨损及其剩余寿命估算 [A]．浙江省科学技术协会．首届长三角科技论坛——能源科技分论坛论文集 [C]．浙江省科学技术协会：2004.

[12] 肖琨，王强，王信群，等．某型号锅炉末级过热器流动特性的三维数值研究 [J]．工业安全与环保，2011，37 (3)：6-7.

低硬度 P91 钢管性能恢复试验及适用性分析

王 峰[1]，张丰收[2]，马 江[1]

1. 河南省锅炉压力容器安全检测研究院，郑州，450016；

2. 河南华电金源管道有限公司，郑州，451162

摘 要： 对长周期服役 P91 钢管出现的低硬度情况进行了性能恢复热处理试验，利用光学显微镜、扫描电镜及能谱分析对比 P91 钢性能恢复热处理前后的微观组织及微区成分差异，并测试了其常温及高温力学性能。结果表明，低硬度 P91 钢性能恢复热处理后常温及短时高温力学性能均达到相关标准要求；长周期服役 P91 钢硬度大幅降低的主要原因为马氏体的再结晶，碳化物及 Laves 相的析出长大，通过性能恢复热处理能够将 P91 钢组织调整为均匀的回火马氏体，粗大的 $Cr_{23}C_6$ 及 Laves 相回溶，P91 钢的综合力学性能得到有效提高。

关键词： P91 钢管；热处理；力学性能；微观组织；碳化物；Laves 相

Performance Recovery Test and Applicability Analysis of Low Hardness P91 Steel Pipe

Wang Feng[1], Zhang Fengshou[2], Ma Jiang[1]

1. The Boiler&Pressure Vessel Safety Inspection Institute of Henan Province, Zhengzhou, 450016

2. Henan Huadian Jinyuan Piping Co., Ltd., Zhengzhou, 451162

Abstract: The low hardness of P91 steel pipe in long-term service was tested by performance recovery heat treatment. The microstructure and micro composition of P91 steel pipe before and after performance recovery heat treatment were analyzed by optical microscope, scanning electron microscope and energy dispersive spectrometry. The mechanical properties of P91 steel pipe at room temperature and high temperature were tested. The results show that the mechanical properties of low hardness P91 steel at room temperature and short-term high temperature after property recovery heat treatment meet the requirements of relevant standards; the main reason for the sharp decrease of hardness of P91 steel in long-term service is the recrystallization of martensite, the precipitation and growth of carbide and Laves phase. The microstructure of P91 steel can be adjusted to uniform tempered martensite and coarse $Cr_{23}C_6$ and Laves phase by property recovery heat treatment. The results show that the comprehensive mechanical properties of P91 steel are effectively improved.

Keywords: P91 steel pipe, heat treatment, mechanical properties, microstructure, carbide, Laves phase

0 引言

20 世纪 80 年代美国燃烧工程公司与美国橡树岭国家实验室在 P9 钢的基础上，通过对 Nb、V、

作者简介：王峰，1978 年生，男，高级工程师，博士，主要从事承压类特种设备材料使用风险评估。

N 添加量的优化研发了 P91 马氏体耐热钢[1-3]，由于其具有良好的高温力学性能、抗高温蒸汽腐蚀、热传导性能好等优点，自 1984 年纳入 ASME 标准以来，广泛用于 593℃以下的超临界电站锅炉管道[4,5]。

P91 钢在高温、高压的使用工况条件下，由于马氏体组织的回复、再结晶及碳化物的析出、长大等因素，P91 钢管的力学性能会逐渐降低[6-8]。火力发电厂金属技术监督规程 DL/T 438—2016 规定 P91 钢的硬度不应低于 185HB，但在对电站锅炉的定期检验过程中发现 P91 管道存在硬度偏低的问题，严重影响锅炉的安全稳定运行，但由于检修周期短、管道备件不足等因素的影响，快速更换新管方式来根除安全隐患极其困难，因此针对低硬度 P91 钢管可尝试进行性能恢复措施，以期提高低硬度 P91 的常温及高温力学性能，从而继续安全稳定服役。

本文以长期服役导致 P91 钢管出现硬度偏低现象为实例，对其进行性能恢复热处理，对比研究了热处理前后的管道力学性能及微观组织差异，并分析讨论了 P91 钢性能恢复热处理后长期运行可能存在的安全问题，以期为工程实践提供一定参考。

1 试验材料及方法

试验材料为超临界电站锅炉用 P91 耐热钢管，尺寸为 DN323mm×50mm。P91 钢管的化学成分见表 1，各元素含量均满足 GB/T 5310—2017《高压锅炉用无缝钢管》对 P91 钢的要求。用布氏硬度计对 P91 钢管表面进行硬度检测，测得硬度最低值仅为 153HB，低于 DL/T 438—2016《火力发电厂金属技术监督规程》要求 P91 钢管硬度 185HB 的下限值。

表 1 低硬度 P91 钢管化学成分 （质量分数/%）

元素	C	Mn	Si	Cr	Mo	V	Ni	N	B	Nb	Al	S	P
P91 钢标准值	0.08～0.12	0.3～0.6	0.2～0.5	8.0～9.5	0.85～1.05	0.18～0.25	≤0.4	0.03～0.07	0.001～0.006	0.06～0.1	≤0.02	≤0.01	≤0.02
P91 钢管实测值	0.10	0.47	0.31	8.91	0.92	0.19	0.21	0.043	0.002	0.05	0.01	0.005	0.016

对低硬度 P91 钢管在高温电阻炉中进行 1060℃正火+750℃回火的性能恢复热处理，正火及回火工艺曲线见图 1，正火 1060℃保温 2.5h，回火 750℃保温 5h，空冷。

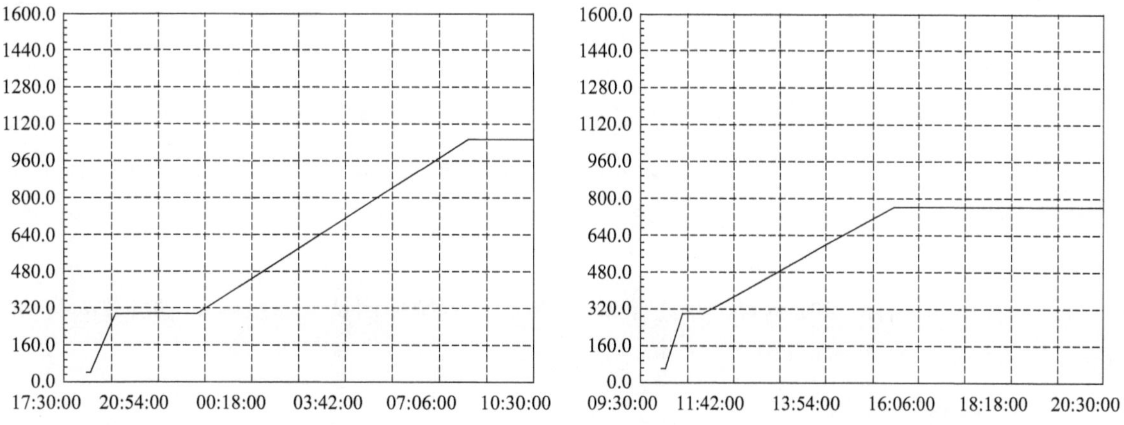

(a) 正火曲线图 (b) 回火曲线图

图 1 P91 钢热处理曲线

力学性能样品在管道的外表面沿横向截取加工，对其进行室温和 590℃高温力学性能试验。常温拉伸试样规格为直径 ϕ5mm，标距 25mm，在 CMT5105 型美特斯拉伸试验机上进行检测；冲击试样根据

GB/T 229—2007《金属材料夏比摆锤冲击试验方法》在 ZBC2302-C 型美特斯冲击试验机上进行测试。高温拉伸试验在 100KN AG-IC 型岛津电子万能材料试验机上进行 590℃高温拉伸测试。

微观分析样品在管壁截面的中心部位截取，金相试样经研磨、抛光后采用 $FeCl_3$ 盐酸水溶液（5g 三氯化铁＋50mL 盐酸＋100mL 水）腐蚀，在 Axio Observer A1m 型 Zeiss 光学显微镜下观察；采用 Zeiss EVO 10 型扫描电镜观察样品的二次电子相及背散射相形貌并利用其能谱分析仪进行微区成分分析。

2 性能、组织分析

2.1 硬度

图 2 是低硬度 P91 钢管热处理前后的布氏硬度测试对比，长期服役后 P91 钢测得最低布氏硬度为 153HB，平均布氏硬度为 158HB，低于 DL/T 438—2016《火力发电厂金属技术监督规程》P91 钢管硬度 185HB 的下限值，经 1060℃＋750℃恢复性能热处理后，P91 钢布氏硬度明显提高，平均值达到 222HB，满足标准要求。

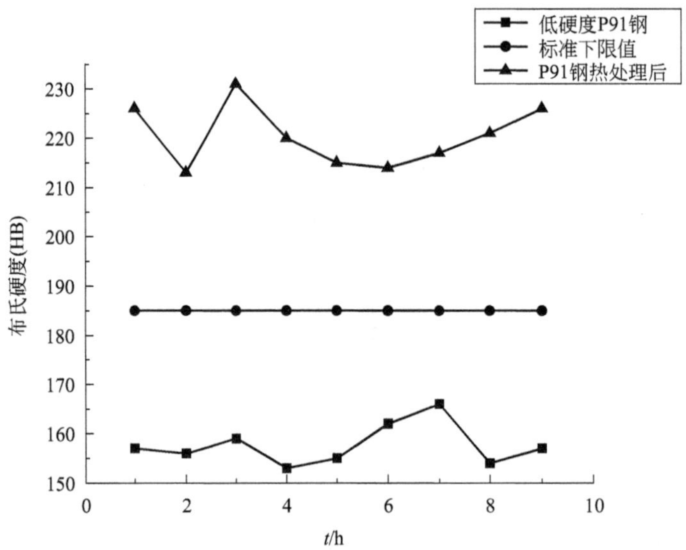

图 2 低硬度 P91 钢管热处理前后布氏硬度

2.2 力学性能

图 3 是低硬度 P91 钢管热处理前后的力学性能测试对比，低硬度 P91 钢管热处理前，屈服强度 440MPa，抗拉强度 590MPa，横向伸长率 22%，横向冲击功 110J，力学性能均略高于 GB/T 5310—2017《高压锅炉用无缝钢管》对 P91 钢的要求；低硬度 P91 钢管经 1060℃＋750℃恢复性能热处理后，屈服强度 465MPa，抗拉强度 685MPa，伸长率 27%，冲击功 223J，各项力学性能较热处理前均有一定提高。另外，对热处理后的 P91 钢管试样进行 590℃高温短时拉伸测试，屈服强度 290MPa，抗拉强度 326MPa，伸长率 42.5%，满足 GB/T 5310—2017 标准相关要求。

2.3 微观组织分析

P91 钢为马氏体耐热钢，其正常金相组织主要为回火马氏体，图 4 为 P91 钢管热处理前后的金相形貌对比，低硬度 P91 钢管热处理前，马氏体发生回复再结晶，可见部分块状组织；经恢复性热处理后金相组织恢复为典型的回火马氏体形态。

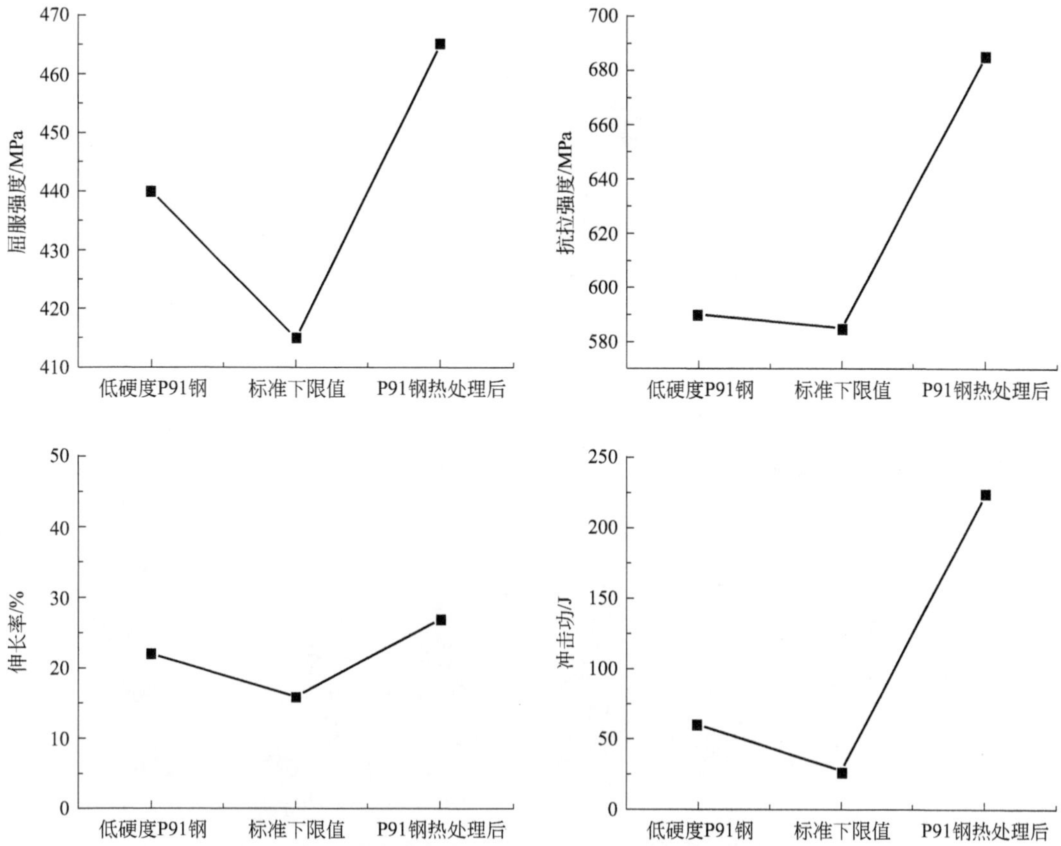

图 3 低硬度 P91 钢管热处理前后的力学性能

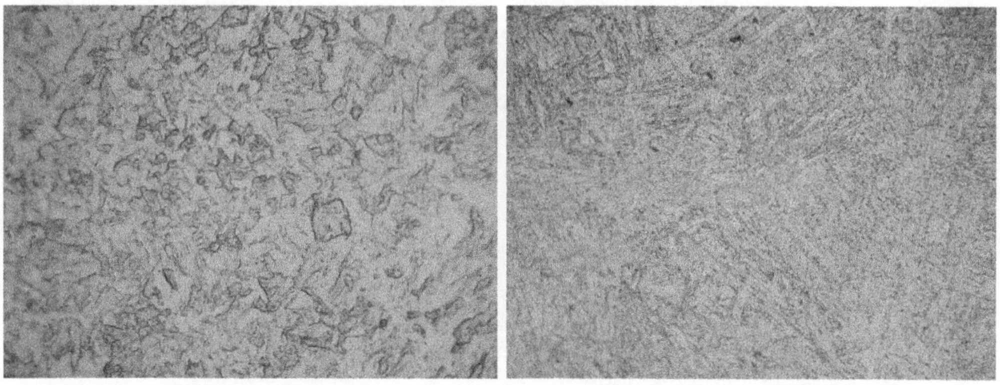

(a) 低硬度P91 200倍金相　　(b) 热处理后P91 200倍金相

图 4 P91 钢管热处理前后的金相形貌对比

图 5 为低硬度 P91 钢扫描电镜二次电子相形貌及 EDS 分析，图 5(a) 组织中的马氏体特征基本消失，沿晶界析出大量粗大的析出相，尺寸最大达到 1.5μm [图 5(b)]，对图 5(b) 进行成分面扫描分析发现，沿晶界析出的粗大析出相中不仅含有较多的 Cr 元素 [图 5(c)] 而且 Mo 元素也发生偏聚 [图 5(d)]。

为了进一步明确析出相，对低硬度 P91 钢扫描电镜的背散射形貌及微区成分进行分析（图 6）。在图 6(a) 背散射形貌下，析出物的亮度存在明显差异，对较亮的 1 区析出相进行 EDS 成分分析，发现该析出相 Fe 含量占 52%，Mo 含量占 22%，Cr 含量占 8%，该析出相应为富 Mo 的 Laves 相 [图 6(b)]；对较暗的 2 区析出相进行 EDS 成分分析，该析出相未检出 Mo 元素，应为 $M_{23}C_6$ 型粗大析出相。

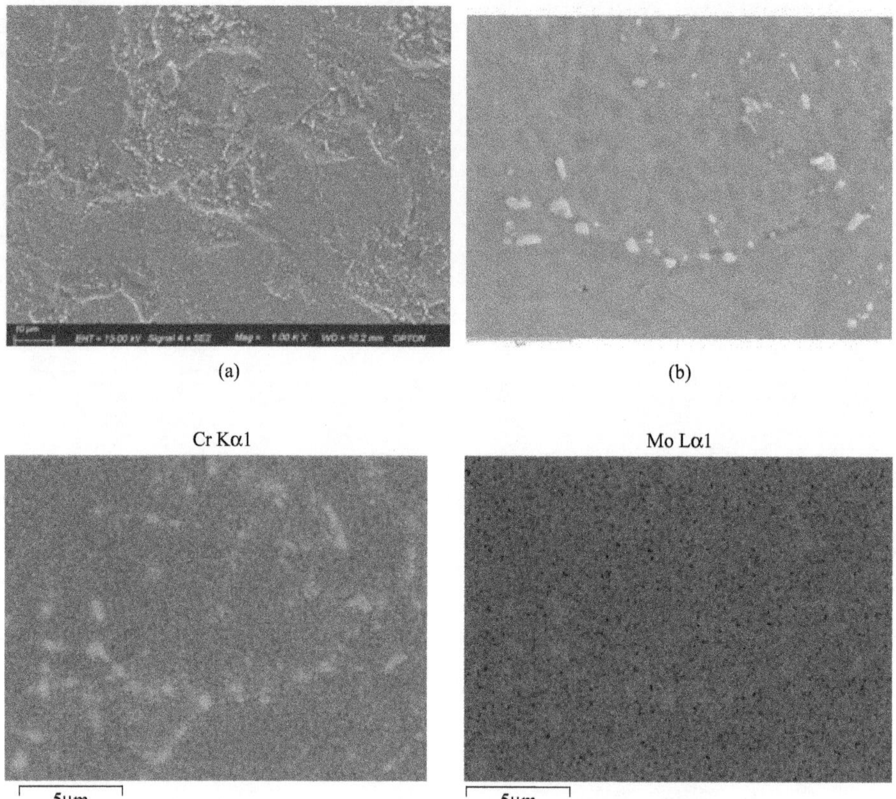

(a) (b) (c) (d)

图 5 低硬度 P91 钢扫描电镜形貌及 EDS 分析

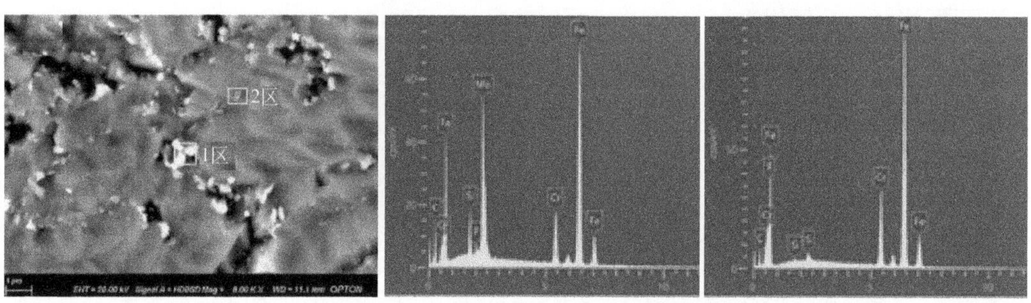

(a) (b) (c)

图 6 低硬度 P91 钢背散射形貌及微区成分分析

(a) 背散射形貌图；(b) 1 区 EDS 成分；(c) 2 区 EDS 成分

图 7 为 P91 钢管恢复性能热处理后的扫描电镜形貌及 EDS 分析，图 7(a) 组织中回火马氏体形态明显，析出相较为细小，最大尺寸约 0.5μm [图 7(b)]，对图 7(b) 进行成分面扫描分析，析出相中能够看到有明显的 Cr 元素偏聚 [图 7(c)]，但未见明显的 Mo 元素偏聚 [图 7(d)]。分析认为，此时晶界处的 Laves 相均已回溶，晶界处可见的微米级析出相为回火时析出的 $Cr_{23}C_6$。

3 分析和讨论

P91 钢是在 9Cr-1Mo 钢的基础上添加 Nb、V 等元素的马氏体耐热钢，在长期高温工况下，材料的固溶强化、位错强化、析出强化以及细晶强化[9] 效果减弱，导致硬度降低。

硬度能够反映出服役材料的综合性能，与材料的强度和寿命存在着一定的对应关系。高丽新等[10] 研究了 P91 钢低硬度对其性能的影响，当 P91 钢管道的硬度低于 180HB 时，组织中出现铁素体，其室

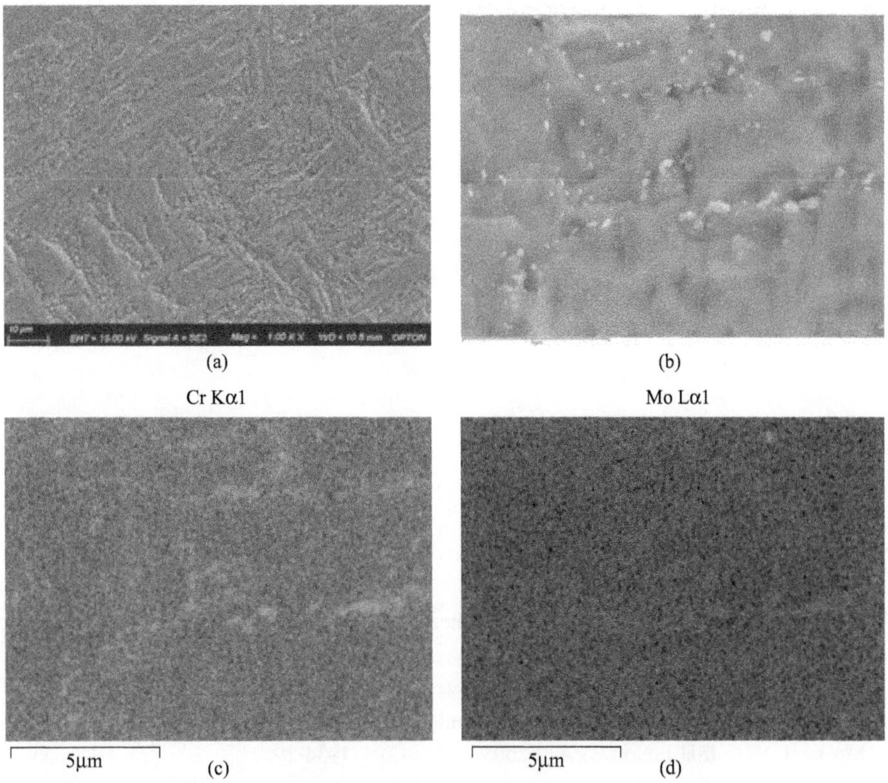

图 7 低硬度 P91 钢热处理后 SEM 形貌及 EDS 分析

温抗拉强度和高温持久强度下降明显。杨超等[11] 对低硬度 P91 钢管道进行了寿命预测，其结果表明当硬度低于 165HB 时，持久强度下降到许用应力以下，无法保证安全运行。本文中 P91 钢管经长期服役后，最低硬度仅为 153HB，如不及时采取降险措施，可能对设备的安全运行造成不利影响。

本文中在低硬度 P91 钢管的微观组织中发现微米级的富 Mo 元素的 Laves 相析出物，一般认为 Laves 相沿原奥氏体晶界和马氏体板条界析出，且长大速度较快，高于 $M_{23}C_6$，Laves 相的沉淀和粗化显著降低界面处组织的结合强度。同时，由于 Laves 相是通过 Mo 元素的扩散形成，而 Mo 元素作为固溶强化元素添加到 P91 钢中，在高温使用时发生的脱溶将会降低基体的固溶强化效果。这些组织上的变化导致 P91 钢发生脆化，综合力学性能降低，经 1060℃＋750℃热处理后的 P91 钢管组织中的 Laves 相基本回溶，有效提高了 P91 钢管的综合力学性能。

P91 含有较多的 V、Nb 等 MX 型强化相形成元素，这些纳米级 MX 相能够提高 P91 钢在高温下的蠕变强度，确保 P91 钢在使用过程中的稳定性[12,13]。但随着服役时间的增加，MX 相会逐渐长大，强化效果降低，同时，钢中的 $M_{23}C_6$ 相也会逐渐粗化。低硬度 P91 钢经 1060℃正火，Nb（C，N）及部分粗大的 $M_{23}C_6$ 型碳化物可能并未及时回溶，此时 P91 钢的常温力学性能及短时高温性能虽能够满足 GB/T 5310—2017《高压锅炉用无缝钢管》标准要求，但钢管的持久强度仍与新钢管可能存在一定差异。

另外，经性能恢复热处理的 P91 钢管需要进行现场焊接，钢管的焊接接头细晶区已经存在的粗大 $M_{23}C_6$ 碳化物或未溶 MX 相由于再次经历高温，可能会进一步削弱晶界强度[14-16]，使 P91 钢焊接接头的高温持久强度降低，Ⅳ型裂纹开裂倾向增加，下一步工作需对该问题进行研究确认。

4 结论及下一步工作

① 低硬度 P91 钢管经 1060℃＋750℃热处理后，其微观组织由块状组织转化为回火马氏体，沿晶

界析出的粗大 $Cr_{23}C_6$ 及 Laves 相基本回溶，有效提高了 P91 钢管的综合力学性能。

② 经性能恢复热处理后，P91 钢管各项力学性能较热处理前均有一定提高；布氏硬度由最低的 153HB 提高至 222HB，能够达到 GB/T 5310—2017《高压锅炉用无缝钢管》对 P91 钢的力学性能要求。

下一步工作：对经性能恢复热处理的 P91 钢管模拟现场焊接条件进行焊接试验，分析 P91 钢管性能恢复热处理后的焊接接头性能及微观组织，对其长周期运行安全性进行评估。

参考文献

[1] 李益民，范长信，杨百勋．大型火电机组用新型耐热钢 [M]．北京：中国电力出版社，2013.

[2] Lverde D，Gomez-Acebo T，Castro F. Continuous and cyclic oxidation of T91 ferritic steel under steam [J]．Corrosion Science，2004，46（3）：613-617.

[3] 闫超鹏，孙锋，单爱党．超超临界火电机组用铁素体耐热钢的研究现状 [J]．机械工程材料，2008，32（12）：1.

[4] Masuyama F，History of power plants and progress in heat resistant steels [J] ISIJ International，2001，41（6）：612-615.

[5] 陆燕荪．从超临界机组的发展透视研发新材料的紧迫性 [J]．发电设备，2006，3：149-151.

[6] Sawada K，Miyahara K，Kushima H. Contribution of micirostructural factors to hardness change during creep exposure in mod 9Cr-1Mo steel [J]．ISIJ international，2005，45（12）：1934-1937.

[7] Sawada K，Maruyama K，Komine R. Microstructural changes during creep and life assessment of mod 9Cr-1Mo steel [J]．Tetsu-to-Hagane，1997，83（7）：466-471.

[8] Endo T，Masuyama F，Park K. Change in Vickers hardness and substructure during creep of a Mod 9Cr-1Mo steel [J]．Materials transactions，2003，44（2）：239-246

[9] 王卫泽，王钥，朱月梅．我国 P91 /T91 钢生产及其性能的现状与进展 [J]．机械工程材料，2010，34（6）：6-9.

[10] 高丽新，李炜丽，侯小龙．P91 钢高温蒸汽管道低硬度对其理化性能的影响 [J]．华北电力技术，2015，7：37-43.

[11] 杨超，汤淳坡，龚宏强．低硬度 P91 管件的安全性评价及寿命预测 [J]．中国电力，2017，50（8）：82-86.

[12] Bugge J，Kjaer S，Blum R. High-efficiency coal-fired power plants development and perspectives [J]．Energy，2006，31（10）：1437.

[13] Kouichi M，Kota S，Junichi K. Strengthening mechanisms of creep resistant tempered martensitic steel [J]．ISIJ International，2001，41（6）：641.

[14] Francis J A，Mazur W，Bhadeshia H. 2006. Review type IV cracking in ferritic power plant Steels [J]．Materials Science and Technology，22（12）：1387-1395.

[15] Kim B，Lim B. Local creep evaluation of P92 steel weldment by small punch creep Test [J]．Acts Mechanics Solids Sinica，2008，21（4）：312-317.

[16] Abe F，Tabuchi M，Kondo M. Suppression of Type IV fracture and improvement of creep strength of 9Cr steel welded joints by boron addition [J]．International journal of pressure vessels and piping，2007，84（1-2）：44-52.

2000t/d 水煤浆加压废热锅炉水冷壁除渣安全联锁系统设计

熊子琪[1]，苏智彬[2]，刘再斌[3]，苏文献[1]

1. 上海理工大学能源与动力工程学院，上海，200093

2. 上海锅炉厂有限公司，上海，200245

3. 中国特种设备检测研究院，北京，100029

摘　要： 废热锅炉水冷壁积灰结渣现象，不仅严重影响废热锅炉传热效率，还易引发灾害性事故。为了保障废热锅炉安全运行，防止废热锅炉水冷壁结渣危险事故发生，须设置水冷壁除渣安全联锁保护系统。针对某 2000t/d 废热锅炉水冷壁结渣现象，设计其水冷壁除渣安全联锁系统。

关键词： 废热锅炉；水冷壁；结渣；联锁

Design of Safety Interlocking System for Slag Removal on Water Wall of 2000t/d Coal Water Slurry Pressurized Waste Heat Boiler

Xiong Ziqi[1], Su Zhibin[2], Liu Zaibin[3], Su Wenxian[1]

1. School of Energy and Power Engineering, University of Shanghai For Science and Technology Shanghai, 200093

2. Shanghai Boiler Works Co., Ltd. Shanghai, 200245

3. China Special Equipment Inspection and Research Institute Beijing, 100029

Abstract: Fouling and slagging on the water wall of the waste heat boiler not only seriously affects the heat transfer efficiency of the waste heat boiler, but also easily leads to catastrophic accidents. In order to ensure the safe operation of waste heat boilers and prevent dangerous accidents of slagging on the water wall of waste heat boilers, a water wall slag removal safety interlock protection system must be installed. Aiming at the slagging phenomenon on the water wall of a 2000t/d waste heat boiler, the water wall slag removal safety interlock system was designed.

Keywords: radiant waste heat boiler; water wall; slagging; interlock

0　引言

废热锅炉主要应用于能源化工行业的废热回收系统，通过回收余热来达到产生蒸汽和热水、能源再利用和降低废物排放的目的。工业过程中的烟道气（约 200～400℃）、高炉炉气（约 1500℃）以及需要冷却的化学反应工艺气等都属于需要回收余热的气体。进入废热锅炉的高温烟气含有部分熔化的黏性颗粒，与温度较低的水冷壁接触时发生凝结，温度低于灰熔点的灰粒在水冷壁上沉积则

基金项目：特种设备安全防护系统功能安全保障关键技术研究（编号：2018YFC0808905）。

作者简介：熊子琪，1996 年生，男，硕士，主要从事过程设备设计与有限元分析方面研究工作。

会造成积灰。若废热锅炉水冷壁上渣层过厚，则会造成水冷壁的传热能力降低，废热锅炉生产效率下降。若水冷壁结渣严重时，会使水冷壁上大块的灰渣掉落，破坏锅炉底部结构，甚至造成更严重的安全事故。所以，从渣层的角度考虑废热锅炉安全经济运行，必须对水冷壁结渣状况进行判断，采取有效的清渣措施，结渣严重时须紧急停炉进行除渣，防止水冷壁发生严重结渣引发危险事故，保障废热锅炉安全运行。

1 废热锅炉结渣原因及危害

1.1 结渣原因

结渣是指熔灰在水冷壁表面积聚，其本质是锅炉中高温烟气中含有熔融或部分熔融状态下的未燃尽煤粉颗粒，在遇到温度较低的水冷壁冷却、凝固而形成沉积物的过程[1]。

1.2 结渣危害

废热锅炉生产过程中，水冷壁不可避免地都会存在不同程度的结渣问题，它影响着锅炉运行安全和生产效率。废热锅炉中的水冷壁发生严重结渣时，会导致水冷壁吸热量下降，降低传热效率，同时还会加剧水冷壁面腐蚀，降低水冷壁管使用寿命，甚至可能造成爆管停炉等事故。

2 废热锅炉吹灰方式及比较

2.1 废热锅炉的吹灰方式

部分工厂的废热锅炉出于初期投资考虑，不设吹灰器，而是定期进行锅炉停炉除渣，除渣的时间间隔通常较长，导致水冷壁结渣严重，除渣难度较高。常用的锅炉运行时吹灰方式有：蒸汽吹灰、燃气脉冲（激波）吹灰、声波吹灰、机械振打等[2]，不同方式吹灰原理介绍如下。

（1）蒸汽吹灰

利用可以伸缩旋转的吹灰枪管喷出蒸汽，对受热面进行吹灰除渣。

（2）燃气脉冲（激波）吹灰

通过燃烧混合气体产生强波射气流、冲击波和热辐射进行除灰。

（3）声波吹灰

通过声波能量使受热面的灰粒产生共振，从而使灰渣松动落下。

（4）机械振打

机械振打是让水平烟道过热器、省煤器、蒸发器待集箱在端部振打时来回有一个摆动的弧度产生震动把集箱管屏上的灰振落下来，起到清洁锅炉受热面的作用，检修维护比较方便。

2.2 不同吹灰方式优缺点分析

如表1所示，目前，废热锅炉吹灰系统普遍采用定时全面的吹灰方式，该方式存在较大的盲目性。吹灰频率高，易造成吹灰工质浪费，增加废热锅炉生产成本，同时还会使水冷壁面机械疲劳和热疲劳加剧，降低水冷壁的寿命。吹灰、除渣不及时或不足，则会造成排烟温度升高，当锅炉水冷壁结渣严重时，可能造成大块灰渣掉落损坏设备。所以需要对水冷壁灰污状况进行实时监测，合理安排吹灰频率，对没有吹灰装置的废热锅炉进行水冷壁结渣严重报警，必要时紧急停炉进行除渣。

表1 不同吹灰器优缺点对比

吹灰分类	优点	缺点
蒸汽吹灰	蒸汽来源方便、量足；效果显著	除灰范围受限；易受热变形；投资大，后期维护成本较高

续表

吹灰分类	优点	缺点
燃气脉冲吹灰	吹灰范围大,效率高;无需日常维护;运行成本低	存在一定安全隐患;作用范围有限
声波吹灰	结构、系统简单;吹灰范围广;安全性高,运行成本低	吹灰效果一般;易引起受热面共振;前期投资费用高;噪声大
机械振打	适用性高;无需日常维护	吹灰范围小,不彻底;易造成设备损害

3 2000t/d 水煤浆加压废热锅炉水冷壁安全联锁系统设计

上海某锅炉厂设计的 2000t/d 水煤浆加压废热锅炉在实际应用中出于初投资的考虑，该废热锅炉不设吹灰装置，锅炉操作人员也无法判断炉内水冷壁的结渣情况。若该废热锅炉出现水冷壁严重结渣现象，易造成危险事故。所以为保障废热锅炉安全生产运行，就需要对该废热锅炉渣层进行实时监控，在渣层过厚的时，启动除渣安全联锁系统，紧急停炉进行除渣，避免渣层过厚引起危险事故。

3.1 2000t/d 水煤浆加压废热锅炉工艺介绍

原料煤经过备料系统得到水煤浆，水煤浆经过进料系统后压力提升至 8.6MPa 送至气化烧嘴，高压氧气经喷嘴与高压水煤浆一起进入气化炉进行部分氧化反应，产生的粗合成气及灰渣进入废热锅炉。汽包向气化室水冷壁提供温度为 271℃的饱和水，废热锅炉水冷壁内的饱和水吸收热量后变成汽水混合物返回汽包，在汽包内经过水汽分离后，饱和蒸汽从汽包饱和蒸汽出口引出，饱和水从汽包下部饱和水出口引出，通过循环泵增压后重新返回水冷壁。该废热锅炉整体模型如图 1 所示。

图 1　废热锅炉整体模型

3.2 废热锅炉水冷壁灰污在线监测方法

利用声学测温原理与神经网络算法相结合的方式对废热锅炉水冷壁进行灰污监测。主要通过声波信号对废热锅炉烟气测温度进行计算，具体测量原理是通过安装在废热锅炉外侧的声波发生器发出的声波信号，再经过功率放大器放大后由声波导管传到废热锅炉水冷壁，被声波接收器接收，最后将信号经过处理传到主程序控制器中。主程序通过测量得到的声波飞渡时间计算废热锅炉烟气侧温度，如图 2 所示。

声波信号经过功率放大器从废热锅炉左侧声波发生器发出，通过声波导管传到废热锅炉炉膛内部，再由废热锅炉右侧声波接收器接受声波信号，从而得到声波的飞渡时间，确定声波在传播路径上的平均速度。然后，根据平面波的运动方程、平面波的波动方程以及气体状态方程推导出废热锅炉烟气侧温度。

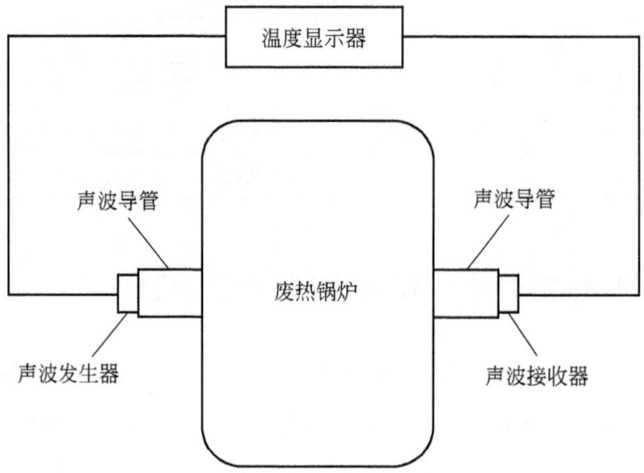

图 2　单路径声学测温示意图

$$c=\frac{L}{\tau}\sqrt{\frac{\gamma R}{m}(t+273.15)}=Z\sqrt{(t+273.15)}$$

式中，c 为介质中声波的传播速度，m/s；L 为测点距离，m；τ 为飞度时间，s；γ 为气体的绝热指数；R 为理想气体普适常数，J/mol·K；m 为气体分子量，kg/mol；t 为气体温度,℃；对于给定的气体混合物 $Z=\sqrt{\frac{\gamma R}{m}}$，为常数，声波在废热锅炉中的传播速度取决于气体的温度。根据单路径温度计算公式计算得到温度显示在温度显示器上。

将计算结果存入到数据库 SQL（structured query language）中，数据库 SQL 定时访问工厂 DCS（distributed control system）数据系统，保存所需数据，相关数据输入 BP（error back propagation）神经网络输入层，BP 神经网络预测清洁时受热面的潜在吸热量，计算程序计算实际时水冷壁吸热量，计算废热锅炉水冷壁灰污系数，存入数据库 SQL 系统，以便软件提供烟气温度场、各水冷壁灰污系数、相关数据变化趋势和灰污报警信号[3]。实时得到水冷壁灰污系数，并转化为灰污特征参数 λ，通过 λ 大小判断水冷壁结渣厚薄。水冷壁灰污在线监测流程如图 3 所示。

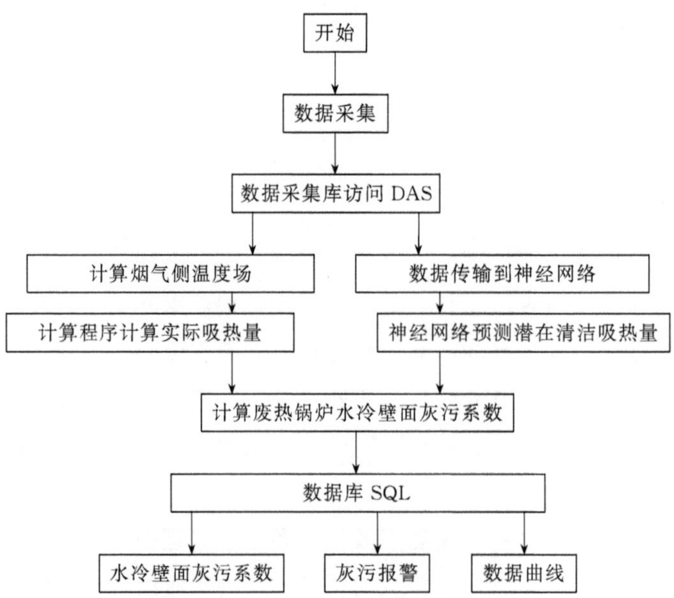

图 3　水冷壁灰污在线监测流程

3.3　废热锅炉水冷壁除渣安全联锁系统设计

对各部分水冷壁灰污特征参数设定危险值，当通过实时测量计算得到的水冷壁灰污特征参数超过设置的危险值时，系统即自动判定该受热面结渣严重，立即报警和采取停炉除渣相关措施。

（1）安全联锁系统独立设置

废热锅炉正常运行过程中，可能会出现爆炸、火灾等重大危险事故，造成人员伤亡和经济损失，所以必须设置独立的联锁和停车系统，确保废热锅炉安全运行。机组的联锁系统必须独立于过程控制系统，防止因过程控制系统故障，导致联锁系统失效的情况发生[4]。

（2）安全联锁系统的冗余

为确保废热锅炉水冷壁除渣安全联锁系统的可靠性，须对系统硬件采用相应的冗余结构，配备专用的仪表。系统的控制结构采用三重化冗余[5]，由三个完全相同的控制系统通道组成，每个系统通道进行独立的程序控制，三个控制系统通道同时进行工作，当有两个或以上的通道信号一致时，系统对现场输入和输出信号进行表决并发出相应的安全指令。

（3）水冷壁除渣安全联锁系统设计

为了确保废热锅炉安全稳定运行，须对其设计除渣安全联锁系统。当灰污特征参数高于设定的危险值λ时，即表明此时废热锅炉水冷壁结渣厚度过厚，造成的废热锅炉危险事故是工厂不能接受的，联锁系统将进行紧急停炉，切断高温烟气进入废热锅炉，延时 10min 切断进入水冷壁中的饱和水进入。在对废热锅炉运行各项重要参数监测控制中，防止现场仪表出现故障或精度错误而导致废热锅炉重大危险事故发生，而采用了冗余措施。废热锅炉水冷壁除渣安全联锁系统采用三取二联锁逻辑，只有两个及其以上仪表的监测参数经过计算得到的灰污特征参数同时出现超标，安全联锁装置才动作，保证设备装置安全。水冷壁除渣安全联锁系统逻辑图如图 4 所示。

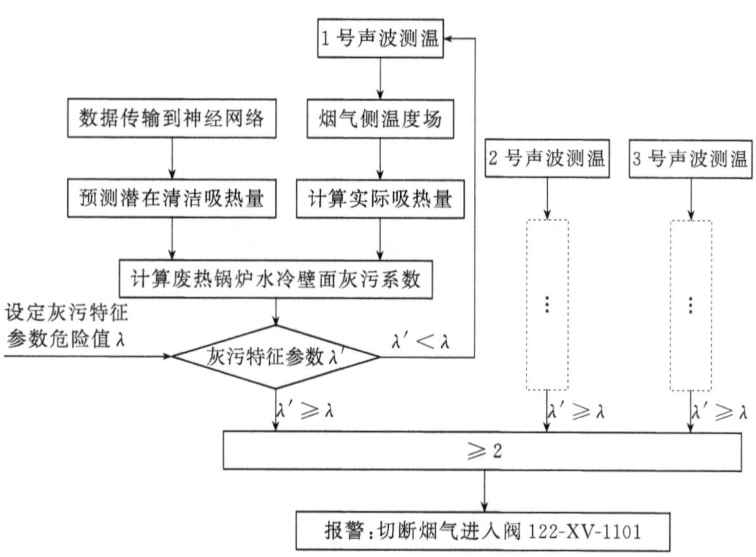

图 4　除渣安全联锁系统逻辑

4　总结

通过对废热锅炉水冷壁积灰结渣现象系统研究和除渣方式的对比分析，提出对废热锅炉水冷壁进行除渣安全联锁系统设计。一方面防止因废热锅炉水冷壁积灰结渣严重而导致危险事故的发生，为废热锅炉安全经济运行提供了保障；另一方面为废热锅炉通过监测水冷壁灰污系数进行智能吹灰提供了参考。为废热锅炉向安全、节能和高效的方向发展起到一定的促进作用。

参考文献

[1] 李键．燃煤锅炉受热面积灰和结渣的形成机理及控制措施研究 [J]．黑龙江科技信息，2016，25：105.

[2] 陆海梅．SP 余热锅炉几种吹灰装置的对比与分析 [J]．节能，2001，29 (8)：75-76.

[3] 杨慎宝．锅炉受热面灰污的监测研究 [D]．保定：华北电力大学，2013.

[4] 李鸣，黄丽梅，张宇，等．硫磺回收装置紧急停车系统的设计 [J]．化工自动化及仪表，2013，38 (6)：739-741.

[5] 袁国利，郎兵．三冗余 PLC 在压缩机防喘振控制中的应用研究 [J]．自动化仪表，2011，32 (1)：54-57.

工业锅炉水位控制系统策略研究进展

闫　凯，刘　峰，文　琪

中国特种设备检测研究院，北京，100029

摘　要： 锅炉水位作为工业锅炉运行最为重要的监控参数，水位保持稳定是锅炉安全运行的前提保证。本文重点从工业锅炉水位计自动控制系统出发，总结了一些提高工业锅炉水位自动控制系统可靠性的措施，以期为提高工业锅炉水位控制系统的可靠性提供参考和指导。

关键词： 工业锅炉；水位计；自动控制；可靠性

Research Progress of strategy of control system for industrial boiler water level

Yan Kai, Liu Feng, Wen Qi

China Special Equipment Inspection & Research Institute, Beijing, 100029

Abstract: The boiler water level is the most important monitoring parameter for the operation of industrial boiler, and the stability of the water level is the prerequisite for the safe operation of the boiler. This paper focuses on the industrial boiler hydrological gauge automatic control system, puts forward some measures to improve the reliability of industrial boiler water level automatic control system, in order to provide reference and guidance for improving the reliability of industrial boiler water level control system.

Keywords: industrial boiler; hydrological gauge; automatic control; reliability

0　引言

锅炉中的水位计是工业锅炉非常重要的监控对象，锅炉水位一旦出现异常情况就会存在严重的安全隐患，甚至会发生爆炸事故，严重威胁操作人员的生命安全，因此有效测量和控制锅炉的水位就显得非常重要[1-6]。工业锅炉运行过程中出现的各个故障都可能会影响锅炉的水位显示的准确性，当锅炉水位出现异常时，操作人员要根据水位值的情况及时作出相应处理，以避免更严重的事故发生。

蒸汽锅炉中，锅筒（锅壳）要求装设两个彼此独立的可直接读数的水位表（符合一定条件的，可以只装一个）[6]。水位表应当有指示最高、最低安全水位的明显标志。除了装设直读式水位计外，在锅炉控制室内应当有两个可靠的远程水位测量装置。蒸汽锅炉应当装设高、低水位报警（报警信号应当能够区分），并要求装设低水位连锁保护装置，要确保保护装置未达到（或接近）最低安全水位时动作。当水位低于最低安全水位线，说明锅炉已经缺水，同时与远程水位测量装置有逻辑联系的水位报警器会发

基金项目：锅炉水位控制系统可靠性研究（编号：JSZC-2020-15）。

作者简介：闫凯，1984 年生，男，高级工程师，博士，主要从事电站锅炉组合损伤研究与安全评价。

出低水位报警信号，并使低水位连锁保护装置动作；当锅炉出现满水，水位则高于最高安全水位，此时与远程水位测量装置有逻辑联系的高水位警报器也会因此发出报警信号；此外锅炉若出现汽水共腾现象，水位上下急剧波动，则会使水位表中的水位线模糊。

据不完全统计，从 2001 年至今，共发生锅炉事故 520 起。其中与水位控制装置直接或间接相关的事故共 41 起，包括：锅炉严重缺水，贸然加水导致气压骤然升高引起事故 24 起；水位示控装置失效（含显示异常）引起事故 10 起；锅炉缺水、干烧引起事故 5 起；未正确使用水位计（未冲洗、伪造冲洗记录）间接引起事故 1 起；其他事故 1 起。具体分布如图 1 所示。由此可见，提高工业锅炉水位控制系统的可靠性对于锅炉安全生产和保障操作人员的生命安全具有重要意义。本文主要从工业锅炉水位计自动控制系统出发，针对工业锅炉水位自动控制系统的可靠性提出了一些保障性措施。

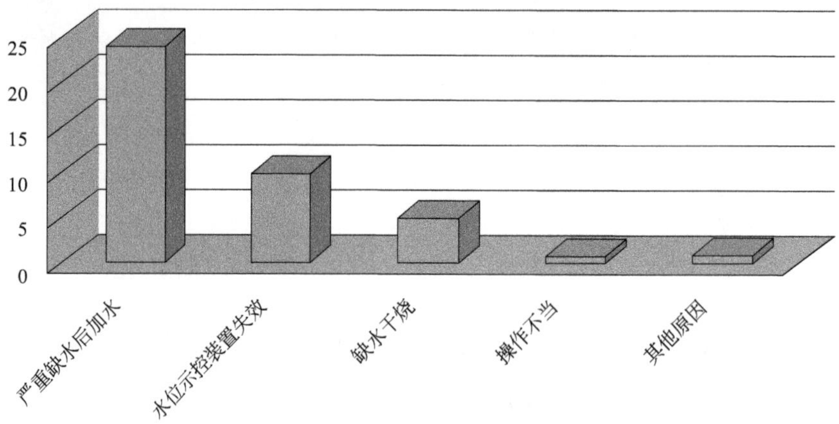

图 1　水位计相关事故统计图

1　工业锅炉在运行环节水位安全风险

首先，工业锅炉锅筒（锅壳）内水是处于沸腾状态的汽水混合物，水室中含有的气泡使锅筒内的水位有所上升，假设稳定工况下所对应的水位为真实水位，而受热负荷、工作压力、燃烧特性等因素影响，使锅筒内水位存在一定程度的波动，即波动水位。当工业锅炉热负荷增大时，气压下降和炉水饱和温度也随之下降，短时间内极易造成较大的波动水位波动，易形成虚假水位。此外，受环境等因素影响，工业锅炉水位计中水的密度高于锅筒内水的密度，因此水位计指示水位比锅筒水位低，该因素造成的下降值称之为冷缩水位，因此水位计指示的水位＝真实水位＋波动水位－冷缩水位[7]。

其次，工业锅炉在运行过程中，由于锅炉两侧燃烧不均，火焰中心偏斜导致锅炉两侧蒸汽热负荷不一致，特别在低负荷时偏差更大。此外，随着工业锅炉锅筒长度和容积的增大，炉内热负荷分配不均匀程度也随之增大，如果锅内装置分布不合理，将会使筒体长度方向的汽水状态分布状况不均匀，锅筒两端水位偏差也会变得更大。值得注意的是，工业锅炉在运行一段时间后，筒体支座下沉或不平衡，水平度变差，也是造成锅筒两侧水位偏差的一大因素[8]。

最后，工业锅炉水质也是影响水位测量的关键因素。如果工业锅炉连续排污开度过小，造成锅水水面附近的溶解固形物及含盐量、油污等指标超标，则增加蒸汽逸出阻力，加剧水位波动，使得汽水分界面逐渐模糊。如果工业锅炉定期排污不及时，溶解固形物、含盐物质、油污、杂质等进入水位计并附着在水位计显示筒内，导致工业锅炉水位测量出现偏差。此外，杂质还会堵塞连接管和阀门，造成水位计水位静止不动或高于锅筒内的水位，出现“假水位”。同样，阀门的泄漏也会造成锅筒水位测量出现误差，如果是水连管侧阀门泄漏，水位测量值低于真实水位；如果汽连管阀门泄漏，水位测量值则高于真实水位[8]。

2 工业锅炉水位自动控制系统策略

(1) 防止水位信号受干扰

整个锅炉系统的信号布线应当采用独立布线，同时用金属管套进行防护。自动控制系统在采集水位信号时，一般采用高灵敏度的电阻测量电路进行信号采集。因此在传感器与控制器之间的导线传输环节必须重点注意强弱电单独布线原则，避免动力线路和水位照明线路带来的信号干扰而导致水位计产生虚假水位。

(2) 加强控制系统设计冗余

锅炉系统建议采用二套独立的极低液位保护单元，并进行双重冗余的强制性保护。锅炉的极低液位信号应采用独立的液位继电器进行采集。在液位继电器选型时必须采用自身故障后可强制释放触点。图2为一种双重冗余强制保护电路，液位继电器K1采集到的开关信号通过中间继电器K2转换成双触点的双回路开关信号。回路K2-1用于锅炉控制器液位采集信号的反馈处理，回路K2-2用于锅炉加热单元的强制切断动作，在锅炉控制器失控后能做到系统的极限保护。在极低液位的极限保护回路和控制器软硬件设计中，必须遵守节点常开保护（闭合正常，断开故障）原则，从而保证在任何一个环节出现故障后能安全切断锅炉加热回路[9]。

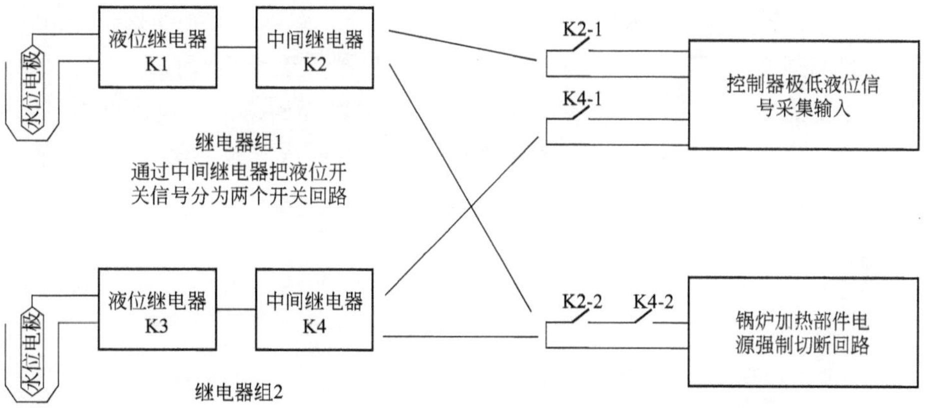

图2 双重冗余强制保护电路

(3) 采用三冲量控制系统

对于传统的单冲量控制系统，由于锅炉水位是动态的，其动态特征如图3所示[10]。给水量和蒸汽量的变化以及炉膛负荷的突然变化会使形成虚假水位，使只以水位作为输入变量的单冲量控制模式会做出错误的动作。所以单冲量控制模式不再能够适用于工业水位的控制和调整。

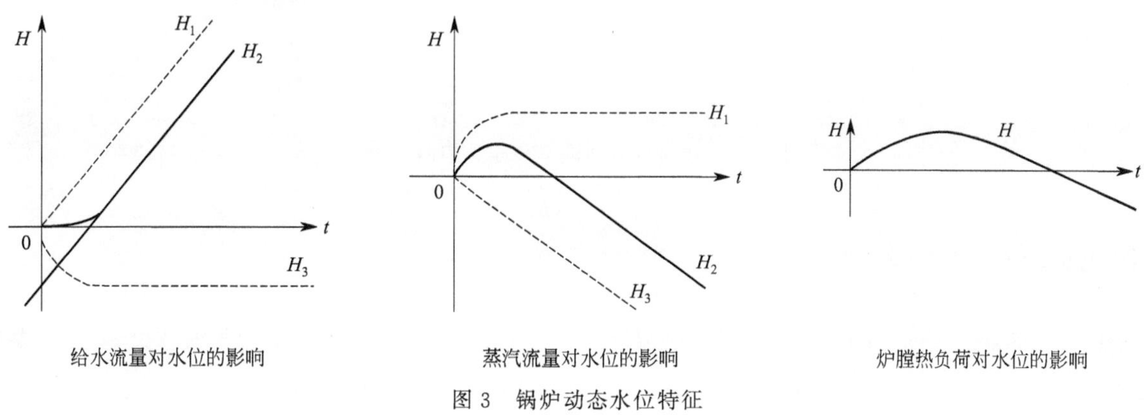

图3 锅炉动态水位特征

为此，工业上采用由水位、蒸汽流量、给水流量组成的三冲量水位控制系统[11-13]。三冲量给水调节系统如图 4 所示，采用串联式前馈调节方式，通过将蒸汽流量和给水流量作为变量输入，对最终的结果进行修正，可以消除“假水位”的影响。以三冲量模式为基础的串级控制系统具有更好地控制品质，方便操作人员调试整定参数[14-17]。

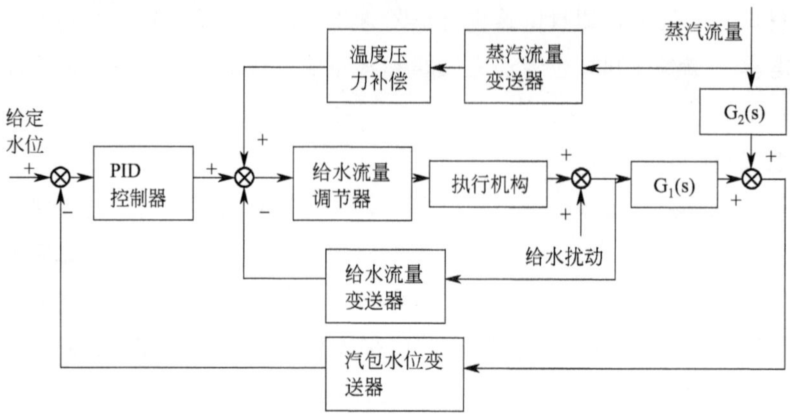

图 4　三冲量水位调节系统

（4）神经网络的应用

为了减少对操作人员熟练度的依赖性，通过建立神经网络对参数进行不断模拟和修正，以达到指定的精度要求。刘春艳和刘文军[18] 将模糊神经网络的 PID 控制器应用到水位调节上，如图 5 所示。具有响应速度快和抗干扰能力强等优点。徐华京等[19] 采用 BP 神经网络模型通过研究不同隐层数量和数据间隔等因素的影响，解决了工业锅炉容易产生虚假水位问题。陈洪军和高国丽[20] 提出基于 ART-2 和 BP 神经网络，以水位、蒸汽流量和给水流量为控制对象的融合聚类控制，相比传统的三冲量 PID 设计，该设计对扰动具有较强的调节能力[21-24]。

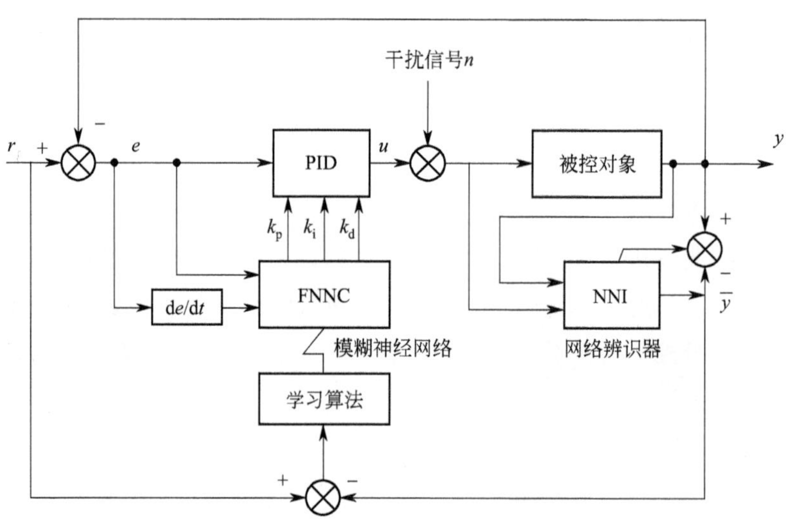

图 5　基于神经网络的 PID 水位控制系统

3　结束语

水位自动控制系统是锅炉水位调节的重要部分，也是工业锅炉运行重要的保护装置之一。如果锅炉水位过高，导致排出蒸汽中含水量过高，不利于蒸汽品质的提升，甚至直接危害循环系统的稳定性和可靠性；而锅炉水位过低，也同样会直接影响锅炉内水循环的正常运行，导致受热面因缺水而烧坏，造成事故发生。因此，锅炉水位控制系统在防止锅炉缺水和安全生产中扮演了不可替代的角色，提高其可靠性对保证锅炉的安全运行和保障操作员的生命安全具有重要意义。采用独立布线、增大水位控制系统设计冗余和优化水位保护逻辑判断是工业锅炉水位控制系统经常采取的三种策略。

参考文献

[1] 赵钦新．工业锅炉安全经济运行 [M]．北京：中国标准出版社．2018.

[2] 张文斌，鲍颖群，晏荣华．一起工业锅炉缺水干烧事故分析 [J]．中国特种设备安全，2017，2：57-59.

[3] 查建国，孙成金．水位示控装置电极棒结垢引起的锅炉严重缺水事故 [J]．中国特种设备安全，2008，4：59-60.

[4] 何君华，李韦韦，梁俊雅．工业锅炉水位测量误差原因分析及探讨 [J]．中国特种设备安全，2020，36 (1)：49-52.

[5] 王方，姜斌．锅炉水位示控装置的结构型式与安全性能分析 [J]．工业锅炉，2009，3：45-46.

[6] TSG G0001—2012.《锅炉安全技术监察规程》[S].

[7] 侯子良．锅炉汽包水位测量系统 [M]．北京：中国电力出版社，2005.

[8] 熊伟东，任强，冯维君，陈一鸣，潘鸿．电极式锅炉水位示控及联锁保护装置可靠性分析及建议 [J]．工业锅炉，2020，4：58-60+ 64.

[9] 王丰．基于现场总线和冗余技术的燃气锅炉控制系统 [J]．自动化与仪表，2010，8：31-35.

[10] 李自皋，李培瑶．汽包水位三冲量控制方案的应用探讨 [J]．石油化工自动化，2019，55 (06)：42-46.

[11] 张玲芳，杨平，应启戛．电站锅炉汽包水位测量研究进展 [J]．自动化仪表，2008，06：1-3+ 8.

[12] Fei Xia，Hao Zhang，Gui Zhang，et al. Image Processing in the Monitor of Boiler Drum Water Level on Power Plant [J]．Energy Procedia，2012，17：266-272.

[13] Liu Z，Zhang C，Sun B，et al. Research on ESNI algorithm for image recognition of boiler water level gauge [C] // The 26th Chinese Control and Decision Conference. Changsha，2014，4106-4111.

[14] 陈旭，王浩．锅炉汽包水位前馈——串级三冲量控制系统设计 [J]．中国科技信息，2013，23：143-147.

[15] 胡昌，镁任军．线性 ADRC 在汽包水位串级三冲量控制上的研究与应用 [J]．中国电力，2014，47 (12)：28-31.

[16] 明永，杨素娟．基于 PLC 的锅炉串级三冲量给水控制系统 [J]．工业锅炉，2008，6 (20)：1-4.

[17] 于鹏娟，王付生．三冲量给水控制系统实际应用分析 [J]．山东电力技术，2003，2：44-45.

[18] 刘春艳，刘文军．基于模糊神经网络 PID 的锅炉汽包水位控制 [J]．热力发电，2011，40 (08)：34-37＋44.

[19] 徐华京，张巍，张东方，等．BP 神经网络在锅炉汽包水位自动调节系统中的应用 [J]．河北工业大学学报，2013，42 (05)：22-26.

[20] 陈洪军，高国丽．基于神经网络的锅炉汽包水位控制系统研究 [J]．科技信息，2013 (26)：152-153.

[21] 张妤，荣盘祥．一种基于模糊神经网络的 PID 控制器 [J]．哈尔滨理工大学学报，2005，10 (6)：63-69.

[22] 程双龙．基于模糊神经-PID 的锅炉汽包水位控制系统的仿真研究 [D]．淮南：安徽理工大学，2013.

[23] 李智敏．参数可调节模糊 PID 在锅炉控制系统中的应用 [D]．哈尔滨：哈尔滨工业大学，2006.

[24] 娄伟，刘向东．模糊控制在锅炉汽包水位控制系统中的应用 [J]．锅炉技术，2010，41 (1)：27-31.

一台高温高压循环流化床锅炉的调试运行

张海田[1]，范高峰[2]，陈　静[1]，李永真[1]

1. 河南省锅炉压力容器安全检测研究院，郑州，450016

2. 郑州锅炉股份有限公司，郑州，450001

摘　要： 循环流化床燃烧技术是一种新型的高效、低污染的清洁燃烧技术，此类锅炉调试运行需要一定的技术，许多单位的司炉人员没有掌握调试运行要点，导致点火困难或多次点火不成功，给锅炉运行造成了安全隐患，不利于此技术的推广和应用。本文针对循环流化床燃烧技术特点，详细地阐述了循环流化床锅炉调试运行技术要点和注意事项。

关键词： 循环流化床锅炉；调试；运行

Commissioning and operation of a high temperature and high pressure circulating fluidized bed boiler

Zhang Haitian[1], Fan Gaofeng[2], Chen Jing[1], Li Yongzhen[1]

1. The Boiler & Pressure Vesssl Safety Inspection Institute of Henan Province, Zhengzhou, 450016

2. Zhengzhou Boiler Co., Ltd., Zhengzhou, 450001

Abstract: Circulating fluidized bed combustion technology is a new type of high-efficiency, low-pollution and clean combustion technology. The commissioning and operation of similar boilers requires a certain level of technology. In many units, the furnace staff did not master the key points of commissioning, which resulted in difficulty in ignition or unsuccessful ignition for many times, which has caused hidden danger to boiler operation and was not conducive to the promotion and application of this technology. According to the characteristics of CFB combustion technology, this paper elaborates the key points and matters needing attention in commissioning and operation of CFB boiler.

Keywords: circulating fluidized bed boiler; commissioning; operation

0　序言

循环流化床技术是20世纪80年代迅速发展的一项很有前途的新燃烧技术。国内外对该燃烧技术进行了大量研究，取得了很大的成果。它具有强化燃烧和传热，能较多缩小锅炉的体积，煤种适应性强[1]，能燃烧较宽范围内的煤种，可减小氧化物（SO_x、NO_x）对环境的污染等主要特点。此项技术经过多年的发展，取得了很大的进步，为我国节能减排作出了很大贡献，由于此类锅炉调试运行需要一定的技术，许多单位的司炉人员没有掌握调试运行要点，导致点火困难或多次点火不成功，给锅炉运行造成了安全隐患，不利于此技术的推广和应用。本文针对循环流化床燃烧技术特点，通过介绍一台高温

作者简介：张海田，1965年生，男，教授级高级工程师，本科学历，主要从事承压类特种设备检验检测。

高压循环流化床锅炉[1] 调试运行案例，详细地阐述了循环流化床锅炉调试运行技术要点和注意事项，为此类锅炉的推广应用提供一定的经验借鉴。

1 锅炉结构简介

1.1 结构概述

本锅炉在炉膛上部设计一种独特结构、具有较佳线型的旋涡水冷内分离器，利用壁式多孔半自流循环物料回送阀回料。锅炉采用单锅筒Π型布置，炉膛内设有物料分离及回送机构。炉膛内布置3片过热屏，两级过热器布置在水平烟道中，过热器采用两级喷水减温器进行温度调节，两级整体型螺旋鳍片管省煤器及搪瓷管空气预热器布置在尾部烟道内。锅炉运行平台高为8m。锅炉采用床下油点火，露天布置（锅炉结构见图1)。

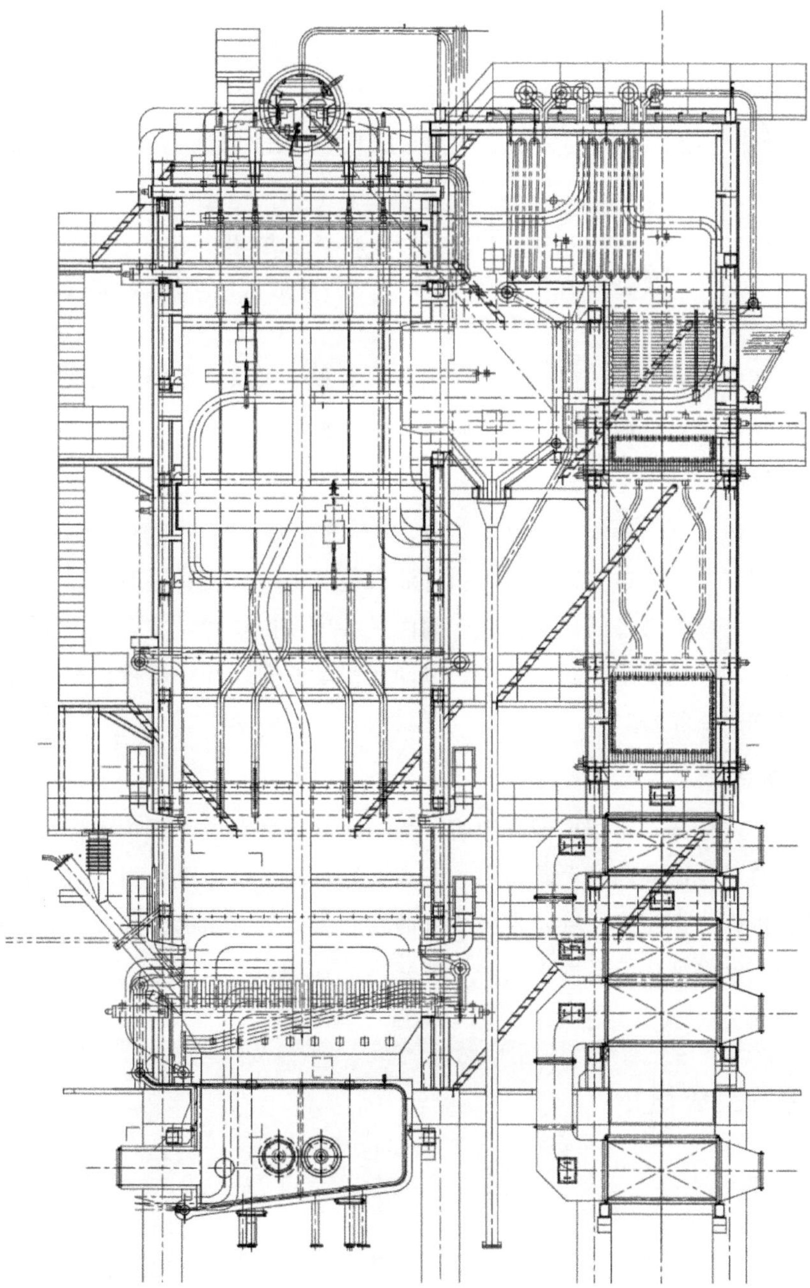

图1 锅炉结构

1.2 锅炉设计参数

额定蒸发量100t/h；额定蒸汽压力9.81MPa；额定蒸汽温度540℃；给水温度150℃；热空气温度102℃；冷空气温度20℃；锅炉燃烧效率99.5%；锅炉热效率90.8%；设计排烟温度135℃；锅炉过量空气系数1.38；设计煤种Ⅱ类烟煤。

1.3 锅炉结构介绍

1.3.1 炉膛结构

锅炉炉膛内设计水冷流化床，两个负压给煤口，等压风室和单层二次风管，浓相段设置埋管，由特殊线型的左中右三片膜式壁组成旋涡分离器、水冷回料道和返料阀，二次风处布置脱硝SNCR预留口。

1.3.2 过热器、省煤器、空预器

过热器分三级，高温段、低温段布置在水平烟道内，过热屏布置在炉膛内，低温过热器材料为20G（GB/T 5310—2017），高温过热器材料为12Cr2MoWVTiB。低温过热器出口集箱与过热屏进口集箱之间、过热屏出口集箱与高温过热器进口集箱之间布置两级喷水减温器，减温介质为锅炉给水。

省煤器分为两级，均由ϕ38mm×4mm的整体型鳍片钢管制成，高温段省煤器钢管材质为20G（GB/T 5310—2017），低温段省煤器钢管材质为ND钢。两级省煤器之间留有5000mm的脱硝空间。

空气预热器布置在省煤器下部，空预器分二次空预器和一次风空预器，二次风空预器在高处，一次风空预器在下部烟气低温段，空预器管采用耐腐蚀的外搪瓷管。

1.3.3 燃烧装置及其他

燃烧设备主要有布风装置、给煤装置（即落煤斗）、飞灰循环系统组成。炉前布置两个落煤口，负压给煤，水冷床设置了三个排渣口，运行时可由排渣来控制沸腾床上料层厚度。点火方式采用床下油点火。锅炉依据有关规定，配备必备的热工仪表、阀门及各项保护装置，实现水位自动控制及危低水位报警、停炉；蒸汽压力自动控制及超压超温报警；以确保锅炉的安全经济运行。采用八根钢柱的支承式钢架结构，钢柱固定在0m平台上。

1.3.4 锅炉运行注意点

该锅炉为低速循环流化床，密相区带有埋管，稀相区带有过热屏。锅炉本体安装和炉墙施工时都必须注意锅炉各部分受热后膨胀问题，尤其是锅炉在点火运行调试阶段更应当注意。锅筒及所有集箱都必须保证其能向两端自由膨胀，左膜式壁及中膜式壁的膨胀量由其弯曲部分吸收，膜式壁的固定增加了中间集箱刚度。左右膜式壁保证向下自由膨胀，安装完毕后仔细检查，启动时应密切注意各部位的膨胀，如发现异常应及时排除。

2 锅炉及辅助系统组成简介

锅炉和辅助系统如下。

给煤系统

破碎机 → 振动筛 → 给煤机 → 落煤管 → 燃烧室

汽水系统

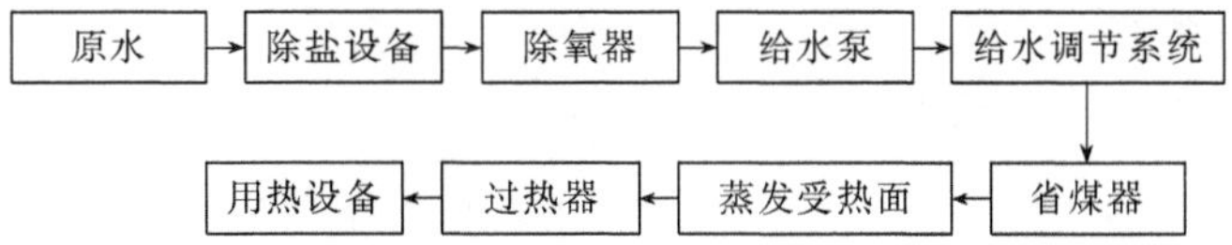

烟风系统

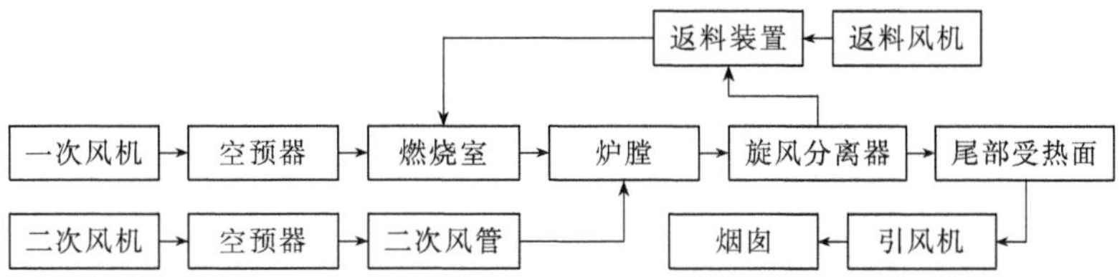

3 锅炉的调试运行

3.1 调试运行前的检查及进水

循环流化床锅炉在调试升火之前，必须作一次全面的外部检查，这对防止设备事故、人身事故有极其重要的作用。应对锅炉三大安全仪表：水位计、压力表、安全阀重点检查，并对整定后的安全阀试启两次，确保其在整定压力下，能迅速开启！对锅炉的辅机按运行规程进行检查。锅炉给水必须是符合GB/T 12145—2016《火力发电机组及蒸汽动力设备水汽质量》。水位升至水位表最低水位指示处时停止进水。停止进水后，炉内水位应维持不变。

3.2 冷态试验

3.2.1 试验目的

循环床锅炉安装完毕，在点火启动前，应对燃烧系统进行冷态试验[1]，目的在于：鉴定鼓风机的风量和风压是否达到设计要求，能否满足流化燃烧的需要；测定布风板阻力；检查布风均匀性；确定冷态流化临界风量，用以估算热态运行时的最低风量。

3.2.2 试验方法

准备粒径为8mm以下（除有特殊要求外）的灰渣，最好是循环流化床锅炉的冷渣并过筛；

冷态试验包括以下几部分。

（1）布风板阻力的测定[2]，记录下风量和风箱静压的数据，用上行和下行的数据平均值，作为布风板阻力的最后数据，并画出布风板阻力特性曲线，以备运行时参考（运行时估算料层厚度用）。

（2）布风均匀性的检查

测定时，在布风板上铺颗粒为8mm以下的灰渣，铺料厚度为300～500mm（以能沸腾起来为准），启动鼓风机，缓慢调节送风门，直到整个料层沸腾起来，然后突然停止送风，观察料层是否平坦。如果很平坦，说明布风均匀。如果料层表面高低不平，高处表明风量小，低处表明风量大。应该检查其原因，是否局部风帽小孔堵塞，并予以排除。

（3）流化床冷态特性的测定

沸腾层冷态特性是指风量、风压和料层厚度的关系，测定沸腾良好时的风量和风压（与测定布风板阻力相同），画出沸腾层的压降-风量特性曲线图。通过沸腾层特性曲线图，可用风箱静压来了解料层的厚度，因为风箱的静压等于在该风量下布风板阻力加上料层的压降，料层的堆积厚度见公式（1）：

$$L_{堆}=[1/\psi]\times[料层压降(\Delta P_{料})/料层的堆积重度(T_{堆})](米) \tag{1}$$

式中，ψ 为压降减小系数，一般 $\psi=0.8$。

(4) 流化燃烧最低运行风量的确定

最低运行风量是指保证沸腾良好所必需的最小风量，是限制循环床锅炉低负荷运行时的下限，可通过冷态试验确定。

4 点火启动

4.1 概述

点火就是通过某种方式将床的底料加热到一定温度，并送风使底料呈流化状态，直到给煤机连续给进的煤能着火燃烧的过程，新接触此类型循环床锅炉的司炉人员，不容易掌握点火方法的要领，常引起结焦或灭火。因此，事先必须对司炉人员进行培训，通过实践，掌握操作要领。

4.2 点火启动

按加热底料的状态不同，点火方式可分为两类：从固定状态过渡到沸腾状态的点火（床上点火）；沸腾状态点火（床下点火）。

床下油点火方式[2] 如下：燃烧系统采用燃油。每次点火前、后采用蒸汽或空气吹扫喷嘴，吹扫介质压力为 0.5～1.2MPa。点火装置布置于炉底风室，同时设有看火孔，便于观察喷嘴的火焰着火情况。在一次热风道上应布置放散阀（包括管座及阀门）。或在一次热风总风道上应装设防爆门（起爆压力 20.0kPa），用于点火、压火过程中风室、风道内积留的可燃气体的排放及检查，以防止积留的可燃物燃烧爆炸。喷嘴所需助燃空气为一次风。点火用油，燃油的用量及压力等参数应符合燃烧器说明书及燃烧器点火系统图的要求，保证点火的正常运行。使床压在 4.5kPa 左右（必要时，应注入床料）。炉膛压力控制投自动。在“自动”方式下，关二次风挡板。关闭一次风挡板。打开启动燃烧器燃烧风挡板。投入第一只床下启动燃烧器，控制风量和燃油量，使燃烧稳定。控制燃烧器的混合风风量，使水冷风室内温度小于 850℃。锅炉的温升速率应控制在 50℃/h，注意锅筒、集箱等启动时的膨胀情况，定期观察膨胀指示器，做好位移记录。启动期间，含有少量蒸汽或无蒸汽的过热器管在烟气温度下工作，此温度必须限制在管壁金属最高设计温度以内。在这个升温过程中，锅炉的排污系统必须投入运行，开启连续排污门，给水系统必须准备好为锅炉补给水。在启动最初，打开主汽阀，使锅炉与主蒸汽系统一起升温。调节对空排汽阀，保持过热器出口蒸汽流量大于 10%，以冷却过热器。当所指示的蒸汽流量大于额定蒸汽流量的 10%时，关闭过热器疏水阀。调节对空排汽阀，使锅筒内的上下壁温差小于 50℃，锅水温度的升温速率约为 1℃/min，后期升温速率可提高至 1.5℃/min。根据冷态启动曲线（见图 2）的极限值，继续增加锅炉的燃烧速率，蒸汽参数到汽机冲转参数时，向汽机送汽。投煤后，不断调节给煤及燃气工况，使平均床温逐渐升至 760℃，可结束点火程序，给煤机可投入正常运行，当锅炉运行稳定后停止启动燃烧器的运行，点火即获成功。

5 锅炉并汽

过热器出口压力达到母管压力时，交替缓慢关闭对空排汽手动阀和开启蒸汽隔离阀，同时汽机加负荷，保持汽温、汽压稳定；主蒸汽电动隔离阀全开，锅炉主汽流量已基本稳定，可电动关闭对空排汽电动阀，全开锅炉对空排汽手动阀，关闭过热器疏水二次阀、蒸汽隔离门前疏水阀，同时适量增加汽机负荷，保证母管压力稳定；并汽完成后，对锅炉进行一次全面检查。

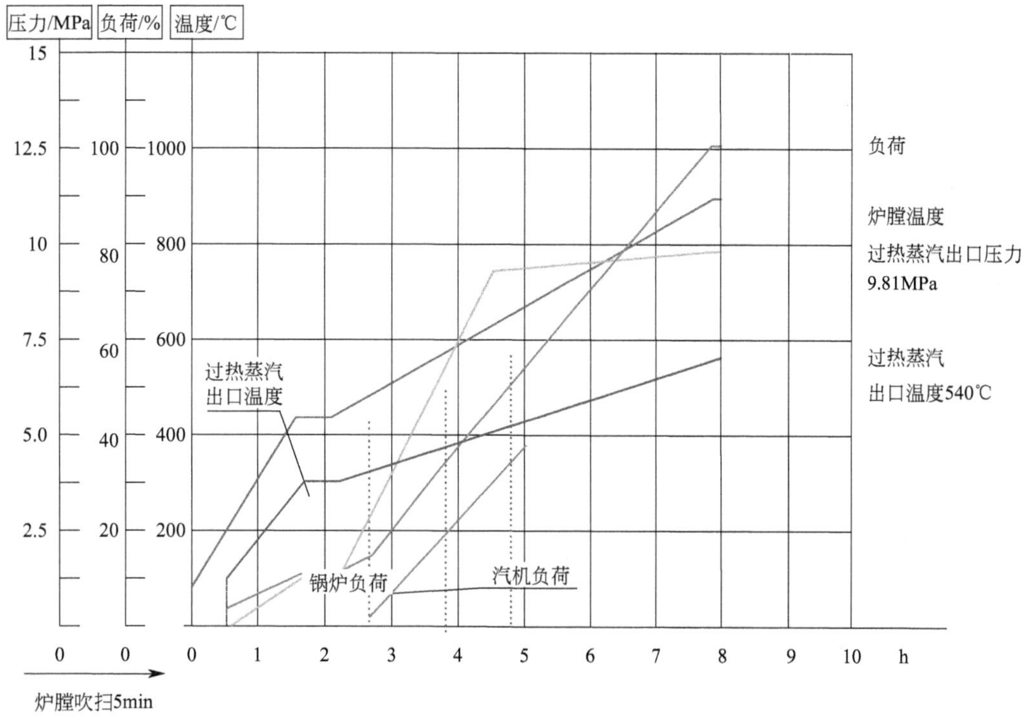

图 2　冷态启动曲线

6　调试运行分析

6.1　点火调试分析

该类型锅炉点火调试的难点在于：从结构设计上和同容量高速床比较，一般设计的床面积较大，床面积是同容量高速床面积的 2.5 倍左右，炉膛的截面积也较大，约是同容量高速床炉膛截面积的 2 倍。因此，对该类型锅炉的点火和调试提出了不一样的要求。由于床面积大，为了保持床料的正常流化，要求在配备点火装置时，配备的点火装置要大得多，为了减少投资成本和点火成本，又不便配置足够大的点火器。这样一来，点火时仅靠点火风就不能保持床料的流化。所以，应适当打开运行时的一次风辅助点火器保持床料正常流化。

点火时一般应注意以下事项。

① 点火时应采用点火风和一次风配合点火，一次风开度一般不大于 20%，避免一次风开度过大冲淡火焰，影响燃烧；

② 点火前应检查床面和炉膛下部的测温装置的插入深度应为正常的一倍以上，便于较准确地反映床料的温度；

③ 点火时炉膛温度不能在高位时投煤，由于炉膛截面积大，测点的温度具有延迟，因此应在所燃烧煤着火温度低点时开始投煤，高点投煤易于结焦。

6.2　运行参数分析

该锅炉已经在浙江某地投入运行，锅炉经过了 168h 试运行，锅炉炉膛温度为 935℃，锅炉排烟温度约为 152℃，过量空气系数为 1.35，尤其是 SO_x 的监测排放量为 82mg/m^3，NO_x 的监测排放量为 65mg/m^3，达到国家标准要求的 100mg/m^3 以下，环保及节能效果明显，从锅炉排烟温度数据看，该锅炉的省煤器面积偏小，需要适当增加面积，该锅炉为带埋管的低速循环流化床锅炉，全国各地此类型高温高压锅炉的设计、调试和运行经验较少，需要多积累运行经验，为锅炉的后期开发研究积累数据。

7 结束语

锅炉其他各项锅炉参数基本达到了设计要求，通过此次点火、调试、运行的成功进行，为将来该类型高温高压循环流化床锅炉的开发设计和调试运行提供一个有效参考途径。

参考文献

[1] 岑可法．循环流化床锅炉理论设计与运行 [M]．北京：中国电力出版社，1998.
[2] 林宗虎，等．循环流化床锅炉 [M]．北京：化学工业出版社，2004.

工业锅炉水质检测项目对锅炉安全运行及内部检验的影响评述

郑 鑫

沈阳特种设备检测研究院，沈阳，110035

摘 要： 水质的质量是保证锅炉安全、经济运行的重要标准，是设计、运行工作的依据。所以控制水质质量是锅炉运行的核心，那么锅炉水处理工作就是确保锅炉质量安全，防止锅炉水质污染、腐蚀甚至爆炸的重要手段，能为企业的安全生产和发展提供坚强的后盾。本文详细阐述了工业锅炉水质检测项目对锅炉的影响，并指导使用单位如何处理水质检测项目超标的情况。同时通过工业锅炉水质检测项目数据，还可以指导锅炉检验人员在锅炉内部检验时，进行有针对性的检查，做到“简单”检验并且准确无误。

关键词： 工业锅炉；水质检测项目；安全运行；内部检验

Influence of water quality monitoring indicators on the safe operation and internal inspection of industrial boiler

Zheng Xin

Shenyang Special Equipment Inspection Institute, Shenyang, 110035

Abstract: The quality of water is an important standard to ensure the safe and economic operation of boiler, and it is the basis of design and operation. Therefore, the control of water quality is the core of boiler operation, so the boiler water treatment is an important means to ensure the quality and safety of the boiler, prevent the water pollution, corrosion and even explosion of the boiler, which can provide strong backing for the safe production and development of the enterprise. In this paper, the influence of the water quality testing indicators of industrial boiler on the boiler is described in detail, and how to deal with the situation that the water quality testing indicators exceeds the standard is guided by the user. At the same time, through the data of industrial boiler water quality testing indicators, they can also guide the boiler inspectors to carry out targeted inspection in the boiler internal inspection, so as to achieve " simple" inspection and accuracy.

Keywords: industrial boiler; water quality testing indicators; safe operation; internal inspection

0 引言

为了防止和减缓锅炉腐蚀、结垢与积盐，国家对锅炉用水中各种物质的允许含量做了规定。工业锅炉水质的检测项目一共有 13 项，每一项检测项目的控制都是对锅炉本身的一种保护，对锅炉的安全、长久运行起到了监控作用。那么，每项指标的监控对于锅炉本身的具体影响情况如下：

作者简介：郑鑫，1983 年生，女，高级工程师，硕士研究生，现攻读东北大学材料物理与化学专业博士学位，主要从事工业锅炉检验、电梯检验及锅炉水（介）质检验检测、审核工作。

1 工业锅炉水质要求的检测项目

检测项目有浊度、硬度、pH值、电导率、溶解氧、油、铁、碱度、溶解固形物、磷酸根、亚硫酸根、相对碱度、铜。

2 检测项目对锅炉的影响情况研究

浊度：国家规定了工业锅炉给水的浊度上限值。如果水中浊度过高，主要是影响锅炉的蒸汽质量，也可能导致水中杂质沉积后形成泥垢。如果锅炉使用单位用自来水作为水源水，一般情况下本项指标不超过国家的规定值，但使用其他水源，如地下水、河水等，就需要关注此项指标。对于使用单位来说，如果浊度超标，应在前期水处理时加装过滤装置，使其达到国家规定值以下。对于锅炉检验人员来说，浊度超标，锅炉内部的泥垢会增多，应注意检查。

硬度：国家规定了工业锅炉给水的硬度上限值。水中的硬度物质含量高低，决定了锅炉内部的结垢严重程度。天然水中含有丰富的钾离子、钙离子、镁离子等金属离子和固体悬浮颗粒，这些金属离子一旦进入工业锅炉，就会在工业锅炉的内壁上结生水垢。这些水垢会对锅炉产生一定的危害[1]：①造成锅炉受热面损坏；②浪费燃料；③降低了锅炉的出力；④锅炉结垢后，须经常洗炉，既影响正常供汽，又浪费大量人力、物力，还会降低锅炉的使用寿命。此项指标对于使用单位来说，如果硬度超标，锅炉运行方面会有以上四点危害，使用单位应该定期检查水处理设备，及时对离子交换树脂的软化设备进行反洗，一旦有离子交换树脂出现“中毒”现象，应对树脂进行复苏或更换处理。对于锅炉检验人员来说，如果硬度长期超标，会结生水垢，同时水垢厚度及覆盖面积超过规定时，就需要使用单位进行清洗锅炉，同时内部检验时，还要注意水垢下的腐蚀情况。

pH值：国家规定工业锅炉的给水pH值的下限是7，实际上给水pH值高一些（如pH值大于9），在溶解氧很低的情况下，对钢材防腐是有利的。但如果利用提高pH值的措施来防止钢材腐蚀，这就增加了工业锅炉水处理的复杂性，考虑到我国各种水源的pH值一般都大于7，所以规定工业锅炉的给水pH值的下限是7。在锅水中，当pH值小于8或大于13时，金属表面致密的Fe_3O_4保护膜会遭到破坏，水对金属的腐蚀会加剧。因为锅水pH值在9.0～12.0时，碳钢处于最佳钝化区，适当提高锅水pH值有利于防止金属腐蚀。当锅水的pH值高一些时，磷酸根与钙离子才能生成容易排除的水渣。pH值高一些时，才能抑制锅水中硅酸盐的水解，使锅水中硅酸维持在最低水平，这样可减少蒸汽中硅酸溶解携带量[1]。但锅水中的pH值也不能太高，因为当锅水中磷酸根浓度在规定范围时，如果锅水的pH值仍很高，这表明锅水中游离的NaOH较多，容易引起碱性腐蚀和应力腐蚀，还可能使锅水产生泡沫而影响蒸汽品质。所以国家规定工业蒸汽锅炉的锅水pH值是10～12，热水锅炉的锅水pH值是9～12。此项指标对于使用单位来说，要定期化验水质情况，发现锅水pH值不在规定范围时，应该及时调整，锅炉的大部分情况应该是锅水pH值低于规定范围值，这样需要使用单位进行锅内加药调整或者查看给水硬度是否过高或者减少排污。对于锅炉检验人员来说，如果pH值不在规定范围值内，锅炉内部会有腐蚀现象产生，一般锅炉的腐蚀可能会发生在锅炉热负荷高、水循环流速低、锅内焊缝余高过高的地方，在检验过程中，应该多注意观察此现象。

电导率：国家规定了工业锅炉给水、锅水的电导率上限值。给水电导率过高，需要增加锅炉排污，不利于节能减排；对于压力较高的锅炉，如果给水含盐量过高，易影响锅炉蒸汽品质，因此要控制其上限值。锅水电导率也是反映锅水浓度的指标，与下面的溶解固形物控制作用是相似的。此项指标对于使用单位来说，应该注意锅水的电导率情况，发现其高于上限制，需要加强排污。

溶解氧：氧会造成给水管道和锅炉本体的腐蚀，所以为了防止氧腐蚀，国家规定了工业锅炉给水的溶解氧上限值。在GB/T 1576—2018《工业锅炉水质》中，增加热水锅炉的锅水溶解氧含量测定，增加此检测指标是因为热水锅炉运行中产生的氧腐蚀主要缘于循环水中的溶解氧，循环水中的溶解氧来源是多方面的，补给水带来的溶解氧只是其中一部分，而循环水本身与锅水为同一水体，因此增加锅水溶解氧指标来监控热水锅炉的氧腐蚀情况。此项指标对于使用单位来说，如果发现溶解氧超标，应该及时进行除氧处理，比如热力除氧、加入亚硫酸盐除氧剂等方法。对于锅炉检验人员来说，锅炉长期溶解氧含量超标，锅炉内部会有点状的氧腐蚀坑出现。

油：国家规定了工业锅炉给水的油含量上限值。给水含油量太高，会使锅水产生泡沫及生成水中漂浮的水渣，影响蒸汽品质；也会使锅炉内形成热导率很小的带油质的水垢；在温度较高的传热面上，由于油质的分解，可能会附着积碳，这些碳质水垢影响传热，以致发生炉管爆破事故[1]。在GB/T 1576—2018《工业锅炉水质》中，增加热水锅炉的锅水油含量测定，因为在碱性的锅水中，若含油量较大，一方面会发生皂化反应，在输送流动的过程中容易起泡，引发管道气塞现象，也会在换热器上造成栓塞，影响热水的正常流动和换热效率；另一方面还可能在锅炉内和管道壁上生成油垢，特别是硬度较高的碱性环境下，会形成油酸钙垢。此项指标对于使用单位来说，如果发现油含量超标，应该及时查看锅炉设备的漏油点，例如水源水是否被油污染、给水泵是否泄漏造成污染等，进行补修或更换设备。

铁：国家规定了工业锅炉给水的铁含量上限值。给水中含铁量较高时，容易造成锅炉受热面结生氧化铁垢，并增加垢下腐蚀的危害。在GB/T 1576—2018《工业锅炉水质》中，增加热水锅炉的锅水铁含量测定，因为热水锅炉最突出的问题就是腐蚀，增加热水锅炉锅水铁指标，可有效监控锅炉的腐蚀状态，也可作为甄别防腐药剂性能的可靠性能指标。如果锅炉使用单位用自来水作为水源水，一般情况下本项指标的给水铁含量不超过国家的规定值。但使用其他水源，如地下水、河水等，就需要关注此项指标。对于使用单位来说，如果发现给水铁含量超标，可以在给水前加装一套膨化锰砂除铁器，也可以加装一套RO过滤膜，但过滤膜运行费用会高一些。如果发现锅水铁含量超标，这就说明锅炉内部有腐蚀情况，应该查看锅水pH值是否在规定范围值内，及时进行锅内加药处理，防止腐蚀进一步加剧[1]。对于锅炉检验人员来说，给水铁含量超标，锅炉内部会结生氧化铁垢，并注意垢下腐蚀情况；锅水铁含量超标，锅炉内部会有腐蚀，注意查看腐蚀位置，如果腐蚀严重，还需要进行强度计算来确定锅炉允许运行参数。

碱度：国家规定了工业锅炉锅水的碱度范围值。控制锅水碱度上限值的主要目的[1]：一是避免碱性腐蚀，二是保证蒸汽质量良好。例如：当采用锅外水处理时，如果水经钠离子交换后，水的硬度较低，在锅炉内，沉淀硬度成分消耗的碱度就较少。这样容易使锅水碱度过高，而产生碱腐蚀，锅水发泡和汽水共腾，影响蒸汽品质。因此锅水的碱度要控制上限值。但碱度过低，防垢效果又差。所以也应该控制锅水碱度的下限值。此项指标与锅水的pH值指标相辅相成，可参照pH值超标的方法来处理碱度超标问题。

溶解固形物：国家规定了工业锅炉锅水的溶解固形物上限值。当锅水的含盐量达到某一极限值时，锅水就会形成很厚的泡沫层，即所谓的汽水共腾，造成蒸汽的带水量急剧增加，蒸汽品质急剧恶化，这时的锅水含盐量，成为临界含盐量。低压锅炉蒸汽污染的主要原因，是蒸汽携带锅水水滴。所以为了保证蒸汽品质，必须将锅水的含盐量限制在临界含盐量以下，即控制最高的溶解固形物含量。此项指标对于使用单位来说，如果溶解固形物超标，首先检查锅炉给水是否有污染，若没有，应该加强锅水排污，并使其控制在规定值范围内。

磷酸根：本项指标适用于以磷酸盐作阻垢剂的锅炉。国家规定控制其范围值，可以对磷酸盐阻垢剂加药量作指导，并且可更好的防止锅炉结垢。

亚硫酸根：本项指标适用于加亚硫酸盐作除氧剂的锅炉。国家规定控制其范围值，可以对亚硫酸盐除氧剂加药量作指导，同时可以更好地防止锅炉产生氧腐蚀。

相对碱度：本项指标是为防止锅炉发生苛性脆化而设的控制指标，国家规定了其上限值。对于铆接、胀接或全焊接的锅炉，当锅水中游离氢氧化钠含量过高，相对碱度≥0.2 时，在锅炉有缝隙和存在应力时，就会产生苛性脆化。此项指标对于使用单位来说，如果相对碱度超标，应该查明原因，例如查看制水系统是否有漏钠现象，凝汽器是否有泄漏情况，也可以加强排污，如果采取措施后，此指标仍然超标，可以向炉水中添加磷酸二氢钠来调节[1]。对于锅炉检验人员来说，如果相对碱度超标，在锅炉有应力集中和缝隙（例如裂纹、焊缝）的地方，一定要注意检查。

铜：本项指标是控制蒸汽锅炉回水的铜指标，是在 GB/T 1576—2018《工业锅炉水质》中新增加的项目。因为不少热交换器及循环系统含铜部件，若回水系统中的铜部件产生腐蚀将使回水中增大铜离子含量，易引起锅炉结生铜垢，因此需要监测其含量并控制其上限值，以便控制铜材质的腐蚀，防止铜含量过高的回水进入锅炉。此项指标对于使用单位来说，如果铜含量超标，应检查回水系统铜部件情况，查明原因，并及时更换或处理。

3 结语

本文主要从工业锅炉水质检测项目出发，针对每一项检测指标对锅炉的内部影响情况进行了研究讨论。通过研究探讨后，我们深刻地认识到工业锅炉水质处理对于锅炉安全运行和检验方面的重要影响，我们还可以通过工业锅炉水质检测的数据，大概了解和分析锅炉的内部结垢、腐蚀等情况，对工业锅炉的内部检验有很大的指导意义。

参考文献

[1] 陈洁，杨东方．锅炉水处理技术问答［M］．北京：化学工业出版社，2003.

第二篇　压力容器（含气瓶）

自然对流下非凝性气体对蒸汽冷凝传热影响的实验研究

马喜振，朱睿颖，刘浩燃，马　江

河南省锅炉压力容器安全检测研究院，郑州，　450000

摘　要： 非凝性气体的存在增加了蒸汽在壁面冷凝传热热阻，对高耗能设备的换热效率造成较大的影响。本文试验研究了自然对流下含氮气的蒸汽冷凝传热特性，实验发现氮气在蒸汽空间分布较为均匀没有明显的分层现象。当压力为 0.214MPa 时，氮气质量含量为 85.4%时，蒸汽冷凝传热系数为 0.0562kW/(m^2・K)；当氮气质量含量为 3.26%时，冷凝传热系数为 1.443kW/(m^2・K)。当压力在 0.214～5.65MPa 范围变化时，蒸汽冷凝传热系数随氮气质量含量变化规律相同，均为随着氮气质量含量增加而逐渐减小。

关键词： 自然对流；非凝性气体；蒸汽；冷凝传热

Experimental research on heat transfer characteristics of steam condensation in presence of non-condensable gas under natural convection

Ma Xizhen，Zhu Ruiying，Liu Haoran，Ma Jiang

The Boiler & Pressure Vessel Safety Inspection of Henan Province，　Zhengzhou，　450000

Abstract: The existence of non-condensable gas increases the thermal resistance of steam condensation heat transfer on the wall，which has a great impact on the heat transfer efficiency of high energy-consuming equipment. In this paper，experimental research on heat transfer characteristics of steam condensation in presence of nitrogen under natural convection had been done. It's found that the spatial distribution of nitrogen is uniform and there is no obvious stratification phenomenon. When the pressure is 0. 214MPa and the mass fraction of nitrogen is 85. 4%，the steam condensation heat transfer coefficient is 0. 0562kW/ (m^2・K)，and the condensation heat transfer coefficient is 1. 443kW/ (m^2・K) for 3. 26%. When the pressure varies in the range of 0. 214 ～ 5. 65MPa，the steam condensation heat transfer coefficient has the same law of change with the nitrogen concentration，and decreases with the increase of the nitrogen concentration.

Keywords: natural convection; non-condensable gas; steam; heat transfer in condensation

0　引言

随着社会进步和科技发展，以及能源紧张问题的日益突出，节能环保成为高耗能特种设备的重要要求之一。蒸汽冷凝传热过程是高耗能特种设备中最常见的传热过程，即蒸汽通过在壁面的冷凝，进而将热量传递给壁面，达到热量交换的目的。可见，蒸汽冷凝传热过程是一种常见且重要的传热过程。非凝

基金项目：石油化工用印刷电路板式换热器的高效传热技术研究（编号：2020sj62）。

作者简介：马喜振，1987 年生，男，工程师，博士，主要从事特种设备高效传热技术研究。

性气体的存在增加了蒸汽在壁面冷凝传热热阻，减小了蒸汽冷凝传热系数，对高耗能设备的换热效率造成较大的影响。因此，非凝性气体对蒸汽冷凝传热的研究显得尤为重要，有利于特种高耗能设备高效传热技术研究。

蒸汽冷凝形式多样，包括膜状冷凝、珠状冷凝和均匀冷凝等[1]，而本文所讨论的冷凝现象主要为膜状冷凝。当含非凝性气体的蒸汽在壁面冷凝时，在近壁面处，随着蒸汽冷凝成为液体黏附在壁面上而形成液膜，非凝性气体则逐渐聚集，浓度逐渐增加，会向远离壁面处扩散。同时，远离壁面处蒸汽浓度较高，导致蒸汽向壁面处扩散。在蒸汽向壁面处移动过程中，非凝性气体同样被携带至壁面处，如此往复，达到动态平衡状态。此时，非凝性气体会在近壁面处气液界面处形成一气体层，阻碍蒸汽靠近壁面，形成较大的传热热阻，大大降低了蒸汽冷凝传热效率。

因此，含非凝性气体的蒸汽冷凝过程是一个十分复杂的过程，不仅涉及蒸汽与冷凝液体间的质量、能量和动量交换和传递问题，还涉及了蒸汽与非凝性气体间的能量、动量交换和扩散问题。目前，研究者主要运用两种方法研究该问题：实验研究和理论分析研究。实验研究方面，研究者针对不同工况和设备做了大量的实验，基于实验数据提出相应的经验或半经验关系式来计算非凝性气体存在时蒸汽冷凝传热系数、传热量等。

D. F. Othmer[2] 为了研究空气浓度、温度等对蒸汽冷凝的影响作用，建立相关实验，即将外径76.2mm，高度1.19m的铜管放置于蒸汽和空气混合气体空间，冷凝表面为铜管外表面。实验分别测量了不同浓度空气下的蒸汽冷凝传热系数，并得到了蒸汽冷凝传热系数关于空气浓度和冷凝传热温差的经验关系式。实验表明，当空气浓度为0.5%时，蒸汽冷凝传热系数将会下降50%。Uchida[3] 和 Tagami[4] 进一步试验研究了自然对流条件下竖直管道外表面蒸汽冷凝，实验压力范围为0.1～0.5MPa，非凝性气体分别选用空气、氮气和氩气，其质量含量变化范围为40%～95%。Garimella[5] 研究了含空气时蒸汽瞬态冷凝过程。冷凝表面为铝块的某一表面，其他面均作绝热处理，实验压力为0.65MPa。Garimella 重点关注了冷凝传热系数的时间独立性、压力、非凝性气体的含量和冷凝换热温差等因素对冷凝的影响作用。实验证明了随着时间变化非凝性气体在气液界面处的积聚作用。

Dehbi[6] 研究了自然循环条件下非凝性气体对蒸汽冷凝传热的影响。冷凝段为外径38mm，长为3.5m的铜管并被安置在长为5m，外径为450mm的不锈钢压力容器中（最高耐压为0.1MPa)。实验表明随着系统压力的增加，蒸汽冷凝传热系数显著增加；随着冷凝壁面过冷度的增加，蒸汽冷凝传热系数缓慢降低。Jong-Won Kim[7] 为研究在自然对流条件下非凝性气体对蒸汽冷凝传热影响，做了相关的实验。实验压力变化范围为0.1～2.0MPa，非凝性气体为氮气，质量含量变化范围为5%～70%。实验表明氮气在蒸汽的中均匀分布，整个实验工况中并没有出现气体分层现象。重庆大学的李刚[8] 针对水平强化换热管外非凝性气体对蒸汽冷凝传热研究较少的情况，进行了水平光管和三维肋管管外冷凝换热实验，非凝性气体为空气。实验分别探讨了非凝性气体含量、冷凝壁面过冷度以及肋管等对蒸汽冷凝的影响，并得到相关的经验关系式。

综上所述，自然对流下含非凝性气体的蒸汽冷凝实验研究主要集中于低压工况。其中，Jong-Won Kim 的冷凝实验压力工况达到了2.0MPa，但对于高压（大于2.0MPa）下的非凝性气体对蒸汽冷凝传热影响的实验探究明显不够，仍需进一步研究高压和自然对流条件下的含非凝性气体的蒸汽冷凝传热特性。本文主要采用实验研究的方法，探究高压下非凝性气体在自然对流条件下对蒸汽冷凝传热的影响机理。

1 实验装置

本文建立了高压下含非凝性气体蒸汽冷凝实验系统，如图1所示。自然对流下蒸汽冷凝实验系统采用电加热器加热主容器中水产生蒸汽，当蒸汽进入容器上部空间达到预定工况时，在冷壁面上冷凝成为液膜降落至下部液体空间。其主要包括：主回路系统、二回路冷却系统、抽真空和气体配送系统、设备冷却系统、注排水系统、数据测量和采集系统，以及实验电器控制系统等。

实验主容器为不锈钢材质，高度为3.66m，内径为400mm。实验过程中整个容器外表面做绝热处理，以保证蒸汽冷凝现象只发生在冷凝实验段上。实验过程中，蒸汽由主容器内电加热棒加热容器底部的液态水生成并上升至上部蒸汽和非凝性气体混合气体空间，电加热功率范围为0～60kW。实验中的非凝性气体为氮气，并由抽真空和气体配送系统完成主容器系统内抽真空环境和氮气的测量和配送进入主容器中。冷凝实验段为不锈钢圆管结构，即二回路冷却水与主容器热量交换采用圆管循环方式，冷却水自中心圆管进入然后通过外环缝返回，如此将热量带出，维持圆管壁面温度恒定。圆管总高度为1.669m，外径为76mm，外壁面厚8mm，中心圆管内径为24mm，圆管壁厚5mm。实验中冷凝实验段外壁面为蒸汽冷凝表面，壁面上布置有温度测点以得到冷凝壁面的温度，与之对应的圆管环缝冷却水的温度测点来获得环缝中冷却水温度。

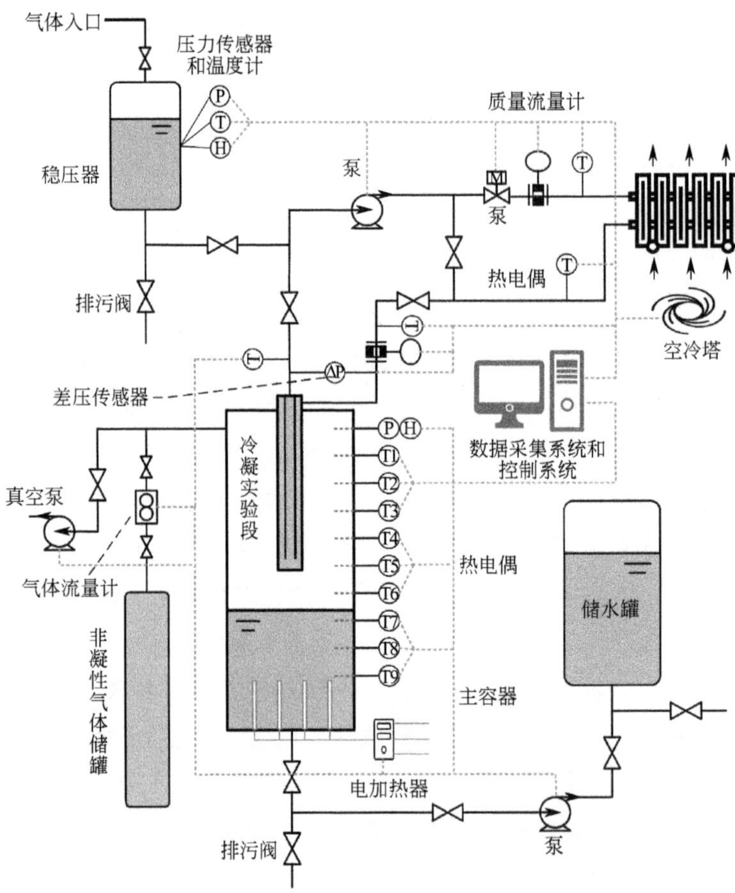

图1 高压下含非凝性气体蒸汽冷凝实验系统

2 实验数据处理

当非凝性气体为氮气时，混合气体空间处于热平衡状态，即氮气与蒸汽温度相同。根据蒸汽温度与蒸汽饱和压力的关系，可以用来计算氮气在轴向上的含量分布。假设混合气体空间蒸汽均处于饱和状态，根据轴向上的温度 T_x 可以得到蒸汽的分压 P_s，可得到此时氮气的分压 P_n：

$$P_n = P_t - P_s \tag{1}$$

根据道尔顿分压定律得到混合气体空间中氮气与蒸汽的质量之比为

$$\frac{m_n}{m_s}=\frac{P_n}{P_s}\times\frac{M_n}{M_s}=\frac{P_t-P_s}{P_s}\times\frac{M_n}{M_s} \tag{2}$$

又知轴向位置上氮气的质量含量 W_n（x）计算如下

$$W_n(x)=\frac{m_n}{m_n+m_s}=\frac{\left(\frac{m_n}{m_s}\right)}{1+\left(\frac{m_n}{m_s}\right)} \tag{3}$$

可以得到

$$W_n(x)=\frac{P_t-P_s(T_x)}{P_t-P_s(T_x)\left(1-\frac{M_s}{M_n}\right)} \tag{4}$$

针对长度为 L 的冷凝实验段，纯蒸汽在其表面平均冷凝传热系数 $\bar{h}_L$ 计算如式（5）

$$\bar{h}_L=\frac{q}{(\bar{T}_\infty-\bar{T}_w)} \tag{5}$$

其中，q 为冷凝传热表面的传热热流密度，$\bar{T}_\infty$ 为混合气体空间的平均温度，$\bar{T}_w$ 为冷凝实验段壁面平均温度。

蒸汽冷凝过程中的传热量 Q 主要通过计算流过实验段的二回路冷却水的焓升得到，即

$$Q=M(h_{\text{out}}-h_{\text{in}}) \tag{6}$$

其中，M 为二回路冷却水流量，该参数通过实验测量得到。h_{in} 和 h_{out} 分别是冷凝实验段进口和出口处冷却水的焓值，通过二回路压力 P_2 和实验段进出口温度 T_{in} 和 T_{out} 可以计算得到。

联立上述公式，可以得到蒸汽在冷凝实验段壁面上平均传热系数为

$$\bar{h}_L=\frac{M(h_{\text{out}}-h_{\text{in}})}{\pi D_o L(\bar{T}_\infty-\bar{T}_w)} \tag{7}$$

3 数据分析和讨论

3.1 蒸汽空间轴向温度变化

图 2 分别给出了系统压力为 0.214MPa、1.77MPa 和 5.65MPa 时混合气体空间的温度分布。W_n 表示氮气质量含量。从图中可知，系统压力一定时，针对不同的氮气质量含量，混合气体空间的温度不同。这是因为当氮气含量变化时，其在混合气体中分压发生变化，系统总压力不变时，蒸汽分压随之变化，而蒸汽对应的饱和温度跟着变化。压力在 0.214～5.65MPa 范围内变化时，各个氮气质量含量下，蒸汽空间轴向温度变化不大。随着轴向距离的增加温度有所增加，但增加幅度不大，整体而言温度沿轴向分布较为均匀。

3.2 氮气在混合气体空间的分布

非凝性气体在混合气体空间的分布对蒸汽壁面冷凝具有重要影响，因此实验中确定非凝性气体在混合气体空间的分布情况显得非常重要。

同样假设混合气体空间中非凝性气体在径向上均匀分布，即径向各处非凝性气体的含量均相等，只考虑轴向上非凝性气体的分布差异。通常，非凝性气体的在蒸汽的大致分布情况可以通过非凝性气体的摩尔质量判断，较轻的气体（气体摩尔质量小于蒸汽摩尔质量）由于浮升力作用而主要分布于上部空间。较重的气体（气体摩尔质量大于蒸汽摩尔质量）主要分布于下部空间。但实际实验中，由于下部液体空间不断产生蒸汽，具有一定初速度的蒸汽在上升的过程中会携带部分非凝性气体上升，在一定程度

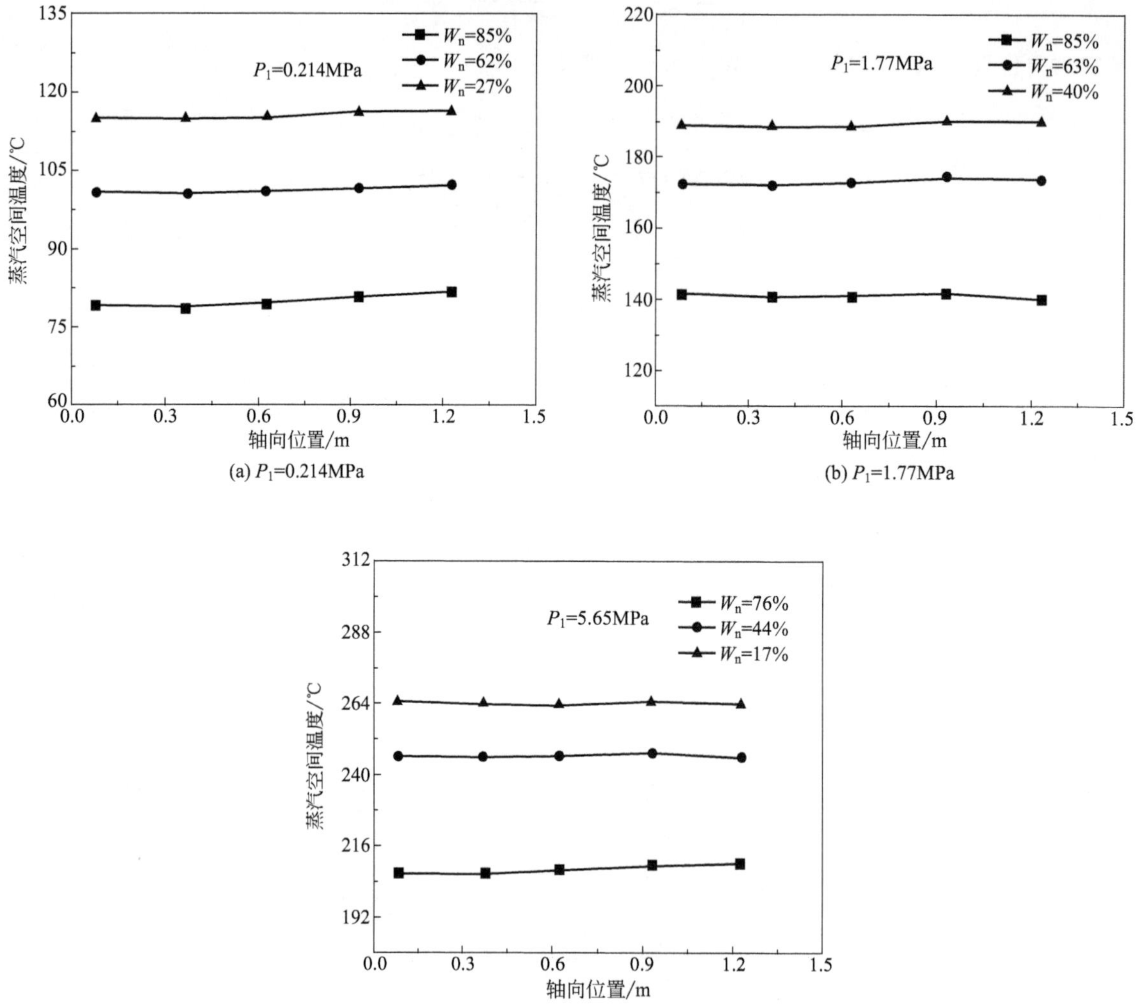

(a) P_1=0.214MPa　(b) P_1=1.77MPa　(c) P_1=5.65MPa

图 2　蒸汽空间轴向位置上温度变化

上使非凝性气体在蒸汽中的分布更加均匀。

根据系统压力和混合气体空间轴向上温度分布，可以计算得到氮气在蒸汽空间轴向上的含量分布，如图 3 所示。可知，在系统总压力为 0.214MPa、1.77MPa 和 5.65MPa，蒸汽温度在 79～264℃范围内变化时，氮气在轴向位置上质量含量分布总体上相对均匀，变化较小。系统总压力为 0.214MPa，蒸汽温度为 79℃时，氮气在轴向上的质量含量分布逐渐减小，由 85.5%逐渐减小至 83.7%，变化幅度较小。轴向位置在 0～0.625m 的位置以内，氮气含量均在 85.5%左右，几乎没有变化；当轴向位置在 0.625～1.228m 变化时，氮气含量逐渐减小至 83.7%。当蒸汽分别为 101℃和 115℃时，以及其他压力工况下，氮气含量在轴向上的分布均有相同的规律，且随着压力的升高，这种变化越来越小。造成这样的原因在于轴向位置距离越大，越接近下部液相空间。由于冷凝实验时系统处于稳态，液相空间不断产生蒸汽进入混合气体空间，所以越接近液相空间蒸汽含量越大，对应的氮气含量越小。

3.3　氮气对蒸汽冷凝传热传质的影响

氮气主要通过在混合气体与冷凝液膜之间形成一层氮气薄层，阻碍蒸汽接触冷凝壁面冷凝进而形成较大热阻，削弱了蒸汽冷凝过程中的传热传质。氮气的含量对蒸汽冷凝传热系数具有重要影响作用，氮气含量越多，形成的氮气薄层越厚，对传热阻碍作用就越大。通常，研究过程中采用质量含量和摩尔含量两个参量来描述非凝性气体在蒸汽中的含量。本文实验过程中用质量含量来描述非凝性气体在蒸汽中

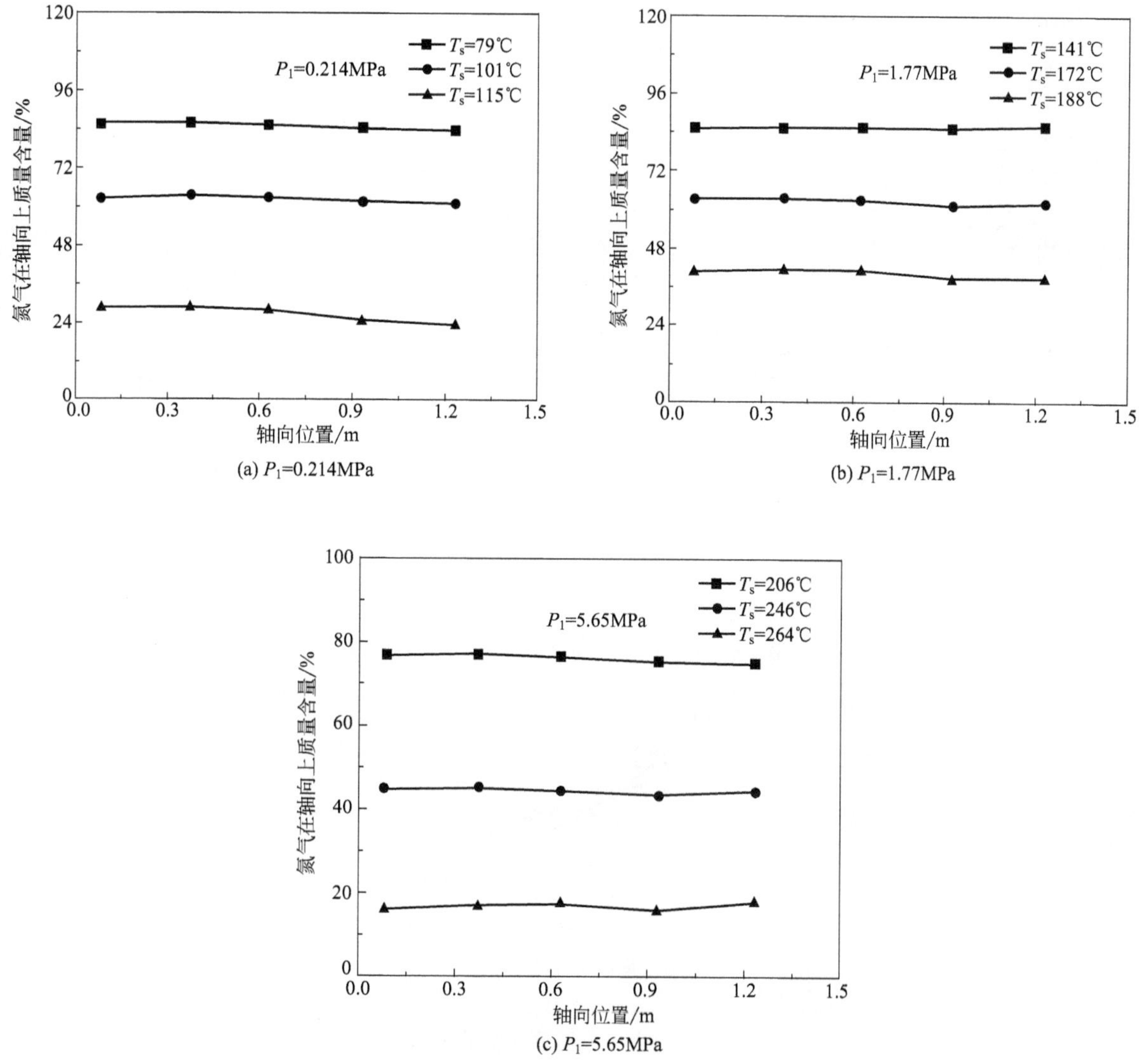

(a) P_1=0.214MPa

(b) P_1=1.77MPa

(c) P_1=5.65MPa

图 3 氮气在轴向上质量含量分布

的分布情况。

氮气在蒸汽中均匀分布，因此实验中氮气的含量不做特别说明的均是主容器中氮气平均含量。图 4 给出了各个压力工况下蒸汽在竖直壁面上冷凝传热系数随着氮气质量含量变化的曲线。

如图 4 所示，各个压力工况下，蒸汽在竖直壁面上的冷凝传热系数均随着主容器中氮气质量含量的增加而减小。当压力为 0.214MPa 时，氮气质量含量为 85.4%时，蒸汽冷凝传热系数为 0.0562kW/(m^2 · K)。随着氮气质量含量逐渐减小，冷凝传热系数逐渐增加，当氮气质量含量为 3.26%时，冷凝传热系数为 1.443kW/(m^2 · K)。当压力在 0.214～5.65MPa 范围变化时，蒸汽冷凝传热系数随氮气质量含量变化规律相同，均为随着氮气质量含量增加而逐渐减小。同时，我们发现压力由 0.214MPa 增加至 4.12MPa 时，蒸汽在竖直壁面上冷凝传热系数均增加。但当压力为 5.65MPa 时，蒸汽冷凝传热系数与 4.12MPa 工况时的冷凝传热系数非常接近，此时蒸汽冷凝传热系数没有随着压力的增加而增加。

4 结论

本文实验研究了含非凝性气体时蒸汽在竖直壁面上冷凝传热过程的传热特性，并计算传热过程中的蒸汽冷凝传热系数，得到结论如下。

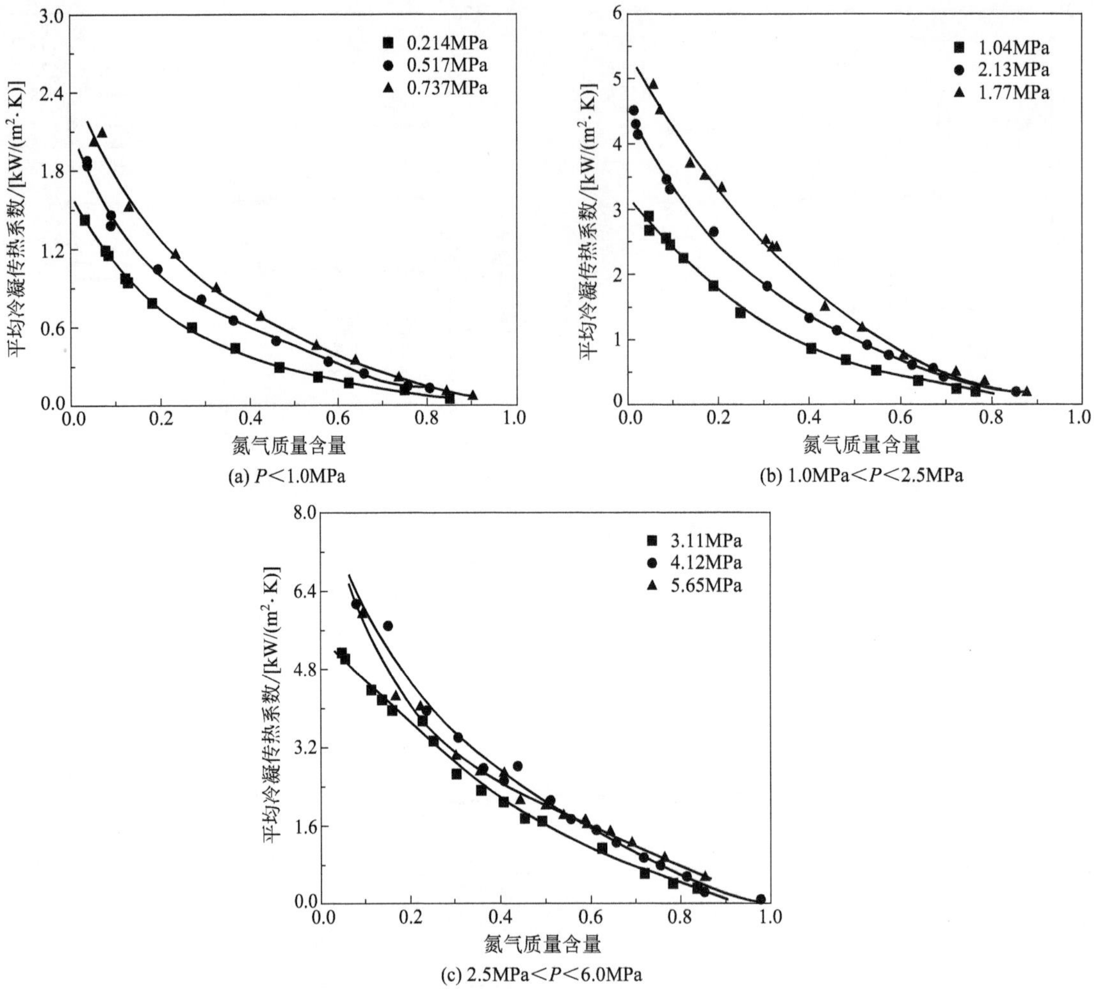

图 4　蒸汽冷凝传热系数随氮气质量含量变化曲线

① 含有氮气的蒸汽冷凝实验中，蒸汽空间轴向上温度分布均较为均匀，没有明显的温度分层。同时，氮气虽然气体摩尔质量都大于蒸汽，却在蒸汽空间中分布相对较为均匀，也没有明显的气体分层现象。

② 非凝性气体的种类、含量以及系统压力是影响蒸汽冷凝传热过程的重要因素。随着非凝性气体含量的增加，蒸汽冷凝传热系数逐渐减小。随着压力的升高，蒸汽冷凝传热系数则逐渐增加。

③ 针对氮气，压力对冷凝传热过程影响存在临界点，实验发现该临界点可能为 6.0MPa 左右，压力大于 6.0MPa 后，蒸汽冷凝传热系数可能趋平。

参考文献

[1] 杨世铭，陶文铨. 传热学 [M] . 3 版 . 北京：高等教育出版社，1998.

[2] Othmer D F. The condensation of steam. Industrial & Engineering Chemistry，1929，21 (6)：576-583.

[3] Uchida H，Oyama A，Togo Y. Evaluation of post-incident cooling systems of light water power reactors. Tokyo Univ.，1964.

[4] Tagami T. Interim Report on Safety Assessments and Facilities Establishment Project for June 1965，No. 1. Japanese Atomic Energy Research Agency，1965.

[5] Garimella S V，Christensen R N. Transient condensation in the presence of noncondensables at a vertical wall. Nuclear Technology，1990，89 (3)：388-398.
[6] Dehbi A A. The effects of noncondensable gases on steam condensation under turbulent natural convection conditions. Massachusetts Institute of Technology，1991.
[7] Kim J W，Lee Y G，Ahn H K，et al. Condensation heat transfer characteristic in the presence of noncondensable gas on natural convection at high pressure. Nuclear Engineering and Design，2009，239 (4)：688-698.
[8] 李刚．水平三维肋管管外高不凝性气体含量蒸气的冷凝换热 [D]．重庆：重庆大学，2006.

CNG 储气井套管检测系统及综合探头的研发

王仁涛，史红兵

安徽省特种设备检测院，合肥， 230041

摘 要： 针对现有超声探头对CNG储气井套管腐蚀和裂纹的检测准确度较低的问题，研发了一种CNG储气井套管检测系统，主要包括综合探头，综合探头内设置有超声模块、激光模块、数字电路固件和调制解调器。超声探头初步扫查出套管面腐蚀、坑腐蚀、轴向裂痕、周向裂痕等缺陷的形貌和分布情况，激光探头进一步细化确认上述缺陷的具体位置和每个缺陷的尺寸情况，从而提高对CNG储气井套管腐蚀和裂纹的检测准确度。通过该检测系统对预置缺陷的检测试验，缺陷检出率为93%，检测准确度高。研制的CNG储气井套管检测系统可为储气井套管的面腐蚀、坑腐蚀、轴向裂痕、周向裂痕等缺陷检测提供一种新的检测方案及研究基础。

关键词： 储气井；套管；超声；激光；检测系统

Research and development of casing detection system and integrated probe for CNG gas storage Well

Wang Rentao，Shi Hongbing

Anhui Special Equipment Inspection Institute， Hefei， 230041

Abstract: For the low accuracy of the existing ultrasonic probe which is detected the corrosion and crack of CNG gas storage well casing，we invented a CNG gas storage well casing detection system ，which mainly includes an integrated probe. The integrated probe is equipped with the ultrasonic module，the laser module，the digital circuit firmware and the modem. The ultrasonic probe can initially detect the morphology and distribution of casing surface corrosion，pit corrosion，axial crack，circumferential crack and other defects. The laser probe can further refine and confirm the specific location of the above defects and the size of each defect，so as to improve the detection accuracy of casing corrosion and crack in CNG gas storage well. Through the detection test of the preset defect，the detection rate of the defect is 93% ，with high detection accuracy. The invented CNG casing detection system can provide a new detection scheme and research basis for the detection of surface corrosion，pit corrosion，axial crack，circumferential crack and other defects of casing for gas storage Wells.

Keywords: gas storage well; casing pipe; ultraphonic; laser; detecting system

0 引言

CNG储气井是一种新型储气设备，是以储存压缩天然气体为目的的一种特殊的安装在地下的、管

基金项目：形变检测及成像技术在储气井套管检测中的应用（编号：2019MK029）；基于地壳应力作用下储气井套管变形检测研究（编号：2020MK035）。

作者简介：王仁涛，1989年生，男，工程师，硕士研究生，主要从事压力容器装备安全保障技术研究。

状立式压力容器，井身结构采用螺纹（无焊接）连接，工作压力高达 25MPa，具有占地面积小、安全性强、运行费用低、操作维护简便等优点。但储气井套管深埋地下（最深达 260m），由于地层电化学、疲劳腐蚀等原因，会造成 CNG 储气井套管局部发生细微变化，比如发生变形、腐蚀、裂痕等存在极大的安全隐患，因而对储气井进行定期的状况检测显得至关重要。

目前国内特种设备检验单位所使用的检测手段主要为利用超声探头对储气井套管的壁厚这一单一参量进行检测，然而随着工业化水平的不断发展，城镇化进程的不断加快，CNG 储气井的增多，仅仅通过壁厚这一参数反应 CNG 储气井的建设质量和运行状态已远远不满足定期检验和监管要求。现有超声探头对 CNG 储气井套管腐蚀和裂纹的检测准确度较低。

详细研究储气井套管的受损状况，对于分析储气井在使用过程中形成的易危险环节和使用方式影响有更深入的认识，便于指导后续储气井运行使用，使检验结论更可靠更有指导意义。

1 检测系统设计方案

我国储气井设计及制造的主要参照标准为 SY/T 6535—2002《高压气地下储气井》[1]、《关于加强地下储气井安全监察工作的通知》（质检办特〔2008〕637 号）[2]、《质检总局关于地下储气井安全监察有关事项的公告》（2014 年第 42 号）[3]、TSG 21—2016《固定式压力容器安全技术监察规程》[4]，这些标准或规定尚未对储气井定期检验中套管的腐蚀状况及腐蚀部位的面积、形貌等具体参数加以要求说明。

目前开展储气井检验检测的技术方法主要包括超声检测法、工业内窥镜检测法、涡流检测法、漏磁检测法等。针对在用地下储气井套管的腐蚀型缺陷的检测，目前检测能力仅能实现腐蚀减薄等壁厚数值检测，无法对缺陷进行定性和定量检测，套管变形及点型缺陷尺寸检测目前还无法实现，对发现的缺陷部位和形状尺寸无法精确测量及定位。为解决上述问题，笔者调研了国内的各类储气井检测或管道内检测仪器设备，发现无可以实现上述检测需求的检测设备。因此笔者研发设计了“CNG 储气井套管检测系统及 CNG 储气井套管检测用综合探头”（专利号：ZL 201821052427.6），利用同时载有超声波和光学信号的 CNG 储气井套管检测用综合探头，实现对同一套管探测获得的声学图像与光学图像，将两种图像信息进行对比，准确采集套管受损信息。本文将针对该检测系统的主要检测功能需求、设计制造中的关键方案、检测对象的缺陷预制、检测过程的影响因素、检测结果验证分析等方面详细介绍，为储气井检测或管道内检测研究人员开展类似研究和使用这种新型检测系统提供一定借鉴和参考。

2 检测系统功能需求与实现

2.1 检测系统功能需求

笔者所在的课题组自 2013 年从事安徽省范围内的储气井检测及其相关研究工作，在大量的检测及研究过程中对储气井检测系统功能需求概括为实现预定检测功能、系统结构设计合理、检测过程可靠稳定、缺陷定位准确便于修复。

对于预定检测功能，笔者在前期开展安徽省的储气井检测相关研究中已确定出部分储气井出现严重套管壁厚腐蚀状况，导致储气井泄漏已无法继续使用，因此对于出现套管腐蚀较为严重的储气井，需进一步研究腐蚀部位的精确形貌及具体方位，便于实现对缺陷状况的确认、评估及监测。除腐蚀损伤影响外，储气井套管的轴向裂痕、周向裂痕、圆度差、面轮廓度、线轮廓度等缺陷损伤对于储气井的安全状况影响如何，这些检测功能拟采用激光探头予以实现。

对于系统结构设计，笔者希望对现有的超声检测探头进行功能强化和完善，完善后的检测探头可以与激光探头实现组合同步检测。原有的超声检测装置因克服水下检测的密封性，检测探头装置结构设计较为复杂，选用的密封材料为普通垫圈式密封材料，密封效果经常出现实效，导致检测探头内浸水，影响检测结果准确性。新型检测探头拟将超声探头与激光探头集成设计，通过合理设计实现系统结构优化，检测设备体积减小，重量减轻，现场检测操作便捷。

对于检测过程可靠稳定性，笔者在先前开展的储气井检测中发现，采集的检测信号易出现波动干扰，还有部分信号出现一定的强度衰减。笔者尝试对信号采集传输线路进行研究发现，信号的传输线路设计和传输线路的选用材质对检测结果的影响较为明显。因此在研制新型检测系统中，拟计划对信号采集的传输线路材质和线路布局设计进行优化，实现检测过程的可靠性、稳定性。

对于缺陷准确定位和修复，当前还未见针对储气井缺陷的方位定位及尝试缺陷修复的研究或报道，笔者在前期检测研究中已发现部分储气井套管出现较为严重的减薄损伤，但对于这些减薄损伤处于套管的内壁还是外壁，减薄损伤的破坏起因如何确认，减薄损伤部位是否能实现修复，是否有减缓控制措施，这些功能需求笔者希望在新检测系统中能够提供一定的研究切入口。

2.2 检测系统功能设计与实现

在前述功能需求的指导原则下，联合设备制造厂研制了该种新型的“CNG 储气井套管检测系统及CNG 储气井套管检测用综合探头”，检测系统的综合探头组成示意图如图 1 所示。

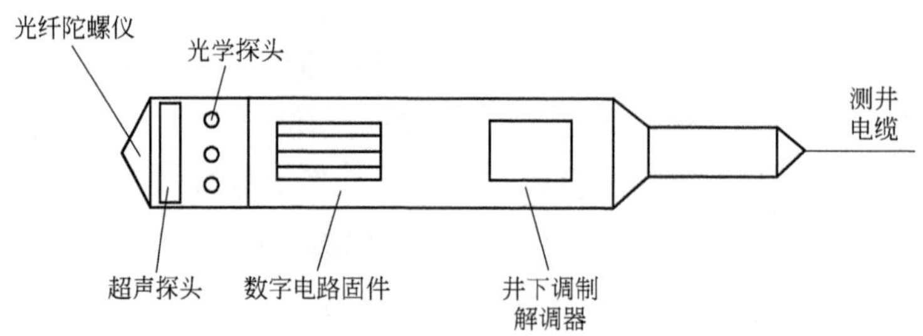

图 1 综合探头组成示意图

CNG 储气井套管检测用综合探头内设置有超声模块、激光模块、数字电路固件和调制解调器，超声模块与数字电路固件、调制解调器依次连接，激光模块与调制解调器连接。超声模块优选由 64 组高精度密集布置的超声探头组成，超声探头检测扫描的固定精度不小于每周 800 点。超声探头初步扫查出CNG 储气井套管面腐蚀、坑腐蚀、轴向裂痕、周向裂痕等缺陷的形貌和分布情况。激光模块优选由 16 组高精度激光探头组成，激光探头由激光测距仪、反射棱镜及精密时钟控制编码器构成，通过发射器发出激光脉冲信号，经被测套管漫反射后沿原路反向再传回到接收器进行距离测量，运用精密时钟控制编码器确保同步测量每个激光脉冲横向扫描角度以及纵向扫描角度。运用激光模块可精确测量测量出轴向裂痕、周向裂痕等缺陷的表面形貌尺寸及凹凸性明显缺陷的轮廓面积及尺寸。

CNG 储气井套管检测用综合探头采用集中模块结构，将超声模块与激光模块集中到探头舱体内，并采用高级密封脂和密封圈组合密封，解决防水性问题的同时，将综合探头的体积和重量进行了缩小，使现场检测操作更便捷，优化后的系统结构大大提升了现场检测效率，降低了检测成本及储气井检测停机时长成本。为超声模块和激光模块设置专路通道，实现各通道内电流传送和信号传输独立分路运行，并采用光纤线路材质，大大降低了采集信号衰减和信号在传输过程中的干扰波动，实现了检测过程可靠稳定性需求。将综合探头中设计搭载陀螺仪，结合激光检测功能，可实现对预定缺陷的精确定位，确定缺陷处于套管内壁还是外壁，定向辅助已确定缺陷的修复或采取减缓控制措施。

3 检测试验及初步试验结果

笔者在前期开展安徽省内储气井检测及研究过程中发现，在套管壁厚腐蚀减薄这一因素满足现有检验规程的条件下，仍然会出现储气井不明原因的泄漏而导致储气井气密试验不合格的情况。因此笔者在设计验证试验时，参考原油套管已经探测出的变形、轴向裂痕、周向裂痕、圆度差、面轮廓度、线轮廓度等影响缺陷，设计了针对储气井套管的轴向裂痕、周向裂痕、圆度差、面轮廓度、线轮廓度等特定影响缺陷。但目前这些特定影响缺陷国内还尚无法实现实地检测，对为了更好探究这些缺陷的相应检测信号及笔者研发的新型检测系统检测能力，笔者根据现有储气井制造的套管材质及规格，分别设置了同材质同直径规格的储气井套管样管，样管预置有轴向裂痕、周向裂痕、圆度差、面轮廓度、线轮廓度等特定缺陷，样管的具体预置缺陷设计分别如表 1 所示，研制出的样管如图 2 所示。

利用 CNG 储气井套管检测系统及 CNG 储气井套管检测用综合探头，对样管开展检测试验，由于未有开展该类检测的经验，因此笔者尝试对检测试验环境、检测扫查方式、检测速度等现场影响因素进行了充分的探索试验，通过在样管内注入清水作为耦合剂可以实现超声信号的采集，保证激光信号采集所受干扰最小，检测环境满足了超声信号和激光信号的同步采集需求。对于检测扫查方式进行探索得出，由下向上检测时测得检测结果最为稳定。对于检测速度，因为了同时采集获得较准确的两类检测信号，检测速度采用较低检测速度时，可保证检测结果较佳

表 1 样管中预置的缺陷类型、缺陷位置、缺陷尺寸及缺陷数量

编号	预制的缺陷类型	预制的缺陷位置	预制的缺陷尺寸	预制的缺陷数量
1	变形	套管内部	圆度差 1mm	1
2	变形	套管外部	圆度差 1mm	1
3	变形	套管外部	圆度差 1mm	1
4	面腐蚀	套管外部	面轮廓度 0.5mm	1
5	面腐蚀	套管中部	面轮廓度 0.5mm	1
6	面腐蚀	套管外部	面轮廓度 0.5mm	1
7	坑腐蚀	套管端部	线轮廓度 0.2mm	1
8	坑腐蚀	套管内部	线轮廓度 0.2mm	1
9	坑腐蚀	套管端部	线轮廓度 0.2mm	1
10	轴向裂痕	套管中部	（长×宽×深） 12.5mm×1mm×0.5mm	1
11	轴向裂痕	套管中部	（长×宽×深） 12.5mm×1mm×0.5mm	1
12	轴向裂痕	套管中部	（长×宽×深） 12.5mm×1mm×0.5mm	1
13	周向裂痕	套管中部	（长×宽×深） 18mm×1mm×0.5mm	1
14	周向裂痕	套管中部	（长×宽×深） 18mm×1mm×0.5mm	1

对于上述样管开展检测试验的检测结果如表 2 所示。运用激光信号通过测量圆度差的方式，检测出了样管的预置局部变形缺陷。运用激光信号准确检测得出了面轮廓度数据，结合超声信号数据综合确定出了样管的预置局部面腐蚀缺陷形貌。通过准确测量线轮廓度数据，确定出了样管的预置坑腐蚀缺陷。通过超声信号和激光信号的结合，准确测量出了轴向裂痕和周向裂痕的缺陷形貌及相应缺陷尺寸。通过综合探头中搭载的陀螺仪准确采集到相应缺陷的定位信息，结合对应的激光信号进一步确定出缺陷位于套管内壁或外壁。对于预置缺陷的位置，缺陷位于样管的端部或中部，不影响缺陷的检出；对于缺陷位于样管的内部或外部，检测试验发现，对于样管内部的预置缺陷检测效果更明显。通过检测结果表 2 可

图 2 研制的预置缺陷样管

知，除编号 14 的缺陷未被检测出外，其他缺陷均被检测出，缺陷检出率：13/14≈93%，对已知缺陷的检测精度高

表 2 CNG 储气井套管检测系统对样管的检测试验结果

编号	检测出的缺陷类型	预制的缺陷尺寸	检测出的缺陷尺寸	结果误差值
1	变形	圆度差 1mm	圆度差 0.95mm	0.05mm
2	变形	圆度差 1mm	圆度差 0.98mm	0.02mm
3	变形	圆度差 1mm	圆度差 1mm	0mm
4	面腐蚀	面轮廓度 0.5mm	面轮廓度 0.495mm	0.005mm
5	面腐蚀	面轮廓度 0.5mm	面轮廓度 0.5mm	0mm
6	面腐蚀	面轮廓度 0.5mm	面轮廓度 0.5mm	0mm
7	坑腐蚀	线轮廓度 0.2mm	线轮廓度 0.198mm	0.002mm
8	坑腐蚀	线轮廓度 0.2mm	线轮廓度 0.2mm	0mm
9	坑腐蚀	线轮廓度 0.2mm	线轮廓度 0.2mm	0mm
10	轴向裂痕	（长×宽×深） 12.5mm×1mm×0.5mm	（长×宽×深） 12.5mm×1mm×0.5mm	0mm
11	轴向裂痕	（长×宽×深） 12.5mm×1mm×0.5mm	（长×宽×深） 12.5mm×0.98mm×0.5mm	0.02mm
12	轴向裂痕	（长×宽×深） 12.5mm×1mm×0.5mm	（长×宽×深） 12.51mm×1mm×0.5mm	0.01mm
13	周向裂痕	（长×宽×深） 18mm×1mm×0.5mm	（长×宽×深） 18mm×1mm×0.498mm	0.002mm
14	周向裂痕	（长×宽×深） 18mm×1mm×0.5mm	未识别	—

通过对样管开展的检测试验，实现了对样管上已知缺陷的验证，进而验证了该套检测系统对轴向裂痕、周向裂痕、圆度差、面轮廓度、线轮廓度等缺陷的检测识别能力，以及对这些缺陷的精确定位能力。初步实现了对检测系统的重构设计，并保证了检测过程及检测结果的可靠性、稳定性。对缺陷形貌及尺寸的精确检测，对缺陷的精确定位，对典型缺陷信号进行标定，这些检测功能的实现，为研究缺陷起因发展，探寻缺陷减缓控制措施，提供了相应的研究基础。

4 检测系统研发讨论

4.1 检测功能的补充及完善

针对在用地下储气井套管腐蚀型缺陷的检测及在开展检验工作中相应新的需求，笔者在充分调研了国内各类储气井检测或管道内检测仪器设备的基础上，尝试研发设计了“CNG 储气井套管检测系统及 CNG 储气井套管检测用综合探头”（专利号：ZL 201821052427.6）。针对现有超声检测设备无法对检出的减薄缺陷进行定性和定量确认，尝试将能对缺陷形貌及尺寸进行精确检测的激光检测装置与超声检测装置进行组合，超声检测与激光检测的组合实现了对腐蚀减薄、缺陷形貌、缺陷尺寸的定性及定量检测，满足了现阶段对储气井各类缺陷检测的需求。针对已检出缺陷的方位定位及修复，尝试将陀螺仪装置搭载入检测系统中，辅助了缺陷的修复或指导减缓控制措施。在开展的模拟检测试验中，激光检测装置因当前制造能力所限，对于小管径储气井套管内壁检测的激光扫查面宽度仅为9mm，对于缺陷部位需要进行多次往复扫查，方可实现缺陷部位的详细检测。在对小管径储气井开展检测时，若需兼顾检测效率可仅在超声检测已发现可疑缺陷部位再开启激光检测功能。

4.2 对检测能力的验证及标定

为了验证研发的检测系统检测能力，参考原油套管已经探测出的变形、轴向裂痕、周向裂痕、圆度差、面轮廓度、线轮廓度等影响缺陷，并制作了储气井套管相应缺陷的样管（授权公告号：CN212646357U)，样管上预制缺陷的类型、位置、尺寸、数量等参数仅根据现有储气井套管可能出现的缺陷状况进行的初步设计，以便对研发的检测系统进行检测能力验证，对相应的缺陷信号进行典型信号标定。对于后续检测发现的新型缺陷，会再将相应的缺陷制作于样管上，补充验证检测系统的检测能力，对检测系统的硬件及软件做好更新和调试。

5 结论

为了提高对CNG储气井套管腐蚀和裂纹的检测准确度，实现对套管缺陷的定性、定量、定位检测，自行研发了“CNG储气井套管检测系统及CNG储气井套管检测用综合探头”。为了验证该检测系统的检测能力，研制了缺陷样管，开展了一系列的试验及标定工作，为后续规范开展此类检测奠定了初步基础。初步结论如下：

① 研制的CNG储气井套管检测系统核心部件为激光模块、超声模块、陀螺仪，可满足现阶段对套管缺陷的定性、定量、定位检测需求；

② 研制的缺陷样管包括面腐蚀、坑腐蚀、轴向裂痕、周向裂痕等缺陷，对该检测系统的检测能力进行了验证，对典型缺陷信号进行了标定；

③ 通过该检测系统对预置缺陷样管的检测试验，缺陷检出率为93%，检测准确度高；

④ 采用由下向上的套管检测方式，较低的检测速度，可保证检测结果较佳。

参考文献

[1] SY/T 6535—2002. 高压地下储气井 [S] .

[2] 国家质量监督检验检疫总局.《质检总局关于加强地下储气井安全监察工作的通知》(质检办特〔2008〕637号) [S] .

[3] 国家质量监督检验检疫总局.《质检总局关于地下储气井安全监察有关事项的公告》(2014年第42号) [S] .

[4] TSG 21—2016.《固定式压力容器安全技术监察规程》 [S] .

车载气瓶组轮胎火燃烧数值仿真

张冲冲，刘岑凡，段林林，邓贵德

中国特种设备检测研究院结构研究所，北京， 100029

摘　要： 利用计算流体力学（CFD）方法，对车载气瓶组轮胎火燃烧进行了数值仿真。为优化数值仿真计算过程，通过分区耦合计算法将轮胎火燃烧过程分为火焰燃烧和气瓶传热两部分，最终得到气瓶组各个位置气瓶内介质平均温度和平均压力的大小关系。结果表明，在气瓶间隙、风力和气体对流作用下，上排中间两气瓶内介质平均温度与平均压力有可能较轮胎正上方气瓶高，即上排中间两气瓶与轮胎正上方气瓶具有同等危险。

关键词： 轮胎火；气瓶组；长管拖车；计算流体力学（CFD）

Numerical simulation of combustion of tires for cylinders of tube trailer

Zhang Chongchong，Liu Cenfan，Duan Linlin，Deng Guide

Structual Reasearch and Assessmen Center China Special Equipment Inspection and Research Institute， Beijing， 100029

Abstract: To investigate combustion of tires for cylinders of tube trailer，the method of computational flow dynamics (CFD) was used for numerical simulation. In order to optimize the numerical simulation process，the tire fire combustion process was divided into flame combustion process and cylinder heat transfer process by zoning coupling calculation method. Finally，the relationship between the temperature and pressure values of the medium in the cylinder at each position of the cylinder group is obtained. The results show that under the action of cylinder clearance，wind and convection，the temperature and pressure of the medium in the upper middle two cylinders may be higher than that in the cylinder directly above the tire. In addition，only under the action of tire fire，the medium pressure in the cylinder at each position of the cylinder group does not reach the bursting pressure.

Keywords: fire of combustion tires; cylinders; tube trailer; computational flow dynamics (CFD)

0　引言

据统计，80%以上的长管拖车火灾事故均是由于拖车刹车片失效、摩擦生热引燃车辆后轮胎所造成的[1]。在轮胎火的环境中，气瓶局部区域受到高温作用，导致瓶内介质温度和压力升高，存在一定的安全隐患。为保障火灾事故中气瓶安全，大多数长管拖车气瓶会采用爆破片等安全泄放装置，即瓶内压

国家重点研发计划课题：零部件高压高速氢气冲击（蚀）损伤/自燃检测技术及测试装备（编号：2019YFB1505303）。
作者简介：张冲冲，1995 年生，男，助理工程师，硕士，主要从事特种设备安全与节能相关的流体仿真研究。
通讯作者：邓贵德，1982 年生，男，教授级高级工程师，博士，主要从事特种设备结构失效和安全评价。

力达到爆破片的爆破压力后，爆破片破裂进行超压卸放[2,3]，从而降低气瓶爆炸风险，减少事故损失。

为研究火灾对气瓶内介质温度和压力的影响，赵保頔[1,4]、金明哲[5] 等通过燃烧架喷射火燃烧进行了气瓶超压卸放研究；周国发[6,7]、古晋斌[8]、王泽涛[9] 等通过数值模拟的方法对气瓶热力学响应进行了仿真计算。对于气瓶火灾燃烧的研究，现阶段更加关注轮胎正上方的气瓶研究，而实际上，常见长管拖车有上下两排，共8个气瓶。由于开展气瓶组轮胎火燃烧实验的代价较大，因此，本文通过计算流体力学（computational fluid dynamics，CFD）的方法对气瓶组轮胎火燃烧状态进行了研究，通过模拟结果分析不同位置气瓶内介质温度和压力的大小关系，对长管拖车轮胎火燃烧研究具有一定的指导意义。

在承压设备热响应中，火焰燃烧、火焰辐射、气瓶壁面热传导以及气瓶内部介质流动、传热等过程相互耦合，计算复杂，且对计算机性能要求较高。所以，采用分区耦合计算法把整个燃烧过程分为火焰燃烧和气瓶传热两部分，并作出如下假设：

① 假设轮胎稳定燃烧，且处于最大燃烧功率状态；

② 不考虑轮胎与气瓶之间的遮挡，轮胎火直接作用于气瓶表面；

③ 不考虑气瓶的缺陷、开孔、附件及安全阀等作用。

1 几何模型与边界条件

本研究所采用的高压气瓶外径为559mm，壁厚为16.5mm，总长为10.975m，材质为4130X；充装介质为天然气，公称工作压力20MPa；考虑两排6组（每组2个）轮胎，轮胎型号为185/65R20，单胎最大燃烧功率为300kW。

火焰燃烧过程与气瓶传热过程通过气瓶外壁面的热流密度进行耦合，即通过火焰燃烧模拟得到气瓶表面热流密度，并将该热流密度加载至气瓶传热过程所对应的气瓶表面。如图1所示为火焰燃烧模型结构，由轮胎、气瓶外壁面以及空气场组成；如图2所示为气瓶传热模型结构，由气瓶和瓶内介质组成。

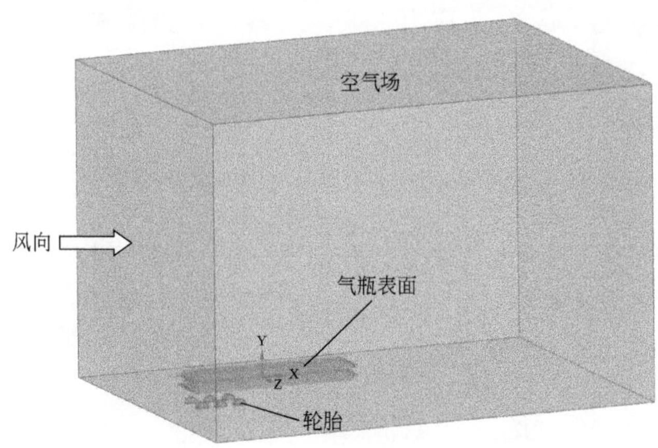

图1 火焰燃烧模型

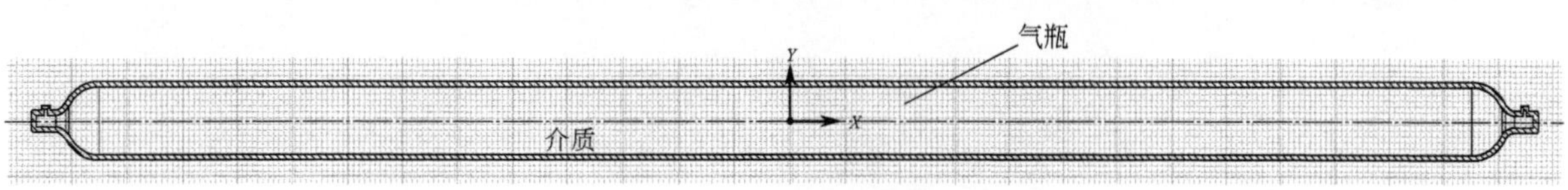

图2 气瓶传热模型

在火焰燃烧模拟中，采用Realizable k-ε 湍流模型，P1辐射模型，以及非预混燃烧模型进行稳态计算。由于轮胎挥发分化学组成及燃烧机理复杂，直接模拟难度较大，因此，基于耗氧量与燃烧热值守恒原则对挥发分部分进行当量转换，通过 CH_4、CO 以及固定碳的混合燃烧模拟轮胎燃烧过程，CH_4、CO 和固定碳的含量约为 0.26∶0.41∶0.33，每组轮胎燃烧速率约为 0.02kg/s。风速按照 0.5m/s，除迎风面和地面外，空气场其他面均为自由出口，初始压力为大气压，初始温度 300K。

在气瓶传热过程中，采用 RNG k-ε 湍流模型和 Surface to Surface（S2S）辐射模型进行瓶内介质瞬态响应模拟计算，通过 ARK 真实气体方程考虑环境压力和温度对气体密度的影响，从而考虑介质的对流传热。介质初始压力为 20MPa，温度为 308K。

2 控制方程

气瓶组轮胎火模拟过程涉及火焰燃烧、火焰辐射、气瓶壁面热传导以及气瓶内部介质流动、传热等过程，模型遵循质量、动量、能量守恒定律。

质量守恒方程如式（1）所示：

$$\frac{\partial \rho}{\partial t}+\frac{\partial}{\partial x_i}(\rho u_i)=0 \tag{1}$$

式中，ρ 为密度，kg/m^3；t 为时间，s；x_i 为 i 方向上的位移量，mm；u_i 为 i 方向上的速度分量，m/s。

能量守恒方程如式（2）所示：

$$\frac{\partial}{\partial t}(\rho E)+\frac{\partial}{\partial x_i}[u_i(\rho E+\rho)]=\frac{\partial}{\partial x_j}\left(\lambda_{\text{eff}}\frac{\partial T}{\partial x_j}+u_i(\tau_{ij})_{\text{eff}}\right)+S_{\text{h}} \tag{2}$$

式中，E 为总能量，J；x_j 为 j 方向上的位移量，mm；λ_{eff} 为有效传热系数，W/（m·K）；T 为温度，K；$(\tau_{ij})_{\text{eff}}$ 为应力张量分量，N/m^2；S_{h} 为能量源项。

动量守恒方程如式（3）所示：

$$\frac{\partial}{\partial t}(\rho u_i)+\frac{\partial}{\partial x_i}(\rho u_i u_j)=-\frac{\partial p}{\partial x_i}+\frac{\partial}{\partial x_j}\left[\mu\left(\frac{\partial u_i}{\partial x_j}+\frac{\partial u_j}{\partial x_i}\right)\right]-\frac{2}{3}\frac{\partial}{\partial x_i}\left[\delta_{ij}\left(\rho k+\mu\frac{\partial u_k}{\partial x_k}\right)\right] \tag{3}$$

式中，μ 为动力黏度，m/s^2；δ_{ij} 为应力张量，N/m^2；k 为湍流动能，J；u_k 为湍流速度分量，m/s；x_k 为湍流位移分量，mm。

非预混燃烧控制方程如式（4）所示：

$$\frac{\partial}{\partial t}(\rho Y_i)+\nabla g(\rho \boldsymbol{v} Y_i)=-\nabla J_i+R_i+S_i \tag{4}$$

式中，Y_i 为物质 i 的质量分数；$\boldsymbol{v}$ 为速度矢量，m/s；J_i 为物质 i 的质量扩散速率，$kg/(m^2/s)$；R_i 为燃烧反应物质 i 的产生速率，$kg/(m^2/s)$；S_i 为物质 i 的产生速率，$kg/(m^2/s)$。

壁面传热控制方程如式（5）所示：

$$\frac{\partial}{\partial T}(\rho h)+\nabla g(v\rho h)=\nabla g(\lambda\ \nabla T)+S_h \tag{5}$$

式中，h 为显焓，kJ/kg；λ 为热导率，W/（m·K）。

ARK 真实气体密度控制方程如（6）所示：

$$\rho=\frac{p_{\text{op}}+p}{(R/M_w)T} \tag{6}$$

式中，p_{op} 为操作压力，Pa；p 是表压，Pa；R 是气体常数；M_w 为摩尔分数；T 为温度，K。

3 模拟结果及分析

图 3 和图 4 所示分别为火焰燃烧温度分布和气瓶表面温度分布。由图可知，轮胎燃烧火焰较为集

中，主要作用于轮胎上方的气瓶管段，并在气瓶表面形成局部高温区。受风力和气体对流作用的影响，气瓶间隙的火焰向气瓶后方浮动，从而导致上排中间气瓶（气瓶编号 22、23）后端表面温度较上排两侧气瓶（气瓶编号 21、24）后端表面温度高。

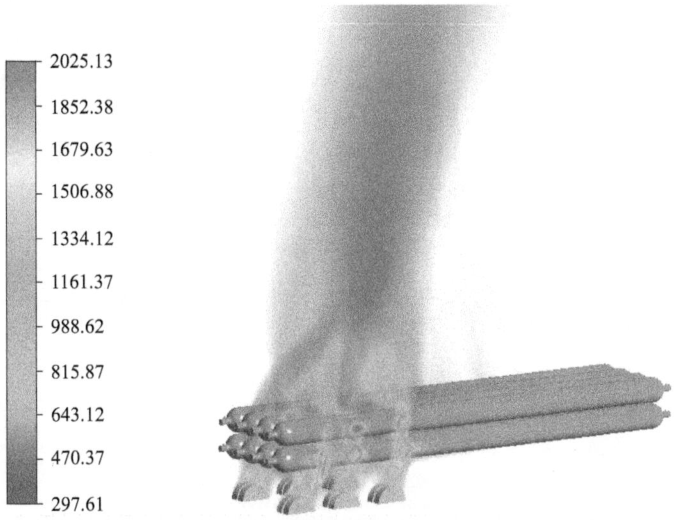

图 3 火焰燃烧温度分布

由单气瓶轮胎火燃烧试验可知，约 1000s 时轮胎火燃烧功率达到峰值，因此，图 5 和图 6 分别记录了气瓶传热过程前 1000s 气瓶内介质平均温度和平均压力随时间的变化曲线。由图可知，虽然气瓶 11 和气瓶 14 分别位于轮胎正上方，但是气瓶 22 和气瓶 23 内部介质平均温度较高，分析其原因有以下两点：

① 气瓶 11 和气瓶 14 距离轮胎较近，该处火焰未得到充分燃烧；

② 气瓶 22 和气瓶 23 位于气瓶组上方中间位置，在气体对流影响下受到两侧轮胎共同燃烧作用。

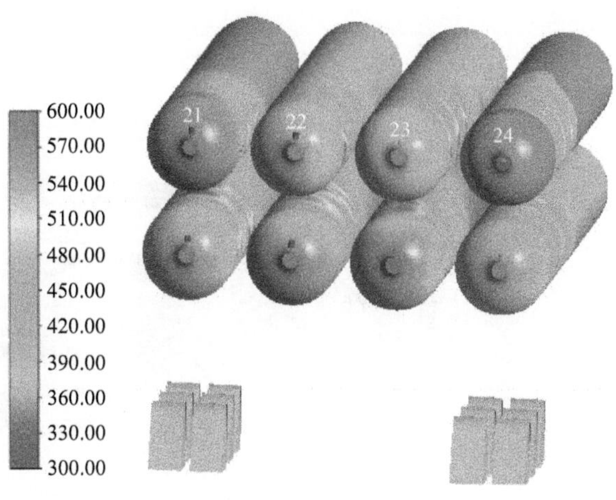

图 4 气瓶表面温度分布

气瓶内介质平均温度与平均压力大小关系基本一致，均为气瓶 11、14、22、23 高于气瓶 12、13、21、24。详细分析气瓶 11、14、22、23 内介质平均温度和平均压力可知：

平均温度关系为气瓶 23＞气瓶 22＞气瓶 11≈气瓶 14

平均压力关系为气瓶 22＞气瓶 14＞气瓶 13＞气瓶 11

其平均温度和平均压力并没因位置不同表现出明确的大小关系，因此说明：轮胎火条件下，上排中间两气瓶与轮胎正上方气瓶具有同等危险。

通过上述关系可知，气瓶平均温度与平均压力的大小关系不一致，其原因可能为气瓶内部温度和压力分布所造成。通过压力分布可知，气瓶内部压力分布较为均匀，压差极值约为 10Pa，气瓶内部温度分布如图 7 所示。由图 7 中 1000s 时气瓶内介质温度分布可知，气瓶内介质温度并非均匀分布，而是出现了上下分层，由此分析，造成气瓶内介质平均温度和平均压力大小关系不一致的原因是：气瓶内介质温度分布不均匀。

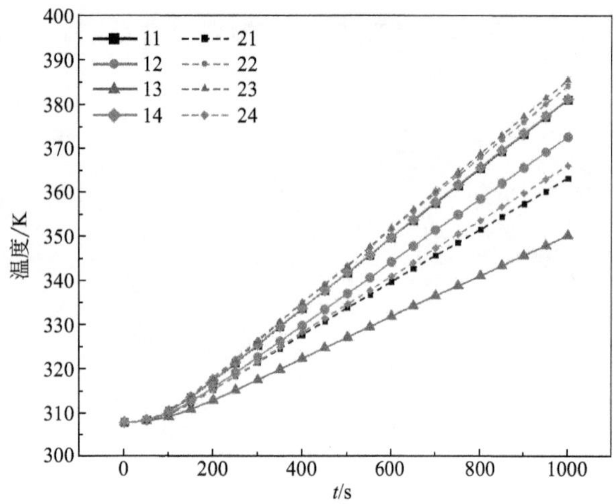

图 5　气瓶内介质温度随时间变化曲线

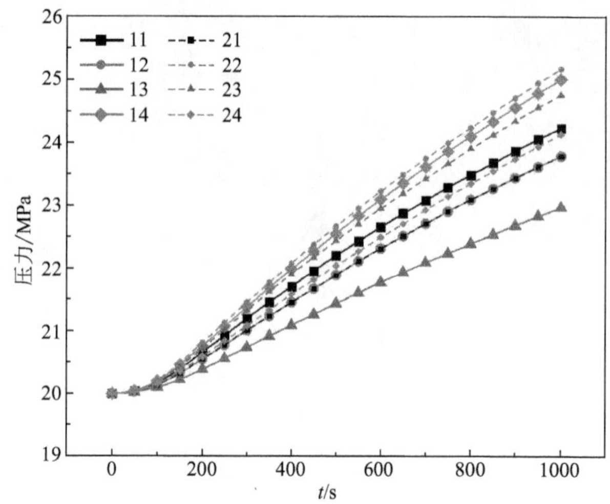

图 6　气瓶内介质压力随时间变化曲线

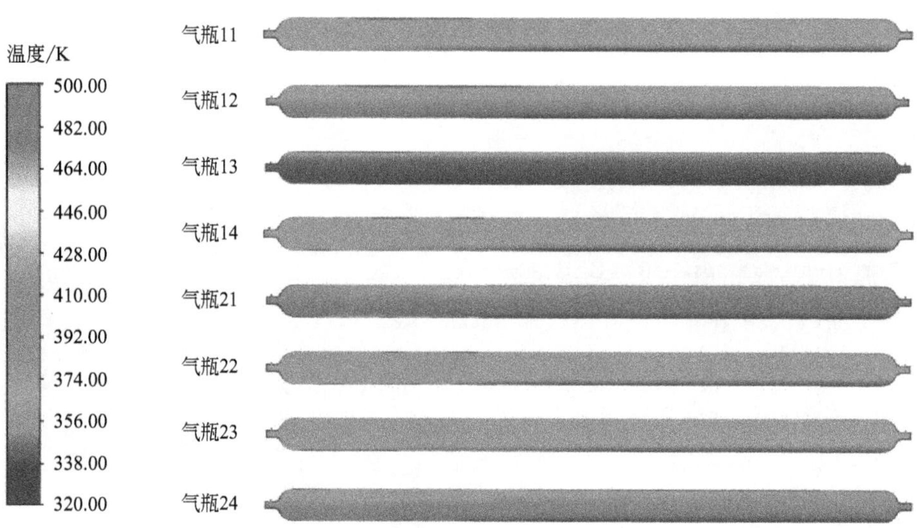

图 7　1000s 时气瓶内介质温度分布

4　结论

为研究轮胎火灾环境中长管拖车气瓶组安全性能，本文通过 CFD 数值模拟的方法对轮胎火气瓶组燃烧进行了模拟。同时为研究轮胎火燃烧对气瓶组不同位置气瓶内介质压力和温度的影响，本文通过 CFD 数值模拟的方法分别对气瓶组轮胎燃烧的火焰燃烧过程和气瓶传热过程进行了模拟，结论如下。

① 基于分区耦合计算的方法，将轮胎火气瓶组燃烧分为火焰燃烧和气瓶传热两部分，并通过气瓶外壁面热流密度进行边界条件耦合，模拟结果得到：在气瓶间隙、风力和气体对流作用下，上排中间两气瓶内介质温度与压力有可能较轮胎正上方气瓶高。

② 气瓶内部压力分布较为均匀，受轮胎火局部热源影响较小。

③ 此项研究有助于今后系统性地开展气瓶组火烧试验、分析容器失效时间等工作，为长管拖车火灾环境下的安全评价、救援措施实施提供技术支持。

参考文献

[1] 赵保頔，张博，胡熙玉，等．长管拖车气瓶火灾分析及局部起火超压泄放试验研究 [J]．压力容器，2018，302 (01)：57-62.

[2] 李岳，闫兴清，喻健良，等．压缩天然气长管拖车气瓶用爆破片安全泄放装置的结构探讨 [J]．压力容器，2018，312 (11)：53-60.

[3] 薄柯，程亮，李哲伟，等．长管拖车用安全泄放装置及其在火灾事故中的作用 [J]．中国特种设备安全，2017，268 (08)：24-28.

[4] 赵保頔，薄柯，骆辉，等．火灾环境下 CNG 长管拖车气瓶不同结构泄压装置的响应规律 [J]．天然气工业，2018, 05：133-139.

[5] 金明哲，荆博，谢飞，等．爆破片——易熔合金泄压装置在 CNG 长管拖车火灾环境下的响应行为研究 [J]．中国特种设备安全，2018，34 (09)：15-19.

[6] 周国发，李红英．基于顺序耦合的火灾环境下气瓶热及力学响应数值模拟 [J]．压力容器，2012，238 (09)：28-32.

[7] 周国发，李红英．气瓶火烧试验的热及力学响应数值模拟研究 [J]．工业安全与环保，2013, 01：5-7.

[8] 古晋斌，惠虎，王骞，等．基于极限载荷法的火灾环境下长管拖车气瓶安全性评估 [J]．工业安全与环保，2018，44 (02)：42-45.

[9] 王泽涛，刘岑凡，邓贵德，等．纤维缠绕大容积气瓶火烧试验及数值仿真 [J]．中国安全科学学报，2019，29 (02)：88-93.

高压加热器筒体泄漏原因分析

林　彤，夏家喜，尤　俊

福建省特种设备检验研究院 福州， 350008

摘　要： 在大型电站锅炉系统中，高压加热器的失效仅次于锅炉爆管，多数是因换热管损伤造成，本案例是因一起由安放列管内吊耳管座处筒体裂纹产生的泄漏事故，此事件并不多见，但其失效的问题原因应引起关注，事后选取失效切样进行失效分析，查找筒体裂纹演变过程，分析内件角焊缝对承压部件的影响，认识到不重视吊耳管座制造和检验的后果，对今后在用高压加热器内部定期检验方法提供参考。

关键词： 高压加热器；裂纹；失效；分析

Analysis of leakage causes of high-pressure heater cylinder

Lin Tong，Xia Jiaxi，You Jun

Fujian special equipment inspection and research institute， FuZhou， 350008

Abstract: In large power plant boiler system，the failure of high-pressure heater after boiler tube，the majority is caused by heat exchange tube damage，this case is for ear tubes by the column tube was laid with barrel crack leakage accident，the incident does not see more，but the reason should be cause for concern，solve the problem of later we do failure analysis on the failure sample，find the barrel crack evolution process，the analysis of the effect of a fillet weld on pressure parts，realize do not take the hanging ear tubes manufacture and inspection of the consequences of regularly used in high-pressure heater internal testing method for the future to provide the reference.

Keywords: high pressure heater; crack; failure; analysis

0　概述

某电业有限公司一台由国外公司制造的高压加热器在运行中发生蒸汽泄漏，位于排气管附近的筒体上，被迫紧急停机处理，停机后外观检查发现其汽侧筒体母材有一条长度约 18mm 的穿透性裂纹，对在用高压加热器发生此类状况非常少见，仅从外表无法找到筒体母材开裂的根源，为了分析泄漏原因，事后对筒体失效部位进行切样分析，制定了目视检查、无损检测、化学分析、电镜扫描、断口分析、金相分析和硬度测试分析方法，找出问题所在并形成应对措施。

作者简介：林彤，1963 年生，男，高级工程师，大学本科，主要从事承压类特种设备检验检测。

1 工况审查

高压加热器是大型火力发电机组热循环中的重要热力设备，能有效提高锅炉出力并减少煤耗，保护锅炉安全运行。其由壳体和管系两大部分组成，在壳体内腔上部设置蒸汽凝结段，下部设置疏水冷却段，进、出水管顶端设置给水进口和给水出口，当过热蒸汽由进口进入壳体后即可将上部U形管内的给水加热，蒸汽凝结为水后，凝结的热水又可将下部疏冷U形管内的部分给水加热，被利用后的凝结水经疏水出口被疏流出体外[1]，其工艺流程和总体结构见图1，壳体密闭，前部上有1个蒸汽入口，U形管安放在16个内吊耳上。本台产生泄漏高加的工作参数和其他资料见表1。

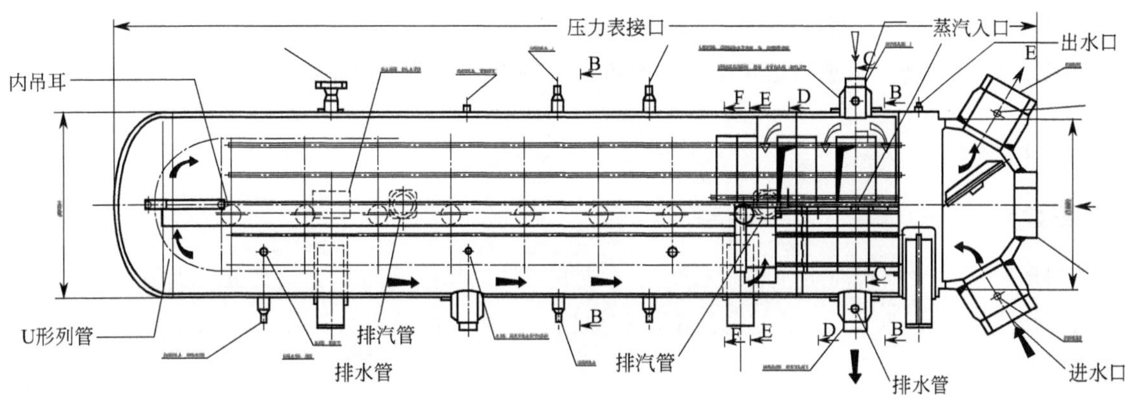

图1 卧式加热器结构

表1 基本情况 单位：mm

项目		
投用时间	6年	
制造单位	国外公司	
制造标准	ASME Ⅷ第一册	
最高工作压力(管程/壳程)	37/9.01MPa	
工作温度(管程/壳程)	253.6～268.2℃/259.2～353.4℃	
工作介质	水、蒸汽	
筒体	材质	16MnD5Cl.2
	规格	ϕ2034×t42/44×L5862.5
列管支撑吊耳管座 Ki1-16	材质	P295GH
	规格	ϕ220×t18
	间距	808
对接焊接接头	无损检测	100%射线检测/超声波检测
	热处理	分段热处理/局部热处理
	坡口型式	X/V型
16MnD5Cl.2 (NF A36-210)	抗拉强度	550MPa
	屈服强度	380℃,318MPa
		305℃,339MPa
		20℃,400MPa
换热列管	总重量	360000kg(列管＋管内水＋内件)
	材质	1Cr18Ni9Ti
	规格	ϕ19×2
U形钢梁	UAP250,长度7500	

2 制定失效分析方法

① 目视检查裂纹在高加壳体所在的位置、取向和尺寸，为了能修复使用和分析使用，确定切样尺寸大小，同时摸清裂纹所在的内部结构，必要可用超声检测进行标定内部结构所在位置，并把它完整地

切下，检查内表焊缝外观和缺陷情况。

② 切样筒体板材金属化学成分分析，用 optima8000 全定量光谱仪测量 C、Mn、Si、S、P、Cu、Ni、Cr、Mo、Sn、N 和 Al 等其他元素化学成分百分含量。

③ 切样内外表面磁粉检测，测定缺陷的位置和精确尺寸大小，可疑处可用超声进行检测确认。

④ 切开裂纹截面并打开裂纹，在切开过程中不能损伤金属，应用液氮进行冷却保护。

⑤ 断口分析，用肉眼和混合双目显微镜观察断口图案，观察可能产生裂纹启裂和延伸的部位，特别注意焊接缺陷或板材中瑕疵。

⑥ 用高倍电镜扫描裂纹部位，鉴定裂纹的类型和裂纹全貌，查找裂纹的起源和取向。

⑦ 金相检验，从缺陷横断部位截取含裂纹起裂点和延伸部位，检查是否存在异常的金相组织结构，提取存在的原始缺陷进行观察，提取裂纹起点和延伸部位进行观察。

⑧ 用维氏硬度计进行微观测定，把裂纹邻近范围的测量值与其相关部位测量值进行对比。

3 检测项目分析

3.1 目视检查

通过测量裂纹位于卧式高压加热器 Ki2 内吊耳下侧处，见图 2 所示，筒体正上部有一个蒸汽进口，切下管座，切样大小 ϕ500mm，裂纹取向沿筒体纵向，内表裂纹长度大于外表，同时吊耳管座对称上侧角焊缝存在明显咬边，见图 3 所示。

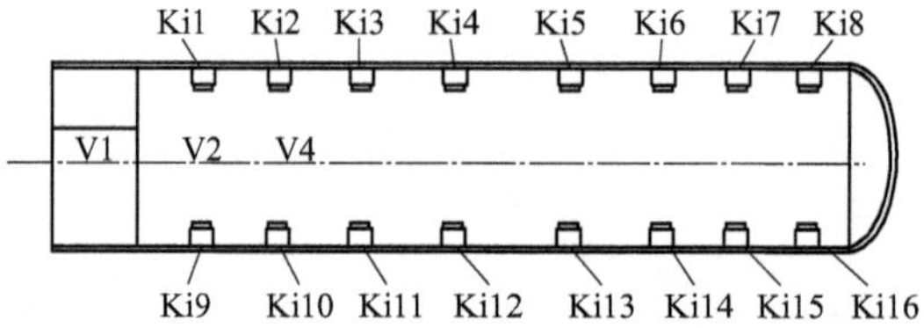

图 2 壳体外表裂纹对应内吊耳管座 Ki2 下部

图 3 左为内吊耳切样，右为管座上部角焊焊趾咬边

3.2 材料化学成分分析

材料化学成分对比见表 2[1]，为低合金钢材料，与材质证书中对应元素含量未见异常。

表 2 第 1 行失效部位筒体材料与第 2 行 16MnD5Cl. 2 NF A36-210 材料质证书数据相比　　单位：%

C	Mn	P	S	Si	Cu	Ni	Cr	Sn	Mo	Nb	V	Ti	N	Cu+6Sn	CEREC
0.150	1.381	0.008	0.0004	0.266	0.082	0.548	0.042	0.007	0.482	0.002	0.001	0.002	0.0058	0.124	0.451
0.17	1.4	0.009	0.0003	0.27	0.13	0.55	0.08	0.009	0.50				0.005		

3.3 磁粉检测为主，必要时超声检测

3.3.1 磁粉检测结果见表 3

表 3 切样内外表面磁粉检测情况

样品试件	内表面	外表面
Ki2 管座下部裂纹	一条线性显示，长约 100mm，沿支撑管座角焊焊趾走向，与筒体水平，见图 4	一条线性显示，长约 18mm，与筒体水平，见图 4
Ki2 管座上部咬边	一条线性显示，长约 30mm，沿支撑管座角焊焊趾走向，与筒体水平，见图 5	无

图 4 Ki2 管座下部内表面裂纹（左）和外表面裂纹（右）

3.3.2 咬边部位磁粉检测与超声检测对比见图 5

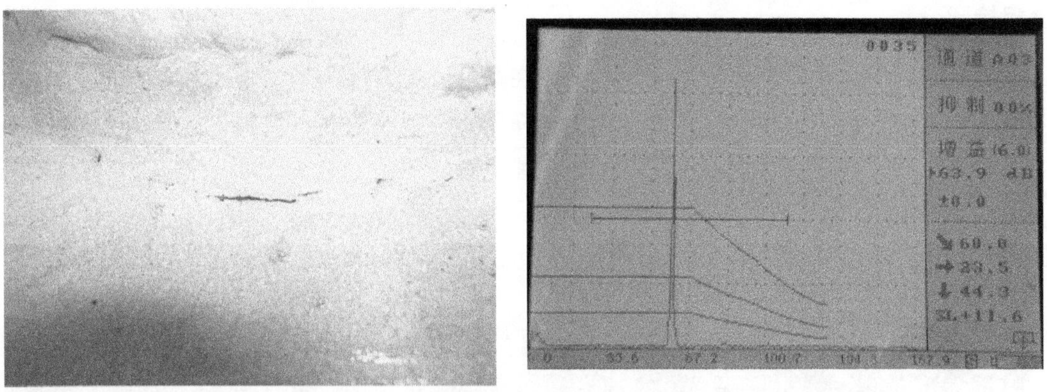

图 5 Ki2 管座上部，左为磁粉检测内表裂纹，右为外表超声检测显示

3.4 电镜扫描与断口分析

从 Ki2 管座穿透裂纹处横向截开，用电镜扫描整个截面，裂纹沿筒体厚度方向穿透，裂纹起点位于内壁管座的角焊焊趾上，进入壁内有变大，裂纹前段弯曲，另外见到管座与筒体根部存在严重未焊透，除此之外未见缺陷，见图 6。打开裂纹后，起裂位为脆性断口，整个断面明显见到黑色氧化分解物，为不规则浮雕图案，大部分为穿晶开裂，初步认定裂纹类似应力腐蚀裂纹特征[1]，见图 7。

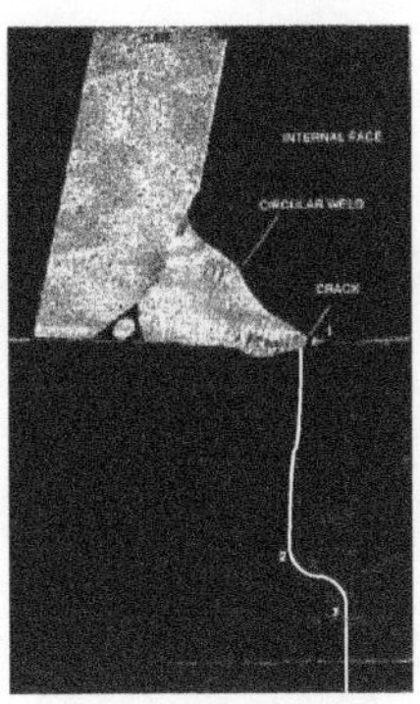

图 6 裂纹截面全貌

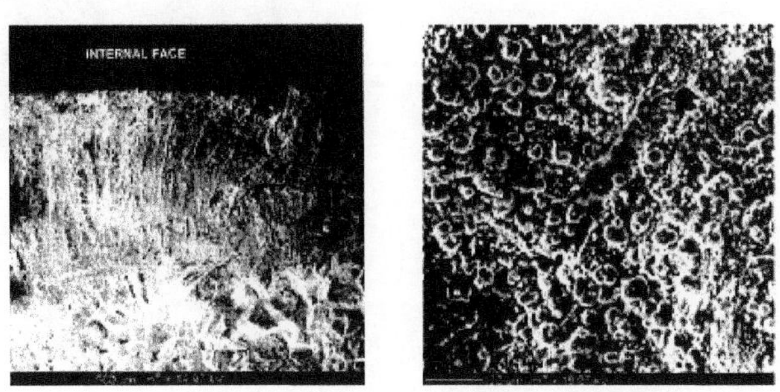

图 7 左裂纹起点与右中间扩展断口表面图案

从 Ki2 管座咬边处横向截开，用电镜扫描看整个截面，咬边位于管座的角焊焊趾上，同时咬边萌生裂纹，自身高度 1～2mm，大部分处于热影响区内，见图 8。打开裂纹后见到灰色断口面，电镜下断面大多为穿晶，裂纹断口为脆性开裂状态[1]，见图 9。

图 8　咬边处截面全貌

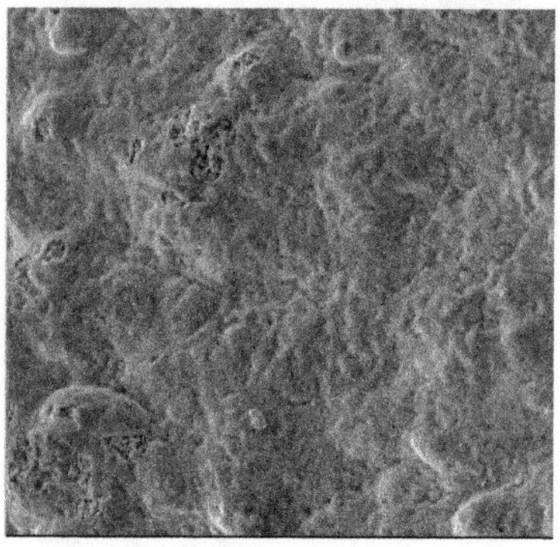

图 9　裂纹断口表面纹路

3.5　金相检验分析

对 Ki2 管座穿透裂纹横切部位进行金相检验，在沿裂纹起裂部位热影响区和母材上未见异常组织结构，角焊焊趾近表面热影响区为马氏体或贝氏体＋马氏体。裂纹轮廓不规则，穿晶，主裂穿透壁厚，并在壁内带有许多分支，进一步认定裂纹具有应力腐蚀裂纹特征[1]，放大 100～500 倍后，见图 10。

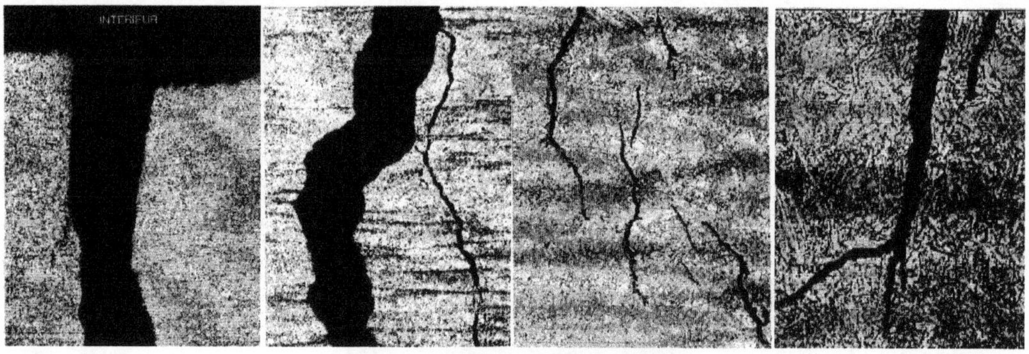

(a) 金相检验组织中显示裂纹分枝状态

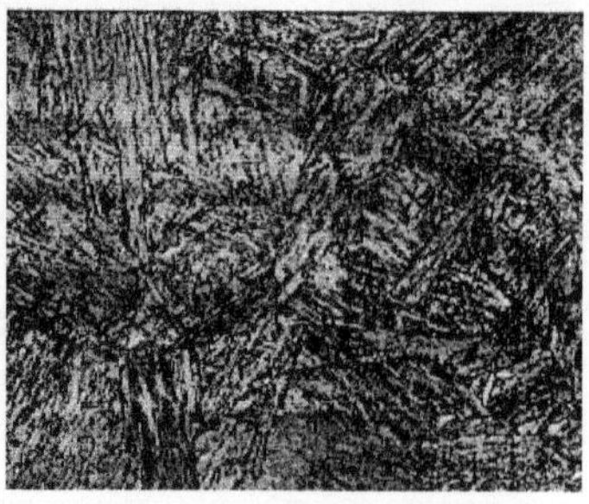

(b) 热影响区金相组织

图 10　穿透裂纹一截面处金相组织与裂纹

对 Ki2 管座咬边两端截面进行金相检验，在裂纹部位、筒体母材、热影响区和焊缝上未见异常组织结构。裂纹尖端尖细、穿晶，大多位于热影响区中，有扩展的部分出现分枝，属于脆性裂纹，见图 11 和图 12。

(a) 焊趾裂纹位于热影响区全貌

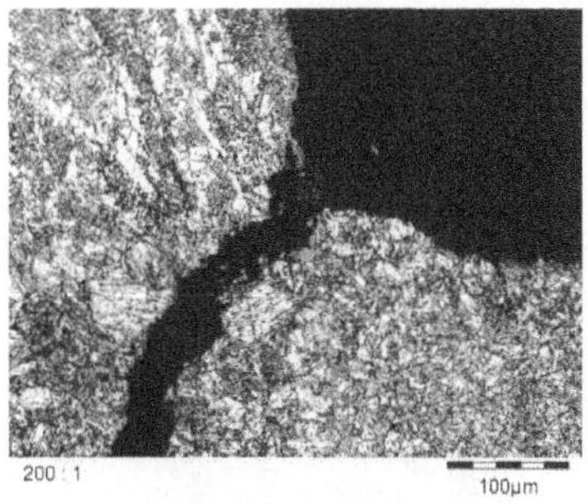

(b) 1裂纹起裂部位

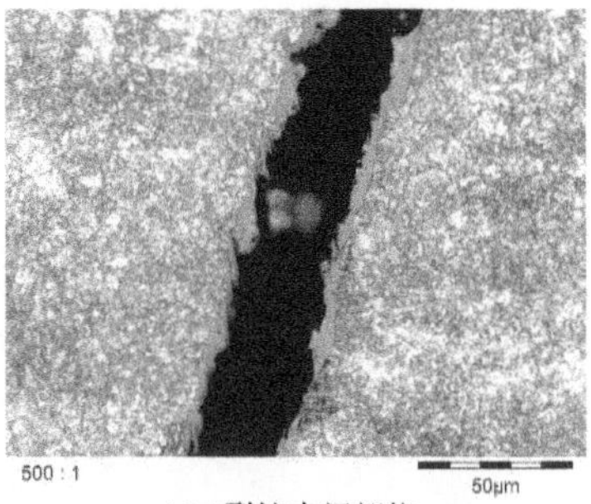

(c) 2裂纹中间部位

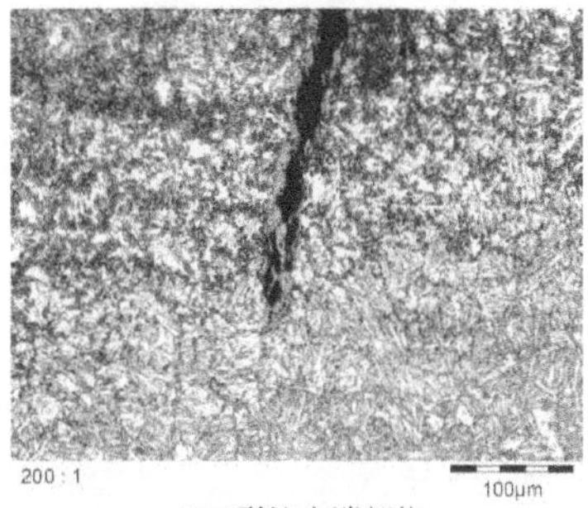

(d) 3裂纹尖端部位

图 11 咬边一端面裂纹金相显示

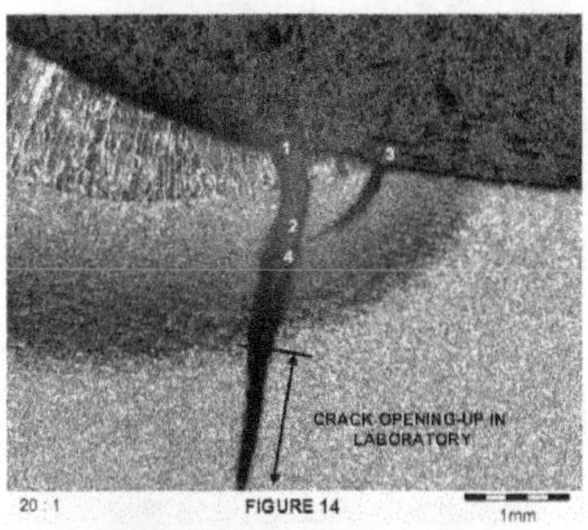

(a) 焊趾裂纹穿过热影响区全貌

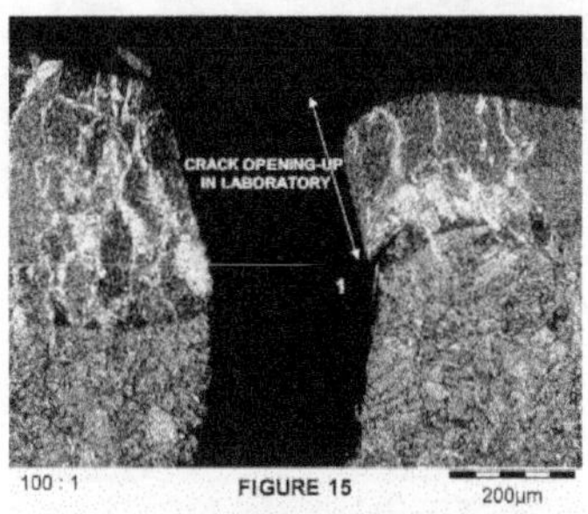

(b) 裂纹起裂于焊缝区

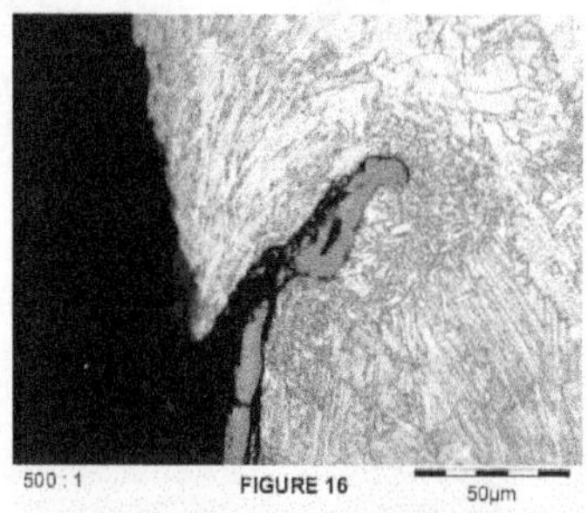

(c) 熔合线附近出现裂纹分枝

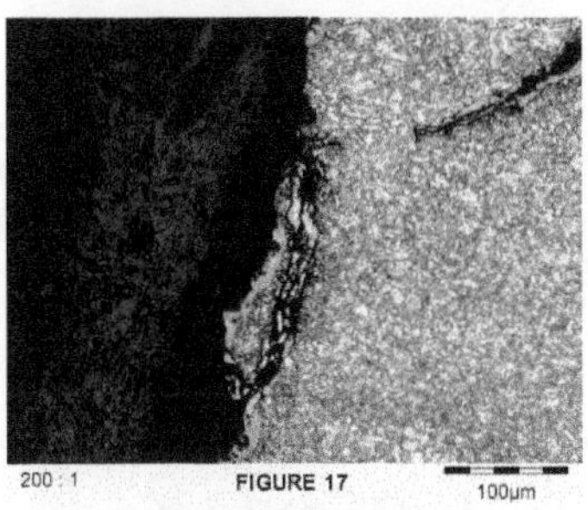

(d) 热影响区中裂纹

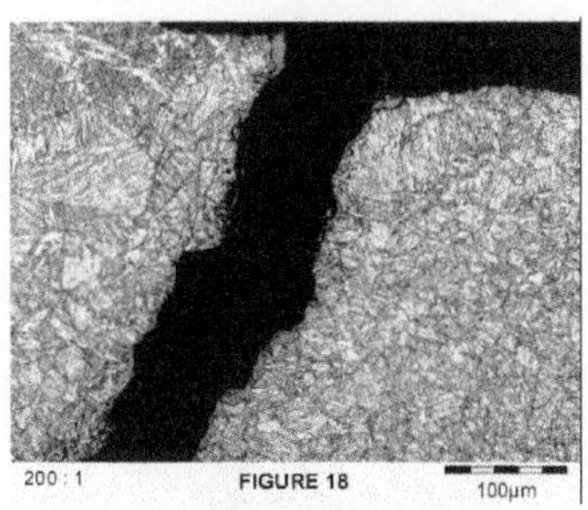

(e) 热影响区中裂纹起裂

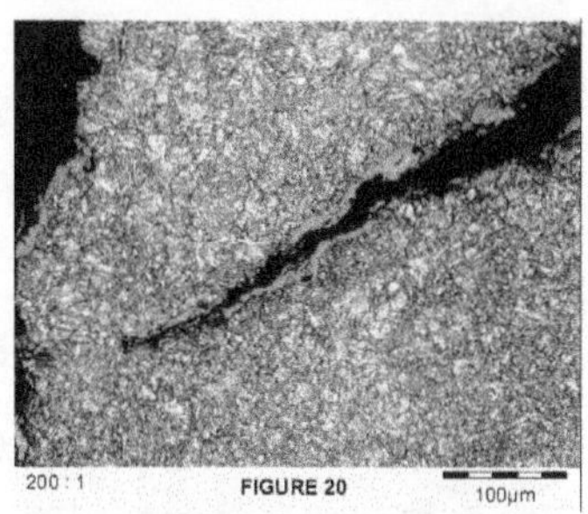

(f) 热影响区中裂纹尖端

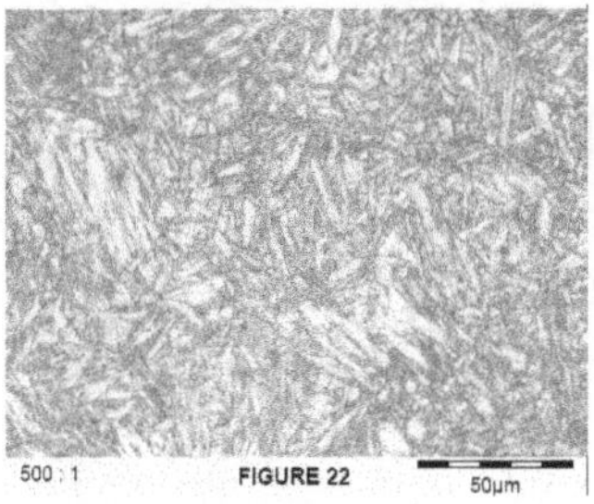

(g) 筒体母材组织

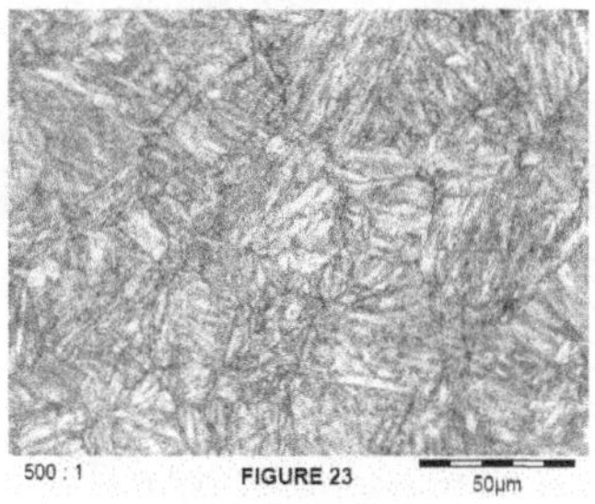

(h) 热影响区组织

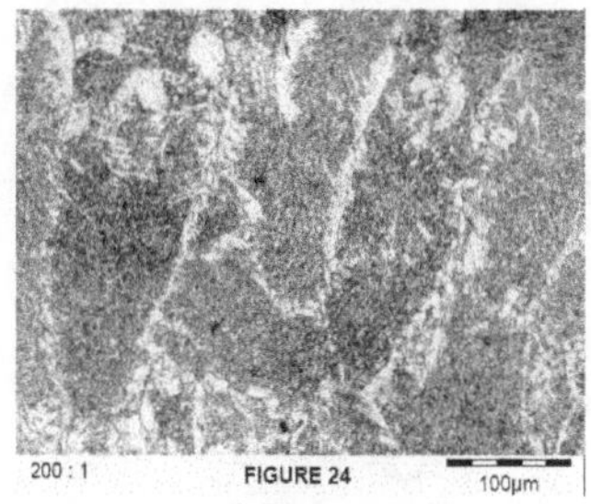

(i) 焊缝区组织

图 12 咬边另一端面裂纹及材料金相显示

3.6 硬度测试结果

硬度测试结果见表 4。

表 4 硬度测试结果

样品截面	检测部位	硬度值(HV)
Ki2 穿透裂纹	按图 13(a)左 1 测试焊缝/热影响区/母材	焊缝：223-208/热影响区：330-306-262/母材：239-218-208-206-212-223
	按图 13(a)左 2 测试母材	223-232-218
	按图 13(a)左 3 测试热影响区	313-321-328
	按图 13(a)左 4 测试焊缝	178-195-162
	按图 13(b)右 1 焊趾热影响区	340-339-336-318-287-301
	按图 13(b)右 2 焊趾热影响区	285-300-409
Ki2 咬边及裂纹	按图 13(b)中 1 测试焊缝	221-223-192-177
	按图 13(b)中 2 测试热影响区	310-328-306-274
	按图 13(b)中 3 测试母材	223-221-214

发现 Ki2 焊趾热影响区硬度值较高，超过了材料上限值要求的 320HV，有的达到 400HV 以上数值，与金相组织结构相符，马氏体或贝氏体＋马氏体，其他未发现异常数值[1]。

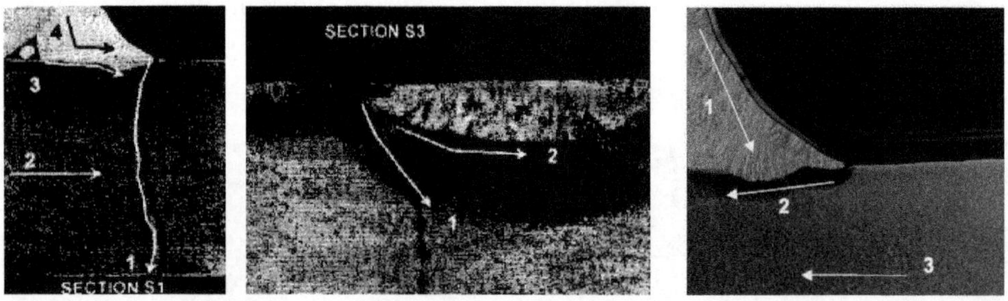

(a) 穿透裂纹截面各部位硬度测试　　(b) 咬边及裂纹截面各部位硬度测试

图 13 损伤截面各部位硬度测试方向

4 成因分析

综合分析结果，对比相同焊趾位置上裂纹生成的两种不同状况，此次高加壳体泄漏失效是由吊耳管座角焊缝内表存在咬边缺陷产生应力集中后引发热影响区部位氢致开裂，从断口特征、氧化产物和金相分析看，间隙腐蚀，裂纹扩展过程多分枝，裂纹性质可定为应力腐蚀裂纹，它经过萌生、扩展和最终断裂阶段。

依照结果导向进行成因推断，首先认定裂纹产生的直接原因是管座角焊缝的焊接质量差和没有进行质量控制，主要问题表现是焊接外观存在咬边缺陷未消除，形成间隙和应力集中，同时在管座部位切样进行分析时发现管座坡口部位焊缝填充金属不足，形成根部未焊透缺陷，最致命的问题是角焊缝热影响区硬度较高，说明了吊耳内件作为非承压部件与筒体焊接时没有按照焊接工艺进行焊前预热和焊后热处理，造成热影响区产生淬硬组织、消氢不彻底和焊接残余应力大的问题。

裂纹产生的间接原因为使用时应力腐蚀。由于金属或合金在拉伸应力的作用下，同时又处在特定的腐蚀环境中，才有可能产生应力腐蚀裂纹，应力腐蚀是一个电化学腐蚀过程，其包括，孕育阶段，这是在应力腐蚀裂纹产生前的一段时间，为裂纹的成核作准备；裂纹稳定扩展阶段，在应力和腐蚀介质的联合作用下，裂纹缓慢扩展；裂纹失稳扩展阶段，这是最后的机械性破坏[2]。首先筒体所用金属材料为 16MnD5Cl.2 材料为高屈服强度低合金钢，成分中含有 C、Mn、S、P、Ni 和 Mo 等元素，对应力腐蚀介质有敏感性。其次高压加热器是一种压力容器，筒体始终承受工作拉应力，其环向应力大于纵向应力，吊耳管座焊接在筒体上起到列管承载功能，同时此部位筒体附加了焊接残余应力，上部蒸汽进汽口对列管前部形成冲击力，交变热冲击振动力和部分列管的重量，因此吊耳管座下部受到的环向应力要高于其他地方。其次高压加热器的工作介质是汽水介质，来自经过汽轮机抽汽后的蒸汽，查阅汽水分析检测报告结果，蒸汽杂质主要是钠盐，其中有含 NaOH，符合运行要求。NaOH 对于高温高压下的碳钢是敏感的应力腐蚀介质，能在焊缝等内表高应力部位产生苛性脆化。在正常的高加工况下低含量的 NaOH 汽水介质不会对碳钢 16MnD5C1.2 材料形成应力腐蚀，但是吊耳管座长期接触汽水介质，正因为管座角焊缝咬边引发热影响区裂纹产生的间隙易富集汽水中氢氧化钠，并形成可沉积盐垢，达到一定浓度后就形成了特定的间隙腐蚀介质[2]。因此筒体产生的应力腐蚀裂纹是具备条件的，应力最大方向决定了应力腐蚀裂纹的扩展取向，即决定了裂纹往水平和厚度方向发展，在应力和间隙腐蚀介质的共同作用下裂纹快速扩展最终断开，整个过程符合应力和强度失效原则。

5 应对措施建议

① 本起高加筒体失效是因吊耳内件焊接质量较差造成，引起关注的是内件焊接质量差具有普遍性，压力容器类似的内件问题有挡板、防波板和预埋件等在定检中常发现脱落和开裂现象，制造单位应当重视此类工件的焊接质量实施管理，建立必要的质量控制和监督手段，加强外观检查并采取措施消除焊接咬边等外观缺陷。

② 加强高加汽水质量监控，把 pH 值、氯离子、钠离子、电导率、铁离子、二氧化硅、硬度和碱度等控制在标准范围内，可控制应力腐蚀裂纹的产生。

③ 尤其像高压加热器内部无法进行检验的压力容器，其存在内件较多，目视检查不可视内部，通常在外部采用超声检测方法检测承压件焊接接头为主，忽视了非承压内件与承压件焊接接头部位的检验，采用通常的检验方案不能发现内件对筒体的损伤，从这起高加内吊耳承载接头裂纹失效问题看，内件问题对筒体损伤存在风险，有必要增加制订针对性的检验方案，应在高加前段蒸汽进口高温高压段的内吊耳部位范围筒体外表面进行超声检测，超声检测采用 K1 斜探头直射法横波进行，发现低于筒体厚度的反射回波信号均视为裂纹，通过实测验证此法可以发现内表 1~2mm 高度的萌生裂纹，才能通过定期检验即时发现问题，有效避免事故发生。此次事件对于其他压力容器类似问题可以借鉴，定检中无论是目视检查还是表面检测发现承载内件角焊缝裂纹时，应在其连接对应的筒体外表面进行超声检测，确保可靠与安全，防止漏检和缺陷处理不当。

6 结语

通过切样分析高压加热器筒体失效部位，裂纹是由焊接质量和咬边缺陷共同造成，在运行中咬边产生间隙腐蚀并萌生热影响区裂纹，数据表明扩展裂纹具有应力腐蚀特征，裂纹快速扩展主要受应力腐蚀影响，最终穿透筒体。因失效部位事后修复影响了压力容器的使用寿命，所以通过成因分析说明加强内件制造质量控制很有必要，同时定期检验中不能忽视内件与承压件连接部位的检验，发现表面裂纹的部位应增加超声检测。

参考文献

[1] 顾克宏，G. DADIAN. 高压加热器检测报告 [R]，2017.
[2] 侯锡瑞．电站锅炉压力容器压力管道安全技术 [M]．北京：中国电力出版社，2005.

车用 LNG 气瓶静态蒸发率（NER）检测时长对检测结果影响的分析

韩睿霖，李宏雷，贺小刚，彭浩，刘相庭

北京市特种设备检测中心，北京， 100029

摘　要： 车用 LNG 气瓶近年来广泛应用于物流运输行业，对其加强安全监管和检验工作十分必要。静态蒸发率（NER）检测是衡量气瓶低温绝热性能的重要检测项目，但 48h 的 NER 检测时间耗时相对较长。本文数据分析表明，24h 和 48h 检测时长会对样本中车用 LNG 气瓶的 NER 检测数值结果产生轻微定量影响，但不会对 NER 检测结论产生定性影响。

关键词： 车用 LNG 气瓶；静态蒸发率（NER）；NER 检测时长

Analysis for how the duration of NER inspection impact NER consequence

Han Ruilin，Li Honglei，He Xiaogang，Peng Hao，Liu Xiangting

Beijing special equipment inspection & testing center， Beijing， 100029

Abstract: LNG cylinder of vehicle have been widely used in transportation industry in recent years，it is absolutly necessary reinforcing supervision and test for these large amounts of LNG cylinders in order to keep them safely running. NER inspection is the most important procedure to evaluate cryogenic-insulated property of the cylinders，However the NER inspection consume plenty of time. This paper shows that the duration of NER inspection will only quantificational slightly influence the numerical results but will hardly affect the qualitative conclusions.

Keywords: LNG cylinder of vehicle; NER; duration of NER inspection

0　引言

改革开放以来，可持续发展便已成为中国未来发展的重要战略目标，对此国务院一直高度重视。近年来，随着全国范围内大气环境治理工作不断深入开展，探索高效、环保的清洁能源成为我国社会发展的重点战略。

天然气作为现代清洁能源的代表，其主要成分是甲烷，具有密度轻、燃点高、燃烧效率高、体积能量高等性能特点。伴随低温技术的不断进步，液化天然气（LNG）工业技术不断完善和成熟，LNG 逐渐成为天然气的最主要利用方式之一。LNG 在同类燃料中具有密度轻、燃点高、储存压力低、纯净度高、燃烧效率高、体积能量高等性能特点，这决定了其具备安全、高效、绿色、经济的使用优势[1]。

作者简介：韩睿霖，1993 年生，男，助理工程师，本科，主要从事特种设备压力容器检验工作。

得益于上述 LNG 的诸多优点，近年来其在物流运输行业应用广泛，并呈快速增长态势，以车用 LNG 气瓶的搭载形式为主，覆盖车型多样，包括公交车、货车、拖车、环卫车等[2,3]。因此加强车用 LNG 气瓶的使用安全监管，提高其定期检验的质量和效率，保障其长期持续稳定运行，更好地服务于使用该类设备的各类社会组织十分必要。

1 NER 检测概述

1.1 NER 定义及检测意义

NER 是静态蒸发率的英文字母缩写，在 GB/T 18443.5—2010《真空绝热深冷设备性能试验方法第 5 部分：静态蒸发率测量》中提到的静态蒸发率的定义为：深冷储运设备在额定充满率下，静置达到热平衡后，24h 内自然蒸发损失的深冷液体质量与内容器有效容积下深冷液体质量的百分比[4]。其本质是一个检测数值，单位为%/d 或%/24h，即百分比/天。（为便于论述及阅读，后文静态蒸发率主要用 NER 的形式表示）。

整体而言，NER 是评价低温类容器低温绝热性能的重要指标，其检测结果不仅可以定性反映设备保温绝热方面的安全性，还可以定量地精确衡量设备保温绝热程度，为设备的后续使用起到预测预警等重要作用。

NER 检测并不是一个孤立进行的检测项目，它通常是配套于整个检验体系之中的一项实施内容。具体就车用 LNG 气瓶而言，在该类设备定期检验过程中，主要包括气瓶外部检查、安全附件检查、阀门及管路检查、固定装置检查、气密性试验、NER 检测六大测试项目。

其中，NER 是当中唯一能够衡量气瓶低温绝热性能的检测项目，在整套检验过程中具有不可替代性和不可或缺性，其检测结果对保障车用 LNG 气瓶长期安全使用具有重要意义[5]。

1.2 NER 检测方法

目前较为成熟的 NER 检测技术方法主要分为两种，称重法和质量流量计法。本文后续实验数据及论述内容都是基于质量流量计法得到和展开的，故而此部分主要介绍质量流量计法的 NER 检测。

NER 检测质量流量计法的具体实施方法为：待车辆停稳后，慢慢打开车用 LNG 气瓶的放空阀，排出瓶内剩余气体，使瓶内压力降低至接近于周围环境实际大气压并保持持续静置 48h。静置结束后，用导热性能良好的管路系统连接校验合格的质量流量计，连续测量 48h，获得累计流量等数据，并通过数据有效性校核，最终计算得到 NER 检测数值。

1.3 研究 NER 检测时长及准确性的意义

依据上文所述，气体质量流量计法 NER 检测的基本流程可以总结为：气瓶需静置 48h，然后用质量流量计连续记录两个 24h 的累计流量，并分别计算 NER；若两者间变化范围小于 5%，便以后 24h 计算所得的 NER 值为准。即检验 1 支车用 LNG 气瓶的 NER 值至少需要 96h 的测量时间，耗时较长。在实际检验中，特别是遇到检验密度较大，用户使用需求紧切的情况时，保证检验质量的同时兼顾检验效率，确保检验工作高质高效进行具有重要意义。因此有必要进行 NER 检测时长对检测结果影响的研究工作。

2 NER 检测实验方法与数据分析

2.1 实验数据的选取

本实验分别随机选取 30 支 NER 检测结论为合格（指符合 GB/T 34347—2017《低温绝热气瓶定期检验与评定》中车用 LNG 气瓶静态蒸发率相关要求）的气瓶与 30 支 NER 检测结论为不合格（指不符

合 GB/T 34347—2017《低温绝热气瓶定期检验与评定》中车用 LNG 气瓶静态蒸发率相关要求）的气瓶作为样本。两组样本在同时静置 48h 后，进行检测 24h 后和 48h 后的 NER 检测并进行数据分析，定性探讨检测时长对车用 LNG 气瓶 NER 检测数值及结论的影响。两组共 60 支气瓶在静置 48h 后，均以 1h 为累计流量计数时间间隔，利用气体质量流量计进行连续 48h 不间断的 NER 检测，并分别最终记录得到在 24h 和 48h 时间节点上质量流量计的累计流量读数。

2.2 数据分析

30 支合格气瓶的 NER 检测数据如表 1 所示。在进行 24h 和 48h 的静态蒸发率（NER）检测后，30 支合格气瓶中大部分气瓶前后两次 NER 值的变化范围小于 5%；有 4 支气瓶的前后两次 NER 值的变化范围超过 5%，1 支气瓶超过 10%；30 支合格气瓶在经过 24h 和 48h NER 检测后，24h 和 48h 的 NER 检测结论均一致，不同检测时长未对检测结论产生影响。

表 1 30 支合格气瓶 NER 检测数据表

气瓶编号	质量流量计累计读数(24h)	静态蒸发率NER(24h)	检测结论	质量流量计累计读数(48h)	静态蒸发率NER(48h)	检测结论	变化范围
001	2525.94	1.24%	合格	2584.4	1.26%	合格	2.31%
002	2367.91	1.16%	合格	2442.27	1.19%	合格	3.14%
003	2379.74	1.16%	合格	2420.08	1.18%	合格	1.70%
004	2485.53	1.22%	合格	2519.26	1.23%	合格	1.36%
005	2445.3	1.20%	合格	2506.05	1.23%	合格	2.48%
006	2361.56	1.15%	合格	2398.47	1.17%	合格	1.56%
007	1435.19	0.70%	合格	1383.61	0.68%	合格	−3.59%
008	2431.21	1.19%	合格	2423.34	1.19%	合格	−0.32%
009	2544.33	1.24%	合格	2528.35	1.24%	合格	−0.63%
010	2328.68	1.14%	合格	2303.21	1.13%	合格	−1.09%
011	2403.04	1.18%	合格	2365.56	1.16%	合格	−1.56%
012	2277.92	1.11%	合格	2233.48	1.09%	合格	−1.95%
013	2384.36	1.17%	合格	2470.48	1.21%	合格	3.61%
014	2309.77	1.13%	合格	2370.25	1.16%	合格	2.62%
015	2220.27	1.09%	合格	2459.76	1.20%	合格	10.79%
016	2129.88	1.04%	合格	2190.19	1.07%	合格	2.83%
017	2307.75	1.13%	合格	2356.15	1.15%	合格	2.10%
018	2379.2	1.16%	合格	2449.98	1.20%	合格	2.97%
019	2372.03	1.16%	合格	2416.05	1.18%	合格	1.86%
020	2412.16	1.18%	合格	2451.31	1.20%	合格	1.62%
021	2418.69	1.18%	合格	2435.19	1.19%	合格	0.68%
022	2327.41	1.14%	合格	2365.89	1.16%	合格	1.65%
023	2390.8	1.17%	合格	2434.88	1.19%	合格	1.84%
024	2553.44	1.25%	合格	2590.01	1.27%	合格	1.43%
025	2326.12	1.14%	合格	2350.05	1.15%	合格	1.03%
026	2440.87	1.19%	合格	2496.67	1.22%	合格	2.29%
027	2556.23	1.25%	合格	2414.22	1.18%	合格	−5.56%
028	2451.63	1.20%	合格	2319.6	1.13%	合格	−5.39%
029	2606.8	1.27%	合格	2465.31	1.21%	合格	−5.43%

续表

气瓶编号	质量流量计累计读数(24h)	静态蒸发率NER(24h)	检测结论	质量流量计累计读数(48h)	静态蒸发率NER(48h)	检测结论	变化范围
030	2586.65	1.26%	合格	2446.75	1.20%	合格	−5.41%

30 支不合格气瓶的 NER 检测数据如表 2 所示。在进行 24h 和 48h 的静态蒸发率（NER）检测后，30 支不合格气瓶中有接近一半的气瓶的前后两次 NER 值变化范围超过 5%，其中 10 支气瓶在 10%以上；30 支不合格气瓶在经过 24h 和 48h NER 检测后，24h 和 48h 的 NER 检测结论均一致，不同检测时长未对检测结论产生影响。

表 2　30 支不合格气瓶 NER 检测数据表

气瓶编号	质量流量计累计读数(24h)	静态蒸发率NER(24h)	检测结论	质量流量计累计读数(48h)	静态蒸发率NER(48h)	检测结论	变化范围
001	12809	4.80%	不合格	12626	4.73%	不合格	−1.43%
002	7797	2.92%	不合格	8733	3.27%	不合格	12.00%
003	8128	3.05%	不合格	7958	2.98%	不合格	−2.09%
004	8127	3.05%	不合格	7875	2.95%	不合格	−3.10%
005	15447	5.79%	不合格	10676	4.00%	不合格	−30.89%
006	7490	2.81%	不合格	8894	3.33%	不合格	18.74%
007	7787	2.92%	不合格	7828	2.93%	不合格	0.53%
008	9431	3.54%	不合格	10972	4.11%	不合格	16.34%
009	11211	4.20%	不合格	11169	4.19%	不合格	−0.37%
010	10921	4.09%	不合格	11367	4.26%	不合格	4.08%
011	9024	3.38%	不合格	9840	3.69%	不合格	9.04%
012	10607	3.98%	不合格	10661	4.00%	不合格	0.51%
013	10803	4.05%	不合格	10812	4.05%	不合格	0.08%
014	13786	5.17%	不合格	12736	4.77%	不合格	−7.62%
015	9965	3.74%	不合格	9882	3.70%	不合格	−0.83%
016	17802	6.67%	不合格	17001	6.37%	不合格	−4.50%
017	14281	5.35%	不合格	14407	5.40%	不合格	0.88%
018	14271	5.35%	不合格	11951	4.48%	不合格	−16.26%
019	14628	5.48%	不合格	14591	5.47%	不合格	−0.25%
020	10277	3.52%	不合格	10687	3.66%	不合格	3.99%
021	12854	4.40%	不合格	14257	4.88%	不合格	10.91%
022	13101	4.49%	不合格	14960	5.12%	不合格	14.19%
023	10550	3.61%	不合格	10131	3.47%	不合格	−3.97%
024	14565	4.99%	不合格	16238	5.56%	不合格	11.49%
025	11269	3.86%	不合格	11471	3.93%	不合格	1.79%
026	17692	6.06%	不合格	18155	6.22%	不合格	2.62%
027	13560	4.64%	不合格	15197	5.20%	不合格	12.07%
028	11687	4.00%	不合格	11390	3.90%	不合格	−2.54%
029	9324	3.19%	不合格	8336	2.85%	不合格	−10.60%
030	10305	3.53%	不合格	9621	3.30%	不合格	−6.64%

3 结论

① 从定量角度分析，合格气瓶前后两次 NER 值的变化范围较小，24h 和 48h 检测时长对 NER 值的影响并不明显。相比较而言，不合格气瓶前后两次 NER 值的变化范围较大，数值波动较大，24h 和 48h 检测时长对 NER 值的影响相对明显。

② 从定性角度分析，无论合格气瓶还是不合格气瓶，24h 和 48h 检测时长均未对 NER 检测结论产生影响，均未造成检测结论不一致情况。

参考文献

[1] 王旭辉 . LNG 车用燃料及在北京公交车的应用 [J] . 天然气工业，2005，03：153-156.
[2] 陈芸等 . 北京市车用 LNG 市场分析 [J] . 煤气与热力，2013，33 (1)：B06~ B09.
[3] 胡军军，张武高，黄震，等 . 液化天然气公交车应用研究 [J] . 天然气工业，2004，07：96-97.
[4] GB/T 18443. 5—2010. 真空绝热深冷设备性能试验方法第 5 部分：静态蒸发率测量 [S] .
[5] 邢迎明，姚晓春 . 低温绝热气瓶定期检验的技术要点 [J] . 特种设备安全技术，2007，000 (001)：49-51.

双面焊未焊透缺陷的检出及原因分析

来诚锋

武汉市锅炉压力容器检验研究所，武汉， 430024

摘　要： 本文对压力容器定期检验中发现的一段埋藏性缺陷进行了磁粉、超声波、相控阵、射线等无损检测，确定了缺陷的性质，分析了缺陷产生的原因，阐明了检测方法的选用及检验员的责任心在压力容器定期检验的重要性。

关键词： 缺陷；无损检测；定期检验

Detection and Cause analysis of Incomplete penetration defect in Double-sided welding

Lai Chengfeng

Wuhan Boiler Pressure Vessel Inspection Institute， Wuhan， 430024

Abstract: In this paper，the magnetic particle，ultrasonic，phased array and ray non-destructive tests are carried out on a section of buried defects found in the regular inspection of the pressure vessel，the nature of the defects is determined，the causes of the defects are analyzed，the importance of the selection of testing methods and the responsibility of inspectors in the regular inspection of pressure vessels is clarified.

Keywords: defect; nondestructive testing; regular inspection

0　引言

某化工企业停产检修期间，对一台水洗沉降罐内表面进行宏观检查中，发现筒体一处纵、环焊缝交叉部位外观成型不良，存在补焊迹象，随即对其进行磁粉、超声、相控阵及射线等无损检测，发现该焊缝交叉部位上侧环焊缝处存在一段埋藏性缺陷，反复确认后定为超标的未焊透缺陷，须进行修理。

1　设备基本信息

本次定期检验中涉及的设备基本信息见表1。

表1　压力容器基本信息

容器名称	容器类别	设计标准	材质
水洗沉降罐	Ⅱ类	GB150—2011	Q345R
设计压力	设计温度	介质	热处理
1.18MPa	110℃	间戊二烯	未进行热处理

作者简介：来诚锋，1985年生，男，高级工程师，研究生学历，主要从事承压类特种设备检验。

续表

内径	壁厚	容积	坡口形式
2000mm	16mm	19.53m^3	X形

2 缺陷的检出

本台容器未焊透缺陷的检出主要采用了宏观检验、磁粉检测、超声波检测、相控阵检测、射线检测等项目。

2.1 宏观检验

在进行罐内宏观检测中发现焊缝交叉部位附近（见图1阴影部位）存在补焊迹象，依据《固定式压力容器安全技术监察规程》TSG 21—2016[1] 定期检验的相关要求对其进行内、外表面检测及内部检测，进一步确认该部位是否存在超标的表面缺陷及埋藏缺陷。

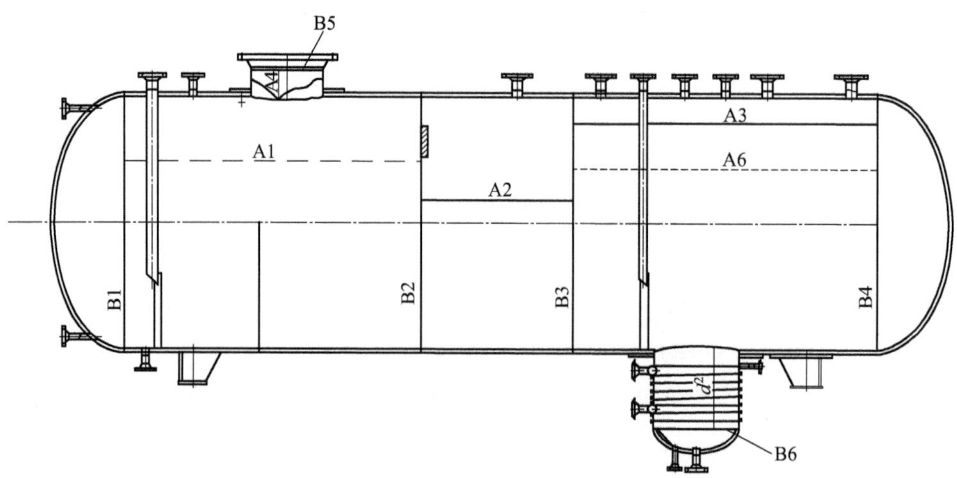

图1 水洗沉降罐焊缝布置图

2.2 磁粉检测

磁粉检测简便且显示直观，对于铁磁性材料制压力容器，优先选用磁粉检测进行表面探伤，其对表面缺陷和近表面缺陷具有很高的检测灵敏度[2]，可检出极细小的裂纹以及其他缺陷[3]。鉴于本容器材质为铁磁性材料，故对图1阴影部位及其周边进行内、外表面磁粉检测，检测后未发现相关的磁痕显示。

2.3 超声波检测

采用5P13×13K2探头对图1阴影部位及其周围进行内、外表面超声波检测（A扫查）中发现，距离纵、环交叉焊缝中心60mm处存在长70mm、自身高度4mm（从外向内9～13mm处）、sl：+8.0db的条型埋藏性缺陷（见图2）。在图1所示阴影部位右侧对其进行超声波扫查过程中，发现缺陷两端波幅较高，中间波幅较低但连续存在且含有起伏；在缺陷的对侧即阴影部位左侧对其进行超声波扫查过程中发现反射波较低，即超声波扫查中单侧扫查波峰较高，考虑到缺陷反射波连续存在且缺陷位于焊缝中心线附近，深度分布在从外向内9～13mm处，且容器制造时采用双面成形自动焊接，因此，缺陷暂定为焊缝双面成形的未焊透。

2.4 相控阵检测

相控阵探伤可以检测各种走向、不同位置的缺陷，缺陷检出率较高，检测范围较广，定量、定位精度较高，其对多个缺陷上下重叠、错落分布的情况均可清楚的分辨[4,5]，对平面形缺陷检出率高[6,7]。为进一步对超声波 A 扫查发现的条线缺陷进行复核，采用相控阵技术在图 1 所示阴影部位左、右两侧进行探伤（见图 3），通过相控阵扫查与超声波 A 扫查相比较，缺陷的长度、自身高度以及在焊缝中的位置与超声波 A 扫查基本一致，即两者结论基本一致。

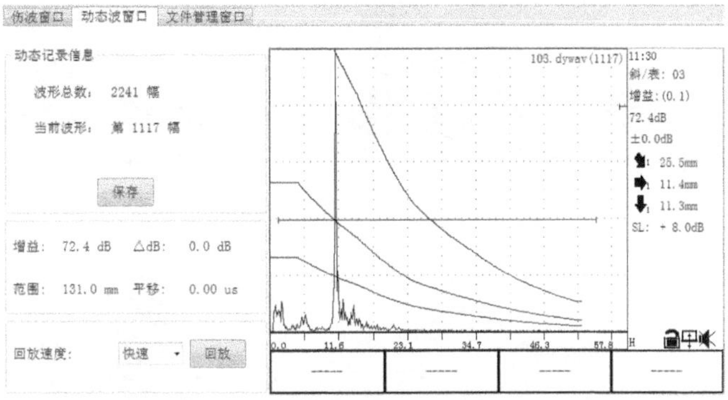

图 2　超声波扫查图

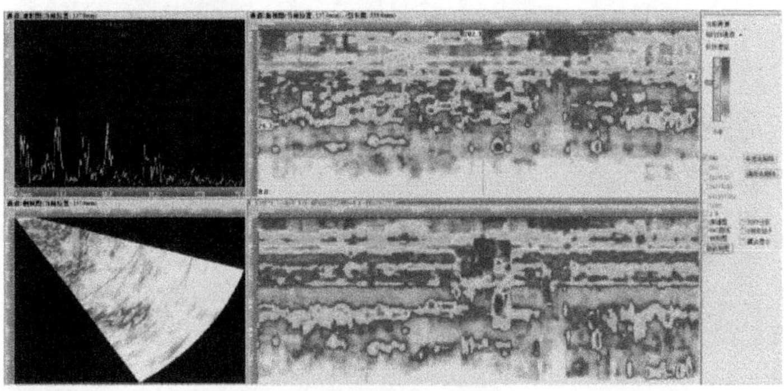

(a) 焊缝右侧扫查

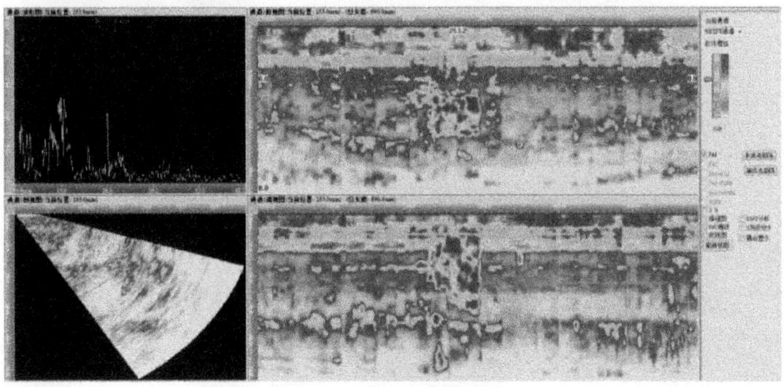

(b) 焊缝左侧扫查

图 3　相控阵扫查图谱

2.5　射线检测

为得到更为直观的缺陷影像，并对缺陷准确定性以及比较各种探伤方法的优劣性，遂进行射线探伤，从射线底片（见图 4）上看，缺陷部位的焊缝上存在手工焊补焊迹象，补焊区域的中部为未焊透影像，未焊透影像两侧又存在夹渣及气孔缺陷，射线探伤的结果与超声波探伤及相控阵探伤相吻合。

2.6　缺陷实物

对于该条形缺陷，依据《固定式压力容器安全技术监察规程》TSG 21—2016 定期检验的相关规定，须进行返修，缺陷剖开后证实为未焊透缺陷（见图 5），缺陷深度也处于从外向内 9～13mm 处，与上述三种探伤结果完全一致，从而验证了检测方法的正确性。

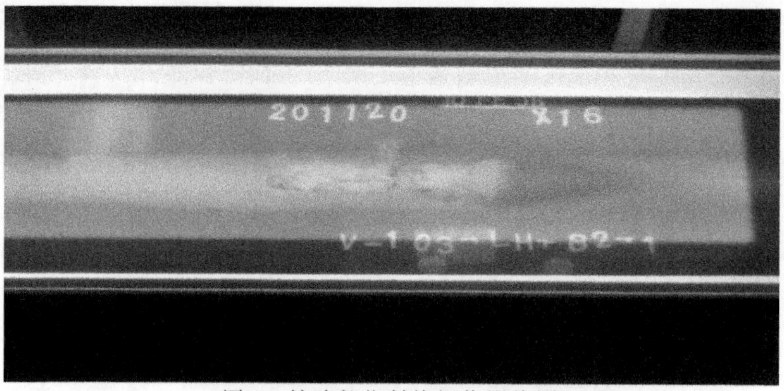

图4　缺陷部位射线探伤影像图

图5　缺陷解剖图

3　缺陷原因分析

审查该台容器《产品质量证明书》中的射线探伤报告，发现缺陷部位的焊缝交叉部位未进行射线探伤，不符合《固定式压力容器安全技术监察规程》TSG 21—2016 及《压力容器》GB 150—2011[8] 制造章节的无损探伤要求，也未按照《承压设备无损检测》NB/T47013—2015[9] 的要求进行缺陷等级评定，从而导致缺陷漏检。

产生未焊透的原因主要有：焊接电流过小，焊接速度过快；坡口角度太小；根部钝边太厚；间隙太小；焊条角度不当；电弧太长等[10]。

鉴于本文中未焊透缺陷部位的焊缝上存在手工焊补焊迹象且并非整条焊缝存在未焊透，判断缺陷产生的原因是：制造时自动焊双面成形，先焊完内侧，再在外侧气刨，一方面内侧焊时自动焊收弧较早，导致自动焊熔深不够，从而产生未焊透缺陷；另一方面外侧气刨的深度较浅，内侧未焊透缺陷在气刨的过程中未消除。焊工焊接完毕进行外观检查时发现焊缝内侧未焊满，故采用手工焊补救，不但没有消除未焊透，反而在补焊过程中新增了夹杂及气孔缺陷。补焊后也未进行无损探伤复核，导致缺陷遗留在焊缝内。从底片右侧来看，存在自动焊提前收弧的明显特征。

4　结语

压力容器定期检验的目的在于消除危及压力容器安全运行的超标缺陷，不论是制造过程中遗留下来的缺陷还是使用过程中逐渐积累形成的缺陷，都需要检验员在检验过程中运用多种检测手段，相互配合，一丝不苟、精益求精，不放过任何蛛丝马迹，从而保证压力容器的安全运行。

参考文献

[1] TSG 21—2016. 固定式压力容器安全技术监察规程 [S] .

[2] 宋志哲 . 磁粉检测 [M] . 北京：中国劳动社会保障出版社，2007.

[3] 强天鹏 . 压力容器检验 [M] . 北京：新华出版社，2008.

[4] 吴焕利，祝加轩，李军 . 相控阵检测技术在球罐检验中的应用 [J] . 压力容器，2012，29 (08)：69-73.

[5] 王磊，郑连学，陈中荣，等 . 球罐对接焊缝中裂纹、夹渣相控阵识谱技术探讨 [J] . 压力容器，2019，36 (06)：65-71.

[6] 薛翔，吴淑玉，鲁万乾 . 相控阵超声技术在反应堆压力容器缺陷处理中的应用 [J] . 压力容器，2017，34 (06)：59-63.

[7] 李莹莹，陈军，林莉 . 面积型缺陷相控阵超声检测可靠性的研究 [J] . 无损探伤，2014，38 (04)：6-9.

[8] GB 150—2011. 中国国家标准化管理委员会 . 压力容器：[S] .

[9] NB/T 47013—2015. 承压设备无损检测 [S] .

[10] 强天鹏 . 射线检测 [M] . 北京：中国劳动社会保障出版社，2007.

一起鱼车用液氧气瓶爆炸事故技术分析

刘　彪，叶自超，徐　亮，范　骏，陈　勋

武汉市锅炉压力容器检验研究所，武汉，　430000

摘　要： 通过现场勘查、外观检查、金相分析、壁厚测量、断口电镜分析、光谱分析等技术手段，对2019年一起活鱼运输车上的液氧低温绝热气瓶爆炸事故进行技术分析，探寻爆炸原因，并给出合理化建议。

关键词： 低温绝热气瓶；爆炸事故；技术分析

Technical Analysis about An Explosion Accident of Liquid Oxygen Cylinder for Fish Car

Liu Biao，Ye Zichao，Xu Liang，Fan Jun，Chen Xun

Wuhan Boiler Pressure Vessel Inspection Institute，　Wuhan，　430000

Abstract: Through on-site investigation，appearance inspection，metallographic analysis，thickness measurement，fracture electron microscope analysis，spectral analysis and other technical means，analyzes an explosion accident of liquid oxygen cryogenic insulated-cylinders on a live fish transport vehicle in 2019，explores the causes of the explosion，and gives reasonable suggestions.

Keywords: cryogenic insulated-cylinders; explosion accident; technical analysis

0　引言

2019 年，一辆在高速公路中行驶的活鱼运输车上，一只容积为 210L 的液氧低温绝热气瓶在充液完成一个多小时后，突然发生爆炸。事后对收集到的气瓶残骸进行了技术分析鉴定，探究事故发生的原因，推断气瓶爆炸过程。

1　事故勘查

在事故发生后，交警方对事故现场进行了清理并收集了现场气瓶残骸，将气瓶残骸移至临近的救援停车场内，其中包含有气瓶内胆 1 个，分配头 1 个，外瓶体残片 5 块，盘管若干，保护圈 1 个；爆炸后外壳上部在现场留有残骸三小片，其余部分裂为两大片；分配头有燃烧痕迹，整体脱离瓶体，沿与外壳连接的焊缝环向分离，颈管与内胆连接部分呈炸裂状，与分配头分离；盘管严重变形，缠绕在一起，上附有缠绕层残渣；保护圈变形，剩余三根支柱与其相连，与瓶体脱离，其中一根支柱上有铭牌焊接的痕迹，但现场未发现铭牌。

对爆炸气瓶残骸进行分析，勘查现场有以下部件缺失：安全阀、压力表、爆破片、真空抽口、真空

作者简介：刘彪，1989 年生，男，汉族，高级工程师，硕士研究生，主要从事承压类特种设备检验检测及其研究工作。

泄放口、气相阀及其管路、放空阀及其管路、液相阀及其管路、调压阀及其管路和部分颈管、外壳的爆破碎片。

背景调查中发现该气瓶存在未办理使用登记，从未进行定期检验，违规充装情况。

2 外观检查

(1) 瓶体外观检查

检查气瓶残骸的外观形貌，内胆完整，上部封头内凹变形明显，颈管与内胆连接部分呈开花状、有明显磨损痕迹（如图 1），外壳上部炸裂为多片，外壳内表面燃烧痕迹由上部逐渐延伸至下部（如图 2），真空绝热缠绕层间物质所剩无几，外壳底部有内胆支撑管反冲痕迹（如图 3）。

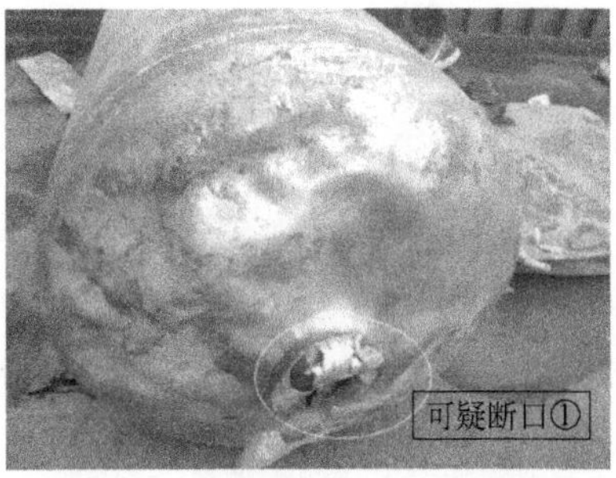

图 1 内胆上封头及颈管图

图 2 外壳上部残骸图

图 3 外壳底部

(2) 盘管检查

对真空层内盘管及其断口部位进行观察（如图 4）：铜管与不锈钢管钎焊连接部位外观完好；盘管铜管各断口都有明显塑形变形，可判断为爆炸后拉断；仅增压盘管不锈钢部分与分配头连接角焊缝热影响区处的断裂，无明显塑性变形。

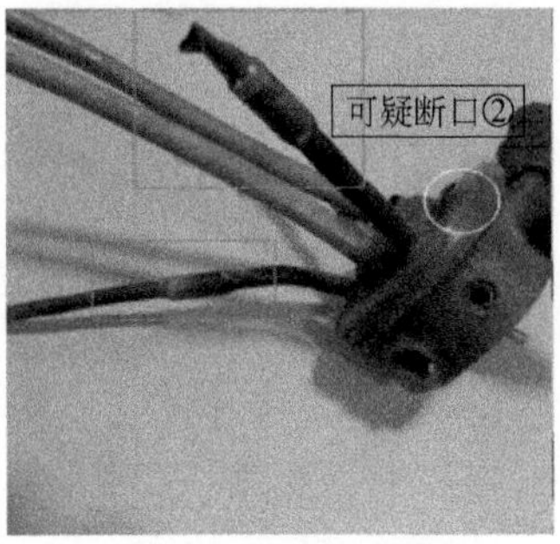

图 4 盘管断口位置

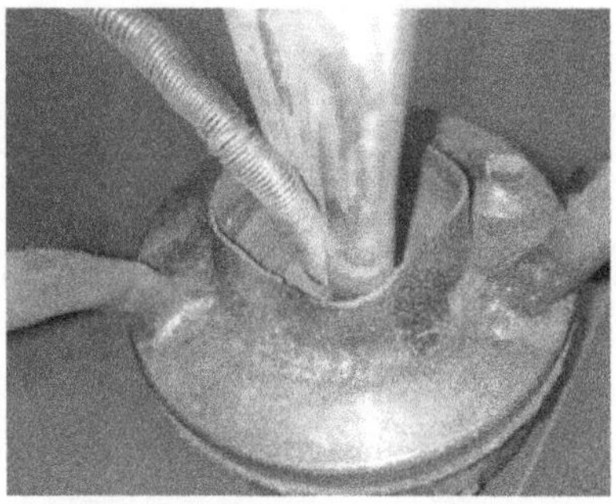

图 5 分配头焊缝连接情况

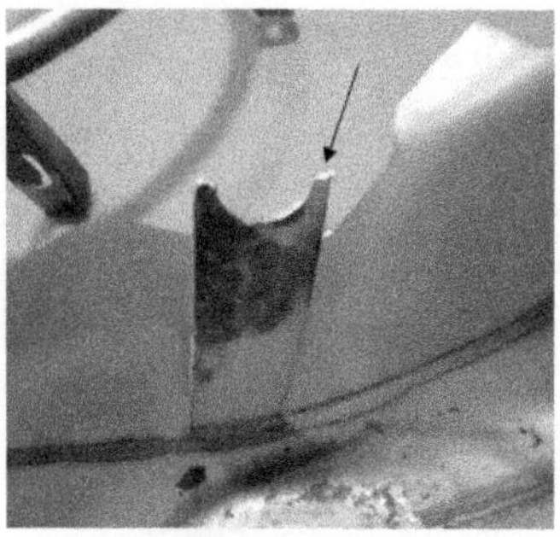

图 6 限位支撑板

(3) 焊接结构

瓶体内胆筒体纵焊缝 1 条，筒体与封头连接环焊缝 2 条，均为对接接头全焊透结构，焊缝外观正常。颈管与分配头采用角焊缝连接，且焊缝接壤区域有三个角焊缝盘管接口（如图 5）。上封头与颈管采用角焊缝连接，封头侧有加强圈，两侧焊缝焊接质量优良，无损伤痕迹。

(4) 支撑与限位结构

与外壳连接的上部保护圈和下部底座相对完整，除开因爆炸产生的变形外，无明显破坏痕迹。内胆由颈管连接分配头，分配头与外壳采用角焊缝连接，起悬挂支撑作用。气瓶底部设限位结构，其中内胆下封头连接支撑管，支撑管外径实测 31mm，外壳内底部设“一”字形限位支撑板，板中心开限位孔，限位孔直径实测 41mm（如图 6），正常状态下支撑管穿过限位孔限制内胆晃动，限位孔有明显摩擦痕迹。

结合上述外观检查进行分析：初步判断爆炸点为气瓶真空层间液氧泄漏爆炸，泄漏点在上部区域，将颈管开花状裂口列为可疑断口①，将增压管不锈钢角焊缝区域列为可疑断口②，有缺陷断裂的可能；“一”字形限位支撑板结构在限位能力有限，越趋近于横向，限位能力越差，支撑管和限位孔间存在 10mm 间隙，该结构在颠簸晃动环境下限位能力有限。

3 测试分析

（1）金相分析

对气瓶外壳上部碎片进行了金相分析，得到 500 倍下的金相组织如图 7 所示，为常规奥氏体组织，无明显过烧痕迹，初步判断非外部起火燃烧导致爆炸。

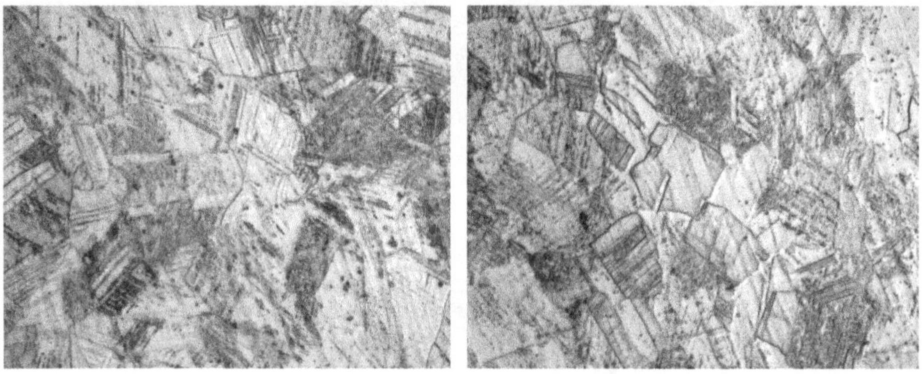

图 7　外壳上部爆炸碎片金相图（500 倍）

（2）壁厚测量

重点对爆炸气瓶受损部位进行了壁厚测量，外壳部分厚度 2.3mm，内胆部分厚度为 2.2mm，颈管厚度为 1mm，经强度校核判断该壁厚满足强度要求。

（3）断口分析

对外壳断口进行微观分析，断口表面大量韧窝存在（如图 8），判断是经塑性变形后断裂，气瓶在内压急剧升高情况下，发生塑性变形，直至开裂。

对可疑断口①进行微观分析，断口表面绝大部分区域为韧窝形貌（如图 9）。

对可疑断口②进行微观分析，断口表面存在大量疲劳辉纹及疲劳台阶（如图 10）。该处位于焊缝热影响区，受力情况较差，在充装、使用和存放过程中，处于压力、温度变化环境，易发生疲劳。

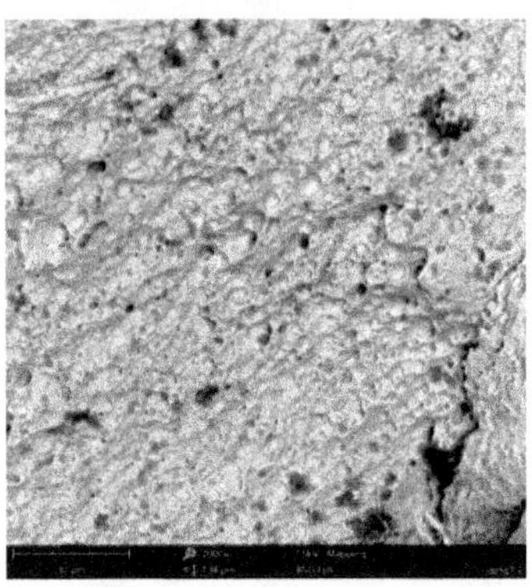

图 8　外壳断口 SEM 图

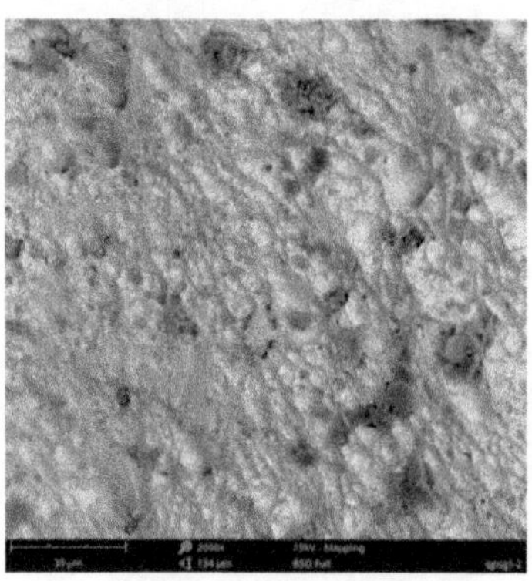

图 9　颈管断口表面 SEM 图

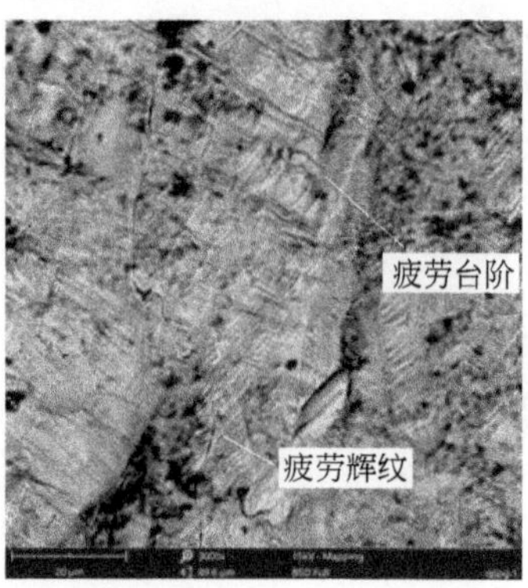

图 10　增压管断口表面 SEM 图

综合分析，爆炸点在真空层上部区域，共计断口4处，2处铜制盘管断口宏观有明显塑形变形，判断受外力拉断；颈管可疑断口①经断口电镜分析，形貌主要为韧性断裂形貌，且由摩擦痕迹，作为初始断口可能性较小；增压管与分配头连接角焊缝热影响区的可疑断口②无明显塑性变形，微观疲劳现象明显，热影响区结构性能较差，且长期处于疲劳条件下，符合疲劳断裂特征，具备初始断口可能。

(4) 成分分析

对爆炸气瓶残骸各部分材料进行光谱分析，得到如表1所示成分，可排除材料因素导致的爆炸可能。

表1 气瓶残骸各部分材料光谱分析表

部位	主要成分/%
内胆	C:0.058 Si:0.45 Mn:1.02 P:0.039 S<0.015 Cr:18.0 Ni:8.21
外壳	C:0.093 Si:0.3 Mn:1.07 P:0.033 S<0.015 Cr:18.2 Ni:8.26
颈管	C:0.072 Si:0.41 Mn:0.88 P:0.091 S<0.015 Cr:16.8 Ni:8.12
分配头	C:0.060 Si:0.32 Mn:1.15 P:0.043 S<0.015 Cr:18.5 Ni:8.29
不锈钢盘管	C:0.050 Si:0.86 Mn:1.56 P:0.033 S<0.015 Cr:17.7 Ni:8.27

4 原因分析

综上分析，对气瓶爆炸过程模拟推测如下：

真空层内顶部增压管与分配头连接角焊缝热影响区处疲劳断裂，增压管连接液相空间，使液氧泄漏至真空层瞬间汽化升压，造成爆炸。外壳瞬间炸裂，炸断分配头外部接口并拉断颈管，内胆上封头受爆炸能量产生变形，反冲底座后飞出，内胆暴露于外部常温环境瓶内液氧大量汽化从颈管断口泄出，并与外部环境反复撞击产生颈管处的花状裂口和摩擦痕迹以及底部封头的内凹变形。

分析该气瓶的爆炸性质为物理性爆炸，直接原因为真空层内增压管角焊缝疲劳缺陷断裂，致使液氧泄漏至真空层，汽化升压导致爆炸。

5 建议

① 优化该类气瓶限位支撑结构，增强限位支撑能力，减小疲劳的可能性；

② 加强该类气瓶监察力度，杜绝“黑瓶”、隐患气瓶的流通，杜绝非法充装的行为；

③ 规范气瓶使用环境，对特殊环境下使用的气瓶应做特殊要求；

④ 加强对该类气瓶的使用管理的安全教育和宣传。

参考文献

[1] 李文炜，杜清，何承代，等．一起液氧焊接绝热气瓶爆炸事故的深度分析及反思 [J]．中国特种设备安全，2015，12：73-76.

基于 ABAQUS 含脱胶缺陷塑料内胆纤维缠绕气瓶热激励方式研究

卢　军，刘　彪，彭泽军，陈　明，霍　臻，徐　亮，黄东鎏

武汉市锅炉压力容器检验研究所，武汉，　430000

摘　要： 通过实验方法研究含脱胶缺陷塑料内胆纤维缠绕气瓶在蒸汽加热、气密增压、冷水加热三种不同的热激励方式下的传热规律，实验结果表明：进行红外检测时，采用蒸气加热的热激励方法综合效果更好。同时，研究在不同蒸汽热激励温度下的塑料内胆纤维缠绕气瓶传热规律，为后续含缺陷塑料内胆纤维缠绕气瓶红外检测的工程应用提供了方向指导。

关键词： 有限元分析；脱胶缺陷；塑料内胆纤维缠绕气瓶；热激励；热传导

Thermal Excitation Research of Plastic Liner Fiber Wound Cylinder with Degumming Defects Based on ABAQUS

Lu Jun，Liu Biao，Peng Zejun，Chen Ming，Huo Zhen，Xu Liang，Huang Dongliu

Wuhan Boiler Pressure Vessel Inspection Institute，　Hubei Wuhan，　430000

Abstract: Experimental methods are used to study the heat transfer laws of fiber-wound gas cylinders with plastic inner liner with degumming defects under three different thermal excitation modes：steam heating，air-tight pressurization，and cold water heating. The experimental results show that when infrared detection is performed，the thermal excitation method using steam heating has a better comprehensive effect. At the same time，study the heat transfer law of fiber-wound gas cylinders with plastic inner bladder under different steam thermal excitation temperatures. It provides direction guidance for the subsequent engineering application of infrared inspection of fiber-wound gas cylinders containing defective plastic inner tanks.

Keywords: FEM; degumming defects; plastic liner fiber wound cylinder; infrared detection

1　前言

塑料内胆纤维缠绕气瓶相对于传统金属钢制气瓶而言，具有质量小、刚度好以及抗疲劳性能好等诸多优点，将会是气瓶未来的主要发展方向之一。并且，随着科学技术的不断发展以及复合材料气瓶的制造工艺技术不断提升，塑料内胆纤维缠绕气瓶以后将会在更多的行业领域推广使用。而气瓶属于《中华人民共和国特种设备安全法》依法监管的特种设备之一，需定期接受国家核准的检验机构进行检验检测。根据国家市场监督管理总局发布的 2019 年全国特种设备安全状况的通告数据显示，我国在用气瓶数量高达 1.64 亿只[1]。通过对现有的复合材料气瓶日常使用中出现的损伤模式进行统计，主要有脱胶、磨损、分层、裂纹、内胆内凹等缺陷。在我国现行的国家标准 NB/T 47013—2015《承压设备无损

检测方法》[2] 中所收录的 15 种无损检测方法，对于塑料内胆纤维缠绕气瓶的所含各类型缺陷均无法很好地检出。诸多文献研究表明，红外检测对于含缺陷的复合材料气瓶有着良好的检测效果。并且在热激励方式的选取、热激励温度已经最佳检测时间都取得了诸多研究成果。例如丁克勤[3] 等研究发现采用气瓶内部热水激励的红外检测效果良好，更适合复合材料气瓶分层缺陷的红外检测。刘彪等[4] 设计实验装置，对含分层缺陷塑料内胆气瓶进行红外检测实验，实验结果表明红外检测方法对分层缺陷有着很好的检出效果。文献 [5] 采用改进后的脉冲红外热像方法对碳纤维复合材料试样进行无损检测，热激励方式为闪光灯加热，红外相机拍摄图像，采集实验数据。实验结果表明：脉冲红外检测方法更合适复合材料的无损检测，尤其对于复合材料中非常薄和近表面缺陷有一定的检出效果。但对于尺寸较小的缺陷未能拍摄到清晰的红外图像。

本文通过研究蒸汽加热、气密增压、冷水加热三种不同热激励方式下，含脱胶缺陷塑料内胆纤维缠绕气瓶的传热规律，为后续红外检测工程的应用提供方向指导。

2 不同热激励方式

2.1 红外检测原理

红外检测技术是基于红外辐射原理，即温度在绝对零度（−273K）以上的物体，都会因为自身的分子热运动辐射出红外线，该过程称为红外热辐射[6]。红外检测技术是采用不同的热激励方式对被检物体的所含缺陷进行激发，热流在被检物体中传递，当遇到缺陷后，热量的传导将不连续，从而影响被检物体向外辐射能量的情况。由红外辐射原理可知，物体向外辐射能量的大小决定着物体的温度，辐射能量大小的变化也因此导致物体外表面的温度场发生变化。红外热像仪接收到被检物体的红外信号，将被检物体外表面的温度分布图以热像图的形式表现出来，被测物体表面温差越大，热像图中显示有缺陷的位置颜色就越明显，就越容易辨别。还可以通过红外热像仪拍摄到的图片进一步分析缺陷的大小、位置、形状等。

因此，在进行有限元分析及红外检测实验时，提取含脱胶缺陷塑料内胆纤维缠绕气瓶外表面的最大温差，用来衡量红外检测效果的质量。

2.2 蒸气加热实验

塑料内胆纤维缠绕气瓶在定期检验前，需进行介质置换和内部蒸汽吹扫，以去除瓶内残质、油污。目前市场上塑料内胆纤维缠绕气瓶内胆多采用高密度聚乙烯材料制作，该材料耐高温耐腐蚀且力学性能良好，针对该材料气瓶，可采用 130℃以下的常压蒸汽吹扫法提供内部热激励，蒸汽为气瓶内部提供稳定热源，在热传导过程中，由于分层、脱胶等缺陷与正常瓶体的传热系数存在差异，从而在外表面反映出不均匀的温度场，进而在外表面对缺陷部位进行红外检测。由预埋铂电阻模拟的脱胶缺陷，具有缺陷形状规则、缺陷高度较高的特点，通过该模拟缺陷的红外检测实验，分析该方法的可行性与灵敏性。

本次实验采用的是 FLUKE 公司的 Ti450 型红外热成像仪，其相关参数见表 1 所示。实验条件见表 2。

表 1 Ti450 型红外热成像仪相关参数

IFOV(mRad)	像素	镜头范围	热灵敏度	测温范围	数码变焦	可见光像素	基础帧数	精度
1.31	320×240	24°×17°	0.05℃	−20～1200℃	2～4 倍	500 万	9Hz	±2%

注：IFOV 指的是空间分辨率，单位：毫弧度（mard）。

表 2　实验条件

条件	红外仪	蒸汽温度	环境温度	通汽时间
参数	Ti450	110～130℃	20℃	240s

从实验结果（图 1～图 3）可以看出，采用蒸汽吹扫方法，对于塑料内胆纤维缠绕气瓶进行脱胶缺陷检测效果明显，呈现过度不均匀的低温区。从外表面升温开始逐步出现温差，60s 后热像图温度效果明显，开始具备检测条件，240s 停止供气后，热像图温度场中低温区域依然明显，截止检测时间 300s 时，仍具备良好检测条件。

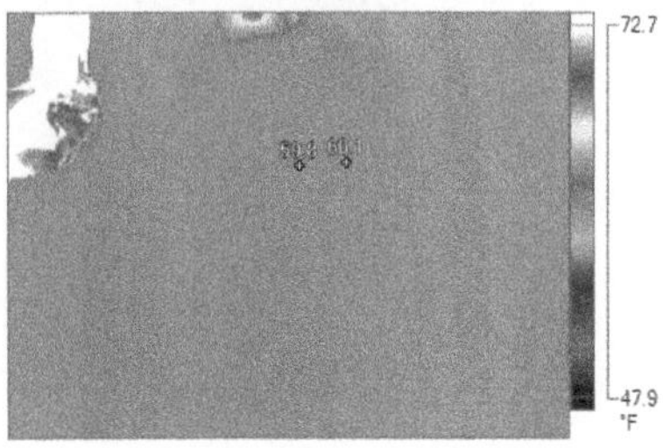

图 1　通汽 1s

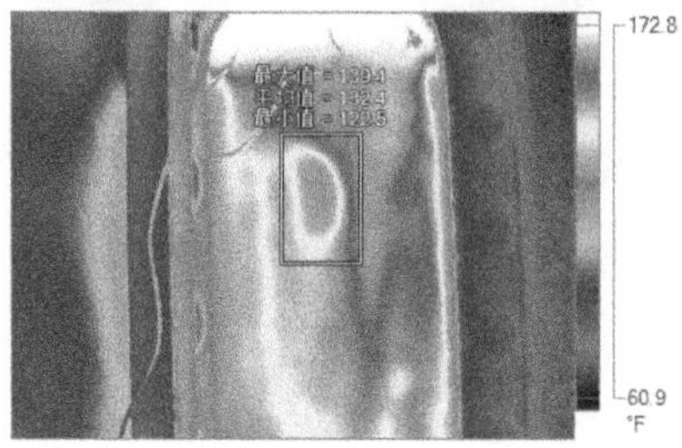

图 2　良好检测时机（60～300s）

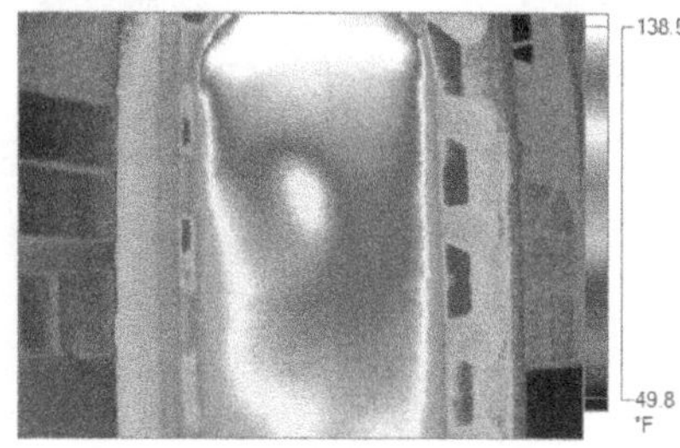

图 3　外表面温度均匀化

2.3　气密增压实验

塑料内胆纤维缠绕气瓶在更换新阀后，需进行气密试验检查，将气瓶增压至公称工作压力后保压进行气密试验检查，在气瓶增压后、检查前的时机，可作为红外检测时机，通过气瓶内介质增压升温来为气瓶提供内部热激励。实验条件见表 3。

表 3　实验条件

条件	红外仪	检测压力	环境温度	加/保压时间
参数	Ti450	20MPa	30℃	120/600s

图 4　通汽 1s

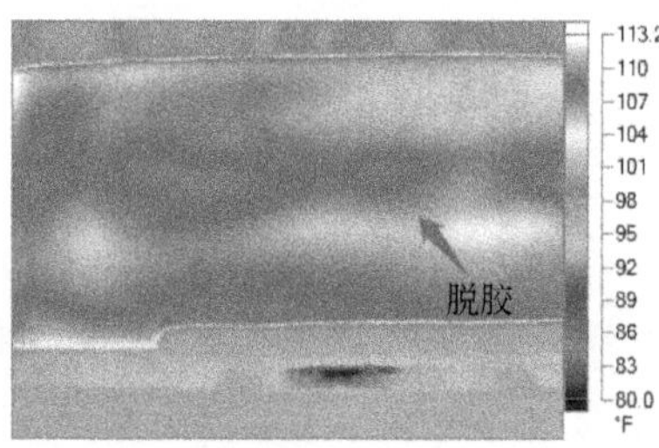

图 5　良好检测时机（300～600s）

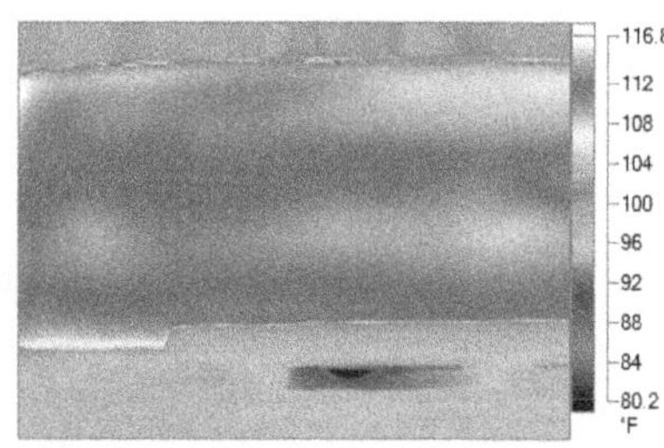

图 6　外表面温度均匀化

从实验结果（图 4～图 6）可以看出，脱胶缺陷均有明显显示，呈现过渡不均匀的低温区。升压过程大约持续 2min，从外表面升温开始逐步出现温差，2min 后开始保压，热像图缺陷温差效果明显，开始具备检测条件，保压 10min 内，外表面温度升至拐点后开始下降，随后热像图温度场区域均匀化，缺陷轮廓模糊，缺陷显示不明显。

2.4　冷水加热热激励实验

受气瓶瓶口和阀门直径影响，实际热水充装过程缓慢，导致气瓶底部最先受热传热，气瓶传热过程随着液位上升呈现而变化，热激励过程不均匀，影响检测。采用冷水加热法解决热激励过程不均匀的问题。利用水压试验前后气瓶注满水液过程，向瓶内插入蒸汽导管通蒸汽，使水液均匀升温。实验条件见表 4。

表 4 实验条件

条件	红外仪	蒸汽温度	环境温度	通汽时间
参数	Ti450	110～130℃	30℃	600s

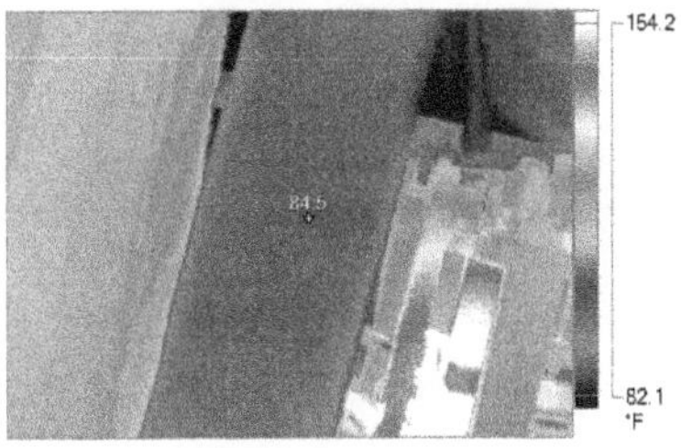

图 7 通汽 1s

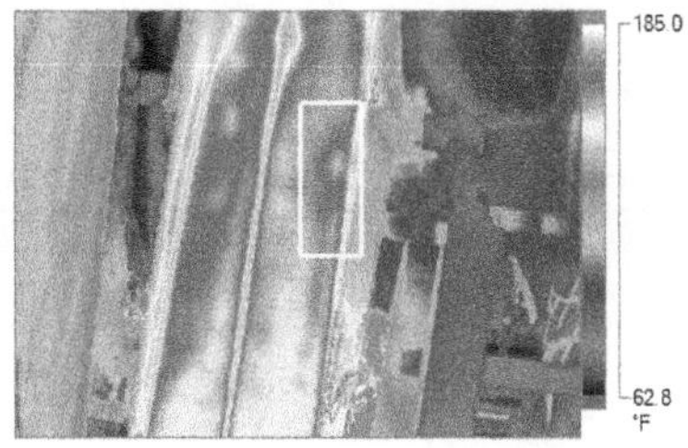

图 8 良好检测时机（200～600s）

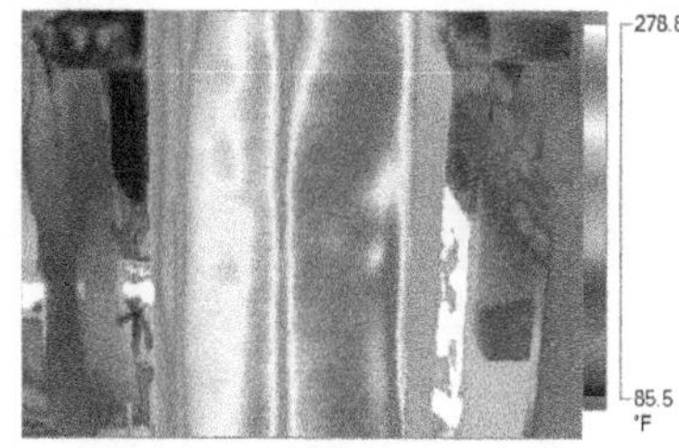

图 9 外表面温度均匀化

从实验结果可以看出，脱胶缺陷均有明显显示，呈现过度不均匀的低温区。其出现时机略早于分层缺陷。从外表面升温开始逐步出现温差，200s 后热像图温度效果明显，开始具备检测条件，600s 停止加热后，热像图温度场中低温区域依然明显，仍具备一定检测条件。

2.5 不同热激励方式对比

表 5 不同热激励方式对比

热激励方法	蒸汽加热	气密封压	冷水加热
加载方法	110～130℃蒸汽	加压	蒸汽加热冷水
最佳检测时机	60～300s	300～600s	300～600s
最大温差/℃	9.4	2.2	1.4
实验特点	便捷、安全	烦琐、危险	烦琐、安全

通过表 5 的对比可知，对于含脱胶缺陷的塑料内胆纤维缠绕气瓶采用蒸汽加热的热激励方式，具有最佳检测时机快、温差大、实验过程安全、错做简单等诸多优点，整体效果最优。

3 不同蒸汽热激励温度

3.1 几何模型及材料参数

含脱胶缺陷塑料内胆纤维缠绕气瓶几何模型及材料相关热物性参数如图 10、表 6 和表 7 所示。

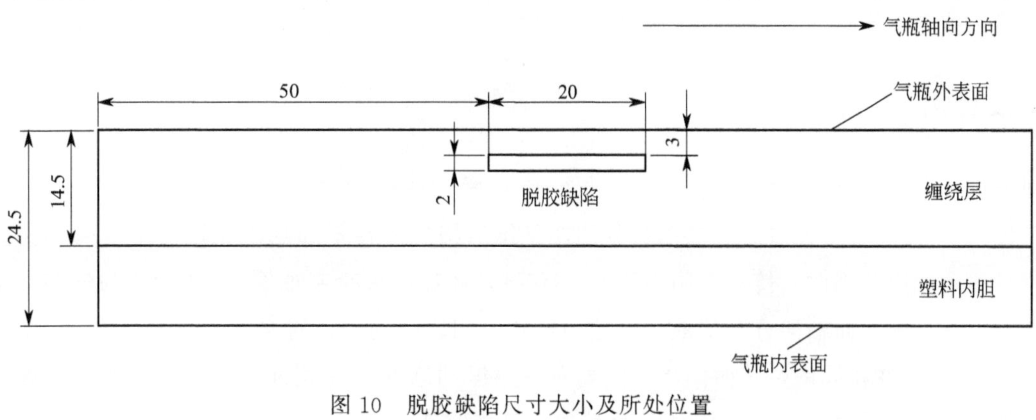

图 10 脱胶缺陷尺寸大小及所处位置

表 6 含脱胶缺陷塑料内胆纤维缠绕气瓶热物性参数

项目	密度 ρ/(kg/m^3)	比热容 C/[J/(kg·K)]	热导率 K/[W/(m·K)]
内胆(聚四氟乙烯)	950	2113	0.5

续表

项目	密度 ρ/(kg/m^3)	比热容 C/[J/(kg·K)]	热导率 K/[W/(m·K)]
缠绕层(玻璃纤维+固化环氧树脂)	2550	759	12
脱胶缺陷(空气)	1.12	1017	0.022

表 7　塑料内胆纤维缠绕气瓶相关参数

公称压力	20MPa	公称容积	90L
内胆材料	聚四氟乙烯	内胆厚度	10mm
缠绕层材料	玻璃纤维+固化环氧树脂	缠绕层厚度	14.5mm
气瓶内径	300mm	气瓶净重	48.1kg

3.2　有限元分析模型[7]

由传热学理论[8] 可知，当气瓶的纵向长度远大于气瓶的厚度时，可认为气瓶在内部热源的作用下，主要沿着气瓶的厚度方向进行。并且由于塑料内胆纤维缠绕气瓶是轴对称结构，本文主要研究含分层缺陷塑料内胆纤维缠绕气瓶在瓶内热源激烈的作用下，热量在气瓶厚度方向的传热过程。因此，建立含分层缺陷塑料内胆纤维缠绕气瓶纵切面的二维平面有限元模型。

3.2.1　设置分析步

在设置分析步时，设置有限元计算结果按照每个时间单位输出，以方便在 ABAQUS 后处理时提取不同时间点的计算结果。采用 ABAQUS 瞬态传热分析模块，求解不同时间点下，气瓶外表面的温度。

3.2.2　加载设定

由于实验过程采用的是蒸汽吹扫的热激励方式，并且实验过程不超过 2min。因此，进行有限元模拟分析时，可假设在 2min 内气瓶内部热源始终为 280℉（137.7℃），并且与外界无对流换热情况[9]。

3.2.3　边界条件

给定气瓶内部热激励温度，即实验过程中的 280℉（137.7℃），热激励源为蒸汽，并且是从气瓶内部进行热激励，热源直接与气瓶内部直接接触。设定初始温度场，即传热之前，设定气瓶整体初始温度以及周围环境温度为 20℃。设定气瓶外表面与空气的自然对流，并设定空气自然对流换热系数为 15W/(m^2·℃)[10]。

3.2.4　网格划分

采用 DCAX4 网格进行计算，对缺陷处网格进行加密设定。同时，为了保证有限元计算结果的准确性，进行网格独立性检验，先后划分 3293 个、3711 个以及 4163 个网格分别进行计算求解。

4　结果及讨论

分别采用不同温度的蒸汽在气瓶内部进行热激励，热激励温度依次为 100℃、110℃、120℃、130℃、140℃、150℃。研究含脱胶缺陷塑料内胆纤维缠绕气瓶在不同热激励温度下气瓶的传热规律和气瓶外表面的最大温差规律。传热时间为 120s，有限元计算结果绘制如图 11 所示，为气瓶在不同温度的蒸汽热激励下，外表面轴向方向的最大温差与传热时间之间的变化规律。

由图 11 可知，在相同的传热时间下，随着蒸汽温度的增加，气瓶外表面最大温差依次增大，并且增大幅度基本一致。同时，随着传热时间的增加，气瓶外表面最大温差依次增大，温差的增长率先增大，后减小，说明随着传热时间的继续增加，气瓶外表面最大温差增加得越来越缓慢。根据含脱胶缺陷塑料内胆纤维缠绕气瓶的红外检测实验可知，当表面温差≥2℃时，有着良好的检测效果，容易通过红外热像仪拍摄到的图片清晰的辨认缺陷的形状及大小。因此，由图 11 可知，当蒸汽温度为 100～150℃

时，传热时间到 50～70s 时，气瓶开始进入到最佳红外检测时机。

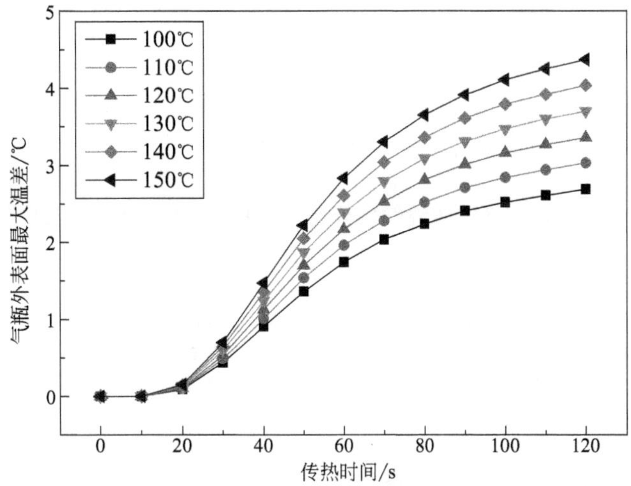

图 11 不同温度蒸汽热激励时气瓶外表面最大温差与传热时间关系

如图 12 所示，为气瓶在 150℃的蒸汽热激励下，传热时间为 120s 时，气瓶外表面轴向方向的温度分布图。由图可知，脱胶缺陷对应的外表面温度要明显低，最低温度出现在缺陷中心对应的气瓶外表面。这主要是因为脱胶缺陷的夹层里是空气，其热导率要比缠绕层的小，脱胶缺陷处会阻碍热量向外传递，因此脱胶缺陷对应的外表面温度要低。气瓶外表面出现温度差，为含脱胶缺陷塑料内胆纤维缠绕气瓶的红外检测提供了理论基础。

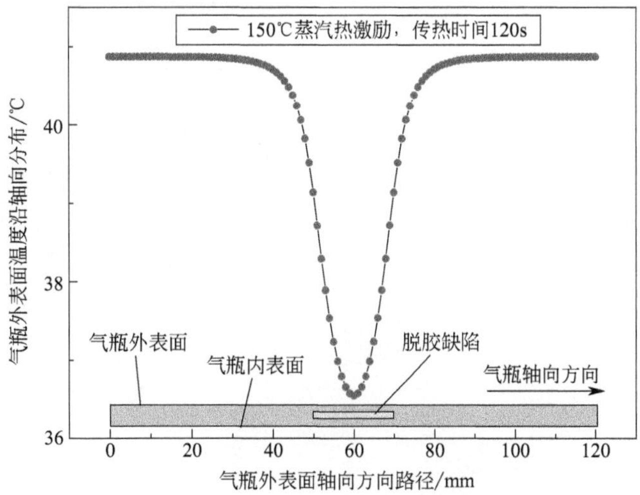

图 12 气瓶外表面轴向方向温度分布

5 结论

经有限元计算结果可知，主要得到以下结论：

① 对于含脱胶缺陷塑料内胆纤维缠绕气瓶，采用蒸汽加热的热激励方式整体效果要优于气密增压和冷水加热；

② 在相同的传热时间下，随着蒸汽温度的增加，气瓶外表面最大温差依次增大，并且增大幅度基本一致；

③ 随着传热时间的继续增加，气瓶外表面最大温差增加得越来越缓慢；

④ 当蒸汽温度为 100～150℃，传热时间到 50～70s 时，气瓶开始进入到最佳红外检测时机。

参考文献

[1] 国家市场监督管理总局 . 2019 年全国特种设备安全状况的通告 [R] . 北京：国家市场监督管理局，2019.

[2] NB/T 47013—2015. 承压设备无损检测 [S] .

[3] 丁克勤，张宏鹏，等 . 复合材料气瓶分层缺陷的红外检测热激励研究 [J] . 中国特种设备安全，2017，33 (10)：27-31.

[4] 刘彪，徐亮，凌俊，等 . 塑料内胆纤维缠绕气瓶分层、脱胶缺陷的红外检测方法探究 [J] . 特种设备安全技术，2020，1：21-22.

[5] ZHENG K Y，CHANG Y S，WANG K H，et al. Improved non-destructive testing of carbon fiber reinforced polymer (CFRP) composites using pulsed thermograph [J] . Polymer Testing，2015，46：26-32.

[6] 曾强，舒芳誉，李清华 . 红外测温仪的工作原理及应用 [J] . 电子质量，2007，1：25-26.

[7] 彭泽军，卢军，霍臻，等 . 基于 ABAQUS 含分层缺陷塑料内胆纤维缠绕气瓶红外检测研究 [J] . 压力容器，2021，38 (1)：81-86.

[8] 弗兰克 · 英克鲁佩勒 . 传热和传质基本原理 [M] . 葛新石，叶宏译 . 北京：化学工业出版社 . 2007.

[9] 许鑫 . 复合材料脱粘的红外无损检测及数值模拟 [J] . 航天制造技术，2014，32 (3)：54-58.

[10] 李美华 . 脉冲红外无损检测缺陷深度的有限元模拟及定量分析 [D] . 北京：首都师范大学，2013.

浅谈压力容器制造监督检验中几个问题

孟昭跃，贺林博，孔繁坤，李志刚，王彦文，王全力

河北省特种设备监督检验研究院邯郸分院，邯郸， 056017

摘　要： 本文从质量保证体系和制造过程质量控制两个方面，指出三家压力容器制造企业在监督检验中发现的问题。从本文所列的问题，可见制造单位应该加强对质量保证体系的完善，进一步强化制造单位的主体责任。

关键词： 监督检验；质保体系；主体责任

Several problems in the process of supervision and inspection for pressure vessel manufacturing

Meng Zhaoyue，He Linbo，Kong Fankun，Li Zhigang，Wang Yanwen，Wang Quanli

Hebei Special Equipment Supervision and Inspection Institute， Handan Branch， Handan， 056017

Abstract: This paper points out the problems from the quality assurance system and the quality control of the manufacturing process through the problems found in the supervision and inspection of three pressure vessel manufacturing in a manufacturing enterprise. From the problems listed in this paper，it can be seen that the manufacturing unit should strengthen the improvement of the quality assurance system and further strengthen the main responsibility of the manufacturing unit.

Keywords: supervision and inspection; quality assurance system; main responsibility

0　引言

压力容器属于特种设备，我国对压力容器的安全性能监督检验由来已久，压力容器质量安全基本在可控范围内。劳动部锅炉压力容器检测中心（中国特种设备检测研究院）和河北省邯郸市锅炉压力容器检验所组成联合监检组 1987 年 7 月开始对邯郸石油化工机械厂制造的压力容器监督检验。为适应近年来压力容器制造生产水平的发展，监督检验的管理办法也与时俱进，国家质检总局颁布 TSG R7004—2013《压力容器监督检验规则》并于 2014 年 6 月 1 日起施行，TSG21—2016《固定式压力容器安全技术监察规程》并于 2016 年 10 月 1 日起施行。压力容器监督检验，是在制造单位自检合格的基础上，对压力容器的制造过程按照 TSG R7004—2013《压力容器监督检验规则》（移动式压力容器）和 TSG21—2016《固定式压力容器安全技术监察规程》（固定式压力容器）进行的过程监督和满足 TSG R0005—2011《移动式压力容器安全技术监察规程》、TSG21—2016《固定式压力容器安全技术监察规程》规定的基本安全要求的符合性验证活动。监督检验工作不能代替受检单位的自检。

作者简介：孟昭跃，1962 年生，男，高级工程师，本科，主要从事承压类特种设备监督检验工作。

通过对 TSG R7004—2013《压力容器监督检验规则》和 TSG21—2016《固定式压力容器安全技术监察规程》监督检验内容、监检机构和监检人员的职责的解读，压力容器监督。

检验包括以下内容：①通过相关技术资料和影响基本安全要求工序的审查、检查与见证，对受检单位进行的压力容器制造过程及其结果是否满足安全技术规范要求进行符合性验证；②对受检单位的质量保证体系实施状况检查与评价。监督检验人员发现受检单位质量保证体系实施或者压力容器安全性能存在一般问题时，及时向受检单位发出《特种设备监督检验联络单》；发现受检单位质量保证体系实施或者压力容器安全性能出现不符合 TSG21—2016《固定式压力容器安全技术监察规程》、TSG R0005—2011《移动式压力容器安全技术监察规程》严重问题时，及时停止监检并且向监督检验机构报告，监督检验机构发出《特种设备监督检验意见通知书》，同时报告所在地的和颁发许可证的特种设备安全监督管理部门。

1 监督检验概况

笔者这几年作为监督检验人员对河北省邯郸市的三家压力容器制造企业实施了监督检验。一家是央企拥有 A2、A3、C2、C3、B1、B3、B4 设计、制造资质，另两家是私企，一家有汽车罐车 C2 制造资质（含真空绝热罐体）、设计外委，另一家有 D1、D2 制造资质、设计外委。

2 资源条件方面（工作场所）的问题

① 两家制造单位真空绝热容器（罐体）缠绕房缺少温湿度控制设备；

② 央企拥有多个制造地址，只在一个制造地址设置焊接材料存放的专用库房，另外制造地址没有设置，焊接材料在车间里放置储存没有有效的防护措施；

③ 耐压试验场地防护措施不符合有关安全技术规范及相关标准的要求；

④ 热处理炉没有按照 GB/T 9452—2012《热处理炉有效加热区测定方法》执行定期进行测定。

3 质量保证体系建立方面的问题

3.1 容器制造方面

① 央企制造单位《质量保证手册》："质量保证体系"要素中，设计责任人职责不完善；

② 两家私企制造单位《工艺控制程序》中，缺少工艺纪律检查相关规定，缺少封头、外协外购件的外观及几何尺寸检验工艺；

③ 一家私企制造单位《其他过程控制程序》中，缺少不锈钢酸洗钝化相关规定；

④ 两家私企制造单位缺少缺陷召回等环节的控制内容；

⑤ 两家私企制造单位缺少外来文件收集、接收、标识等方面的控制内容；

⑥ 两家私企制造单位缺少关于合同评审范围的规定。

3.2 容器设计方面

3.2.1 央企制造单位设计手册及程序文件

①《设计手册》"质量方针和质量目标"要素中，缺少质量目标的分解；

②《设计手册》"质量保障体系组织"要素中，缺少压力容器设计质量保证体系结构图；

③《设计程序文件》"各级设计人员管理"中，缺少移动式压力容器自行设计各级设计人员管理的要求；

④《设计程序文件》“设计文件签署及标准化审查”，在“标准化审查规定中”缺少设计标准的管理规定。

3.2.2 央企制造单位设计技术规定

① 缺少编制“风险评估报告的编制规定”；

② 在《移动式压力容器设计技术规定》中，缺少管路图及流程图的规定。

4 质量保证体系实施方面的问题

4.1 容器产品设计文件方面

① 央企制造单位低温液体运输半挂车罐体设计图技术特性表中：“主体材质栏”缺少锻件方面材料牌号；

② 央企制造单位设计计算书内容器强度计算中，名义厚度取值错误，只是设计厚度加上材料厚度负偏差后向上圆整没有至材料标准规格的厚度；

③ 央企制造单位设计计算书缺少真空夹层内放置吸附剂的吸附剂用量的计算；

④ 一家私企外来设计文件中液化石油气汽车半挂车罐体设计图中罐体设计温度、工作温度－40～50℃，液相管材质 Q345D，气相管、放散管材质 10＃、GB/T 8163—2018。GB/T 150.2—2011 5.1.3 对 GB/T 8163 中 10＃、Q345D 钢管的使用温度下限相应为－10℃和－20℃规定，以上管材不符合 GB/T 150.2—2011、GB/T 8163—2018 和 GB/T 19905—2017 的规定，及时向受检单位发出了《特种设备监督检验联络单》，受检单位及时与设计单位联系，设计单位发出更改通知书，改为 Q345E。

4.2 容器产品制造方面

① 两家私企制造单位合格供方评价报告中承压设备用焊接材料的经销商没有经焊接材料的生产商许可的证明文件。承压设备用钢焊条有 NB/T 47018.2—2011 超过五年的和 NB/T 47018.2—2017 在一起放置，未分区存放。焊材库回收的整根钢焊条没有标记和新拆封的钢焊条混在一起，使之不能够区分，焊工使用钢焊条不用保温桶，钢焊条在工件处随意放置，焊接现场焊条头随处可见。焊丝未按规定退库，在焊机上放置。焊剂在车间里储存未采取防护措施，焊剂未按规定烘干，造成焊缝存在气孔。

② 两家私企制造单位锻件、零部件存放无序，未按照待检区、合格区、不合格区分区堆放，零部件和工具在一起堆放，没有零部件专用库房，没有专用工具库。一家私企制造单位冷冻液化气体汽车罐车用外购管件弯头材质 S30408 采用冷成形加工成形，质量证明书中没有铁素体测量值。液化石油气汽车罐车用外购封头监督检验证书错写为符合《固定式压力容器安全技术监察规程》，封头材料 16MnDR 质量证明书 GB/T 3531—2014 错写为锅炉和压力容器用钢。

③ 一家私企制造单位冷冻液化气体汽车罐车内容器用奥氏体型不锈钢开平板整卷使用的，在开平操作后，没有分别在板卷的头部、中部和尾部所对应的开平板上各截取一组复验试样，只在开平板的端部截取了一组复验试样，而且复验的力学性能缺少 $R_{p0.2}$、硬度。还有 GB/T 24511—2009 材料在使用。内容器封头采用 S30408 奥氏体型不锈钢材料，采用冷成形，成形后铁素体测量值只有一个数值，未注明是过渡段还是直边段，内容器工艺人孔封头未测量铁素体。内容器奥氏体型不锈钢材料的筒节和外壳 Q345R 材料的筒节混放、没有分区存放，有的直接接触。有时用钢丝绳吊装奥氏体型不锈钢材料的筒节。内容器工艺人孔开孔补强圈未在耐压试验前通入 0.4～0.5MPa 的压缩空气检查焊接接头质量；

④ 两家私企制造单位无损检测委托单人员签字不全。一家私企制造单位射线检测人员为满足管子检测比例的要求，故意在管子同一个焊口处同一个位置多次透照，即制作假胶片，使许多管子焊口没有进行射线检测，从而造成漏检，监督检验人员及时向监检机构报告，监检机构及时向受检单位发出了

《特种设备监督检验意见书》，受检单位及时按照设计文件要求进行了补做射线检测并对该射线检测人员辞退，报告有关单位。射线检测人员故意在产品生产现场进行 X 射线检测，而不在曝光室进行 X 射线检测，未按国家有关标准规范的规定划定控制区和管理区、没有设置警告标志，也不将车间工人干活的相邻区域进行隔离，未采取措施防止相互干扰，也不通知车间工作人员撤离至有效安全区域，检测工作人员没有个人剂量计，没有剂量报警仪。央企制造单位在对固定式真空绝热深冷压力容器内容器（DN3400×8mm）应变强化实施前，带垫板的封闭焊接接头采用高能 X 射线检测没有按照 NB/T 47013—2015 要求制定检测工艺也未做验证，底片的像质计灵敏度值不符合要求；

⑤ 两家私企制造单位耐压试验用压力表工装没有编号、没有档案资料（设计、制造、检验）；

⑥ 两家私企制造单位缺少质量信息的收集和统计及分析，未按规定进行内审和管理评审，缺少公司层面质量目标考核见证资料；

⑦ 两家私企制造单位缺少人员培训年度计划和记录；

⑧ 两家私企制造单位缺少外来图样工艺审图记录、工艺过程卡等文件发放的记载。

5 结论

通过上述问题，可以看出制造单位放松管理，质量管理体系未能有效运行，对现行的质量管理体系文件未进行持续改进；生产过程未严格执行有关安全技术规范、标准的要求。笔者监督检验发现上述问题，认为质量管理失控．及时向受检单位发出了《特种设备监督检验联络单》，受检单位都及时回复并及时整改，得到笔者的确认。因此，制造单位要牢固树立“安全第一”“质量至上”的工作方针，强化制造单位的主体责任意识，按照法律法规安全技术规范标准要求制造安全可靠的压力容器。

参考文献

[1] TSG R7004—2013.《压力容器监督检验规则》[S].
[2] TSG 21—2016.《固定式压力容器安全技术监察规程》[S].
[3] TSG R0005—2011.《移动式压力容器安全技术监察规程》[S].
[4] TSG 07—2019.《特种设备生产和充装单位许可规则》[S].
[5] GB/T 150. 14—2011.《压力容器》[S].
[6] NB/T 47058—2017.《冷冻液化气体汽车罐车》[S].
[7] GB/T 19905—2017.《液化气体汽车罐车》[S].
[8] GB/T 18442. 7—2017.《固定式真空绝热深冷压力容器第 7 部分：内容器应变强化技术规定》[S].

基于全聚焦相控阵超声检测技术对中厚板对接焊缝检测效果试验分析

王　磊，彭泽军，徐　亮

武汉市锅炉压力容器检验研究所，武汉， 430014

摘　要： 文中简述了全聚焦相控阵技术的基本原理，采用全聚焦相控阵检测技术对含有自然缺陷的对接焊缝试板进行检测，利用“图示端点法”测量缺陷尺寸，并和射线检测、衍射时差法测量的数据进行对比，结果表明全聚焦相控阵技术检测对接焊缝具有可行性，综合表现优于二者。

关键词： 全聚焦相控阵；信噪比；图示端点法；缺陷识别

Experimental analysis of the quality inspection effect of butt welds of medium and thick plates based on all-focus phased array ultrasonic inspection technology

Wang Lei，Peng Zejun，Xu Liang

Wuhan Boiler and Pressure Vessel Inspection Institute， Wuhan， 430014）

Abstract: In this paper，the basic principle of fully focused phased array technology is briefly introduced，Full-focus phased array inspection technology is used to detect butt weld test plates with natural defects. Measurement of defect size by “image display endpoint method”，and compare it with the data measured by X-ray and time of flight diffraction，the results show that the full-focus phased array technology is feasible for detecting butt welds，the overall performance is better than the other two methods.

Keywords: full focus phased array; signal-to-noise ratio; image display endpoint method; defect identification

0　引言

在工业中应用的无损检测方法中，全聚焦相控阵超声检测技术随着计算机技术的发展，也逐渐越发成熟，其全称为基于全矩阵数据采集（full matrix capture，FMC）的全聚焦成像（total focusing method，TFM）相控阵超声检测技术[1]，该技术与以往各种超声检测技术的原理均不相同，其声场可覆盖整个工件被检区域，通过全矩阵数据采集获取海量数据，通过全像素聚焦和叠加平均处理得到高分辨力、高灵敏度、高信噪比的三维图像[2]，几乎在声场内无检测盲区，缺陷成像形状畸变小[3]，有利于缺陷识别与测量。

基金项目：球罐对接焊缝相控阵超声检测之典型裂纹、夹渣检测方法研究［编号：(2017) 15-22］。

作者简介：王磊，1987 年生，男，工程师，本科，主要从事承压类特种设备检验检测工作。

为观察全聚焦相控阵检测技术的实际检测效果，文中选取了一块含有裂纹、未熔合、条渣三种自然缺陷的试板，分别采用射线检测（RT）、衍射时差法检测（TOFD）和全聚焦相控阵超声检测三种方法对试板进行检测及缺陷尺寸测量，观察全聚焦相控阵检测的缺陷成像特点，对比三种检测方法测量缺陷的数据结果，试验结果表明全聚焦相控阵检测对接焊缝中的这三种缺陷是可行有效的，并且综合表现优于其他两种检测方法。

1　全聚焦相控阵的基本原理

全聚焦相控阵探头是在整块晶片上分割成 n 个等大小块状的线阵探头，每个阵元均具备发射和接收超声信号的功能，其数据采集原理为：首先第一阵元激发，所有阵元均接收该声束的反射回波信号，获得第一个信号组，紧接着第二阵元激发，所有阵元均接收第二阵元的反射回波信号，获得第二个信号组，依次类推，直至第 n 个阵元激发，所有阵元接收第 n 阵元的反射回波信号，获得第 n 个信号组，每个信号组里包含 n 个 A 扫回波信号，最终共获得 $n \times n$ 个 A 扫回波信号数据集，见图 1；其全聚焦成像原理为：在探头声束覆盖在被检工件内部设置一个检测区域，检测区内若存在一处缺陷，将缺陷想象成一组像素点，则该缺陷上的任意一个像素点将会产生 $n \times n$ 个 A 扫回波信号，并对其进行聚焦计算和叠加-平均处理，当全部像素点处理完成后即可生成缺陷反射信号形成的图像[3]。

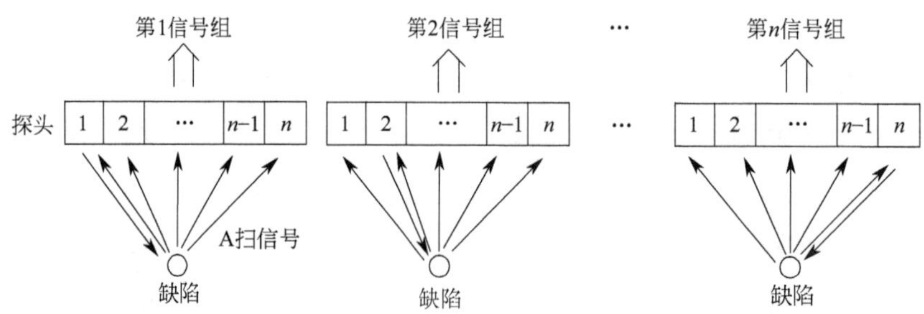

图 1　全矩阵数据采集示意图

2　试验试板

用于对比试验的试板具体参数见表 1，通过焊接控制在试板中预埋四个自然缺陷，依次为 1＃表面裂纹、2＃坡口未熔合、3＃层间裂纹以及 4＃条渣，位置示意见图 2。

表 1　试板参数

厚度	材料	试板尺寸	坡口型式
43mm	20＃	400mm×400mm	非对称 X 形坡口

3　检测方法及工艺选择

本试验采用的射线法（RT）、衍射时差法（TOFD）两种检测方法按照 NB/T 47013—2015《承压设备无损检测》标准规定，选择合适的检测工艺对缺陷进行测量；全聚焦相控阵技术目前国内尚未出台相关标准，笔者参照强天鹏、杨贵德等[2-4] 提出的“场校准”和“场测量”两个新概念调节校准仪器，采用“图像端点法”对缺陷进行测量，对比分析三种方法检测数据的区别，以验证全聚焦相控阵测量数据的可靠性。

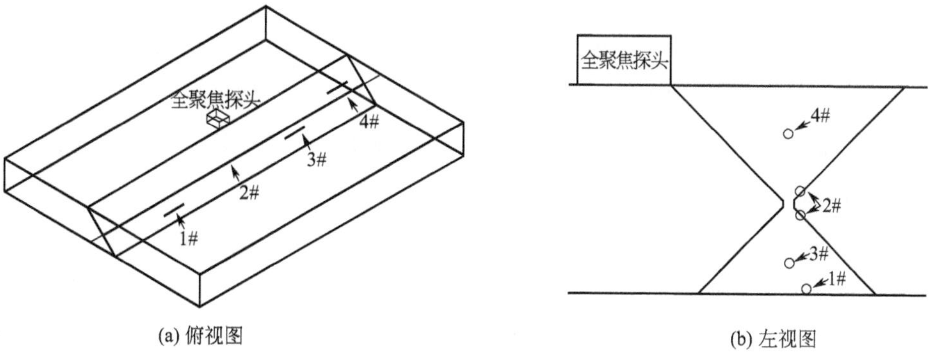

图 2 缺陷位置示意图

1#—表面裂纹；2#—坡口未熔合；3#—层间裂纹；4#—条渣

3.1 射线检测

射线检测的主要优势在于能够确定缺陷的平面投影位置、大小及缺陷性质[5]。检测工艺如下：选用 XXG-3505 射线探伤机，技术等级 AB 级，管电压 340kV，管电流 5A，曝光时间 5min，透照焦距 450mm，透照张数 2 张，射线底片见图 3。

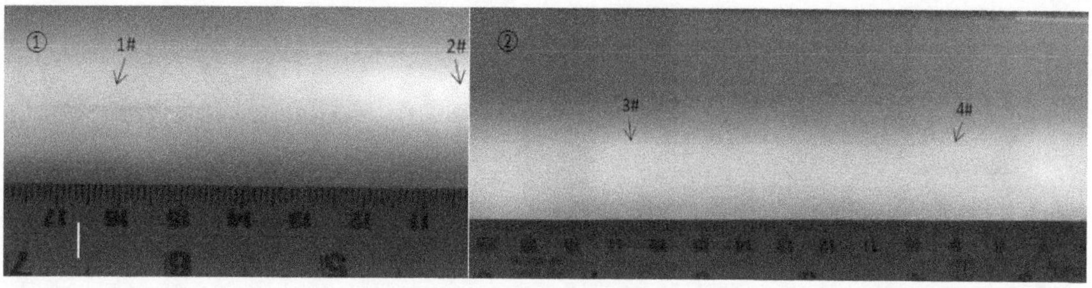

图 3 底片

3.2 衍射时差法超声检测

衍射时差法超声检测主要优势在于对厚壁工件缺陷检测灵敏度较高，缺陷的衍射回波高低对缺陷测量影响不大，能够确定缺陷的深度、长度和自身高度[5]。检测工艺如下：选用 HS810 TOFD 检测仪，技术等级 B 级，探头频率 5MHz，声束角度 63°，晶片直径 3mm，扫查方式为非平行扫查，扫查步进 1mm，检测灵敏度设置为工件上直通波波幅到满屏的 40%～80%波高，检测结果见图 4。

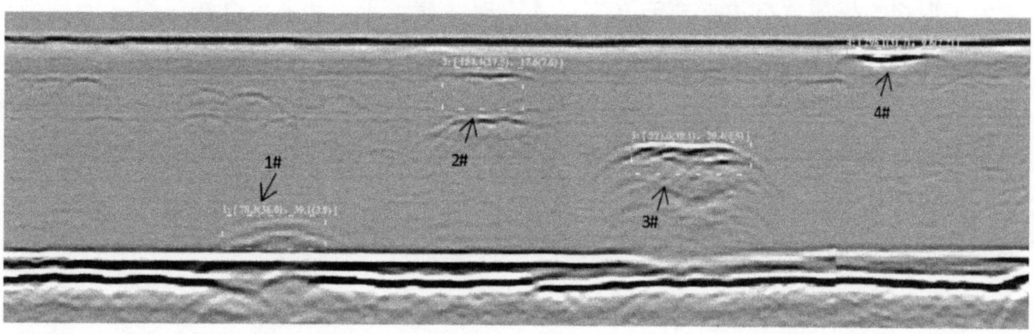

图 4 检测结果

3.3 全聚焦相控阵超声检测

全聚焦相控阵检测工艺如下：选用 CTS-PA322T 全聚焦实时 3D 超声成像系统，探头为含有 64 个阵元的线阵探头，频率为 5MHz，楔块为 SC7-N55S，楔块声速为 2337m/s，基于场测量和场校准两种原理来对仪器进行校准调节，将楔块声速及楔块角度输入到仪器中对楔块进行自校准，在仪器中设置被检工件目标区域体积大小，然后采用 CSK-ⅡA 试块进行场校准及场测量，通过调节增益使检测人员可清晰识别长横孔图像，确保不同深度的长横孔在设定的声场区域内水平和深度方向上成像颜色（即反射能量）相等或相近即可；采用单面单侧紧贴焊缝一次扫查，编码器步进 0.5mm；根据全聚焦相控阵技术的成像原理及其具有高信噪比的特点，笔者采用“图示端点法”对图谱上的缺陷进行尺寸测量，即先判别显示是否为缺陷，然后将上下左右定位尺框住缺陷端部最后一个可识别的像素点来测量长、深、高，这种测量方法存在目视误差，但在试验可接受范围之内，见图 5。

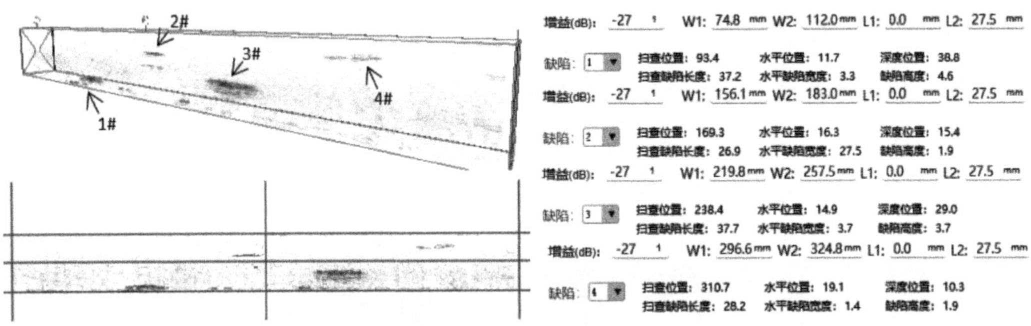

图 5 全聚焦相控阵图示

4 缺陷识别及测量对比

观察图 5 可知：1. 射线底片上未显示出 2＃坡口未熔合，并且 3＃层间裂纹影响模糊，严重影响测长定量，这是射线检测厚板局限性造成的；2. 衍射时差法（TOFD）图谱上可清晰的显示出 4 个缺陷，效果较好；3. 全聚焦相控阵图示上亦可清晰识别出 4 个缺陷，并且可观察到焊缝中每个缺陷的 3D 成像，位置直观，良好的信噪比使缺陷成像更贴近实际，尤其是 2＃坡口未熔合缺陷，单面单侧一次扫查即可将上下两个不同方向的面状缺陷分别单独显示，远远强于常规相控阵（一维线阵探头）检测技术[6]。

三种方法测量的数据见表 2，长度、高度、深度对比图见图 6。从表 2 及图 6 可知：全聚焦相控阵单面单侧扫查获取的四个缺陷长度尺寸与 TOFD 测长数据误差在±5%以内，并且对于 3＃缺陷二者测量长度值远大于射线测长值，更接近缺陷真实尺寸，射线底片上 2＃未熔合缺陷因未能成像而无法测量；全聚焦相控阵测量获得的高度值除了 2＃缺陷以外，其他均与 TOFD 测量值的差值在±1mm 以内，在生产实践中，2＃未熔合缺陷 TOFD 成像特点容易被误认为一个缺陷，检测人员评谱测量高度时将处于同一水平位置的上下两个缺陷衍射波合并为一，导致缺陷的真实高度被放大，而相控阵全聚焦扫查成像直观显示，轻易避免这类问题发生；全聚焦相控阵与 TOFD 测量的深度值最小差值为 0.3mm，这相比于常规脉冲反射超声检测方法识别缺陷上端点的精准度有了明显的提升[7]。

表 2 三组检测方法 RT/TOFD/TFM 的数据对比 单位：mm

编号	缺陷识别	长度	高度	深度
1＃表面裂纹	均可	32.0/36.0/37.2	—/3.9/4.6	—/39.1/38.8
2＃坡口未熔	RT 未发现	—/27.5/26.9	—/7.6/1.9	—/17.6/15.4

续表

编号	缺陷识别	长度	高度	深度
3#层间裂纹	RT影像模糊	20.0/38.1/37.7	—/4.5/3.7	—/29.4/29.0
4#条渣	均可	28/31.7/28.2	—/2.2/1.9	—/9.6/10.3

5 结论与思考

综上可知，相控阵全聚焦检测技术具有三维成像直观，较高的图像信噪比使缺陷识别变得简单，定量更加准确。在试验中仅单面单侧一次扫查所获得数据，即可与射线检测、TOFD检测技术测得的数据近似相等，基本满足工程上的实际应用。

传统超声检测的缺陷定量和质量分级由两部分组成：缺陷当量及缺陷尺寸。全聚焦相控阵技术参照这两个条件评定缺陷时需要注意：①工件中缺陷上任意一个像素点的成像是由 $n \times n$ 个A扫反射信号进行聚焦计算和叠加-平均处理而得来，在场校准时以对比试块上反射孔的当量大小作为缺陷当量的基准值，缺陷上任意像素点的颜色深浅反映缺陷当量大小，像素颜色深浅变化受制于全聚焦相控阵检测仪的增益动态范围，即将对比试块上的反射孔的基准值当量设置过高（颜色较深），那么工件中大缺陷在图谱上的颜色能否正确显示出来需要考虑检测仪器的增益动态范围；②试验中，采用的“图示端点法”测量缺陷尺寸是基于全聚焦相控阵成像原理，但这种方法存在目视误差，需要具体量化，后续可通过制作对比试块，设计反射体不同形状的端点来具体研究缺陷端部像素点的识别方法。

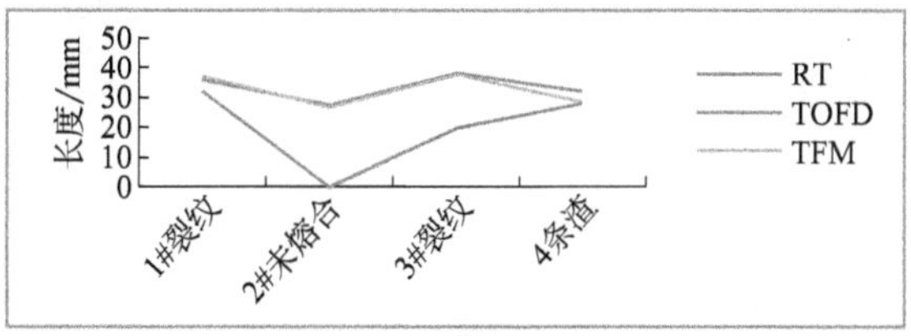

(a) 长度对比

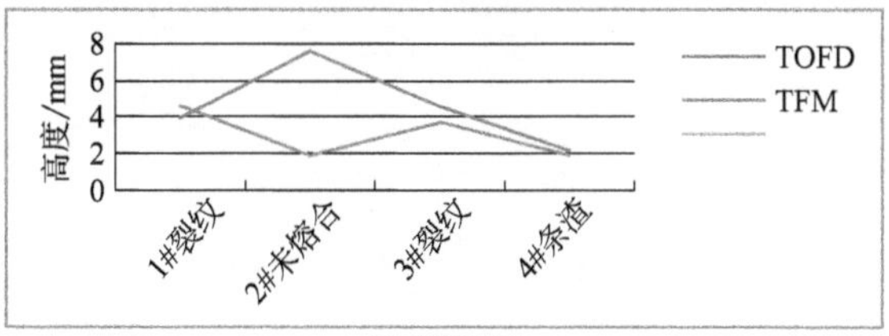

(b) 高度对比

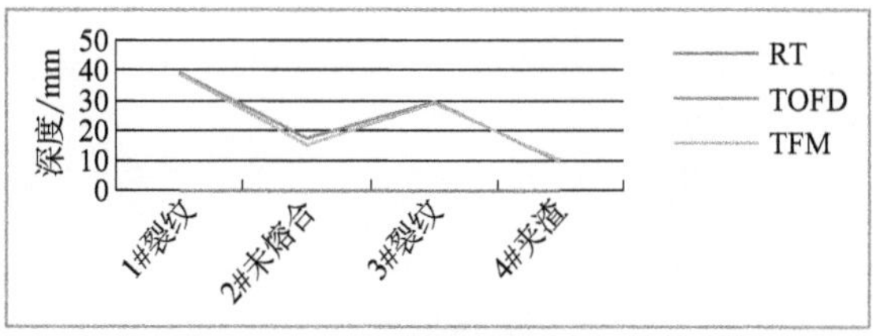

(c) 深度对比

图6 长、高、深对比柱形图

参考文献

[1] Holmes C, Drinkwater B, et al. The post-processing of ultrasonic array data using the total focusing method. [J]. In-

sight：Non-Destructive Testing & Condition Monitoring，2004.
[2] 强天鹏，杨贵德，杜南开，等．全聚焦相控阵技术的场校准 [J]．无损检测，2020，428 (11)：7-11.
[3] 强天鹏，杨贵德，杜南开，等．全聚焦相控阵技术声场特性初探 [J]．无损检测，2020，418 (01)：7-12.
[4] 强天鹏，杨贵德，杜南开，等．全聚焦相控阵技术的场测量 [J]．无损检测，2020，2：3-4.
[5] NB/T 47013—2015. 承压设备无损检测 [S]．
[6] 王磊，郑连学，陈中荣，等．球罐对接焊缝中裂纹、夹渣相控阵识谱技术探讨 [J]．压力容器，2019，36 (06)：65-71.
[7] 郑辉，林树青．超声检测 [M]．北京：中国劳动社会保障出版社，2008.

某灭菌器设计的局部应力分析

吴开斌，徐建高

武汉市锅炉压力容器检验研究所，武汉， 430000

摘　要： 针对某快开门式型式的灭菌器非标准结构型式的强度进行应力分析设计，采用有限元方法对主要受压、承载的零部件危险截面进行应力校验，分析其整体强度是否满足要求，为进一步的设计优化提供参考。

关键词： 快开门结构；局部应力；强度计算；应力分析

Local Stress Analysis of A Sterilizer Design

Wu Kaibin，Xu Jiangao

Wuhan Boiler and Pressure Vessel Inspection Institute， Wuhan， 430000

Abstract: For calculation the strength of non-standard quick-opening structure of sterilizer，the stress analysis is used to the local stress concentration. The finite element method is used to check the stress of dangerous cross-section in the main parts，whether meets the requirements of overall strength. The further results is a reference for the optimization of design.

Keywords: quick-opening structure；local stress；strength calculation；stress analysis

1　背景

某单位生产的灭菌器采用快开门式结构（图 1），根据“固容规”（TSG 21—2016）要求，快开门式压力容器的设计应当考虑疲劳载荷的影响。根据图示的结构，大部分受压、受载件均为非标准结构，按“固容规”要求，对其封头采用卡箍型式，对其上盖、筒体、把手主轴卡销、铰链座等零部件进行局部应力分析，按 JB/T 4732—2005 进行安全评定。材料参数如表 1 所示。各主要部件结构尺寸如表 2 所示。

表 1　工作和设计参数

技术特性	数值	技术特性	数值
工作压力/MPa	0.23	设计温度/℃	150
设计压力/MPa	0.3	水压试验压力/MPa	0.375
工作温度/℃	138	工作介质	蒸汽

作者简介：吴开斌，男，1981 年生，高级工程师，从事压力容器压力管道检验检测、无损检测工作。

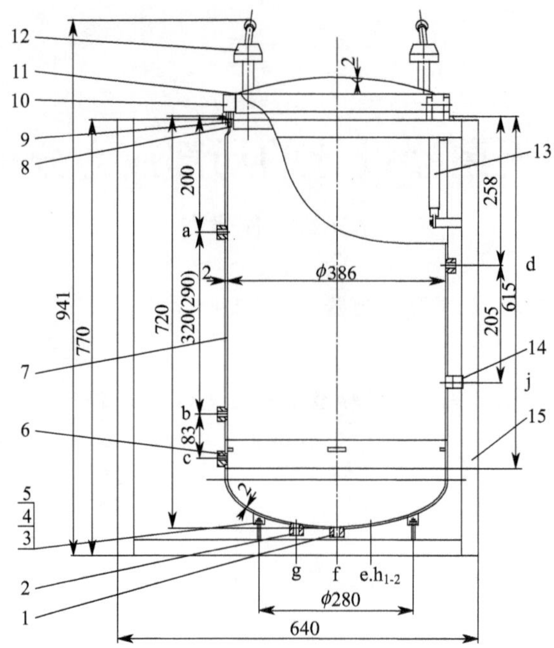

图 1　灭菌器结构示意图

表 2　材料参数

材料代号	S30408	材料代号	S30408
泊松比	0.3	设计应力强度/MPa	150℃　137
弹性模/MPa	150℃　1.86×105	密度/(t/mm³)	7.93×10^{-9}

2　主要零部件应力计算

2.1　上盖

2.1.1　有限元模型

根据设计图纸，上盖厚度为 3mm，内直径 379mm，如图 2 所示。

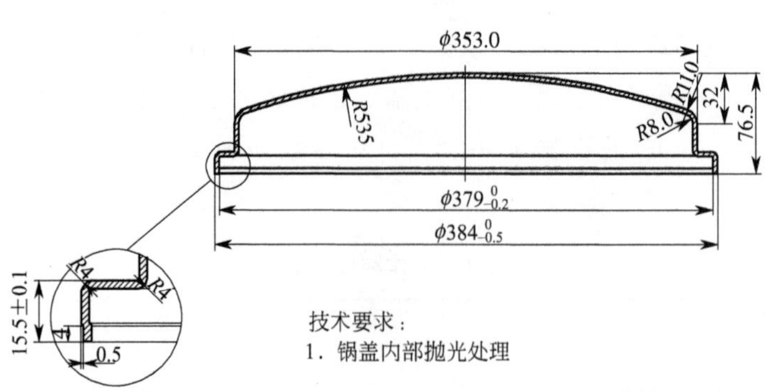

图 2　上盖示意图

由设计图可见，根据封头的结构特征和载荷特性，采用 1/4 模型进行分析，如图 3 所示。采用 solid186 单元进行网格划分（图 4），并施加以下边界条件。

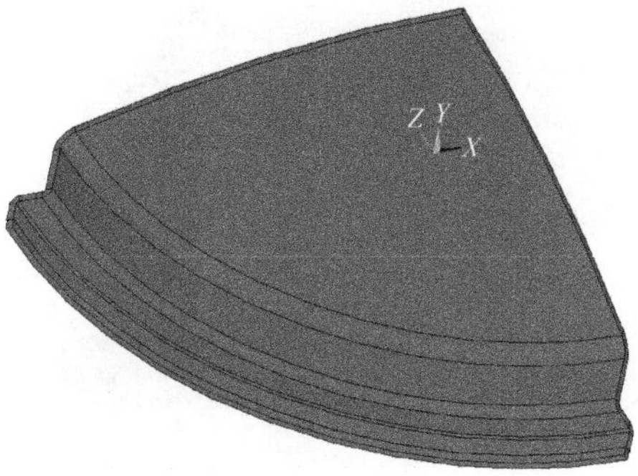

图 3 实体模型

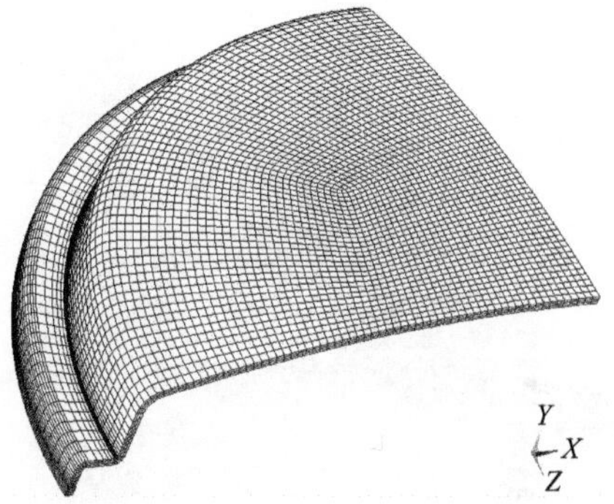

图 4 有限元模型

位移边界条件：约束截面的垂直位移，约束法兰下边缘轴向位移。

力边界条件：封头内表面施加 0.3MPa 的压力。施加边界条件后如图 5 所示。

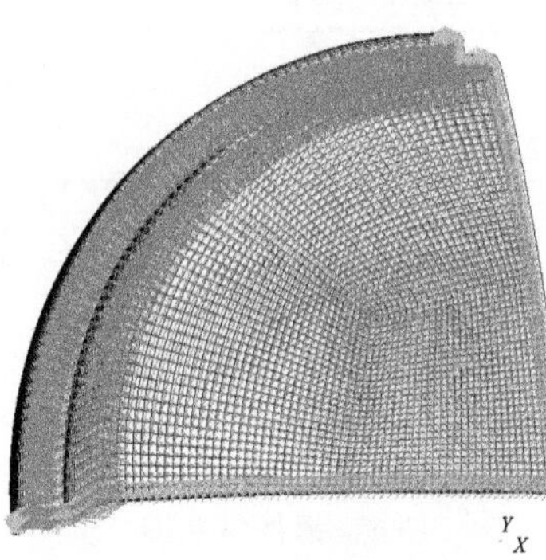

图 5 边界条件

2.1.2 计算结果

计算得应力强度分布如图 6 所示，由图可看出，最大应力强度在法兰方孔的角落处，对此区域进行强度评定。

如图 7 所示，在截面 1 取路径进行应力线性化处理，进行强度评定。在内压作用下，路径上的薄膜应力视为总体薄膜应力，薄膜加弯曲应力可视为一次局薄膜加一次弯曲应力强度。

截面 1 $P_m=71.16\text{MPa}<S_m=137\text{MPa}$；$P_L+P_b=150.4\text{MPa}<1.5S_m=205.5\text{MPa}$

上盖强度评定合格。

2.2 锅体计算

2.2.1 有限元模型

根据图 8，建立实体模型图 9，采用 solid186 单元进行网格划分，得图 10 所示有限元模型。

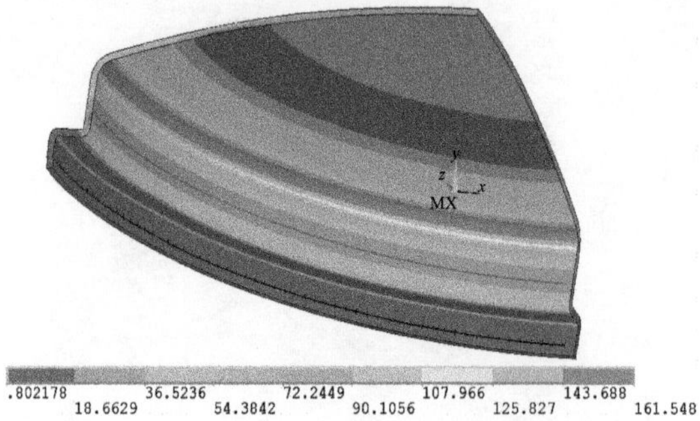

图 6　应力强度分布图

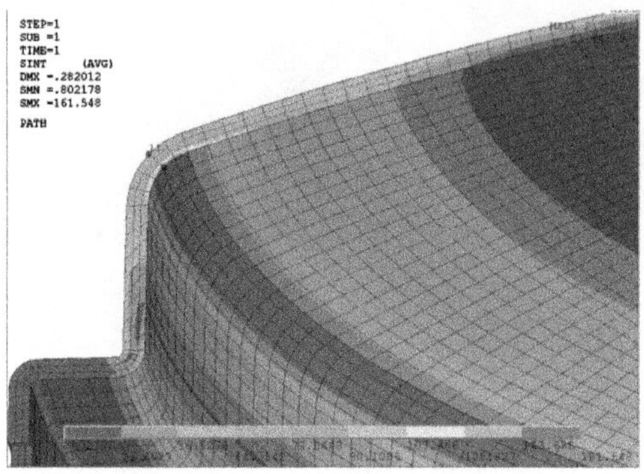

图 7　上盖评定路径

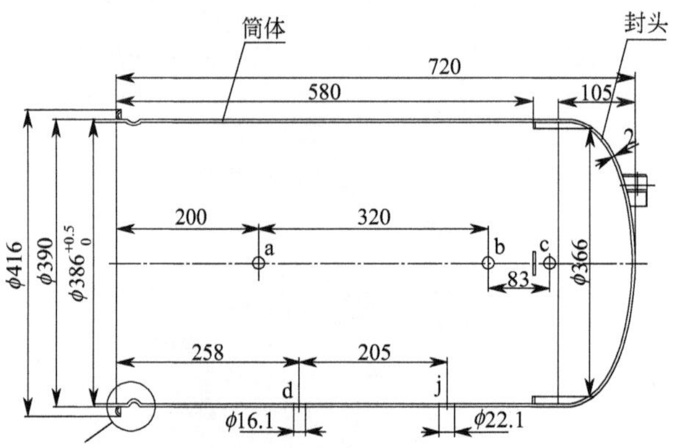

图 8　锅体示意图

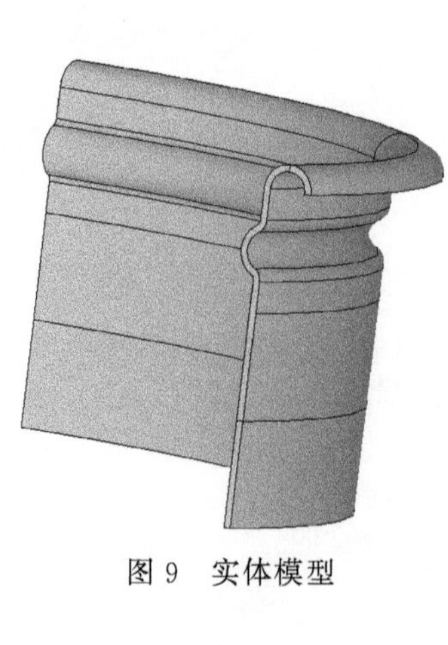

图 9　实体模型

力边界条件：在筒体内表面施加 0.3MPa 的压力。

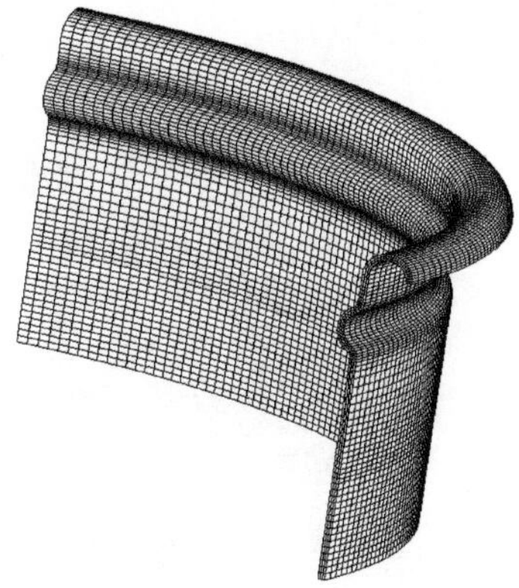

图 10　有限元模型

位移边界条件：在横截面上施加对称边界条件。施加边界条件后如图 11 所示。

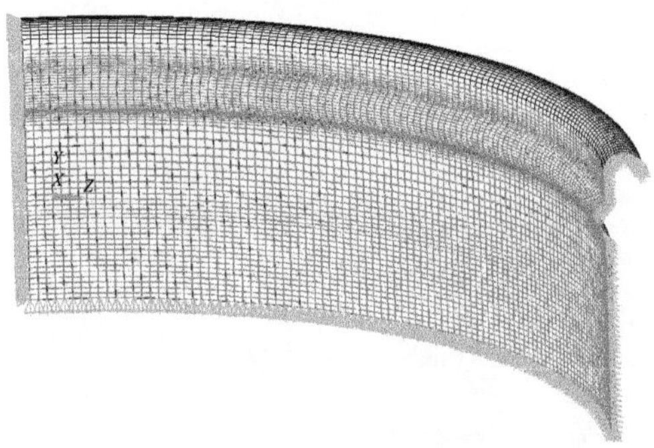

图 11　施加边界条件后效果图

2.2.2　计算结果

施加以上边界条件后计算得到图 12 应力分布图。

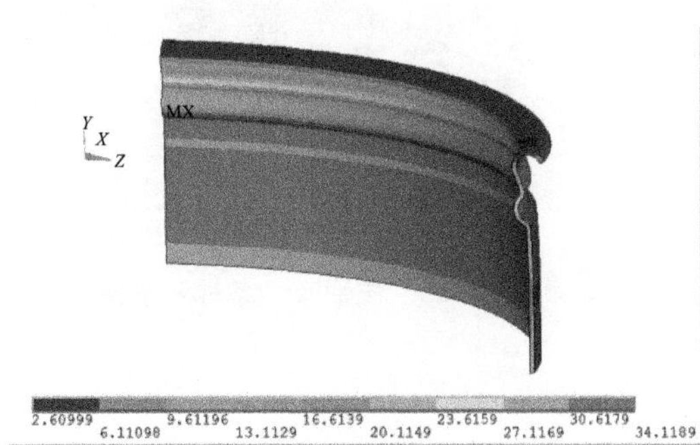

图 12　应力强度分布图

在图 13 所示在应力强度最大的截面，沿厚度方向定义 1 条路径进行强度评定：$P_m=28.51\text{MPa}<S_m=137\text{MPa}$；$P_L+P_b=32.77\text{MPa}<1.5S_m=205.5\text{MPa}$ 锅体强度合格。

2.3　把手主轴卡销计算

2.3.1　有限元模型

把手主轴的卡销是主要承力部件，建立模型进行分析，如图 14 所示。

采用 solid186 单元进行网格划分，并施加以下边界条件。

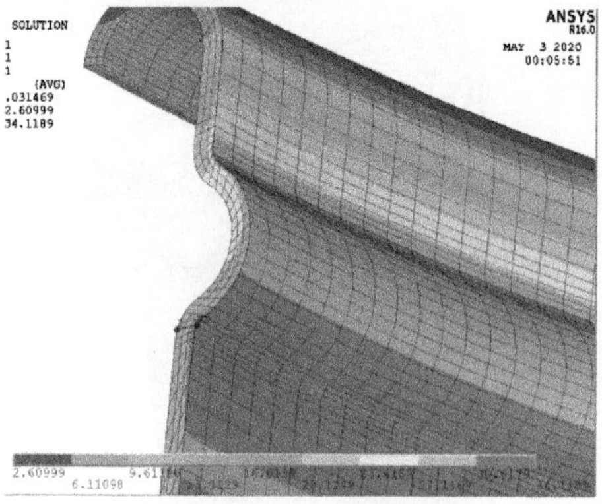

图 13　强度评定路径

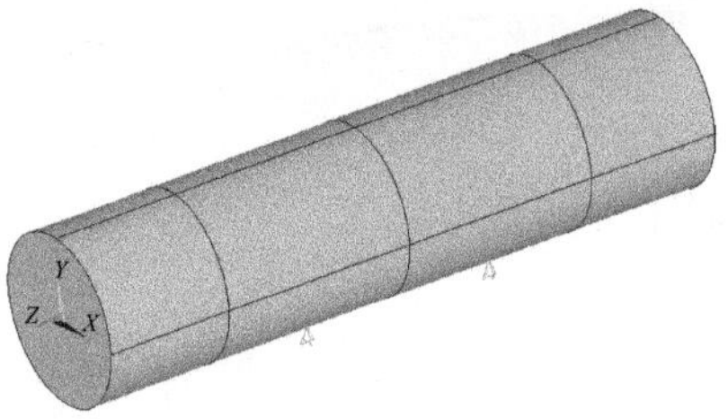

图 14　实体模型

位移边界条件：在卡销中部施加固定约束。

力边界条件：在卡销两端接触的上表面施加由内压导致的作用反力。

施加边界条件后的效果如图 15 所示。

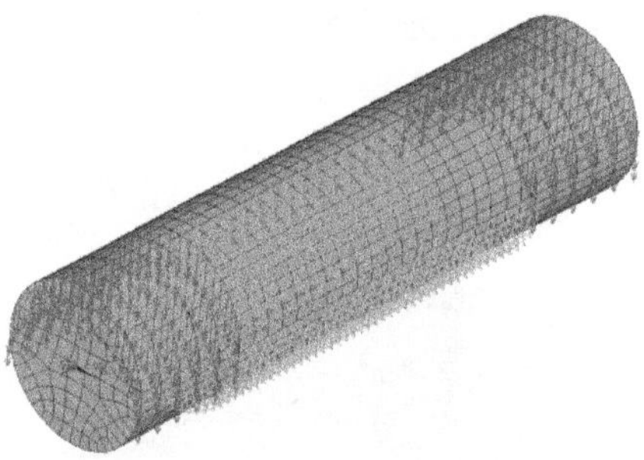

图 15　施加边界条件示意图

2.3.2　计算结果

计算后得图 16 所示的应力强度分布云图。

如图 17 所示，在有最大应力强度区域截面上取路径进行应力线性化，计算路径上的薄膜应力（P_m）和弯曲应力（P_b），进行强度评定。在内压作用下，截面上的薄膜应力视为总体薄膜应力，薄膜加弯曲应力可视为一次薄膜加弯曲应力。强度评定：

截面 1：$P_m=55.64\text{MPa}<S_m=137\text{MPa}$；$P_L+P_b=126.8\text{MPa}<1.5S_m=205.5\text{MPa}$

强度评定合格。

2.4　绞链座应力计算

2.4.1　有限元模型

铰链也是主要承力部件，建立模型进行分析，如图 18 所示。采用 solid186 单元进行网格划分，并

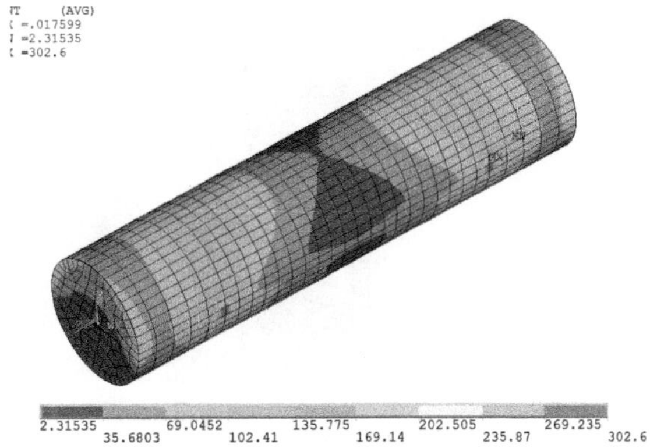

图 16　应力强度分布图

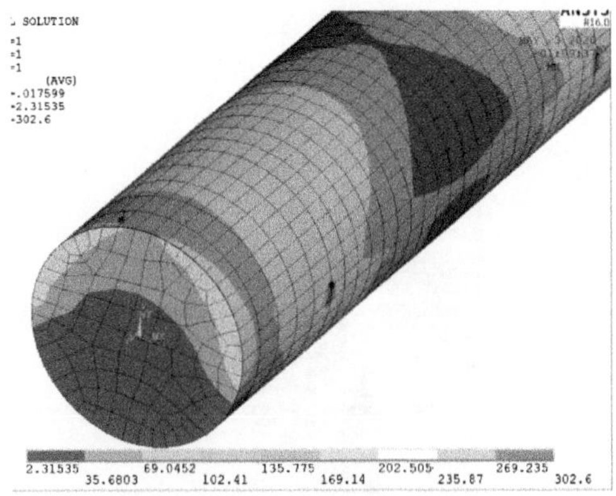

图 17　评定路径

施加以下边界条件：

位移边界条件：在铰链底部施加固定约束。

力边界条件：在铰链销轴下表面施加由内压导致的作用反力。

施加边界条件后的效果如图 19 所示。

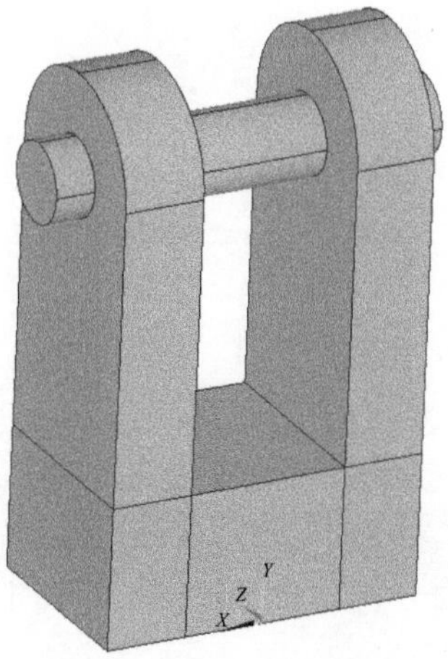

图 18　铰链实体模型

2.4.2　计算结果

计算后铰链座的应力强度分布（图 20）。最大应力出现在销轴上（图 21）为 133.6MPa<137MPa.

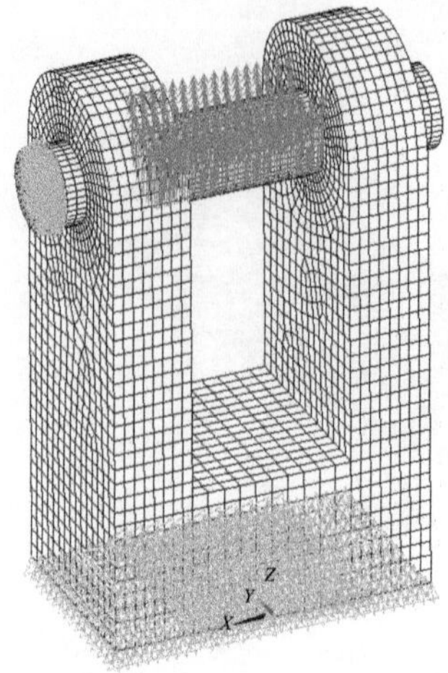

图 19　铰链有限元模型

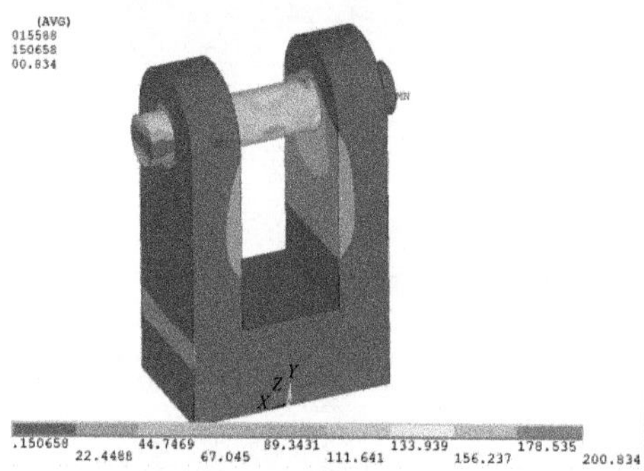

图 20　铰链计算结果

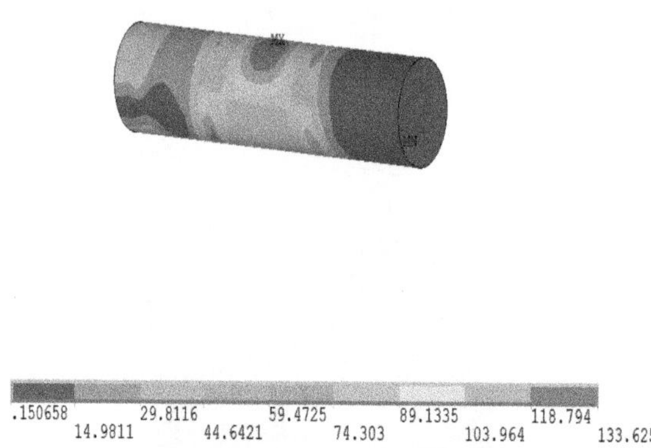

图 21　铰链销轴计算结果

3　总结

① 本文对灭菌器进行了详细的应力分析和强度评定，计算汇总于表 3。根据计算结果，各零部件的强度都合格。

表 3　计算汇总

部件	评定截面位置	应力分类	应力强度限制
上盖	图 7	$P_m=71.16$　MPa	$S_m=137$MPa
		$P_L+P_b=150.4$MPa	$1.5S_m=205.5$MPa

续表

部件	评定截面位置	应力分类	应力强度限制
锅体	图 13	P_m=28.51MPa	S_m=137MPa
		P_L+P_b=32.77MPa	1.5S_m=205.5MPa
把手主轴卡销	图 17	P_m=55.64 MPa	S_m=137MPa
		P_L+P_b=126.8MPa	1.5S_m=205.5MPa

② 从应力分析的结果显示，本设备的局部最大应力处为上盖的折边处，危险截面的应力为薄膜应力＋弯曲应力，等效于一次局薄膜加一次弯曲应力强度，最大值为 150.4MPa。

37Mn 无缝气瓶瓶体分层缺陷的原因分析

杨茂森，余孟栗，彭著洋，干　兵，王　莉

四川省特种设备检验研究院，成都，　610061

摘　要： 对某气瓶进行常规超声测厚时发现瓶体局部位置厚度异常，本文通过超声检测、化学成分分析、金相检验、能谱分析等方法，确定了缺陷的分布区域及类型，分析了缺陷产生的原因。结果表明：该气瓶瓶体分层缺陷主要由 Al_2O_3 和少量的 CaO、MgO、TiO_2 等组成的复合夹杂物造成。

关键词： 无缝气瓶；分层缺陷；非金属夹杂物

Analysis of the delamination defects of 37Mn seamless cylinder

Yang Maosen，Yu Mengli，Peng Zhuyang，Gan Bing，Wang Li

Sichuan Provincial Special Equipment Inspection and Research Institute Cheng du，　610061

Abstract: It is found that the thickness of a cylinder is abnormal during the conventional ultrasonic thickness measurement. In this paper，the distribution area and types of defects are determined and the causes of defects are analyzed by ultrasonic testing，chemical composition analysis，metallographic examination and energy spectrum analysis. The results show that the delamination defect of the cylinder is mainly caused by the inclusion composed of Al_2O_3 and a small amount of CaO，MgO，TiO_2.

Keywords: seamless cylinder; delamination defects; non-metallic inclusion

0　引言

无缝气瓶是一种用于盛装压缩气体或高压液化气体的可重复充装的钢瓶，广泛用于工业、医疗等行业。其生产工艺一般包括钢管厂采用“管坯-加热-穿管-轧制-定径”等工序生产气瓶用无缝钢管，之后气瓶厂采用无缝钢管作坯料，通过热旋压收口收底成型、正火处理等工序，最终加工成无缝气瓶[1]。在对某气瓶进行常规超声测厚时发现瓶体局部位置厚度异常，本文通过对该气瓶壁厚异常部位进行超声检测以确定缺陷分布位置、深度，之后通过化学成分分析、金相检验、能谱分析等方法，确定了缺陷的类型，分析了缺陷产生的原因。

1　分层缺陷超声检测

该气瓶规格为 ϕ219mm × 1200mm × 5.7mm，材料为 37Mn。对瓶体测厚异常部位参照 NB/T

作者简介：杨茂森，1988 年生，男，工程师，硕士研究生学历，主要从事承压类特种设备检验检测工作。

47103.3—2015 标准规定的脉冲反射法超声检测方法进行检测，具体检测参数见表 1，缺陷反射波形见图 1。

表 1　超声检测参数

超声参数		探头参数			
试块	灵敏度	类型	频率/MHz	角度/(°)	直径/mm
无缺陷母材	一次底波满刻度 50%+10dB	双晶	5	0	10

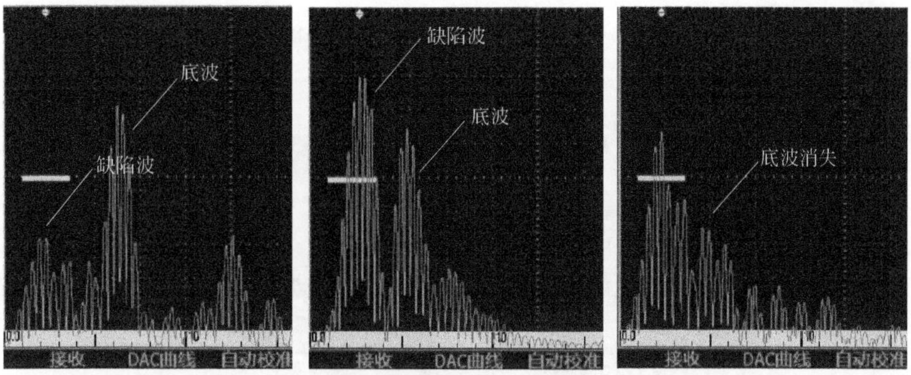

(a)　(b)　(c)

图 1　缺陷处超声检测波形图

图 1 所示为不同缺陷位置时的超声反射波形图。图 1（a）中，缺陷波当量较低，内表面底波反射当量较高，较无缺陷处底波高度变化不大，说明该处缺陷面积较小；图 1（b）中，缺陷反射波高度大于底波，底波高度降低明显，说明此处缺陷面积较大，但仍小于超声波声束直径；图 1（b）中，底波完全消失，仅有缺陷反射回波，此处缺陷面积较大且大于超声波声束直径，缺陷处母材完全呈现出分层状态。

经检测，此处缺陷总体呈现出分层特征。缺陷在瓶体的分布见图 2，如图 2 所示，该缺陷呈矩形沿瓶体轴向分布，总体呈长条状，长 180mm，宽 40mm，面积约为 $7200mm^2$。该气瓶其余位置经检测未发现有分层缺陷。整个分层缺陷在瓶体厚度方向上的位置一致，分层角度与外表面成 0°，但不同位置缺陷反射当量大小不一。

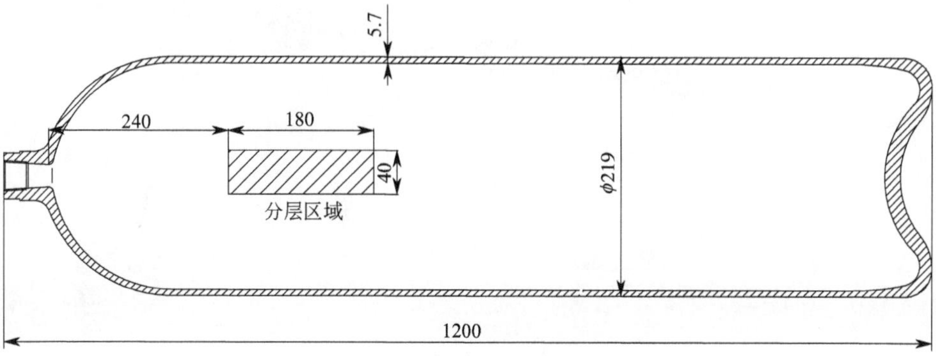

图 2　缺陷分布位置图

单位：mm

2　产生原因分析

对缺陷处瓶体分别沿周向及轴向制取 2 个试样，经研磨、抛光后进行分析。

2.1 母材化学成分及金相分析

采用光谱分析方法对母材进行化学成分分析。分析结果如表2所示，结果表明该气瓶用37Mn钢管的化学成分含量符合相关标准的要求[2]。

表2 缺陷气瓶母材的化学成分 质量分数/%

项目	C	Mn	Si	P	S	P+S	Cr
标称值	0.34～0.40	1.35～1.75	0.10～0.30	≤0.020	≤0.020	≤0.030	≤0.30
实测值	0.37	1.62	0.24	0.010	0.009	0.019	0.04

经4%（体积分数）硝酸酒精溶液对气瓶分层缺陷附近母材侵蚀后进行金相分析。显微组织如图3所示为珠光体+铁素体，组织无异常，未见明显带状组织[3]。

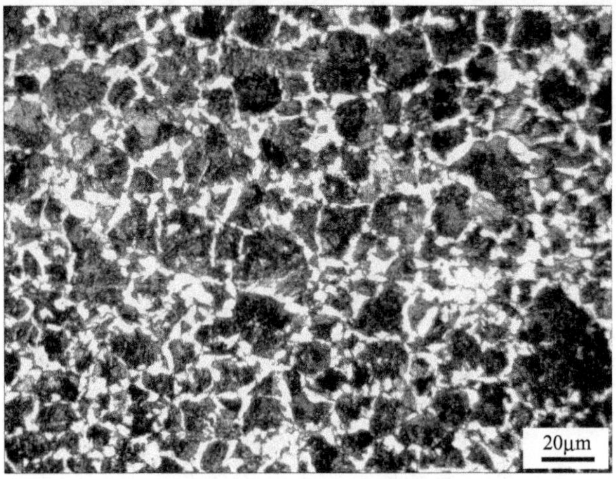

图3 气瓶母材显微组织

2.2 分层缺陷的金相分析

图4为沿气瓶周向切取的1#试样局部缺陷区域的宏观形貌。如图可见，瓶体分层区域内含有大量的非金属夹杂物[4]，非金属层距瓶体外表面约0.6～0.7mm，长度较长，厚度较小，以条状、断续条状平行于外表面沿瓶体周向分布。1#试样其余位置也断续有非金属层出现，分布位置及特点与图4类似。

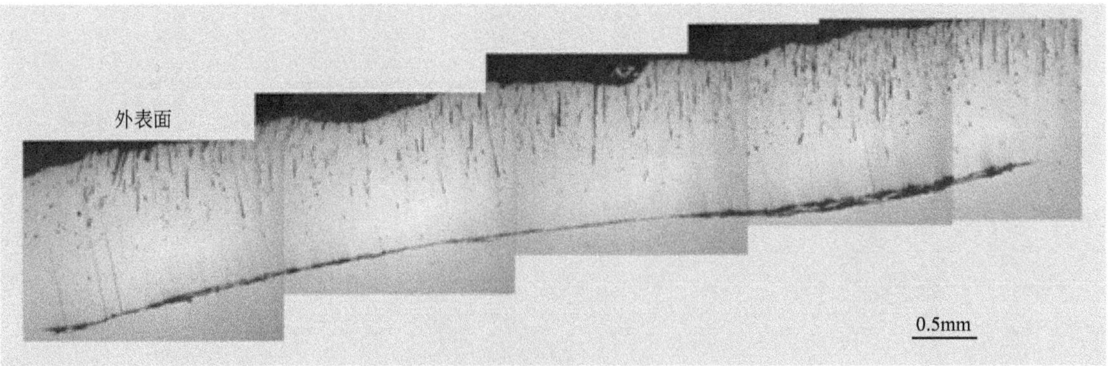

图4 1#试样（周向）分层缺陷宏观形貌

图5和图6为1#试样非金属夹杂物显微形貌图像。图5中，夹杂物具有较宽的范围形态比，非金属层厚度变化大，约为5～70μm不等，厚度较大处可见多个非金属层沿周向相邻平行分布。图6（a）可见大量的颗粒状夹杂物沿周向分布，颗粒物大小约2～5μm不等，具有B类（氧化铝类）夹杂物的特征[5]。

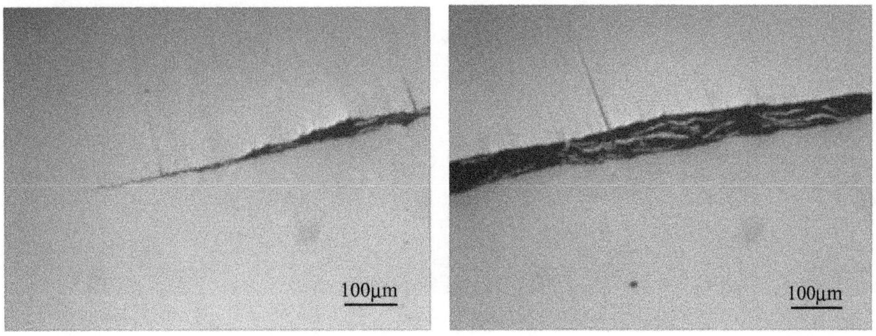

(a) (b)

图 5　1#试样（周向）夹杂物形貌（100×）

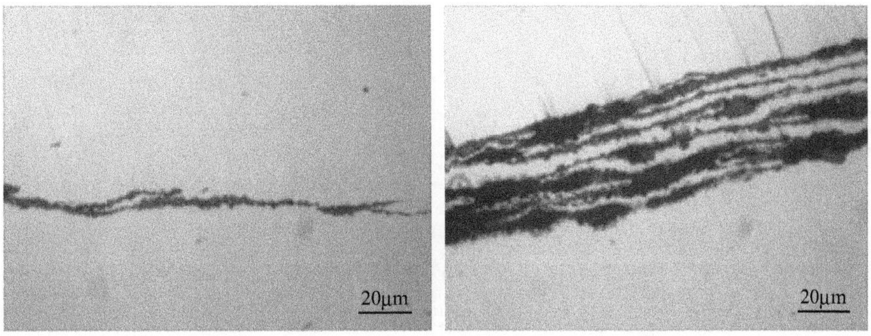

(a) (b)

图 6　1#试样（周向）夹杂物形貌（500×）

图 7 和图 8 为 2#试样非金属夹杂物显微形貌图像。图中，非金属夹杂物沿瓶体轴向（钢管轧制方向）平行于表面成条状、链状分布，贯穿整个 2#试样。非金属层距瓶体外表面约 0.6～0.7mm，厚度约 5～70μm。

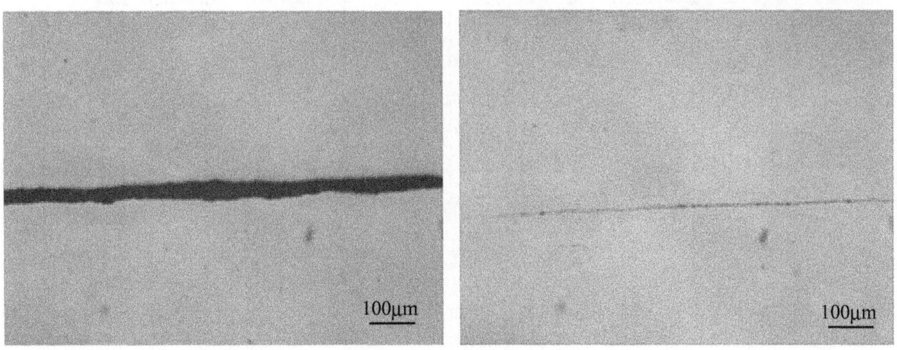

(a) (b)

图 7　2#试样（轴向）夹杂物形貌（100×）

2.3　夹杂物的能谱分析

对两组试样中非金属夹杂物进行能谱分析，结果如图 9～图 11 所示。从微观形貌可以看出，夹杂物以条状、颗粒状分布，条状夹杂物中包含有块状或颗粒状夹杂物。能谱显示两组试样的夹杂物成分基本相同，主要元素为 O 和 Al。此外，还含有 Ca、Ti 和 Mg 等元素，但含量相对较少。表明此处分层缺陷由氧化物类夹杂物组成，主要为 Al_2O_3 和少量的 CaO、MgO、TiO_2 的复合夹杂物[6,7]。

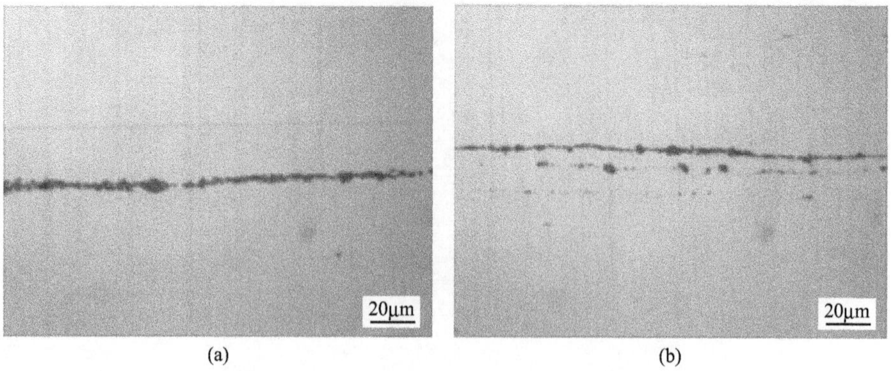

图 8　2＃试样（轴向）夹杂物形貌（500×）

3　讨论

综上，该气瓶瓶体分层缺陷主要是由 Al_2O_3 和少量的 CaO、MgO、TiO_2 的复合夹杂物组成。且该夹杂物具有一定的厚度范围，造成两侧基体金属分离，在测厚检测时厚度值异常减少，超声检测时体现为分层特征。

在管坯的冶炼、浇注过程中，Al_2O_3、CaO、MgO、TiO_2 等作为脱氧产物以及熔渣成分，当工艺控制不当时，上述氧化物不能及时从钢水中上浮排出，往往以非金属夹杂物的形态残留在钢中。无缝钢管在穿管、轧制过程中，复合夹杂物在外力的作用下产生变形，进一步被拉长压扁，最终沿钢管轧制方向以面积状分布在钢管基体内部。

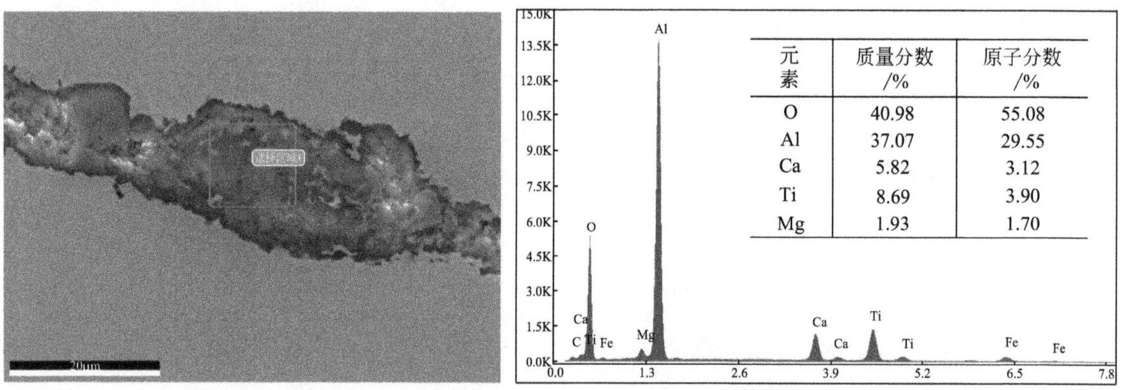

图 9　1＃试样夹杂物形貌及能谱分析结果（位置 1）

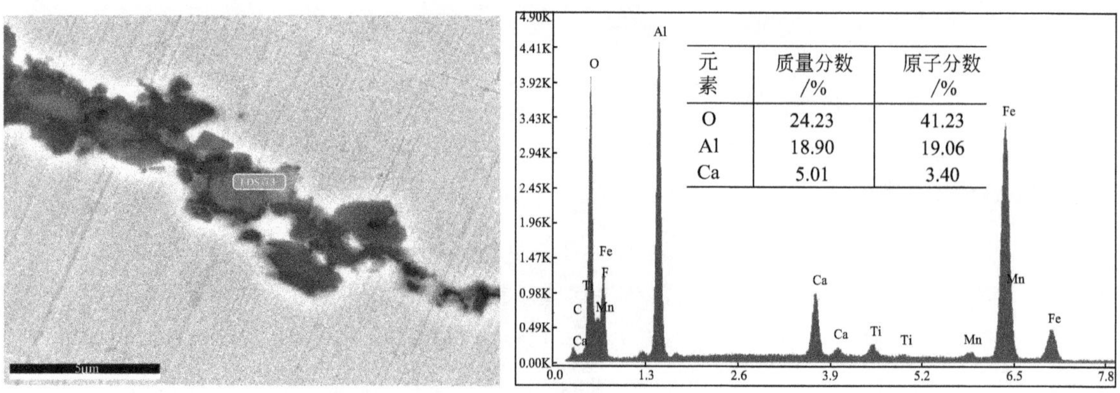

图 10　1＃试样夹杂物形貌及能谱分析结果（位置 2）

当钢管母材存在非金属夹杂物等缺陷时，瓶体的结构不连续会导致局部应力集中，降低了钢的塑

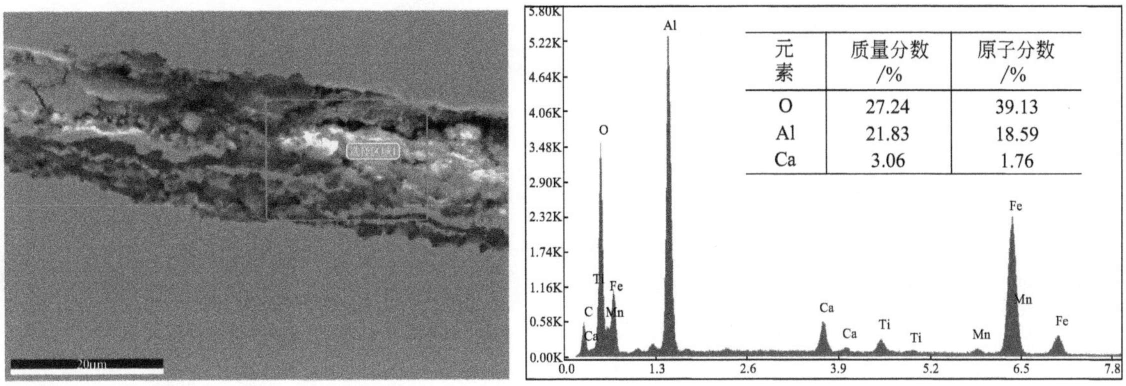

图 11　2#试样夹杂物形貌及能谱分析结果

性、韧性以及抗疲劳性能，开裂敏感性增加。气瓶使用过程中一旦发生泄漏或爆炸，往往后果严重。因此，气瓶用钢管制造企业在无缝钢管生产时应当严格按照相关标准要求，进行非金属夹杂物检验以及超声检测，保证无缝钢管的质量。气瓶制造企业按照要求相关标准要求，逐只进行壁厚测量以及超声检测，确保气瓶的质量。

4　结论及建议

① 该气瓶瓶体分层缺陷主要由于管坯在冶炼、浇注过程中工艺控制不当，残留在钢中的 Al_2O_3 和少量的 CaO、MgO、TiO_2 等组成的复合夹杂物造成。

② 无缝钢管生产企业以及气瓶生产企业应当严格按照相关标准的要求进行非金属夹杂物检验以及超声检测，确保气瓶质量。

参考文献

[1] 程少鹏，李诗斌．正火态 Mn 系气瓶钢的性能研究与成分优化 [J]．冶金与材料，2018，38 (6)：35-36.

[2] 刘课秀，王恋，卢忠铭，等．二氧化碳钢瓶破裂爆炸失效分析 [J]．理化检验-物理分册，2017，53 (5)：342-348.

[3] 蔡煜，陈松林，戴敏明，等．37Mn 钢气瓶开裂原因分析 [J]．理化检验-物理分册，2017，53 (6)：453-456.

[4] 尹安远，吴素君．钢中非金属夹杂物的鉴定 [J]．理化检验-物理分册，2007，43 (8)：395-398.

[5] 吕建刚，肖李鹏．钢中非金属夹杂物及其金相检验 [J]．理化检验-物理分册，2015，51 (4)：229-233.

[6] 高锦国，李京社，唐海燕，等．气瓶钢中非金属夹杂物研究 [J]．钢铁钒钛，2008，29 (3)：17-21.

[7] 田党，李秀琴，许秋龙，等．无缝钢管分层缺陷的鉴定 [J]．钢管，2013，42 (6)：9-13.

基于LDAR检测数据对化工装置的泄漏分析

张蒲根，韩守鹏，许金沙，符明海，张 烨

上海市特种设备监督检验技术研究院，上海， 200233

摘 要： 本文采用LDAR检测技术对某石油化工企业的密封点泄漏情况进行数据分析，通过对比分析芳烃抽提装置（AEU）、丙烯腈（AN）、聚丙烯（PP）三个装置的阀门、法兰、连接件、开口管线、泄压装置等密封组件的平均泄漏数值和泄漏率，发现不同化工装置由于产品介质、操作参数和工艺的差异，整体泄漏率和平均泄漏值有较大差异，法兰、开口管线、连接件等组件的平均泄漏数值较高，并且泄漏率较高（泄漏值大于等于500ppm）的组件为同样也为法兰、开口管线、连接件。本文的研究结论有助于企业改善LDAR检测的资源配置，降低企业返修成本，并建议在化工装置建设设计阶段，重点提高法兰、连接件等组件密封技术要求；已建成化工装置，对重点泄漏单元搭建在线泄漏点监测系统，进行实时监测和堵漏返修。

关键词： LDAR；数据分析；泄漏率；泄漏数值

Leak analysis of chemical equipment based on LDAR detection technology

Zhang Pugen，Han Shoupeng，Xu Jinsha，Fu Minghai，Zhang Ye

Shanghai Institute of Special Equipment Inspection and Technology Research， Shanghai， 200233

Abstract: In this paper，LDAR detection technology is used to analyze the leakage of sealing point in a petrochemical enterprise，the average leakage value and leakage rate of valves，flanges，connectors，open pipelines，pressure relief devices and other sealing components in the three chemical plants of aromatics extraction unit (AEU)，acrylonitrile (AN) and polypropylene (PP) are compared and analyzed. It is found that due to the difference of medium，operation parameters and process，the overall leakage rate and average leakage value of different chemical plants are quite different. The average leakage value of flange，open pipeline，connector is relatively high，the components with high leakage rate (leakage value greater than or equal to 500ppm) are also flanges，open pipes and connectors. It is suggested that in the design stage of chemical plant construction，the technical requirements for sealing of components such as flange and connector should be improved; For existing chemical plants，the online leakage point monitoring system should be built for the key leakage unit for real-time monitoring and repair.

Keywords: LDAR; data analysis; leakage rate; leakage value

1 引言

我国在经济快速发展、工业化进程不断推进的过程中，伴随而来的是能源和环境压力。石油化工生

市局项目：基于物联网的VOCs泄漏检测安全管理系统及大数据分析在安全节能上的研究（编号：2018-26）。

作者简介：张蒲根，1988年生，男，工程师，硕士，主要从事特种设备检验检测。

产及油品储运约占我国人为VOCs排放总量的20%，化工装置的VOCs排放源主要包括化工设备与管道组成件泄漏等，其密封点数数以万计，多为无组织排放，排放到大气中的VOCs排放不仅污染大气环境，也引起化工物料的经济损失[1]。挥发性有机物（简称VOCs）作为石化企业生产过程的特殊污染物，由于化工生产装置连续不断运行，装置受腐蚀程度严重，其生产设备、管道组成件等组件都会产生大量的VOCs泄漏，并且其分布具有随机性，很难发现其泄漏规律[2]。泄漏检测与修复（LDAR）是国际通用的一种无组织VOCs控制技术，可以应用在石化行业减排[3]。美国和欧盟等国家找20世纪80年代就开始通过LDAR技术进行VOCs减排，并形成了较为完善的实施体系，并取得十分显著成效[4,5]。

VOCs泄漏不仅造成化工装置物料经济损失，给企业安全生产和效益带来损失，还会影响周边地区的空气环境，影响人畜健康。目前，泄漏检测与修复技术（LDAR）通常是采用便携式检测仪器，对各装置所有的VOCs可能泄漏的组件进行专业检测，发现超过一定浓度的VOCs泄漏值，进行及时修复，进而减少污染物的排放。目前主要的泄漏组件包括泵、阀门、法兰、连接件、开口管线、泄压装置和压缩机等，本文的研究目的是通过对LDAR检测结果进行数据分析，给出减少VOCs排放的建议。

2 LDAR检测原理及数据采集

2.1 LDAR工作流程

首先对泄漏点检测人员进行专业化培训，具体内容包括法规标准培训、挥发性有机物检测器（本文采用的Thermo Scientific TVA2020C）；然后对照资料和图纸，确定检测方案；继而在现场进行挂牌，并现场拍照，数据库建立完成后进行现场检测；最后，进行数据合算、小结，形成报告。

2.2 设备检测原理及功能

检测设备配备有FID功能、液晶显示器及蓝牙传输功能，FID（即火焰离子检测器）是利用氢化合物与空气燃烧产生的火焰测量有机化合物。在碳氢化合物进入检测区域将产生如下化学反应，并生成离子：

$$RH+O \longrightarrow RHO^{+}+e \longrightarrow H_2O+CO_2$$

其中，R=碳化合物。

在检测室中安装有一个带极化电压的机电极，反应产生的离子被吸引到此电极上。由于向集电极迁移而形成电流，氧化产生火焰的碳氢化合物的浓度跟此电流成线性比例关系，通过电转化形成读数。该设备型号FID检测精度：从1～10000ppm，读数的±10%或±0.1ppm。

2.3 设备操作流程及注意事项

① 检查管路是否堵塞、除水滤膜是否可以使用、安装氢气瓶并确认气瓶压力达到使用要求，然后校准；

② 确认天气状况适合在线检测（雨雪或大风天气，地面风速超过10m/s应禁止作业）；

③ 现场检测操作，目前主要对管道上的各种阀门、法兰、活接头、安全阀等；本体密封面、压力表、液位计、安全阀等的密封面；动设备的连续运转的密封副及本体与管道连接的密封面等；

④ 检测密封点时，探头应放置于离开密封面1～2cm处，避免直接接触密封面，以防止水或油等杂质吸入；

⑤ 每个密封点应检测20s以上；

⑥ 如遇到检测值超过设定的报警值（500ppm），则需反复测量3次，有两次以上超过报警值，则可判定为泄漏点，报备后安排返修及返修后的复测。

2.4 LDAR 检测数据采集

本文对上海某化工厂的三个装置的 LDAR 检测数据进行分析，三个装置分别为芳烃抽提装置（AEU）、丙烯腈（AN）、聚丙烯（PP），三个装置的产品差别较大，并通过对比分析三个装置的阀门、法兰、连接件、开口管线、泄压装置等密封组件的平均泄漏数值和泄漏率。

平均泄漏数值为每种组件的各点的泄漏数值除以该种组件的总点数，泄漏率为每种组件泄漏数值超过 500ppm 的点数除以该种组件的总点数：

$$P=\frac{\sum_{i}^{N}L_i}{N}$$

$$R=M/N$$

式中 P——平均泄漏数值，ppm；

L_i——每点的泄漏数值，ppm；

R——泄漏率；

N——该种组件的总点数；

M——泄漏值超过 500ppm 的点数。

3 LDAR 检测结果分析

本文中的三个装置，由于其产品介质、操作参数、工艺等相差较大，泄漏率和平均泄漏值都有较大差异（图 1 和图 2），其中 AN 的平均泄漏值整体最高，从泄漏组件方面来看，各装置的法兰、开口管线、连接件等组件的平均泄漏数值较高。泄漏率方面，AN 装置的泄漏率整体较高，组件中法兰、开口管线、连接件等组件泄漏率较高。

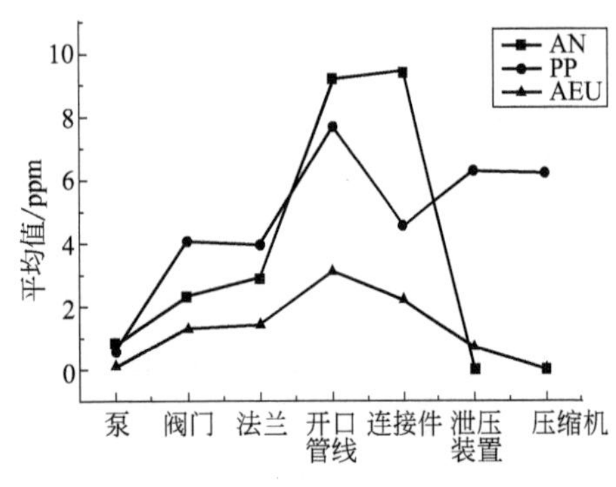

图 1 平均泄漏值

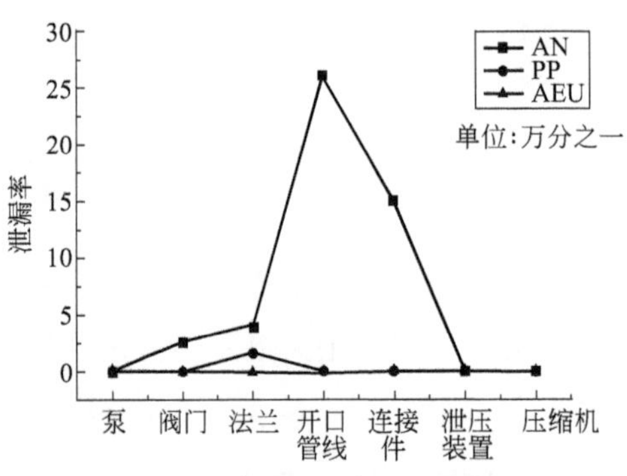

图 2 泄漏率

通过以上数据，可以判断：法兰、开口管线、连接件等组件在众多泄漏组件中，其平均泄漏值和泄漏率较高；其中，开口管线最为严重，在平均泄漏值方面，在三个装置中都处于最高值，泄漏率（AN 装置）也处于最高值。

4 结论

本文采用 LDAR 检测结果数据对某石油化工企业的密封点的检测结果进行数据分析，通过对比分析芳烃抽提装置（AEU）、丙烯腈（AN）、聚丙烯（PP）三个装置的阀门、法兰、连接件、开口管线、泄压装置等密封组件的平均泄漏数值和泄漏率。并得到以下结论。

① 法兰、开口管线、连接件等组件在众多泄漏组件中，其平均泄漏值和泄漏率较高；其中，开口

管线最为严重，在平均泄漏值方面，在三个装置中都处于最高值，泄漏率（AN 装置）也处于最高值。

② 结论有助于企业改善 LDAR 检测的资源配置，降低企业返修成本，并建议在化工装置建设设计阶段，重点提高法兰、连接件等组件密封技术要求；已建成化工装置，对重点泄漏单元搭建在线泄漏点监测系统，进行实时监测和堵漏返修。

参考文献

[1] 李睿 . LDAR 技术在惠炼的应用及 VOCs 减排效果 [J] . 技术应用与研究，2016，34-35.

[2] 张刚锋 . 泄漏检测与修复（LDAR）技术在国内外的应用现状及发展趋势 [J] . 环境工程学报，2016，10 (9)：4621-4627.

[3] 闫志明，王颖，李成宽 . 泄漏检测与修复（LDAR）技术、应用及趋势 [C] . 2014 中国环境科学学会学术年会，2014.

[4] 鲁君，李莉，林立 . 挥发性有机化合物气体泄漏检测与修复技术 . 化工环保，2011，31 (4)：323-326.

[5] 邹兵，李鹏，高少华 . 炼化装置泄漏检测与修复 (LDAR) 现状及发展趋势 . 安全、健康和环境，2013，13 (2)：1-4.

液化石油气钢瓶焊接技术探讨

朱红波[1]，邱　俊[1]，刘卫锋[2]，刘玉明[1]，徐维普[1]

1. 上海市特种设备监督检验技术研究院，上海，　200062
2. 河北百工实业有限公司，衡水，　053000

摘　要： 对液化石油气钢瓶的焊接方法进行了介绍，介绍了液化石油气钢瓶埋弧焊及气保焊工艺。对两种焊接工艺和焊缝性能进行了分析。埋弧焊适用于大容积液相气瓶焊接，气保焊适用于其他液化石油气钢瓶的焊接。

关键词： 液化石油气钢瓶；埋弧焊；气保焊

Discussion on welding technology of LPG cylinder

Zhu Hongbo[1]，Qiu Jun[1]，Liu Weifeng[2]，Liu Yuming[1]，Xu Weipu[1]

1. Shanghai Institute of Special Equipment Inspection and Technology Research，　Shanghai，　200062
2. Hebei Baigong Industrial Co.，　Ltd.，　Hengshui，　053000

Abstract: This paper introduces the welding method of LPG cylinder，introduces submerged arc welding and gas shielded welding process of LPG cylinder. Two kinds of welding technology and weld performance were analyzed. Submerged arc welding is suitable for the welding of large volume liquid phase gas cylinder，and gas shielded welding is suitable for welding other liquefied petroleum gas cylinders.

Keywords: LPG cylinder; submerged arc welding; gas shielded welding

1　前言

液化石油气钢瓶是应用广泛的特种设备，目前在用超过一亿只，每年我国新生产制造超过 3000 万只。目前，我国液化石油气钢瓶持有特种设备制造许可证的企业数量有 50 家左右，正常生产且有一定批量的企业有 30 家左右。

液化石油气钢瓶最主要的制造工序就是焊接，焊接方法的选择、焊接工艺的执行及焊接质量的好坏，直接关系到液化石油气钢瓶最终的产品质量。

本文通过对埋弧焊和气保焊两种焊接方法的介绍，分析液化石油气钢瓶的焊接技术，为生产实际提供参考。

2　液化石油气钢瓶焊接通用要求

液化石油气钢瓶的制造及检验要求按照 GB/T 5842《液化石油气钢瓶》的相关要求执行，焊接工

基金项目：国家重点研发计划（2020YFB1506100）。

作者简介：朱红波，1993 年生，男，助理工程师，硕士，主要从事特种设备检验检测。

艺 GB/T 33209—2016《气瓶焊接工艺评定》的要求执行。

正式生产气瓶之前或在生产过程中改变材料（包括焊接材料）、焊接工艺或焊接方法时，应进行焊接工艺评定。进行焊接工艺评定的焊工和无损检测人员，应为持有特种设备相应证书的持证人员。焊接工艺评定的焊缝，应能代表气瓶的受压元件的对接焊缝和角接焊缝。焊接工艺评定可以在气瓶的瓶体上进行，也可以在焊接工艺试板上进行。焊接工艺评定的结果，应经过制造企业技术负责人审查批准，并存入企业的技术档案。

焊接气瓶的焊工必须按 TSG Z6002《特种设备焊接操作人员考核细则》考试合格，并持有有效证书。焊工代号应打在钢瓶显著位置或在焊接记录上签字并可追溯。

瓶体的对接焊缝和阀座角焊缝均应采用自动焊接方法施焊，且必须严格遵守经评定合格的焊接工艺。焊接坡口的形状和尺寸，应符合图样的规定。坡口表面应清洁、光滑，不得有裂纹、分层和夹渣等缺陷及其他残留物质。焊接（包括焊接返修）应在室内进行，相对湿度不得大于 90%，否则应采取有效措施。当焊接件温度低于 0℃时，应在始焊处预热。施焊时，不得在非焊接处引弧，纵焊缝应有引弧板和熄弧板，板长不得小于 100mm。去除引、熄弧板时，严谨敲击，应采用切除的方法，切除处应磨平。

3 液化石油气钢瓶埋弧焊方法及工艺

（1）埋弧焊方法

埋弧焊是电弧在焊剂的保护下进行焊接的一种焊接方式，是大容积液相液化石油气钢瓶制造的主要焊接方法。液化石油气钢瓶埋弧焊示意图见图 1。

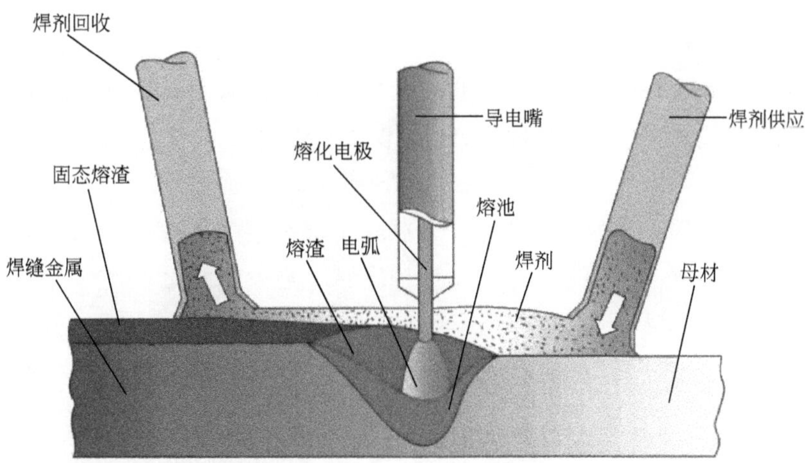

图 1 液化石油气钢瓶埋弧焊示意图

埋弧焊用于液化石油气钢瓶焊接时，有以下优点。熔覆速度高，生产效率高；焊接质量好，表面及焊缝周围无飞溅，且焊缝金属中杂质少；容易实现机械化、自动化；环境好，无弧光辐射和噪音，是一种安全、绿色的焊接方法。但也具有以下缺点：受焊接位置限制，常用于平焊和倾斜度不大的焊缝；不便观察，需要焊缝自动跟踪装置，对工件边缘准备（如引弧板的制备等）和装配质量要求较高；费工时。

（2）埋弧焊工艺

以 YSP118 型液化石油气钢瓶筒体纵焊缝外焊为例（图 2）。

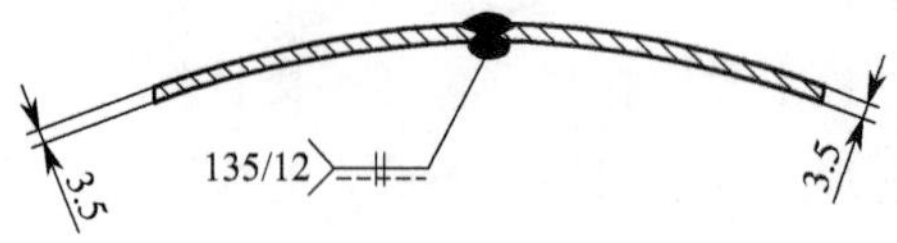

图 2　YSP118 型纵焊缝示意图

表 1　HP295 主要化学成分　　质量分数/%

C	Si	Mn	S	P
0.18	0.06	0.89	0.004	0.008

本文采用 MIG-500 焊机，配套埋弧焊自动焊接平台，焊接行走小车，埋弧焊自动送丝机构。

选择目前常用的 HP295 板材（主要化学成分见表 1），$S_0=3.5$mm。焊材选用 ER50-6，焊剂选用 SJ301T，焊丝规格为 ϕ1.6mm。目前行业企业常规的操作电流范围 300～320A，电压范围 30～31V，焊接速度：10.5mm/s。

埋弧焊焊接过程中各参数的调节控制，对于最终的液化石油气钢瓶的产品质量至关重要。首先，在实际焊接过程中，为了避免起、收弧时产生合金粉熔合不良、气孔和夹渣、裂纹等缺陷，通常在焊接前在焊缝首尾端部焊接引、息弧板，板长不得小于 100mm，去除引、熄弧板时应注意不得使用敲击的方法，应采用切除的方法，切除处应磨平。其次，为了得到不同程度的熔深和焊缝宽度，需要相应的调整焊接电流、电压、焊接速度和焊丝直径等焊接条件，通过焊接过程中的经验摸索，各焊接条件与熔深和焊缝宽度的对应关系如下。

焊接电流和熔深大致呈正比关系。电流小，熔深小，宽度和余高不足；电流大，熔深大，宽度和余高大，容易产生裂纹等缺陷。焊接电压和熔深则呈反比关系。电压小，熔深大，焊缝变窄，易产生裂纹等缺陷；电压大，熔深小，焊缝变宽，余高不足。焊接速度和熔深呈反比关系。焊接速度小，熔深大且焊缝宽；焊接速度小，则熔深小且焊缝窄。焊丝直径与熔深呈反比关系。焊丝直径大，熔深小且焊缝宽；焊丝直径小，则熔深大且焊缝窄。另外，焊枪角度也对熔深有很大影响。焊枪与行进方向呈锐角时，熔深小且焊缝宽；焊枪与行进方向呈钝角时，熔深大且焊缝窄。

（3）埋弧焊结果分析

目前，液化石油气钢瓶因大批量流水线生产，已经全部采用 X 射线实时成像技术进行探伤。图 3 为 X 射线实时成像的焊缝照片，可以看出，焊缝质量较好，无明显缺陷。

对焊缝按照 GB/T 5842《液化石油气钢瓶》的要求切割试样进行拉伸试验见图 4，弯曲试样见图 5。结果表明，拉伸强度符合标准要求，弯曲试样未出现裂纹，符合标准要求。

图 3　X 射线实时成像焊缝照片

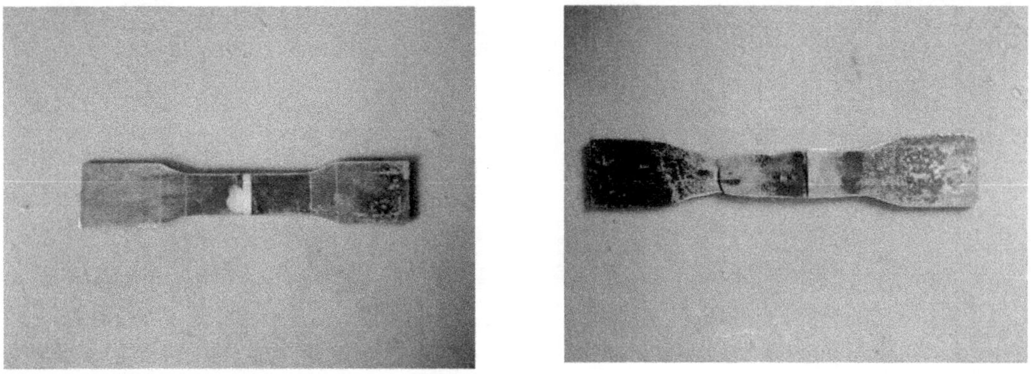

拉伸前　　拉伸后

图 4　拉伸试样

根据 GB/T 5842—2006《液化石油气钢瓶》第 9.3.3.4.2 要求进行操作，焊缝抗拉强度 R_m 为 487MPa，大于 HP295 母材要求的最小值 440MPa。

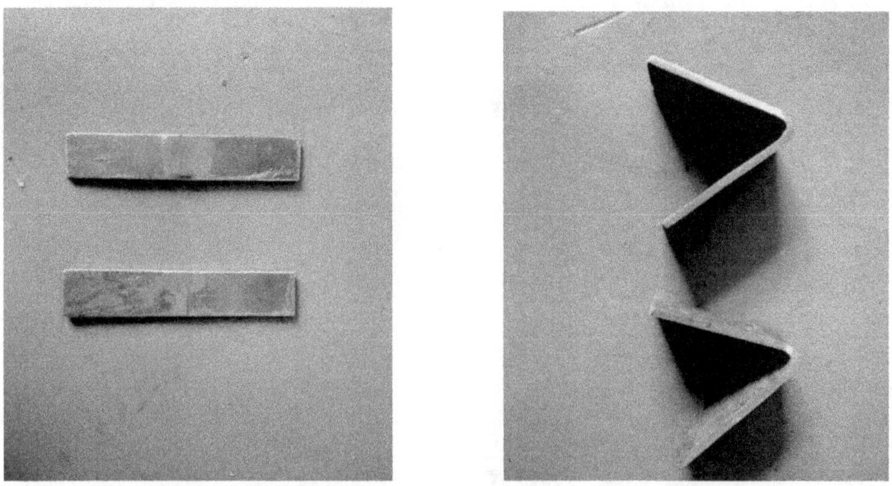

弯曲前　　弯曲后

图 5　弯曲试样

4　液化石油气钢瓶气体保护焊工艺

（1）气体保护焊方法

目前的液化石油气钢瓶厂家的常规产品主要采用 MAG 气保焊接方法，即电弧在氩气和二氧化碳气体的混合气的保护下进行焊接的一种焊接方式。该方法是近十年来在液化石油气钢瓶的行业得到了全面的推广应用。其优点包括，焊接效率较埋弧焊高；可以有效地阻止空气和水分进入而形成氮气孔和氢气孔；对工件的表面质量要求比 MIG 焊接低；二氧化碳具有冷却作用，焊后焊缝变形小；成本较低。但经过多年多家企业运行，发现也具有以下缺点。气流量控制不当会造成飞溅较大，表面成形质量差；焊接时造成强弧光环境，容易对人眼造成伤害；抗风能力差，需要在气流相对平稳的室内进行。

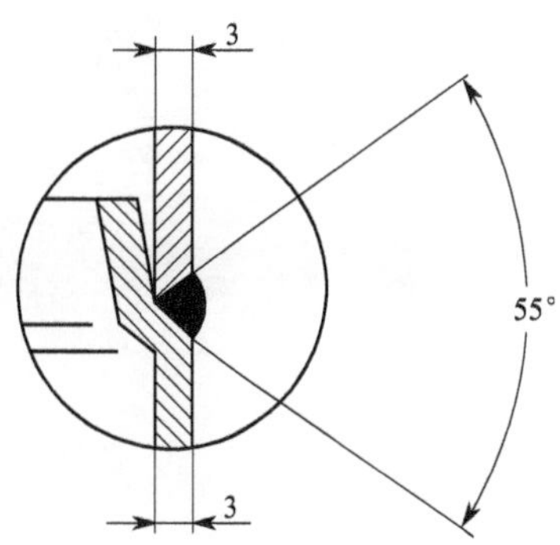

图 6　YSP35.5 型环焊缝示意图

因此，近两年来，针对气体保护焊的优缺点，自动化焊接设备商也针对液化石油气钢瓶的特点，开发了适合液化石油气钢瓶的自动化焊接流水线，有效提高了生产效率，提高了产品焊接质量。

（2）焊接工艺

以 YSP35.5 型液化石油气钢瓶环焊缝为例。见图 6。

本文采用 NBC-500 焊机，配套转速可调自动焊接平台，红外线跟踪，自动送丝机构。母材选用板材 HP295，S_0＝3.0mm。焊材选用 ER50-6，焊丝规格：ϕ1.2mm。气体及流量为 82%Ar＋18%CO_2，15～16L/min。电流范围 350～370A，电压范围 32～33V，焊接速度 104cm/min。

同样和埋弧焊一样，为了得到不同程度的熔深和焊缝宽度，需要相应的调整焊接电流、电压、焊接速度和焊丝直径等焊接条件，通过焊接过程中的经验摸索，各焊接条件与熔深和焊缝宽度的对应关系如下。

焊接电流和熔深大致呈正比关系。电流小，熔深小，宽度和余高不足；电流大，熔深大，宽度和余高大，容易产生裂纹等缺陷。焊接电压和熔深则呈反比关系。电压小，熔深大，焊缝变窄，易产生裂纹等缺陷；电压大，熔深小，焊缝变宽，余高不足。焊接速度和熔深呈反比关系。焊接速度小，熔深大且焊缝宽；焊接速度小，则熔深小且焊缝窄。焊丝直径与熔深呈反比关系。焊丝直径大，熔深小且焊缝宽；焊丝直径小，则熔深大且焊缝窄。另外，焊枪角度也对熔深有很大影响。焊枪与行进方向呈锐角时，熔深小且焊缝宽；焊枪与行进方向呈钝角时，熔深大且焊缝窄。气体中二氧化碳占比的大小将直接影响飞溅率的大小。通过实践证明，二氧化碳含量为 0 时，飞溅率最大，约为 5%；二氧化碳含量为 100%时，飞溅率约为 3%；二氧化碳含量在 18%飞溅率约为 1%，且最小。

图 7　气保焊焊缝实时成像照片

（3）结果分析

图 7 为 X 射线实时成像的焊缝照片，可以看出，焊缝质量较好，无明显缺陷。

对焊缝按照 GB/T 5842《液化石油气钢瓶》的要求切割试样进行拉伸试验见图 8，弯曲试样见图 9。结果表明，拉伸强度符合标准要求，弯曲试样未出现裂纹，符合标准要求。

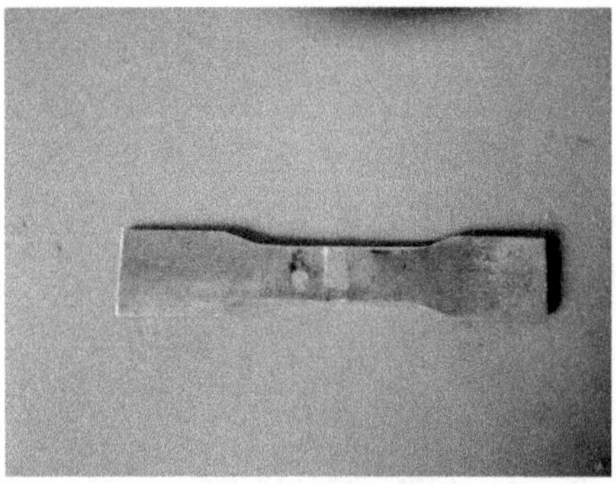

拉伸前

拉伸后

图 8　拉伸试样

根据 GB/T5842-2006《液化石油气钢瓶》第 9.3.3.4.2 要求进行操作，焊缝抗拉强度 R_m 为 513MPa，大于埋弧焊的 487MPa，大于 HP295 母材要求的最小值 440MPa。

弯曲前

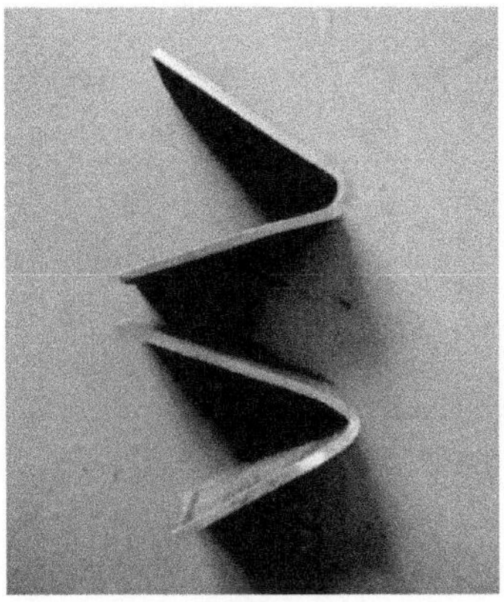

弯曲后

图 9　弯曲试样

5　结论

① 液化石油气钢瓶主要采用埋弧焊和气保焊两种焊接方法。

② 液相瓶主要采用埋弧焊方法进行焊接，其他气相瓶主要采用气保焊方法进行焊接。

③ 两种焊接方法在合理的焊接工艺下，均可以得到满足要求的焊缝质量。

参考文献

[1]　李保绪，吉楠，高超，等．液化石油气钢瓶残余应力测试分析 [J]．化工机械，2020，03：306-310.

[2]　GB/T 5842—2006. 液化石油气钢瓶 [S]．

紧急切断阀功能及应用的综述

符明海[1]，丁　菊[1]，袁奕雯[1]，王晓钧[2]

1 上海市特种设备监督检验技术研究院　上海，200062

2 合肥通用机电产品检测院有限公司　合肥，230031

摘　要： 文章主要介绍了过流量切断型、热熔切断型、超压/亏压切断型、拉断切断型四种紧急切断阀的结构特点、功能、适用的介质及应用场合。

关键词： 紧急切断阀；分类；功能；应用

Function and application of emergency shut-off valve

Fu Minghai[1]，Ding Ju[1]，Yuan Yiwen[1]，Wang Xiaojun[2]

1. Shanghai Institute Of Special Equipment Inspection and Technical Research, Shanghai, 200062

2. Hefei General Machinery & Electical Products Inspection Institute, Hefei, 230031

Abstract: The article mainly introduces the structural characteristics, functions, applicable media and application occasions of four kinds of emergency shut-off valves: flow cut type, hot melt cut type, over pressure / decompression cut type, and break cut type.

Keywords: emergency shut-off valves; classification; function; application

1　概述

紧急切断阀又叫做安全切断阀，在遇到突发情况的时候，阀门会迅速的关闭或者打开，避免造成事故的发生。

紧急切断阀适用介质一般为液氨、液氯、石油液化气、液化天然气、液氧、长输管线天然气等。在危化品储罐、储运设备、输送管道上，都要求设置应急工况时的紧急切断阀。应急工况时，这些阀无需人工操作关闭或电气控制关闭。

2006 年颁布的 TGS D 2001—2006《压力管道元件制造许可规则》[1] 将紧急切断阀归于阀门的典型品种之内，制造许可按照阀门许可专项条件。2014 年，质检总局发布了《关于修订＜特种设备目录＞的公告（2014 年第 114 号）》[2]，将紧急切断阀与安全阀、爆破片装置和气瓶阀门四个品种一起放入安全附件的种类。2016 年，质检总局办公厅发布了《关于压力管道气瓶安全监察工作有关问题的通知（质检办特〔2015〕675 号）》[3]，其中规定了“新《目录》将紧急切断阀划入安全附件种类，由总局负责实施制造许可，不再划分级别，但应限定其产品参数范围，其许可条件暂按《压力管道元件制造许可规则》（TSG D2001—2006）中阀门的许可条件要求执行”。直到 2019 年，TSG 07—2019《特种设备生

作者简介：符明海，1969 年生，女，教授级高级工程师，主要从事金属阀门型式试验、容器管道检验等工作。

产和充装单位许可规则》[4] 颁布，划分了紧急切断阀的级别，并规定了制造许可的专项条件。

从以上描述可以看出，紧急切断阀品种从阀门到安全附件、许可条件从阀门许可条件到有专项条件的转变，人们对紧急切断阀的重要性、安全性的认识发生了深刻转变。

紧急切断阀有其特殊性，种类繁多，根据其功能，做如下介绍。

2 紧急切断阀分类

2.1 过流量切断型

过流量切断型紧急切断阀工作温度一般不大于50℃，适用介质为液化石油气、液氨、液氯、液态二氧化硫、丙烯、丙烷、丁烷、丁二烯及其混合物。

过流量切断型紧急切断阀多用于液化气体设备用紧急切断阀，在罐车（槽车）、罐式集装箱、储罐或管道上广泛应用，应急情况下，可手动或自动快速关闭的阀门。

过流量切断型紧急切断阀的工作原理是：当流经阀门的介质流量超过允许值时，阀芯和阀座组成的节流面会造成介质压差增大，推动阀瓣关闭。一旦阀后管道破裂，流量增大超过管道额度流量时，该阀会迅速关闭而切断介质。过流阀的额定流量是阀门自动关闭前允许通过的最大流量。当管道中介质的流量超过额定值所引起的压差，阀门自动关闭，额度流量误差允许在±10%以内。

图1为典型的汽车槽车用切断型紧急切断阀，图2为过流量切断型紧急切断阀的过流阀芯和阀座组合。

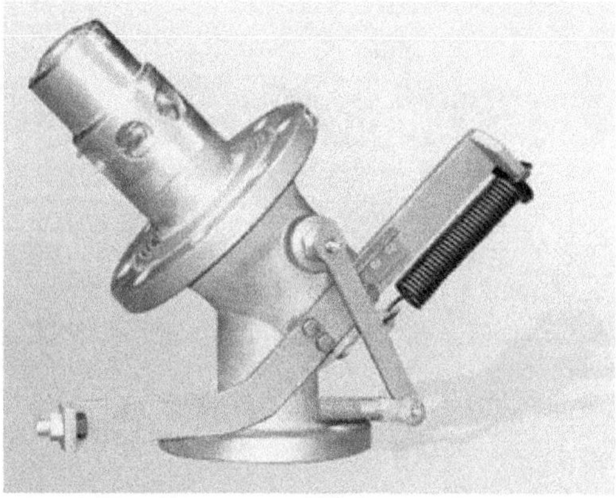

图1 过流量切断型紧急切断阀

图2 阀芯和阀座

过流量切断型紧急切断阀的最高工作压力为罐体的设计压力。根据充装介质的不同，工作压力按表1[5] 的规定。

表1 紧急切断阀的最高工作压力

<table>
<tr><th colspan="2">充装介质种类</th><th>公称压力</th><th>最高工作压力/MPa</th></tr>
<tr><td colspan="2">液氨</td><td>PN25</td><td>2.16</td></tr>
<tr><td colspan="2">液氯</td><td>PN20</td><td>1.62</td></tr>
<tr><td colspan="2">液体二氧化硫</td><td>PN16</td><td>0.98</td></tr>
<tr><td colspan="2">丙烯</td><td>PN25</td><td>2.16</td></tr>
<tr><td colspan="2">丙烷</td><td>PN20</td><td>1.77</td></tr>
<tr><td rowspan="2">液化石油气</td><td>50℃饱和蒸气压大于1.62MPa</td><td>PN25</td><td>2.16</td></tr>
<tr><td>其余情况</td><td>PN20</td><td>1.77</td></tr>
<tr><td colspan="2">正丁烷</td><td>PN10</td><td>0.79</td></tr>
<tr><td colspan="2">异丁烷</td><td>PN10</td><td>0.79</td></tr>
<tr><td colspan="2">丁烯、异丁烯</td><td>PN10</td><td>0.79</td></tr>
<tr><td colspan="2">丁二烯</td><td>PN10</td><td>0.79</td></tr>
</table>

2.2 热熔切断型

热熔切断型通常为低温介质紧急切断阀，常用于低温工况，工作温度－196～－29℃，紧急自动切断温度 70℃±5℃，使用低温介质为氧、氮、氩、天然气、乙烯等气体和液体。

低温介质紧急切断阀安装在罐车（槽车）、储罐或管道上，出现事故时，手动或自动快速关闭阀门。

火灾时，阀门周围环境温度上升，超过阀执行器上易熔塞的温度并达到紧急自动切断温度 70℃±5℃时，易熔塞熔化，执行机构上的气/液卸载，在复位弹簧作用下，即刻自动关闭的阀门。

图 3 为典型的低温介质用的热熔切断阀，适用介质为液氧、液化天然气等。阀体根据公称压力、公称通径的不同，阀体分别为铸件、模锻件、自由锻件。管道的公称通径大于 50mm 时，通常选用铸件阀体，如图 3 左图所示；公称通径小于等于 50mm，且公称压力小于等于 1500Lb 级的，通常选用模锻件的阀体，如图 3 中图所示；公称通径小于等于 50mm，且公称压力大于 1500Lb 级的，选用自由锻的阀体居多，如图 3 右图所示。阀门与管道连接可采用对接焊和承插焊的形式。

图 4～图 6 为低温介质用的热熔切断阀在实际中的应用。图 4 为应用于低温液氧储槽出口管道上的热熔切断型紧急切断阀。图 5 和图 6 为用于液化石油气等易燃介质储罐站的热熔型紧急切断阀。

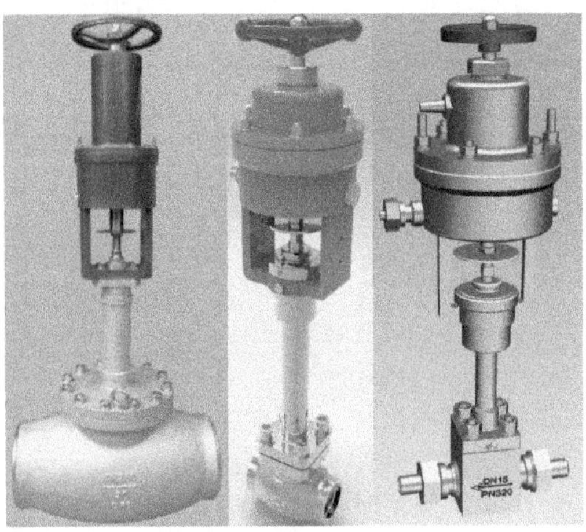

图 3 低温介质用热熔切断阀

图 4 应用于低温液氧储槽出口管道上

图 5 用于液化石油气等易燃介质储罐站的热熔型紧急切断阀

应注意的是：液化天然气罐式集装箱用紧急切断阀，壳体（阀体、阀盖）强度试验压力按 4 倍罐体设计压力进行试验；用于其他情况的紧急切断阀，壳体（阀体、阀盖）强度试验压力为公称压力的 1.5

图 6 用于液化石油气等易燃
介质储罐站的热熔型紧急切断阀

倍。发生紧急情况时，阀从开始关闭起，应在 10s 内闭合。罐车和槽车用的紧急切断阀还应耐振动，产品经振动试验后，零部件应无损伤，紧固件应无松脱。

2.3 超压/亏压切断型

超压/亏压切断型紧急切断阀的工作原理如图 7 所示。

超压保护工作原理：阀门自身带有压力感应管道超压的元件装置，该压力信号取自阀后管道的压力，导管将采集到的管线压力信号传输至压力感应元件装置。当阀出口管道的压力出现超压时，执行机构中推杆力大于由超压弹簧力所设定的平衡压力保护值，推杆向下运动，压迫平衡轴向下，O 形支点被推着向上运动，打破了预先设置好的平衡，因此平衡轴的挂钩将失去对控制杆的约束，阀座弹簧力推动阀瓣快速向阀座运动的动作，阀瓣便切断管线气流起到超压保护作用。

欠压切断保护原理与超压保护工作原理相似：当阀出口管道的压力出现欠压时，执行机构中推杆力小于由欠压弹簧力所设定的平衡压力保护值，推杆向上运动，带动平衡轴向上，O 形支点被推着向上运动，打破了预先设置好的平衡，因此平衡轴的挂钩将失去对控制杆的约束，阀座弹簧力推动阀瓣快速向阀座运动的动作，阀瓣便切断管线气流起到超压保护作用。

图 8 为长输管线陕京四线西集分输站的超压/亏压切断阀，切断阀的产品型号为 A400-DN400-CLASS600RF，公称通径 DN400，公称压力 Class600（PN10MPa），现场工作运行压力 7.6MPa。

2.4 拉断切断型

常规的油品装卸设备有两种：软管和流体装卸臂（包括船用输油臂、陆用鹤管）。通常在油品装卸过程中，虽有严格的操作规程作为保障，但事故也时有发生，例如：槽车（火车、汽车）因操作失误等原因，在还没有与软管分开的情况下驶离工作区，拉断软管造成油品大量外泄，一旦碰到摩擦火化或静电火花即刻引发特大安全事故；或槽车正在装卸，现场突然失火，不能用正常的方法将槽车和装卸臂分开，造成槽车不能迅速逃离现场。以上情况均会酿成重大人身和财产安全事故，造成经济损失和环境污染。为防范偶然，减小事故损失，装卸设备配装紧急脱离装置是对油品储运过程中保证安全和环保的重大举措。

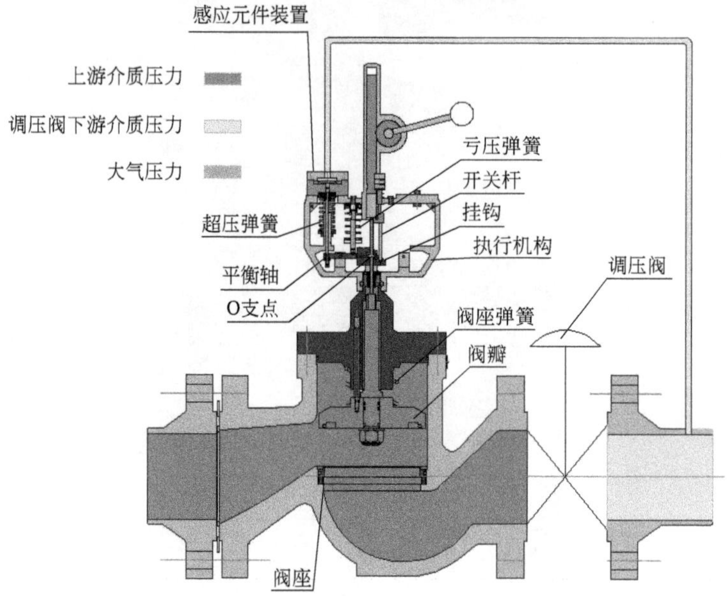

图 7　超压/亏压切断型紧急切断阀的工作原理

图 8　长输管线陕京四线西集分输站的超压/亏压切断阀

作为紧急脱离装置必须具备以下三个特点：

① 使设备能够自动、快速脱离；

② 脱离后两部分能有效密封；

③ 避免常规操作时出现“脱离”。

拉断切断型如图 9 所示，具有上述紧急脱离装置必须具备三个特点。整个拉断阀由两个可脱开止回密封阀及在两阀的连接面间有拉断功能装置组成，拉断阀安装在管道中，当输送管道出现过载拉伸时，拉伸力超过允许值，拉断装置脱开，两个脱开后的止回阀自动封闭密封，避免管道中大量液体泄漏发生事故。拉断阀常用于移动罐车装货或卸货使用的卸车胶管，主要用于易燃易爆、危化品的移动储罐与固定设备间介质输送管道。

图 9 拉断切断型紧急切断阀

3 紧急切断阀的功能

① 过流量切断型 当流经阀门的介质流量超过允许值时，阀芯和阀座组成的节流面会引起的介质更大的压差力以推动阀瓣关闭。适用于液体危化品。

② 热熔切断型 火灾时，阀门周围环境温度上升，超过阀执行器上易熔塞的温度，易熔塞会熔化，执行机构上的气/液卸载，在复位弹簧作用下，即刻自动关闭的阀门。

③ 超压/亏压切断型 阀门自身带有压力感应管道超压/亏压的元件装置，该压力信号取自阀后管道的压力，当阀出口管道的气体压力出现超范围时（升高/下降），阀门感应的压力装置会动作，自动关闭阀门（可有超压切断、欠压自动切断的单一功能或双重功能）。

④ 拉断切断型 整个拉断阀由两个可脱开止回密封阀及在两阀的连接面间有拉断功能装置组成。其主体由两个切断阀组成，切断阀一般为采用弹簧力关闭的单向阀，单向阀主要由壳体、阀瓣、主密封圈、主密封座、导流板等组成；两切断阀靠拉断螺栓连接。在输送管道出现过载拉伸时，拉伸力超过允许值时，直接拉断连接螺栓，无须电、液等外加动力。并且两个脱开后的止回阀能自动封闭密封。

4 结论

本文介绍了过流量切断型、热熔切断型、超压/亏压切断型、拉断切断型四种紧急切断阀的结构、特点、适用的介质和应用场合。

2019 年 1 月 16 日国家市场监管总局发布 2019 年第 3 号“市场监管总局关于特种设备行政许可有关事项的公告”[6]中，将安全阀、爆破片装置、紧急切断阀和气瓶阀门四个项目归于安全附件制造单位许可。在特种设备生产单位许可目录中将紧急切断阀分为 A 级和 B 级；A 级为用于移动容器上的紧急切断阀，B 级为其他紧急切断阀。A 级是由总局实施的子项目，B 级是由总局授权省级市场监管部门实施或由省级市场监管部门实施的子项目，并按《特种设备生产和充装单位许可规则》[4] TSG 07—2019 中 F4 紧急切断阀专项条件进行制造许可。

紧急切断阀的制造单位应当持有相应的特种设备制造许可证，紧急切断阀需要经国家质检总局核准的型式试验机构进行型式试验，并取得型式试验报告和证书后方可生产和销售。

参考文献

[1] TSG D 2001—2006. 压力管道元件制造许可规则 [S] .

[2] 国家质检总局．关于修订《特种设备目录》的公告 (2014年第114号)．
[3] 国家质检总局．质检总局办公厅关于压力管道气瓶安全监察工作有关问题的通知（质检办特〔2015〕675号）．
[4] TSG 07—2019. 特种设备生产和充装单位许可规则 [S]．
[5] GB/T 22653—2008.《液化气体设备用紧急切断阀》[S]．
[6] 市场监管总局．市场监管总局关于特种设备行政许可有关事项的公告 (2019年第3号)．

浅析国内各地区压力容器安全状况水平

郭璟倩

中国特种设备检测研究院，北京， 100029

摘　要： 为了解国内各地区压力容器安全状况水平，本文通过调研国内多地区设计制造单位、使用单位以及政府监管情况，研究压力容器安全水平评价指标和方法，并基于层次分析法构建了压力容器安全状况评价体系，研究表明江苏省（南京市）水平最高，四川省、安徽省、重庆市、浙江省水平相差不大，海南省水平较低。该评价体系可客观、科学地衡量和评价不同地区的压力容器安全状况水平。

关键词： 压力容器，安全状况评价，层次分析法

Analysis on the Safety Status of Pressure Vessels in Various Regions in China

Guo Jingqian

China Special Equipment Inspection Institute and Research Institute, Beijing, 100029

Abstract: To understand the safety status of pressure vessels in typical areas in China, this paper investigates the design and manufacturing units, users and government supervision in many regions in China, studies the evaluation indicators and methods for the safety level of pressure vessels, and constructs the safety status evaluation of pressure vessels based on the analytic hierarchy process. System, research shows that (Jiangsu Nanjing City) has the highest level, Sichuan Province, Anhui Province, Chongqing City, Zhejiang Province have the same level, and Hainan Prorince have lower levels. The evaluation system can objectively and scientifically measure and evaluate the safety status of pressure vessels in different regions

Key words: pressure vessel; safety evaluation; analytic hierarchy process

0　引言

国内各地区压力容器安全状况水平不同，为系统的调研国内典型地区压力容器安全状况水平，本研究调研国内多地区设计制造单位、使用单位以及政府监管情况，构建压力容器安全水平评价方法体系，研究压力容器安全水平评价指标和方法，运用该评价体系客观、科学地衡量和评价不同地区压力容器安全状况，系统性地梳理我国部分省市压力容器安全状况。为国家压力容器安全监察系统内部构建绩效评价体系提供重要参考依据，使有限的监管资源投入获得最大的安全与节约效能，形成固定的数据采集、统计分析和报告机制，为政府科学决策提供依据。

基金项目：总局科技计划项目“国内外特种设备安全状况比对分析研究”（编号：2019MK133）。

作者简介：郭璟倩，1995 年生，女，助理工程师，本科，主要从事压力容器检验检测。

1 压力容器安全状况评价

为对比评价各地区压力容器安全状况水平，本文采用层次分析法 AHP（Analytical Hierarchy Process），结合企业实际情况，从制造安装质量水平、使用管理水平、政府监管水平、万台设备事故率和万台设备死亡率四个方面开展评价并经过专家讨论，如图 1，构建压力容器安全状况层次结构模型[1]。

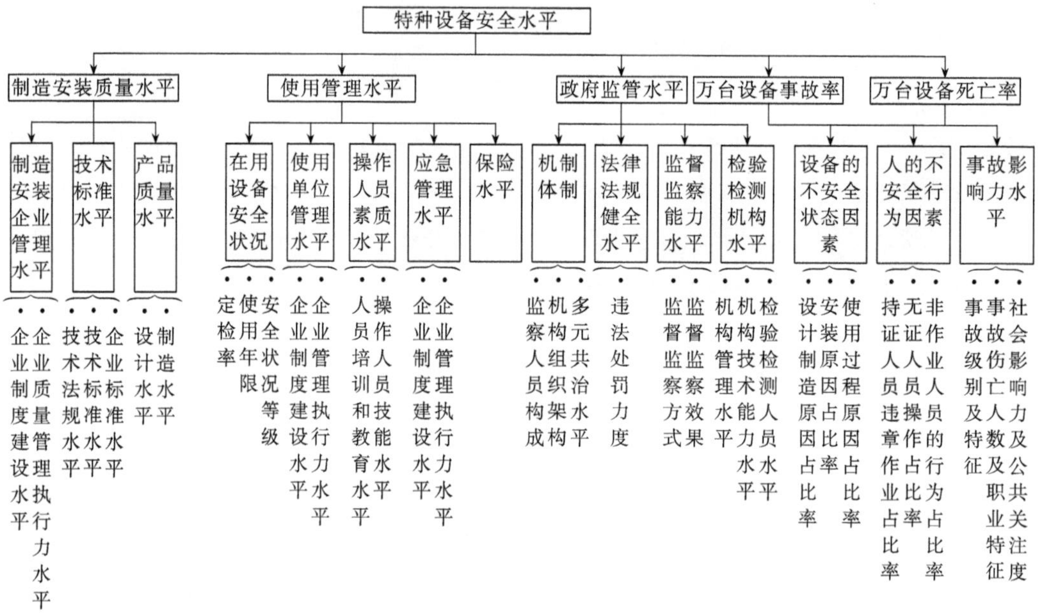

图 1 压力容器安全状况评价指标

2 国内压力容器安全状况研究分析

2018 年各省压力容器数量分布情况如图 2 所示。其中江苏省、山东省、广东省、浙江省登记注册的压力容器数量较多，均超过 30 万台，江苏省登记注册的压力容器数量超过 50 万台。全国制造监检的压力容器共 104.44 万台，江苏省制造监检压力容器数量最多，其次是浙江、山东和上海。制造监检一次合格率平均 99.4%，各省市差别不大。

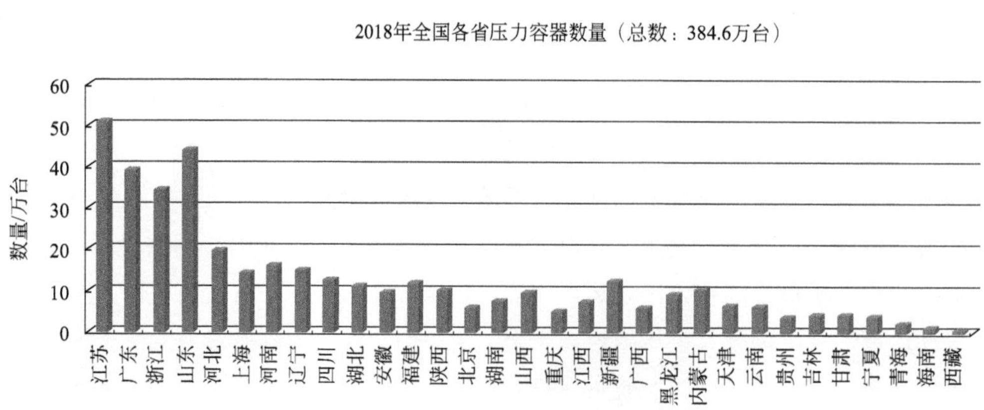

图 2 各省压力容器数量分布情况

2018 年所统计的 1994 台改造修理的压力容器中（图 3），山东省、江苏省的数量最多，其次是河南省、吉林省和浙江省。安装改造修理一次合格率平均为 90.3%（图 4），其中江西最低，浙江省、四川省、云南省、浙江省和贵州省均在 80%左右。

2018 年全国压力容器定检率平均为 93.69%，海南省、新疆维吾尔自治区、云南省、西藏自治区的压力容器定检率不足 80%（图 5）。

2018 年压力容器制造监检发现的问题主要为出厂资料、无损检测、焊接、检验与试验等不符合要求。定期检验发现的主要问题为安全附件、技术资料不符合要求，以及发现了腐蚀、裂纹。安装改造修理发现的主要问题为竣工资料、无损检测、焊接、工艺等不满足要求（图 6）。

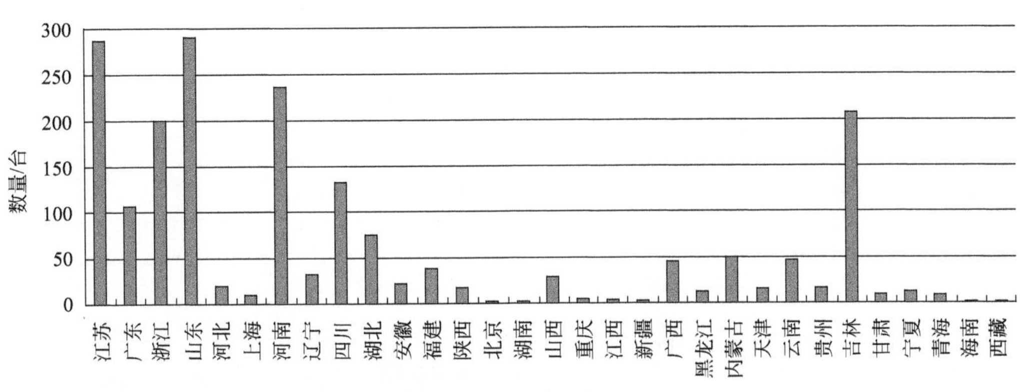

图 3　各省压力容器改造修理数量

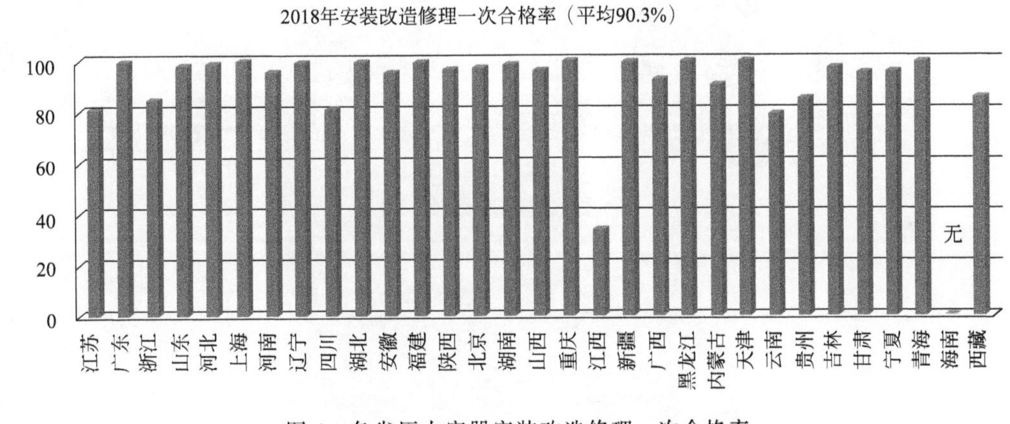

图 4　各省压力容器安装改造修理一次合格率

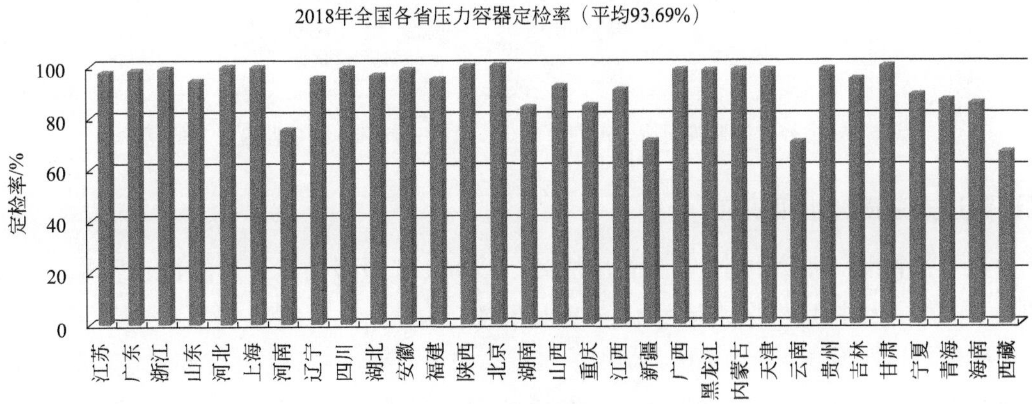

图 5　各省压力容器定检率

本文还对国内部分压力容器安全水平进行了更加详细的调研，主要包括四川省、安徽省、重庆市、海南省、浙江省、南京市（江苏省）、榆林市（陕西省）等地区，共调研了设计制造企业 231 家、使用企业 582 家。各省市调研的设计制造和使用单位数量以及登记注册的压力容器数量如表 1 所示。

表 1 部分省市所调研企业和压力容器数量

单位名称	已调研设计制造企业数量	已调研使用企业数量	所在省市压力容器数量
四川省特种设备检验研究院	66	141	125386
安徽省特种设备检测院	56	112	102769
重庆市特种设备检测研究院	17	64	41998
海南省锅炉压力容器与特种设备检验所	0	85	11475
嘉兴市特种设备检验检测院 衢州市特种设备检验中心	31	150	344765
南京市锅炉压力容器检验研究院	60	20	54969
榆林市特种设备检验所	1	20	24918
合计	231	592	706280

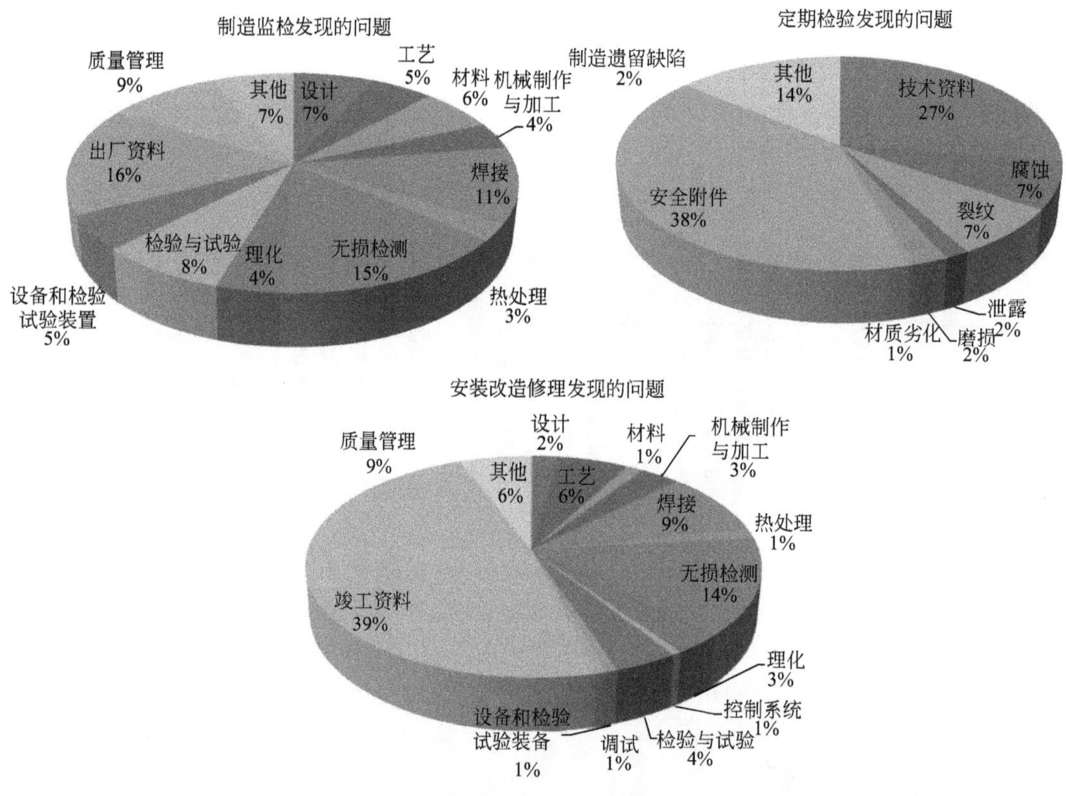

图 6 压力容器制造机安检、定期检验、安装改造修理、进口监检发现的问题

2.1 设计制造安装质量水平研究

图 7 对比了各省市调研设计制造单位资质情况，可知具有 D 级制造资质的企业最多，具有 A 级制造资质的企业次之，其中 43%的制造企业具有设计资质。

图 8 为各省市设计制造企业人员配备情况，可见，四川省平均 0.15 人/百万元（人员/产值），具有 A 级制造资质企业，平均 0.09 人/百万元，具有 D 级制造资质企业，平均 2.22 人/百万元；安徽省平均 6.06 人/百万元（人员/产值），具有 A 级制造资质企业，平均 5.19 人/百万元，具有 D 级制造资质企业，平均 20.72 人/百万元；浙江省平均 3.11 人/百万元（人员/产值），具有 A 级制造资质企业，平

均 2.8 人/百万元，具有 B 级制造资质企业，平均 0.9 人/百万元，具有 D 级制造资质企业，平均 4.8 人/百万元；南京市平均 1.2 人/百万元（人员/产值），具有 A 级制造资质企业，平均 1.1 人/百万元；具有 D 级制造资质企业，平均 4.9 人/百万元；由此，具有 D 级制造资质的企业人员配备较完善，具有 A 级、D 级制造资质的企业人员配备略显不足。

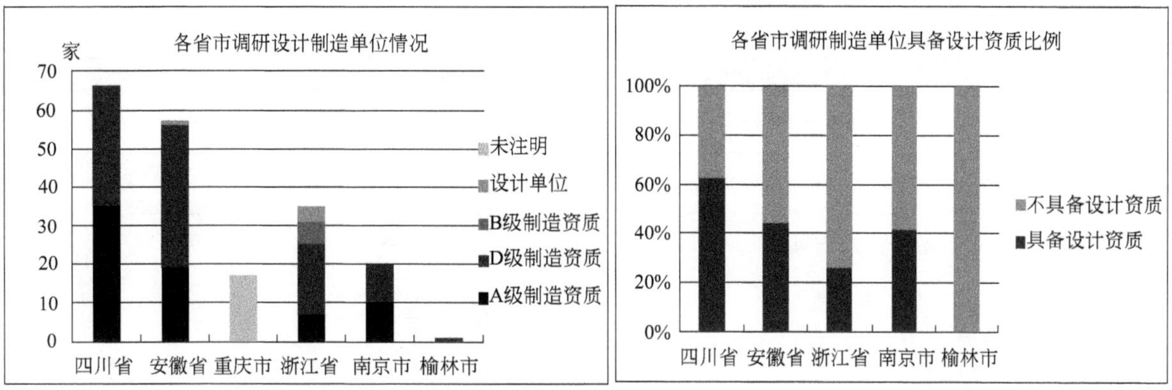

图 7　各省市调研设计制造单位资质情况

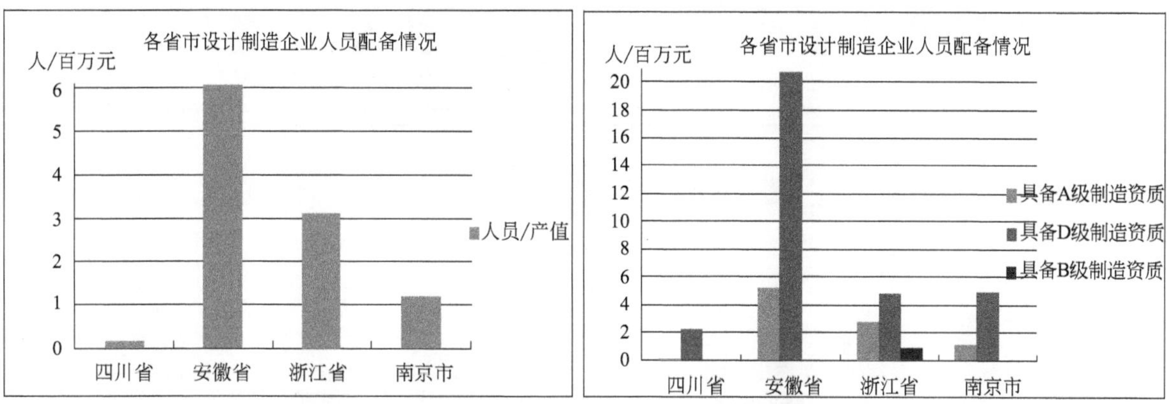

图 8　各省市设计制造企业人员配备情况

图 9 为各省市设计制造单位技术法规、标准以及执行情况，可看出重庆市技术法规、标准执行率最高，企业标准化水平安徽省最高。

2.2　使用管理水平研究

图 10 为各省市压力容器定检率、超期服役设备比例，可发现安徽省定检率最高，超期服役设备南京市最多。

图 11 为各省市使用企业年度检查情况，可见四川省 2014～2018 年每年均开展年度检查的 70 家，占比 49.6%；开展 4 年的 2 家，占比 1.4%；开展 3 年的 10 家，占比 7.1%；开展少于 2 年的 59 家，占比 41.8%。浙江省 2014～2018 年每年均开展年度检查的 89 家，占比 59.3%；仅开展 4 年的 25 家，占比 16.7%；仅开展 3 年的 17 家，占比 11.3%；开展少于 2 年的 19 家，占比 12.7%。安徽省 2014～2018 年每年均开展年度检查的 80 家，占比 72%；仅开展 4 年的 6 家，占比 5%；仅开展 3 年的 8 家，占比 7%；开展少于 2 年的 18 家，占比 16%。海南省 2014～2018 年每年均开展年度检查的 15 家，占比 17.6%；仅开展 4 年的 0 家，占比 0%；仅开展 3 年的 3 家，占比 3.5%；开展少于 2 年的 67 家，占比 78.9%。

表 2 为各省市使用企业大修周期及非计划停车情况，安徽省大修平均周期最长，浙江省非计划停车平均次数最少。

表 2　各省市使用企业大修周期及非计划停车情况

大修周期	中央企业	省属企业	地方企业	小微企业	平均
安徽	1.89	1.76	2.01	3.85	2.3775
海南	3.18	2.03	1.66	1.68	2.1375
浙江	2.1	1.9	1.8	2.5	2.075
四川	1.33	0.92	1.06	1.37	1.17
非计划停车	中央企业	省属企业	地方企业	小微企业	平均
安徽	1.9	1.08	0.875	0.136	0.99775
海南	3	0.6	0.53	0.86	1.2475
浙江	1.3	0.8	0.7	0.2	0.75
四川	1.78	0.37	0.89	0.24	0.82

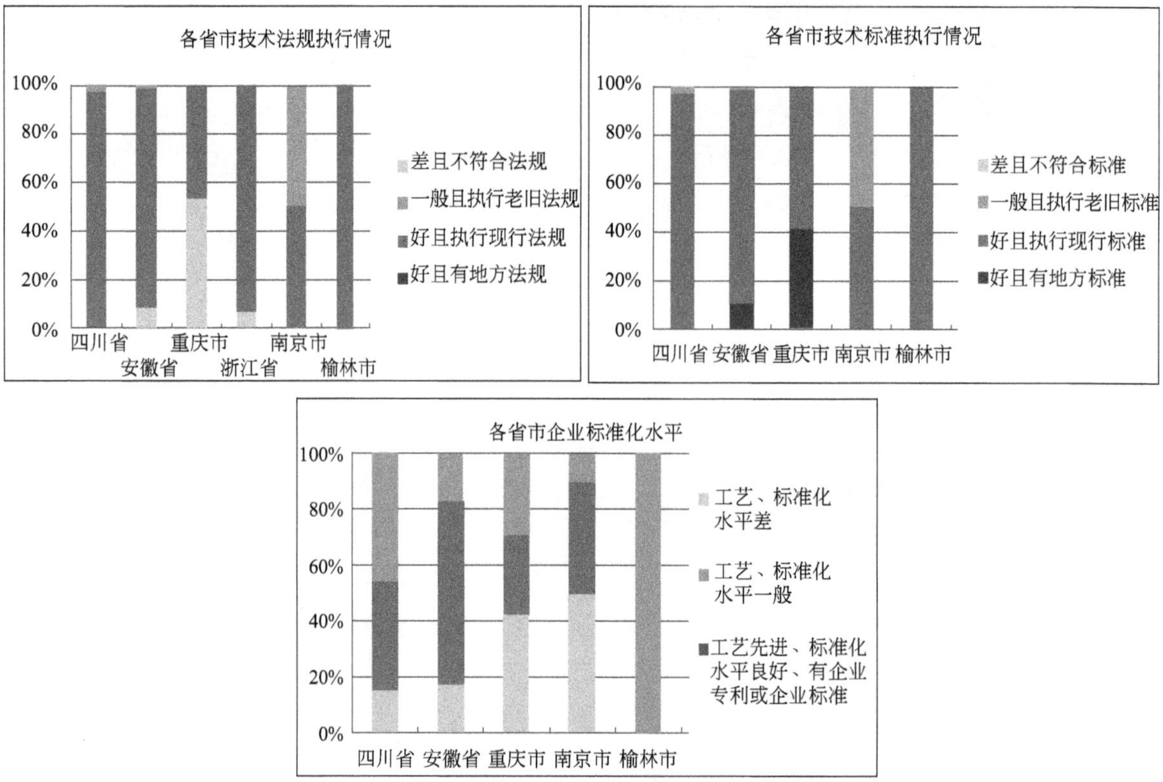

图 9　各省市设计制造单位技术法规、标准以及执行情况

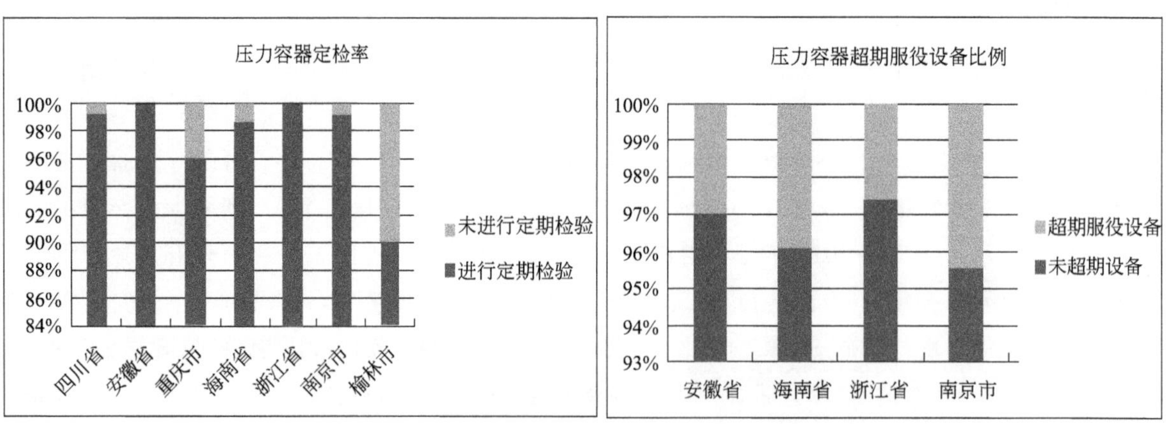

图 10　各省市压力容器定检率、超期服役设备比例

图 12 为各省市使用单位操作管理人员情况，可见四川省企业操作管理人员总数比例最多。

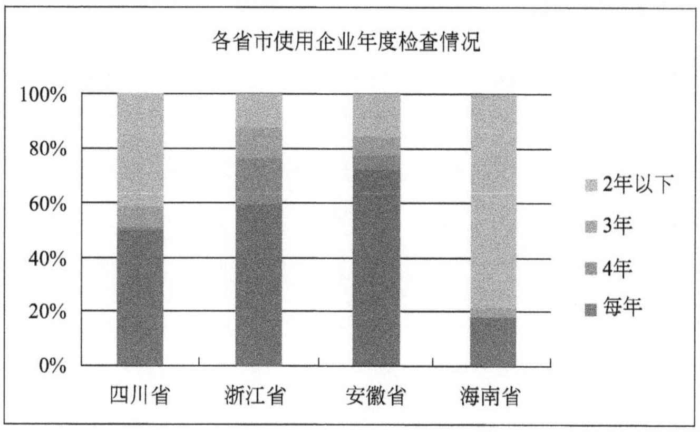

图 11 各省市使用企业年度检查情况

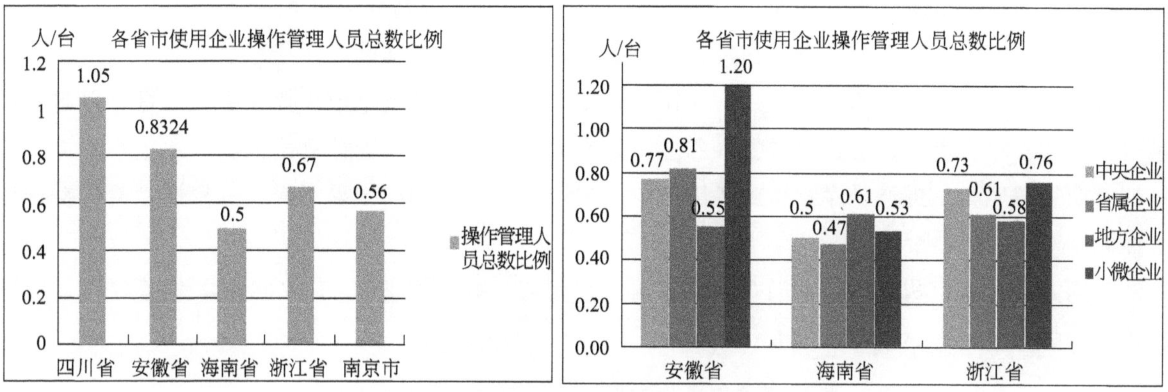

图 12 各省市使用单位操作管理人员情况

2.3 政府监管水平研究

四川省共辖 21 个市州、181 个区县，省市场监督管理局内设特种设备安全监察处，21 个市州内设特种设备安全监察科（处），181 个区县内设特种设备安全监察股，全省共计 203 个特种设备安全监察专职机构。四川省实行四级监察模式，省局特设处—市州局特监科—县局特监股—监管所。省局负责全省特种设备监管重点方向，制定相关政策，指导全省特种设备监管，以下三级都逐级承担辖区内的特种设备日常监管。全省各级特种设备持证安全监察人员共 3846 人，其中，A 类 60 人，B 类 3700 余人。

榆林市市场监督管理设立了特种设备安全监察科、稽查支队和特种设备检验所。特种设备安全监察科，负责特种设备综合管理，在岗 7 人，其中在编 4 人，事业单位借调 2 人，公益性岗位 1 人；稽查支队，负责包括特种设备安全执法在内的质量技术综合执法，在岗 29 人，其中在编 13 人，市局借调 2 人，临聘 2 人，公益性岗位 12 人；特种设备检验所，从事特种设备检验检测、技术服务工作，在岗人员 115 人，在编 40 人，公益性岗位 5 人，聘用 70 人。榆林市各区、县市场监督管理局都设立了特种设备安全管理岗位及包括特种设备安全在内的综合执法队伍。

海南全省设置安全监察机构 5 个：省级、海口、三亚、儋州、洋浦各 1 个。除三沙市外 15 个市县设立专（兼）职的安全监察员，承担特种设备安全监察工作。全省特种设备专、兼职安全监察机构持证安全监察员共 173 人（其中 A 类监察员 26 人，B 类监察员 147 人）。

从这些年工作开展情况来看，监察部门的现场监督检查的工作力度一直持续保持一定的高压态势，能够严格按照监督检查计划组织特种设备安全监察人员深入到各类特种设备使用单位开展现场执法活动，排查和治理安全隐患，打击各类违法违规行为，不断提高和规范特种设备的安全管理水平。

2.4 万台设备事故率和死亡率分析

通过对压力容器事故状况的调查统计，从2016～2018年压力容器事故共发生28起，死亡39人，受伤53人。按事故类别分：一般事故13起，较大事故15起。按事故现象分：发生爆炸13起；泄漏8起；燃爆1起；爆裂1起；其他5起。按设备类别分：一类容器10台；二类容器4台；三类容器2台；未注明12台。按设备类型分：储罐4台；蒸压釜4台；反应釜2台；分气缸1台；烘缸3台；废热锅炉1台；杀菌锅1台；未填写12台。按发生环节分：制造阶段1台；使用阶段18台；维修阶段1台；未填写8台。按涉及行业分：制造业6台；石油化工8台；机械4台；建筑1台；居民服务业1台；冶金1台；其他7台。各部分占比如图13所示。

3 压力容器安全状况评价模型的构建

本文采用层次分析法（AHP）对压力容器安全状况评价进行划分，建立一个多层次的评价模型来确定各个指标的权重。首先对研究目标进行分层处理，即目标层、准则层和指标层；然后利用“五标度法”构造比较矩阵，在进行两两比较时，使用2、1、0、−1、−2五个数来描述甲比乙重要得多、甲比乙重要、甲和乙一样重要、乙比甲重要，乙比甲重要得多的问题；接着计算出拟优一致矩阵，将计算出的特征值向量按照大小进行排序，得到各因素组合权重。最终得到的结果不需要一致性检验，符合科学简单性原则[2]。

针对压力容器安全状况评价模型对专家发送调查问卷，共收回27份有效问卷，通过对其分析计算得出体系模型中各层指标的权重系数（表3）。

表3 压力容器安全状况评价体系各层指标的权重

一级指标	二级指标	三级指标	四级指标
特种设备安全水平U	制造安装质量水平 U_1(0.3273)	制造安装企业管理水平 U_{11}(0.1229)	企业制度建设水平 U_{111}(0.0536)
			企业质量管理执行力水平 U_{112}(0.0693)
		技术标准水平 U_{12}(0.0949)	技术法规水平 U_{121}(0.0306)
			技术标准水平 U_{122}(0.0412)
			企业标准水平 U_{123}(0.0232)
		产品质量水平 U_{13}(0.1095)	设计水平 U_{131}(0.0537)
			制造水平 U_{132}(0.0558)
	使用管理水平 U_2(0.3471)	在用设备安全状况 U_{21}(0.0965)	定检率 U_{211}(0.0318)
			使用年限 U_{212}(0.0215)
			安全状况等级 U_{213}(0.0431)
		使用单位管理水平 U_{22}(0.0892)	企业制度建设水平 U_{221}(0.0383)
			企业管理执行力水平 U_{222}(0.0509)
		操作人员素质水平 U_{23}(0.0841)	人员培训和教育水平 U_{231}(0.0372)
			操作人员技能水平 U_{232}(0.0469)
		应急管理水平 U_{24}(0.0554)	企业制度建设水平 U_{241}(0.0238)
			企业管理执行力水平 U_{242}(0.0316)
		保险水平 U_{25}(0.0219)	(0.0219)

续表

一级指标	二级指标	三级指标	四级指标
特种设备安全水平 U	政府监管水平 U_3(0.0952)	机制体制 U_{31}(0.0256)	监察人员构成 U_{311}(0.0087)
			机构组织架构 U_{312}(0.0083)
			多元共治水平 U_{313}(0.0086)
		法律法规健全水平 U_{32}(0.0286)	违法处罚力度 U_{321}(0.0286)
		监督监察能力水平 U_{33}(0.0157)	监督监察方式 U_{331}(0.0062)
			监督监察效果 U_{332}(0.0095)
		检验检测机构水平 U_{34}(0.0253)	机构管理水平 U_{341}(0.0071)
			机构技术能力水平 U_{342}(0.0088)
			检验检测人员水平 U_{343}(0.0095)
	万台设备事故率、万台设备死亡率 U_4(0.2304)	设备的不安全状态因素 U_{41}(0.0805)	设计制造原因占比率 U_{411}(0.0306)
			安装原因占比率 U_{412}(0.0164)
			使用过程原因占比率 U_{413}(0.0335)
		人的不安全行为因素 U_{42}(0.0964)	持证人员违章作业占比率 U_{421}(0.0385)
			无证人员操作占比率 U_{422}(0.0338)
			非作业人员的行为占比率 U_{423}(0.0240)
		事故影响力水平 U_{43}(0.0535)	事故级别及特征 U_{431}(0.0163)
			事故伤亡人数及职业特征 U_{432}(0.0207)
			社会影响力及公共关注度 U_{433}(0.0164)

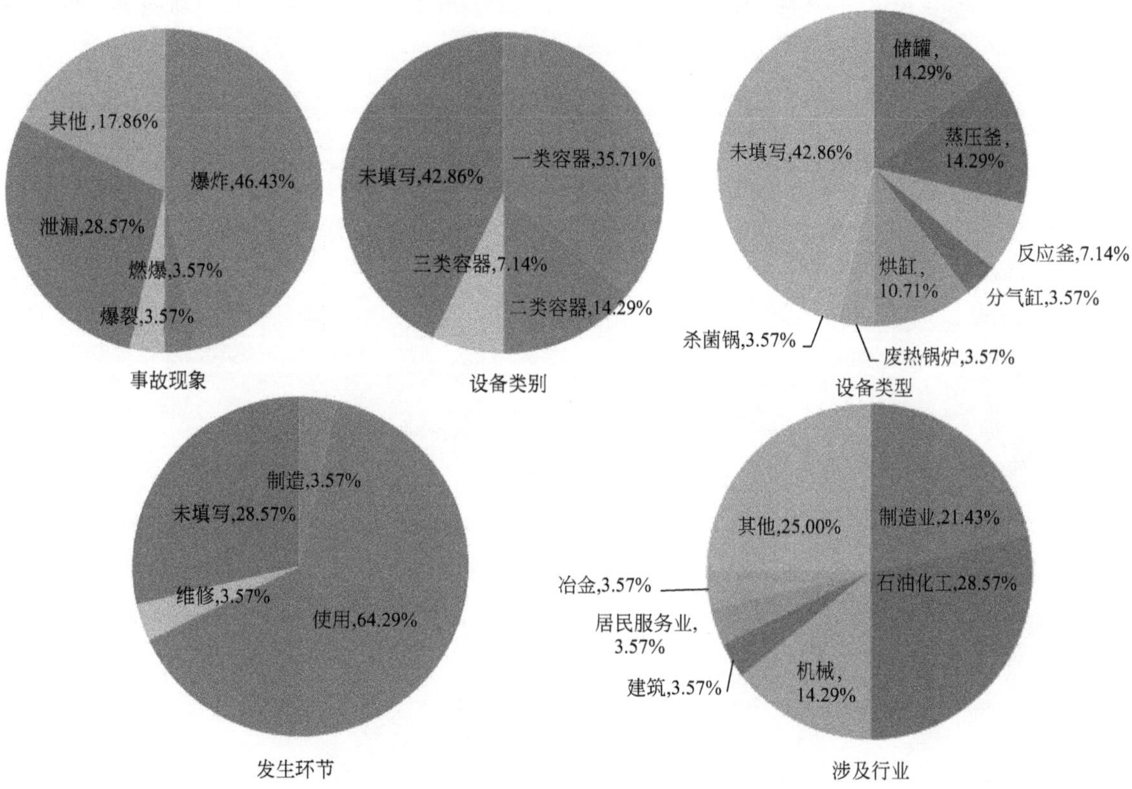

图 13 压力容器事故状况的调查

从权重计算结果来看，根据专家打分意见，第二层指标中使用管理水平最为重要，制造安装质量水平次之；第三层指标中最重要的为制造安装企业管理水平，其次是产品质量水平；第四层指标中企业质量管理执行力水平最为重要。

对照已构建的评价指标体系，对各地区调研情况进行统计分析，将各安全水平评价指标归一化处理，再将每项指标的评分与对应的权重系数相乘求和，得到该地区压力容器的相对安全水平。

最终计算得出四川省 0.326，安徽省 0.336，重庆市 0.343，浙江省 0.335，南京市 0.516，榆林市 0.389，海南省 0.285。由此得出南京市安全状况水平最高，四川省、安徽省、重庆市、浙江省安全状况水平相差不大，榆林、海南安全状况水平较低，计算结果基本符合经济发展状况，权重设置合理。

4 结论

本文调研了全国多地区设计制造单位、使用单位以及政府监管情况，通过构建压力容器安全水平评价方法体系，研究压力容器安全水平评价指标和方法，经过分析计算得出南京市安全状况水平最高，四川省、安徽省、重庆市、浙江省安全状况水平相差不大，海南安全状况水平较低，计算结果基本符合经济发展现状，运用该评价体系能够更客观、科学地衡量和评价不同地区的压力容器安全状况水平。

参考文献

[1] 吴茉，沈功田．国内外特种设备安全状况比对分析指标体系研究 [J]．中国特种设备安全．2021，37（10）：1-4.

[2] 陈星斌, 周叶平, 毛锦荣, 冷庆虎．AHP 风险评估技术在特种设备安全管理中的应用．工业技术创新．2018，4：74-78.

第三篇　管　道

阀室管道系统应力分析检验技术研究

浦　哲[1,2]，朱旭晨[1,2]，郑成龙[3]，魏　星[4]，李　玮[1,2]，王　昕[1]

1. 上海市特种设备监督检验技术研究院，上海，200062

2. 上海压力管道智能检测工程技术研究中心，上海，200062

3. 上海统夏设备检测科技有限公司，上海，200062

4. 上海天然气管网有限公司，上海，200042

摘　要： 管道中的应力是由载荷、温度变化等作用产生的。管道系统应力分析不仅仅是计算某一位置处的应力，实际上包括了管道系统的受力与变形的分析。本文介绍了阀室内架空及埋地管道的应力分析准则。针对某天然气阀室地基沉降，采用有限元分析软件建立模型分析，计算管道各节点的受力情况及应力水平，对使用单位改造提供有效的数据支撑。

关键词： 应力分析；管道系统；沉降；有限元分析

Research on Stress Analysis And Inspection Technology of Pipeline System in Valve Chamber

Pu Zhe[1,2], Zhu Xuchen[1,2], Zheng Chenglong[3], Wei Xing[4], Li Wei[1,2], Wang Xin[1]

1. Shanghai Institute of Special Equipment Inspection and Technology Research, Shanghai, 200062

2. Shanghai Engineering Research Center of Pressure Pipeline Intelligent Inspection, Shanghai, 200062

3. Shanghai Tongxia Equipment Testing Technology Co., Ltd, Shanghai 201508

4. Shanghai Natural Gas Pipelines Co., Ltd, Shanghai, 200042

Abstract: The stress in the pipeline is caused by the change of load and temperature. The stress analysis of pipeline system is not only to calculate the stress at a certain position of the structure, but also to analyze the stress and deformation of the pipeline system. This paper introduced the checking criterion of the stress of the pipeline system of the overhead pipeline and the buried pipeline. Aiming at the foundation settlement of a natural gas valve chamber, the finite element analysis software was used to establish the model analysis and calculate the stress situation and stress level of each node of the pipeline, so as to provide effective data support for the user's transformation

Keywords: Stress analysis; Pipeline system; Settlement; Finite element analysis

1　引言

管道中的应力是载荷、温度变化等作用的结果。通过应力计算，可以了解管道系统（以下简称管系）的应力分布，发现高风险区域，判断管道是否安全。管系载荷包含[1] 持久载荷（介质压力、重力

作者简介：浦哲，1986 年生，男，高级工程师，主要从事特种设备的检验检测与研究工作。

载荷)，偶然性载荷（风载荷、地震载荷、液体排放反力)，温度与位移载荷（端点位移载荷，约束产生载荷)。天然气线路阀室内的管道包含架空及埋地管道两个部分。架空管道由于地基沉降，管道可能发生脱空，最终导致支架位置处的载荷发生重新分配，局部应力增加。线路的埋地管道，易受外腐蚀的危害，同时可能由于介质腐蚀以及冲刷造成管道内腐。2018 年 6 月 10 日，中石油中缅天然气输气管道在黔西南州晴隆县沙子镇段处，由于现场焊接质量不满足相关标准要求，导致天然气管道环焊缝脆性断裂，发生泄漏燃爆事故，造成 1 人死亡、23 人受伤，直接经济损失 2145 万元[2]。天然气管道一旦出现泄漏，容易引发事故，危及人民群众的生命和财产安全。因此有必要对阀室管道进行全面系统的安全分析评价，保证管道的安全运行。

2 管系校验准则

为便于维修以及当管道发生破裂时，尽可能减少损失并防止事故扩大，应在输气管道上间隔一定距离设置切断阀（阀室)[3]。对于输气阀室的技术标准主要有国家标准《输气管道工程设计规范》(GB 50251）和中石油企业标准《输气管道工程线路阀室技术规定》(CDP-G-NGP-OP-006-2013-2)。根据特种设备目录，阀室输气管道属于长输管道（GA 类)，国内管道设计与施工验收主要遵循《输油管道工程设计规范》(GB 50253)、《输气管道工程设计规范》(GB 50251）和《输油输气管道线路工程施工及验收规范》(GB 50369)，《压力管道规范　长输管道》(GB/T 34275）等。而阀室架空、埋地管系应力分析分别采用 ASME B31.4《Pipeline Transportation Systems for Liquids and Slurries》，ASME B31.8《Gas Transmission and Distribution Piping Systems》。

管系应力分析可以分为静态应力分析、动态应力分析两大部分，静力分析指管系在静力载荷的作用下进行力学分析。动力分析是指泵、压缩机等设备受到震动、地震以及水击等作用下的应力分析。本文采用的是静力分析，主要包含一次应力计算、二次应力计算。

2.1 架空管系校核准则

2.1.1 一次应力的校核准则

一次应力与持续荷载（如重力载荷）相互平衡，随着重力载荷的增加，一次应力和应变也随之增加，当超过材料的屈服极限时，管系就会产生较大的应变，产生的应变足以导致管系破坏。一次应力属于非自限性应力，即管系局部发生应变后，一次应力不会减少。通常需要限制持续载荷的应力低于材料的屈服强度，否则系统会产生变形和破坏。当架空管系实际两支撑点间的间距大于管道的允许跨度时，管道会发生弯曲下挠。一次应力中的纵向应力 S_L 不超过最高温度下的许用应力 S_h，其校核[4] 公式如下：

$$S_L=\left\{\left[\left|\frac{I_aF_a}{A_p}\right|+\frac{\sqrt{(I_iM_i)^2+(I_oM_o)^2}}{Z}\right]^2+4S_t^2\right\}^{0.5}\leqslant S_h \tag{1}$$

式中，F_a 为持续荷载产生的轴向力，N；A_p 为管道截面积，mm^2；I_a 纵向应力系数；I_i、I_o 分别为纵向应力平面内、平面外应力系数；M_i、M_o 分别为平面内、平面外弯矩，N · mm；Z 为抗弯截面模量，mm^3；S_t 为扭转应力，MPa；S_h 为管道材料在设计温度下的许用应力，MPa。

2.1.2 二次应力的校核准则

温度变化引起管系膨胀或收缩，导致管系移动。二次应力是一般由温度变化产生的，管系与其他连接的装置处产生应力，需要足够的柔性吸收热膨胀，二次应力属于自限性应力。这与一次应力有很大的不同，局部变形后热胀应力不会继续增加。其失效模式也与一次应力有较大差别，二次应力不会直接导致破坏，当重复多次交变情况下，管道才会发生疲劳破坏，其校核来源于安定性条件[5]，由温度变化以及端点位移产生应力校核[4] 公式如式(2)～式(4)。

$$S_E=\left\{\left[\left|\frac{i_aF_a}{A_p}\right|+\frac{\sqrt{(i_iM_i)^2+(i_oM_o)^2}}{Z}\right]^2+4S_t^2\right\}^{0.5}\leqslant S_A \tag{2}$$

$$S_A=f(1.25S_c+0.25S_h)\qquad 当\ S_h\leqslant S_L\ 时 \tag{3}$$

$$S_A=f[1.25(S_c+S_h)-S_L]\qquad 当\ S_h>S_L\ 时 \tag{4}$$

式中，S_c、S_h 分别为管道材料在热态、热态下的许用应力，MPa；i_i、i_o 分别为平面内、平面外应力增强系数；i_a 轴向应力系数；f 为管道二次应力范围减小系数。

2.2 埋地管系校核准则

2.2.1 埋地管系划分

ASME B31.8—2016 将管系划分非完全约束段（Unrestrained）及完全约束段（Restrained）[5]，埋地管道的轴向应力包括热膨胀应力、泊松效应力以及介质压力产生的轴向分力。一定的温度及压力下，管道轴向应力不变，管道在出、入土端由于土壤的轴向摩擦力不够，于是形成非完全约束段（Unrestrained）。随着管道埋地距离不断增长，土壤的轴向摩擦力不断增大，当轴向应力和土壤摩擦力相等时，管道产生了自然锚固点，该区域管道称为完全约束段（Restrained）。埋地管道各区域的划分如图 1 所示。

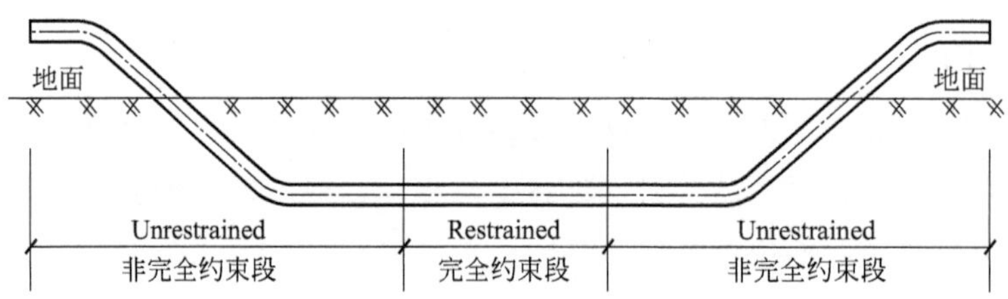

图 1 埋地管道划分图

2.2.2 完全约束段应力校核

针对完全约束段，必须满足以下条件[6]：①一次应力中的纵向应力 S_L 应该满足公式(5)，②组合应力应该满足公式(6)。

$$S_L=S_P+S_T+S_X+S_B<0.9ST \tag{5}$$

$$\max\{|S_H-S_L|,|S_H|,|S_L|\}<KST \tag{6}$$

式中，S_P 为内压产生的轴向应力；S_T 为温度产生的轴向应力，MPa；S_X 为除内压和温度外产生的轴向应力，MPa；S_B 为重量及外部载荷产生的中弯曲应力量，MPa；S 为材料屈服强度，MPa，T 为温度折减系数；S_H 为环向应力，MPa；K 为折减系数。

2.2.3 非完全约束段校核

针对非完全约束段，必须满足以下条件[6]：①一次应力中的纵向应力 S_L 应该满足公式(7)，②二次应力 S_E 应满足公式(8)。

$$S_L=S_P+S_X+S_B<0.75ST \tag{7}$$

$$S_E\leqslant S_A=f[1.25(S_c+S_h)-S_L] \tag{8}$$

综上不难发现架空段管系采用的 ASME B31.3 与埋地管系的 ASME B31.8 的校核标准有很多不同之处，ASME B31.8 在应力校核时需要区分完全约束段和非完全约束段。架空管系中，一次应力破坏形式主要是垮塌、下挠等，通常是降低支架之间的跨距来实现，保证最大纵向应力不大于设计温度下的许用应力[7]。但是埋地管系中，由于受到土壤支撑，不容易发生垮塌。架空管系可以通过自然补偿的变形来吸收该部分应力，当非完全约束段（Unrestrained）的埋地管系由于受到土壤的摩擦力，管道受到阻止管道横向变形的土壤压缩力，管道弯头等通过利用自然补偿的能力相对于架空管道的能力大大降低。

3 工程案例分析

输气阀室主要起到线路的切断作用，某天然气公司输气阀室为普通双阀门结构，管道设计压力为6.3MPa，主干管道规格为$\phi 813\times 15.9$mm，支管规格$\phi 273\times 8.0$mm，材料均为X60。阀室平面布置如图2所示。

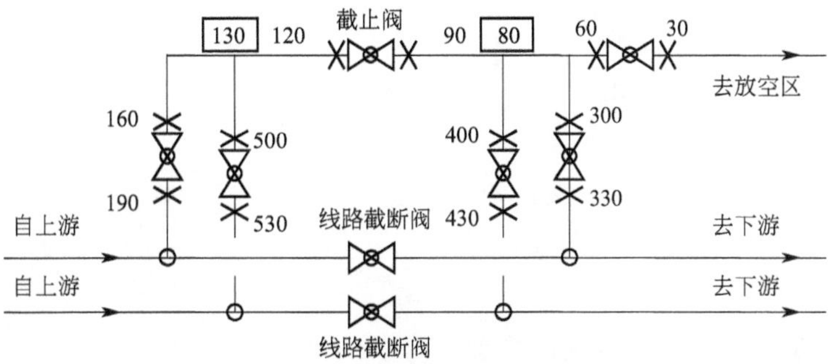

图2 阀室管道布置图

该阀室投运至今已有15年左右，多年来阀室内地基沉降，阀室外周边散水坡和台阶存在部分沉降破裂，阀门区地面黄沙累计降低约20～40cm，管道支墩基础同步下沉，现场采用不合理的抱箍结构的刚性支架将输气管道与支撑基础相连，即当支墩下沉时，管道与支墩相对距离变大，最终在钢支架预埋钢底板处倾斜开裂，影响阀室的安全，现场检验发现节点120、160、500、190、530多处支墩开裂，阀室管道现场如图3所示。

图3 阀室管道支墩开裂图

3.1 管道建模

CAESAR Ⅱ软件是通用的管道应力分析软件，该软件以梁单元模型为基础把管道模拟为刚性杆的有限元分析软件。本阀室中的架空管道以及埋地管道分别采用ASME B31.3及ASME B31.3进行应力分析。输入管道规格、设计温度、设计压力、管道材料、介质密度等参数，根据实际走向依次输入各个管段。

采用Peng理论[8]模拟土壤约束，该理论在CAESAR Ⅱ中按照“CAESAR Ⅱ Basic Soil Model”

来建立。土壤模型的参数需要一般通过地质勘探报告获取，本工程中土壤摩擦系数为0.3；土壤密度为$0.002kg/cm^3$；管顶埋地深度为2500mm，摩擦角取30°；土壤压实系数取3；热膨胀系数11.2×10^{-6}mm/(mm/℃)；操作态与安装态温差取20℃。土壤参数定义完成后，CAESAR Ⅱ软件自动将初始模型转换成带土壤约束的模型，加载后的模型如图4所示。

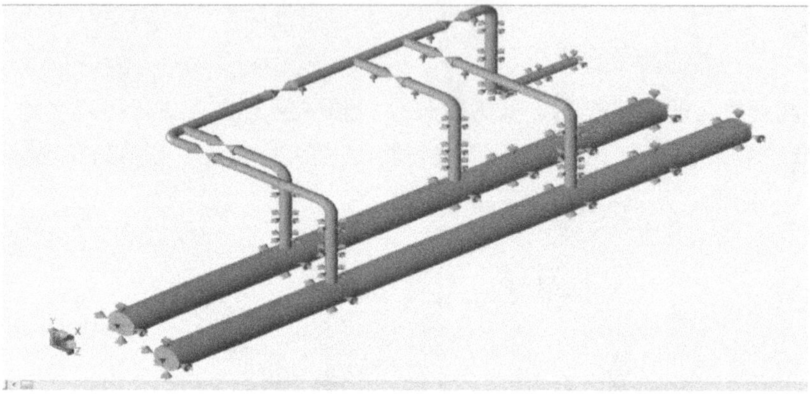

图4 阀室管道三维模型图

3.2 应力对比

模型一为阀室各支架均属于有效情况的模型，模型二为120、160、500、190、530支架脱空情况的模型，分别计算两种模型条件下，各节点的应力水平。结果表明，模型二中位于节点80的持续性载荷应力已经达到94.7%，节点130持续性载荷应力已经达到75.1%，两处均为三通位置，由于支架脱空导致一次应力水平偏高。相反两个模型中二次应力百分比均小于1%，主要由于安装态和工作态温度相差较小，一次应力偏高的温度亟待解决。见表1。

表1 模型一、二应力对比表

应力百分比	160	190	500	530	120	90	400	430	60	30	300	330	80	130
一次应力/%（模型一）	23.7	22.9	23.3	23.2	23.3	23.1	23.3	23.1	23.1	22.9	23.1	23.6	22.7	22.7
一次应力/%（模型二）	26	26	43.8	26.8	27.4	39	50	31.2	23.6	23.6	25.6	24.7	94.7	75.1
二次应力百分比/%（模型一）	0.1	0.1	0.1	0.4	0.1	0.1	0.1	0.4	0.1	0.1	0.1	0.1	0.2	0.4
二次应力百分比/%（模型二）	0.1	0.1	0.2	0.1	0.1	0.1	0.1	0.1	0.1	0.1	0.1	0.1	0.2	0.4

4 阀室管道支架改造

由于阀室选址的地基存在不良地质条件，后续可能仍会存在不均匀沉降。采用传统的刚性支架，当支墩沉降时，管道仍会存在脱空，导致一次应力增大，造成安全隐患。弹簧支架可以时管道在脱空一定范围内仍能够有效起到支撑作用。在日常的巡检中，对比弹簧底座指示值，当数值发生变化时，可以及时发现两者间的相对移动。通过现场勘查，选择良好的地基桩作为测量设备的基准位置。分别在线路切断阀地面阀杆、节点190、530、430、330共计5处采用激光水平仪测量各测点部位与基准位置间的沉降量，进行定期对比跟踪。在节点160、500、400、300处装设弹簧支架，建立的模型计算，改进后的最大一次应力34.2%，通过软件计算各节点的弹簧载荷如表2所示。

表 2 各节点弹簧数据表

项目	160	500	400	300
弹簧工作载荷/N	3498	4036	4074	3876
弹簧安装载荷/N	4132	4670	4708	4470
弹簧行程/mm	±10	±10	±10	±10

5 结论

输气阀室是长输管线上的一个各枢纽，阀室地质的沉降，关系到整条管道的安全运行，因需要对阀室内管道引起足够的重视。本文利用 CAESAR Ⅱ软件对阀室内架空管道以及埋地管道组成的管道系统进行了综合的应力分析，计算发现该阀室管系一次应力较高。后续采用弹簧支架对部分管道进行支撑，通过 CAESAR Ⅱ软件计算各弹簧的载荷，并在多处设置沉降观测点，进一步对比跟踪。本次改造可以得出以下结论：

① 埋地管道由于受到土壤约束，因此与架空管道应力分析的方法有较大的不同，主要表现在：判定准则、受力方式、约束条件等方面，因此土壤模型的模拟，决定了埋地管道应力分析的准确性。

② 管道支架是管道系统的重要组成部分，支架的种类较多。弹簧支架与传统刚性支架功能不同，如何将管道支架合理运用，并且准确搭配，是整个管系的一个难点。

③ 阀室选址应避开存在不良地质条件等区域。阀室的间距满足 GB 50251《输气管道工程设计规范》要求。

④ 使用企业应建立健全管道巡查制度，定期对阀室内的管道进行隐患排查，巡检时注意观察弹簧支架刻度值，通过沉降观测点的数据，评估管道的应力水平，从而确保管道的安全运行。

参考文献

[1] GB/T 20801. 3—2020. 压力管道规范 工业管道 [S].

[2] 中石油中缅天然气管道黔西南州晴隆段“6·10”泄漏燃爆较大事故调查组. 中石油中缅天然气管道黔西南州晴隆段“6. 10”泄漏燃爆较大事故调查报告 [R]. 2019.

[3] 李春艳，毛敏，陈凤，等. 输气管道阀室设计浅析 [J]. 石油规划设计，2014，25 (1)：46-48.

[4] ASME code for pressure pipe，B31. 3—2014 process piping [S]. America：The American Society of Mechanical Engineers.

[5] 唐永进. 压力管道应力分析 [M]. 北京：中国石化出版社，2010.

[6] ASME code for pressure pipe，B31. 8-2016 Gas Transmission and Distribution Piping Systems [S]. America：The American Society of Mechanical Engineers.

[7] 方立. 管道应力计算中 ASME B31 标准系列的应用及比较 [J]. 化工与医药工程，2016，37 (3)：41-44

[8] PENG L C. Stree analysis methods for underground pipelines [J]. Pipeline Industry，1978 (5)：65-74.

埋地管道管土相互作用数值仿真对比分析研究

徐　峰[1,2]，徐永生[1]，宋健斐[2]，索洪超[1]，孙　亮[1]

1. 中国特种设备检测研究院，北京，100029

2. 中国石油大学（北京），北京，102249

摘　要： 针对目前没有快速分析长输埋地管道力学响应有效工具的问题，本文基于土弹簧模型，利用ANSYS的APDL语言编制了埋地管道力学响应快速求解程序。利用该程序建立了长500m的管线计算模型，分析管线在有无介质和土体沉降等工况下的力学响应，并与基于PSI单元的ABAQUS计算结果进行了对比分析。结果显示两种方法计算结果吻合度高，该程序可实现长输埋地管道的快速建模和准确分析，具有很高的工程应用价值。

关键词： 埋地管道；土弹簧模型；计算程序；PSI单元；对比研究

Numerical simulation comparative analysis of pipe soil interaction in buried pipeline

Xu Feng[1,2], Xu Yongsheng[1], Song Jianfei[2], Suo Hongchao[1], Sun Liang[1]

1. China Special Equipment Inspection And Research Institute, Beijing, 100029

2. China University Of Petroleum (Beijing), Beijing, 102249

Abstract: Aiming at the problem that there is no effective tool to quickly analyze the mechanical response of long-distance buried pipelines, this paper uses the APDL language of ANSYS to compile a rapid solution program for the mechanical response of buried pipelines based on the soil spring model. The program is used to establish the calculation model of 500 m long pipe, and analyze the mechanical response of the pipeline with and without medium and settlement. The results are compared with those of ABAQUS based on PSI unit. The results show that the calculation results of the two methods are in good agreement. The program can realize rapid modeling and accurate analysis of long-distance buried pipelines, and has high engineering application value.

Keywords: buried pipeline; soil spring model; calculation program; PSI element; comparative study

0　引言

管道运输成本较低，是油气资源常采用的运输方式，截至2020年我国油气长输管道总里程已超13万千米[1]。但是，长输管道常常因为自身设计建造因素而存在薄弱点，在运输介质及复杂土况的作用下容易产生破裂泄漏事故，造成巨大经济损失及人员伤亡。在管道实际运行维护中，由于距离较长，实

基金项目：埋地管道数值仿真方法及典型工况力学响应研究（中国特种设备检测研究院青年项目，编号：2020青年13）。

作者简介：徐峰，1995年生，男，硕士，主要从事埋地管道力学响应研究。

通讯作者：徐永生，1985年生，男，工程师，硕士，主要从事特种设备安全评价工作。

施全线监测耗资巨大，需要分析管线力学响应，找到关键点进行监测，确保管线平稳运行。另外，在泄漏事故发生后，同样需要快速分析管线响应，找出事故原因。因此，需要一种计算工具以实现长输管道快速建模及准确分析。

1 数值模拟法分析埋地管道受力研究概况

埋地管道受力响应分析主要有理论解析、数值模拟和试验研究三种方法，由于长输管道距离较长，使用解析法和试验法分析成本高，而数值模拟可建立长距离模型，便于分析。在进行埋地管道模拟分析时，常用的描述管土相互作用的模型有三种：弹性地基梁模型、土弹簧模型和非线性实体接触模型，已有许多学者开展研究。

马小明和周启超[2] 用实体接触模型对不均匀沉降下埋地管道失效展开研究。提出管道失效概率模型，利用 ABAQUS 软件建模分析，给出了不同参数的失效概率敏感性的变化规律。李俊阳[3] 通过建立实体模型得到的模拟结果与传统 Newmark-Hall 方法计算值的对比，给出了不同管沟开挖的宽度和深度，回填土材料，设置弯管角度及材料下的管道应变曲线。朱军凯[4] 利用 ABAQUS 建模和现场实测对比的方法，分析管道受力特征，并验证 ABAQUS 在判断管道失效与否方面的有效性。廖柠[5] 基于内压及路堤覆土载荷对埋地管道的影响，利用 ABAQUS 建立实体数值模型，研究不同参数及交通载荷对管道受力的影响，并给出了工程设计施工中的建议。M. Saberi[6] 通过实体接触模型研究 90°埋地弯管的应力响应，对梁模型和梁壳混合模型的对比发现在所研究的弯管响应中，两种模型结果差距不大但梁模型所需内存小，时间快。赵潇[7] 利用 ABAQUS 提供的研究管土相互作用的土弹簧单元（PSI 单元），研究了采空沉陷导致的土体沉降下管道受力位置及变形特征，由此提出了一种埋地管道远程监测方法。蒋宏业[8] 等利用 ABAQUS 的 PSI 土弹簧单元，研究了采空沉陷时，不同管径、壁厚和内压下管道的受力变形，给出了最大应力应变位置。

采用数值模拟分析埋地管道受力时，常采用非线性的实体接触模型来描述管土相互作用，该模型用于埋地管道分析时计算量较大，增加计算成本，无法工程应用。土弹簧模型计算量小，可降低计算成本而且又能保证计算精度。目前利用土弹簧模型进行埋地管道受力分析的研究较少，且主要使用 ABAQUS 提供的管土相互作用（PSI）单元。PSI 单元是非开源的，建模、边界条件设定及载荷施加需借助 ABAQUS 的 inp 输入文件实现，且后处理生成数据的提取较为复杂，另外，利用 PSI 单元无法实现不同工况的批量分析，以上均对 PSI 单元的工程应用带来困难。为解决此问题，本文基于 ANSYS 的 APDL 语言编制了应用于工程项目的分析程序，并通过对比程序计算结果与 PSI 单元计算结果，证明其计算准确性。

2 土弹簧模型

土弹簧模型是分析地下管道与土相互作用的简化模型。以轴向横向竖向等效弹簧为一组，施加在管道单元节点上，多组非线性弹簧共同描述管道周围土的作用[9]，如图 1 所示。弹簧刚度和屈服位移由土体性质确定。轴向土弹簧反映回填土与管道的轴向作用力和位移，横向竖向土弹簧反映场地土与管道垂向的作用力和位移。

根据美国土木工程师协会（ASCE）标准《埋地钢制管道设计指南》和我国 GB 50470—2017《油气输送管道线路工程抗震技术规范》附录 E[10] 的假设，管道周围土体均匀一致，管土间相对位移达到最大值即屈服位移时，管土间作用力达到极限值不再变化，认定此值为弹簧刚度。

对于弹簧刚度可由下式计算：

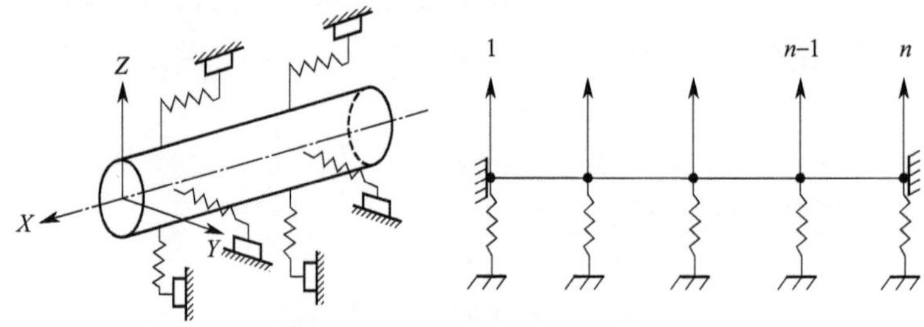

图 1　三向土弹簧模型示意图

$$
\begin{cases}
f_u=\pi D\alpha c_s+0.5\pi DH\rho_s g(1+K_0)\tan\delta & \text{（轴向）}\\
p_u=N_{ch}c_s D+N_{qh}DH\rho_s g & \text{（横向）}\\
q_u=N_{cv}c_s D+N_{qv}\rho_s gHD & \text{（竖直向上）}\\
q_d=N_c c_s D+N_q\rho_s gHD+N_\gamma\rho_s g\dfrac{D^2}{2} & \text{（竖直向下）}
\end{cases}
\tag{1}
$$

对于黏土的屈服位移，轴向硬质取 $x_u=8\text{mm}$，软质取 $x_u=10\text{mm}$，横向由 $y_u=0.04\left(H+\dfrac{D}{2}\right)\leqslant 0.10D:0.15D$ 计算，竖直向上由 $z_u=0.1H:0.2H<0.2D$ 计算，竖直向下由 $z_d=0.2D$ 计算。公式中出现的符号数值可根据前述标准选取。

3　模型设置

编制的程序有三部分组成：建模模块、计算模块和基于 Python 的批量调用模块。建模模块需要把管线几何及单元数据转化为数值模型；计算模块是程序核心，调用边界等参数表格完成计算；批量调用模块可依次分析不同工况的受力。其中，计算模块的关键问题是管土相互作用单元的设置。

（1）管土相互作用单元

为了方便求解管土问题，ABAQUS 给出了一种基于土弹簧原理的特殊管土相互作用单元（pipe-soil interaction element）即 PSI 单元。PSI 是一种虚拟单元，有四个节点，上部两节点 3，4 与远场面重合，下端两节点 1，2 与管道重合。ANSYS 没有可直接应用的管土相互作用的单元，采用现有的 COMBIN39 单元来等效代替。COMBIN39 是一种具有非线性能力的单向单元，可输入广义力-挠度曲线，用来代替弹簧的作用。管线简化为 PIPE288 单元，它是三维梁单元的一种，具有两节点六自由度。COMBIN39 单元与 PIPE288 单元如图 2 所示。编制程序采用单元均为三维单元，故选择 PSI34 单元进行对比。

（2）边界条件设置

研究对象为一段 500m 长埋地管道，各项参数来源于某工程项目，管线参数见表 1。

表 1　管线参数

管径/m	壁厚/m	密度/(kg/m³)	弹性模量/Pa	泊松比	屈服强度/Pa	抗拉强度/Pa	线胀系数/C⁻¹
1.016	0.0128	7800	2.06×10^{11}	0.3	4.54×10^8	5.10×10^8	1.2×10^{-5}

管线均设置一端固定一段滑移的约束，即滑移端释放轴向（x 向）平移旋转自由度，在单元远离管线一端约束三个方向平动作为弹簧远端固定，代替土壤作用。管土相互作用选择理想弹塑性本构，参照标准计算得到三向土弹簧刚度及最大屈服位移如表 2 所示。

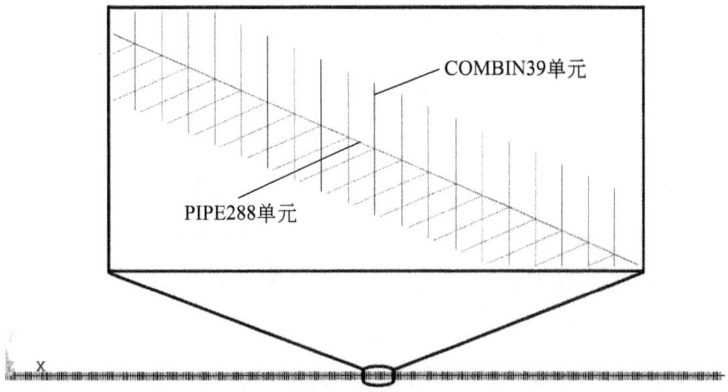

图 2　APDL 编制的管土相互作用单元

表 2　土弹簧参数

项目	弹簧刚度/(N/m)	屈服位移/m
轴向	51019.1	0.01000
横向	481349.9	0.13328
竖向向上	125382.8	0.20320
竖向向下	1416766.1	0.20320

(3) 载荷选择

埋地管道在工程应用中，除自身重力外，不可避免的伴随着介质压力、温度及土体不均匀沉降等载荷，会对管线受力产生影响。根据实际工程项目调研数据，选择施加载荷为内压 10MPa、温度 20℃、土体沉降量 0.1m。选择管线未通介质时（只有重力载荷）、管线通入介质（重力+介质压力温度）、遭遇土体不均匀沉降（重力+介质压力温度+土体沉降）三种载荷工况进行对比分析。

4　结果分析

全载荷即内压 10MPa、温度 20℃、土体沉降 0.1m，管线位移云图如图 3 所示，变形均放大 250 倍显示。（结果分析中利用 APDL 编制的程序所得结果均以 COMBIN39 示意，利用 ABAQUS 的 PSI 单元所得结果均以 PSI 示意。）

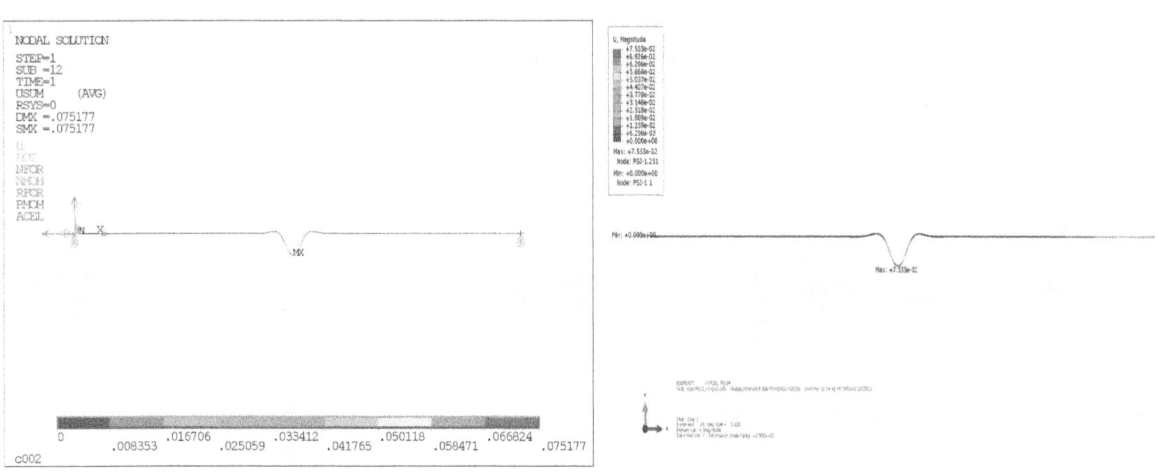

图 3　500m 管线位移云图

结合工程项目实际，选择管线变形量，轴力和弯矩作为对比的参考量。作图时，以固定端为原点，沿管线轴向长度为 x 轴，三个参考量数值为纵轴。

（1）只有重力载荷

管线只承受重力载荷时，总体为拉伸变形，呈现两侧约束端较小，中间较大的趋势，且中间变形量基本保持定值。轴向和横向变形量较之竖向即重力方向可以忽略不计，管线总的变形量与竖向数值相关。由于土弹簧作用，管线总体上变形较小，最大值为 0.4500mm。对于轴力，只有重力情况下，固定端管线无法自由移动，产生较大正向轴力，滑移端由于未约束轴向，轴力相较固定端小。远离约束的主体部分轴力很小，故在靠近两端约束段存在峰值轴力，固定端峰值为 2.1000N，滑移端峰值为 0.4400N。对于绕横向轴的弯矩，由于利用 APDL 编制程序与使用 ABAQUS 的 PSI 单元在局部坐标系定义上存在差异，故根据规定（弯矩使管道变形上凹为正，上凸为负）对数据经行处理。可以发现在两端由于约束存在，管线在自重下为上凹趋势，但是管道中间较长的主体部分较为平直，所以在端部区域和中间主体之间存在较大的上凸上凹波动区。从弯矩图上可以看到两端约束点弯矩为正且较大，稍向中间则迅速衰减，由正转负，又上升到零附近，形成一个弧，随后正负小幅波动。从数值可以看到曲线始终处于波动状态，但越靠近中心数值越小，达到 10^{-9} 数量级，弯矩图上表现为直线。两者对比图如图 4 和图 5 所示。

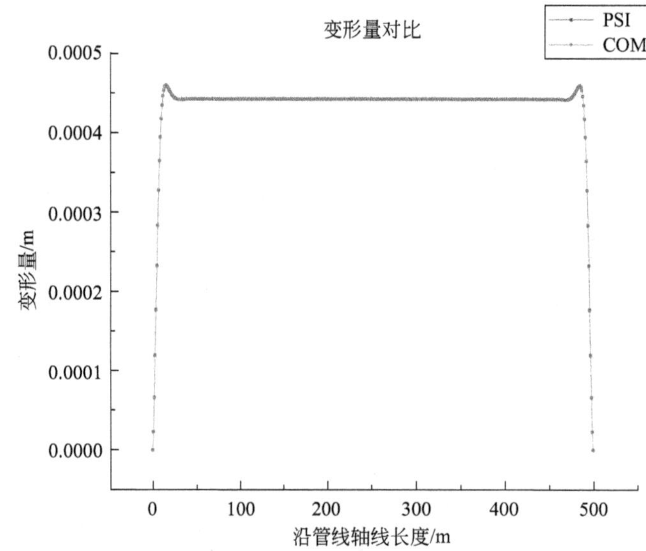

图 4　只有重力时变形量对比

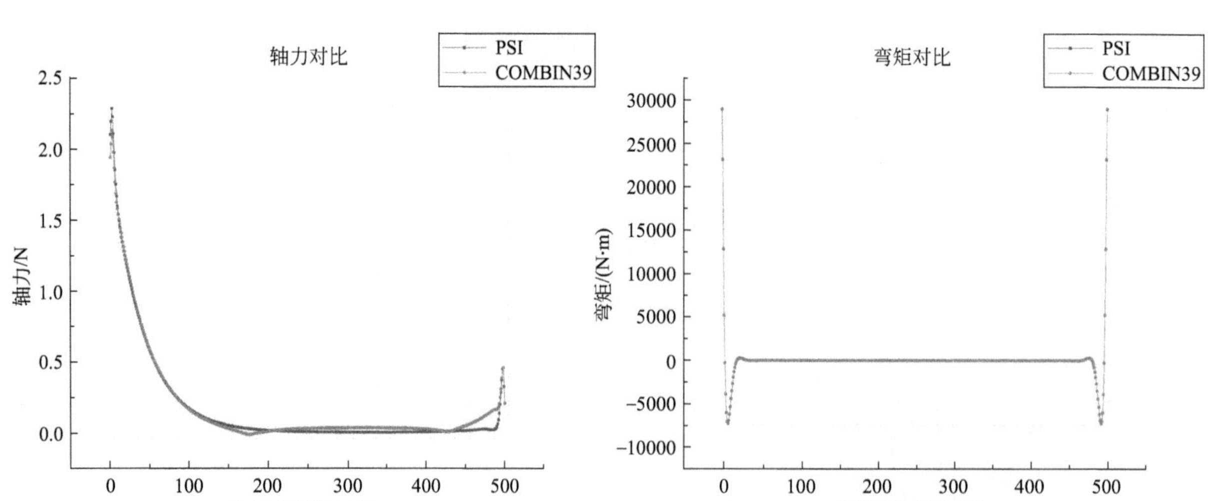

图 5　只有重力时轴力弯矩对比

可以看到程序的 COMBIN39 单元与 PSI 单元计算的管线变形量完全重合。轴力图上，两种单元所得结果的曲线走势基本吻合。数值上：固定端峰值 COMBIN39 为 2.1223N、PSI 为 2.2757N，滑移端峰值 COMBIN39 为 0.4536N、PSI 为 0.4561N，总体平均值 COMBIN39 为 0.1854N、PSI 为 0.1718N，两者相差分别为 6.7408%、0.5481%、7.9162%，相对误差均在工程可接受误差范围内。两者弯矩图完全重合。

(2) 重力加介质压力温度

介质压力和温度会对管线受力变形产生影响。APDL 编制程序和 PSI 单元对管压的作用效果除膨胀作用外均考虑了管端载荷作用（end cap loads），类似于末端法兰，内压作用时会对管道末端产生较大的拉伸效果。本文设定下，只在滑移端产生拉伸作用。温度 20℃、压力 10MPa 下，温度与内压对管线作用是相反的，相互抵消，但是内压的作用效果大于温度，所以以内压的拉伸效果为主。对于变形量，由于管线钢材较大的刚度，膨胀或收缩产生的变形很小，可忽略不计。管端载荷在滑移端产生的变形很大，但其作用范围有限，管线主体变形与重力下竖向变形一致。对于轴力，重力产生轴力忽略不计，由于管端载荷作用，在滑移端产生较大轴力，远大于因变形产生的摩擦力（轴向土弹簧提供）。随着作用范围向中心靠拢，变形的管道长度增加，摩擦力增加，逐渐抵消管端载荷产生的轴力，直至完全抵消，管道主体只剩膨胀产生的轴力。对于弯矩，内压和温度对弯矩影响较小，弯矩与只有重力载荷时相差不多。重力加内压温度载荷时两者对比图如图 6 和图 7 所示。

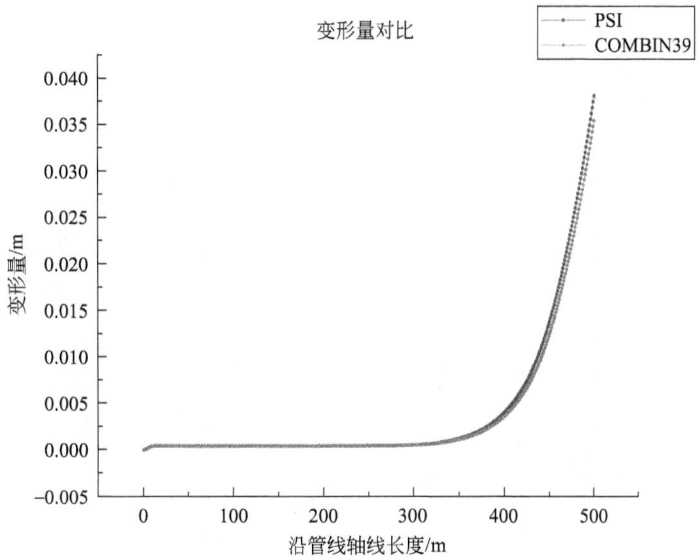

图 6　重力+内压温度时变形量对比

可以看到，变形量除滑移端最大值外其余基本吻合，滑移端最大值 COMBIN39 为 0.0355m、PSI 为 0.0381m，相对误差 6.8241%，在工程可接受误差范围内。轴力总体 PSI 单元计算值略大于 COMBIN39 值，滑移端最大值 COMBIN39 为 7.7075E6N、PSI 为 8.0818E6N，300m 以前膨胀产生的轴力平均值 COMBIN39 为 2.6524E6N、PSI 为 2.8181E6N，相对误差分别为 4.6314%、5.8798%，在工程可接受误差范围内。对于弯矩则完全重合。

(3) 重力加介质压力温度加土体沉降

埋地管道经常遇到采空沉陷、湿陷等造成的不均匀沉降现象，加土体位移载荷后，发现沉降区管线产生了很大的变形，同时，轴力和弯矩也发生变化。但是沉降产生的轴力远小于管端载荷，在图上基本没有表现，相反弯矩则有很明显的波动。重力加内压温度加土体沉降时对比如图 8 和图 9 所示。

可以看到，变形量基本吻合，沉陷区最大值 COMBIN39 为 0.0752m、PSI 为 0.0756m，相对误差

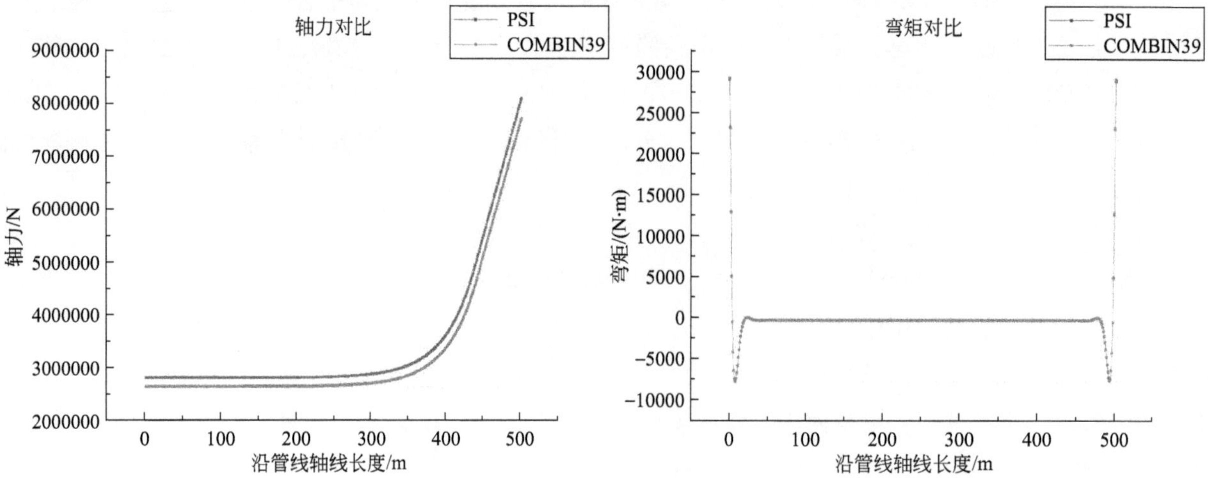

图 7　重力＋内压温度时轴力弯矩对比

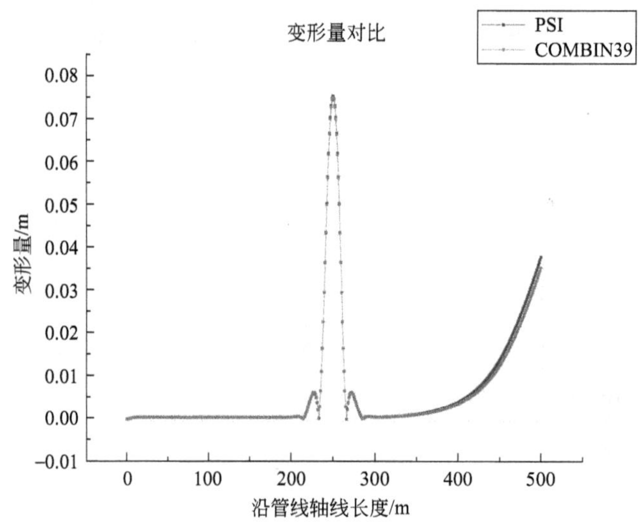

图 8　重力＋内压温度＋土体沉降时变形量对比

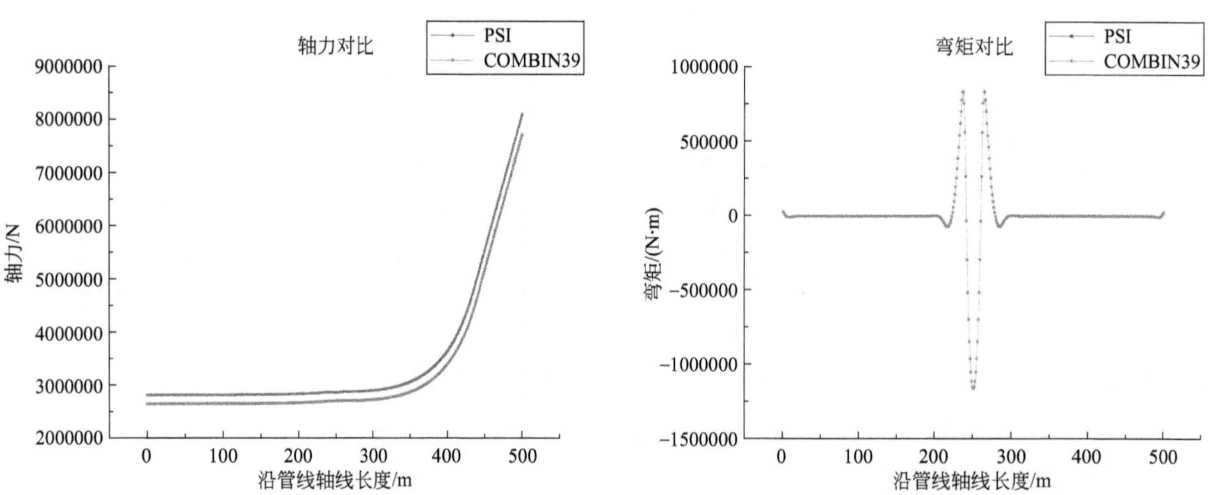

图 9　重力＋内压温度＋土体沉降时轴力弯矩对比

0.5291%，在工程可接受误差范围内。对于轴力沉降区最大值 COMBIN39 为 2.6969E6N、PSI 为 2.8547E6N，相对误差 5.5277%，在工程可接受误差范围内。弯矩两者完全重合。

(4) 直管带弯管全载荷

在实际工程条件下，由于地势或阻挡物，长输管道会存在大量弯管，弯管会影响管线受力状况。本文建立了一个长为 500m，220m 后和 280m 后各有一个 15°上弯管和 20°下弯管的管线模型，用来对比弯管的影响，如图 10 所示。

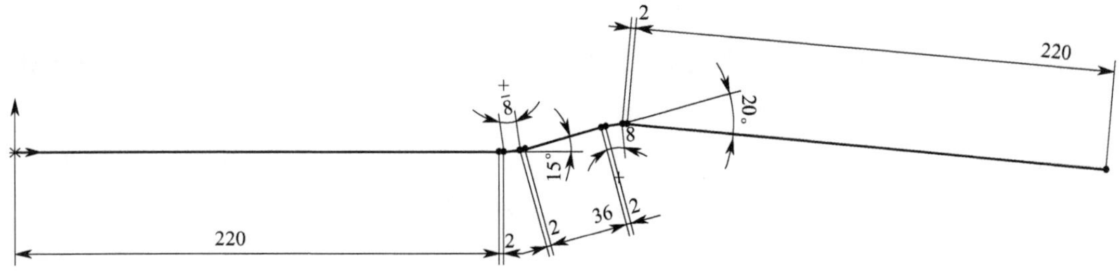

图 10 带弯管模型

埋地管道在弯管处变形和轴力弯矩均大于直管，特别是在沉降区叠加土体位移后，其变化更加明显。带弯管管线全载荷下对比如图 11 和图 12 所示。

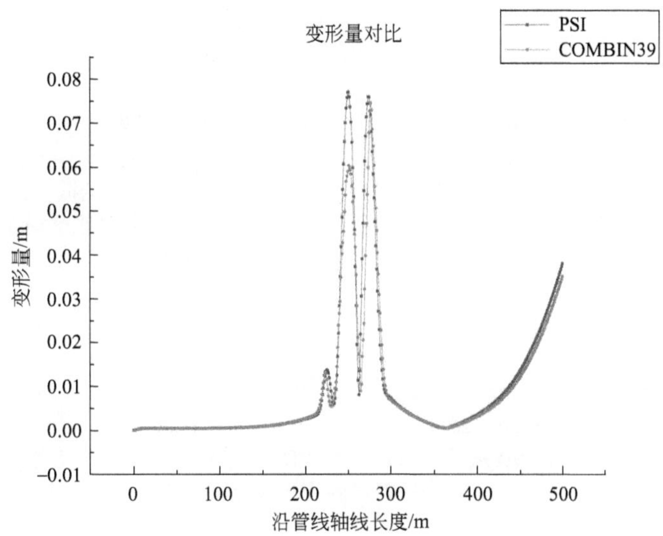

图 11 带弯管全载荷时变形量对比

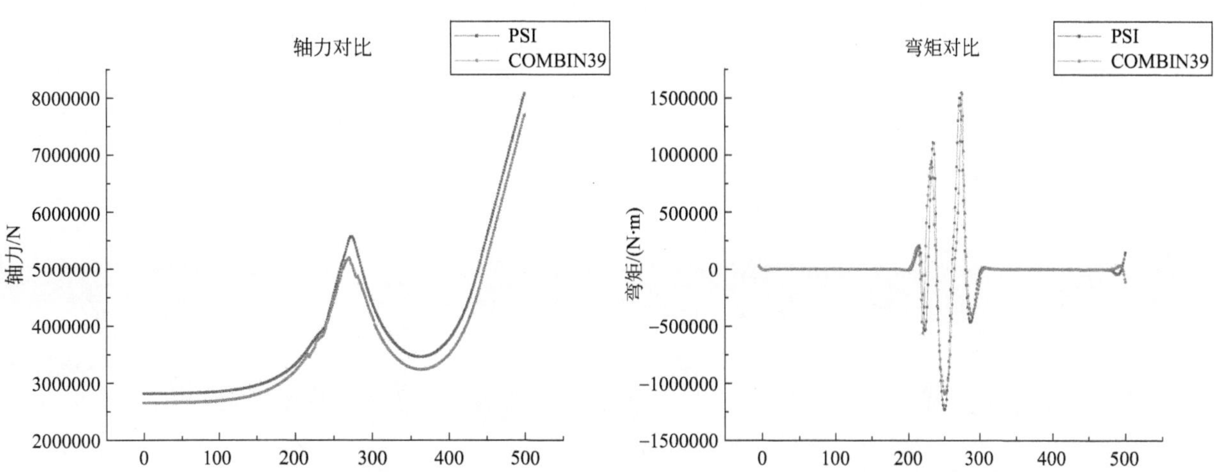

图 12 带弯管全载荷时轴力弯矩对比

对于弯管处最大值，变形量 COMBIN39 为 0.0744m、PSI 为 0.0758m，相对误差 1.8470%，轴力 COMBIN39 为 5.1960E6N、PSI 为 5.5723E6N，相对误差 6.7530%，均在工程可接受误差范围内，弯矩两者基本重合。

5 结论

本文编制了可快速分析长输埋地管道受力响应的计算程序，通过对比编制程序计算结果与 ABAQUS 的 PSI 单元计算结果，得到以下结论：

① 对于长输管道，非线性实体接触模型计算量大、成本高，使用土弹簧模型的 PSI 单元较为复杂，均无法工程应用。基于 APDL 语言编制的计算程序，兼具成本低、简易方便、可多工况批量分析等特点；

② 对比编制程序与 PSI 单元对一段 500m 长的管线的计算结果发现两者基本吻合，证明编制程序计算结果准确度高，工程应用价值大。

参考文献

[1] 高芸，王蓓，蒋可，胡奥林．2019 年中国天然气发展述评及 2020 年展望 [J]．天然气技术与经济，2020，14 (01)：6-14.

[2] 马小明，周启超．非均匀沉降下高压天然气管道失效概率分析 [J]．化工机械，2018，45 (01)：77-81.

[3] 李俊阳．跨断层埋地油气输运管道抗震设计方法研究 [D]．哈尔滨：中国地震局工程力学研究所，2019.

[4] 朱军凯，曹兴滨，方林剑，等．基于 ABAQUS 软件的油气站场地基沉降管道的应力分析 [J]．腐蚀与防护，2018，39 (11)：878-882+ 887.

[5] 廖柠，黄坤，吴锦，等．基于 ABAQUS 的穿越公路输气管道力学性状分析 [J]．中国安全生产科学技术，2017，13 (05)：61-67.

[6] M. Saberi，H. Arabzadeh，A. Keshavarz. Numerical Analysis of Buried Pipelines with Right Angle Elbow under Wave Propagation [J]．Procedia Engineering，2011，14.

[7] 赵潇．采空沉陷区埋地管道应力变形分析及远程监测 [D]．成都：西南石油大学，2015.

[8] 蒋宏业，王惠，徐涛龙．采空塌陷区埋地输气管道的变形及受力分析 [J]．中国安全生产科学技术，2016，12 (02)：45-51.

[9] 吴锴．非均匀场地土正断层作用下埋地管道应变分析 [D]．北京：中国石油大学（北京），2018.

[10] GB 50470—2017. 油气输送管道线路工程抗震技术规范 [S].

基于无人机压力管道检验数据管理系统研究

黄志镕，黄　璞，陈　明，姚　勇，彭泽军

武汉市锅炉压力容器检验研究所，武汉，430000

摘　要： 随着人工智能和大数据时代到来，基于无人机压力管道检验应用日益增多，如何科学有效地应用无人机进行检验和对检验数据管理意义重大。针对压力管道检验和检验数据特点进行分析，开展无人机压力管线检验应用及数据管理系统研究。数据管理系统功能模块设计了基础数据管理、用户管理、无人机管理、管道检验模型管理、管道检验数据管理等。有利于无人机压力管道高效科学检验，使压力管道检验更加智能和高效。

关键词： 压力管道；无人机；宏观检验；数据管理

Research on Data Management System Based on UAVs Pressure Pipeline Inspection

Huang Zhirong，Huang Pu，Chen Ming，Yao Yong，Peng Zejun

Wuhan Boiler and Pressure Vessel Inspection Institute，Wu Han，430000

Abstract: With the advent of the era of artificial intelligence and big data，the application of UAV-based pressure pipeline inspection is increasing. How to scientifically and effectively apply UAVs to conduct inspection and manage inspection data is of great significance. Based on the analysis of the characteristics of pressure pipeline inspection and inspection data，the application of UAV pressure pipeline inspection and data management system are researched. The functional modules of the data management system design basic data management，user management，UAV management，pipeline inspection model management，pipeline inspection data management and so on. It is conducive to the efficient scientific inspection of UAV pressure pipeline，and makes the inspection of pressure pipeline more intelligent and efficient.

Keywords: pressure pipeline；unmanned aerial vehicle ；macroscopic examination；data management

0　引言

随着无人机技术的飞速发展，各行各业都在探索无人机的应用，现阶段在电影摄像、农业植保、电力巡检、国土测绘、环境保护、公安消防、应急管理等多个行业都已经有了比较成熟的应用，但无人机在特种设备检验行业的应用仍处于起步阶段。国内很多大型特种设备综合检验机构也已经开始进行无人机的应用研究，开展了无人机在大型起重设备的检验应用、高空压力容器的宏观检验、架空压力管道的宏观检验、危化品事故应急处理等应用研究。

基金项目：基于无人机工业管道宏观检验应用研究及数据管理系统研发（编号：Hbscjg-kj201910）。

作者简介：黄志镕，1984 年生，男，高级工程师，硕士研究生，主要从事承压类特种设备检验。

近年来，无人机在压力管道的应用也越来越多。由于压力管道具有区域跨越大、距离长、种类多、管网布局复杂、年代跨度大等特点，导致量化跟踪管理困难。随着压力管网里程的日益增加，安全隐患也随之增多，加强管线安全检验和科学管理的需求更加紧迫。特别是在架空管廊、道路、河流穿跨越地段等复杂区域，运用无人机航拍进行压力管道检验，可以弥补常规宏观检验的不足，能大幅提高整体管线的检验效率和检验质量。目前无人机在压力管道上主要应用于管线施工安装、压力管道自动巡检、压力管道宏观检验、无人机搭载红外检验、管线事故应急管理等领域。

1 基于无人机压力管道检验应用研究

1.1 常规应用领域

① 管线施工安装：无人机能及时提供区域的地理空间信息，随时查看施工进度、布置及管线走向，指导并监督管线施工进程。

② 压力管道巡检：无人机可以高效地完成大范围的常规巡检（见图 1）。搭载可见光、红外等监控设备，在指定目标上空巡航拍摄。

③ 压力管道检验：利用无人机可获取目视不可及的图像及视频信息用于检验分析，也可搭载传感器采集管线信息用于数据分析；提高自动化程度，降低人工检验成本和提高检验质量。

④ 管线事故应急管理：如发生泄漏、火灾、爆炸等事故，可调用无人机迅速进入灾害现场勘察，将现场数据实时传输到指挥中心，为事故应急救援提供信息支撑，最大程度降低事故伤害。

图 1 无人机巡检现场图

1.2 压力管道宏观检验应用

通过无人机搭载高清摄像头，利用无人机可高空悬停拍摄的特性，可以拍摄日常检验中难以观察到的重点部位，通过分析无人机采集的高清影像，帮助检验员完成压力管道的宏观检验，大幅提升检验效率，降低使用单位搭设脚手架等辅助工作的成本。

1.3 无人机负载红外检验应用

利用无人机搭载红外相机，结合红外热成像检测技术（见图 2），通过采集压力管道热成像图像数据进行图谱分析，辅助检验员做出准确的检测结论。

图 2　无人机可见光和红外光检验图片

1.4　管网实景模型搭建

利用无人机航线规划软件，结合压力管道的布局特点，通过倾斜摄影技术结合后期软件处理，可以建立压力管道的二维正射影像和三维实景模型。实景模型可用于尺寸、面积测量，为厂区勘探、改扩建、设计优化参考；也可用于厂区参观形象展示、安全教育培训、档案资料保存等。

2　基于无人机压力管道检验管理平台需求分析

针对无人机不同检验场景数据类别和数据特点，以及压力管道数据的多样性和检验海量数据，为规范数据管理、方便数据数据服务包括数据查询、存储和管理，设计无人机压力管道检验数据管理系统。

① 数据完整性　根据不同场景，不同区域、不同检验模式，将无人机压力管道检验人机并线管理及同步检验数据，实现检验数据的全面记录，提高数据管理效率和检验数据的完整性。

② 数据直观性　在无人机压力管道检验中，通过搭载不同的相机、雷达、红外等机载设备实时拍摄高清图片和视频，有效地采集到包括管线的高清图片、视频、红外信息的现场资料，便于后期判别分析管线缺陷和隐患点。检验数据叠加多种管线周边设备信息、路线规划、管线更新等，进行可视化数据管理，提升管线的安全性。

③ 精细管理　通过系统科学规划无人机航线，对比分析无人机最优路径，飞行路径安全验证审核，并落实飞行责任人，形成闭合环，保证飞行安全。通过对海量检验数据分类、分级、保密管理，可提高数据利用率。对隐患数据跟踪管理、隐患定级管理，统计分析管理、年度综合管理，可提升综合管理水平。

3　基于无人机压力管道检验管理平台架构设计

无人机压力管道检验数据管理系统整体架构由服务端和客户端组成。服务端为软件服务层、基础设施服务和数据服务层，客户端为终端用户软件包。客户端包括权限/登入、航线规划、检验数据处理、安全预警等模块；软件服务层提供查询、分析、航线规划、航线数据服务；基础模块提供坐标转换、高程服务等服务；数据服务包括栅格、矢量数据管理、航拍数据管理、数据库管理等。无人机压力管道检验数据管理系统构架-功能模块见图 3。

4　主要功能模块设计

4.1　基础模块

基于 GIS 二次开发，可以实现空间分析，模型显示等基础功能。包括二维、三维数据显示，模型

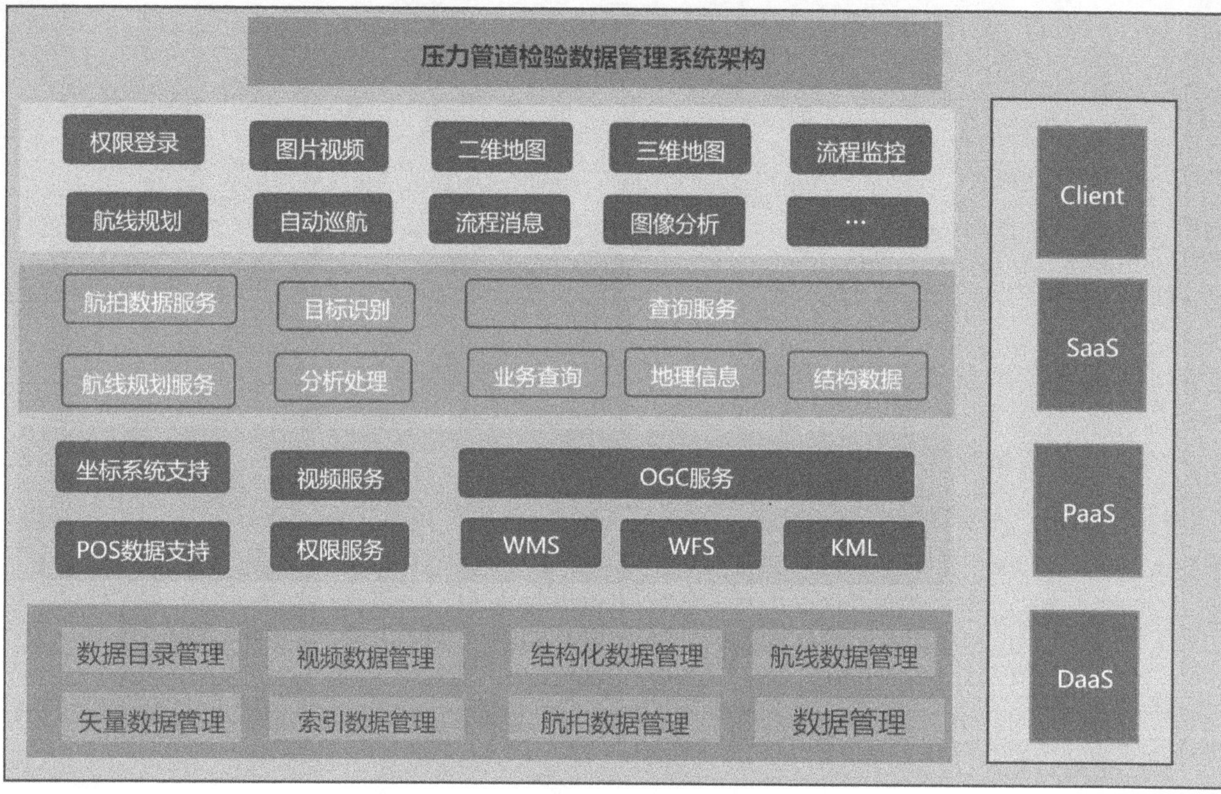

图 3　无人机压力管道检验数据管理系统架构-功能模块图

浏览和编辑等基础空间分析功能；同时也包括数据的导入、数据导出、坐标转换、数据测量、等基本功能。

4.2　用户模块

主要是人员信息的管理，为用户和单位相关部门提供协同交互接口，用户根据权限做相应操作，包括数据服务、项目服务和应用服务。数据服务包括数据查询、存储和管理；项目服务主要由管理部门使用，查看各项任务的进度，编辑和管理工作日志，用户访问系统权限分配并监管，保障整套系统的运行安全，维持系统正常运行；应用服务为用户提供多种协同工具和技术支援。

4.3　无人机模块

可根据无人机类型、厂家、状态和工作时长等情况，对无人机进行动态管理。无人机模块可对无人机飞行轨迹、历史航线进行查询显示；对工作中的无人机进行动态显示，对超时长的无人机进行检修、返厂；实现无人机科学规划，方便维护设备安全；对无人机组件（电池、航摄仪等）运行情况动态查询，及时更新。

4.4　数据管理模块实现数据融合、分类管理、分级查询与编辑、综合空间分析

① 本地数据库的管理　实现数据的导入、编辑、查询、显示和上传。不同数据存在兼容和坐标转换的情况，选择合适的坐标系进行预处理，视频等原始资料按规范导入，确保数据有效性。

② 服务端数据的管理　实现数据的浏览、查询、显示和编辑。对海量数据进行压缩，对以往数据定时清理、进行删除和批量处理。

③ 分级管理　及时更新原始数据信息，对检验结果数据进行验收优化，对不同数据要有组织有条

理地管理，设置不同权限和级别分级管理。

④ 分类管理　分区域、分单位、分装置、分时间进行数据组织结构管理。合理设计数据结构，充分考虑各单位数据及属性，兼顾数据的保密性、安全性和高效性。

4.5　管线检验模块

根据无人机压力管道检验内容和负载，分为常规检验和特殊检验。常规检验包括管道布置及周边环境查看、管道外观宏观检验、管道二维或三维实景建模；特殊检验为特殊负载检验、可见光/红外双光检验、应急监测、定点监测等。

① 检验单元管理：主要是管线长距离、大面积的航拍测绘。无人机航飞后照片和视频，通过技术人员判读后识别隐患，跟踪隐患信息，并进行定位跟踪。

② 管线的测量：包括管线长度、深度测量，2D 和 3D 显示和测量。

③ 航线设计：根据具体检验任务需求，规划航线及飞行架次。

④ 检验数据管理：对检验数据的查询、统计与空间分析。

⑤ 航线综合管理：对飞机状态、飞行轨迹及以往历史航线的综合分析。

⑥ 隐患管理：根据人工检验判读隐患类型及级别，输出隐患信息。对同一地区不同时间飞行成果信息对比研究，跟踪隐患，分析变化及发展情况。当管线发现故障或者发现泄漏等紧急情况时，无人机高清、实时传输视频，便于监控。

4.6　安全预警模块

结合 GIS 系统，对无人机压力管道检验数据进行空间信息综合分析，为无人机压力管道预警管理提供充足空间基础资料。

① 隐患记录　通过对检验数据包括高清图片、高清视频、管线地理信息、DOM/DEM 的叠加显示、叠加分析，综合判读隐患并记录缺陷隐患。

② 应急预警　通过隐患数据的分析处理，判断危害级别。在二维、三维模型上可以标注压力管道的隐患区域，进行预警并定位，高亮提示。

③ 应急抢险　建立事故区域管道应急预警响应机制，包括正射影像图、三维视图、实时图传监控等，掌握事故区的最新动态，指导制定合理方案。

5　应用实例

5.1　检验任务管理

依托用户管理模块，展开检验任务流程。无人机压力管道检验按照检验任务计划进行，检验任务的编排、执行、跟踪，以及检验时偶然发生的检验事故（坠机等），均属检验任务管理之列。飞行计划严格按照航线设计-审批流程，飞行任务产生成果数据，成果数据分析出隐患问题，形成闭合环，落实到人，全程跟踪，有据可依。

5.2　检验数据分析

基于无人机压力管道检验的基础数据，通过数据分析处理合成目标管道 2D 和 3D 模型（见图 4），基于模型可以从空间各个视角分析管线，判别缺陷隐患。也可以在 2D 和 3D 模型上量测管线长度、深度，面积等信息。

5.3　隐患数据记录

无人机压力管道检验目的是为了发现隐患，通过无人机得到照片、视频等数据，人工识别隐患，标

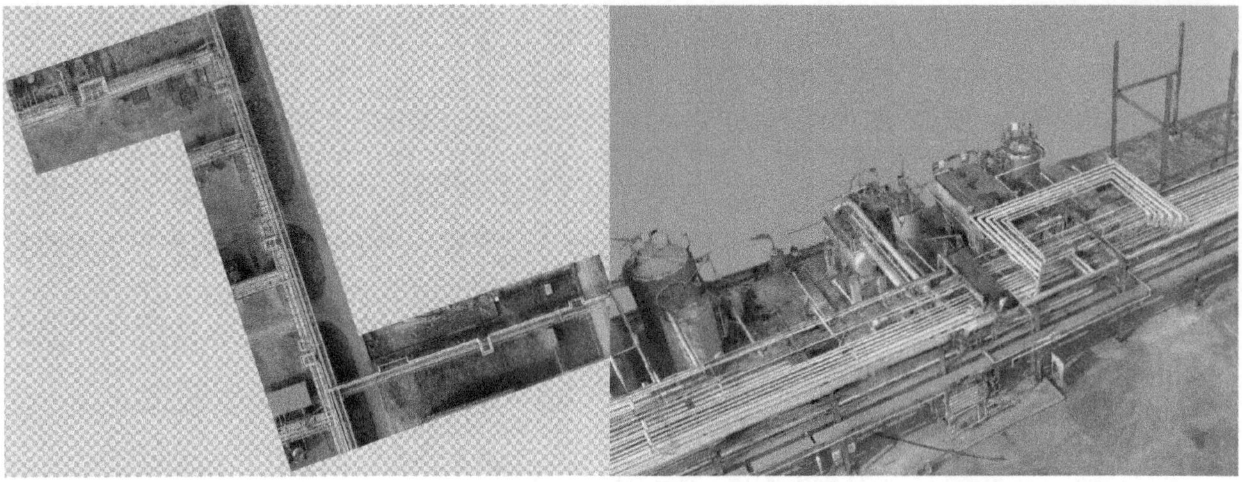

图 4　管线 2D 和 3D 模型

注不同隐患信息，输出报告，进行隐患整改并记录（见图 5）。

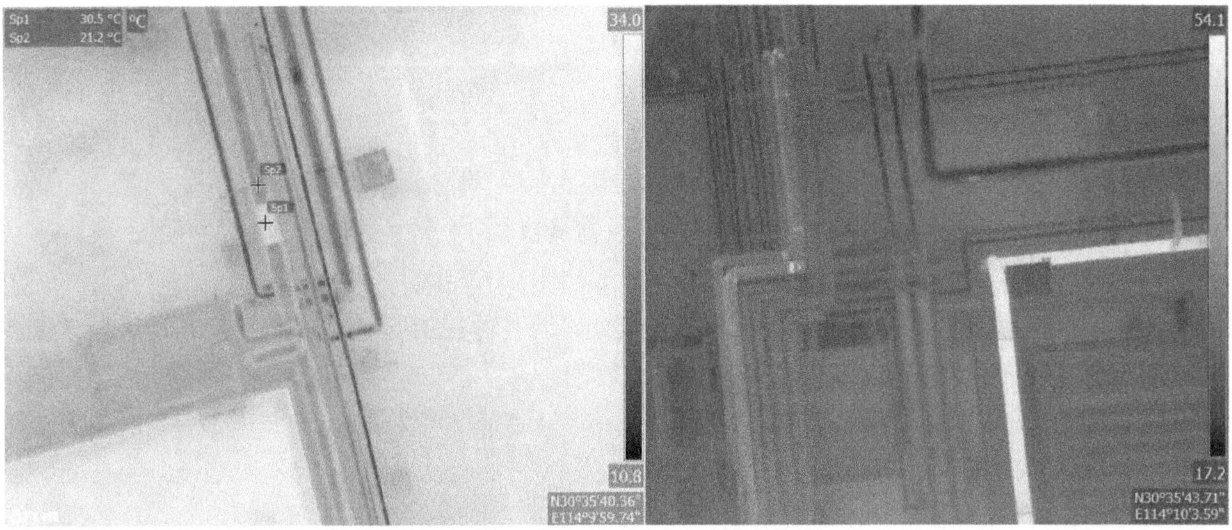

图 5　隐患数据分析记录

6　结论

本系统针对压力管道无人机检验数据的特点，设计了包含基础模块、用户模块、无人机模块、数据管理模块、管线检验模块以及安全预警模块的无人机压力管道数据管理系统，功能包括规划并记录无人机巡航航线，合成包含 GPS 信息的 2D 和 3D 管道图像，存储管道图像并能对管道任意部位进行长度、管径以及异常部位定位和尺寸测量、能在 2D 或 3D 管道图上以文字或图片标记任意部位缺陷情况，能以图片和视频等方式保存管道检验记录。利用该系统可保证压力管道检验数据的完整性、规范性、安全性，有利于数据的高效利用，解决以往资料数据归档不规范的问题，提高无人机压力管道数据管理系统整体的协作性及应用终端的通用性。随着检验数据的不断更新和完善，结合 GIS 分析的综合功能，提升了压力管道检验效率，使压力管道无人机检验更加规范化、智能化。

参考文献

[1] 南京特检院．南京特检院推进大型起重机结构无人机载智能视觉检测系统研究 [J]．起重运输机，2016，11：38.

[2] 程军，望斌，宋毅．无人机遥感技术在大型起重机械结构检测的应用前景展望 [J]．特种设备安全技术，2017，4：32-34.

[3] 夏珺芳，凌张伟，王敏，等．无人机在特种设备检测领域的应用 [J]．化工管理，2018，6：67-68.

[4] 舒艳．无人机油气管线巡检数据管理系统研究 [J]．天然气与石油，2019，6：111-116.

电子束制备的管道用 Inconel 740 合金在 950℃和 1000℃的氧化行为

廖 娇[1,2]，王少军[1,2]，宋 盼[1,2]，左延田[1,2]，黄奕昶[1,2]，李晓军[1,2]，李 玮[1,2]，王洁璐[1,2]，王 昕[1,2]

1. 上海市特种设备监督检验技术研究院，上海，200062

2. 上海压力管道智能检测工程技术研究中心，上海，200062

摘 要： 采用静态氧化增重的方法研究了电子束熔炼制备 Inconel 740 合金在 950℃和 1000℃的高温氧化行为，获得合金在不同温度下的氧化动力学曲线。结果表明，合金在 950℃氧化时，氧化增重遵循抛物线规律，表面无氧化膜剥落；在 1000℃氧化时出现部分氧化膜剥落，仍近似遵循抛物线规律；利用 XRD、SEM 以及 EDS 等分析方法对氧化膜表面形貌及结构进行分析，合金的氧化膜组成主要以 Cr_2O_3 为主，并且有 TiO_2、Al_2O_3 和（Co，Ni）Cr_2O_4 尖晶石。氧化过程中发生内氧化现象。合金在 1000℃的氧化速度较 950℃时约高出 1 个数量级。通过氧化膜的组成进一步探究合金的氧化机制。

关键词： Inconel 740 高温合金；氧化动力学；氧化机理

Research on Oxidizability at 950℃ and 1000℃ of Inconel 740 Superalloy Prepared by Electron Beam Melting

Liao Jiao[1,2]，Wang Shaojun[1,2]，Song Pan[1,2]，Zuo Yantian[1,2]，Huang Yichang[1,2]，Li Xiaojun[1,2]，Li Wei[1,2]，Wang Jielu[1,2]，Wang Xin[1,2]

1. Shanghai Institute of Special Equipment Inspection and Technology Research, Shanghai, 200062

2. Shanghai Engineering Research Center of Pressure Pipeline Intelligent Inspection, Shanghai, 200062

Abstract: The high-temperature oxidation behaviors of Inconel 740 which was prepared by EBM at 950℃ and 1000℃ was studied under static oxidation increase method，and the oxidation kinetics curves were obtained at the different temperature. The results show that the oxidation kinetics of Inconel 740 at 950℃ follows the parabolic law without spalling the oxide film，while the oxidation kinetics at 1000℃ approximately follows parabolic law with spalling a small amount of oxide film. The surface morphology and structure of oxide film was analysed by XRD，SEM and EDS. The phenomenon of internal oxidation exists during the oxidation process，and the main composition of oxide film is Cr_2O_3；as well as TiO_2，Al_2O_3 & (Ni，Co) Cr_2O_4，The oxidation rate of Inconel 740 at 1000℃ remained one order of magnitude higher than the rate at 950℃. The oxidation mechanism of the alloy has also been suggested by the phase composition analyses of oxide layers.

Keywords: Inconel 740 superalloy；oxidation kinetics；oxidation mechanism

---

作者简介：廖娇，1988 年生，男，工程师，硕士研究生，主要从事压力管道检测及焊接的相关工作。

1 前言

镍基高温合金由于其良好的高温强度和抗氧化腐蚀性能、优异的抗蠕变以及稳定性而广泛应用于航空航天、能源、交通运输和化工等工业领域[1,2]。近年来，随着各国工业的发展，对电量的需求越来越大，因此电厂必须研制燃煤效率高和环境污染少的发电机组。燃煤电站的热效率主要取决于机组的蒸汽工作参数，即蒸汽温度和压力，蒸汽参数值越高，其热效率越高[3,4]。美国与欧盟计划在 2025 年建立蒸汽参数为 700℃/37.5MPa 超超临界锅炉的发电机组，但目前在发电机组中使用的再热器、过热器管材材料大多为不锈钢，如 TP304H，Super304H 等，其他一些镍基高温合金如 Inconel 617，Inconel 671 等也不能满足超超临界锅炉过热器对于高温强度和抗腐蚀氧化方面的要求[5,6]。因此，美国 Special Metal 公司在 Nimonic 263 合金的基础上，通过降低合金中 Mo 元素的含量和提高 Cr 元素的含量以提高合金的固溶强化作用和合金抗腐蚀能力，同时加入 Nb 元素以提高合金的高温持久性能，研制出一种新型镍基高温合金 Inconel 740。传统的 Inconel 740 合金是利用真空感应熔炼与真空电弧重熔的双联工艺制备[7,8]。传统工艺制备得到的 Inconel 740 合金在高温长期时效过程中的组织稳定性以及一些力学性能已进行过相关研究，然而电子束制备镍基高温合金 Inconel 740 合金的相关研究尚未报道，本研究选取高于合金预计使用温度的实验温度下进行加速氧化实验，研究了 Inconel 740 合金在 950℃和 1000℃时的氧化动力学，并分析和探讨了合金中的一些元素在氧化过程中的作用和氧化机制。

2 试验材料和方法

试验材料的化学组成（质量分数,%）如表 1 所示，合金是经电子束真空熔炼，1204℃下保温 16h 进行均匀化退火后在 1177℃下热加工成棒材，最后在 1150℃保温 30min 后水中淬火进行固溶处理。将经过固溶处理后的合金坯料切割成大小为 13mm×10mm×2mm 的方形片，利用金相砂纸打磨并抛光，分别将试样放进乙醇和丙酮溶液中清洗并吹干待用。氧化实验前，首先将洗净后的刚玉坩埚在预定的实验温度下烘烤至恒重，然后放入试样称重后一起放入炉内，并在选定的温度下进行氧化实验。达到目标温度后每隔一段时间将样品取出，待冷却至室温后在精度为 0.1mg 的电子天平上称重，初始每隔 5h 称一次，以后逐渐增加。氧化结束后，分析氧化动力学曲线，并用 XRD，SEM 和 EDS 分析试样表面的氧化膜形貌与结构，以及对氧化膜横截面观察与分析。

表 1 电子束熔炼制备的 Inconel 740 合金成分 （质量分数/%）

元素	C	Cr	Mo	Co	Al	Ti	Nb	Mn	Fe	Si	B	Ni
标准	0.03	25	0.5	20	0.9	1.8	2.0	0.3	0.7	0.5	0.004	Bal
EBM	—	25.97	0.55	20.70	0.45	1.76	2.22	0.11	0.83	0.21	—	Bal

3 试验结果及分析

3.1 氧化动力学分析

图 1 是电子束制备 Inconel 740 合金在 950℃与 1000℃的恒温氧化动力学曲线，合金在 950℃氧化的前 20h 内氧化增重随时间增加有明显增加，之后曲线平稳，在氧化 154h 时间段内样品表面较完整且无氧化膜剥落，抗氧化性能好。氧化动力学符合抛物线规律，计算得到其抛物线速度常数为 $2.22\times10^{-3}mg^2\cdot cm^{-4}\cdot h^{-1}$。在 1000℃下，前 20h 内氧化速度较快，此后氧化速率随着氧化时间的增加而逐渐降低，最后氧化增重趋于稳定，合金在 134h 氧化增重为 $1.92mg/cm^2$。其氧化动力学曲线近似地

遵循抛物线规律，其平均抛物线速度常数为 $2.75\times10^{-2}mg^2\cdot cm^{-4}\cdot h^{-1}$，其相对于 950℃时的氧化速度约高 1 个数量级。

合金在 950℃和 1000℃氧化动力学曲线遵循抛物线规律，这是因为在氧化初期，氧化初期合金表面上的晶界等缺陷处易形成氧化物的形核质点，所以氧化速度较快；而在氧化后期，由于氧化膜将合金基体与氧气介质分开，氧化过程主要由合金元素在氧化层间的固态扩散控制，因此氧化增重有所减慢。根据国家《钢及合金抗氧化性的测定方法》关于平均氧化速度的评级标准，合金在 950℃与 1000℃下属于“完全抗氧化”。

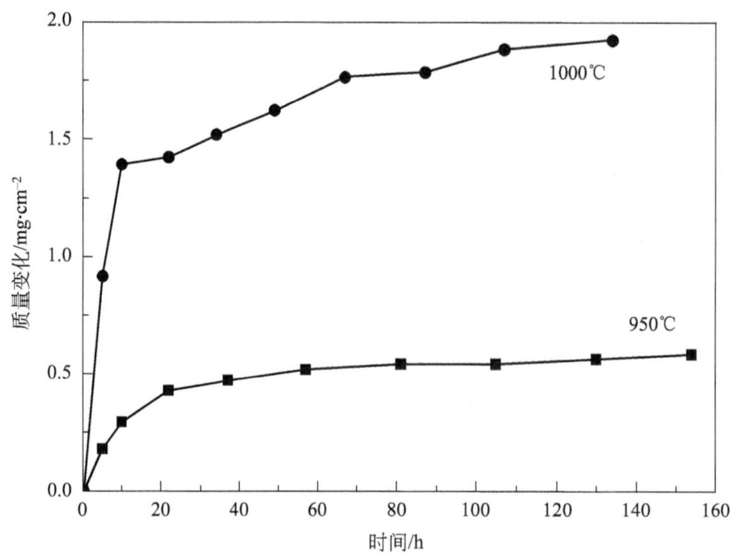

图 1　合金在 950℃和 1000℃的氧化动力学曲线

3.2　氧化产物组成与分析

图 2 是合金在 950℃空气中氧化 154h 和 1000℃下氧化 134h 的后的氧化膜表面形貌 SEM 图，合金氧化后的表面呈浅灰色，在两种温度下均形成连续且致密的氧化膜，但是在 1000℃时氧化时表面氧化物颗粒较 950℃稍大一些，且大小不均匀，最大在 3μm 左右。对表面氧化膜元素成分进行能谱分析，其主要组成元素为 Cr，Ti 和 O，也含有少量的 Ni，Co 和 Nb 元素等。

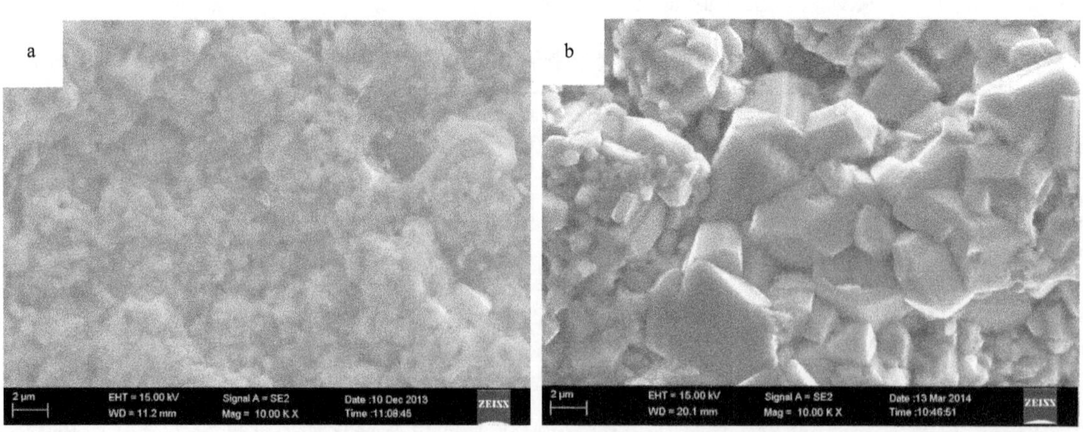

图 2　合金在 950℃，154h（a）和 1000℃，134h（b）氧化后表面的氧化膜形貌

图 3 是合金在 1000℃氧化后表面生成的氧化膜截面形貌。由于试样在两种温度下氧化生成的氧化膜截面元素的面分布基本没有区别，这里只给出试样在 950℃氧化时截面的元素面扫描分布。图 4 为合金在 950℃氧化后的氧化膜的截面形貌和氧化物中一些元素的面扫描分布图。通过根据两种温度下氧化

形成的断面形貌分析，氧化产物的截面分布情况基本一致，且氧化膜连续地覆盖在试样的表面，并且可以将氧化产物大致分为 3 层，即外氧化层、中间层和内氧化层。外氧化层一般厚度保持均匀且存在较为明显的空洞，这可能与氧化膜在冷却过程中发生应力释放的缘故。中间氧化层属于基体与外氧化层的过渡层，一般呈不连续分布，内氧化层靠近基体，这部分区域的氧化扩展都是元素的传质过程所致。合金在 950℃氧化 154h 后形成氧化膜的外氧化层厚度为 6μm 左右，中间层大约为 3μm 厚，内氧化层厚度约为 15μm。在 1000℃氧化 134h 后的外氧化层厚度约为 10μm，内氧化层约为 20μm，对比两种温度下氧化产物的分布情况，可以得到合金在 1000℃条件下氧化后的腐蚀区域远远超过 950℃氧化产生的腐蚀区域，内氧化层更倾向于向基体扩展，且更明显地沿晶界分布。由于在 1000℃氧化过程中存在氧化膜的剥落现象以及氧化膜中存在的缺陷，导致空气中的氧会摆脱表面氧化膜的束缚作用而继续向基体中扩散，进而继续向内层渗透，最终加剧合金的氧化过程。

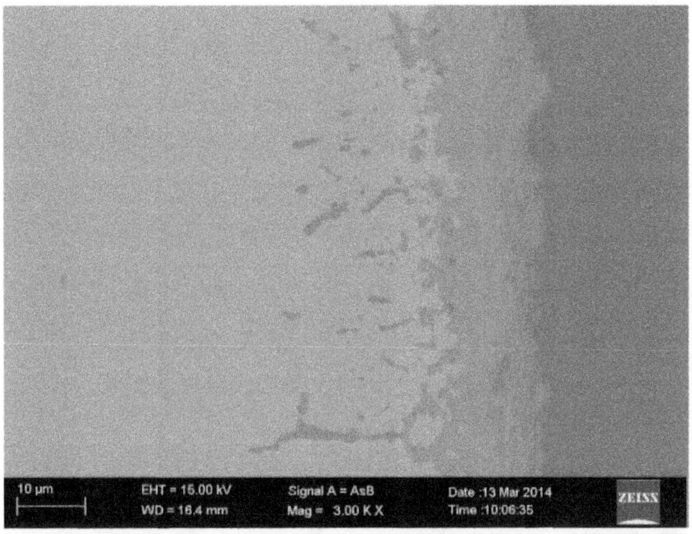

图 3　合金在 1000℃氧化 134h 后的氧化层截面的 SEM 照片

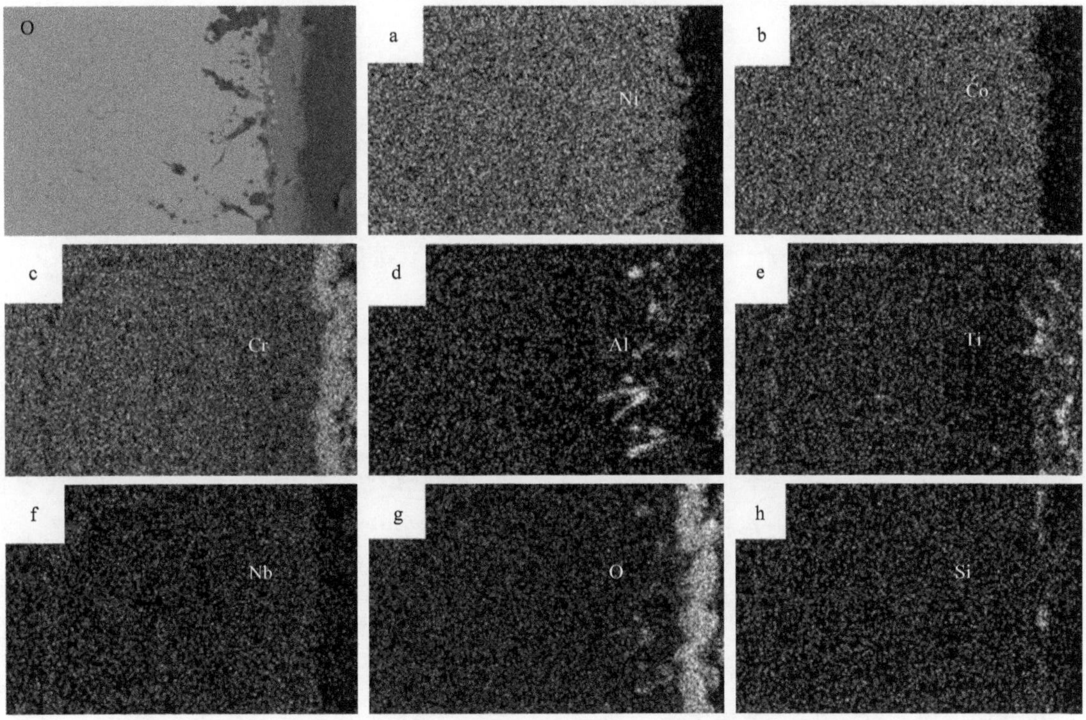

图 4　合金在 950℃氧化 154h 后氧化层上一些元素面扫描和其横截面的 SEM 照片

根据试样截面氧化物元素的面分布情况可知，根据试样截面氧化物元素的面分布情况可知，外氧化层中富含 Cr 和 O 元素，另外还有部分的 Ti，Ni，Co 和 Si 元素存在，且 Ti 元素易在外氧化层富集，TiO_2 与 Cr_2O_3 为主，该层疏松不致密，且随着氧化温度与时间的增加，后期已发现剥落现象。基体与表面层间不连续的过渡中间层分布较多的 Al，Ti，O 和 Si 元素，且中间层通常是以 Cr_2O_3 为主的连续且致密的、起到保护作用的氧化膜，同时能谱分析表明中间层还有少量的 TiO_2 以及（Co，Ni）Cr_2O_4 尖晶石存在。内氧化层即内氧化物出现的地方，主要为颗粒状或条状的 Al_2O_3 相，也含有少量的 TiO_2，内氧化层的基体中几乎不含 Cr 元素，主要以 Al，Ti 和 O 元素为主。由于内氧化层的扩展主要有合金元素的传质过程控制，即由元素的扩散作用决定，因此随着温度的升高，内层氧化产物会增加，且内氧化层区域会增加。另外，合金组成中虽然含有 Fe 和 Mo 等元素，但是在氧化层的元素面分布上几乎没有这两种元素，这也说明 Fe 和 Mo 元素在合金的氧化过程中的作用较小。

利用 X 射线衍射仪对氧化后的试样表面进行 XRD 分析，图 5 所示为合金在 950℃ 氧化 154h 和 1000℃ 氧化 134h 后表面的 XRD 图谱。综合 XRD 图谱可以确定外层氧化物主要为 TiO_2、Cr_2O_3 和（Co，Ni）Cr_2O_4 尖晶石，通过截面分析和表面形貌分析结果可知，氧化产物的内氧化层主要由 TiO_2 和 Al_2O_3 组成，由基体与内层氧化物形成的中间不连续过渡层的主要成分是 Al_2O_3、SiO_2 和 TiO_2，Al 和 Ti 元素进入中间层的主要原因在于表面形成的 Cr_2O_3 氧化膜比较疏松，难以维持表层氧化物的致密性，从而使得表层氧化膜的连续性遭到破坏。另外发现 SiO_2 倾向于在中间层的外侧分布，可能与 Si 元素的选择性氧化有关。

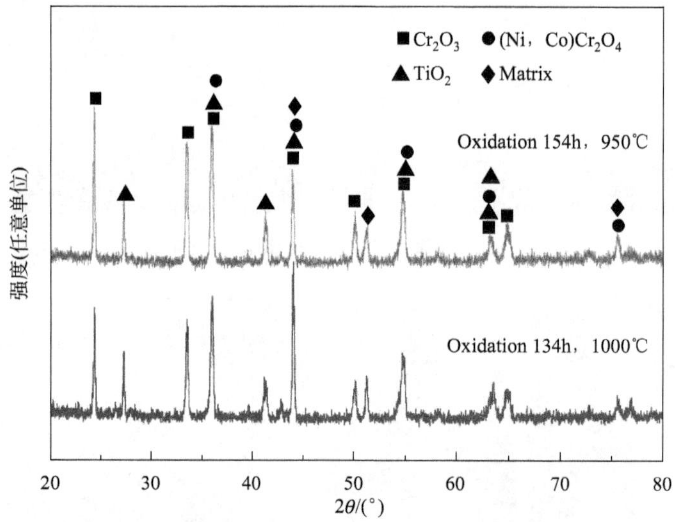

图 5 合金在 950℃ 氧化 154h 与 1000℃ 氧化 134h 后表面 XRD 图

合金的表面氧化膜的形成通常认为是氧化过程中氧化动力学和热力学两者共同决定的[9,10]。由于合金中各元素间的自由能相差较大，在合金表面会因某种元素自由能最负而优先进行选择性氧化，氧化膜的连续与否取决于该元素在合金表面的活度。当合金中元素分布不均匀或相分布不均匀，会导致其中不同状态的合金元素以不同的反应速度参与氧化过程。含有大量第二相 γ' 强化的奥氏体合金，由于 γ' 和 γ 基体两相的表面热力学稳定性以及其腐蚀速率和腐蚀产物存在差异，会对氧化反应有着显著的影响。当合金处于热力学稳定而无固溶倾向时，在氧化过程中可以将合金表面视为惰性表面，此时合金的氧化过程可以看作是奥氏体的悬着性氧化，因此高温合金氧化的特点是氧化物种类，且氧化物存在分层现象。当高温合金中铬、铝、硅的含量超过临界值时，通过选择性氧化可形成完整的 Cr_2O_3、Al_2O_3 或 SiO_2 膜[11,12]。

在氧化初期，以 Ni-Co-Cr 三种元素为主要元素的 Inconel 740 合金同时氧化生成（Ni，Co）O 和 Cr_2O_3，并由于合金中含有较多的 Cr 元素，会在表面优先形成致密的 Cr_2O_3 氧化膜，即表现为氧化初

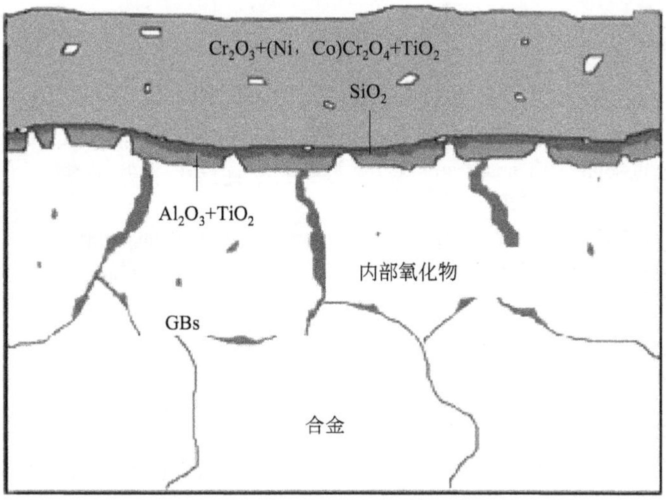

图 6 Inconel 740 合金表面氧化膜结构示意图

期氧化增重较为明显。而后由于（Ni，Co）O 颗粒被 Cr_2O_3 氧化膜覆盖并与之发生固相反应转变为（Co，Ni）Cr_2O_4 尖晶石相。根据合金元素在氧化过程中具有选择性的规律，在氧化初期由于 Cr 元素合金中的含量远远高于 Al 元素，因此在氧化初始阶段，主要是 Cr 的选择性氧化，同时也有 Al 元素的内氧化过程发生[12,13]。但由于 Cr_2O_3 氧化膜的形成会减弱基体与氧化膜之间界面处氧的活性，因此，即使当合金中 Al、Ti 和 Si 元素的含量较低，仍可发生选择性氧化[14]。随着氧化时间的增加，在中间层见面也会出现 Al_2O_3 相的聚集。另外，由于 Si 在基体中的溶解度较低，氧化物在生长过程中会将 Si 元素从氧化层向外推出[15]，即在氧化层下面形成一层较薄的 SiO_2 氧化层。由于 Ti 元素具有较强的活性以及与氧元素有较强的亲和力，在 Ti 元素外扩散中会在外氧化层以及中间层形成 TiO_2。

Inconel 740 合金表面形成的氧化膜结构示意图如图 6 所示。外氧化层与基体中间形成的氧化物 TiO_2、Al_2O_3 或 SiO_2 层，有效地阻碍了 Cr 和 O 元素在合金中的扩散，从而减慢了合金的氧化速率，在后期的氧化动力学上表现为氧化增重较慢，直至趋于稳定。

另外，对比两种温度下的截面形貌，可以发现合金在 950℃氧化后形成氧化膜截面较 1000℃时氧化膜截面存在更多的孔洞缺陷，这可能与 950℃环境下氧化后形成的氧化膜较为致密且无剥落现象，氧化膜内存在较大的应力，所以氧化膜发生变形，而 1000℃氧化时形成的氧化膜较为疏松且有部分剥落，可较好地释放氧化膜内的应力。

4 结论

① Inconel 740 合金在 1000℃氧化时的氧化速度其较 950℃时的氧化速度约高 1 个数量级。根据关于平均氧化速度的评级标准，Inconel 740 合金在 950℃与 1000℃下属于“完全抗氧化”。

② Inconel 740 合金在氧化过程中会发生内氧化和外氧化现象，外氧化是由合金表面与氧发生的界面反应控制，内氧化是由构成氧化膜的元素扩散发生传质过程控制。氧化产物一般分为三层，即内氧化层，主要为 TiO_2 和 Al_2O_3；中间氧化层，主要成分为 TiO_2、Al_2O_3 和 SiO_2；外层氧化物，由 TiO_2、Cr_2O_3 和（Co，Ni）Cr_2O_4 尖晶石组成。

③ 氧化膜主要以 Cr_2O_3 膜为主，同时含有少量的 TiO_2、Al_2O_3 和（Co，Ni）Cr_2O_4 尖晶石，由于合金元素具有选择性氧化特点，合金在氧化过程中会形成具有多种组分复合结构的氧化膜，如中间氧化层的形成，可显著提高合金的抗氧化性能。

参考文献

[1] Whittle D P，Stringer J. Improvements in high temperature oxidation resistance by additions of reactive elements or oxide dispersions [J]. Philosophical Transactions of the Royal Society of London. Series A，Mathematical and Physical Sciences, 1980, 295 (1413)：309-329.

[2] Seal S，Bose S K，Roy S K. Improvement in the oxidation behavior of austenitic stainless steels by superficially applied，cerium oxide coatings [J]. Oxidation of Metals, 1994, 41 (1-2)：139-178.

[3] 孙魁平，支宪，马保瑞，等. 镍基变形高温合金的氧化研究 [J]. 物理测试, 2009, 27 (4)：19-22.

[4] 徐仰涛，夏天东，闫健强，等. 合金元素对 Co-Al-W 合金高温氧化行为的影响 [J]. 中国有色金属学报, 2010, 20 (011)：2168-2177.

[5] Behrani V，Thom A J，Kramer M J，et al. Microstructure and oxidation behavior of Nb-Mo-Si-B alloys [J]. Intermetallics, 2006, 14 (1)：24-32.

[6] Murakami T，Sasaki S，Ichikawa K，et al. Microstructure，mechanical properties and oxidation behavior of Nb-Si-Al and Nb-Si-N powder compacts prepared by spark plasma sintering [J]. Intermetallics, 2001，9 (7)：621-627.

[7] Piedra E M，Fry A T. High Temperature Steam Oxidation of Power Plant Alloys by Means of a New Specimen Design With Contacting Surfaces [J]. Oxidation of metals, 2012，77 (3-4)：189-207.

[8] Sundararajan T，Kuroda S，Kawakita J，et al. High temperature corrosion of nanoceria 9Cr1Mo ferritic steel in air and steam [J]. Surface and Coatinqs Technology, 2006, 201 (6)：2124-2130.

[9] 张学军，牛众，吴维彂. Cu-20Ni-30Cr 合金在 700℃和 800℃纯氧气中的氧化 [J]. 稀有金属材料与工程, 2005，34 (8)：1272-1273.

[10] Rapp R A. Kinetics，microstructures and mechanism of internal oxidation-its effect and prevention in high temperature alloy oxidation [J]. Corrosion, 1965, 21 (12)：382-401.

[11] 李维银，刘红飞，赵双群. 新型镍基高温合金 950℃氧化行为的研究 [J]. 材料热处理学报, 2008, 29 (3)：26-29.

[12] Zhu Rizhang，He Yedong，Qi Huibing. High-Temperature Corrosion and Materials of High-Temperature Resistance [M]. Shanghai：Shanghai Science and Technology Press, 1995：180.

[13] 赵双群，董建新，张麦仓，等. 新型镍基高温合金在 950℃和 1000℃的氧化行为 [J]. 稀有金属材料与工程, 2005，34 (2)：208-211.

[14] Khalid F A，Hussain N，Shahid K A. Microstructure and morphology of high temperature oxidation in superalloy [J]. Material Science Engineer：A, 1999, 265 (1)：87-94.

[15] Wang B，Gong J，Wang A Y，et al. Oxidation behaviour of NiCrAlY coatings on Ni-based superalloy [J]. Surface and Coatings Technology, 2002, 149 (1)：70-75.

脉冲式 DR 在工业管道定期检验中的应用与研究

陈　勋[1]，周丽琴[2]，胡洁靓[1]

1. 武汉市锅炉压力容器检验研究所，武汉，430024

2. 武汉锅炉集团阀门有限公司，武汉，430200

摘　要： 脉冲式 DR 检测系统具有曝光剂量小、成像速度快的优点，本文将脉冲式 DR 检测技术应用于氨制冷管道和聚乙烯管道定期检验时焊缝的埋藏性缺陷检测，研究发现脉冲式 DR 检测带保冷层氨制冷管道时图像灵敏度较难满足要求，当保冷层厚度较大时，图像分辨率也不能满足标准要求；脉冲式 DR 检测聚乙烯燃气管道时，能清晰的检测出聚乙烯管连接接头中金属丝错位、未完全熔合和夹渣缺陷。

关键词： 脉冲式 DR；氨制冷管道；聚乙烯管道；定期检验

Application and research of pulse DR in regulation inspection of pressure pipeline

Chen Xun[1], Zhou Liqin[2], Hu Jieliang[1]

1. Wuhan Boiler Pressure Vessel Inspection Institute, Wuhan, 430024

2. Wuhan Boiler Group Valve Co., Ltd. Wuhan, 430200

Abstract: Pulse DR detection system has the advantages of small exposure dose and fast imaging speed. In this paper, we apply pulse DR detection technology to the regulation inspection of ammonia refrigeration pipeline and polyethylene pipeline. It is found that the image sensitivity is difficult to meet the requirements but image separation rate can meet the requirements when detecting the ammonia refrigeration pipeline with cold insulation layer; also we found some defects such as wire dislocation, incomplete fusion and slag inclusion in the joints of PE pipes by DR digital radiography technology.

Keywords: pulse DR; ammonia refrigeration pipeline; polyethylene pipeline; regulation inspection

0　引言

射线检测具有缺陷检出率高、定性准确直观的优点，在压力管道安装和定期检验时，多采用射线检测的方法检测管道焊接接头中的埋藏缺陷，但传统射线检测工作强度大、检测效率低。随着电子制造技术和计算机数字图像处理技术的发展，X 射线数字成像检测技术逐渐应用于焊缝检测，与传统射线检测方法相比，X 射线数字成像检测技术采用数字成像板成像，不使用胶片，不经过暗室处理，可以实时成像，成像图片经数字化图像处理软件处理后能显著提高成像质量[1]，而脉冲式 DR 检测系统曝光剂量小、成像速度快，因此特别适用于薄壁和小管径压力管道定期检验时焊缝的埋藏性缺陷检测。

作者简介：陈勋，1987 年生，男，高级工程师，硕士，从事压力容器、压力管道检验检测工作。

1 脉冲式 DR 检测系统组成及成像原理

1.1 脉冲式 DR 检测系统组成

本文采用以色列 VIDISCO Rayzor X pro 检测系统。该系统采用非晶硅 DDA 平面成像板，厚度仅为 13mm，动态范围 14bits（16384 灰度级），分辨率最高可达 3.5 线对/毫米，成像区域 222mm×222mm，射线源为 XRS-3 型射线机，脉冲发射率为 15 脉冲/秒，曝光控制在 1～99 脉冲，最大可穿透 25mm 钢板，射线机配置锂电池，不需要交流电源供电，可在野外连续工作 6 小时。该检测系统组成如图 1。

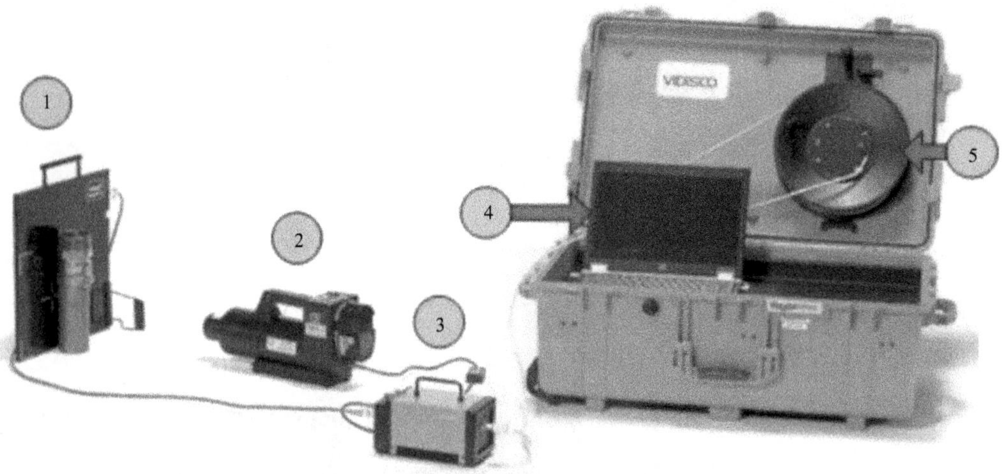

图 1 脉冲式 DR 检测系统组成

①—DDA 平面成像板；②—X 射线源；③—ICU；④—CDU；⑤—ICU/CDU 连线

1.2 脉冲式 DR 检测系统成像原理

X 射线源发射的 X 射线光子穿透工件后，携带工件射线衰减信息的 X 射线光子被探测器接收，激发探测器闪烁体层，闪烁体层将 X 射线光子转换为可见光，定向传输到大面积非晶硅探测器阵列，通过大规模集成非晶硅光电二极管阵列将可见光信息转换为电信号，传送到薄膜晶体管阵列，在薄膜晶体管阵列的各电容单元形成储存电荷，由读出电路按顺序读出，形成数字信号，传输至计算机进行处理、显示和保存等操作。

2 脉冲式 DR 在氨制冷管道定期检验中应用

冷库中制冷管道的定期检验时，焊缝埋藏性缺陷的检测是其中最重要的检验项目，而冷库中低压侧管道都包有保冷层且多数冷库都是长周期连续运行，采用传统射线或超声方法检测需要企业停机并拆除保冷层进行检测，会给企业造成较大损失。大量研究表明，采用 DR 数字射线成像技术，可在不停机、不拆保温层的情况下检测焊缝焊接质量[2-4]。2013 年国家质量监督检验检疫总局发布关于氨制冷装置特种设备专项治理工作的指导意见（质检特函［2013］61 号文件）中明确提出，在用压力管道的定期检验中，低压侧管道埋藏缺陷的检测可以采用射线检测、超声检测、数字射线检测技术。

在对某冷库氨制冷管道进行定期检验时，对不同规格管道焊缝进行射线检测。图 2 为油分离器出口附近 ϕ108mm×5mm 管道上的焊缝，该管道内介质为高压气氨不带保冷层，分别采用脉冲式 DR 和传统射线进行检测，检测结果分别见图 3 和图 4。由图 3 和图 4 检测结果可知，脉冲式 DR 和传统射线检测均在该焊缝中检测出整圈的未焊透缺陷，通过分析成像图片和底片上像质计来评价成像质量，在脉冲式 DR 检测图上单丝像质计能识别 W13，双丝像质计能识别 D9，而在传统射线检测底片上单丝像质计能识别 W15，虽然都能满足 NB/T 47013.11—2015 中 AB 级检测技术等级的要求，但传统射线检测单丝像质计可识别丝径更细，成像灵敏度更高。成像灵敏度高说明检测图像的细节识别能力更强，即更容易检测发现裂纹等细小缺陷。这是由于该脉冲式 DR 检测成像板有效像素尺寸为 143μm 远大于胶片有效像素尺寸（约为 10μm），使得脉冲式 DR 成像的基本空间分辨率降低，细小缺陷和单丝像质计可识别性不如传统胶片。

图 2　ϕ108mm×5mm 管道焊缝检测部位

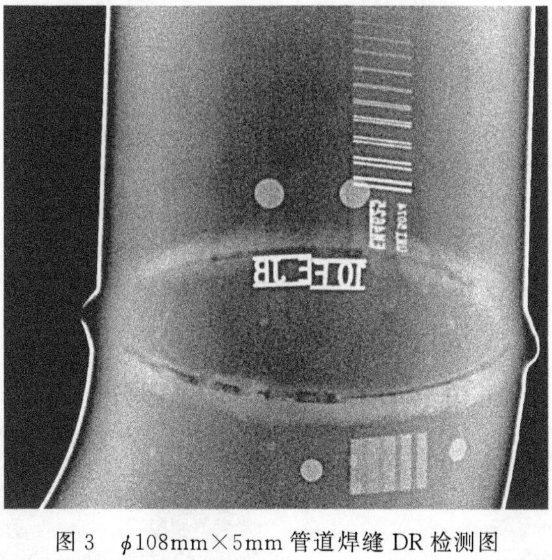

图 3　ϕ108mm×5mm 管道焊缝 DR 检测图

图 5 为 ϕ57mm×4mm 低压循环桶下方氨泵出口附近管道上的焊缝，该管道介质为低温液氨带保冷层，图 6 为 ϕ57mm×4mm 带保冷层管道焊缝 DR 检测图，采用双壁双影透照，像质计置于探测器侧，由图 6 可知，在带保冷层和液氨介质检测时，在焊缝中检测发现制造遗留的未焊透和圆形缺陷，单丝相质计能识别 W12，双丝相质计能识别 D9，单丝相质计识别能力低于 NB/T 47013.11—2015 中 AB 级检测技术等级的要求，而双丝相质计识别能力满足 NB/T 47013.11-2015 中 AB 级检测技术等级的要求，这说明 ϕ57mm×4mm 管道带保冷层和液氨介质在进行 DR 检测时图像灵敏度不能满足要求，而图像分辨率能满足要求。

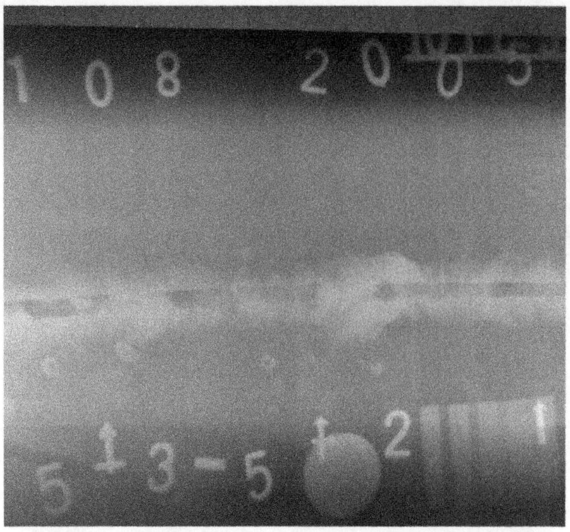

图 4　ϕ108mm×5mm 管道焊缝射线检测图

图 5　ϕ57mm×4mm 管道焊缝 DR 检测部位

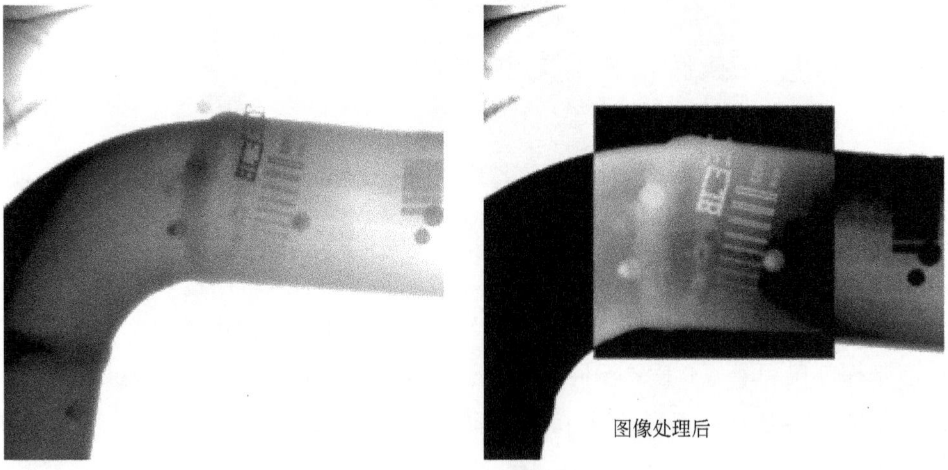

图 6　ϕ57mm×4mm 管道焊缝 DR 检测图

图 7 为 ϕ219mm×6mm 压缩机回气入口附近管道上焊缝，该管道介质为低温气氨带保冷层，图 8 为 ϕ219mm×6mm 带保冷层管道焊缝 DR 检测图，采用双壁单影透照，像质计置于探测器侧，由图 8 可知，在带保冷层进行检测时，单丝相质计能识别 W11，双丝相质计能识别 D8，单丝像质计和双丝像质计识别能力均不能满足 NB/T 47013.11—2015 中 AB 级检测技术等级的要求，这说明 ϕ219mm×6mm 管道带保冷层进行 DR 检测时图像灵敏度和分辨率均不能满足要求。

在对带保冷层氨制冷管道进行 DR 射线检测时，由于保冷层和管道内介质对射线的吸收、散射等影响，降低了成像图片的对比度，导致单丝像质计识别能力普遍低于标准要求。随着管径增大，管道壁厚和保冷层厚度增加，透照射线能量增加，使单丝像质计和双丝像质计识别能力均不能满足标准要求。

图 7 ϕ219mm×6mm 管道焊缝 DR 检测部位

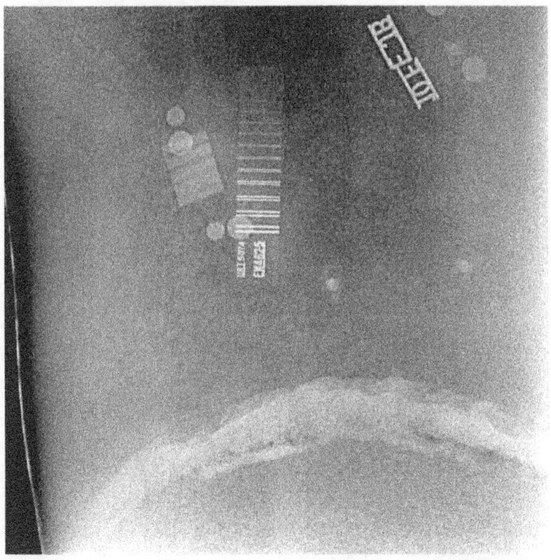

图 8 ϕ219mm×6mm 管道焊缝 DR 检测图

3 脉冲式 DR 在聚乙烯管道定期检验中应用

聚乙烯管道的连接是安装过程中最重要的工序，常采用电熔和热熔连接，与钢制压力管道焊接工艺相似，热熔和电熔连接接头中也会产生裂纹、夹渣、孔洞等缺陷。这些缺陷在管道使用过程中会扩展并严重影响管道安全运行。在某埋地聚乙烯燃气管道全面检验时，采用脉冲式 DR 数字射线机对聚乙烯管道的热熔和电熔连接接头进行埋藏缺陷检测[5]。

图 9 为弯头处电熔连接接头 DR 检测图，在该电熔连接接头中发现金属丝错位和未完全熔合缺陷。图 10 为三通处电熔连接接头 DR 检测图，在接头中发现密集性夹渣缺陷。图 11 为三通支管上热熔对接接头 DR 检测图，在接头中同样发现夹渣缺陷。检测结果表明，脉冲式 DR 检测技术能清晰的检测出聚乙烯管连接接头中金属丝错位、未完全熔合和夹渣缺陷。通过脉冲式 DR 检测系统软件还能对未完全熔合和夹渣缺陷进行准确的定量分析，确定未完全熔合区的面积、自身高度和夹渣物的尺寸、数量。

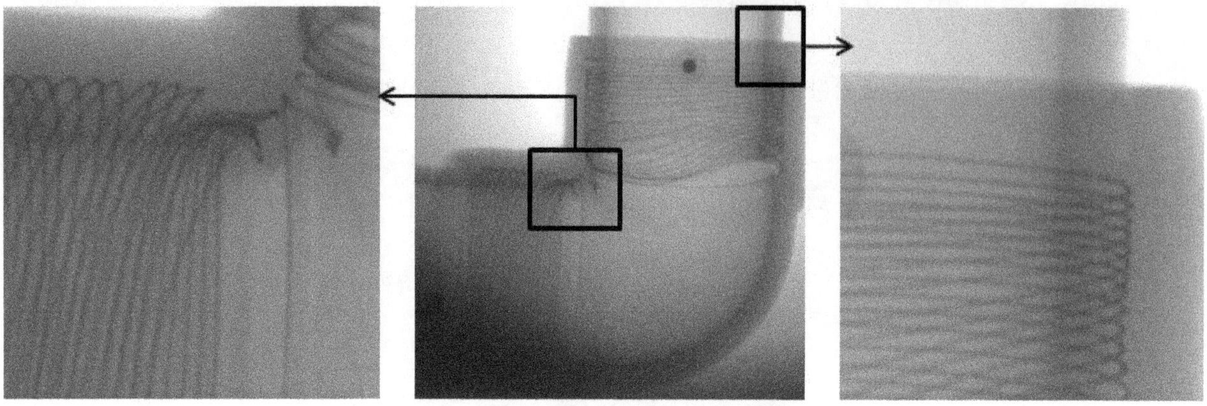

图 9　弯头处电熔连接接头 DR 检测图

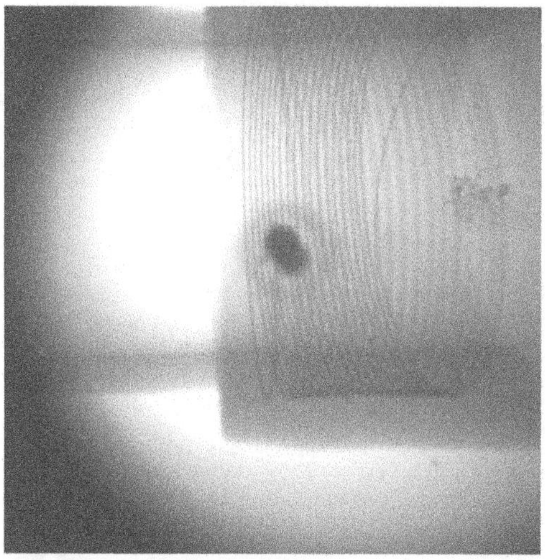

图 10　三通处电熔连接接头 DR 检测图

图 11　三通支管上热熔连接接头 DR 检测图

4 结语

通过对脉冲式DR在氨制冷管道和聚乙烯管道检验中的试验应用，得到如下结论：

① 由于脉冲式DR检测成像板有效像素尺寸为远大于胶片有效像素尺寸，使得脉冲式DR成像的基本空间分辨率降低，细小缺陷和单丝像质计可识别性不如传统胶片。

② 脉冲式DR检测带保冷层氨制冷管道时能检测出未焊透和圆形缺陷，但图像灵敏度较难满足要求，当保冷层厚度较大时，图像分辨率也不能满足标准要求。

③ 脉冲式DR检测聚乙烯燃气管道时，能清晰的检测出聚乙烯管连接接头中金属丝错位、未完全熔合和夹渣缺陷。

参考文献

[1] 郑世才．数字射线检测技术基本理论 [J]．无损探伤，2011，35 (5)：4-9.

[2] 贾强．氨制冷压力管道不停机全面检验方法研究 [J]．压力容器，2012，29 (5)：75-80.

[3] 邵翔．在役氨制冷管道DR检测技术应用 [J]．石油和化工设备，2015，18 (8)：63-65.

[4] 余兵．在用氨制冷压力管道全面检验 [J]．化工装备技术，2011，39 (12)：43-46.

[5] 石秀山，何仁洋，曾维国，等．埋地聚乙烯燃气管道基于失效模式的全面检验关键技术及工程应用 [J]．中国特种设备安全，2014，30 (7)：8-10.

埋地公用燃气管道缺陷评估及处理

李　玮[1,2]，王洁璐[1,2]，侯少星[1,2]，计艺帆[1,2]，李晓军[1,2]，廖　娇[1,2]

1. 上海市特种设备监督检验技术研究院，上海，200062

2. 上海压力管道智能检测工程技术研究中心，上海，200062

摘　要： 城镇燃气管道系统分布在人口和公共设施集中的地区，其事故具有社会性、突发性和复杂性等特点，不仅会造成严重的人员伤亡和财产损失，而且会带来环境污染和社会安定的问题。在对某公司埋地公用燃气管道进行定期检验时，采用 PCM＋A 字架系统对外防腐层进行检验，发现一处疑似防腐层破损点。对这一点进行开挖直接检验，在管道上发现三处缺陷。根据相关标准对缺陷进行评估，并根据现场情况，采用碳纤维补强方法对缺陷进行了修复，并介绍了缺陷评估与修复的过程，对城镇公用燃气管道缺陷修复和使用管理具有一定的参考意义。

关键词： 燃气管道；缺陷修复；缺陷评估；碳纤维补强法

Evaluation and Treatment of Defects in Buried Civil Gas Pipelines

Li Wei[1,2], Wang Jielu[1,2], Hou Shaoxing[1,2], Ji Yifan[1,2], Li Xiaojun[1,2], Liao Jiao[1,2]

1. Shanghai Institute of Special Equipment Inspection and Technology Research, Shanghai, 200062

2. Shanghai Engineering Research Center of Pressure Pipeline Intelligent Inspection, Shanghai, 200062

Abstract: Civil gas pipeline accidents have the characteristics of sociality, suddenness and complexity. The civil gas pipeline system is distributed in the area where the population and public facilities are concentrated. Once the accident occurs, it not only causes serious casualties and property losses, but also causes social insecurity, environmental pollution and other problems. During the regular inspection of a gas pipeline, the damaged point of the pipeline anticorrosive coating is found by the PCM system. Three defects were found on the pipe during the direct inspection. We evaluated these defects according to the technical standard and used carbon fiber reinforcement method to repair the defects temporarily. This paper describes in detail the process of defect evaluation and repair, which has certain reference significance for the repair and use management of civil gas pipeline defects.

Keywords: city gas pressure pipeline; defect evaluation; defect repair; carbon fiber composite repair

0　引言

天然气具有低污染、高热值的特点，在我国能源结构中的比重越来越大。随着城镇燃气输配系统的不断发展，燃气管道的安全已成为人们广泛关注的焦点。如何保证燃气管道的安全运行，已成为管道燃

作者简介：李玮，1983 年生，男，工程师，本科，主要从事压力管道检验工作。

气经营者首先要考虑的问题。根据美国管道和危险材料安全管理局（PHMSA，pipeline and hazardous materials safety administration）提供的近20年来油气管道系统事故趋势，燃气输配管网事故占管道系统重大事故的81%（图1）。因此，美国联邦法规（CFR）对燃气输配管道的完整性管理做了规定，并制定了相应的法规标准。加拿大标准协会（CSA）CSA Z662《Oil and Gas Pipeline Systems》作为油气输送管道系统的标准对天然气管道的设计、建造、运营和管理做了规定。欧洲等发达国家对城镇燃气管道的安全管理也有较为完善的法律法规体系。我国特种设备安全技术规范《压力管道定期检验规则—公用管道》（TSG D7004—2010）[1] 规定，对公用燃气管道要进行定期检验。

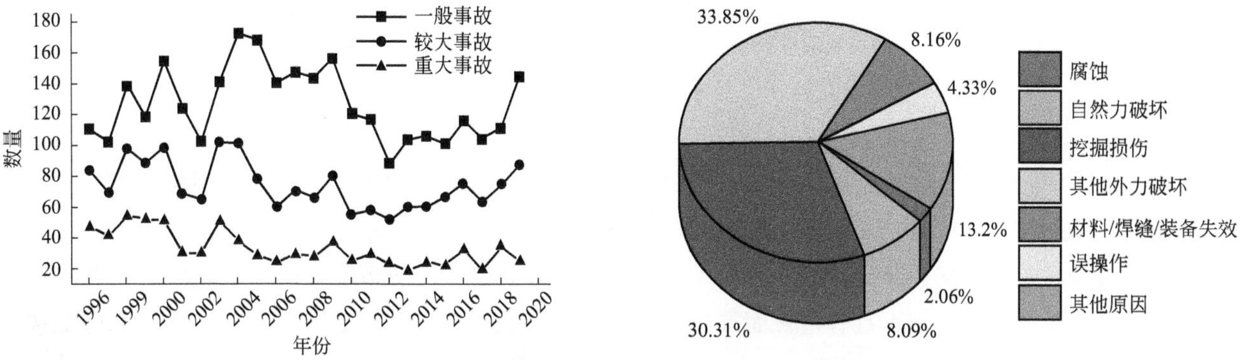

图1 美国PHMSA配气管道事故数据变化及失效原因统计

1 燃气管道检测原理及方法

目前，针对埋地管道的检测按照腐蚀位置分类可以分为管道外腐蚀检测以及管道内腐蚀检测，按照与被检测管道是否直接接触分类可以分为直接检测和间接检测。《钢制管道及储罐腐蚀评价标准 埋地钢质管道外腐蚀直接评价》（SY/T 0087.1—2018）介绍了常用外腐蚀的间接检测方法，其中包括了密间隔电位测量法（close interval potential survey，CIPS）、直流电压梯度法（direct current voltage gradient，DCVG）、交流电压梯度法（alternating current voltage gradient，ACVG）、交流电流衰减法（PCM），地面音频检漏法（皮尔逊法）等。

密间隔电位测量法（CIPS）主要检测阴极保护系统的效果，间接来反映防腐层的状况，通常认为当防腐层破坏时，该处电流密度增大，一般与直流电压梯度法（DCVG）配合使用。交流地电位梯度法（ACVG）采用埋地管道电流测绘系统（PCM）与交流地电位差测量仪（A字架）配合使用[2]，将A字架的两个接地极插入地面，在埋地管道上方以一定间隔沿着管线走向进行检测，箭头反转表明有破损点，当离开破损点时，箭头立即反向指向破损点，此时减小间隔重复测量，当A字架正好位于破损点正上方时，显示的箭头为两个方向，同时显示的dB值读数最小，将A字架旋转90°，并沿垂线进一步定位，使A型架向前或者向后稍微移动至箭头变回反向时为止。这样A字架的中点即为管道防腐层破损点位置，其原理如图2所示。

以上几种方法均采用地面设备来接收防腐层的异常，以此来判断防腐层的安全状况，因此一般不能直接反映管道本体的腐蚀情况，还必须通过现场开挖检测法来确定。通过开挖直接检测并用肉眼来直接观察管道的腐蚀状况，一般需要测量并记录管道的腐蚀形状及面积、埋深、位置、最大腐蚀凹陷，管道剩余壁厚，防腐层厚度、管地保护电位，必要时还需要对现场的土壤以及腐蚀产物进行取样分析。

2 检验案例分析

2020年，按照TSG D7004—2010的要求，对某燃气公司的埋地管道进行定期检验。该段管道规格

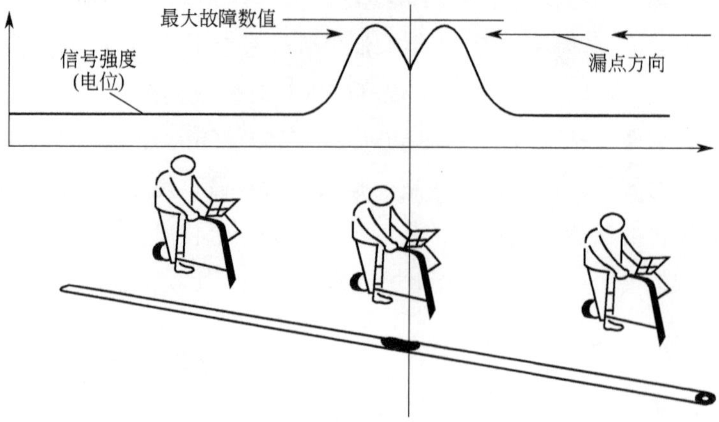

图 2　ACVG 测量原理图

为 ϕ325mm×8mm，工作压力为 0.4MPa，工作温度为常温，材料为 SS400 无缝钢管，管顶埋设为 −0.6m，采用 ACVG 方法对该管道进行外防腐检测，得到某处 dB 值为 59。对比 2015 年定期检验数据，该处信号在上次定期检验中未发现异常。由此推测，该处管道外防腐层破损。因此对该处进行开挖直接检测，发现防腐层破损，且管道表面有三处凹坑缺陷。缺陷位置形貌如图 3 所示，缺陷尺寸见表 1 和图 4。结合缺陷形貌及该路段周边施工情况，推测缺陷由第三方施工造成。

图 3　缺陷位置形貌图

表 1　缺陷尺寸

序号	轴向长度/mm	环向宽度/mm	深度/mm	位置
1	150	125	32	焊缝
2	88	80	15	弯头
3	100	95	16	弯头

3　缺陷评估及修复

3.1　缺陷评估

对该弯头进行宏观检查、壁厚检测、硬度检测，超声检测、磁粉检测等，发现弯头未发生腐蚀，材料韧性良好，未出现材料性能劣化及劣化趋向；缺陷处及其附近区域无其他表面缺陷或埋藏缺陷；无明显塑性变形与应力集中；不承受疲劳载荷、动态冲击载荷。含缺陷管道剩余强度评估可采用基于应变准

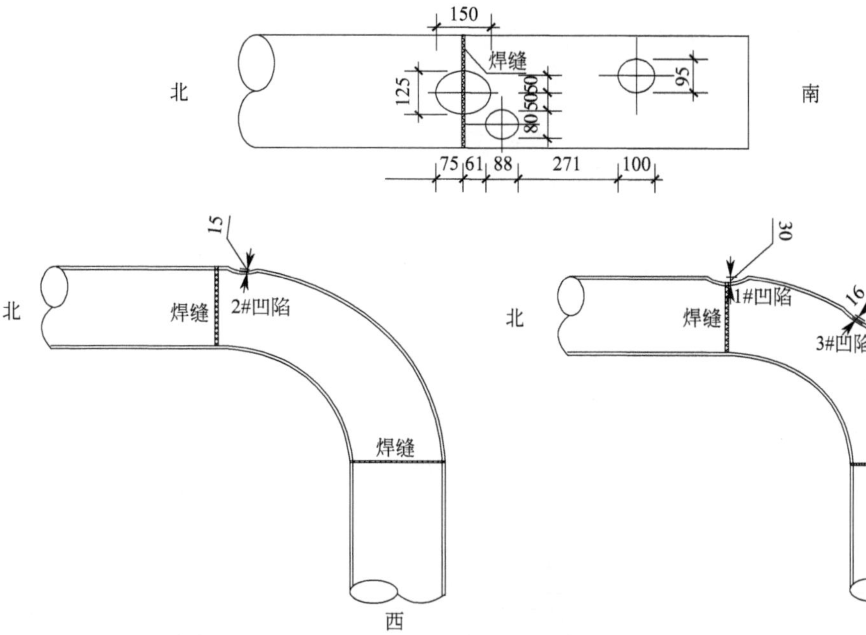

图 4 缺陷位置尺寸示意图

则和基于凹陷深度[3]，基于凹陷深度准则对三处缺陷评估结果如表 2 所示。

表 2 凹陷评估表

序号	位置	凹陷深度	评估结果
1	焊缝	＞6％	修复
2	弯头	＜6％	定期监控
3	弯头	＜6％	定期监控

由于该段管线服务于周边大量居民企业，暂时不能立即停气，经与使用单位协商，决定采取临时修复措施。对于 2＃和 3＃缺陷，可用的修复方法是[4]：A 型套筒、B 型套筒、环氧套筒、复合材料补强和换管。对于 1＃缺陷，可用的修复方法是：B 型套筒、环氧套筒、复合材料补强和换管，如表 3 所示。由于现场条件限制，不允许进行管道更换，因此，拟采用碳纤维修复的方法来保证在短期运行时缺陷处强度可以承受管道的运行压力，并最大限度地防止泄漏的发生。

表 3 GB/T 36701—2018 适用的修复方法

序号	A 型套筒	B 型套筒	环氧套筒	复合材料补强	换管
1＃	—	√	√	√	√
2＃	√	√	√	√	√
3＃	√	√	√	√	√

对目前的修复方法进行调研后，拟采用 Perpewrap® ST60 碳纤维复合材料修复系统对缺陷进行修复。Perpewrap® ST60 适合应用于石油、天然气管道的补强，耐温 60℃，基体树脂延伸率超过 5.0％，使用双向编织碳纤维布，可以修复各种类型的缺陷 Perpewrap® ST60 碳纤维复合材料玻璃态温度约为 60℃，在现有的服役条件下，复合材料的疲劳寿命、热老化等设计指标均满足美国机械工程师协会标准 ASME PCC-2—2011《Repair of Pressure Equipment and Piping》[5] 的要求。

3.2 碳纤维补强计算

修复方案中将管道增强的设计目标设定为：恢复并提高管道最大许可操作压力，增强后管道承压能力不低于无缺陷管道。修复后保证强度满足管道设计压力要求，短期内恢复管道最大爆破压力。ASME PCC-2—2011《Repair of Pressure Equipment and Piping》对复合材料修复高压管道给出了明确的设计指导准则。符号定义见表 4。

表 4　符号定义

符号	含义	单位
D	管道外径	m
E_c	复合材料层合板环向弹性模量	N/m^2(MPa)
E_s	钢的弹性模量(或管道材质的)	N/m^2(MPa)
f_T	温度衰减因子	—
L	总计轴向修复长度	m
n	缠绕的层数	—
P	设计内压	N/m^2(MPa)
P_{live}	修复期间管道的内部压力	N/m^2(MPa)
s	SMYS,规定最低屈服强度	N/m^2(MPa)
b	规定最低抗拉强度	N/m^2(MPa)
T_d	修复系统的设计温度	℃
HDT	热变形温度	℃
t_{layer}	复合材料修复材料单层厚度	m
t	管道初始名义壁厚	m
t_{repair}	设计修复厚度	m
t_s	管道最小剩余壁厚	m
X	管道缺陷深度	mm
ε_{C0}	复合材料环向最大应变	—
ε_{a0}	复合材料轴向最大应变	—

管道原始数据与表 1 中变量相对应关系及对应的数值见表 5。

表 5　管道原始数据表

项目	对应变量	技术指标
管道直径/mm	D	325
管道名义壁厚/mm	t	8
管材材质	—	SS400
管材弹性模量/GPa	E_s	207
管材屈服强度/MPa	s	245
管材抗拉强度/MPa	b	410
管道内介质	—	天然气
管道内部最大温度/℃	—	20
管道最大许可操作压力 MAOP/MPa(修复)	P	1.6
外腐蚀点数量/个	—	0
内腐蚀点数量/个	—	0
管道剩余壁厚范围/mm	t_s	7.5～7.8
修复期间管道的内部压力/MPa	P_{live}	0.4

复合材料性能数据与表 1 中变量相对应关系及对应数值见表 6。

表 6 PerpeWrap® ST60 碳纤维复合材料修复系统性能指标

项目		对应变量	技术指标	测试方法
PerpeWrap® ST60 双向碳纤维复合材料性能（双向纤维布型号：CB）	纤维布编织形式	—	双向	—
	宽幅/mm	—	300,500	—
	单层理论厚度/mm	t_{layer}	0.5	—
	径向抗拉强度/MPa	E_c	1120	GB/T 3354—2014
	径向受拉弹性模量/MPa	—	66.0×10^3	GB/T 3354—2014
	径向伸长率/%	—	1.76	GB/T 3354—2014
	纬向抗拉强度/MPa	—	715	GB/T 3354—2014
	纬向受拉弹性模量/MPa	—	41.0×10^3	GB/T 3354—2014
	纬向伸长率/%	—	1.75	GB/T 3354—2014
PerpeWrap® MF01 专用修补剂	拉伸剪切强度/MPa	—	21	GB/T 7124—2008
	抗压强度/MPa	—	103	GB/T 2567—2008

考虑温度衰减因子 f_T 对复合材料最大许可应变的影响，温度衰减因子 f_T 取值如下表所示：$HDT=60$ 管道内部最大温度 20℃，$f_T=0.4$。复合材料环向允许最大应变 $\varepsilon_{C0}=0.4\%$。复合材料轴向允许最大应变 $\varepsilon_{a0}=0.25\%$。复合材料最大许用应变：$\varepsilon_{C0}=f_T\varepsilon_{C0}$。假设设计内压为管道的屈服压力，即 $P=\frac{2st}{D}$。修复后，管道可以恢复无缺陷管道的最大许可工作压力 MAOP。为了提高管道的承压等级，提高设计内压的值。综合考虑和经济性与安全性的关系，假设剩余强度为 12.5%，增强后管道 MAOP 取 4.8MPa，相对设计压力 1.6MPa 来讲具有约 3.0 倍的安全系数（图 5）。

根据计算公式（1）可计算出增强层的厚度：

$$\varepsilon_C=\frac{PD}{2E_Ct_{repair}}-S\frac{t_s}{E_Ct_{repair}}-\frac{P_{live}D}{2(E_Ct_{repair}+E_st_s)} \tag{1}$$

通过迭代法，可以计算出最小修复层的厚度 t_{repair}。进而计算出需要修复的层数 n。

$n=t_{repair}/t_{layer}$。

根据计算公式（2）可计算出修复的最小增强宽度：

$$L=4\sqrt{Dt}+d \tag{2}$$

根据管道检验报告的实际情况，计划增强 6 层。即使缺陷深度为壁厚的 87.5%，增强之后管道仍有 17.6MPa 的爆破压力（考虑机械损伤缺陷位于弯头部位）。对增强方案及增强效果分析见表 7 和图 6 及图 7。

表 7 假设存在 87.5%缺陷深度管道增强方案及增强效果分析

项目	数据	单位
壁厚	8	mm
缺陷深度	87.5	%
缺陷轴向长度	A	mm
最小补强层数	6	层
最小补强宽度	1500	mm
补强后最大许可操作压力(补强段)	4.8	MPa
管道最大运行压力	1.6	MPa
安全系数	3.0	倍

续表

项目	数据	单位
未修复前爆破压力	2.5	MPa
无缺陷管道爆破压力	20.2	MPa
补强后爆破压力	17.6	MPa

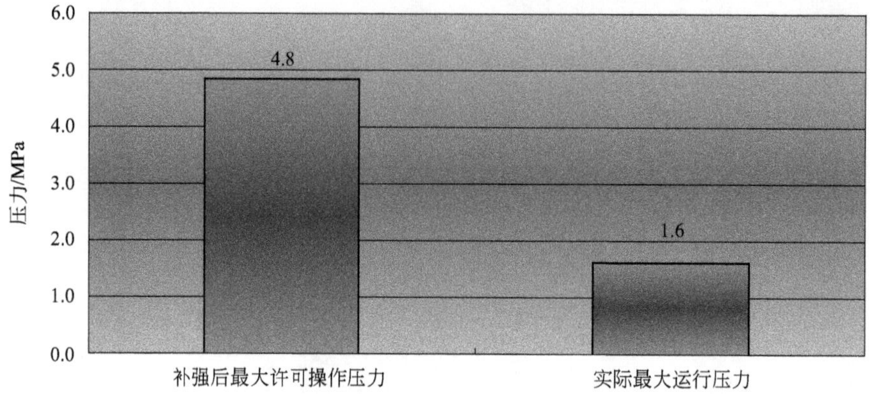

图 5　增强效果分析（一）

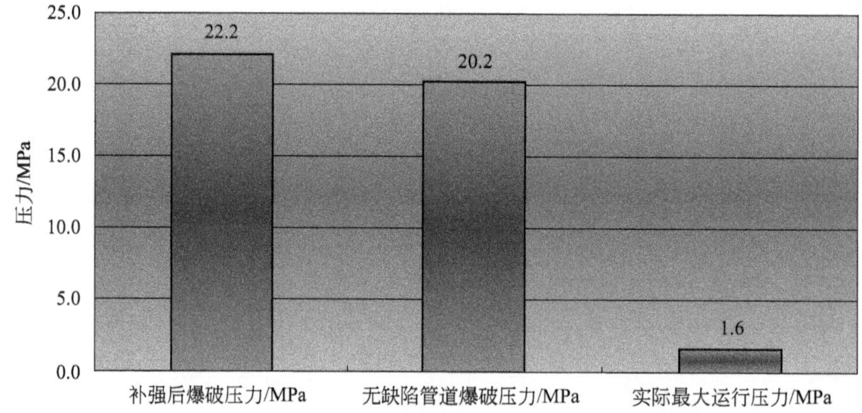

图 6　增强效果分析（二）

纤维复合材料进行增强作业过程分为如下 9 个基本步骤：缺陷定位与创造工作面→管道表面处理→钢管表面缺陷填平→涂刷底漆→粘贴碳纤维片材→固化与养护→复合材料补强验收→补口及补强层防护→外防护层验收。其中复合材料补强验收包含：复合管道外观和尺寸检验：通过测量粘贴位置与设计文件中粘贴位置是否一致，是否存在偏差，偏差 10mm 以内为合格；空鼓检验。用圆木棒或小锤轻轻敲击修复系统表面的方法进行检验，发出清脆的声音表明粘接良好。硬度测试。采用邵氏 D 硬度计测量复合材料的硬度。复合材料邵氏 D 硬度不低于 75 为合格。

4　结论

本文主要介绍了埋地公用燃气管道缺陷评估及修复的过程。第三方开挖破坏是埋地管道失效的主要原因之一。在敷设埋地管道时，应按照相关标准要求保证埋深，并做好地面标记，尽可能避免第三方破坏的发生。使用单位应建立健全城镇燃气管道的日常巡查机制，及时制止埋地管道周围的违规施工活动。当管道在使用过程中产生缺陷，应及时对缺陷进行处理。当需要更换管道，因条件限制无法立即更换时，评估后可采用碳纤维增强等方法对缺陷进行修复。对于修复后的管段，应加强日常检查，并在条

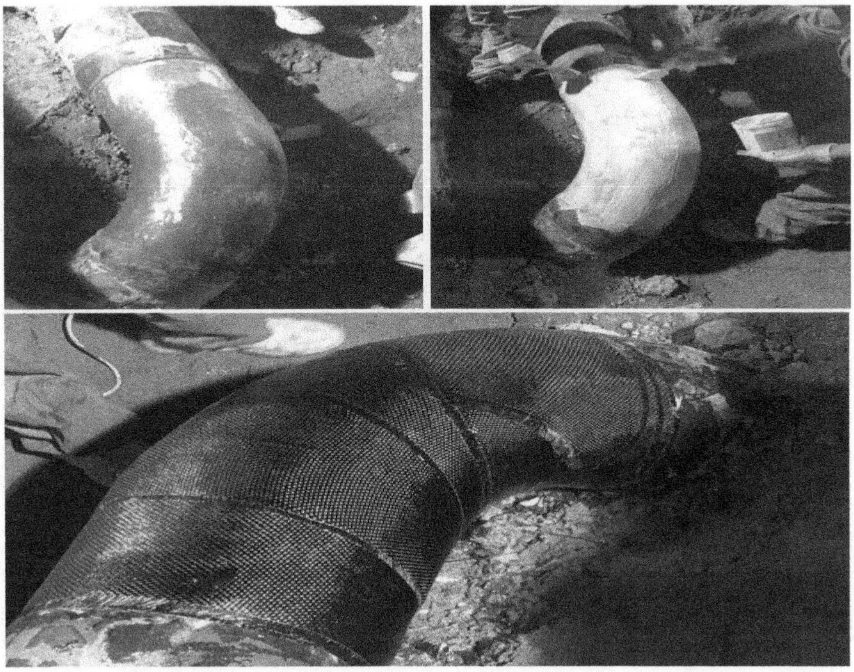

图 7 缺陷修复过程及结果

件允许时及时更换有缺陷的管段。

参考文献

[1] TSG D7006—2010. 压力管道定期检验规则-公用管道． [S].

[2] 武维胜，黄小美，臧子璇，等．埋地钢管腐蚀检测与评价技术 [J]. 煤气与热力，2012，32 (10)：79-83.

[3] SY/T 6996—2014. 钢制油气管道凹陷评定方法 [S].

[4] GB/T 36701—2018. 埋地钢制管道管体缺陷修复指南 [S].

[5] ASME PCC-2—2011. Repair of Pressure Equipment and Piping [S].

一起压力管道超压运行的定期检验案例分析

刘相庭，贺小刚

北京市特种设备检测中心，北京，100029

摘　要： 压力管道是工业生产中应用最广泛的输送设备。当压力管道超压运行，即使输送介质无毒无害，仍会导致压力管道存在较高风险，影响人身安全和经济发展。本文对一条 GC3 蒸汽管道实施定期检验时，发现管道超压运行，依据现行法规标准展开分析和讨论，提出两套处理超压问题的解决方案，为业内同行处理类似问题提供支持和借鉴。

关键词： 压力管道、定期检验、超压运行、蒸汽管道、管道改造

A Case Analysis of Overpressure Operation in Pressure Piping Inspection

Liu Xiangting，He Xiaogang

Beijing special equipment inspection & testing center，Beijing，100029

Abstract: Pressure piping is the most widely used transportation equipment in industrial production. When the Pressure Piping is operated at overpressure，even if the conveying medium is non-toxic and harmless，it will still cause a higher risk of pipeline operation. During the inspection of a GC3 steam piping，it was found that the piping was operating at overpressure. Based on the current regulations and standards，there ware two sets of solutions to deal with the overpressure problem，this paper provides some experience and reference to the same trade or occupation.

Keywords: pressure piping；inspection；overpressure operation；steam piping；piping modification

0　引言

压力管道是石油、化工、轻工和制药等行业应用最广泛的输送设备[1]。在工业应用中，压力管道服役工况复杂严苛，往往伴随着高温、高压、易燃、易爆或者介质有毒有害，一旦发生事故，引起的泄漏或者爆炸会给人民生命和社会经济带来重大影响[2]。《市场监管总局关于 2020 年全国特种设备安全状况的通告》中介绍，2020 年全国共发生特种设备事故和相关事故 107 起，压力管道事故 4 起，占比 4%[3]。随着人们对复杂、严苛工艺压力管道安全的重视，相关法规标准倾向性、约束度越来越高，检验机构定期检验的重视度也向这类管道聚焦。但工业活动中，还有数量众多的介质无毒无害的工艺辅助管道，诸如蒸汽管道、压缩空气管道等。这类管道中，当设计压力小于 1.0MPa、设计温度高于 −20℃但是不高于 185℃时，原用 GC3 级别专管，现被统一划归到 GC2 级别。在监管过渡的初期，部分检验同行对这些管道的检验尺度存在一定的讨论，因此在定期检验中易引起混乱和忽视。本文正是在这种大

作者简介：刘相庭，1987 年生，男，满族，高级工程师，硕士研究生，主要从事承压类特种设备检验工作。

环境背景下，对某疫苗生产单位蒸汽管道进行第二次定期检验，发现整条管道超压运行。

1 管道概况

某疫苗生产单位蒸汽管道：管道编号 LS-01，2015 年 3 月投入使用，起点为综合用房分气缸，至二期分气缸，再分至各用气点。管道级别 GC3，长度 669m，敷设方式为架空。管道材质 20＃钢，绝热层材料是岩棉，厚度 50mm，防腐层材料使用防锈漆。管道设计压力 0.36MPa，工作压力 0.3MPa，设计温度 148℃，工作温度 143℃，相关参数见表 1，单线图见图 1。

表 1　管道相关参数

管道说明				操作条件			设计条件		
直径/mm	壁厚/mm	材质	介质	正常情况			压力/MPa	耐压试验压力/MPa	耐压试验介质
				温度/℃	压力/MPa	温度/℃			
ϕ219	6	20＃钢	蒸汽	143	0.3	148	0.36	0.414	空气
ϕ159	4	20＃钢	蒸汽	143	0.3	148	0.36	0.414	空气
ϕ108	4	20＃钢	蒸汽	143	0.3	148	0.36	0.414	空气
ϕ89	3.5	20＃钢	蒸汽	143	0.3	148	0.36	0.414	空气
ϕ76	3	20＃钢	蒸汽	143	0.3	148	0.36	0.414	空气
ϕ57	3	20＃钢	蒸汽	143	0.3	148	0.36	0.414	空气

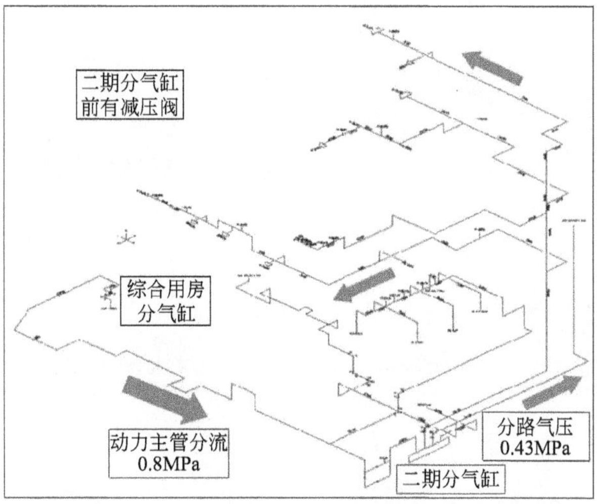

图 1　管道单线图

2 问题的描述

LS-01 管道的定期检验依据《压力管道安全技术监察规程——工业管道》（TSG D0001—2009）和《压力管道定期检验规则——工业管道》（TSG D7005—2018）实施，制定的检验项目包含资料审查、宏观检验、壁厚测定以及安全附件的检验。在资料审查过程中，发现使用单位因管理不善，资料遗失，导致该蒸汽管道无设计图纸、安装竣工图纸、强度计算书和年度检查报告。使用单位提供了使用登记证、上次定期检验报告和安全阀校验报告。LS-01 管道的参数依据使用登记证和上次定期检验报告确认。经审查发现以下问题：使用登记证上部分信息错误（最高工作压力 0MPa 和焊口数量 0），安全阀整定压力 0.8MPa，超过使用登记证和上次定期检验报告注明的设计压力 0.36MPa。

对 LS-01 管道进行巡线，进行宏观检验项目。从动力主管分流蒸汽压力为 0.7MPa，最高时 0.8MPa；分气缸后支管压力表显示超过 0.4MPa（图 2 所示数值），抽查管道运行记录，运行压力 0.7MPa，怀疑该条蒸汽管道超压运行。

图 2　分气缸后支管路压力表数值

3　原因分析及标准要求

经与使用单位沟通和追溯，使用单位认为 LS-01 管道在使用登记时设计压力误写，应为 1.0MPa，固在 2018 年首次定期检验后，因单位产能提升，导致蒸汽用量不足。使用单位在未提出改造申请或进行强度校核的情况下，直接提升输气压力以满足生产所需。随后追溯安装单位的厂房设计图纸和 LS-01 管道的安装监检报告，设计图纸（无签字盖章）标注二期分气缸前 ϕ219mm×6 管道，工作压力 1.0MPa，设计压力 1.6MPa，二期分气缸后各分支管（如 ϕ76mm×3 等），工作压力 0.22MPa，设计压力 0.36MPa；安装监检报告中，管道全程设计压力 0.36MPa，耐压试验压力为 0.414MPa。综合所有资料的有效性，应依据 LS-01 管道的安装监督检验报告，确认设计参数，进而判定 LS-01 压力管道超压运行。

压力管道在运行过程中并非不允许突破设计压力。《压力管道安全技术监察规程——工业管道》（TSG D0001—2009）第四十条介绍，管道设计压力应当不小于在操作中可能遇到的最苛刻的压力与温度组合工况的压力，管道操作工况超过设计条件时，应当符合 GB/T 20801 关于允许超压的规定[4]。在《压力管道规范 工业管道》（GB/T 20801—2020）第 4.2.3 中，第 4.2.3.3 中 e）条要求压力变动的上限值不得大于管道系统的试验压力；第 4.2.3.4 条要求压力超过相应温度下的压力额定值或由压力产生的管道名义应力超过材料许用应力值的幅度和频率应满足下列条件之一：①变动幅度不大于 33%，每次变动时间不超过 10h，且每年累计变动时间不超过 100h；②变动幅度不大于 20%，每次变动时间不超过 50h，且每年累计变动时间不超过 500h[5]。

LS-01 管道二期分气缸前后运行压力分别为 0.7MPa 和 0.43MPa，超过设计压力 0.36MPa 幅值 94%和 19%，且均超过管道安装监督检验中耐压试验压力 0.414MPa，运行时间年累计时间超过 500h，因此现运行状态不在 GB/T 20801 超压允许范围内。同时，压力管道一般具有较复杂的应力系统，二次应力、峰值应力等会在局部位置（尤其在焊缝位置）增加材料所受应力水平。压力管道超压运行，实际就是提高材料受应力水平，影响材料的使用寿命，严重时直接引起管道开裂，发生安全事故。另外，在现行标准体系中 GC3 管道一般不对焊缝做无损检测要求，焊接质量难以评估。考虑焊接缺陷、错边量或棱角度等缺陷，会增加超压运行压力管道安全隐患。

4 解决方案

判断出 LS-01 管道超压运行后，首先建议使用单位停止该管道的使用；然后由使用单位出具 LS-01 管道使用的情况说明，内容应包括压力管道运行参数、运行时间、超压情况说明等内容，真实、详细、准确的收集压力管道运行的基础数据；其次，在有使用单位公章的情况说明的基础上，由检验机构出具《特种设备定期检验意见通知书（2）》，告知监察单位，《特种设备定期检验意见通知书（2）》内容应包括使用登记证部分信息错误、压力管道超压运行和安全阀整定压力不符合要求三方面；最后应以监察部门为主、组织使用单位和检验机构共同协商解决方案。关于 LS-01 管道本次定期检验可以有以下两套解决方案。

4.1 以不符合要求为结论的解决方案

LS-01 管道超压运行、档案资料管理不善和安全阀整定压力未经许可提升，表明使用单位对于特种设备安全法律意识淡薄、主体责任落实不到位、未建立特种设备安全管理体系。同时，LS-01 管道分气缸后各支管超压幅值较大，考虑薄壁厚的支管安全风险高，再结合 GC3 管道焊缝质量难以得到保证，导致 LS-01 继续运行安全难以保证。因此，本次定期检验可以出具以"不符合要求"为结论的定期检验报告，停止 LS-01 管道的继续运行。

4.2 以管道改造为结论的解决方案

受世界经济形势下滑的大环境影响，考虑疫情防控政策要求和疫苗研发、生产的社会责任需求，使用单位若短期内无法停用和重建符合相关要求的新蒸汽管道，且仍有高压力的蒸汽使用需求，此时应暂停管道使用，由使用单位依据《压力管道安全技术监察规程——工业管道》（TSG D0001—2009）提出改造申请，核验 LS-01 是否具备提高设计压力运行使用的条件，在定期检验中，依据法规标准和设计需求，适当增加检验项目和检测比例，配合压力管道设计参数提升的改造。

TSG D0001—2009 第一百一十一条规定，不改变受压元件结构而改变管道的设计压力、设计温度和介质，必须由压力管道设计单位进行设计验证，出具书面设计验证文件，并且由检验机构进行全面检验后方可进行改变[4]。因此，使用单位应寻找有相应资质的设计单位（最好选择管道的原设计单位）对 LS-01 进行核算，对使用单位高设计压力参数再设计，并提供相关设计验证文件的书面资料。

4.2.1 设计验证

设计单位对 LS-01 管道的计算校核应包括管道的材质、管件、垫片和紧固件等方面。类似于 LS-01 管道，GC3 管道运行参数不算严苛，对壁厚要求一般不高。依据 GB/T 20801—2020 对 LS-01 管道进行 1.0MPa 设计压力核算（新设计压力值由使用单位输入），计算各型号管道壁厚见表 2 所示，计算结果一般能满足使用条件。本文仅计算了属于特种设备目录监管的压力管道壁厚，在设计核算时候，还需包括小管径的管道壁厚，即覆盖管道的全部型号。另外，管道在运行参数提升的改造中，除对壁厚校核外，还行对管系应力做出验证，应由设计单位进行应力分析出具报告。

表 2 LS-01 管道核算表

直径/mm	名义壁厚/mm	计算厚度/mm	材料负偏差/mm	腐蚀余量/mm
ϕ219	6	0.83	0.9	1.5
ϕ159	4	0.61	0.6	1.5
ϕ108	4	0.41	0.6	1.5

续表

直径/mm	名义壁厚/mm	计算厚度/mm	材料负偏差/mm	腐蚀余量/mm
ϕ89	3.5	0.34	0.53	1.5
ϕ76	3	0.29	0.45	1.5
ϕ57	3	0.21	0.45	1.5

4.2.2 定期检验增项

根据“市场监督总局关于特种设备行政许可有关事项的公告（2019 年第 3 号）”的规定，再设计的 LS-01 管道应属于 GC2 级别（GC3 级别取消）。因此依据标准需要对 LS-01 管道的弯头（弯管）、三通和异径管进行壁厚测定抽查，抽查比例≥20%，考虑 LS-01 管道超压运行实际，建议抽查比例提高至 50%及以上，为管道改造提供充分的数据支撑。TSG D7005—2018 仅对首次定期检验的 GC2 管道有埋藏缺陷检测抽查要求，但考虑 LS-01 原管道按 GC3 管理，安装工程质量不高且提升管道运行参数，故应对管道焊缝进行埋藏缺陷检测，检测比例应≥10%且不少于 2 个，建议使用射线检测，将焊缝抽查比例提高至 20%且不少于 4 处。在无损检测符合要求的基础上，应再对 LS-01 管道进行 1.5MPa 的水压试验或 1.15MPa 的气压试验。耐压试验符合要求后，可以对 LS-01 管道出具安全状况等级为 3 级的“符合要求”的定期检验报告，允许使用单位按照 1.0MPa 设计压力继续使用 LS-01 管道。

以上任何一个检验项目不符合要求时，在未整改符合要求前，管道不应继续使用。

5 结论

通过对某疫苗生产单位 GC3 蒸汽管道超压运行的定期检验案例分析，本文呼吁使用单位加强对《特种设备安全法》的学习和贯彻执行，落实主体责任；建议使用单位在突破压力管道设计参数前，应向监察机构进行咨询，从检验机构获取技术支持，发挥检验机构技术专家和行政辅助职能。同时，针对 GC3 管道划归 GC2 级别的行业发展现状，建议检验机构重视这类的管道的定期检验工作，严格按 GC2 标准执行定期检验，在定期检验时，对发现问题的 GC3 管道应适当提高抽查比例，确保管道的安全运行。

参考文献

[1] 陈塛，童耀庭，邱郡，等．一起压力管道膨胀节爆炸事故的案例分析 [J]．中国特种设备安全．2017，34 (1)：1-3.
[2] 杨永信．有关压力管道几个基本问题的讨论 [R]．第四届全国管道技术学术议．2010.
[3] 市场监管总局关于 2020 年全国特种设备安全状况的通告 [R]．国家市场监督管理总局，2021. 03.
[4] 压力管道安全技术监察规程——工业管道 [S].
[5] GB/T 20801—2020. 压力管道规范 工业管道 [S].

ACFM 检测技术对一种管道焊缝试样高温检测的试验

刘正存

大连恒亚仪器仪表有限公司，大连， 116000

摘 要： 对与电站高温管道材质相近，厚度、坡口形式和焊接工艺相同定制的对接焊缝试块，利用ACFM检测技术进行检测，对不同温度下的检测结果进行了对比及分析，试验结果表明，ACFM检测技术在高温下也可对焊缝表层缺陷进行检出，避免停机和表面打磨，表明该技术在高温管道及压力容器检验中具备一定的优势，存在较好的应用前景。

关键词： ACFM；高温试验；管对接焊缝

The application prospect of ACFM detection technology in high temperature detection environment

Liu Zhengcun

Hengya Instrument Co.， Ltd， Dalian， 116000

Abstract: Similar to heat pipes of plant material，thickness，groove type and welding the same customized coupons butt weld，using detection techniques ACFM testing，test results at different temperatures were compared and analyzed. The test results show that the ACFM inspection technology can accurately detect weld surface defects at high temperatures，avoiding shutdown and surface polishing，indicating that the technology has certain advantages in the inspection of high-temperature pipelines and pressure vessels，and has a good application prospect.

Keywords: ACFM; high temperature test; pipe butt weld

0 引言

电站蒸汽管道长期处于高温、高压环境下，易产生蠕变裂纹而导致破坏性事故，直接影响锅炉的安全运行和整个热力发电系统的正常运转。为了确保生产作业的安全连续性，防止事故的发生，研究方便高效、高精度的高温管道缺陷技术变得越来越重要。

现有检测方式通常为磁粉及渗透检测，这种检测方式需要电站锅炉停产，拆除管道保温并打磨，只能进行局部缺陷检测，对高温蒸汽管道整体缺陷进行检测费时费力。ACFM检测技术是一种新型的无损检测技术，在检测管道表面缺陷时具有独特优势。可穿透一定厚度的涂层发现缺陷，无需打磨检测区

作者简介：刘正存，1996年生，男，本科，主要研究方向为无损检测新技术的应用。

域，也无需耦合剂，可以对方便高效地对高温管道进行检测。

1 基于交流电磁场检测原理

1.1 交流电磁场检测原理简介

交流电磁场检测（alternating current field measurement，简称 ACFM）技术基于电磁感应原理，激励线圈在工件中感应出均匀的交变电流，电流在裂纹、腐蚀等缺陷位置产生扰动，基于电场扰动引起空间磁场畸变，利用检测传感器测量空间磁场畸变信号，从而实现缺陷的检测与评估。

在 ACFM 技术中，可检测工件表面磁场的三个分量，如图 1，B_x、B_y、B_z，B_x 分量方向与电流方向垂直，并与工件表面平行；B_y 分量与电流方向一致；B_z 分量方向垂直于工件表面[1]。根据电磁感应定律，当工件表面没有缺陷时，交变电流产生的感应磁场均匀且无变化，B_y 和 B_z 分量为 0；当电流经过缺陷时，电流从缺陷两侧和底部偏转，使通过缺陷处的电流密度减小，产生的磁通密度也相应减小。此外，电流在缺陷两端产生聚集，使得缺陷两端磁通密度出现极值[1]。即经过缺陷时，B_x 会出现凹陷区域，而 B_z 会出现波峰和波谷，如图 2，根据信号图即可判定缺陷的存在[2]。

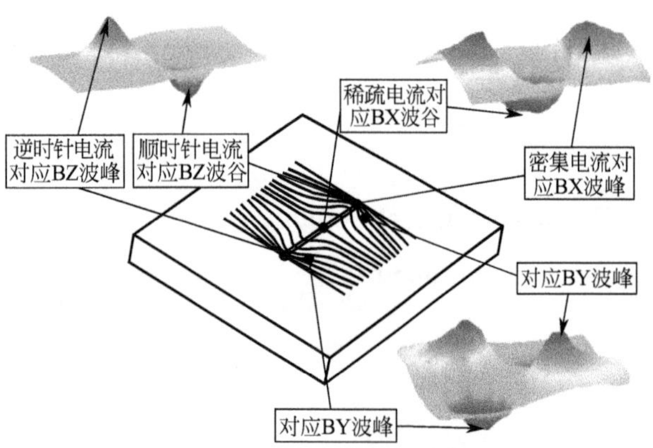

图 1 ACFM 检测原理图

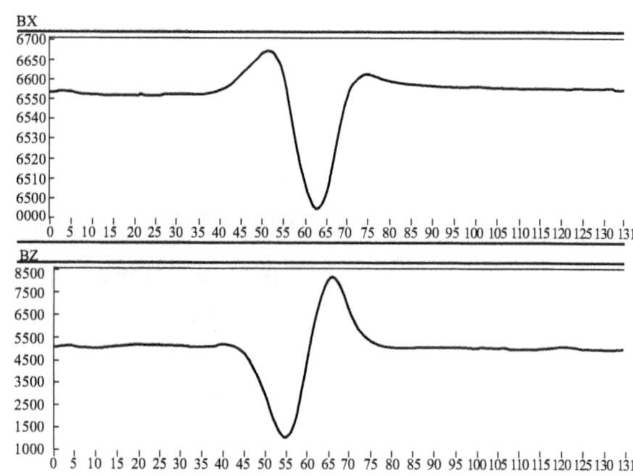

图 2 典型缺陷信号特征

1.2 电磁波在管道中的穿透深度及探头选择

交流电磁场技术采用低频电磁探头，在对工件表面施加激励时，由于趋肤效应的影响，交变电流所能达到的最大有效深度，即趋肤深度[3] 用 Δ 表示，计算公式如式（1）。

$$\Delta=\sqrt{\frac{2}{\pi\sigma\mu}} \tag{1}$$

式中 Δ——穿透深度，mm；

ω——角频率，$\omega=2\pi f$，rad/s；

μ——磁导率，H/m；

σ——电导率，S/m。

由式（1）可知，材料电导率和磁导率固定的情况下，探头频率越低，趋肤深度越大，检测深度也就越大。因需对探头进行高温保护，同时根据管道材质，选用低频探头，以达到更好的涂层穿透深度，此时探头穿透深度为 3mm。

1.3 信号处理

对 B_x 信号求能量谱，对 B_z 信号求相位导数谱，交流电磁场 B_x 信号能量谱可作为裂纹长度的评估阈值；B_z 信号相位在裂纹区域发生明显的翻转。基于能量谱和相位导数阈值的判定方法能够实时判定裂纹，如图 3；利用阈值参数可对裂纹大小进行粗略评估，并判定缺陷检测灵敏度[4]。

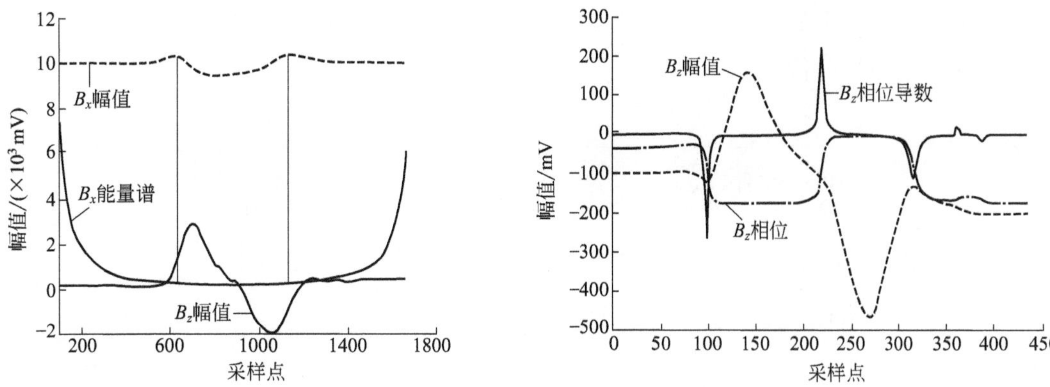

图 3　裂纹 B_x 能量谱及 B_z 相位导数谱曲线

2　ACFM 在不同温度下检测灵敏度的实验

2.1　实验设计

检测设备采用济宁鲁科检测器材公司生产的 LKACFM-X1 型号交流电磁场检测仪及特制高温探头，试验时在探头表面施加厚度为 3mm 的隔热层作为防护。根据常用在用蒸汽管道的形式，以材料为 STPA23，规格为 ϕ159mm×5mm 的钢管为试验对象，样管缺陷参数及分布情况如图 4 所示，缺陷大小及深度如表 1。

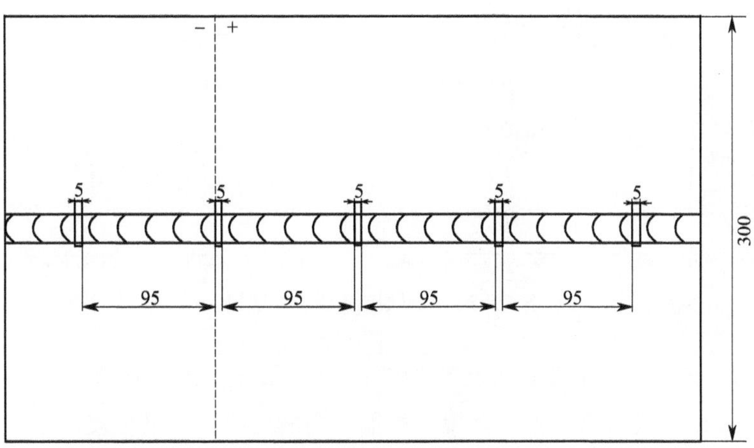

图 4　试块缺陷尺寸及分布

表 1　试管缺陷大小及深度分布

编号	缺陷长度	缺陷深度 1	缺陷深度 2	缺陷深度 3	缺陷深度 4	缺陷深度 5
试块 1	3mm	4.5mm	4mm	3.5mm	3mm	2.5mm
试块 2	5mm	4.5mm	4mm	3.5mm	3mm	2.5mm
试块 3	8mm	4.5mm	4mm	3.5mm	3mm	2.5mm
试块 4	10mm	4.5mm	4mm	3.5mm	3mm	2.5mm

2.2　实验过程

将探头置于试块上但不进行移动，记录此时探头自身噪声，并进行去噪处理，去噪完成后，方可进行检测。在不同温度下，使探头在焊缝表面匀速移动，连续通过缺陷，记录此时缺陷的 B_x、B_z 信号及相位导数，重复三次，取平均值，并获得缺陷图谱。

2.3 结果分析

2.3.1 不同温度下缺陷的检测结果

在 20℃下缺陷检测图像如图 5 和图 6，缺陷特征与典型缺陷图像吻合，根据 ASME 规范 E-2261M-12 规定，判定此时缺陷均可检出。

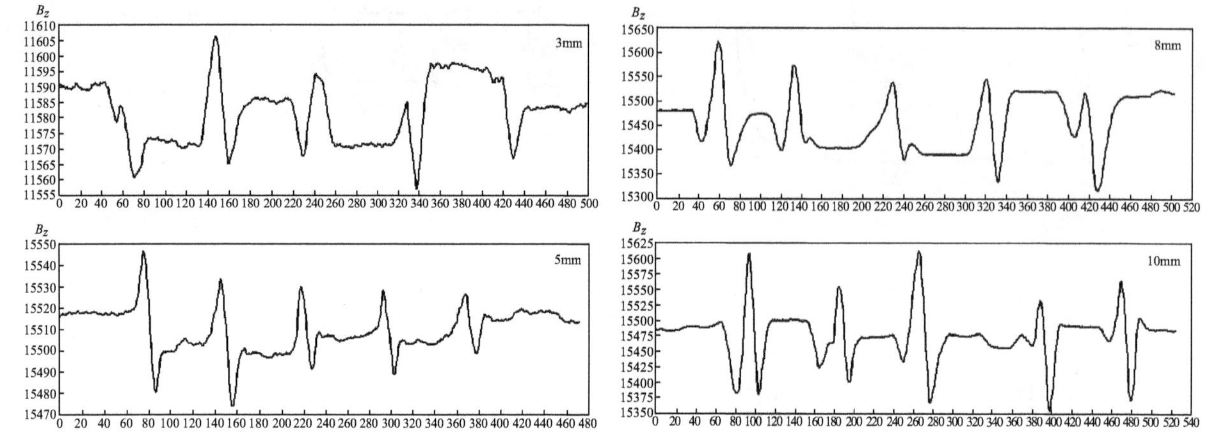

图 5 20℃下缺陷检测 B_z 图谱

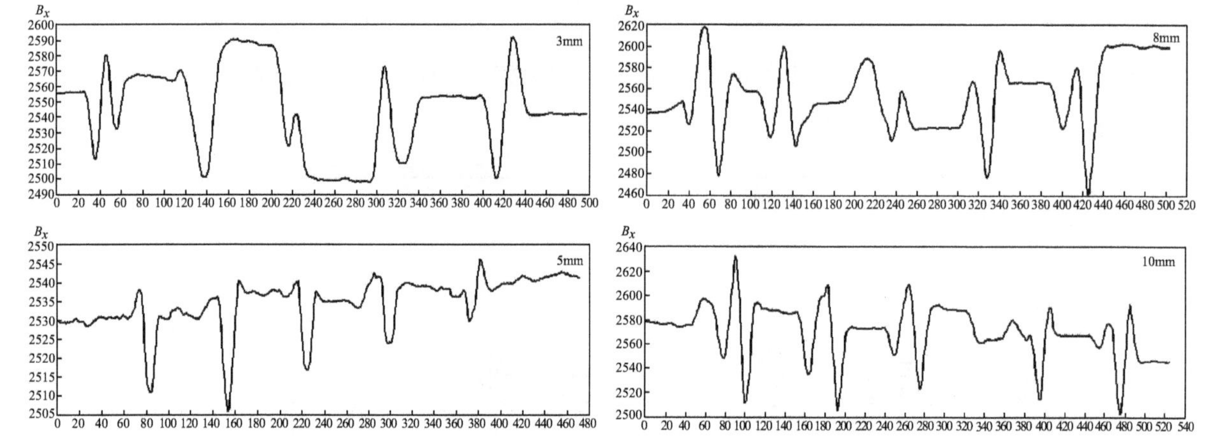

图 6 20℃下缺陷检测 B_x 图谱

不断提升试管温度，在 400℃下，扫查获得的缺陷信号图像如图 7 所示，3mm 缺陷特征已经无法与典型缺陷图像吻合，5mm 缺陷图像仍符合规范特征，判断此时设备灵敏度已不足以检出 3mm 缺陷。

2.3.2 温度变化对缺陷的检测结果影响

因受到碳钢表面漏磁影响，缺陷的 B_x 特征信号均不典型，故取 B_z 信号及 B_z 相位导数变化量进行数据分析。

从 20～400℃，在不同温度下，对长度 5mm，深度 2.5mm 的缺陷进行反复检测，检测完成后对缺陷的 B_z 差值（变化量）和相位导数变化值进行处理，获得图 8～图 11。

由图 8 可知，在同一温度下，同一个检测系统下 B_x、B_z 及 B_z 相位导数变化基本保持不变。

从图 9 可知，随着温度的上升，B_z 信号变化量呈下降趋势，下降趋势可以通过函数表示。

图 10 为缺陷信号对 B_z 信号处理获得的相位导数，从图 11 可知，缺陷信号的 B_z 相位导数变化量随着温度的上升，同样呈下降趋势，下降趋势可以通过函数表示。

根据各温度下所选取的信号幅值呈现下降趋势，可得出结论，400℃以内温度的升高对 ACFM 检测

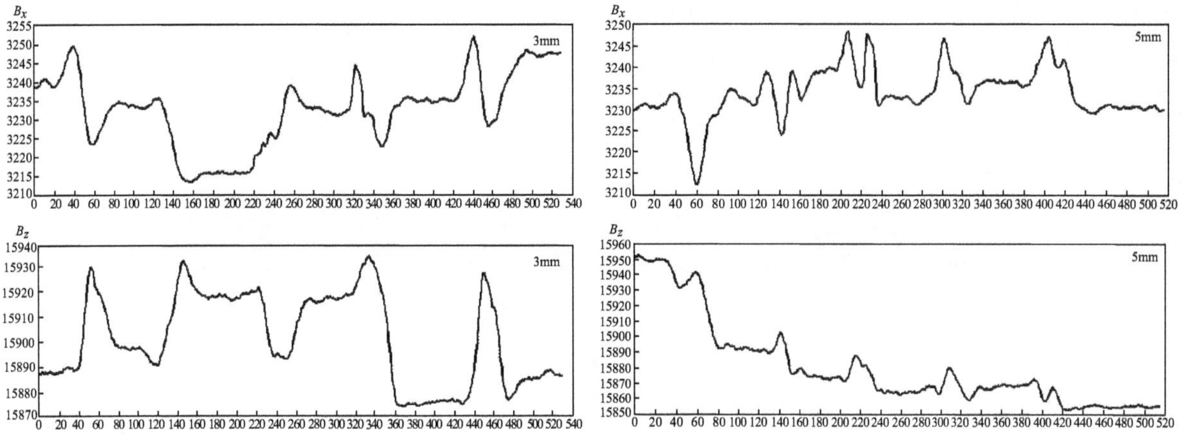

图 7　400℃下缺陷信号特征图

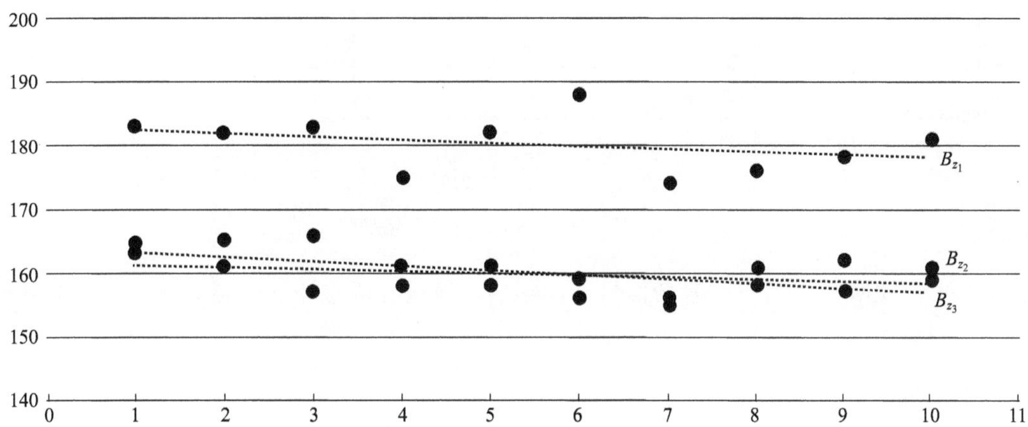

图 8　同一温度下缺陷 B_z 变化趋势

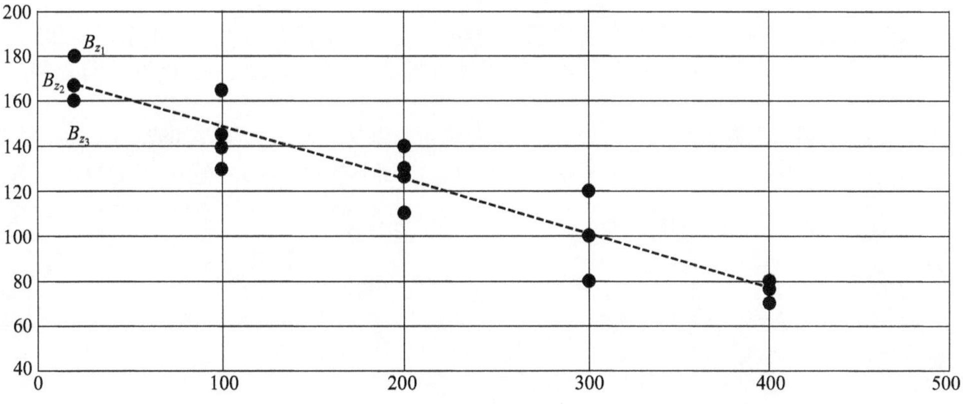

图 9　B_z 变化幅值随温度变化趋势

结果存在影响，但影响存在一定规律，可通过补偿机制，完成 ACFM 在高温检测领域的应用。

3　结论

通过使用 ACFM 仪器对一种管道焊缝试样进行高温检测的试验，得到如下结论：

① 通过高温测试发现，采用 ACFM 技术对高温下的管道表面缺陷进行检测是可行的，检测灵敏度目前可达到 5mm；

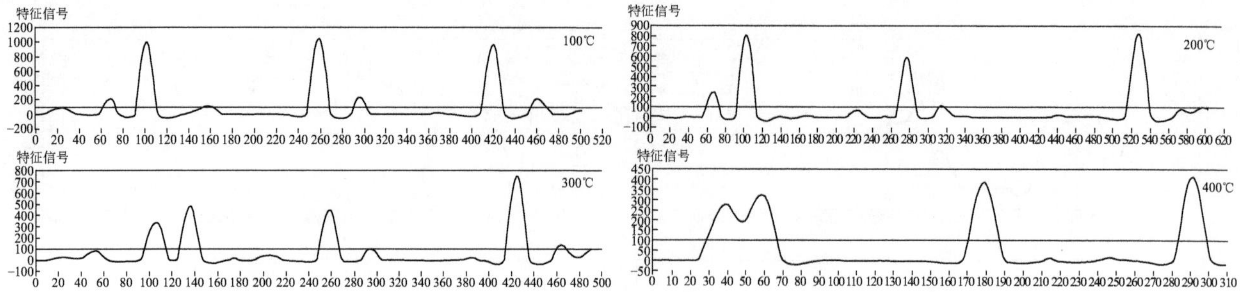

图 10　B_z 相位导数

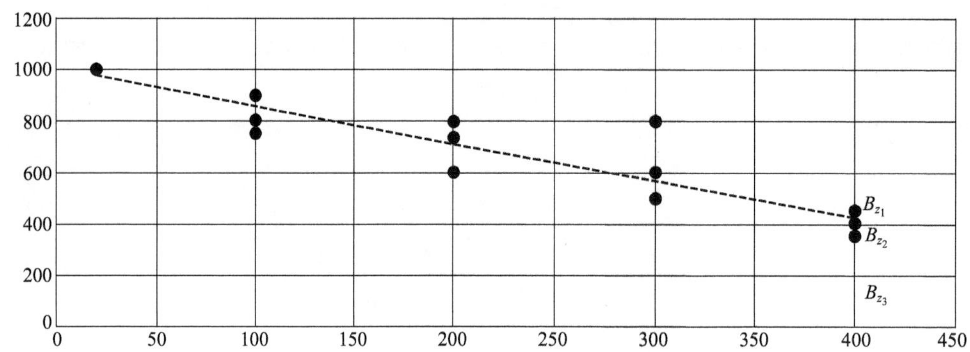

图 11　B_z 相位导数随温度变化趋势

② 高温会对 ACFM 探头检出的磁场信号产生影响，通过合适的补偿机制可进一步提高缺陷的检出能力。

参考文献

[1] 李伟．基于交流电磁场的缺陷智能可视化检测研究 [D]．青岛：中国石油大学（华东），2007.

[2] 李伟，张伟荣，陈国明，等．U 形 ACFM 探头精确建模和实验测试 [J]．电子测量与仪器学报，2013，7(27)：660-662.

[3] 赵莹莹．脉冲相位光热辐射测量技术的研究 [D]．南京：南京航空航天大学，2007.

[4] 袁新安，李伟，等．交流电磁场裂纹实时判定与评估方法 [J]．无损检测，2019，4（41）：7-11.

工业管道损伤及失效案例分析研究

王洁璐[1,2]，左延田[1,2]，黄奕昶[1,2]，王继锋[1,2]，李晓军[1,2]

1. 上海市特种设备监督检验技术研究院，上海， 200062
2. 上海压力管道智能检测工程技术研究中心，上海， 200062

摘　要： 工业管道连接化工装置中的各种设备，作为主要的物料输送方式，保障其安全运行具有重要意义。近年来，由于工业管道损伤、失效导致的事故日渐增多，造成人员伤亡和重大财产损失，社会影响非常恶劣，开展工业管道失效模式和风险识别系统研究已刻不容缓。本文收集近年来数十起工业管道损伤、失效的案例，逐一对其失效原因、损伤模式进行分析，并对结果进行分析统计。

关键词： 工业管道；事故；案例分析；损伤；失效

Case analysis and research on damage and failure of industrial pipelines

Wang Jielu[1,2]，Zuo Yantian[1,2]，Huang Yichang[1,2]，Wang Jifeng[1,2]，Li Xiaojun[1,2]

1. Shanghai Institute of Special Equipment Inspection and Technology Research， Shanghai， 200062
2. Shanghai Engineering Research Center of Pressure Pipeline Intelligent Inspection， Shanghai， 200062

Abstract: Industrial pipelines are connected to various equipment in chemical plants. As the main material transportation method，it is of great significance to ensure their safe operation. In recent years，accidents caused by damage and failure of industrial pipelines have increased day by day，causing casualties，major property losses，and bad social repercussions. It is urgent to carry out systematic research on failure modes and risk identification of industrial pipelines. This article collects dozens of industrial pipeline damage and failure cases in recent years，analyzes the failure causes and damage modes one by one，and analyzes the results.

Keywords: industrial pipeline; accident; case analysis; damage; failure

0　引言

压力管道是用于输送可燃、易爆、有毒、有腐蚀性等介质的特种设备，截至2020年年底，全国特种设备总量达1648.41万台，其中压力管道101.26万千米[1]。工业管道作为压力管道一部分，主要集中在石化、冶金、化工等行业，连接装置中的各种设备，用于生产过程中的物料供应、工艺过程的流转、原料的进厂与互供、产品的出厂与销售等方面，面广量大，保障工业管道的安全运行具有重要意

基金项目：车载高压储氢气瓶标准比较分析（编号：20TB023）；基于损伤模式的典型多晶硅还原炉检验技术研究（编号：2019-25）；管道相邻缺陷漏磁信号尺寸量化关键技术研究（编号：2019-29）。

作者简介：王洁璐，1990年生，女，工程师，硕士，主要从事压力管道、压力容器检验检测工作。

义。工业管道是过程装备的关键环节，长期在高温高压条件下运行，所输送的具有腐蚀、有毒、易燃易爆等特点，其安全涉及多个环节，任何预防不到位或者处理不当均有可能引发严重的安全事故，因此，系统的开展工业管道失效模式和风险识别研究已刻不容缓。

1 近年来压力管道事故及相关事故状况概览

通过2015～2020年的《全国特种设备安全状况情况的通报》，我们可以对近年来全国压力管道安全状况有一定的了解。2015年，全国共发生压力管道事故3起，事故现象均为管道破裂介质泄漏，或直接造成人员伤害，或引发爆燃造成人员伤害，事故原因主要是管道质量原因或人员违章操作[2]；2016年，全国共发生压力管道事故2起，1起为山体滑坡导致管道破裂引发爆燃，1起为人员违章操作[3]；2017年，全国共发生压力管道事故4起，设备缺陷和安全附件失效原因1起，安全管理不到位原因1起，其他次生原因1起[4]；2018年，全国共发生压力管道事故1起，事故原因为设备缺陷和安全附件失效[5]；2019年，全国共发生压力管道事故1起，占全国特种设备事故总量0.77%，死亡1人，事故原因为安全管理、维护保养不到位[6]；2020年，全国共发生压力管道事故4起，占全国特种设备事故总量3.74%，死亡5人，其中违章作业或操作不当1起，设备缺陷或安全附件失效2起[1]。由此可见，近年来随着我国化工装置投产时间增加，压力管道总长度大幅提升等，压力管道事故也有抬头趋势。

从近年来媒体及相关文献报道中也可看出，压力管道相关事故（安全生产事故）发生频率也明显上升。2020年1月14日，广东珠海长炼石化设备有限公司催化重整装置预加氢进料/产物换热器E202A-F与预加氢产物/脱水塔进料换热器E204AB间的压力管道弯头发生泄漏后爆燃，无人员伤亡，直接经济损失198.15万元。经调查事故认定为一般生产安全责任事故。造成压力管道破裂的主要原因是管道超常规腐蚀。事故管道持续处于酸性环境，使用单位未对酸性水做连续监控分析，持续进行酸性水循环利用，加之管道在事发时超过设计温度运行，加剧了管道腐蚀，最终导致泄漏。2020年4月30日，宁波利万新材料有限公司PTA装置精制单元发生火灾，造成2人死亡。事故系PTA浆料出口管线发生破裂，导致管道外伴热的导热油管断裂，导热油泄漏，引发火灾。2020年5月8日晋煤金石化工投资集团有限公司石家庄循环化工园区分公司甲醇合成装置甲醇水冷器进口压力管道断裂，易燃易爆的合成气泄漏后发生爆炸，导致周边企业厂房、住宅等建筑玻璃破碎，无人员伤亡。2020年5月20日，中国石油化工股份有限公司北京燕山分公司炼油厂三催化装置反应再生系统一单向阻尼阀焊口断裂，压力管道内高温催化剂泄漏，造成1人死亡。2020年6月15日，辛集市飞天石化集团有限公司装置区内一管道弯头处发生破裂，导致混合油气泄漏引起燃烧，并发生轰燃。2020年6月6日，淄博济维泽化工有限公司一液氯储罐管道破裂，造成液氯泄漏，事故未造成人员伤亡。

以上事件昭示着压力管道事故的危险性及其后果的严重性，提醒我们压力管道安全管理仍需进一步完善，从而有效遏制重特大事故发生，降低事故影响。为有效预防工业管道事故，进一步加强风险管控，消除安全隐患，以工业管道损伤、失效和事故案例为切入点，系统性开展工业管道失效模式和风险识别研究具有重要意义。

2 工业管道运行情况调研及统计分析

为了更加深入地了解我国工业管道运行情况，我们系统的调研、收集了国内多个地区、多个典型行业、多种典型工艺的工业管道在使用、检验等过程中的损伤、失效案例，整理出70条运行、检验中发现问题的管道，并对其进行了分析统计。

本次分析的管道涵盖天然气处理、石油化工、煤气化、氟化工、等多个典型行业，涉及加氢、制氢、脱硫、合成、重整、氟聚合、离子膜烧碱、硫铵等多个典型工艺。首先对70条管道的地域分布做了整理，见图1。可以看出，本次统计的工业管道中，西北地区管道占31%，华东地区管道占26%，中南地区、华北地区、东北地区管道分别占19%、13%和8%，西南地区管道样本量较少，仅占3%。

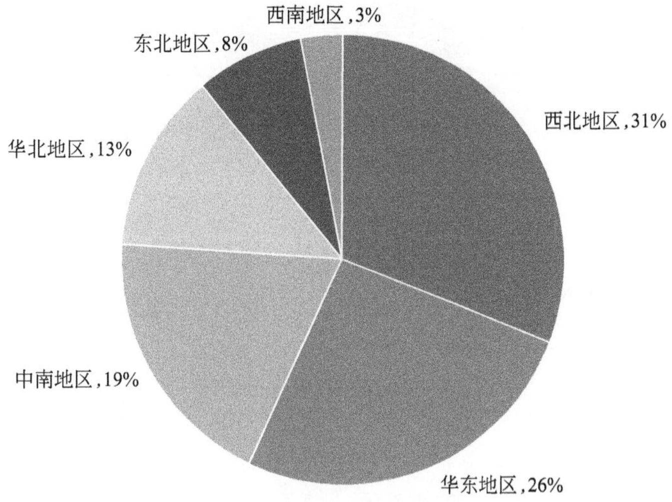

图1 本次统计工业管道地域分布图

对此70条管道的缺陷类型进行分析，管道缺陷类型主要有原始缺陷、腐蚀减薄、环境开裂、结构问题、机械损伤等，各缺陷类型比例如图2所示，从图中可以看出，腐蚀减薄、原始缺陷是工业管道发生最多缺陷，分别占62%和21%。机械损伤和环境开裂的比例也较大，均为7%；结构问题占3%。

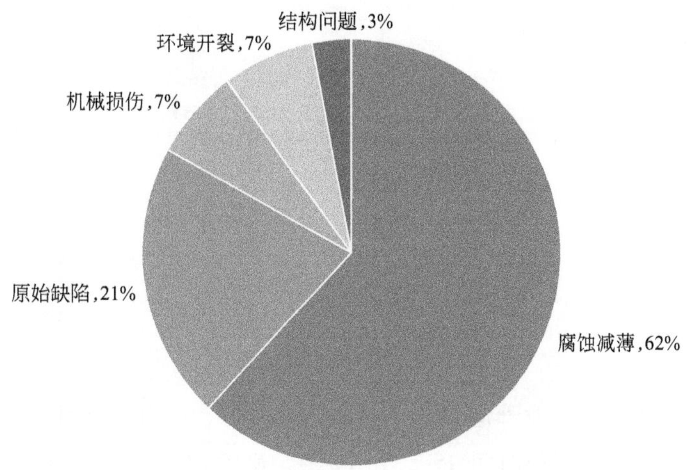

图2 工业管道主要缺陷类型统计

腐蚀减薄主要涉及冲刷腐蚀、胺腐蚀、二氧化碳酸性水腐蚀、酸性水腐蚀、大气腐蚀、高温硫腐蚀、酸性气冷凝腐蚀、积液腐蚀、冷却水腐蚀、阀门泄漏、高温氢损伤等腐蚀机理。具体分布如图3所示。冲刷腐蚀、大气腐蚀、酸性水腐蚀是本次统计的损伤失效工业管道中最为常见的腐蚀方式。

原始缺陷是工业管道常见的失效原因，本次统计的工业管道中发现的主要问题有气孔、分层、未焊透、裂纹、砂眼、错边、圆形超标缺陷等。原始缺陷类型分布情况如图4所示，未焊透、气孔缺陷比例略高，其他原始缺陷数量比例相差不大。

环境开裂是工业管道常见失效形式，现场发现主要问题有氯化物应力腐蚀开裂、硫化物应力腐蚀开

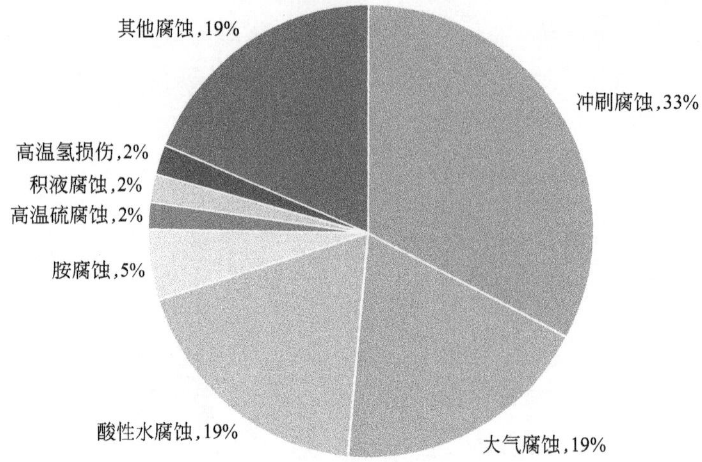

图 3 腐蚀减薄机理分布图

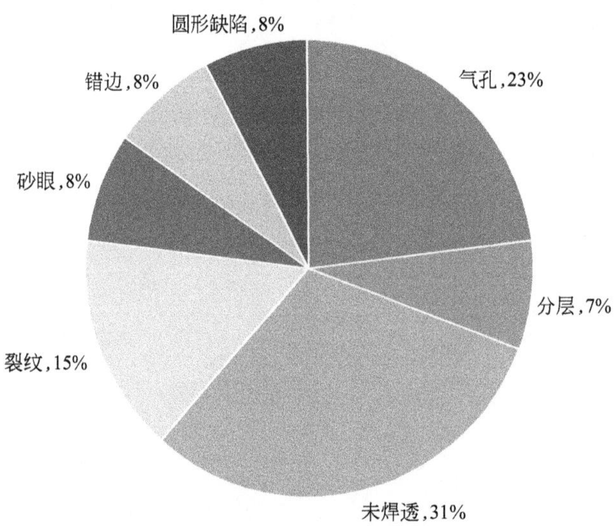

图 4 原始缺陷类型分布图

裂等。分布情况如图 5 所示。

工业管道服役时间也会影响工业管道的安全，以检验周期 5 年为一个间隔，经过统计本次抽取的工业管道服役时间分布图 6 所示，服役时间 0～5 年占 7％，服役时间 5～10 年占 32％，服役时间 10～20 年占 48％，服役时间超过 20 年的占 13％。可以明显看出，随着服役时间的延长，工业管道发生失效的可能先增加后降低，超过 20 年管道失效可能性降低，可能与服役管道报废以及前期检验有关。

为了进一步分析工业管道失效特点，不同服役时长以检验周期 5 年为时间间隔，详细地统计了不同服役时长中不同损伤失效原因的比例，如图 7 所示。首次检验中，原始缺陷、腐蚀减薄、环境开裂、结构问题以及机械损伤问题均有可能出现。原始缺陷比例随着服役时间增加，先增大后降低，5～10 年服役的工业管道原始缺陷比例最大。造成此现象的原因可能是国内部分工业管道以往施工质量差，相关法律法规标准不够完善，工业管道投用后三年首次全面检验的落实情况不佳，以及原始缺陷未在前 1～2 个定期检验周期被发现。腐蚀减薄损伤随着服役时间的增大，越容易发生问题，尽管超过 20 年的管道，可能已经报废或在之前的全面检验中发现严重减薄后进行更换，但腐蚀减薄管道数仍有较大的比例。环

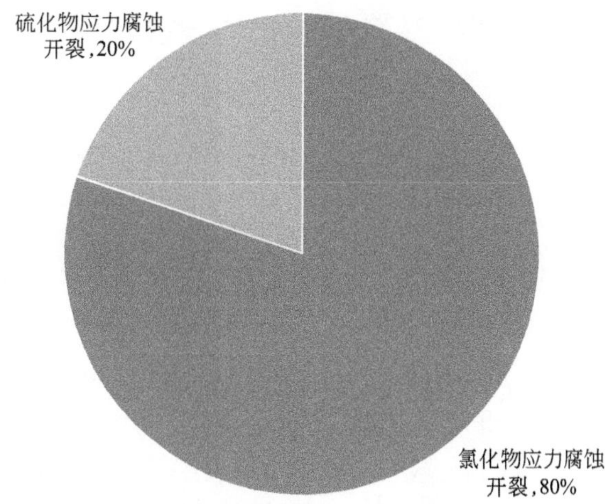

图 5 环境开裂损伤机理分布图

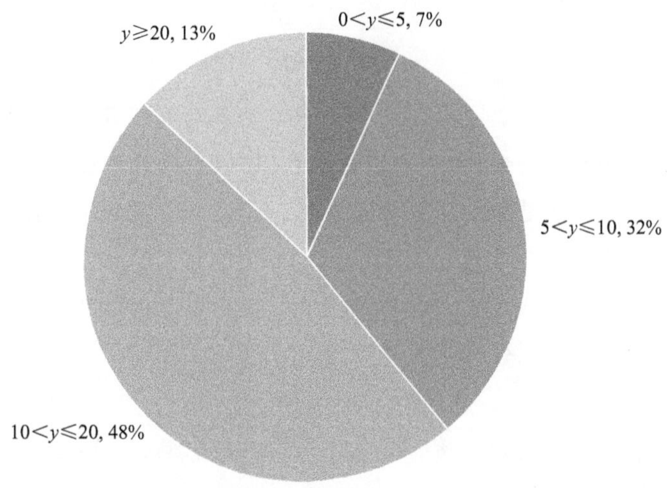

图 6 工业管道服役时间分布图

境开裂随着服役时间的增加，数量逐渐增多。结构问题在宏观检验中即可发现，因此首次检验之后，该问题可能消失。机械损伤缺陷随着服役时间的增大逐渐增大，主要由于机械损伤中包括机械疲劳和振动疲劳，需要达到一定的次数，才可能导致最终管道失效。因此，不同服役时间工业管道，损伤、失效特点不同，可依据特点有针对性地制定检验方案，加强日常管理，降低工业管道事故风险。

3 工业管道损伤及失效案例分析结果的启示

工业管道涉及种类多，数量大，设计、制造、安装、应用管理涉及的环节多。环节越多，包容的信息量越大，影响因素便越多，出现问题的概率就越大，从而造成工业管道安全管理和安全监察的多元性和复杂性。因此，引起工业管道的事故的因素有很多，需要对工业管道的安全问题所涉及的各个环节逐一进行隐患分析。通过对事故及失效案例的分析，以及工业管道日常使用管理、检验中积累的经验可以得知，工业管道主要在设计、制造、安装、使用、检验、修理、改造七个环节中存在着安全隐患，可能导致工业管道失效或者发生事故。

（1）设计环节

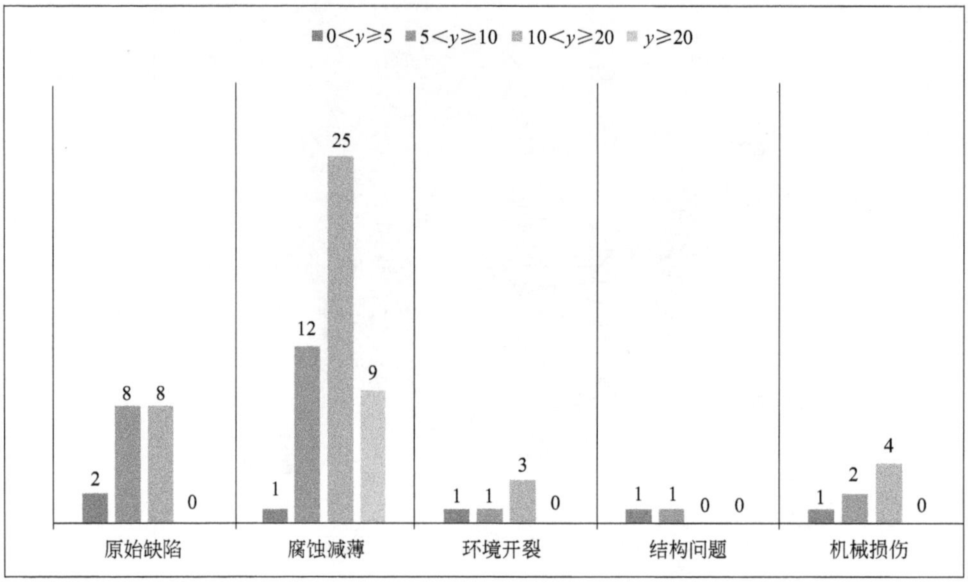

图 7　工业管道服役时间失效模式分布图

工业管道的设计涵盖生产工艺和安全生产的双重责任，包含了生产工艺、生产设备、自控仪表、工程材料、安全生产等专业方面的内容，是设备与管道的安装布置、管道应力计算、设计调整等不断优化的工作过程，涉及的专业知识范围非常广。但是由于设计单位、设计人员的水平参差不齐，有的设计说明过于简单，缺少设计依据、验收法规、主要工艺参数、焊接方法要求、无损检测要求、防腐要求、埋地深度要求、管道吹扫及压力试验要求等，或者其要求不符合有关标准规定。此外，由于我国工业管道标准体系采用的是多头管理，工业管道设计的标准不统一、不齐全，标准之间相互脱节甚至冲突，因此工业管道在设计上先天不足，为日后使用埋下了隐患。

（2）制造环节

管道是由管子、管件、法兰、螺栓连接、垫片、阀门、其他组成件或受压部件和支承件组成的装配总成。长期以来，我国工业管道的组成件（管子、法兰、三通、阀门等）制造企业生产规模小，安全管理混乱，大量不合格产品流入市场。当前在用的工业管道普遍存在着阀门泄漏、锈死；三通、弯头等管道元件存在制造缺陷，壁厚不符合要求；法兰存在裂纹、腐蚀严重等现象。管道组成件不合格，导致管道难以在使用过程中长期稳定服役。

（3）安装环节

压力管道的施工与其他承压设备的生产情况不同，其施工环境相对恶劣，现场工作条件困难，安装难度较大，不容易达到预定的技术要求，这确实是个客观存在的问题。施工单位无证安装，有些施工人员不具备应有的资格或者能力，不严格按图纸施工，不按规定建立质量保证体系，不按焊接工业指导书作业，使用无资质的焊工随意施焊，不进行材料进场验收，也不进行必要的检验和检测，甚至转包工程，就会使施工质量无法保证，一旦发生事故，查清问题和追究责任的难度都非常大。此外，焊接过程中运用不符合规范要求的焊接材料，导致焊缝中存有未熔合、夹渣、未焊透等缺陷；防腐和保温材料不符合要求等，这些问题的存在都使得工业管道安全长周期运行困难较大。

（4）使用环节

工业管道的使用管理是企业安全管理的中心工作，直接影响到工业管道的安全运行。由于设计、制造和安装等原因导致管道及其附件在投入运行前就存在大量的事故隐患，并且随着管道在役时间的推移，以及管道在外界环境、内外部介质等因素的作用下产生腐蚀、裂纹或材质的劣化，使得工业管道在使用方面存在诸多问题。安全管理对于管道的长期安全运行，防止管道事故的发生，降低事故后果的严重程度都有着非常重要的意义。但是有些企业经营者过多考虑的经济效益，其使用的设备陈旧，超期运行情况较多，现场操作人员未经培训考核合格就上岗，法制观念淡薄，安全意识淡薄，安全附件超期未校验，规章制度不健全，安全管理机构形同虚设，安全管理在部分企业甚至处于失控状态。另外，由于我国压力管道监督检验起步比较晚，过去没有要求强制检验，加上化工企业效益不稳定，管道的定期检验需要一定的资金投入，停车检验可能造成一定的经济损失，致使很多单位根本不参与检验或只是进行一些象征性的形式化的检验工作，使压力管道的管理和检验工作流于形式。

（5）检验环节

检验是发现隐患的关键环节。不同的行业要求不同，各个企业重视程度也不一样，大型化工项目中的工业管道的检验检测工作，检验检测人员应该与相关的安装部门和技术部门等紧密配合，同时，配备相关的检验检测设备，才能更好地共同促进压力管道检验工作质量的提升，让检验检测工作取得切实效果；检验检测工作监管不严，导致检验检测流于形式甚至缺失，使得本来应该遏制的安全隐患得以发展，从而酿成祸患。

（6）修理环节

修理是消除压力管道隐患的主要方法之一。发现隐患是前提，而消除隐患才是根本。然而许多企业在修理环节上不很重视，比如一些管道的腐蚀情况严重，而企业却不采取相应的防腐措施，使得管道的壁厚逐渐减薄，产生隐患；一些企业在修理过程中不考虑工业管道的特种设备属性，违规进行补焊等；企业在修理过程中使用的原材料不受控，不同材料混焊在一起，反而加剧管道腐蚀，人为造成管道损伤；一些企业安全管理意识薄弱，发现问题却听之任之，不能较好地消除事故隐患，反而导致了更大事故的发生。

（7）改造环节

由于设计、制造、安装等方面的问题，导致管道结构或布局不合理、在用材方面选材不当，导致材质腐蚀严重、焊接过程中存留大量的缺陷或裂纹等，或在役压力管道存在相当程度的劣化等，这些都不是简单的修理能够解决的。改造环节也是消除压力管道隐患的主要方法之一。通过安全评定、概率分析、风险评估、技术更新等对上述问题管道进行技术改造是行之有效的办法。虽然《压力管道安全技术监察规程——工业管道》（TSG D0001—2009）中明确规定改造应由管道设计单位和安装单位进行设计和施工，但是，实际上也存在由企业自身实施改造的情况，一些企业安全管理混乱，技术人员缺乏，改造前不经过设计人员确认，改造中忽视质量管控，无法保证管道改造的质量。

4 结论

总而言之，通过对工业管道事故情况、工业管道运行情况、工业管道修理改造情况的调研，运用大数据分析、事故树等分析手段，把工业管道事故及日常使用、管理中的问题关联，从设计、制造、安装、使用、检验、修理、改造多个方面梳理出工业管道可能涉及的失效模式和损伤机理，可为后续工业管道事故调查和预防提供参考。只有不断深入了解工业管道的使用情况，针对生产中反映的实际问题，依靠科学的理论方法，吸收国内外成功的实践经验，不断研究攻关，才能进一步提升工业管道安全管理水平，更加精准的防控风险，消除隐患。

参考文献

[1] 市场监管总局 . 市场监督管理总局关于 2019 年全国特种设备安全状况的通告 .

[2] 质检总局．质检总局关于 2015 年全国特种设备安全状况的通告．
[3] 质检总局．质检总局关于 2016 年全国特种设备安全状况的通告．
[4] 市场监管总局．市场监督管理总局关于 2017 年全国特种设备安全状况的通告．
[5] 市场监管总局．市场监督管理总局关于 2018 年全国特种设备安全状况的通告．
[6] 市场监管总局．市场监督管理总局关于 2019 年全国特种设备安全状况的通告．

城镇聚乙烯（PE）燃气管道定位检测工程应用

王少军，廖　娇，李　玮，王洁璐，李晓军，左延田，黄奕昶，王　昕

上海市特种设备监督检验技术研究院，上海，　200062

摘　要： 针对城镇聚乙烯（PE）燃气管道不导电、不导磁等材料特性，为研究在役埋地PE燃气管道定位检测难度大等工程应用问题，利用聚乙烯（PE）燃气管道管线与其周围介质间存在一定的物性（电性、弹性、磁性、密度）差异及可以传导震动等特性，提出了探地雷达探查、PE燃气管道声波振动检测等技术对城镇PE燃气管道定位检测工程应用，为城镇聚乙烯（PE）燃气管道定位检测的工程应用提供了有效、可行的经验。

关键词： PE燃气管道；探地雷达；声波振动检测

Application of localization and detection of urban polyethylene (PE) gas pipelines

Wang Shaojun，Liao Jiao，Li Wei，Wang Jielu，Li Xiaojun，Zuo Yantian，Huang Yichang，Wang Xin

Shanghai Institute of Special Equipment Inspection and Technology Research，　ShangHai，　200062

Abstract: Aiming at the characteristics of urban polyethylene (PE) gas pipelines such as non-conductivity，non-magnetism，etc. in order to study engineering applications such as the difficulty of PE gas pipeline positioning and detection in active landfills，and using certain physical (electricity，elasticity，magnetism，density) differences between polyethylene (PE) gas pipeline pipelines and their surrounding media and the characteristics such as transmission vibrations，geodetic radar detection and acoustic wave vibration detection of PE gas pipelines are proposed to provide effective and feasible experience for the engineering application of localization detection of urban polyethylene (PE) gas pipelines.

Keywords: polyethylene pipe; ground penetrating radar; Acoustic vibration detection

0　引言

聚乙烯（PE）管道具有使用寿命长、运行能耗和维护成本低等优势，以优异的性能逐步取代钢管，广泛应用在城镇埋地燃气管网建设等工程领域，其质量安全可靠性也越来越受到人们的重视。随着PE管道服役时间的越来越长，暴露出来的问题也逐渐增多。其中，埋深不够导致的管道变形、位置不清导致的机械破坏和人为破坏（第三方破坏）等成为PE管道主要的安全问题。

（PE）燃气管道不导电、不导磁等材料特性，金属管道探查仪不适用于（PE）燃气管道的位置探查，而常用的标识和示踪线[1,2] 等PE管道定位方法容易遭到第三方破坏，给PE管道准确定位带来困难，采用探地雷达、PE燃气管道声波振动技术对复杂和无示踪线等（PE）燃气管道定位检测，避免

作者简介：王少军，1982年生，男，高级工程师，硕士，主要从事特种设备检验检测研究。

PE管道变形和第三方破坏等质量安全具有现实意义及工程价值。

1 探地雷达探查及应用

1.1 探地雷达探查方法

针对城镇聚乙烯（PE）燃气管道与其周围介质间存在一定的物性（电性、弹性、磁性、密度等）差异，具备了（PE）燃气管道探测所必要的地球物理前提。探地雷达[3] 由天线向地下发射电磁波，在水穴、地层和管道等介电常数变化之处产生反射波，反射波再被天线接收、处理后，雷达图像实现可视化显示，通过对雷达图像的识别和处理从而进行判别。当地下无管道时，其管道反射波很弱甚至没有；当地下存在管道时，其雷达图像表现为向下开口的抛物线或伞形等较强的反射波特征[4]，典型管道雷达剖面图如图1所示。

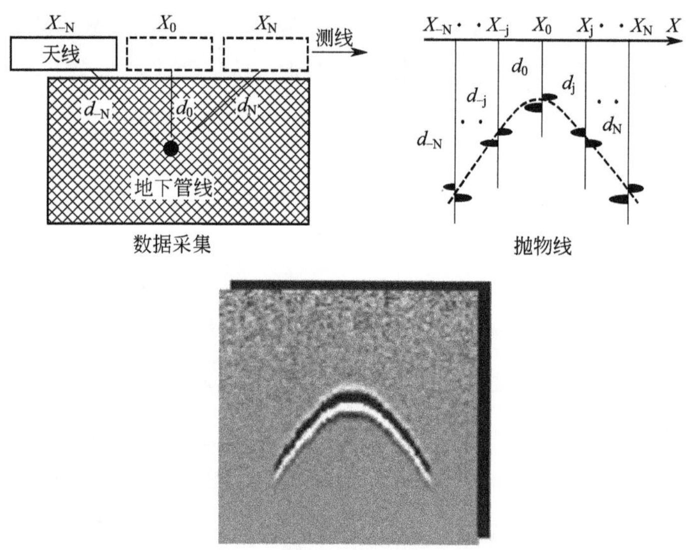

图1 管道雷达剖面形成图

通过对这些信息的提取与分析，就可以判断地下铺设管道的水平位置，并能大致估算管道的埋深和大小。

1.2 参数设置选择

为了获得探查的最佳性能，应该选择合适天线频率，正确地设置采集时窗、波速、点距、每扫点数，还有重要的是选择合适的增益方式。

(1) 一般选用天线的频率以探测目标管道深度和空间分辨率所决定。天线频率 f 按式 (1) 计算：

$$f=\frac{150}{x\sqrt{E}} \tag{1}$$

式中，x 为空间分辨率，m；E 为估算的管线周围介质相对介电常数。

城镇燃气PE管道工程中，直埋管道埋深集中分布区约为0.8～2.0m，探测管径在100mm以上。由公式计算天线频率约为400MHz。但是一般选用天线频率时，要综合考虑探测分辨率和深度的影响，频率高，则探测分辨率提高，而探测深度却下降，容易造成深度方面的漏查。

(2) 一般选取探测管道深度 h 为目标深度的1.3倍。设最大探测深度 d_{max} 和波速 v，则采样时窗 w（单位ns）：

$$w=2.6\times\frac{d_{max}}{v} \tag{2}$$

（3）增益方式一般选择自动，当地面或者地下介质变化较明显时，要重新获取自动增益曲线，然后再继续探查。

（4）雷达波速的给定值将直接影响到 PE 管道的探测埋深，宜采用由已知管道深度来确定未知波速 v。

$$\frac{D_1}{v_X}=\frac{D_2}{v_2} \tag{3}$$

式中，D_1 为实际管道埋深；D_2 为雷达图谱深度值；v_2 为理论波速值。

1.3 工程应用

某区城镇燃气公用管道全面检验，采用探地雷达技术探测规格为 ϕ160mm×14.6mm 的 PE 材质燃气管道位置。综合考虑实际管道直径较小和探测深度较浅特征，采用 700MHz 频率的屏蔽天线，得到两处管道剖面图如图 2 所示。管道剖面图 2（a）所示，雷达图像在检测离起点水平位置 2m 处有一个向下开口的抛物线，与周围平行的同相轴形成明显异常特征，据此判断此处为 PE 管道雷达图谱特征，根据附近燃气阀门井里的管道走向验证了此处为 PE 管道。

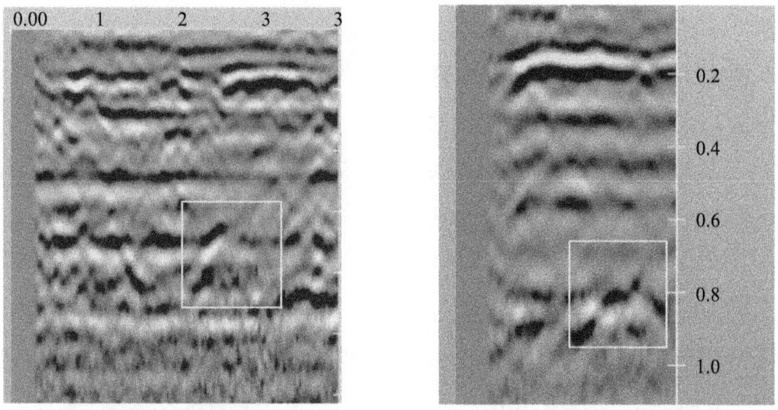

(a) 雷达水平位置剖面图　(b) 雷达深度位置剖面图

图 2 某区 PE 燃气管道雷达剖面图

管道剖面图 2（b）所示，雷达图像出现不规则抛物线形状，显示埋深在 0.8m，现场根据图中白框处的异常特征位置开挖验证，验证结果为在深度为 0.85m 地下有一根 PE 燃气管道，与检测结果存在一些误差，但在工程上属于可接受范围。

2 声波振动检测技探查及应用

2.1 声波振动检测探查方法

针对城镇聚乙烯（PE）燃气虽然不导电不导磁但是可以传导震动，利用震动信号传导来探测非金属管道的技术即是基于此。震动信号的传导有两种途径，第一种是在管道中传导，第二种是在管道介质中传导。震动信号在管道中传导距离最远 100m 左右，有很大的局限性，因此这种加载在管道上传导震动信号的方式没有普及也不太成功，受到震动信号加载条件的限制；第二种在管道介质中传导震动信号的技术只能在自来水中和天然气中加载，自来水是一种液体流体，对震动信号传导阻碍较大，传导距离也在 100m 左右，因此在水中加载震动信号的技术没有普及也不太成功。而天然气是一种压缩气体，对震动信号传导效果非常好，单向最远可达 1500m，正是基于压缩天然气对震动信号较远的传导距离，采用声波振动检测技术对 PE 管道定位检测，原理如图 3。

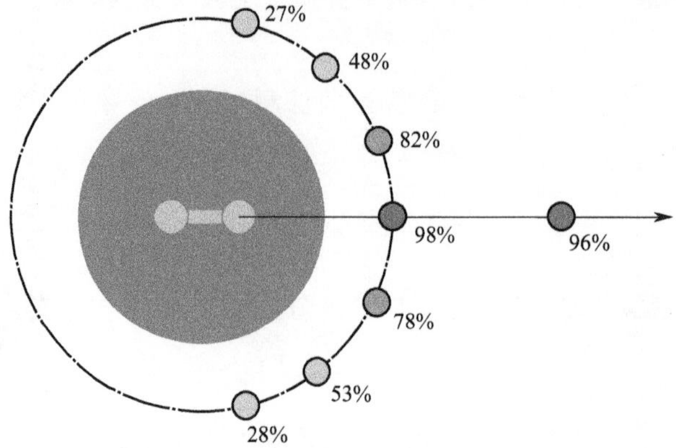

图 3　声波振动检测技术定位原理图

2.2　工程应用

某区城镇燃气公用管道全面检验，采用声波振动检测技术对管道进行定位检测，气体振动器通过与管道放散阀连接到天然气管道上，发射控制器为气体振动器供电并控制气体振动器信号输出。当气体振动器驱动管道中的燃气振动时，会产生一种特殊的混频复合振动信号，该振动信号顺着燃气气流沿着管道双向横向传输并垂直传递到地面上，用接收机在地面上采集信号并解算，结果通过蓝牙实时传输到控制手簿上，地面信号最强处即为埋地管道正上方。

本次管道精确定位起点路口阀门井 Cmfz2-0550，终点为交叉路口，采用 RTK 精确定位技术，对管道进行了精确测绘，PE 管探测项目地下管线成果如表 1 和图 4 所示。设备接入起点阀门井检测出管道走向沿绿化带，管道直接通向道路外并过路同时为主管，深度 2m 左右，如图 5 所示。通过接收机检测信号确定管道走向正南方向，探测到管道位置与燃气公司标识桩位置一致，继续探测管道走向为正南方向，管道实则埋在绿化带下面，使用 GPPL 设备探测到声波信号，准确探测到管道水平位置，并对一处进行开挖验证，如图 6 所示，埋深 1.8m，管径为 DN315，探测水平位置最大误差不超过 20cm，属于合理误差范围。

表 1　PE 管探测管线成果表

管线类别	管线点编号	管线点性质	坐标		高程	管径/mm	材质	备注
			X/m	Y/m	H/m			
燃气管道	RQ1	阀门井 Cmfz2-0550	669760.4	3484717	16.23	315	PE	
燃气管道	RQ2	探测点	669812.8	3484796	16.831	315	PE	
燃气管道	RQ3	探测点	669840.5	3484835	16.349	315	PE	
燃气管道	RQ4	探测点	669872.1	3484884	15.28	315	PE	
燃气管道	RQ5	探测点	669897.2	3484921	14.943	315	PE	

3　结论

通过探地雷达、声波振动检测技术对城镇聚乙烯（PE）燃气管道定位检测测试，得到如下结论。

① 通过采用探地雷达和声波振动检测技术对城镇 PE 燃气管道定位检测工程应用，结果显示直观，有利于对在役埋地 PE 管道有效、快速及准确的定位检测。

② 探地雷达图像直观，但容易受到回填土等回波和非目标管道反射波的干扰，在工程检测中，需要选择有代表性已知管道做大量的试验，得出一些标准可视化图谱，并分析总结一工程检测中些经验，以工程试验结果来指导 PE 管道工程定位探查。

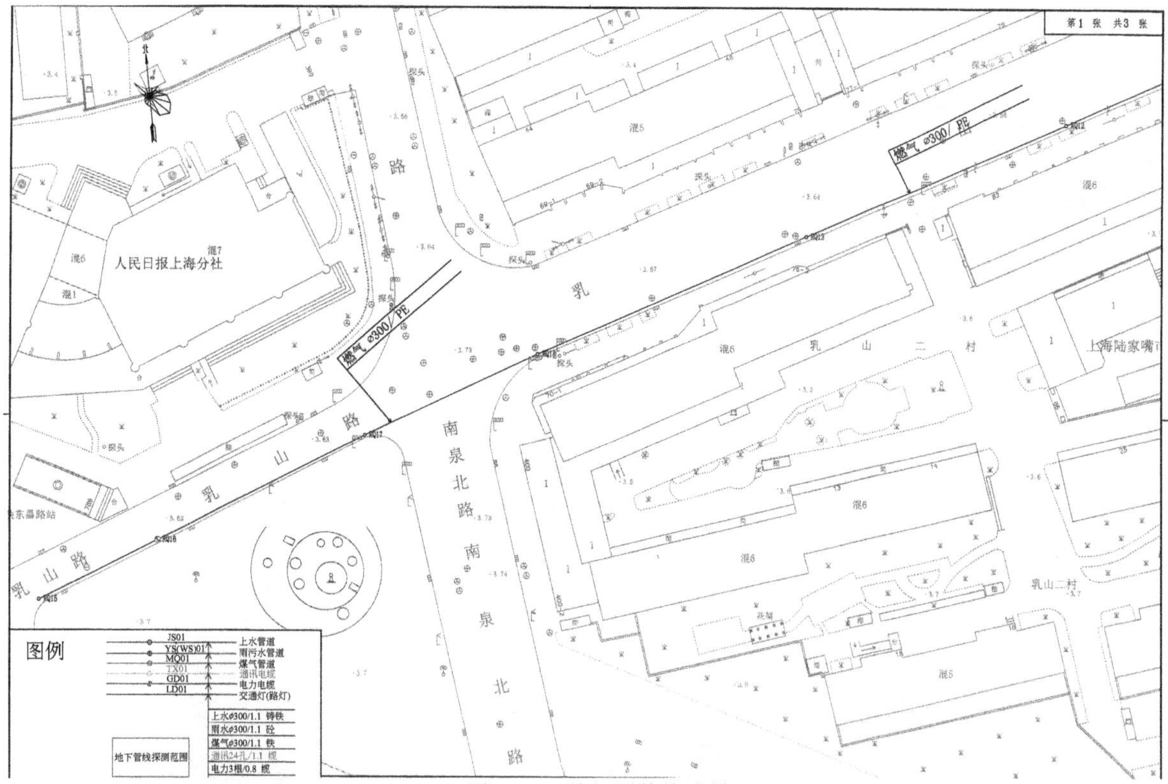

图 4　PE 管探测管线成果

图 5　PE 管道声波振动检测技术定位现场检测图

图 6　PE 管道现场开挖验证图

③ 声波振动检测技术采用声波传导震动方法，容易受到周围环境声学的干扰，在工程检测中，需要对不同环境的管道进行大量的试验及工程应用，避免环境及人为等因素造成检测误差。

④ 探地雷达和声波振动检测技术都有局限性，对城镇 PE 燃气管道定位检测工程应用中，将两种定位技术结合使用，弥补各自技术的不足，准确定位 PE 燃气管道，避免 PE 管道受第三方破坏等质量安全具有现实意义及工程价值。

参考文献

[1] 袁厚明．地下管线检测技术 [M]．2 版．北京：中国石化出版社，2012.
[2] 徐长虹，朱宏斌，朱能发．示踪导线法在非金属管线探测中的应用 [J]．城市勘测，2011，1：159-161.
[3] Manuel H，Idel M，Rafael P G. Towards the visualization of water supply system components with GPR images [J]. Mathematical and Computer Modelling，2011，54：1812-1818.
[4] 汤博．瑞典 MALA 探地雷达在管线探测中的应用 [J]．水科学与工程技术，2015，1：95-96.

瞬变电磁法在城市燃气管道检测中的应用

王　昕，宋　盼，姜成军，范高萍，王　伟，王振棒

上海市特种设备监督检验技术研究院，上海，　200062

摘　要： 燃气管道的安全运营事关民生大计，在运营的过程还会受到诸多因素使管道失效，发生泄漏，引发事故，危及大众生命财产安全。本文提出瞬变电磁法在役检测城市燃气管道，主要介绍瞬变电磁法原理和管道失效的因素分析，结合两处燃气管道检测实例对瞬变电磁法在城市燃气管道在役检测应用存在的问题进行综合分析。结果表明：瞬变电磁法检测在城市燃气管道检测具有实用性，能较好地区分腐蚀与干扰，为城市燃气管道的在役安全运营检测与维修提供可靠的理论数据依据。

关键词： 燃气管道；瞬变电磁法；管道失效；在役检测；

Application of Transient Electromagnetic Method in Urban Gas Pipeline Detection

Wang Xin，Song Pan，Jiang Chengjun，Fan Gaoping，WangWei，Wang Zhenbang

Shanghai Institute of Special Equipment Inspection and Technical Research，ShangHai，200062

Abstract: The safe operation of gas pipeline is a matter of vital importance to people's livelihood. In the process of operation，many factors will cause pipeline failure，leakage and accidents，and endanger the safety of life and property of the public. This paper proposes a transient electromagnetic method for in-service detection of urban gas pipelines. It mainly introduces the principle of transient electromagnetic method and the analysis of pipeline failure factors. Combined with two gas pipeline detection examples，the application of transient electromagnetic method in urban gas pipeline in service detection conduct a comprehensive analysis. The results show that the transient electromagnetic method has practicality in the detection of urban gas pipelines，can better distinguish corrosion and interference，and provides reliable theoretical data basis for the in-service safety operation detection and maintenance of urban gas pipelines.

Keywords: gas pipeline; transient electromagnetic method; pipeline failure; In-service detection

0　引言

我随着城市化进程的加速推进，燃气管道进入了一个迅速发展时期，如何保障燃气管道安全运行是一个迫切需要解决的问题。目前，国内外针对燃气管道的检测方法主要分为管道外检测技术和管道内检测技术。管道外检测技术主要有管中电流法（PCM）[1]、标准管-地电位检测法（P/S）[2] 和 NOPIG 技术[3] 等。PCM 技术主要通过检测管体上激励信号变化来判断防腐层是否完整，但 PCM 技术只能检测管道防腐层的腐蚀，不能检测管道腐蚀和跨越管道，仅检测防腐层的破损来判定管道腐蚀存在较大的盲

作者简介：王昕，1981 年生，男，工程师，主要从事容器管道检验检测。

目性[4]；P/S技术通过测量燃气管道的阴极保护电位进行间接评价，但易受到环境干扰，不适用于城市燃气管道检测，且不能反映管体表面防腐层破损的程度与位置；NOPIG技术是德国NP公司研发多被用于埋地管道金属损失与防腐层破损的在役检测，通过对比不同频率下的磁场成分来分辨埋地管道管体异常信息，但是不能检测螺旋状焊接管，检测精度不够高，且对检测环境要求高。管道内检测技术主要用于大口径管道的检测，主要有管道内检测机器人，在管道机器人上布置超声[5]、漏磁[6]和涡流等技术，让其进入管道进行管道内部检测，但是该项技术存在运动控制和定位问题[7]，特别是对处于老龄化的管道和运营状况不明确的城市燃气管道，是难以采取内检测技术的。

本文提出的瞬变电磁检测方法[8]是一种有效的在役非开挖检测技术，它可以在不开挖、在役的前提下实现对燃气管道的腐蚀检测。通过接收二次场所含的管体信息直接对管体的金属量的减少来判定腐蚀程度，从而实现燃气管道的提前预警，防患于未然，规避事故的发生。

1 燃气管道失效分析与瞬变电磁法检测原理

1.1 燃气管道失效分析

在埋我国燃气管道运营使用时间较长，大部分燃气管道进入老化阶段，失效频率高。燃气管道失效的主要原因有腐蚀失效、第三方破坏失效和管道质量缺陷等。

腐蚀失效是燃气管道失效的主要原因，腐蚀失效分为外腐蚀和内腐蚀。防腐层的完整性对外腐蚀失效的影响最大。燃气管道长期处于复杂的地下环境中，在微生物和外力的作用下，使得防腐层发生破损，致使管体受到土壤等环境的腐蚀。通过对已发生腐蚀泄漏的燃气管道进行分析，发现管体周围土壤的含水量、酸碱度、含氧量、含盐量、温度pH值等对外腐蚀起主要作用。不仅如此，还发现在电气化轨道附近的燃气管线的腐蚀更为严重。城市轨道交通会产生杂散电流并对周围埋设的管道产生腐蚀，而且还会影响与之相连的市政管网，甚至酿成事故。

第三方破坏是燃气管道失效的第二大原因，第三方破坏主要有施工破坏、违章占压和车辆冲击。无论是施工破坏、违章占压，还是车辆冲击，都是外力环境下致使防腐层发生破损，管体才会发生腐蚀失效。

管道质量缺陷也极易引发管道失效。主要包括管材原始质量缺陷（包括制造缺陷和运输过程中的损伤）和焊接或熔接缺陷。管材原始质量缺陷偶有发现，但直接导致管道失效的情况非常少；但焊接质量缺陷导致失效在管道上却时常发生，主要原因是早期施工的不合理、不规范、施工质量控制不严，焊工无证上岗和盲目赶工期所致。经分析发现，焊缝处的失效大多是腐蚀，这是因为焊缝处的防腐层补口质量远不如管体原始防腐层。

1.2 瞬变电磁法（TEM）检测基本原理

瞬变电磁法是一种基于以麦克斯韦电磁场理论为核心的电磁感应原理基础上的时间域人工源电磁检测方法。它利用不接地回线或接地线源向地下发射一次脉冲场（一次场），在其激发状态下，燃气管道中激励起的感应涡流将产生随时间变化的感应电磁场（二次场）。由于二次场包含管体丰富的地电信息，在一次场的间隙期间，利用接收线圈接收观测二次场，通过对管体响应信息的提取和分析，从而达到检测燃气管道的目的[9]。检测原理如图1。

2 工程实际应用

2018年7月，我们对某城市两路段在役埋地燃气管道进行了非开挖检测。在检测开始之前，需要对管道及检测环境进行综合信息记录。首先，我们需要向待检燃气管道运营单位人员了解管道的相关参

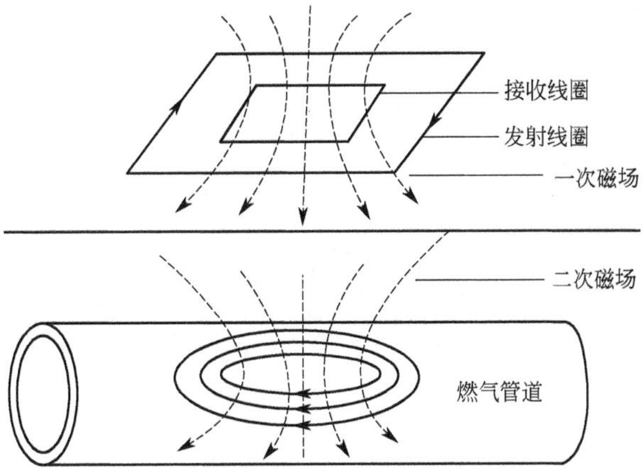

图 1　燃气管道 TEM 检测原理

数。其中包括管道埋深、管径及原始壁厚、管道防腐及维修情况、管道材质、地表检测环境等。根据综合信息，确定检测方案，对检测过程中可能需要的仪器设备、工具或其他物品都一一准备好。由于不知管线走向，无法保证探头是从管道上方经过，因此，在实际检测过程中，先用 RD8000 管线探测仪探测管线的位置，在地面上做好标识，以便后续检测的快速有效进行。全部准备好后，调试好仪器。检测过程所用到的探头的工作参数如表 1。

表 1　工作参数

项目	参数	项目	参数
工作装置类型	中心回线	接收线圈	0.5m,0.5m(60 匝)
发射频率	16Hz	叠加次数	8 次
工作电流	1.77A	采样间隔	16μs
发射线圈	1.0m,1.0m(30 匝)		

2.1 南浦路南燃气管道检测

通过向管道运营方了解，该段待测管体采用环氧粉末防腐，管径 219.0mm，原始壁厚 8.0mm，管道埋深 0.75m。根据现场情况与检测长度设定测点及测点间距，设定起测点为管线探测的起始点，检测长度 10.0m，测点间距 0.25m，共计 41 个测点，现场检测图如 2。

将检测得到的数据进行处理得到接收线圈的感应电动势剖面图如图 3。

壁厚图如图 4。

图 2　现场检测图

结合图 3 和图 4，我们可以看到，该段燃气管道并没有出现腐蚀。然而却在多个位置出现明显的增大信号。在测点 5～9、测点 13～20、测点 27～29 及测点 33～37，分析对应的距离为 1.0～2.0m、3.0～4.75m、6.5～7.0m 及 8.0～9.0m。结合现场的环境，1.0～2.0m 的凸起信号是由于存在异常的金属增多干扰所造成的；3.0～4.75m 的凸起信号是由于路边存在电线杆干扰；6.5～7.0m 的凸起增大信号是由于检测过程中汽车经过干扰所致；8.0～9.0m 凸起信号也是由于存在异常的金属增多干扰所造成的；开挖结果显示，该段管线无明显腐

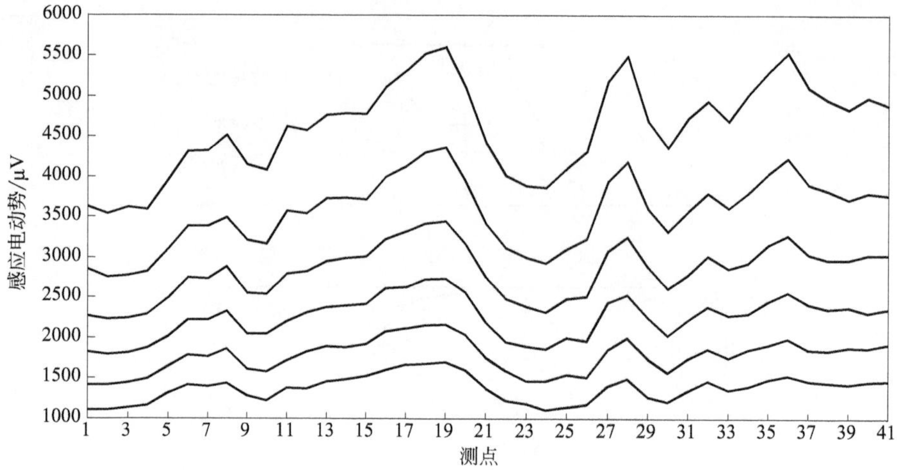

图 3　第一段感应电动势剖面图

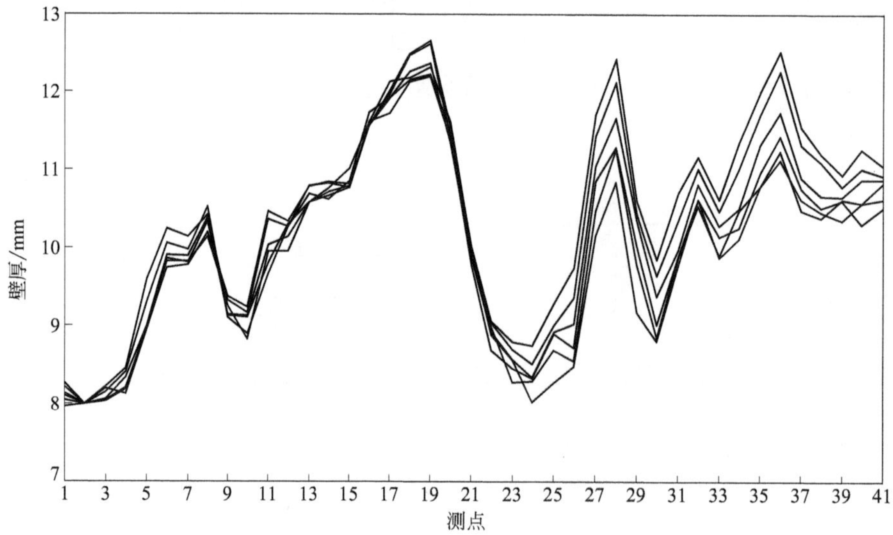

图 4　壁厚图

蚀。现场开挖如图 5。

图 5　现场开挖图

2.2 城福路西燃气管道检测

该段待测管体采用环氧粉末防腐，管径 219.0mm，原始壁厚 8.0mm，管道埋深 1.26m。在检测之前，这段发生腐蚀泄漏，管道运营方进行过紧急抢修，抢修完确定无误后覆土。抢修现场如图 6。

图 6　现场抢修图

根据现场情况与检测长度设定测点及测点间距，设定起测点为管线探测的起始点，探头从管道正上方经过，检测长度 8.0m，测点间距 0.25m，共计 33 个测点。将检测得到的数据进行处理得到接收线圈的感应电动势剖面图如图 7。

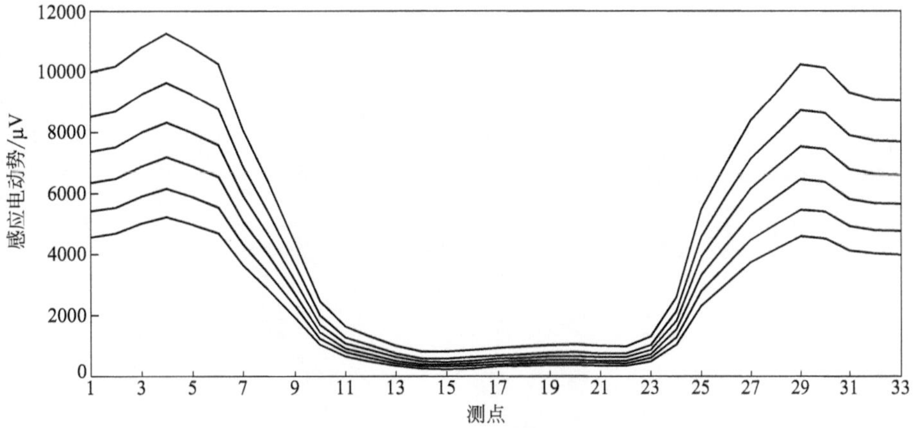

图 7　第二段感应电动势剖面图

通过图 6，我们可以发现，这段燃气管道发生泄漏，管道运营方采用了这种弯管技术进行抢修。根据图 7，在测点 5～29 存在异常减少信号，对应距离 1.0～7.0m，在测点 13～21 处有最小值，对应距离为 3.0～5.0m。信号减少正是由于这种抢修技术造成，使得探头未能从管道正上方经过，从而导致检测到的金属量减少。

3　结论

瞬变电磁法检测在城市燃气管道的工程实际检测中易受诸多因素影响，经过的汽车、排水井盖、电线杆等都会对检测结果造成影响。排除这些影响因素干扰，瞬变电磁法检测对特殊工部件、腐蚀还是有较高的检出率。

此方法检测的是管体周向金属的减少量，不能判断缺陷在管体周向的具体位置，优化剩余壁厚算法以提高精测精度对瞬变电磁法检测燃气管道具有实际意义。

参考文献

[1] 石炜明，曹光贵 . PCM 检测技术在管道外防腐层的应用 [J] . 管道技术与设备，2016 (4)：1-3.

[2] 张继亮 . 埋地钢质燃气管道间接检测技术适用性分析 [J] . 煤气与热力，2014，34 (7)：40-42.

[3] Krivoi G S. NoPig：a new inspection technique for non-piggable pipelines [C] . Pipeline Technology Conference，Shanghai，China，2007.

[4] 刘碧峰，刘博洋 . 管道外检测技术在大港南部油田的试验应用 [J] . 石油规划设计，2016，27 (6)：19-22.

[5] 康建. 长输管道超声波内检技术研究 [D] . 北京：北京化工大学，2005.

[6] 李东升，王昌明. 天然气管道的内部漏磁检测技术 [J] . 天然气工业，2001，21 (6)：88-89.

[7] 吴英茂 . 天然气长输管道内检测技术及在靖西线中的应用 [J] . 科技创新与应用，2013，35：25-26.

[8] 王金庆，高红欣 . 瞬变电磁法在检测钢质埋地管线壁厚上的应用探讨 [J] . 计量与测试技术，2015，6：41-43.

[9] 薛国强，李貅，底青云 . 瞬变电磁法理论与应用研究进展 [J] . 地球物理学进展，2007，22 (4)：1195-1200.

冷链系统压力管道间歇性停机检验在昆明地区的实践

魏林山，王俊

云南省特种设备安全检测研究院，昆明， 650228

摘　要： 冷库是冷链物流系统的前端环节，冷库制冷管道一般属于特种设备目录内压力管道的范畴，需要开展强制性的定期检验。根据冷库的制冷原理、管道的架构特点、损伤机理，制定相应的检验策略，在间歇性停机的情况下，对重点、特殊、危险部位进行检测，在保证冷链系统安全运行的同时，以寻求企业经济效益和检验效率最大化。

关键词： 冷链；冷库；特种设备；压力管道；间歇性停机；定期检验

Practice of Intermittent Shutdown Inspection of Pressure Pipe with Cold-Chain System in Kunming City

Wei Linshan，Wang Jun

Special Equipment Safety Inspection Institute in Yunnan Province， Kunming， 650228

Abstract: Cold-storage is the front part of the Cold-chain logistics system. The refrigeration pipe of Cold-storage generally belongs to the category of pressure pipe in the Special-Equipment catalog，and it needs to carry out mandatory periodical inspection. According to the refrigerating principle，piping structure characteristic and damage mechanism，the corresponding inspection strategy is made. In case of intermittent shutdown，the inspection is carried out for the key，special and dangerous parts. While ensuring the safety of the Cold-chain system，both of the economical benefit of the enterprise and inspection efficiency are sought to be maximized.

Keywords: cold-chain; cold-storage; special-equipment; pressure pipe; non-stop; periodic inspection

0　引言

按照传统的压力管道的定期检验，一般在停机状态下进行，特别是首次检验的埋藏性缺陷的检测，而大多数冷链行业处于全年运行，季节鲜明，基本无检修期，若强制停机将造成巨大的经济损失，若不停机会造成管道的拖检、延检、漏检、劣检。检验单位若只注重检验的完成数量而忽略质量，使用单位若只在乎经济效益而忽略安全运行，一旦出现安全问题，根据冷链行业的生产特点，将造成人员、财产的巨大损失。如此，如何利用好冷链行业生产的特殊性，结合现有的检测手段，合理、高效、高质的完成定期检验，既保证检验的质量，又兼顾企业经济效益，成为了我们管道检验思索的方向。

1　基于冷链行业压力管道定期检验实践背景

昆明地区冷链特点：散户居多规模偏小；高温冷冻居多；新老交替；安装质量参差不齐；管理者安

作者简介：魏林山，毕业于昆明理工大学过程装备与控制工程专业，从事压力管道检验工作。

全意识淡薄。故而定期检验不能墨守成规，应根据制冷企业的实际情况、生产现状，季节性、突击性、集中性地进行开展检验，以求安全第一，经济高效。

针对 TSG D7005—2018[1] 的检验要求，制冷压力管道首次定期检验的重点、难点在于如何区分冷链系统的合法有效性以及在间歇性停机的状态下，完成无损检测和泄漏性检测等检测项目，以达到安全节能经济的目的。

2 基于冷链行业压力管道定期检验的实践

2.1 冷链压力管道现场不停机检验项目

检验人员完成资料审查以及检验方案沟通结束后，应进行具体的检验项目的实施，以完成对压力管道的安全使用性能评估。

外观检查、单线图测绘、材质分析、壁厚测定、表面无损检测项目均可在不停机的状态下完成，而这些检验项目的实施主要参考 GB/T 30579—2014[2] 的损伤机理进行选点，检测点为损伤严重点，如易腐蚀积液、冷热交替冲刷、机泵振动、保温防腐破损、结构不合理、异种钢焊接等等部位，这些检验项目的实施均无需停机即可进行，也不影响企业冷链系统的正常运转。

2.2 冷链压力管道现场间歇性停机检验项目

2.2.1 埋藏性缺陷检测实施

冷链压力管道的埋藏性缺陷检测实施，主要以射线检测为主，超声检测为辅，检测时按 NB/T47013.2—2015[3] 的相关要求，管线须无液、常温方可进行，后期检测视情况而定，埋藏性缺陷检验具体实施为检验难点，关乎生产安全。

埋藏性缺陷抽查部位按 GB/T30579—2014[2] 的损伤机理选择原则是：①安装或者使用过程中返焊部位；②表面检测发现裂纹部位；③错边量较大部位；出现泄漏部位；变形较大部位；④管道固定焊口应力集中部位（挖孔三通附近）；⑤压缩机、机泵进出口第一道或相邻焊接接头；⑥异种钢焊接接头（氟利昂机组，铜-钢接头）；⑦焊缝外观检查有怀疑的部位（焊瘤过大、错边大、机械疲劳接头、腐蚀接头等）。

高压气体段检测的具体实施：根据该管线的运行情况，管内介质主要为气态（气氨、气氟等），选好位置后实施时无须停机可直接进行检测，只需做好相关的安全措施即可。

高压液体及冲霜段检测的具体实施：该管线的埋藏检测须进行停机，而该管线的停机较为简单，直接关闭压缩机吸气口，压缩机低载运行，即可将该管线内液态介质回收而完成检测。20 间冷藏间以内一般 15min 以内即可完成，20 间以上可适当延长，一般不会超过 30min 即可完成。

氨泵供液管检测的具体实施：该管线只需关闭泵前进液管，氨泵空载运行 10min 左右即可完成抽氨而后开始检测。

机房压缩机吸气管线的具体实施：该管线主要有两种方法：①关闭低压循环桶、氨液分离器的出口总阀，压缩机正常启动，依靠管内负压，将管内介质回收至贮氨器即可，时间一般 15min 就可完成；②利用交叉抽氨装置进行，即反向操作，将吸气总管内介质吹回低压循环桶和氨液分离器内，5～10min 即可完成，之后即可开始检测，检测周期也较短。

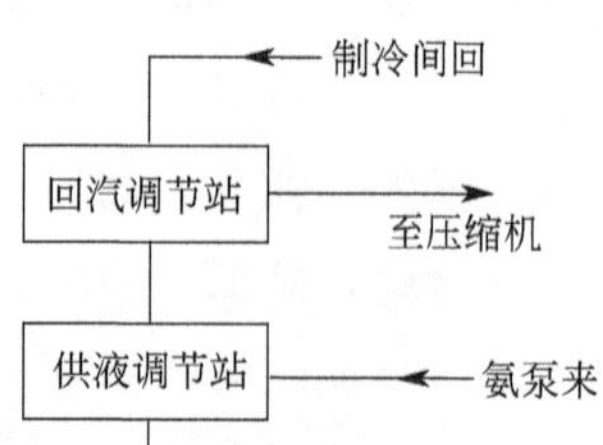

图 1 调节站装置

冷藏线供液回汽管线的具体实施：该管线较多，周期较长，间歇性停机次数较多，具体结构如图 1。关闭供液管线的供液阀，依靠冷藏间或冰池的温升，管内气液介质依靠系统的自然调节回收至低压循环桶或氨液分离器内，须分批次分流程进行，系统稳定回收 3～4h 即可进行检测，不稳定系统须更长时间。

2.2.2 冷链压力管道泄漏性试验实施

冷链压力管道泄漏性试验具体实施步骤如下。

低压段试验步骤：①系统停机或者压缩机停机，其他系统正常运行，由于冷链系统的自我调节，无须借助外力，低压段管线会缓慢升压，制冷间正常制冷，根据使用单位生产情况而定，时间越长越好效果越佳，不低于 1h；②试验压力达到最高工作压力后进行检漏，由于氨介质的特殊性能，无须采用肥皂水等，直接利用嗅觉进行检验；③重点检测位置为：压缩机吸汽口、法兰、阀门、调节站等，记录相关参数；④试验结束，开机正常运行；⑤若为氟系统，则需要用肥皂水等进行检漏。

此处制冷系统停机并非强制进行，若因生产不能停机，可暂时关闭压缩机，制冷场所正常运行，保证管段中介质的流动。若无特殊情况，即使低温制冷系统（－35℃），也可进行间断停机 2～3h，以确保吸汽压力的回升。

高压段试验步骤：①正常开机，由压缩机提供动力源，逐级升压；②关闭蒸发冷凝器风机及上水，确保安全阀整定压力≥试验压力；③在升压过程中，关注管件及焊接接头部位及振动情况，重点关注管段与压缩机连接的第一个法兰或者阀门，此处存在泄漏量较大；④达到试验压力后，进行检漏，检漏位置为压缩机排气口、法兰、阀门、安全附件等，记录相关参数；⑤试验结束，系统正常运行。

3 结语

通过此检验策略在昆明地区近 200 余家冷链企业的实践，已排查了近千处安装使用缺陷，安装的趋利避质、管理的意识淡薄、工艺操作良莠不济等均会为冷链系统的安全使用埋下隐患。通过间歇性停机配合间歇性维修，结合相关检验技术，尽可能地排除管道的安全隐患，既能把握所检管道的安全使用性能，也能高效地完成定期检验工作。

检验人员在选择检验策略时，应切实为企业安全计并兼顾经济效益，以切除安全隐患为目的，秉持公正态度，选择安全高效的检验方法，制定合理的检验方案，在保证冷链系统安全运行的同时，寻求企业经济效益和检验效率最大化。

参考文献

[1] TSG D 7005—2018. 压力管道定期检验规则—工业管道 .
[2] GB/T 30579—2014. 承压设备损伤模式识别 .
[3] NB/T 47013. 2—2015. 承压设备无损检测 .

基于红外线探测技术检测压力管道缺陷工艺研究

张瀚文，司永宏，李　喆

天津市特种设备监督检验技术研究院，天津，　300192

摘　要： 红外探测作为无损检测中的一个重要方法，在常规检验检测的工作中还有很大的发展空间，本文研究了利用红外探测技术检测压力管道的实施工艺，利用有限元分析软件结合现场试验发现保温层、管道加载情况、表面光洁度对样管本体缺陷的探测影响比较大，而环境光照情况对探测结果的影响较小；红外探测对保温层缺陷的探测较为有效，基于上述研究，探究了红外成像检测管道埋藏缺陷工艺的可行性，本研究对红外探测在检测检验工作中的应用有一定参考价值。

关键词： 压力管道；红外探测；有限元分析

Research on Detecting Defects of Pressure Pipeline by Infrared Detection

Zhang Hanwen，Si Yonghong，Li Zhe

Tianjin Special Equipment Inspection Institute，　Tianjin，　300192

Abstract: As an important method in non-destructive testing，infrared detection has a lot of room for development in the daily inspection and inspection work. This paper studies the implementation process of using infrared detection technology to detect pressure pipelines. Field experiments explored the effects of thermal insulation layer conditions，pipeline loading conditions，surface cleanliness，and ambient light on the detection，The research shows that the thermal insulation，the pipeline loading condition，and the surface cleanliness have a greater impact on the detection of the defect of the sample pipe，but the ambient light condition has a smaller impact on the detection result. Explored the feasibility of infrared imaging technology for detecting buried defects in pipelines，the infrared detection is more effective for the thermal insulation ’ s defect detection. and have certain reference value for the application of infrared detection in inspection work.

Keywords: pressure pipeline，infrared detection，finite element analysis

0　引言

压力管道是利用一定的压力，输送气体或者液体的管状设备，能广泛应用于各种民用和工业领域，尤其在流体的输送方面，管道运输具有不可取代的突出优势。然而工业管道在服役期间存在制管和施工缺陷，可能会因为腐蚀、机械损伤等因素引起管线的泄漏和开裂，导致火灾、爆炸中毒等事故发生[1]。利用红外探测技术检测管道缺陷，该技术实践中长于发现在带保温层管道的缺陷[2]。

红外线探测成像技术在压力管道检测领域的应用具有一定发展前景，本研究聚焦于分析利用红外成

作者简介：张瀚文，男，1991 年生，硕士，工程师，现从事承压设备检验检测、应力分析与评定工作。

像技术探测压力管道各类缺陷的影响因素与工艺方法。

1 管道保温层对探测的影响

利用机械加工方法制造样管（样管几何形貌如图 1 所示，其壁厚为 4mm，直径为 60mm，长为 1m，材质为 20 钢并带有机械加工缺陷）。

图 1 样管本体透视图

对其进行了 500s 的有限元模拟[3]，其试验条件为样管内壁施加 80℃热载荷，样管外部有岩棉材质[4]、厚度为 35mm 的保温层包覆并施加自然对流换热后，如图 2 通过模拟发现：图中红色区域表示温度较高区域，绿色区域表示温度较低区域，保温层的外表面的温度随时间变化十分微小。而利用红外线热成像仪对上述条件一致的带有保温的样管进行检测发现如图 3，难以通过保温层表面热分布判断样管本体的热分布状况。

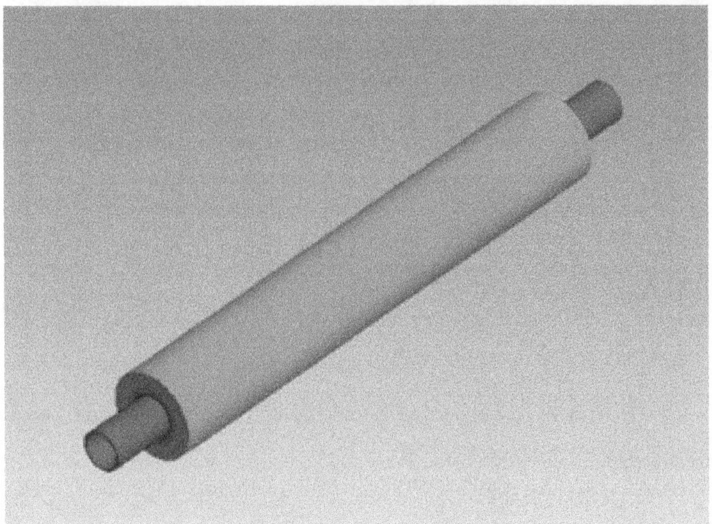

图 2 有限元模拟样管热分布

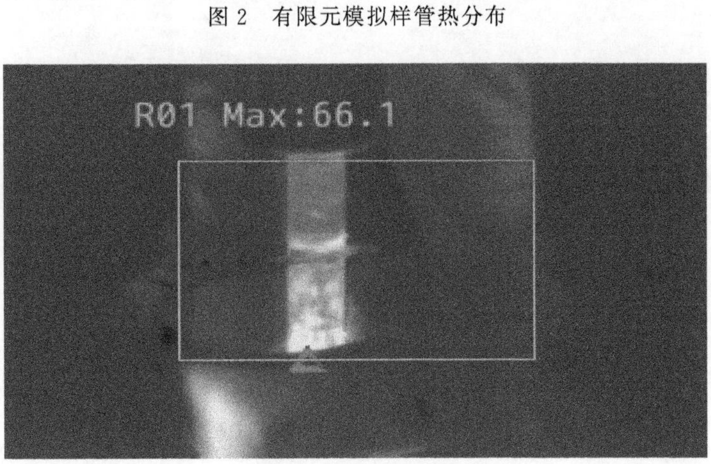

图 3 加热后样管热像图

2 环境光照对探测的影响

为了研究光照对探测的影响，将样管放置到暗室中进行红外线探测，正常光照试验室和暗室条件下对第 1 节下的样管热成像图对比情况如下所示。

图 4 和图 5 表明光照对热成像图影响不大，热成像图较亮部分为铁锈。

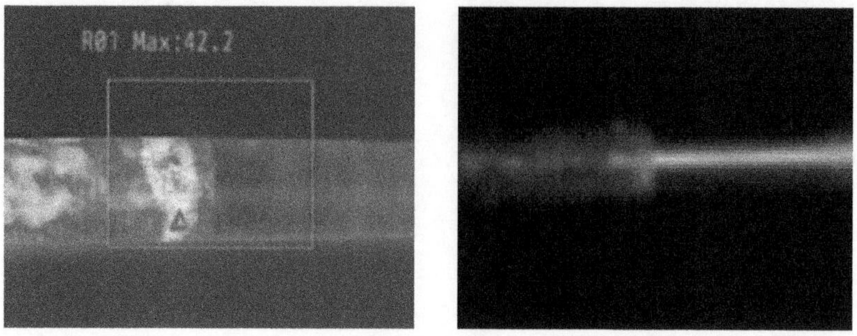

图 4 暗室中样管热成像图与光学图

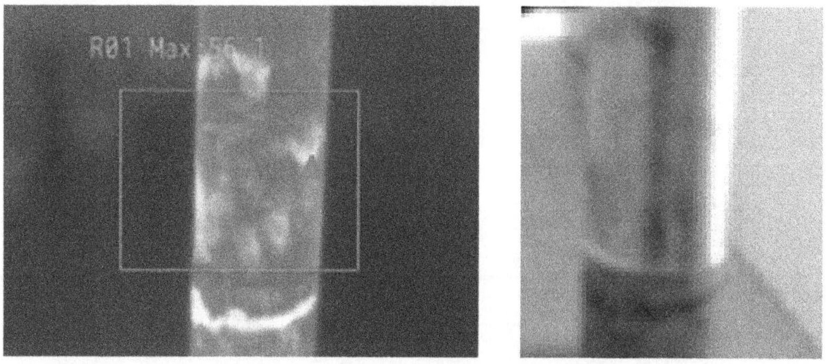

图 5 正常光照中样管热成像图与光学图

3 对管道保温层缺陷的探测

本次模拟如第 1 节条件进行，距保温层左端 100mm 有一半径 45mm、长 200mm 圆柱形缺陷，温度云图如图 6 下所示，可以看到保温层缺陷所在区域的温度明显异于其他保温层完好区域，说明通过红外探测技术对保温层的缺陷的检测具有一定效果。

图 6 带保温层缺陷的温度云图

4 对管道内表面缺陷检测工艺探究

依据第 1 节所提条件对样管进行有限元模拟，样管在内壁设置有缺陷，在加热 0.33s 后，如图 7

所示可以发现，不同位置的温度不同，尤其是内部缺陷也可以通过温度差判别出来；同时减薄区域、表面缺陷区域也可以通过温度的不同进行辨别，这主要是因为热的传导是需要一定的时间过程，在内壁保持一定温度时，较薄的管壁层最先被加热，较厚的区域加热要慢一些，而缺陷的一个重要特质就是薄厚不均匀，进而导致在特定的同一时间内，其表面温度分布也不均匀，红外探测也利用该规律检测出缺陷。

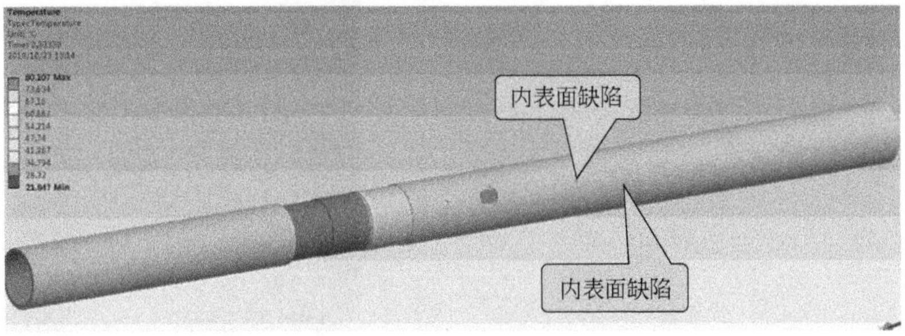

图 7　0.33s 时有限元模拟温度云图

有限元模拟进行到 2s 时，其温度云图如图 8 所示。样管整体的温度都趋于一致，其原因在于，内壁的温度一定时，当时间足够多时，热量可以充分传导，最终温度与内壁一致。这说明在检测该规格的钢管时，检测的理论时间应该在介质刚开始加载的 2s 内。

图 8　2s 时有限元模拟温度云图

图 9　定温表面加热检测埋藏缺陷所在区域的温度云图

因管道检测时，管道可能无加载或卸载的操作计划，若因配合红外检测手段而进行加载或卸载操作，则会增加检测成本；因此可考虑对管道进行主动加热创造热源，利用含体积性缺陷部位相对于无缺陷部位的导热差异性可被红外成像技术检出这特性，开发检测工艺；本研究进行了 3 种加热方式的有限元分析模拟。

① 利用电加热手段对与埋藏缺陷距离 100mm 的管段表面加热到 120℃，热量传导到埋藏缺陷所在区域的温度云图如图 9 所示；经有限元模拟发现该手段效果一般，无法体现温度差异性。

② 利用电磁感应手段对与埋藏缺陷距离 100mm 的管段进行体加热到 120℃，热量传导到埋藏缺陷所在区域的温度云图如图 10 所示；经有限元模拟发现该手段效果一般，无法体现温度差异性。

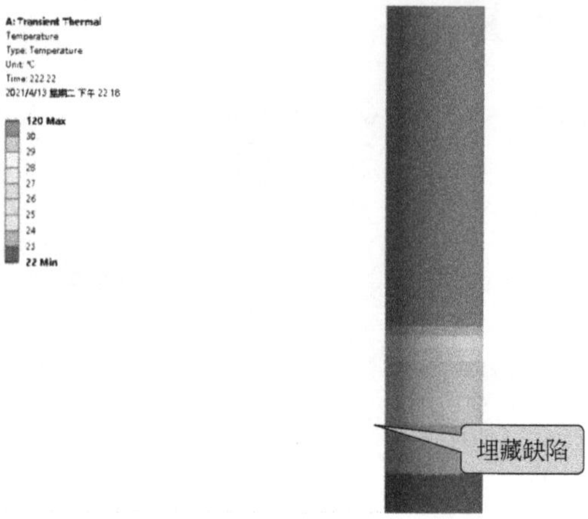

图 10 定温体加热检测埋藏缺陷所在区域的温度云图

③ 通过前两种方法模拟发现热源恒温法工艺效果一般，因此可采用一定热流的热源对含埋藏缺陷区域进行加热，可利用电磁感应手段对与含埋藏缺陷管段进行恒热流加热（热流密度为 0.01W/s^2），埋藏缺陷所在区域的温度云图如图 11 所示；经有限元模拟发现该加热工艺可体现温度差异性（在开始加热后 3.5～4s 内存在），在埋藏体积型缺陷检测领域内有一定发展前景。

图 11 定热流体加热检测埋藏缺陷所在区域的温度云图

5 结论

① 现有民用领域内红外线检测设备难以支撑隔保温层检测管道上缺陷。而对于保温层本体缺陷，其检测效果明显。

② 光照对红外线检测的影响并不大。

③ 对不带保温管道进行红外线检测时，要保证管道表面没有锈蚀、污迹等其他物质影响辐射率。

④ 红外线检测需要一定的现场条件，建议在管道在刚刚加载时进行检测以提高检出率，从有限元分析的角度，论证了对管段采取电磁加热的手段使其保持一定热流以检测出埋藏缺陷的可行性。

本文研究了多种工况下的红外下探测的工艺，证实了在特定工艺下民用红外线探测的局限性，同时也探究了红外线探测的有效应用场景，对该技术的应用有一定的参考价值。

参考文献

[1] 洪力阳，等．含缺陷压力管道的安全评定技术研究 [J]．中国锰业，2018，36 (4)：191-202.
[2] 史强等．红外热成像技术在炼油行业的应用 [J]．石油化工腐蚀与护，2013，30 (1)：55-60.
[3] 曾攀．有限元分析及应用 [M]．北京：清华大学出版社．2004.
[4] 刘赟，等．早期建筑的岩棉热工性能检测数理统计分析 [J]．2019，46（1)：82-84.

埋地钢制管道防腐层评价软件的开发

陈文杰[1]，旦增罗杰[2]

1. 四川省特种设备检验研究院，成都， 610100

2. 西藏自治区特种设备检测所，拉萨， 850032

摘　要： 埋地钢制管道防腐层的检测及评价是长输管道检验的重要内容，本文介绍了防腐层评价软件的架构设计及开发。通过导入现场检测的数据，用开发的软件进行了分析和评价，输出了评价图表和报告，验证了本软件的适用性。本软件解决了埋地钢制管道防腐层检测数据的后分析评价问题，方便快捷，提高了防腐层评价检验效率和准确性。

关键词： 埋地钢制管道；防腐层评价；软件开发

Development of evaluation software for buried steel pipeline anticorrosion layer

Chen Wenjie[1]，Danzeng Luojie[2]

1. Sichuan Special Equipment Inspection Institute， Chengdu， 610061

2. Special Equipment Testing Institute of Tibet Autonomous Region， Lhasa， 850032

Abstract: The detection and evaluation of anti-corrosion coating of buried steel pipeline is an important content of long-distance pipeline inspection. This paper introduces the architecture design and development of anti-corrosion coating evaluation software. By importing the data of field inspection，the software developed is used for analysis and evaluation，and the evaluation chart and report are outputted to verify the applicability of this software. This software solves the problem of post-analysis and evaluation of inspection data of buried steel pipeline anticorrosion layer，which is convenient and fast，and improves the efficiency and accuracy of evaluation and inspection of anticorrosion layer.

Keywords: buried steel pipes; evaluation of anticorrosion coating; software development

0　引言

世界油气管道总长度已经超过了世界铁路总里程，成为能源运输的主要方式。世界上 100%的天然气、85%以上的原油运输是通过管道输送实现的[1]。埋地钢制管道是石油与天然气的主要传输载体，但是管道的腐蚀给油气田和国家造成了严重的经济损失[2]。管道外防腐技术的采用和施工的质量直接关系到管道的安全运行和使用寿命。从国际上看，目前比较成熟通用的金属腐蚀控制技术大致有四类：镀层与涂层、阴极保护、缓蚀剂和电偶腐蚀控制。而采用得最为广泛的是涂层技术与阴极保护技术。防腐层是保护油气管道免遭外界腐蚀的第一道防线，对埋地钢管腐蚀起到约 95%以上的防护作用。所以

作者简介：陈文杰，1972 年生，男，高级工程师，博士，主要从事特种设备检验检测技术研究。

对埋地钢制管道进行外防腐检测及评价具有非常重要的意义。

目前用于埋地管道外防腐的材料和技术主要有：三层结构聚烯烃防腐层技术（3LPE），石油沥青防腐层和硬质聚氨酯泡沫防腐保温层。管道防腐层检测的三个主要任务：①精确定位、评估并修复缺陷点；②评估当前防腐层的绝缘性能和防护效果；③管道防腐层的定期跟踪检测和安全评价。

埋地钢制管道防腐层的检测及评价是长输管道检验的重要内容，管道外防腐层检测技术现在常采用的有多频管中电流法（PCM/DM）、直流电位梯度法（DCVG）、皮尔逊检测法（Pearson）等，其中多频管中电流法中的DM具有操作简便、定位精确、数据处理简单等优点，在实际检验中使用最广泛[3]。现有管道防腐层检测评价的不足之处：

有的只有检测，无后评价软件系统，往往采用EXCEL人工分析。软件系统更新缓慢，不能适应标准的变化。系统缺乏定制，输出的报告格式不能满足客户的要求。为此本文依据最新的国家标准设计开发了埋地钢制管道防腐层评价软件，解决了埋地钢制管道防腐层检测的数据后处理问题，大大提高了报告出具的效率。

1 依据标准与评价指标

根据GB/T 19285《埋地钢制管道腐蚀防护工程检验》，管道防腐层评价指标主要采用以下三种。

外防腐层电阻率（R_g值）：沿管道法线方向上单位面积的电阻，称为防腐层绝缘电阻，防腐层以减小腐蚀电流来达到防腐目的，以绝缘电阻率的大小作为依据进行分级量化。

表1 外防腐层电阻率 R_g 值分级评价 单位：kΩ·m

项目	1	2	3	4
3LPE	$R_g \geqslant 100$	$20 \leqslant R_g < 100$	$5 \leqslant R_g < 20$	$R_g < 5$
硬质聚氨酯泡沫防腐保温层和沥青防腐层	$R_g \geqslant 10$	$5 \leqslant R_g < 10$	$2 \leqslant R_g < 5$	$R_g < 2$

此标准中 R_g 值是基于线传输理论计算所得；电阻率是基于标准土壤电阻率。

电流衰减率（Y值）：电流衰减率，是检测时在管道上施加的检测电流信号分贝值的变化率（dB/m）。Y值评判防腐层质量最直接、最公正。

表2 外防腐层电流衰减率Y值分级评价 单位：dB/m

类型	管径/mm	级别			
		1	2	3	4
3LPE	323	$Y \leqslant 0.013$	$0.013 < Y \leqslant 0.06$	$0.06 < Y \leqslant 0.129$	$Y > 0.129$
	660	$Y \leqslant 0.02$	$0.02 < Y \leqslant 0.072$	$0.072 < Y \leqslant 0.158$	$Y > 0.158$
	813	$Y \leqslant 0.021$	$0.021 < Y \leqslant 0.078$	$0.078 < Y \leqslant 0.2$	$Y > 0.2$

注：dB值$=20\left|\lg\left(\frac{I_1}{I_2}\right)\right|$，$I_1$、$I_2$为相邻2个检测点的实测电流值。

破损点密度（P值）：外防腐层破损点密度，即管道防腐层单位长度上破损点的个数，单位（处/100m）。

表3 外防腐层破损点密度 P 值分级评价 单位：处/100m

防腐类型	级别			
	1	2	3	4
3LPE	$P \leqslant 0.1$	$0.1 < P < 0.5$	$0.5 \leqslant P \leqslant 1$	$P > 1$
硬质聚氨酯泡沫防腐保温层和沥青防腐层	$P \leqslant 0.2$	$0.2 < P < 1$	$1 \leqslant P \leqslant 2$	$P > 2$

注：相邻最小距离不超过2倍管道中心埋深的两个破损点可当作1处。

在不开挖检测情况下，用户可任意选择上述3个评价指标中最具代表性的一个指标进行评价。在开挖检验情况下，以外观检查、漏点检测、外防腐厚度和黏结力等级最差的一个作为开挖检验的评价指标进行评价。

2 软件系统设计及开发

埋地钢制管道防腐层评价软件系统，采用模块化设计。按功能分为文件、编辑、数据、视图、报告等模块，每一模块下又分为许多子功能。如其中数据模块支持导入单频数据，导入双频数据，导入DM数据等格式，报告模块支持按报告格式进行定制，可直接输出报告，如图1所示。

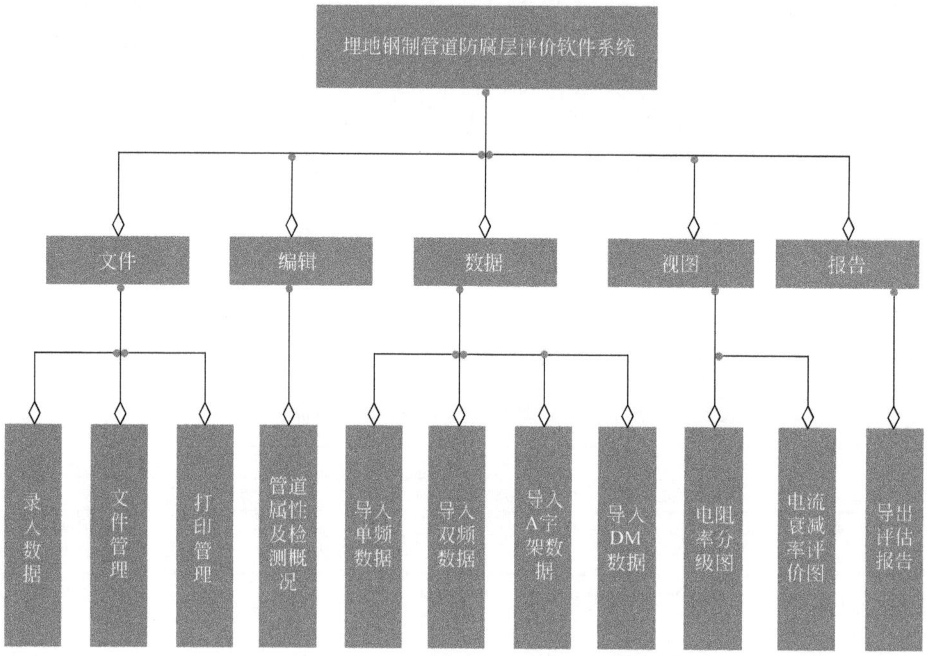

图1 防腐层评价软件系统功能框图

系统采用Microsoft Visual Studio作为开发平台，C++语言开发，软件系统主界面如图2所示。界面上部为菜单及工具栏，左侧为管道属性及检测概况停靠式对话框。

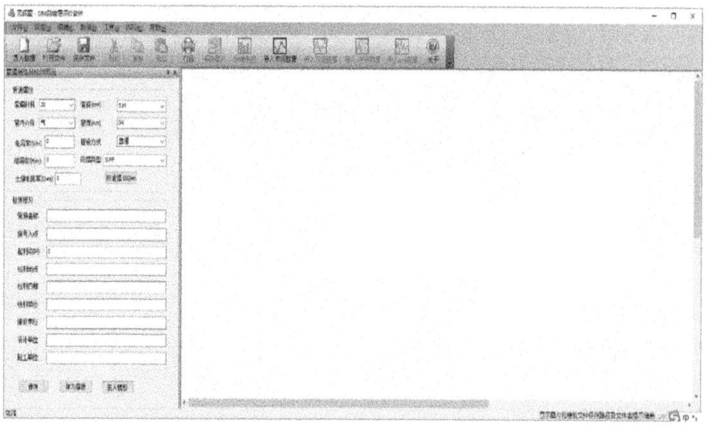

图2 防腐层评价软件系统主界面

图3 数据导入和编辑界面

导入外防腐层检测数据支持Excel，txt等格式，数据内容形式如表4。

表 4 外防腐层原始检测数据内容形式

Log No	Date	Time (UTC)	Latitude	Longitude	Distance (m)	Accumulated Distance(m)	Depth(m)	Current (A)	Frequency (Hz)	Mode
1	20/08/2021	03:20:18	28.75352806	106.7792617	0	0	1.06	0.160698	128	peakarrows
2	20/08/2021	03:21:15	28.75359833	106.7792767	7	7	1.323	0.161313	128	peakarrows
略										

导入数据后还可进行添加，插入，删除等操作，如图 3 所示。进行检测数据的最终确认后，即可进行分析和评价，评价生成的电流衰减率 Y 评价图如图 4 所示。图 4 中，电流衰减率突变的点，即为可能的外防腐层破损点。

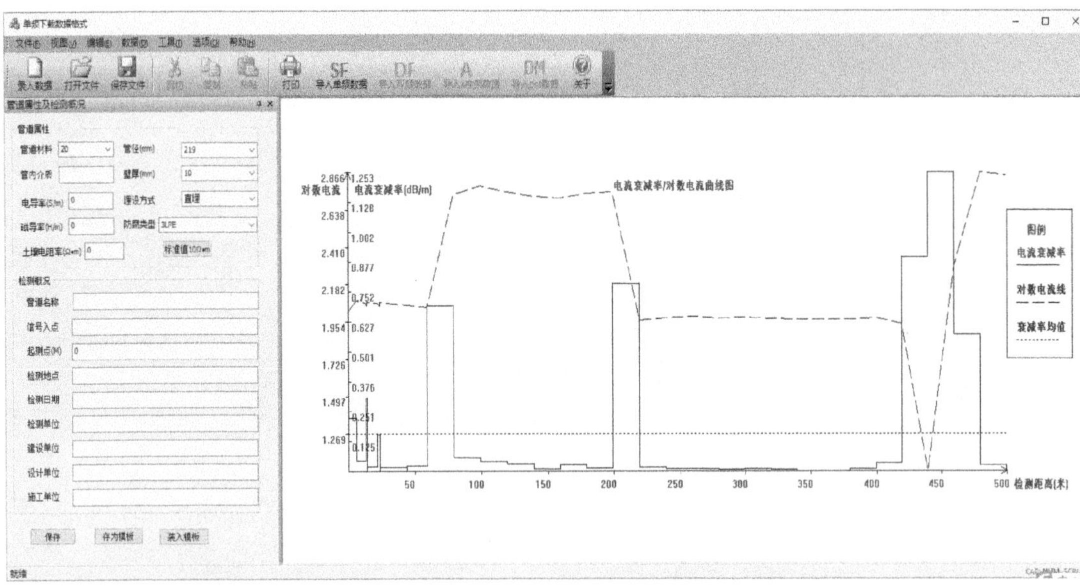

图 4 外防腐层电流衰减率 Y 值（dB/m）评价图

3 结论

通过对开发的软件系统进行现场检测测试和进行多种情况下埋地管道防护层破损的检测开挖验证，得到如下结论：

① 开发的埋地钢制管道防腐层评价软件支持多种检测数据和数据格式（txt，xls），以相应的图形、表格或文字来表示评价结论，评价结果准确高效。

② 开发的埋地钢制管道防腐层评价软件主要解决了检测数据的后处理，按评价指标和报告模板格式简便快速地输出报告，检测数据分析评价效率大大提高。

③ 开发的埋地钢制管道防腐层评价软件支持报告格式的定制。

参考文献

[1] 沈功田，贾国栋，钱剑雄．特种设备安全与节能 2025 科技发展战略 [M]．北京：中国质检出版社，2017.

[2] 陈华敏．管道泄漏检测技术进展 [J]．安全与环境工程，2003，10 (3)：58-61.

[3] 马强．长输管道外防腐层的检测与评价 [J]．承德石油高等专科学校学报，2009，27-29.

特种设备安全与节能技术进展（五）

——第五届特种设备安全与节能学术会议论文集

下卷

沈功田　李光海　吴　茉　主编
刘三江　主审

化学工业出版社
·北京·

第五届全国特种设备安全与节能学术会议
支持单位

（共 67 家单位　排名不分先后）

中国特种设备检测研究院
中国特种设备安全与节能促进会
中国特种设备检验协会
中国锅炉与锅炉水处理协会
全国锅炉压力容器标准化技术委员会
全国索道与游乐设施标准化技术委员会
《中国特种设备安全》杂志社
中国机械工程学会压力容器分会
中国机械工程学会无损检测分会
中国机械工程学会游乐机械工程分会
中国仪器仪表学会设备结构健康监测与预警分会
中国腐蚀与防护学会承压设备专业委员会
四川省市场监督管理局
江苏省特种设备安全监督检验研究院
上海市特种设备监督检验技术研究院
重庆市特种设备检测研究院
沈阳市特种设备检测研究院
深圳市特种设备安全检验研究院
北京市特种设备检测中心
天津市特种设备监督检验技术研究院
广东省特种设备检测院
河北省特种设备监督检验院
河南省锅炉压力容器安全检测研究院
河南省特种设备安全检测研究院
福建省特种设备检验研究院
浙江省特种设备检验研究院
四川省特种设备检验研究院
安徽省特种设备检测院
江西省锅炉压力容器检验检测研究院
江西省特种设备检验检测研究院
广西壮族自治区特种设备监督检验院
湖南省特种设备检验检测研究院
陕西省特种设备检验检测研究院
云南省特种设备安全检测研究院
山东省特种设备检验研究院有限公司
辽宁省安全科学研究院
新疆维吾尔自治区特种设备检验研究院
贵州省特种设备检验检测院
海南省锅炉压力容器与特种设备检验所
内蒙古自治区特种设备检验院
内蒙古自治区锅炉压力容器检验研究院
广州市特种机电设备检测研究院
广州市特种承压设备检测研究院
杭州市特种设备检测院
南京市锅炉压力容器检验研究院
南京市特种设备安全监督检验研究院

武汉市特种设备监督检验所

武汉市锅炉压力容器检验研究所

西安市特种设备检验检测院

济南市特种设备检验研究院

长春特种设备检测研究院

大连市锅炉压力容器检验研究院

大连市特种设备监督检验院

宁波市特种设备检验研究院

厦门市特种设备检验检测院

温州市特种设备检测中心

北京市朝阳区特种设备检测所

安庆市特种设备监督检验中心

成都市特种设备检验院

绍兴市特种设备检测院

乌海市特种设备检验所

赤峰市特种设备检验所

衢州市特种设备检验中心

嘉兴市特种设备检验检测院

湖州市特种设备检测研究院

池州市特种设备监督检验中心

丽水市特种设备检测院

目 录

上卷

第一篇 锅炉

第二篇 压力容器（含气瓶）

第三篇　管道

下卷

第四篇　电梯

第五篇　起重机及其他

第六篇　综合

第四篇　电 梯

基于三维视觉人工智能技术的自动扶梯乘客危险行为识别与预警技术研究及应用

欧阳惠卿[1]，舒文华[1]，李　杨[2]，魏广宏[3]，祝瑞男[3]，刘广华[4]，张　瑞[4]

1. 上海市特种设备监督检验技术研究院，上海，200062

2. 南京大学，南京，210023

3. 北京市地铁运营有限公司机电分公司，北京，100044

4. 北京地铁科技发展有限公司，北京，100044

摘　要： 为了有效预防和减轻由于乘客危险行为导致的自动扶梯和自动人行道事故/伤人事件，本文基于三维视觉和人工智能技术，提出了一种自动扶梯和自动人行道乘客危险行为识别与预警技术，并提出了自动扶梯自主运行管理的概念。本文给出的试验结果表明，本文构建的系统具有很高的准确性和环境适应能力，将为提高自动扶梯和自动人行道事故的预防能力和应急能力提供新的有效的解决方案。

关键词： 自动扶梯和自动人行道；乘客行为；三维视觉；人工智能

Research and application of dangerous behavior recognition and early warning technology of escalator passenger based on 3D vision and artificial intelligence technology

Ouyang Huiqing[1], Shu Wenhua[1], Li Yang[2], Wei Guanghong[3], Zhu Ruinan,[3] Liu Guanghua[4], Zhang Rui[4]

1. Shanghai Institute of Special Equipment Inspection and Technology Research, Shanghai, 200062

2. Nanjing University, Nanjing, 210023

3. Beijing Metro Operation Co., Ltd. electromechanical branch, Beijing, 100044

4. Beijing Metro Technology Development Co., Ltd, Beijing, 100044

Abstract: This paper proposes a kind of technology of passenger dangerous behavior recognition and early warning technology on escalator and moving- walks based on three- dimensional vision and artificial intelligence technology, and puts forward the concept of escalator autonomous operation management, in order to effectively prevent and reduce the escalator and moving- walks accidents/injuries caused by passengers' dangerous behaviors. The test results show that the system constructed in this paper has high accuracy and environmental adaptability, which will provide a new and effective solution to improve the ability of accident prevention and emergency response of escalator and moving- walks.

Keywords: escalators and moving-walks; passenger behavior; 3D vision; artificial intelligence

---

基金项目：国家市场监管总局科技计划项目（编号：2019MK019）。

作者简介：欧阳惠卿，1979年生，男，教授级高级工程师，工学博士，主要从事电梯、大型游乐设施的检验检测、科研及标准化工作。

0 引言

截至 2020 年底，目前我国在用电梯数量已达 786.55 万台，其中自动扶梯和自动人行道约 85 万台，而且主要应用于交通枢纽、商场等人流量大的场所，上海地铁每天超过 3000 万人次乘坐自动扶梯，目前北京市轨道交通路网总里程达到约 727 千米，自动扶梯数量近 4000 部，平均每个车站配置超过 10 台扶梯，自动扶梯已经成为公共安全的重要组成部分。近年来，自动扶梯事故/伤人事件时有发生，往往造成严重人身伤害和恶劣社会影响。事故原因主要有两大类：一是设备的不安全状态，二是人的不安全行为。近几年，人的不安全行为导致的事故比例呈现快速增长的缺失，比如乘客在自动扶梯上逆行、将头探出扶手带、儿童在自动扶梯上玩耍、出入口滞留等。

推动电梯的智能化水平，已经成为政府和电梯行业的共识。2018 年 2 月，国务院办公厅发布了《关于加强电梯质量安全工作的意见》（国办发〔2018〕8 号），部署了“研究推进智能电梯信息安全工作”的具体任务。2021 年 2 月，《市场监管总局关于同意开展电梯智慧监管试点的批复》（国市监特设函〔2021〕72 号）批准了在上海市、南京市、杭州市、广州市开展首批电梯智慧监管试点。

目前，上海在用电梯超过 27.5 万台，是全球电梯数量最多的城市，也在积极探索电梯安全管理新模式。2018 年，上海市人民政府办公厅印发了《关于〈本市加强电梯质量安全工作的实施方案〉的通知》，规划“成立市智慧电梯综合服务中心”，其中智慧电梯就包括视觉 AI、物联网的应用。

面对乘客危险行为导致的电梯故事，在传统技术手段作用有限，随着信息技术的发展，计算机视觉已经具备了对乘客的行为、姿态进行智能识别的可能性。机器视觉和人工智能技术的应用将为乘客危险行为的识别和预警带来新的解决方案，从而提高事故的预防能力和应急能力，降低电梯事故/伤人事件概率。

本文将基于三维视觉人工智能技术，开发自动扶梯乘客危险行为识别与预警技术研究及应用，该技术采用三维视觉和人工智能技术对电梯乘客行为进行识别和预警，并提出自动扶梯自动安全管理的理念，将为电梯行业发展提供新的解决方案和思路。

1 国内外研究现状

1.1 人工智能在电梯行业的应用

近几年，随着人工智能技术的发展，探索研究采用机器视觉技术和人工智能技术对乘客危险行为进行识别和预警，从而降低事故率已经成为电梯行业的新的研究方向。

新再灵科技有限公司基于图像识别和人工智能技术，开发了智能摄像头，能够识别电梯轿厢是否有人，并结合电梯的运行状况，进一步实现轿厢是否“困人”，该智能视像头还能识别电动车进入轿厢，为提高困人的相应速度和防止电动自行车上楼充电发挥了一定的作用。

目前，上海三菱电梯有限公司也在研究并开发了一套“自动扶梯智能安全远程监控系统”[1]，该系统基于人工智能图像分析技术识别，能对自动扶梯乘客摔倒、逆向行走、出入口拥堵三种危险状况进行识别，实现及时报警，并能通过远程的急停按钮停梯。该系统还能实现早晚的自动扶梯远程启动和停车，为用户节约时间。目前，这套系统在上海某地铁站和国家会展中心得到了小范围的示范应用。

2020 年 12 月，迅达电梯与商汤科技签订了战略合作，双方启动战略合作，共同开发自动扶梯安全智能响应系统，拟对乘客摔倒、逆行、携带大件行李和婴儿车等进行识别和预警。

目前现有的技术主要依托单目相机和开源算法，在识别的行为种类、识别准确率、环境适用能力等方面都有待进一步提升。

1.2 三维视觉行为分析的研究背景

人体姿态估计通过检测图像中人体的关键点（如头部、肩部、髋部、四肢等）得到人的姿态，根据其输出信息维度，可以分为二维（2D）和三维（3D）的人体姿态估计，而根据输入图片的目标人体数量，又可以分为单人和多人的姿态估计。对于2D的人体姿态估计有较长的研究历史，目前基于深度学习人体姿态估计在精度方面取得了很大的突破，CPM[2] 基于热图、Hourglass[3] 基于堆叠U形神经网络网络层都得到了很好的效果。

检测人体关键点的3D的姿态估计主要由两类，一类是先采用2D姿态估计方法获取2D关键点，再映射到3D。如Deva Ramenan等人[4] 提出“3D人体姿态估计＝2D姿态估计＋匹配”的策略，采用CPM的方法估计出图像中人体的2D关节点，选择最相近的2D关节点骨架对应的3D关节点骨架作为测试数据的3D关节点。Martinez等人[5] 首先基于Hourglass做一个2D关节点的姿态估计，然后根据获得的2D关节点，在神经网络后面接入两个全连接层，直接回归3D坐标点，将2D到3D关节点的估计问题转化为2D到3D坐标的求映射关系问题。Chen Li等人[6] 于2019年提出混合密度模型，提出了多峰混合密度网络预测多个可能的3D关节点骨架，选取其中权重最高的作为最终估计的3D关节点骨架。另一类3D姿态估计则将3D的估计认为是一个整体。如Sun X等人[7] 将2D以及3D的关节点骨架估计问题结合来做优化，训练模型前背景点分割能力，然后只需要关注前景的3D骨架估计。Zhao等人[8] 根据2D人体关节点的图连接结构提出使用图卷积的方法生成3D的姿态坐标。

一些研究者尝试通过将人体模型如SMPL[9] 作为先验信息，获得更准确稠密的3D人体姿态。Bogo F等人[10] 提出了SMPLify方法，采用DeepCut检测出2D骨骼关键点，优化使得SMPL模型投影到图像后关节点与CNN检测出的关节点之间的距离最小，从而最终获得一组SMPL模型的参数。Kanazawa A等人[11] 提出HMR方法，实现了由图像直接得到SMPL模型参数的端到端的估计方法，输入图像经过编码器提取图像特征，然后通过回归器获得SMPL模型参数。

在实际场景中，往往面临多人的姿态估计，往往存在多个人关键点靠得很近或互相重叠。OpenPose[12] 采取自底向上的策略，基于CPM首先找到所有关键点，并基于Part Affinity Field（PAF）进行人体的拼接，将相邻且可靠的关键点组装成一个完整的人，从而实现对多人场景下的人体姿态检测。AlphaPose[13] 则采取自顶向下的方式，先进行目标检测，并对每个检测到的人进行单人的姿态估计。

2 基于RGB-D图像的不安全行为检测算法框架

在姿态估计精确度上由于2D的姿态估计缺失了深度信息，造成了姿态可能的二义性，本课题采用了3D姿态估计策略，通过使用深度传感器，输出RGB-D图像结合深度信息实现更准确的姿态估计。在较大尺度的应用场景中识别多人姿态，本课题采用了自顶向下的方式，首先进行目标检测，对检测到的人分别进行姿态估计，避免自底向上关键点拼接时收到遮挡等干扰出错。同时对检测分割出的人单独进行头部姿态的检测也能更好地避免干扰。算法的整体框架如图1所示。

本文基于双目深度传感器与深度学习算法，实现了实时目标追踪和高准确度的自动扶梯不安全行为检测。双目深度传感器输出RGB-D图像，目标追踪器在RGB-D图像中检测出候选追踪目标。目标追踪器是一个轻量化的深度网络，可以检测分类诸如行人行李、婴儿推车等多种目标。同时人体姿态估计算法引擎基于双目深度传感器输出的RGB-D图像检测出行人目标的姿态，这个姿态包括了人体关节点的三维空间坐标。最后，行为分析识别引擎根据行人的目标参数（诸如高度，体积）结合人体关节点的三维空间坐标分析给出异常行为的识别。本文算法采用了置信度更新算法，将视差检测目标和深度网络检测目标进行融合，并通过置信度阈值筛选出稳定可靠的目标，再对目标的位置进行Kalman滤波以增加检测的稳定性。最后，将目标追踪的结果结合自动扶梯系统输入的信号进行行为识别，从而检测出多种不安全行为。

在行为的分类识别算法方面，现有算法大多要基于时空信息，也即通过 LSTM 或多帧的 3D 卷积等策略，综合考虑一段时间的信息才能做出较准确的判断。因此本课题也采用了这样的方法，通过时间状态模块结合多帧信息进行识别，结合骨架形态学分析及肢体位姿分析构造了深度行为分析网络。

图 1　基于三维视觉的行为检测算法框图

3　三维视觉的扶梯乘客危险行为应用研究

3.1　系统简介

本文介绍的系统如图 2 所示，其核心硬件部分包括一个双目深度传感器（visual sensing module，VSM）、行为分析模组（visual processing module，VPM）、声光报警，该系统可以进一步拓展，将相关系统传输至控制服务器，融入扶梯物联网系统。VSM 用于捕捉环境内的 RGB-D 数据信息（彩色图像与深度信息），传输到 VPM 上进行处理。VPM 接收数据后进行计算和处理，实时检测是否有异常行为，并对异常行为进行声光报警或传输到网络平台（中控室），也可以接入自动扶梯控制系统，在紧急情况下制停自动扶梯。该系统既能实现边缘计算，也可以将数据通过网络传送至远程服务器，实现云端处理。

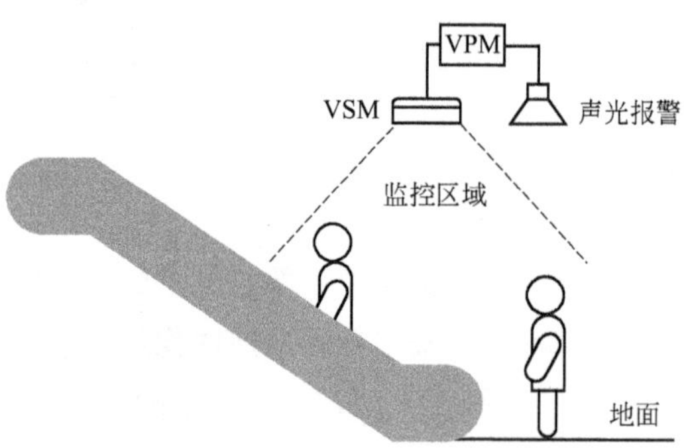

图 2　系统结构和核心模块

双目深度传感器的布置和覆盖范围如图 3 所示。VSM 安装在自动扶梯入口梳齿板上方约 3m 处，单个传感器能够有效监测距离梳齿板前后共 3～5m 的范围，该范围也是乘客最容易发生伤害的地方。该方案的最大优点是避免了人员相互遮挡，能适应大流量的人群。

3.2　自主管理方式

通过深度学习算法的训练和阈值的设定，该系统已经能够准确识别乘客摔倒、逆行、等多种危险行为，并根据可能发生伤害的概率和严重程度，将危险行为分为一般危险行为和严重危险行为，具体见表 1。对于不同类型的危险行为，应采取不同的管理策略，对于一般危险行为，应采取声光报警；对于严

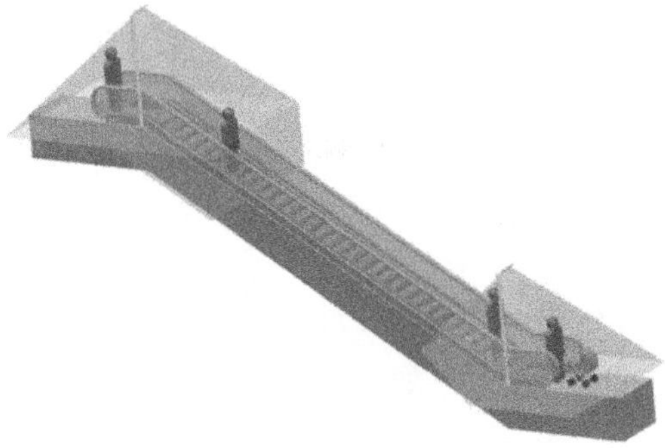

图 3　3D摄像头布置和覆盖范围

重危险行为，应采取声光报警＋控梯，控梯可以是远程方式❶，也可以是自动方式❷。

表 1　系统功能

序号	危险行为	类别	采取的策略
1	逆行	一般危险行为	声光报警
2	滞留	一般危险行为	声光报警
3	探头❸	一般危险行为	声光报警
4	携带大件行李	一般危险行为	声光报警
5	摔倒	严重危险行为	声光报警＋控梯
6	出口拥堵	严重危险行为	声光报警＋控梯
7	儿童玩耍	严重危险行为	声光报警＋控梯
8	携带婴儿车	严重危险行为	声光报警＋控梯

3.3 现场和实验室测试结果

采用可用准确率（precision）、查全率（recall）、误报率（false alarm rate）、平均响应时间（average responding time）等对系统进行评价。系统识别到相关事件，并发出报警，视为检出。见表 2。

表 2　事件定义

TP:事件为真,检出;	FP:事件为假,检出;
FN:事件为真,未检出;	FP:事件为假,未检出;

① 准确率

$$P=\frac{TP}{TP+FP} \tag{1}$$

② 误报率

$$F=\frac{FP}{TP+FP} \tag{2}$$

❶ 远程控制：在中控室，通过接收自动扶梯的运行状态、智能感知分析结果等，进行显示和报警，并通过实体操作按钮对自动扶梯和自动人行道运行方式进行控制。

❷ 自动控制装置：通过接收自动扶梯的运行状态、智能感知分析结果等，并根据预定的策略对自动扶梯和自动人行道运行方式进行自动控制。

❸ 探头是指乘客将头探出扶手带外沿。

③ 查全率

$$R=\frac{TP}{TP+FN} \tag{3}$$

④ 平均响应时间为事件发生时间至系统检测出来并做出响应的时间。

3.4 实际应用现在测试

本文介绍的系统在北京地铁某车站上行扶梯进行了长期测试。项目组在实际场景通过实际客流可模拟测试两种形式对系统进行了测试，测试结果如表 3 和表 4 所示。

表 3 实际客流测试结果

事件	测试样本数	正样本数	正检出	正事件	准确率	查全率	误报率
客流统计	10000	10000	9943	9922	99.8%	99.2%	0.08%
携带婴儿车	443822		152	147	96.7%	—	11.27ppm
摔倒	443822	—	0	0	100%	—	0ppm
逆行	443822	—	110	108	98.2%	—	4.51ppm
出入口逗留	443822	—	745	742	99.6%	—	6.76ppm
出入口拥堵	443822	—	252	252	100%	—	0ppm
探头	443822	—	640	628	98.1%	—	27.04ppm

表 4 模拟测试条件下的测试结果

事件	测试样本	正样本数	正检出	正事件	准确率	查全率	误报率
携带婴儿车	500	500	489	489	100%	97.8%	—
摔倒	1000	500	431	416	96.5%	86.2%	1%
逆行	100	100	100	100	100%	100%	—
出入口逗留	100	100	100	100	100%	100%	—
出入口拥堵	500	500	493	493	100%	98.6%	—

表 3 显示了实际客流测试条件下的测试结果。测试选取了连续 3036h 的测试数据，系统检测到 443822 人次乘客通行。为了分析客流统计精度，人工选取了 10000 人次客流进行人工复查核验，得到表 4 中的结果。

此外，为了进一步验证不安全行为的性能，项目组还对系统进行了模拟客流测试，模拟测试还在不同的光照、客流强度等情况下进行测试，由测试人员对主要功能进行了测试，结果见表 4。

从测试结果来看，本项目的研究成果具有很高的准确性，而且具有很好的环境适用能力。

4 结论和展望

本文介绍了一种基于三维视觉与人工智能相结合的、自动扶梯和自动人行道乘客危险行为识别与预警技术。该方法通过三维视觉对人体进行精确的测量，基于人体的深度信息和彩色信息，结合人体姿态的语义分析和深度学习，能对人的行为做出精确的识别和判断。现场和实验室测试结果表明，本文介绍的方法具有很高的识别准确度和很好的环境适应能力，将为提高自动扶梯和自动人行道的事故预防能力和应急能力、降低电梯事故/伤人事件概率提供新的有效解决方案。

在新技术的研究过程中，项目组还有以下思考。

① 新技术的应用如何融合自动扶梯的整体安全。自动扶梯属于特种设备，其安全性是产品生产和使用中最重要的关注点。基于机器视觉和人工智能技术，为乘客危险行为识别和实现自动扶梯自主管理

提供了新的思路和解决方案，但是也应思考新技术的应用带来新的风险，新的风险可能是新技术的可靠性、信息的安全性等方面，还可能是科技伦理方面的。

② 自动扶梯本身的设计（包括标准）如何适应新的技术发展。基于机器视觉和人工智能技术，为乘客危险行为识别和实现自动扶梯自主管理提供了新的解决方案，但是紧急情况下的停梯会产生新的风险，可以引入“缓停”的策略，既可以在紧急情况下及时制停扶梯，又可以避免过大的减速度，造成其他乘客摔倒。目前很多自动扶梯都采用了变频控制，技术上完全可行。标准也要跟进。

③ 电梯行业要积极采用和主导新技术的应用。目前，很多第三方信息技术公司、综合监控等专业开始涉足，甚至有些主导了基于机器视觉和人工智能技术在扶梯的应用，由于这些企业对扶梯的风险认识不足，如果让他们主导存在较大的风险，而且会导致这项技术在电梯行业发展混乱，因此，新技术应用的主导权应该掌握在电梯行业里。

参考文献

[1] 何成，史熙，欧阳惠卿．基于 AI 图像识别与功能安全的自动扶梯智能监控系统及相关安全标准要求 [J]．中国电梯，2019，30（15）：6-8，12.

[2] Wei S E，Ramakrishna V，Kanade T，et al. Convolutional Pose Machines [C] *CVPR*. *IEEE*, 2016.

[3] Newell A，Yang K，Deng J．Stacked Hourglass Networks for Human Pose Estimation [C] (*European Conference on Computer Vision*. *Springer International Publishing*)，2016.

[4] Chen C H，Ramanan D．3D Human Pose Estimation = 2D Pose Estimation + Matching [C] // 2017 IEEE Conference on Computer Vision and Pattern Recognition (CVPR)．IEEE, 2017.

[5] Martinez, Julieta, Hossain, Rayat, Romero, Javier, et al. A simple yet effective baseline for 3d human pose estimation [J]．

[6] Li, Chen, Lee, Gim Hee. Generating Multiple Hypotheses for 3D Human Pose Estimation with Mixture Density Network [J]．

[7] Sun X，Shang J，Liang S，et al. Compositional Human Pose Regression [J]．Computer Vision and Image Understanding, 2017.

[8] L. Zhao, X. Peng, Y. Tian, M. Kapadia, and Di. N. Metaxas, “Semantic graph convolutional networks for 3D human pose regression,” Proc. IEEE Comput. Soc. Conf. Comput. Vis. Pattern Recognit., 2019, 6: 3420-3430.

[9] Loper, Matthew, Mahmood, Naureen, Romero, Javier, et al. SMPL: a skinned multi-person linear model [J]．Acm Transactions on Graphics, 2015, 34.

[10] Bogo F，Kanazawa A，Lassner C，et al. Keep it SMPL: Automatic Estimation of 3D Human Pose and Shape from a Single Image [J]．2016.

[11] Kanazawa A，Black M J，Jacobs D W，et al. End-to-End Recovery of Human Shape and Pose [C] // 2018 IEEE/CVF Conference on Computer Vision and Pattern Recognition (CVPR)．IEEE, 2018.

[12] Z. Cao, T. Simon, S. Wei and Y. Sheikh, " Realtime Multi-person 2D Pose Estimation Using Part Affinity Fields, " 2017 IEEE Conference on Computer Vision and Pattern Recognition (CVPR)，Honolulu, HI, 2017, 1302-1310.

[13] H. Fang, S. Xie, Y. Tai and C. Lu, " RMPE: Regional Multi-person Pose Estimation, " 2017 IEEE International Conference on Computer Vision (ICCV)，Venice, 2017, 2353-2362.

基于 Python 的电梯大数据预处理方法的研究

王　晨，刘鹏博，冯双昌，林诗嘉，薛季爱

上海市特种设备监督检验技术研究院，上海，200062

摘　要： 随着中国经济的飞速发展，电梯已成为日常生活的基本工具，而电梯所带来的安全隐患同样备受关注，亟需利用大数据技术对现有数据进行挖掘，得出电梯故障发生的相应规律。数据预处理是大数据挖掘和分析的重要环节。本文通过研究对电梯大数据进行采集、处理和清洗的方法，以提高后期建模输入数据的质量，从而为电梯故障的预测提供更好的服务。

关键词： 电梯大数据；多源异构；数据预处理

Research on preprocessing method of elevator big data based on Python

Wang Chen, Liu Pengbo, Feng Shuangchang, Lin Shijia, Xue Ji'ai

Shanghai Institute of Special Equipment Inspection and Technology Research, Shanghai, 200062

Abstract: With the rapid development of China's economy, elevators have become the basic tool in our daily life, but the potential safety hazards brought by the elevators are also concerned. It is urgent to use big data technology to do data mining and get the corresponding rules of elevator failures. Data preprocessing is an important part of data mining and analysis. In this paper, the collection, preprocessing and cleaning of the elevator related big data is studied to improve the quality of inputting data for later data modeling, so as to provide better service for elevator fault prediction.

Keywords: elevator big data; multi-source heterogeneous; data preprocessing

0　引言

随着城市步伐的不断推进，高层建筑越来越多，而电梯是高层建筑中至关重要的一部分。电梯已经拥有百年的发展史，为人们的日常生活带来较大便利。目前电梯已成为日常生活的基本交通工具。以上海市为例，截至 2019 年上海电梯保有量已超过 27 万台，数量雄踞世界城市之首。然而电梯所带来的安全隐患同样备受关注，在日常应用过程中所涌现的故障问题不仅对人们的生命财产安全构成巨大威胁，也严重影响了人们的生活品质。在电梯的实际运行中，电梯困人、电梯溜车、意外停止等现象时有发生，对所乘人员的生命安全构成威胁，因此电梯故障的预诊断水平亟待提高。

大数据分析是一种全新的模式，主要利用海量数据探究得到未来可能发生的某种规律[1]。互联网时代的高度发展，促使信息的储存量显著增长。我们每天都能体会到海量信息给生活带来的影响。因

基金项目：国家重点研发计划（编号：2018YFC0809005）。

作者简介：王晨，1986 年生，女，工程师，硕士研究生，主要从事特种设备信息化研究。

此，亟需利用大数据技术对现有数据进行挖掘，得出电梯故障发生的相应规律。电梯的设计、安装、检验和维保等环节会产生大量数据，对这些数据进行深入挖掘，有可能找出电梯设备发生故障的规律，从而实现对电梯的重点检验、预测性维修和剩余使用寿命的评估。

数据采集和处理是数据挖掘和分析的重要环节。在电梯的设计、安装、检验和维保的全生命周期环节中，会产生多源异构的大量数据。但是，在电梯数量急速增长、数据量急速膨胀的今天，数据信息收集不全面、数据无交互、信息分析缺失就成为了电梯故障预测的瓶颈。通过对这些多源异构数据进行不同方式的采集，可以为下一步的数据预处理和分析奠定基础。在数据挖掘的过程中，我们采集到的电梯原始数据往往存在着不利于分析和建模的因素，如检验报告数据不完整、数据重复以及出现异常值等。上述因素将导致错误的建模过程和故障预测结果。因此，在建模之前进行高效的数据预处理就显得尤为重要。

1 电梯多源异构数据的来源

在电梯的设计、安装、检验和维保的全生命周期中，产生了数量庞大的碎片化信息、海量的实时数据、机器数据以及非结构化数据。我们需要从这些众多分散、异构的数据源中挖掘出隐含的、有价值的信息和知识。在电梯的整个生命周期中，数据来源有以下几方面。

1.1 电梯检验数据

电梯检验数据主要来源于检验环节。一部分来源于各检验机构在监督检验、定期检验和安全评估环节得到的数据，从检验机构的数据库中可以获取；另一部分来源于电梯制造厂商和电梯维保公司在开展企业自检时得到的数据。

1.2 电梯维保数据

电梯维保数据主要来源于维保环节，可以从维保单位内部的维修保养数据库、电梯档案信息数据库、电梯维保人员信息数据库、故障报修信息数据库以及困人救援信息数据库中获取。

1.3 电梯使用单位数据

电梯使用单位数据主要来源于使用单位，例如日常使用过程中的故障报修信息等。

1.4 政府监管数据

政府监管数据主要来源于监管部门的监管系统数据库。可以通过政府监管平台来获取电梯相关的数据，如注册登记信息、现场监督检查信息以及事故处理信息等。

2 电梯多源异构数据的采集

在电梯大数据采集过程中，数据来源的差异一般都比较大，而我们需要在数据库中存放经过系统加工后的数据，因此需将不同结构化、非结构化的数据以及不同源数据分别采集和导入，存放在数据库中。

2.1 大数据采集框架

由于数据存储介质、数据存储类型以及数据传输方式的差异，需要在数据采集时针对多种来源的数据采用不同的工具和方法，分别导入。针对数据结构差异大、数据来源广等特点，多源异构数据的采集框架为数据获取、组织和利用提供了有效的手段和方法[2]。通过多源异构数据的采集框架，实现了不同结构化、非结构化数据以及不同源数据的采集，如图 1 所示。

多源异构数据的采集方式包括 SQL 脚本直接读取、人工录入、非结构化数据转换以及在电梯上加装数据采集传感器等。

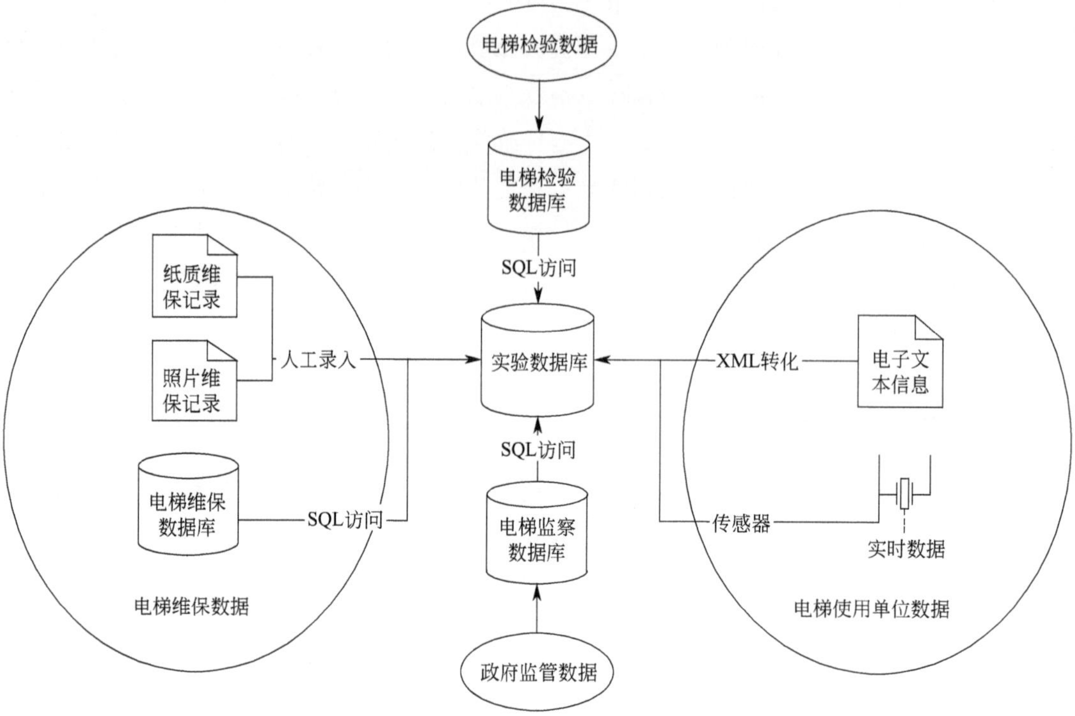

图 1　多源异构数据的采集框架

2.2　SQL 脚本提取和访问的采集方式

通过采用 SQL 脚本语言，包括数据库定义语句、数据库操作语言、数据库查询语句和数据库处理语言等，对数据库的内容直接读取。

首先采用 SQL 语句创建数据源的存储库，如电梯维保单位库、电梯使用单位库、维保单位电梯档案库、维保人员信息库、电梯保养信息库、电梯困人救援和故障报修库、设备信息库、检验信息库以及监察信息库等。

然后通过编写数据库 SQL 脚本语言，从不同数据源读取数据，将读取到的不同系统的业务数据，通过接口方式访问，或直接通过 SQL 视图的方式访问。最后将获取的数据源通过 SQL 脚本语言写入到实验数据库，供后期的电梯大数据处理和分析环节使用。

2.3　人工录入的采集方式

针对一些电梯维保环节和使用环节的纸质材料或图片，如电梯维保记录、作业人员信息、催件通知单、告知单和联络单等，可以采用手工录入的方式进行数据采集。

2.4　对非结构化数据进行转换的采集方式

针对一些文本文件中的检验报告或维保信息，可以通过提取有关的元数据，将其转换为 XML 文档的方式，将非结构化数据转化为结构化数据。

在电梯全生命周期的大数据采集过程中，比较常见的非结构化数据的文件类型包括 Word 文档、Excel 文件以及 Html 网页等。可以根据不同文件的某一特征，利用 System. IO 相应的 API 接口进行分析，从而转化为 xml 文档的格式。

2.5　实时信号的采集方式

可以通过在电梯上加装传感器来获得实时信号，从而采集到电梯的动态信息。

3 电梯大数据的处理和清洗

在利用大数据进行数据分析的过程中，会出现很多不符合要求的数据，例如电梯检验的重复数据、录入的错误数据、缺失的数据以及异常的数据等[3]。数据预处理主要是将原始数据中的无关信息进行删除，包括一些重复的数据和平滑噪声数据等，同时筛选掉与后期数据建模无关的无效数据，以及处理原始数据中的缺失值和异常值等。在实际应用中，数据处理和清洗的工作量占整个建模过程的 60%[4]。由此可见，数据处理和清洗是大数据挖掘和分析过程中尤为关键的一步。

Python 作为现在最受欢迎的编程语言之一，由于其在数据分析、交互式计算以及数据可视化方面的巨大优势，已经发展成为数据科学、机器学习、工业界和学界软件开发最重要的语言之一[5]。近年来，由于 Python 的第三方库（如 Pandas 等）的不断改良，其在大数据分析和挖掘方面的优势越来越明显。

3.1 电梯数据的缺失值处理

在电梯数据的预处理过程中，往往会碰到电梯设计、安装、检验和维保数据的缺失问题。缺失值是数据预处理阶段比较常见的问题。在处理缺失值时要遵循一定的原则[6]。在进行数据分析前，一般需要了解数据的缺失情况，根据具体的实际情况来处理缺失值。

处理缺失值的方法主要有三类：删除、填补和不处理。

3.1.1 删除缺失值

针对有缺失值的电梯数据，有时可以通过删除一小部分的缺失数据来进行数据清洗，这也是最简单和高效的办法[7]。但是考虑到大数据的海量要求和数据采集阶段的困难，一般不会轻易进行数据的删除。

3.1.2 填补缺失值

在数据预处理阶段，需要分析清楚缺失值产生的原因，针对故意缺失和随机缺失等情况，相应地进行填补。可以通过 Pandas 提供的 fillna 方法来填补缺失值数据。

以电梯设备信息为例，可以对某些属性以“无”填充，如“单位内编号”“使用单位”“制造单位”“使用年限”等。如图 2 和图 3 所示，在遍历所有的电梯设备信息后，发现某台电梯的“单位内编号”为缺失值，对其予以“无”填充。

3.1.3 不处理缺失值

针对那些不影响后期建模的非关键性因素的缺失值，可以不进行处理。

3.2 电梯数据的重复值处理

在电梯数据的采集过程中，由于数据来源多样化，多源数据的录入和整合都可能产生重复的数据。针对重复值，一般采用删除的处理方法。Pandas 提供了 duplicated 方法以查找重复数据，当需要删除重复值时，可调用 drop _ duplicates 方法完成。

3.3 电梯数据的异常值处理

在电梯数据的预处理过程中，有些数值与其他数值相比差异比较大，称之为异常值。异常值会对后期的数据模型造成干扰，导致建模结果差异较大，使得数据挖掘分析的结论偏颇。因此，需要在数据预处理阶段对异常值加以处理。

处理异常值时，需要根据实际情况来判断是删除还是用其他值替换。在电梯大数据的处理过程中，可以通过遍历查找出异常值，然后根据业务规则来进行调整。

设备ID	设备代码	使用单位ID	单位内编号	设备名称/样品名称/产品名称
DEV_ID	DEV_REG_CODE	USE_ORG_ID	DEV_IN_CODE	DEV_NAME
2	34003101102008050083	425046258	1#	杂物电梯
9	35003101102008040066	631149995	6	自动扶梯
6	31103101102008050046	785172303	A6	曳引驱动乘客电梯
36	31703101092008050022	425009828	13#	曳引驱动乘客电梯
7	35003101012008060010	787822007	1#	自动扶梯
14	36003101092008040004	73540038X	22#	自动人行道
37	35003101102008040067	757573628		自动扶梯
42	35003101102008040072	631149995	14#	自动扶梯
16	31103101102008010057	000000-114	10#南	曳引驱动乘客电梯

图 2　某台电梯的“单位内编号”为缺失值

设备ID	设备代码	使用单位ID	单位内编号	设备名称/样品名称/产品名称
DEV_ID	DEV_REG_CODE	USE_ORG_ID	DEV_IN_CODE	DEV_NAME
2	34003101102008050083	425046258	1#	杂物电梯
9	35003101102008040066	631149995	6	自动扶梯
6	31103101102008050046	785172303	A6	曳引驱动乘客电梯
36	31703101092008050022	425009828	13#	曳引驱动乘客电梯
7	35003101012008060010	787822007	1#	自动扶梯
14	36003101092008040004	73540038X	22#	自动人行道
37	35003101102008040067	757573628	无	自动扶梯
42	35003101102008040072	631149995	14#	自动扶梯
16	31103101102008010057	000000-114	10#南	曳引驱动乘客电梯

图 3　填补缺失值

如图 4 所示，在电梯检验基本信息表中，通过遍历发现某台电梯的最后一次检验时间异常。根据业务规则，可在该表中查找这台异常电梯的设备注册代码和最后一次检验报告编号，根据检验报告中的检验日期，从而确定最后一次检验时间，并将其和异常值予以替换，如图 5 所示。

设备ID	设备代码	使用单位ID	单位内编号	设备名称/样品名称/产品名称	最后一次检验时间	最后一次检验结论	最后一次检验报告书编号
DEV_ID	DEV_REG_CODE	USE_ORG_ID	DEV_IN_CODE	DEV_NAME	LAST_BIZ_DATE	LAST_BIZ_RESULT	LAST__BIZ_REP_CODE
2	34003101102008050083	425046258	1#	杂物电梯	2017-04-28 00:00:00.000	合格	3430-N07776-2017-71
9	35003101102008040066	631149995	6	自动扶梯	2017-11-17 00:00:00.000	合格	3310-N21243-2017-71
6	31103101102008050046	785172303	A6	曳引驱动乘客电梯	0000	合格	3110-N07925-2018-71
36	31703101092008050022	425009828	13#	曳引驱动乘客电梯	2018-02-09 00:00:00.000	合格	3110-N03033-2018-71
7	35003101012008060010	787822007	1#	自动扶梯	2009-06-04 00:00:00.000	合格	3500-N06109-2009-71

图 4　某台电梯的最后一次检验时间为异常值

设备ID	设备代码	使用单位ID	单位内编号	设备名称/样品名称/产品名称	最后一次检验时间	最后一次检验结论	最后一次检验报告书编号
DEV_ID	DEV_REG_CODE	USE_ORG_ID	DEV_IN_CODE	DEV_NAME	LAST_BIZ_DATE	LAST_BIZ_RESULT	LAST__BIZ_REP_CODE
2	34003101102008050083	425046258	1#	杂物电梯	2017-04-28 00:00:00.000	合格	3430-N07776-2017-71
9	35003101102008040066	631149995	6	自动扶梯	2017-11-17 00:00:00.000	合格	3310-N21243-2017-71
6	31103101102008050046	785172303	A6	曳引驱动乘客电梯	2018-04-20 00:00:00.000	合格	3110-N07925-2018-71
36	31703101092008050022	425009828	13#	曳引驱动乘客电梯	2018-02-09 00:00:00.000	合格	3110-N03033-2018-71
7	35003101012008060010	787822007	1#	自动扶梯	2009-06-04 00:00:00.000	合格	3500-N06109-2009-71

图 5　替换异常值

4　结论

本研究在以下几方面进行了创新：

① 实现了电梯全生命周期数据的采集。传统的大数据分析往往只关注电梯使用过程或检验过程的某一个环节，无法将电梯从设计、安装、检验到维保的多个环节串联起来进行数据挖掘和分析。仅仅采集单个环节的独立数据，将导致后期无法有效地预测故障。本研究关注电梯的设计、安装、检验和维保等多个环节，实现了电梯全生命周期各环节的数据采集。

② 搭建了电梯多源异构数据的采集框架。对海量的多源异构数据进行不同方式的采集和提取，对结构化和非结构化的数据、静态和动态的数据分别采用不同方式处理和存储，从而建立了电梯全生命周期实验数据库。

③ 创新了数据预处理和清洗的方式。整合电梯的设备数据、检验数据和故障数据时，经常会花费

大量的时间和精力。面对海量数据时，传统的 Excel 处理方式比较耗时。一旦数据量变大，Excel 程序经常无响应甚至死机，用户体验不好。而本项目利用 Python 灵活高效的数据结构以及丰富的第三方库，对电梯的缺失数据、重复数据和异常数据进行处理，可以极大地提高数据清洗的工作效率，从而为今后的数据分析和电梯故障预测提供更好地输入条件。

通过采集电梯设计、安装、检验和维保等全生命周期环节的海量数据，利用采集框架收集和处理多源异构的数据，清洗各种缺失值、重复值以及异常值，使其以统一的格式存储在数据库中，从而满足下一步的数据挖掘分析任务[8]，并对后期电梯的故障预测提供更好的服务。

参考文献

[1] Xiang pan Zheng, Xi bing Fu. The Development of Intelligent Elevator Large Data Analysis System Based on Internet of Things. Software Development . 2018.

[2] Xiao yu Deng, Junfeng Yang. Design of Intelligent Elevator Platform Based on Big Data Application. China CIO News. 2018.

[3] Andrea De Mauro, Marco Greco, Michele Grimaldi. A formal definition of Big Data based on its essential features [J] . Library Review . 2016 (3)：4-5.

[4] Dean J, Gheawat S. MapReduce: Simplified data processing on large Clusters [J] . Comunication of the Acm, 2008, 51 (1)：107-113.

[5] 常国珍，赵仁乾，张秋剑 . Python 数据科学：技术详解与商业实践 . 北京：机械工业出版社，2018.

[6] 常珊 . 基于 Hadoop 的电梯安全大数据挖掘算法研究 [J] . 渭南师范学院学报，2018，33 (8)：34-40.

[7] Wes McKinney. 利用 python 进行数据分析 . 徐敬一译 . 北京：机械工业出版社，2018.

[8] 张贞贞，檀昊 . 基于大数据的电梯监管新模式 [J] . 电子技术与软件工程，2017 (22)：164-165.

高温高湿环境对电梯钢丝绳性能影响的研究

常晓清，方　良，冯双昌，薛召玲，欧阳惠卿

上海市特种设备监督检验技术研究院，上海，200062

摘　要： 通过分析高温高湿对电梯钢丝绳性能的影响及现有标准对高温高湿试验要求，提出了电梯钢丝绳在高温高湿环境下的弯曲疲劳试验方法，并进行了试验。试验结果表明，在湿热交变影响下，电梯曳引钢丝绳的断丝数出现明显增多，严重影响钢丝绳的寿命。

关键词： 高温；高湿；钢丝绳；加装电梯

Study on the influence of high temperature and high humidity environment on the performance of elevator wire rope

Chang xiaoqing，Fang Liang，Feng Shuangchang，Xue Zhaoling，Ouyang Huiqing

Shanghai Institute of Special Equipment Inspection and Technology Research, Shanghai, 200062

Abstract: Based on the analysis of the influence of high temperature and humidity on the performance of elevator wire rope and the requirements of existing standards on high temperature and humidity test, the bending fatigue test method of elevator wire rope under high temperature and humidity environment is put forward and tested. The test results show that the number of broken wires of the elevator traction wire rope increases obviously under the influence of humidity and heat, which seriously affects the service life of the wire rope.

Keywords: high temperature; high humidity; wire rope; installing elevator

0　引言

随着城市老龄人口的快速增长与人们对美好生活的向往，既有建筑加装电梯的需求越来越大、越来越急迫，引起各级政府和社会的高度重视[1]。由于建筑结构和成本的限制，现阶段最常见的加装方式为原建筑外新建井道，容易引起加装电梯的井道与原本的建筑之间出现不均匀沉降，引起井道漏水，使井道内长期处于高温高湿的环境。根据上海市 226 台加装电梯使用现状的调研发现，漏水渗水现象的有 75 台，占比 33.2%，高温死机的有 28 台，占比 12.4%。高温高湿环境以及交变湿热环境都容易引起钢丝绳绳芯含油量的改变，从而对钢丝绳性能造成影响。

基金项目：上海市市场监督管理局科技项目（编号：2018-10）.

作者简介：常晓清，1982 年生，男，高级工程师，硕士，主要从事电梯检验检测及技术研究。

GB/T 12347—2008《钢丝绳弯曲疲劳试验方法》，此标准是通用的钢丝绳弯曲疲劳测试方法，并没有针对电梯用钢丝绳的具体规格和使用工况制定试验方法。国内一些专家学者对钢丝绳的疲劳试验进行了一系列相关研究。贾明兴等[2] 提出了一种电梯钢丝绳弯曲次数计算方法，通过电梯控制板接收的目的层数信息和电梯基本信息，计算电梯的弯曲次数并进行统计，根据统计结果进行计算，给出电梯钢丝绳的弯曲疲劳寿命值。潘海宁等[3] 对钢丝绳的疲劳试验机进行了设计分析与计算。

本文拟结合电梯钢丝绳使用的具体工况，以及钢丝绳相关材料的试验标准，提出一种试验方案，模拟试验不同的工况组合对于电梯钢丝绳疲劳性能的影响。

1 环境因素的确定

上海市位于东南沿海，属于亚热带季风性气候，雨量充沛，日照充分。春秋短，冬夏长。每年超过35℃的高温天数约 10 天。故对于该地区使用的老旧电梯特别是外置式加装电梯而言，研究长时间高温、高湿环境及其组合对于钢丝绳性能的影响显得尤为重要[4]。

1.1 高温工况

高温环境会改变电梯钢丝绳的物理性能或尺寸，影响钢丝绳绳芯的含油量，暂时或永久性地降低电梯钢丝绳的疲劳性能，缩短电梯钢丝绳的工作寿命。而现有的在用电梯钢丝绳的使用寿命一般在 5～10 年，根据上海的天气条件来看，钢丝绳并不会长期（指数年）地暴露于高温环境之中。即使按照每年 15 天极端高温的天气条件来计算，暴露时间也不会长于一年。因此，电梯钢丝绳的高温使用工况可参考 GJB 150.3a《军用装备实验室环境试验方法 第 3 部分：高温试验》中的相关要求。

表 1 高温日循环温度范围变化一览表[5]

气候类型	地理位置	周围空气温度/℃	诱发温度/℃
基本热	亚洲、美国、墨西哥、非洲、澳大利亚、南非、南美、西班牙南部和西南亚外延的许多地方	30～43	30～63
热	北非，中东，巴基斯坦和印度，美国西南部和墨西哥北部	32～49	33～71

根据表 1，以基本热气候的诱发温度 63℃ 作为参考，将试件暴露在高温环境中达到温度稳定后，再保持试验温度至少 2h 为模拟 1 年的高温环境，故高温工况的模拟试验方法可确定为：将试件暴露在高温环境中达到温度稳定 2h 后，再返回室温保持 22h，作为电梯钢丝绳高温工况的一个模拟循环。

1.2 高湿工况

对于潮湿环境，可以参考标准 GB/T 2433.3《电工电子产品环境试验恒定湿热试验》，试验等级由温度、相对湿度、试验持续时间共同决定。试验的温度和相对湿度应可参考表 2。

表 2 温度和相对湿度

温度/℃	相对湿度/RH%
30±2	93±3
30±2	85±3

续表

温度/℃	相对湿度/RH%
40±2	93±3
40±2	85±3

根据电梯的实际使用环境，表 2 中 30℃、93%的试验环境最接近于电梯的实际使用环境。根据标准中推荐的持续时间 24h，得出高湿工况的模拟试验方法：将试样暴露于 30℃、93%相对湿度环境中达到温度湿度稳定后，再保持 24h。

1.3 交变湿热工况

除了恒定高温、恒定高湿环境的作用，交变湿热的作用也会加速电梯钢丝绳的磨损与锈蚀，并对钢丝绳绳芯的含油量产生影响，影响钢丝绳的疲劳强度和使用寿命。

参考标准 GJB 150.3a 中 4.3 循环暴露的试验要求[6]，循环暴露的持续时间应根据满足设计要求所需要的循环计数和以下导则来确定。试验要求将试件暴露于循环温度之下，每个循环周期为 24h。循环的温度要求如图 1。

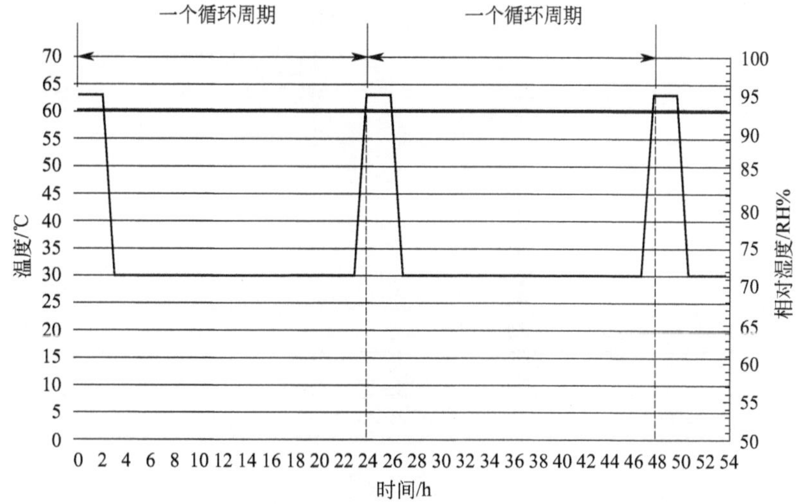

图 1 循环温度

因此确定试验方法：以 24h 为一个循环周期，先将试样置于温度 63℃，湿度 93%环境中 2h，再置于温度 30℃，湿度 93%环境 22h。

2 试验方法的确定

通过对电梯使用环境的研究，确定钢丝绳试样进行高温工况、高湿工况、交变湿热工况以及各种组合工况环境模拟处理，将处理完毕的钢丝绳再进行弯曲疲劳试验。通过试验能够快速暴露各种不同工况对于钢丝绳疲劳性能的影响，以便对特殊环境下长期工作的电梯钢丝绳疲劳寿命和报废条件进行针对性研究。

2.1 样品处理环境设置要求

根据上文，本市电梯的实际使用情况，特别是加装电梯较为恶劣的使用环境，本实验需模拟高温工况、高湿工况、交变湿热工况以及它们的组合工况对于长期使用下的电梯钢丝绳疲劳性能的影响，共需要对钢丝绳样品进行 3 种模拟环境处理，见表 3。

表 3　样品处理环境设置要求

处理名称	处理要求			循环/次
		步骤 1	步骤 2	
高温	环境设置	温度 63℃	室温	5
	处理时间	2h	22h	
高湿	环境设置	温度 30℃湿度 93%		5
	处理时间	24		
交变湿热	环境设置	温度 63℃湿度 93%	温度 30℃湿度 93%	5
	处理时间	2h	22h	

2.2　样品处理顺序

将钢丝绳的试样将试样分为十组，第一组对照组（不进行任何处理）；第二组高温处理；第三组高湿处理；第四组先高温处理，再高湿处理；第五组高湿处理，再高温处理；第六组交变湿热处理（详见表 4）。

表 4　样品处理顺序

样品组别	处理要求	
	步骤 1	步骤 2
第一组	对照组	
第二组	高温处理	
第三组	高湿处理	
第四组	高温处理	高湿处理
第五组	高湿处理	高温处理
第六组	交变湿热处理	
每组样品按步骤顺序先后进行处理待用		

2.3　试验要求

将处理完毕的试样进行弯曲疲劳试验，具体试验要求如下：

① 试验次数　每组样品测试 3 次；

② 试验设备　每组 3 个样品使用同一台试验机，如图 2；

③ 试验方法　钢丝绳弯曲疲劳试验 100 万次，并记录钢丝绳直径、伸长量、断丝数。

3　试验结果

试验样品采用同一生产批次的 ϕ8mm 钢丝绳，产品规格为 8×19S-NF-1370/1770，每根长度 4400mm，试验加载 450kg，如图 2，试验结果汇总见表 5。

3.1　伸长率

试验前分别测量了每根钢丝绳长度，经过 100 万次的疲劳试验后再测量其长度，18 根试验样品中最大伸长量 31mm，最大伸长率 0.705%，最小伸长量 11mm，最小伸长率 0.250%。6 组中最大平均伸长率 0.545%，最小平均伸长率 0.258%，伸长值较小，没有特别明显差别。

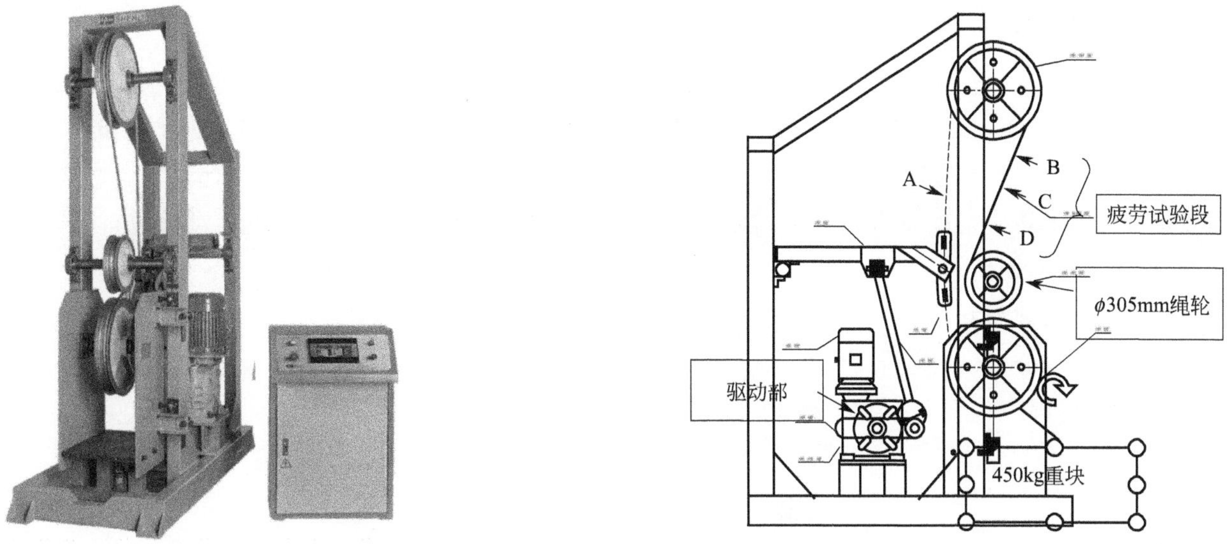

图 2 平面双向弯曲疲劳试验装置及实际工作示意图

表 5 经 100 万次疲劳试验后钢丝绳伸长率、断丝数和残余破断率汇总表

处理方法		原长/mm	结束后长/mm	伸长率/%	平均伸长率/%	断丝数/根	平均断丝数/根	残余破断力/kN	平均残余破断力/kN
第一组（对照组）	1	4400	4425	0.568		15		32.578	
	2	4400	4416	0.364	0.545	14	13.7	33.676	33.595
	3	4400	4431	0.705		12		34.532	
第二组（高温处理）	1	4400	4419	0.432		11		36.380	
	2	4400	4416	0.364	0.455	7	8.7	36.786	37.164
	3	4400	4425	0.568		8		38.326	
第三组（高湿处理）	1	4400	4412	0.273		15		35.770	
	2	4400	4416	0.364	0.318	15	15.7	33.200	32.877
	3	4400	4414	0.318		17		29.660	
第四组（高温处理＋高湿处理）	1	4400	4411	0.250		6		37.242	
	2	4400	4412	0.273	0.258	13	10.0	36.676	36.977
	3	4400	4411	0.250		11		37.014	
第五组（高湿处理＋高温处理）	1	4400	4420	0.455		67		29.050	
	2	4400	4417	0.386	0.417	81	58.0	31.280	30.727
	3	4400	4418	0.409		26		31.850	
第六组（交变湿热）	1	4400	4412	0.273		54		34.088	
	2	4400	4413	0.295	0.280	76	64.7	33.586	34.425
	3	4400	4412	0.273		64		35.602	

3.2 断丝情况

试经过 100 万次的疲劳试验后分别记录每根钢丝绳的断丝情况，第一组（对照组）的平均断丝数为 13.7 根；第二组（高温处理）的平均断丝数 8.7 根，明显低于第一组（对照组）；第三组（高湿处理）的平均断丝数 15.7 根，略高于第一组（对照组）；第四组（高温处理＋高湿处理）的平均断丝数 10.0 根，介于第二组（高温处理）和第三组（高湿处理）之间，同时低于第一组；第五组（高湿处理＋高温处理）的平均断丝数 58 根，远高于第三组（高湿处理），是第一组的 4.2 倍；第六组（交变湿热）的平均断丝数 64.7 根，断丝数最多，达到第一组的 4.72 倍。

通过从上述数据分析，单独经过高温处理的钢丝绳断丝情况优于对照组，经分析可能是是因为高温处理类似于热处理，有效改善了钢丝绳的钢丝内部晶体结构，使其性能得到有效改善。单独高湿处理对钢丝绳断丝情况影响不大，断丝数略高于对照组，但高湿处理后再进行高温处理，则断丝数出现明显恶化。同时，交变湿热环境对断丝数影响非常明显。

3.3 残余破断力

经过100万次的疲劳试验后分别记录每根钢丝绳的残余破断力情况，第一组（对照组）的平均残余破断力为33.595kN；第二组（高温处理）的平均残余破断力为37.164kN，高于第一组（对照组）；第三组（高湿处理）的平均残余破断力为32.877kN，略高低于第一组（对照组）；第四组（高温处理＋高湿处理）的平均残余破断力为36.977kN，介于第二组（高温处理）和第一组（对照组）；第五组（高湿处理＋高温处理）的平均残余破断力为30.727kN，略低于第三组（高湿处理）；第六组（交变湿热）的平均残余破断力为34.424kN，略高于第一组（对照组）。

从上述数据分析，先进行高温处理后的钢丝绳平均残余破断力有提高，提高幅度约10％。高湿处理后再进行高温处理，则平均残余破断力略有下降，降幅8.5％。

4 结论

从以上试验结果我们可以发现，单独进行高温处理或先进行高温处理的钢丝绳性能明显提升，包括断丝数较少，残余破断力增大，究其原因，我们认为63℃的温度没有超过钢丝绳的绳芯油脂的甩点，反而起到了热处理的作用，有效改善了钢丝的物理性能。单独高湿处理对钢丝绳影响不大，但加入高温处理后，会因为高温处理的前后顺序，对钢丝绳性能产生截然相反的改变，先高温处理，性能提升，后高温处理，性能降低。同时，交变湿热环境下，钢丝绳性能也是明显下降，尤其是断丝情况。在现实环境中，高温与高湿是反复交替出现的，所以更接近于先高湿后高温处理，因此对钢丝绳的性能是明显降低的。

在南方湿热多雨地区，应要防止电梯钢丝绳在安装前或使用中被泡水淋雨，特别是加装电梯在设计和施工时应对井道进行有效隔热与防水设计，使钢丝绳处于比较良好的使用环境，延长其使用寿命。

参考文献

[1] 舒文华，常晓清，李哲一．既有建筑加装电梯中的浅底坑技术方案与检验要求 [J]．质量与标准化，2020，4：40-45.

[2] 贾明兴，胡熙玉，李天擎，等．基于电梯钢丝绳弯曲次数的剩余寿命监测方法 [J]．中国电梯，2020，31 (14)：10-18.

[3] 潘海宁，周旭南，王保卫．钢丝绳弯曲疲劳试验机设计及应用 [J]．机电工程技术，2019，48 (2)：27-28，119.

[4] 张钫，张平萍．影响钢丝绳弯曲疲劳试验因素的分析 [J]．金属制品，2006，32 (3)：46-47.

[5] 李明，彭雄伟，祝耀昌．GJB 150.3A 中高温试验程序剖析（二）：高温日循环数据的选用和标准应用分析 [J]．航天器环境工程，2015，6：607-611.

[6] 程丛高．GJB 150.3A 高温试验方法的应用及分析 [J]．装备环境工程，2013，6：91-96.

自动扶梯梯级拱起碰撞事件的故障树分析

梁　骁，施鸿均，侯少毅，王　博，邱　郡

上海市特种设备监督检验技术研究院，上海， 200333

摘　要： 本文基于一起典型的梯级拱起失效案例，综合考虑自动扶梯的结构机理、现场维修保养以及使用情况等因素，建立了相应的故障树，定性分析了导致梯级碰撞失效的原因，并提出相应的预防措施。故障树分析不仅便于对梯级失效因素进行系统分析探讨，也有助于进一步开展梯级可靠性分析研究。

关键词： 自动扶梯；梯级；失效；故障树

Case Analysis of Escalator Step Arching Collision Failure Based on Fault Tree

Liang Xiao，Shi Hongjun，Hou Shaoyi，Wang Bo，Qiu Jun

Shanghai Institute of Special Equipment Inspection and Technology Research, Shanghai, 200333

Abstract: This article is based on a typical accident case caused by the failure of escalator steps arching. At the same time, the fault tree is built by taking the structure mechanism, site maintenance and service condition into consideration. The qualitative analysis is applied to figure out the causes of the accident and the corresponding preventive measures are put forward. It not only provides a systematical analysis and discussing for the failure factors, and also helps to promote the research of reliability analysis for escalator steps.

Keywords: escalator; step arching; failure; fault tree

0　引言

近年来，全国范围内发生多起自动扶梯梯级拱起碰撞事件，产生较大的社会影响。为此，自动扶梯安全问题受到了公众、使用、企业、检验机构及政府监管部门等的高度关注和重视。随着自动扶梯的日益普及与广泛应用，越来越多的自动扶梯安装使用在机场、地铁车站、商场、超市等公众聚集场所，为公众出行提供便利。以上海为例，仅上海地铁公共交通领域就拥有自动扶梯近 4000 台，并且随着新地铁线路的不断延伸，数量还在继续增加。地铁车站中自动扶梯每天乘客的输送量已超过 1000 万人次/天。由此可见，自动扶梯已经成为城市公共交通重要的组成和城市安全运行的重要保障。为预防和降低自动扶梯伤害事故风险，有必要对自动扶梯梯级拱起或碰撞的原因开展深入、系统地研究，提出并制定相应的预防对策措施，以达到保障城市、特别是公共交通领域扶梯安全使用的目的。

基金项目：基于多源数据分析的机电类特种设备典型故障预测技术研究（2018YFC0809005）。

作者简介：梁骁，男，1983 年生，高级工程师，电梯检验师，主要从事电梯相关突发事件的应急处置、检验检测等工作。

1 典型事故案例

1.1 案例介绍

某购物中心内一名保洁人员将清洁工具置于向上运行的自动扶梯上部梳齿板前区域，双脚站立在清洁工具上对向上运行的梯级踏面进行清洁。其间，梯级与上部梳齿板之间受到清洁工具的影响发生了挤压，随后运行受阻的梯级产生向上翻转，保洁人员躲避过程中左脚被挤压在两块梯级之间，受伤，惨遭截肢。事发现场设备损坏情况如图 1 所示。

图 1 事发现场设备损坏情况

1.2 技术勘查情况

技术专家根据事故现场技术勘察结果，综合事故树原理、自动扶梯工作原理和构造特点、常见事故发生原因以及本质安全基本要求，初步拟定事故可能原因与事故调查方向，在此基础上结合技术资料审查、现场录像情况、现场勘查及功能试验验证等分析方法，比对排查，过滤干扰因素，最终确定了本起事故发生直接原因。

（1）现场录像截图

通过查看本起事故中设置在自动扶梯上部的监控录像，可见事发前自动扶梯在正常向上运行的过程中，其上部水平段（接近上部梳齿板区域）共出现了 4 处条状“黑影”现象，如图 2 所示，疑为相邻梯级踏面之间产生高低差所致。

图 2 监控录像中出现条状“黑影”现象

（2）现场勘查

现场勘查自动扶梯梯路中的梯级完好情况时，发现有 4 只梯级的 8 个辅轮（辅轮直径尺寸为 76mm）均存在破损状况，其中 1 个辅轮的聚氨酯轮圈脱落，仅剩轴承，且轴承外圈有明显摩擦痕迹。如图 3 所示。这 4 只梯级辅轮的聚氨酯轮圈损坏或脱落状况，造成该处梯级踏面的尾端低于紧随后面梯级踏面，以致产生在监控录像中显示的“黑影”现象。

图 3　辅轮聚氨酯轮圈脱落

（3）事故原因分析

本起事故中，保洁人员在对运行的梯级踏面进行清洁时，采取了将清洁工具置放在自动扶梯上部梳齿板前区域的梯级踏面上并站立在清洁工具上的不当作业方式。当辅轮聚氨酯轮圈损坏或脱落的梯级运行至梳齿板区域时，由于相邻梯级之间存在高低差，梯级与梳齿板之间会被清洁工具卡阻，梯级在受到梯级链条牵引力和前进方向阻力双重作用下发生向上拱起与梳齿板发生碰撞后翻转。保洁人员在避让过程中，不幸肢体遭受挤压受伤。具体事故原因分析见图 4。

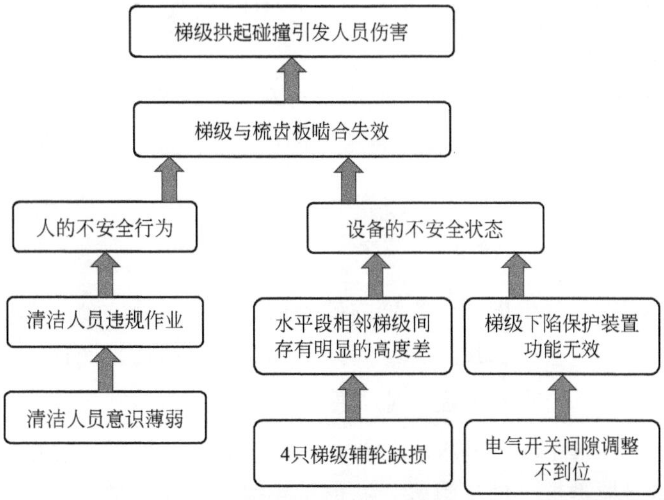

图 4　事故原因分析

2　研究方法-故障树分析

从本次事故可以看出，除了常规的使用不当、零部件老化磨损、部件固定措施缺失、安全装置功能失效等因素外，类似清洁人员随意将清洁工具置于梯级与梳齿板之间这种意想不到的因素同样会造成梯级向上拱起碰撞的严重后果。这表明造成梯级失效的因素多种多样，同时各个因素之间互相影响，互相关联。因此，有必要采用科学的分析方法对可能造成自动扶梯梯级失效的因素进行全面系统地分析。

故障树分析方法是安全系统工程的重要分析方法，应用范围十分广泛，如火灾事故分析、触电事故分析等。利用故障树分析方法，对引起自动扶梯梯级拱起故障的各种要素进行分析，有利于更好的预防梯级拱起问题，降低设备损坏和人员伤害的风险。

3 构建梯级拱起故障树

结合近年来发生的多起梯级拱起事件，重点分析梯级拱起故障原因，从梳齿板、梯级和梯路等方面，根据相关要素对拱起故障影响程度的不同，结合相关故障之间的联系，构建多维度、多层次的梯级拱起故障树。

3.1 构建梯级拱起故障树的意义

通过构建梯级拱起故障树，可以达到以下目的：①识别导致梯级拱起碰撞的基本事件，找到梯级拱起碰撞事件发生的根本原因，为今后进一步研究预防该类事件的重复发生提供研究依据；②对引发梯级拱起碰撞的各种因素及逻辑关系做出全面、简洁和形象的描述；③梳理梯级拱起碰撞事件中设备本身固有或潜在的各种不可靠因素或潜在的安全隐患，以问题为导向，为实验研究和科学实践提供指精准的对象目标；④有利于进行逻辑运算，开展梯级拱起碰撞事件中各种因素的定性、定量分析，对整个自动扶梯运行系统进行可靠性评价。

3.2 构建故障树的基本步骤

故障树是一种特殊的倒立树状逻辑因果关系图，它用事件符号、逻辑门符号和转移符号描述系统中各种事件之间的因果关系。逻辑门的输入事件是输出事的“因”，逻辑门的输出事件是输入事件的“果”。根据故障树分析的科学方法，制定出分析的相关步骤，具体步骤如下。

① 事故统计分析：收集事故案例，进行事故统计，设想给定系统可能发生的事故。

② 确定顶上事件：要分析的对象即为顶上事件。对所调查的事故进行全面分析，从中找出后果严重且较易发生的事故作为顶上事件。

③ 梳理原因事件：调查与事故有关的所有原因事件和各种因素。

④ 画出故障树：从顶上事件起，逐级找出直接原因的事件，直至所要分析的深度，按其逻辑关系，画出故障树。

3.3 构建梯级拱起故障树

首先，确定梯级拱起故障树分析的顶上事件为梯级拱起碰撞事件。结合既往发生的事故案例，梯级拱起碰撞事件基本以梯级与梳齿板、梯级与梯级间以及梯级与围裙板之间碰撞为主。构建梯级拱起故障树时，综合考虑不同区域发生的特点及原因，主要围绕设备的不安全状态、人的不安全行为以及环境因素三个方面，梳理组成故障树的中间及基本事件要素。其中，设备的不安全状态从传动系统、导向系统及主要相关部件，如梯级、梳齿板、围裙板等，开展了相应的故障原因分析。具体的造成梯级拱起碰撞的各因素及其逻辑关系故障树分析图如图 5 所示。

4 预防措施

结合上述梯级拱起碰撞事件故障树分析结果可知，为了防止梯级拱起碰撞事件的发生，只有采用多种有效措施预防基本事件要素的发生，才能有效防止顶上事件——梯级拱起碰撞事件发生。具体主要预防措施如下：

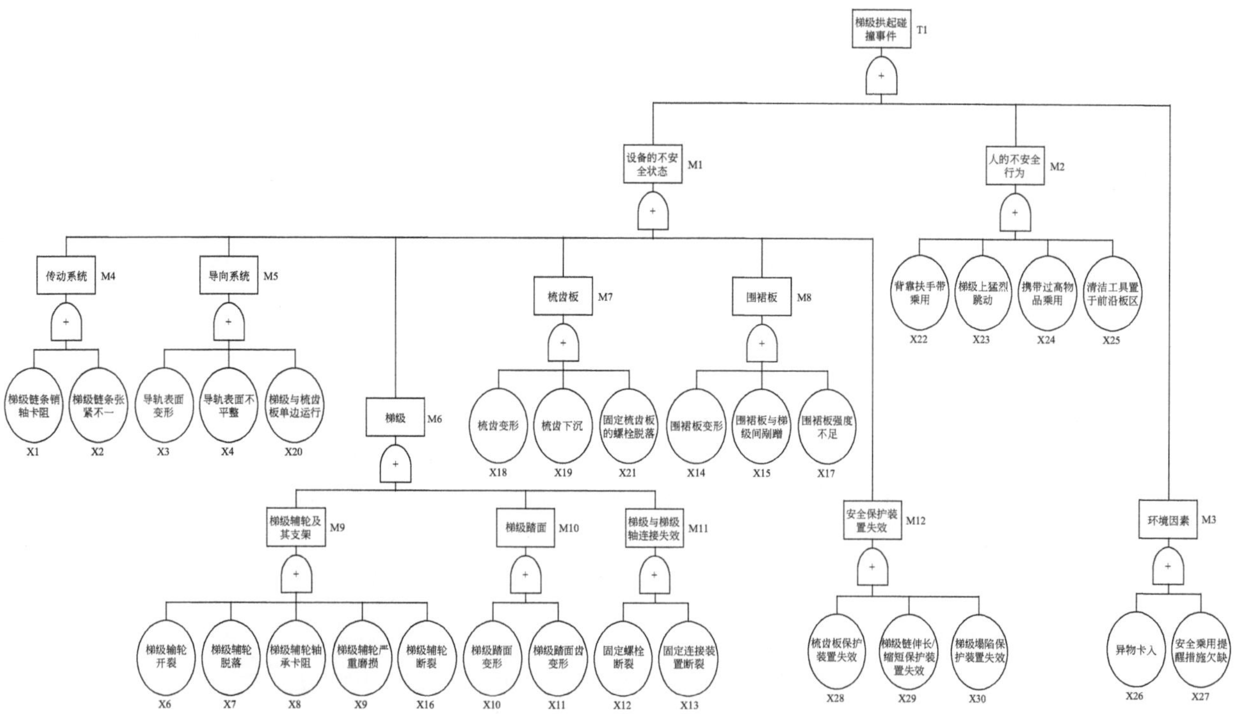

图 5　梯级拱起碰撞事件故障树

① 改进梯路系统设计，如加装机械或电气装置，监控梯级在梯路系统中的实时运行状态，检测异物卡阻，并及时使扶梯停止运行；

② 修订现有扶梯标准的相应安全要求，如增加自动扶梯梳齿板水平、垂直方向动作力的要求，增加梯级防止上冲装置的标准要求等，从而提升扶梯制造与安装整体安全水平；

③ 维修保养过程中，加强检查梯级、梳齿板、前沿办等机械部件的完整性；

④ 定期检查包括梳齿板电气监控装置、梯级张紧与缩短电气监控装置等电气安全装置功能的可靠性；

⑤ 加强日常使用过程中的巡查，及时检查并清理梯路系统中卡阻的异物等；

⑥ 加强对乘客正确使用扶梯的安全宣传和教育，避免不当使用导致梯级拱起。

5　总结

将故障树分析应用到自动扶梯领域，改变了传承的单一、片面分析的思维方式，能够全面、系统地对梯级拱起故障原因进行分析，并提出预防梯级、梯路系统运行可维护性、稳定性的技术对策和措施，为今后安全技术规范、国家标准制修订提供参考的技术参数、指标，也为进一步的研究自动扶梯梯级拱起提供了有益探索。

参考文献

[1]　于志博，时权．地铁电扶梯事故原因的分析 [J]．学术论坛，2006.

[2]　王胜，叶斌．自动扶梯梯级链销轴的疲劳设计 [J]．链传动专题，2012.

[3]　骆卓祺．关于轨道交通重载型扶梯梯级链磨损成因的分析 [J]．科技风，2011.

[4]　熊小萍，谭建成，林湘宁．基于动态故障树的变电站通信系统可靠性分析 [J]．中国电机工程学报，2012.

[5]　李彦锋．复杂系统动态故障树分析的新方法及其应用研究 [D]．成都：电子科技大学，2013.

电梯制动器故障引起的 PMSM 退磁失效探讨

刘　磊，李德锋

江苏省特种设备安全监督检验研究院，常州，213000

摘　要： 针对永磁同步驱动主机（PMSM）退磁失效问题，介绍了磁钢退磁失效的机理，提出磁钢退磁的最直接原因是主机异常高温。PMSM 主机温度异常升高的主要原因有转子异常磨损、轴承异常磨损和制动器故障等，其中制动器故障相对较易观察，应优先考虑。探讨了制动器故障和 PMSM 退磁失效之间的联系，对制动器维护保养提出了建议。

关键词： 电梯；退磁；永磁同步；制动器

Discussion on demagnetization failure of PMSM caused by brake failure

Liu Lei，Li Defeng

Special equipment safety supervision inspection institute of Jiangsu province, Changzhou, 213000

Abstract: In view of the demagnetization failure of PMSM, this paper introduces the mechanism of demagnetization failure of magnetic steel. It is pointed out that abnormal high temperature is the most direct reason. It is suggested that the main reasons for the temperature rise of PMSM include abnormal wear of rotor, abnormal wear of bearing and brake failure, among which brake failure is relatively easy to observe and should be given priority. It puts forward the connection between brake failure and demagnetization failure of PMSM and gives some suggestions for brake maintenance.

Keywords: elevator; demagnetization; PMSM; brake

0　引言

自 2009 年以来，永磁同步主机（PMSM）电梯的使用越来越普及，相对于有齿轮异步主机，其造价低廉、节省空间，各大厂家竞相推出。PMSM 主机结构紧凑，不易拆解，安装维修要求比较高。对于有齿轮异步主机，普通的维保人员可以拆解减速箱检查蜗轮蜗杆的啮合情况，但是对于 PMSM 主机，大部分维保人员能够发现异常响声和异常振动，能拆解 PMSM 主机进行检修并完好的安装起来的人却寥寥无几。PMSM 主机内部转子、定子、轴承和磁钢的安装保养工艺要求较高，稍有误差就会导致主机运行异常，不拆解主机的情况下很难精确判断具体故障原因。一般来说，PMSM 主机磁钢失效的比例较高。磁钢失效的主要形式有磁钢脱落、破损、退磁等，其中退磁失效最为常见。PMSM 主机退磁失效的最直接原因是主机异常高温，PMSM 主机温度异常升高的主要原因有转子异常磨损、轴承异常磨损和制动器故障等，其中制动器故障相对较易观察。随着技术的发展，制动器的种类也越来越多，常

作者简介：刘磊，1984 年生，男，高级工程师，研究生，主要从事电梯检验检测研究。

见的有鼓式制动器、碟式制动器、锥形制动器等，尤其是鼓式制动器，制动力不足、制动器控制回路故障、制动臂未完全打开、制动元件机械卡阻等失效日益凸显。由于维保人员技术能力参差不齐、责任心不强，经常人为跨接或短接制动器的某些功能，电梯才能“正常”运行，制动器带闸运行现象时有发生。在 PMSM 主机中，制动器具有多重职责，它既是工作制动器又是紧急制动器，承担着上行超速保护和轿厢意外移动保护等多项保护功能，一旦制动器故障将会造成不可挽回的损失。

1 永磁体特性及退磁机理

PMSM 主机内部的磁钢由永磁材料制成。永磁材料是指具有宽磁滞回线、高矫顽力、高剩磁，一经磁化即能保持恒定磁性的材料。常用的永磁材料分为铝镍钴系永磁合金、合金永磁材料，铁铬钴系永磁合金、铁氧体永磁材料、稀土永磁材料（钕铁硼 $Nd_2Fe_{14}B$）、钐钴（SmCo）、铝镍钴（AlNiCo）和复合永磁材料[1]。电梯 PMSM 主机常用的永磁材料为钕铁硼，它的主要成分是 $Nd_2Fe_{14}B$，其最大磁能积可达 398kJ/m。高效钕铁硼 PMSM 在额定负载时的效率比同规格的感应式异步电动机有所提高，且它在各种负载工况下均可保持较高的效率和功率因数，使空载和轻载运行时节能效果更为理想。所以目前 PMSM 主机驱动的电梯占据绝大部分的市场份额。

常见的三相 PMSM 的转子结构有凸装式、面装式和内装式，其中电梯使用最多的是内装式，如图 1 所示。内装式转子结构可以充分利用转子磁路不对称所产生的磁阻转矩，提高电机的功率密度，使电机的动态性能有所提高[2]，同时可以增强结构强度。

图 1 PMSM 主机

《电梯主要部件报废技术条件》GB/T 31821—2015 中规定[3]：永磁同步电动机磁钢出现严重退磁，导致在 GB 7588—2003 中 14.2.5.2 要求的载重量范围内（即超过额定载荷的 10%，并至少为 75 kg 时）不能全程运行。一旦由于磁钢退磁导致的永磁同步电梯的曳引能力下降，不能满足此载重量范围时，即判定磁钢严重退磁。磁钢严重退磁，PMSM 主机的励磁电动势将下降，输出转矩下降，曳引能力势必会降低，将导致电梯不能正常运行。

高温退磁的金属零件的原材料一般分为软磁和硬磁材料，在软磁和硬磁磁性材料里面分成很多微小的区域，每一个微小区域就叫一个磁畴，每一个磁畴都有自己的磁矩[1]。一般情况下，各个磁畴的磁矩方向不同，磁场就会相互抵消，所以整个材料对外就不显磁性。当各个磁畴的磁矩方向趋于相同时，整个材料对外就显示出磁性。当这些磁性材料遇见高温或承受猛烈的撞击时就会破坏磁畴原有方向的同向性，打乱磁性材料中的磁畴的磁矩，磁性材料中磁畴的磁矩方向就变得混乱，从而降低了磁性，形成磁钢退磁。

PMSM 主机的磁钢退磁分为正常退磁和异常退磁。正常退磁指的是随着使用时间的增加，磁钢内部的高斯降低、内禀矫顽力降低、剩磁减小，属于正常老化，通常会下降到原先的80%左右。异常退磁通常是由于磁钢受外界撞击或是异常高温导致的剩磁剧烈减少，其中高温引起的退磁最常见，同时也是不可逆的退磁过程。剩磁是将铁磁性材料磁化后去除磁场，被磁化的磁钢上所剩余的磁化强度，剩磁越高磁力越强。内禀矫顽力是衡量磁体抗退磁能力的一个物理量，内禀矫顽力越高在高温下退磁退得越慢。

PMSM 主机的磁钢部分退磁是曳引机故障的一个主要问题。钕铁硼永磁体具有高剩磁、高内禀矫顽力等优势，但是钕铁硼永磁材料的不足之处是热稳定性差。PMSM 主机通常使用的磁钢牌号为N35SH 或 N38SH 等钕铁硼永磁体，理论耐温为150℃，一般正常使用温度超过120℃就会造成不可逆退磁。

2 制动器故障与PMSM退磁失效的关系

制动器是电梯安全运行的重要保障，在电梯检验检测中也是一项重要的项目，制动器的正常工作是电梯安全运行的前提。制动力不足、制动器控制回路故障（如控制回路被人为短接或改动、接触器粘连）、制动臂未完全打开、制动元件机械卡阻失效约占涉及设备不安全状态的33%[4]。结合检验现场发现，PMSM 主机退磁失效往往和制动器故障有着很大的关系。

PMSM 主机温度异常升高的主要原因有转子异常磨损、轴承异常磨损和制动器故障等。其中制动器故障是最常见的一个因素，导致磁钢退磁的高温主要来源于带闸运行。带闸运行是很危险的一种状况，如果带闸运行，不能顺利合闸将大大降低制动力，很容易引起冲顶或蹲底事故。如果带闸运行，即使能够顺利合闸，也会导致制动器和 PMSM 主机持续升温，导致磁钢不可逆退磁。所以制动器既要能顺利打开至正确提起位置，也要能及时释放到正确位置。如果要验证磁钢是否退磁，可以在零负载的情况下给电机加载额定电压，如电机转速比额定转速明显偏高，说明 PMSM 主机的磁钢发生了退磁。

2.1 制动器控制回路故障

《电梯制造与安装安全规范》GB 7588—2003 中要求[5]：切断制动器电流，至少应用两个独立的电气装置来实现，不论这些装置与用来切断电梯驱动主机电流的电气装置是否为一体。当电梯停止时，如果其中一个接触器的主触点未打开，最迟到下一次运行方向改变时，应防止电梯再运行。但是电梯检验现场经常发现制动器的接线被人为改接，如图2所示。这样的接线方式虽然两个制动器电气开关都接进了制动器回路，但是两个电气开关被并联接在了一起，虽然回路是通的，但是两组电气开关实际上只是一组了，即使其中的一个电气开关坏了，回路仍然是通的，这是不允许的。究其原因，大多数是维保人员发现制动器两边出现不同步或打开、闭合异常，现场无法解决，于是自行短接制动器电气装置。当出现带闸运行时，驱动主机内部升温，转子轴承内部润滑脂开始高温熔化，转子轴承出现滑动摩擦，进一步提升 PMSM 主机温度，导致内部磁钢高温退磁。

带闸运行是一种极其危险的状况。正确的接线应该如图3所示，两组电气装置应该独立控制。

2.2 制动臂不能正常打开

对于带制动臂的制动器，制动器的铁芯起着打开和闭合制动器的重要作用，如不能顺利动作将会导致制动器带闸运行，而且不易发现。制动器的推杆不能顺利打开并到达正确提起位置，通常是因为制动器内部铁芯存在较多油泥或铁芯被磁化，铁芯上吸附较多金属铁屑，导致制动器铁芯运行不畅，发生卡阻现象，如图4所示。制动器动作检查应查看柱塞冲程和两个柱塞顶杆是否同时与制动器推杆相接触。按照各个厂家的维护保养方法，制动器一般每年应进行一次拆解保养，应检查柱塞底板表面、柱塞顶杆和轴套是否磨损，如果磨损应用细纱布将专用润滑油均匀地涂抹在柱塞和柱塞顶杆上，如果存在异物，

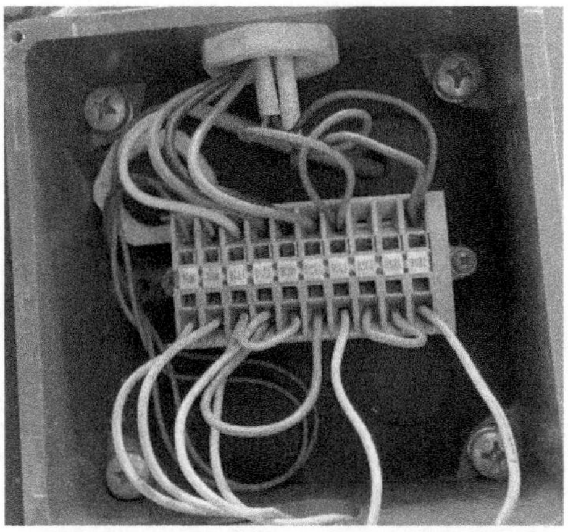

图 2 错误的接线

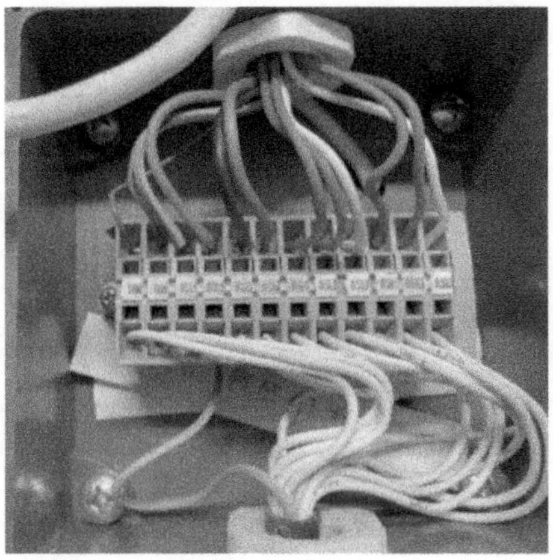

图 3 正确的接线

应用软布来清洁柱塞、柱塞顶杆和轴套。

图 4 制动器内部污染

制动器两边的推杆也时常有断裂的情况，导致制动器一直带闸运行，如图 5 所示。制动器一直带闸运行，PMSM 主机温度异常升高，PMSM 主机的磁钢将产生不可逆退磁。制动器推杆断裂导致的带闸运行不仅会产生异常升温，导致磁钢退磁，还会产生制动力不足，严重时导致冲顶或蹲底事故。

电梯曳引机一般使用 S5 工作制（即 2min 满载运行，3min 停止运行），制动器本身的线圈正常温升应满足 GB 24478—2009[6] 的规定的性能要求，即：

① 采用 B 级或 F 级绝缘时，制动器线圈温升分别不超过 80K 或 105K。对裸露表面温度超过 60℃

图 5　制动器推杆断裂

的制动器，应增加防止烫伤的警示标志。

② 采用 B 级或 F 级绝缘时，电动机定子绕组温升分别不超过 80K 或 105K。

③ 减速箱的油温不应超过 85℃；滚动轴承的温度不应超过 95℃；滑动轴承的温度不应超过 80℃。

④ 曳引机在温升试验后应仍能正常运行。

值得注意的是，在设计规定的工作制、负载持续率、启（制）动次数的条件下，制动线圈的温升大多没有问题，但是异常的工作状态下，如制动器控制回路故障（如控制回路被人为短接或改动、接触器粘连）、制动臂未完全打开、制动元件机械卡阻失效、制动盘和制动片过热等情况下，制动器线圈和制动部件都会快速升温，导致主机温度升高，最后磁钢发生退磁。

3　结论

随着 PMSM 主机的应用越来越广泛，PMSM 主机的退磁故障也日益趋多。只有正确拆解主机后，才能使用退磁曲线仪来测试磁钢的剩磁、矫顽力、内禀矫顽力和最大磁能积，如测试结果不符合材料标准性能，即表示材料性能发生了退化。但是 PMSM 主机的拆装是项复杂的工作，怎么快速检测 PMSM 主机磁钢是否退磁，怎么无损拆装，是摆在维保人员面前的一道难题。不同于有齿轮异步主机，PMSM 主机的故障通常在主机内部，不易拆卸，不易观察，这给电梯的使用和维保都带来了不便。在日常维护保养的时，发现主机有异常噪声和振动时应及时排查，不能放过任何一个小的问题。PMSM 主机温度异常升高引起的退磁失效的主要原因有转子异常磨损、轴承异常磨损和制动器故障等，其中制动器故障相对较易观察，应优先考虑。平时保养制动器时应做到：①检查制动器动作是否顺畅；②电梯正常运行时，检查制动片与制动盘之间是否存在间隙以及间隙是否均匀；③检查柱塞冲程和触点间隙是否满足厂家保养手册要求；④检查两个制动器推杆是否同时与柱塞顶杆接触；⑤检查制动器动作时是否有异响。发现问题应及时解决，应根据厂家要求定期拆解、清洁制动器，保证制动器运行顺畅、不卡阻，绝不能因为运行报制动器故障而人为改变制动器控制回路，不能让制动器“带病运行”。

参考文献

[1]　杨庆新，等．先进电工磁性材料特性与应用发展研究综述 [J]．电工技术学报，2016，31 (20)：1-29.

[2] 袁雷，等．现代永磁同步电机控制原理及 MATLAB 仿真 [M]．北京：北京航空航天大学出版社，2016.
[3] GB/T 31821—2015《电梯主要部件报废技术条件》[S]．
[4] 李宁，等．电梯典型事故案例 [M]．北京：中国劳动社会保障出版社，2019.
[5] GB 7588—2003.《电梯制造与安装安全规范》[S]．
[6] GB 24478—2009.《电梯曳引机》[S]．

既有多层住宅加装电梯的现状和政策研究

陈 辰

北京市特种设备检测中心，北京，100029

摘 要： 本文以北京、上海、广州为例研究和分析了国内既有多层住宅加装电梯的现状和政策，结合全国其他省市有关政策和现状，对不同时间、不同类别众多繁杂的既有住宅加装电梯的政策规范标准，从加装政策、实施范围、实施主体、加装流程、补贴标准等方面进行整理、归纳和分析；对于加装流程，本文研究归纳了可行性评估、意愿征询、前期手续、规划许可、房屋安全性论证、施工许可、招投标、工程施工与监督检验、竣工验收共 9 个环节，并进行比对研究。从而归纳总结出当前我国既有住宅加装电梯的政策规范标准的优势和特点，值得推广借鉴的方面，需要完善的方面等。

关键词： 电梯；加装；既有多层住宅；政策

Status and policy research on the installation of electric lifts in existing multi-storey residential buildings

Chen Chen

Beijing Special Equipment Inspection & Testing Center, Beijing, 100029

Abstract: This paper takes Beijing, Shanghai and Guangzhou as examples to study and analyze status and policy research on the installation of electric lifts in existing multi-storey residential buildings. and sorts out, summarizes and analyzes the different time, different kinds of complex policy standard of the installation of electric lifts in existing multi-storey residential buildings from the policy, scope of implementation, subject of implementation, process of installation, subsidy standards. In this paper, 9 steps of feasibility assessment, consultation, pre-procedure, planning permission, house safety demonstration, construction permission, bidding, construction supervision and inspection, and completion acceptance are compared and studied for the installation process. This paper summarizes the advantages and disadvantages, areas worthy of replication, areas in need of improvement of the current policy standard of adding lifts to existing residential buildings in China.

Keywords: electric lifts; installation; existing multi-storey residential buildings; policy

0 引言

我国 20 世纪 90 年代以前建造的 7 层及以下的既有住宅建筑普遍没有安装电梯，部分 7～9 层的既有住宅也未安装电梯，随着我国人口老龄化现象日益凸显，住在上层的居民，尤其是年纪偏大或行动有障碍的人上下楼不便的问题越发严峻，对既有多层住宅进行加装电梯的改造需求日益迫切[1]。目前全

作者简介：陈辰，1979 年生，男，高级工程师，博士，主要从事机电类特种设备检验检测及其信息化技术研究。

国多个省市启动了既有多层住宅加装电梯工作，也出台了既有多层住宅加装电梯的管理办法、建设指南、指导意见、实施方案、工程技术导则、技术规范等。然而，加装电梯工作开展以来，各地的政策、标准和管理办法还不够完善，各有特点，有的优势明显，有的却不尽合理，本文以北京、上海、广州为例，结合全国其他省市有关政策和现状，从加装政策、实施范围、实施主体、加装流程、补贴标准五个方面，对不同时间、不同类别众多繁杂的既有住宅加装电梯的政策规范标准，进行归纳整理和比较研究；对于加装流程，本文研究归纳了可行性评估、意愿征询、前期手续、规划许可、房屋安全性论证、施工许可、招投标、工程施工与监督检验、竣工验收等环节，如图 1 所示。

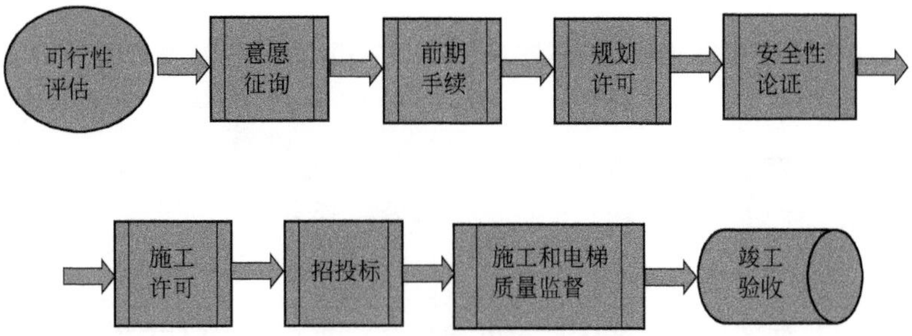

图 1　加装电梯流程图

1　国家和行业层面

在政策文件上，2018 年政府工作报告中指出“提高新型城镇化质量，有序推进‘城中村’、老旧小区改造，完善配套设施，鼓励有条件的加装电梯。”2019 年政府工作报告指出要深入推进新型城镇化，支持加装电梯和无障碍环境建设；2020 年政府工作报告指出加强新型城镇化建设，支持管网改造、加装电梯等；2020 年 7 月 20 日发布的《国务院办公厅关于全面推进城镇老旧小区改造工作的指导意见》(国办发〔2020〕23 号) 指出“为满足居民生活便利需要和改善型生活需求的内容，主要是环境及配套设施改造建设、小区内建筑节能改造、有条件的楼栋加装电梯等”，并提出资金使用意见“支持小区居民提取住房公积金，用于加装电梯等自住住房改造。”

在标准制定上，既有住宅加装电梯在生产环节主要依据国家标准《安装于现有建筑物中的新电梯制造与安装安全规范》(GB 28621—2012) 来实施；我国第一部涵盖加装电梯的设计、施工验收和运行维护全过程的技术标准——中国建筑学会标准《既有住宅加装电梯工程技术标准》(T/ASC 03—2019) 已经发布实施。

2　北京市加装政策研究

(1) 加装政策

北京市级层面制定了《关于北京市既有多层住宅增设电梯的若干指导意见》(京建发〔2010〕590 号)、《关于住宅适老性规划设计有关意见的通知》(市规发〔2015〕164 号)、《北京市 2016 年既有多层住宅增设电梯试点工作实施方案》(京建发〔2016〕312 号)、北京市人民政府办公厅关于印发《老旧小区综合整治工作方案（2018-2020 年）》的通知、《北京市既有多层住宅加装电梯工程技术导则》、《2020 年老旧小区综合整治工作方案》等，目前已经完成加装 1600 余台。

(2) 实施范围

在本市东城区、西城区、朝阳区、海淀区、丰台区和石景山区（以下简称城六区）内，选取未列入棚户区改造、房屋征收范围和计划，未设电梯的城镇 4 层以上住宅楼房作为增设电梯试点工程[2]。

（3）实施主体

增设电梯工作应当明确实施主体，负责增设电梯的项目报建、资金筹集、组织实施等工作。实施主体可以是业主委员会、原房改售房单位、房屋产权单位，也可以由同意增设电梯的专有部分业主在房屋所在地街道办事处主持下，委托房屋管理单位、本物业区域物业服务企业或者工程设计单位[2]。

（4）加装流程

① 意愿征询　增设电梯应征得所在楼栋专有部分占建筑物总面积三分之二以上的业主且占总人数三分之二以上业主同意，同时应征得因增设电梯后受到采光、通风和噪声直接影响的本单元业主的同意，并应当妥善处理好住宅周边相邻关系[2]。

② 前期手续（签订协议，方案设计，申请）　增设电梯购置及安装费用筹集方案及电梯建成后所有权归属，增设电梯投入使用后运行维修费用（电费、维修保养费、更新费、管理费）分担方案，电梯运行维护保养委托方案，此三方案应达成协议[2]。

设计方案应当符合国家和本市有关法律、法规、规范、标准及《关于住宅适老性规划设计有关意见的通知》［市规发（2015）164 号］的要求。

实施主体持报建资料，向房屋所在地区增设电梯试点工作管理部门申请增设电梯试点项目。确定的试点项目，由区增设电梯试点工作管理部门出具 2016 年电梯增设试点项目确认书[2]。

③ 规划许可　住宅增设电梯，如原报建时已预留了电梯井的，不需要办理规划审批。未预留电梯井的，应当办理规划审批。

办理规划许可前，申请人应委托具有相应资质设计单位编制建设工程设计图纸，并履行征求相关业主意见的工作[3]。

增设电梯项目的施工图设计审查工作，按现行建设工程施工图审查程序执行。实施主体持 2016 年电梯增设试点项目确认书到市规划委确定的施工图审查机构进行施工图审查[2]。

④ 施工许可　申请人应当依照相关法律法规规定确定施工和监理单位，向建设行政主管部门办理安全、质量监督注册手续，领取施工许可证[3]。

⑤ 招投标　达到本市依法必须招标规模标准的，应依法开展招投标工作。

⑥ 工程施工与监督检验　不办理施工安全、质量监督手续。区政府要明确相关部门加强对试点项目实施过程的安全、质量监管，督促参建单位落实建设工程质量终身责任制，按照建设工程法律法规、标准规范执行，并依照法律、法规的规定组织竣工验收，竣工验收合格的，方可交付使用[2]。

安装电梯施工前，电梯安装单位应当到质量技术监督部门办理电梯施工开工告知，在安装完工后申报监督检验。电梯经监督检验合格后，实施主体到质量技术监督部门办理使用登记手续[2]。

⑦ 竣工验收　增设电梯工程竣工后，申请人应当办理建设工程规划验收手续，并组织设计、施工、监理等有关单位进行竣工验收。竣工验收合格后，应当及时向市城建档案馆移交建设档案，并向建设行政主管部门办理竣工验收备案[3]。

（5）补贴标准

既有多层住宅楼房增设电梯试点所需资金以房屋所有权人自筹为主，财政补贴为辅，鼓励单位和社会其他资金积极参与。企业及与财政无缴拨关系的事业单位房改房原售房单位同意的，可以使用房改售房款。市财政按照加装电梯购置及安装费用的 40%，且最高不超过 24 万元/台予以补贴[2]。

2019 年 2 月份，北京市四个委办局联合出台了《关于老旧小区综合整治市区财政补贴政策的函》。文件中明确提出，增设电梯项目市财政实施定额补贴每部 64 万元，并建议城六区、通州区区级财政负担改造资金不高于市级补贴单价的 1.2 倍；远郊区区级财政负担改造资金不高于市级补贴单价。各区财政可以结合本区实际制定本区有关补助政策，其余资金由企业、个人共同承担[4]。

3 上海市加装政策研究

（1）加装政策

上海市发布了《上海市既有多层住宅加装电梯设计导则》（沪建交联〔2013〕790号）、《本市既有多层住宅加装电梯工作规划管理意见》、《关于本市既有多层住宅增设电梯建设管理相关建设审批的通知》（沪建房修联〔2016〕833号）、《上海市既有多层住宅加装电梯建设指南》、《关于进一步做好本市既有多层住宅加装电梯工作的若干意见》（沪建房管联〔2019〕749号）、《关于规范既有多层住宅加装电梯建筑方案设计工作的通知》（沪房更新〔2020〕39号）、《上海市既有住宅加装电梯技术规范》、《上海市既有多层住宅加装电梯前期调查与可行性评估技术导则（试行）》等多个文件。

（2）实施范围

对居民提出加装电梯意愿的小区，开展前期可行性评估，根据评估结果开展下一步工作。

（3）实施主体

业主是加装电梯的主体。房屋业主或者房屋所属小区业主委员会（未成立业主委员会的由房屋所在地居民委员会指导推举业主代表）是加装电梯的申请人，负责做好加装电梯的业主意愿征询、资金筹措、协议签订、项目申报、工程实施、维护管理等工作。

（4）加装流程

① 可行性评估　对居民提出加装电梯意愿的小区，街道（镇）应当委托建筑设计等专业单位，对小区加装电梯的规划要求、建筑条件、消防安全、小区环境等进行可行性评估，初步明确该小区加装电梯整体设计要求（表1）。评估结果应告知所在小区业主委员会，同时告知居民委员会，并抄送区房管、规划资源部门和相关配套管线单位[5]。

表1　上海加装电梯可行性评级判定准则

级别	可行性评估初步结论	评级判定准则
A	适合加装	仅存在影响加装电梯的弱干扰因素，不存在强干扰因素和重大干扰因素
B	较难加装	存在1项影响加装电梯的强干扰因素，不存在重大干扰因素，满足一定条件下可以加装电梯
C	不适合加装	存在2项或2项以上的影响加装电梯的强干扰因素，或存在至少1项重大干扰因素

② 意愿征询　申请人应当依照《物权法》第七十六条的规定，就加装电梯的意向和具体方案等问题进行充分协商，并征求所在楼幢全体业主意见，经所在楼幢专有部分占建筑物总面积三分之二以上的业主且占总人数三分之二以上的业主同意[5]。

加装电梯拟占用小区业主共有部分的，应当征求建筑区划内全体业主意见，经建筑区划内专有部分占建筑物总面积过半数的业主且占总人数过半的业主同意，并尽可能优化方案，减少对周边相邻业主的不利影响。加装电梯拟占用业主专有部分的，应当征得专有部分权利人的同意。

申请人在完成意愿征询、资金筹措等工作后，区房管部门指导业主委员会、居（村）民委员会在小区范围内将业主意愿征询结果进行公告。

③ 前期手续（签订协议，方案设计）　落实费用（加装电梯所需费用、电梯运行维护费用、修理及更新改造费用的筹措、分担及委托电梯管理单位）并签订协议，编制设计方案（建筑设计方案、施工图设计文件、电梯选型等）[5]。

④ 规划许可　规划资源部门收到加装电梯建筑设计方案后，5个工作日内在小区范围公示建筑设计方案，公示期为10个工作日。通过公示后，申请人向规划部门提交加装电梯建筑设计方案等材料办理规划许可手续，签订告知承诺书，手续完备，当场核发《建设工程规划许可证》[5]。

⑤ 房屋安全性论证　加装电梯的施工图、设计文件应当通过相关部门委托组织的房屋安全性专家论证。材料符合论证要求的，论证组织单位 7 日内组织专家论证，并在论证会后 3 日内出具专家论证意见。设计单位应当按照专家论证意见，完善设计方案[5]。

⑥ 开工信息报送或施工许可　申请人向区建设行政管理部门上报加装电梯项目基本情况、勘察、设计、施工、监理单位相关合同信息、建设工程规划许可证、房屋安全性论证意见等材料。申请材料齐全、手续完备的项目，总投资额 100 万元以上的，可采取告知承诺审批的方式当场予以核发施工许可证，对于告知承诺审批的项目，建设行政管理部门在施工许可证上标注“实行告知承诺方式审批”等区别于一般项目的有关内容；总投资额 100 万元以下的，办理开工信息报送手续[5]。

⑦ 工程施工与监督检验　电梯安装企业向区市场监管部门填报安装施工企业资质情况、加装电梯项目的规划许可、开工，电梯安装等信息，接受检验机构对电梯的安装监督检验。申请人委托电梯施工单位在不晚于电梯投入使用后的 30 日内，向区市场监管局填报使用登记表、含有电梯使用单位统一社会信用代码的证明或个人身份证明、电梯设备产品合格证（含产品数据表）、特种设备监督检验证明等，办理电梯使用登记。

⑧ 竣工验收备案　加装电梯项目竣工后，申请人向区房管部门申请竣工验收，区房管部门会同区建设、规划资源等部门组织联合验收。

(5) 补贴标准

前期可行性评估费用纳入街道（镇）的公共财政预算。房屋安全性专家论证费用由公共财政承担。政府按照加装电梯施工金额的 40％予以补贴（最高不超过 28 万元/台），市与区分担比例各为 50％[5]。

4　广州市加装政策研究

(1) 加装政策

广州市级层面制定了《广州市既有住宅增设电梯技术规程》（穗国土规划规字〔2016〕1 号）、《广州市老旧小区住宅加装电梯指引图集》、《广州市老旧小区住宅加装电梯工程土建施工质量安全技术指引》。

2020 年 6 月 9 日，广州市人民政府办公厅发布了《广州市人民政府办公厅关于印发广州市既有住宅增设电梯办法的通知》（穗府办规〔2020〕7 号）。

(2) 实施范围

本办法所称的既有住宅，是指具有合法权属证明或者合法报批手续，已建成投入使用的 4 层及以上的多业主无电梯住宅[6]。

(3) 实施主体

已成立业主委员会的，业主委员会应当在协商中发挥牵头组织作用。居民委员会、原房改售房单位或者业主委员会等应当对既有住宅增设电梯工作予以协助、协调和指导[6]。

(4) 加装流程

① 意愿征询　既有住宅增设电梯的意向和建筑设计方案应当听取拟增设电梯所在物业管理区域范围内业主的意见，并应当经本单元或者本幢房屋专有部分占建筑物总面积 2/3 以上的业主且占总人数 2/3 以上的业主同意。增设电梯拟占用业主专有部分的，还应当征得该专有部分的业主同意[6]。

② 前期手续（签订协议，方案设计）　确定电梯使用管理者；增设电梯工程费用的预算及其筹集方案，电梯维护保养方式及其保养维修费用分担方案；与不同意增设电梯的业主进行协商，以及对利益受损业主进行补偿的资金筹集方案；法律、法规、规章规定其他应当由业主协商确定的事项；以上事项应达成协议[6]。

制定建筑设计方案和经费分摊方案。

③ 规划许可　既有住宅增设电梯应当向规划和自然资源行政管理部门申请办理建设工程规划许可证，原批准图纸上已明确标识预留电梯井的除外。既有住宅增设电梯项目不需办理规划选址、建设用地规划许可和供地审批手续[7]。

申请人持具有相应资质的建筑设计单位出具的建筑设计方案图纸、申请人与相关业主进行协商的书面材料等材料办理规划许可。

④ 施工许可　有住宅增设电梯建设工程应当按照法律、法规的规定由具有相应资质的单位进行施工图设计和审查、施工以及监理[6]。

符合《建筑工程施工许可管理办法》规定的，施工前申请人应当到区住房城乡建设部门办理质量安全监督登记手续、申请领取建筑工程施工许可证；不需要办理建筑工程施工许可证的，申请人应当到属地镇政府或者街道办事处办理开工建设信息录入管理手续。

⑤ 招投标　广州市市场监管部门应当提供有资质的既有住宅增设电梯制造、安装、改造、修理单位名单等信息，统一向社会公布，方便群众自主选择。

⑥ 工程施工与监督检验　符合《建筑工程施工许可管理办法》规定的，施工前申请人应当到区住房城乡建设部门办理质量安全监督登记手续[6]。

电梯安装前，施工单位应当到区市场监管部门办理施工告知手续；特种设备检验机构应当按照安全技术规范的要求对电梯安装过程进行监督检验[6]。

既有住宅增设电梯所在区住房城乡建设部门、市场监管部门应当依法开展巡查，加强对既有住宅增设电梯建设工程的施工安全和质量安全监督管理。

⑦ 竣工验收　既有住宅增设电梯建设工程竣工后，申请人应当到规划和自然资源行政管理部门办理建设工程规划条件核实手续[6]。

既有住宅增设电梯建设工程通过规划条件核实后，申请人还应当依照法律、法规的规定组织竣工验收，竣工验收合格后增设的电梯方可交付使用，并由申请人向市城建档案馆移交建设档案。

按照《建设工程质量管理条例》的规定需要办理竣工验收备案的，申请人应当到区住房城乡建设部门办理竣工验收备案。

⑧ 电梯使用登记　电梯使用管理者应当在电梯投入使用前到区特种设备安全监督管理部门办理电梯使用登记。

(5) 补贴标准

10 万～15 万元，根据每个区政策不同略有调整[8]~[10]。

5 结论

① 既有住宅加装电梯工作开展以来，满足了居民生活便利需要，特别是满足了老弱病残人群的迫切需要，是我国新型城镇化建设工作的重要内容。

② 全国既有住宅加装电梯还处于起步阶段，已完成的加装电梯数量在未规划电梯的既有住宅中占比很小。国家层面的法规政策标准还比较少，一些地方加装电梯的法规政策文件还不够完善，加装电梯工作还存在一些现实问题。

③ 目前既有住宅加装电梯数量在未规划电梯的既有住宅中占比小的重要原因之一是意愿征询环节。一些地方加装电梯的政策要求已有开始的需要全体业主同意，到目前两个三分之二的一致意见，有的地方正在制定优抚条款。应根据不同楼栋和小区的业主意愿，针对不同现场环境采用不同的策略。

④ 在符合业主意愿、遵守相关法规和保障安全的前提下，应当简化审批流程，缩短办理时间。

⑤ 加装电梯可行性评估和房屋安全性专家论证有利于提高项目实施效率和保障安全。在项目实施前，对小区加装电梯的规划要求、建筑条件、消防安全、小区环境等进行可行性评估；加装电梯施工前，对加装电梯的施工图、设计文件通过相关部门委托组织的房屋安全性专家论证。

参考文献

[1] 王建军，熊珍珍，李东彬．既有多层住宅加装电梯可行性评估研究 [J]．建筑科学，2020，36（5）：1-3.

[2] 《北京市 2016 年既有多层住宅增设电梯试点工作实施方案》（京建发〔2016〕312 号）.

[3] 关于印发《关于北京市既有多层住宅增设电梯的若干指导意见》的通知（京建发〔2010〕590 号）.

[4] 《关于老旧小区综合整治市区财政补贴政策的函》（京财经二〔2019〕204 号）.

[5] 关于印发《关于进一步做好本市既有多层住宅加装电梯工作的若干意见》的通知（沪建房管联〔2019〕749 号）.

[6] 《广州市人民政府办公厅关于印发广州市既有住宅增设电梯办法的通知》（穗府办规〔2020〕7 号）.

[7] 广州市老旧小区住宅加装电梯指引图集.

[8] 广州市番禺区人民政府关于印发 2019 年番禺区既有住宅加装电梯工作方案的通知（番府〔2019〕35 号）.

[9] 荔湾区“百梯万人”旧楼宇加装电梯财政补助经费管理规定.

[10] 关于印发《越秀区既有住宅增设电梯财政补助经费管理规定》的通知（越电梯领〔2018〕1 号）.

渐进式安全钳的制动分析研究

陈栋栋[1,2]，傅军平[1,2]，王嘉彦[1,2]，洪 睿[1,2]

1. 浙江省特种设备科学研究院，杭州，310000

2. 浙江省特种设备安全检测技术研究重点实验室，杭州，310000

摘 要： 针对渐进式安全钳的制动问题，对其制动过程与制动器间的响应关系进行了研究。详细对比北美标准 A17/B44 与技术规范 TSG T7001 在安全钳检验上的不同，通过运动学建立不同检验方法上的制动模型；结合工作制动器响应情况，进行了安全钳制动过程的详细分析。结果表明：A17/B44 与 T7001 在检验方法上差距大，A17/B44 更加真实还原安全钳的触发工况；在电梯典型参数关系下，A17/B44 为标准 GB 7588 在安全钳为减速度最小允许值时所要求安全钳制动力的 1.23 倍；在检修速度下，T7001 可通过不短接安全钳电气开关来性能检验，其不受制动器协助安全钳的影响，同时期验证开关与安全钳性能。

关键词： 渐进式安全钳；工作制动器；减速度；安全钳电气开关

Research on Brake Analysis of Progressive Safety Gear

Chen Dongdong[1,2], Fu Junping[1,2], Wang Jiayan[1,2], Hong Rui[1,2]

1. Zhejiang Academy of Special Equipment Science, Hangzhou, 310000

2. Key Laboratory of Special Equipment Safety Testing Technology of Zhejiang Provincc, Hangzhou, 310000

Abstract: Aiming at the braking problem of the progressive safety gear (PSG), the response relationship between the braking process and the driving machine brake was studied. A detailed comparison is made between the A17 / B44 and the TSG T7001 in the inspection of PSG. The braking models was built using kinematics with different inspection methods. Combining with driving machine brake response, detailed braking analysis is performed. The results show that: A17 / B44 and T7001 have a large difference in inspection, and A17 / B44 is closer to the PSG triggering condition. Under typical elevator numerical relationships, A17 / B44 is 1. 23 times the required braking force of GB 7588 when the safety gear is the minimum allowable deceleration value; at the inspection speed, T7001 can be tested by not jumping out the safety operating switch (SOS) and it is not affected by the driving machine brake assisting PSG braking, and can reliably verify the performance of the SOS and PSG at same time.

Keywords: progressive safety gear; driving machine brake; retardation; safety operating switch

0 引言

安全钳是电梯重要的安全保护装置，主要用于电梯轿厢超速下降时制动轿厢，保护乘客安全。

基金项目：浙江省市场监督管理局科技项目（编号：20210117）。

作者简介：陈栋栋，1987 年生，男，高级工程师，硕士研究生，主要从事特种设备材料及检测技术方面的研究。

TSG T7001 及 TSG T7007 规定安全钳需要经过型式试验、出厂调试、现场监督检验与定期检验[1,2]。渐进式安全钳（progressive safety gear，简称 PSG）在 19 世纪 20 年代随着电梯速度的提高而逐渐发展起来。国标 GB 7588 9.8 项（等效欧标 EN81-20 5.6.2.1）表明 PSG 主要用于额定速度大于 0.63m/s 的轿厢上，并建议其安装在轿厢底下[3,4]。由美国和加拿大合并标准 A17/B44 的 A17.1 2.17.5.2 指出 PSG 的基本特性是其保持制动力不变，其制动力独立于轿厢负载及运行速度[5]。

调研发现，目前国内还鲜有学者对 PSG 的制动过程进行详细研究，更多是对 PSG 的材料性能及检验技术特性相关内容涉及[6-8]，其与工作制动器间响应联系还无人问津，而这却是检验中要考虑的重要因素。渐进式安全钳的检验参考技术规范 TSG T 系列及 GB7588 等标准，北美大部分区域则依据 A17/B44 标准或部分 A17/B44 标准内容进行检验。ASME A17 标准从 1921 年开始，已近百余年发展，对电梯安全要求细致，检验检测操作性强，值得各国专家对检验规范的制定借鉴。

因此，本文针对 PSG 在曳引电梯上的应用，结合北美 A17/B44 与国内相关法规标准对 PSG 检验技术要点及制动特性、制动过程进行详细研究，从而为设计人员、制造商、使用单位、维保单位等提供一定的理论基础。

1　渐进式安全钳及工作原理

渐进式安全钳（北美 A17/B44 术语为 Type B，EN81-20 术语为 Progressive type）主要由楔块、安全钳座、提拉杆、提拉机构四部分构成。PSG 的主要的技术特点是通过限速器提拉来动作，其双楔块对称布置且每个楔块作用效果相同，其在限速器提拉后能自响应，通过调节弹簧预应力来调试自身减速制动能力（即设定了双楔块对导轨的正压力 $\boldsymbol{F}_N$），并且能够快速响应进入完全制动状态，该状态下提供常量的平均减速力（即 $\boldsymbol{F}_S=\boldsymbol{\mu F}_N$），最后通过提升轿厢使得安全钳自动复位。Otis Model 14D-B 的渐进式安全钳结构如图 1 所示。

图 1　Otis Model 14D-B 渐进式安全钳结构示意图

在限速器绳子提拉下，限速器连杆机构运转并激发安全钳提拉机构拉深提拉杆，双楔块在轨道上向上移动使其与电梯导轨完全接触（完全制动）并滑移，最终制动轿厢固定在轨道上。通常情况下，限速器机械动作前有电气开关（governor overspeed switch，简称 GOS）动作使安全回路断开，导致制动器动作，从而使制动后的曳引轮上曳引力辅助安全钳制动轿厢；PSG 本身也有安全钳电气开关（safety operating switch，简称 SOS），其作用原理与 GOS 一样，可以使得轿厢制动得到有效制停。但是，GOS 与 SOS 动作并没有影响限速器与 PSG 的正常机械动作，这是由于轿厢受惯性超速下坠，限速器绳子持续提拉导致安全钳楔块持续与导轨摩擦来制动轿厢。

2 渐进式安全钳监督检验与定期检验

北美 A17/B44 对 PSG 的检验主要为现场监督检验，五年和一年定期检验；T7001 则为监督检验和一年定期检验。A17/B44 与 T7001 关于 PSG 检验的详细对比如表 1 所示，A17/B44 与 T7001 PSG 一年定检对比由表 2 所示，表中 m_L 为额定载荷，m_c 为空轿厢载荷，V_{GOS} 为限速器调试触发速度，$V_{检}$ 为检修速度，$V_{额}$ 为额定速度。

表 1 A17/B44 与 T7001 关于 PSG 检验对比[1,5,9]

项目	监督检验(首检)①				定期检验(五年定检/年检)①			
	北美	A17/B44 A17.2	中国	T7001	北美	A17/B44 A17.2	中国	T7001
悬挂绳	附着	8.10.2.2.2(ii)(4)(a)	附着	8.4	附着	8.10.2.2.2(ii)(4)(a)	附着	8.4
轿厢负载	m_L	8.10.2.2.2(ii)(1)(a) A17.2 Item 2.29.3(b)	$125\% m_L$	8.4	m_L	8.6.4.20.1(a) A17.2 Item 2.29.2(e)(1)	m_C	8.4
限速器速度监测	转速计②	8.10.2.2.2(ii)(1)(b) A17.2 Item 2.13.3.1(b)	不适用	不适用	转速计	8.6.4.20.1(a) A17.2 Item 2.13.2.1(b)(2) A17.2 Item 2.13.2.1(b)(3)(c)	不适用	不适用
触发速度 V_{GOS}	V_{GOS}	8.10.2.2.2(ii)(4)(a) A17.2 Item 2.29.3(b)	$V_{检}$	8.4	$V_{额}$	8.6.4.20.1(a) A17.2 Item 2.29.2(e)(4)	$V_{检}$	8.4
限速器触发方式	自动③@V_{GOS}	8.10.2.2.2(ii)(4)(a) A17.2 Item 2.29.3(b)	手动	8.4	手动	8.6.4.20.1(a) A17.2 Item 2.29.2(e)(4)	手动	8.4
安全钳触发速度	$=V_{GOS}$	2.17.7.3 & 2.18.4.2 8.10.2.2.2(ii)(1)(d)	$=V_{检}$	8.4	$=V_{额}$	8.6.4.20.1(a) A17.2 Item 2.29.2(e)(4)	$=V_{检}$	8.4
GOS/ SOS 操作	符合性测试	2.17.7.3 & 2.18.4.2 8.10.2.2.2(ii)(1)(d)	GOS/ SOS 短接	8.4	GOS 短接 SOS 动作	8.6.4.20.2	GOS/ SOS 短接	8.4
安全钳合格判定依据：允许制动距离，$S_{min} \ll S \ll S_{max}$	基于 V_{GOS}	2.17.3 & Table 2.17.3 8.2.6 8.10.2.2.2(ii)(4)(c) A17.2 Item 2.29.3(b)	不适用	不适用	基于 $V_{额}$	8.6.4.20.1(a)(1) A17.2 Item 2.29.2(e)(8) A17.2 Item 2.29.2(f)(6) A17.2 Table 2.29.2(b)	不适用	不适用
安全钳合格判定依据：绳打滑@曳引轮	不适用	不适用	打滑	8.4	不适用	不适用	打滑	8.4

① 北美术语为 Acceptance Inspection，为监督检验（安装完毕后首次验收检验）；A17/B44：A17.1 Appendix NCategory 5 定检推荐为期 60 个月，与传统法规 5 年检一致。

② 转速计或其他等效仪器。

③ 对于交流电动机加速无法达到 V_{GOS}，则限速器进行手动触发。

表 1 发现，A17/B44 与 T7001 在监督检验与五年定检的检验方法完全不同，体现在触发方式、速度、载荷及合格判定上。监督检验中，A17/B44 采用额定载荷、限速器触发速度，T7001 则采用 125% 额定载荷，检修速度触发，北美考虑轿厢本身有超载保护装置，超速与超载两个事件故障发生的可能性很小，因此，监督检验只针对额定载荷试验。可见，北美标准更加接近真实事故发生状况。

在触发方式上，限速器是自动触发，除非交流电动机能力无法使满载轿厢达到限速器触发速度，才手动触发，另限速器速度需要单独通过仪器进行测量，以真实反映轿厢实时速度。在电气开关触发方式上，A17/B44 短接 GOS 开关，保持 SOS 开关，但 SOS 开关需暂时调整到尽可能接近安全钳完全制动之前位置，T7001 则全部短接电器开关，A17/B44 主要是基于尽可能减少工作制动器辅助安全钳制动，同时考虑电气开关的有效（GOS 与 SOS 同时坏概率小，除非保养不当），以便最大可能性测试 PSG 性能，下文的运动分析将再做详细介绍。

A17/B44 以 PSG 完全制动下在导轨上滑过距离是否在允许范围内为合格判定依据，动作过程包含了 T7001 钢丝绳在曳引轮上是否打滑状态的判定方式。由此可见，A17/B44 对 PSG 的监督检验，更加严苛、真实的检验了安全钳自身性能。

表 1 表明，A17/B44 五年定检需要限速器在额定速度时手动触发限速器外，其他检验方法与监督检验一致，可是与 T7001 的空载、检修速度定检方法对比，差别非常明显。但是，由表 2 可知，A17/B44 的一年定检与 T7001 基本一致。对比监督检验，每年的定检检验更多是一种 PSG 可灵活动作的验证，而不是性能的验证。所以，A17/B44 与 T7001 每年定期检验更大意义上是安全钳可动作的验证，而不是自身制动性能验证。

表 2 A17/B44 与 T7001 PSG 一年定检对比[1,5,9]

<table>
<tr><th colspan="2" rowspan="2">项目</th><th colspan="4">一年定期检验①</th></tr>
<tr><th>北美</th><th>A17/B44
A17.2</th><th>中国</th><th>TSG T7001</th></tr>
<tr><td colspan="2">悬挂绳</td><td>附着</td><td>8.10.2.2.2(ii)(4)(a)</td><td>附着</td><td>8.4</td></tr>
<tr><td colspan="2">轿厢负载</td><td>m_C</td><td>8.6.4.19.2(b)
A17.2 Item 2.29.1(c)(1)</td><td>m_C</td><td>8.4</td></tr>
<tr><td colspan="2">限速器
速度监测</td><td>不适用</td><td>不适用</td><td>不适用</td><td>不适用</td></tr>
<tr><td colspan="2" rowspan="2">触发速度
V_{GOS}</td><td rowspan="2">$V_检$</td><td>8.6.4.19.2(b)(1)</td><td rowspan="2">$V_检$</td><td rowspan="2">8.4</td></tr>
<tr><td>A17.2 Item 2.29.1(c)(1)</td></tr>
<tr><td colspan="2" rowspan="2">限速器
触发方式</td><td rowspan="2">手动</td><td>8.6.4.19.2(b)(1)</td><td rowspan="2">手动</td><td rowspan="2">8.4</td></tr>
<tr><td>A17.2 Item 2.29.1(c)(1)</td></tr>
<tr><td colspan="2" rowspan="2">安全钳
触发速度</td><td rowspan="2">$=V_检$</td><td>8.6.4.19.2(b)(1)</td><td rowspan="2">$=V_检$</td><td rowspan="2">8.4</td></tr>
<tr><td>A17.2 Item 2.29.1(c)(1)</td></tr>
<tr><td colspan="2">GOS/ SOS 操作</td><td>全短接</td><td>A17.2 Item 2.29.1(c)(1)</td><td>全短接</td><td>8.4</td></tr>
<tr><td rowspan="2">安全钳
合格判
定依据</td><td>允许制动距离</td><td>不适用</td><td>不适用</td><td>不适用</td><td>不适用</td></tr>
<tr><td>绳打滑@曳引轮</td><td>打滑</td><td>8.6.4.19.2(b)(1)
A17.2 Item 2.29.1(c)(1)</td><td>打滑</td><td>8.4</td></tr>
</table>

① A17/B44：A17.1 Appendix N Category 1 定检推荐为期 12 个月，与传统法规 1 年检一致。

因此，北美较中国的检验提供更全面、接近事故事实的检验；同时，其检验类别更多，检测方式不一，但在一年定检上，A17/B44 与 T7001 的检验方法基本一致，且更多意义上是验证安全钳可动作的灵活性上。

3 渐进式安全钳制动模型分析

美国是多联邦国家，大部分采用 A17/B44 的检验方法，但是还有少部分区域采用非 A17/B44 的检验方法[9]，在 PSG 检验上，主要看 SOS 有无短接，导致产生不同的运动状态，不同状态体现在两方面：一是 PSG 制动有无导致对重侧钢丝绳松弛、脱槽风险；二是工作制动器有无对 PSG 制动辅助。T7001 需要 SOS 短接，某种程度上可归为非 A17/B44 检验方法[10-12]。

3.1 渐进式安全钳制动模型

本文考虑 1∶1 曳引电梯系统，且不计入补偿链、随行电缆、底坑张紧绳的影响，这是由于 PSG 检验在靠近井道中部区域时它们的影响被抵消，且补偿链、随行电缆、底坑张紧绳重量相对轿厢、额定载荷、对重小很多。因此，PSG 在 A17/B44 与非 A17/B44 检验方法上制动的运动状态简化模型由图 2 所示。本文先建立 PSG 在非 A17/B44 方法上的通用运动模型，通过修正相关参数，可获得其他曳引系统的运动方程。

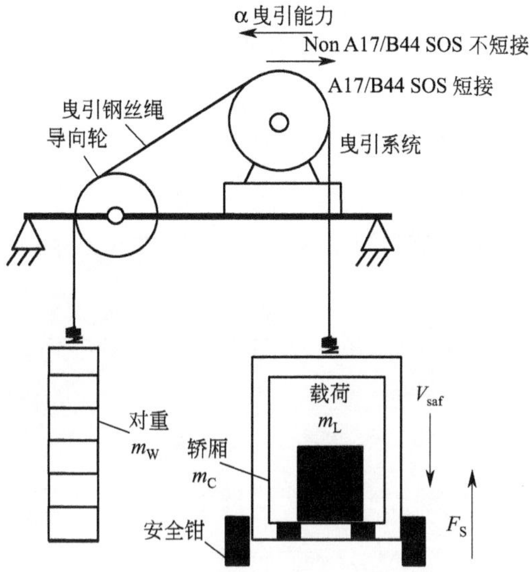

图 2 1∶1 曳引电梯 PSG 制动简化模型

PSG 在非 A17/B44 检验模型下，GOS 与 SOS 短接使得曳引机持续运动，由牛顿第二定律可知

$$\alpha=\sum F/\sum M \tag{1}$$

轿厢侧钢丝绳拉力 T_1 与对重侧钢丝绳拉力 T_2 满足曳引能力 α 关系

$$\alpha=T_2/T_1 \tag{2}$$

轿厢侧分析可知

$$F_S+T_1-(m_L+m_C)g=(m_L+m_C)a \tag{3}$$

对重重量 m_W，对重侧运动模式满足

$$m_W g-T_2=m_W a \tag{4}$$

联立（2）到（4）渐进式安全钳平均减速度 a_{saf} 为

$$a_{saf}=\left[\frac{m_W+\alpha(F_S/g-m_L-m_C)}{m_W+\alpha(m_L+m_C)}\right]g \tag{5}$$

PSG 的平均制动力 F_S 为

$$F_S=(m_L+m_C)(a_{saf}+g)-\frac{m_W}{\alpha}(g-a_{saf}) \tag{6}$$

PSG 在制动过程中，电机持续带动曳引轮、钢丝绳旋转，在限速器触发速度或者额定速度触发下，钢丝绳受重力而贴合曳引轮，通过摩擦力带动对重持续向上运动，对重惯性上冲带来钢丝绳松弛，脱槽曳引轮的潜在风险；对重向上运动行程大于回落行程，带来对轿厢的冲击。但是，在该检验模式下制动器制动并没有辅助 PSG 制动，其轿厢的制动绝大部分靠 PSG 自身制动，还有少部分则由对重辅助制动，影响大小需对对重侧钢丝绳拉力大小进行细致研究。比较发现，T7001 下的 PSG 在检修速度下触发（不超过 0.63m/s），对重跳跃冲击小，其钢丝绳脱槽风险基本可忽略，通过 PSG 单独来制动轿厢。

3.2 渐进式安全钳制动案例分析

取曳引驱动乘客电梯典型工程参数关系如下，

$$\left.\begin{aligned} m_L &= m_C \\ m_W &= m_C + 0.45m_L = 1.45m_L \end{aligned}\right\} \tag{7}$$

将式(7) 代入式(5) 得，

$$a_{saf} = \left[\frac{1.45m_L + \alpha(F_S/g - 2m_L)}{1.45m_L + 2\alpha m_L}\right]g \tag{8}$$

A17/B44 要求 PSG 平均减速度 a_{saf} 满足以下要求，

$$0.35g \ll a_{saf} \ll g \tag{9}$$

GB7588（等效欧盟 EN 81）标准则规定了，

$$0.2g \ll a_{saf} \ll g \tag{10}$$

北美 A17/B44 可通过式（8）来计算制动距离，从而判定 PSG 的最大制动距离是否符合 A17/B44 中 2.17.3 和 8.2.6 的条款要求。

对于国家标准 GB7588，当 $a_{saf}=0.2g$ 和复绕的无齿轮同步电梯 $\alpha=2$ 时，则 PSG 的最小制动力 $F_{GS\min}$ 为，

$$F_{GS\min} = 1.82m_L g \tag{11}$$

对于 A17/B44 而言，当 $a_{saf}=0.35g$ 时，安全钳的最小制动力 $F_{AS\min}$ 为，

$$F_{AS\min} = 2.23m_L g \tag{12}$$

同理，当 $a_{saf}=g$ 时，对应 A17/B44 与 GB7588 标准 PSG 最大制动力为

$$F_{GS\max} = F_{AS\max} = 4m_L g \tag{13}$$

案例表明，A17/B44 与 GB7588 标准关于 PSG 平均减速度在最小 a_{saf} 允许值时，PSG 所必需的最小制动力差距大，A17/B44 为 GB 7588 标准计算值所要求的 1.23 倍。

4 制动器与安全钳响应分析

由图 2 可知，PSG 在 A17/B44 的检验方法下，SOS 动作响应制动器动作，而制动器制动力响应曳引力，曳引力与轿厢运行方向相反，辅助了安全钳制动，降低了对 PSG 性能的检验。所以，为了尽可能地减少制动器给轿厢制动协助，A17/B44 检验暂时性的将 SOS 位置调整到接近 PSG 完全制动状态前区域。但是，是否所有在 A17/B44 检验下，制动器都会对 PSG 制动带来辅助还有待下文进一步分析，本文将在 A17/B44 检验方法下，对制动器及 PSG 响应进行深入分析。

安全钳电气开关从开始动作到制动器完全制动状态需要一个延迟响应时间，其典型的时间见表 3。A17/B44 的 8.10.2.2.2（ii）（4）（a）条款假定限速器触发速度 V_{GOS} 等于安全钳完全制动时速度 V_{SAF}，即

$$V_{\mathrm{GOS}} = V_{\mathrm{SAF}} \tag{14}$$

根据牛顿运动规律，建立如下方程，

$$V_{\mathrm{SAF}} = a_{saf} \cdot T_{\mathrm{BRK}} \tag{15}$$

由式（10）取 a_{saf} 的中间值为 a_{med}，

$$a_{\mathrm{med}} = 0.6g \tag{16}$$

联立式(10)，式(14) ～式(16) 及表 3 可获得允许减速度在临界与中间值下，PSG 触发动作的最大速度，见表 4。

表 3 SOS 动作到制动器完全制动的典型响应时间[11]

事件描述(T 符号)	响应时间 T/ms	来源/参考
SOS 在打开之前的行程动作(T_{pre})	$50 \ll T_{pre} \ll 100$	Otis 6098E 开关行程将近 6.35mm
SOS 动作中,安全回路打开($T_{pre/sco}$)	$T_{pre/sco} \approx 100$	Otis 6098E 历史实践表明;其他制造商相当
制动线圈电源切断($T_{sco/coil}$)	$T_{sco/coil} \approx 75$	制造商典型值 [A17/B44-2013 手册[12] (Chat 2.19.2.1)]
线圈释放,靴衬组件动作提供最大制动力,开始最大制动转矩(T_{maxT})	$150 \ll T_{maxT} \ll 450$	主流制造商典型值
总制动器响应时间范围(T_{BRK})	$375 \ll T_{BRK} \ll 725$	
中值(T_{Bmed})	$T_{Bmed} \ll 550$	设计中值

技术规范 T7001 规定 PSG 在检修速度下进行试验，GB 7588 规定了检修速度 $V_{检}$ 不能超过 0.63m/s，本文则取最大值，则

$$V_{检}=0.63\text{m/s} \tag{17}$$

由表 4 可知，当 PSG 的触发速度低于表中速度值时，其制动器辅助安全钳制动前，轿厢已经被 PSG 完全制动于导轨上，其并没有制动器的辅助制动。比较式（17）与表 4 中的最小值可见（$a_{min}=0.2g$，$v=0.74$m/s），在制动器的典型的响应时间内，最大检修速度小于安全钳响应动作最大速度，所以，T7001 可以保持 SOS 不短接的情况下来检验 PSG 性能，这样可以同时检验 SOS 与 PSG 联合响应的安全性能。

表 4 安全钳动作的最大速度

安全钳制动减速度	安全钳制动时间 T/ms	安全钳动作最大速度 v/(m/s)
$a_{min}=0.2g$	375	0.74
	550	1.08
	725	1.42
$a_{med}=0.6g$	375	2.21
	550	3.24
	725	4.27
$a_{max}=g$	375	3.68
	550	5.40
	725	7.11

但是对于 A17/B44 的检验方法中，当高于表 4 中速度值时，制动器会在安全钳制停轿厢前，以最大转矩制动曳引轮，通过钢丝绳摩擦力产生的曳引力与轿厢运行方向相反，减少了对重跳跃、钢丝绳松弛而脱离轮子的潜在风险。

5 结论

① 对比北美 A17/B44 与中国 T7001 中渐进式安全钳检验相关内容，发现 A17/B44 在监督检验、五年定检上，较 T7001 监督检验提供更全面、接近事故事实检验；而一年定检方法两者基本一致。

② 对非 A17/B44（SOS 短接）的安全钳检验建立了减速运动模型，典型数值案例表明：A17/B44 与 GB 7588 标准关于渐进式安全钳平均减速度在最小允许值时，A17/B44 为 GB 7588 标准计算值所要求的 1.23 倍。

③ 对进行 A17/B44（SOS 不短接）检验的制动器与安全钳响应进行分析，获得典型响应时间下最大安全钳速度，当轿厢触发速度低于最大安全钳速度时，制动器不协助安全钳制动轿厢。

④ 在检修速度下，制动器不会协助安全钳制动，对 T7001 而言，可在检修速度下保持 SOS 不短接

来同时检验渐进式安全钳与 SOS 的安全性能。

参考文献

[1] TSG T 7001—2009. 电梯监督检验和定期检验规则——曳引与强制驱动电梯 [S] .

[2] TSG T 7007—2016. 电梯型式试验规则 [S] .

[3] GB 7588—2003. 电梯制造与安装安全规范 [S] .

[4] Technical Committee CEN/TC 10, The European Commission and the European Free Trade Association, Safety Rule for the Construction and Installation of Lifts-Lifts for the Transport of Persons and Goods-Part 20: Passenger and Goods Passenger Lifts [S] . European Standard, 2014.

[5] ASME&CSA, A17 Standards Committee, ASME A17. 1-2016/CSA B44 Safety Code for Elevators & Escalators [S] . The American Society of Mechanical Engineers, 2016.

[6] 崔莹．安全钳提拉机构的动作延迟分析和影响 [J] ．天津理工大学学报，2019，35 (01)：37-39.

[7] 彭仁东，陈曙光，李丁，等．电梯渐进式安全钳现场检验方法 [J] ．中国特种设备安全，2007，24 (01)：29-33.

[8] 吴爱中．电梯渐进式安全钳若干摩擦学问题的基础研究 [D] ．上海：上海交通大学，2013.

[9] ASME&CSA, A17 Standards Committee, ASME A17. 2-2014/CSA B44 Guide for Inspection of Elevators, Escalators and Moving Walks [S] . The American Society of Mechanical Engineers, 2015.

[10] 姚泽华，钱剑雄，李宁．中美电梯法规标准比较研究（1）——课题综述 [J] ．中国电梯，2010，21 (03)：39-41.

[11] George W G, Walker R J. TKE [Z] . TKE, 2012.

[12] ASME. A17. 1/CSA B44 ASME A17. 1—2013. Handbook [S] .

曳引轮单槽磨损对电梯钢丝绳滑移的影响分析

陈建勋[1]，戚政武[1]，谢小娟[1]，罗伟立[2]，张俊豪[2]

1. 广东省特种设备检测研究院珠海检测院，珠海，519002

2. 珠海市安粤科技有限公司，珠海，519000

摘　要： 通过对电梯曳引系统的运动和受力分析研究了曳引轮单槽不均匀磨损对钢丝绳组张力分布的影响，并通过几何分析建立了磨损深度和轮槽特征角度关系的数学模型。定义了以磨损深度、实际载重量和轿厢运行距离为变量的曳引失效判断函数，并根据具体电梯参数对钢丝绳滑移周期进行了计算机仿真分析。结果表明，在空载、半载和额定载荷三种工况下，随着轿厢的提升，存在磨损的轮槽比其他未磨损轮槽先发生曳引失效，导致钢丝绳滑移。轿厢实际载荷越小、轮槽磨损深度越大，则钢丝绳滑移时间间隔越短。基于曳引条件失效计算模型，开发出电梯钢丝绳滑移仿真软件。

关键词： 磨损；曳引轮；钢丝绳；曳引能力；张力

Analysis on Influence of Traction Wheel Single Groove Wear on Wire Rope Slippage

Chen Jianxun[1], Qi Zhengwu[1], Xie Xiaojuan[1], Luo Weili[2], Zhang Junhao[2]

1. Zhuhai Branch, Guangdong Institute of Special Equipment Inspection and Research, Zhuhai, 519002

2. ANYES Technology Co. Ltd., Zhuhai, 519000

Abstract: The influence of single-groove uneven wear of traction wheel on wire ropes tension distribution was researched by the method of motion analysis and force analysis for elevator traction system. A mathematical model of the relationship between the wear depth and the characteristic angle of the wheel groove was established by geometric analysis. A traction failure judgment function was defined with the wear depth, actual load capacity and car running distance as variables. The wire rope slippage cycles were analyzed by computer simulation with specific elevator parameters. The results show that under conditions of no-load, half-load, or rated load, with the car lifting, traction failures and wire rope slippage of worn wheel groove occur before that of unworn wheel grooves. The lighter the actual car load and the greater the groove wear depth, the shorter the time interval for wire rope slippage. An elevator wire rope slip simulation software was developed based on the calculation model of traction condition failure.

Keywords: wear; traction wheel; wire rope; traction ability; tension

0　引言

曳引轮是电梯重要动力传动部件，电梯运行时曳引轮与钢丝绳配合使用，通过轮槽与钢丝绳间摩擦

基金项目："基于结构光的电梯曳引轮失效评估方法研究及检测系统开发"（项目编号：2021JD-1-05）；广东省特检院珠海检测院科技项目"电梯乘运质量及制动性能检测关键技术研究及仪器研制"（项目编号：zhtj-202001）。

作者简介：陈建勋，1990 年生，男，博士，高级工程师，主要从事电梯检验方法研究与仪器研发。

力提升轿厢运动。电梯长期运行过程中，受钢丝绳张力不均、轮绳间材料不匹配、曳引轮装配误差、轮槽自身加工误差、外类异物颗粒等因素影响，曳引轮轮槽不可避免发生磨损[1-3]。磨损使轮槽角度、切口角度、节圆直径等尺寸参数发生改变，影响当量摩擦系数和曳引能力[4-6]。轮槽发生轻度磨损时会导致钢丝绳周期性滑移，影响乘梯体验感[7]。轮槽严重磨损时将使曳引能力较大改变，可能出现轿厢失控运行，导致溜梯、墩底、冲顶等事故[6,8,9]。

从曳引轮轮槽磨损形式看，通常表现为均匀磨损、不均匀磨损、凹坑或表面剥落[10]。本文从不均匀磨损这一常见磨损失效形式为研究对象，建立单槽磨损深度与钢丝绳组拉力，以及磨损深度与槽型角度、曳引系数的数学模型，通过定义曳引条件判断函数并综合考虑轿厢装载量、提升高度等因素，经理论分析和计算机仿真研究了轮槽不均匀磨损对电梯曳引条件失效的影响。

1 轮槽不均匀磨损表现形式

不均匀磨损时各个轮槽的磨损量不一致，为一种不正常磨损现象，通常表现为某一个轮槽剧烈磨损，而其余轮槽磨损状况较一致，如图 1 所示。一般目视可发现异常磨损的轮槽表面与其他轮槽表面状况存在差异，已被磨至发亮甚至带切口的半圆槽的切口被磨平。图 2 所示为某货梯曳引轮，轮槽表现为典型的单槽不均匀磨损，从下到上第三个轮槽发生异常磨损，相对于其他轮槽，其表面更光亮。

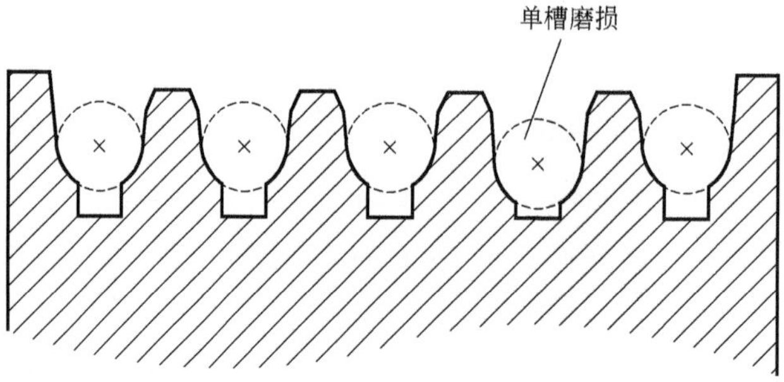

图 1 不均匀磨损示意图

图 2 曳引轮轮槽不均匀磨损

2 轮槽曳引条件

参考 GB 7588—2003《电梯制造与安装安全规范》附录 M，在轿厢装载工况下，要保证钢丝绳在曳引轮上不发生滑移需满足如下曳引条件：

$$\frac{T_1}{T_2} \leqslant G \tag{1}$$

式中，T_1 和 T_2 分别为曳引轮两侧钢丝绳所受拉力的较大值和较小值，与电梯实际曳引工况有关，T_1/T_2 的静态比值应按轿厢装有125%额定载荷并考虑轿厢在井道的不同位置时的最不利情况进行计算[11]。G 为反映轮槽曳引能力大小的曳引系数，其定义为：

$$G = e^{f\alpha} \tag{2}$$

式中，f 为当量摩擦系数，α 为钢丝绳在曳引轮上的包角。曳引能力的大小取决于当量摩擦系数和包角。

为便于后续分析，定义 T_1 与 T_2 比值为 S：

$$S = \frac{T_1}{T_2} \tag{3}$$

为方便轮槽曳引条件判断，定义曳引条件判断值 Q：

$$Q = G - S \tag{4}$$

轿厢装载工况下 Q 大于零表示该轮槽将不发生钢丝绳滑移。

3 磨损对钢丝绳张力分布的影响

3.1 钢丝绳受总拉力分析

以曳引比为 1∶1 电梯为研究对象，研究电梯提升过程中曳引轮两侧钢丝绳受力情况，并考虑随行电缆、补偿绳重量对钢丝绳所受拉力影响，电梯曳引系统示意图如图 3 所示。

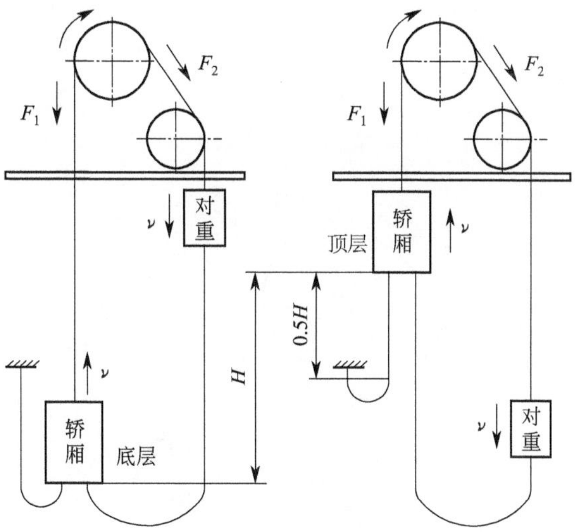

图 3　电梯曳引系统典型结构示意图

导向轮对钢丝绳的摩擦力很小，可忽略不计[12]，同时不考虑机房内钢丝绳重量，假设电梯位于底层时各根钢丝绳所受张力一致，H 为轿厢由底层到顶层的提升总高度，则当轿厢向上运行距离 h 时曳引轮轿厢一侧钢丝绳所受总拉力为：

$$F_1 = (M_1 + M + m_1 + m_2 + m_3)g \tag{5}$$

式中，M_1 为轿厢质量，M 为电梯载荷质量，g 为重力加速度，m_1 为轿厢侧钢丝绳质量，m_2 为轿厢侧钢丝绳所承担的随行电缆质量，m_3 为轿厢侧钢丝绳所承担补偿绳（链）质量。

m_1 可表示为：

$$m_1 = n_1 q_1 (H - h) \tag{6}$$

式中，n_1 为钢丝绳根数，q_1 为单位长度钢丝绳质量。

m_2 可表示为：

$$m_2=0.5n_2q_2h \tag{7}$$

式中，n_2 为随行电缆根数，q_2 为单位长度随行电缆质量。

m_3 可表示为：

$$m_3=n_3q_3h \tag{8}$$

式中，n_3 为补偿绳（链）根数，q_3 为单位长度补偿绳（链）质量。

曳引轮对重一侧所有钢丝绳所受总拉力为：

$$F_2=(M_2+m_4+m_5)g \tag{9}$$

式中，M_2 为对重质量，m_4 为对重侧钢丝绳质量，m_5 为对重侧钢丝绳所承担的补偿绳（链）质量。

m_4 可表示为：

$$m_4=n_1q_1h \tag{10}$$

m_5 可表示为：

$$m_5=n_3q_3(H-h) \tag{11}$$

式(5) 和式(9) 计算的拉力为曳引轮两侧钢丝绳总拉力，受轮槽不均磨损的影响，单根钢丝绳所受拉力不能简单计算平均数，需根据磨损对钢丝绳绳头压缩量的改变做进一步分析。

3.2 单根钢丝绳受拉力分析

考虑典型的单槽磨损情况，即其中一个轮槽相对于其余轮槽发生明显磨损，假设第 k 个轮槽发生明显磨损，轮槽磨损前后尺寸变化和受力状况如图 4 所示。第 k 根钢丝绳曳引轮轿厢侧和对重侧拉力分别为 t_1 和 t_2，其余钢丝绳厢侧和对重侧对应拉力分别为 T_1 和 T_2。磨损后轮槽节圆直径由 D 磨损到 d，磨损深度为 δ，尺寸关系为：

$$d=D-2\delta \tag{12}$$

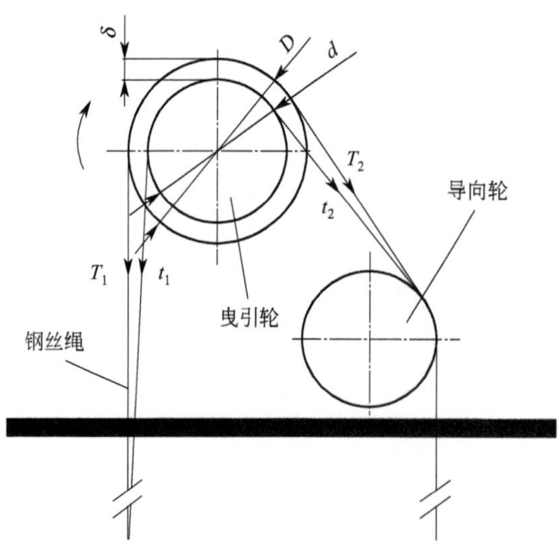

图 4　轮槽磨损前后尺寸变化和受力示意图

轿厢移动距离可认为与未磨损轮槽对应钢丝绳的移动距离一致，轿厢从底层开始向上运行 h，曳引轮转动 i 圈时，轿厢和轿厢侧钢丝绳运行距离为：

$$h=i\pi D \tag{13}$$

轿厢侧第 k 钢丝绳运行距离为 h_k：

$$h_k=i\pi d \tag{14}$$

两者关系为：

$$h_k=\frac{D-2\delta}{D}h \tag{15}$$

第 k 根钢丝绳和其余钢丝绳运行距离差为：

$$\Delta h=\frac{2\delta}{D}h \tag{16}$$

一方面，受运行距离差的影响，轿厢侧第 k 根钢丝绳比其余钢丝绳少运行 Δh 距离，相对于其他钢丝绳，第 k 根钢丝绳在轿厢侧绳头弹簧将发生松弛，弹簧压缩量更小，该钢丝绳减小的拉力将由其余 n_1-1 根钢丝绳共同承担，这些钢丝绳因受力增大而绳头弹簧压缩量更大[13,14]。另一方面，不同运行距离 h 时随行电缆、补偿绳的重量不同，轿厢侧钢丝绳绳头弹簧所受总压力也将发生变化，如图 5 所示，相对于轿厢位于底层时的绳头状态，第 k 根钢丝绳绳头伸长 x_1，其余钢丝绳绳头压缩 x_2，且有：

$$x_1+x_2=\Delta h \tag{17}$$

与式（5）曳引轮轿厢侧钢丝绳所受总拉力比较，此时轿厢侧绳头弹簧所受总压力不包括钢丝绳重量 m_1g，若轿厢位于底层时轿厢侧各钢丝绳绳头初始压缩量为 U，根据弹簧压缩量与受力关系可得：

$$K(n-1)(U+x_2)+K(U-x_1)=F_1-m_1g \tag{18}$$

同理，对重侧各根钢丝绳绳头压缩程度也将发生变化，如图 6 所示，由于对重向下运动，第 k 根钢丝运行距离也比其余钢丝绳运行距离少 Δh，假设相对于轿厢位于底层时绳头状态对重侧第 k 钢丝绳绳头压缩 y_1，其余钢丝绳绳头伸长 y_2，则有：

$$y_1+y_2=\Delta h \tag{19}$$

与式（9）曳引轮对重侧钢丝绳所受总拉力比较，此时对重侧绳头弹簧所受总压力不包括钢丝绳重量 m_4g，轿厢位于底层时对重侧各钢丝绳绳头初始压缩量为 W，由根据弹簧压缩量与受力关系可得：

$$K(n-1)(W-y_2)+K(W+y_1)=F_2-m_4g \tag{20}$$

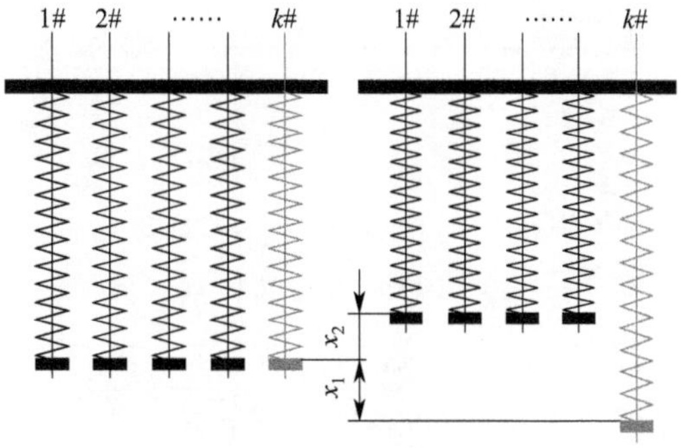

图 5　轿厢运行 h 时轿厢侧钢丝绳绳头变化

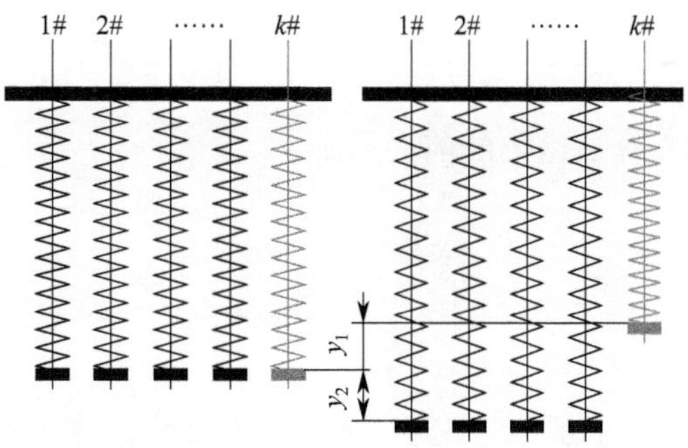

图 6　轿厢运行 h 时对重侧钢丝绳绳头变化

联立式（17）～式（20），解方程组可得：

$$\begin{cases} x_1=\dfrac{n_1KU+(n_1-1)K\Delta h-F_1+m_1g}{Kn_1} \\ x_2=\dfrac{-n_1KU+K\Delta h+F_1-m_1g}{Kn_1} \\ y_1=\dfrac{-n_1KW+(n_1-1)K\Delta h+F_2-m_4g}{Kn_1} \\ y_2=\dfrac{n_1KW+K\Delta h-F_2+m_4g}{Kn_1} \end{cases} \tag{21}$$

根据受力分析，考虑绳头弹簧压缩量改变和钢丝绳自重，可得曳引轮两侧各钢丝绳拉力为：

$$\begin{cases} t_1=K(U-x_1)+q_1(H-h)g \\ t_2=K(W+y_1)+q_1hg \\ T_1=K(U+x_2)+q_1(H-h)g \\ T_2=K(W-y_2)+q_1hg \end{cases} \tag{22}$$

将式(5)～式(11)、式(16)和式(21)代入式(22)，经整理后可得钢丝绳拉力与轿厢运行距离 h、单槽磨损深度 δ、电梯载重量 M 的函数关系：

$$\begin{cases} t_1=\dfrac{[M_1+M+n_1q_1(H-h)+0.5n_2q_2h+n_3q_3h]g}{n_1}-\dfrac{2(n-1)K\delta h}{n_1D} \\ t_2=\dfrac{[M_2+n_1q_1h+n_3q_3(H-h)]g}{n_1}+\dfrac{2(n_1-1)K\delta h}{n_1D} \\ T_1=\dfrac{[M_1+M+n_1q_1(H-h)+0.5n_2q_2h+n_3q_3h]g}{n_1}+\dfrac{2K\delta h}{n_1D} \\ T_2=\dfrac{[M_2+n_1q_1h+n_3q_3(H-h)]g}{n_1}-\dfrac{2K\delta h}{n_1D} \end{cases} \tag{23}$$

3.3 钢丝绳张力比

由式（23）可计算曳引轮两侧各根钢丝绳拉力比 S。电梯安装后，张力比与电梯载重量 M、轮槽磨损深度 δ 和轿厢运行距离 h 有关。对于磨损深度为 δ 的轮槽，若 $t_1>t_2$，S 为：

$$S=\frac{[M_1+M+n_1q_1(H-h)+0.5n_2q_2h+n_3q_3h]Dg-2(n_1-1)K\delta h}{[M_2+n_1q_1h+n_3q_3(H-h)]Dg+2(n_1-1)K\delta h} \tag{24}$$

若 $t_1<t_2$，则 S 为式(24) 计算结果的倒数。

对于其余未磨损轮槽，若 $T_1>T_2$，S 为：

$$S=\frac{[M_1+M+n_1q_1(H-h)+0.5n_2q_2h+n_3q_3h]Dg+2K\delta h}{[M_2+n_1q_1h+n_3q_3(H-h)]Dg-2K\delta h} \tag{25}$$

若 $T_1<T_2$，则 S 为式(25) 计算结果的倒数。

4 磨损对曳引能力的影响

4.1 槽形角度与磨损深度关系

磨损对曳引能力的影响主要通过磨损改变轮槽几何特征尺寸，进一步改变当量摩擦系数，最终体现为曳引系数的改变。常用的带切口半圆形轮槽和带切口 V 形轮槽尺寸示意图如图 7 所示，主要包括轮槽角度 γ 和下部切口角度 β，轮槽磨损深度 δ 可根据节圆圆心距离槽边沿距离 c 评估。

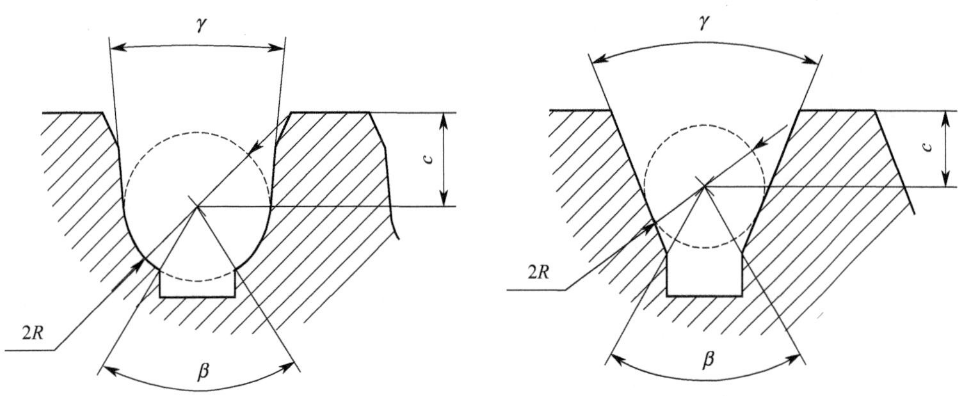

(a) 带切口半圆形轮槽　　(b) 带切口V形轮槽

图 7　带切口轮槽尺寸示意图

忽略钢丝绳磨损导致钢丝绳公称直径变小情况，由几何关系可知，对于带切口半圆形轮槽磨损不会对切口角度 β 产生明显影响。假设钢丝绳与轮槽尺寸匹配，轮槽磨损不改变槽底圆弧曲率半径，则当带切口半圆形槽磨损 δ 深度时，槽底圆弧圆心相对于轮槽槽间边缘下降 R 距离，即图 6（a）中尺寸 c 变化为 $c+\delta$。为便于几何分析，将槽底圆弧圆心下降 δ 距离等效于轮槽轮廓直线段上升 δ 距离，如图 8 所示，槽底圆弧半径为 R，磨损后轮槽直线段 AA_1 变化到 BB_1 位置，同时槽底圆弧与轮廓直线段切点由 A 点变化到 B 点，轮槽角度由 γ 变为 γ'，BB' 为磨损后圆弧段新的切线。由角度关系可知：

$$0.5\gamma'=0.5\gamma-\angle AOB \tag{26}$$

且有：

$$\cos\angle AOB=\frac{R-AC}{R}=\frac{R-\delta\cdot\sin 0.5\gamma}{R} \tag{27}$$

将式（27）代入式（26），整理后可得轮槽角度与磨损深度关系：

$$\gamma'=\gamma-2\arccos\frac{R-\delta\cdot\sin 0.5\gamma}{R} \tag{28}$$

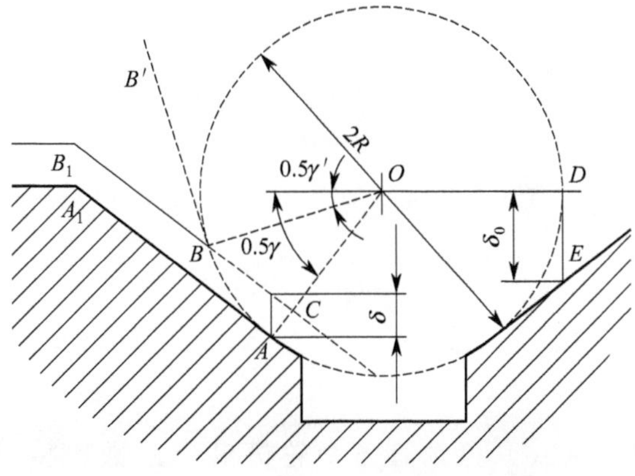

图 8　轮槽角度变化分析原理图

式(28) 几何关系同样可用于半圆形和 V 形槽轮角度计算。图 7 中当轮槽磨损量为 δ_0，即槽底拟合圆最外侧 D 点随磨损下降到接触轮槽轮廓直线段时，轮槽角度减小到零，若进一步磨损则角度不再变化。δ_0 对应未磨损时轮槽 D 点与 E 点距离，其值为：

$$\delta_0=\frac{1-\cos 0.5\gamma}{\sin 0.5\gamma}R \tag{29}$$

以槽底圆弧直径为 10 mm 的带切口半圆形轮槽为例，对于 25°～50°六种不同初始轮槽角度，轮槽角度随磨损深度变化关系如图 9 所示。初始轮槽角度越大 δ_0 越大，在磨损初期，轮槽角度急剧下降，当初始开口角度为 25 °时，当磨损量达到 0.55 mm 时轮槽角度已减小到零。

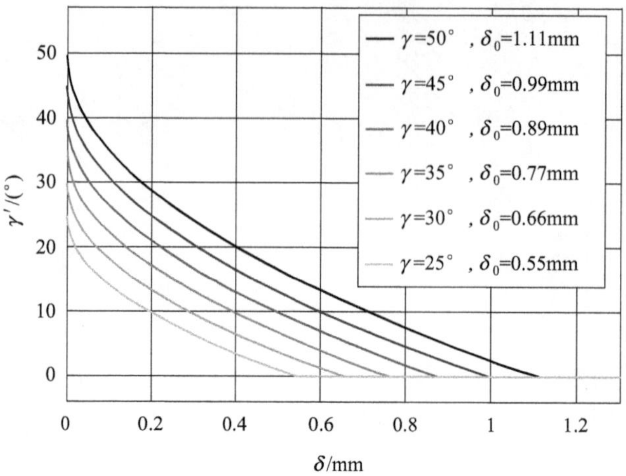

图 9　带切口半圆形轮槽磨损深度与轮槽角度关系曲线

4.2　曳引能力与磨损关系

轮槽曳引系数决定于当量摩擦系数和钢丝绳在轮槽上的包角，轮槽磨损将使包角减小，但减小程度并不明显，计算时可忽略不计[4]。参考 GB 7588—2003，对于半圆形轮槽和带切口半圆形轮槽，当量摩擦系数可表示为：

$$f=\mu\frac{4\left(\cos\frac{\gamma'}{2}-\sin\frac{\beta'}{2}\right)}{\pi-\beta'-\gamma'-\sin\beta'+\sin\gamma'} \tag{30}$$

式中，μ 为摩擦系数，装载工况下取值 0.1。轿厢装载工况下未经硬化处理的 V 形槽当量摩擦系数与切口角度关系为：

$$f=\mu\frac{4\left(1-\sin\frac{\beta'}{2}\right)}{\pi-\beta'-\sin\beta'} \tag{31}$$

对于经硬化处理后的 V 形槽，其当量摩擦系数与轮槽下部切口角度和摩擦系数有关，由于轮槽表面硬度较大，不易被钢丝绳磨损，本文暂时不考虑该情况。

5　磨损对曳引条件的综合影响

由式（2）、式（28）和式（30）可计算各个轮槽曳引系数，将曳引系数值和钢丝绳拉力比代入式（4）可计算出曳引条件判断值 Q。在电梯轿厢重量、额定载荷、平衡系数，以及其他曳引和悬挂系统参数（包括钢丝绳根数、单位长度钢丝绳重量、钢丝绳绳头弹簧刚度系数、总提升高度、补偿绳（链）根数、补偿绳（链）单位长度重量等）不变情况下，Q 值为曳引轮单槽磨损深度 δ、实际载重量 M 和轿厢运行距离 h 的函数。结合上述三个影响因素，以下通过实例分析电梯曳引失效的条件，计算时所用电梯参数如表 1 所示，电梯曳引系统型式如图 3 所示，槽型为带切口半圆形。

表 1 电梯参数

参数	取值	参数	取值
轿厢质量 M_1/ kg	1500	绳头弹簧刚度系数 K/ (N/mm)	350
额定载荷 M_0/ kg	1000	随行电缆根数 n_2	1
对重质量 M_2/ kg	1950	单位长度随行电缆质量 q_2/ (kg/m)	0.85
轿厢最大提升高度 H/ m	60	补偿链根数 n_3	2
额定速度 v/ (m/s)	1	单位长度补偿绳(链)质量 q_3/(kg/m)	0.9
曳引比	1∶1	曳引轮初始节圆直径 D/ m	0.6
钢丝绳根数 n_1	5	槽底圆弧半径 R/ mm	5
单位长度钢丝绳质量 q_1/ (kg/m)	0.36	钢丝绳在曳引轮上包角 α/ (rad/ °)	2.62/ 150

5.1 曳引失效条件分析

电梯从底层开始运行，随着提升高度的变化，Q 值不断变化，当某一轮槽不满足 $Q>0$ 条件时，该轮槽曳引失效，对应钢丝绳将向拉力更大的方向滑移。以下分析三种不同载荷工况下的曳引失效条件。

5.1.1 空载工况

空载工况不同磨损状况下 Q 值与 h 关系曲线如图 10 所示。轿厢开始运行时，各轮槽曳引轮轿厢侧钢丝绳拉力均小于对重侧钢丝绳拉力，随着轿厢向上提升，受钢丝绳自身重量、补偿绳（链）重量和随行电缆重量改变以及各钢丝绳拉力分布的改变，存在磨损的轮槽对应钢丝绳拉力比 t_1/t_2 逐渐变大，Q 值不断变小，直到提升高度为 h_0 时降到零。与此同时，其余未磨损轮槽对应钢丝绳拉力比 T_1/T_2 逐渐变小，Q 值不断变大，当对重侧钢丝绳拉力减小到与轿厢侧钢丝绳拉力相等时，Q 值达到最大值，随着轿厢继续提升，轿厢侧钢丝绳拉力将大于对重侧钢丝绳拉力，T_1/T_2 将逐渐变大，使 Q 值逐渐变小。

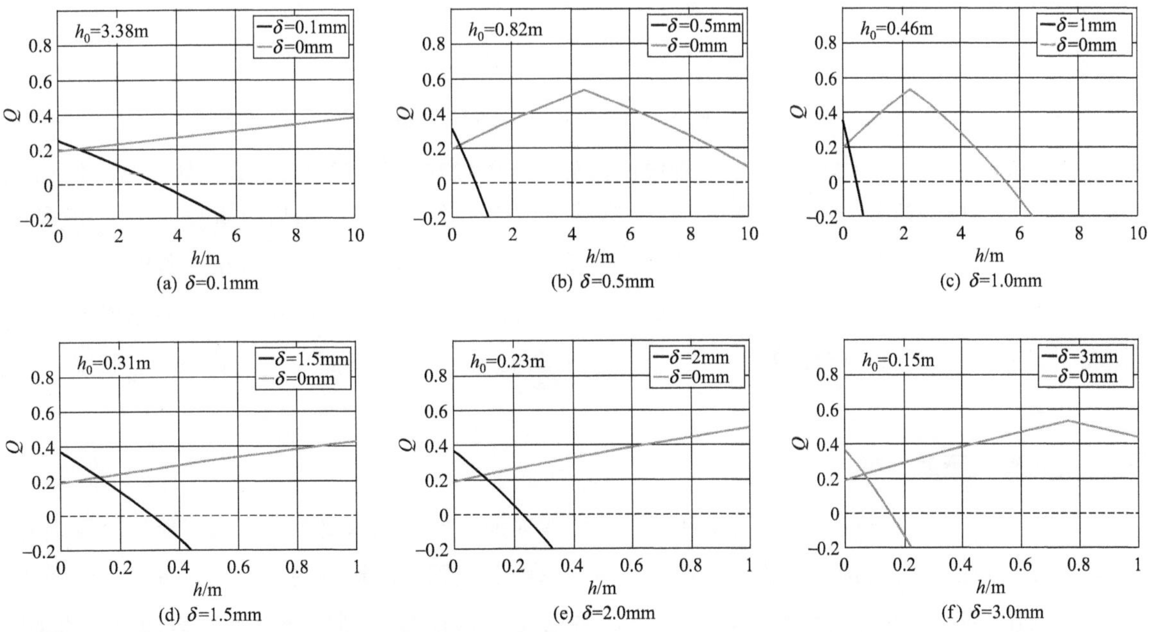

图 10 空载工况轮槽不同磨损状况下 Q 值与 h 关系曲线

在磨损深度为 0.1～3.0 mm 范围内的 6 种情况下，磨损的轮槽比其余未磨损轮槽 Q 值曲线先与 $Q=0$ 直线相交，说明磨损的轮槽先于其余轮槽发生曳引失效。以 δ 为 1 mm 为例，图 10（c）中，未磨损轮槽在轿厢提升 0.46 m 时曳引失效，而其余轮槽在同样条件下轿厢提升至 5.5 m 时曳引失效。轮槽磨损越深，曳引失效越提前。

5.1.2 半载工况

轿厢承载 0.5 倍额定载荷工况下 Q 值与 h 关系曲线如图 11 所示。该工况下曳引失效规律与空载工况类似，钢丝绳均向轿厢侧滑移，未磨损轮槽的 Q 值在 h 为 2 m 内变大，随后缓慢变小。开始滑移时的轿厢提升高度 h_0 比空载时更大，当磨损量达到 3 mm 时在轿厢提升 0.38 m 时即发生曳引失效。

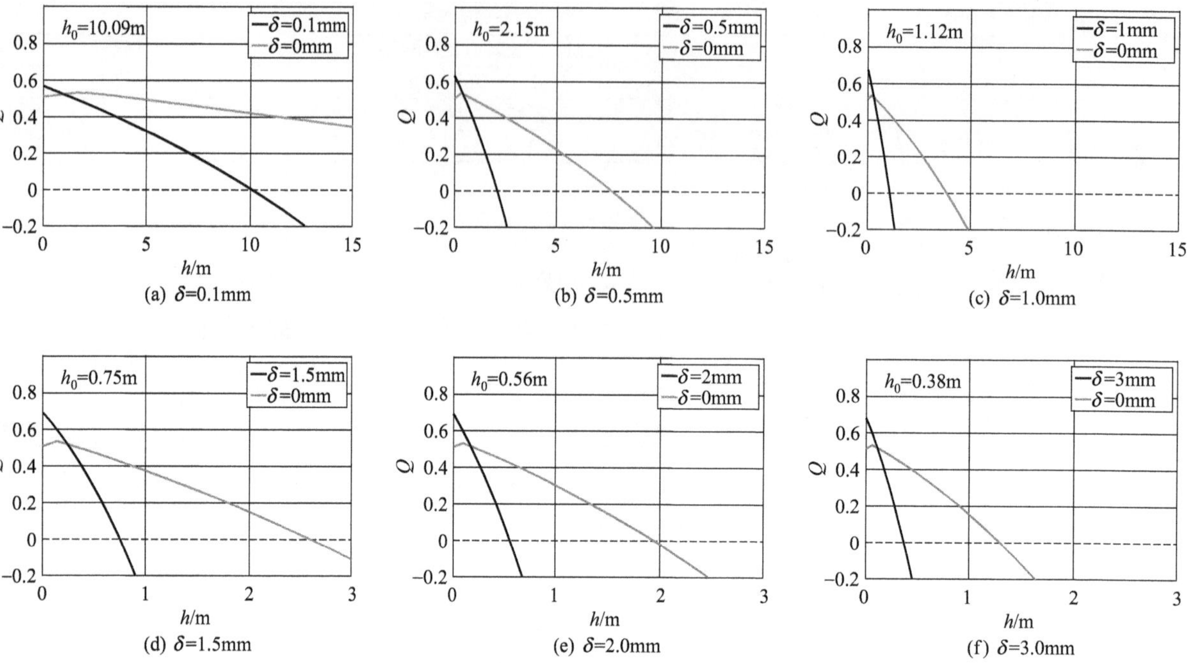

图 11　半载工况轮槽不同磨损状况下 Q 值与 h 关系曲线

5.1.3　额定载荷工况

额定载荷工况下，Q 值与 h 关系曲线如图 12 所示。轿厢开始提升时各根钢丝绳在曳引轮轿厢侧拉力均大于对重侧拉力，与前两种工况不同的是，随着轿厢的提升，磨损轮槽对应钢丝绳拉力比 t_1/t_2 开始时不断变小，当轿厢侧与对重侧拉力 t_1 和 t_2 相等时，Q 值达到最大，随后对重侧拉力大于轿厢侧拉力，拉力比不断变大，直到提升高度为 h_0 时 Q 值减小到零，曳引失效。0.1～3mm 范围内六组磨损深度条件下，磨损轮槽比未磨损轮槽均先达到曳引失效状态，且 h_0 比前两种载荷工况下都要大。未磨损轮槽在曳引条件失效前，钢丝绳拉力比值 T_1/T_2 不断变大，在 Q 值曲线上不出现 T_1 和 T_2 相等的拐点。

5.2　钢丝绳滑移周期分析

第一次滑移后各根钢丝绳所受拉力重新分布，钢丝绳绳头压缩量恢复一致。随着轿厢继续提升，由于相同轿厢提升高度内有磨损的轮槽与其余未磨损的轮槽对应钢丝绳运行的距离不一致，钢丝绳拉力分布将随提升高度不断变化，直到不满足曳引条件时发生下次滑移，如此往复，导致轿厢发生间歇性振动。

由式（23）可知，曳引轮两侧钢丝绳所受拉力 t_1、t_2、T_1 和 T_2 可表示为三个分量的线性组合：

$$\begin{cases} t_1=T_A-(n_1-1)T_C \\ t_2=T_B+(n_1-1)T_C \\ T_1=T_A+T_C \\ T_2=T_B-T_C \end{cases} \tag{32}$$

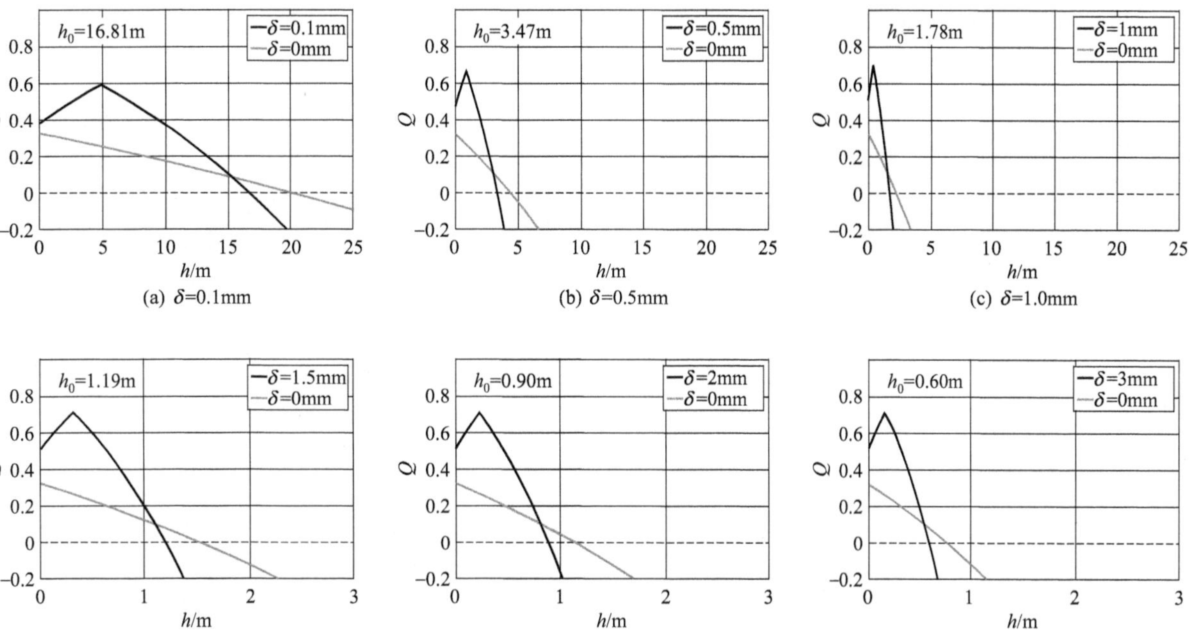

(a) δ=0.1mm (b) δ=0.5mm (c) δ=1.0mm

(d) δ=1.5mm (e) δ=2.0mm (f) δ=3.0mm

图 12 额定载荷工况轮槽不同磨损状况下 Q 值与 h 关系曲线

分量 T_A 与轿厢自重、实际载重量、钢丝绳重量、随行电缆重量、补偿绳（链）重量和轿厢位置有关，与轮槽磨深度无关，可表示为载重量 M 和轿厢位置 h 的函数：

$$T_A(M,h)=\frac{[M_1+M+n_1q_1(H-h)+0.5n_2q_2h+n_3q_3h]g}{n_1} \tag{33}$$

分量 T_B 与对重重量、钢丝绳重量、补偿绳（链）重量和轿厢位置有关，可表示为轿厢位置 h 的函数：

$$T_B(h)=\frac{[M_2+n_1q_1h+n_3q_3(H-h)]g}{n_1} \tag{34}$$

在考虑整个轿厢提升周期范围内钢丝绳张力比时，由于每次滑移之后钢丝绳绳头压缩距离将重新分布，故分量 T_C 与钢丝绳磨损量 δ、轿厢距离上一次钢丝绳滑移位置移动的距离 h_1 有关，与磨损深度无关，且在轿厢第一次滑移之前 $h_1=h$。T_C 可表示为：

$$T_C(\delta,h_1)=\frac{2K\delta h_1}{n_1D} \tag{35}$$

则存在磨损的轮槽对应钢丝绳拉力比为：

$$S=\frac{t_1}{t_2}=\frac{T_A(M,h)-(n_1-1)T_C(\delta,h_1)}{T_B(h)+(n_1-1)T_C(\delta,h_1)} \tag{36}$$

其余轮槽对应的钢丝绳张力为：

$$S=\frac{T_1}{T_2}=\frac{T_A(M,h)+T_C(\delta,h_1)}{T_B(h)-T_C(\delta,h_1)} \tag{37}$$

式（36）和式（37）中，若 $S<0$，则张力比取其倒数参与曳引条件计算。以半载工况为例，轿厢从底层连续运行到顶层，根据式（36）、式（37）、式（30）、式（2）和式（4）计算出在总提升高度范围内不同运行时间下的 Q 值，如图 13 所示。由图 10（a）可知，若曳引轮不发生单槽不均匀磨损（$\delta=0$），在总提升高度内不发生钢丝绳滑移。当单槽磨损量为 0.05 mm 时，磨损轮槽对应钢丝绳在 20 s 时向轿厢侧滑移，在 43 s 时该钢丝绳向对重侧滑移。本实例中，随着运行时间的延长，相邻两次滑移的

时间间隔略有延长。若式（33）和式（34）计算模型中忽略钢丝绳、补偿绳（链）和随行电缆重量，则钢丝绳将以固定周期滑移。

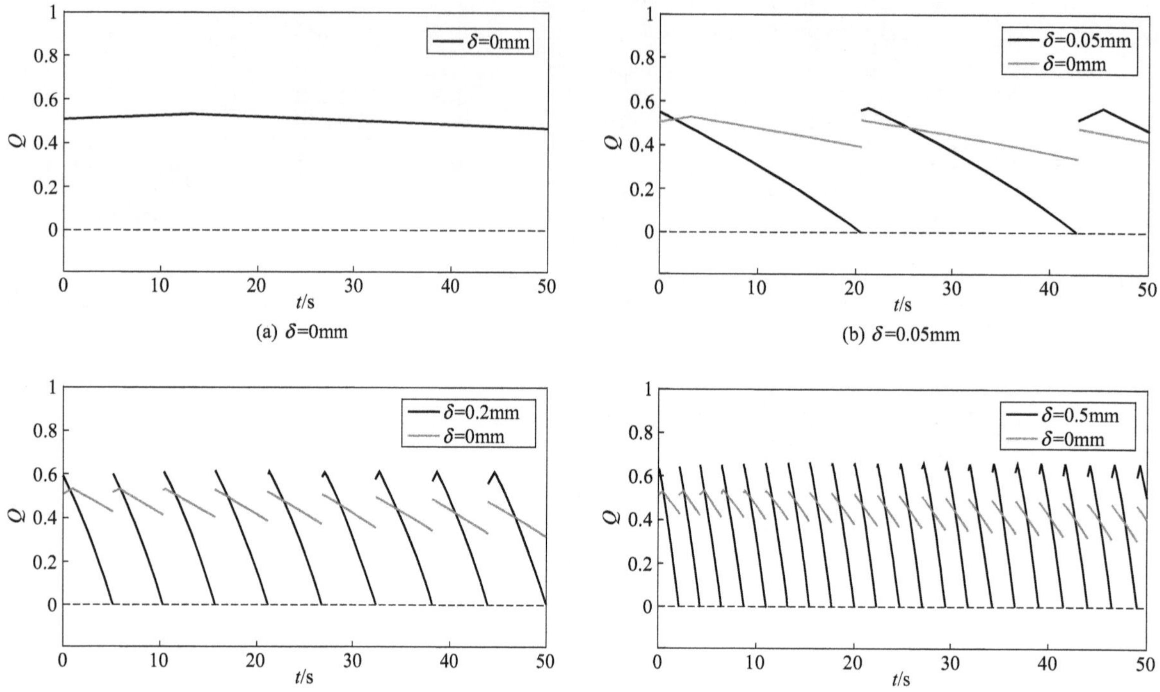

(a) δ=0mm (b) δ=0.05mm (c) δ=0.2mm (d) δ=0.5mm

图 13 半载工况轮槽不同磨损深度下 Q 值随时间变化曲线

通过总滑移次数 N 近似评估滑移周期。经计算，三种载荷状态不同轮槽磨损深度下的钢丝绳滑移次数如图 14 所示。在同一磨损深度下，轿厢空载时钢丝绳滑移最频繁，额定载荷条件下滑移频次最小。轿厢装载量越小，当提升时，T_A 值相对于 T_C 值对钢丝绳拉力比值和 Q 值的影响更小。即相对于重量因素来说，轮槽磨损对钢丝绳拉力比和 Q 值的影响更大，滑移之后容易更快导致下一次曳引失效。此外，随着轮槽磨损深度变大，滑移次数逐渐变大，近似于线性关系。

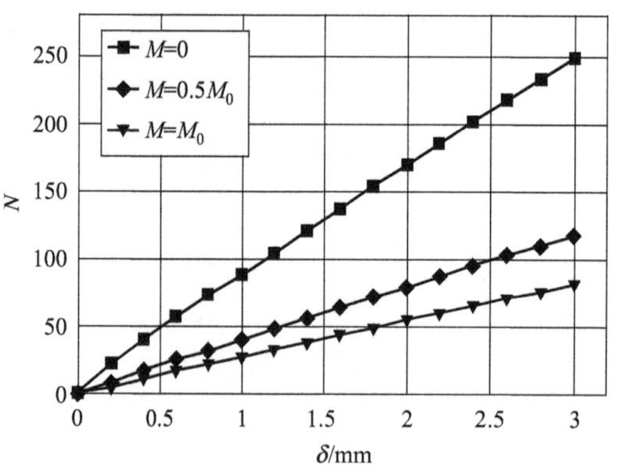

图 14 不同载荷不同轮槽磨损深度下钢丝绳滑移次数

6 滑移仿真分析

根据曳引条件判断值 Q 的计算方法开发出电梯钢丝绳滑移仿真软件，输入轮槽几何参数、曳引系统参数等数据，可对不同磨损深度、不同载荷变化情况下电梯上行和下行过程进行钢丝绳滑移状况仿真，结果以曲线显示。以一总提升高度为 60m 电梯为例，假设乘客平均重量为 61.5 kg，在底层进入 4

名乘客，电梯运行至 6 楼时 3 名乘客离开，11 楼时进入 7 名乘客，继续运行至 15 楼时 7 名乘客离开，剩下 1 名乘客乘梯至顶层，若电梯单槽磨损量为 0.5 mm，则该过程中钢丝绳滑移仿真结果如图 15 所示。钢丝绳滑移导致的轿厢振动频次在不同乘客数量时不一致，人最少时振动越频繁，电梯载有 8 名乘客时两次滑移间的时间间隔最长。

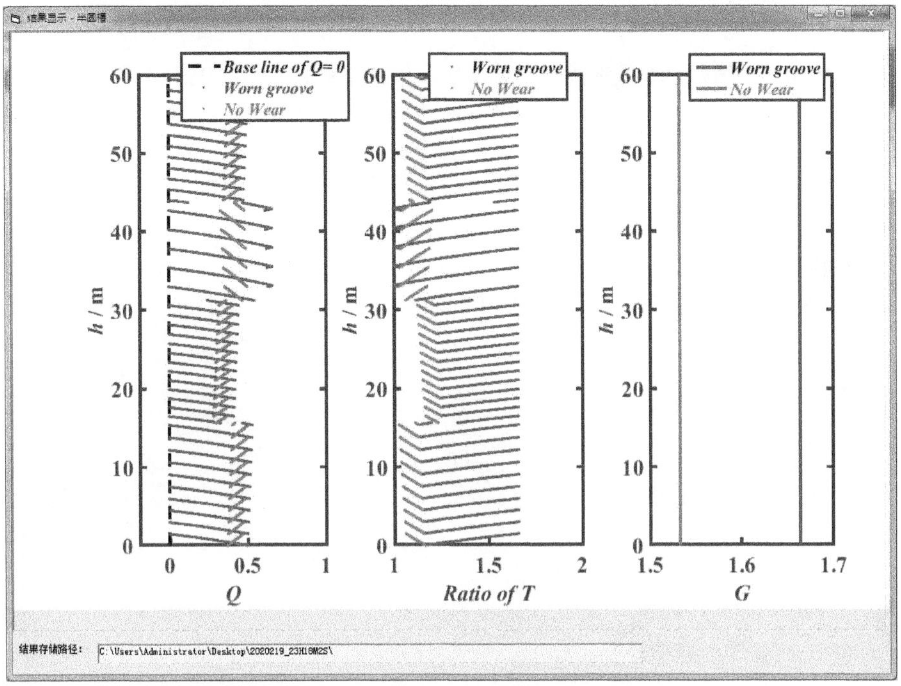

图 15 轿厢上行钢丝绳滑移仿真结果

7 结论

本文以理论分析和计算机仿真方式研究了曳引轮轮槽不均匀磨损程度对电梯曳引条件的影响，主要得出如下结论：

① 存在磨损的轮槽和未磨损的轮槽对应钢丝绳张力比与轮槽磨损深度、载重量和轿厢提升高度三个因素有关，并建立了数学模型；

② 建立了带切口半圆形轮槽的轮槽角度与磨损深度函数关系，以及 V 形轮槽切口角度与磨损深度的函数关系，并以初始角度为变量进行了定量分析；

③ 定义曳引条件判断值用于轮槽曳引失效判断，实例计算表明，单槽磨损量越大，则曳引失效时轿厢运行的距离越短，电梯载重量越大则曳引失效时轿厢运行的距离越长；

④ 在电梯由底层运行至顶层过程中，轮槽磨损越严重、电梯载重量越小则钢丝绳滑移次数越多，滑移次数与磨损深度近似呈线性关系；

⑤ 基于曳引条件判断值计算方法开发出电梯钢丝绳滑移仿真软件，可对不同乘客数量电梯上下行过程中滑移引起的轿厢振动进行仿真分析。

参考文献

[1] 吴剑平，屠雪萍．引起电梯曳引钢丝绳与曳引轮失效的原因分析 [J]．中国电梯，2018，29 (17)：29-31.

[2] 高正凯，魏志远，姚正宇．电梯钢丝绳与曳引轮匹配合理性探讨．金属制品，2019，45（4）：52-55.
[3] 贺能，喻颖，蒋滨羽．一起电梯曳引钢丝绳严重落槽案例的分析［J］．中国特种设备安全，2015，31（10）：73-76.
[4] 陈建勋，林晓明，吴周立，等．曳引轮轮槽磨损对电梯曳引能力的影响分析［J］．中国特种设备安全，2019，35（10）：14-19+24.
[5] 吴颖坤．电梯曳引绳和曳引轮磨损后其安全性能的验证［J］．中国电梯，2018，29（09）：17-20.
[6] 施科益．一起电梯溜梯故障案例分析［J］．中国特种设备安全，2017，33（02）：53-56.
[7] 李继波，李文鹏．曳引轮不均匀磨损量的研究［J］．中国特种设备安全，2017，33（07）：20-24.
[8] 倪道尧．电梯曳引轮轮槽磨损与检验检测的分析［J］．装备维修技术，2019，02：75+64.
[9] 陈曼佳，姜洋，陆海，等．曳引驱动电梯空载曳引力试验冲顶发生原因分析［J］．中国特种设备安全，2017，33（07）：66-68.
[10] 杨轶平，陈辉，俞平．电梯曳引轮磨损与检验分析［J］．科技创新与应用，2015，36：63.
[11] GB 7588—2003. 电梯制造与安装安全规范［S］.
[12] 郑尧．浅谈曳引力计算中的包角［J］．中国电梯，2019，30（21）：15-17.
[13] 李继波，李文鹏．曳引轮不均匀磨损量的研究［J］．中国特种设备安全，2017，33（07）：20-24.
[14] 罗计委．电梯曳引轮绳槽磨损不均的原因分析［J］．中国电梯，2011，22（1）：1-3.

一起电梯轿门旁路功能失效的案例分析

曹　杰

江苏省特种设备安全监督检验研究院，常州，　213000

摘　要： 曳引与强制驱动电梯相关安全规范第 2 号修改单中，增加了轿门旁路功能的检验内容。针对一起轿门旁路功能失效的案例，分析了其产生原因，由此给电梯厂家在功能设置上提出了建议，给检验人员在遇到类似问题时提供参考。

关键词： 轿门旁路；关门到位；独立监控信号

A Case Analysis of Elevator Passenger Door Bypass Function Failure

Cao Jie

Jiangsu Provincial Institute of Special Equipment Safety Supervision and Inspection, Changzhou,　213000

Abstract: The passenger door bypass function has been added to the revision of traction and forced drive elevator safety code No. 2. In view of a case of passenger car door bypass function failure, this paper analyzes the causes of the failure, and puts forward some suggestions for elevator manufacturers on the function setting, which can provide reference for inspectors when they encounter similar problems.

Keywords: passenger door bypass; the closed position; independent monitoring signal

0　引言

根据国内外电梯事故统计资料显示，超过 80％的电梯事故与门系统的故障和维护相关。电梯维修人员为了快速查找门系统故障，通常需要人为短接以证实门的闭合和锁紧是否有效，由此可能引发的安全事故，给电梯运行带来巨大威胁[1]。为此，自 2017 年 6 月起，TSG T 7007—2016《电梯型式试验规则》和 TSG T 7001—2009《电梯监督检验和定期检验规则——曳引与强制驱动电梯》第 2 号修改单中，增加了电梯旁路功能的检验内容，实施至今已有三年多时间。设置旁路功能是为了避免电梯维修过程中随意短接电梯层、轿门，使层、轿门触点短接规范化，从而降低门区剪切事故的发生[2]。

从实际检验中看，近些年早期的新装电梯在旁路功能安装和运行上或多或少存在一些问题，而后问题得到不断完善和解决。一些品牌电梯对于此功能有自己的设计思路，但实际使用中却与检规要求有偏差，同时由于不同检验人员对于检规的理解也有差异，对遇到的新问题会感到一定的困扰。

作者简介：曹杰，1987 年生，男，工程师，硕士，主要从事电梯检验及相关研究。

1 安全技术规范对轿门旁路的要求

1.1 规范要求

TSG T 7001—2009《电梯监督检验和定期检验规则——曳引与强制驱动电梯》（第 2 号修改单）中第 2.8（6）项关于轿门旁路的要求如下[3]。

① ……轿门旁路装置上或者其附近标明“旁路”字样，并且标明旁路装置的“旁路”状态或者“关”状态；

② 旁路时取消正常运行（包括动力操作的自动门的任何运行）；只有在检修运行或者紧急电动运行状态下，轿厢才能够运行；运行期间，轿厢上的听觉信号和轿底的闪烁灯起作用；

③ ……能够旁路轿门关闭触点、轿门门锁触点；不能同时旁路层门和轿门的触点……

④ 提供独立的监控信号证实轿门处于关闭位置。

1.2 轿门旁路要求解析

① 旁路开关的位置应显著，采用中文标识且字体清晰，旁路功能通常采用不易混淆的插件位置或者旋钮开关来实现。

② 轿门旁路功能打开后，正常运行就被停止，因此旁路功能只适用于检修操作。在轿顶采用检修或者机房采用紧急电动方式可以操控电梯检修运行，同时伴有声光警示效果。闪烁灯安装于轿底，用于提醒在底坑的作业人员注意电梯靠近。检验中有发现安装工将闪烁灯装于轿顶，显然理解错了闪烁灯的作用。

③ 在日常使用中，层轿门是故障高发点，而大部分早期生产的电梯均能在短接层轿门触点的情况下正常运行。检修人员为了方便修理，通常会采取短接操作，在检修运行或恢复正常运行后忘记拆除短接线时，极易发生剪切事故，存在严重的安全隐患。使用旁路即可不对门锁进行短接，且不能同时旁路层门和轿门，就轿门旁路而言，运行时必须将层门关闭，从而最大限度避免了上述的安全隐患。

④ 轿门旁路运行时，为防止对轿厢内人员造成剪切事故，不允许轿门处于打开状态，因此控制系统必须能准确获得轿门处于关闭状态的信号，且此信号必须是独立的，即此信号不能与其他触点串联在一起。实现独立的监控信号证实轿门处于关闭位置的方法很多，目前常见的有光电开关、电磁开关、机械式开关，如图 1 所示，这些开关能确保轿门关到位之后才能检修运行。如果没有提供可靠的“独立的监控信号”来证实轿门处于关闭状态，电梯存在轿门未关闭情况下运行安全风险。

图 1 常见的轿门关门到位独立监控开关

2 案例分析

2.1 案例描述

笔者近日对某品牌货梯新装验收，其参数为：3 层 3 站 4 门，额定载重 2000kg，速度 0.5m/s，在进行轿门旁路功能试验时，采用如下操作方式（简称方式 1）：

① 将电梯检修运行至非平层区域，开启轿门旁路功能；

② 断开门机电源，手动打开轿门，并用障碍物阻挡，使其无法关门到位，如图 2 所示；

③ 门机上电，关闭层门，轿顶检修运行，此时电梯能检修运行。

图 2 采用方式 1 试验轿门旁路功能

上述案例中，电梯轿门未关闭而能旁路运行，与旁路功能检规第四条“证实轿门处于关闭位置”不符。是接线问题还是缺少关门到位检测信号？查看现场发现电梯已配置轿门关门到位检测开关，如图 3 所示，那此开关是否失效？或者方式 1 是否存在不当之处？

图 3 单独的关门到位检测开关

通过与厂方技术人员沟通，厂家给出的解释如下："由于门机上电需要找零位，而此过程需通过力矩判断，所以造成第一次上电时如果有障碍物阻挡关门，门机会误判零位，造成关门到位输出。此种现象对电梯正常运行没有任何影响和风险。建议采取以下做法（简称方式 2）：

① 将电梯检修运行至非平层区域，开启轿门旁路功能；

② 门机控制器带电状态下打开轿门，将轿门挡牢，使其关门不到位；

③ 关闭层门，检修运行，电梯无法运行。"

方式 2 最大不同是将门机控制器带电操作，但是经过实测，电梯仍旧能开轿门运行。因此可以证实：门机是否断电操作都不影响厂家所谓的力矩检测关门到位，问题在于独立的关门到位检测开关为何不起作用？查看现场此开关单独接入门机控制器，接线没有问题。

2.2 原因分析

通过查找资料发现，此类门机早期采用的是增量编码器，当门机失电后重新上电，旋转编码器需要重新自学习轿厢门宽数据，即开到最大宽度，然后在轿门关闭过程中，当检测到关门阻力大于设定值时，门机控制器便默认轿门已经关门到位了。此时门机编码器就以此位置作为地址终点，以后当旋转编码器检测到此位置信息时，门机控制器判定轿门关门到位[4]。

上述判断关门到位逻辑存在明显不足，不能因此确定轿门是否关闭到位。后期改进的门机多采用检测门宽脉冲信号的方式，即预先将门宽脉冲数据存入门机板中，在关门过程中，只有编码器检测到相应的脉冲信号，才能判定关门到位，即使遇到门机断电情况也不会丢失，且相比于力矩判断关门是否到位，检测门宽脉冲信号方式也更易于实现。

因此，方式 2 的失效证明了门机断电对旁路试验不影响，案例中的门机并不是采用门宽脉冲数据来判断是否关门到位的。排除了上述因素后，可以判定问题出在关门到位检测开关设置上。

关门到位信号需要硬件接线与软件设置配合给出，即不管门机关门到位信号点出厂设置为常开或者常闭开关，均需要另外增加软件设置关门检测信号，通过一系列的逻辑运算，最终判定门是否已关闭到位，否则就会出现检测无效的情况。查看现场门机电路图可以看出，门机控制器关门到位输出端接线为常闭信号，如图 4 所示，由于调试人员未理解门机厂家的设置原理，将关门到位检测开关也设置为常闭信号，产生的效果是即使轿门开着，轿顶板都会得到轿门已经关闭的信号，导致检修能运行，这显然不符合检规要求。

3 解决方案

3.1 门机控制器检测信号设置调整

与调试人员沟通后，决定将门机控制器关门到位检测信号由常闭改为常开，如图 5 所示，即只有关门到位时，才能检测到关门信号，其他情况下均显示门未关到位。做此修改后，可保证试验中如果轿门没有关门到位时电梯无法运行，从而满足轿门旁路要求。

3.2 检验方法调整

通过上述分析可以发现，方式 1 的做法也有不合理之处，原因在于[5]：①未确认独立监控信号是否接好的情况下，直接采取切断门机电源的方式来验证独立监控新的功能性；②切断门机电源后会涉及其他无关信号，有可能并不能达到单独验证此信号的目的。因此有必要调整一下试验方法。在电梯处于

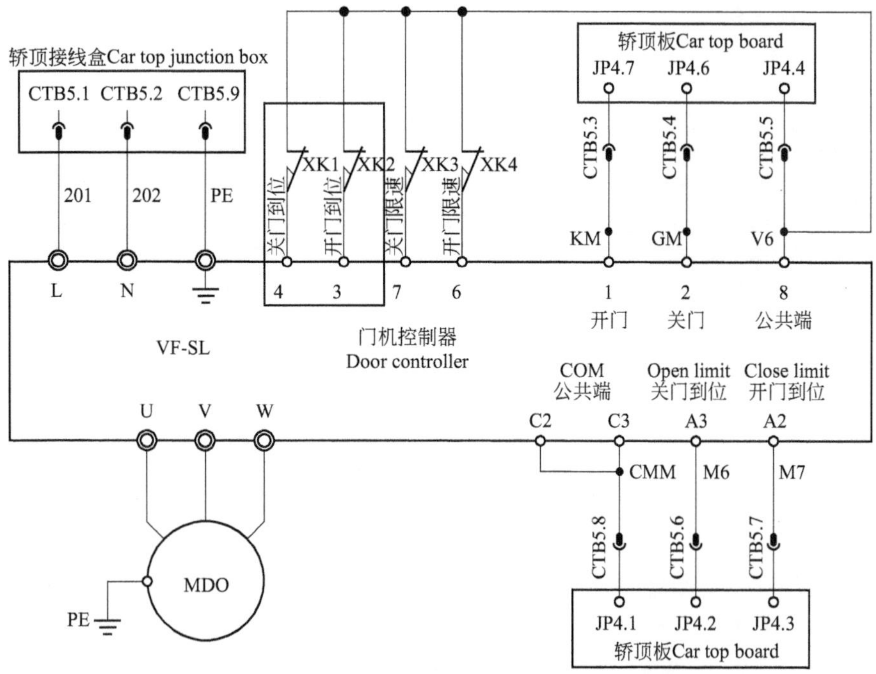

图 4　门机控制器电路原理图

图 5　设置门机控制器检测信号为常开

轿门旁路功能时，可以采取如下操作。

① 门机不用断电，手动打开轿门，使用障碍物挡住轿门，层门关闭。此时看检修能否运行，不能运行则验证独立监控信号的有效性。

② 在轿门关门到位后断开轿顶板关门到位信号，关闭轿门，看电梯能否检修运行。若不能运行，则证明关门到位信号是验证轿门处于关闭位置的独立监控信号，反之如电梯能运行，则判定不符合要求。

4　结语

此案例中最大的问题在于关门到位信号的检测设置，导致“独立监控信号”没有起到应有的作用。而且出现问题后，厂家一开始并未给出合理的解释，也反映出个别技术人员对于新功能的实现仍有理解不当之处，这需要检验人员的宣传以及检规的后续解释工作。旁路功能可以方便维修人员进行轿门触点维修，因此新装验收时应严把质量关，真正让其发挥应有的作用。

参考文献

[1] 刘正君．电梯轿门监控信号的检验 [J]．中国电梯．2020，31（11）：41-43.
[2] 戴加法．电梯旁路装置的检验方法和案例分析 [J]．机电工程技术．2020，49（12）：194-195.
[3] TSG T 7001—2009.《电梯监督检验和定期检验规则——曳引与强制驱动电梯》第2号修改单 [S].
[4] 刘紫康，等．门机控制器输出信号作为轿门监控信号的缺陷分析 [J]．中国特种设备安全．2019，36（6）：82-84.
[5] 张鹏，等．关于关门到位信号作为独立的轿门监控信号的检验方法探究 [J]．中国特种设备安全．2019，36（1）：20-22.

一则电梯曳引钢带部分断裂的案例分析与思考

岑　琪[1]，孙　科[1]，杨开淼[1]，吴建通[1]，岑　果[2]

1. 宁波市特种设备检验研究院，宁波，315042

2. 慈溪市市场监督管理局，慈溪，315300

摘　要： 本文介绍了一起钢带部分断裂的案例，根据电梯基本信息和现场情况，分析了该电梯钢带断裂可能发生的过程和原因。同时本文整理了钢带的相关标准，给检验人员提供了参考，并提出了检验钢带的一些要点，最后结合文献与实际检验总结了钢带电梯的一些故障点。

关键词： 电梯钢带；电梯案例；钢带电梯故障

A Case Analysis on Partial Fracture of Traction Steel Strip in Elevator

Cen Qi[1], Sun Ke[1], Yang Kaimiao[1], Wu Jiantong[1], Cen Guo[2]

1. Ningbo Special Equipment Inpection and Research Institute, Ningbo, 315042

2. Cixi Administration for Market Regulation, Cixi, 315300

Abstract: A case analysis on partial fracture of traction steel strip is introduced. Based on the basic informations of the elevator and field conditions, the possible processes and causes of the case are analyzed in this paper. At the same time the relevant steel strip standards are arranged for inspectors, and some key points for testing steel strip are presented. According to the documentations and inspection experiences some points of steel strip fault are summarized.

Keywords: Elevator steel strip; Elevator case; steel strip fault

一、设备的基本情况

该电梯发生故障前，使用单位刚刚更换物业单位和电梯维保单位，电梯维保人员尚未知晓该电梯在维修保养时的特殊要求。

该电梯基本信息如表 1 所示。

表 1　电梯基本信息

电梯制造单位名称	产品型号	制造日期	额定载重量	额定速度	楼层数量	钢带规格数量
苏州迅达电梯有限公司	Schindler 3300 AP MMR	2012 年 07 月 24 日	1000kg	1.75m/s	20/19/19	型号 PV30 4 根

作者简介：岑琪，男，1987 年生，硕士，高级工程师，检验师，主要从事机电类特种设备检验、电力电子与电力传动等方向的研究。

二、现场发现的情况

2020 年 10 月 28 日慈溪市市场监管局在接到使用单位投诉后联系本院慈溪检验站请求给与技术支持，本院检验人员在现场发现该电梯停留在 10 楼附近，在机房内发现：

① 电梯控制柜内有故障代码显示（图 1）；

② 主机曳引轮附近的钢带在同一段范围内有钢带表面受热融化的现象（图 2）；

③ 主机曳引轮上最靠近井道层门的一根钢带发生了翻转（图 3）。

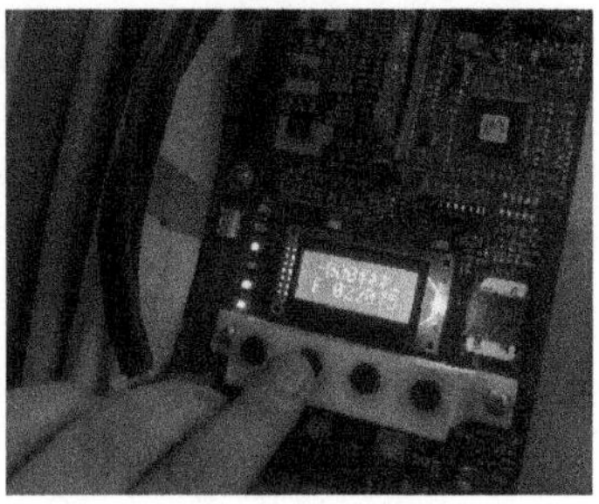

图 1 故障代码

图 2 主机曳引轮附近的钢带

图 3 主机曳引轮上翻转的钢带

在井道内发现：

① 对重停留在轿顶附近，对重安装位置位于轿厢的左侧，轿顶上有被磨损掉落在轿顶的钢带表皮（图 4）；同时还有钢带内脱落下来的钢丝（图 4），此外还有对重的防护罩（图 5）等杂物；

② 检查轿顶油杯发现油杯内没有润滑油，油杯内用于固定的金属有锈蚀现象，油杯附近有杂物（图 6）；

③ 在对重侧发现对重反绳轮的金属防护罩被割裂（图 7）；

④ 用于防止钢带跳槽的塑料罩壳有 3 个被严重破坏，与之对应的 3 根钢带全部脱槽（图 7、图 8）；

⑤ 最靠近井道层门的一根钢带发生了翻转（图 8）；

⑥ 离井道层门最远处的对重导靴与对重上其他导靴相比在外观更为崭新一些，有更换的可能；

⑦ 检查对重侧油杯发现油杯内没有润滑油，油杯内用于固定的金属有锈蚀现象，轿厢导轨和对重导轨上没有被润滑的现象，且油杯附近有杂物（图 9）。

图 4 轿顶的杂物

图 5 对重钢带的防护罩

图 6 轿顶油杯

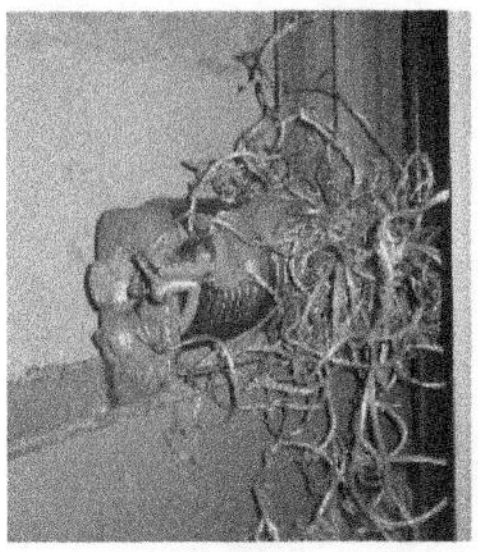

图 7 对重反绳轮

图 8 对重上的钢带

图 9 对重油杯

在底坑内发现：

① 地面上有钢带上脱落下来的钢带表皮和钢带内脱落下来的钢丝；

② 地面上还有防止钢带跳槽的塑料罩壳和其他杂物；

③ 对重侧液压缓冲器电气开关被短接。

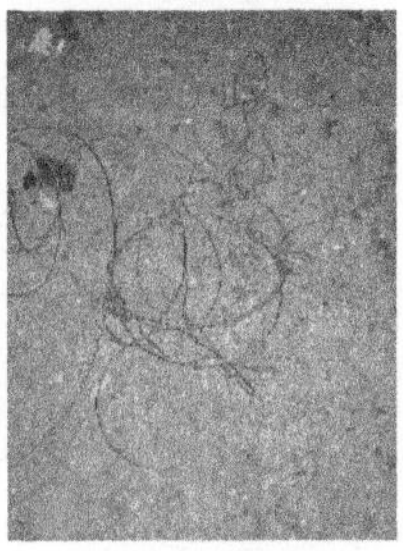

图 10 底坑里的钢丝

图 11 底坑里钢带的防护罩

图 12 对重缓冲器被短接

三、该事故产生的经过及可能发生的原因

该电梯在投诉当天的早上，曾发生过电梯关人，根据维保人员描述，其本人在救出被困人员后将电梯恢复正常后离开，但并未查询电梯困人原因。在投诉当天的下午，有用户向业委会反映该电梯在运行时有严重的异响，业委会查看现场后要求维保人员停止电梯的运行并检查电梯是否存在问题。维保人员查看井道后发现上述问题后向业委会汇报并提出了巨额维修费用，使用单位不满电梯维保质量，向市场监管局投诉，并请求查明本次故障的原因。

笔者根据现场勘查发现，主机上的曳引轮固定在传动轴上随传动轴转动，重侧的反绳轮由一根轴串联固定在对重侧，随钢带转动。在本次电梯故障中机房曳引轮附近钢带表面的融化需要在钢带不动的情况下长时间的摩擦产生大量的热量使其磨损融化，而对重反绳轮处的钢带受到如此严重的破坏需要一个强大的破坏力，根据控制柜内的故障码显示，该电梯出现过多次的钢带悬挂装置故障。基于上述现象可以大致判断在电梯故障出现时有如下可能性。

① 电梯主机可能在正常运行，而钢带没有位移，当电梯检测到电梯并未正常运行时将主机停止，钢带由于受到曳引轮上强大的曳引力，使钢带内部受到了非正常的强行拉伸，在主机停止时，钢带恢复内应力的瞬间异常跳动，使对重受到一个强大的破坏力，同时破坏了对重反绳轮的防护等相关部件，并使钢带在侧向滑动的瞬间在主机侧和对重侧翻转，悬挂装置由于钢带的非正常拉伸记录故障代码。

② 电梯主机可能在正常运行，而钢带没有位移，钢带由于受到曳引轮上强大的曳引力，使钢带内部受到了非正常的强行拉伸，当钢带达到一定极限后，瞬间拉动对重和轿厢，使对重受到一个强大的破坏力，从而破坏了对重反绳轮的防护等相关部件，并使钢带在侧向滑动的瞬间在主机侧和对重侧翻转，

同时悬挂装置由于钢带的非正常拉伸记录故障代码，并使电梯停止了运行。

结合对重侧上方一侧导靴有更换的可能，同时油杯有缺油的现象，笔者猜测该电梯在正常运行时，对重侧在向上运行时有卡阻的可能。特别是在部分段导轨面距偏小的地方，假设电梯在正常运行时在该段导轨遇到对重运行卡阻，使对重非垂直运行，此时极有可能使造成对重不动而主机正常运转，致使曳引轮上的钢带异常磨损产生大量的热量，使钢带表面融化。

据了解该电梯的悬挂装置有故障记录的功能，每次检测到悬挂装置故障后，电梯会往最底层复位，在复位动作完成后电梯会恢复正常运行。因此也可以推断该电梯在被发现故障前，对重反绳轮可能已经被破坏，而在被破坏之后电梯一直在重复故障记录与正常运行，这一点可以从电梯钢带磨损量异常体现出来。根据经验，如果仅凭一次上述的钢带故障，很难使对重反绳轮的金属罩壳受到如此的破坏，钢带内的钢丝也很难有如此之多被割断。

四、现有钢带所涉及的相关标准和检规

1. 相关标准

GB/T 10060—2011《电梯安装验收规范》中 5.5.1.3 规定悬挂绳表面应清洁，不应粘有尘渣等污物。5.5.1.8 中规定悬挂绳端接装置应安全可靠，其锁紧螺母均应安装有锁紧销[1]。

GB 50310—2002《电梯工程施工质量验收规范》中 4.9.1 规定绳头组合必须安全可靠，且每个绳头组合必须安装防松螺母和脱落的装置[2]。

GB/T 31821—2015《电梯主要部件报废技术条件》中 4.4.4 中规定，扁平复合曳引钢带出现下列情况之一，视为达到报废技术条件：a）钢带出现裂纹、压痕、弯折、穿刺、凹陷或鼓包；b）钢带中任意一个绳股断裂；c）钢带表面因磨损或外力损坏露出内部钢丝；d）钢带出现严重锈蚀；e）钢带曳引力不符合 GB 7588-2003 中 9.3.a）或 b）要求。[3]

GB/T 39172—2020《电梯用非钢丝绳悬挂装置》于 2020 年 11 月 19 日发布，并将于 2021 年 06 月 01 日实施，该标准规定了电梯用非钢丝绳悬挂装置的分类、技术要求、检查、试验、检验规则、验收[4]。在该标准中，本文中的电梯钢带被定义为齿型（BT）包覆带，并在附录 B 中指出了包覆绳（带）报废及更换技术条件。

2. 企业标准[5,6]

① 以该迅达型号为 Schindler 3300 AP MMR 的电梯为例，厂家在维保手册中要求检查钢带防护罩是否安装正确，具体如下图 13 所示。

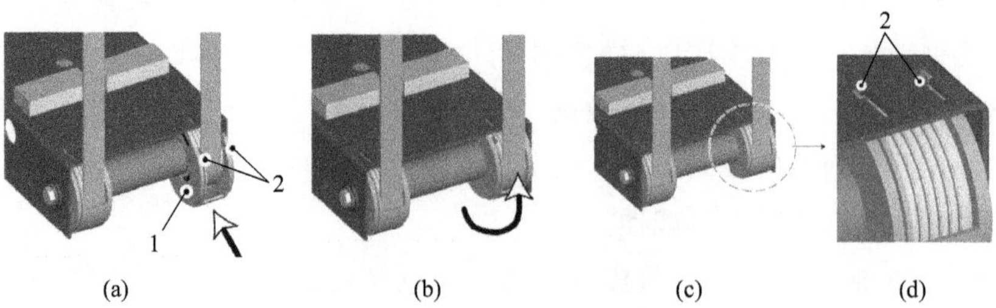

图 13　检查钢带防护罩是否安装正确

同时要求检查钢带运行状况，重点检查钢带在运行中是否与其他机械部件接触，以及其表面是否有污迹，特别是油迹，如有无损可用干净棉布及清水擦除，切忌使用酒精及其他溶剂对钢带进行清洁。钢带更换时必须同时更换所有钢带（即使只有一根钢带出现状况），出现下列情况时必须更换钢带：ⓐ曳引带背面钢丝断裂；ⓑ涂层破损或有纵向裂纹；ⓒ每米曳引带出现 5 条以上的横向裂纹；ⓓ内部钢芯破

损，伸出曳引带；ⓔ因异物穿刺而导致涂层破损（例如：螺钉掉入绳轮，损坏曳引带）；ⓕ曳引带磨损或腐蚀；ⓖ可看到曳引带的外芯或V带子形的形状被损坏，从而影响型材或使钢芯暴露。

此外，根据迅达3300SAIS（J139458）要求，当对重坐在缓冲器上时，曳引机在向上曳引空轿厢时应打滑，如果此测试通不过，则必须重新喷涂PTEE材料。在钢带张力方面，需要检查对重固定点侧的曳引带补偿弹簧的长度。如果长度不同则需要调节弹簧压缩，使曳引钢带补偿弹簧的长度相等（在顶部和底部垫圈之间测量）。

② OTIS GeN2电梯曳引用钢带的报废基本标准如下。

钢带的设计寿命为20年，是传统钢丝绳寿命的2～3倍，在钢带的设计寿命周期内推荐对钢带进行至少每年一次的全面外观检查。

钢带的外包覆层与包覆层内的钢芯在使用中无任何磨损或损坏痕迹且钢带实时监测报警装置无异常报警时，钢带使用周期满20年后，建议报废更换，如需继续使用，应加强对钢带的定期例行检查。

在例行保养中如发现钢带实时监测报警装置有异常报警但未停梯时，应确认钢带监测报警装置是否有异常，如钢带报警装置本身无异常，应立即准备报废更换钢带。

如钢带实时监测报警装置报警并就近停梯时，电梯不得以任何方式重新服务，应立即报废更换钢带。

在用的电梯钢带有以下情形之一的应该进行强制报废更换：钢芯从外层包裹材料中裂出、外表面可见明显的钢芯痕迹、外表面有明显可见的压痕、钢丝穿出表面、成块的表面被磨光、钢带边缘有较长的微小裂纹、表面有可见的长裂纹、表面有可见的长裂纹。

如果一根钢带需要报废更换，则该台电梯所有其他钢带也需要被同时报废更换。

钢带应避免长时间完全暴露在高温（大于50℃）环境下或处于阳光暴晒的环境中，如果出现上述情形，需征询相关钢带专家的意见，情况严重时，应报废处理。

3. 相关检规与文件

TSGT 7001—2009《电梯监督检验和定期检验规则——曳引电梯与强制驱动电梯》附件A5.1除了规定悬挂钢丝绳和补偿钢丝绳的报废条件外，还规定“采用其他类型悬挂装置的，悬挂装置的磨损、变形等不得超过制造单位设定的报废指标”。附件A5.2端部固定方面还规定“采用其他类型悬挂装置的，其端部固定应当符合制造单位的规定”。

原质检总局特种设备局在2013年11月发布了《“用于额定速度不大于3.0ms电梯的Poly-V悬挂和曳引钢带（STM）”安装使用相关事宜的函》，制定了STM电梯监督检验和定期检验补充要求。

五、钢带的检验方法

对于钢带的检验检规中没有提出明确的要求，而仅仅要求符合制造单位的规定。根据上文第四部分可知，各个厂家对于自身品牌的钢带电梯均有特殊的保养要求，钢带的样式也不一样，这给检验工作带来了巨大的难度，因此在实际检验中我们可以参考如下步骤进行检验。

① 在检验时遇到含有钢带的电梯应格外注意，在检验前应先询问使用单位和维保单位是否知晓钢带的维护要求，并查看电梯的保养记录和维修记录等相关资料，了解电梯是否存在悬挂装置更换或者维修等相关情况。

② 查看该钢带电梯的维修保养手册，查看钢带的设计说明与维保要求。

③ 查看钢带表面磨损的情况，并对比保养手册上的情况以明确钢带是否正常。

④ 检验悬挂装置时应查看悬挂装置上的电气装置是否功能正常，用来检测钢带异常的机械装置间隙是否符合厂家的设计要求。

⑤ 在检验主机时，应注意查看主机底座是否有位移，钢带挡绳是否完好，挡绳间隙是否符合厂家的设计要求。

⑥ 在井道内查看对重反绳轮、轿顶反绳轮的挡绳情况，查看钢带是否有在偏离钢带槽的可能。

六、相关思考

笔者在查看文献后发现，全国各地均有不同程度的钢带电梯事故发生，总结其发生事故的原因，主要以钢带偏离钢带槽、跳槽、脱槽为主，且发生故障的位置大部分在对重侧为主。钢带作为一种新技术应用在电梯上，其优点应给予肯定，但其应用的局限性也应被广大检验人员悉知，参考文献［7］指出其主要局限性在以下几个方面：

① 速度限制：目前，市场上采用曳引钢带的电梯运行速度基本上是1.0～2.5m/s. 比如迅达向质检总局申请的曳引钢带电梯运行速度最高也不大于3.0m/s。实现高速和超高速电梯上采用曳引钢带，其设计还有待研发和试验。

② 提升高度限制：采用曳引钢带的电梯主要应用于无机房电梯、低楼层电梯，对于提升高度相对比较高的建筑物，目前还没有应用实例，安全性能还不能完全满足，制造技术上还需要突破。

③ 载重量限制：曳引钢带主要应用于乘客电梯，载重量一般都在1600kg以下，对于载重量较大的载货电梯，市场上少之又少，目前，复合钢带还不能完全适应和满足大载重量的需要。

④ 价格限制：采用曳引钢带的电梯相比采用传统钢丝绳电梯的销售价格要高，同等参数和配置情况下，一般要高5%以上，这在一定程度上削弱了它的竞争力。

笔者在实际的检验中也发现，对于低楼层、低速的电梯，基本没有发生什么故障，如本地区的城市桃园小区、荣盛家园小区等，而高楼层、中等速度的电梯则会经常发生故障，如本地的联盛大厦、保利慈悦湾小区、智慧谷等。笔者在分析各种悬挂装置故障后发现，厂家对钢带电梯的故障处理方式如果不合理，就会导致电梯带病运行，同时使电梯发生事故的概率加大。如本文中的迅达3300电梯，在悬挂装置检测到故障后，对故障的处理则仅仅是将故障记录，然后电梯运行到最底层后进行自动复位，随后即可正常运行。再比如奥的斯，在检测到悬挂装置异常后，记录故障的同时，将电梯停靠到就近楼层，而电梯可能还会再次运行。

最后，笔者还发现，钢带电梯的保养一定需要专业的人员进行保养，无论是否是原厂家对电梯进行保养，都应知晓需要保养的电梯其固有的特点，在发生故障后应及时检查故障原因，消除安全隐患，而不是仅仅在控制柜内消除故障代码。

参考文献

[1] GB/T 10060—2011.《电梯安装验收规范》[S].
[2] GB 50310—2002.《电梯工程施工质量验收规范》[S].
[3] GB/T 31821—2015.《电梯主要部件报废技术条件》[S].
[4] GB/T 39172—2020.《电梯用非钢丝绳悬挂装置》[S].
[5] Schindler 3600 STM K 40700184—01.
[6] Schindler FMB130_ STM_ B 维保 (TB105).
[7] 谌晓波，喻颖．浅谈电梯的复合曳引钢带及其检验 [J]．特种设备安全技术．20161：39-41.

常见电梯门回路检测电路的优化设计

丁玉俊，丁新其

江苏省特种设备安全监督检验研究院泰州分院，泰州，225300

摘　要： 为防止电梯门回路短接现象和剪切坠落事故的发生，《电梯监督检验和定期检验规则—曳引与强制驱动电梯》第 2 号修改单提出了门回路检测功能的要求，但目前采用的常见门回路检测电路设计上并不能完全满足检验规范要求，存在缺陷和安全隐患。本文针对这些问题提出了两种优化设计方案，以期符合规范要求，同时保证电梯安全运行。

关键词： 电梯；门回路；检测电路；优化设计

Optimal design of common elevator door lock loop detection circuit

Ding Yujun, Ding Xinqi

Taizhou Branch Of Special Equipment Safety Supervision Inspection Research Institute Of Jiangsu Province, Taizhou, 225300

Abstract: In order to prevent the elevator door circuit short connection phenomenon and the occurrence of shear drop accident, No. 2 amendment to *elevator supervisory inspection and periodical inspection rules—traction and forced drive elevators* puts forward the requirements for door loop detection function, but the design of the common door loop detection circuit can not meet the requirements of the inspection specification, it comes with defects and security concerns. Aiming at these problems, this paper puts forward two kinds of optimal design schemes, in order to meet the requirements of the specification and ensure the safe operation of the elevator.

Keywords: elevator; door lock loop; detection circuit; optimal design

0　引言

一旦电梯门回路被短接，将会带来剪切、坠落、挤压等危险，直接危及使用人员的生命安全，后果不堪设想。因此，在 TSG/T 7001—2009《电梯监督检验和定期检验规则——曳引与强制驱动电梯》[1] 第 2 号修改单[2] 增加了门回路检测功能的要求，防止门锁短接的情况下电梯正常运行。要求如下：

应当具有门回路检测功能，当轿厢在开锁区域内、轿门开启并且层门门锁释放时，监测检查轿门关闭位置的电梯安全装置、检查层门门锁锁紧位置的电气安全装置和轿门监控信号的正确动作；如果监测到上述装置的故障，能够防止电梯的正常运行[2]。

1　常见门回路检测原理及分析

1.1　工作原理

目前，门回路检测功能多数采用安全电路封线模式实现，并与开门再平层功能和平层提前开门功能

作者简介：丁玉俊，1986 年生，男，高级工程师，硕士，主要从事电梯检验及技术研究。

共用门锁封线模块。图 1、图 2 分别是单轿门和双轿门电梯的门回路检测电气原理图。

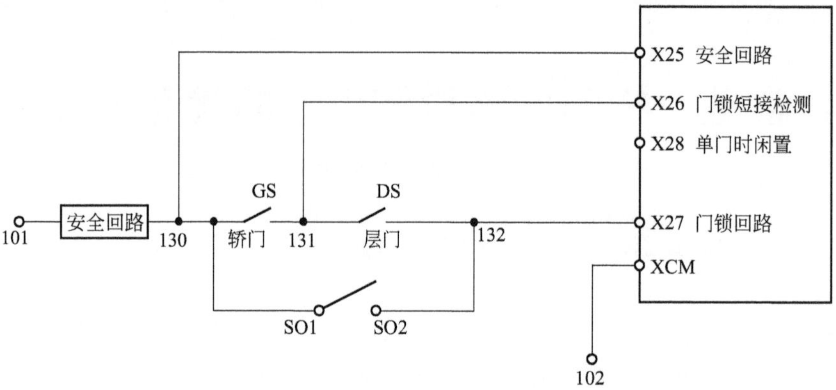

图 1　单轿门门回路检测电气原理图

如图 1，GS 为轿门电气安全装置，130—131 为轿门门锁回路，DS 为层门电气安全装置，131—132 为层门门锁回路。单轿门电梯门回路检测原理如下。

① 当电梯正常运行到站开门后，电梯控制系统输出封门信号使安全电路 SO1、SO2 触点闭合，若检测到门锁短接信号 X26 有效，则电梯报 E53 故障，子码 105，然后撤销封门信号；开门后若没有检测到门锁短接，结束检测撤销封门信号。

② 封门撤销后，检测 X27 信号，信号有效则报 E53 故障，子码 101。

③ 开门后若检测到关门到位信号持续有效，则报故障 E56，子码 104，认为关门到位信号粘连。

④ 关门到位门锁导通时，若 X26 信号断开则报故障 E53 故障，子码 107。

对于贯通门，如图 2，130—133 为前门门锁回路，133—132 为后门门锁回路。双轿门电梯门回路检测原理。

① 当贯通门两门均开启时，电梯正常运行到站开门后，电梯控制系统输出封门信号使安全电路 SO1、SO2 以及 SO3、SO4 触点闭合，若检测到前门锁短接信号 X26 有效，则电梯报 E53 故障，子码 105；检测到后门锁短接信号 X28 有效，则电梯报 E53 故障，子码 106；然后撤销封门信号；贯通门只开一门时，开前门检测信号 X26，开后门检测信号 X28。

② 封门撤销后，前门打开时检测 X26 信号，信号有效则报 E53 故障，子码 105；后门打开时检测 X28 信号，信号有效则报 E53 故障，子码 106。

③ 封门撤销后，检测 X27 信号，信号有效则报 E53 故障，子码 101。

④ 开门后若检测到关门到位信号持续有效，则报故障 E56，子码 104，认为关门到位信号粘连。

⑤ 关门到位门锁导通时，若 X26 和 X28 信号断开则报故障 E53 故障，子码 107。

1.2　存在问题

显然，这种设计可以有效防止电梯整个门锁回路或指定楼层的层门或者轿门上所有电气安全装置被人为短接，但当门锁的单个电气安全装置如检查锁紧的电气安全装置（简称为主触点，下同）或检查闭合的电气安全装置（简称为副触点，下同）被短接时，当电梯到达指定层站、并在开锁区域内层门开启时，无论是 X26、X27 还是 X28 信号均为无效，系统无法检测出故障。这带来两点问题。

（1）不能完全满足现行检规的要求

上文已经提及，门回路检测功能应满足“监测检查轿门关闭位置的电梯安全装置、检查层门门锁锁紧位置的电气安全装置和轿门监控信号的正确动作”，显然这一设计无法监测检查轿门关闭位置的电梯安全装置、检查层门门锁锁紧位置的电气安全装置的正确动作。

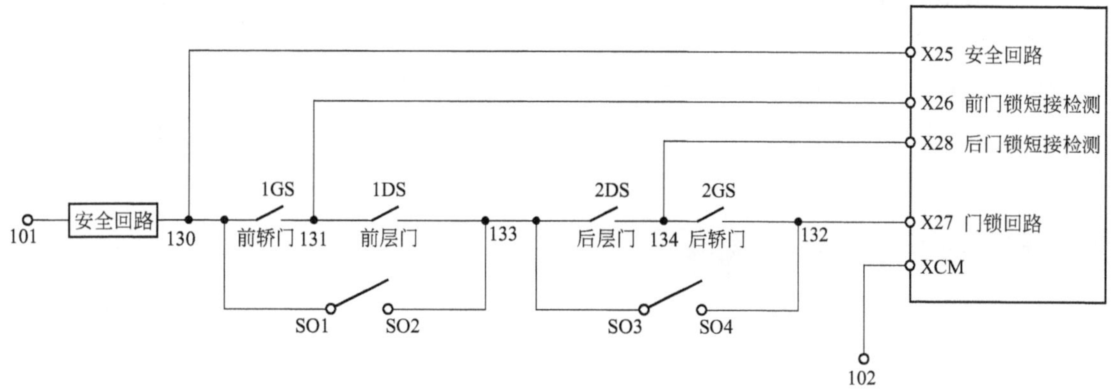

图 2　双轿门门回路检测电气原理图

(2) 门的安全隐患依然存在

该方案允许层门或轿门的主触点和副触点被单独短接，即允许电梯在门未锁紧或未闭合的情况下正常运行，这与标准规范中对门的安全性能要求相悖，风险较大。例如层门未有效锁紧且层门主触点被短接，电梯正常运行，此时层门无需紧急开锁装置也能被非专业人士（如乘客）打开，虽然电梯会停止运行，消除剪切的风险，但无法消除坠落井道的风险。

2　门回路检测电路优化设计方案

针对上述问题，笔者根据实际工作经验，提出两个方案，以供同行交流。

2.1　增设门锁回路电阻检测功能

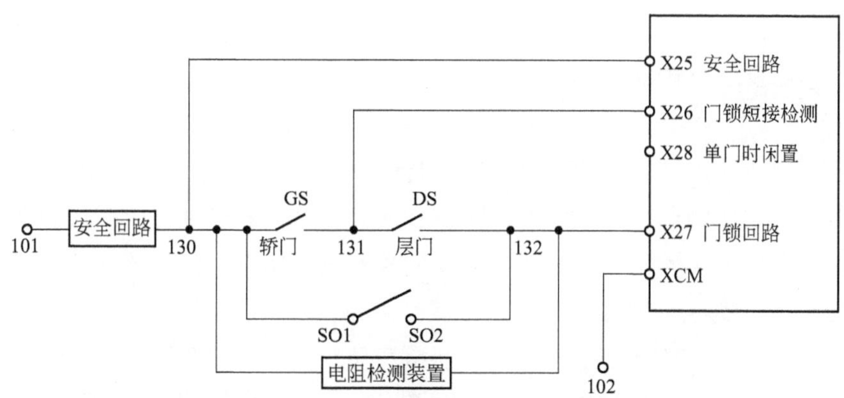

图 3　方案一（增设门锁回路电阻检测功能）

如图 3 所示，电梯设计时对门锁回路增加检测电阻值的功能。门锁电气安全装置内置固定的电阻，如果短接其中一个门锁触点，总电阻值发生变化，从而判断出主触点或副触点被短接。控制回路中增加时间继电器和中间继电器，时间继电器、中间继电器依次位于变频器输出端，在安全回路与 130 之间串入中间继电器的一组常闭触点。工作原理如下：

当输出封门信号检测到 X26 信号有效时，电梯报 E53 故障防止电梯正常运行但允许电梯关门，当轿门关门到位信号有效时，时间继电器作用，控制中间继电器作用 3～5s，此时常闭触点动作，断开门锁回路供电，电阻检测装置起作用，根据检测结果判断门锁触点是否被短接。

假设电梯 5 层 5 站 5 门，层门主触点、层门副触点、轿门主触点及轿门副触点内置阻值分别为 1kΩ、2kΩ、4kΩ 及 5kΩ，系统对门锁回路的电阻值进行检测，电阻值为 24kΩ，则门锁回路正常；若电阻值为 19kΩ，门锁回路判断为“层门主触点短接故障”，输出对应的故障子代码（假设为 108），电梯不能正常运行，其余以此类推；若电阻值为∞，判断为“门锁断开故障”，电梯不能正常运行。

这个方案的优点在于：

① 能够通过检测结果判断出单个门锁触点的动作，降低门锁失效带来的风险；

② 理论上可以计算出有几个门锁触点被短接，上例中若检测出电阻值为 21kΩ，则可判断出有三个层门主触点或一个层门主触点和一个层门副触点同时被短接。

2.2 门锁电气触点连接方式的改进

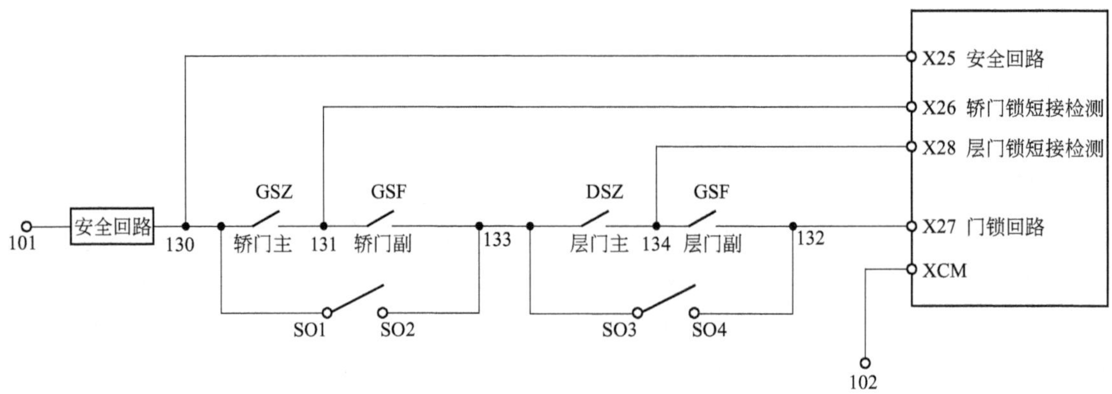

图 4 方案二（门锁电气触点连接方式的改进）

目前电梯采用了每一扇门的所有电气安全装置串联后，再与下一扇门的所有电气安全装置串联的方式，正是这样的连接方式造成无法单独检测某个门锁触点是否被短接。如图 4 所示，考虑对现行的连接方式进行如下改进：所有门的主触点依次串联，所有的副触点依次串联，再将主触点回路和副触点回路串联在一起，其中 130—131、131—133、133—134 及 134—132 分别代表轿门主触点回路、轿门副触点回路、层门主触点回路及层门副触点回路。

检测原理如下：

① 当电梯到达指定层站、并在开锁区域内轿门开启时，电梯控制系统输出封门信号使安全电路 SO1、SO2 以及 SO3、SO4 触点闭合，监测 X26 信号的有效性，若信号有效，代表轿门门锁回路被短接，系统报故障防止电梯正常运行；若监测到 X28 信号有效，代表层门门锁回路被短接，系统报故障防止电梯正常运行。

② 封门撤销后，检测 X27 信号，信号有效则报故障防止电梯正常运行。

③ 开门后若检测到关门到位信号持续有效，则报故障，判断关门到位信号粘连。

④ 关门到位信号导通时，若 X26 和 X28 信号断开则报故障，判断门锁被断开。

这一方案能够直接检测出门锁主触点和副触点的动作，满足检规要求且降低门的事故风险。

2.3 方案对比

方案一最大的优点在于理论上可以计算出被短接门锁触点的数量，但实现过程中尚存在如下问题：

① 每个门锁触点内置的电阻值随着时间的推移会发生变化，因此对检测的电阻值需考虑累计误差，避免控制系统判断错误，同时要求维保单位定期（例如年度保养）对每个电阻值进行测量，更换阻值变化较大的电阻；

② 人为短接门锁一般发生在单个门锁电梯安全装置故障时，当两个及以上门锁电气安全装置发生故障，维保人员大多直接短接整个门锁回路，因此计算被短接门锁电气开关的数量意义不大。

方案二可有效解决现行方案的缺陷，但需要电梯制造单位从设计阶段改变电梯门锁电气触点的连接方式，同时增加了电梯安装时的布线数量，提高了制造和安装成本。

综上，个人认为从现阶段看，方案一在现行方案基础上增加了辅助功能，可行性和经济性较好，但需要对内置电阻加强监测；从长远看，方案二虽然代价较大，但满足了标准和规范的要求，提升了电梯门系统的安全性能，社会效益良好。

3 结语

电梯门回路检测功能，可有效防止人为短接门回路或门锁电气触点的现象，完善的功能和可靠性缺一不可。本文中提出的两种方案，在一定程度上弥补了当前常见门回路检测电路的缺陷，保障了电梯的安全运行。但从理论转化到实际应用可能还面临一些问题，例如硬件配置和程序的更新，需要在实践中一步一步解决。

参考文献

[1] TSG T 7001—2009. 电梯监督检验和定期检验规则——曳引与强制驱动电梯 [S] .

[2] TSG T 7001—2009. 电梯监督检验和定期检验规则——曳引与强制驱动电梯　第 2 号修改单 [S] .

关于城市电梯智能化建设基本条件的思考

侯少毅，李晒荟，肖　飚

上海市特种设备监督检验技术研究院，上海，200062

摘　要： 从电梯智能化体系设计的角度阐述了实现建设目标所需的基本条件，包括政策、法规标准、资金、技术等，并以上海建设“智慧电梯”为例提出了可行的实施路径。

关键词： 电梯；智能化；建设

Reflection on the Basic Conditions of Construction of Urban Wisdom Elevator System

Hou Shaoyi，Li Senhui，Xiao Biao

Shanghai Institute of Special Equipment Inspection and Technology Research, Shanghai, 200062

Abstract: The basic construction conditions of the “wisdom elevator” , such as policies, regulations and standards, funds, technology, which were described respectively from the view of system design. And the construction of " wisdom elevator" in Shanghai was exemplified as feasible methods of implementation.

Keywords: elevator; intelligent; construction

0　引言

近年，随着中国城市化建设的加速，高层建筑数量不断增加，电梯保有量持续增长，截至 2020 年底全国电梯总量已达 786.55 万台，是全世界电梯数量最多的国家。但是，由于电梯设备本体和相关人员操作或乘用等原因导致的安全事件时有发生。据统计，2016～2019 年全国电梯事故共 168 起，伤亡情况未披露。可见，我国电梯的安全形势值得引起重视。因此，打造全新的电梯智能化生态势在必行，依靠智能化系统在海量设备数据中筛选甄别出隐患或事故征兆，并开展管理、提前预警、信息推送、组织救援等工作。

然而在各地的电梯智能化生态系统的构建过程中，遇到了一些难点，主要表现在：

① 受体制机制障碍和管理、制度创新制约，科技创新技术特别是以物联网为代表的新一代信息技术无法有效对接和应用，技术创新成果和安全保障手段无法有效推广、落实；

② 各电梯公司和第三方电梯智能化系统开发企业数据各自储存，无法对相关数据进行统一管理并进行有效分析后提出监管要求；

③ 在用电梯的智能化硬件改造困难，特别是改造所需资金的筹措和使用。

针对以上问题，本文从现有电梯智能化技术建设所需的基本条件展开分析。

作者简介：侯少毅，1983 年生，男，工程师，本科，主要从事特种设备事故分析。

1 现有电梯智能化技术

当前大型电梯制造公司为了能实时监控自己公司管理的电梯运行状态，大都利用计算机及网络技术开发了各自的监控系统。

奥的斯电梯。据2016年2月奥的斯电梯公司统计，在全球安装远程电梯监控系统（REM系统）的电梯超过50万台。REM系统在电梯运行中断前就可确定常见的维修事故症候，能检测性能劣化的零件和在导致维修要求之前的电梯异常现象。如果REM系统检测到一个潜在的问题，它将对问题的诱因和位置进行诊断，并自动拨打维修电话给奥的斯公司的客户服务中心。必要时奥的斯公司会派遣维保人员前往检查确认。

迅达电梯。迅达电梯公司电梯远程监控系统通过应用威瑞森电信公司的4G LTE网络来实现迅达电梯的远程监控。迅达电梯维护的关键是通过存储资源管理（SRM）监控电梯、扶梯运行状态的变化。当设备发生故障时，SRM就会自动将信息发送给迅达电梯公司的技术人员，甚至连乘客都还没有察觉到问题的存在时，问题已经被解决了。这项技术的应用让迅达电梯公司对处理电梯故障的速度提高了22%。

蒂森克虏伯电梯。蒂森克虏伯电梯集团研发的TE-E（TELE. SERVICE）型电梯远程监控系统具有控制电梯的功能，能检测和识别误操作紧急呼救功能；能显示电梯的运行状态，并进行分析与处理，并转化为两个图表来显示行驶方向和每层楼的呼叫次数、呼叫与处理时间曲线等；自动故障报警，包括实时维修需求识别、部件更换和预测性系统维护等。

日本电梯制造企业。在日本，日立、东芝、三菱、富士达等电梯公司的电梯远程监控系统目前已经是电梯的标配功能。日本自2016年电梯远程监控系统普及后，大大提高了电梯维保的效率，提高了电梯产品运行的可靠性，减少了停梯时间，增加了客户的信誉度。以前的维保是"点"对"点"服务，现在成"线"和"面"的服务。对于电梯困人，日本的公司过去解救时间在1h以上，后来逐渐减少至0.5h，普及电梯远程监控后，现在向客户承诺的时间不超过20min。

在电梯管理方面，新加坡有很多经验值得借鉴。至2017年底新加坡约有各类电梯8万台，至今安装电梯远程检测系统的电梯有5万台以上，对政府投资新建的公租房用的电梯，几乎100%的电梯安装了远程监测系统。监测的信号除了电梯设备的运行状态信息、故障报警信息外，还有音、视频信号记录、尿味检测等监测功能。该系统的安装，不仅为维保提供了强有力的技术支撑，而且提高了居住环境的安全性，规范了乘客的不文明行为。新加坡的电梯管理法规自2018年3月1日起，对电梯新增了三项规定：须装视频记录、门保护要用光幕、轿内的通讯装置要与救援人员相连。

近年来，国内一些地方政府和企业也都非常重视电梯物联网和电梯监控等智能化技术的应用，同时也产生了不少电梯制造厂或第三方的电梯智能化应用系统。因此在电梯智能化建设的技术层面无论是电梯制造厂还是第三方企业，都将随着科学技术的进步而不断应用于实际并得到进一步发展。但相应的政策、制度、管理、资金等其他方面的基础保障如何推进，值得思考。

2 电梯智能化建设的基本条件和实施方式

2.1 基本条件

2.1.1 政府支持

电梯智能化的建设离不开各级政府的支持，目前，各地方大多已成立特种设备安全工作联席会议制度，在此框架下建议由电梯安全工作相关的各部门、各级政府共同组成电梯安全专业委员会，以加强政府层面对电梯智能化建设的系统规划、总体设计、统筹协调，出台相关政策、法规和标准，及时解决电梯质量安全工作中的重大问题，加快电梯安全管理系统改革创新，有序、稳步推进相关工作，全面提升电梯公共服务、智能化管理和质量安全水平。

2.1.2 法规政策保障

建议电梯监管部门提请相关地方人大、政府法制办等研究出台电梯安全管理相关地方性法规，印发相关的推进电梯智能化建设的实施意见、指导意见以及其他引导创新发展的政策、管理服务通则、公平竞争规则等配套性政策或规范性文件等。

2.1.3 数据服务保障

数据是电梯智能化建设的基础，统一的数据标准是推动电梯智能化建设的首要保障。建议监管部门积极推动电梯智能化建设相关标准的制定，明确统一智能化数据和接口要求。另外，为有效利用数据，建议成立由政府主导的电梯大数据中心，对接政府大数据中心和应急中心等，通过对电梯信息数据的全面采集、及时汇总、统计分析、监测预警、研究应用等，实现电梯安全的动态监管、智能监管、科学监管和信用监管，以及电梯突发事件的及时响应、有效处置。

2.1.4 专项工程支持和资金保障

一是主动对接并争取国家和地方各项政策、资金支持，如产业转型升级专项、信息化发展专项、互联网＋专项、物联网专项等。二是对接当地城市建设要求，如通过政府实事项目等方式，推动电梯智能化平台建设和相关电梯（如 15 年以上老旧电梯、公共场所电梯等）加装远程监测等工作顺利开展。三是通过制度创设，专业托管、政府监管、社会监督，畅通电梯改造修理时维修资金的使用渠道，建立紧急动用维修资金机制，并加强审核监督，有效解决电梯改造和隐患治理资金筹措难的问题。

2.2 上海的实施方式

2.2.1 政府层面

2018 年由上海市政府办公厅印发了《关于本市加强电梯质量安全工作的实施方案》[1]，首次提出了智慧电梯建设的整体构想，并明确了三年行动计划。今年，上海也被市场监管总局列入了电梯智慧监管的试点城市。另外，在上海市特种设备安全工作联席会议上，由市市场监管局成立了特种设备安全技术委员会，其中 17 名电梯行业知名专家组成了电梯专业工作组，并认定了部分技术机构，共同构建了技术支撑体系。

2.2.2 法规政策层面

2015 年实施的《上海市电梯安全管理办法》[2] 要求本市新装电梯必须配备远程监测系统，近期对该办法进行修订时，也将增加更多电梯智能化的相关条款。2020 年，上海市市场监管局下发了《关于开展电梯维保方式改革试点工作的通知》【沪市监特种（2020）286 号】将远程监测作为按需维保试点的前提条件，鼓励本市各电梯维保和使用单位运用信息化、智能化的方式加强电梯日常维保管理。

2.2.3 技术和数据层面

上海相继制定发布和参与了《智慧电梯监测终端基本要求》[3]《电梯应急处置公共服务平台功能要求》[4]《电梯应急处置平台技术规范》[5] 等地方和团体标准，明确了政府和电梯维护保养单位的电梯智能化平台的建设要求，并规范了数据标准和接口。建设了上海市智慧电梯平台和上海市电梯应急处置公共服务平台，并对接上海市大数据服务中心，实现市政府的“一网统管”要求。

2.2.4 硬件落实和资金方面

一是探索多种远程监测装置加装推进模式，在部分区试点“政府主导、区域为主”的推进模式以及探索“政府引导＋市场机制运作”的推进模式；二是积极引导电梯制造企业开发完善原厂电梯远程监测系统功能，加大原厂远程监测装置加装推进力度；以项目化方式，重点推动部分轨道交通、会展场所、医院等重点场所加装电梯远程监测装置；三是充分发挥市场在资源配置中的决定性作用，将远程监测作为按需维保试点的前提条件，鼓励电梯制造、维保企业为在用电梯加装远程监测系统，同时解决远程监测系统持续在线难以保障的问题。

3 上海电梯智能化建设成效

近年来，上海高度重视电梯智能化建设，目前已初步建成以电梯大数据中心为核心的上海市智慧电梯平台（一期），并接入市政府“一网统管”平台。

3.1 取得的成效

3.1.1 困人救援处置

串联整合电梯应急困人救援各相关方（房管局、物业中心、区市场局、市场所、物管企业、维保企业、制造企业）和系统（发现困人、维保接单、物业确认协同、应急平台联动、监管部门记录并可视化监控全过程），实现应急困人救援信息化、自动化、智能化。系统上线至今已监测并有效处置了8048起困人事件，平均救援时间从近30min缩短至20min，并通过视频及语音安抚，远程对讲，实时告知救援人员位置等手段，有效减轻了被困人员的焦虑恐慌。

3.1.2 智慧监管

目前，全市已安装电梯远程监测设备21897台，住宅电梯物联网覆盖15675台。应用智能远程监测设备，实时自动识别、记录、推送危害电梯安全的不文明乘梯行为，今年已累计发现并通报不文明乘梯行为1271万余起，为保障电梯安全运行提供技术和数据支撑。乘梯不文明行为监管目前事件频发，主要行为是电瓶车进轿厢和故意遮挡门等，通过联勤联动实现了社会共治，逐步降低因不文明乘梯的隐患发生率。

3.1.3 公众监督

目前全市已有超过27万部电梯张贴了“上海智慧电梯码”，乘梯人通过扫码打开公众监督系统，可实现一键困人报警、故障报修、评价建议，提升发现解决故障困人的效率。

3.2 实践中存在的问题

3.2.1 缺少强制性政策和标准支撑

当前电梯智能化建设的推进主要以政府引导的方式进行，法规和标准的强制性支撑不足。虽然国家和本市相继出台了一些文件和标准，但均以“鼓励”企业参与为主，限于制定权限或公平竞争等要求，强制性的政策和标准很难在本市出台。此外，全国各地部分地方性法规政策标准不一，导致电梯行业企业更倾向于选择观望而不是行动。

3.2.2 成熟的商业推广模式尚未形成

由于远程监测的特性，政府不可能大包大揽，必须依靠市场机制，发挥各相关方的力量推进，成熟的商业推广模式至关重要。目前，电梯制造企业主要基于技术储备、提高品牌形象和竞争力等考量研发推广远程监测装置，尚未或较少从远程监测系统的应用中获得商业利润，也未探索形成一定的商业模式。第三方远程监测目前主要依靠风险投资抢占市场，依靠轿厢内安装的显示屏广告收益来维持运营，虽然在商业模式上进行了一些探索和尝试，但仍难以维持稳定和可持续的商业利润。

4 结语

本文结合上海推进智慧电梯平台建设的实际情况阐述了实现建设目标所需的基本条件并以上海建设智慧电梯为例提出了实施路径，并分析了建设过程中的问题，得到以下结论：

① 电梯的智能化能够有效提升政府监管效力、设备质量、维保效率、乘客满意度以及应急救援速率，对推动电梯行业和产业的升级起到重要作用。

② 电梯智能化建设工作的开展和推进关键要得到政府的支持和企业的认同。政府确定建设目标、给予政策支持，企业积极配合、形成良性发展，这样才能使该项工作有效持续发展。

③ 为避免各地建设成五花八门的模式，在国家层面应对电梯智能化建设提出统一的建设要求、基本功能、数据接口等要求。

参考文献

[1] 关于本市加强电梯质量安全工作的实施方案（沪府办规〔2018〕22 号），2018.

[2] 上海市电梯安全管理办法（沪府令 25 号），2015.

[3] DB31/T 1123—2018. 智慧电梯监测终端技术要求［S］.

[4] DB31/T 1124—2018. 电梯应急处置公共服务平台功能要求［S］.

[5] CPASE M 001—2015. 电梯应急处置平台技术规范［S］.

基于边缘检测的电梯制动器闸瓦厚度测量方法研究

施科益，杨　森

宁波市特种设备检验研究院，浙江宁波，315000

摘　要： 电梯制动器闸瓦的厚度与电梯的制动性能直接相关，制动器闸瓦厚度过小会导致制动力的严重不足。为消除此类电梯安全隐患，本文分析了边缘检测技术，研究了基于Canny边缘检测算法的电梯制动器闸瓦厚度检测方法，并设计了检测装置。实验测量分析结果表明，该测量方法能够准确、方便检测闸瓦厚度，误差较低，能够实现闸瓦厚度的在线检测和自动监测，提高电梯的安全运行性能。

关键词： 边缘检测；制动器；闸瓦；厚度检测

Measurement of thickness of elevator brake shoe based on edge detection

Shi Keyi，Yang Sen

Ningbo Special Equipment Inspection Institute, Ningbo, 315000

Abstract: The thickness of the elevator brake shoe is directly related to the braking performance of the elevator. It would cause serious shortage of brake force if the brake shoe thickness is too small. In order to eliminate the potential safety hazards of such elevators, this paper analyzed the edge detection technology, studied the thickness detection method of elevator brake shoe based on the canny edge detection algorithm, furthermore designed a detection device. The experimental result showed that the measurement method could accurately and conveniently detect the brake shoe thickness and the error was small. It realized on-line detection and automatic thickness monitoring of brake shoe, improved the safety performance of the elevator.

Keywords: edge detection; elevator brake; brake block; thickness measurement

0　引言

电梯制动器是电梯安全运行的关键部件，制动器的失效导致电梯轿厢开门溜梯、冲顶、蹲底等危险故障的发生，是引发剪切和挤压伤害的直接因素之一。杭州市下城区“7·30”电梯事故原因调查发现，事故发生时电梯制动器闸瓦的厚度只有5mm，为正常厚度的一半。制动器闸瓦厚度的减小导致制动器的制动力不足，电梯无法可靠制停。

电梯制动器闸瓦厚度是日常电梯保养的重量项目，维保手册中要求电梯维保人员采用钢板尺或是目测的方法进行闸瓦检查，往往以不露出闸瓦固定铆钉为最低要求。但实际中，电梯保养人员往往因电梯保养数量多、工作不负责等原因遗漏闸瓦的检查，这为电梯的安全运行埋下了严重的事故隐患。通过智能检测手段实现电梯制动器闸瓦厚度的在线检测是消除事故隐患的重要手段[1,2]。

作者简介：施科益，1985年生，男，高级工程师，硕士研究生，主要从事机电类特种设备检验。

机器视觉是近些年来迅速发展的人工智能领域，主要应用于工业生产、文字识别、检验检测等方面[3,4]。边缘检测是机器视觉中重要的一种技术手段，利用边缘检测技术提取电梯制动器闸瓦的边缘曲线，进而测得其厚度值。能够在不停梯的状态下，实现全时段的在线检测，以减少了电梯保养人员的疏忽，提高了电梯的安全运行性能。

1 图像边缘检测

1.1 边缘检测技术概要

机器视觉主要是利用计算机实现人类的视觉功能，是对客观世界的三维场景的感知、识别和理解，机器视觉最关键步骤就是提取图像特征。图像边缘包含了图像的大部分信息，是图像的基本特征。图像边缘检测作为机器视觉最核心的算法，为后续计算分析提供大量特征信息[5]。

图像边缘通常表现为图像局部特征的不连续，即图像中灰度变化剧烈的地方，将边缘定义为灰度值急剧变化的像素点的连线。边缘分为阶跃状和屋顶状两种类型，阶跃状边缘两边的灰度值有明显的变化，屋顶状边缘位于灰度值从增加到减少的交界点[5]。对其灰度变化曲线求取一阶、二阶导数可以进行边缘的计算和识别。

边缘检测主要包括如下步骤[6]：①图像滤波；②图像增强；③图像检测；④图像定位。传统的边缘检测算子有 Roberts 算子、Prewitt 算子、Sobel 算子、Kirsch 算子等。这些方法的优点是原理简单、计算速度快，缺点是对噪声敏感、抗干扰性差，适合于含噪声少、不太复杂的图像。

1.2 Canny 算子

Canny 算子[7,8] 是由 John F. Canny 提出的最佳边缘检测算法，基于三个基本目标：①低错误率；②边缘点应被很好地定位；③单一的边缘响应。相比传统边缘检测算子，Canny 算子具有信噪比大和检测精度高的优点，被广泛应用。

Canny 算子的基本思想如下[9]：

① 利用二维 Gauss 函数对图像进行滤波处理。

$$G(x,y)=\frac{1}{\sigma\sqrt{2\pi}}\mathrm{e}^{\frac{-(x^2+y^2)}{2\sigma^2}} \tag{1}$$

② 采用 2×2 领域一阶偏导的有限差分来计算平滑后图像 I（x，y）梯度的幅值和梯度方向。x 和 y 方向的偏导数分别为：

$$P_x(i,j)=[I(i,j+1)-I(i,j)+I(i+1,j+1)-I(i+1,j)]/2 \tag{2}$$

$$P_y(i,j)=[I(i,j)-I(i+1,j)+I(i,j+1)-I(i+1,j+1)]/2 \tag{3}$$

梯度幅值和梯度方向分别为：

$$M(i,j)=\sqrt{P_x(i,j)^2+P_y(i,j)^2} \tag{4}$$

$$\theta(i,j)=\arctan\left(\frac{P_y(i,j)}{P_x(i,j)}\right) \tag{5}$$

M（i，j）反映了图像点（i，j）处的边缘强度，θ（i，j）是图像点（i，j）的法向矢量，垂直于边缘方向。

③ 对梯度的幅值进行非极大值抑制，即判断梯度幅值图像的像素是否大于沿梯度方向上的两个相邻的像素，大于则可能是边缘点，否则删除该点。

④ 用双阈值处理消除虚假边缘，并连接断续边缘。对于非极大值抑制后的图像保留高于阈值 T_h

的图像，在高于阈值 T_1 和低于阈值 T_h 的图像中寻找可能的边缘点进行边缘连接，最后形成图像边缘曲线。

如图 1 所示的图像是曳引轮，经边缘检测后得到的图像边缘如图 2 所示。

图 1　曳引轮图像

图 2　边缘检测后的曳引轮图像

2　基于边缘检测的闸瓦厚度测量方法

电梯制动器长期处于工作状态，其闸瓦厚度直接关系到电梯制动器制动力矩的大小。基于边缘检测的电梯制动器闸瓦厚度测量方法即是利用 Canny 算子检测电梯制动器闸瓦图像中的闸瓦边缘，并测量闸瓦两边缘的距离，通过标定的比例尺换算成实际厚度。该方法的工作流程如图 3 所示。

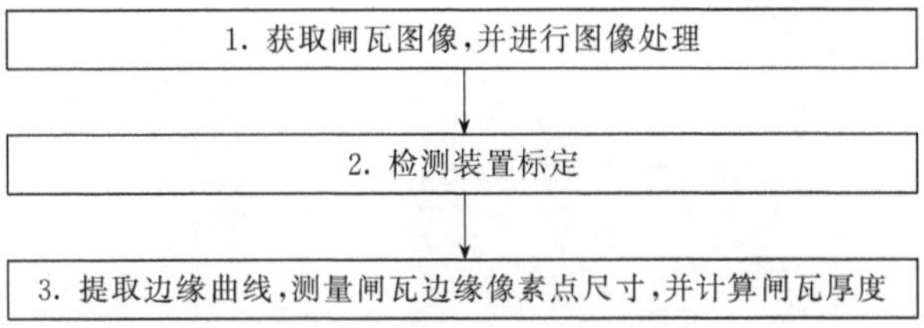

图 3　闸瓦厚度边缘检测法工作流程

基于边缘检测的闸瓦厚度测量方法中需要对制动闸瓦进行图像采集，其测量装置布置如图 4 所示。工业相机固定在曳引机减速箱上，调整镜头使得镜头垂直于制动轮，调整镜头焦距保证图像清晰。将采集到的图像传输至计算机进行进一步的处理分析。

由测量装置采集到的制动器图像如图 5 所示。制动轮是旋转部件，电梯运行时用工具进行在线的闸瓦厚度测量是非常危险的。且其与制动闸瓦之间的间隙较小，对于闸瓦的边缘肉眼较难分辨清楚。但由工业相机采集的图像里，间隙非常清楚，闸瓦的边缘提取方便。

对于闸瓦厚度的测量，可以提取其实际边缘进行测量，但实际情况中，闸瓦的安装面常灰尘较多，底座与闸瓦之间的色差较小，边缘不清晰，不易得到准确的测量值。此时可将底座和闸瓦作为一个部件进行测量，测量值同样能够反映闸瓦的磨损情况。

3　实验测量分析

首先对测量装置进行标定。制动闸瓦底座是固定部件，在使用中其尺寸变化很小，可以作为标准件对测量装置进行标定。截取图 5 中关键部分图像，并做增加亮度、增加对比度等简单的图像处理，结果如图 6 所示。图 6 中所标记黑线处作为测量的位置点，其中 AB 为闸瓦底座厚度，BC 为闸瓦厚度。

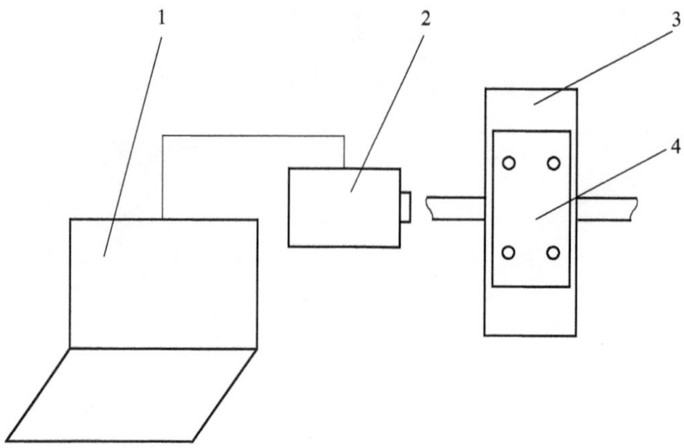

图 4　测量装置示意图

1—计算机；2—工业相机；3—制动轮；4—闸瓦及底座

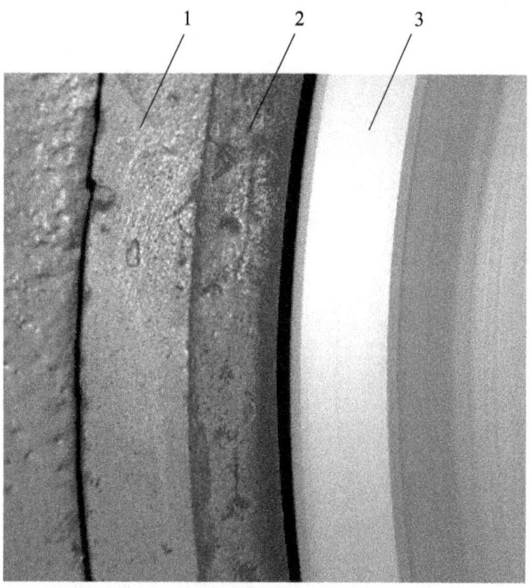

图 5　采集的制动器图像

1—闸瓦底座；2—闸瓦；3—制动轮

如图 6 所示的图像进行边缘检测，结果如图 7 所示。ab 为闸瓦底座厚度，bc 为闸瓦厚度。

在图 6 的 AB 处用游标卡尺测得的制动闸瓦底座的厚度为 10.60mm，在图 7 中测得 ab 长度为 168 像素。由此得实际尺寸与图像尺寸的比值 scale 为：

$$\text{scale}=\frac{AB}{ab}=\frac{10.6}{168}=0.063\text{mm/pixel}$$

相同位置的两个物体与同一张图像的尺寸比例相同，即：

$$\text{scale}=\frac{AB}{ab}=\frac{BC}{bc}$$

在图 7 中测得 bc 长度为 140 像素，则：

$$BC=\frac{AB}{ab}\cdot bc=\text{scale}\cdot bc=8.82\text{mm}$$

因此，闸瓦的厚度计算值为 8.82mm。游标卡尺测量闸瓦的实际厚度值为 8.72mm，误差为 1.15%。

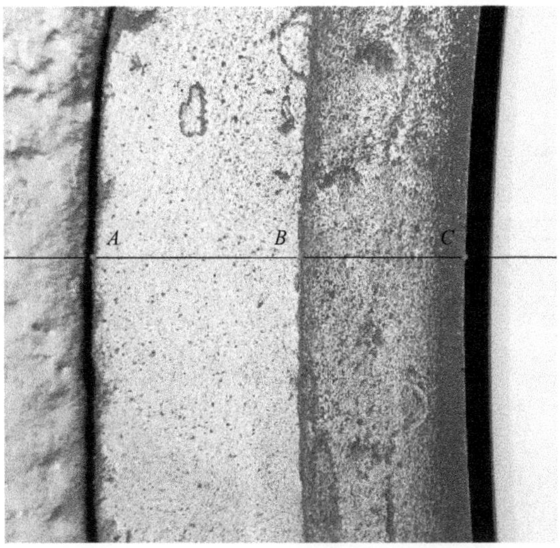

图 6　截取并图像处理后图像

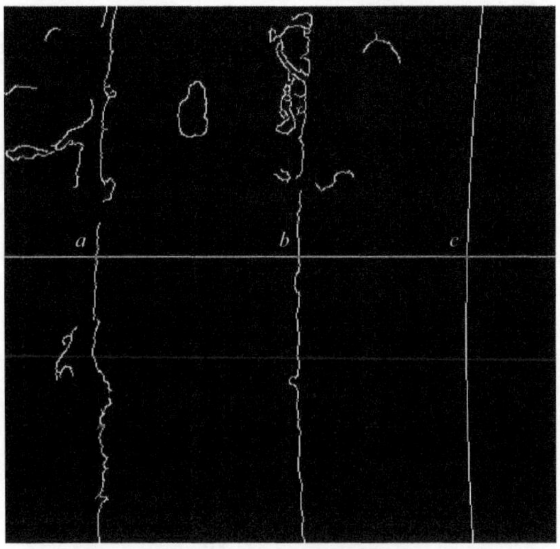

图 7　边缘检测结果图

在实际的应用中，可在电梯新安装时进行一次标定，之后在电梯的日常运行中即可实时获得电梯制动闸瓦的厚度值，作为制动器性能的一种表征。

4　总结

边缘检测技术是机器视觉技术的重要手段，能够准确、方便地提取图像中物体的边缘曲线，通过边缘曲线点进行距离、尺寸、形状等计算分析。

电梯制动器闸瓦的厚度与电梯的制动性能直接相关，闸瓦厚度可看作为闸瓦两侧边缘之间的距离。本文利用边缘检测技术提取闸瓦的边缘曲线，通过像素点计算闸瓦的厚度。该方法首先对测量装置进行标定，再获得图像并进行图像处理，然后进行边缘检测提取边缘曲线，最后把边缘曲线中的像素尺寸通过标定值换算成实际尺寸。

基于边缘检测的制动器闸瓦厚度检测能够实现闸瓦厚度的在线检测和自动监测，减少了电梯保养人员的疏忽，提高电梯的安全运行性能。

参考文献

[1] 李书杰．基于机器视觉的电梯节能关键技术 [J]．自动化与仪器仪表，2015，4：227-229.
[2] 张国明．应用于电梯钢丝绳检测的机器视觉系统的关键技术研究 [J]．中国机械，2015，24：54-55.
[3] 李云峰．基于机器视觉的冲压件尺寸参数测量 [J]．工具技术，2015，49（11）：95-98.
[4] 叶肖伟．基于机器视觉技术的桥梁挠度测试方法 [J]．浙江大学学报：工学版，2014，5：813-819.
[5] 任文杰．图像边缘检测方法的研究 [D]．济南：山东大学，2008.
[6] 骆腾斌，陈硕，赵紫阳，连青惠．基于机器视觉算法的轴承套端面缺陷检测研究 [J]．机电工程，2018，02：12-13.
[7] 王文豪，姜明新，赵文东．基于 Canny 算子改进的边缘检测算法 [J]．中国科技论文，2017，（08）：5-6.
[8] 刘克平，李西卫，隋吉雷，李岩．基于改进 Canny 算法的工件边缘检测方法 [J]．广西大学学报（自然科学版），2017，（6）：5-6.
[9] 张少伟．基于机器视觉的边缘检测算法研究与应用 [D]．上海：上海交通大学，2013.

基于能量回馈技术的电梯节能方案探讨

苏　楠，孙浩翔

江苏省特种设备安全检验研究院，南京，210000

摘　要： 电梯作为建筑物中关键组成成分之一，其可以为国民生活提供较大的便捷性，但是电梯更是建筑物中能耗的大户。现阶段，国民愈发重视节能与绿色。为此，本文主要从现阶段电梯节能技术具体现状，通过对电梯能量回馈系统的硬件电路和控制软件设计以及实现路径细致分析，给电梯节能技术提供借鉴，为高质量发展增砖添瓦。

关键词： 能量回馈技术；电梯节能；高质量发展

Discussion on elevator energy saving scheme based on energy feedback technology

Su Nan, Sun Haoxiang

Special equipment safety supervision Inspection Institute of Jiangsu province, Nanjing, 210000

Abstract: Elevator as one of the key components of buildings, it can provide greater convenience for national life, but the elevator is the largest energy consumption in buildings. At present, people pay more and more attention to energy saving and green. Therefore, this paper mainly from the current situation of elevator energy saving technology, through the detailed analysis of the elevator energy feedback system hardware circuit and control software design and implementation path, to provide a reference for the elevator energy saving technology, to add bricks and tiles for high-quality development.

Keywords: energyfeedback technology; elevator energy saving; high-quality development

0　引言

随着世界经济与科学技术飞速的发展和人们生活水平的不断提高，电能供需矛盾日益突出，节电呼声日益高涨。据统计，电梯已经成为当今社会用电量中仅次于空调的第二耗电大户，占社区公共用电量的20%～30%左右。依照每部电梯每天均匀耗电50kW・h、每年运转300天，2021年全国预计保有量800余万台，一年全国耗电就是近千亿千瓦・时！耗费的电能超越三峡一年发电量的三分之二，可见电梯耗电之巨！因而，实际生活中电梯节能就显得十分有必要了。

1　电梯节能技术的现状

现阶段，我国的建筑技术已经较为成熟了，电梯基本都为变频调速类别的电梯，其大部分为运用电

作者简介：苏楠，1984年生，男，高级工程师，在职研究生。主要从事电梯检验、业务拓展及技术研究。

梯机组内电容存储电能模式实施节能控制。在对电阻实施调节的过程中，能量消耗相对较大，而且会释放出较多热量，造成电梯控制柜设备所具温度相对较高[1]。近些年，处于高新技术支撑之下，对电梯设计与生产有较大进步。若是想要保障电梯中驱动系统可以满足环保与节能的需求，需要把电梯节能问题放于我国能源战略上，促使新技术不断研发，给电梯发展提供出较优的技术支持。国外电梯技术与使用层面上都实施了优化与设计。例如，设计单双数、实施分层设计，降低电梯运转环节中的各种动作，减少电梯运行所需的能耗。

2 实现电梯节能的途径

电梯作为位能负载，在运转的时候，需要频繁性启停，依照载客量出现变化，以及上下行出现变化，电能消耗不一致。现阶段，可以将节能效果实现的途径大概分为以下三类。

2.1 使用能量回馈技术

能量回馈技术作为把电机设备消耗电能，运用某一种模式，将其转变成为电能，而后再次进行运用，从而可以达到降低能耗的功效。运用电梯势能转变成为电能，作为回馈的一种，可以降低单位时间范围内电能消耗。而能量回馈技术并不是固定性技术，需要不断地进行优化，促使能量转化效率可以显著提升。

电梯能量回馈装置将电梯运转过程中变频器开释到制动电阻的高压直流废电，经过能量回馈设备收回、整流、逆变、滤波后，构成新的再生电能回馈至三相公共电网运用，然后使废电再次运用到达节能和下降电梯机房温度的作用。

2.2 提升电动机设备负载运转的效率

电梯电机通常采用永磁同步电机，主要是由于永磁同步电机易于做成低转速、大功率的优点。其结构紧凑，功能齐全，集曳引电机、曳引轮、电磁制动器、光电编码器于一身，易于安装，便于使用。这种电机，使用中可以同尺寸代替原来的 Y1，Y2，Y3 等电机，减少了更换过程的麻烦，从而提高电机设备负载运行质量与效率。

2.3 电梯的群控技术

群控电梯就是多台电梯集中排列，共有厅外召唤按钮，按规定程序集中调度和控制的电梯。该种技术对降低单一性电梯设备能耗功效不大，但，多台电梯运用群控技术，可以较好地协调每个电梯间工作，以对电梯的停靠，运行进行智能控制，可以提升电梯设备传输效率，可以实现出节能功效[2]。

3 基于能量回馈系统的硬件设计

3.1 功率逆变电路

功率逆变电路是电梯能量回馈系统的主电路，逆变电路根据不同的分类方法有不同的结构。逆变电路的基本结构如图 1 所示。T1～T6 采用 IGBT 自关断器件，D1～D6 是与 T1～T6 反并联的二极管，其作用是为感性负载提供续流回路，电感的作用是增大短路阻抗，限制短路电流。

3.2 并网同步电路

电梯能量回馈系统起动后，能否有效地将电梯变频器直流母线上的能量回馈到电网，相位同步控制起关键作用。首先是保证逆变输出线电压与电网线电压同频同相。其次，尽可能选取在电网线电压的高电压段向电网回馈能量[3]。这样既不会对电网造成冲击，污染电网，且当回馈电流一定时，可获得较

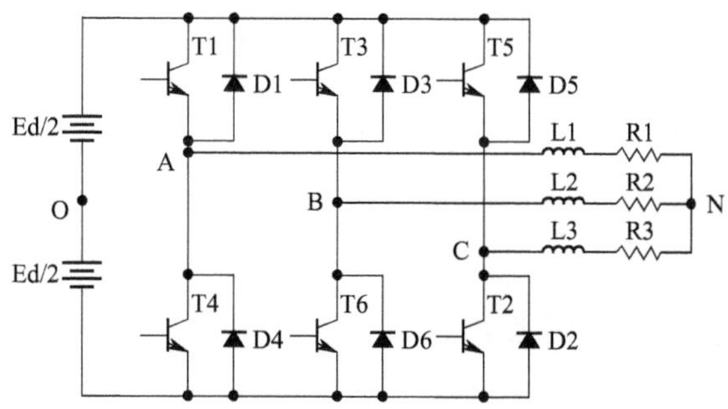

图 1　三相电压型逆变电路结构图

大的能量回馈功率。并网同步电路采用电网线电压同步，同时为了避换相时的死区影响。

3.3　电压检测控制电路

在电梯能量回馈系统中，电压检测控制电路的任务是：当电梯曳引机工作于发电状态时，变频器直流母线侧电压升高，超过设定值 U_{dh} 后，启动能量回馈系统工作，直流母线上的能量开始进行逆变，迫使母线电压回落；当母线电压小于另一设定值 U_{dl} 关闭能量回馈系统。为了保证曳引机工作于发电状态结束后，能有效地关闭能量回馈系统。因此，U_{dl} 的值要大于曳引机工作在电动状态时可能出现的最高直流母线电压。同时，为了避免信号干扰及能量回馈系统过于频繁地起动和关闭，且保证逆变过程不受电网波动影响，电压检测控制电路采用电压滞环跟踪控制方式[4]。

3.4　电流检测控制电路

能量回馈过程中，电流要满足能量回馈功率的要求，即逆变电路回馈电网的功率大于或等于曳引机处于发电状态时的最大功率，否则直流母线上的电压将继续升高。当电网电压一定时，系统能量回馈功率决定于回馈电流。另外，回馈电流必须限定在逆变器功率开关器件的额定范围内。同时，电网和逆变器之间由电抗器扼流，允许较大的电流通过，同时希望电抗器的体积尽可能小。因此，电抗器的电感量必须是一个较小的值，这样能量回馈时，电流变化速度快。电流检测控制电路采用滞环控制方式，能有效控制回馈电流，防止过流事故[5]。

3.5　主控制电路

主控制电路是电梯能量回馈系统的中央处理单元，用来控制整个系统的工作。主控制电路由 AVR 单片机及外围电路组成，一方面根据控制算法产生高精度的 PWM 波；另一方面根据并网同步信号，IPM 故障信号控制整个能量回馈过程安全、有效地进行。输出的 PWM 频率可通过式(1) 得到，由式 (1) 可以看出，根据 PWM 输出频率以及时钟频率，可算出三角载波的幅值，即 TOP 值。比较值 OCRnx 可根据控制算法，通过调用函数表得到。

$$f_{PWM}=f_{clk}/2N\mathrm{TOP} \tag{1}$$

式中，变量 N 代表分频因子（1，8，64，256 或 1024）

3.6　逻辑保护控制电路

电梯能量回馈系统中的并网同步信号，电流、电压控制信号，IPM 故障信号，以及主控制电路输出的驱动信号都要经过逻辑保护控制电路，进行逻辑运算，最终送入功率逆变电路，控制回馈过程的进行[6]。这样，既可以保证逆变输出的交流电与电网同步，又可以在电路过流，过压、欠压和 IPM 故障时，封锁驱动信号，使能量回馈过程停止。

4 基于能量回馈系统的软件设计

4.1 逆变电路控制算法设计

电梯能量回馈系统的主电路是三相电压型逆变电路。目前，电压型逆变电路常采用的逆变控制技术是电压脉宽调制（pulse width modulation，PWM）技术。随着高速全控开关器件的出现，PWM技术已经成为逆变技术的核心，尤其是随着微处理器的应用和数字化控制的实现，促进了PWM技术的进一步发展。PWM技术运用采样控制理论中的一个重要结论：冲量相等而形状不同的窄脉冲加在具有惯性的环节上时，其效果基本相同。冲量指窄脉冲的面积，效果基本相同，指环节的输出响应波形基本相同。所谓PWM技术，就是利用半导体开关器件的导通和截止两个状态，把直流电压变成电压脉冲列，并通过控制电压脉冲的宽度和脉冲列的周期来实现变压、变频的一种控制技术。由于PWM技术可以同时实现变频、变压和反抑制谐波的特点，因此在交流传动以及能量变换系统中得到广泛应用[7]。

4.2 软件设计流程

STC作为系统的控制芯片，主要负责输出与电网同步的高精度PWM波，IPM模块的故障检测。因此程序设计包括，主程序、初始化程序、同步中断服务程序、故障中断服务程序、PWM中断服务程序。主程序流程图如图2所示。主程序是整个程序的核心，它通过执行和协调各个模块化程序，完成电梯能量回馈系统的部分软件功能。程序初始化包括I/O端口初始化，各个中断控制寄存器初始化，定时计数器的初始化，临时寄存器初始化等。故障中断是当IPM模块产生故障信号时，单片机输出信号使驱动信号关闭，软件封锁PWM脉冲，电梯能量回馈系统停止工作。PWM中断是通过16位定时/计数器，调用存储器中保存的各参数值和查询正弦表，产生高精度的PWM波。PWM中断服务程序流程图如图3所示。

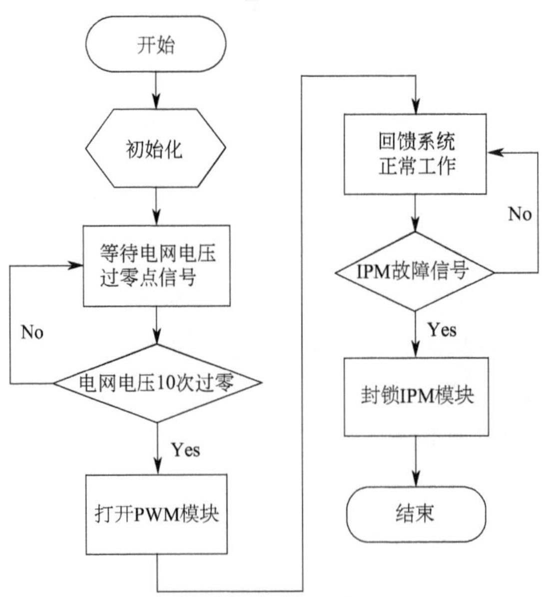

图2 主程序流程图

4.3 参数计算

(1) 计算TOP值

STC采用定时/计数器的相频修正模式，已知时钟频率为16MHz，希望得到9kHz的PWM输出频

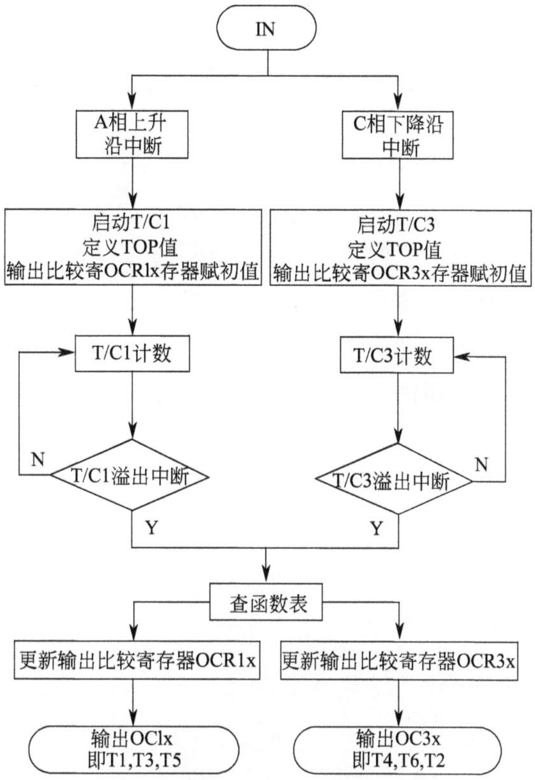

图 3　PWM 中断服务程序流程图

率，由式(1) 可以算出 TOP 值，即三角载波的幅值为：

$$TOP=\frac{f_{\text{clk}}}{2f_{\text{PWM}}}=\frac{16M}{2x9K}\approx 888 \tag{2}$$

(2) 建立函数表

已知正弦波周期为 50Hz，要得到 9000Hz 的 PWM 输出频率，需要在一个正弦波周期内采 9000/50=—180 个点。根据回馈过程与电网的同步关系可知，开关管 T6T1，T2T3，T4T5 分别在线电压 AB，BC，CA 的最高段工作 600；而 T3T4，T5T6，T1T2 分别在线电压 AB，BC，CA 的最低段工作 600。因此，只需在调制波一个周期的 600～1200 之间采 30 个点。根据对称规则采样法，每个采样点是在三角载波的顶点对正弦波进行采样得到的。根据计算得到的采样点建立函数表 1。

表 1　采样点函数表

OCRnx=

Columns 1 through 13

769	767	765	762	757	752	746	739	731	723	713	703	691

Columns 14 through 26

679	666	679	691	703	713	723	731	739	746	752	757	762

Columns 27 through 30

765	767	769	769

存储在程序中。定时/计数器采用相频修正模式，在计数器每次到达 TOP 时，产生溢出中断，更

新采样点 OCRnx 值。这样，单片机就可以输出期望的 PWM 波[8]。

5 能量回馈系统中双 PWM 控制传动的工作原理及优势

本文设计的转动控制系统关键是由两个不同的控制回路类组成，其中双 PWM 控制系统内主电路拓扑图需要较为全面。该种模式，可以将原本单一性驱动回路进行设计，以便于在双 PWM 的控制系统之内，其中逆流部分与整流部分都为运用全控制类 IGBT 管，可以促使能量回馈可以随时开展。加之，电梯设备机电线路将不会出现过电流，促使交流与快速的四象限进行运转。其中 PWM 系统内整流控制可以保障器件能量呈现出双向流动效果，可认作在整流状态之下，相位相同，逆变的全过程为反相位。在对电梯设备进行节能设计的时候，运用该种系统，可以促使功率可以达到较为理想的状态。输入电流谐波接近 0，可以显著降低谐波污染[4]。双 PWM 变频器主拓扑结构图如图 4。

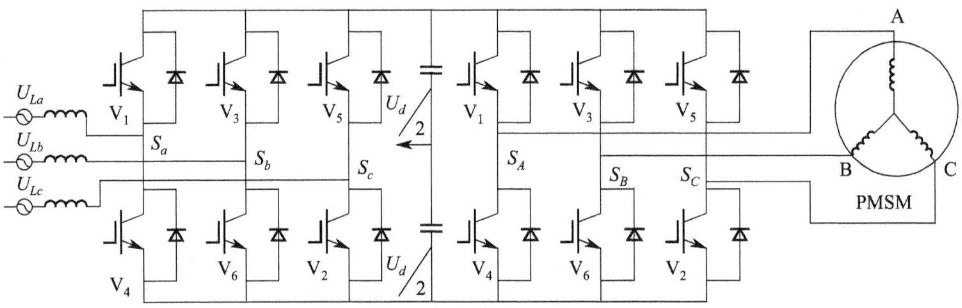

图 4 双 PWM 变频器主拓扑结构图

本文中主要研究三相半桥电压型的 PWM 整流器（voltage source rectifier，简称 VSR）的控制策略，由 6 组绝缘栅极双极性晶体管 IGBT 和续流二极管并联的开关器件模块构成，主拓扑结构图如图 4。它具有功率因数可控、能量可双向传输、网侧电能质量高等优点[5]。三相 VSR 拓扑结构如图 5。

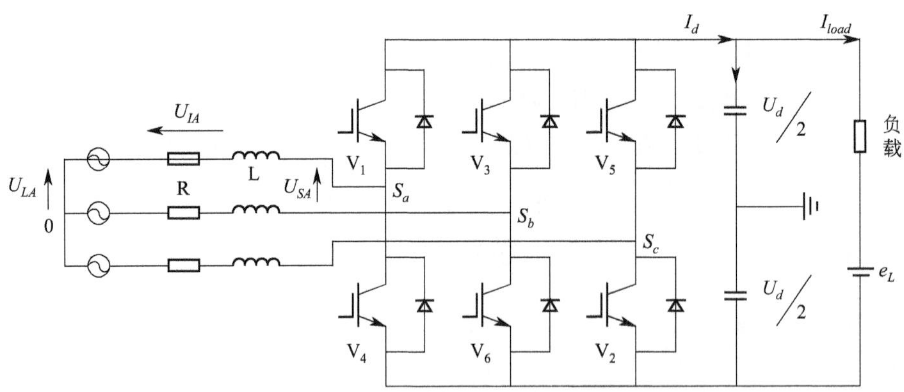

图 5 三相 VSR 拓扑结构图

6 结论

本文针对能源紧缺，电梯节能的迫切需要，基于推动科技创新，节能环保的设计思想，在现有逆变技术的基础上，设计了能量回馈系统。通过软硬件设计，得到的结论如下：

① 采用 PWM 脉宽调制技术，输出相位准确、有效抑制高次谐波；

② 采用自诊断技术确保输出电压精确，防止电流回送，使变频器不受任何影响；

③ 真正实现了变频调速系统的四象限运行；

④ 系统发热量降低，安全性提高，维护工作量减小；

⑤ 能量转换率97%以上，视电梯运行状况节能效果可达25%～45%。

参考文献

[1] 李云龙．浅谈电气节能技术 [J]．建筑工程技术与设计，2016，24：1579.

[2] 焦广雪．高层建筑中电梯节能技术与推广问题探究 [J]．建筑工程技术与设计，2014，35：1081-1081.

[3] 陈玉荣．能量回馈装置的数字化研究 [D]．杭州：浙江大学，2004.

[4] 涂从欢．电力拖动系统中能量回馈控制的设计．电气传动 [J]，1996，3：5-6.

[5] Sabir Ouchen，Achour Betka，Sabrina Abdeddaim. Simulation and real time implementation of predictive direct power control for three phase shunt active power filter using robust phase-locked loop [J]. Simulation Modelling Practice and Theory，2017，78-85.

[6] 张蓉．数字控制 SPWM 逆变器研究 [D]．南京：南京航空航天大学，2006.

[7] 肖春燕．电压空间矢量脉宽调制技术的研究及实现 [D]．南昌：南昌大学，2005.

[8] 张珍敏，赵军红，等．基于 SPWM 和 SVP 删 I 的变频电源仿真分析．通信电源技术 [J]，2009，26 (4)：1-3.

“科技冬奥”电梯监测关键技术研究

王宝龙，张绪鹏

北京市特种设备检测中心，北京， 100026

摘　要： 本文从电梯物联网的感知前端、传输层、应用层三个环节，简要介绍了电梯物联网的关键技术，对于现在电梯物联网建设项目建议：一是打通通路为主，业务性需求不宜过大；二是保证各级需求为主，不宜追求大而全；三是利用现有系统接口接入为主，不宜叠床架屋。

关键词： 电梯；监测；物联网；关键技术

Research on Key Technologies of Elevator Monitoring in " Technology Winter Olympics"

Wang Baolong，Zhang Xupeng

Beijing Special Equipment Inspection Center, Beijing, 100026

Abstract: This article briefly introduces the key technologies of elevator IoT from the perception front end, transmission layer and application layer of the elevator IoT. Suggestions for the current elevator IoT construction project: First, open up the channel, and business requirements are not suitable Too big; second, to ensure that the needs of all levels are the mainstay, and it is not appropriate to pursue large and complete; third, to use the existing system interface to access the main, not suitable for stacking houses.

Keywords: elevator; monitoring; internet of things; key technology

0　引言

电梯物联网是利用物联网技术（the internet of things，简称 IOT），监测电梯运行状态、故障事故进行统计分析，有利于提高电梯质量，保证电梯安全管理工作有效、及时、准确，在我国许多城市得到了应用。电梯物联网的影响日益扩大的同时，与现有系统不相容，成本和可靠性问题也日益突出，具体表现在：感知层面，信息获得方法众多，缺乏统一的标准，产品多样；传输层面，在恶劣环境下的抗干扰能力较差；应用层面，与物联网相关的生产企业众多，缺乏统一的标准，产品多样，大范围物联网建设和探索不多。科技冬奥现场必然带来了新的特性问题，还没有针对大型赛事比如冬奥会等高可靠性特殊环境下的运行状态数据信号、故障数据信号、应急数据信号、视频数据信号的采集模式，为会议保障及电梯状态监测、性能评价及故障模式诊断提供数据基础，需要对关键技术进行思考。

基金项目：冬奥关键区电梯安全运行保障技术研究（编号：2019YFF0302203）。

作者简介：王宝龙，1989 年生，男，工程师，主要从事特种设备检验。

1 电梯物联网监测关键技术

1.1 要什么，怎么采——感知前端技术

核心问题是哪些现场数据是需要采集？采用何种方式可靠采集？“要什么”体现了电梯信息的价值。电梯信息具有容易消散的特性，如果不能及时得到利用，它的价值就不断衰减直至完全丧失，反之，随着利用程度的增加和拓展，电梯信息会在分享和交流中得到提高。

从信息的处理上面讲，信息获取方需要获取的是真的需要的信息，这些信息能够通过反馈的形式得到处理。在处理过程中，越往底层、越往一线，越有条件进行现场处理，并得到及时的反馈，以修正相应的错误；而层级越高，到达一定程度时，就缺乏这种必要的反馈，同时信息的不准确性，反而影响最终信息的处理和应用。从大数据角度来讲，电梯故障信息本身就具有大数据的特征，它的来源不同，造成了同一种信息由于定义不同、传输路径不同和处理过程不同，最终得到的形式可能存在出入。而大数据的价值在于数据的“大”，即数据量大、样式复杂，而对数据的一致性和统一性要求并不是那么高，从这个角度上来讲，不同层级需要的准确度方面应该是允许它有很大的不同。从系统论的熵值来定义，我们把熵定义为系统的无序测度，只要系统的存在，由于信息传输需要经过不同的系统进行交换上传，因此，在这个过程中，明显就会增加系统的无序，即熵值，这个增加会影响到整个系统的稳定性，因此，不可能也没必要进行高度精确的及时的上传信息。

功能需求和业务驱动，决定了电梯物联网各级包括信息管理部门、行业管理部门、企业、电梯监察管理部门的信息感知和处理模式。电梯物联网系统设备信息包括基础信息、设备统计信息、故障信息及处置信息。采集信号通过两个途径，一是接口板、二是加装传感器。一般是采用接口板。国家标准GB/T 24476—2017《电梯、自动扶梯和自动人行道物联网的技术规范》中规定了两种信息提供的方法，一是设备制造商通过其应用平台向电梯安全运行监管平台提供信息，二是提供一个RS485的串口的公共输出端口，外接接口板采集数据。传感器数据采集方式一般有接触式和非接触式两种。接触式连接应用在可靠性比较高的场合，采用干接点的方式直接进行连接，这种方法的优势是可靠性比较高，缺点是可能存在对于现有电梯系统的干扰和影响。非接触式主要采用磁场感应式、光电耦合式、超声感知以及人工智能图像识别等几种方式，优点在于采集不受限制，不会对现有的设备造成影响，缺点是相对来说设备比较复杂，成本比较高，存在着传输过程中的干扰和失真问题。GB/T 24476中也特别指出，外加传感器应与设备本身电气线路无任何连接，外加传感器不应影响设备原有的功能及运行安全。

1.2 传什么？怎么传？——电梯物联网传输层

电梯物联网数据从电梯本体的控制柜发送一般有两种形式，一是通过内置Sim卡的GPRS模块发送至数据汇总平台，多用于电梯制造企业自建的数据监测平台；另一种是通过串口485总线以接口板形式通过有线宽带或无线网络发送，各个地市兴建的电梯物联网工程一般采取这种形式。物联网的无线通信技术很多，主要分为两类：一类是Zigbee、WiFi、蓝牙、Z-wave等短距离通信技术；另一类是LP-WAN（low-power Wide-Area Network，低功耗广域网），即广域网通信技术。LPWA又可分为两类：一类是工作于未授权频谱的LoRa、SigFox等技术；另一类是工作于授权频谱下，3GPP支持的2/3/4G蜂窝通信技术，比如EC-GSM、LTE Cat-m、NB-IoT等。此外，近几年华为开发的物联网的专用的网络传输技术——窄带蜂窝物联网（NB-IoT，narrow band internet of things）也逐渐开始了大量的应用，它的最大特点是低成本、广覆盖、低功率、大连接。

1.3 谁要用？怎么用？——电梯物联网应用层

应用层需要把感知层采集，通过网络传输过来的数据信息进行分析处理，实现远程监控和管理。包

括两个大的任务，一是对数据进行存储、汇总、分析和处理，这主要是需要一个数据汇总平台；二是通过人机交互界面实现各种应用，通过建立面向各个使用方的业务平台完成。它的关键技术包括中间件技术、数据处理技术、智能识别判断等。

通过物联网手段，结合远程通信、数据挖掘、智能诊断等新兴技术，企业提供服务的由单一的维保变为多样化、多种盈利模式——从成本上讲，适当的延长维保周期，能够合理调配人力资源成本；以物联网数据为主要判断依据，通过对维保单位的评分评级，提高企业市占有率，帮助企业优胜劣汰，促进行业竞争良性竞争。对于使用者来说，电梯物联网技术，实现了电梯的全寿命和全周期管理。我们使用电梯最根本的是看中了电梯的安全和方便。保证电梯安全可靠运行，是电梯相关单位包括电梯的使用者、物业管理部门、电梯制造厂家、维保单位、政府主管部门所共同关注的问题。电梯物联网的应用打通了电梯相关各方的管理信息的瓶颈，有助于相关信息的互联互通，促进了整个电梯行业的健康发展。

总体来说，物联网的基础还有待完善，应用有待丰富。全国物联网架构尚未完成，电梯物联网数据标准规范正在逐步推广。各地电梯物联网建设推广还以试点为主，规模上千台的城市不多，只有北京突破了万台规模，规模效应还没有显现。作为现有管理方式的有效补充，电梯物联网的应用不断涌现，互联网＋、96333、应急平台、多种手机 App 正在得到应用，但它的功能在完善中，推广也在不断展开，内容不断丰富，效果也需要在实践中得到证实，基于物联网的检验改革、无纸化办公等方面的尝试还在进行中。

对应电梯的分级管理信息，电梯物联网的应用也应该是有多个层次的。根据国务院三定方案规定，国家特种设备监察部门承担综合特种设备安全监管监督管理工作的职责，而县以上地方监督部门负责监督管理工作的具体实施，包括对生产、经营、使用单位的监督检查、行政许可实施和违法行为的查处。国家监管部门并不关心某一个一般故障的开始、发生，也不关心电梯当时处于什么状态，谁过去修的？他们更关心的可能是某一个制造企业某一品牌或某一型号每年的大概故障数量，或是某类故障集中在哪一方面，是否需要采取召回措施等？可以参照的是，作为某电梯厂商合作使用单位，国内某房地产商得到的电梯厂家提供的数据是整个故障数量，而该数量足以让房地产企业对项目所属电梯的维保质量有一个大概的判断。

应用层的管理层级不同，需要的内容是有区别的。理论上讲，所有的信息都应该自上而下里里外外，信息传送是没有损失的，信息量也没有加成或减少。但是信息的传送、储存、处理以及决策是需要成本的，因此，从管理的层级上讲，不可能保证从管理层级的最低层级和最高层级所需要的信息是完全一致的。具体来讲，管理层级越往下越靠近一线，需要的信息是越准确，细节越详细，以方便相关各方采取必要的措施。从国家层面上讲一些信息的细节，对行业管理部门来说并不重要，他们关注的更重要的是重要的管理信息，比如说紧急事故多少，一般故障多少，一个企业一年有多少具体故障数，至于什么形式、原因是什么，并不急需，也不是迫切需要及时了解的。对于有些特殊的应用场合，比如冬奥会场的监测，由于电梯数量有限，而会议的组织者和安全保障方所需要的数据和能够体需要的能够达到的数据有一个契合点，在这个契合点，它既能保障数量，也能保障数据信号的完整性，因此，在这种特殊情况下，它不需要在成本和内容之间取舍，即既可以综合，也可以提高。

2 电梯物联网架构设计

当前电梯物联网尚处于起步阶段，现有电梯安全监测系统没有统一建设标准，除去极少数拥有较为完善的信息系统的大型企业，很多是利用单位现有的设施、设备，具有“小、远、散”的特点，其安全性、可靠性效果堪忧；如果按照电信、工业安全领域标准建设，由于工作基础环境不同，会导致电梯安全监测系统建设成本高、使用维护难的情况。

综合考量可实现性、建设成本、技术难度，有如下建议。

2.1 打通通路为主，业务性需求不宜过大

采用统一的模式和设计，能够避免开发过程中面临的一般问题。基于统一体系架构搭建，通过服务总线，将所开发的系统功能紧密结合起来，服务之间的通信采用统一格式的消息机制，从而为系统未来的升级和扩展提供极大的灵活性，同时，为顺利整合现有系统提供了技术解决方案。

2.2 保证各级需求为主，不宜追求大而全

由于电梯安全监测系统的涉及面大，数据来源多种多样，应保证各级需求为主，在此基础上建立一套统一的标准，规范整个系统的数据和过程，不宜追求大而全，利用好现有的各种信息资源。

2.3 利用现有系统接口接入为主，不宜叠床架屋

必须认识到物联网应用建设是一项长期的工作，其应用建设涉及面广，需要在顶层设计的指导下开展，集约建设，打破各自为阵，条块割裂的现实局面，避免各自分散建设造成的各项人员、资金等方面的重复建设。

3 结语

电梯物联网技术，帮助使用单位和主管部门实现电梯的全寿命管理，并能及时发现系统性、集中性风险，实现电梯风险前置，提高了电梯安全管理的及时性和有效性。本文从电梯物联网的感、传、知、用四个环节，简要介绍了电梯物联网的关键技术，方便从业人员了解这项技术，帮助扩大其应用范围。对于现在科技冬奥的重点保障项目，文章建议：一是打通通路为主，业务性需求不宜过大；二是保证各级需求为主，不宜追求大而全；三是利用现有系统接口接入为主，不宜叠床架屋。

一种电梯维保质量监测调查报告的设计方案

王　博，李哲一

上海市特种设备监督检验技术研究院，上海，200062

摘　要： 结合日常电梯定期检验工作和质监检查工作，为了更好地提高维保单位的维保水平和维保质量，本文设计一种更加科学、更加有效的维保质量监测方案。

关键词： 电梯检验；调查报告；计分

A design scheme of elevator maintenance quality monitoring investigation report

Wang Bo，Li Zheyi

Shanghai Institute of Spectial Equipment Inspection and Technology Research, Shanghai, 200062

Abstract: Combined with the daily elevator regular inspection work and quality supervision and inspection work, in order to better improve the maintenance level and quality of maintenance unit, this paper designs a more scientific and more effective maintenance quality monitoring scheme.

Keywords: elevator inspection；investigation report; scoring

0　引言

为排摸上海某区住宅小区内在用电梯潜在的安全隐患和维保工作中存在的突出问题，以及现场作业人员的作业能力情况，切实提高电梯维保质量，有效降低在用电梯故障率，防范电梯事故的发生，结合电梯检验检测工作和质监局监察重点工作设计了辖区内的电梯维保质量监测报告。

作者简介：王博，男，1987年生，工程师，主要从事电梯检测检验等技术研究。

1 设计原则

电梯的安全运行事关人民群众生命财产安全和社会经济发展稳定，随着本市电梯保有量持续增长，老旧电梯逐年增多，电梯故障甚至困人事件时有发生。影响电梯正常运行的环节有很多，其中电梯日常维保工作的质量高低对电梯能否持续稳定地安全运行具有至关重要的作用。本次维保质量监测的实施过程中，结合电梯定期检验和使用管理情况，确定监测对象，制订监测方案，进行维保质量专项监督检测。同时定期整理汇总、分析监测数据，聚焦住宅电梯潜在安全隐患和维保工作中存在的突出问题，按需开展各类专项检测，切实达到保障电梯安全运行、防范事故发生的目的。

为保质保量完成住宅电梯维保质量监测工作，以年轻技术骨干成立了本次维保质量监测项目组，并依据相关技术规范，结合以往工作经验，研究制订了详尽的监测方案并严格实施。

为了规范电梯维护保养行为，原国家质检总局根据《中华人民共和国特种设备安全法》《特种设备安全监察条例》，制订并批准颁布了 TSG T 5002—2017《电梯维护保养规则》。本次住宅电梯维保质量监测工作即以其为参考依据，对电梯设备的各个部分进行全面安全检测。每一个检测项目都能与该梯日常的维保质量挂钩，通过对半月、季度、半年、年度维保项目这四大块内容的分类子结论判定，得出本次监测的每一台电梯最终的维保质量监测总结论，分为优秀、合格与不合格。

相对于日常进行的电梯定期检验工作，本次维保质量监测工作更具有针对性，检测项目中绝大部分的检测内容与定期检验具有明显的区分度，其检测结果往往能反映电梯日常维保工作的质量甚至是工作态度，如：机房、轿顶和底坑的清洁程度等，直接能反馈电梯维保人员日常工作的频率及责任心。同时，由于电梯定期检验受检验规则项目设置的局限，所以无法对涉及电梯安全运行所有项目进行检验，通过此次监测工作能得到很好的补充。例如：电梯主副导轨油杯缺油、机房照明失效等，这些项目虽不至于对电梯的正常运行造成直接的关联，但长此以往，或对电梯设备、部件的正常寿命造成影响，或对维保工作带来不便，理应得到纠正。

维保质量监测组的成员按照预定方案对每一台电梯进行监测工作，同时对查出的问题和隐患进行拍照存档，在证据固定的前提下出具监测报告，并及时送呈区局主管部门，再由区局主管部门对责任单位进行约谈甚至处罚。这一系列连环举措给电梯维保单位会带来较大的威慑力，无论是现场配合检测的维保人员还是维保单位的实际管理人都会注重电梯监测查出的问题与电梯的监测结论，在重压下他们普遍反馈会加大对单位内部对电梯日常维保工作的管理及质检力度。

2 表格设计模板

结合 TSG T 5002—2017《电梯维护保养规则》并通过权重的分值分配，权重的分值是通过专家组讨论评审后确定的每个项目的分值，并设计出维保质量监测报告打分表格（表 1）。

表 1 维保质量监测报告打分表

项目类别	序号	监测项目	权重分值	扣分值	问题描述
A-1 半月维保项目（内容）和要求	1.1	机房、滑轮间环境	10		
	1.2	手动紧急操作装置	50		
	1.3	驱动主机	5		
	1.4	制动器各销轴部位	50		
	1.5	制动器间隙	50		
	1.6	制动器作为轿厢意外移动保护装置制停子系统时的自监测	50		
	1.7	编码器	5		

续表

项目类别	序号	监测项目	权重分值	扣分值	问题描述
A-1 半月维保项目（内容）和要求	1.8	限速器各销轴部位	50		
	1.9	层门和轿门旁路装置	50		
	1.10	紧急电动运行	50		
	1.11	轿顶	10		
	1.12	轿顶检修开关、急停开关	50		
	1.13	导靴上油杯	10		
	1.14	对重/平衡重块及其压板	50		
	1.15	井道照明	5		
	1.16	轿厢照明、风扇、应急照明	5		
	1.17	轿厢检修开关、急停开关	5		
	1.18	轿内报警装置、对讲系统	50		
	1.19	轿内显示、指令按钮、IC 卡系统	5		
	1.20	轿门防撞击保护装置（安全触板，光幕、光电等）	50		
	1.21	轿门门锁电气触点	5		
	1.22	轿门运行	5		
	1.23	轿厢平层精度	5		
	1.24	层站召唤、层楼显示	5		
	1.25	层门地坎	5		
	1.26	层门自动关门装置	50		
	1.27	层门门锁自动复位	50		
	1.28	层门门锁电气触点	5		
	1.29	层门锁紧元件啮合长度	50		
	1.30	底坑环境	10		
	1.31	底坑急停开关	50		
	A-1 合计扣分值：		A-1 结论：		
项目类别	序号	监测项目	计分值	扣分值	备注
A-2 季度维保项目（内容）和要求	2.1	减速机润滑油	15		
	2.2	制动衬	50		
	2.3	编码器	10		
	2.4	选层器动静触点	10		
	2.5	曳引轮槽、悬挂装置	15		
	2.6	限速器轮槽、限速器钢丝绳	15		
	2.7	靴衬、滚轮	15		
	2.8	验证层、轿门关闭的电气安全装置	50		
	2.9	层门、轿门系统中传动钢丝绳、链条、胶带	15		
	2.10	层门门导靴	15		
	2.11	消防开关	10		
	2.12	耗能缓冲器	15		
	2.13	限速器张紧轮装置和电气安全装置	50		
	A-2 合计扣分值：		A-2 结论：		
项目类别	序号	监测项目	计分值	扣分值	备注
A-3 半年维保项目（内容）和要求	3.1	电动机与减速机联轴器螺栓	10		
	3.2	曳引轮、导向轮轴承部	10		
	3.3	曳引轮槽	50		
	3.4	制动器上检测开关	50		
	3.5	控制柜内各接线端子	10		
	3.6	控制柜各仪表	10		
	3.7	井道、对重、轿顶各反绳轮轴承部	10		
	3.8	悬挂装置、补偿绳	10		
	3.9	绳头组合	50		
	3.10	限速器钢丝绳	10		
	3.11	层门、轿门门扇	10		
	3.12	轿门开门限制装置	50		
	3.13	对重缓冲距离	50		
	3.14	补偿链（绳）与轿厢、对重接合处	10		
	3.15	上下极限开关	50		
	A-3 合计扣分值：		A-3 结论：		

续表

项目类别	序号	监测项目	计分值	扣分值	备注
A-4 年度维保项目（内容）和要求	4.1	减速机润滑油	10		
	4.2	控制柜接触器，继电器触点	10		
	4.3	制动器铁芯（柱塞）	50		
	4.4	制动器制动能力	50		
	4.5	导电回路绝缘性能测试	10		
	4.6	限速器安全钳联动试验（对于使用年限不超过 15 年的限速器，每 2 年进行一次限速器动作速度校验；对于使用年限超过 15 年的限速器，每年进行一次限速器动作速度校验）	50		
	4.7	上行超速保护装置动作试验	50		
	4.8	轿厢意外移动保护装置动作试验	50		
	4.9	轿顶、轿厢架、轿门及其附件安装螺栓	10		
	4.10	轿厢和对重/平衡重的导轨支架	10		
	4.11	轿厢和对重/平衡重的导轨	10		
	4.12	随行电缆	10		
	4.13	层门装置和地坎	10		
	4.14	轿厢称重装置	50		
	4.15	安全钳钳座	50		
	4.16	轿底各安装螺栓	10		
	4.17	缓冲器	50		
	A-4 合计扣分值：		A-4 结论：		
总结论					

其中判定标准：

A-1、A-2、A-3、A-4 四个子表格中，扣分制不大于 10 分为优秀，扣分制不大于 40 分为合格，扣分制大于 40 分为不合格；

以 A-1、A-2、A-3、A-4 四个子表格中最低结论为总结论（例如 A-1 结论为不合格，A-2、A-3、A-4 为优秀。总结论为不合格）。

3 结论

《市场监管总局关于进一步做好改进电梯维护保养模式和调整电梯检验检测方式试点工作的意见》（国市监特设［2020］56 号文）和《上海市市场监督管理局关于开展电梯维保方式改革试点工作的通知》（沪市监特种〔2020〕286 号文），这两个重要通知对今后改进电梯维护保养模式和调整电梯检验检测方式试点工作都提出了新的意见。与以往的相关规定相比，本次试点工作的电梯定期检验部分，无论是检验周期还是检验项目（新检规的检验项目大幅减少）都有一定程度的下降；除此以外，电梯按需维保的新模式对维保方法（周期）和具体维保内容的调整、适应也需要时间。总而言之，在此期间的电梯安全工作压力可能会比较大，如何确保作为电梯安全工作中最重要的一个环节，即电梯日常维保工作质量的持续稳定非常重要，而通过定期的维保质量监测来反馈在用电梯当前被维护的实际情况，及时评价电梯当前的安全现状就显得十分必要，就此提出几点建议。

A. 建立隐患排查治理机制

从维保质量监测工作抽查发现的问题看，电梯维保企业主体责任落实不到位的情况仍然存在。各级监管部门要督促电梯使用单位和维保企业全面落实主体责任，消除安全隐患。要督促使用单位和维保企业建立完善特种设备安全风险查找、研判、预警、防范、处置的特种设备风险防控和隐患排查治理，切实落实电梯使用安全主体责任，履行电梯安全管理义务，制定并严格执行电梯安全管理制度，组织开展电梯隐患排查治理，加强对电梯维保工作的监督，促进主体责任落实，提升安全管理水平。

B. 提升维保技术能力

各维保企业要切实落实电梯维护保养主体责任，认真执行相关法律法规和安全技术规范，加强对电梯维护保养工作质量的监督管理，进一步提升维保人员技术能力，规范电梯维保行为、提高电梯维保质量，尤其要发挥维保企业的专业技术人员作用，做好维保作业跟踪质量监督检查工作，积极配合使用单位开展隐患排查治理、做好电梯应急处置工作，确保电梯安全运行。

C. 全面落实主体责任

各级监管部门可以督促电梯使用和维保企业全面完成整改，加强对电梯使用安全的监督管理，督促指导电梯使用单位做好隐患排查治理，全面整治电梯维保行业存在的乱象。进一步加大执法力度，依法严肃查处电梯使用管理、维护保养过程中的违法违规行为，促进电梯管理水平及维保质量的提升。

D. 研究进一步展望

以“消除安全隐患，提高电梯维保质量”为出发点，兼顾增强社会影响力，设计包含抽检规则、抽检内容、报告出具、问题整改等，全面且闭环的总体方案，主要涵盖维保企业信用评估、维保质量现场检测、电梯部件质量检测、使用单位电梯管理等内容。结合相关标准、论文、维保细则等资料，制定针对性强、可操作性强的电梯维保质量检测细则，并通过持续优化，最终达到“一梯一方案”的效果，即一部电梯，一种检测方案的精准检测细则。

参考文献

[1] 毛怀新．电梯与自动扶梯技术检验 [M]．北京：学苑出版社，2003.
[2] GB 7588—2003. 电梯制造与安装规范 [S].
[3] TSG T 7001—2009. 电梯监督检验和定期检验规则——曳引与强制驱动电梯 [S].
[4] TSG T 5002—2017. 电梯维护保养规则 [S].
[5] 黄雪琴．莆田公布电梯维保质量信用等级评价情况 [J]．中国质量技术监督，2017：84.
[6] 郑春禄．智能化技术助提电梯维保质量探讨 [J]．南方农机，2019：127.

电梯浅底坑技术的应用前景探讨

王齐刚，方　良，蒋　涛

上海市特种设备监督检验技术研究院，上海，200062

摘　要： 本文分析了电梯浅底坑技术的几种典型技术措施，对比了浅底坑技术与现有检验规范要求的主要差异，探讨其安全性和风险因素，并提出了减少风险的对策。这为促进浅底坑技术的应用和推广提供了参考经验，同时也有助于电梯行业更加安全、健康的发展。

关键词： 浅底坑技术 电梯 风险

Discussion on Application Prospect of Elevator Shallow Pit Technology

Wang Qigang，Fang Liang，Jiang Tao

Shanghai Institute of Special Equipment Inspection and Technology Research, Shanghai, 200062

Abstract: This article analyzes several typical technical measures of elevator shallow pit technology, compares the main differences between shallow pit technology and inspection regulation, discusses the safety and risks, and proposes measures to reduce risks. It provides reference and experience for the dissemination and application of shallow pit technology, and helps the development of elevator industry more safety and healthy.

Keywords: shallow pit technology；elevator；risk

0　引言

随着我国人口老龄化程度的加深，旧楼加装电梯需求强烈，市场潜力巨大。针对加装电梯市场，国内电梯公司一般采用标准电梯产品与现场搭建井道的加装模式。但根据标准 GB 7588—2003《电梯制造和安装安全规范》的要求[1]，电梯的底坑深度一般需要在 1200mm 以上，这种加装模式通常会与既有市政管道发生干涉，工程上需对市政管道进行移位，费时费力。因此，市场上对于采用浅底坑技术的加装电梯呼声很高，电梯厂家也推出了各种基于浅底坑技术的加装方案。

但现行 TSG T 7001《电梯监督检验和定期检验规则——曳引与强制驱动电梯》中尚不包括“浅底坑技术”相关内容，因此这些加装案例面临无法进行监督检验和定期检验的窘境。电梯加装工程对浅底坑技术的需求与检规相关技术检验项目的缺失形成了鲜明的矛盾，这对浅底坑技术的应用和推广都造成了障碍。

本文通过研究浅底坑技术和现有检规要求的主要差异，分析浅底坑电梯的局限性和风险性，探讨其应用前景，以期望促进行业对浅底坑技术的认识、应用和推广。

基金项目：上海市市场监督管理局 2020 年度科技项目计划“轿厢意外移动保护装置关键检验技术的研究及应用”（编号 2019-27）。

作者简介：王齐刚，男，1983 年生，高级工程师，硕士，主要从事电梯检验检测技术的研究。

1　电梯浅底坑技术的应用

国家现行电梯标准和检规对井道底坑深度的要求主要针对两个风险：①维修或检验人员的安全，需要预防可预知的疏忽操作和预留合理的安全空间；②电梯机械部件的安全，需要保证运行过程中不发生干涉。现行电梯加装工程中浅底坑电梯面对的风险也主要来源于这两个方面。

为了有效控制浅底坑带来的风险，现在采用的电梯浅底坑技术方案主要基于 GB/T 28621—2012《安装于现有建筑物中的新电梯制造与安装安全规范》设计，通过设置保证底坑安全空间的装置和控制电梯运行的安全系统[2]，以确保新装电梯运行、维护保养及检验时的人员安全（如图 1）。

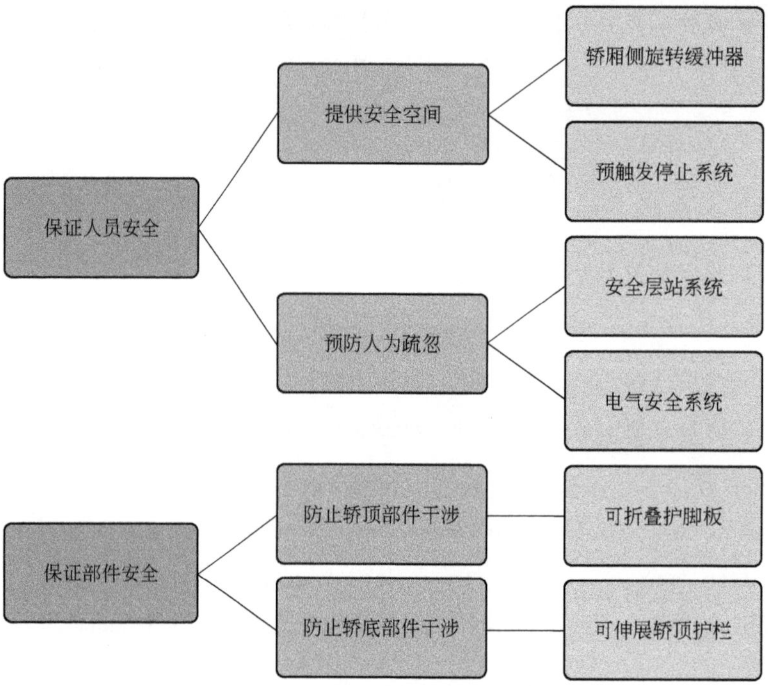

图 1　浅底坑技术方案的结构

1.1　轿厢侧旋转缓冲器

如图 2 所示，轿厢侧旋转缓冲器主要有两种工况：在电梯自动运行状态时，缓冲器的支撑立柱处于横向固定位置，在整个运行过程中电梯部件互不干涉，轿厢缓冲距及缓冲器的选型都满足国家标准 GB 7588 的要求，轿厢意外墩底时，缓冲器能够提供有效保护；在电梯底坑作业状态时，维修人员将缓冲器的支撑立柱旋转至竖向固定位置，此时底坑能够保证维修人员的安全空间满足国家标准 GB 7588 的要求，防止轿厢意外墩底对维修人员造成伤害。

同时，轿厢旋转缓冲器上设置两副电气开关用于验证其工作状态，并将信号分别接入安全回路和检修回路，防止人为疏忽造成缓冲器处于非正常工况，其电气安全系统运行逻辑如图 3 所示。

1.2　安全层站系统

安全层站系统主要是为了防止人员意外疏忽，来提醒和保护进入底坑的维修或检验人员。安全层站系统在传统电梯层门锁系统的基础上增加了一副安全锁，维修或检验人员在进入底坑时必须先用专用钥匙打开安全锁，才可以打开层门紧急开锁装置。安全锁上电气开关信号接入安全回路，当安全锁打开后，电梯无法正常运行，在维修或检验人员完成底坑作业，离开井道后，复位安全锁，电梯可以正常运行。其电气运行逻辑配合轿厢旋转缓冲器使用，如图 3 所示。

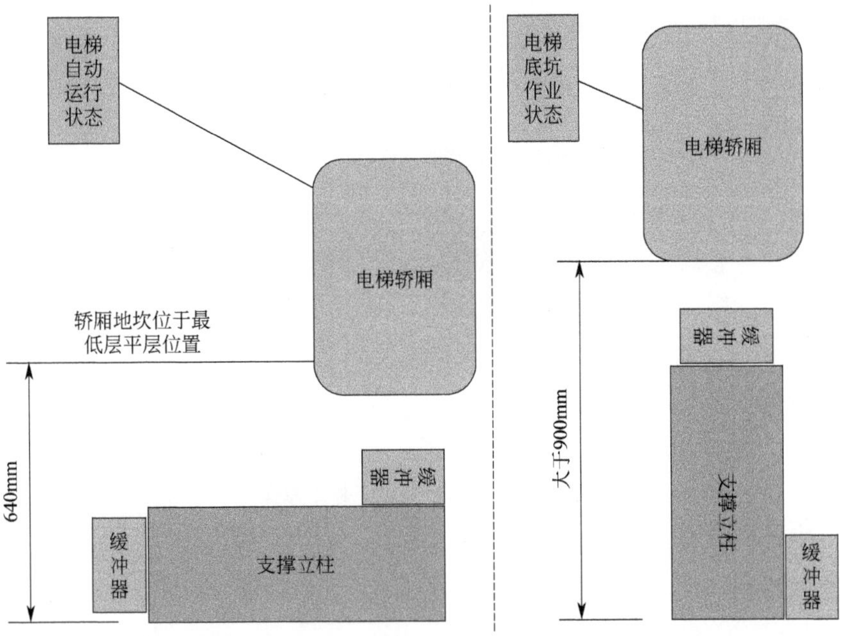

图 2 轿厢侧旋转缓冲器工作示意图

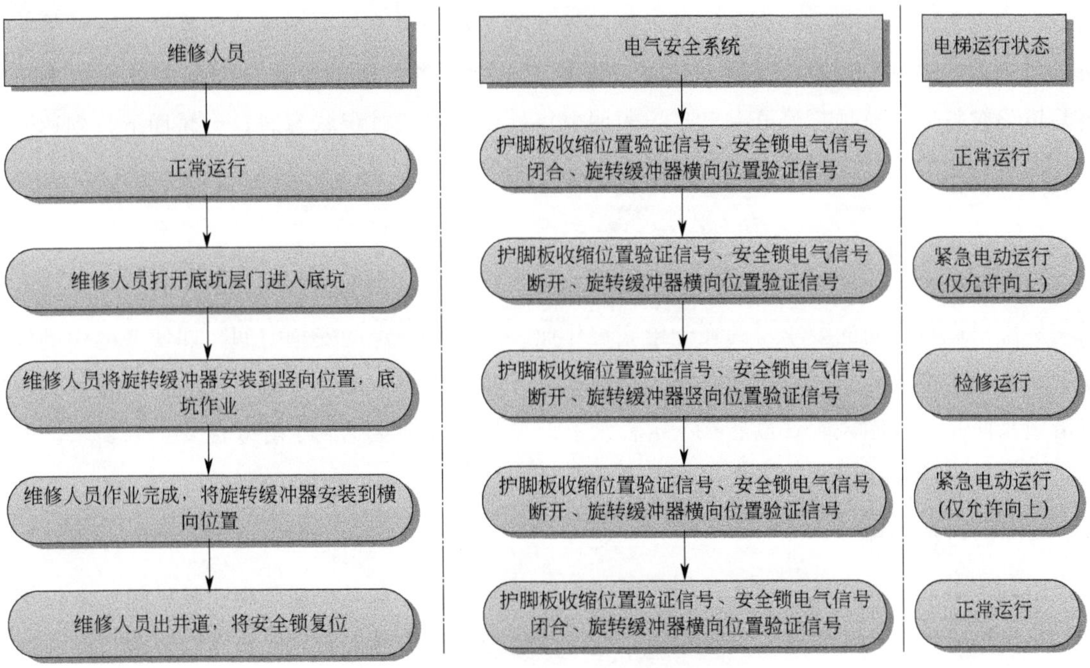

图 3 底坑作业电气安全系统逻辑图

1.3 可折叠护脚板

如图 4 所示，可折叠护脚板主要是防止浅底坑引起的部件干涉风险，其存在两种工况：在电梯自动运行工况时，护脚板处于收缩状态，有效高度能保证轿厢的开锁范围和轿厢意外移动保护装置制停范围内的乘客出入安全，同时在运行过程中特别是在底层平成位置时与底坑地面不产生干涉；在电梯应急救援工况时，护脚板处于展开状态，有效高度为 800mm，此时满足检规对轿厢护脚板的高度要求，保证救援乘客的安全。

同时，可折叠护脚板上设置有一副电气开关用于验证护脚板的工作状态，并将其信号接入安全回路，当护脚板展开时，电梯无法自动运行。另有部分厂家设计的矮顶层技术方案，其采用的可伸展轿顶

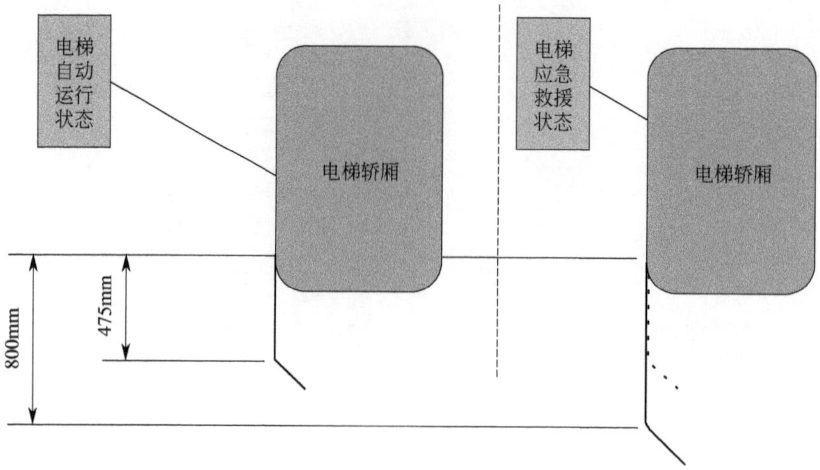

图 4 可折叠护脚板工作示意图

护栏原理与可折叠护脚板类似。

1.4 预触发停止系统

为保证人员安全空间，部分浅底坑技术方案中会采用预触发停止系统[3] 来实现。该系统一般由触发装置、机械止动钳和两者之间的机械传动机构组成，其触发机构利用螺栓固定在井道或导轨的预先计算好的位置。在电梯正常运行状态下，可动顶杆受到电磁铁的吸引力克服弹簧力处于收缩位置，无法接触到执行机构上的触发杆，整个预触发停止系统处于未激活的状态，此时允许电梯在端站之间自由移动。当井道门被打开、轿顶检修开关动作，表明电梯处于检修或维保状态时，当轿厢下行到达固定的触发点时，通过该触发装置的连接件使机械止动钳动作制停轿厢[4]。

2 残余风险分析与对策

国家标准对底坑空间的要求目的在于给底坑作业人员留够一定的安全空间，即使在电梯最危险的状态下蹲下，底坑作业人员依旧可以防止受到挤压伤害。浅底坑技术舍弃了这个空间，通过前文所述的安全保障措施来防止和控制风险，虽然在一定程度上减少了风险甚至达到了等效性安全的要求，但仍有残留风险需要引起重视，以保证电梯后续的持续安全运行。

2.1 对电梯运行的影响

浅底坑技术采取的措施是利用主动预防措施来代替被动安全空间，加装相应的机械安全保护装置或是电气安全保护系统来保证安全，这必然会对电梯的运行稳定性带来影响，任何安全装置的误动作都有可能引起电梯故障。

2.2 对人员安全的影响

利用主动预防措施来代替被动预防措施对人员安全的影响则更为明显，采用浅底坑技术的电梯对维修或检验人员也提出的更高的技术要求，从机械防护理论的角度分析，人为的主动操作越多，也就会造成更大的风险，导致作业人员的风险增加。另一方面，加装的任何机械安全保护装置或是电气安全保护系统短期失效或故障都有可能影响到作业人员的生命安全。

2.3 对检验机构的影响

对检验机构来说，浅底坑技术未进入国家强制标准和国家检验规范的条款，而市场上各个电梯制造单位的浅底坑技术也是五花八门，尚未形成统一的规范。面对浅底坑技术电梯，检验机构在检验流程上尚无明确的规则可依，现行的部分案例都是以偏离常规检验程序的特殊案例处理。

2.4 风险持续减少对策

浅底坑技术作为一项特定情况下的应急技术，在老旧小区电梯加装、历史保护建筑电梯更新有其存在价值，但其残留风险也不容忽视，因此该技术的应用范围不应扩大化，以免进一步淡化国家标准和检规的要求。

制造企业应针对浅底坑技术编制专业的安装维保程序文件和应急救援文件，并加强人员的培训，从技术支持和制度制定上进一步的确保浅底坑技术的可靠性和有效性。

对检验机构而言，一方面应对不同的浅底坑技术方案及时介入、理解并制定针对性的检验方案，保障检验程序的有效性；另一方面，应加强检验人员的培训和技术支持，保证检验工作的顺利，特别需要关注浅底坑技术的等效安全性评价报告或委托性型式试验报告，应用浅底坑技术的必要性评价报告等文件。

3 小结

电梯浅底坑技术在当前的老旧小区电梯加装、历史保护建筑电梯更新等特殊场合有很好的应用前景，从相关的技术机构委托性评审或等效性安全评估报告来看，其风险也在可接受的范围。

另一方面，无论是使用单位、制造单位还是检验机构都不应忽视浅底坑技术的应用带来的残留风险，充分审核该技术使用的必要性；针对特定项目采用浅底坑技术后，三方应形成合力，各司其职，有效的控制残留风险，让浅底坑技术真正地成为现行国家标准和检验系统外的一个有益的补充。

参考文献

[1] GB 7588—2003. 电梯制造与安装安全规范 [S].

[2] GB/T 28621—2012. 安装于现有建筑物中的新电梯制造与安装安全规范 [S].

[3] 王瑞宝．电梯可移动止停装置的技术要求和检验方法 [J]．中国电梯，2018，29（7）：44-45.

[4] 舒文华，常晓清，李哲一．既有建筑加装电梯中的浅底坑技术方案与检验要求 [J]．质量与标准化，2020，4: 40-45.

一种自动扶梯梯级与围裙板间隙测量仪器的设计

王 葵

广东省特种设备检测研究院，佛山， 521251

摘 要： 开发了一种具有数字显示功能的自动扶梯梯级与围裙板间隙测量仪器。该仪器采用单片机采集应力传感器和应变传感器的数值，根据被测间隙和应力传感器、应变传感器之间的对应关系，实现对梯级与围裙板之间间隙的测量。试验结果表明，仪器可以实现对梯级与围裙板间隙的测量，直接显示测量结果，降低了劳动强度。

关键词： 自动扶梯；间隙；仪器；数字显示

Design of a measuring instrument for the gap between escalator step and apron plate

Wang Kui

Guangdong Special Equipment Inspection and Research Institute, Foshan, 521251

Abstract: An escalator step and apron gap measuring instrument with digital display function was developed. The instrument uses single-chip microcomputer to collect the value of stress sensor and strain sensor. According to the corresponding relationship between the measured gap and the stress sensor and strain sensor, the gap between the step and the apron plate can be measured. The test results show that the instrument can measure the gap between the step and apron plate, and directly display the measurement results, thus reducing the labor intensity.

Keywords: escalator; clearance; instruments; digital display

0 引言

随着我国城市化程度的不断提升，大型商场、火车站、高铁站、飞机场等公共设施的数量快速增加，作为这些场所非常重要的自动扶梯的数量也迅速增长，为人们的公共出行带来了极大的便利。然而自动扶梯引发的事故却时有发生，通过媒体的传播造成了社会的恐慌。何确保自动扶梯安全运行、降低安全事故，成为自动扶梯从业人员研究的重要课题[1-6]。

根据 GB 16899—2011《自动扶梯和自动人行道的制造与安装安全规范》要求：自动扶梯与自动人行道的围裙板设置在梯级、踏板或胶带的两侧，任何一侧的水平间隙不应大于 4mm，并且两侧对称位置处的间隙总和不应大于 7mm。如果自动人行道的围裙板设置在踏板或胶带的之上时，则踏板表面与围裙板下端所测得的垂直间隙不应超过 4mm；踏板或胶带产生横向移动时，不允许踏板或胶带的侧边与围裙板垂直投影间产生间隙[7]。

作者简介：王葵，男，1987 年生，硕士研究生，工程师。研究领域：电梯检测技术研究。

自动扶梯在运行过程中，梯级与围裙板一个运动一个静止，在两者之间形成了动静结合处。当动静结合处的间隙过大时，很容易造成剪切和挤压的风险，小孩子身体比较小而且活泼好动，很容易将身体深入到间隙处，造成夹伤甚至夹断手指、脚趾的事故。

检验人员在对梯级和围裙板间隙测量时，通常采用斜塞尺完成测量。斜塞尺测量时，在自动扶梯狭小的空间内，检验人员操作非常不方便，数据读取也存在困难，导致测量的精度和效率都无法保证。

在采用斜塞尺测量时，测量的结果并不是梯级和围裙板实际的间隙值。如图 1 所示，梯级的边角并不是绝对的直角，其边上有个弧形的倒角。采用斜塞尺测量时，检验人员通常读取的是图中 2 位置处的间隙值，但是图中 1 位置处才是夹人位置，应该测量得到该处的间隙值。标准的初衷就是避免间隙过大造成夹人事故的发生，所以间隙测量时，应该以间隙夹人位置的间隙值作为最终测量值。

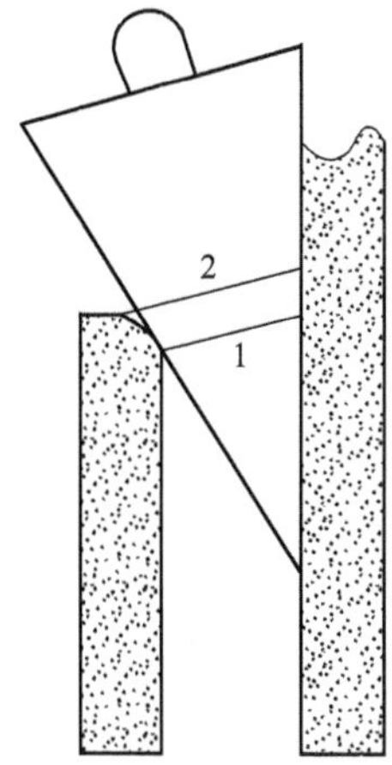

图 1　单侧非直角

本文开发一种自动扶梯梯级和围裙板间隙测量仪器，实现对自动扶梯梯级和围裙板之间夹人位置处间隙的测量，通过显示屏直接显示测量结果，携带方便，提高检验精度和效率，保障乘客乘梯安全。

1　仪器测量原理

如图 2 所示，在进行间隙测量时，将测量仪器的尺身部分垂直插入到梯级与围裙板之间的间隙中。在压力传感器上逐渐施加压力，尺身上的悬臂端开始发生变形。当尺身下端完全贴合在围裙板上时，压力传感器上施加的力为 F_2，梯级施加在尺身上的力为 F_1，梯级作用在尺身的位置距离悬臂上端的距离为 d，悬臂的长度为 L，尺身插入间隙位置的尖角的角度为 θ，间隙为 Δ。

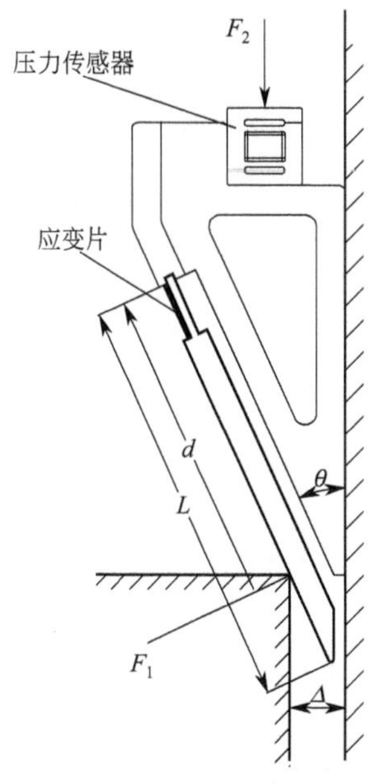

图 2　仪器测量原理

根据受力平衡可以得到：

$$F_1=\frac{F_2}{\sin\theta} \tag{1}$$

悬臂处的力学分析可以得到：

$$\varepsilon E=\frac{M}{W} \tag{2}$$

式中，ε 为应变片的应变值；E 为弹性模量；M 为悬臂上的弯矩；W 为抗弯截面系数。

$$M=F_1 d \tag{3}$$

对尺身进行几何分析可以得到：

$$\Delta=(L-d)\sin\theta \tag{4}$$

综合分析式(1)～式(4) 可以得到：

$$\Delta=\left(L-\frac{E\varepsilon W\sin\theta}{F_2}\right)\sin\theta \tag{5}$$

仪器通过采集应变片和压力传感器的数值，然后通过式 5 得到梯级和围裙板的间隙值。

2 硬件的开发

如图 3 所示，单片机采用 STM32F103C8T6 型号单片机，应力传感器采用 BF350 高精度电阻式应变片，压力传感器采用 LFS-13（0～5kg）型号 S 形压力传感器，数模转换模块采用 24 位 ADS1256 型号数模转换模块。应力传感器通过应变放大电路将输出电压放大，然后通过数模转换模块转换为数字电压送至 STM32 单片机进行数据处理。压力传感器输出的电压信号通过数模转换模块转换为数字电压送至 STM32 单片机进行数据处理。STM32 单片机通过处理得到的测量结果以数字形式显示在显示模块上。

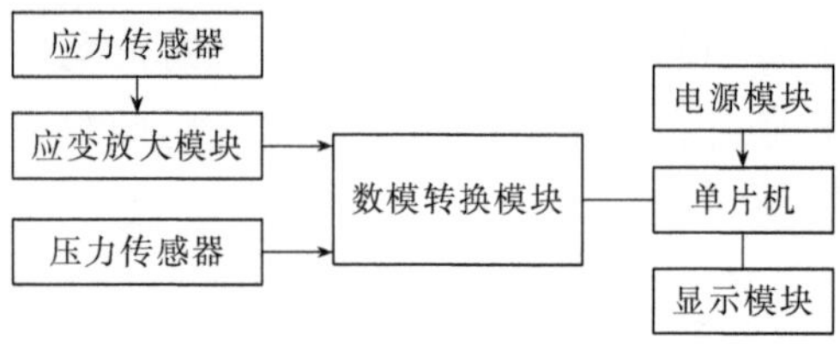

图 3 硬件的开发

3 软件的开发

如图 4 所示，设置仪器初始化程序，当开始测量按键按下时，仪器开始测量。首先，仪器开始采集应变传感器的数据，并且进行计算，判断应变传感器输出应变数值是否达到最大值。当应变数值达到最大值时，仪器读取此时压力传感器上的数值。仪器将应变最大值和压力传感器的数值进行运算，得到梯级和围裙板的间隙值。最后，仪器将计算得到的间隙值以数值形式直接显示在显示屏上，结束测试。

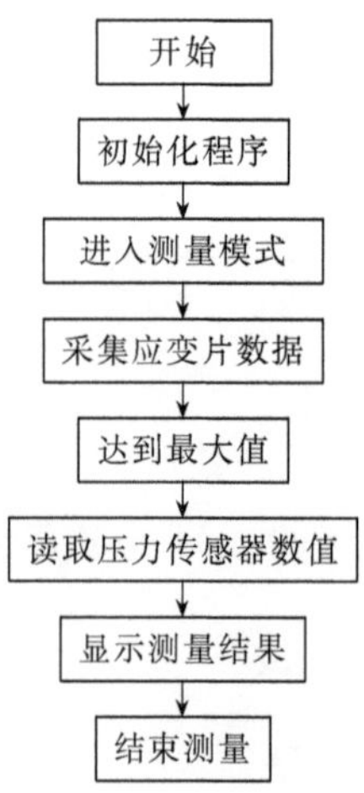

图 4 软件的开发

4 试验

如图 5 所示，通过搭建间隙可调的试验平台对仪器性能进行测试。

在 3～15mm 范围内的多个不同标准间隙重复测量了五次，得到如表 1 所示的测量数据，并计算出最大/小标准偏差。其中测量结果偏差最大的为 4mm 和 7mm 间隙处，达到 0.35mm，偏差最小的是

图 5 测试平台

4mm 间隙处，达到 0，平均最大偏差为 0.295mm，平均最小偏差为 0.064mm。

表 1 多次测量数据 单位：mm

测量标准间隙值	测量次数					最大标准偏差	最小标准偏差	平均偏差
	1	2	3	4	5			
3	2.82	2.73	3.11	2.68	3.02	0.32	0.02	0.180
4	3.90	3.71	3.65	4.11	4.00	0.35	0	0.170
5	4.82	5.11	4.78	5.03	5.10	0.22	0.03	0.128
6	6.12	6.28	5.91	5.84	6.30	0.30	0.03	0.190
7	6.65	7.13	6.90	7.10	6.89	0.35	0.1	0.158
8	7.78	7.92	8.20	7.90	8.10	0.22	0.08	0.140
9	9.20	8.91	8.84	9.03	9.13	0.2	0.03	0.122
10	10.05	9.97	10.21	10.30	9.83	0.30	0.03	0.152
11	11.10	10.89	11.20	10.86	11.31	0.31	0.1	0.172
12	11.68	12.11	12.08	11.90	12.13	0.32	0.08	0.148
13	13.34	12.84	13.14	12.88	13.20	0.34	0.12	0.192
14	14.21	13.91	14.30	14.10	13.85	0.30	0.09	0.170
15	15.31	15.10	14.93	14.85	15.22	0.31	0.07	0.170

测量结果未能稳定达到 0.1mm 以内，具体可能由以下原因造成：

① 在对尺身进行力学分析时，未考虑尺身和围裙板之间的摩擦力；

② 每次测量不能准确地找到应变片达到最大值的时刻。

5 结论

通过对研制的仪器进行试验，得到如下结论：

① 仪器可以实现对梯级和围裙板之间间隙的测量，测量结果直接在显示屏上读取；

② 仪器的测量精度不能稳定在 0.1mm 内，仪器的硬件和软件上还需要进一步改进；

③ 仪器尚未进行现场试验，现场测试的效率和精度方面的提升还需要进一步研究。

参考文献

[1] 贾海军, 吕潇, 李欣 . 自动扶梯梯级间隙风险原因分析与控制对策 [J] . 中国电梯，2021，32，(06)：22-25.

[2] 王葵, 潘洪权, 张胜, 等 . 基于视觉几何的自动扶梯运行参数检验方法 [J] . 起重运输机械, 2018，05：131-133.

[3] 任馨, 黄绍伦, 佘昆 . 基于图像检测技术的自动扶梯制动距离检测装置 [J] . 机电工程技术, 2018，47，04：11-13.

[4] 朱历平, 林晓明, 梁敏健 . 自动扶梯扶手带和出入口处间隙距离测量 [J] . 中国特种设备安全, 2017，33，09：18-24.

[5] 戚政武, 梁敏健, 王葵 . 自动扶梯梯级与围裙板安全间隙动态测量与隐患定位方法研究 [J] . 起重运输机械, 2017，07：108-110.

[6] 戚政武, 梁敏健, 王葵 . 一种自动扶梯梯级与围裙板安全间隙动态检测仪的设计与实现 [J] . 中国特种设备安全, 2017，33，(04)：36-39.

[7] GB 16899—2011. 自动扶梯和自动人行道的制造与安装安全规范 [S].

基于振动特征提取的电梯导靴检测装置

许有才[1]，张俊喃[1,2]，乔王治[1,2]，王家忠[1]，和　杰[1,2]，杨春宇[1,2]，李新仕[1]，郭　澍[1]，李　珺[1]

1. 云南省特种设备安全检测研究院，昆明，650228

2. 云南惠民劳务服务有限公司，昆明，650500

摘　要： 本文针对导靴静态检测方法的低效率、低可靠性，提出一种电梯导靴高效检测装置。该装置通过安装导靴振动信号采集装置获取电梯导靴的振动信号；然后对振动信号进行特征提取，提取特征信号的能量熵、偏度系数，构建特征集合；最后采用经训练的故障识别分类器对导靴状态进行故障诊断。通过实验表明，该装置能够快速有效地识别导靴的运行状态，提高导靴的安全可靠性，提升运维效率。

关键词： 电梯检验；导靴；检测装置；振动信号

Elevator Guide Boot Detection Device Based on Vibration Feature Extraction

Xu Youcai[1], Zhang Junnan[1,2], Qiao Wangzhi[1,2], Wang Jiazhong[1], He Jie[1,2], Yang Chunyu[1,2], Li Xinshi[1], Guo Shu[1], Li Jun[1]

1. Yunnan Institute of Special Equipment Safety Testing, Kunming, 650228

2. Yunnan Huimin Labor Service Limited Company, Kunming, 650550

Abstract: In this paper, aiming at the low efficiency and low reliability of the static detection method of guide boots, an efficient detection device for elevator guide boots is proposed. The vibration signal of elevator guide boots is acquired by installing the guide boots vibration signal acquisition device. Then the vibration signal features were extracted, the energy entropy skewness coefficient of the feature signal was extracted, and the feature set was constructed. Finally, a trained fault identification classifier is used to diagnose the state of the guide boots. Experiments have shown that the device can quickly and effectively identify the running state of the guide boots, improve the safety and reliability of the guide boots, and enhance the efficiency of operation and maintenance.

Keywords: the elevator inspection; guide; detection device; vibration signal

0　引言

电梯作为高层建筑内的交通工具呈现高速增加的趋势下，其安全问题引起公众高度关注。2016 年 10 月在云南省昆明市海伦国际小区发生“电梯门爆炸”事件，该事件被都市晚高峰曝光，引起来了社会各界的广泛关注。据调查该事故是由于电梯轿厢导靴故障导致轿厢门刀撞上层门地坎所致[1]。

根据 GB 7588—2003 的要求，最能体现轿厢及其运动部件与层门距离要求的是第 11.2.2 条规定，

作者简介：许有才，1988 年生，男，副研究员，主要从事特种设备电梯检测新技术研究。

轿厢地坎与层门地坎的水平距离不得大于 35mm，对于轿厢及其连接部件与井道内其他部件之间的距离，该标准没有规定最小值[2]。根据 TSG T 7001—2009 的要求，最能体现轿厢及其运动部件与层门距离要求的是第 6.12 条规定，门刀、门锁滚轮与地坎间隙；检验内容与要求，轿门门刀与层门地坎，层门锁滚轮与轿厢地坎的间隙应当不小于 5mm，电梯运行时不得互相摩擦。由以上两条标准规范可知，轿厢及其运动部件与层门距离在 5～35mm 之间[3]。

根据电梯层、轿门开门的设计原理，可以得到与层门地坎距离最近的轿厢部件是轿门门刀，轿门门刀通过机械部件与轿厢连接。因此，轿门门刀与层门地坎的距离即代表轿厢与层门地坎的最小距离。影响轿厢与层门地坎的最小距离大致可以分为两类：①轿厢变形；②易损件磨损影响轿厢运行路径，造成轿厢与层门地坎的距离变小。第①种原因可以通过检查、测量解决且概率很小，第②种原因涉及的部件很多，但所有部件都要通过导靴才能影响电梯的运行。因此，研究导靴的运行状态对防止轿厢撞上层门地坎事故的发生有重大意义。

目前的检验方法是静态测量相关数据，即在轿厢处于停止状态测量轿门门刀与层门地坎、层门锁滚轮与轿厢地坎的间隙都应当不小于 5mm，轿厢地坎与层门地坎的水平距离不得大于 35mm。而在电梯实际运行过程中，由于电梯自身振动、导靴的磨损、轿厢内人为因素的抖动等因素会造成以上测量数据的不准确性，因此以上测量方法效率低且无法保障电梯的安全运行[4]。

因此，开发一种能够有效实时检测电梯导靴工作状态及工作位置的装置，对保障电梯的安全运行、提高检测效率是十分必要的。

1 特征提取方法及原理

电梯在正常运行期间，需要诸多机械、电气部件的协同配合（如，曳引机、曳引绳、排风机等），因此，采集的振动信号具有强噪声背景的特点[5]。小波分解由于其强大的多分辨率滤波特性，成为了故障特征提取的重要分析方法之一。小波分解通过滤波器将信号分解成不同尺度的一系列小波基函数之和，因此小波分析的效果依赖于小波基函数的选择。

1.1 构造高、低通滤波器

dbN 小波是世界著名的小波分析学者 I. Daubechies 构造的小波函数，简写为 dbN。当 $N=1$ 时，为 Harr 小波。除 Harr 小波之外，dbN 不具有对称性，其低通滤波器与高通滤波器表达式如下：

$$H(\omega)=\frac{1}{\sqrt{2}}\sum_{n=0}^{N}h_n \mathrm{e}^{-in\omega} \tag{1}$$

$$G(\omega)=-\mathrm{e}^{iN\omega}\overline{H(\omega+\pi)} \tag{2}$$

$$|H(\omega)|^2=\left(\cos^2\frac{\omega}{2}\right)^L P\left(\sin^2\frac{\omega}{2}\right) \tag{3}$$

$$P(x)=\sum_{k=0}^{L-1}\binom{L+k-1}{k}x^k \tag{4}$$

式中，$N=2L$ 为滤波器长度；ω 为频率；e 为自然对数；H 为低通滤波器；G 为高通滤波器。

H、G 为一组频率均分带通滤波器，其频率能够覆盖整个原始信号的频谱范围。即将原始信号在其频率范围内被均分为高频细节特征信号与低频近似信号两部分。

1.2 小波分解

原始信号 $S(t)$ 第 j 层的一维离散小波分解可以表示如下：

$$P_{j-1}S=P_jS+Q_jS=\sum_k cA_j(k)\varphi_{jk}+\sum_k cD_j(k)\psi_{jk} \tag{5}$$

$$cA_j(k)=\sum_{n=0}^{p-1}h(n)cA_{j-1}(2k+n) \tag{6}$$

$$cD_j(k)=\sum_{n=0}^{p-1}g(n)cA_{j-1}(2k+n) \tag{7}$$

式中，cD_j 为高频细节系数；cA_j 为低频近似系数，$(j=1,2,\cdots,L;k=0,1,\cdots,N/2^j-1)$；$N$ 为 $S(t)$ 的长度；L 为分解层次；$P_0S=S$；$g(n)$ 为高通滤波器；$h(h)$ 为低通滤波器；$\psi(t)$ 为小波基函数；$\varphi(t)$ 为尺度函数。

由于滚动导靴振动信号既含有从中间向两边衰减的"鱼腹状"波形信号又含有单边衰减的冲击响应信号，因此本文将 dbN 小波引入信号分析。除 Harr 小波之外，dbN 的小波基函数和尺度函数没有明确的表达式，且不具有对称性。db10 的小波函数和尺度函数如图 1 所示，由图 1 可知小波函数表现出了从中间向两边衰减的"鱼腹状"波形[6]。

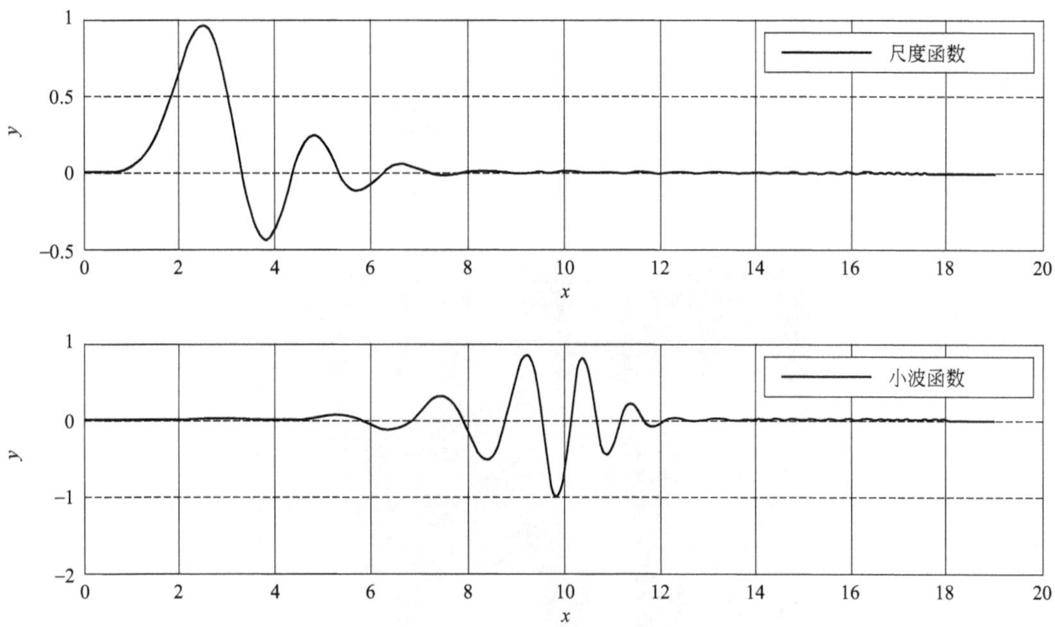

图 1　db10 小波

高频细节系数即信号的高频细节特征，如果以此为中心，经过变换上式可表示为：

$$S=Q_1S+Q_2S+\Lambda+Q_jS+P_jS \tag{8}$$

上式中的相加，不是简单的数值相加而是以截断的形式相加。

2　试验方法及步骤

基于上述特征提取方法，本文所述装置流程图如图 2 所示，具体步骤如下。

① 安装振动信号采集装置：将振动信号采集传感器固定于基座中，基座安装于轿厢地面中间位置，采用加速度传感器采集轿厢 X 轴、Y 轴、Z 轴的振动信号；安装现场如图 3 所示。

② 数据传输：采用 USB 转 TTL 电平的串口模块与计算机连接，将数据传送至计算机。

③ 将已知的无故障导靴安装到电梯上，采集到振动信号。

④ 将已知的无故障导靴在 X 轴方向人为地制造 4mm 磨损间隙，将该安装于轿厢上方，采集到振动信号。

⑤ 将已知的无故障导靴在 X 轴方向人为地制造 4mm 磨损间隙，将该安装于轿厢下方，采集到振

动信号。

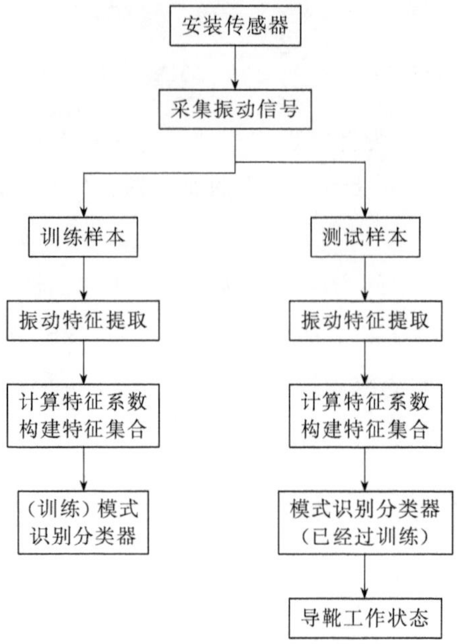

图 2　流程图

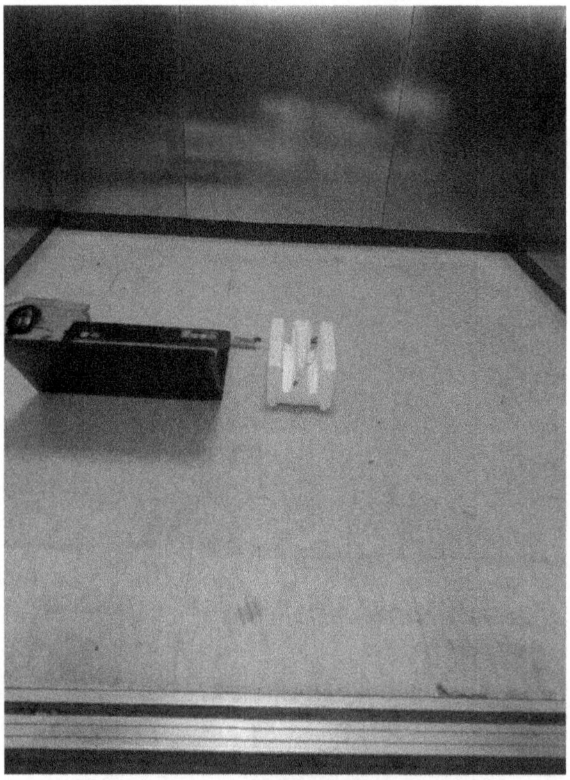

图 3　传感器安装位置图

⑥ 振动特征提取：采用小波分解提取振动信号的振动特征分量，则其可以表达为：$S=Q_1S+Q_2S+,\cdots,+Q_jS+P_jS$，其中，$Q_j$ 为高频细节系数即振动特征分量，P_j 为低频近似系数即残余分量。

根据振动特征提取原则，分别得到无故障导靴振动信号振动特征、轿厢上导靴故障振动信号振动特征、轿厢下导靴故障振动信号振动特征。

⑦ 计算特征系数构建特征集合，分别计算无故障导靴、轿厢上导靴故障、轿厢下导靴故障特征分

量的能量熵、偏度系数，其中能量熵得到的特征集合为 A，偏度系数得到的特征集合为 B。

⑧ 将步骤得到的能量熵特征集合 A 和偏度系数特征集合 B 组合得到特征集合 C。

⑨ 将步骤 8 得到的特征集合 C 对模式识别分类器进行训练，得到故障模式识别分类器。即，集合 C 作为模式识别分类器输入，故障类型作为模式识别分类器输出，对故障模式识别分类器进行训练。

⑩ 针对未知故障类型的电梯导靴采用步骤①～步骤⑨的方法获取特征集合 C，采用步骤⑩中已经过训练的故障模式识别分类器对未知故障类型的电梯导靴进行模式识别。

3 试验研究及数据分析

为了验证装置的有效性，本文将采用上述原理和方法分别对电梯轿厢侧的上导靴故障信号、下导靴故障信号进行分析。

试验采用云南省特种设备安全检测研究院工程中心实验室数据进行实例验证。电梯为曳引驱动乘客电梯，额定载重量为 800kg，额定速度为 1.5m/s，层站门数为 17 层 17 站 17 门。

安装振动信号采集装置：该振动信号采集装置安装于轿厢地面中间位置。传感器采用 MPU6050，波特率 115200 时每隔 10ms 输出 1 帧数据。

采集振动信号：检测前，为了获得电梯轿厢导靴无故障/上导靴故障/下导靴故障的训练数据，选择无故障导靴安装于轿厢导靴装置处，获得无故障导靴的训练信号。然后用磨砂在导靴侧面制作 4mm 间隙，将该导靴分别安装于轿厢上导靴/下导靴位置，从而获得电梯轿厢导靴无故障/上导靴故障/下导靴故障的训练信号。无故障/上导靴故障/下导靴故障的训练信号各 100 组，3 种状态振动信号时域波形图如图 4 所示。

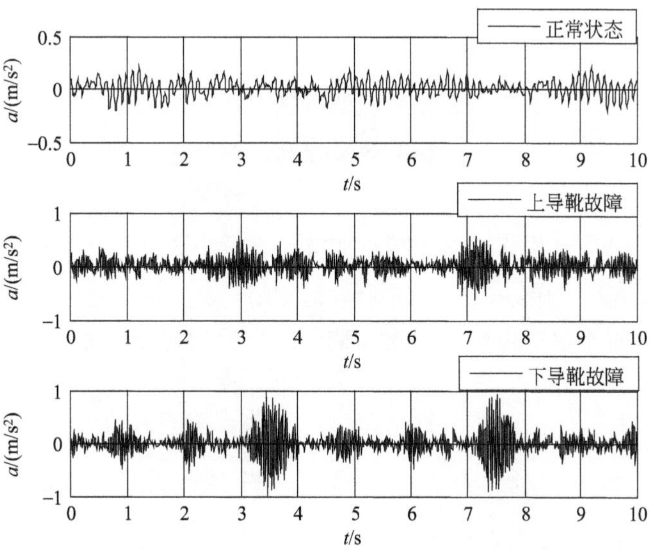

图 4　3 种状态振动信号时域波形图

振动特征提取：采用小波分解方法对各个状态下的信号进行振动特征提取，下导靴故障振动信号振动特征提取结果如图 5 所示。

计算特征系数构建特征集合：分别计算各个状态下振动特征分量的能量熵、偏度系数，其中能量熵得到的特征集合为 A，偏度系数得到的特征集合为 B；将集合 A 和集合 B 重新组合得到特征集合 C。

训练模式识别分类器：采用最小二乘支持向量机作为模式识别分类器，将集合 C 作为输入，故障类型作为输出，得到模式识别分类器（已经过训练）。再采用已知故障类型（无故障/上导靴故障/下导靴故障）的训练信号各 50 组（采用以上方法得到特征系数构建的特征集合）对最小二乘支持向量机

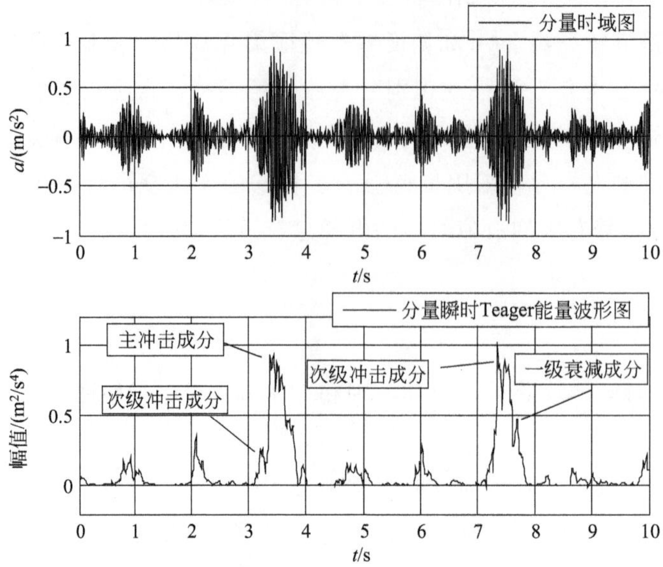

图 5　下导靴故障振动信号分解结果

（已经过训练）进行测试，将识别的故障类型与已知的故障类型进行对比，得到最小二乘支持向量机（已经过训练）的识别效率都约 90%。

检测未知导靴运行状况：对于其他未知状况的电梯导靴，在轿厢安装振动信号采集装置，并且重复上述测试组故障检测过程得到特征集合，输入到模式识别分类器，分类器会识别出一个类型，这个类型就是检测结果。

4　结论

① 本装置通过安装电梯导靴故障诊断装置检测导靴的工作状态，将人工的静态检验转化为设备的动态检测，改善了静态检验时不易观察、不易检验难题，对防止轿厢撞上层门地坎事故的发生有重大意义。

② 在获取导靴故障信息的过程在，通过构造滤波器进行小波分解，再计算特征系数构建特征集合。该方法剔除了部分无效信号的干扰，提升了故障信息的精度。

③ 本文提出的检测装置不仅可以应用在轿厢侧，还可以向对重侧推广，降低由于对重侧导靴间隙大运行造成的噪音。

参考文献

[1] 许有才，万舟．基于条件局部均值分解与变量预测模型的轴承故障诊断方法 [J]．计算机应用，2015，35 (9)：150-154.

[2] 王志强，杨春帆，姜雪松．最新电梯原理、使用与维护 [M]．北京：机械工业出版社，2006.

[3] Solomon Tesfamariam, Rehan Sadiq, "Risk-based Environmental Decision-making Using Fuzzy Analytic Hierarchy", Stochastic Environmental Research and Risk Assessment, Nov 2006, 35-50.

[4] 陈志平，汪赞，张国安，等．基于大数据的电梯故障诊断与预测研究 [J]．机电工程，2019，36 (1)：90-94.

[5] 孙余凯，项绮明，徐绍贤，等．新型电梯故障检修技巧与实例 [M]．北京：电子工业出版社，2008.

[6] 易士琳，万舟，陶然，等．基于遗传算法优化支持向量机的电梯故障诊断 [J]．计算机与数字工程，2016，44 (1)：166-170.

基于有限元疲劳分析的自动扶梯桁架残余寿命预测方法研究

杨震立

重庆市特种设备检测研究院，重庆， 401121

摘　要： 针对自动扶梯的桁架结构，建立了全壳单元的有限元模型，计算了其结构强度和刚度，根据检验经验提出了4种典型工况，结合这些工况及S-N曲线，通过Miner累计损伤准则对其疲劳寿命进行了预测，并和不同自动扶梯桁架结构的检验结果进行了对比。最后通过设定寿命条件，采用有限元模型计算了各工况下的残余寿命，并进行归纳总结，提出了一套残余寿命预测方法。研究结果表明，自动扶梯桁架结构疲劳寿命最低的部位在上端站与中桁架的连接处，同时挠度也是影响残余寿命的关键要素，与检验结果相符，验证了疲劳分析结果的正确性。提出的残余寿命预测方法简单易行，能够为自动扶梯的检验检测提供参考依据。

关键词： 自动扶梯，桁架，有限元，疲劳分析，残余寿命

Research of Residual Life for Escalator Truss Prediction Method Based on FEM Fatigue Analysis

Yang Zhenli

Chongqing Special Equipment Testing Research Institute, Chongqing, 401121

Abstract: The finite element model by shell element is established based on the truss structure of escalator, and its structural strength and stiffness are calculated. Then four kinds of typical working condition is presented according to the inspection experience. In combination with the working condition and S-N curve, its fatigue life is predicted through the Miner cumulative damage criterion, and the inspection result of different escalator truss are compared. Finally, the residual life under each working condition is calculated based on the finite element model by setting life conditions, and a residual life prediction method is proposed. The results shows that the lowest place of escalator truss structure fatigue life is in the top stand with truss joint, and the deflection is also affect the residual life as a key elements. They are consistent with inspection results, and verify the validity of the fatigue analysis results. The method of residual life prediction is simple and feasible, which can provide reference for the inspection of escalator.

Keywords: escalator, truss, FEM, fatigue analysis, residual life

0 引言

自动扶梯桁架是支撑自动扶梯的基础部件，其疲劳寿命直接影响自动扶梯的使用寿命。国内外学者采用有限元法对自动扶梯桁架的强度、刚度、结构优化、轻量化等进行了分析研究[1-6]，对自动扶梯的设计提供了相关参考。部分学者对起重设备相关的金属结构、桁架臂等进行了疲劳分析及寿命预测[7-9]，取得了一定成果。但是目前对自动扶梯桁架残余寿命的相关研究较少，对自动扶梯桁架残余寿

命预测方法的研究还暂未发现。

本文针对某自动扶梯的桁架结构，建立其限元模型，计算其结构强度和刚度；根据检验经验提出了4种典型工况，并分析了其疲劳寿命，同时与自动扶梯桁架结构的检验结果进行了对比；通过设定寿命条件，采用有限元模型计算了各工况下的残余寿命，并进行归纳总结，提出了一套残余寿命预测方法。

1 自动扶梯桁架的有限元模型

自动扶梯桁架的主体结构一般由上、下弦材、横梁、纵梁、斜材、托梁、加强筋、底部封板、端部托架等焊接而成，材料主要为热轧角钢和冷弯方钢。本文中的自动扶梯提升高度为8m，名义宽度1m，倾斜角为30°，钢材材料为Q235，其桁架主体结构的类型及厚度如表1所示。

表1 自动扶梯桁架主体结构材料类型及厚度

结构	上、下弦材	横梁	纵梁	斜材	托梁	加强筋	底部封板	端部托架
类型	中空方钢	角钢	中空方钢	中空方钢	角钢	槽钢	钣金件	角钢
厚度/mm	5	5	4	4	10	3	2	24

在以往的研究中，对自动扶梯桁架结构大多都采用梁单元[1-6]建立有限元模型，其优点是建模简单便捷。但是和壳单元相比，由于插值函数不同导致节点位移与单元内部应变都不相同，而且部分结构具有不同的截面形状，因此采用梁单元进行分析将会产生一定误差，不能完全反应自动扶梯桁架结构的真实受力情况。

基于上述原因，为了更准确地研究自动扶梯桁架结构寿命，本文采用壳单元对自动扶梯桁架结构建立有限元模型。建模步骤为：①根据设计图纸，建立自动扶梯桁架的3D实体模型；②清理结构中多余线条、倒圆角等特征；③对其中一侧划分大小为30mm的四面体壳单元；④根据中空方钢尺寸将已划分的网格进行平移，并进行单元之间的连接，完成一侧弦材、纵梁、斜材的网格划分；⑤根据宽度尺寸镜像上述网格，完成另一侧弦材、纵梁、斜材的网格划分；⑥根据3D实体模型完成底部封板、横梁、加强筋、托架等的网格划分；⑦赋予它们对应的材料属性和厚度。该自动扶梯桁架的3D实体模型和有限元模型如图1和图2所示。

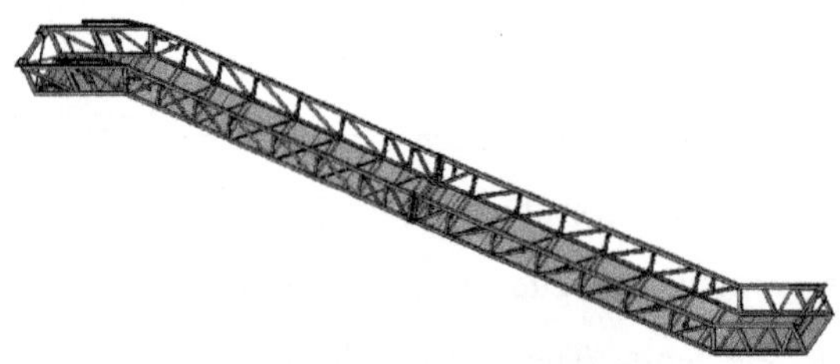

图1 自动扶梯桁架的3D实体模型

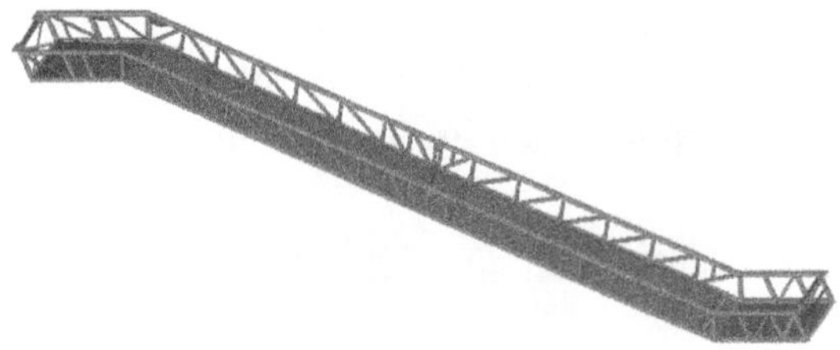

图2 自动扶梯桁架的有限元模型

对比图1和图2可知，采用壳单元建立的自动扶梯桁架有限元模型和3D实体模型在几何特征上相差无几，能够更加有效的反映自动扶梯桁架结构特征，同时为疲劳分析的准确性打下基础。

2 自动扶梯桁架的有限元疲劳分析

有限元疲劳分析是在强度分析的前提下，提取相关的应力应变结果，再定义载荷事件和材料 S-N 特性曲线，接着根据所需要的疲劳准则对每一个载荷事件进行寿命计算，最后根据累计损伤理论判断是否破坏。

自动扶梯桁架结构受力状态是复杂的应力状态，且属于高周期疲劳，为了保守估计其疲劳寿命，采用 Goodman 图对 S-N 曲线进行修正。其中 Goodman 直线的公式为：

$$\frac{S_a}{S_N}+\frac{S_m}{S_u}=1 \tag{1}$$

修正后的 S-N 曲线的经验公式为：

$$\sigma_a=(\sigma_b-\sigma_m)\frac{\sigma_f}{\sigma_b}(2N_f)^b \tag{2}$$

自动扶梯桁架受到两种载荷：①由自重、均布载荷和集中载荷所构成的静载荷；②随着乘客数量变化而变化的动载荷。其中动载荷是变幅载荷，采用 Miner 线性累计损伤准则进行分析，其公式为：

$$D=\sum_{i=1}^{k}\frac{n_i}{N_i} \tag{3}$$

在有限元疲劳分析中，这两种载荷都是影响寿命的关键因素，因此需要准确进行加载。本文中自动扶梯桁架的静载荷来源和大小如表 2 和表 3 所示。

表 2 自动扶梯桁架静载荷中的均布载荷

载荷来源	扶手带	梯级	导轨	链条	装潢
大小/(kg/m)	140	116	25	16	70

表 3 自动扶梯桁架静载荷中的集中载荷

载荷来源	主机及减速器	扶手驱动装置	盖板及梳齿板	扶手带张紧装置	控制柜
位置	上端站	上端站	上、下端站	下端站	上端站
大小/kg	430	640	180	220	65

对于动载荷，国标中规定乘客载荷为 $5000\mathrm{N/m^2}$[10]。但是在实际使用时，乘客数量往往是随机变化的。为了确定疲劳分析中动载荷的大小，根据检验工作的经验以及与使用管理单位的交流总结，综合分析得到 4 种典型的自动扶梯动载荷工况及其占比情况，如表 4 所示。其中重载模拟地铁站、车站等场所，中载模拟商场、写字楼等场所，轻载模拟小区等场所，偏载模拟乘客多数集中在自动扶梯某侧时的特殊工况。

表 4 4 种典型自动扶梯桁架动载荷工况及其占比情况

乘客数量	满载	一半	少量	集中在某侧
重载	60%	30%	10%	0%
中载	30%	50%	20%	0%
轻载	20%	40%	40%	0%
偏载	10%	20%	20%	50%

本文中自动扶梯乘客数量在满载时载荷为 $8000\mathrm{N/m^2}$，乘客数量只有一半时载荷为 $4000\mathrm{N/m^2}$，仅有少量乘客时载荷为 $2000\mathrm{N/m^2}$，乘客集中在某侧时载荷为 $4000\mathrm{N/m^2}$。

基于上述载荷和工况，约束端部托架，对有限元模型进行强度分析。图 3 为自动扶梯乘客数量在满载、一半、少量、集中在右侧时的应力分布图。

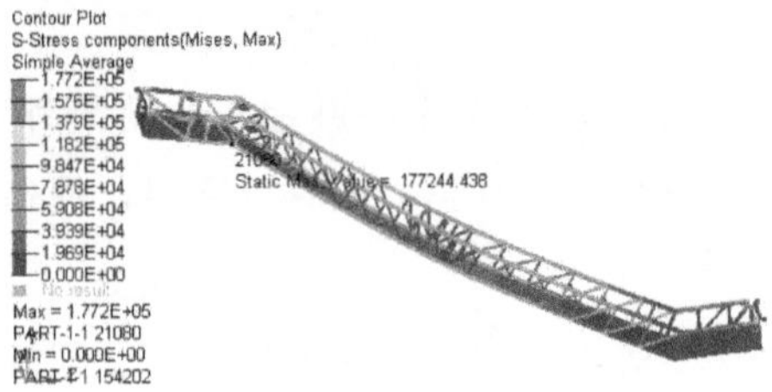

(a) 乘客数量满载时的应力分布

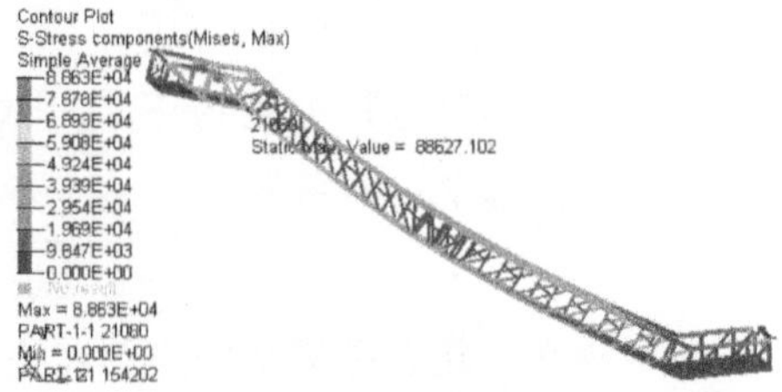

(b) 乘客数量一半时的应力分布

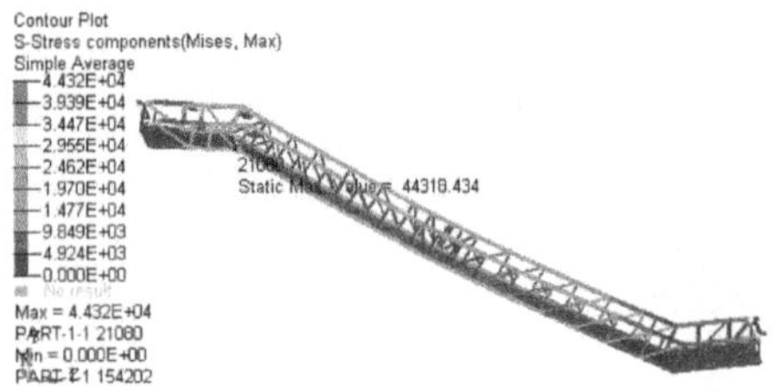

(c) 乘客数量少量时的应力分布

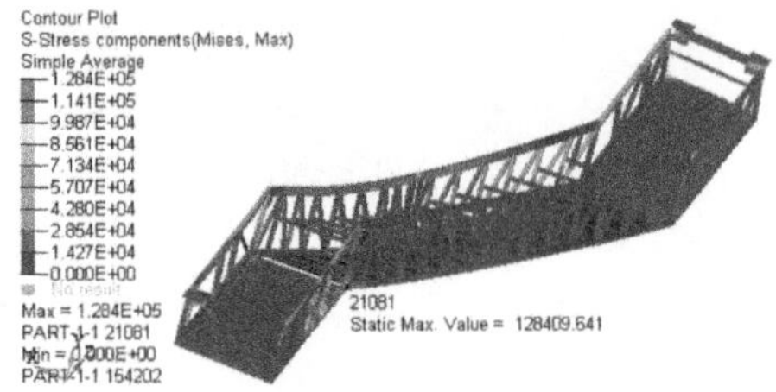

(d) 乘客数量偏载时的应力分布

图 3　自动扶梯不同乘客数量时的应力分布图

从图 3 中可以看到，不同乘客数量的情况下应力最大部位均在上端站与中桁架的连接处，其中乘客满载时应力最大达到 177MPa，同时各情况下最大变形量均在中桁架中部。

本文中自动扶梯的设计寿命为 40 年，将乘客数量不同时的强度分析结果导入疲劳分析软件，同时采用在软件中输入 Q235 的屈服强度并用 Goodman 进行修正得到其 S-N 曲线，再根据动载荷的占比按比例设定各工况下的载荷循环次数，对自动扶梯桁架进行疲劳分析，其结果如图 4 所示。

(a) 重载工况时的疲劳损伤分布

(b) 中载工况时的疲劳损伤分布

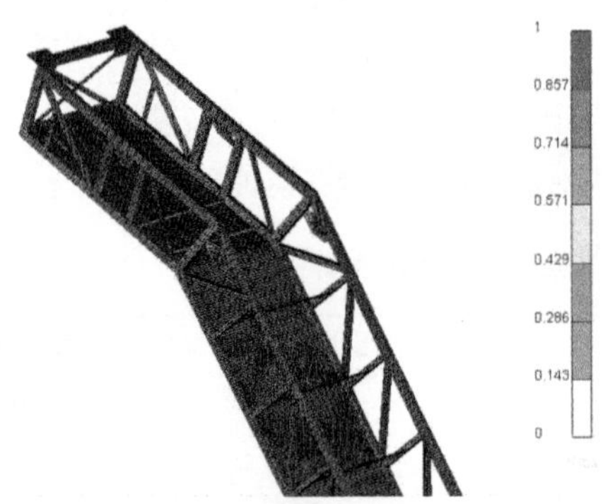

(c) 轻载工况时的疲劳损伤分布

(d) 偏载工况时的疲劳损伤分布

图 4　自动扶梯在 4 种工况下的疲劳损伤

由图 4 可知，上端站与中桁架的连接处寿命最短，重载、中载、轻载和偏载工况下该处的损伤 D 分别为 0.94、0.82、0.69、0.89。根据设计寿命可知疲劳寿命分别为 $40/D$，即 42.6、48.8、58、44.9 年。同时最大变形量即挠度分别为 28.9mm、25.4mm、21.6mm、27.1mm，表明挠度也是影响疲劳寿命的关键要素。

为了验证有限元疲劳分析结果，本文搜集了部分自动扶梯的检验结果，如图 5 所示。

(a) (b) (c)

图 5 自动扶梯现场检验结果

图 5 中（a）、（b）为上端站与中桁架的连接处，其变形量相对其他地方较大，（c）中桁架中部变形较为明显，对应挠度较大，表明它们是影响自动扶梯桁架寿命的关键要素，与有限元分析结果相符。

3 自动扶梯桁架残余寿命预测方法研究

通过有限元疲劳分析和现场检验可知，上端站与中桁架的连接处与挠度是影响自动扶梯桁架寿命的关键要素，所以拟通过对关键要素进行分析判断来预测自动扶梯桁架的残余寿命。

在检验过程中，我们无法直观判断其应力状态，因此采用测量变形量的方式进行判断。在有限元疲劳分析中，将寿命分别设定为 20 年、25 年、30 年、35 年、40 年，然后进行各工况下的疲劳分析，求得达到各年限时的变形量，接着用极限寿命时的变形量减去相应年限时的变形量，得到对应残余寿命，最后通过拟合的方法得到关键要素与残余寿命的关系，如图 6 和图 7 所示。

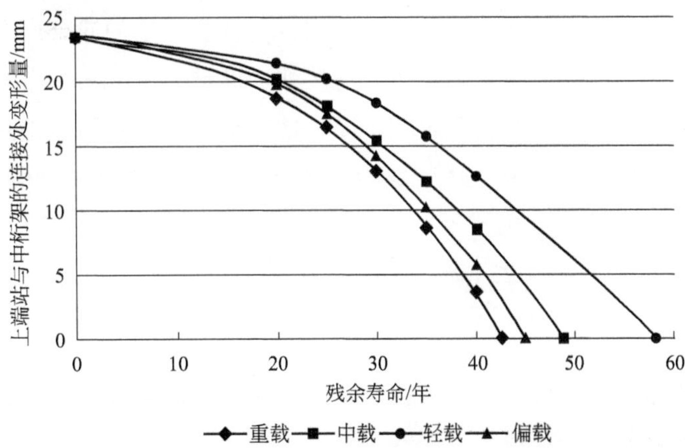

图 6 不同工况时上端站与中桁架的连接处变形量与残余寿命的关系

由图 6 和图 7 表示不同工况下关键要素与自动扶梯桁架残余寿命之间的关系，其中横坐标为残余寿命，图 6 中纵坐标为变形量，在图 7 中纵坐标为挠度。

根据上述关系以及现场检验情况，本文提出了一套自动扶梯桁架残余寿命预测方法，其步骤为：①分别测量上端站与中桁架的连接处的变形量和挠度；②评估自动扶梯的使用工况；③将测量结果代入关键要素与残余寿命的关系图，分别得到它们的残余寿命；④为保守估计，选择它们中的最小值作为最终的残余寿命预测值。该方法的流程如图 8 所示。

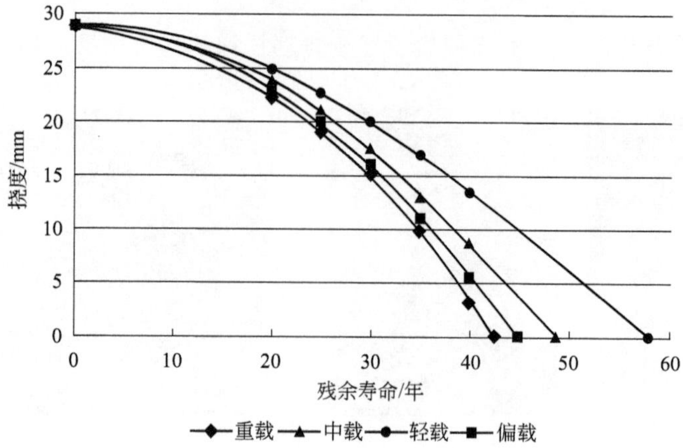

图 7　不同工况时挠度与残余寿命的关系

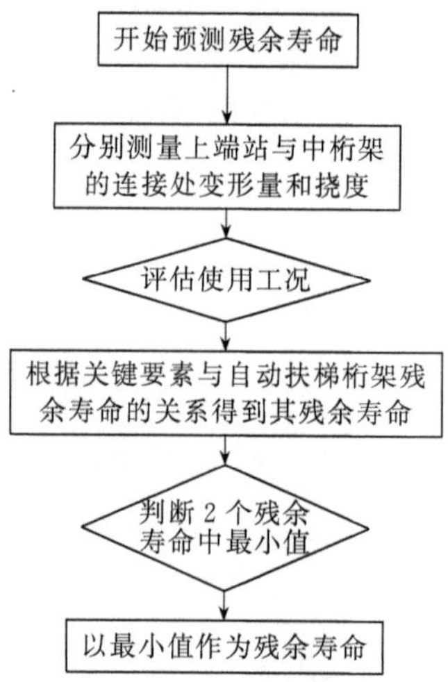

图 8　扶梯桁架寿命预测方法流程图

从图 8 可知，该方法操作较为简便，能够快速预测自动扶梯桁架的残余寿命。如预测某地铁站自动扶梯桁架的残余寿命，首先测得上端站与中桁架的连接处变形量为 15mm、挠度为 19mm，然后根据与使用管理单位的交流及现场情况评估其属于重载工况，接着根据图 6 和图 7 得到预估的残余寿命值分别为 27 年和 24 年，最后保守估计其残余寿命为 24 年。该方法可便捷快速的预测自动扶梯桁架残余寿命，同时为检验检测提供参考依据。

4　结论

本文采用有限元法计算了自动扶梯桁架的疲劳寿命，并通过设定寿命条件，对其残余寿命进行了预测，形成一套残余寿命预测方法，总结如下：

① 采用壳单元建立了自动扶梯桁架的有限元模型，使其能够更加真实的反映结构特征和受力情况，同时为疲劳分析的打下基础；

② 根据检验工作经验总结，得到重载、中载、轻载、偏载这 4 种自动扶梯常用工况。采用 Miner 累计损伤准则对 4 种工况下自动扶梯桁架进行了疲劳分析，得到其疲劳寿命分别为 42.6、48.8、58、44.9 年，最大变形即挠度分别为 28.9mm、25.4mm、21.6mm、27.1mm，从而可知上端站与中桁架的连接处和挠度是影响自动扶梯桁架寿命的关键要素，同时对比检验结果验证了分析结果的准确性；

③ 分别设定不同的寿命条件，并采用有限元模型在各工况下进行疲劳分析，得到了达到各年限时

的变形量，最后通过拟合的方式，得到了影响自动扶梯桁架寿命的关键要素和残余寿命之间的关系；

④ 结合自动扶梯桁架的有限元疲劳分析结果，提出了一套自动扶梯桁架寿命预测方法，该方法操作简便，能够快速预测其残余寿命。

参考文献

[1] 胡志炜．自动扶梯桁架的有限元分析 [J]．机械设计，2011，28（10）：74～77.

[2] 高原，曹国华，秦健聪．船用自动扶梯桁架的有限元分析及其应用 [J]．机械强度，2017，39（3）：738～742.

[3] 王永光．扶梯桁架的强刚度分析与研究 [D]．苏州：苏州大学，2014.

[4] C. Carrillo；E. Díaz-Dorado；J. Cidrás；M. Silva-Ucha. A methodology for energy analysis of escalators [J] . Energy and Buildings, 2014，6：21-30.

[5] Zhang Haibing；Wan Changdong. Light weight analysis of automatic escalator truss structure with FEM [J] . Journal of Mechanical & Electrical Engineering, 2012, 29 (10)：1139-1142.

[6] Jian Cai Zhao, Xi Chen, Ze Yu Zhao. Performance Evaluation and Prediction of Escalator Structure Using FEM-Based Analysis [J] . Advanced Materials Research, 2013, 2717.

[7] 荆鹏飞．大型履带起重机桁架臂结构寿命预测方法研究 [D]．大连：大连理工大学，2006.

[8] Kopnov V. A. Fatigue life prediction of the metalwork of a travelling gantry crane [J] . Engineering Failure Analysis，1999，6 (3)：131-141.

[9] Caglayan Ozden, Ozakgul Kadir, Tezer Ovunc, Uzgider Erdogan. Fatigue life prediction of existing crane runway girders [J] . Journal of Constructional Steel Research，2010，10：1164-1173.

[10] GB 16899—2010. 自动扶梯和自动人行道的制造与安装安全规范 [S].

疫情环境下基于 AI 的无接触智能乘梯防控系统设计

张　磊，陈　超，曹洪庆

新疆维吾尔自治区特种设备检验研究院，乌鲁木齐，830011

摘　要： 在新冠疫情肆虐全球，甚至在某些国家失控的情况下，分析了新冠疫情下无接触乘梯系统的国内外研究现状，设计了一种基于人工智能，可监测轿厢内乘梯人员体温异常和口罩佩戴，结合人员信息比对实现异常告/预警，自动统计和限制乘梯人数，及判定电梯不安全状态的无接触智能电梯防控系统。给出了系统整体设计方案、系统框架图，阐述了多样性模块化无接触呼梯解决方法，智能消杀、安全管控、体温监测预警等功能，说明了软件的功能需求，及实现体温异常监测、电梯故障、人数统计的判断工作流程。

关键词： 电梯；疫情；无接触；人工智能；防控系统

Design of a Contactless Intelligent Elevator Surveillance System Based on AI under epidemic

Zhang Lei , Chen Chao, Cao Hongqing

Xinjiang Uygur Autonomous Region Institute of Special Equipment Inspection, Wu lumuqi, 830011

Abstract: With the new crown epidemic raging around the world, and even when some countries are out of control, analyzed the domestic and foreign research status of the contactless elevator system under the new crown epidemic, and designed a non-contact intelligent elevator defense system based on artificial intelligence that can identify the unsafe status of the elevator and the abnormal body temperature of the people in the car, and automatically count the number of people on the elevator ontrol system. The overall system design scheme and system framework diagram are given, the systemic modular non-contact call ladder solution, intelligent killing, safety management and control, body temperature monitoring and early warning functions are given, the functional requirements of the software are explained, and the monitoring of abnormal body temperature is realized., Elevator failure, and the judgment work flow of people counting.

Keywords: elevator; epidemic; no contact; artificial intelligence; prevention and control system

0　引言

卫生防疫专家强调，新冠肺炎传播途径主要为直接传播、气溶胶传播和接触传播。而随着经济和城市化进程的快速发展，电梯已成为建筑物内最主要、最重要的垂直交通运输工具，是出行、工作、生活、回家的第一步和最后一步，在生产生活处于无可替代的重要一环。电梯轿厢属于狭小、密闭的公共空间，空间局促、空气流通慢，轿厢内乘客人员来源复杂、单位面积人流密集、流动频繁，接触频率高，相互接触交叉感染的风险大，属易感染高危区。因此减少人员候梯性聚集、降低乘梯等候时间、减

作者简介：张磊，1983 年生，男，高级工程师，硕士，主要从事电梯等特种设备检测研究。

少接触按键、优化调度策略、减少乘梯时间、实现体温实时监测、口罩佩戴监控、高危人群识别与管控是最佳战疫选择。

1 人工智能

人工智能（artificial intelligence，AI）是研究、开发用于模拟、延伸和扩展人的智能的理论、方法、技术及应用系统的一门新的技术科学[1]，研究使计算机来模拟人的某些思维过程和智能行为（如学习、推理、思考、规划等）的学科[2]，使计算机能实现更高层次的应用。涉及计算机科学、信息论、控制论、自动化、仿生学、心理学、数理逻辑、语言学多门学科，研究范畴为自然语言处理，知识表现，智能搜索，规划，机器学习，知识获取，组合调度问题，感知问题，模式识别，逻辑程序设计与软计算，不精确和不确定的管理，复杂系统等人类思维方式。相关成果已广泛应用于机器视觉，语言和图像理解，专家系统，自动规划，智能控制，指纹/人脸/视网膜/虹膜识别等领域。

在当前疫情环境下，从工程实际需求出发，基于人工智能、视频监控、IOT物联网、视频图像数字处理技术等其他信息化手段，打造多样化无接触乘梯、授权使用、安全管控、实时体温监测/预警/追踪、智能消/杀毒、定时通风、口罩识别、紧急状况推送、人文关怀音视频显示、电梯基本运行状态、智能互联互通自动化控制系统，建立以人为本，以“乘客候梯、乘梯时间最短”、“降低病毒感染风险”、自动选层、无感通行为目标，不同品牌电梯通用的安全、高效、节能的智能无接触乘梯系统。

2 国内外同类研究现状分析

疫情期间，有云平台解决方案，如华为云IoT联合旺龙智能推出无接触智能乘梯解决方案，基于物联网平台实现电梯、门禁、摄像头、蓝牙等设备的统一接入管理及多子系统联动，通过授权使用手机App/微信小程序/手机蓝牙等方式远程呼叫电梯并自动点亮目的楼层．此类还有新时达基于“电梯云”的智能手机“无接触乘梯”等方案。以百度、海信智慧家居、云知声蜂鸟、科大讯飞为代表的语音呼叫方案，将AI语音系统如小度音箱、人工智能芯片等置入轿厢内，通过语音呼叫“唤醒＋指令”模式即可自动点亮目的楼层。支持有线和无线（支持无网络应用）两种方案，提供楼层索引功能，在线版本在离线版本的基础上，增加方言识别以及获取在线信息的功能，尤其方便老人、孩子以及行动不便的特殊人群。以众多科技公司、电梯公司开发的紫外线杀毒和人脸/指纹/掌纹/虹膜识别、手机蓝牙、二维码、手机App/微信小程序/公众号预约呼梯远程控梯、射频识别、IC卡等方式的无接触乘梯系统。以传统电梯大厂为代表的日立ITM智能安防系统、三菱电机AI智能系统、上海三菱智能交互系统等。以东超科技利用全球领先的无介质空中成像自主专利技术，打造的空气成像无接触电梯按钮终端技术，进电梯后的全部操作均可在空气中完成等为代表的高新精科技技术。在国外同类研究方面，有相应的论文和相应的检测方法，但查询中未发现相应的自动化设备的相关普及应用。

以上各种方案，可实现某种或某几种方式的无接触乘梯，但或功能、方式较单一，追求短平快，以快速占领现有市场；或技术先进、成本高昂；或在第一时间申请专利保护，构筑知识产权保护和贸易壁垒，片面追求经济利益，忽视社会效益。疫情环境下基于AI的无接触智能乘梯防控系统，将各种无接触乘梯方案模块化整合，根据不同的场景和成本预算等需求选择一种或多种乘梯方案；通过AI技术实现乘梯人数、佩戴口罩和人员信息识别和报警；通过闲时组合式消杀模式保障轿厢内杀毒效果，以适应不同的工程需求。

3 智能乘梯系统设计

3.1 方案总体概述

智能乘梯系统是原控制系统的延伸和发展，主要包括多形式的模块化无接触乘梯物理方案，组合式智能消/杀毒/通风，智能体温监测预警与安全管控。其核心是根据工程实际需求通过加装多样模块化呼梯方案，实现无接触呼梯；通过楼层授权实现安全管控；通过智能体温监控预警系统助力疫情防控。利用前端热成像摄像头或体温仪，以非接触式方式对多人体表温度进行快速筛查，实时精准采集体温、面部特征等人体特征信息；构建疫情监测专线专网，确保数据高速、可靠、稳定、安全传输；通过云平台视频 AI 技术判断乘梯人数、佩戴口罩识别、面部识别及进行人员信息确认，结合用户身份信息形成数据报表，依据体温数据变化，并实时发出告/预警信息，自动启动预警机制并实时传输给管理部门，预警和追踪高危人群。面部识别针对未佩戴口罩人员特征画像，利用疫情防控平台进行人脸识别，抓拍图像锁定人员信息，进行精准管控，提升疫情监测效率，降低病毒传播概率。根据需求利用大数据预警功能，将现场体温异常、未佩戴口罩的情况实时推送到现场或 LED 屏幕、网络远端的运维中心平台或监管人员手机客户端，以便异常情况及时被发现和处置。可构建疫情趋势分析图表应用，对疫情情况进行数据统计分析，可视化、多维度、多层次呈现防控区域画像，辅助防疫决策。同时提供扩展接口，可连接至第三方管理或政府监管平台，系统无缝对接，实现精细化、目标化管理，管理者可依据区域、时间、单位等关键词要素进行可视化数据报表查看，进而形成大数据后台，构成“体温监控预警系统”，发挥更大的社会价值。

3.2 系统结构

系统开发实现通用模块化、信息智能化和网络平台化，以保证系统各功能的正常实现，保证可持续性开发需求；对各应用程序要求高度模块化，并具备可拓展的技术框架和标准的对外接口，为与系统以外的应用系统和二次开发预留足够接口，系统实施的平台架构[3-6] 如图 1 所示。

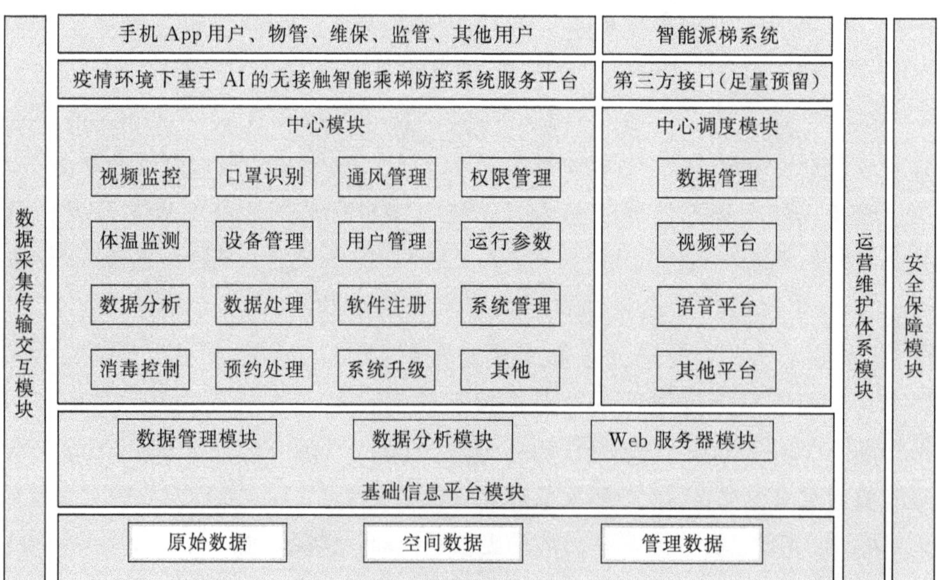

图 1 智能乘梯防控系统框架图

系统架构主要由物理层、采集层、数据层、服务层、应用层组成。①数据采集层：包括轿厢内用于人脸面部检测及体温、口罩佩戴识别等异常情况分析的前端设备，以及乘客信息登记核验设备及小程序，为远程防控后台的人员精准身份识别提供数据基础。②数据通信层：包括终端面部监测设备实时上传的动态数据与信息采集程序或软件上传的人员身份信息等。③服务层：远程数据中心接收到前端的数据后，基于前期人证核验一体机采集的数据，通过调用人脸对比引擎可以实现人脸身份的识别。④应用层：通过对视频的智能化分析实现人脸抓拍和对比分析等应用；通过对数据分析可实现体温异常检测报警、乘梯人统计、人证对比、异常人员预警以及大数据看板展示等功能。可实现人体高温预警、未佩戴口罩预警、陌生来访人员预警和体温异常人员预警等管控手段。

3.3 系统功能

在不改变、不介入电梯原有结构和控制系统，不影响电梯正常运行状态的前提下，采用独立于电梯系统的一组传感器和终端视频系统，用于监测电梯运行过程中必要的状态信息和轿厢内外人的异常体温和面部特征。系统基于人工智能、视频监控、IOT 物联网、视频图像数字处理技术等其他信息化手段，研究针对疫情环境下，实时获取电梯基本运行参数，实现：减少人员候梯性聚集、降低乘梯等候时间、减少接触按键频次、打造应对不同场景方式多样化的无接触乘梯方案；通过授权使用管理，构筑安全管控；智能体温监测，通过视频监视，具备实时精准测体温、佩戴口罩识别、超温实时告/预警功能；智能消/杀毒、通风系统；音视频/紧急状况系统的快速乘梯系统。主要功能模块包括：

① 实时获取电梯基本运行参数：方向、乘客数量、楼层、满/超载状态、预约人数等参数数据。

② 无接触乘梯方案：按照现场工程实际需要，实现语音（支持多种方言）、IC/门禁卡、RFID、手势、手机 App/微信小程序/手机蓝牙/二维码、蓝牙、人脸识别/空气屏幕、光栅等组合方式乘梯方案。

③ 体温监测：测量偏差≤0.3℃，精准判断目标是否发热；3m 30ms 全面实现无感测温，杜绝漏检；目标同步自动测量，溢出报警；发现目标发热立刻自动告警，同时会向管理人发信息。

④ 消/杀毒、通风模块：采用抑菌不锈钢等材料，通过远红外感应和逻辑判断，待机锁梯、无人时照明熄灭，紫外线/负离子/消毒雾杀菌；红外感应保护装置报警时，不启动或者立即停止；智能通风、开门排风；实现消杀效果/过程/数据可视化。

⑤ 安全管控：楼层授权使用、乘梯限制、楼层访问受限、夜间安全保障、授权互访、公共楼层功能，通过授权给临时访客、物业等人员使用。

⑥ 音视频/紧急状况系统：紧急状况时，手动发送报警信息；通过视频、语音方式安抚紧张情绪，体现人文关怀；实时更新救援人员位置；日常可在线或通过存储媒介更新播放各种告示、通知。

⑦ 智能体温监测预警系统模块：365 天 24h 全天候实时在线监测，测温时间短，漏检风险低，通行效率高，避免工作人员接触到疑似病患，降低工作人员感染风险；体温数据与视频画面无线远程实时传输，做到信息透明化同步传送到平台，客户端同界面同时显示；现场可视化管理，可连接多个体温监测点并远程传输至大显示屏，可定制配备户外大屏幕实时数据显示屏，实现全民参与监督；设定报警管理，未戴口罩识别，异常数据可向指定的人、客户端、手机上发送短信，及时预警，提高实时监测的有效性；实现数据的存储管理，对数据图形展示，曲线分析，超标报警统计，异常处理跟踪等，为相关监管部门提供精准的数据决策依据；支持以无线通信为主，有线通信为辅的多种通信方式；支持权限三级划分；数据灵活存储，历史曲线随时分析，做到大数据监控管理。

3.4 软件功能需求分析

软件结构功能模块分为：显示层——显示解析数据，并接收交互命令，向下层传输、数据处理层——解析数据，并将其作为显示参数，保存异常数据，提供数据库读写驱动、数据配置、分析等数据处理功。数据收发层——用于获取采集器监控数据，同时也将数据处理层的数据发送到采集器[4]。以及其他辅助功能模块。智能体温监测预警系统软件设计的工作流程如图 2 所示[3]。

4 结语

在深入复杂公共场所和研究电梯监控系统的基础上，分析疫情下国内外无接触乘梯相关研究进展的最新资料和成果，分析系统设计功能，确定系统总体设计方案，设计系统架构和逻辑流程；按照物的不安全状态和人的体温异常两大主体构建系统运行平台，给出了系统结构简图，并设计了监控电梯不安全状态、异常体温和乘梯人数计数的软件详细工作流程。

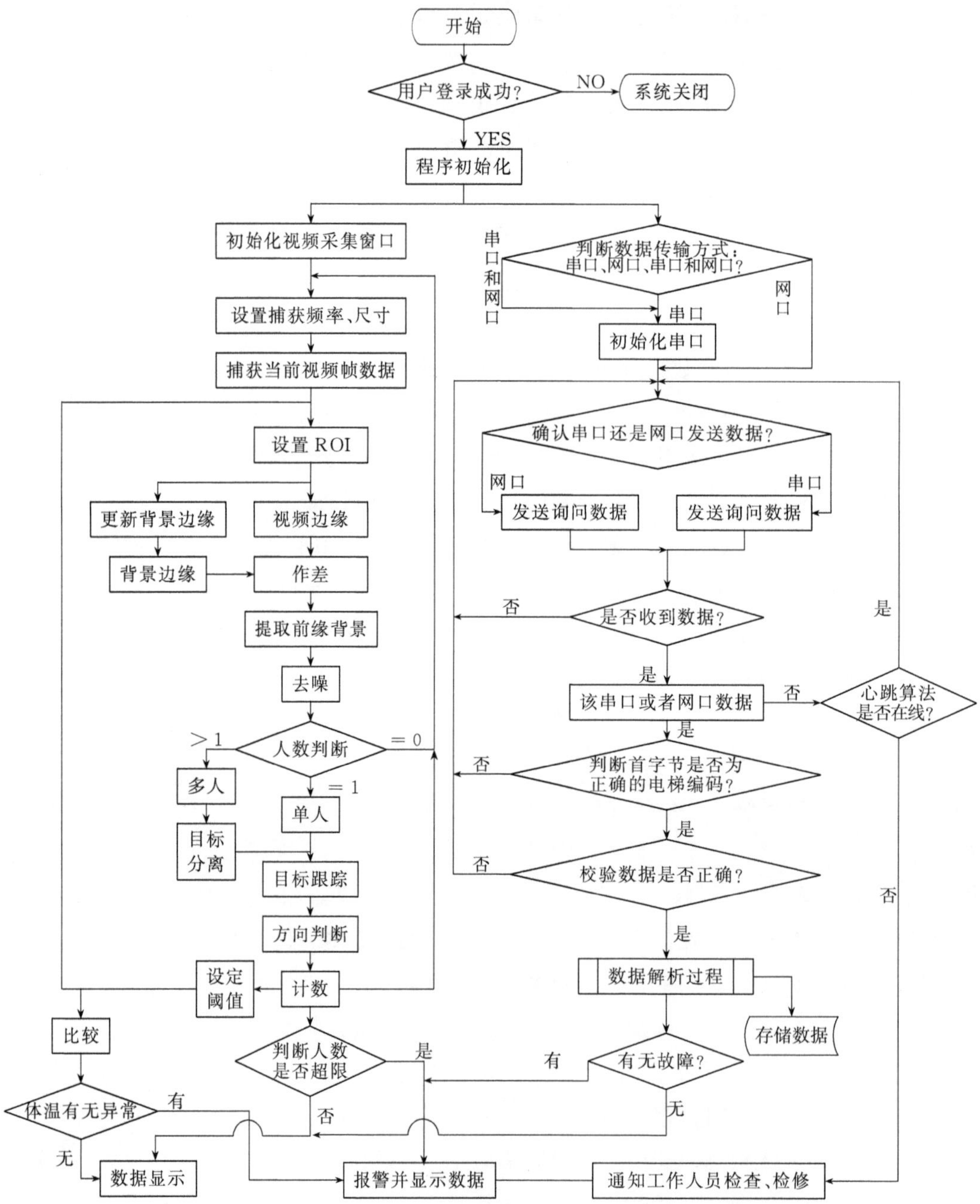

图 2 智能乘梯防控系统软件工作流程图

参考文献

[1] 杨嘉明，人工智能技术的伦理问题研究 [D]．郑州：郑州大学，2018.
[2] 张妮，蒲亦非．计算法学：一门新兴学科交叉分支 [J]．四川大学学报（自然科学版），2019，6：1187～1192.
[3] 张金杨，张磊．基于IVS/IOT的电梯物/人智能监控系统设计研究 [C]．全国特种设备安全与节能学术会议，2014.
[4] 郑恒超．机场电梯联网监控系统的设计与实现 [D]．南京：南京理工大学，2013.
[5] 张一．智能视频监控中的目标识别与异常行为建模与分析 [D]．上海：上海交通大学，2010.
[6] 蔡俊．基于Adaboost算法和背景减法的电梯轿厢内人数检测研究 [D]．厦门：厦门大学，2014.

基于安卓平台的电梯检验检测意见管理系统软件研发及应用

张 翔

山东省特种设备检验研究院威海分院，威海，264200

摘 要： 电梯现场检验检测时，因电梯量与检验人员的“人机比”不匹配、各类检验检测问题与数据记录繁琐等诸多因素制约了电梯检验检测工作的顺利开展。本文以电梯现场检验检测工作流程和工作需求为基础，借助安卓平台研发设计一款电梯检验检测意见管理系统软件，从研发初衷、功能预设、设计实现等多方面简要阐述软件研发及应用情况，可实现电梯信息实时读取，检验检测问题实时记录，检验检测问题汇总及检验检测结果的准确判定，检验检测问题分析处理和追溯管理等功能，提升电梯检验检测效率，确保电梯检验检测质量。

关键词： 电梯；安卓平台；检验检测；意见管理；系统设计；功能实现

Design and Implementation of Elevator Inspection Opinion Management System Based on Android Platform

Zhang Xiang

Shandong Special Equipment Inspection Institute · Weihai, Weihai, 264200

Abstract: During the on-site inspection of elevators, the work of elevator inspection was restricted by many factors such as the mismatch “man-machine ratio” between the amount of elevators and the inspectors, and the cumbersome to save records of various inspection problems. Based on the elevator on-site inspection workflow and work requirements, a management system software of elevator inspection opinion with the help of Android platform and smart phone is designed. This article briefly explains the software development and application from the aspects of original research and development, function presetting, design and implementation. It can realize real-time reading of elevator information, rapid inspection and recording of elevator hazards, summary of inspection problems and accurate determination of inspection results, analysis and processing of inspection problems, and retroactive management, eventually to improve elevator inspection efficiency and ensure elevator inspection quality. to ensure the elevator use safety and maintenance quality.

Keywords: elevator; Android platform; inspection; management; system design; function realization

0 引言

随着我国社会经济的持续快速发展与人民生活水平的不断提升，加之城镇化进程和人口老龄化加速，对高层房屋建筑、医院等社会基础设施和其配套设施如电梯等需求量激增。据中国电梯

作者简介：张翔，1988 年生，男，工程师，本科，主要从事电梯检验工作。

协会公开数据显示，截至2020年底，国内电梯注册总量达到780万台，预计2021～2023年电梯保有量增长率将保持在10%左右，随之而来的电梯使用安全、检验质量备受政府和社会大众的高度重视。

电梯检验，依据电梯检验规则和检验机构作业指导书对电梯的运行状况、使用管理、维护保养等项目内容进行的综合性判定工作。现场检验时，检验人员借助检验仪器设备和检验知识排查出电梯使用隐患和检验问题，并汇总填写准确的检验意见通知书以指导电梯使用单位和维保单位针对性的整改解决，但目前存在电梯检验任务重、检验问题记录不规范、检验意见通知书、检测告知书填写字迹不清晰等实际问题，为解决此类检验问题，结合电梯检验检测工作流程和工作需求研发并应用一款电梯检验意见管理系统软件，以来提升电梯检验检测工作效率和检验检测质量。

1 电梯现场检验检测现状

依据TSG T 7001—2009《电梯监督检验和定期检验规则——曳引与强制驱动电梯》含第一、二、三号修改单（以下简称为“检规”）内容规定，至少由2名具有电梯检验员或者以上资格人员进行现场检验。逐台电梯检验时，检验人员常用心记或笔记等方式记录测量数据和检验问题，待检验任务中全部电梯检验完毕后，汇总检验问题给出特种设备检验意见通知书[1]。

其检验过程存在较多问题，一是因个人脑力因素和现场笔记不认真导致测量数据和检验问题记录易遗漏或不准确；二是因每台电梯检验问题不同，或同一检验问题在多台电梯均有，导致检验问题分类汇总复杂、费时，检验结论判定不够规范；三是检验问题追溯困难，需翻阅档案查询往年检验问题，导致检验问题在多个检验周期内存在。

此外，根据市场监管总局关于进一步做好改进电梯维护保养模式和调整电梯检验检测方式试点工作的意见（国市监特设〔2020〕56号）文件，在电梯检测时，电梯检测情况告知书的使用单位、设备品种、使用地点、制造执行标准、检测结果汇总等信息需要逐台填写，并及时将《告知书》中的全部内容公示在电梯基站、轿厢等便于阅读的位置，公示期应当不少于1个月。采用张贴纸质文本的方式进行公示时，该文本上应当有使用单位的公章，并且在公示期内出现被撕毁、覆盖或者污损等情况时，使用单位应当及时再次张贴。就存在：一是同家使用单位多台同型号的电梯检测告知书中的使用单位、使用地点、制造执行标准等重复内容反复填写；二是每台电梯的检测告知书检测问题汇总费时费力；三是当告知书被撕毁、污损等情况时，需要检测人员和使用单位二次誊写增加工作量。

为此，研发一款电梯检验检测意见管理系统软件（以下简称为“App软件”）是有必要的。实现检验检测问题实时记录存档，准确出具特种设备检验意见通知书、电梯检测告知书，降低检验人员工作强度，保证检验检测工作便捷化和准确性。

2 App软件构建

在Windows10操作系统环境下，利用Android SDK开发工具包、JDK Java语言软件开发工具包、Android Studio集成开发环境和SQLite数据库进行软件编程和开发测试的。Java语言与可扩展标记语言（XML）共同完成App软件的功能实现、界面设计和算法编写等工作，App软件系统模块组成为：数据编辑模块、数据存储模块、数据处理模块，App软件系统架构如图1所示。管理系统应用界面主要包括：登录界面、主界面、检验问题录入、电梯信息查询、检验意见打印、处理与统计等界面，各界面之间切换与跳转均在主界面上实现。部分应用界面如图2所示。

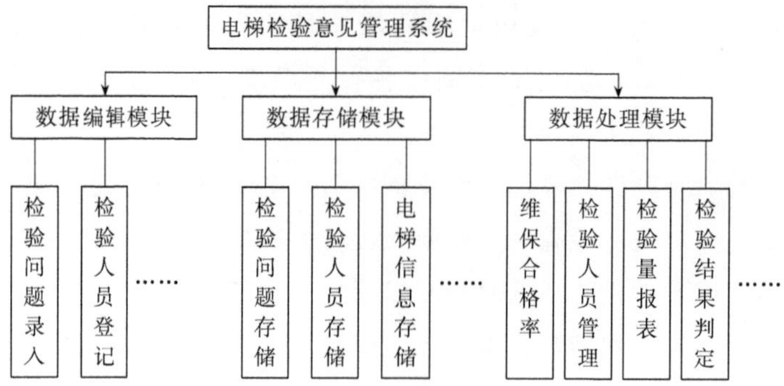

图 1 App 软件系统架构图

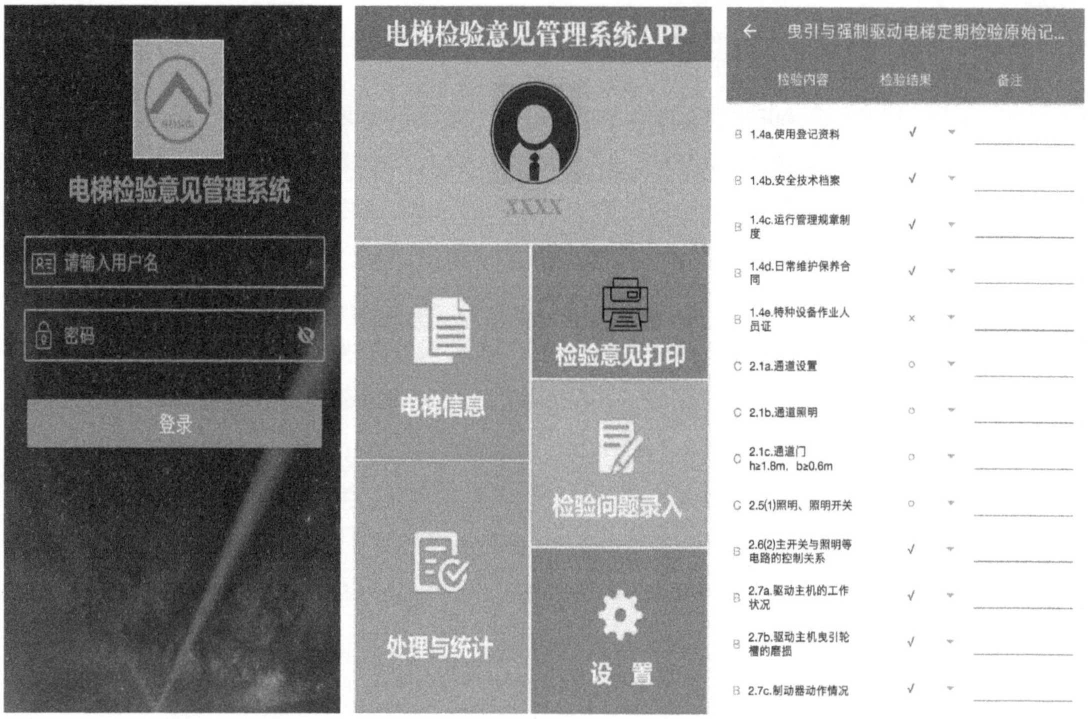

登录界面　　主界面　　问题录入界面

图 2 部分应用界面图

3 App 软件功能设置与实现

3.1 电梯信息获取

检验人员在检验检测时，利用电梯轿厢内的现有电梯信息识别标牌如图 3(a) 所示，App 软件扫描其中的二维码可获得电梯信息如：使用单位、使用地点、使用登记证编号、单位内编号、制造单位、制造日期、型号、产品编号、设备品种、维保单位等，其中单位内编号是用于特种设备检验意见通知书逐台电梯检验问题汇总使用；其余电梯信息与所发现的检验检测问题存档至 App 软件数据内进行数据处理与统计。待 App 软件应用超过一个检验检测周期后，App 软件应能读取往年检验检测问题，为检验检测问题可追溯、检验检测问题比对奠定信息支撑。

3.2 检验检测问题快速录入

以电梯检验为例，根据电梯检验项目的检验序号、检验问题、检验类别一一对应关系，App 软件应先建立健全电梯检验问题表格数据库，如表 1 所示。检验人员通过 App 软件选定出现检验问题序号，

App 软件自行将检验问题描述内容、检验序号、检验类别存档记录，实现检验问题快速录入，避免漏项错项检验问题出现。

3.3 快速打印

以电梯检验为例，根据检规检验结论判定规定，电梯合格，是无检验问题；电梯需整改，C 类检验问题不超过 5 条；电梯不合格，是 B 类检验问题至少 1 条以上或 C 类检验问题超过 5 条的[1]。当电梯检验检测现场工作完成后，App 软件的检验意见打印功能，能蓝牙连接到便携式打印机实现将受检任务内多台电梯检验问题汇总和检验结论一并打印出来，一式三份张贴在特种设备检验意见通知书内发放给使用单位和维保单位。检验意见小条如图 3(b) 所示，其内容包括：使用单位、电梯数量、检验时间、检验人员、检验问题、检验结果。

表 1　电梯检验问题对应关系数据

检验序号	检验问题	检验类别
1.4	①使用登记资料缺失、与实际不符	B
	②安全技术档案缺失、漏项等	
	③管理规章制度不规范、不完整等	
	④日常维护保养合同过期、合同签订方与实际不符等	
2.1	①通道设置不规范	C
	②通道照明失效、缺失等	
	③通道门缺失、损坏、开门方向不符合等	
2.5	①机房照明失效、缺失，照明开关失效等	C
2.6	②主开关与照明等电路控制关系混乱、错误等	B
…	……	…

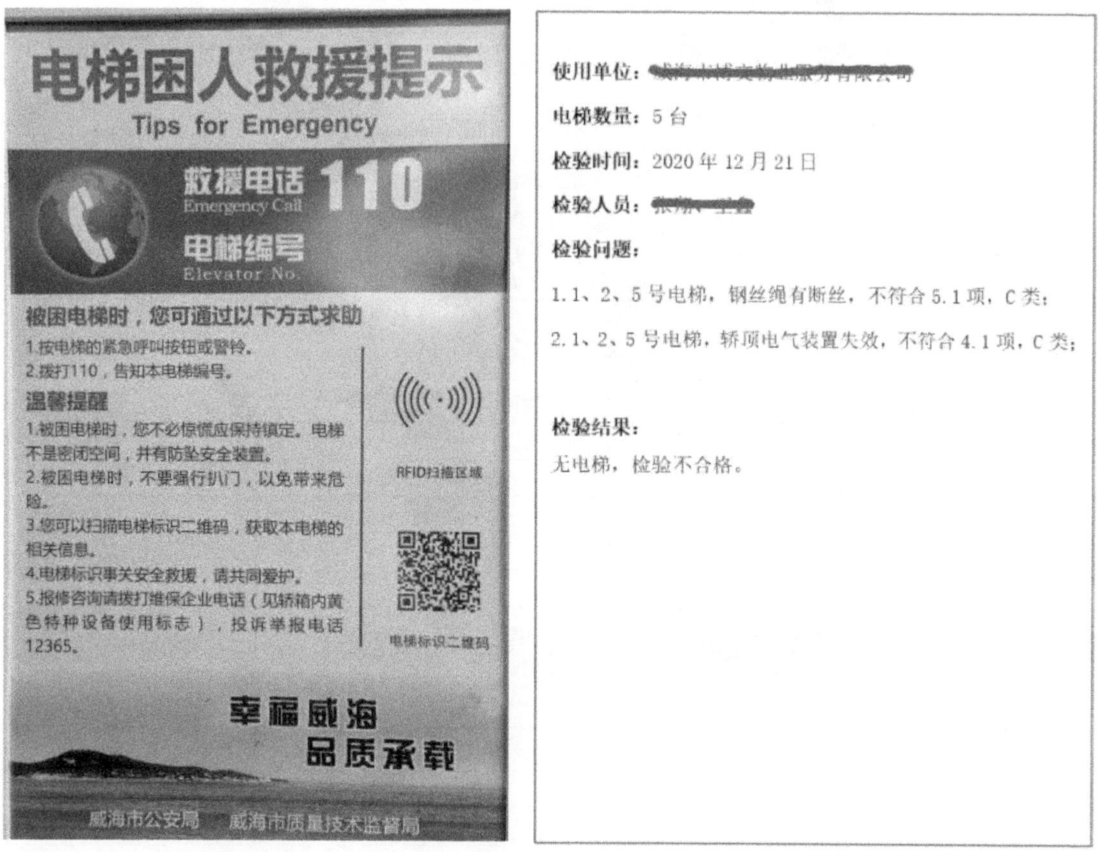

(a) 电梯二维码　　(b) 检验问题汇总

图 3　App 软件使用

3.4 处理与统计

App 软件的处理与统计功能，需软件后台与 Excel 表格进行数据导出。利用 Excel 表格进行数据挖掘分析和处理统计。以 2020 年电梯检验机构共检验电梯 21308 台，共发现检验问题为 8765 条为例，一是实现以月/季/年报表的检验问题频次高低排序，如表 2 所示的全年度 10 条常见检验问题次数排序；二是实现以月/季/年报表的维保单位检验合格率排序，如表 3 所示的全年度 5 家维保单位检验合格率排序表，作为监管部门对维保单位维保质量评优级别的一项参考依据；三是实现以月/季/年报表的检验人员工作量排序，如表 4 所示，可作为检验人员绩效考核指标之一。

表 2 检验问题频次

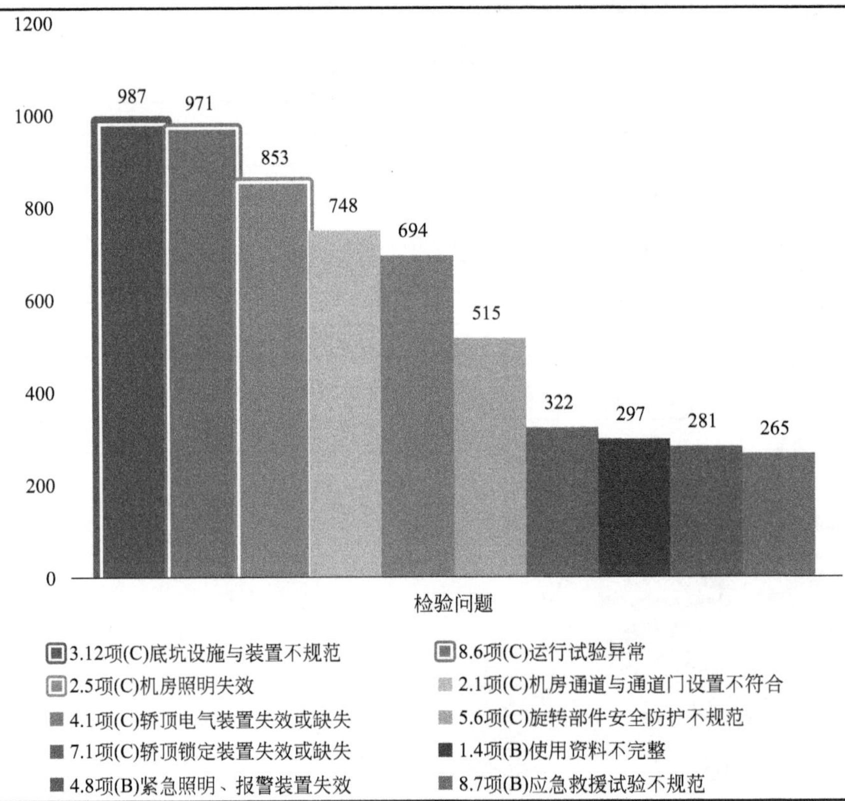

表 3 维保单位检验合格率

序号	维保单位	检验台数/比率(X/21308)	合格台数/比率(Y/X)	不合格台数/比率(Z/X)
1	A 家单位	3498 台/16.4%	3393 台/97.0%	105 台/3%
2	B 家单位	2784 台/13.1%	2716 台/97.6%	68 台/2.4%
3	C 家单位	2361 台/11.1%	2219 台/94.0%	142 台/6%
4	D 家单位	1843 台/8.6%	1721 台/93.4%	122 台/6.6%
5	E 家单位	1546 台/7.2%	1454 台/94.0%	92 台/6.0%

注：为保护维保单位隐私均采取 A/B/C/D/E 命名。

表 4 检验人员工作量

序号	检验人员	检验台数	合格台数/比率(Y/X)
1	王某	967 台	931 台/96.3%
2	李某	914 台	879 台/96.1%
3	张某	896 台	874 台/97.5%
4	刘某	864 台	837 台/96.8%
5	于某	813 台	792 台/97.4%

3.5 检验问题追溯

当 App 软件运行满一检验周期后，App 软件就可在扫描电梯信息时，读取上一检验时的检验问题，同时借助 App 软件与 Excel 表格数据导出，查看上一检验时的检验问题。以 2019 年、2020 年 A 单位电梯检验问题为例，如图 4 所示。可知，A 单位的电梯运行异响问题在 2019 年、2020 年仍然存在，需进一步与使用单位、维保单位找出问题根源，一次性解决，杜绝下一检验周期出现此类问题。

文登正祺物业服务中心 1	嘉辰	申龙	KT	是	否	①底坑有杂物； ②电梯运行有异响，特别运行至上下端站时； ③6 号楼 4 台电梯机房爬梯不规范； ④8 号、9 号电梯需更换曳引轮、导向轮、待检	合格	2019.11.20
文登正祺物业服务中心 2	嘉辰	申龙	KT	是	否		合格	2019.11.20
文登正祺物业服务中心 3	嘉辰	申龙	KT	是	否		合格	2019.11.20
文登正祺物业服务中心 4	嘉辰	申龙	KT	是	否		合格	2019.11.20
文登正祺物业服务中心 5	嘉辰	申龙	KT	是	否		合格	2019.11.20
文登正祺物业服务中心 6	嘉辰	申龙	KT	是	否		合格	2019.11.20
文登正祺物业服务中心 7	嘉辰	申龙	KT	是	否		合格	2019.11.20
文登正祺物业服务中心 8	嘉辰	申龙	KT	是	否		合格	2019.11.20
文登正祺物业服务中心 9	嘉辰	申龙	KT	是	否		合格	2019.11.20

2019 年时，A 单位电梯检验问题

文登正祺物业服务中心 1	嘉辰楼宇	申龙	KT	否	否	①2 台酒店电梯机房-轿厢通话失效； ②9 台电梯运行，特别是上下端站运行异响大	不合格	2020.12.1
文登正祺物业服务中心 2	嘉辰楼宇	申龙	KT	否	否		不合格	2020.12.1
文登正祺物业服务中心 3	嘉辰楼宇	申龙	KT	否	否		合格	2020.12.1
文登正祺物业服务中心 4	嘉辰楼宇	申龙	KT	否	否		合格	2020.12.1
文登正祺物业服务中心 5	嘉辰楼宇	申龙	KT	否	否		合格	2020.12.1
文登正祺物业服务中心 6	嘉辰楼宇	申龙	KT	否	否		合格	2020.12.1
文登正祺物业服务中心 7	嘉辰楼宇	申龙	KT	否	否		合格	2020.12.1
文登正祺物业服务中心 8	嘉辰楼宇	申龙	KT	否	否		合格	2020.12.1
文登正祺物业服务中心 9	嘉辰楼宇	申龙	KT	否	否		合格	2020.12.1

2020 年时，A 单位电梯检验问题

图 4 检验问题追溯

3.6 其他功能

App 软件设有如用户和密码管理、检验人员登录、数据导入导出等基础功能，还有检验检测问题追溯功能，可读取查阅往年该台电梯检验检测问题和检验结论判定详情，有助于对维保质量判断。同时预留 App 软件检验检测问题与电梯检验检测报告系统的数据关联，可实现电梯检验检测原始记录快速准确填写，提升检验检测报告质量和效率。

4 结束语

电梯检验检测意见管理系统软件研发与实际应用，可以解决检验检测问题实时记录难、检验检测意见汇总填写不规范、检验检测问题无追溯性等问题，能将检验检测问题电子化，提高检验检测效率和规范化。亦可进行数据分析挖掘、分析处理，为检验检测机构和监管部门“智慧特检”提供一种可靠的应用途径。

参考文献

[1] TSG T 7001—2009. 电梯监督检验和定期检验规则——曳引与强制驱动电梯（含第 1、2、3 号修改单）[S] .

一种确定电梯在125%额定载荷下制停距离的方法

张永欣，庞　亮

大连恒亚仪器仪表有限公司，大连，116600

摘　要： 随着时代的发展，电梯的使用越来越普遍，电梯的安全性也逐渐被人们重视。电梯在使用以及运行过程中，制动性能的指标对于电梯的安全性尤为重要。本方法提出：通过对于电梯空载，以及30%轻载荷的制动距离实验结果，建立数学模型即可得出电梯在125%额定载荷下的制动距离结果。试验方法方便、快捷、安全，试验结果准确可靠。由于不需要采用重载荷试验的方法，极大提高了测试效率，避免了使用125%额定载荷时由于制动力不足而导致电梯装置损坏的现象发生，降低了试验风险。本方法有测量步骤少，测量效率高，安全性高，确定结果准确等优点。

关键词： 125%额定载荷；轻载载荷；制停距离

The invention relates to a method for determining the stopping distance of an elevator under 125%rated load

Zhang Yongxin, Pang Liang

Dalian Heng Ya Instruments And Meters Co., Ltd, Dalian, 116600

Abstract: With the development of The Times, the use of the elevator is more and more common, and the safety of the elevator is gradually paid attention to. During the use and operation of the elevator, the index of braking performance is particularly important for the safety of the elevator. According to the national standards, through the elevator no load, and 30% light load of the experimental results, through the calculation of the elevator in 125% of the rated load. The test method is convenient, fast and safe, and the test result is accurate and reliable. Because there is no need to use heavy load test method to test, greatly improve the test efficiency, avoid the use of load test method due to the braking performance does not meet the requirements caused by the elevator device damage phenomenon, reduce the test risk. This method not only has fewer measurement steps, less workload, high measurement efficiency, high safety, and accurate determination of results.

Keywords: 125% rated load; light load; stop distance

0　引言

根据特种设备安全技术规范TSG T 7001—2009《电梯监督检验和定期检验规则——曳引与强制驱动电梯》中8.11条，下行制动试验A（B）要求：轿厢装载1.25倍额定载重量，以正常运行速度下行至行程下部，切断电动机与制动器供电，曳引机应当停止运转，轿厢应当完全停止，并且无明显变形和

作者简介：张永欣，男，1986年生，高级工程师，本科，主要从事特种设备行业检测仪器仪表研发方案实施。

损坏。

为了解决以上问题，本方法提出利用轻载载荷进行试验，即可得出试验结果，从而减轻搬运砝码的负担，保护电梯不受损坏，给电梯检验、维修和报废提供理论依据。

1 目前电梯在125%额定载荷下制停距离的测试方法概况

以1000kg额定载荷的乘客电梯为例，现有的检测方法需要将1250kg的砝码搬运到电梯内，做下行制动试验，在试验过程中可能出现轿厢变形，轿厢蹲底，曳引机损坏等现象。试验变成了一次性地破坏性试验。

2 电梯在125%额定载荷下制停距离原理

在空载和轻载的状态下通过运行两次试验，利用仪器测量出电梯的空载制停距离、轻载制停距离，然后再通过数字模型计算出电梯在125%额定载荷下制停距离。如图1电梯在125%额定载荷下制停距离流程图。

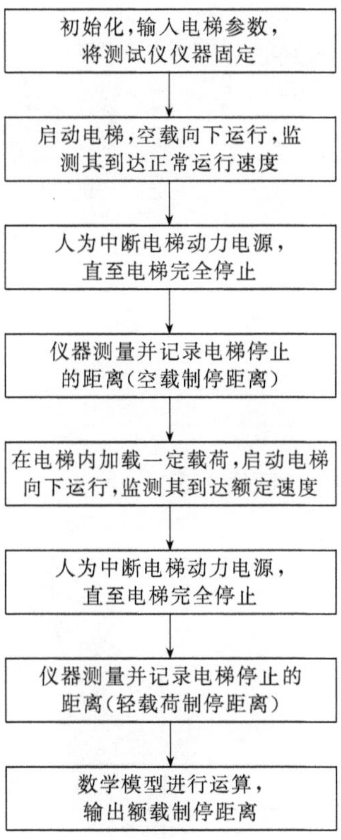

图1 电梯在125%额定载荷下制停距离流程图

3 电梯在125%额定载荷下制停距离硬件的开发

仪器组成

钢丝绳测速装置1台，曳引轮测速装置1台，控制终端1台。

实现原理

钢丝绳测速装置和曳引轮测速装置分别采集钢丝绳和曳引轮的速度及距离。分别做电梯下行空载制动实验和下行轻载制动实验，得到对应的速度和距离，代入数学模型得到计算结果。

4 电梯在125%额定载荷下制停距离软件的开发

软件界面

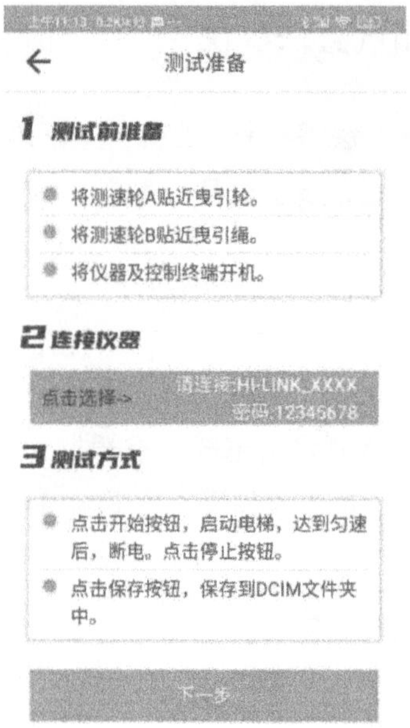

$$s_{额125}=\frac{k[s_0m_1(v^2+2s_1g)+m_{额125}v^2(s_1-s_0)]}{m_1(v^2+2s_0g)-2g(m_{额125}-m_1)(s_1-s_0)}$$

式中 $s_{额125}$——电梯在1.25倍额定载荷 $m_{额125}$ 情况下的制停距离，m；

s_0——电梯在空载情况下的制停距离，m；

s_1——电梯在轻载荷情况下的制停距离，m；

m——加载在电梯内的轻载荷，kg；

$m_{额125}$——加载在电梯内的1.25倍的额定载荷，kg；

v——电梯的额定速度，m/s；

g——重力加速度，取9.8m/s^2；

k——曳引轮与钢丝绳滑动系数。

试验数据

（1）额定载荷800kg，额定速度1m/s，曳引比1∶1

序号	测量值/m	计算值/m	误差/%
1	1.99	2.102	5.6
2	2.13	2.302	8.1
3	2.02	2.216	9.7

（2）额定载荷800kg，额定速度1.75m/s，曳引比1∶1

序号	测量值/m	计算值/m	误差/%
1	2.51	2.682	6.9
2	2.62	2.712	3.5
3	2.71	2.902	7.1

（3）额定载荷1000kg，额定速度1.0m/s，曳引比1∶1

序号	测量值/m	计算值/m	误差/%
1	2.62	2.832	8.1
2	2.66	2.902	9.1
3	2.73	2.901	6.3

（4）额定载荷1000kg，额定速度1.75m/s，曳引比2∶1

序号	测量值/m	计算值/m	误差/%
1	2.65	2.88	4.7
2	2.87	3.089	7.6
3	3.04	3.342	9.9

5 现场试验应用

实验证明，实际125%额定载荷工况下的制动距离与通过本方法计算的制动距离比较，结果接近，可信度高，可用于125%额定载荷工况下的制动距离的试验。

6 结论

① 本方法在空载和轻载状态下通过两次运行试验，利用仪器测量出电梯的空载制停距离和轻载制停距离，然后再通过一个数学模型计算出电梯在1.25倍额载情况下的制停距离，试验方法方便、快捷、安全，试验结果准确可靠。

② 采用本方法，只要在空载和轻载状态下通过两次运行试验，即可通过数学模型得出小于或等于额定载荷下的电梯的制停距离，从而极大地提高了检测效率。

③ 本方法不需要采用重载荷试验的方法来测试，极大提高了测试效率，避免了使用载荷试验的方法时由于制动性能不符合要求而导致电梯部件的损坏，降低了试验风险。

参考文献

[1] TSG T 7001—2009. 电梯监督检验和定期检验规则——曳引与强制驱动电梯 [S].

搬运机器人基于电梯物联网的研究与应用

张鹏翾

上海市特种设备监督检验技术研究院，上海，200062

摘　要： 为满足自动化车间内搬运机器人自动乘用电梯的需求，基于Modbus TCP协议完成了电梯与搬运机器人的控制系统RCS的通讯，实现了控制搬运机器人与电梯物联网系统的交互。本文的研究对搬运机器人在电梯物联网的接入和应用给出了一种解决方案，解决了搬运机器人随同电梯上下楼的难题，为工业化立体厂房物料高效运输提供了新途径。

关键词： 电梯；物联网；搬运机器人；Modbus TCP

Research and Application of Handling Robot in Elevator Internet of Things

Zhang Pengzhao

Shanghai Institute of Special Equipment Inspection and Technology Research, Shanghai, 200062

Abstract: To satisfy the demand of the handing robot using elevator in automatic workshop, we had finished the communication between the control system RCS of the elevator and the handling robot based on Modbus TCP protocol, so as to realize the interaction between the control robot and the Elevator Internet of Things system. The research of this paper provides a solution for the access and application of the handling robot in the Elevator Internet of Things, which solves the problem of the handling robot in the elevator up and down, and provides a new way for the material transportation efficiently in the three-dimensional industrial plant.

Keywords: elevator; internet of things; handling robot; modbus TCP

1　应用目的、工程背景

在现代化的生产车间，人力成本的越来越高，相对于传统人工，在工业生产这种劳动密集型产业中，工业机器人在做某些单调、频繁和重复的长时间作业，例如机械加工和简单装配等工序，以及物料的搬运中有着天然的优势，机器人代替传统人工成为了必然的趋势，对于生产车间里的物料运输而言，搬运机器人在成本、安全以及对场地要求等方面都优势明显。然而在多层厂房的环境，搬运机器人无法在楼层之间进行运输，机器人是水平运输的工具，电梯是垂直运输的工具，两者之间的结合，组成了生产车间完整的运输系统，但是机器人与电梯的通信方式不同使得协作出现了障碍。为实现水平运输与垂直运输的高效结合，本文探讨了搬运机器人调度系统控制搬运机器人与电梯物联网系统的交互的可能性。

作者简介：张鹏翾，1981年生，男，工程师，本科，主要从事电梯检验和检验的质量管理工作。

2 方法、技术路线

2.1 系统需求

搬运机器人与电梯的交互业务流程如下：

机器人调度系统（RCS）控制机器人走到电梯门口——RCS 控制电梯开门——RCS 控制机器人进入电梯——RCS 控制电梯关门——RCS 控制电梯升降移动——RCS 控制电梯开门——RCS 控制机器人移动出电梯。

电梯的电气系统与 RCS 通过 PLC 对接，RCS 控制机器人与电梯交互，实现机器人随同电梯的上下楼，因此 PLC 要预留足够的数字量输入点和数字量输出点，以便接入机器人调度软件。

调度软件与电梯的电气系统交互点如下：

① 每一层有个数字量信号表示电梯是否达到该层，此数字量信号预留干接点以便后续介入 RCS；

② RCS 会给出数字量输出干接点信号接入电梯的电气系统，每一层有一个数字量输出，呼叫电梯达到几层；

③ RCS 会给出两个数字量输出干接点信号作为开关电梯门的指令，开门或关门；

④ 电梯的电气系统输出两个数字量干接点信号表示电梯门是打开还是关闭；

⑤ 电梯电气系统预留 4 个数字量输入信号和数字量输出信号作为备用。

此外，为避免搬运机器人过度干涉电梯控制系统，针对电梯维护、保养、急修状态，做如下场景设定。

维修信息：电梯手动控制向 RCS 提供保养信号。

保养过程：电梯机房保养需有额外急停按钮或维修按钮信号通知 RCS。电梯保养过程都需要与 RCS 交换信号防止人员保养过程中控不知情而导致意外。

电梯底坑机房：需额外增加人员维护保养状态时的按钮。

急停及新增按钮：增加急停或通知按钮，需单独信号点可让机器人中控判断信号点发出位置。

电梯面板信息：①超载；②保养；③延长；④停用信息需与 RCS 互相交互，交互方式为实体 IO 或（485）（232）。

2.2 硬件架构

采用微电子技术制作的 PLC，它也是由 CPU，RAM，ROM，I/O 接口等 5 大件构成的，与微机有相似的构造，但又不同于一般的微机（可编程序控制设备与微机的差别见表 1），特别是它采用了特殊的抗干扰技术，使它更能适用于恶劣环境下的工业现场控制。

表 1 PLC 与微机的对比

比较项目	可编程序控制设备	微机
应用范围	工业控制	科学计算、数据处理、通信等
使用环境	工业现场	具有一定温度、湿度的机房
输入/输出	控制强电设备需光电隔离	与主机采用微电联系不需光电隔离
程序设计	一般为梯形图语言，易于学习和掌握	程序语言丰富，汇编、FORTRAN、BASIC 及 COBOL 等语句复杂，需专门计算机的硬件和软件知识
系统功能	自诊断、监控等	配有较强的操作系统
工作方式	循环扫描方式及中断方式	中断方式

如表 1 所示，PLC 不断发展，虽然 PC 被引入控制工业，但 PLC 并没有因此退出控制舞台，这是因为它能与新技术很快的结合，如大量网络连接、处理速率、本地存储和编程的灵活性等技术。另一个原因是，各种控制模块的集成没有兼容性问题，降低了启动和系统确认的成本，提供了一个经测试的高

稳定性的良好控制环境。

Modbus TCP 是通过工业以太网 TCP/IP 网络传输的 Modbus 通信。Modbus 客户端设备通过该方法发起与 Modbus 服务器设备的 TCP/IP 连接。建立连接后，客户端向服务器发出请求，服务器将响应客户端的请求。

因此对于稳定性要求更高的本系统环境中，根据用户需求我们针对 PLC 数据通信方式进行了试验，根据试验结果我们将 PLC 作为 Modbus TCP 服务器端，由 RCS 系统主动与 PLC 后台建立 TCP 连接，RCS 系统定时向 PLC 查询电梯状态，RCS 定时向 PLC 发送电梯控制指令。我们使用 PLC 的数字输入点采集电梯相关运行状态，使用输出点通过电梯控制系统间接控制电梯运行，这样做的好处在于不改变电梯原有控制系统。

系统结构如图 1 所示，PLC 的输入点信号有电梯的楼层信号，每层急停信号，开关门信号，超载、延长、停用，输出信号有开关门、开门延长及选层指令（梯形示意图见图 2）；系统可以查询各 PLC 的 DI 状态，根据 DI 判断电梯状态；系统通过设定 PLC 的 DO 值，间接到达控制电梯选层、开门、延长和关门；PLC 只能执行单一指令，如选层、开门、关门或延长，无法执行多重连续指令。

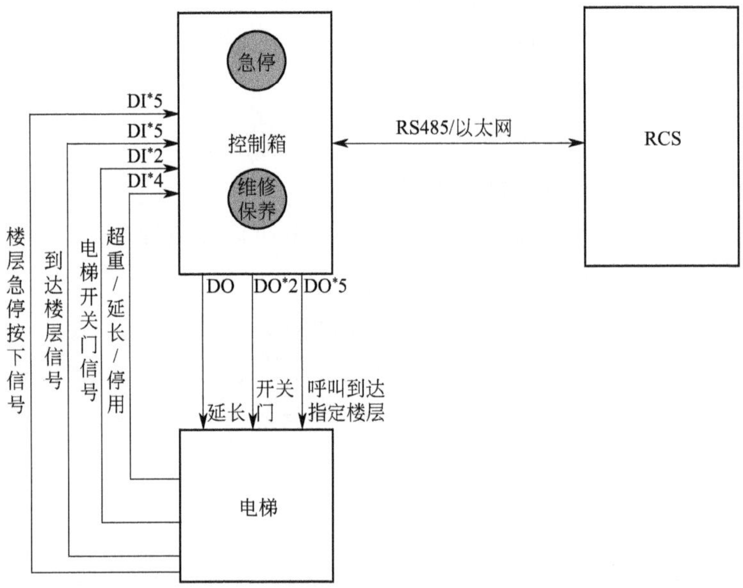

图 1 系统结构

2.3 系统流程（图 3 所示）

控制箱（见图 4）接收并存储机器人控制系统指令，顺序执行指令并实时反馈执行结果；机器人控制系统可以实时查询电梯运行状态与指令执行情况；故障恢复以后，机器人控制系统可以决定历史指令是否继续执行。

2.4 PLC 数字输入点及其数字输出点定义

表 2 数字输入点定义表

I0.0	I0.1	I0.2	I0.3	I0.4	I0.5	I0.6	I0.7
B1 层平层	1 层平层	2 层平层	3 层平层	4 层平层	B1 层急停	1 层急停	2 层急停
I1.0	I1.1	I1.2	I1.3	I1.4	I1.5	I1.6	I1.7
3 层急停	4 层急停	开门到位	关门到位	超载	保养	延长	停用
I2.0	I2.1	I2.2	I2.3	I2.4	I2.5	I2.6	I2.7
手动	自动	备用 1	备用 2	备用 3	备用 4	备用 5	备用 6

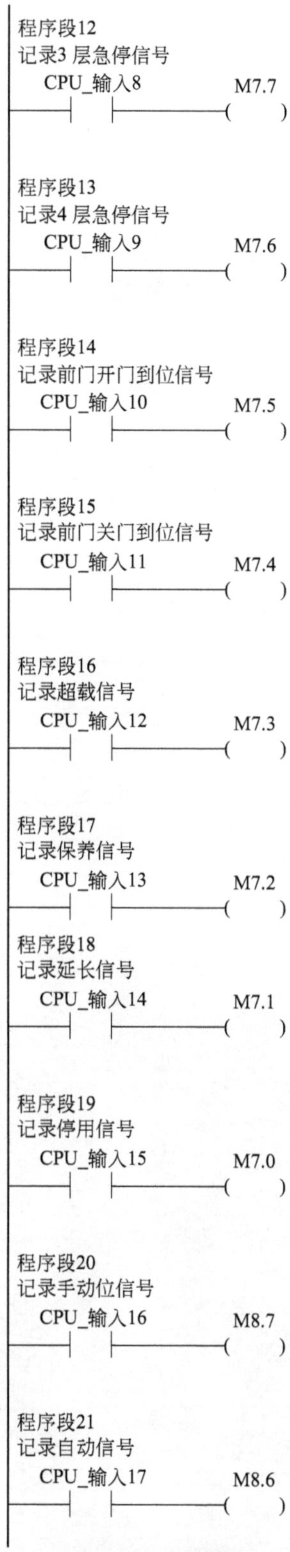

图 2 梯形示意图

表 3 数字输出点定义表

M0.0	M0.1	M0.2	M0.3	M0.4	M0.5	M0.6	M0.7
B1 层选层	1 层选层	2 层选层	3 层选层	4 层选层	开门	关门	延长
M1.0	M1.1	M1.2	M1.3	M1.4	M1.5	M1.6	M1.7
备用 1	备用 2	备用 3	备用 4	备用 5	备用 6	备用 7	备用 8

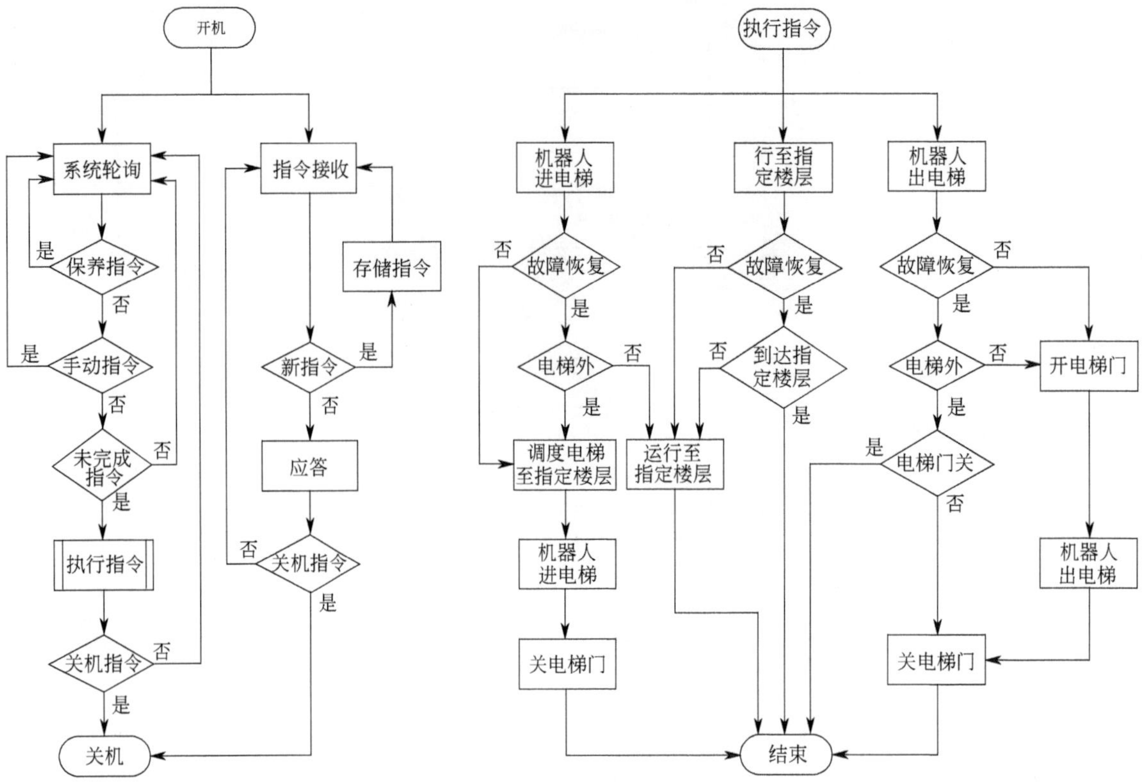

图 3　系统流程图

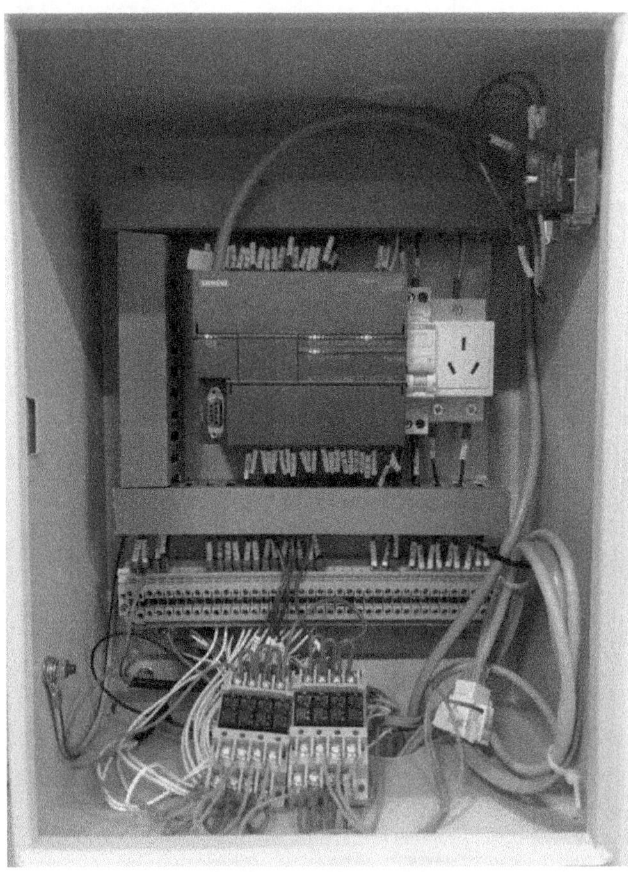

图 4　系统控制箱

2.5 PLC 和 RCS 的对接

RCS 系统不会通过 Modbus TCP 直接读和写 PLC 的数字输入和数字输出，而是在 PLC 编程时将 PLC 的数字输入状态值和数字输出状态值保存在保持寄存器中，PLC 中的 Modbus TCP 客户端服务会将保存，在保持寄存器的数据用 03 号命令定时反馈给 RCS 系统。同时 RCS 系统的控制命令也是以写保持寄存器的方式间接下达到 PLC。

如表 4 所示 PLC 内部预留 2 个寄存器地址，用来保存电梯运行状态信息。

表 4 寄存器信息表

B1 层平层	1 层平层	2 层平层	3 层平层	4 层平层	B1 层急停	1 层急停	2 层急停	寄存器 1
3 层急停	4 层急停	开门到位	关门到位	超载	保养	延长	停用	
手动	自动	0	0	0	0	0	0	寄存器 2
0	0	0	0	0	0	0	0	

RCS 中的 Modbus TCP 客户端服务会将保存在保持寄存器的数据用 03 号命令定时向 PLC 查询电梯状态以及 PLC 回复客户端状态信息，命令格式如表 5。

表 5 查询命令格式

事务标识	协议标示	单元标识	功能码	起始地址	读寄存器数量
00 01	00 00	FF	03	00 00	00 02

表 6 PLC 回复 RCS 的数据格式

事物标识	协议标识	长度	单元标识	功能码	字节个数	寄存器 1	寄存器 2
00 01	00 00	00 07	FF	03	04	00 00	00 00

如表 7 所示：PLC 内部预留 2 寄存器地址，用来保存 RCS 任务信息。

表 7 寄存器信息表

B1 层选层	1 层选层	2 层选层	3 层选层	4 层选层	开门	关门	延长	寄存器 1
0	0	0	0	0	0	0	0	
0	0	0	0	0	0	0	0	寄存器 2
0	0	0	0	0	0	0	0	

RCS 向 PLC 通过 10 号命令向电梯下达任务信息命令以及 PLC 回复客户端信息，命令格式如表 8 和表 9。

表 8 RCS 向 PLC 写数据格式

事务标识	协议标识	长度	单元标识	功能码	起始地址	写寄存器数量	写字节个数	寄存器 1	寄存器 2
00 01	00 00	00 09	FF	10	00 00	00 02	04	00 00	00 00

表 9 PLC 回复 RCS 数据格式

事务标识	协议标识	长度	单元标识	功能码	起始地址	写寄存器数量
00 01	00 00	00 06	FF	10	00 00	00 02

3 应用结果及分析

本项应用通过 Modbus TCP 协议完成了电梯与搬运机器人的控制系统 RCS 的通讯，完成了搬运

RCS 控制搬运机器人与电梯物联网系统的交互，实现搬运机器人随同电梯的上下楼的功能。

4 结论

本文对搬运机器人在电梯物联网的接入和应用给出了一种解决方案，对比以往的电梯物联网方案，本案例增加的对电梯的操控，从知道电梯在哪里，在干什么，到要求电梯去做什么，增加了互动，从而拓展了应用的领域与空间，抛砖引玉，以期望业界同仁给出新方法和新思路。

参考文献

[1] 潘丽霞．论工业机器人的发展与应用 [J]．山西科技，2010, 25 (3)：22-25.
[2] 吕世霞．基于 Modbus 总线控制的机器人自动分装码垛系统设计 [J]．机床与液压，2018, 46 (3)：87-89.
[3] 孙恩涛．一种支持机器人乘梯的电梯对讲交互装置 [J]．中国电梯，2020, 31 (4)：64-66.
[4] 冯云，周春明．残疾人员乘坐电梯的特点与对电梯的需求 [J]．中国电梯，2011, 22 (8)：40-47.
[5] 刘驰．自主导航搬运机器人控制系统的设计 [D]．太原：中北大学，2016.

自动扶梯功能安全完整性验证方法研究

张绪鹏

北京市特种设备检测中心，北京，100026

摘　要： 提高自动扶梯管理安全管理和安全管理水平，需要对自动扶梯的安全完整性验证方法进行研究。本文介绍了自动扶梯安全功能的完整性等级的定义和计算方法，利用风险图法对自动扶梯功能安全功能进行了计算，文章指出作为自动扶梯安全的重要部分，功能安全包括系统安全功能和安全功能执行能力，通过研究验证计算方法，有助于提高自动扶梯安全性和可靠性，填补功能全验证在该领域的空白。

关键词： 自动扶梯；功能安全；验证

Research on Verification Method of Escalator Functional Safety Integrity

Zhang Xupeng

Beijing Special Equipment Inspection Center, Beijing, 100026

Abstract: To improve the safety management and safety management level of escalator management, it is necessary to study the safety integrity verification method of escalators. This article introduces the definition and calculation method of the integrity level of escalator safety functions. The risk diagram method is used to calculate the escalator functional safety functions. The article points out that as an important part of escalator safety, functional safety includes system safety functions and safety functions Execution ability, through research and verification of calculation methods, helps to improve the safety and reliability of escalators, and fills the gap in the field of full functional verification.

Keywords: escalator; functional safety; verification

0　引言

提高自动扶梯管理安全管理和安全管理水平，需要对自动扶梯的安全完整性验证方法进行研究。由于公共交通型自动扶梯承载人员多，使用强度高，使用时段集中，一旦发生事故，易造成严重的社会影响[1,2]。2000 年，国际电工委员会发布了电气电子可编程电子安全相关系统安全标准 IEC 61508，这是公共安全的第一个通用标准，应用对象主要是面向仪器仪表和控制系统。我国于 2006 年和 2007 年颁布了标准 GB/T 20438 和 GB/T 211090，此后各行业监管部门一般是吸取以上标准的框架和方法精髓，结合本行业的实际，开发适用于本行业的功能安全的标准文件。

对于自动扶梯，GB 16899—2011《自动扶梯和自动人行道的制造与安装安全规范》提出了 PESS-

基金项目：特种设备安全防护系统功能安全保障关键技术研究（编号：2018YFC0808904）。

作者简介：张绪鹏，1977 年生，男，教授级高级工程师，博士，主要从事特种设备检验。

RAL 的理念。GB/T 35850.2—2019《电梯、自动扶梯和自动人行道安全相关的可编程电子系统的应用 第 2 部分：PESSRAE》适用于执行自动扶梯和自动人行道安全功能的由可编程电子部件和可编程电子系统（PE 系统）组成的系统的具体要求。现有的自动扶梯安全制造规范及维护保养中对自动扶梯功能安全方面的检查检验检测，一般只针对设备部件的本身，很少涉及传感、控制逻辑方面，多专注于执行部件的效果，通过给定一个判断的标准来定性或者定量的判断该部件合格或不合格。在此基础上，安全结果的定性判断远远多于定量考量，因此有必要通过功能安全的方法，把定性的评估检测转化为定量的方法实施，更好的评价自动扶梯安全功能系统的验证[3-6]。

1 自动扶梯的安全功能和安全完整性等级

自动扶梯的安全功能（safety function）是指针对自动扶梯的特定风险，为了达到或保持自动扶梯的安全状态，由安全相关系统实现的功能。自动扶梯安全相关系统包括执行安全功能所需的全部硬件、软件，是执行一个或多个安全功能的电气、电子或机械的自动扶梯组件。

公共交通型自动扶梯安全相关系统安全完整性评价的对象为安全相关系统的安全功能，以风险分析为基础，以安全完整性等级（safety integrity level，SIL）为评价指标，用于规定分配给安全相关系统安全功能的安全完整性要求，对应每小时故障概率，其中 SIL1 要求最低，SIL4 要求最高。SIL 表明了各种因素导致失效（随机硬件失效和系统性失效）的失效率，这些失效将导致不安全状态，如：硬件失效、软件导致的失效、电气干扰导致的失效。功能安全完整性评估方法是综合考虑设备每小时失效概率密度，危害严重程度暴露危险时间，避免危险损害可能等因素进行的评估。在设计阶段，从整体安全生命周期角度，考虑环境因素、人为因素等对安全功能的影响进行综合评价，并提出优化设计方案，并在优化设计后重新进行安全完整性评价。公共交通型自动扶梯安全相关系统的安全完整性评价结果应进行试验确认，试验确认应结合自动扶梯运行工况开展工作。功能安全完整性等级按照需求危险失效概率范围进行划分有关安全部件在预期条件下执行安全功能的等级称为性能等级，用 PL 表示。

安全完整性等级表示当系统需要安全相关系统工作时，安全相关系统能否按要求执行工作的能力。安全相关系统运行模式根据其使用的频率，包括低要求工作模式、高要求工作模式和连续模式三种。①低要求操作模式，安全功能运行要求频率低于每年一次；②高要求操作模式，安全功能运行要求频率大于每年一次；③连续模式，安全功能运行要求是连续的。

由于自动扶梯等电梯相关设备每年检查频率，维保频率在 15 天以内，检验检测频率包括自检和法定检验，每年至少一次，因此应该属于高要求或连续操作模式。

安全完整性等级	高要求或连续操作模式(每小时危险失效概率)
4	$\geqslant 10^{-9}$ 且 $<10^{-8}$
3	$\geqslant 10^{-8}$ 且 $<10^{-7}$
2	$\geqslant 10^{-7}$ 且 $<10^{-6}$
1	$\geqslant 10^{-6}$ 且 $<10^{-5}$

安全完整性主要考虑硬件安全完整性和系统安全完整性两个内容。

硬件安全完整性与随机硬件失效概率和失效模式的危险程度有关，分为随机硬件失效完整性和结构约束安全完整性。其中，随机硬件失效的安全完整性是由系统本身的性能所决定，所以可以通过各个子部件的失效概率的计算来确定；结构约束安全完整性是系统对随机硬件的容错能力，由冗余度、系统安全失效分数和产品种类三个因素决定。具体分为 A 类和 B 类两类，一般如来说，A 类的失效模式、故障行为、失效率都是已知的，B 类是部分已知或不能完全确认。

2 基于风险图法的自动扶梯功能安全功能验证

风险图法是一种定性的方法来确定安全相关系统所需要达到的安全完整性等级，通过对控制系统相关的风险分析来确定安全相关系统的安全完整性等级。通过引用风险分析过程中一些参数来共同反应安全相关系统出现失效后危险情况，然后将每个参数划入对应的分级中，最后通过参数的组合情况来确定安全相关系统所需的安全完整性等级。风险 R 表示成以下四种风险参数决定：危险事件的后果（C），在危险区域的频率和暴露的时间（F）、未能避开危险事件的概率（P）、不期望事件的发生概率（W）。各参数具体描述见风险图法参数说明。再根据 GB/T 20438.5—2006《电气/电子/可编程电子安全相关系统的功能安全 第五部分：确定安全完整性等级的方法示例》的风险图一般示例（图 1）来确定安全相关系统所需要达到的安全完整性等级。

风险参数	分类	备注
后果(C)	C1 轻伤 C2 对于 1 人或多人的严重的永久性损伤；1 人死亡 C3 多人死亡 C4 非常多人死亡	1. 本分类系统的制定针对人的伤害和死亡。 对于环境破坏或财产损失需要制定其他的分类法。 2. 对于 C1、C2、C3、C4 应考虑意外的后果和正常康复
在危险区域中的频率和暴露时间(F)	F1 极少到经常暴露在危险区域 F2 频繁到持续暴露在危险区域	参见注释
避开危险时间的概率(P)	P1 某些条件下可能 P2 几乎不可能	
不期望事件的发生概率(W)	W1 一个非常小的概率，几乎没有不期望事件发生 W2 一个小概率，即：只有很少的不期望事件发生 W3 不期望事件可能频繁发生	W 因素的目的是预估在没有额外的安全相关系统，不期望事件出现的频率，但包括任何其他的风险降低措施 W 因素的估计可以通过计算得出。在这种情况下应该做出最坏的预测

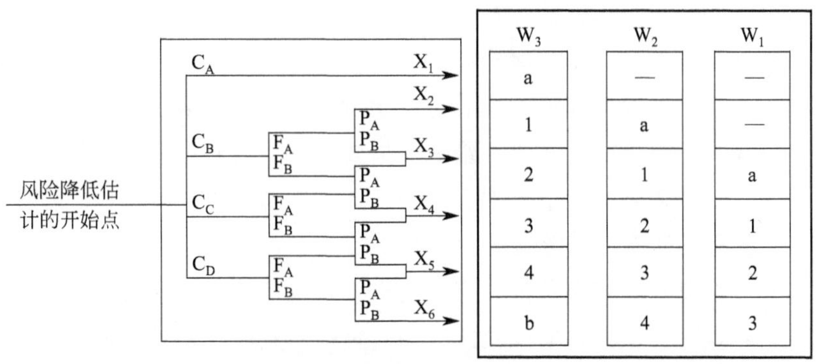

图 1 风险图一般示例

图 1 中，C 为风险后果参数；F 为风险暴露时间和频率参数；P 为不能避开危险风险参数的概率；W 为不期望事件的发生概率；—为无安全要求；a 为无特殊安全要求；b 为单独一个 E/E/PE 不够；1，2，3，4 为 E/E/PE 所需要达到的安全完整性等级。

（1）对于后果 C 的级别判定

事故发生时，其后果至少是电梯的损坏，造成财产损失，严重则会发生死亡事故。由于电梯载客的数量有限，一般为几人，而 C4 级多人死亡是指几十人以上，所以将其后果划为 C1～C3 级。

（2）对于在危险区域中的频率和暴露的时间 F 的判定

只有在运行中发生事故，并且在这个时刻有人正在使用该梯，才会对人身造成危险，所以属于很少至较多暴露在危险区域，属于 F1 级。

（3）对于避开危险的时间 P 的判定

在某些自动扶梯中有监测功能，但是大多数自动扶梯是没有相应监测设施。一旦电梯因为失效而导致事故发生时，此时人们来不及作出相应的应对措施，所以人们避开危险的概率极低。只有在维护的时候才能通过检测技术大概地检测性能。事故发生在自动扶梯其他安全保护装置启动之前，安全事故造成的伤害不可避免；其他安全保护装置启动之后，则因安全事故造成的伤害也只可能降低，并无法完全避免，故划为 P1～P2 级。

（4）对于不期望事件的发生概率 W 的判定

安全部件是保障自动扶梯安全运行的重要部件，其生产厂商设计的可靠性都比较高，型式试验的要求一般也在百万次以上，理论上发生故障的概率比较低，属于 W1 级发生事故概率极低。但在实际使用中，故障乃至事故还是有少量出现的，但是又达不到 W3 级的发生事故的概率极高，故划为 W1～W2 级。

从上述分析可知，电梯制动系统的后果程度 C 为 CA～CC 级，在危险区域中的频率和暴露时间 F 为 FA 级，避开危险的时间 P 为 PA～PB 级；根据风险图一般示例，在左边方框的输出为 X1～X4，再结合不期望事件的发生概率 W 为 W1～W2 级，可以判定自动扶梯所需要达到的最低安全完整性等级（SIL）为 SIL1～SIL2 级，对应的高要求模式下的每小时危险失效概率为 10^{-7}～10^{-5} 之间。单一安全部件的 SIL 等级确认也采用类似的方法。

3 结果和讨论

功能安全功能是与受控设备和控制系统有关的整体安全组成，电子电气可编程电子安全相关系统，其他技术安全系统和外部风险的降低功能的正确的形式，它包括两个方面：第一是相关系统的安全功能，第二是安全功能的执行能力。公共交通型自动扶梯安全相关系统功能验证包括三个层级。一是安全相关系统的部分风险包括安全电路、安全电气装置、可编程电子安全相关系统等；第二是机械安全系统，包括限速器、安全钳系统、超速保护装置、逆转保护装置，以及相关的实验方法和设备研究；第三是外部的安全措施，包括使用管理，维护保养等。

把设计和使用分开，设计是设计，使用是使用。冗余结构只对 SIL 验证结果有影响，与 SIL 定级没关系。对仪器仪表来说，带自诊断功能与否牵扯的失效率结果会差距很大，但是对于自动扶梯的安全相关系统，一般来说设备比较简单，除了个别系统外，不需要考虑串并联结构和自检功能，基本上属于 1oo1 结构，对 trf 公式的实际计算结果影响不大。

提高自动扶梯管理安全管理，特别是公共交通型自动扶梯安全管理水平，是一个系统工程。目前，在我国电梯的法定检验中实施的电梯定期检验制度和监督检验制度，是对电梯安装和日常运行过程中的安全装置和运行情况进行的有效性验证，是保障电梯的安全性最低要求，缺乏对电梯的固有风险隐患的评判。提高自动扶梯特别是公共交通型自动扶梯安全性，有效预防和降低区域性、系统性风险，消除事故隐患，提高自动扶梯运行安全性和可靠性，让群众安全乘梯、放心乘梯。

参考文献

[1] DB11/T 705—2019. 重型自动扶梯和重型自动人行道技术要求 [S].

[2] 张绪鹏，李威．自动扶梯主要危险及典型事故初探 [J]．电梯工业．2018，10：64-66.

[3] GB/T 16856. 1—2008．机械安全风险评价第 1 部分：原则 [S]．

[4] GB 16899—2011. 自动扶梯和自动人行道的制造与安装安全规范 [S]．2011.

[5] IEC 61508: 1998. Functional safety of electrical/electronic/programmable electronic safety-related systems, IDT [S]．

[6] 靳江红，吴宗之，赵寿堂，等．安全仪表系统的功能安全国内外发展综述 [J]．化工自动化及仪表，2010, 37 (05) : 1-6.

第五篇　起重机及其他

起重机表面裂纹的无人机视觉检测与量化识别方法

周前飞，丁树庆，冯月贵，庆光蔚，胡静波，王会方，倪大进

南京市特种设备安全监督检验研究院，南京，210000

摘　要： 为解决起重机高空金属结构不可达部位裂纹的远程可视化检测难题，提出一种基于无人机视觉的结构表面裂纹检测与量化识别方法。通过搭载高分辨率可见光相机的倒置式无人机检测平台，全方位采集大型起重机复杂钢结构表面图像；采用 Faster R-CCN 深度神经网络算法分类检测是否有裂纹缺陷，并以缺陷最小外接矩形框标记其位置；对检测出的裂纹目标框区域，利用最大熵阈值分割、Canny 边缘检测、投影特征提取、骨架提取等方法，对裂纹长度、宽度、面积、长宽比等参数进行识别，并对长宽比和面积设置一定阈值，去除漆皮开裂和水渍等伪裂纹缺陷。实验结果表明，Faster R-CCN 算法的裂纹检测准确率达到 95.4%，速度达到 2fps，裂纹宽度识别误差约为 5.84%，实现了起重机结构表面疲劳裂纹的远程自动化检测。

关键词： 无人机视觉；表面裂纹；深度神经网络；图像识别

UAV visual detection and quantitative identification of crane surface cracks

Zhou Qianfei，Ding Shuqing，Feng Yuegui，Qing Guangwei，

Hu Jingbo，Wang Huifang，Ni Dajin

Nanjing Special Equipment Inspection Institute, Nanjing, 210000

Abstract: In order to solve the problem of remote visual detection of cracks in unreachable parts of the crane metal structures, the method for detection and quantitative identification of structural surface cracks based on UAV vision is proposed. The inverted UAV detection platform equipped with a high-resolution visible light camera is used to collect the surface images of large cranes' complex steel structures in all areas. The Faster R-CCN deep neural network algorithm is adopted to detect the presence or absence of crack defects, and the position of the defect is marked by the smallest outer rectangular box. For the crack target frame region detected, the maximum en-tropy threshold segmentation, the Canny edge detection, the projection feature extraction, the skeleton extrac-tion and other methods are used to identify the crack length, width, area, aspect ratio and other parameters. A certain threshold is set for the aspect ratio and area to remove the pseudo crack defects such as the paint cracks and the water stains. The experimental results show that the Faster R-CCN algorithm acquires the crack detection accuracy of 95. 4% and the detection speed of 2fps, and the identification error of crack width is about 5. 84%. In this paper, The remote automatic detection of fatigue crack on the surface of crane structure is realized.

基金项目：总局科技计划项目（2017QK139）、国家自然基金项目（编号：51675098）。

作者简介：周前飞，1989 年生，男，高级工程师，博士，主要从事无人机视觉检测、深度学习等方面研究，邮箱：wg-zqfei@163.com。

Keywords: UAV vision；surface crack；deep neural network；image recognition

0 引言

大型起重机金属结构的传统人工检测方法存在检测盲区、高空作业危险、劳动强度大、效率低等问题，利用无人机搭载高分辨率视觉传感器，实时采集显示起重机待检测部位的图像进行裂纹判定，具有非接触、高精度和远程可视化等特点，尤其适合起重机高空金属结构远程检测。但是，目前基于无人机的起重机检测系统大多仅完成图像采集、传输以及一些预处理[1-4]，而裂纹识别仍依赖检验员肉眼浏览图片来完成，存在对微小裂纹和色差不明显裂纹不敏感、易漏检微弱缺陷以及长时间检测疲劳等问题，导致缺陷检测效率仍然较低且精度不高，并且缺乏对裂纹的远程量化评价方法，无法为结构安全评估提供精确的数据支撑。因此，研究室外复杂背景下大型起重机高空钢结构表面多样性裂纹检测和评价方法，提高检测精度和效率，具有重大的理论意义和应用价值。

目前，基于机器视觉的裂纹检测方法可以大致分为三类：传统图像分割检测方法，基于机器学习的裂纹检测方法和基于深度学习的裂纹检测方法。传统图像分割检测通过阈值分割、边缘检测、颜色分割、形态学分水岭分割、频率域分割等方法分离出裂纹区域进行识别[5-7]，容易受外部环境、背景、光线等干扰，对于单一背景裂纹具有较好的检测效果，不适合复杂背景多样性裂纹检测；机器学习方法通过人工设计并提取图像中缺陷特征，采用 SVM、AdaBoost、STRUM、CrackForest 等分类器模型对缺陷进行分类识别[8-10]，需要人工设计并提取特征，但人对特征的定义受经验影响，人工设计的缺陷特征对于多样性变化的鲁棒性不高，当人工设计算法无法表述图像高级特征时，识别率会大大降低。深度学习检测方法利用深层神经网络[11-15]，自动从大数据样本中学习目标深层次特征，代替人工构造特征，对缺陷特征描述更贴近真实情况，更具有鲁棒性，从而提升识别率，并且可以检测出传统机器视觉算法检测不到的微弱缺陷。

由于起重机械金属结构形状复杂，涉及箱型梁、工字梁、桁架等多维度平面及三维曲面检测，不同表面光照差异大，对比度低，裂纹形态多变，背景复杂，存在焊接纹理、划痕、水渍、漆膜开裂等伪裂纹缺陷干扰，为适应复杂背景和复杂表面特征下起重机械金属结构裂纹缺陷检测和识别的要求，本文研究一种基于无人机视觉的起重机表面裂纹检测方法，设计了倒置式无人机智能检测系统，全方位采集显示被检测部位的图像；采用 Faster R-CCN 深度神经网络识别算法对裂纹缺陷进行检测，利用裂纹特征参数识别算法，对金属结构表面裂纹宽度、长度、面积、长宽比等相关参数进行分析，为金属结构安全评估提供精确有效的数据基础，提高结构检测智能化和自动化水平。

1 关键技术

1.1 倒置式无人机智能检测系统设计

如图 1 所示，针对大型起重机结构检测的应用特殊性，研发了适应起重机金属结构缺陷检测的倒置式工业级无人机检测系统，系统利用无人机为平台搭载视觉探测装置，获取被测结构表面图像，通过通信链路传给地面控制台实时显示，并利用图像处理算法对结构表面缺陷特征进行智能检测和识别。为便于拍摄桥门式起重机主梁下盖板和门座式起重机象鼻梁等人员不易到达的关键受力部位，将正常情况下搭载在无人机正下方的相机云台改为布置在无人机本体上方。这样云台垂直方向俯仰角范围达到$\pm 90°$，水平方向运动范围达到$\pm 150°$。既能向下俯视成像，又能向上仰视成像，能够对大型起重机各种关键部位进行多方位拍摄无视场死角，具备良好的适应性。

(a) 倒置式无人机平台

(b) 地面控制台

图 1　倒置式无人机智能视觉检测系统样机

无人机搭载相机分辨率为 1600 万像素，支持机载端 4K 高清视频、1600 万像素图片存储，支持 H. 265 视频压缩和 1080p 高清视频无线传输到地面控制台显示。镜头焦距为 50mm，畸变率小于 2%，相机距离目标 3m 时，能分辨出宽度为 0. 1mm 的微裂纹，如图 2 所示，可以满足无人机远距离检测结构表面裂纹的要求。

(a) 无人机平台距离3m拍摄粘贴在T形角焊缝裂纹试块的裂纹尺图像

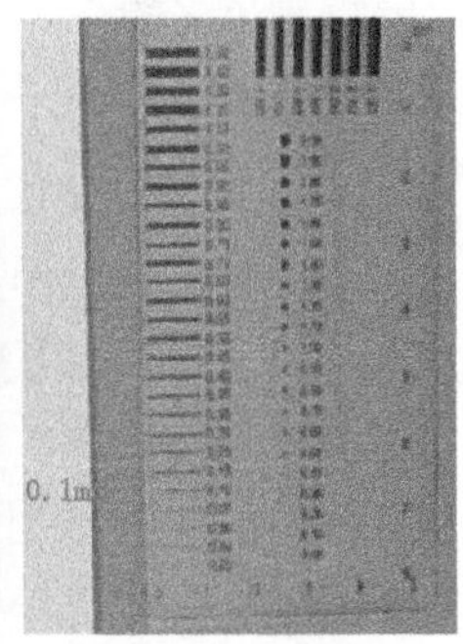

(b) 距离3m拍摄的裂纹尺图像(局部放大)

图 2　利用裂纹尺测试相机分辨能力

1. 2　Faster R-CCN 深度神经网络裂纹检测算法

如图 3 所示，Faster R-CCN 神经网络由卷积神经网络（conv network）、区域生成网络（region proposal network，RPN）、感兴趣区域池化层（RoI pooling）、最终分类器（final classifier）4 个部分

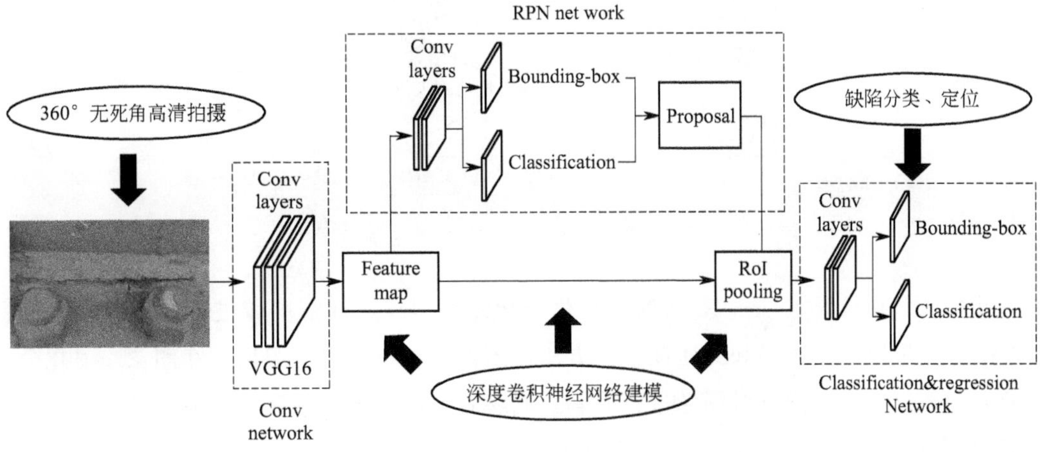

图 3　Faster R-CCN 神经网络裂纹检测算法流程

组成，将区域生成网络（RPN）与 FAST R-CNN[16] 对象检测网络相结合，生成一个共享全图的卷积特征与检测网络，RPN 经过训练生成高质量的区域建议（数量限定为 300 个），FAST R-CNN 将其用于检测，RPN 的预测绝大部分在 GPU 中完成，且卷积网和 FAST R-CNN 部分共享，因此大幅提升了检测速度。利用 Faster R-CCN 深度神经网络对裂纹缺陷进行检测的算法流程如图 3 所示，通过分类和回归层来实现对缺陷的分类和检测，第一组分类和回归在 RPN 网络处，分类检测是否有裂纹，属于二分类问题，回归进行候选区域的初步选取；第二组分类和回归在池化层后的预测网络，回归为确定候选区域在图像中的精确位置。

Faster R-CCN 神经网络裂纹检测算法包括以下 4 个步骤。

① 将训练集图像输入到深度神经网络算法模型进行训练，得到训练好的模型，然后将待检测图像输入到训练好的模型，经过 VGG16 卷积神经网络提取得到特征图。

② 将特征图传入区域生成网络 RPN，提取包含目标概率更高的若干区域。特征图（feature map）为卷积神经网络输出的最后一层，在此特征图的基础上再做一次卷积，生成 256 个特征图。RPN 网络对这 256 个特征图分别做分类和回归，分类层（classification）输出预测属于裂纹缺陷或者背景的概率；回归层（bounding-box）输出缺陷位置预测框的 3 个参数：目标框左上角位置、长度和高度。

③ 池化（RoI pooling）层将不同大小的输入特征转换为固定长度的输出特征，池化层将最后一层卷积层得到的 256 个特征图下采样到大小为 7×7 的网络中，对每一份网格进行最大池化处理，将不同大小的特征变成了统一大小的特征向量，确保每一个不同大小的窗口具有相同的维度，形成固定大小的特征图，方便进行全连接操作。

④ 利用池化层后的预测网络实现缺陷分类识别和精确定位，确定候选区域在图像中的精确位置。

1.3 裂纹参数识别与评估算法

在检测出裂纹缺陷及其位置后，还需要对金属结构表面裂纹宽度、长度、方向等相关参数进行定性及定量分析，为金属结构安全评估提供精确有效的数据基础。如图 4 所示，裂纹参数识别包括图像预处理（灰度化、滤波去噪、对比度增强、二值化分割）、裂纹边缘检测、裂纹参数识别、伪裂纹去除等步骤。

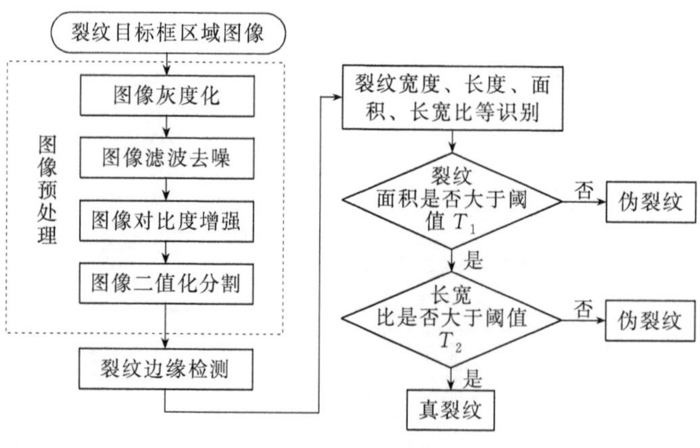

图 4 裂纹参数识别与评估算法流程

为减小计算量，直接对 Faster R-CCN 神经网络检测的裂纹目标框区域进行处理，首先将彩色图像转化为灰度图像，采用滤波去噪和对比度增强方法使图像裂纹特征更为突出，在图像二值化分割的过程中，利用最大熵阈值法确定阈值对图像进行分割，能够有效准确地区别裂纹区域以及背景区域；然后采用 Canny 算子检测提取裂纹边缘，由于裂纹形状各异且整体呈“线状”分布，计算裂纹边缘最小外接矩形的长宽比对裂纹方向进行识别，分为横向、竖向、斜向裂纹。

根据式（1)～式(3）计算裂纹的水平、垂直投影向量和面积，绘制裂纹的垂直、水平方向投影曲线图，获取裂纹最大宽度、最小宽度。利用最大圆盘形态学骨架提取算法[17]，获取裂纹的单像素宽形态学骨架，并对短枝噪声进行消去处理，统计骨架化的裂纹像素数得到其长度 L，根据式(4）计算面积 S 与长度 L 的比值为裂纹平均宽度 D。

$$H(x)=\sum_{y=1}^{M}g(x,y)\qquad x=1,2,\cdots,N \tag{1}$$

$$V(y)=\sum_{x=1}^{N}g(x,y)\quad y=1,2,\cdots,M \tag{2}$$

$$S=\sum_{x=1}^{N}\sum_{y=1}^{M}g(x,y) \tag{3}$$

$$D=\frac{S}{L} \tag{4}$$

式中，$H(x)$ 为水平方向（行方向）投影向量，表示各行方向 g 值为 1 的像素点个数；$V(y)$ 为垂直方向（列方向）投影向量，表示各列方向 g 值为 1 的像素点个数；S 为裂纹面积，表示裂纹目标框区域 g 值为 1 的像素点个数；L 为裂纹长度，表示裂纹单像素宽骨架的像素点个数；D 为裂纹平均宽度。

起重机结构表面背景复杂，干扰目标多，检测结果中可能包含漆皮开裂和水渍等伪裂纹缺陷，因此需要做进一步鉴别。鉴于真裂纹一般表现为非常细的黑线，长宽比很大，在局部范围内方向具有一致性，而伪裂纹一般不具有这些特征，通常表现为孤立的相对较小的点或小块。因此，设计基于长宽比（L/D）和面积 S 的真伪裂纹鉴别方法：当目标面积大于某一阈值 T_1 且长宽比大于某一阈值 T_2 时，判定为真裂纹，予以保留，否则判定为伪裂纹，消除该候选目标，如图 5 所示。可以看出上述方法能有效消除噪声，减少伪裂纹的数量，能够提高裂纹检测的准确率。最后，根据针孔成像模型和物距标定出每个像素代表的实际物理尺寸，计算裂纹缺陷的实际宽度和长度。

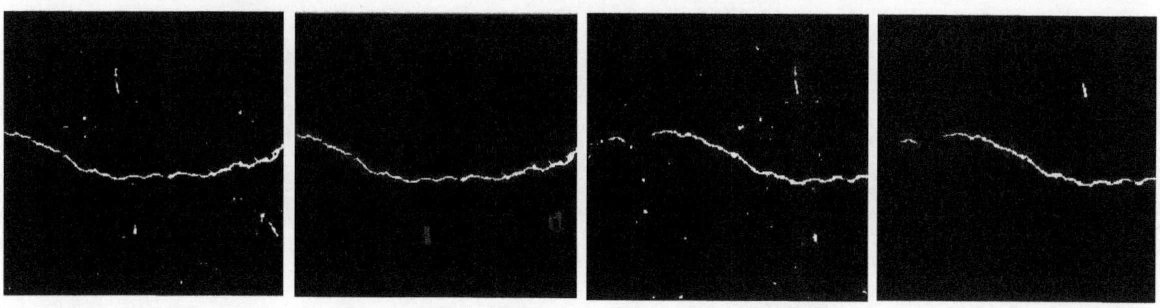

(a) 图片1伪裂纹去除前　(b) 图片1伪裂纹去除后　(c) 图片2伪裂纹去除前　(d) 图片2伪裂纹去除后

图 5　去除伪裂纹缺陷

1.4　基于无人机图像的结构表面裂纹检测流程

开发无人机图像智能检测系统软件，调用裂纹缺陷检测与识别算法，完成缺陷的自动检测，同时导入设备基础信息，现场出具检测报告。具体检测流程如图 6 所示，将无人机采集的图像传输到图像智能检测系统，设定与算法运行速度匹配的取帧频率，软件调用 Faster R-CCN 神经网络算法对当前帧图像是否存在裂纹进行定性检测，如果检测到有裂纹缺陷则用裂纹的最小外接矩形框标记缺陷位置，并提取裂纹目标框区域图像，然后调用裂纹参数识别算法，对各裂纹的宽度、长度、方向、面积、长宽比等进行识别与评价，并根据裂纹面积和长宽比是否大于设定阈值识别并剔除伪裂纹缺陷，为设备维护保养提供辅助决策。

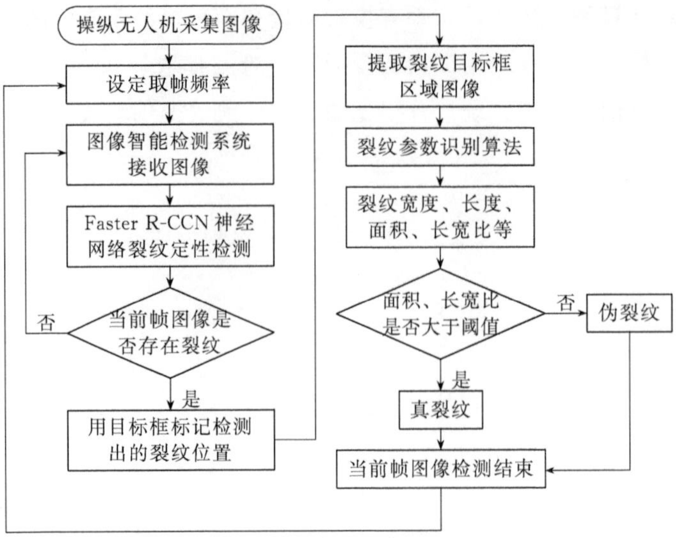

图 6　基于无人机视觉的起重机表面裂纹检测流程

2　实验结果与分析

2.1　裂纹的快速定性检测实验

实验采用 Tensorflow 作为深度学习框架，使用 GPU 对训练过程进行加速，其使用的主要硬件配置是 Xeon E5-2620 V4 处理器、128G 内存和 NVIDIA GTX1080TI 显卡；软件环境是 Linux 系统，Python3.7，GPU 加速库采用 CUDA 9.0.176 和 CUDNN 7.0.4。采用准确率（accuracy）和速度（rate）来衡量单个类别检测效果，准确率为标记正确的边界框个数与标记出的所有边界框个数之比。采用 2000 张金属裂纹灰度化图片，80 张裂纹试块图片，50 张起重机金属结构图片作为训练集，部分训练图像如图 7 所示。

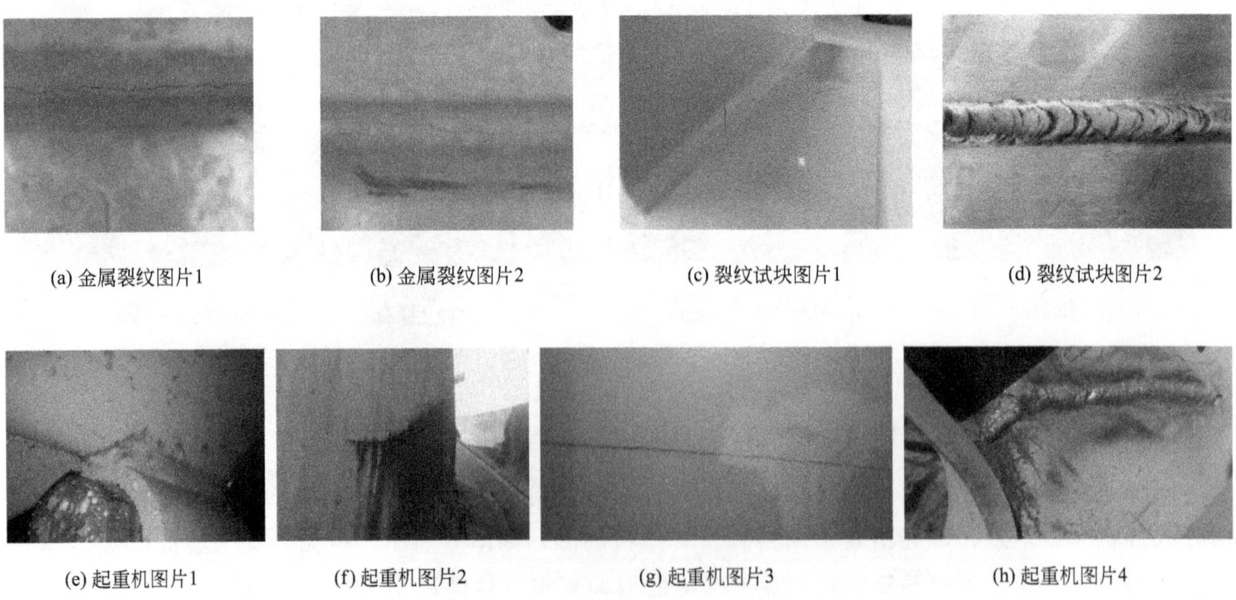

(a) 金属裂纹图片1　(b) 金属裂纹图片2　(c) 裂纹试块图片1　(d) 裂纹试块图片2

(e) 起重机图片1　(f) 起重机图片2　(g) 起重机图片3　(h) 起重机图片4

图 7　部分裂纹缺陷训练数据集图像

采用 40 张起重机金属结构图片作为测试集，部分图像检测结果如图 8 所示，在裂纹目标框左上角用英文字母 neg 来标记裂纹，neg 后面的数字表示算法判定该区域为裂纹的概率（0～1）。

(a) 图片1裂纹检测结果　(b) 图片2裂纹检测结果

(c) 图片3裂纹检测结果　(d) 图片4裂纹检测结果

(e) 图片5裂纹检测结果　(f) 图片6裂纹检测结果

图 8　部分测试图像的裂纹检测效果

从图 8 可以看出，Faster R-CCN 深度神经网络检测识别算法能准确地检测出图像中裂纹缺陷，并对缺陷区域进行精确定位，统计测试集的检测结果，裂纹检测平均准确率达到 95.4%，速度达到 2fps。下一步将应用裂纹参数识别算法对裂纹长度、宽度进行进一步识别，以利于量化评估。

2.2 裂纹的量化识别实验

利用无人机检测系统距离 3m 拍摄已知裂纹尺寸的试块图像，裂纹通过线切割方法得到，各裂纹位置分布及裂纹真实尺寸见图 9。

通过 1.2 节 Faster R-CCN 深度神经网络算法检测出裂纹及其所在位置，结果如图 10 所示；然后对裂纹目标框区域用 1.3 节裂纹参数识别算法对裂纹的长度和宽度进行定量检测和分析，并和裂纹的真实尺寸进行比较，以验证算法的准确性。

以左侧焊缝竖裂纹和母材斜裂纹为例，用裂纹参数识别算法进行处理，得到结果如图 11 所示，图中 (a)～(g)、(h)～(n) 依次为原始图像、灰度图像、中值滤波去噪后的图像、对比度增强图像、最大熵阈值分割图像、Canny 边缘检测与裂纹识别、裂纹最小外接矩形标记。

然后，根据裂纹最小外接矩形的长宽比判别裂纹方向，并对裂纹进行垂直、水平方向积分投影，获取裂纹的水平、垂直方向投影曲线图，行投影为水平方向投影，列投影为垂直方向投影，

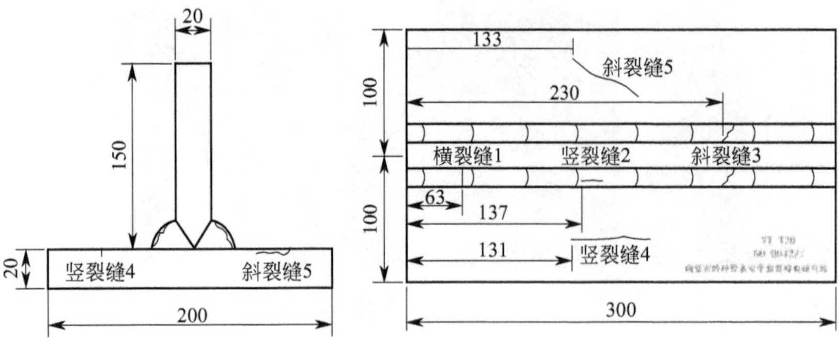

(a) 各裂纹位置分布

缺陷名称	长/mm	宽/mm	深/mm
横裂纹1	6	0.05	1.00
竖裂纹2	20	0.30	3.00
斜裂纹3	18	0.40	4.00
竖裂纹4	45	0.10	3.00
斜裂纹5	46	0.20	4.00

(b) 各裂纹真实尺寸

图 9　T 形角焊缝试块中各裂纹位置分布及尺寸

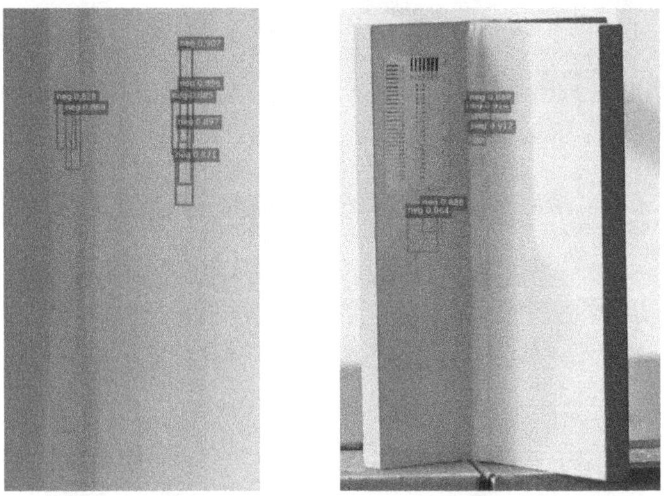

(a) 试块左侧裂纹检测结果　　(b) 试块右侧裂纹检测结果

图 10　T 形焊缝试块裂纹检测结果

其中横坐标表示图像行坐标或列坐标，纵坐标表示像素位置为该行坐标或列坐标的像素个数，如图 12 所示。

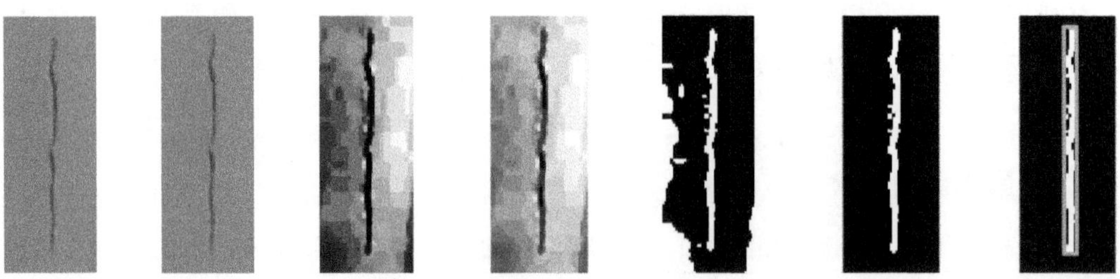

(a) 原图像　(b) 灰度化　(c) 滤波　(d) 增强　(e) 分割　(f) 识别　(g) 标记

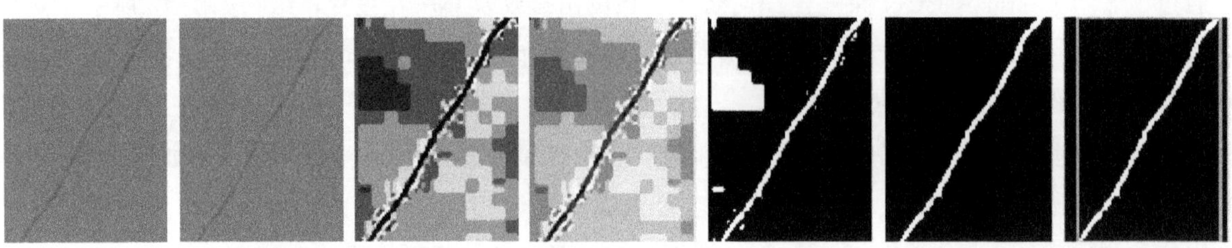

(h) 原图像　(i) 灰度化　(j) 滤波　(k) 增强　(l) 分割　(m) 识别　(n) 标记

图 11　左侧焊缝竖裂纹和右侧母材斜裂纹识别

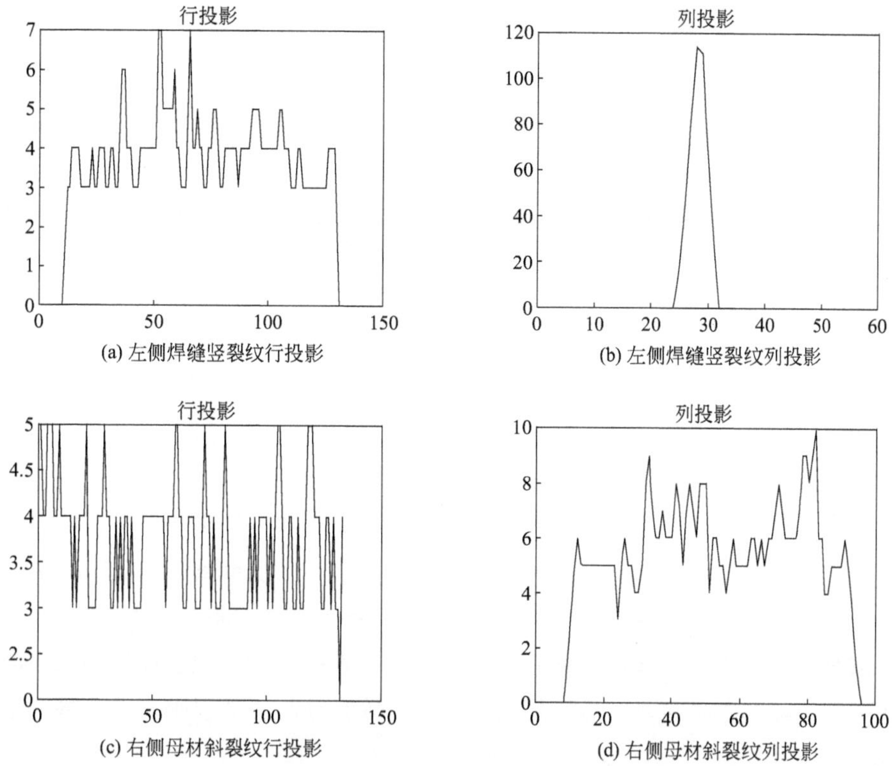

(a) 左侧焊缝竖裂纹行投影
(b) 左侧焊缝竖裂纹列投影
(c) 右侧母材斜裂纹行投影
(d) 右侧母材斜裂纹列投影

图 12　裂纹区域的水平、垂直方向投影曲线图

从图 12(a)、(b) 可以看出左侧焊缝竖裂纹的最大宽度为 7pixels，列投影有明显的凸起区域，说明该裂纹为纵向裂纹；提取裂纹单像素宽骨架，统计其像素数得到裂纹长度为 271pixels，计算裂纹面积与长度的比值得到平均宽度约为 4.00pixels，长宽比为 67.75。从图 12(c)、(d) 可以看出右侧母材斜裂纹的最小宽度为 2pixels，最大宽度为 5pixels，行、列投影在整个坐标轴范围内均有分布，说明该裂纹为斜裂纹；提取裂纹单像素宽骨架，统计其像素数得到裂纹长度为 591pixels，计算裂纹面积与长度的比值得到平均宽度约为 3.00pixels，长宽比为 197。相机分辨率为 4640×3480pixels，经标定后每像素的实际物理距离为 0.07mm，计算裂纹的实际长度和平均宽度，并与表 1 中裂纹的真实尺寸相比（左侧焊缝竖裂纹对应竖裂纹 2，右侧母材斜裂纹对应斜裂纹 5），计算裂纹测量相对误差，如表 1 所示。

表 1　裂纹参数识别误差

项目	测量宽度	测量长度	真实宽度	真实长度	宽度测量误差	长度测量误差
竖裂纹 2	0.28mm	18.97mm	0.30mm	20.00mm	6.67%	5.15%
斜裂纹 5	0.21mm	41.37mm	0.20mm	46.00mm	5.00%	10.07%
平均误差					5.84%	7.61%

从表 1 可以看出，裂纹长度和宽度的测量值与真实尺寸非常接近，宽度平均测量误差为 5.84%，长度平均测量误差为 7.61%，裂纹参数识别算法可以准确地测量出裂纹的宽度和长度，可以满足结构安全评估的要求。

同时，在实验中发现，图像获取的检测条件对裂纹定量评价结果有较大影响，如光照强度、拍摄距离、成像系统噪声、温度、振动等。环境光在金属表面形成一部分反射光和逆光阴影，或者由于光照不均匀使图像亮度不均，造成图像边缘不清晰，引起边缘提取误差，导致测量精度降低。因此，无人机应尽量顺光拍摄结构表面，并采用直方图均衡化、线性灰度拉伸、同态滤波等对比度增强算法，降低光照条件变化带来的影响。根据针孔成像模型，拍摄距离直接影响每个像素对应的实际物理尺寸（即像素当量），在保证安全的前提下，无人机应尽可能靠近结构表面进行拍摄，以获取更小的像素当量，提高图像测量精度。

此外，CCD暗电流噪声、像元响应非均匀性、散粒噪声、量化误差、热电子噪声等成像系统自身噪声对测量精度也有较大影响，应采用中值滤波等方法消除噪声影响，突出裂纹特征，提高系统测量精度。相机振动会引起图像抖动和模糊，降低图像清晰度，直接影响裂纹的精确测量，因此无人机采用基于挤压式减振球的高精度云台防抖和减振技术，保证拍摄图像稳定性和清晰度要求。温度过高会导致成像系统信噪比急剧下降，过低会影响系统采集图像的稳定性和均匀性，因此在环境温度过低时可以先对系统进行适当的预热，温度过高时可以加装散热装置，提高成像品质，进一步提高系统测量精度。

3 小结

针对大型起重机结构裂纹检测的特点，设计了倒置式工业级无人机检测平台，能够对大型起重机各种关键部位进行多方位拍摄无视场死角，具备良好的适应性；提出 Faster R-CCN 深度神经网络检测识别算法，实现了对裂纹缺陷的高精度智能可视化检测，检测准确率达到 95.4%，速度达到 2fps，利用裂纹特征参数识别算法，实现了非接触式精确测量金属结构表面裂纹，现场应用测试表明上述算法能够适应复杂背景和复杂特征的起重机械金属结构表面裂纹缺陷自动检测和识别要求，提高了无人机载视觉系统的缺陷识别能力。

参考文献

[1] 周前飞，丁树庆，冯月贵，等．大型起重机金属结构无人机智能视觉检测系统研究 [J] ．内燃机与配件，2018 (19)：224-228.

[2] M. Bobbe, Y. Khedar, J. Backhaus, M. Gerke, Y. Ghassoun and F. Plöger. Reactive Mission Planning for UAV based crane rail inspec-tion in an automated Container Terminal [C] . 2020 International Conference on Unmanned Aircraft Systems (ICUAS) , Athens, Greece, 2020，1286-1293.

[3] 杨静．基于无人机的起重机检测系统研究 [J] ．机电技术，2019，02：89-92.

[4] 敬东，陈萍，梁晓曦．面向起重机的无人机辅助检测系统研究 [J] ．起重运输机械，2020，23：82-85.

[5] W. X. Wang，H. X. Li，K. Wang，et al. Pavement crack detection on geodesic shadow removal with local oriented filter on LOF and improved Level set [J] . Construction and Building Materials，2020，237：117750.

[6] R. Medina，J. Llamas，E. Zalama，and J. Gómez-García-Bermejo，"Enhanced automatic detection of road surface cracks by combining 2d/3d image processing techniques，" in Image Processing (ICIP) , 2014 IEEE International Conference on. IEEE，2014，778-782.

[7] L. Wang and Z. Zhang. Automatic Detection of Wind Turbine Blade Surface Cracks Based on UAV-Taken Images [J] . IEEE Trans-actions on Industrial Electronics，2017，64 (9)：7293-7303.

[8] G. Li，X. X. Zhao，K. Du，et al. Recognition and evaluation of bridge cracks with modified active contour model and greedy search-based support vector machine [J] . Automation in Construction，2017，78：51-61.

[9] Y. J. Cha，K. You，W. Choi. Vision-based detection of loosened bolts using the Hough transform and support vector machines [J] . Automation in Construction，2016，71：181-188.

[10] Y. Shi，L. Cui，Z. Qi，F. Meng，and Z. Chen，"Automatic road crack detection using random structured forests，" IEEE Trans. Intell. Transp. Syst.，2016，17 (12)：3434-3445.

[11] F. -C. Chen and M. R. Jahanshahi，"Nb-cnn: deep learn-ing-based crack detection using convolutional neural network and naive bayes data fusion，" IEEE Trans. Ind. Electron.，2018，65 (5)：4392-4440.

[12] Y.-K. An，K.-Y. Jang，B. Kim，and S. Cho，"Deep learning-based concrete crack detection using hybrid images，" in Sensors and Smart Structures Technologies for Civil，Mechanical，and Aero-space Systems 2018，vol. 10598. International Society for Optics and Photonics，2018，1059812.

[13] Y. P. Ren，J. SH. Huang，ZH. Y. Hong，et al. Image-based concrete crack detection in tunnels using deep fully

convolutional networks [J] . Construction and Building Materials，2020，23420：117367.

[14] F. Yang，L. Zhang，S. Yu，et al. Feature Pyramid and Hierarchical Boosting Network for Pavement Crack Detection [J] . IEEE Transac-tions on Intelligent Transportation Systems，2020，21 (4)：1525-1535.

[15] L. Attard，C. J. Debono，G. Valentino，et al. Automatic Crack Detection using Mask R-CNN [C] . 2019 11th International Sympo-sium on Image and Signal Processing and Analysis (ISPA)，Dubrovnik，Croatia，2019：152-157.

[16] R. Girshick, “Fast R-CNN,” in IEEE International Conference on Computer Vision (ICCV) , 2015.

[17] 刁智华, 吴贝贝, 魏玉泉, 毋媛媛 . 利用最大圆盘提取作物行骨架的改进算法 [J] . 中国农机化学报, 2016，37 (07)：141-144.

游乐设施滑行轨道多功能检测装置开发与应用研究

张　琨，宋伟科，沈功田，张　勇

中国特种设备检测研究院，北京，100029

摘　要： 本文以开发游乐设施滑行轨道多功能检测装置，对滑行车类游乐设施轨道进行外观目视检测、轨道管壁厚检测和表面裂纹检测为目标。通过分析轨道的失效模式，确定了检测重点，即轨道在户外复杂环境并长期承受交变载荷条件下容易发生的连接螺栓松动、油漆脱落、轨枕焊缝锈蚀、轨道对接焊缝锈蚀、轨道壁厚减薄、轨道表面裂纹等损伤。明确了主要功能，包括车体自主驱动并可控行走、无线控制与数据传输、轨道外观检测、壁厚检测、表面裂纹检测。以此为出发点，进行车体结构、电气控制系统、视频检测系统、电磁超声厚度检测系统、阵列涡流裂纹检测系统等子系统开发和调试。在此基础上，进行系统集成与整机测试，从而完成了游乐设施滑行轨道多功能检测装置的开发。对某立环过山车轨道进行了外观目视检测、轨道管壁厚检测和表面裂纹检测，检测结果与人工复测结果基本一致，验证了游乐设施滑行轨道多功能检测装置的功能有效性和检测精度。

关键词： 游乐设施；轨道检测；视频目视检测；电磁超声厚度检测；阵列涡流裂纹检测；自主驱动；无线控制

Research on Development and Application of Multifunctional Inspection Device for Track of Amusement Rides

Zhang Kun，Song Weike，Shen Gongtian，Zhang Yong

China Special Equipment Inspection & Research Institute, Beijing, 100029

Abstract: In this paper, the multifunctional inspection device for track of amusement rides is developed to inspect the appearance, the wall thickness and the surface crack of the track. Through the analysis of the failure mode of track, the inspection focus is determined, that is, the track is easy to be damaged in the outdoor complex environment and under the condition of long-term alternating load, including connecting bolt loosening, paint falling off, sleeper weld corrosion, rail butt weld corrosion, rail wall thickness thinning, rail surface crack. The main functions are defined, including the device body self driving and controllable walking, wireless control and data transmission, track appearance inspection, wall thickness inspection and surface crack inspection. On this basis, the device body structure, electrical control system, video inspection system, electromagnetic ultrasonic thickness inspection system, array eddy current crack inspection system and other subsystems are developed and tested. Then the system integration and the test of the device are carried out, so as to

---

基金项目：国家“十三五”重点研发计划 NQI 专项（2017YFF0207102）；中国特种设备检测研究院内部科研项目（2018 青年 17）。

作者简介：张琨，1991 年生，男，工程师，硕士，主要从事大型游乐设施的结构分析、状态监测与故障诊断、安全评价等方面的研究。

complete the development of the multifunctional inspection device for track of amusement rides. Visual inspection, wall thickness inspection and surface crack inspection are carried out for a roller coaster track. The inspection results are basically consistent with the manual retest results, which verifies the functional effectiveness and inspection accuracy of the multifunctional inspection device for track of amusement rides.

Keywords: amusement device; track inspection; video visual inspection; electromagnetic ultrasonic thickness inspection; array eddy current crack inspection; autonomous driving; wireless control

0 引言

游乐设施是创造欢乐的载人设备，是文旅产业的重要组成部分，是弘扬传统文化的重要平台[1]。与此同时，游乐设施涉及公共安全，一旦发生事故，会造成重大伤亡和损失，社会影响极其恶劣[2,3]。滑行车类游乐设施是十三类游乐设施之一，轨道是其重要受力部件，其安全性能直接关系着设备的运行安全性。轨道由于长期处于室外的恶劣环境，且承受复杂的交变载荷，在长期服役后容易产生连接螺栓松动、油漆脱落、轨枕焊缝裂纹、轨道对接焊缝裂纹、轨道管磨损、腐蚀减薄、轨道管表面裂纹等损伤，造成新的危险源，威胁设备运行和乘客安全[4-7]。此外，越来越多的设备达到使用年限，需要做延寿处理[8]，如何对滑行车类游乐设施的轨道进行全面系统、合理有效的检测，为安全评价提供基础数据，也是目前面临的重要难题。

由于滑行车类游乐设施轨道的复杂性和空间多变导致检测难度较大，目前使用单位常规的检测方式是利用吊车等大型起重装备将检测人员吊运至轨道特定位置，对轨道结构进行宏观目视检测，对关键焊接位置进行表面无损检测等[9,10]。但由于吊运工作对设备和场地的要求较高，一般情况下使用单位一年才能对轨道结构进行一次全面检查，且检测结果多依赖于检测人员的经验和能力[11]。截至目前全世界范围内尚无专门的轨道多功能检测装置和相关检测技术，用于轨道外观、厚度（磨损、腐蚀情况）和表面裂纹（疲劳损伤情况）检测，由此带来的轨道安全隐患较多[12,13]。

本文在研究轨道结构特征和分析失效模式的基础上[2]，根据轨道的维护保养需求，结合相关的法规标准要求[14,15]，确定需要重点关注的检测项目，针对检验检测重点，明确检验检测功能，以此为出发点，进行车体结构、电气控制系统、视频检测系统、电磁超声厚度检测系统、阵列涡流裂纹检测系统等子系统开发和调试。在此基础上，进行系统集成与整机测试，从而完成游乐设施滑行轨道多功能检测装置的开发，为轨道的维护保养和检验检测提供系统有效的检测手段。

1 游乐设施滑行轨道多功能检测装置总体设计

技术路线如图 1 所示，根据滑行车类游乐设施轨道的维护保养需求，结合相关的法律法规要求，在研究轨道结构特征和分析失效模式的基础上，确定了需要重点关注的检测项目，即轨道在户外复杂环境并长期承受交变载荷条件下容易发生的连接螺栓松动、油漆剥落、轨枕焊缝锈蚀、轨道对接焊缝锈蚀、轨道壁厚减薄、轨道表面裂纹等损伤、失效情况。针对检验检测重点，明确了检验检测功能，包括车体自主驱动并可控行走、轨道外观检测、轨道壁厚腐蚀情况检测、轨道表面裂纹检测。

以此为出发点，进行车体结构、电气控制系统、视频检测系统、电磁超声厚度检测系统、阵列涡流裂纹检测系统等子系统开发和调试。在此基础上，进行系统集成与整机测试，主要包括车体结构测试、

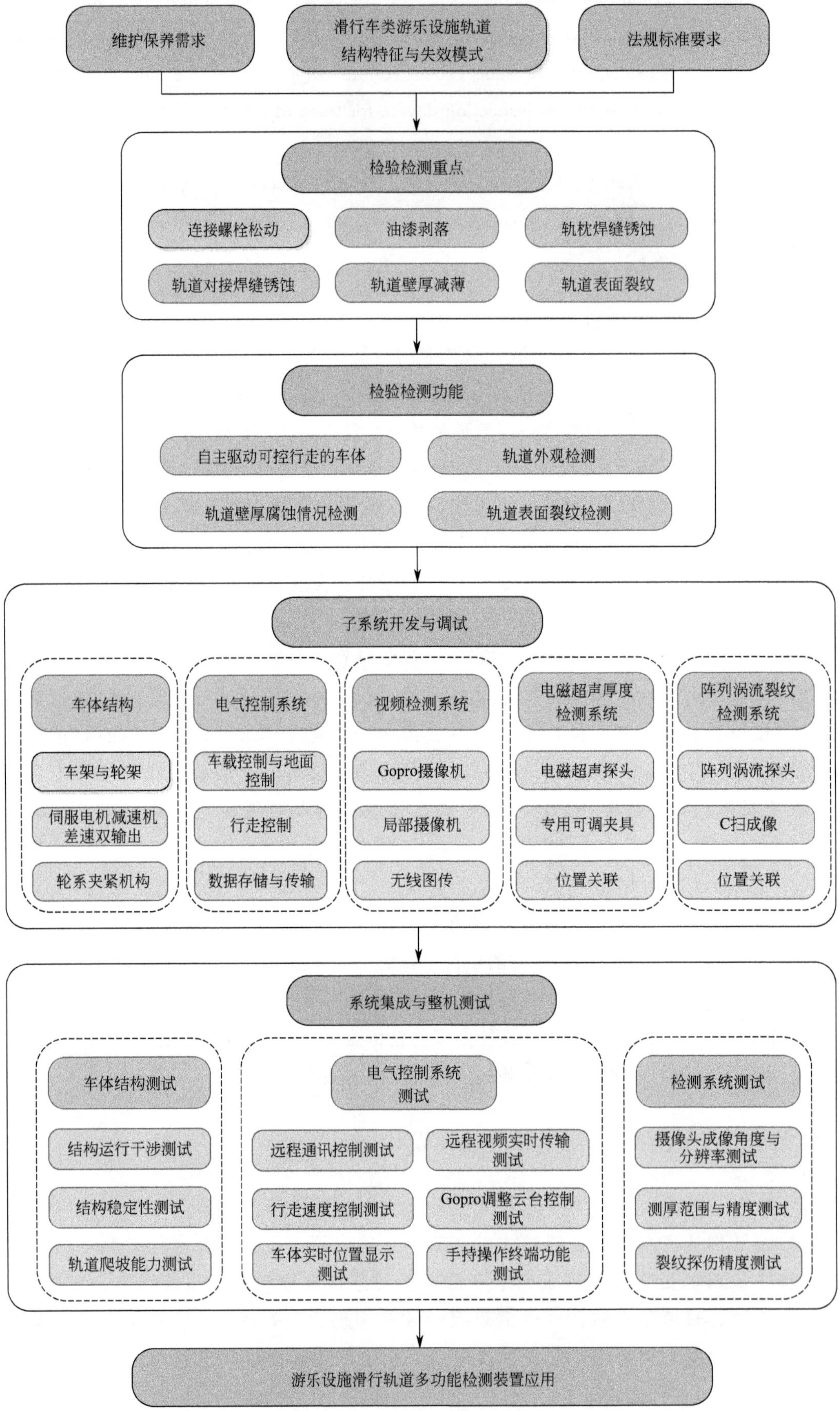

图 1　游乐设施滑行轨道多功能检测装置开发技术路线图

电气控制系统测试、检测系统测试，从而完成游乐设施滑行轨道多功能检测装置的开发，并在维护保养和检验检测中开展应用。

游乐设施滑行轨道多功能检测装置采用传统过山车轮系结构，外加驱动系统、夹紧系统、检测系统、控制系统等。其中轮系结构为主要承力部件，其上安装相应系统以满足自主行走要求和检测要求，主要由车体结构、电气控制系统和检测系统三部分组成，基本参数和功能要求见表 1。

表 1　游乐设施滑行轨道多功能检测装置技术参数和指标

技术参数	技术指标
样机适用环境	−10～40℃
运行速度	0.3m/s,0.2 m/s,0.1 m/s
爬坡能力	0°～360°
最大承载能力	350kg
适用过山车类型	轨距 700～1220mm,适用轨道管直径 89～140mm
检测功能	轨道宏观视频检测、轨道面细节视频检测、轨道厚度检测和轨道表面裂纹检测

2　游乐设施滑行轨道多功能检测装置研制

2.1　车体结构

车体结构如图 2 所示，主要由车架、前轴总成、后轴总成、前轮组、后轮组、夹紧机构和驱动系统组成。车体采用典型全自由度过山车底盘结构，前轴通过关节轴承与车架连接，后轴通过立轴与车架固定，保证检测装置有足够的自由度。驱动系统采用直流伺服电机，通过同步带与减速机连接，驱动主行走轮运动。夹紧机构采用气缸及连杆机构，能够对驱动轮进行足够且可靠的压紧，保证在不同轨道半径下，驱动轮始终有效压紧在轨道面上且保持压紧力稳定。车体上安装有空压机和储气罐，可实时对气缸充气从而保持气压稳定。

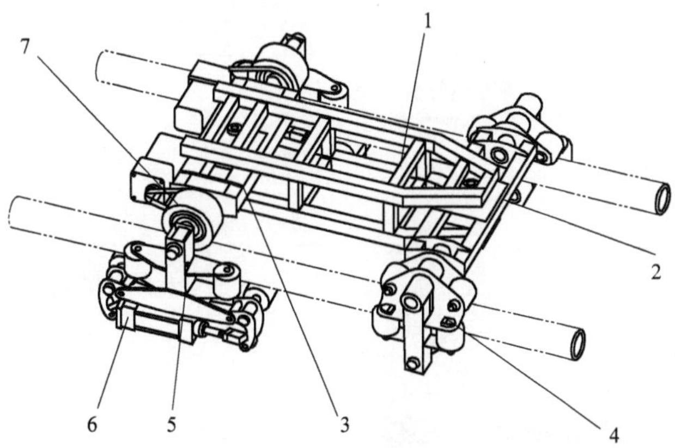

图 2　车体结构图

1—车架；2—前轴总成；3—后轴总成；4—前轮组；5—后轮组；6—夹紧机构；7—驱动系统

2.2　车体电气控制系统

车体电气控制系统用于控制轨道检测装置作业，包括车载控制系统和手持操作终端两部分，系统架构如图 3 所示，通过与其他子系统相互配合，实现以下功能。

① 车体驱动并可控行走功能：通过手持操作终端，采用无线通信方式实现轨道检测装置在轨道上

的行走、停止、前进、后退、调速等远程控制操作。

② 检测控制功能：通过手持操作终端，采用无线通信方式对视频目视检测装置、电磁超声厚度检测装置、阵列涡流裂纹检测装置进行启动、停止等远程控制操作。

③ 无线通信、无线图传功能：手持操作终端和车载控制系统间通过无线通信模块、无线图传模块实现。

④ 视频显示和数据显示功能：手持操作终端的双显示屏能够实时显示视频、检测数据、车体状态、轨道位置等信息。

⑤ 数据存储、事件记录和报警功能：车载控制系统存储器、手持操作终端存储器实现对视频、检测数据、车体状态、轨道位置等信息的实时存储，对超标数据的实时报警和事件记录。

⑥ 其他辅助功能：电池供电、空压机作业、摄像机云台控制等。

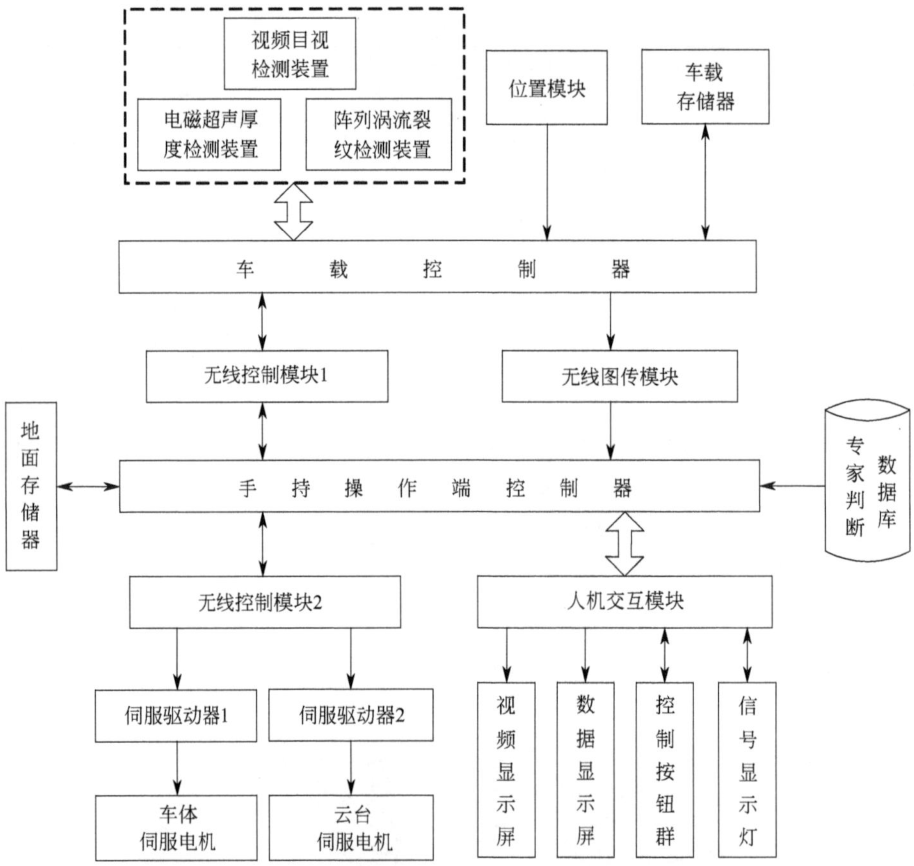

图 3 游乐设施滑行轨道多功能检测装置电控系统架构图

2.3 视频目视检测系统

视频目视检测系统用于检测连接螺栓松动、油漆剥落、轨枕焊缝锈蚀、轨道对接焊缝锈蚀等轨道表面的宏观信息，主要包括 Gopro 摄像头、局部摄像头、云台伺服电机、视频处理模块等，系统架构如图 4 所示。为了能够对轨道表面进行全面、清晰的目视检测，采用了宏观摄像头＋局部摄像头的布置方案，如图 5 所示。在车体前端设置 Gopro 摄像头，采集轨道环境的宏观信息，通过两个云台伺服电机可调整 Gopro 摄像头的左右和俯仰角度。在两根轨道的行走轮接触面和侧轮接触面分别设置四个局部摄像头，采集轨道表面及周围的局部细节信息。宏观和局部视频信息传输至视频处理模块，同时车载控制器将实时位置信息传输至视频处理模块，视频处理模块将视频信息和位置信息合成，形成基于位置信息的视频信息。车载控制器通过无线图传模块将视频信息传输至手持操作端控制器，通过人机交互模块的显示屏实时显示视频信息，同时视频信息实时存储于车载存储器，便于线下进行数据处理和分析。

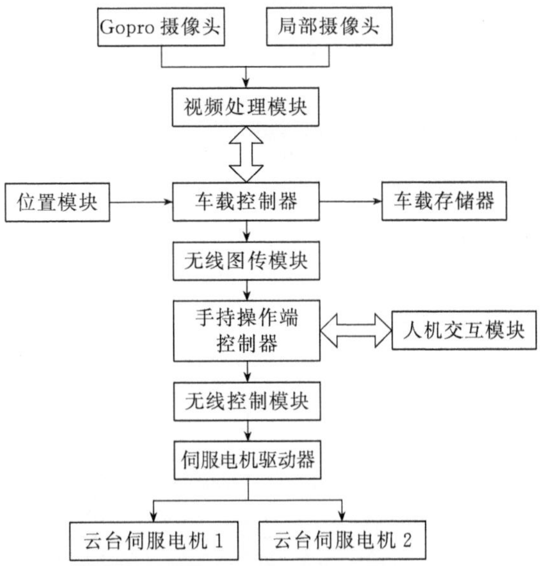

图 4　视频目视检测系统结构框架图

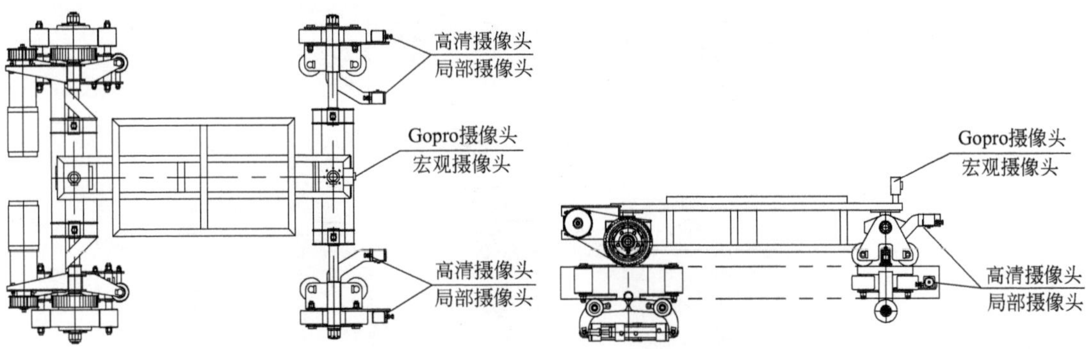

图 5　视频目视检测系统的摄像头布置图

2.4　电磁超声厚度检测系统

电磁超声厚度检测系统用于检测轨道管壁厚信息，主要包括电磁超声测厚探头、数据采集卡、测厚处理单元等，系统架构如图 6 所示。电磁超声测厚探头 1（左轨）和电磁超声测厚探头 2（右轨）将轨道管壁厚的超声波脉冲分别传输给数据采集卡 1 和数据采集卡 2，数据采集卡 1 和数据采集卡 2 将超声波脉冲信号转化为电压信号传输给测厚处理模块，对电压信号进行计算分析和处理，生成两侧轨道的厚度数据。位置模块获取轨道位置信息，传输至车载控制器。车载控制器将位置信息传输给测厚处理单元，生成基于位置信息的厚度数据，传输给车载控制器。车载控制器通过无线控制模块将厚度数据传输至手持操作端控制器，实时显示在人机交互界面的显示屏上，同时存储于手持操作终端的存储器中，便于线下进行数据处理和分析。

2.5　阵列涡流裂纹检测系统

阵列涡流裂纹检测系统用于检测轨道表面的裂纹，主要包括阵列涡流检测模块、数据采集卡、裂纹处理单元等，系统架构如图 7 所示。阵列涡流检测模块 1（左轨上）、阵列涡流检测模块 2（左轨侧）、阵列涡流检测模块 3（右轨上）、阵列涡流检测模块 4（右轨侧）将轨道表面的涡流检测信号传输给数据采集卡，数据采集卡将涡流检测信号转化为电压信号传输给裂纹处理模块，对电压信号进行计算分析和处理，生成轨道表面的裂纹信息。位置模块获取轨道位置信息，传输至车载控制器。车载控制器将位置信息传输给裂纹处理单元，生成基于位置信息的裂纹信息，传输给车载控制器。车载控制器通过无线控制模块将裂纹信息传输至手持操作端控制器，实时显示在人机交互界面的显示屏上，同时存储于手持操作终端的存储器中，便于线下进行数据处理和分析。

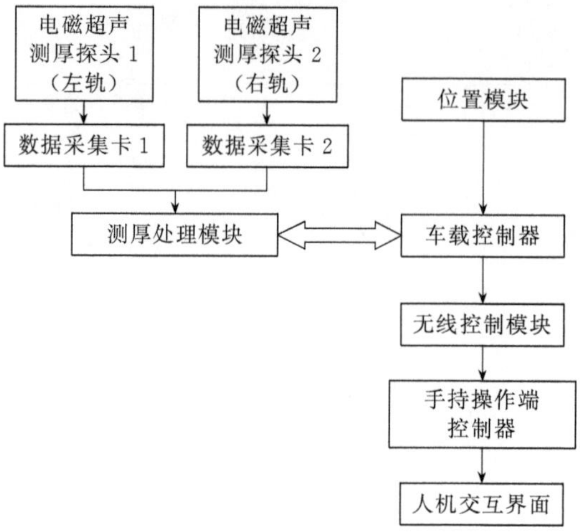

图 6　电磁超声测厚检测系统结构框架图

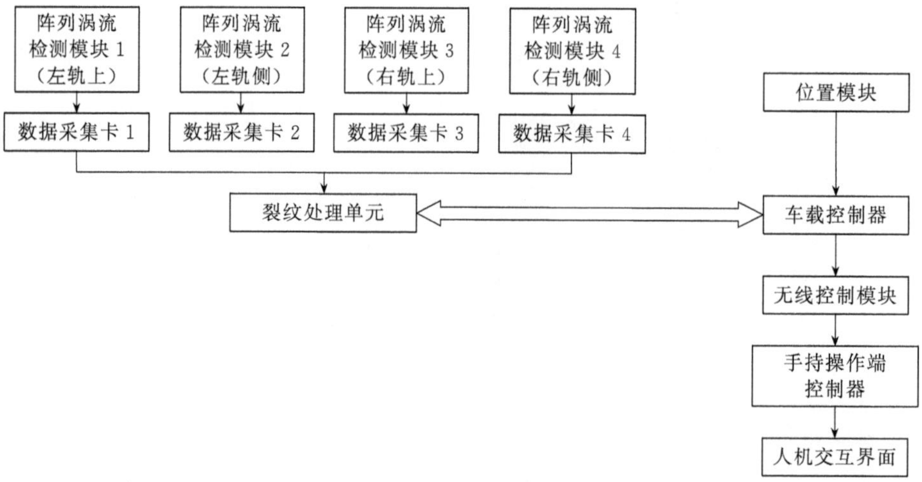

图 7　阵列涡流检测系统结构框架图

3　游乐设施滑行轨道多功能检测装置测试

根据游乐设施滑行轨道多功能检测装置的研制方案，完成了样机开发，外观和内部布置如图 8 所示。在此基础上，对样机进行测试，验证样机的功能性、检测稳定性和精度，包括车体结构测试、车体电气控制系统测试、视频目视检测系统测试、电磁超声厚度检测系统测试、阵列涡流裂纹检测系统测试。

3.1　车体结构测试

车体结构测试主要是验证车体能否适应轨道特点，实现基本的运行功能。主要测试项目为结构运行干涉测试和轨道爬坡能力测试，测试内容及结果见表 2。

图 8 游乐设施滑行轨道多功能检测装置外观及内部布置图

表 2 车体结构测试内容及结果

序号	测试内容	测试要求	测试结果
1	结构运行干涉测试	①车体能稳定地在测试轨道上运行； ②车体结构能适应轨道结构特点，在运行过程中不发生检测装置和轨道干涉情况	①运行平稳； ②无干涉情况
2	轨道爬坡能力测试	分别测试轨道坡度在 30°、45°、60°、90°和 180°时车体的爬坡能力，要求车体能正反向稳定启动、停止、调速和平稳运行	在各种轨道坡度工况下，均稳定启动、停止、调速和平稳运行

3.2 车体电气控制系统测试

车体电气控制系统测试主要是验证无线控制、数据传输、显示、存储的有效性和稳定性，实现驱动、检测等控制功能和数据无线传输、显示、存储功能。主要测试项目为车体驱动并可控行走功能、检测控制功能、无线通信、无线图传功能、视频显示和数据显示功能、数据存储、事件记录和报警功能、其他辅助功能，测试内容及结果见表 3。手持操作终端如图 9 所示。

表 3 车体电气控制系统测试内容及结果

序号	测试内容	测试要求	测试结果
1	车体驱动并可控行走功能	①通过手持操作终端，采用无线通信远程控制轨道检测装置在轨道上行走、停止、前进、后退、调速； ②模拟通信中断工况，测试轨道检测装置能否停止运行	①无线控制正常； ②通信中断轨道检测装置停止
2	检测控制功能	通过手持操作终端，采用无线通信远程控制视频目视检测系统、电磁超声厚度检测系统、阵列涡流裂纹检测系统启动、停止	无线控制正常

续表

序号	测试内容	测试要求	测试结果
3	无线通信、无线图传功能	①视频实时传输至手持操作终端的视频显示屏； ②厚度检测数据、裂纹检测数据、车体状态信息、位置信息实时传输至手持操作终端的数据显示屏	①视频实时稳定传输； ②厚度检测数据、裂纹检测数据、车体状态信息、位置信息实时稳定传输
4	视频显示和数据显示功能	①视频信息在手持操作终端的视频显示屏实时显示； ②厚度检测数据、裂纹检测数据、车体状态信息、位置信息在手持操作终端的数据显示屏实时显示	①视频实时稳定显示； ②厚度检测数据、裂纹检测数据、车体状态信息、位置信息实时稳定显示
5	数据存储、事件记录和报警功能	车载控制系统存储器、手持操作终端存储器能够对视频、检测数据、车体状态、轨道位置等信息实时存储，对超标数据实时报警和事件记录	视频、各类数据等稳定存储，出现超标数据时实时报警并记录
6	其他辅助功能	①电池能够稳定供电； ②空压机能够根据设置压力作业； ③摄像机云台能够实时控制	①电池供电稳定； ②空压机气压表与设置一致； ③云台伺服电机实时稳定控制

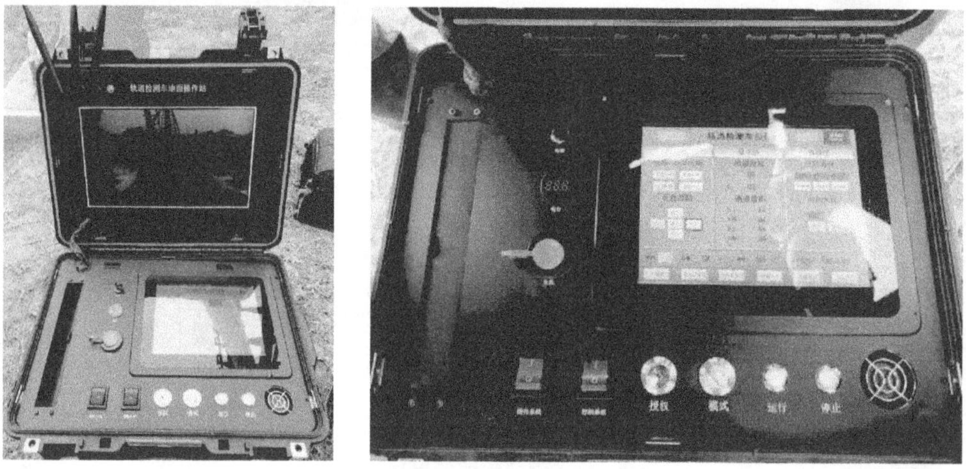

图 9　手持操作终端

3.3　视频目视检测系统测试

视频目视检测系统测试主要是验证摄像头的成像角度与分辨率，以及轨道宏观视频、局部视频采集、传输、显示的稳定性，实现对轨道表面的目视检测。视频目视检测系统由宏观视频目视检测和局部视频目视检测两部分组成，摄像头布置如图 10 所示。其中宏观视频主要采集轨道及周围的宏观视频信息，局部视频主要采集轨道表面和轨道连接位置的细节视频信息，宏观视频图像和局部视频图像如图 11 所示。

3.4　电磁超声厚度检测系统测试

电磁超声厚度检测系统测试主要是验证厚度测试的范围与精度，实现对轨道管的壁厚检测。电磁超声厚度检测系统采用双通道设置，测试数据通过无线通信方式实施传输至手持操作终端的数据显示屏，便于检测人员实时监测轨道厚度数据。电磁超声厚度检测系统主要有电磁超声探头、探头夹持机构和数据处理模块组成，其中夹持机构将电磁超声探头固定在检测装置前轮组的两个主动轮之间，为了适应轨道的各种变换型式，夹持机构具备两个方向的自由度，防止探头和轨道产生干涉，同时将探头稳定的压附在轨道面上，保证一定的提离间隙，以保持探头工作的稳定性。电磁超声探头的固定型式和检测数据显示如图 12 所示。

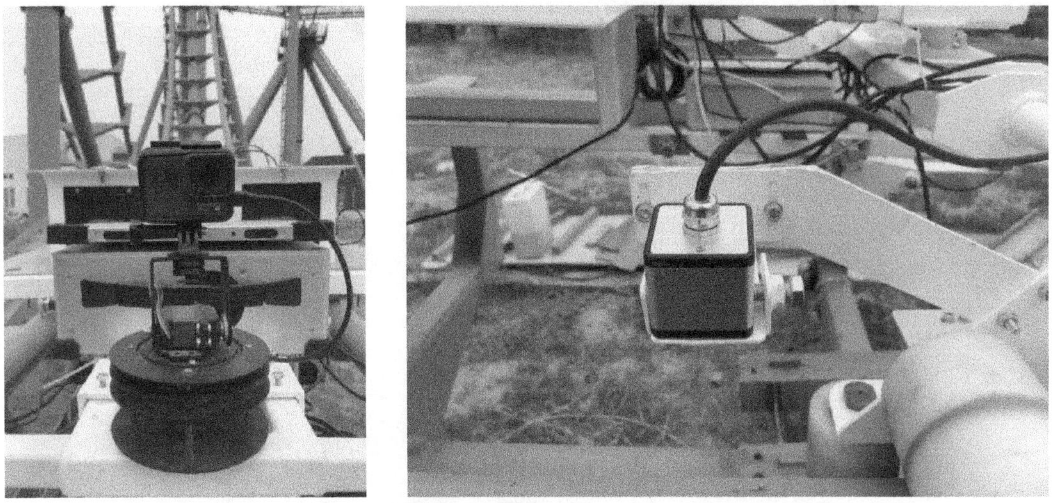

图 10　宏观视频和局部视频摄像头布置图

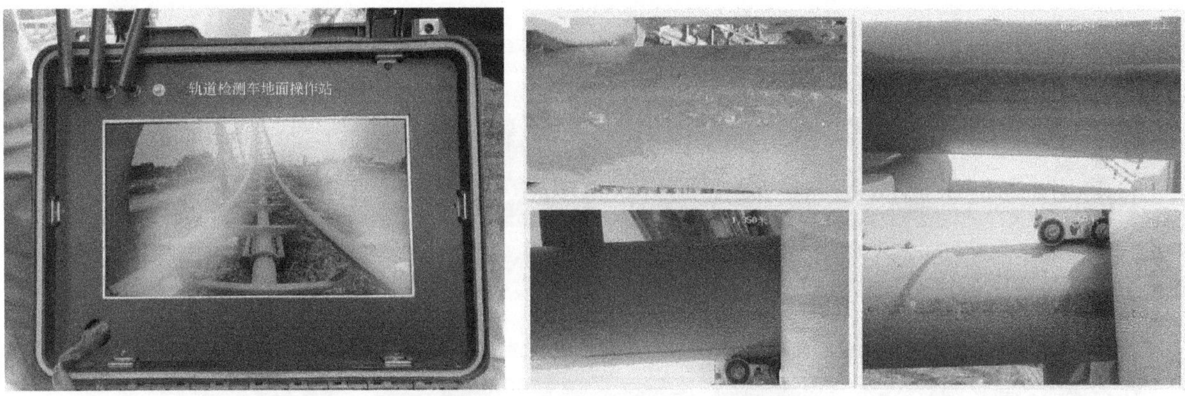

图 11　宏观视频图像和局部视频图像

图 12　电磁超声探头的固定型式和检测数据显示

3.5　阵列涡流裂纹检测系统测试

阵列涡流裂纹检测系统测试主要是验证裂纹检测精度，实现对轨道表面的裂纹检测。阵列涡流裂纹检测系统对轨道的主行走面和侧轮行走面进行裂纹检测，采用 16 通道阵列涡流探头，每个探头集成四个通道，通过探头夹持机构固定在检测装置的前轮组上，利用四组压簧和压轮保证探头与轨道面的稳定接触和提离高度，阵列涡流探头及固定型式如图 13 所示。阵列涡流裂纹检测系统实时扫查轨道表面的裂纹信息，数据显示界面如图 14 所示。

图 13　阵列涡流探头及固定型式

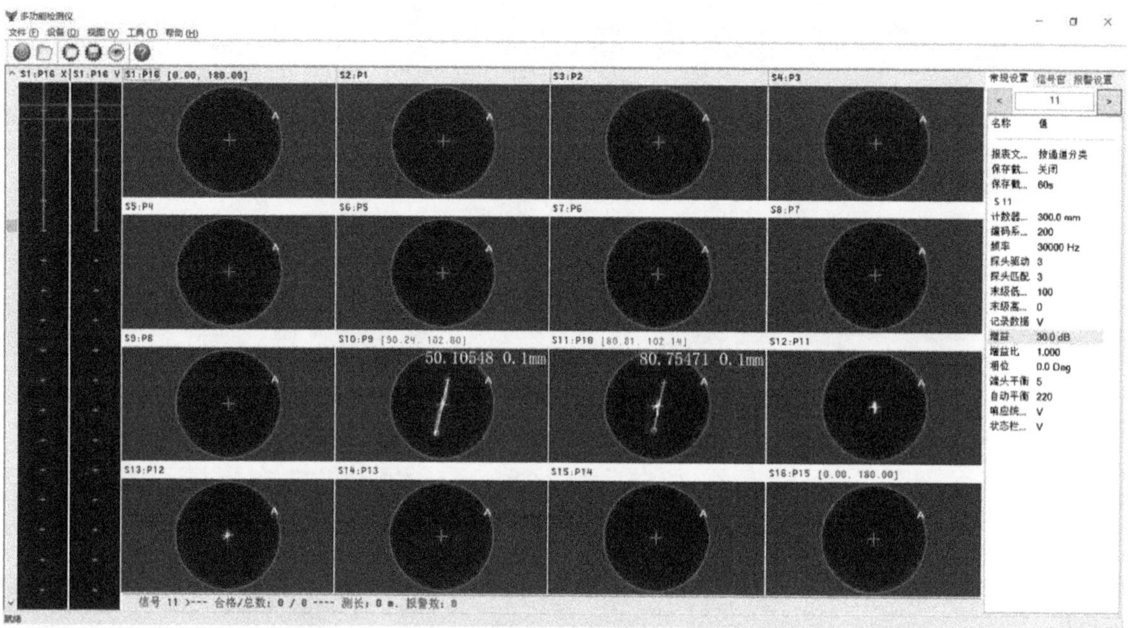

图 14　阵列涡流裂纹检测系统数据显示界面

4　游乐设施滑行轨道多功能检测装置应用

4.1　检测情况

将研发的游乐设施滑行轨道多功能检测装置应用于某立环过山车，对设备轨道的外观、壁厚、表面裂纹情况进行检测。立环过山车轨道具有螺旋环、立环、水平环等多种型式，如图 15 所示。检测情况如图 16 所示。

4.2　检测结果分析

（1）视频目视检测结果

轨道的宏观和局部视频目视检测如图 17 所示，通过全程视频目视检测可知，该过山车轨道宏观状态良好，不存在明显的损伤和失效，但在立环 90°位置附近轨道磨损情况较为严重，其他位置轨道表面基本符合要求。

图 15　某立环过山车轨道结构图

图 16　立环过山车轨道检测

图 17　轨道的宏观和局部视频检测

（2）电磁超声厚度检测结果

轨道的厚度检测结果如图 18 所示，在轨道的某些位置，左右轨道均出现了厚度超标（大于标准值 5mm）的情况，统计结果见表 4。根据统计结果和轨道厚度存在偏差的位置，对轨道厚度进行人工复测，由于检测装置在实际运行过程中由于轨道面存在异物等情况，个别数据存在不准确性，一般偏差正值数据可以剔除，重点对厚度减薄位置进行厚度复测工作。

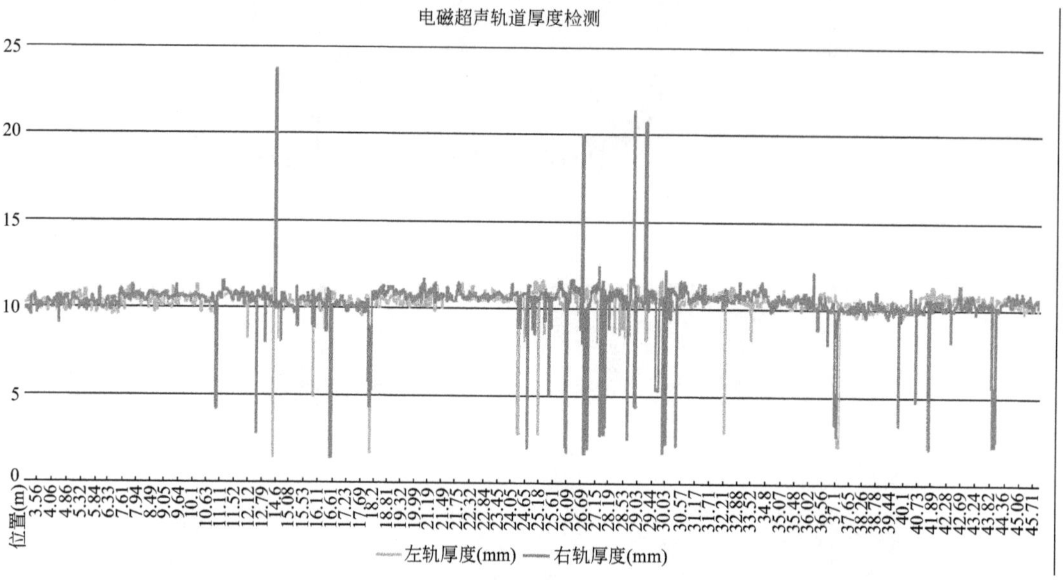

图 18 轨道厚度检测结果

表 4 轨道误差出现超标情况统计

轨道	位置/m	厚度/mm	误差/mm	轨道	位置/m	厚度/mm	误差/mm
左轨道	14.59	1.4	−8.6	右轨道	26.88	2	−8
	16.04	4.93	−5.07		28.02	2.77	−7.23
	18.15	1.68	−8.32		28.04	3.65	−6.35
	24.43	2.85	−7.15		28.09	2.81	−7.19
	24.46	2.85	−7.15		28.12	3.29	−6.71
	25.26	2.81	−7.19		28.73	2.53	−7.47
	29.34	20.48	10.48		28.93	21.36	11.36
	32.39	2.93	−7.07		29.02	4.41	−5.59
	37.29	2.16	−7.84		29.03	4.41	−5.59
	37.36	2.16	−7.84		29.34	20.72	10.72
右轨道	10.99	4.21	−5.79		29.91	1.76	−8.24
	12.6	2.81	−7.19		30.06	2.28	−7.72
	14.67	23.69	13.69		30.43	2.16	−7.84
	16.63	1.4	−8.6		37.12	3.45	−6.55
	16.68	1.4	−8.6		37.22	2.77	−7.23
	18.09	4.37	−5.63		39.86	3.41	−6.59
	18.14	4.37	−5.63		40.61	4.77	−5.23
	24.77	2	−8		41.8	4.93	−5.07
	26.09	2.04	−7.96		41.84	2.04	−7.96
	26.16	1.76	−8.24		44.01	2.2	−7.8
	26.76	20	10		44.02	2.2	−7.8
	26.82	1.68	−8.32		44.04	2.2	−7.8
	26.83	1.68	−8.32		44.06	2.44	−7.56
	26.87	2	−8		/	/	/

（3）阵列涡流裂纹检测结果

轨道的表面裂纹检测结果数据量较大，仅显示发现缺陷的位置信号，如图 19 所示，S7、S14、S15 和 S16 四个通道在轨道 30m 附近发现一处缺陷，不确定缺陷的具体形貌，需要针对该位置进一步检测。通过现场打磨，磁粉探伤发现该处无明显裂纹缺陷，仅存在不均匀的凹坑缺陷，如图 20 所示。

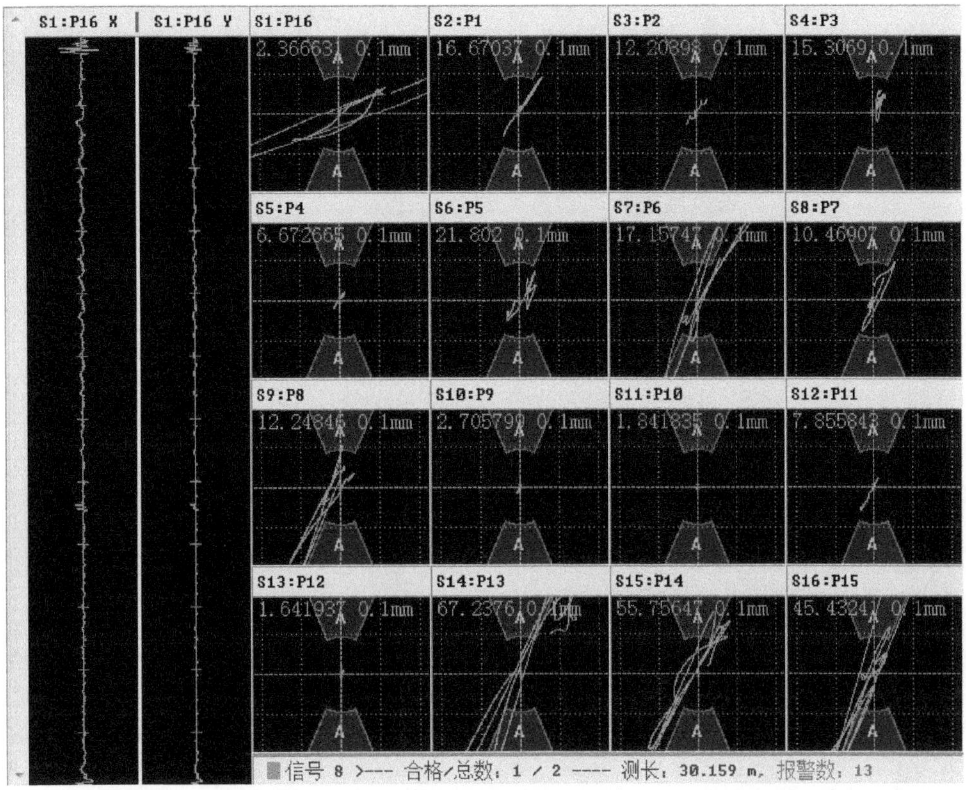

图 19　轨道表面裂纹检测结果

图 20　轨道表面凹坑情况

5 结论

① 本文开发并测试了主动驱动并可控行走的车体结构；

② 开发并测试了具有远程无线驱动控制、检测控制、数据无线传输、显示、存储等功能的车体电气控制系统；

③ 开发并测试了具有轨道宏观视频、局部视频检测的视频目视检测系统，具有轨道管壁厚检测功能的电磁超声厚度检测系统，具有轨道表面裂纹检测功能的阵列涡流裂纹检测系统；

④ 对某立环过山车轨道进行了外观目视检测、轨道管壁厚检测和表面裂纹检测，检测结果与人工复测结果基本一致，验证了游乐设施滑行轨道多功能检测装置的功能有效性和检测精度。

参考文献

[1] 沈功田，张勇，刘然．游乐园和景区载人设备全生命周期检测监测与完整性评价技术研究 [J]．中国特种设备安全，2016，32（10）：5-9.

[2] 宋伟科，林伟明，郭俊杰．大型游乐设施典型案例 [M]．上海：同济大学出版社，2014.

[3] 张琨，梁朝虎，张勇，等．我国大型游乐设施质量水平研究 [C]．2018 特种设备安全与节能学术会议论文集，下卷：656-662.

[4] 赵阳．金属材料磨损问题及其防护探讨 [J]．科技资讯，2014，12（10）：80.

[5] 王承伟，周晓红，杨一沫．钢结构的腐蚀与防护 [J]．上海涂料，2014，52（04）：53-55.

[6] 梁彩凤，侯文泰．碳钢、低合金钢 16 年大气暴露腐蚀研究 [J]．中国腐蚀与防护学报，2005，01：2-7.

[7] 孟亚惠．高强度螺栓断裂失效分析 [J]．热加工工艺，2017，46（06）：254-255+ 258.

[8] 梁朝虎，沈功田，张琨，等．游乐设施剩余寿命评估方法研究 [J]．安全与环境学报，2019，19（04）：1296-1301.

[9] 付恒生，林明，梁朝虎．大型游乐设施设计 [M]．上海：同济大学出版社，2015.

[10] 郑志涛，刘喜旺，陈建生．大型游乐设施制造与安装． [M]．上海：同济大学出版社，2015.

[11] 詹蕴鑫，鄂立军，陈亦．大型游乐设施运营安全 [M]．上海：同济大学出版社，2015.

[12] 陈少鹏，林清丹．游乐设施事故原因分析及对策 [J]．机电工程技术，2017，46（07）：131-133.

[13] 林伟明，王银兰，张勇．大型游乐设施监督检验 [M]．上海：同济大学出版社，2014.

[14] GB 8408—2018．大型游乐设施安全规范 [S]．

[15] GB 50017—2017．钢结构设计标准 [S]．

港口起重机动态抗风防滑能力保障探讨

吴峰崎[1]，许海翔[1]，黄正球[1]，毛雨晗[1]，胡　朋[1]，吴占稳[2]

1. 上海市特种设备监督检验技术研究院，上海，200062

2. 中国特种设备检测研究院，北京，100029

摘　要： 港口起重机易遭受沿海突发性阵风袭扰，当操作人员和设备均处于工作状态时，其灾害的后果无法预料和想象。所以，大型港口起重机的动态抗风防滑保障能力评估尤为重要。本文通过对工作状态抗风防滑安全性、动态抗风防滑装置种类及工作原理的介绍，结合动态制动能力分析，指出制造单位设计上的不足之处，并提出相关建议，为后续针对港口起重机抗风防滑性能评估提供参考。

关键词： 港口起重机；工作状态；抗风防滑

Research on the dynamic windproof and antiskid ability guarantee of port crane

Wu Fengqi[1], Xu Haixiang[1], Huang Zhengqiu[1], Mao Yuhan[1], Hu Peng[1], Wu Zhanwen[2]

1. Shanghai Institute of Special Equipment Inspection and Technology Research, Shanghai, 200062

2. China special equipment inspection & research institute, Beijing, 100029

Abstract: Port cranes are vulnerable to sudden gusts along the coast. When operators and equipment are working, the consequences of the disaster are unpredictable and unimaginable. Therefore, it is very important to evaluate the dynamic windproof and antiskid ability of large port cranes. This paper introduces the windproof and antiskid safety, types and working principles of dynamic windproof and antiskid devices in normal working conditions, and analyzes the dynamic braking capacity and points out the deficiencies in the design, and puts forward relevant suggestion to provide the basis for the subsequent evaluation of windproof and antiskid performance of port cranes.

Keywords: port crane; operating mode; windproof and antiskid

0　引言

港口起重机是根据港口装卸作业特点和要求设计的，具有工作速度快、装卸效率高、起制动频繁等特点。现代港口装备有各种类型的港口起重机，从事货物的转载和装卸。由于遭受台风或阵风侵袭而引起的港口起重机风灾事故不断发生，事故的发生不仅直接影响码头正常的生产秩序，同时也给港口企业造成严重的经济和生产损失，而且还造成人员伤亡。因此保证港口起重机抗风防滑安全意义非常重大。

国家重点研发计划项目：港口等领域典型起重机械设计制造与服役过程风险防控关键技术研究（编号：2017YFC0805703）。

作者简介：吴峰崎，1976 年生，男，教授级高级工程师，博士，主要从事机电类特种设备检验检测。

发生风灾事故的一个共同特点是起重机在工作状态或临时停车状态遭受突发性阵风，抗风防滑装置无法及时工作或该装置失效，导致港口起重机在大风作用下，比如与相邻的起重机或与轨道端部的止挡相撞而引起的倾覆事故。如果能及时地采取措施制止起重机的运动，就可避免这些事故的发生[1]。

突发阵风是在一种极不稳定情况下由空气强烈对流运动产生的风速大于 15m/s 以上的间歇性大风，通常风力作用的时间仅 10～30min，风速变化剧烈。阵风还具有不可预测、突发性、随机性和入侵过程快的特点，当阵风发生时，港口机械经常还处于正常工作状态。当突发阵风过大可能导致处于正常工作状态的港口机械发生事故时，港口管理部门没有足够的时间分析突发阵风对港口机械的作用力学特性，判断突发阵风对港口机械的破坏性，并及时给出抗风防滑策略，因此此类风灾事故较难避免，导致突发阵风引发的风灾事故呈现增多的趋势。

本文探讨工作状态抗风防滑安全性、动态抗风防滑装置种类及工作原理，结合动态制动能力分析和指出设计上的不足之处，提出相关建议，为后续针对港口起重机动态抗风防滑性能评估提供参考。

1 工作状态抗风防滑安全性

起重机正常工作状态设定为带载、顺风、下坡运行制动，此时抗风防滑安全性按下式校验计算[2]:

$$P_{Z1} \geqslant 1.1P_{WII} + P_a + P_D - P_f \tag{1}$$

式中 P_{Z1}——运行机构制动器在车轮踏面 I 上产生的制动力，N；

P_{WII}——起重机承受的工作状态风载荷，N；

P_a——起重机自重载荷与起升机构沿坡道方向产生的滑行力，N；

P_D——起重机运行停车减速惯性力，N；

P_f——起重机运行摩擦阻力，N；

$$P_f = \omega \times (P_Q + P_G)$$

ω——运行摩擦阻力系数；

$P_Q + P_G$——额定起升载荷与自重载荷产生的总轮压，N。

当制动力 P_{Z1} 大于被制动车轮与轨道的黏着力（即摩擦力）时，P_{Z1} 用被制动车轮与轨道的黏着力代替。仅有部分车轮大于车轮与轨道的黏着力时，则应按不同情况的车轮进行计算。

它表示靠制动器已无法保证抗风防滑要求，应设法增大主动轮轮压以加大黏着力，或者采取其他抗风防滑措施（如止动铁鞋、夹轨器等）。起重机正常工作状态下的抗风防滑安全性一般应满足起重机空车和满载两种情况的要求。

同时，正常工作运行时，通过起重机设计规范标准推导得到对起重机的大车制动距离的规定。具体规定如下：

$$v/15 \geqslant S \geqslant v^2/5000 \tag{2}$$

式中，v 为大车额定运行速度，m/min。

$S \geqslant v^2/5000$ 是为了限制大车的最小制动行程，即制动力矩不能过大（制动器不能调得过紧），以防止产生过大的制动惯性力而影响大车运动性能及对起重机桥架造成的危害。

$S \leqslant v/15$ 是为了限制大车的最大制动行程，即制动器不能调得过松，制动力矩太小，以确保起重机能在规定的允许范围内安全停车。防止发生碰撞事故。

当大车正常运行断电后的滑行距离超过上式规定值时，应立即调整制动器，以使其制动行程符合上式的要求。

需要说明的是，上述是一个经验公式，计算有所圆整，最小制动行程是按最大加速度来设定，《起重机设计规范》(GB/T 3811—2008) 规定为 0.67，此处设置 0.7；最大制动行程按最大制动时间设定，该设计规范中表13规定最大为8S，此处取值8S。当然上述公式是对常规起重机的一个限制规定，起重机运行的加减速度实际上要由起重机使用单位具体使用情况和起重本身结构以及使用工况来衡量的，有些还要考虑吊载的物品种类，是否需要精确定位，是否追求工作效率等，在保证安全的前提下，制动力矩偏大重物晃动比较厉害，制动力矩偏小无法精确定位。

$$S_1=v^2/(3600\times2\times0.7)\approx v^2/5000 \tag{3}$$

$$S_2=1/2\times a\times t^2=1/2\times\frac{v}{60}\times t=1/2\times\frac{v}{60}\times8=v/15 \tag{4}$$

式中 v——大车额定运行速度，m/min；

S_1——最小制动行程，m；

S_2——最大制动行程，m。

为了避免按照上式选用的制动器使得起重机制动过猛而影响正常作业，可以采用双级制动，第一级制动用于减速，第二级制动用以保证工作状态下的抗风防滑安全性。一般情况下，特别是大型起重机，应选用自动作用的抗风防滑装置，以确保在断电和暴风突发时起重机不会滑动。抗风防滑装置的上闸动作应稍后于运行机构制动器的上闸动作，抗风防滑装置的松闸动作应稍前于运行机构制动器的松闸动作。

2 动态抗风防滑装置种类及工作原理研究

港口起重机工作状态抗风防滑装置有大车制动器、夹轮器、夹轨器、顶轨器、防爬靴（楔块）等几种主要类型。大车制动器、夹轮器是制动大车车轮，利用起重机自重，使车轮与轨道产生摩擦力，从而制动起重机[3]；夹轨器和顶轨器是通过产生与风力相反的摩擦阻力来达到抵抗风力的作用，前者通过自身对轨道的夹紧力，后者通过自身对轨道的顶轨力，仅适用于轨道高出地面的情况；防爬靴对防范工作工况下的突发阵风有些效果，但局限性大，它是增力型制动装置，需要使起重机车轮沿着防爬靴的靴面滚上一定高度才起作用；自锁式防爬器的结构与夹轨器类似，但其作用方式完全不同于后者。它利用钳臂的钳口将轨面和轨颈卡紧。当起重机被风吹动时，钳臂的钳口自动与轨面和轨颈卡紧，形成自锁防爬。这种装置一旦自锁失效，起重机到了轨道之间的连接板处，钳臂同样会拉住轨道而起到防爬作用，是一种相当安全简单的装置。

以上抗风防滑装置的设计风载一般为平行于大车轨道且工作风速为32～35m/s吹拂设备产生的风力。最有效的抗风防滑措施还是将全部车轮刹住，如岸桥大车行走机构中采用主动轮装制动器和从动轮装设夹轮器，实现全部车轮制动，使起重机达到最大防爬力。

3 动态制动能力分析

有很多事故是由于风载驱使起重机沿轨道快速移动最终导致其与另一台起重机或是与轨道端部的车挡相撞而引起倾覆或垮塌。这些起重机大多是在工作状态时突遭台风袭击，而防风装置未能及时工作来不及移动到锚定位置将锚定插板或插销插到码头地面上的锚定坑内，也来不及将防风系固装置系固上去，而导致起重机被风吹动并沿大车轨道移动（车轮虽被刹死，但仍产生滑动，或连滚带滑），积蓄了大量的动能，一旦一侧门腿的大车缓冲器受到阻挡，另一侧门腿就可能被抬起。根据撞击前起重机积蓄的能量不同，可能出现两种情况：

① 如果能量足够大，一侧门腿抬起很高，重心转到大车基距以外，直接倾翻倒塌。

② 如果起重机被风吹动后移动距离还比较短，速度较小，积蓄的能量也较小，那么起重机一侧门腿被抬起的高度不致使起重机整机倾覆而又落下，此时门腿将受到地面的冲击力而丧失稳定性，导致起

重机坍塌。

针对这种情况，港口起重机的抗风防滑装置的设计应防止起重机在工作状态和临时停机状态下遭遇强大的突发性阵风时发生位移。

当制动力大于被制动车轮与轨道的黏着力（即摩擦力）时，说明大车制动器可以将车轮抱死，该车轮不会产生滚动。仅有部分车轮大于车轮与轨道的黏着力时，说明部分大车制动器不能够完全将车轮抱死，车轮处于连滚带滑状态，这是设计和使用过程中考虑的难点和值得优化的地方。基于上述对起重机要大于最小制动行程的规定，大车制动器的制动力矩不能选择过大。由于每个车轮上的轮压有所不同，每个车轮上的制动器选择还是值得商榷的，型号较大，造成浪费；型号较小，车轮处于不完全制动状态，起重机要小于最大制动行程的规定，故大车制动器和夹轮器需要进行科学布置。

夹轨器产生的夹紧力[4]

$$P_Z \geqslant P_h = P_{f\mathrm{III}} - P_m \tag{5}$$

式中 $P_{f\mathrm{III}}$——非工作状态时，沿运行方向作用在起重机上的风载荷，N；

P_m——起重机运行的摩擦阻力，N。

钳口夹紧力：

$$N = \frac{P_h}{2\mu} k_n \tag{6}$$

式中 μ——钳口与钢轨的摩擦系数，对于无齿纹且未经热处理的 50 号钢钳口系数为 0.12～0.15，对于有齿纹且淬硬（HRC≥55）的 65Mn、60SiMn 号钢钳口系数为 0.30～0.35，当钢齿不尖，系数也要降低（$\mu=0.2$）；

k_n——安全系数。

根据文献［5］中的抗风防滑试验装置上的实验室测试和仿真研究可知，在加夹轨器之前显示左侧车轮比右侧车轮水平和垂直方向的接触力要大一些，在加夹轨器之后显示左侧车轮比右侧车轮水平和垂直方向的接触力要小一些，这是由于夹轨器的夹持力作用，产生了一个阻止车轮水平运动的摩擦力，从而导致相关车轮接触力的变化。说明夹轨器在起重机实际使用现场作用时，在风力及外载荷作用下，夹轨器也会对起重机自重作用下的轮压产生变化，在传统设计中一般会忽略此因素，造成设计上分析的不足。

还有顶轨器、防爬靴（楔块）动态制动能力与已介绍的动态抗风防滑装置分析差不多，故不再赘述。

为此，提出设计环节考虑以下因素。

① 收集港口往年的风速风向监控记录和大型起重机械监控装置上工作时自动记录的风速和风向以及吊运的载荷和工况数据，进行分析提炼，选择典型的各态历经风速和工况，进行进一步分析和计算。

② 结合先进的动力学和有限元仿真软件，考虑抗风防滑装置工作状态的状况，得到比较科学合理的轮压和安全制动距离等相关计算结果。

③ 根据其计算结果，进行比较科学合理的抗风防滑选型和配置。

④ 对关键抗风防滑装置在抗风防滑装置试验台和实际应用现场进行测试，进行切实可行的动态试验检测和分析以及调整完善，确保使用的安全性。

同时在港口起重机使用环节，也要加强相关的管理，具体措施如下。

（1）司机工作时应集中精力且不能违规操作

工作时应对于起重机出现的异常响声要有所察觉。特别注意港口起重机的大车运行速度和吊载工况以及实时风速等周围环境情况，应具备在危险工况时及时应对和冷静处理的能力。从以往的事故案例可知，起重机的很多事故都与违规操作有关。其中违规操作主要是由操作人员的素质和安全意识不强造成的。对于港口起重机的动态抗风防滑要求来讲，起重机操作人员需经安全与操作培训合格才能上岗，特别不能超速超载等超参数及其他违规运行。如 2009 年 8 月 19 日上海市嘉定区中交三航局嘉定制梁场门式起重机倾覆事故，操作人员离开起重机后未将起重机夹轨器夹紧导轨，加之起重机的大车行走制动器没有按照规定要求调整到有效工作状态，使得起重机在突遇强对流天气的大风风力作用下初始移动时无制动力阻止，又因起重机轨道未设置轨道终端止挡装置，使得起重机移动近 50m 至轨道末端后滑出轨道，前车轮脱离轨道后遭遇道砟突然阻挡，起重机受重心处惯性力作用倾覆。

(2) 抗风防滑装置及时维保

发现缺陷或对有缺陷的抗风防滑装置和配套设施应及时维保，有些使用单位由于条件有限，导致维修设备不齐全，维护环境较差，对于有缺陷的设备没有及时发现，或发现了但是维修不到位，没有彻底消除事故隐患。还有的使用单位维修设备齐全，能及时发现事故隐患，但种种原因没有及时维保，如制动器失灵或调整不可靠、夹轨器损坏或夹轮器功能不正常、轨道严重变形、防碰撞装置和限位失效等均应及时维修或更换。如果存在这样严重的缺陷，仍然继续使用，很容易导致起重机严重事故。

(3) 相关规章制度尽量科学完善

使用单位要建立安全管理制度，这些制度应该包含：安全操作规程、日常维护保养制度、使用安全管理制度、岗位责任制度、定期检查和隐患排查制度、事故应急专项预案、交接班制度和职工培训制度等。这些制度还需要落实到位及有效执行，同时根据实际情况变化相关要求及时进行修改完善，去除不合理和不科学的地方，争取取得实效，保证设施到位、人员到位、责任到位、奖罚到位，同时依靠科技进步，不断应用新技术、新装备，夯实抗风防滑安全保障机制。其中，针对抗风防滑方面应该组织有关人员进行技术培训，认真了解抗风防滑装置的工作原理、工作过程、技术要求和维修保养知识，积极学习新知识。上海某使用单位曾发生制动距离的综合考虑不周全，制动力的调整还不科学设置以及使用一段时间减小，导致起重机械的碰撞事故，教训是深刻的。

4 结论

通过对港口起重机动态抗风防滑原理的介绍和其制动装置能力状态分析，建议采取以下有效具体检验检测对策。

① 获得该港口的气象数据和大型港口起重机监控系统记录数据，对于老旧设备配置不合理和低于新标准规定以及类似地方发生过同样风灾事故的设备，重新计算评估港口起重机所需抗风防滑装置能力是必要的。

② 按照评估结果，合理在起重机被动车轮增设轮边制动器，对不能够增加轮边制动器的起重机，增加夹轨器等其他辅助抗风防滑装置。

③ 起重机动态抗风防滑装置需要进行定期维护，使其保持良好的状态，包括治理车轮油污、大车制动器及夹轮器、夹轨器能力检测等，使港口起重机抗风防滑能力明显提高。

虽然某些自然现象具有不可抗力，具有不确定性与不可预见性，但是务必要保证在以往涉及到的各态历经工况下的港口起重机抗风防滑能力，要尽一切办法不让港口起重机不可控。抗风防滑装置及其相关的安全管理在各种科技技术的迅猛发展下不断改进，比如加强使用现场风速测点网的建立，不断监控周边的数据，通过大数据技术总结风载荷规律，做到有效监控，及时提醒，这样不断实践，减少不必要的风灾事故。

参考文献

[1] 孙枫等．港口起重机设计规范．北京：人民交通出版社，2007.

[2] GB/T 3811—2008．起重机设计规范 [S]．

[3] 周玉忠，胡玉良．港口起重机工作状态防风能力现状与对策 [J]．宝钢技术，2007，2：41-44.

[4] 王善樵，文豪．起重机安全保护技术 [M]，北京：中国铁道出版社，2009.

[5] 吴峰崎，姚文庆，许海翔，等．夹轨器抗风防滑能力试验动态仿真研究 [C]．全国特种设备与节能学术会议(2012)：483-485.

基于维修数据的客运索道关键零部件故障预测方法研究

刘　渊[1]，任　重[2]，陈卫卫[1]

1. 中国特种设备检测研究院, 北京, 100029

2. 同济大学机械与能源工程学院, 上海, 201804

摘　要： 故障预测是保障设备安全运行，是避免事故发生的有效技术手段。从历史失效数据出发，结合客运索道关键机械零部件的失效概率分布，提出了一种基于维保数据的故障预测方法，并给出了实施步骤。立足于工程实际，进行了客运索道托压索轮轮衬更换寿命预测的应用研究，为后续更换时间的确定提供了科学依据，能更好地指导维保工作的开展，也为类似产品的维保提供了借鉴。

关键词： 客运索道；故障预测；维修数据；概率密度

Research on fault prediction method of key components of passenger ropeway based on maintenance data

Liu Yuan[1], Ren Zhong[2], Chen Weiwei[1]

1. China Special Equipment Inspection and Research Institute, Beijing, 100029

2. School of Mechanical Engineering Tongji University, Shanghai, 201804

Abstract: fault prediction is an effective technical means to ensure the safe operation of equipment and avoid accidents. Starting from the historical failure data, combined with the failure probability distribution of key mechanical parts of passenger ropeway, a fault prediction method based on maintenance data is proposed, and the implementation steps are given. Based on the engineering practice, this paper carried out the application research on the replacement life prediction of the passenger ropeway supporting cable wheel liner, which provided a scientific basis for the determination of the subsequent replacement time, could better guide the maintenance work, and also provided a reference for the maintenance of similar products.

Keywords: passenger ropeway; fault prediction; maintenance data; probability density

0　引言

客运索道是指动力驱动、柔性绳索牵引箱体等运送人员的交通机电设备，它的建设和使用能促进旅游景区发展和有效减少城市交通拥堵[1]。可服务于城市、景区公共交通和滑雪等体育活动。与其他运输工具相比，客运索道突出的特点是，可直接跨越山川和地面障碍，适应性强；运距短，节省行程时间；结构紧凑，施工量小，对自然景观破坏小；低能耗（一般用电力驱动），无污染；投资比其他运输

基金项目：基于多源数据分析的机电类特种设备典型故障预测技术研究（编号：2018YFC0809005）。

作者简介：刘渊，1980 年生，男，博士，主要从事机电类特种设备状态预测及健康管理技术。

形式相对低，回收快，因而在国内外旅游和滑雪行业得到广泛应用[2]。

早期，我国客运索道建设缓慢，大多机电设备简陋，保护设施较差，数量和质量均落后于发国家[3]。近 20 年来，随着我国旅游业的快速发展，为我国客运索道的建设和更新改造提供了巨大的发展空间。截至 2020 年底，我国客运索道数量达到 1089 条。相比于欧美发达国家，我国在客运索道行业的投入较低，科技进步和创新力量不足，1/3 以上设备已运行十几年，老化问题凸显，特别是占总量 40% 的吊椅式索道，设备陈旧、安全性差、舒适度低，但仍在旅游景区广泛使用。尤其是近十几年以来，随着市场需求的增加，客运索道载客量越来越大、设备愈加复杂、参数不断攀升，这就不可避免的为设备的安全运行带来了更多的隐患。一旦发生严重故障，将造成巨大的经济损失和人员伤亡，后果不堪设想，社会影响极其恶劣。如 1999 年 10 月 3 日贵州省黔西南州索道钢丝绳断裂事故，造成 14 人死亡，22 人受伤。如 2007 年 1 月 25 日香港 360 缆车由于轴承机械故障，导致缆车突然中断运行，800 名乘客被迫停在空中超过 1h。

故障诊断和预测技术是保障设备安全运行的有效途径之一。其中，故障预测是利用已掌握的设备故障知识，对运行期间的状态动态特性数据进行实时监测，根据实际运行状态，结合历史数据和相关模型，预计一定时间之后的参数和性能变化趋势，准确、快速地提供故障预测信息[4]。通过对设备的故障预测，可以有效指导故障发生前的维修决策，阻止更大的连续性故障发生，减少经济损失和人员伤亡。目前，故障预测方法总体上分为两大类，一类是基于统计数据驱动的故障预测方法，另一类是基于失效物理模型的故障预测方法[5]。其中物理模型提供了一种将关键部件损伤表征为运行状态函数的方法，并以损伤累积效应来评估设备的剩余使用寿命[6]。这种方法能够为结构损伤检测与预测提供较为全面的特征参数，无需依赖大量的历史数据。基于数据驱动的故障预测方法，不需要具体的底层物理模型，而是利用设备退化过程中的各种历史数据或实时的监测数据，进而估计设备的可靠性或剩余寿命周期，这种方法方便计算，使用率较高[7]。本文将在充分利用维修数据的基础上，开展客运索道重要零部件的故障预估研究，并建立相应的预估模型。

1 基本理论

一般而言，客运索道所包含的关键机械零部件如轴承、齿轮其总使役寿命遵循某概率分布[8]。最为常见的机械零部件寿命概率分布模型有对数高斯分布、威布尔分布、伽马分布和高斯分布。

（1）对数高斯分布

设 X 是取值的为正数的连续随机变量，若 $\ln X \sim N(\mu,\sigma)$，X 的概率密度为

$$f(x;\mu,\sigma)=\begin{cases}\dfrac{1}{\sqrt{2\pi}\sigma}\exp\left[-\dfrac{1}{2\sigma^2}(\ln x-\mu)^2\right],x>0\\ 0,x\leqslant 0\end{cases} \tag{1}$$

式中，x 是随机变量；μ 为数学期望；σ^2 为方差。要估计的参数即 μ，σ。

（2）威布尔分布

从概率论和统计学角度看，威布尔分布是连续性的概率分布，其概率密度为：

$$f(x;\lambda,k)=\begin{cases}\dfrac{k}{\lambda}\left(\dfrac{x}{\lambda}\right)^{k-1}\exp\left(-\dfrac{x}{\lambda}\right)^{k},x>0\\ 0,x\leqslant 0\end{cases} \tag{2}$$

式中，x 是随机变量；$\lambda>0$ 是比例参数（scale parameter）；$k>0$ 是形状参数（shape parameter）。要估计的参数为 λ，k。

（3）伽马分布

伽马分布（Gamma Distribution）是统计学的一种连续概率函数，是概率统计中一种非常重要的分布。其密度函数为：

$$f(x;\beta,\alpha)\begin{cases}\dfrac{\beta^{\alpha}}{\Gamma(\alpha)}x^{\alpha-1}\exp(-\beta x),x>0\\ 0,x\leqslant 0\end{cases} \tag{3}$$

式中，x 是随机变量；参数 α 称为形状参数（Shape Parameter）；β 称为逆尺度参数。要估计的参数为 α 和 β。

（4）高斯分布

高斯分布（Gaussian Distribution），也称“常态分布”，又名正态分布（Normal Distribution），最早由棣莫弗（Abraham de Moivre）在求二项分布的渐近公式中得到。

$$f(x;\mu,\sigma)=\frac{1}{\sqrt{2\pi}\sigma}\exp\left[-\frac{1}{2\sigma^2}(x-\mu)^2\right] \tag{4}$$

式中，x 是随机变量；μ 为数学期望；σ^2 为方差。要估计的参数为 μ，σ。

2　基于维修数据的故障预测方法

2.1　方法概述

为简便计且不失一般性，做如下约定。

① 维修记录或零部件更换记录与当次零部件的寿命非常接近，时间误差可以忽略不计。

② 假设零部件使役期间均为自然损坏，无人为因素。

③ 假设这些零部件的总体寿命符合对数高斯分布、威布尔分布、伽马分布或者高斯分布的某一种分布。

构建基于维修记录的零部件总体寿命概率分布模型，并以此进行零部件的故障与可靠度预估，技术路线如图 1 所示。

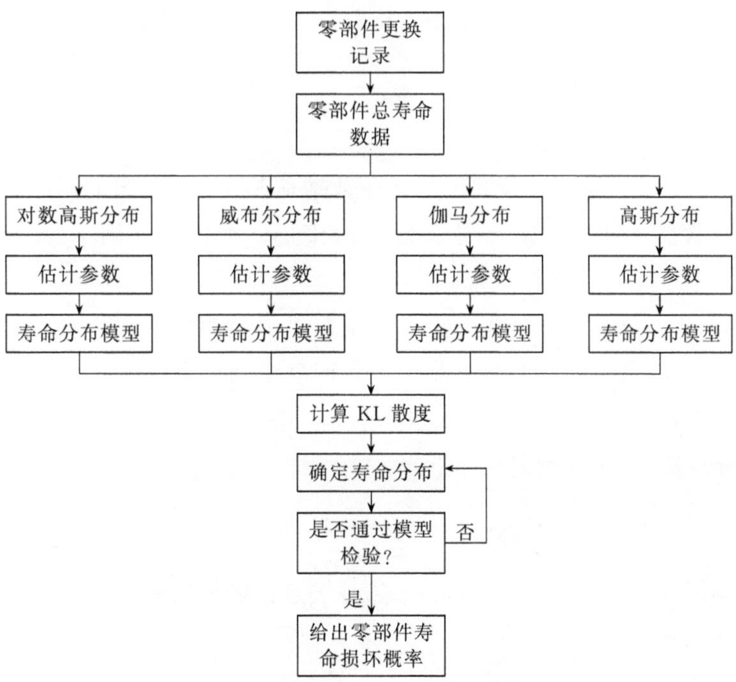

图 1　基于概率分布的零部件寿命预估方案

由图 1 可知，方法的核心思想是寻找一个最适合现有寿命数据的分布，并依据此分布预估零部件的寿命分布。

2.2 方法实施步骤

根据图 1 制定的实施步骤如下。

步骤一：由某类零部件更换（维修）日期，计算该零部件的使役时间，以此作为该类零部件的总寿命数据。

步骤二：使用这些寿命数据，对假设的机械零部件符合的四种分布进行参数估计。

鉴于更换记录数据较少，方法采用极大似然估计对参数进行点估计。求解极大似然函数估计值的步骤做简要说明如下：

① 写出似然函数；

② 对似然函数取对数，并整理；

③ 求解对数似然函数对数；

④ 求解似然方程。

为简便，这里不再赘述上述四种分布似然函数的构建及求解。对四种分布进行参数估计后，可以得到四种分布的概率密度函数，并以此可以构建四种分布的寿命函数。

步骤三：计算各分布所得的零部件寿命概率分布与原数据的 KL 散度值。并根据 KL 散度越大与原分布越接近原则，确定这类零部件的寿命分布。这里需将零部件寿命划分区间，统计每一区间的频数，进而计算每个区间的频率，以此作为该寿命区间的实际概率分布值与四种分布分概率分布计算 KL 散度。

KL 散度又称信息散度或相对熵，是两个概率分布间差异的非对称性度量[9]。在信息论中，KL 散度等价于两个概率分布的信息熵的差值，若其中一个概率分布为真实分布，另一个为理论（拟合）分布，则此时相对熵等于交叉熵与真实分布的信息熵之差，表示使用理论分布拟合真实分布时产生的信息损耗。其数学计算公式为：

$$D_{KL}(p \parallel q)=\sum_{i=1}^{n}[p(x_i)\log p(x_i)-p(x_i)\log q(x_i)] \tag{5}$$

式中，n 为事件总数对应寿命划分区间的个数；$p(x_i)$ 为真实事件的概率分布，$q(x_i)$ 为理论拟合出来的该事件的概率分布。

步骤四：对模型进行检验。这里的检验要判定原数据是否符合所选出的模型。若不符合则依次挑选 KL 散度小的模型进行检验，并选出最终符合检验的模型。本方法采用 Kolmogorov-Smirnov（KS）检验。

KS 检验是比较一个频率分布 $f(x)$ 与理论分布 $g(x)$ 或者两个观测值分布的检验方法。采用 KS 检验（Kolmogorov-Smirnov test），检验数据是否符合所确定的分布。需要说明的是 KS 检验为无参数检验，仅给出原数据是否符合分布，不对参数进行检验。其原假设 H_0：数据符合理论分布；备择假设：数据不符合理论分布。KS 统计量定义如下：

$$D_n=\max_{1\leqslant i\leqslant n}\{|F_n(x_i)-F_0(x_i)|,|F_n(x_{i-1}-F_0(x_i)|\} \tag{6}$$

式中，$F_n(x)$ 表示该组数据的经验分布，$F_0(x)$ 表示该组数据的理论分布。

KS 检验的基本步骤如下：

① 建立假设检验；

② 由样本数据计算经验分布函数与理论分布函数，代入计算 KS 统计量；

③ 查表确定临界值 $D_n(\alpha)$；

④ 做出判断。

步骤五：根据最终确定的寿命分布模型，确定该类零部件随运行时间变化的损坏概率与可靠度。

3 案例应用

3.1 应用对象概述

为验证方法的可行性，现通过一个实际的案例来进行应用说明。应用对象为张家口密苑云顶乐园1号索道，该索道类型为6/8-CGD-B，斜长1865m，满速运行速度可达5m/s，如图2所示。根据其检修记录数据，发现托压索轮轮衬的更换记录为280，285，290，50，295，300，330，270，260，250，200，350（单位：h），现采用该方法对该类轮衬进行失效预测。

图2 云顶乐园1号索道

3.2 基于更换数据的托压索轮轮衬失效预测

步骤一：按照本方法的约定，上述更换记录即为该类零件的使役寿命。不妨以25h为间隔进行频数统计，绘制该零件的寿命分布如图3所示。

步骤二：分别进行对数高斯分布、威布尔分布、伽马分布或者高斯分布的参数估计。其中，正态分布估计出的参数为$\mu=263.33$h，$\sigma=77.1755$。其余三种分布估计方法类似，此处不再赘述。根据参数估计结果作出四种分布得概率密度如图4所示。

步骤三：分别计算四种预估分布与真实数据的KL散度，所得结果如表1所示。

表1 不同分布的KL散度值

分布类型	KL散度值	分布类型	KL散度值
对数高斯分布	2.1284	伽马分布	1.8481
威布尔分布	1.4241	高斯分布	1.3856

由表1可知，最贴近原数据的分布为高斯分布。

步骤四：对高斯分布进行KS检验。采用MATLAB软件中的kstest函数进行分析，将数据和分布模型输入该函数。最后所得的结果是原数据接受原假设，即原数据符合高斯分布。

步骤五：确定该类轮衬的使用寿命符合$X\sim N(263.33, 77.1755^2)$的高斯分布。根据该分布的概率密度，则其失效概率随时间的变化趋势如图5所示。

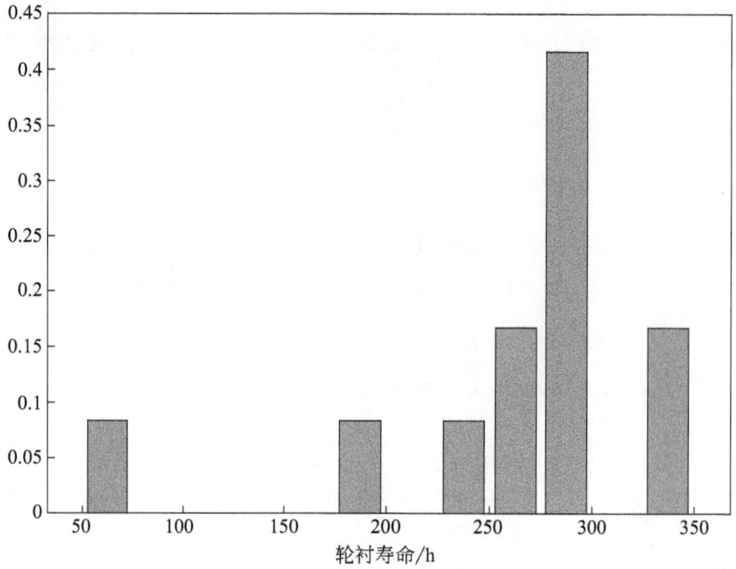

图 3　轮衬寿命分布情况

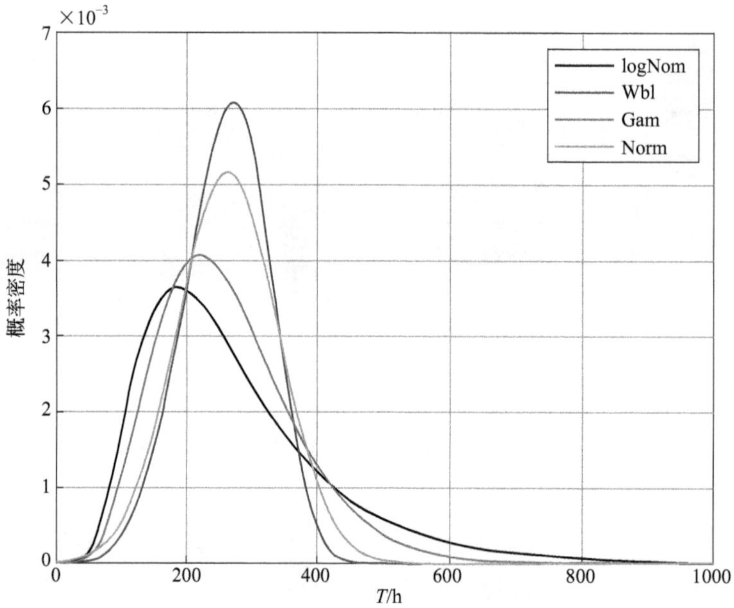

图 4　四种分布的概率密度

由图 5 可知，该类零件的使役时间小于 200h 时，其损坏的概率极低，这个时间段运行损坏的概率低于 10%。进一步地，依据图 5 可得到该类零部件的可靠度随服役时间变化趋势如图 6 所示。

由图 6 可知，随着设备运行时间的增加，可靠度不断降低。大概在 400h 后，该类零部件的可靠度为 0；这意味着该零件在极大可能在 400h 前损坏。因此，根据所提方法可以有效地对该类零部件的使用寿命进行预估，并能够根据零部件的可靠度合理安排巡检频次和保养。

4　结论

① 结合历史失效数据，分析了客运索道关键机械零部件的失效一般服从对数高斯分布、威布尔分布、伽马分布和高斯分布，并给出了相应的估计参数；

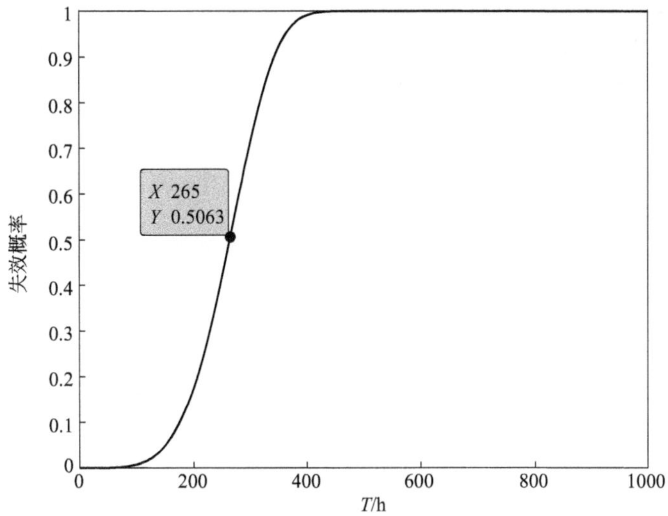

图 5　失效概率随时间的变化趋势

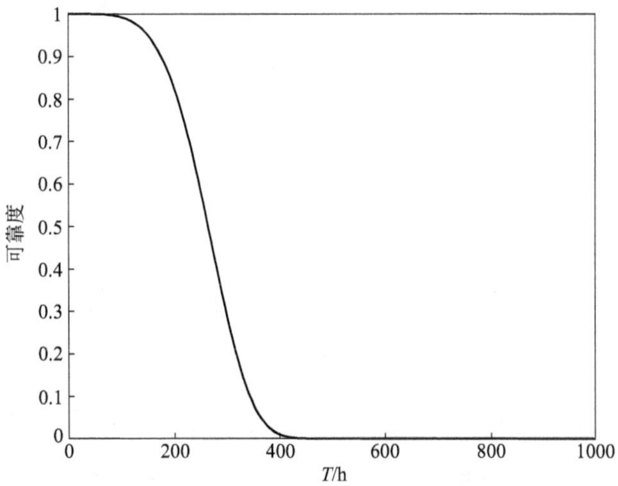

图 6　可靠度随时间的变化趋势

② 针对客运索道关键零部件，提出了一种基于维保数据的故障预测方法，并给出了实施步骤；

③ 立足于工程实际，开展了客运索道托压索轮轮衬更换寿命预测的实例应用，为后续更换时间的确定提供了科学依据，能更好地指导维保工作的开展，避免了“过维修”和“欠维修”带来的资源浪费和安全隐患等问题。

参考文献

[1] 刘京本．中国客运索道的现状及发展前景 [J]．中国特种设备安全，2006，22 (04)：9-13.

[2] 李良寿，王睿．我国客运索道技术发展分析 [J]．起重运输机械，2014，03：1-3.

[3] 卢秀琳，周成军，周新年，等．国内外客运索道事故现状及分析 [J]．起重运输机械，2015，05：1-7.

[4] 彭宇，刘大同．数据驱动故障预测和健康管理综述 [J]．仪器仪表学报，2014，35 (03)：481-495.

[5] Lee J，Wu F，Zhao W，et al. Prognostics and health management design for rotary machinery systems—Reviews，meth-

odology and applications [J]. Mechanical Systems and Signal Processing. 2014, 42 (1)：314-334.
［6］ 年夫顺. 关于故障预测与健康管理技术的几点认识 [J]. 仪器仪表学报，2018，39 (08)：1-14.
［7］ Bousdekis A, Magoutas B, Apostolou D, et al. Review, analysis and synthesis of prognostic-based decision support methods for condition based maintenance [J]. Journal of Intelligent Manufacturing. 2018，29 (6)：1303-1316.
［8］ Van Hecke B, Yoon J, He D. Low speed bearing fault diagnosis using acoustic emission sensors [J]. Applied Acoustics. 2016，105：35-44.
［9］ 丁志成，葛洪伟，周竞. 基于KL散度的密度峰值聚类算法 [J]. 重庆邮电大学学报（自然科学版），2019，31 (03)：367-374.

起重机角钢滑触线的设计与使用

柴　兴，陈梁胜，童耀庭

上海市特种设备监督检验技术研究院，上海，200062

摘　要： 角钢滑触线是起重机常用的滑触线型式，本文结合了检规、标准等分析了设计和使用中的注意要点，并结合控制滑触线电压损失的设计实例，构建角钢滑触线的安全边界，为减少起重机安全隐患提供有益的参考

关键词： 角钢滑触线 安全距离 接地 电压损失

Design and Application of Angle Steel Sliding Contact Line of Crane

Chai Xing，Chen Liangsheng，Tong Yaoting

Shanghai Institute of Special Equipment Inspection and Technology Research, Shanghai, 200062

Abstract: Angle iron sliding contact line is a common sliding contact line type of crane. This paper analyzes the key points in use and design combined with inspection regulations and standards, and constructs the safety boundary of angle iron sliding contact line combined with the design example of voltage losses, so as to provide beneficial reference for reducing the hidden danger of crane

Keywords: Angle Iron sliding contact line；safety distances; earthing; voltage losses

引言

起重机械是现代工业不可或缺的特种设备，在提高生产效率方面具有重要的作用，但同时由起重机械引起的安全事故也频发，因此对于起重机械各个部件的质量，安全的分析研究具有重要的意义。角钢滑触线，在我国过去几十年来在起重机械上广泛使用的一种滑触线型式，适合在高温，高粉尘，高腐蚀等特定环境中使用，机械强度大，不易弯曲变形，但同时又是电阻率大，电能损耗大，施工困难，运行时因接触不良会有火花产生。随着安全滑触线、钢体滑触线的普及，角钢滑触线在新建厂房处已日渐淘汰，但在用厂房内仍有不少保有量，有些使用场合会较为陈旧、昏暗，使之成为一个被人忽视的隐患，部分还有扩大生产，加装起重机的需求，当使用或设计不当时，很容易出现安全隐患。

1　使用中的注意点

1.1　安全防护的要求

起重机械安全规程对起重机的导电滑触线有较为明确的规定，如 GB/T 6067.1—2010 的 9.6.5.1；

作者简介：柴兴，1980 年生，男，工程师，硕士，主要从事起重机械检验。

9.6.5.2；9.6.5.3，9.6.5.4 和 GB/T 6067.5—2010 的 6.2.2.2；6.2.2.3 等。桥门式起重机在起重机安全规程推荐下需要对使用角钢滑触线在大车滑触线侧设置防护板，以防止小车在端部极限位置因吊具或钢丝绳摇摆与滑触线意外接触。对于桥式起重机司机室位于大车滑触线一侧，在有触电危险的区段，如通向起重机的梯子和走台与滑触线间应设置防护板进行隔离。多层布置桥式起重机时，下层起重机禁止采用角钢滑触线供电。其他使用角钢滑触线的起重机械，如门式起重机，在通向起重机的梯子和司机室平台，主梁走台等易发生触电的部位应设防护装置。条款 9.6.5.2；9.6.5.3 因被起重机械安装改造重大修理监督检验规则 TSG Q 7016—2016 C11.23.2，起重机械定期检验规则 TSG Q 7015—2016 C5.23.3 引用成为强制条款。其他的推荐性条文，在实际检验中，也是建议使用单位予以执行。

1.2 安全距离的要求

起重机械安全规程 GB/T 6067.1—2010 15.3 作为被检规引用的强制性条款规定，馈电裸滑线布置上应与周围设备有足够的安全距离，见表 1，当无法保证安全距离时应设置安全措施。

表 1 起重机馈电裸滑线与周围设备的安全距离 单位：mm

项目	安全距离及偏差	项目	安全距离及偏差
距地面高度	＞3500	距氧气管道及设备	＞1500
距汽车通道高度	＞6000	距易燃气体及液体管道	＞3000
距一般管道	＞1000		

当角钢滑触线距下方高度不足时，可采取在上方设置表示有电的指示灯。管道施工应依据输送的介质，与角钢滑触线保持相应的安全距离。对于使用单位在起重机检验结束后增设的管道，可能会导致安全距离不足的情况，可在检验时告知使用单位这一条款。

1.3 安全警示的要求

起重机械安全规程 GB 6067.5—85（现行为 GB 6067.5—2014）规定供电主滑线应在非导电接触面涂红色油漆，并在适当的位置装置安全标志，或表示带电的指示灯。85 版虽已废止，但仍然有参考价值。

1.4 接地的要求

起重机械安全规程 GB 6067—85 的 3.4.8.2.1 规定起重机金属结构必须有可靠的电气联接。在轨道上工作的起重机，一般可通过车轮和轨道接地。必要时应另设专用接地滑线或采取其他的有效措施。

起重机械安全规程 GB 6067.1—2010 的 8.8.2 规定起重机械本体的金属结构应与供电线路的保护导线可靠连接。起重机械的钢轨可连接到保护接地电路上。但是，它们不能取代从电源到起重机械的保护导线（如电缆、集电导线或滑触线）。

起重机设计规范 GB/T 3811—2008 的 7.4.10.1 规定起重机本体的金属结构应与供电线路的地线可靠连接。大车与小车的车轮、任何其他的滚轮或端梁连接采用的铰链均不能替代必需的导电连接。

由上述条文可见，对起重机的接地要求提高了，85 版起重机械安全规程允许起重机通过轨道来接地，认可车轮和轨道间的连接是可靠接地，而到 2010 版，除了轨道需要接地外，起重机械的本体金属结构也需要和供电线路的保护导线可靠连接，GB/T 3811 认为车轮和轨道间的连接不是可靠的连接，本体金属结构不能通过轨道来接地。因此采用三根滑触线供电方式已经不符合上述条文的要求了。而现有的，仍处于使用中的角钢滑触线，采用三线的偏多，已无法满足规程、规范对起重机本体金属机构的接地保护要求，需要用户依据供电系统的特点来合理增设一条接地线，通过集电器，电缆与起重机本体金属结构相连接。

2 设计的要求

对角钢滑触线而言，负荷增加的主要表现为电压下降，而压降过大会影响起重机电气设备的寿命。GB/T 3811—2008 起重机设计规范 7.8.4.1 规定，对交流电源供电，在尖峰电流时，自供电变压器的低压母线至起重机任何一台电动机端子上的电源的总电压降最大不得超过额定电压的 15%。

按习惯，电压损失的分配为：起重机内部电压损失 2%～3%，电源线 3%～5%，滑触线 8%～10%。其中 GB/T 3811—83 起重机设计规范对额定起重量为 32t 以上的一般用途的桥式起重机，有更明确的规定，其内部电压损失为 4%。对增加负载的车间而言，应以负荷电流选择角钢截面规格，尖峰电流校验电压损失，如果无法满足，可增加相应措施，使滑线接入端到最远端的允许电压损失满足上述要求。

现以某公司一车间选用角钢滑触线作为设计实例：该车间有一台 QD50/20t 的通用桥式起重机，由 50mm×50mm×5mm 的角钢滑触线供电，轨道全长 160m，因为生产需要加装 2 台起重机，一台为同型号的通用桥式起重机，一台 QD32/10t 通用桥式起重机，三台起重机的负载持续率均为 40%，按设计要求，需将角钢滑触线的电压损失控制在 6%以内。

经现场查验，该台 QD50/20t 的总功率为 160kW，副钩的功率为 30kW，主起升电机额定电流为 166A，$P_{\Sigma 1}=130$kW，QD32/10t 的总功率 140kW，副钩功率为 22kW，确定计算电流，采用工程上较为通用的综合系数法，同一滑触线上的二台以上起重机吨位相差较大时，计算电流：

$$I_C=K'_{zl}P_{\Sigma 1}+0.3(P_{\Sigma}-P_{\Sigma 1}) \tag{1}$$

式中，K'_{zl} 为与综合系数；K_{zl} 相对应的电流系数（$U_r=380$V，$\cos\varphi=0.5$）；$P_{\Sigma 1}$ 为最大一台起重机在额定负载持续率时的电动机总功率，kW，不包括副钩电动机功率；P_{Σ} 为连接在滑触线上的电动机在额定负载持续率下的总功率，kW，不包括副钩电动机功率。

$$I_c=1.5\times130+0.3(130+118)=269.4<345\quad(\text{A})$$

50mm×50mm×5mm 角钢滑触线的载流量满足要求。

尖峰电流：

$$I_{jf}=I_c+(K_{st}-K_z)I_{rg\max} \tag{2}$$

式中，I_{jf} 为尖峰电流；I_c 为计算电流；$I_{rg\max}$ 为最大一台电动机的额定电流；K_{st} 为最大一台电动机的起重电流倍数；绕线转子电动机取 2；笼型电动机按产品样本；K_z 为综合系数。

$$I_{jf}=269.4+(2-0.32)166=548.28(\text{A})$$

角钢滑触线截面满足载流量要求，但 6%的电压损失无法满足，可采取的方式有：增加辅助线；更换更大规格的角钢滑触线，但滑触线用的角钢规格不宜大于 75X75X8；也可改变滑触线供电点或采用分段供电，如改为中间供电，二端同时供电，或在二端靠近 1/6 处供电，则计算长度 L_{js} 可降为 L/2，L/4，L/6，但电缆线投入会较大。经综合考量，决定采取增设扁铝辅助线的措施，当起重机采用角钢加辅助线时，其电压损失为：

$$\Delta U\%=380I_{if}L_{js}\varepsilon/U \tag{3}$$

式中，L_{js} 为计算长度滑触线的计算长度应根据起重机数量乘以不同的校正系数，km；ε 为电压为 380V 的单位电压降，%；cosφ 功率因数一般取 0.5。

$$\varepsilon=6\%/(548.28\times0.16\times0.7)=0.098\%$$

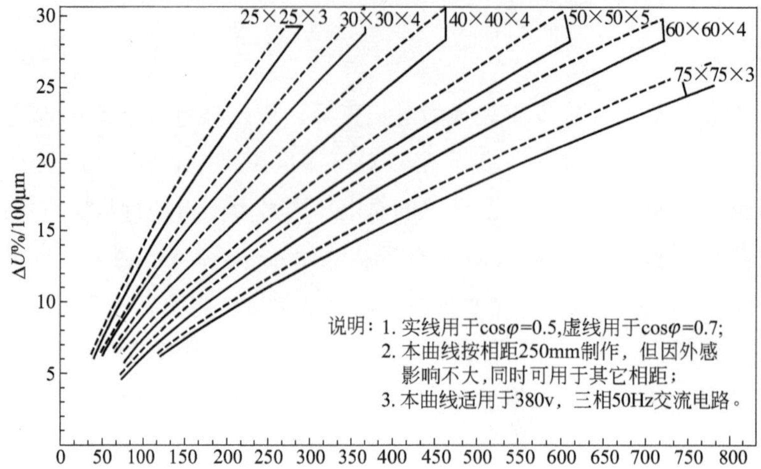

图 1　角钢电压降

由表 2 查得，该车间应选用 60mm×5mm 的扁铝辅助线来实现 6%的滑触线电压损失。

表 2　50mm×50mm×5mm 角钢加扁铝辅助线单位电压降 ε　　单位：%

辅助线规格/mm	相距 380mm，cosφ			
	0.5	0.6	0.7	0.8
25×3	0.174	0.181	0.188	0.190
30×3	0.158	0.164	0.169	0.180
30×4	0.141	0.144	0.146	0.145
40×4	0.126	0.127	0.127	0.123
40×5	0.115	0.115	0.114	0.109
50×5	0.107	0.106	0.100	0.098
60×5	0.0986	0.0962	0.093	0.086
60×6	0.0933	0.092	0.090	0.082
80×6	0.0842	0.0813	0.077	0.060
100×6	0.066	0.0634	0.059	0.054

3　结束语

全面且深入地了解起重机角钢滑触线的设计与使用，有助于我们做好安全边界，避免因角钢滑触线问题导致安全事故的发生。

在役起重机械防风抗滑性能评估方法研究

何　山，陈　敏

广州特种机电设备检测研究院，广州，430063

摘　要： 起重机防风抗滑性能评估一直缺乏相应的标准与评价方法，该项评价的相关算法是目前业内研究的热点。利用层次分析法与模糊综合评判法能全面体现整体评价值的特点，从对起重机械防风抗滑性能影响较大的三个方面：防风抗滑装置工作性能评估、金属结构评估和整体稳定性出发，为起重机防风抗滑性能评估设计了一套计算方法。基于该方法可对在役起重机械进行客观的防风抗滑性能评估，评估结果可作为起重机械安全评估的基础数据。

关键词： 起重机；防风抗滑；层次分析法

Study on evaluation method of windproof and skid resistance of in-service hoisting machinery

He Shan, Chen Min

Guangzhou Academy of special equipment inspection&testing, Guangzhou, 430063

Abstract: The evaluation of windproof and skid resistance of cranes has been lacking of corresponding standards and evaluation methods. Using analytic hierarchy process (ahp) and fuzzy comprehensive evaluation method can comprehensively reflect the characteristics of the overall evaluation, from the hoisting machinery wind had a greater influence on the anti-sliding performance of three aspects: wind anti-sliding device performance assessment, metal structure assessment and overall stability, set up a crane windproof anti-sliding performance evaluation method, comprehensive assessment to wind resistance performance of the crane.

Keywords: crane, anti-wind anti-slip, analytic hierarchy process

0　引言

防风抗滑性能评估是针对起重机的整体防风性能进行评估，对影响防风性能的指标进行定性、定量分析，找出存在隐患的零部件或危险因素，以供起重机械日常维护与安全防护工作参考[1]。防风抗滑性能评估针对在役起重机械进行全面的防风能力评估，包含起重机械金属结构、起重机倾覆稳定性和起重机械防风抗风零部件的指标评估，对各部分进行可量化的分析，得到具体的评价值，以客观的数据对起重机械整机进行防风抗滑性能评估。

1　防风抗滑能力的影响因素

一般认为造成起重机械防风能力不同的原因有如下几种[2,3]：①起重机金属结构经过长年累月使

基金项目：2021年广州市市场监督管理局技术项目《基于物联网与几何模型的起重机械防碰撞技术研究》。

作者简介：何山，1987年生，硕士，主要从事起重机机械设计、生产制造及安全评估工作。

用，受到腐蚀、磨损等原因的影响，厚度减小；②金属结构长期承受交变应力的作用，其疲劳损伤逐渐增加；③起重机安装的防风抗滑装置缺少必要的维护工作造成性能下降；④起重机械整体设计过程中系数取值不同造成倾覆力矩不同。上述因素均对起重机械防风能力造成影响，但各因素风险大小随自身的评估值大小变化，不能直接指定某个因素的权重大小。

2 防风抗滑性能评估的层次结构

防风抗滑性能评估包括 3 个方面：防风抗滑装置工作性能评估、金属结构评估和整体稳定性评估。

防风抗滑装置工作性能评估根据其设计目标进行性能评估，由于防风抗滑装置种类较多，不宜设置通用指标进行评估。起重机通常会同时采用多种类型防风抗滑装置，其防风原理不尽相同，产生的效果也不同。因此，本项目依据防风抗滑装置的防风效果设置不同权重，来进行综合，从而达到整体评估的目的。金属结构的强度一般不属于防风抗滑性能的评估范畴，但由于沿海工作的起重机械部分服役年限超过 20 年，金属结构受到不同程度的腐蚀，在非工作工况下金属结构可能发生失效。

根据起重机械机构的构成特点，将防风抗滑评估设置为如图 1 所示的层次结构图。评估过程自下而上，根据相关的算法计算评估值，并最终汇总成最后的评估值。

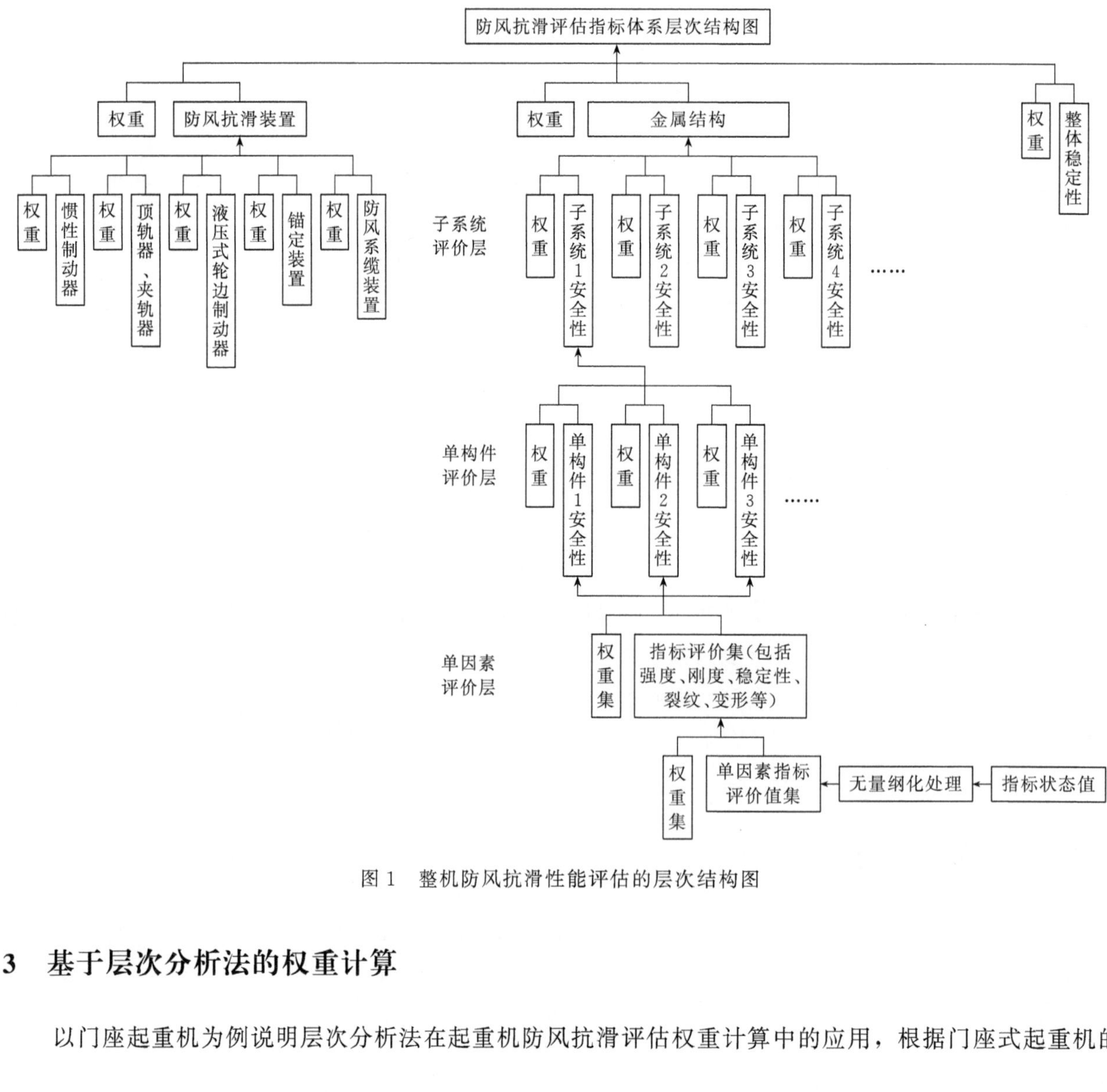

图 1 整机防风抗滑性能评估的层次结构图

3 基于层次分析法的权重计算

以门座起重机为例说明层次分析法在起重机防风抗滑评估权重计算中的应用，根据门座式起重机的结构特点其评估层次结构图如图 2 所示。

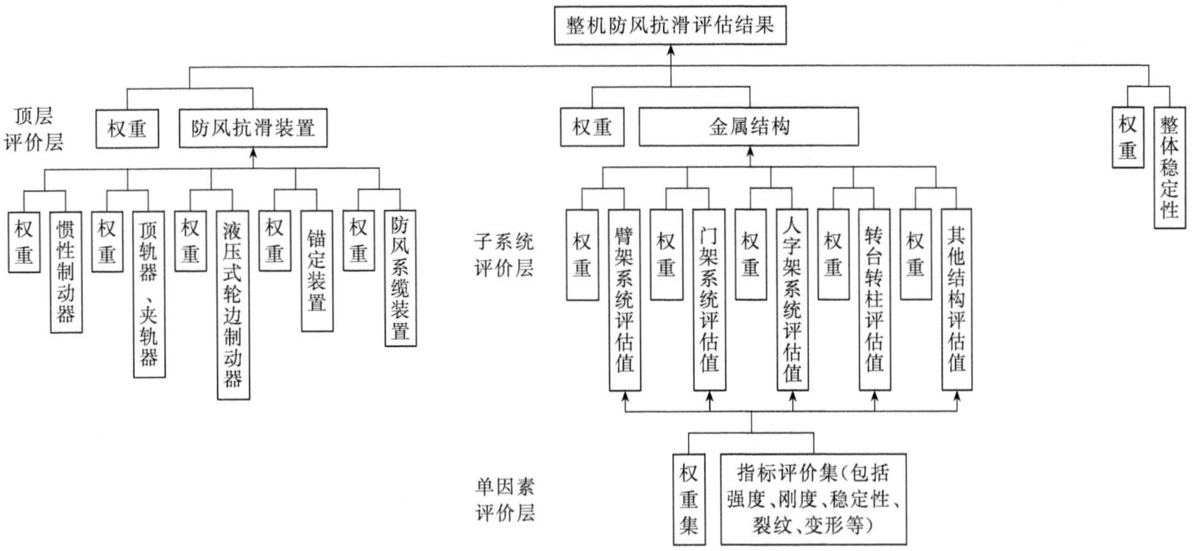

图 2 评估指标体系的层次结构图

以单因素评价层为例说明指标的构权过程。单因素评估层有裂纹指标、强度指标、变形指标、锈蚀指标刚度指标、稳定性指标、和维修指标，其构权过程：①建立指标重要程度对比矩阵；②对权重进行计算排序；③对矩阵进行一致性检验计算[4,5]。

(1) 比较判断矩阵

按照表 1 所给的标度，综合考虑强度指标、刚度指标、稳定性指标、裂纹指标、变形指标、锈蚀指标和维修指标的评估值大小，对七个指标进两两行比较，形成如下比较判断矩阵，如式(1)所示。

$$A_1=\begin{bmatrix} a_{11} & a_{12} & a_{13} & a_{14} & a_{15} & a_{16} & a_{17} \\ a_{21} & a_{22} & a_{23} & a_{24} & a_{25} & a_{26} & a_{27} \\ a_{31} & a_{32} & a_{33} & a_{34} & a_{35} & a_{36} & a_{37} \\ a_{41} & a_{42} & a_{43} & a_{44} & a_{45} & a_{46} & a_{47} \\ a_{51} & a_{52} & a_{53} & a_{54} & a_{55} & a_{56} & a_{57} \\ a_{61} & a_{62} & a_{63} & a_{64} & a_{65} & a_{66} & a_{67} \\ a_{71} & a_{72} & a_{73} & a_{74} & a_{75} & a_{76} & a_{77} \end{bmatrix} \tag{1}$$

其中，a_{ij} 表示元素 i 和元素 j 相对于同一层其他指标的重要程度，该值按表 1 所给的标度进行选取。其中，$a_{ji}=1/a_{ij}$。

表 1 判断矩阵标度及其含义

序号	重要等级	a_{ij} 赋值	序号	重要等级	a_{ij} 赋值
1	i,j 两元素同等重要	1	6	i 元素比 j 元素稍不重要	1/3
2	i 元素比 j 元素稍重要	3	7	i 元素比 j 元素明显不重要	1/5
3	i 元素比 j 元素明显重要	5	8	i 元素比 j 元素强烈不重要	1/7
4	i 元素比 j 元素强烈重要	7	9	i 元素比 j 元素极端不重要	1/9
5	i 元素比 j 元素极端重要	9			

注：$a_{ij}=\{2,4,6,8,1/2,1/4,1/6,1/8\}$ 表示重要程度在 $a_{ij}=\{1,3,5,7,1/3,1/5,1/7,1/9\}$ 之间。重要程度具体的值由专家的定性分析与主观感受确定。

（2）权重集的计算

以下步骤展示了用方根法计算权重集的过程。

① 计算判断矩阵 A_1 中每行元素 a_{ij} 的乘积 M_i

$$M_1=\prod_{i=1}^{7}a_{1j},M_2=\prod_{i=1}^{7}a_{2j},M_3=\prod_{i=1}^{7}a_{3j},M_4=\prod_{i=1}^{7}a_{4j},M_5=\prod_{i=1}^{7}a_{5j},M_6=\prod_{i=1}^{7}a_{6j},M_7=\prod_{i=1}^{7}a_{7j}\text{。}$$

② 计算 Mi 的 7 次方根 β_i

$$\beta_1=\sqrt[7]{M_1}，\beta_2=\sqrt[7]{M_2}，\beta_3=\sqrt[7]{M_3}，\beta_4=\sqrt[7]{M_4}，\beta_5=\sqrt[7]{M_5}，\beta_6=\sqrt[7]{M_6}，\beta_7=\sqrt[7]{M_7}\text{。}$$

③ 对向量 $\boldsymbol{\beta}=(\beta_1,\beta_2,\cdots,\beta_7)$ 归一化

$$w_1=\frac{\beta_1}{\sum\limits_{i=1}^{7}\beta_i}，w_2=\frac{\beta_2}{\sum\limits_{i=1}^{7}\beta_i}，w_3=\frac{\beta_3}{\sum\limits_{i=1}^{7}\beta_i}，w_4=\frac{\beta_4}{\sum\limits_{i=1}^{7}\beta_i}，w_5=\frac{\beta_5}{\sum\limits_{i=1}^{7}\beta_i}，w_6=\frac{\beta_6}{\sum\limits_{i=1}^{7}\beta_i}，w_7=\frac{\beta_7}{\sum\limits_{i=1}^{7}\beta_i}\text{。}$$

权重向量 $\boldsymbol{W}_1=(w_1，w_2,\cdots，w_7)T$ 中的各元素即对应于变形指标、强度指标、刚度指标、裂纹指标、稳定性指标、维修指标和锈蚀指标的权重。

④ 计算判断矩阵 A 的最大特征根 $\lambda_{\max}$

$$\lambda_{\max}=\frac{1}{7}\sum_{i=1}^{7}\frac{(Aw)_i}{w_i} \tag{2}$$

⑤ 进行一致性检验。

在进行一致性检验时，一般用 CI（Consistency Index）这个一致性指标：

$$C.I.=\frac{\lambda_{\max}-7}{7-1} \tag{3}$$

然后计算一致性比例

$$C.R.=\frac{C.I.}{R.I.}<0.1 \tag{4}$$

计算结果小于 0.1，则表示判断矩阵中所取值是可接受的，表示专家在给出值的时候是相对客观和严谨的。

4 模糊综合评判

4.1 综合评判的评估集

评估集是由对每个因素的评估结果组成，对于起重机防风抗滑性能本项目设置的评估集用式(5) 表示：

$$V=\{v_1,v_2,\Lambda\cdots,v_5\} \tag{5}$$

其中，$v_1\in(0,0.2]$，表示防风抗滑性能处于Ⅴ级状态，该状态表明起重机设计存在严重缺陷，且无法通过整改达到设计规范的要求；$v_2\in(0.2,0.4]$，表示防风抗滑性能处于Ⅳ级状态，该状态表明起重机防风抗滑性能不能满足 GB 3811—2008《起重机设计规范》起重机设计规范的要求，但可以通过大型整改满足要求；$v_3\in(0.4,0.6]$，表示防风抗滑性能处于Ⅲ级状态，该状态表明起重机防风抗滑性能不能满足 GB 3811—2008《起重机设计规范》起重机设计规范的要求，但可以通过一般整改满足要求；$v_4\in(0.6,0.8]$，防风抗滑性能处于Ⅱ级状态，该状态表明起重机防风抗滑性能符合 GB 3811—2008《起重机设计规范》起重机设计规范；$v_5\in(0.8,0.1]$，防风抗滑性能处于Ⅰ级状态，该状态表明起重机防风抗滑性能符合 GB 3811—2008《起重机设计规

范》要求，且有充足的安全系数。

4.2 模糊综合评判的过程

以顶层评价层说明模糊综合评判的计算过程。

顶层评价层评估值如表 2。

表 2 该门座起重机顶层评价层的指标评估值

结构件名称	评估值
防风装置	0.82
金属结构	0.76
整体稳定性	0.9

权重的计算

根据评估值的大小及其固有的属性，按照表 1 所给的标度，由专家对其两两进行比较，建立如下比较判断矩阵。

$$\begin{bmatrix} 1 & 1 & 1 \\ 1 & 1 & 1 \\ 1 & 1 & 1 \end{bmatrix}$$

矩阵中的每一行都表示某一个因素与其他因素相比的重要性程度。

计算得权重向量 $W=(0.33 \quad 0.33 \quad 0.33)$，即分别对应于子系统评估层的惯性制动器、轮边制动器、夹轨器、锚定装置的权重。

为判断专家在打分时的思维是一致的，对判断矩阵进行一致性计算，计算得 $CR=0<0.1$，故认为矩阵的一致性可以接受，专家的判断是客观公正的。

整机防风抗滑性能模糊评判

综合评判的评估集，首先根据指标的评估值进行概率估计，然后汇总成模糊关系矩阵如下。

$$\begin{bmatrix} 0 & 0 & 0.05 & 0.85 & 0.1 \\ 0 & 0 & 0.06 & 0.9 & 0.04 \\ 0 & 0 & 0.1 & 0.85 & 0.05 \end{bmatrix}$$

其模糊综合评判指标

$$(b_1, b_2, \mathrm{L}, b_m) = (w_1, w_2, \mathrm{L}, w_n) \times \begin{bmatrix} r_{11} & r_{12} & \mathrm{L} & r_{1m} \\ r_{21} & r_{22} & \mathrm{L} & r_{2m} \\ & \mathrm{L} & \mathrm{L} & \\ r_{n1} & r_{n2} & \mathrm{L} & r_{nm} \end{bmatrix}$$

$$= (0.33 \quad 0.33 \quad 0.33) \times \begin{bmatrix} 0 & 0 & 0.05 & 0.85 & 0.1 \\ 0 & 0 & 0.06 & 0.9 & 0.04 \\ 0 & 0 & 0.1 & 0.85 & 0.05 \end{bmatrix}$$

$$= (0 \quad 0 \quad 0.07 \quad 0.86 \quad 0.06)$$

由加权平均法确定防风装置的模糊综合评判的评估值为

$$v = \frac{\sum_{j=1}^{m} b_j v_j}{\sum_{j=1}^{m} b_j} = 0.83$$

该计算结果表明起重机防风抗滑性能符合 GB 3811—2008《起重机设计规范》要求，且有充足的安全系数。

5 总结

防风抗滑性能评估方法从3个方面：防风抗滑装置工作性能评估、金属结构评估和整体稳定性评估，客观且全方位地评估了防风抗滑性能。基于层次分析法与模糊综合评判法建立了一套起重机防风抗滑性能评估方法。给出了涉及指标的量化的计算方法，提供了每个指标具体的权重计算方法。基于本文提出的方法，即可对在役起重机械进行客观的防风抗滑性能评估。

参考文献

[1] 冯晓蕾，杨恒，谢柳辉，等．基于模糊层次分析法的起重机运行机构系统状态综合评价 [J]．机械工程与自动化，2019，06：6-9 +13.

[2] 陈增江，陈晓伟，刘剑锋，等．基于模糊层次综合分析法的防爆桥式起重机安全分级评价 [J]．化工机械，2019，46 (02)：192-196.

[3] 任重，辛运胜．基于层次分析的通用桥式起重机金属结构安全评价 [J]．科技创新与生产力，2019，02：42-44.

[4] 马怀祥，张华刚，门智峰，等．基于模糊层次综合评价法的桥门式起重机起升机构健康评价 [J]．机床与液压，2018，46 (09)：159-163.

[5] 夏文俊．门座式起重机防风性能评估方法研究 [D]．武汉：武汉理工大学，2017.

起重机械的保护接地系统的分析及其检验方法

李殿柱

辽宁省安全科学研究院，沈阳， 110004

摘　要： 起重机械是现代工业生产不可缺少的设备，被广泛地应用于码头、工厂车间、施工工地等作业现场。起重机械的电气接地作为其中重要一环，本文介绍了保护接地的分类，检验方法与，力求阐明在实际检验工作中如何做到正确判断及检验，保护设备安全和人身安全。

关键词： 接地系统、起重机械、检验方法、接地保护

Analysis and Test Methods of Protective Grounding System of Hoisting Machinery

Li Dianzhu

Liaoning Province Academy of Safety Science, Shenyang, 110004

1　基本供电系统简介

基本供电系统包括三相三线制、三相四线制和三相五线制等。但由于这些名词术语内涵并不统一，为此国际电工委员会对其进行了统一规定，称为 IT 系统、TN 系统、TT 系统。其中 TN 系统包括了 TN-C、TN-S、TN-C-S。

1.1　IT 系统

IT 系统的电源中性点是对地绝缘的或经高阻抗接地，而用电设备的金属外壳直接接地（图 1）。即：过去称三相三线制供电系统的保护接地其中的一种方式。

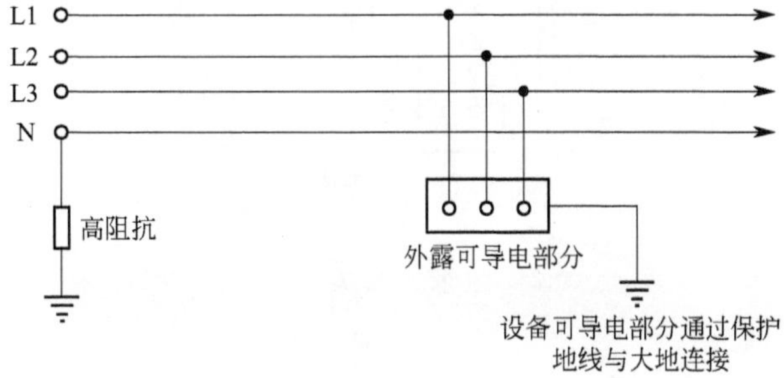

图 1　IT 系统接地

IT 系统适用于环境条件不良，易发生单相接地故障的场所，以及易燃、易爆的场所。

作者简介：李殿柱，1983 年生，工程师，硕士，主要从事特种设备检验检测及型式试验相关工作。

1.2 TT 系统

TT 系统的电源中性点直接接地；用电设备的金属外壳亦直接接地，且与电源中性点的接地无关（图 2）。即：过去称三相三线制供电系统的保护接地其中的另一种方式。

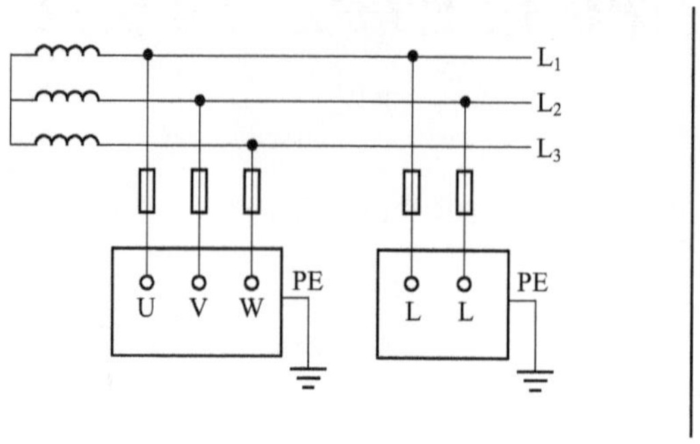

图 2　TT 系统接地方式

TT 系统在确保安全用电方面还存在有不足之处。

① 当设备发生单相碰壳故障时，接地电流并不很大，往往不能使保护装置动作，这将导致线路长期带故障运行。

② 当 TT 系统中的用电设备只是由于绝缘不良引起漏电时，因漏电电流往往不大（仅为毫安级），不可能使线路的保护装置动作，这也导致漏电设备的外壳长期带电，增加了人身触电的危险。

因此，TT 系统必须加装剩余电流动作保护器，方能成为较完善的保护系统。目前，TT 系统广泛应用于城镇、农村居民区、工业企业和由公用变压器供电的民用建筑中。

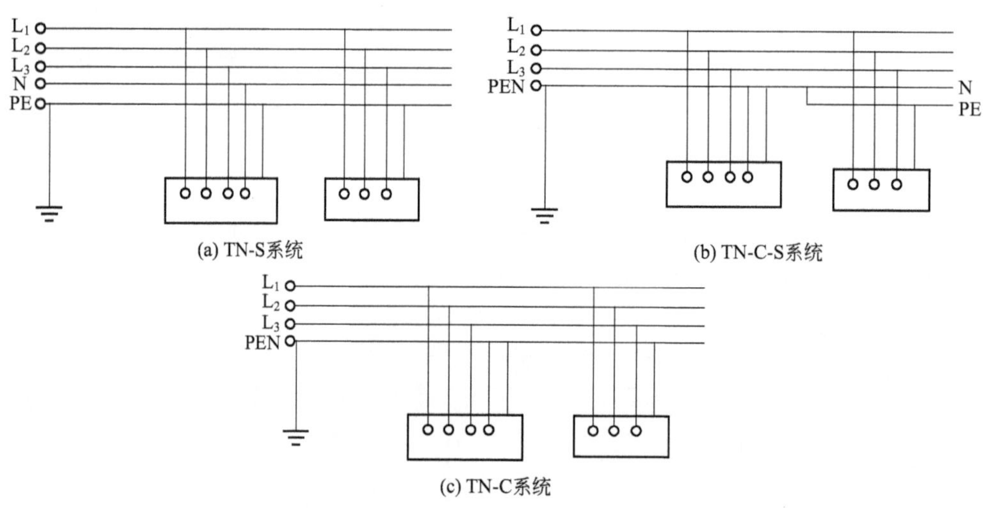

图 3　TN 系统

1.3 TN 系统

TN 系统的电源中性点直接接地，并由中性线引出（图 3）。

① TN-C 系统（三相四线制），该系统的中性线（N）和保护线（PE）是合一的，该线又称为保护中性线（PEN）线。它的优点是节省了一条导线，但在三相负载不平衡或保护中性线断开时会使所有用电设备的金属外壳都带上危险电压。在一般情况下，如保护装置和导线截面选择适当，TN-C 系统是

能够满足要求的。

② TN-S 系统（三相五线制），该系统的 N 线和 PE 线是分开的。它的优点是 PE 线在正常情况下没有电流通过，因此不会对接在 PE 线上的其他设备产生电磁干扰。此外由于 N 线与 PE 线分开，N 线断开也不会影响 PE 线的保护作用。

该系统多用于安全可靠性要求较高、设备对电磁抗干扰要求较严、或环境较差的场所使用。

③ TN-C-S 系统（三相四线与三相五线混合系统），系统中有一部分中性线和保护是合一的；而一部分是分开的。它兼具有 TN-C 和 TN-S 系统的特点。

2 起重机械的接地检查

TSG Q 7015—2016《起重机械定期检验规则》中第 C8.9 要求。

2.1 电气设备接地

① 电气设备正常情况下不带电的外露可导电部分直接与供电电源接地线连接；

② 起重机械上所有电气设备外壳、金属导线管、金属支架及金属线槽均根据配电网情况进行可靠接地（保护接地或者保护接零）。

2.2 金属结构接地

① 检查是否设置用接地线，金属结构的连接有非焊接处，是否采用另装设接地干线或者跨接线的处理。

② 检查是否按照规定禁用金属结构和接地作用为载流零线（电气系统电压为安全电压除外）。

保护接地是指将正常情况下不带电，而在绝缘材料损坏后或其他情况下可能带电的电器金属部分（即与带电部分相绝缘的金属结构部分）用导线与接地体可靠连接起来的一种保护接线方式。其作用是将电气设备不带电的金属部分与接地体之间作良好的金属连接，降低接点的对地电压，避免发生漏电时人体触电危险。作为检验人员，无论在监督检验或定期检验时，均应对起重机械的保护接地进行检验，尽可能地消除安全隐患。

在检验保护接地时，不能简单凭电箱中有黄绿双色的电线就判定保护接地有效，还要分析其性质，追踪其来源。保护接地按大体分类可分为接零保护和接地保护。使用单位的供电变压器如果中性点直接接地，其供电形式有可能属于 TN 系统或 TT 系统。无论 TN 还是 TT 系统，由于其零线已接地 ，故只采取完善的接零保护措施也是可以的。(对于 TN 系统 ，条件允许鼓励重复接地）使用单位的供电变压器如果中性点不接地或经大阻抗接地，则其供电形式属于 IT 系统，则必须采用接地保护。两种不同的保护方式使用的客观环境不同 ，如果选择使用不当，不仅会影响起重机的保护性能，甚至达不到应有的保护作用，所以在检验时切忌判断错误。究竟应该采取何种保护方式，必须取决于其所在的供电系统采取的是何种配电系统。因此应当首先确认使用单位采用何种配电网络，再追踪其保护线的来源。若判明使用单位所在的公用配电网络属于 TN 系统 ，则宜采取重复接地保护效果更佳。若属于 TT 系统，则应视实际情况接地保护；如果使用单位所在的公用配电网络是 IT 系统，则使用单位应该统一采取接地保护。

在明晰了配电网络后，才可以进行下一步的检验工作。对于供电电源端中性线直接接地系统，应检查使用单位是否正确采取接零保护及重复接地保护。接零保护的原理是当发生漏电时可以借零线形成单相短路，产生足够大的短路电流，使短路保护装置迅速动作，切断故障电源，保护设备及人身安全。检验接零保护是否完善，先要判断供电形式 ，如果确定使用单位是采用三相五线制的 TN 系统，那么就检查起重机金属结构与大车轨道是否均与保护零线进行有效的稳固的连接 ，同时检查电箱是否配备了短路保护装置（熔断器或断路器），条件允许则检查是否有重复接地。在接零保护的同时若能对金属外壳进行重复接地则更佳，重复接地是提高接零保护安全性能的重要措施。对有防雷要求的起重机械，重复接地可以起到向大地泄放电流的作用。但要注意的是，重复接地电阻值不得大于 10Ω。（用接地 电阻测试仪测得，下同）对于 TN 系统接地保护的技术要求，是保护零钱的接地电阻值不大于 4Ω，与起重机金属结构的连接应有效且稳固。如果供电电源端中性线直接接地，却没有独立的保护地线引出，那么可以确定使用单位是采用三相四线制的 TT 系统 ，其零线除了是工作零线，也能起到保护零线的作用。除了采用与 TN 系统相同的检查方式外，为保证保护效果 ，还可以在供电电源箱里加上漏电保护装置。所谓漏电保护装置是指当电路中的漏电电流超过允许值时，能够自动切断电源或报警的漏电保护装置，包括各类漏电断路器、带漏电保护的插头（座）、漏电保护继电器、漏电火灾报警器、带漏电保护功能的组合电器等。应该合理选用保护装置的容量，使金属结构的接地电阻与漏电保护器动作电流的乘积应不大于 50V。其具体计算过程如下：①首先测明负载侧的对地电阻值 R(Q)；②查对漏电保护器动作电流 10(A)；③计算动作电压值 $U(V)=10xR$，$U\leqslant 50$V 为合格 ，否则需要采取措施降低接地电阻值。如果确定使用单位的供电变压器中性点不接地 ，那明显属于 IT 系统，其零线仅可作为工作零线使用。此时，应当检查其接地极的来源及测试接地电阻值是否符合要求。首先要判断使用单位选择的接地极是否合适。接地极通常认为是垂直接地体，是接地系统的一个重要部分。有许多不同的接地极，有一些是“自然的”和有一些是“人工的”。自然接地极包括金属接地水管，建筑物的金属框架（如果是有效接地），铜导线或钢筋或地下结构或系统。应考虑采用自然接地的连接同设施的其他接地一起来保护系统。人工接地极是特别安装用来提高系统接地性能的。这些接地电极必须理想地深入潮湿土壤层来降低电阻。必须确保金属导体（或金属导体类型）在服务期内不会过度腐蚀。人工接地极包括深钻的接地棒或接地管，埋人土壤的金属条或包围建筑的铜线。不许采用地下天然气管或铝材作接地电极，接地线应与水平接地体的截面相同。GB 50057—2010《建筑物防雷设计规范》其中有明确要求：埋于土壤中的人工垂直接地体宜采用角钢、钢管或圆钢；埋于土壤中的人工水平接地体宜采用扁钢或圆钢。圆钢直径不应小于 10mm；扁钢截面不应小于 100mm^2，其厚度不应小于 4mm；角钢厚度不应小于 4mm；钢管壁厚不应小于 3.5mm。在腐蚀性较强的土壤中，应采取热镀锌等防腐措施或加大截面。人工垂直接地体的长度宜为 2.5m。人工垂直接地体间的距离及人工水平接地体问的距离宜为 5m，当受地方限制时可适当减小。当使用单位所选用的接地极满足上述技术要求时，我们既可以用三极直线法和三角形法测量接地电阻，也可以简单地用接地电阻测试仪进行测量，只要其值不大于 4Ω 即为合格。

3 结束语

在检验中还要注意，GB 6067.1—2010《起重机械安全规程》第 8.8.2 条款中明确规定了起重机械金属结构应与供电线路的保护导线可靠连接，传统的依靠大车轨道和轮压方式对金属结构进行保护接地已不允许。因此在检验中应观察保护接地线是否直保护接地的原理是限制设备漏电后的对地电压，使之不超过安全范围，保护设备安全和人身安全。检验接地保护是否完善，应先观察使用单位的电网形式。三相五线制的 TN 系统最方便观察，而三相四线制的系统则应明晰其电网形式 ，若为 IT 系统，可采取如装设漏电保护器等安全措施进一步保证保护效果。但要注意，在为起重机械供电的同一电源系统中，不得出现一部分电气设备采取接零保护，另一部分却采取接地保护的情况。对于三相四线制 IT 系统，应检查使用单位有无选择合适地极，引出地线，并将保护地线引到起重机械的金属结构和大车轨道。

参考文献

[1] GB/T 3811—2008. 起重机设计规范 [S].
[2] GB 50057—2010. 建筑物防雷设计规范 [S].
[3] GB 6067. 1—2010. 起重机械安全规程第 1 部分：总则 [S].
[4] TSG Q 7016—2016. 起重机械安装改造重大修理监督检验规则 [S].
[5] TSG Q 7015—2016. 起重机械定期检验规则 [S].

桥式起重机电气故障与安全评估

卢德俊

江苏省特种设备安全监督检验研究院泰州分院，泰州，225300

摘　要： 桥式起重机是一种典型的起重设备，通过各个机构协调运作完成一定的作业工况。随着现在电气设备的不断发展，各种电气控制技术也在日新月异的应用在起重机上，由于目前起重机的电控设计并没有统一的技术规范，起重机电气的故障率也远高于机械设备的故障率。本文从起重机常见的电气故障出发，对桥式起重机的电气部分安全评估进行阐述，对于各位研究人员在针对起重机电气方面的故障诊断、安全评估具有一定的参考意义。

关键词： 桥式起重机；电气故障；评估

Crane electrical failure and safety assessment

Lu Dejun

Special equipment safety supervision inspection institute of Jiangsu province Taizhou Branch， Taizhou， 225300

Abstract: The crane is a typical lifting equipment, which is coordinated and operated by various agencies to complete certain operating conditions. With the continuous development of electrical equipment, all kinds of electrical control technology are also used in the crane with rapid changes. However, there is no uniform technical specification for the electrical control design of crane at present, and the failure rate of crane electrical equipment is far higher than that of mechanical equipment. In this paper, from the perspective of electrical control design and electrical failure, combined with crane safety assessment, the electrical part of crane is explained. The description and analysis have certain reference significance for all researchers in the fault diagnosis and safety assessment of crane electrical aspects.

Keywords: crane；electrical failure；assessment；

0　引言

起重机在国内已经发展了几十年，起重机的控制系统从当时的凸轮控制强电切换，到现在变频器、遥控控制的不断普及，以及无人起重机的兴起，已经发生了很多变化。这些技术的发展和变化的目的是为了让起重机电气控制更加安全、可靠、便捷。

目前的起重机设计主要依据 GB/T 3811—2008《起重机设计规范》，然而 GB/T 3811 中对电气并没有太多详细的规定，与起重机相关的电气施工与验收主要标准是 GB 50256—2014《电气装置安装工程

作者介绍：卢德俊，1990 年生，男，工程师，在职研究生学历，主要从事机电类特种设备安全评估，电气故障诊断，检测仪器的研发。获得发明专利一项，实用新型专利四项。

起重机电气装置施工及验收规范》。标准是最基本的技术要求。监督检验人员在检验过程中会发现，普遍存在电气原理图抄袭仿制。起重机整机制造单位电气控制柜外购，使得电力拖动系统没有很好地与起重机实际的运行情况相适应，并且国内的起重机制造单位自身很少有实验室来验证电气设备的可靠性，从而给设备的电气系统埋下一定的隐患。

本文提出了在评估时需要考虑的基本原则，通过电气失效来分析起重机控制系统的可靠性，并根据电气原理图和电气故障结合 T/CASEI 62001—2019《起重机械安全状况评估》，对桥式起重机的一部分电气控制系统进行安全评估。

1 电控系统

国内的起重机电控设计与国外不同，在变频器逐渐普及的今天，通过主令控制电气来控制接触器的起重机电控系统仍然占据很大一部分国内市场，因而可以根据起重机的电气控制由自身的特点可以分为变频系统与非变频系统。国内的电控设计主要是针对起重机用变频器的调试，像施耐德、汇川等电气制造商还推出了无人起重机电控设计的配套服务。

1.1 基本原则

本文提出三个原则作为分析电气故障、电控系统评估的基本思想，①某电气装置（例如接触器、线圈）的失效允许相应机构停机，但不应导致机构的失控；②每个电气装置（包括安全保护装置）均有可能失效，每个电气装置必须满足自身工作条件下避免失效；③继电保护是为了保护指定区域的电气故障，并且要满足自身保护条件，在条件丧失时，继电保护会随之失效。

1.2 控制方式

起重机常见的操作方式主要有，司机室控制和非司机室控制。其中控制方式主要有：主令控制器、凸轮控制器、倒顺开关、遥控控制、按钮控制。

凸轮控制器内部有多组触头，主要用于 30kW 以下的中小型绕线转子异步电动机的控制线路，是一个具有零位的控制器。与主令控制器相比，凸轮控制器的人机工程的舒适性较差，两者虽然都用于司机室控制，主令控制器的急停按钮、钥匙锁、指示灯、舒适的握把等，都是凸轮控制器没有的。

倒顺开关通过“顺”、“停”、“逆”三个挡位来控制电动机的正转、反转、停止，但是当开关处于“顺”位置使电动机正转时，如果需要电动机反转，则应该将开关旋至“停”位置，在电动机停止后，在切换为“逆”，使得电动机反转。否则电动机会因为电流方向的突然改变而损坏。采用倒顺开关的电路直接通过三相电压接在主电路中，在绝缘失效的情况下操作是很不安全的，而且不能用于大容量的电机的控制，一般用于功率 3kW 以下，电流 10A 以下，不频繁改变运动方向的电机拖动机构。

1.3 系统特性

对于变频控制而言，变频控制对电机有一定的要求。变频包括 V/f、电压矢量控制、电流矢量控制，V/f 目前已经相当于传统的变频控制，电机自身需要满足低频性能。建议使用电流矢量控制，对于变频器拖动一台或多台电动机，选配电机时应选加强绝缘型，必要的情况下配备强制风冷。变频器的选择主要参考电机的功率，与电机的工作制无关，但是电机的工作制与机构的工作级别有关，而且不同工作制下，用一个电机的标称功率是不一样的，这个特点直接影响到电机投入实际使用时能否可靠的运行。

接触器的性能直接影响到了电控系统的可靠性，以动作次数作为接触器电气寿命的性能依据，施耐德公司出厂的接触器依据其产品手册可以查询。如果起重机自身安装了计数器，或者 PLC 中对各个机构的运行次数进行计数，从而帮助评估人员对接触器的电气寿命进行评价。

2 电气故障与常见问题

2.1 导线

在实际评估过程中会发现导线连接的情况，导线连接一般会有以下几种问题：①在连接前，连接部分未去除污垢或氧化层；②多芯导线在连接时，各芯线连接点未相互错开；③铝芯导线和铜芯导线在连接时，未使用铜铝压接管；④导线与针孔式接线柱或螺钉式接线柱连接松动；⑤芯线连接或表层绝缘破损后，绝缘带缠绕错误。

2.2 熔断器

熔断器的主要故障是断路和接触不良，在使用万用表对熔断器进行检测时如果超出量程或者显示“1”或“OL”表明熔断器开路，如果万用表在测量的时候阻值不稳定，一会儿变大，一会儿变小，表明熔断器接触不良。

2.3 断路器和漏电保护器

目前断路器，也称作漏电保护器已经广泛地用于起重机相关电路中，但它对电路仅能做不频繁的通断，常见的包括 DZ 系列塑料外壳式断路器和 DW 系列框架式断路器。由于断路器在绝缘性能下降出现漏电时并没有保护功能，因而有漏电保护器（RCD），漏电保护器本质上是一种具有断路器功能和漏电保护功能的电器。但是漏电保护器，如果接错端子，有可能造成没有漏电保护功能的，只用到了断路器功能。

2.4 电阻器

固定使用的电阻器常见故障主要有断路、短路和变值。一般使用万用表的欧姆挡功能进行检测，如果测量出的阻值与电阻器的标称值相同，则说明该电阻器正常，如果测量出的阻值为无穷大，则说明电阻器断路。如果测量的结果为 0，则说明电阻器短路。如果测量的结果超过电阻本身允许的误差范围，则说明电阻器变值。电阻器由于自身的原因会在使用时发热，起重机的桥架上会将电阻箱叠装，因而在评估过程中应注意电阻箱的散热问题。

2.5 电容器

电容器一般分为有极性电容器和无极性电容器，常见的故障有断路、短路、电容漏电。电容器在检测时一般会使用万用表的电阻挡，正常的电容器在被测量时万用表最终会显示无穷大。对于有极性电容器应判别电阻的正负极，比较正反向电阻是无穷大，还是很小，还是均为零。

2.6 变压器

变压器常见的问题主要有：有污物或裂纹，发出声响；绕组或铁心绝缘有击穿现象，发出声音较大且不均匀有时会有爆裂声；变压器温度过高；绝缘损坏、过负载、低压侧短路造成的低压熔丝熔断；变压器本身绝缘损坏、熔丝容量选择错误造成的高压侧熔丝熔断。

2.7 电动机

电动机的常见故障主要有：因电源未接通、轴承损坏卡阻、控制系统接线错误、定子绕组损坏造成的不能启动；电动机缺相运行、地脚螺栓松动、风扇罩壳之间有杂物、相关紧固件的松脱、定子和转子之间气隙不均匀造成的运转不正常；过载、绕组短路造成的温升过高；轴承装配不良、轴承中有杂物、内腔中缺少润滑油造成的电动机运行过程中轴承发烫。

3 安全评估

其中在评估中，对配电保护线路（继电保护）单元认为主要是指总回路的保护。并且对于每个机构的独立保护，应该分配到各个机构中进行单独的评估。并且为了找出制造单位因为开关选型错误造成的问题，例如：限位开关、按钮这一类的电气开关应遵循电气开关制造单位给出的工作条件和动作次数进行判定，而不是整机制造单位提供的相关条件。评估人员在发现开关不满足或不太满足工作条件时，应该对开关的电气寿命应进行折减后再评估。

本文以一台 QD10 型起重机为例，本例中以部分电气控制系统为评估对象，将电气控制系统依据电气原理图划分为管线布置、大车线路、小车线路、起升机构线路、照明信号线路、配电保护线路（继电保护）六个单元。本例以起升机构线路、配电保护线路（继电保护）为评估对象，以结合电气控制系统控制的部分安全保护装置，分析评估安全保护装置的权重比。

针对评估项目的严重程度依据 T/CASEI 62001 中的表 1 进行选择，发生概率依据 T/CASEI 62001 中的式(1) 进行选择，利用风险矩阵法进行判定风险等级。根据风险等级和风险赋值的加权计算得到评估安全状况得分，从而得到评估安全状况等级。

对 QD10 型起重机起升机构电气线路评估分析的结果如表 1 所示。根据 T/CASEI 62001 中式(2) 来计算该单元的安全状况。

表 1　起升机构电气线路评估分析结果

序号	评估单元	编号	评估项目	严重程度	发生概率	风险等级	风险等级赋值v_i	权重值α_i
1	起升机构线路	1.1	线路线号清晰，线路规格符合图纸或相关技术要求，与元器件端部固定连接可靠	D	A	Ⅲ	2	0.05
2		1.2	接触器、继电器外观正常及动作可靠	B	B	Ⅱ	1	0.15
3		1.3	接触器辅助触点(电气原理图分析)	C	B	Ⅲ	2	0.1
4		1.4	PLC 与变频器对接触器的诊断	C	C	Ⅲ	2	0.1
5		1.5	控制系统主令图，未建立死区，未采用多触点换挡，未提高可靠性	B	B	Ⅱ	1	0.2
6		1.6	电机外观无明显异常，无更换、维修痕迹，闭环控制的旋转编码器与动力线保持足够距离	B	C	Ⅲ	2	0.1
7		1.7	起升机构终端限位控制，应以最高运行速度对端部制动距离进行估算，如果必要应增设减速装置	B	B	Ⅱ	1	0.1
8		1.8	变频器、PLC 等重要元器件的继电保护，并且遵从变频器、PLC 制造厂商的手册规定	C	A	Ⅱ	1	0.05
9		1.9	起重量限制器设置合理，起重量显示准确，传感器接线、排线正确牢靠	B	B	Ⅱ	1	0.15

$$D=\frac{\sum_{i=1}^{n}\alpha_i v_i}{3}\times 100=45\% \tag{1}$$

依据 T/CASEI 62001 中的表 8 判断起升机构电气线路这一评估单元的安全状况等级为五级。

对配电线路的分析结果如表 2 所示。

表 2 配电线路评估分析结果

序号	评估单元	编号	评估项目	严重程度	发生概率	风险等级	风险等级赋值v_i	权重值α_i
10	配电保护	2.1	线路线号清晰，线路规格符合图纸或相关技术要求，与元器件端部固定连接可靠	C	A	Ⅱ	1	0.1
11		2.2	接触器、继电器外观正常及动作可靠	B	B	Ⅱ	1	0.2
12		2.3	PLC 与变频器对接触器、继电器的诊断	C	C	Ⅲ	2	0.1
13		2.4	与电气原理图对应的相序保护功能正常	B	B	Ⅱ	1	0.1
14		2.5	与电气原理图相对应的保护开关动作可靠，功能正常	B	B	Ⅱ	1	0.15
15		2.6	变压器功能正常，表面没有绝缘失效的现象	B	B	Ⅱ	1	0.1
16		2.7	熔断器设置符合电气原理图，规格符合相应要求	B	B	Ⅱ	1	0.1
17		2.8	配有综合保护继电器的电气回路，检查综合保护继电器动作可靠，功能正常	B	B	Ⅱ	1	0.15

$$D=\frac{\sum_{i=1}^{n}\alpha_i v_i}{3}\times 100=36.67\% \tag{2}$$

依据 T/CASEI62001 中的表 8 判断配电线路这一评估单元的安全状况等级为五级。

综合起升机构电气线路和配电线路的安全状况，依据 T/CASEI 62001 中的表 9，得到的综合安全状况等级为五级。应采取相应的风险减小措施，来满足安全使用的要求。

目前由于国内起重机的电控系统并没有统一的标准，并且不太重视电气系统的保护，电控系统中的继电保护并没有得到足够的重视，电动机的选型不正确导致不能满足实际生产要求。当电气故障发生时并不能第一时间切离故障，使得微小的电气问题扩大化，严重时甚至造成机构的失控。通过这样的电气系统的安全评估，可以对故障隐患实现早发现、早预防的效果。

4 结束语

一般的对于电气系统的评估方案主要是针对短路保护、过流保护、零位保护、失压保护、断错相保护、动作警示等功能性验证。通过测量接地电阻和绝缘电阻来了解接地和绝缘的可靠性。

本文提出的基本原则主要用来帮助评估人员在对起重机电气进行评估时，分析线路的合理性，评估人员可以把握：电气失效允许相应机构停机，但不应导致机构的失控的这第一条原则。每一台起重机都是一个独一无二的设备，采取的项目权重需要根据实际情况进行分析，因而能够制定出更准确地评估方案。

参考文献

[1] 夏翔．起重电控设计参考手册 [M]．北京：机械工业出版社，2012.

[2] 陈序，李向东．起重机械电气系统失效模式及失效原因分析 [J]．建筑机械，2018，10：101-103.

[3] 傅德源．实用起重机电气技术手册 [M]．北京：机械工业出版社，2011.

[4] T/CASEI 62001. 起重机械安全状况评估 [S].

[5] 范雪骐，薛志钢，苏文胜，等．基于现场检验的架桥机安全评估风险预判 [J]．港口装卸，2020，5：33-35.

海边起重机臂架腐蚀分析浅探

王文静，赵　峰，段成溢，王学宇

大连锅炉压力容器检验检测研究院有限公司，大连，116021

摘　要： 海边起重机臂架长期受腐蚀，尤其服役年限较长，处理腐蚀较差的起重机存在严重的安全隐患。特种设备检验人员在定期检验的过程中，对腐蚀程度是否达到结构件厚度的10%缺乏判断的依据。通过建立局部有限元模型，对比厚度与应力的关系，找到规律，作为定期检验结构件判定的标准。

关键词： 起重机；腐蚀；有限元；检验

Corrosion analysis of offshore crane jib Slightly

Wang Wenjing, Zhao Feng, Duan Chengyi, Wang Xueyu

Dalian Boiler And Pressure Vessel Inspection & Research Institute Co. Ltd. Dalian, 116021

Abstract: The jib of offshore crane has been corroding for a long time. It is deeper for the crane with long service life. There are serious hidden dangers for the crane with poor corrosion treatment. Special equipment inspectors lack the basis to judge whether the corrosion reaches 10% of the thickness of structural parts, in the process of regular inspection. Through the establishment of local finite element model, the relationship between thickness and stress is found. And the rule is found, which can be used as the judgment standard for inspection of structural parts.

Keywords: crane; corrosion; finite element; regular inspection

1　研究目的

目前海边起重机械受海风海水腐蚀较为严重，而且因为点蚀的原因，很难测量出其准确厚度，因而在检验过程中对于腐蚀之后的厚度是否不低于设计厚度的90%较难判断，本文通过对管状材料进行点蚀模拟分析，确定点蚀后的应力趋势，根据应力趋势来进行厚度对换，以确定厚度。

2　研究方法

2.1　整体受力分析

首先本文对一个臂架型起重机的臂架进行整体受力分析研究。在加载其额定起重量的情况下，应力分布图如下图1所示。

臂架主弦杆的直径为ϕ114mm，采用的是HSM770的材料，根据GB/T 3811—2008起重机设计规

作者简介：王文静，1982年生，女，高级工程师，硕士研究生。

范，确定此主弦杆的许用应力[1] 为 501MPa。臂架从根部到顶部的应力分别为 320MPa，312MPa，331MPa，447MPa。分别占其许用应力的 64%，62%，66%，89%。

从图 1 中可以看出，最大应力位置为顶部弦杆处。从现场的贴应变片测量也能够得到此工况下顶部弦杆应力最大。因此将顶部应力 447MPa 位置作为最不利的位置进行计算。

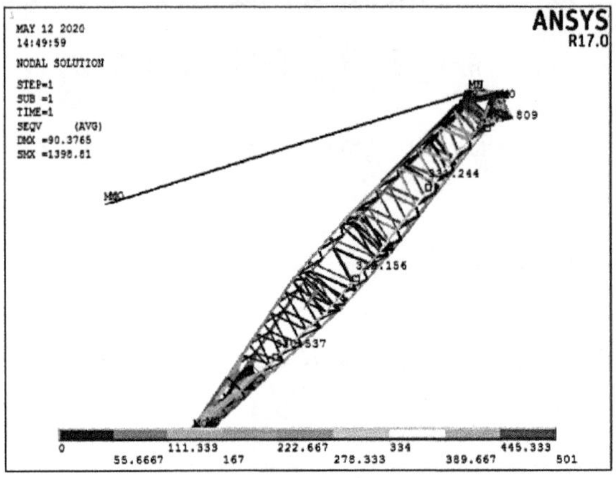

图 1 基本臂在最大起重量下主弦杆应力分布图

2.2 局部受力分析

由于采用整体计算繁琐且需要很长时间才能计算完成，稍有修改又需要重新计算，因此接下来采用局部分析方法代替整体分析的方法，通过边界条件使局部分析的应力计算结果与整体计算的应力结果一致[2]。

按照主弦杆的尺寸，单独建立一根管，一端全约束，一端施加载荷，使其在某一位置与整体计算的应力相同，以计算应力最大位置，即应力 447MPa 处为例，模拟的局部计算结果是 447MPa，如图 2 所示。

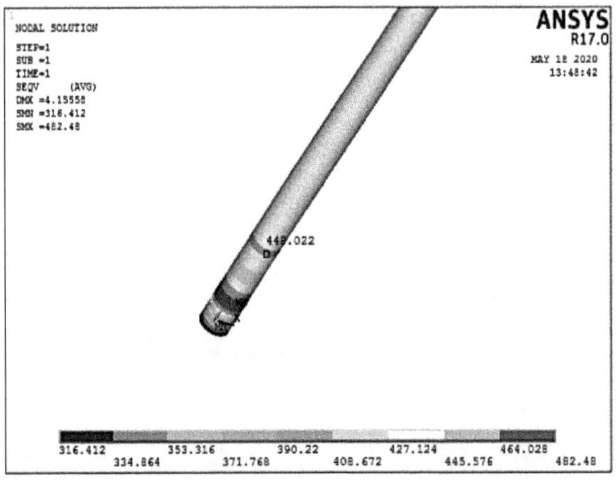

图 2 局部模拟应力结果图

针对图 2 的模型进行腐蚀模拟（图 3），因为圆孔比较接近腐蚀情况下的形状，所以采用圆形挖孔法模拟。按照一个圆周内挖均布的圆孔四个，深度为 0.8mm，即原壁厚的 90%，其模型如图所示，得到的计算结果如图 4 所示。

通过图 4 可以看出，由于两个腐蚀点之间的距离较大，所以相互之间的影响较小[3]，主要应力集中在腐蚀点上，最大应力为 508MPa，根据未腐蚀时的应力 447MPa，可以看出，当腐蚀后的厚度为原来的 90%时，应力是原来的 114%，此时已经超过许用应力。

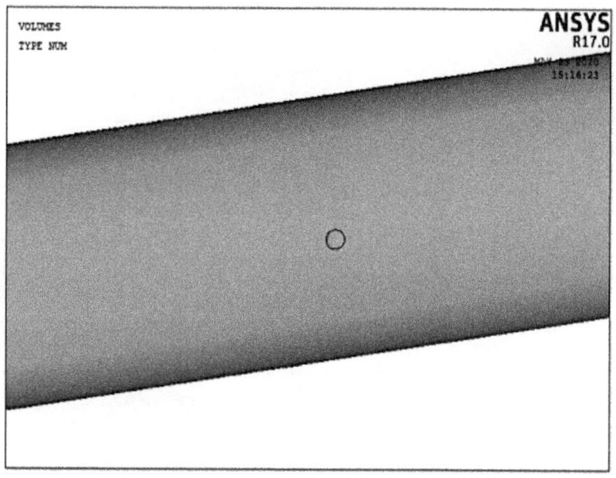

图 3　模拟腐蚀点三维图

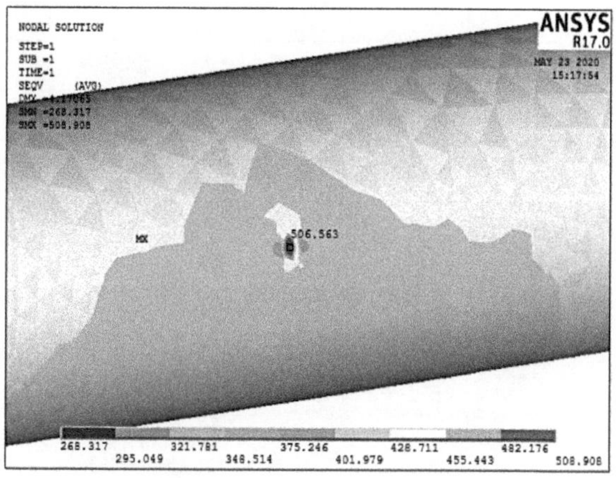

图 4　局部模拟腐蚀点应力结果图

2.3　解析计算验证

我们通过解析计算的方法来验证有限元计算结果的准确性。

根据 447MPa 的应力结果，采用 8mm 厚板，认为作用长度为 10mm，则其作用力为

$$\begin{aligned} F &= \sigma \times A \\ &= 447 \times 8 \times 10 \\ &= 35760\text{N} \end{aligned}$$

那么，根据规范采用其 90%厚度的板，应力结果为

$$\begin{aligned} \sigma_{腐} &= \frac{F}{A_{腐}} \\ &= \frac{35760}{8 \times 90\% \times 10} \\ &= 496\text{MPa} \end{aligned}$$

$$n = \frac{496}{447} = 111\%$$

也就是说如果所有的壁厚均匀的变薄 90%，则应力变为原来的 1.11 倍，由于有限元计算是局部应力集中，而非均匀变薄，所以其计算结果 508MPa 大于解析计算的结果 496MPa，此结果较为真实，可以采用。

通过上述论证可以看出，由于腐蚀点存在应力集中，不可忽略，所以无论腐蚀点相距多远，只要腐蚀厚度达到原厚度的 90%，则应判定不符合检规标准。

3 模拟结果及分析

根据上述计算方法分别对不同厚度计算的结果整理如表 1 所示。

表 1 各种臂架厚度下受力分析结果

管壁厚度/mm	占比	应力/MPa	占比
8	100%	447	100%
7.9	99%	459	103%
7.8	98%	469	105%
7.7	96%	478	107%
7.6	95%	485	109%
7.5	94%	495	111%
7.4	93%	500	112%
7.3	91%	505	113%
7.2	90%	508	114%

根据表 1 可以初步判定，对于直径为 114mm，壁厚为 8mm 的管材，一周内有 4 个腐蚀点的情况下，壁厚减小 0.5mm 是极限位置，即腐蚀超过 0.5mm，则判定为不合格。

那么对于深度大于 0.5mm 的腐蚀点，将一周内腐蚀点的个数减少进行分析，如图 5 所示，腐蚀点深度为 0.8mm，一周内只有 1 个腐蚀点时，集中应力最大为 501MPa，显然此时认为是不合格的。所以只要出现腐蚀深度大于等于 0.8mm 的腐蚀点则直接判定为不合格，除非对此处进行打磨过渡处理，使其不产生应力集中。

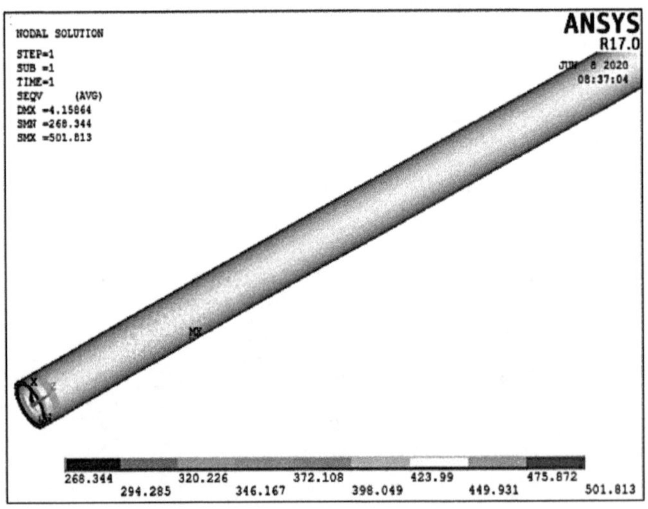

图 5 腐蚀深度 0.8mm 1 个点时应力结果图

根据上述方法对小于 0.8mm 腐蚀深度的腐蚀点进行计算，得到的结果如表 2 所示。表格中腐蚀深度为 0.1mm 和 0.2mm 的腐蚀点即使相互影响也合格。

表 2 一周内不同腐蚀点的不同壁厚的受力分析结果

厚度/mm	占比	腐蚀点个数	应力/MPa	占比
8	100%	—	447	100%
7.9	99%	—	—	—

续表

厚度/mm	占比	腐蚀点个数	应力/MPa	占比
7.8	98%	—	—	—
7.7	96%	16	488	109%
7.6	95%	8	490	110%
7.5	94%	4	495	111%
7.4	93%	2	493	110%
7.3	91%	1	496	111%
7.2	90%	—	—	—

根据表 1 和表 2 获得一个直径为 114mm 的圆管，受到腐蚀时的数据合格表如表 3 所示：

表 3 合格表

厚度/mm	腐蚀点个数	是否合格	厚度/mm	腐蚀点个数	是否合格
8	—	合格	7.5	4	合格
7.9	—	合格	7.4	2	合格
7.8	—	合格	7.3	1	合格
7.7	16	合格	7.2	—	不合格
7.6	8	合格			

4 结论

本文通过直径为 114mm 的圆管详细分析了腐蚀时产生的应力，得到了腐蚀深度合格表。能够帮助检验员判断出断面的有效厚度，准确率较高，适用于海边起重机的腐蚀检测。

同样的方法可以进行计算更多直径的圆管状的弦杆，帮助判定断面的有效厚度。同时，对于箱型结构的臂架，可以采用同样的方法对板状的弦杆或者型钢的弦杆进行计算，同样能够获取断面的有效厚度。

但本文计算的数据有限，文中未涉及的数据还有很多，所以今后的工作是统计更多的数据，建立一个数据库，在检测过程中查找数据库即可，既节省时间，又检验准确。

参考文献

[1] GB/T 3811—2008. 起重机设计规范 [S].

[2] 王文静. 腐蚀对结构受力的影响以及改进措施 [J]. 中国工程机械学报, 2014, 12 (02). 3-5.

[3] Xin Wang. Analysis of Pipe Structure Stress Affected by Double Corrosion Points [J]. Advanced Materials Research, 2014, 3294: 819-822.

游乐设施乘客束缚装置危险源分析与故障预测研究

陈卫卫，王银兰，单宇佳

中国特种设备检测研究院，北京，100029

摘　要： 近年来，游乐设施乘客束缚装置相关事故较多，伤害后果严重。本文开展典型乘客束缚装置安全带的危险源分析与故障预测研究，并开发了乘客束缚装置故障预测系统。其中，危险源图谱及底层事件概率均来自于事故、故障和检验案例等大数据分析结果，故障概率预测结果对游乐设施预防维保和降低事故概率具有一定的指导意义。

关键词： 游乐设施；乘客束缚装置；危险源；故障预测

Hazard analysis and failure prediction of passenger restraints in amusement rides

Chen Weiwei, Wang Yinlan, Shan Yujia

China Special Equipment Inspection Institute, Beijing, 100029

Abstract: In recent years, many amusement ride accidents were related to passenger restraint devices. In this paper, hazard analysis and failure prediction research of typical passenger restraint device safety belts were carried out, and a passenger restraint device failure prediction system was developed. The hazard source map and the underlying event probability were derived based on the big data analysis results of accidents, failures and inspection cases. The failure probability prediction results had certain guiding significance for the prevention maintenance of amusement rides and reducing the probability of accidents.

Keywords: amusement ride; passenger restraint; hazard; failure prediction

0　引言

截至2020年年底，我国共有大型游乐设施2.48万台（套）。2020年，我国发生大型游乐设施事故3起，死亡1人[1]。2021年初，已连续发生3起大型游乐设施事故，安全形势不容乐观。据统计，2006年以来发生的大型游乐设施事故中，约有26起与乘客束缚装置相关，乘客束缚装置相关事故在所有事故中所占比例很高[2]。因此，开展乘客束缚装置危险源分析与故障预测研究具有重要意义。

1　危险源分析

通过统计2001～2019年的国内游乐设施事故和1986～2017年的美国游乐设施事故数据，参考GB/

基金项目：国家重点研发计划项目“基于大数据的特种设备事故预测预防技术研究”（2018YFC0809000），课题5“基于多源数据分析的机电类特种设备典型故障预测技术研究”（2018YFC0809005）。

作者简介：陈卫卫，1982年生，男，工程师，博士，主要从事大型游乐设施检验检测新技术、新方法和标准法规等方面的研究工作。

T 39043—2020《游乐设施风险评价 危险源》[3]，开展乘客束缚装置危险源分析[4-6]。游乐设施乘客束缚装置主要有安全带、安全挡杆和安全压杠 3 种，以下将以安全带为例开展危险源分析。

1.1 人为因素

由于人为因素造成的游乐设施事故很多，包括：管理人员未张贴乘客须知或安全标识，操作人员未按章操作，乘客未按规定乘坐等。典型案例有：2015 年 5 月 1 日，温州某“狂呼”项目，在 1 名乘客未系好安全带和锁紧安全压杠情况下，设备启动，造成 1 名乘客坠落死亡、1 名乘客碰撞死亡和 2 名乘客碰撞受伤的严重后果，直接原因为制动器失灵，间接原因为维护保养不到位；2005 年 10 月 14 日，上海某“过山车”项目，外籍电工进入过山车运行区域，被正在运行的过山车撞击致死，直接原因为作业人员未遵守安全管理规定；2006 年 4 月 16 日，贵阳某“穿梭时空”项目，操作人员在未确认 2 名乘客的安全压杠是否到位、安全带是否系好的情况下，启动设备，造成 2 人甩出，1 死 1 伤，直接原因为操作人员未按章操作；等等。结合事故案例，建立人因危险源图谱如图 1 所示。

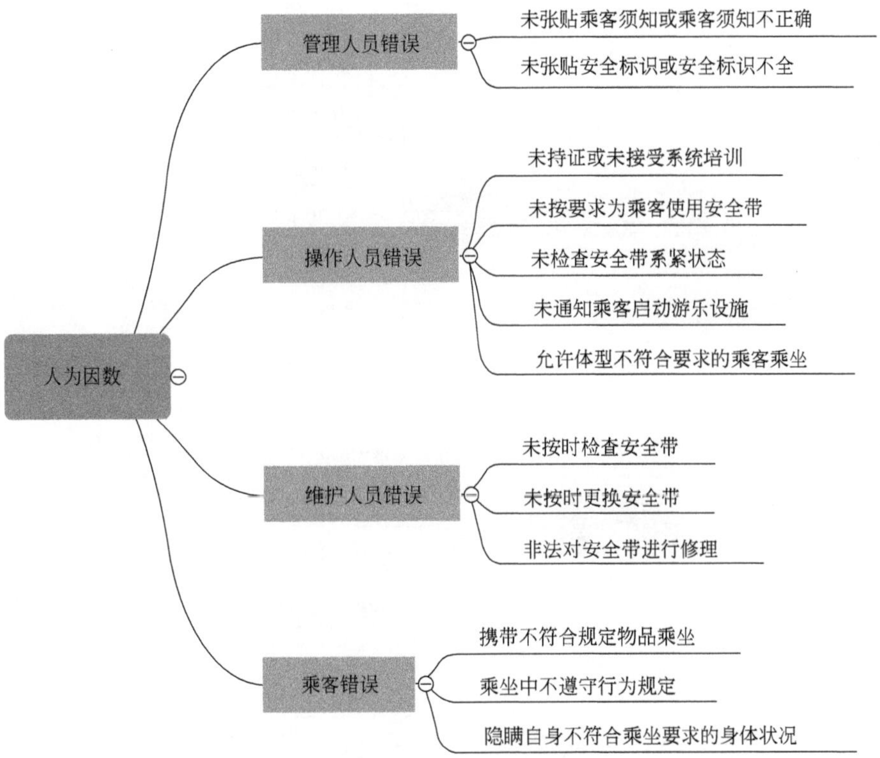

图 1　人因危险源

1.2 设备故障

在游乐设施上，安全带根据功能可以分为两种，一种为独立起作用的，有：两点拦腰式、两点斜挎式、三点拦腰斜挎式和五点式等；一种为与安全压杠共同起作用的，有：兜裆式和背心式等。安全带的主要组成部分包括：织带、锁扣、卷收器、连接件和缝合线等。安全带失效引发的事故也时有发生，如：2016 年 2 月 8 日，佛山某“果虫滑车”项目，1 名乘客在运行前系上了安全带，但是运行时仍然在弯道处高空坠落以致死亡，直接原因为安全带意外打开；2017 年 2 月 3 日，重庆某“遨游太空”项目，运行时 1 名乘客被甩出致死，直接原因为安全带断裂和安全压杠未压到位；2018 年 4 月 21 日，许昌某“飞鹰”项目，1 名乘客在运行过程中从座舱跌落死亡，直接原因为兜裆式安全带锁扣脱落、两点拦腰式安全带未正确使用和安全压杠未锁紧到位；等等。根据安全带主要组成结构结合事故案例、检验案例和维修记录，建立其危险源图谱，如图 2 所示。

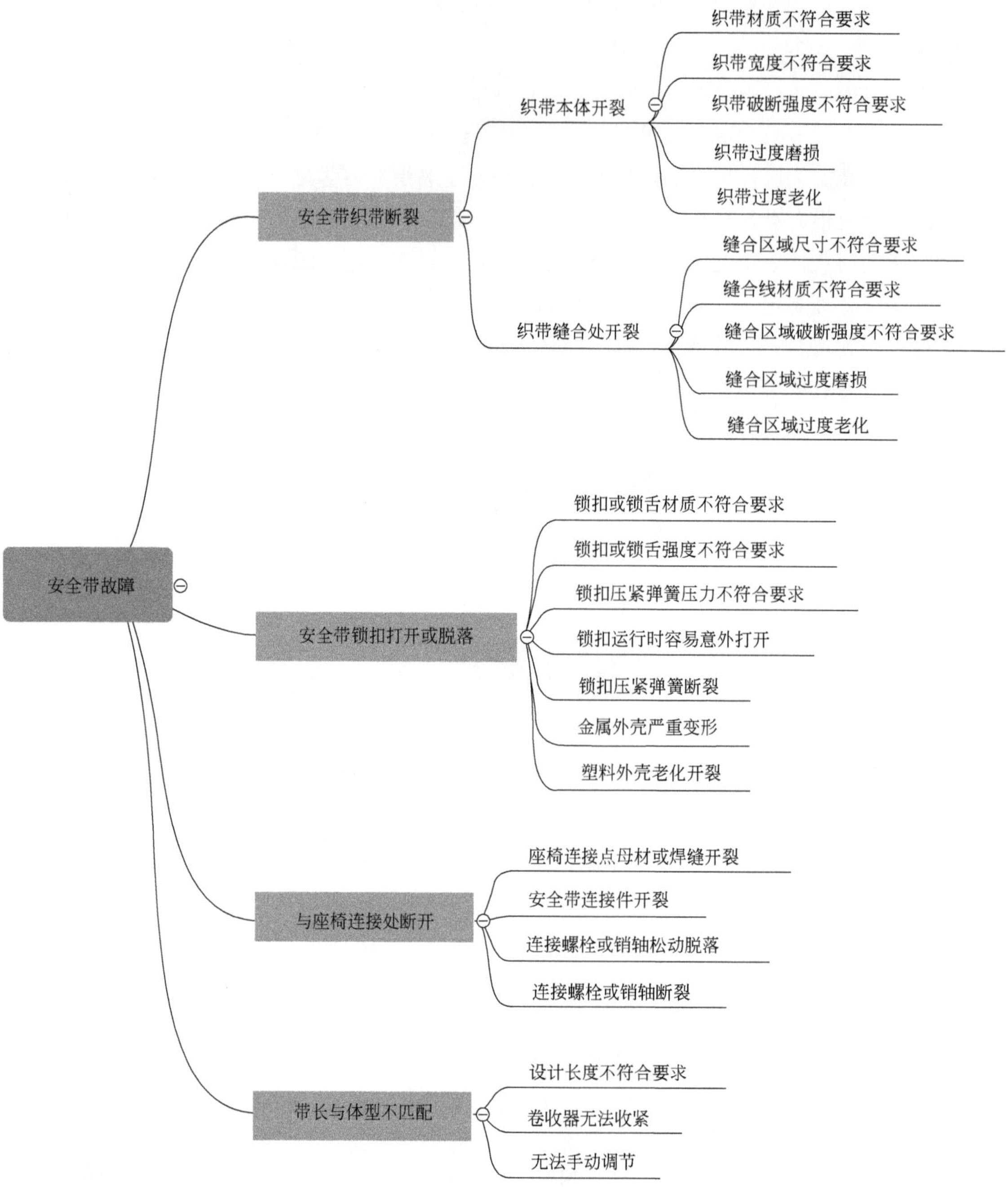

图 2　安全带危险源

2　故障树模型

2.1　事件编码及概率

根据故障或危险的分类，建立故障树，顶事件为故障或危险引发的安全事故，在设备故障和人为因素两个事件中任一事件发生即会导致安全事故[7,8]。根据事故和故障大数据分析，由事故率和故障率等因素确定底层事件概率。部分事件编码及底层事件概率如表 1 所示。

表 1 部分事件编码及底层事件概率

编码	顶层事件和中间事件	编码	底层事件	发生概率
T	乘客束缚装置失效	X1	未张贴乘客须知或乘客须知不正确	0.05
M1	人为因素	X2	未张贴安全标识或安全标识不全	0.05
M2	管理人员错误	X3	未持证或未接受系统培训	0.02
M3	操作人员错误	X4	未按要求为乘客使用安全带	0.02
M4	维护人员错误	X5	未检查安全带系紧状态	0.02
M5	乘客错误	X6	未通知乘客启动游乐设施	0.05
M6	安全带故障	X7	允许体型不符合要求的乘客乘坐	0.05
M7	安全带织带断裂	X8	未按时检查安全带	0.05
M8	安全带锁扣打开或脱落	X9	未按时更换安全带	0.05
M9	与座椅连接处断开	X10	非法对安全带进行修理	0.01
M10	带长与体型不匹配	X11	携带不符合规定物品乘坐	0.05
M11	织带本体开裂	X12	乘坐中不遵守行为规定	0.05
M12	织带缝合处开裂	X13	隐瞒自身不符合乘坐要求的身体状况	0.05

2.2 故障树建立

根据故障树中各事件发生对上层事件的影响规律，分别建立人为因素和安全带故障树，如图 3 和图 4 所示。

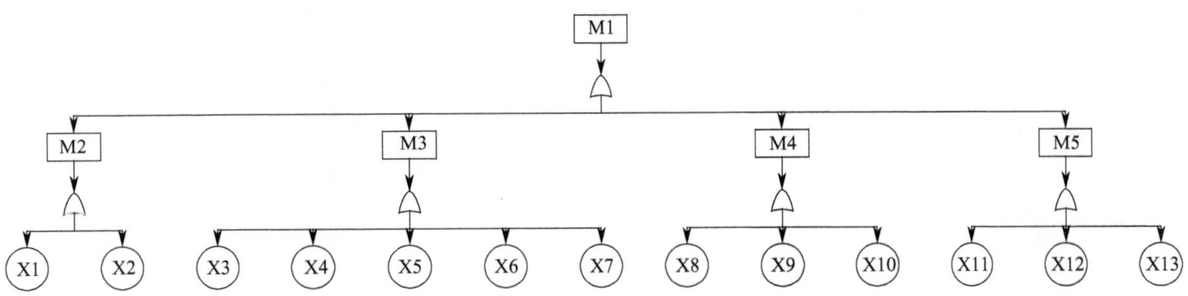

图 3 人为因素故障树

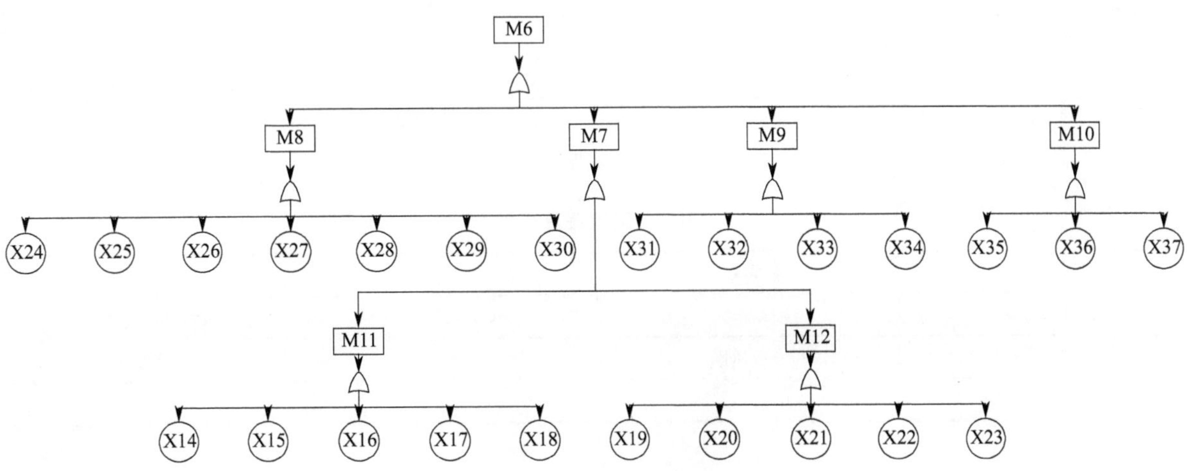

图 4 安全带故障树

2.3 概率计算

故障树建立后，就可以根据各个底事件发生的概率来计算顶事件发生的概率。在故障树中，与门的概率计算公式如式(1) 所示：

$$P(X)=\prod_{i=1}^{n} x_i \quad (i,=1,2,\cdots,n) \tag{1}$$

或门的概率计算公式如式(2) 所示：

$$P(X)=1-\left(1-\prod_{i=1}^{n} x_i\right) \quad (i,=1,2,\cdots,n) \tag{2}$$

3 故障预测系统开发

基于事故致因理论，结合国内外事故故障大数据分析，建立大型游乐设施乘客束缚装置故障预测模型，使用 Python 语言开发系统实现事故故障概率的自动计算和预测，具体功能包括：故障树的修改、导入及显示，事故故障概率预测，计算结果与事故分析报告生成等。大型游乐设施乘客束缚装置故障预测系统软件界面如图 5 所示。

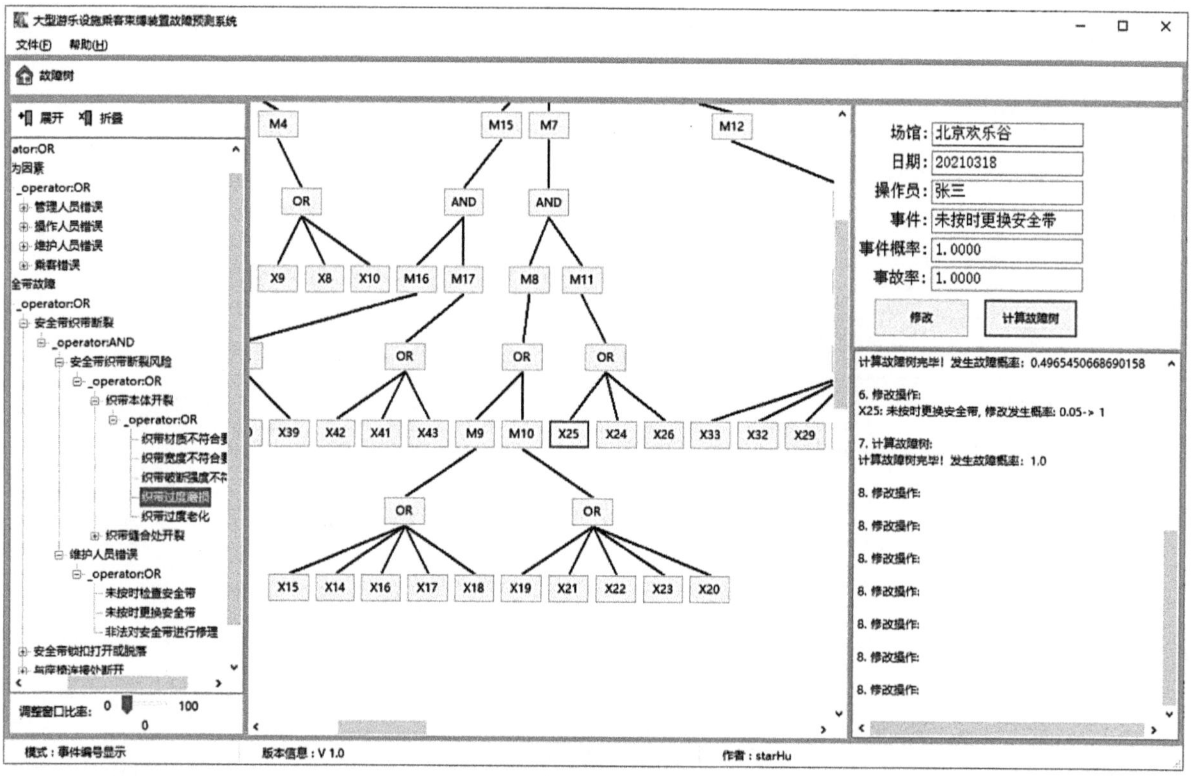

图 5 软件界面

表 2 风险程度分级

顶层事件发生概率	风险程度等级	顶层事件发生概率	风险程度等级
$0<P\leqslant 0.2$	轻微风险	$0.6<P\leqslant 0.8$	高度风险
$0.2<P\leqslant 0.4$	一般风险	$0.8<P\leqslant 1$	重度风险
$0.4<P\leqslant 0.6$	中度风险		

4 测试与应用

以“织带过度磨损”与“未按时更换安全带”2 个底层事件同时发生为例，在软件中将此 2 项底层事件发生概率修改为“1”，即：两个底层事件已经发生，此时预测得到顶层事件发生概率为“1”。根据

表 2 “风险程度分级”，此 2 项事件发生时，风险程度等级为 “重度风险”。

如仅发生 “织带过度磨损” 或 “未按时更换安全带” 2 个底层事件中的 1 个，此时预测得到的顶层事件发生概率均为 “0.4965”，风险程度等级为 “中度风险”。

5 结论

通过大数据统计分析国内外游乐设施事故和故障案例，开展乘客束缚装置危险源分析与故障预测研究，结论如下：

① 近年来，乘客束缚装置失效导致的事故在所有事故中占据多数；

② 建立了典型乘客束缚装置安全带的设备故障和人为因素危险源图谱；

③ 开发了乘客束缚装置故障预测系统并开展了应用。

参考文献

[1] 国家市场监督管理总局．关于 2020 年全国特种设备安全状况的通告 [R]．2021.

[2] 王丽，富阳．历年游乐设施事故分析研究 [J]．中国设备工程，2021，05：255-256.

[3] GB/T 39043—2020. 游乐设施风险评价 危险源 [S]．

[4] 张勇，周哲人，项辉宇．游乐设施危险源、损伤、失效和故障概念辨析 [J]．中国特种设备安全，2020，36 (02)：9-13.

[5] 曹子剑．大型游乐设施的 HAZOP 与仿真分析研究 [D]．济南：济南大学，2020.

[6] 梁峻欣，易文星，周旭升．运用故障树分析 (FTA) 游乐设施安全压杠失效的危险性 [J]．安全，2017，38 (08)：7-10.

[7] 汤磊，杨志勇，周旭升．桥式起重机吊物坠落的故障树分析 [J]．安全，2018，39 (11)：39-40，43.

[8] 郑仲金，黄政．故障树分析在船用起重设备伤害事故预防中的应用 [J]．起重运输机械，2008，06：91-93.

基于高空飞翔设备结构原理的应急处置技术研究

崔明亮[1]，金卫良[2]，吕梦南[1]，赵　强[1]，钱剑雄[1]

1. 中国特种设备检测研究院，北京，100029；

2. 浙江省特种设备科学研究院，杭州，310020

摘　要： 通过对高空飞翔结构特点及工作原理的介绍，分析得出高空飞翔发生高空滞留的主要原因是传感器误报警，运行中意外停电，超速保护装置误动作，断绳保护装置误动作。在此基础上，研究了高空飞翔发生高空滞留时的应急处置预案，并提出了日常维保要求。最后，针对近期事故频发的飞行塔类大型游乐设施，建议相关部门开展专项安全隐患排查和治理，督促使用单位完善应急救援预案并与消防部门建立联动机制，定期开展应急救援演练。

关键词： 大型游乐设施；高空飞翔；高空滞留；应急处置技术

Research on Emergency Disposal Technology Based on Structure and Principle of High Altitude Flying Equipment

Cui Mingliang[1]，Jin Weiliang[2]，Lü Mengnan[1]，Zhao Qiang[1]，Qian Jianxiong[1]

1. China Special Equipment Inspection & Research Institute，Beijing，100029

2. Zhejiang Academy of Special Equipment Science，Hangzhou，310020

Abstract: Based on the introduction to the structure characteristics and working principle of high altitude flying, the main reasons for high altitude stopping during flying are false alarms of sensors, accidental power failure during running, malfunction of overspeed protection device, and malfunction of rope break protection device. On this basis, the emergency disposal plan for high altitude stopping during flying is studied, and the daily maintenance requirements are put forward. Finally, for large-scale amusement facilities such as flying towers with frequent accidents, it is suggested that relevant departments shall carry out special safety hazard investigation and governance, and urge the users to improve the emergency rescue plan, establish a linkage mechanism with the fire department, and regularly carry out emergency rescue drills.

Keywords: large-scale amusement facilities；high-altitude flying amusement equipment；high altitude detention；emergency disposal technology

0　引言

高空飞翔作为典型的飞行塔类游乐设施，深受广大青少年朋友的喜爱，成为各地游乐场和主题公园

基金项目：本文受国家重点研发计划项目“在用特种设备使用管理重要技术标准研究”（2017YFF0207100），课题2“机电类特种设备使用管理重要技术标准研究”（2017YFF0207102）的支持。

作者简介：崔明亮，1985年生，男，硕士研究生，工程师，主要从事大型游乐设施安全检验检测、安全评价方面的工作，E-mail：cuimingliang2013@qq.com。

内最受欢迎的项目之一。据不完全统计，截止到2020年底，我国在用A级高空飞翔约105台（套），占A级飞行塔类大型游乐设施的28%。近年来，为了满足游客不断追求刺激的心里，高空飞翔的设备参数逐渐向高度越高，旋转半径越大，运行速度越快的方向发展[1]。目前，国内高空飞翔的最大设备高度58m，回转直径14.5m，转速10.4r/min，最大运行速度53km/h，承载人数42人。

我国游乐设施行业从20世纪80年代中期开始至今，虽然有了长足的发展，但整体水平还有待提高，安全事故时有发生[2]。尽管大型游乐设施事故在特种设备事故中所占比例相对较小，事故的严重程度也相对较低，但大型游乐设施作为面向社会大众，涉及公众安全的特种设备，即使微小伤害也会引起媒体和社会的广泛关注[3]。特别是近年来，受经济下行的影响，部分企业对于安全生产重视程度不够、安全主体责任落实不到位，安全投入、人员流动等诸多因素导致高空飞翔发生了多起高空滞留及乘客伤亡事件。通过查询有关媒体报道，国家市场监督管理总局特种设备安全监察局网站，中国游乐设施安全网等相关资源，梳理了2012年以来国内高空飞翔发生的各种事件，见表1。由表1可知，高空滞留事件在各类事件中占比最大。

表1 2012～2021年高空飞翔事件统计

时间	地点	人员数量	被困高度	救援方式与救援时间	人员伤亡情况	事件原因
2012.07	大连	19人	约15m	消防云梯，约2.5h	无人员伤亡	设备故障，高空滞留
2012.08	重庆	/	/	/	多人受伤，3人伤势严重	高空飞翔在运行中与其他设备相撞
2015.04	呼和浩特	6人	约40m	维修人员，约2.0h	无人员伤亡	设备故障，高空滞留
2016.08	长春	2人	/	维修人员，约0.2h	无人员伤亡	风速较大，高空滞留
2018.06	苏州	22人	/	/	无人员伤亡	设备故障，高空滞留
2019.03	长沙	34人	约20m	消防云梯，约3.7h	无人员伤亡	设备故障，高空滞留
2019.04	铜陵	2人	约20m	消防云梯，约0.5h	无人员伤亡	设备故障，高空滞留
2021.02	邵阳	/	/	/	3人重伤，13人轻伤	原因正在调查
2021.02	邯郸	35人	约10m	消防云梯，约3.0h	无人员伤亡	设备故障，高空滞留

注：上述资料均来源于网络。

1 高空飞翔的结构特点及工作原理

1.1 高空飞翔的结构特点

高空飞翔制造单位较多，结构形式各有特点，主要区别在于转盘升降驱动方式及超速和断绳保护方式，常见的转盘升降驱动方式主要有液压油缸驱动，曳引机驱动，卷扬机驱动，其中以卷扬机驱动的设备数量最多。本文以卷扬机驱动为例，来介绍高空飞翔的结构特点及工作原理。典型的高空飞翔结构型式主要由塔架、转盘组件、转盘提升系统、装饰部件、安全栏杆、控制系统、基础等几部分组成，转盘组件由转盘、链条与座椅、旋转驱动、配重等几部分组成，座椅由环链均匀的固定在旋转提升总成圆周上，每个座椅均设有独立的安全压杠，并配备有安全带。转盘提升系统由电机减速机驱动卷扬钢丝绳实现，旋转动力由四台电机减速驱动实现。塔架与基础通过地脚螺栓连接。典型高空飞翔结构形式如图1所示。

1.2 高空飞翔的工作原理

高空飞翔的工作原理为转盘在提升系统的作用下作上下直线运动，同时转盘在旋转电机的驱动下作圆周运动。乘客座椅用环链悬挂在转盘上，乘客在旋转与升降运动的复合驱动下绕立柱飞旋，体验空中飞翔的感觉，是集娱乐性、趣味性、惊险性和刺激性于一体的大型游乐设施，是青少年追求刺激放飞自我的重要载体[4]。

根据高空飞翔的结构特点、工作原理并结合近年来发生的高空滞留事故。本文重点讨论高空飞翔转

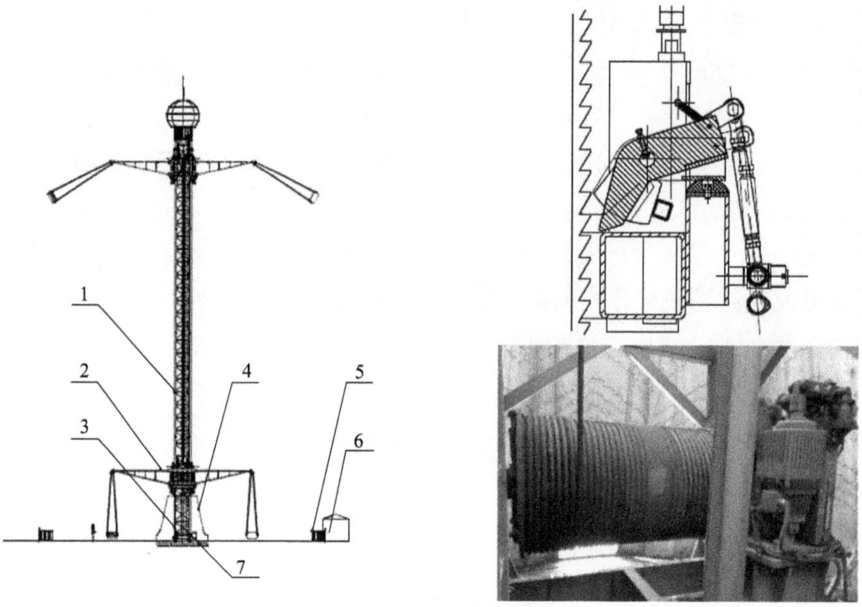

图 1　高空飞翔结构示意图

1—塔架部件；2—转盘组件；3—转盘提升系统；4—装饰部件；5—安全栏杆；6—控制系统；7—基础

盘下降超速保护装置（简称超速保护）和转盘提升钢丝绳断绳保护（简称断绳保护）装置的工作原理，表 2 统计了高空飞翔常见的超速保护和断绳保护方式。

表 2　高空飞翔超速保护和断绳保护

超速保护	断绳保护	超速保护	断绳保护
限速器＋安全钳	限速器＋安全钳	限速器＋电机带抱闸,鼓式制动器,盘式制动器	弹簧摆杆＋电磁推动器
限速器＋曳引机带制动器	限速器＋棘爪齿条	编码器＋电机带抱闸,鼓式制动器,盘式制动器	机械连杆机构＋棘爪齿条

1.2.1　超速保护装置工作原理

高空飞翔超速保护装置主要用于检测转盘下降速度，通常采用编码器或限速器与制动装置组合使用，常用的制动装置有曳引机带制动器，电机带抱闸，鼓式制动器，盘式制动器等。

编码器与制动装置组合的工作原理：通过编码器测量转盘升降速度，如发现转盘升降速度超过设定速度时，转盘升降驱动系统停止运行，制动装置采取紧急制动。

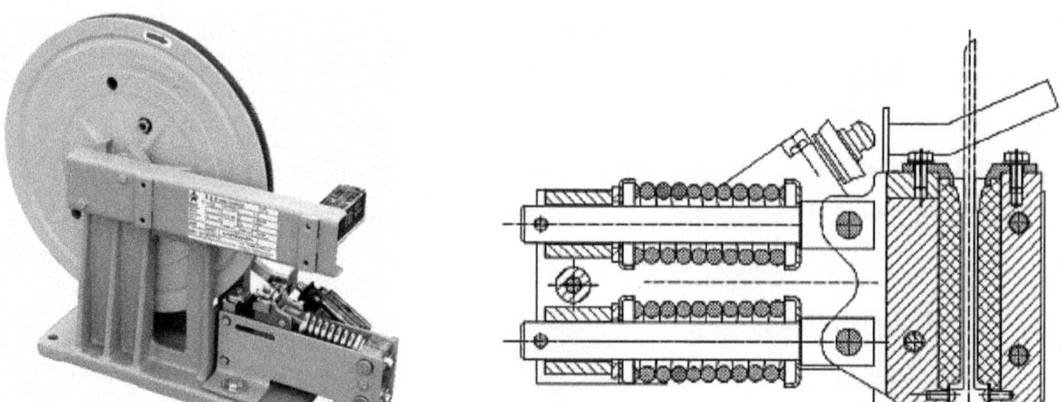

(a)限速器　　(b)限速器夹绳机构

图 2　限速器结构示意图

限速器与制动装置组合的工作原理：常见的限速器为离心式结构，当高空飞翔下行速度达到设定的电气开关Ⅰ动作速度时，电气开关Ⅰ动作，断开高空飞翔的安全回路，转盘升降驱动系统断电停止运行，制动装置制动，达到阻止高空飞翔超速运行的目的。当高空飞翔下行速度持续增大达到设定的机械动作（电气开关Ⅱ）速度时，电气开关Ⅱ动作，限速器中夹绳机构夹紧限速器的钢丝绳并操纵安全钳或棘爪动作使高空飞翔制停，限速器及其夹绳机构如图2所示。

1.2.2 断绳保护装置工作原理

常见的高空飞翔断绳保护方式主要有：限速器和安全钳联动保护装置，限速器和棘爪齿条联动保护装置，机械连杆机构和棘爪齿条联动保护装置。

（1）限速器和安全钳联动保护装置工作原理

高空飞翔正常速度运行时，安全钳始终处于打开状态，安全钳导靴和导轨间隙保持在设定值之内，当高空飞翔的运行速度超过设定的速度值时，限速器中夹绳机构动作，然后通过限速器钢丝绳触发安全钳动作，导靴夹紧导轨，高空飞翔停在空中，从而有效保护乘客安全和设备安全。常见的限速器和安全钳联动保护装置如图3所示。对于采用摩擦型限速器，完全靠限速器轮槽与限速器钢丝绳的摩擦力来制停钢丝绳，需要定期检查限速器的轮槽、配重和钢丝绳是否完好，防止限速器钢丝绳在绳槽中打滑，并定期做限速器和安全钳联动试验[5]。

（a）限速器　　（b）安全钳　　（c）导靴

图3　限速器和安全钳联动保护装置

（2）限速器和棘爪齿条联动保护装置工作原理

高空飞翔正常速度运行时，棘爪始终处于闭合状态，当运行过程中转盘提升钢丝绳断绳或转盘下降速度超过限速器设定的速度值时，限速器中夹绳机构动作，然后通过限速器钢丝绳触发连杆机构，棘爪弹出卡在齿条中，高空飞翔停在空中，从而有效保护乘客安全和设备安全，常见限速器和棘爪齿条联动保护装置如图4所示。

（3）机械连杆机构和棘爪齿条联动保护装置工作原理

高空飞翔正常速度运行时，不会触发机械连杆机构，棘爪始终处于闭合状态。当运行过程中提升钢丝绳断绳时，安装在提升钢丝绳底部的压簧失去钢丝绳的拉力，弹出并压紧钢丝绳固定座上的翻板，然后通过连杆机构触发棘爪弹出卡在齿条中，高空飞翔停在空中，从而有效保护乘客安全和设备安全，常见的机械连杆机构和棘爪齿条联动保护装置如图5所示。

2　高空飞翔高空滞留原因分析

高空飞翔正常速度运行时，超速和断绳安全保护装置不起作用，但当转盘升降过程中发生超速运行

(a)限速器

(b)连杆机构

(c)棘爪齿条

图 4　限速器和棘爪齿条联动保护装置

(a)翻板机构

(b)棘爪齿条

图 5　机械连杆机构和棘爪齿条联动保护装置

或提升钢丝绳断绳时，安全保护装置将会采取紧急制动，避免发生意外事故。但是在实际运行过程中，由于传感器误报警，设备运行中意外停电，超速保护装置误动作，断绳保护装置误动作等也会引发高空滞留。

2.1　传感器误报警

高空飞翔的转盘在上升和下降过程中位置检测传感器布置为：上升阶段，分别设置了转盘旋转开始、上升减速、上升停止，上升极限位；下降阶段，分别设置了转盘旋转停止，下降减速、下降停止、下降极限位等；转盘失速和断绳检测也设有相应的检测传感器。由于传感器安装在室外，受环境影响较大。使用过程中，如日常维护保养不当，传感器线路老化，行程开关锈蚀，救援过程操作失误触碰传感器，传感器固定架变形等情况下都可能导致传感器误报警，高空飞翔安全保护装置动作，引发高空滞留。

2.2　设备运行中意外停电

高空飞翔在运行中意外停电导致高空滞留是一种最常见的应急救援工况，也是应急救援预案中演练最多的应急工况之一。引发设备意外停电的主要原因通常是电气设备故障或者外部供电电网停电。设备停电后，常闭式的制动装置就会采取紧急制动，引发高空滞留。

2.3 超速保护装置误动作

高空飞翔超速保护装置主要有编码器或限速器与制动装置的组合，正常速度运行时，超速保护装置不起作用，但当转盘发生超速运行时，超速保护装置立即动作，制动装置采取紧急制动，避免发生意外事故。但是，在实际运行中，由于编码器故障，限速器保养不到位，限速器钢丝绳张紧力调整不当，限速器和安全钳安装误差，安全钳连杆拉臂转动处锈蚀或缺油，导轨与安全钳楔块间隙调整不当，安全钳楔块动作不灵活，导轨变形或导轨上油污较多，等原因都可能造成超速保护装置误动作，引起高空滞留。

2.4 断绳保护装置误动作

高空飞翔断绳保护装置主要有：限速器和安全钳联动保护装置，限速器和棘爪齿条联动保护装置，机械连杆机构和棘爪齿条联动保护装置。正常情况下，断绳保护装置不起作用，当限速器或机械连杆机构检测到钢丝绳断绳时，断绳保护装置就会立即动作，采取紧急制动，避免发生意外事故。但是，在实际运行过程中，由于限速器保养不到位，机械连杆拉臂转动处锈蚀或缺油，导轨与安全钳楔块间隙调整不当，导轨变形或导轨上油污较多，钢丝绳断绳检测开关误动作，突遇阵风等原因都可能造成断绳保护装置误动作，引发高空滞留。

3 高空飞翔高空滞留应急处置技术分析

高空飞翔发生高空滞留时，首先应告知乘客非正常停机的原因以及将要采取的应急处置措施、大约需要的处置时间等，先安抚乘客的情绪，然后再按照使用说明书及应急预案进行救援，疏散乘客，应急处置工作预案可参考图 6 进行。

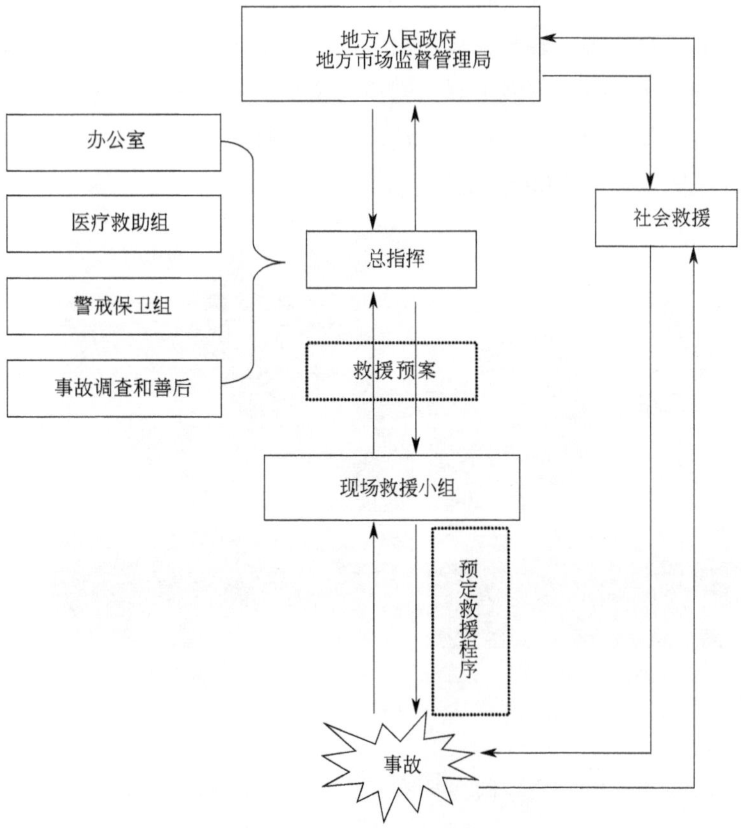

图 6　应急处置工作预案流程图

通过对高空滞留原因分析，可以将高空滞留应急预案归纳为以下两种情况：一是发生高空滞留后，维保人员通过故障排查，短时间内人工复位后设备可以正常工作，采用“手动”操作模式疏散乘客，或者按照设备运行中意外停电故障应急预案进行救援；二是发生高空滞留后，维保人员通过故障排查，短时间内人工复位不能将游客疏解下来，需要由消防部门协助救援。

上述两种救援预案的时间界限没有明确的规定，建议使用单位参照《特种设备安全监察条例》第六十四条第六款规定：大型游乐设施高空滞留人员 1h 以上 12h 以下的为一般事故。综合考虑游乐设施的公共安全属性及现场情况，设定合理的维修人员救援时间，如不能在规定时间内完成救援，为了避免成为舆论关注的焦点，建议尽快求助消防部门参与救援。

3.1 高空飞翔高空救援应急处置预案一

高空飞翔在正常运行中，如遇突发状况导致乘客高空滞留，操作人员告知乘客的同时，启动应急救援预案，由维保人员参照使用说明书的相关内容，根据现场实际情况，综合分析判断高空滞留的原因。对于高空滞留是由断绳保护装置动作引发的，救援思路是将限速器或机械连杆机构复位，按下控制面板上的“手动”模式，将转盘向上提升一段距离，复位安全钳或棘爪，疏散乘客，详细的救援步骤可参照使用说明书的相关要求进行，但需考虑如何在停电状况下提升转盘。对于传感器误报警，设备运行中意外停电，超速保护装置误动作等原因引起的高空滞留，可按照使用说明书中意外停电工况下的应急预案进行救援。

鉴于使用现场工况复杂，每种应急工况都可能发生，为了对高空救援过程中的安全性进行分析，本文以最常见的意外停电且断绳保护装置未发生作用情况下的高空救援为例进行讨论。对于本次未讨论的情形，请查阅设备使用说明书中的相关要求。

（1）转盘升降采用液压油缸驱动的高空救援安全性分析

非正常停机后，可以按照以下步骤进行救援：按下控制面板上的“急停”按钮，关闭电源，防止在救援过程中突然来电造成二次伤害。转盘在运动阻力的作用下缓慢停止旋转，同时依靠设备自重，油缸内的油通过节流孔回流到油箱，座椅缓慢下降回到原始位置，安全疏散乘客；如果转盘依靠自重不能够自由下降，需要等转盘完全停止旋转后，把高压截止阀转到打开位置［见图 7(a)］，并旋转调节安装在另一侧的手动节流阀［见图 7(b)］使其缓慢下降。

(a) 高压截止阀　　(b) 手动节流阀

图 7　液压油缸驱动救援装置

采用液压油缸驱动的高空救援安全风险主要有：①采用液压油缸驱动的高空飞翔停电后，会依靠设备自重缓慢下降，座椅的旋转电机不带制动装置，只能依靠惯性减速后缓慢停止，因此，当转盘位置较低时停电，座椅与周边的树木、围栏等的安全距离要按照座椅的最大旋转半径设计，同时在旋转半径的立体空间内也不应有障碍物，防止座椅下降时与周围障碍物发生碰撞；②手动释放时控制节流阀的流量，控制下降速度，避免座椅下降速度过快导致下限位的缓冲装置受损，乘客座椅触地。

(2) 转盘升降采用曳引驱动的高空救援安全性分析

非正常停机后，可以按照以下步骤进行救援：转盘在运动阻力的作用下缓慢停止旋转，按下控制面板上的“急停”按钮，断开主电源，在确认钢丝绳未松弛，控制系统正常后，由维修人员手动释放曳引机抱闸，疏散乘客。需要注意的是国内部分型号的高空飞翔为了降低能耗，规定必须乘坐一定数量的人员，松开曳引机抱闸，转盘才能依靠自重缓慢下降。因此，对于这种型号的高空飞翔，建议使用单位配备救援发电机，采用“手动”模式疏散乘客，防止因乘坐人员数量不足，松开曳引机抱闸后，转盘不能依靠自重下降或停在平衡位置，典型曳引机驱动的制动装置如图 8 所示。

(a) 曳引机安装在立柱底部

(b) 曳引机安装在立柱塔顶

图 8 典型曳引机驱动的制动装置

采用曳引驱动的高空救援安全风险主要有：①高空滞留位置较低时，必须等旋转停止后再进行救援，防止转盘下降过程中座椅与周围障碍物发生碰撞；②手动释放曳引机抱闸时，严格控制转盘下降速度，防止限速器动作触发断绳保护装置。

(3) 转盘升降采用卷扬机驱动的高空救援安全性分析

非正常停机后，可以按照以下步骤进行救援：按下控制面板上的“急停”按钮，关闭电源，防止在救援过程中来电造成二次伤害。在确认钢丝绳未松弛，控制系统正常后，由维修人员手动释放制动装置，实现座舱缓慢下降，疏散乘客。采用卷扬机驱动常见制动装置主要有电机自带抱闸，电力液压推杆制动器，钳盘式制动器，制动装置的手动释放方法请参阅使用说明书，典型的卷扬机驱动系统制动装置如图 9 所示。

采用卷扬机驱动的高空救援安全风险主要有：①如高空滞留位置较低时，必须等旋转停止，防止转盘下降过程中座椅与周围障碍物发生碰撞；②手动释放制动装置时严格控制座舱下降速度不超过运行速度的 115%，以防限速器动作触发断绳保护装置；③应急救援之前检查传动系统及制动装置的可靠性，防止应急过程中出现二次伤害。

3.2 高空飞翔高空救援应急处置预案二

非正常工况下，由于超速保护装置或断绳保护装置动作，引发的高空滞留，维保人员短时间内无法安全疏散乘客的情况下，优先求助消防部门采用消防云梯救援，并做好相应的医疗救助和善后工作。对于部分安装在山水景区或农村乡镇，远离大城市，消防云梯短时间内无法达到现场参与救援的情况下，为了避免游客长时间处于高空造成恐慌，可采用消防部门用于高层建筑物火灾现场救援的缓降器和上升器进行救援。但需要注意的是，由于本套设备目前主要用于高空建筑物火灾现场救援，还未正式运用在

图 9　卷扬机驱动系统制动装置

高空飞翔的应急救援过程中，救援预案、人员培训还未形成相应地体系。因此，如要开展相关的应急救援，还需要企业结合实际情况以及设备制造方制订详细的应急救援预案，并对相关人员进行培训并考核合格之后方可进行救援。

4　高空飞翔日常维保注意事项

高空飞翔作为大型游乐设施，属于特种设备目录中严格监管的设备，使用单位应当按照《中华人民共和国特种设备安全法》、TSG 08—2017《特种设备使用管理规则》及使用说明书的相关要求进行经常性维护保养和定期自行检查，并作好记录。重点关注涉及乘客人身安全的限速器，安全钳，机械连杆机构，棘爪齿条，位置检测元件等安全保护装置；电机减速机，联轴器，曳引机，卷扬机，钢丝绳，座椅吊挂链条等重要传动装置；安全压杠，安全带等乘客束缚装置的日常维护保养。并对限速器和安全钳联动保护装置，限速器和棘爪齿条联动保护装置，机械连杆机构和棘爪齿条联动保护装置定期进行联动试验，以验证其可靠性。

5　建议和意见

通过对高空飞翔高空滞留的原因进行分析，建议在大型游乐设施日常维护保养、安全监察和检验检测过程中重点关注乘客安全保护装置，重要传动装置，乘客束缚装置等的检查。为了避免今后类似事件的发生，还有以下工作需要开展进一步的研究：

① 近年来发生了多起飞行塔类游乐设施高空滞留事件，舆论关注度较高，影响较大，建议相关部门组织开展飞行塔类游乐设施专项安全隐患排查和治理，督促使用单位完善应急救援预案并与消防部门建立联动机制，定期开展应急救援演练；

② 建议在《飞行塔类游乐设施通用技术条件》修订时增加标准件的选型要求，重点对传动系统、电气控制系统的可靠性进行重点评估，防止出现单一失效点，增加限速器、安全钳、棘爪齿条等重要安全部件的型式试验及相关技术要求；

③ 失速保护作为飞行塔类游乐设施的一项重要安全保护措施，建议将《检规》第 7.17 条防止超速的控制装置的检查增加到飞行塔类游乐设施的检验项目中，同时在《检规》的定期检验中增加断绳保护装置的联动试验要求；

④ 开展限速器和安全钳的适用性研究。限速器和安全钳联动保护装置在电梯中的应用已经很成熟，

但由于飞行塔类游乐设施和电梯服役环境有所不同，限速器和安全钳联动保护装置如何能够更好的适应室外环境，从本质上提升限速器和安全钳联动保护装置的可靠性，还有待进一步研究；

⑤ 高空飞翔的在规划设计中，应重点考虑安全栅栏的尺寸范围，考虑消防疏散通道，方便出现紧急情况下进行安全疏散。

参考文献

[1] 王宁．基于有限元法研究高空飞翔游乐设备承载结构 [D]．沈阳．沈阳大学，2019.

[2] 林伟明．典型游乐设施复杂工况下风险评估及故障预防研究 [D]．北京：北京化工大学，2013.

[3] 张新东，张煜，李向东，等．基于事故统计的大型游乐设施危险性分析和安全防范措施研究 [J]．中国特种设备安全，2015，31 (2)：21-24.

[4] 沈功田，刘渊，张君娇，等．在役大型游乐设施健康评价方法研究 [J]．机械工程学报，2020，56 (10)：1-9.

[5] 刘韶慧．电梯安全钳运行原理及故障原因分析 [J]．机电信息．2020，626 (20)：23-24.

滑行车类游乐设施区段防碰撞控制系统设计

马　宁，李加申

中国特种设备检测研究院，北京，100028

摘　要： 随着游乐设施行业的发展与大型主题游乐园的建设，各大游乐场中最受关注的设备非大型过山车莫属，近年来过山车越来越朝着高空、高速、多车化进行发展。结合目前国内外游乐设施相关事故统计，发现国内外曾发生过多起运行过程中因车体发生碰撞导致严重伤亡事故，因此对防碰撞设计方面的研究就变得十分重要。目前国内外普遍采取通过控制系统对运行轨道进行区段划分的方式实现防碰撞功能，但对具体的区段划分实施方式及安全性能并未进行过相关的研究。因此本文结合实际事故案例，对具体的区段划分原则及实现方法进行分析，为今后的设计文件审查及现场检验提供相关参考依据。

关键词： 游乐设施，滑行车，防碰撞，区段控制

Coaster anti-Collision Block Zone Control System Design

Ma Ning, Li Jiashen

China Special Equipment Inspection Institute, Beijing, 100028

Abstract: With the development of amusement facilities industry and the construction of large theme parks, The most important ride in the amusement park is the large roller coasters. In recent years, roller coaster is more high-altitude, high-speed, multi car development. Due to, China and foreign ride facilities related accident statistics, Many serious accidents caused by collision of the vehich during operation are founded. Therefore, the research on anti-collision design becomes very important. At present, the anti-collision function is realized by block zone through the control system at china and abroad. But there is no relevant research on the block zone plan and safety performance of anti- collision system. In this paper, with actual accident cases, The principle and realization method of block zone are analyzed. It can provide reference design review and accept inspection in the future.

Keywords: ride, roller coaster, anti-collision, block zone

0　引言

依据 GB 8408—2018《大型游乐设施安全规范》第 6.9.4.1 条规定[1]，同一轨道、滑道、专用车道等有两组以上（含两组）无人操作的单车或列车运行时，应设防止相互碰撞的自动装置和缓冲装置。但是并未说明何种设备应该采取何种防止相互碰撞的措施，且目前为止也尚未有检验机构与个人对相关课题进行系统性研究。部分生产厂家设计时也多是依据设计者个人经验，不少检验人员进行检验时也因为没有具体指导

作者简介：马宁，1983 年生，工程师，本科，主要从事游乐设施检验工作。

意见而不清楚如何开展相关检验。因此，确定防碰撞装置设计原则以及重点关注事项是比较迫切的需要。

1 国内外事故概况

滑行车类游乐设施发生碰撞导致严重死伤事故屡有报道，如：2015 年英国奥顿塔（Alton Towers）游乐场 14 环过山车故障导致 2 节车厢相撞，致 16 人受伤，2 名少女被迫腿部截肢[2]；2017 年西班牙首都马德里一家游乐园 2 辆过山车相撞，致包括儿童在内的 33 人受伤。事故过山如图 1 所示。

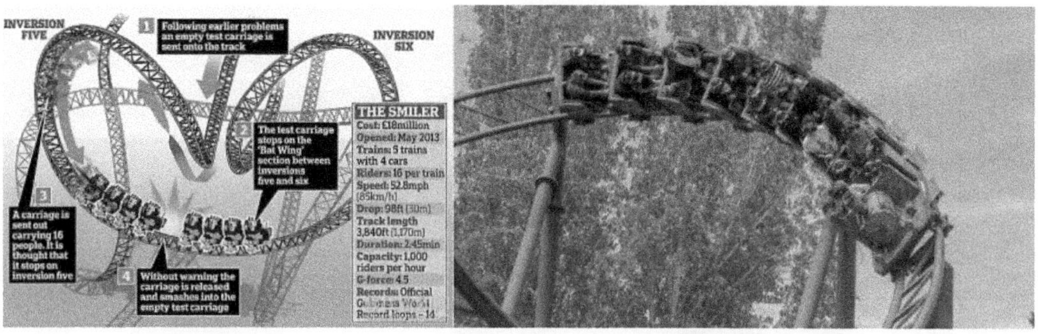

(a) 英国事故过山车　　(b) 西班牙事故过山车

图 1　事故过山车现场照片

2012 年日本的山行县也发生过一起激流勇进船体发生相互碰撞，导致乘客严重受伤的事故。国内也曾经发生过广州长江乐园激流勇进船体由于提升段船体倒滑，与后车相撞造成的乘客死伤事故。此外，国内外还有其他多起疯狂老鼠、旋滑车、黑暗乘骑等设备在使用调试过程中发生的碰撞事故。

经调查，发生碰撞事故的主要原因是运行轨道同时运行多列车辆，由于机械或电气故障，导致前车停止或发生逆行时与后车发生碰撞。目前，为避免多车滑行车类游乐设备在运行过程当中发生碰撞事故，普遍采用机械隔离方法，将轨道运行区间划分为若干区段的方式，实现运行过程当中的防碰撞目的。

2 防碰撞轨道区段划分原理

首先通过该类设备的特点，对该类设备的主要构成要素进行分析。一般来说设备的运行阶段主要包括：站台上、下客的站台区，将车体提升到轨道最高处的提升区，车体沿轨道依靠自重滑行的滑行区和最后结束运行的制动区。滑行车类游乐设施由于车体自身不具备动力及制动能力，其在水平区段的运行主要依靠橡胶摩擦轮胎提供动力，在提升区段依靠提升链条提供动力将其提升到轨道最高点。制动功能主要由气动板式刹车与车体底部的刹车板摩擦实现减速与制动，气动板式刹车由气动或液压装置控制实现打开与闭合，实际开、合状态可由传感器检测。

因此，可以通过制动装置的开、合，与提升机构的运行停止，将轨道区分为若干区段。通过传感器检测车体的位置以及提升制动装置的开合状态，实现同一区段内只运行一台车体通过的功能。已保证不会发生碰撞的相关事故。图 2 为一典型链条提升双车运行滑行车系统。该系统主要包括可容纳两车的站台区、提升区、滑行区和制动区四部分。

3 防碰撞轨道区段划分功能实现方式

区段控制方式将轨道考虑成多个拥有入口与出口通道，如通道内无占用车辆时，入口处于打开状态，此时允许车辆进入。车辆进入后，入口关闭直到此车辆从出口离开。出口的开合状态由前段的区段占用状况决定，当前段处于占用状态，则出口处于闭合状态；当前段区段被清空，后段出口才会打开。

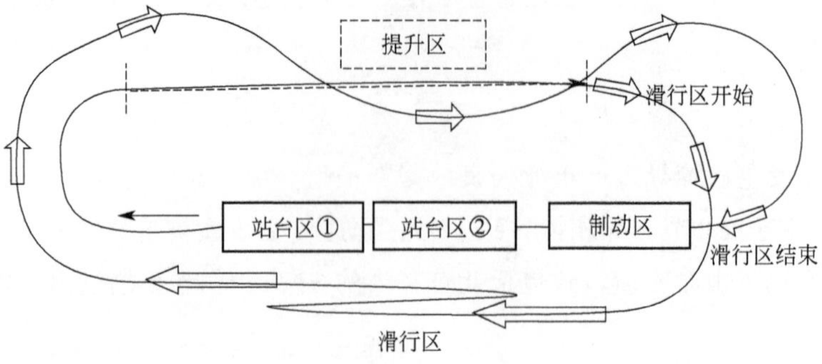

图 2　双车滑行车运行轨迹示意图

车体离开出口时，传感器 2 检测到离开信号，通道占用状态被清空，此时允许下一辆车体进入。

单个区段控制实现方法如图 3 所示。

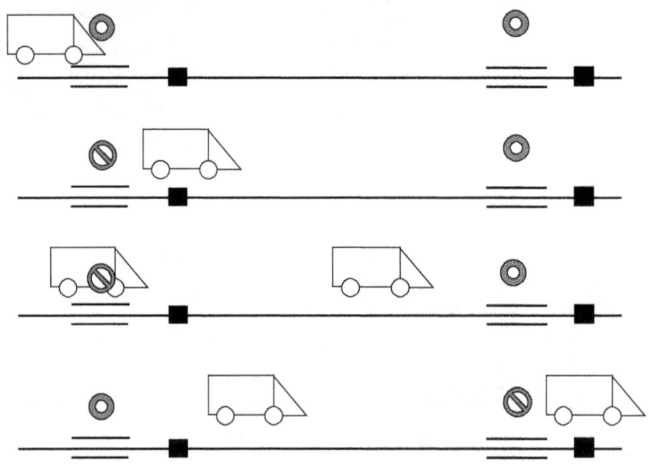

图 3　区段控制示意图

可容纳两辆车的站台区、提升区、滑行区和制动区的区段设计如下。

（1）站台区

站台区内为防止两车相碰的站台区区段设计如图 4 所示。车体出发传感器 1 时出发此区段闭合，系统不允许后车放车。此时驱动器全速旋转驱动车体前行，传感器 2 为减速传感器，检测到车体通过时驱动轮减速运行。传感器 3 为到位检测传感器，检测到车体到位时驱动停止制动装置闭合。传感器 4 为超行程检测如果在正常工况下未能正确制动，触发传感器 4 则系统报警急停功能起动。

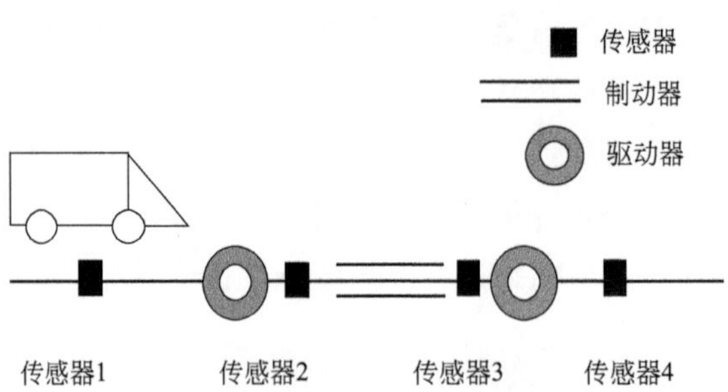

图 4　站台区区段设计原理

（2）提升区

由于提升链条既可以作为提升机构又可以作为制动机构使用，考虑到运营效率目前被多数国外企业普遍采用。当前车离开提升区后，才允许后车进入提升区，这样前车的滑行时间与后车的提升时间重

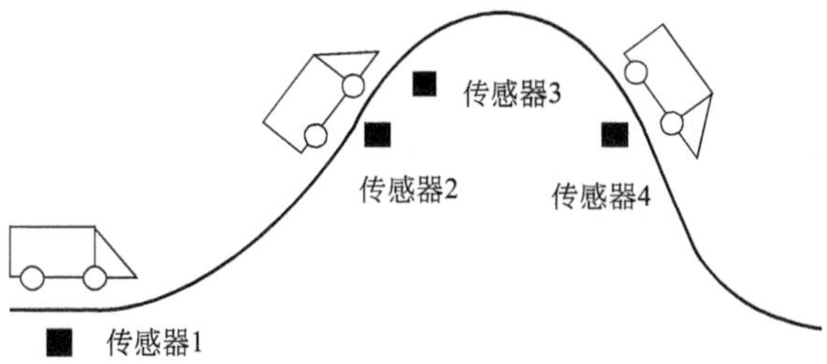

图 5 提升区区段设计原理

叠，大大地提升了运营效率，但前提是必须保证后车在前车滑行完毕并离开制动区后，后车才能离开提升区。

提升区区段控制示意图如图 5 所示，传感器 1 触发提升区段占用，传感器 4 为区段清空检测。车体离开提升段触发传感器 4 到驶出滑行区之间后车也可以进行提升段开始提升，传感器 2 为停车检测传感器，即如果在后车到达传感器 2 位置时前车还没离开滑行区则链条停止，待前车离开滑行区后链条再重新启动。

(3) 滑行区

由于在滑行区完全是车辆依靠重力势能转化为动能沿轨道滑行，此时车辆达到最大运行速度而自身不具备制动功能，所以若在滑行区发生碰撞将导致非常严重的后果，因此，对滑行区的区段控制在滑行车类防碰控制等级中是最高的。设计时不但要考虑功能性更要考虑可靠性，还需要考虑传感器系统自身的故障或误动作产生高空滞留等危险。部分过山车或激流勇进由于轨道过长所以操作室内无法看清设备全部运行情况，此时还需要考虑在人机操作界面设置轨道状况提示显示以及监控措施。

(4) 制动区

制动区也是危险性较大的一个区域，如果制动区失效可能造成车辆直接冲入站台发生碰撞，西班牙的过山车碰撞事故就是由于制动失效导致后车未减速的情况下冲入站台与前车发生碰撞。制动区的制动刹车片的开合状况必须时时监测，且与前后段的占用状况有效联锁。

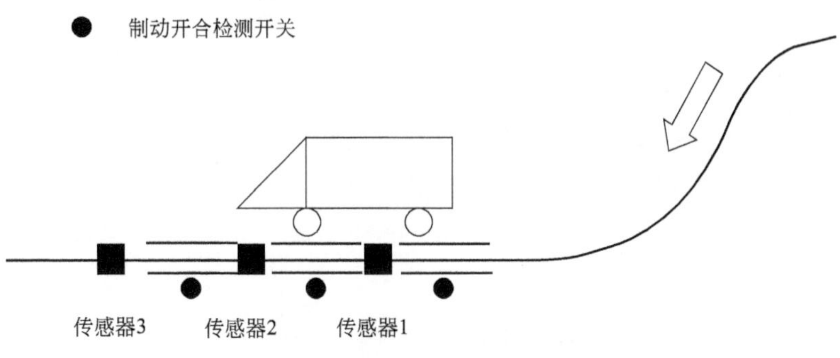

图 6 制动区区段设计原理

图 6 所示为制动区区段设计原理，传感器 1 为进入刹车区检测，传感器 2 为停止位检测，传感器 3 为超行程检测。

4 防碰撞轨道区段划失效模式讨论

(1) 车体自身机械故障与传感器失效同时发生

游乐设施的位置检测传感器由于长期在室外使用，且轨道由于震动量较大也比较容易出现故障，另外部分光电传感器会受到环境及昆虫的影响导致发生错误的判断。由于车辆机械或环境原因（如突风）导致车辆停止在滑行区时，而传感器此时出现故障，导致后车未收到前区段占用指令进入滑行区与前车发生碰撞，此时往往会产生非常严重的后果。

（2）制动装置失效

制动装置普遍采用常闭式的气动板式刹车，只有在接收到打开指令时由气动系统驱动制动片打开。由于采用常闭式机械锁紧结构，发生机械失效的可能性不大，失效原因主要有控制系统误信号，以及中间继电器粘连导致制动器打开。可采取提高输出信号安全等级与刹车状态实时监测的方法避免此类失效。

（3）人为操作失误

部分设备在紧急停止切换至维修模式时，自动运行模式区段保护功能失效，南京某乐园曾发生由于设备故障触发系统紧急停机后，操作人员试图通过维护模式驱动设备，但未注意到前一区段仍有车辆停留，依然使用维护模式强行驱动车辆起动，导致发生碰撞事故。因此设计者除考虑正常自动控制阶段的区段控制方式外，还需要兼顾考虑维护模式情况下的防碰撞功能设计。

5 现场如何验证防碰撞功能

首先，检测全部位置传感器是否均能有效检测到车辆通过。可先人工触发各个传感器，通过检测可编程控制器的输入端确定每个传感器是否有效，然后再进行单车运行确定所有传感器都可以有效的检测到车辆的通过信息。

然后，对各个区段分别进行功能模拟测试。可采用人工模拟信号输入，确认各区段内的传感器、处理器、输出执行机构的功能与运行逻辑符合设计要求。然后采用“单车运行＋人工模拟”的方法对各区段的功能进行测试，如车辆在提升轨道时，人工遮挡表示制动段占用的停止位检测传感器，检查此时提升系统是否会立即停止，以及人机界面是否显示正确的报警信息。

最后，模拟各传感器失效时系统是否处于失效安全状态。可人工去除一个传感器，检查实际运行时是否会出现相关报警，以及区段控制是否依然处于安全状态。

6 结论

通过以上分析，得到如下结论：

① 通过合理的区段划分可有效实现防碰撞的；

② 防碰撞区段设计阶段要兼顾安全性、可靠性、效率性；

③ 设计时尽量考虑容错性及复位方案；

④ 尽量采用相序设计防止误动作发生；

⑤ 检验时应逐一试验每个区段的功能与故障安全状态。

参考文献

[1] GB 8408—2018.《大型游乐设施安全规范》[S].

[2] 宋伟科，林伟明，郭俊杰．大型游乐设施典型案例．上海：同济大学出版社，2015.

冬奥索道轴承声发射信号特征研究

陈大庆[1]，沈功田[2]，张君娇[2]，李光海[2]，王　强[1]，魏联理[3]

1. 中国计量大学，杭州，310018

2. 中国特种设备检测研究院，北京，100029

3. 北京声华兴业科技有限公司，北京，101300

摘　要： 轴承作为冬奥索道的重要受力部件，其失效将引起事故的发生和人员的伤亡，由于轴承难以拆卸的特点和滑雪场较为严苛的检测环境，对冬奥索道的驱动装置轴承和迂回装置轴承进行了声发射在线检测。本文对索道运行周期内轴承的声发射信号的参数特征进行分析，发现驱动装置轴承在索道运行过程中的声发射信号各参数幅值明显较高。对典型信号进行频谱分析，得到了索道轴承运转过程中声发射信号的频谱特征。根据现场检测获得的索道轴承运转的声发射特性为冬奥索道实施声发射长期监测奠定了基础。

关键词： 轴承；声发射；参数特征；架空索道

Research on Characteristics of Acoustic Emission Signal of Cableway Bearing in Winter Olympics

Chen Daqing[1], Shen Gongtian[2], Zhang Junjiao[2], Li Guanghai[2], Wang Qiang[1], Wei Lianli[3]

1. China Jiliang University, Hangzhou, 310018

2. China Special Equipment Inspection and Research Institute, Beijing, 100029

3. Beijing Shenghua Industrial Technology Co., Ltd, Beijing, 101300

Abstract: As an important component of the Winter Olympics ropeway, its failure will cause accidents and casualties. Due to the difficulty of bearing removal and the stricter testing environment of the ski resort, the bearings and detour devices of the Winter Olympics ropeway The bearing has been tested on-line with acoustic emission. This paper analyzes the parameter characteristics of the acoustic emission signal of the bearing during the ropeway operation period, and finds that the amplitude of each parameter of the acoustic emission signal of the drive device bearing during the operation of the ropeway is obviously higher. The frequency spectrum analysis of the typical signal is carried out, and the frequency spectrum characteristics of the acoustic emission signal during the operation of the ropeway bearing are obtained. The acoustic emission characteristics of the ropeway bearing operation obtained according to the on-site inspection have laid the foundation for the long-term acoustic emission monitoring of the Winter Olympics ropeway.

基金项目：国家重点研发计划“科技冬奥”重点专项“冬奥关键区特种设备安全运行保障技术”，课题“严寒复杂环境下的关键部件快速监检测技术研究”（编号：2019YFF0302201）

作者简介：陈大庆，硕士，主要从事无损检测技术研究工作。

通讯作者：张君娇，zhangjj1000@163.com。

Keywords: bearing; acoustic emission; parameter characteristics; aerial ropeway

1 研究目的

客运架空索道是一种将钢索架设在支承结构上作为轨道，通过运载工具来输送人员的运输系统，是八大类特种设备之一[1]。雪场架空索道作为客运架空索道的一种，自冬奥会成功申办以来，滑雪场对提升运输效率、增设上行设施的投入不断增加，5 年间全国各雪场架空索道的数量有 179 条增加至 261 条，增幅达 45.8%[2]。雪场架空索道在为乘客提供便利交通的同时，安全运行也是至关重要的。

滚动轴承是客运索道持续运转的关键受力部件，其失效将引起事故的发生和人员的伤亡。因其安装后难以拆卸的特点和滑雪场较为严苛的检测环境，现场检测选择声发射检测方法。声发射检测方法可以实现对索道轴承的不拆卸、在役检测，更有对早期故障进行预报的潜力。近年来，大量研究表明声发射技术在滚动轴承状态检测和故障诊断中取得了良好的效果[3~5]。声发射检测技术已经成功地应用于大型观览车主轴系统的在线监测，并得到了滚动轴承的声发射信号特征[6]。

本文对云顶滑雪公园（冬季奥运会竞赛场馆之一）的 5 号索道驱动装置轴承和迂回装置轴承进行在线声发射检测，通过对索道运行周期的参数特征分析，得到了索道在运行过程中轴承的参数特征规律。对典型信号进行频谱分析，得到了索道轴承运转过程中声发射信号的频谱特征。根据现场检测获得的索道轴承运转的声发射特性为冬奥索道实施声发射长期监测奠定了基础。

2 现场试验

本文对云顶滑雪公园（冬季奥运会竞赛场馆之一）的 5 号雪场架空索道驱动装置轴承和迂回装置轴承进行在线声发射检测。5 号索道位于云顶世界南侧，长度斜长 551m，海拔高差为 69.5m，支架数量为 6，吊椅数量为 37 个，循环一周所用时间约为 6min。5 号索道外观如图 1 所示，其中图 1(a) 是 5 号索道站房外观，图 1(b) 是 5 号索道运行图。

(a) 5号索道站房外观

(b) 5号索道运行图

图 1　5 号索道

试验采用清诚声发射研究（广州）有限公司的 SAEU3H 声发射检测系统，SRI150 型宽带传感器，将传感器布置在与滚动轴承相连的大轴上或距离滚动轴承尽可能近的位置，传感器布置见图 2。门槛设为 45dB 以屏蔽外界噪声，采样频率 f_s=10MHz，采样精度为 16 位，板卡量程为 10Vp，模拟滤波器高通为 20kHz，低通为 400kHz，前放电源为 28V。在正常运转条件下 5 号索道的运行速度为 2.5m/s，采集了 5 号雪场架空索道运转整个周期的声发射信号，参数设置见图 3。

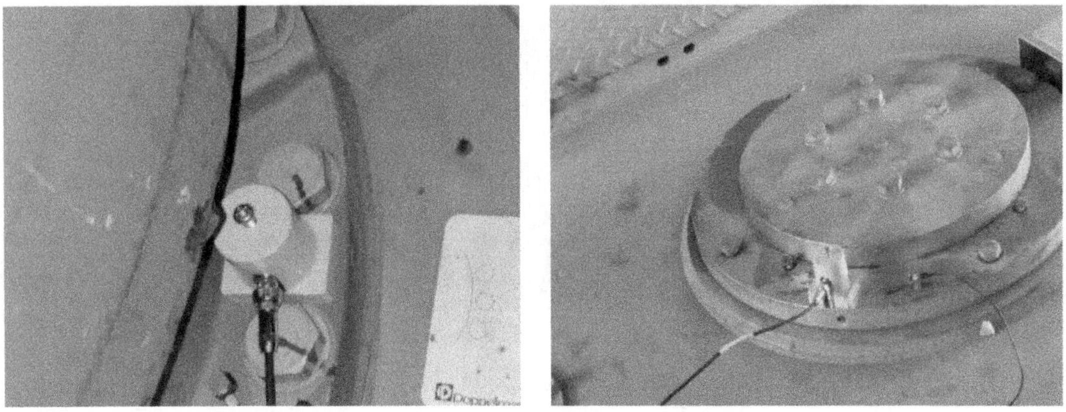

(a)驱动装置　　(b)迂回装置

图 2　传感器布置

通道	前放增益/dB	板卡量程	模拟滤波器		数字滤波器		前放电源
			高通	低通	高通	低通	
1	40	10Vp	20kHz	400kHz	0	0	28V
2	40	10Vp	20kHz	400kHz	0	0	28V
3	40	10Vp	20kHz	400kHz	0	0	28V
4	40	10Vp	20kHz	400kHz	0	0	28V

图 3　声发射仪参数设置图

3　数据分析

3.1　索道运转周期声发射参数特征分析

3.1.1　驱动装置轴承

对雪场架空索道运转整周期的声发射信号，观察声发射各主要参数随时间变化的历程图发现，各个

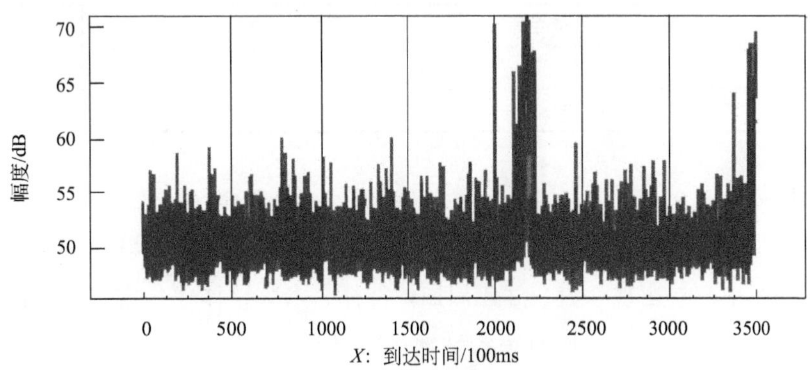

(a)幅度历程图

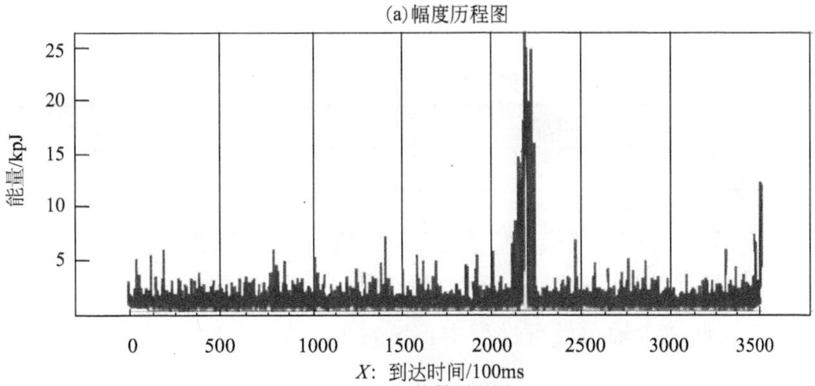

(b)能量历程图

图 4

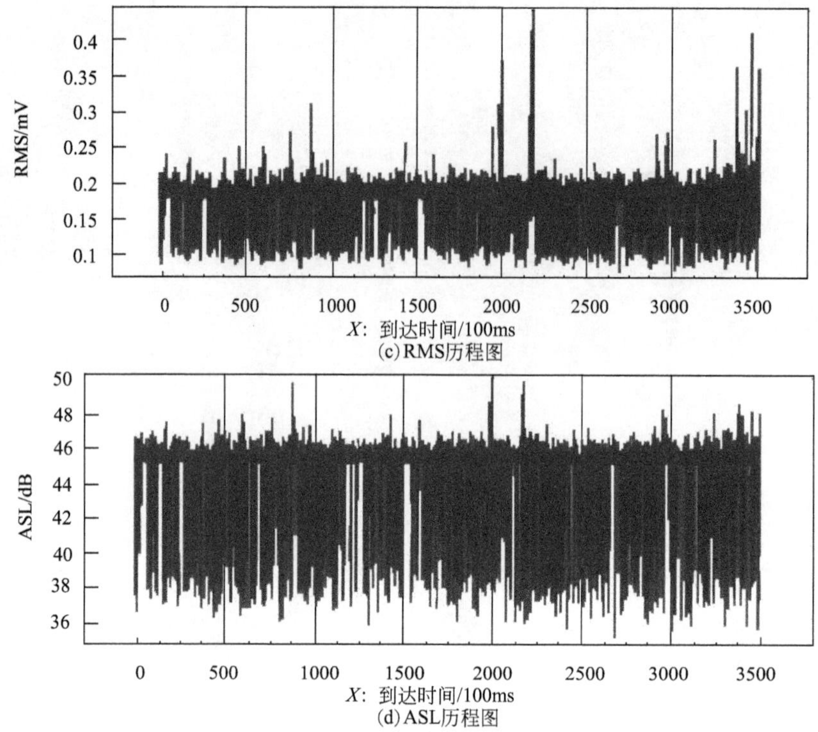

图 4 驱动装置轴承运行的声发射参数历程图

历程图中都有出现少数几个峰值，并无周期性特征。其余声发射参数随时间的变化同样无明显周期性特征，在一定范围内波动，见图 4。通过观察声发射信号的参数分布图，得到轴承运转过程中声发射信号各参数的主要分布范围，见表 1。

表 1 驱动装置声发射参数的分布范围

参数	分布范围	参数	分布范围
A/dB	47～55	RMS/mV	0.1～0.2
能量/kpJ	0～3	ASL/dB	36～46

3.1.2 迂回装置轴承

采集雪道架空索道运转整周期的声发射信号，观察迂回装置轴承声发射各主要参数随时间变化的历程图发现，各个历程图中都有出现峰值，并无周期性特征，参数整体在一定范围内波动，见图 5。通过观察声发射信号的参数分布图，得到迂回装置轴承运转过程中声发射信号各参数的主要分布范围，见表 2。

表 2 迂回装置声发射参数分布范围

参数	分布范围	参数	分布范围
A/dB	47～51	RMS/mV	0.03～0.05
能量/kpJ	0～0.2	ASL/dB	27～32

对比驱动装置主轴和迂回装置主轴运行的声发射信号，发现声发射参数具有如下特征：

① 驱动装置轴承和迂回装置轴承运行过程中，声发射参数均在一定范围稳定波动，能够体现转动设备的运转状况；

② 迂回装置轴承运行的声发射信号各参数幅值明显较低，主要是由于迂回轴上方没有电机减速机

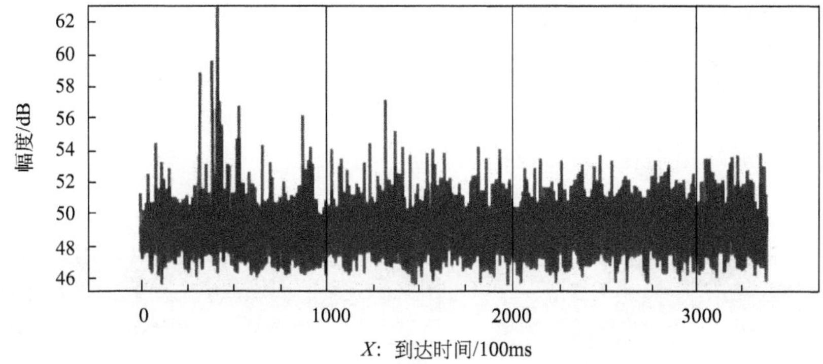

(a)幅度历程图

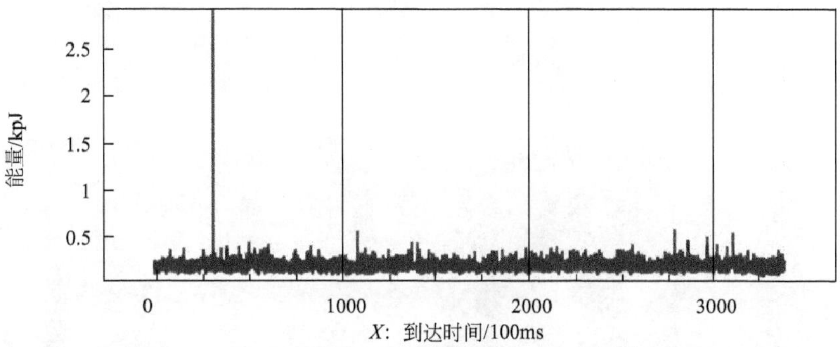

(b)能量历程图

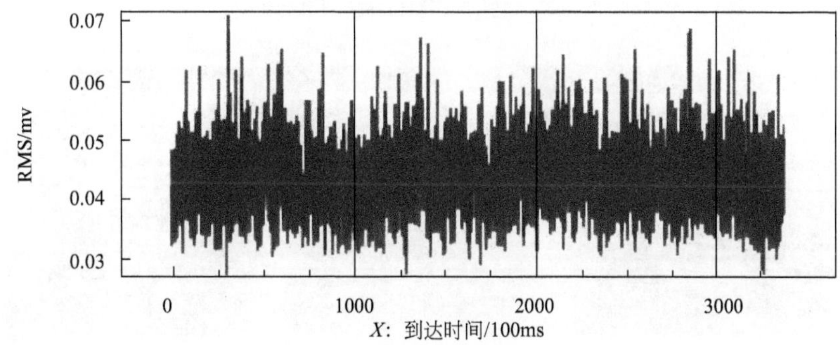

(c)RMS历程图

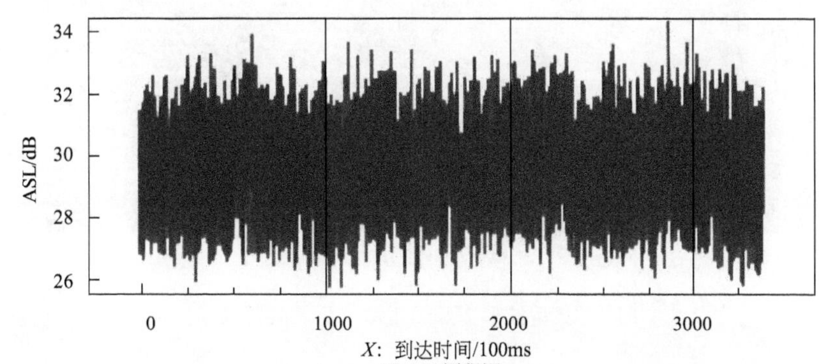

(d)ASL历程图

图 5 迂回装置轴承运行的声发射参数历程图

等装置，运行环境噪音低，因此信号相对较小。

3.2 波形频谱分析

3.2.1 驱动装置轴承

选取声发射信号低幅度和峰值幅度下的典型波形进行分析，其波形和频谱图见图 6。图 6(a) 是索道运行过程中声发射信号低幅度的典型波形和频谱图，分析发现，采集的声发射信号为连续型信号；信号的频谱主要集中在 54.4k～248.1kHz，波峰出现在 172kHz 附近。图 6(b) 是索道运行过程中声发射信号峰值幅度的典型波形和频谱图，分析发现，采集的声发射信号为突发型信号；信号的频谱主要集中在 92.4k～369.6kHz，波峰出现在 172kHz 附近。

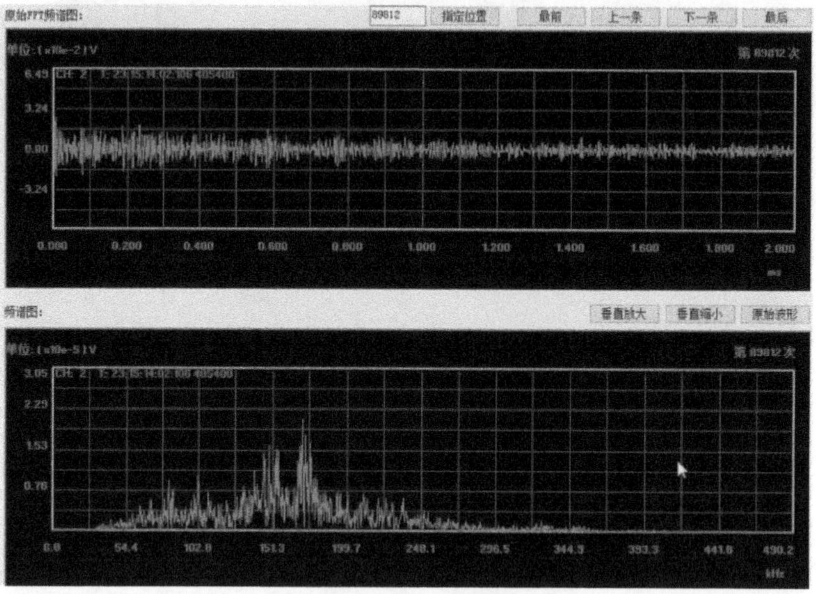

(a)幅值50dB信号的波形图和频谱图

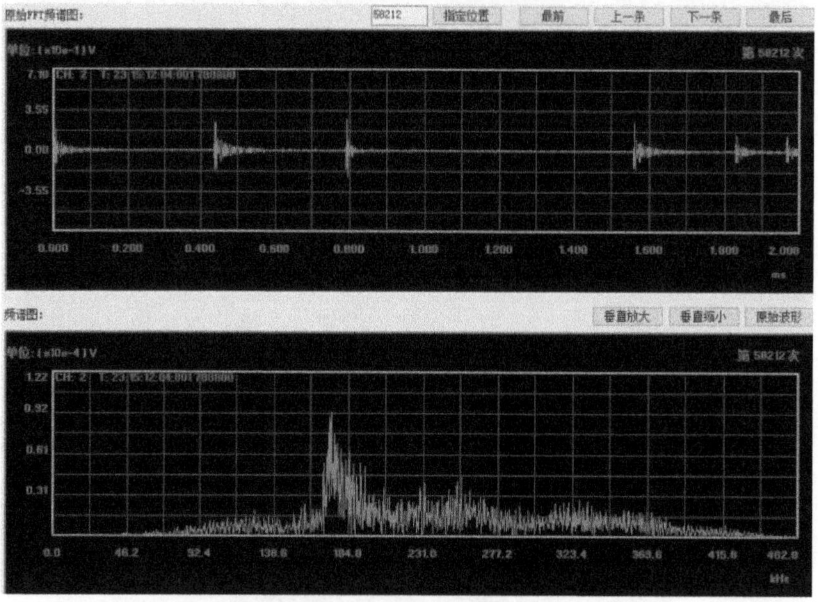

(b)幅值70dB信号的波形频谱图

图 6 典型波形图和频谱图（驱动装置轴承）

3.2.2 迂回装置轴承

选取声发射信号低幅度和峰值幅度下的典型波形进行分析，其波形和频谱图见图 7。图 7(a) 是迂回装置轴承运行过程中声发射信号低幅度的典型波形和频谱图，分析发现，采集的声发射信号为连续型信号，频谱主要集中在 3k～228.3kHz，在 31.1kHz、70kHz 和 125kHz 处有明显峰值。图 7(b) 是索道运行过程中声发射信号峰值幅度的典型波形和频谱图，分析发现，采集的声发射信号为突发型信号，频谱主要集中在 1k～290.6kHz，在 65.3kHz、75 kHz 、121.7kHz 和 178 kHz 处有明显峰值。

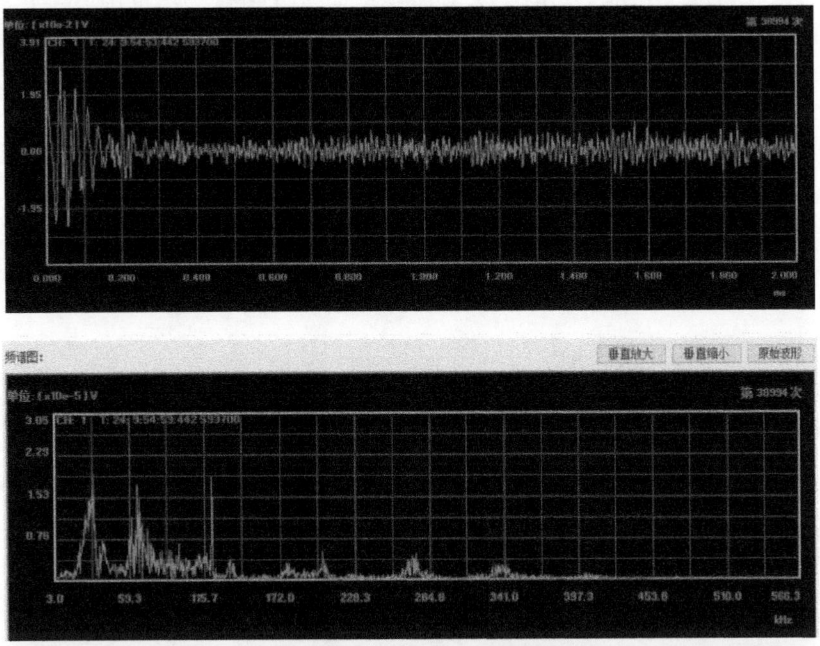

(a) 幅值50dB信号的波形图和频谱图

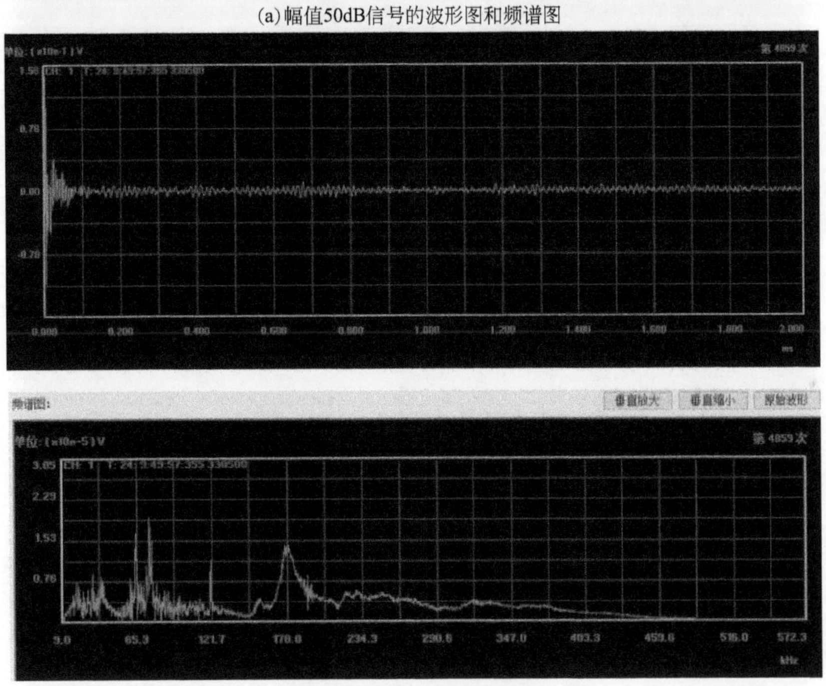

(b) 幅值60dB信号的波形频谱图

图 7　典型波形图和频谱图（迂回装置轴承）

综上，通过波形频谱分析发现，声发射信号幅度峰值对应的波形为突发型，不具有明显周期性规律，应是索道运转过程中的突发干扰，有待长期监测观察其变化。迂回装置轴承在运行过程中声发射信号幅度峰值对应的频谱图出现多个峰值频率点，可作为长期监测的数据基础。

4　结论

通过对雪场架空索道运转过程中驱动装置轴承和迂回装置轴承的声发射信号参数和波形频谱进行分析，获得了索道轴承的声发射特性。

① 从参数分析发现，驱动装置轴承较迂回装置轴承在索道运行过程中的声发射信号各参数幅值明显较高，反映索道轴承运转的实时工况。

② 在索道正常运转情况下，采集到的声发射信号特征参数均在一定范围内平稳波动，能够体现索道的运转状况，可作为长期监测的参考依据。

③ 从频谱分析中发现，峰值幅度的信号多表现为突发性信号，无明显规律，有待长期监测观察其变化。

参考文献

[1] 曹龙海，全培涛．架空索道 [M]．北京：机械工业出版社，1990.

[2] 张莹，王飞，叶海波，等．北京冬奥会影响下我国滑雪产业变化与发展趋势 [J]．哈尔滨体育学院学报，2021，39（02）：37-42.

[3] 理华，徐春广，肖定国，等．滚动轴承声发射检测技术 [J]．轴承，2002，07：24-26+ 40.

[4] 李凤英，沈玉娣，熊军．滚动轴承故障的声发射检测技术 [J]．无损检测，2005，11：583-586.

[5] 袁俊，沈功田，吴占稳，等．轴承故障诊断中的声发射检测技术 [J]．无损检测，2011，33（04）：5-11.

[6] 何存富，张君娇，沈功田，等．大型观览车滚动轴承的声发射特性 [J]．北京工业大学学报，2013，39（5）：653-659.

叉车事业的未来

史 伟，赵 健

大连锅炉压力容器检验检测研究院有限公司，大连，116021

摘 要： 目前，叉车的主要市场在由内燃式叉车转变为电动叉车，电动叉车的总体优势还是强于内燃式叉车。不过由于蓄电池一些目前无法被攻克的缺点，使得市场方向存在局域性。而目前横空出世的氢燃料电池叉车具有蓄电池叉车全部的优点，并且不存在其缺点，是目前市场最理想的能源叉车。不过由于氢能源使用不成熟，并没有大量投入制造和使用。

关键词： 氢能源利用；叉车；技术现状；未来展望

Innovation and future of automobile factory

Shi Wei，Zhao Jian

Dalian Boiler and pressure vessel inspection and Testing Institute Co.，Ltd.，Dalian，116021

Abstract: At present, the main market of forklift is changing from internal combustion forklift to electric forklift. The overall advantage of electric forklift is still stronger than internal combustion forklift. However, due to some reasons that the battery can not be conquered at present, the market direction is localized. At present, the hydrogen fuel cell forklift has all the advantages of battery forklift, and does not have its disadvantages. It is the most ideal energy forklift in the current market. However, due to the immature use of hydrogen energy, it has not been put into production and use.

Keywords: hydrogen energy utilization; forklift; technology status; future prospects

0 引言

叉车，是指通过门架对货物进行搬运和堆垛的机械工具，主要驱动方式分为内燃和电动。1917 年被发明至今，广泛应用于厂区码头等各行各业中，是极为重要的工业车辆。目前，电动叉车在各国使用的比例逐渐增加，渐渐代替内燃式叉车占领市场。未来，电动叉车一定会逐步取代内燃式叉车。

1 叉车市场情况的国内外概况

按照能源分，叉车分为电动叉车和内燃式叉车。2020 年中国国内总共销售 80 万余台叉车，照 2019 年的 60.8 万台涨了将近 1/3。其中电动叉车销售量过半，为 41 万台，照 2019 年的 28.8 万余台增长了

作者简介：史伟，1997 年生，男，助理工程师，本科，主要从事叉车检验。

百分之42。2020年中国叉车出口总数为18.1万余台，其中电动12.7万余台，内燃5.4万余台。出口总数仅比去年增长了3万余台。目前，国内对叉车的需求量十分巨大，电动叉车最大的优势就是节能环保，使用电能的优势远大于内燃机所需的柴油汽油，但是电动叉车的蓄电池电量和充电问题，仍为世界性的难题。而氢能源电池以高燃烧效率、无排放、低噪音、系统稳定、燃料补充快的优势脱颖而出，是目前最理想的叉车，但是目前全世界的产量和使用量较少。

2 电动叉车的显著优点

首先，与内燃式叉车相比，电动叉车的最大优势就是节能环保。从2016年4月1日起，我国新销售的内燃式叉车必须达到国三标准，全称：国家第三阶段的排放标准。相比国二发动机尾气排放有害物质含量更低，但是产生的污染的后果仍远远大于电动叉车。

其次，拿市面最常见的额载3吨叉车对比：电动叉车每小时耗电成本约为5元，内燃式叉车为30余元。电动叉车维保周期可以达到1000多小时，电动机几乎不需检修，保养也比较简便，保养成本、故障率较低。而内燃叉车的维保周期则需几百小时，皮带机油等保养相对复杂，成本故障率较高。所以电动叉车虽然在采购价格上相对较高，但是后续所需费用都远远低于内燃式叉车。

而且，电动叉车的操作更加容易，相比内燃式叉车，运行转弯等操作更加灵活，转弯半径小，更适应狭小的工作空间，为叉车的日常工作提供了很大的便捷性和安全性。

最后，在室内环境中，相比较内燃式叉车，电动车辆的低噪音，无尾气排放等优点已经得到了用户的认可，尤其在食品、制药、微电子及仪器仪表等对环境条件要求较高的行业里得到了广泛应用。欧美等地的已经严格规定，室内禁止使用内燃式叉车。虽然我国还未强制，但是室内环境中各个企业逐步购买电动叉车。未来，室内环境中电动叉车一定会全部取代内燃式叉车。

3 电动叉车的主要缺点与创新点

① 叉车工作方式比较单一，主要是进行堆垛和运输，基本由货叉的起升下降和前行后退等基本动作组成运行周期，从叉车作业周期可以看出，叉车工作负荷极具周期性以及功率输出强变性，这对电源的动态响应能力有着较高的要求[1]。

② 电动叉车的电池容量较小，使得电动叉车的动力较差。铅酸电池充电时间一般需要8～10h，使用“快充”的锂电池也需要2～4h，不能完成整日的大功率和高强度作业。由于续航能力差，电动叉车只能进行一些小吨位作业。电动叉车额载一般在1t以上6t以下，一些厂家陆续制造6～10t额载的电动叉车，不过由于其价格远高于内燃式叉车，市面并不常见，市场需求量小。10～50t叉车基本为内燃式叉车，而电动叉车无法插足市场。

③ 低温环境对电池容积有着极大影响。在我国的北部，冬天里电动叉车的续航能力会大大下降，温差对电池也会造成极大的伤害。冷库环境中同样面临这个问题。

④ 电动叉车需要的工作环境相对较好，相对不平的路面行驶速度较慢、爬坡能力相对较弱。

⑤ 电动叉车自重相对较重，同为1.8t额载的车，电动叉车要比内燃叉车重几百千克。

蓄电池叉车想要完全取代内燃式叉车，电源的动态响应能力、电池的容量、充电的速率、电池和车体不受温度和环境变化等问题就一定要解决。

4 目前氢燃料电池叉车简介

就在蓄电池叉车占领叉车市场之时，另一种新能源的电动叉车也是横空出世--氢燃料电池叉车（以下氢燃料电池叉车简写为氢燃料叉车）。首先，氢燃料叉车零排放、无污染这个优点是毋庸置疑的，氢燃料燃烧仅仅产生水，而蓄电池叉车使用的铅酸电池和锂电池的电量都来源于外部电源充电，这些都属于间接污染。而内燃式叉车的污染就更大了，使用氢气作为燃料的叉车每辆一年减少的二氧化碳排放量相当于大约八辆汽车一年的二氧化碳排放[2]。

其次，与蓄电池相比，氢燃料电池输出功率恒定，作为动力源使用完全可以媲美内燃式叉车。而且氢燃料的续航方法也极其简便，由于叉车工作量和其他机动车、大型机械设施相比渺小许多，叉车领域的氢燃料电池技术要求不高，输出功率不大，加氢设施也不需要大量投资。

最后，作为电动叉车的氢燃料叉车，添加能源的时间短，续航快，而其他方面几乎拥有蓄电池叉车的所有优点。

5 氢能源介绍

氢能是公认的清洁能源，作为低碳和零碳能源正在脱颖而出。当今世界开发新能源迫在眉睫，原因是所用的能源如石油、天然气、煤，石油气均属不可再生资源，地球上存量有限，而人类生存又时刻离不开能源，所以必须寻找新的能源。随着化石燃料耗量的日益增加，其储量日益减少，终有一天这些资源、能源将要枯竭，这就迫切需要寻找一种不依赖化石燃料的储量丰富的新的含能体能源。氢正是这样一种在常规能源危机的出现和开发新的二次能源的同时，人们期待的新的二次能源。

6 氢能源叉车市场现状

目前，美国已投入使用25000余台氢燃料叉车，德、法等国家已投入500台氢燃料叉车。去年5月我国杭叉集团已造出第一台3.5t氢燃料叉车（图1），并且在上个月已投入生产100台。虽然在这一行业我国发展较慢，但是未来我国叉车能源的主要市场一定会向氢燃料转变。

图1 我国第一台氢燃料叉车

7 未来国内氢燃料叉车面临的挑战

由于我国刚刚投入制造氢燃料叉车，基础设施的不足和产量极小会导致氢燃料叉车的制造成本极高。目前我国的补贴政策还未涉及叉车领域。去年首台氢燃料叉车售价被定为28.8万元，是同起重量的电动叉车以及内燃叉车价格的数倍。其加氢时间为4～5min，续航可达4～6h。也就是说，每天10h的工作量，加氢时间仅需要10min。

氢燃料电池的安全问题也是各大领域头疼的通病。氢气是所有气体中密度最低的气体，扩散快，泄露性强，是最常见的易燃易爆气体。所以氢气储存难度高，极易发生着火、爆炸等事故。2020年4月7日上午，美国一家主为叉车和半卡车提供动力的氢燃料工厂发生爆炸，爆炸震毁了附近60处房屋的窗户（图2）。其他氢气爆炸着火事件也比比皆是。但是，科技从来都是一把双刃剑，我们要做的就是通过其促进经济和社会发展以造福于人类，并且极度缩小为人类带来的消极后果，使用到未来的市场上。

氢气的安全问题直接决定了氢电池能源的发展速度，截至2020年年底，我国已累计建成118座加氢站，已投入使用70余座。但是目前由于我国氢能源市场还是比较狭小，加氢站总体还是亏损运营。目前我国对氢能源开发十分重视，所以未来市场的发展前景还是十分巨大的。

图2 美国 OneH_2 氢燃料电池工厂发生爆炸及火灾

8 叉车的未来展望

叉车的结构虽然简单，但是由于不同于汽车，不需要极高舒适度、需要进集装箱作业等工作特性，叉车整体结构较小，但是以目前的市场开发趋势，我认为叉车会更早一步使用氢能源。未来，叉车的市场首先会逐步向电动叉车靠拢，蓄电池叉车会随着上述的几条创新点被攻克而取代内燃式叉车，而当氢能源被人类彻底掌握之后，不仅仅影响叉车，未来叉车市场会是氢能源的天下。

参考文献

[1] 贠海涛，徐煜超，苏俊龙．燃料电池混合动力叉车能量控制策略研究［J］．新疆大学学报（自然科学版），2018，35（150）：15-20+80.

[2] 张德玉．燃料电池/蓄电池混合动力叉车电源系统设计［D］．成都：西南交通大学，2013.

观光车制动能力检验方法研究

邢　浩[1]，叶　超[2]，吴国军[3]

1. 河北省特种设备监督检验研究院衡水分院，衡水，053000

2. 中国特种设备检测研究院，北京，100029

3. 苏州益高电动车辆制造有限公司，苏州，215000

摘　要： 在非公路用旅游观光车检验过程中，因其车辆本身配备的保护措施较少，而所在景区的地形往往较为复杂，实施最大坡度下坡制停试验存在一定的风险。本文通过分析车辆制动过程中的关键影响因素，建立车辆行驶过程运动模型，根据不同坡度道路工况下的制动参数，计算坡度对车辆制动距离的影响，推导出平路满载制动工况与下坡满载制动工况下的观光车制动距离关系，寻求一种安全测量车辆最大坡度下坡制动能力的方法。

关键词： 观光车；制动能力；检验方法

Research on the Test Method of Braking Ability of Sightseeing Car

Xing Hao[1], Ye Chao[2], Wu Guojun[3]

1. Hebei Special Equipment Supervision and Inspection Institute Hengshui Branch, Hengshui, 053000

2. China Special Equipment Testing and Research Institute, Bejing, 100029

3. Suzhou Eagle Electric Vehicle Manufacturing Co., Ltd. Suzhou, 215000

Abstract: In the inspection process of off-road sightseeing vehicles, there are certain risks in carrying out the maximum slope downslope stop test because the vehicles themselves are equipped with fewer protective measures and the terrain in the scenic area is often more complex. In this paper, by analyzing the key influence factors in the process of vehicle braking, building process of vehicle movement model, according to the braking parameters of different slope road conditions, calculation of slope influence on vehicle braking distance, level road full load condition and downhill braking is deduced a sightseeing car braking distance relationship full of braking conditions, to seek a safe measurement method of vehicle maximum slope downhill braking ability.

Keywords: sightseeing car; braking ability; inspection methods

1　引言

1.1　研究的背景

非公路用旅游观光车辆（以下简称观光车）是以休闲、观光、游览为主要设计用途，适合在旅游风

基金项目：国家重点研发计划课题“在用机电类特种设备使用管理重要技术标准研究”（2017YFF0207102）、国家市场监督管理总局技术保障专项项目“基于车联网的观光车辆状态监测研究与应急预警系统开发”（2020YJ048）。

作者简介：邢浩，1986 年生，男，本科，检验师，高级工程师，主要从事机电类特种设备检验工作。

景区、综合社区、步行街等指定区域运行的车辆[1]。近年来随着经济的迅猛发展和人民群众精神文化需求的不断提高，各大旅游景点的游客人数猛增，越来越多的景区、游乐园等开始大量使用观光车来运载乘客。行驶在这种人员密集场所的观光车一旦发生事故，将会造成重大伤亡[2]。

国家把观光车列为特种设备并由政府对其进行监管，实行从制造单位许可、整机型式试验、使用登记、使用管理、监督抽查以及由经核准的检验检测机构实施首次检验和年度定期检验等全环节和全生命周期的安全监督管理。同时形成了由《特种设备安全法》、《特种设备安全监察条例》、《特种设备使用管理规则》以及观光车安全技术规范及相关标准构成的较为完整的旅游观光车法规标准体系，对观光车的日常安全管理、使用、维护保养和自检也都进行了严格的要求。

1.2 研究的意义

《场（厂）内专用机动车辆安全技术监察规程》要求：最大坡度下坡制停试验，在试验时，观光车辆应为额定载荷状态，最大运行速度的条件下在相应坡道的下坡方向进行制动试验，观光车辆应当平稳制停。对于坡度的选择，型式试验中应为最大设计坡度且不得小于15%（夹角α约为8.5°）；定期（首次）检验时应为使用现场行驶路线中最大行驶坡度且此坡度不得大于10%（α约为5.5°）[3]。同时2019年国家市场监管总局特种设备局的《场（厂）内专用机动车辆安全技术监察规程（征求意见稿）对下坡制停距离也设置了相关的要求[4]。

由上述规定可知，观光车制停试验的目的在于测试在最苛刻最恶劣的行驶工况下，满载乘客的观光车是否具备足够的制动能力。然而，无论是型式试验还是定期（首次）检验现场要求的坡度，都比市政道路设计要求中低速时最大7%的坡度更大，在这样相对比较陡的坡度下行驶的观光车辆并不具备普通乘用汽车所配备的封闭式车厢、三点式安全带、安全气囊、ABS等功能，定期（首次）检验现场的最大坡度往往又多为弯路甚至环山坡道，在这种情况下进行满载、满速、最大坡度下坡制停试验危险系数很高，所以无论在环境相对封闭的形式试验场地内还是在定期检验现场进行下坡制停试验，都将存在操作人员的安全风险，极易造成检验事故。

本文通过研究影响车辆制动距离的关键参数入手，建立车辆制动过程运动模型，分析满载满速情况下观光车平路制动与坡道制动之间的计算关系，以平坡制动相关参数推算相应下坡制动工况的制停距离，提供一种较为安全的测试方法，方便企业和检验机构检验。

2 观光车制动过程模型

2.1 车辆在行驶过程中的动力学分析

观光车在行驶过程中其驱动力F_t需要克服的阻力主要有滚动阻力F_f，空气阻力F_w，坡度阻力F_i，加速阻力F_j（车辆质量惯性力）即：

$$F_t=F_f+F_w+F_i+F_j \tag{1}$$

其中各阻力的计算公式如下：

$$\left.\begin{aligned} F_w&=\frac{C_D A}{21.15}u_a^2 \\ F_f&=Gf\cos\alpha \\ F_j&=\delta ma \\ F_i&=G\sin\alpha \end{aligned}\right\} \tag{2}$$

其中，C_D为空气阻力系数，A为车辆迎风面积，u_a为假设无风条件下的车速，f为滚动阻力系数，G为车的重力，δ为车辆旋转质量换算系数，a为行驶加速度（制动时为负），m为观光车的质量[5]。

在平坦无坡度的路面行驶时，观光车在制动前，当驾驶员踩下制动的一瞬间，车辆切断动力连接，制动系统将要介入车辆制动。此时驱动力 $F_t=0$，$F_i=0$，加速阻力 F_j 为负则此时观光车受到的力为：

$$F_j=F_f+F_w \tag{3}$$

当制动力介入车辆制动时，此时驱动力 F_t 变为了制动力 F_x，同时式(3) 又变为：

$$F_j=F_f+F_w+F_x \tag{4}$$

当观光车在下坡时进行制动时，坡度阻力系数 F_i 则变为一个负值。则式(4) 变为

$$F_j+F_i=F_f+F_w+F_x \tag{5}$$

由式(2) 可知，在本文讨论的同一车辆平路与坡路满速行驶及制动过程对比中，在相同的阶段，参数 C_D、A、u_a、f、G、δ、a、m 并没有发生变化，即空气阻力 $F_{w平}=F_{w坡}$，加速阻力 $F_{j平}=F_{j坡}$。因为坡度的变化，滚动阻力 $F_{f坡}$ 变小，坡度阻力 $F_{i坡}$ 变为负值。但是由于观光车《监察规程》讨论的最大坡度为 15%，角 α 约为 8.5°，$\cos\alpha\approx0.99$，所以 $F_{f平}$ 与 $F_{f坡}$ 的差异可以忽略不计，则下面我们主要讨论坡度阻力 F_i 与制动力 F_x 之间的关系。

2.2 观光车平路工况制停分析

观光车的平路制动从驾驶员开始采取制动措施到观光车完全停止基本上可以分为四个阶段（如图 1)。

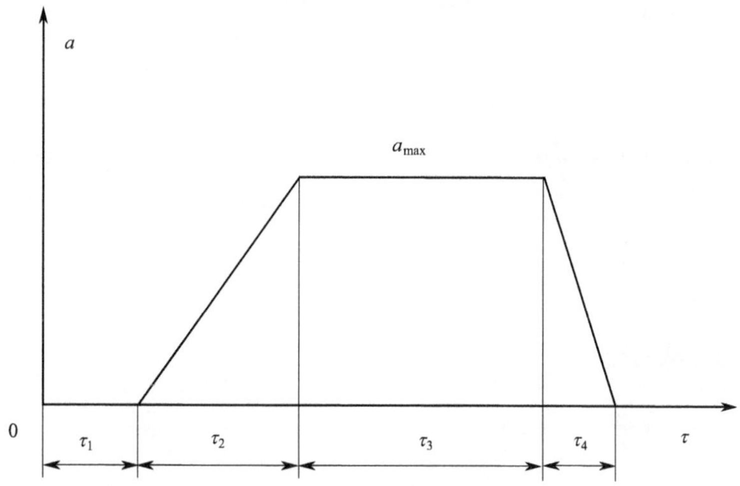

图 1 观光车制动过程阶段图

① 制动反应阶段：这一阶段是驾驶员与制动系统开始参与到行驶系统的制动过程中的一个滞后时间，包括驾驶员的反应时间 τ_1'，制动器间隙的行程经过的时间 τ_1''。此阶段，观光车还按照原来的速度进行行驶，制动系统并未起作用。这段的距离 $S_1=U_0\tau_1'+U_0\tau_1''$。

② 制动协调阶段：这一阶段是制动鼓与制动蹄片（或制动钳与制动盘）开始贴合，参与制动直到产生最大减速度的时间，这段时间 τ_2 所行驶的距离为 S_2。此时减速度为一个由小到大的变化状态，其变化率 $k=-\dfrac{a_{1max}}{\tau_2}$；$\tau_2$ 为此阶段所用时间，a_{1max} 为平路最大制动减速度。

③ 完全制动阶段：这一阶段制动力完全发挥作用，减速度保持最大且一直持续到观光车完全停止，这段时间的制动距离我们标记为 S_3。此时减速度的最大值与制动力系数 ψ_b 有关。根据下面的公式可以看出最大制动力 F_{xb}、制动力系数 ψ_b 与最大减速度 a_{1max} 与之间的关系。

$$\left.\begin{array}{l}F_{xb}=\psi_b G=\dfrac{G}{g}a_{1max}\\ \text{则最大减速度 } a_{1max}=\psi_b g\\ \text{制动力系数 } \psi_b=\dfrac{a_{1max}}{g}\end{array}\right\} \tag{6}$$

④ 放松制动器阶段：这一阶段驾驶员松开踏板，但是制动力的消除与制动力的增长一样属于持续变化的过程，这段距离标记为 S_4。这个阶段的研究的意义在于车辆制动后能够立刻起步和防止车轮抱死时对车辆的控制，对于完全制停车辆，S_4 显然为 0[6-9]。

根据 GB/T 21268—2014《非公路用旅游观光车通用技术条件》中第 6.10.1 条要求："制动距离为开始踩下制动踏板的一瞬间车辆的位置至停车位置的距离。"则观光车的制动距离为 $S=\tau_1''U_0+S_2+S_3$。

制动第一阶段即制动反应阶段在平路和坡路工况下的差别可以忽略，所以在这里我们重点讨论制动第二阶段和第三阶段。

$$S_2=U_0\tau_2-\frac{1}{6}a_{1\max}\tau_2^2 \tag{7}$$

$$S_3=\frac{U_0^2}{2a_{1\max}}-\frac{U_0\tau_2}{2}+\frac{a_{1\max}\tau_2^2}{8} \tag{8}$$

合并式(7)、式(8) 得到平路制动距离 $S_{平}$：

$$S_{平}=U_0\tau_1''+S_2+S_3=U_0\tau_1''+\frac{\tau_2}{2}U_0+\frac{U_0^2}{2a_{1\max}}-\frac{a_{1\max}\tau_2^2}{24}。$$

因为$\frac{a_{1\max}\tau_2^2}{24}$非常小，我们忽略不计，同时换算单位得到：

$$S_{平}=\frac{1}{3.6}U_0\tau_1''+\frac{1}{7.2}\tau_2U_0+\frac{U_0^2}{25.92a_{1\max}} \tag{9}$$

以上是平路上观光车制动距离计算公式，可以看出，在制停初速度一定的情况下，制动距离只与最大减速度 $a_{\max}$ 以及制停协调时间 τ_2 有关，由于观光车在下坡工况制停过程中，制停协调时间与平路工况一致，只有减速度不同，分析下坡工况制停时最大减速度的变化，既可得到下坡工况制停与平路工况制停之间的数量关系。

2.3 观光车下坡工况制停分析

下面我们根据车辆制动微分方程[5] 来分析观光车下坡工况下的制动

$$M\frac{\mathrm{d}u}{\mathrm{d}t}=Mg\sin\alpha-F_1-F_2 \tag{10}$$

式中，M 为观光车满载质量；u 为车速；t 为时间；g 为重力加速度；α 为坡道角度；F_1、F_2 分别为前、后车轮的地面制动力，假设车辆的重心在前后轴中间位置，且前后轮附着系数相等。

观光车体下坡时车体受力分析如图 2。

图 2 中前后轴车轮制动力 F_1、F_2、地面法向法力 Z_1、Z_2 分别为：

$$\left.\begin{aligned}
F_1&=Z_1\psi_b\\
F_2&=Z_2\psi_b\\
Z_1&=\frac{Mg\frac{L}{2}\cos\alpha+Mgh\sin\alpha-Mh\frac{\mathrm{d}u}{\mathrm{d}t}}{L}\\
Z_2&=\frac{Mg\frac{L}{2}\cos\alpha-Mgh\sin\alpha+Mh\frac{\mathrm{d}u}{\mathrm{d}t}}{L}
\end{aligned}\right\} \tag{11}$$

则将公式(11) 代入式(10) 中则得到：

$$a_{2\max}=\frac{\mathrm{d}u}{\mathrm{d}t}=-g(\sin\alpha-\psi_b\cos\alpha) \tag{12}$$

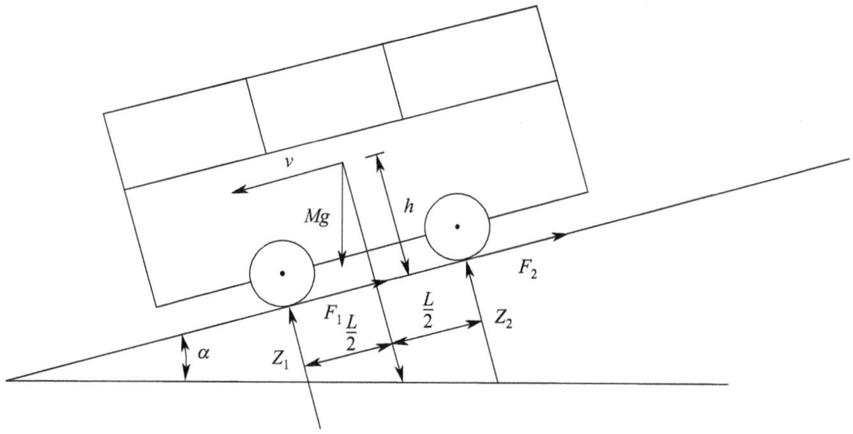

图 2　观光车体受力分析图

当将式(6) 得出 ψ_b 代入式(12) 中求出 a_{2max}。a_{2max} 表示制动力达到最大值时，下坡工况最大减速度。

由式(9) 得出

$$S_{坡}-S_{平}=S_{\Delta}=\frac{1}{3.6}U_0\tau_1''+\frac{1}{7.2}\tau_2U_0+\frac{U_0^2}{25.92a_{2max}}-\left(\frac{1}{3.6}U_0\tau_1''+\frac{1}{7.2}\tau_2U_0+\frac{U_0^2}{25.92a_{1max}}\right)$$

将公式简化后得出：

$$S_{\Delta}=\frac{U_0^2}{25.92a_{2max}}-\frac{U_0^2}{25.92a_{1max}} \tag{13}$$

已知 $S_{平}$、a_{1max} 可以在试验中测得，从而得出 $S_{坡}=S_{平}+S_{\Delta}$。

通过上面的计算，我们可以看出，由式(12) 可以看出若坡度过大，a_{2max} 为负值时，则无法完全制停。由式(13) 可以看出车辆自重，车辆制动初速度，车辆制动反应时间以及道路附着力都相同的情况下，观光车最大减速度与坡路的角度有关。最大减速度又决定了车辆的制动距离。

3　计算结果验证

3.1　计算结果与试验数据对比

以某品牌 23 座电动观光车作为试验车辆，基本参数如下：整备质量 4845kg，最大行驶速度 25km/h。试验中，为了精确取值，对试验车辆在不同制动初速下和不同坡度下各做了 5 次制动试验并将获取的数据分别取平均值，与计算结果比对如表 1。

表 1　计算结果与试验数据对比

制动初速度/(km/h)	坡度	a_{1max} 实测/(m/s²)	制停距离实测/m	$S_{\Delta实测}$/m	$S_{\Delta计算}$/m	
15	0	4.4	2.9	1.2	1.02	试验现场环境：风速：2m/s；路面：混凝土；气温：10℃；制动操纵力：270N
	15%	/	4.1			
25	0	3.2	8.1	7.2	6.51	
	15%	/	15.3			

3.2　对比结果分析

通过表 1 的结果对比，发现 S_{Δ} 的计算数值误差较大，但是作为整个制停距离来说，误差在可以接受的范围内，以制动初速为 25km/h 的制动试验为例，实测 15%坡度下坡制停试验距离为 15.3m，根据平坡制动参数计算 15%下坡制停距离为 8.1+6.51=14.61 (m)，制停距离误差仅为 4.5%。

分析误差造成的原因主要由以下几点。

① 平坡制停距离和最大减速度测量不够准确。

② 车辆前后制动器制动力分配不均衡。

③ 制动时存在少量滑动摩擦造成地面附着力不稳定。

④ 满载时车辆重心并未完全处于车辆中心等因素有关。

采取以下措施改善试验程序可有效减少误差。

① 尽量提高平坡制停距离和最大减速度的测量精度。

② 加装制动载荷比例阀改善车辆制动力分配模式。

③ 使用防抱制动装置。

④ 计算前精确核对满载车辆重心位置。

4 结束语

综上所述，本文通过对观光车制动过程的分析，针对在相同车辆行驶过程中，坡度的变化对制动距离的影响，对观光车平坡制停与下坡制停的距离关系进行简易计算，通过试验验证了计算结果的可行性，为下一步寻求更精确的观光车下坡制停试验的安全替代方法奠定了基础。

参考文献

[1] GB/T 21268—2014. 非公路用旅游观光车通用技术条件 [S].

[2] 市场监管总局关于2020年全国特种设备安全状况的通告（2021年第12号）. 国家市场监管总局 [N]. 2021-03-15.

[3] TSG N0001—2017. 场（厂）内专用机动车辆安全技术监察规程 [S].

[4] 市场监管总局特种设备局关于《场（厂）内专用机动车辆安全技术监察规程（征求意见稿）》公开征求意见的公告. 国家市场监管总局 [N]. 2019-11-06.

[5] 余志生. 汽车理论 [M]. 北京：机械工业出版社，2019.

[6] 朱为国，刘峰. 利用Matlab /Simulink的轮式汽车制动过程仿真分析 [J]. 现代制造工程，2012，10：60-63.

[7] 孙林伟，赵腾. 非公路自卸车长坡制动与平路制动折算研究 [J]. 建筑机械化，2013，04：43-44.

[8] 朱为国. 汽车制动过程时间的分析 [J]. 北京汽车，2006，2：29-31.

[9] 王伟. 整车驻车制动时载荷及制动距离分析 [J]. 研究与开发，2019，05：45-48.

一起叉车转弯挤压行人的事故分析与事故预防

俞逸希，刘小畅

上海市特种设备监督检验技术研究院，上海，200062

摘　要： 近年来，叉车在我国的使用已越来越广泛，各类企业工厂、物流中心、航运码头等场所都随处可见叉车的身影，但随之而来的也有不断升高的叉车事故率。本文聚焦了一次叉车转弯挤压行人的事故，对事故车辆和事故现场情况勘查，逐一分析事故发生的直接原因和间接原因，并提出了事故预防措施，以避免类似事故的再次发生。

关键词： 叉车转弯事故分析安全意识预防措施

Accident analysis and prevention of forklift truck turning and squeezing pedestrians

Yu Yixi，Liu Xiaochang

Institute of Special Equipment Inspection and Technical, Shanghai, 200062

Abstract: In recent years, forklift has been used more and more widely in our country. Forklift can be seen everywhere in all kinds of factories, logistics centers, wharves and other places. But there is also a rising accident rate of forklift. This paper focuses on an accident of forklift turning and squeezing pedestrians, investigates the accident vehicles and the accident scene, analyzes the immediate and remote cause of the accident, and puts forward the accident prevention measures, so as to avoid the recurrence of similar accidents.

Keywords: forklift turning; accident analysis; safety consciousness; preventive measure

0　引言

近年来，随着我国制造业快速崛起，进出口规模不断突破历史新高，企业的物流规模也在不断升级，对货物短距离运输、装卸及堆垛的需求不断加大，叉车作为工业搬运车辆，其需求也在急速提升。然而，随着叉车的不断普及，越来越多的叉车事故也进入人们的视野。按照《特种设备目录》分类，叉车属于涉及生命安全、危险性较大的场（厂）内专用机动车辆，每一起叉车事故的背后，牵涉的可能是一人甚至多人的性命和巨额的财产损失。据统计，2020 年全国共发生特种设备事故和相关事故 107 起，其中，场（厂）内专用机动车辆事故 33 起，占事故总数的 30.84%，在八大类特种设备中排名第一；事故造成 28 人死亡，占特种设备事故死亡总数的 26.42%[1]。随着监管水平的不断提高，虽然事故总数和死亡人数有所下降，但是叉车的使用安全问题仍需警惕。本文根据一起真实发生的叉车事故案例，结合事故现场勘查，通过对事故车辆本体、事故场地、设备管理、人员管理等方面分析，对事故过程进行模拟，综合分析事故发生原因，提出合理有效的预防措施。

作者简介：俞逸希，1991 年生，女，工程师，本科，主要从事特种设备考试管理。

1 事故简介

2018 年 5 月，上海某物流仓储公司蔡某驾驶叉车，负责将货车上的货物叉运到仓库内堆放，叉车在装卸平台上由东往西行驶，行人程某在装卸平台上与其同向行走，叉车行驶到货车旁边向南转进入货车车厢，在转弯过程中叉车车尾将程某挤压在叉车和仓库墙壁之间，程某当场倒地，后经医疗诊断为重伤，事故现场模拟如图 1 所示。

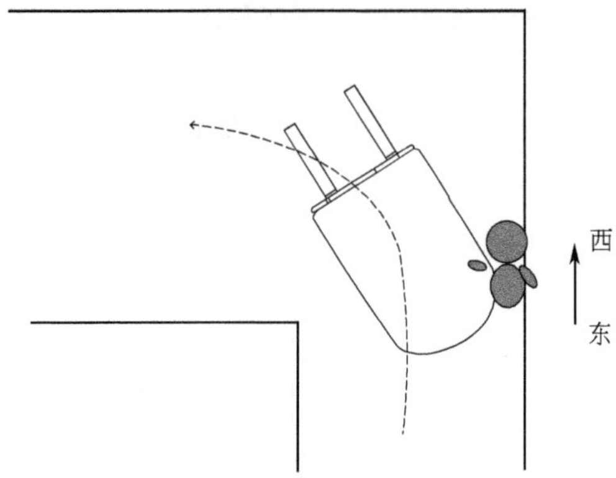

图 1 事故现场模拟图

2 现场勘查情况及分析

2.1 事故现场及车辆情况

本次事故发生地为仓储公司的装卸平台，现场地面平整，无倾斜或坑洼不平的情况，事故发生时间为上午 10 时，天气晴朗，因此不存在现场视线不清的情况，事故现场见图 2。

本次事故车辆为合力叉车有限公司生产的 3t 平衡重式电动叉车，型号为 CPCD30。进一步勘查发现，该叉车右侧后视镜缺失，现场再对其转弯功能及刹车制动性能等进行测试，发现该叉车存在点制动跑偏现象，事故车辆见图 3。

图 2 事故现场实景图

图 3 事故车辆

2.2 叉车转弯特性分析

本次事故车辆为平衡重式电动叉车，叉车转弯的轨迹与我们日常驾驶的普通轿车的转弯轨迹不同。普通轿车的转向轮为前轮，由前轮控制方向，与前轮的行驶线相比，后轮的行驶线如图 4 所示。而叉车的转向轮为后轮，由后轮控制方向，与前轮的行驶线相比，后轮的行驶线如图 5 所示，因此叉车转弯存在“甩尾”特性。

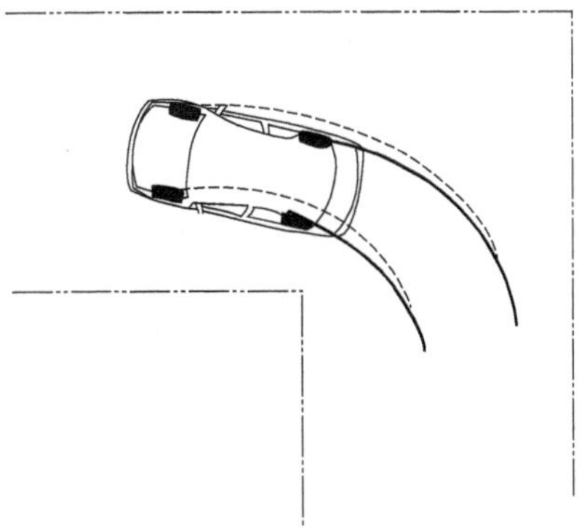

图 4 普通轿车转弯路径图

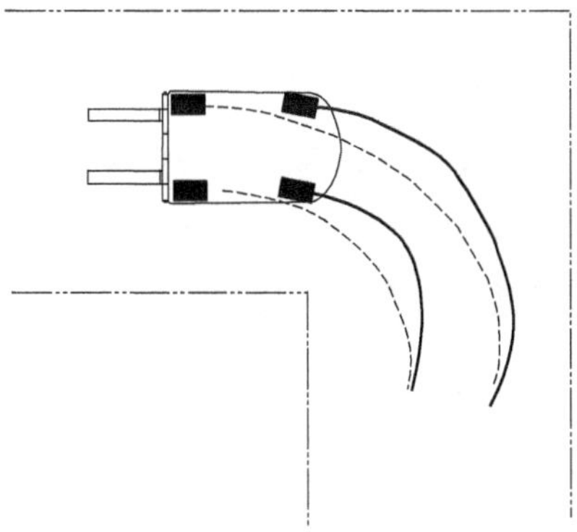

图 5 叉车转弯路径图

由图 4、图 5 对比可以看出，叉车相比于普通轿车而言，转弯时的行车路线要更靠外延伸，而本次事故恰好也是发生在叉车向左转弯时，右后侧将行人挤压在叉车和仓库墙壁之间，说明叉车驾驶人员对叉车的转弯特性不够了解，在左转弯时未确定右后侧转弯范围内安全的情况下就进行转弯的操作。

2.3 理论计算

叉车在无载低速行驶的状态下，驾驶员将方向盘打满后，叉车车体的最外侧和最内侧至转弯中心的最小距离，分别称为最小外侧转弯半径和最小内侧转弯半径。叉车最小转弯半径就是指最小外侧转弯半径，是表征叉车机动性能的重要参数。一般情况下，叉车车尾部平衡重处即为外侧距转弯中心最远处。影响叉车最小转弯半径的因素，除叉车的轴距、后轮轮距、转向车轮的最大偏转角等以外，还有叉车的车长以及尾部形状等。

经查，本次合力叉车有限公司生产的 3t 平衡重式电动叉车额定载重量为 3000kg，自重为 4300kg，载荷中心距为 500mm，转弯半径为 2.4m，空载时的最大行驶速度可达到 20km/h。事故叉车向左转向时，车道宽 7m，叉车中轴线离右侧墙面距离为 3.5m，发生事故时，叉车为低速空载行驶状态，道路内缘圆弧半径的计算一般为：道路内缘圆弧半径＝转弯半径－车宽－安全距离（0.25m），计算可得出事故车辆在叉车左转时，最外侧行驶轨迹与右墙的最小距离为 0.85m，可容 1 人通过。但实际测量时，由于叉车存在点制动跑偏现象，叉车最外侧与右墙的最小距离仅为 0.2m。

2.4 管理分析

叉车常见事故类型主要包括了碰撞事故、挤压和剪切事故、倾翻事故、物体坠落事故及其他事故[2]，本次事故为碰撞事故。现场调查发现的主要管理问题：叉车右侧后视镜缺失和点制动跑偏，未及时修理，属于带有安全隐患的操作设备；叉车驾驶员蔡某无《特种设备作业人员证》证书，未做到持证上岗；事故现场无管理岗位人员对外来人员进行控制或通过明显的场地标识对外来人员进行警示。

3 事故原因分析

3.1 直接原因

根据现场勘查情况及原理分析，可以判断本次事故的直接原因为叉车驾驶员蔡某驾驶叉车作业时，在明知右侧后视镜缺失以及叉车存在点制动跑偏的情况下，仍继续驾驶叉车作业。作业时，在未确认周围环境安全的情况下左转弯，由于叉车后轮转向的驾驶特性，以及叉车点制动跑偏的因素，双重因素导致叉车右后侧车身将伤者程某挤压在叉车与仓库墙壁之间。

3.2 间接原因

① 现场安全部经理未严格执行《叉车安全操作规程》的相关规定，未对安全装置（后视镜）缺失的车辆进行停用和维修，造成叉车在右侧后视镜缺失的情况下带故障运行，致使驾驶员无法正常通过后视镜观察右后侧情况，存在安全隐患。

② 现场部管理人员对作业现场监管不力，明知该叉车司机无《特种设备作业人员证》的情况下，允许其继续操作叉车，未及时制止现场作业人员的违规作业；对作业区域内的外来人员缺乏管理，未及时制止外来人员进入作业现场，造成外来人员误上装卸平台。

③ 公司对员工的安全教育流于形式，导致员工安全意识淡薄，违规作业；未严格执行外来人员的安全告知书制度，未尽到告知外来人员厂区内安全管理制度的义务。

4 事故预防措施

叉车由于驾驶时存在特殊的行驶特性，因此较容易在狭窄区域发生挤压碰撞，本次事故的原因虽然较为简单，但事故还是暴露出了一些深层次的问题，尤其是安全管理制度如何真正落到实处。因此，根据此次事故提出以下预防措施：

① 叉车使用单位建立健全叉车安全管理制度及安全操作规程，并严格落实，加强日常巡查，发现问题车辆及时处理，防止有缺陷叉车的带病作业；

② 做好叉车的日常维护保养，确保叉车安全性能符合要求；

③ 叉车司机应当持证上岗，叉车使用单位应当加强对叉车驾驶员的教育培训，提高驾驶员的安全技能水平和安全意识；

④ 叉车使用单位尤其是物流仓储行业等外来人员频繁往来的单位，应当加强外来人员的安全管控，及时制止外来人员进入作业现场。

参考文献

[1] 国家市场监督管理总局.《市场监管总局关于2020年全国特种设备安全状况的通告》.

[2] 高海鹏，李建忠，王俊彤. 叉车安全事故成因分析及预防措施 [J]. 特种设备安全技术，2018, 4：48-50.

一起冶金桥式起重机吊钩脱落事故的案例分析

邱　郡[1]，杨蕾璟[2]

1. 上海市特种设备监督检验技术研究院，上海，200062

2. 河南省特种设备安全检测研究院，郑州，450000

摘　要： 介绍了一起冶金桥式起重机吊钩脱落导致吊运的铁水包坠落、铁水泄出引发人员伤亡的事故，溯源了起重机及其主吊钩系统的制造、修理信息，细致地进行了事故现场勘查，选取了与事故发生具有较强关联性的起重机部件进行了材料失效分析，综合现场勘查和检测分析结果给出了事故原因的分析意见，提出了预防减少同类事故的建议措施。

关键词： 冶金桥式起重机；吊钩脱落事故；案例分析

Case Analysis of a Metallurgic Bridge Crane Hook Fallen Accident

Qiu Jun[1]，Yang Leijing[2]

1. Shanghai Institute of Special Equipment Inspection and Technology Research, Shanghai, 200062

2. Henan Special Equipment Safety Testing Institute, Zhengzhou, 450000

Abstract: An accident of casualties caused by falling and overturning of molten iron ladle and leakage of molten iron caused by falling off of hook of metallurgical bridge crane was introduced, the manufacturing and repair information of the crane and its main hook system were retrospect, the accident site was investigated in detail, and the crane parts with strong correlation with the accident were selected for failure analysis. Based on the results of field investigation, detection and analysis, the analysis opinions on the causes of accidents were given, and the suggestions and measures to prevent and reduce similar accidents were put forward.

Keywords: metallurgic bridge crane; hook fallen accident; case analysis

0　引言

起重机械属于金属冶炼、加工行业必备的吊装、运输设备，其重要程度不言而喻。近 20 年，全国在冶金行业发生的起重机械事故数量达到 65 起[1]，其中吊运熔融、炽热金属的冶金起重机工况最为危险、事故后果更为严重，统计数据表明至少曾发生过 8 起有关事故[2]。研究者针对冶金起重机卷筒轴断裂、吊钩断裂等典型事故案例进行了分析，提出了相应的对策措施[3-5]，对事故防控产生了积极的作用。本文以 2012 年发生于某炼钢厂的一起冶金桥式起重机吊钩脱落事故为案例进行了分

作者简介：邱郡，1981 年出生，男，高级工程师，硕士研究生，主要从事机电类特种设备检验检测，特种设备事故调查处理，突发事件应急处置与管理等工作。

通讯作者：杨蕾璟，362823505@qq.com。

析，根据现场勘查和失效检测分析的结果，给出了事故发生原因分析意见，提出了预防和减少同类事故的建议措施。

1 事故概况和设备基本情况

1.1 事故概况

2012 年 12 月某日上午 9 时左右，某炼钢厂炼钢转炉车间的一台冶金桥式起重机在吊运铁水包作业时，起重机双主吊钩中的一支突然脱落，铁水包在空中翻转倾覆后坠地，满包铁水泻出，导致 2 人当场死亡，1 人严重灼伤后不治身亡，经济损失数百万元。

1.2 起重机基本情况

事故起重机为冶金桥式起重机，由日本三菱重工于 1981 年 2 月制造。起重机主要技术参数为：双主钩额定起重量 430t，单副钩额定起重量 80t，主钩起升高度 27.1m，主钩起升速度 12m/min。事发时起重机吊运铁水包空包重 135t，内部所贮铁水重约 140 t。

1.3 起重机主吊钩系统的构造

本文所称的起重机主吊钩系统，在制造单位设计图纸上称为主卷装置，在炼钢厂内部设备检查文件资料上称为龙门架，均表示起重机主起升钢丝绳下的取物装置总成。该龙门架于事故发生前 6 个月进行过大修。

起重机主起升机构有两套动滑轮组，其下方与龙门架吊具的横梁连接，横梁两端下方各有两块连接立板。起重机的两只主吊钩（板钩）通过 U 形架悬挂于 U 形架销轴上，销轴两端装入连接立板的销轴孔内，两孔外侧上方装有 L 形卡板。L 形卡板嵌入销轴端部的卡槽内，用于阻挡销轴的转动及轴向位移。悬挂主吊钩的 U 形架与销轴之间采用自润滑石墨钢套连接，并且在销轴上设置了油脂润滑通道，U 形架可绕销轴自由转动。

图 1 起重机及主吊钩系统的方位说明

1.4 起重机及主吊钩系统的方位说明

如图 1 所示，起重机大车在炼钢车间内沿东西向运行，龙门架吊具横梁长度方向亦为东西向，两只主吊钩悬挂于横梁东、西两端。U 形架销轴的轴向与横梁长度方向垂直，即销轴的两端分别为北端和南端，与此相应，东侧 U 形架销轴的连接立板、其上的轴孔及 L 形卡板也分为北、南两端（分别以 A、B 端表示北、南两端，下同）。

2 事故现场勘查情况

(1) 起重机主吊钩系统中的东侧U形架销轴、U形架连同吊钩从吊具横梁上的连接板立板中脱落，西侧吊钩沿垂直面方向扭曲变形（图2)。

图2 事故起重机主吊钩系统现状（依次为：龙门架、脱落的吊钩、销轴）

(2) 东侧A端连接立板未变形，其销轴孔内侧下缘有受挤压变形痕迹。东侧B端连接立板变形弯曲，板面与水平面呈约50°的夹角，板面根部撕裂，撕裂长度约为130mm。连接立板销轴孔的直径为260mm，深度为80mm（图3)。

图3 东侧连接立板A、B端现状（组图）

(3) 东侧A、B两端连接立板销轴孔外侧上方均装有L形卡板，两块卡板与销轴卡板槽的匹配处均有受挤压形成的弧形凹槽（图4)。

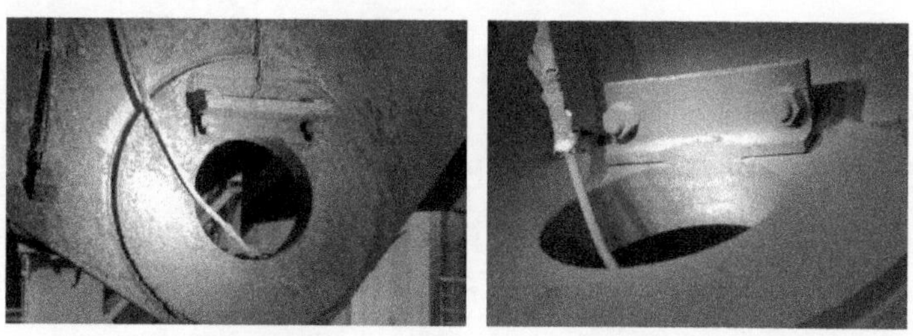

图4 东侧A、B端L形卡板的弧形凹槽

(4) 西侧未脱落的主吊钩U形架销轴上的卡槽产生约30°角位移，卡板已脱离卡槽。卡板拆解后可见受挤压形成的损伤性圆弧凹槽，其与卡槽匹配部分厚度减薄（图5)。

3 关键部件材料失效分析

3.1 失效分析样本采集

事故现场采集的相关部件包括坠于地面的东侧U形架销轴，从龙门架东侧A、B端连接立板上拆

图 5　西侧未脱落主吊钩 U 形架销轴 L 形卡板在役及拆解后状况

卸的两块 L 形卡板。销轴的材质设计为 S45C（JIS G4051），L 形卡板的材质设计为 Q235，具体尺寸要求见图 6 标注。

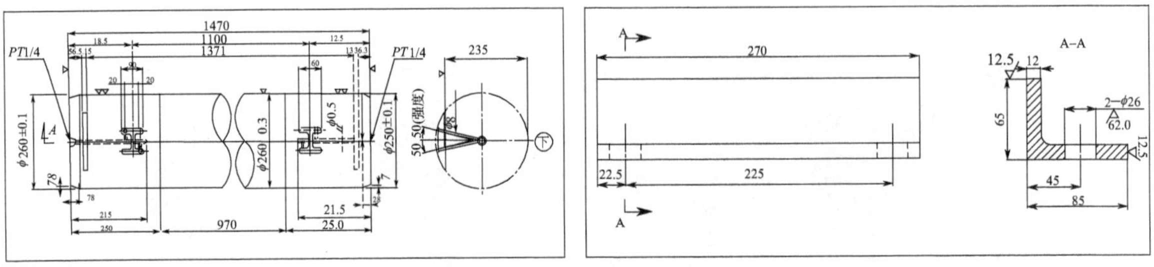

图 6　销轴及 L 形卡板设计图

3.2 外观检测

（1）销轴

销轴外形及上方损伤形貌如图 7 所示，图中轴左侧编为 A 端区，右侧编为 B 端区。轴两端对称各分布有一定位槽，槽底均有氧化物类沉积物；槽的两端有较明显的挤压变形现象，表明轴在服役中有转动现象；而且在 A 端的槽端有一嵌入物，可取出。在距两端各约 130mm 及 120mm 处，可见各有一磨损带，宽约 115mm，磨损最深段均在轴槽同侧；两段磨损带磨损程度不同，A 端侧相对严重，磨损最深处外径约为 259.05mm，即磨损深达 1.05mm；B 端磨损带磨损最深处外径约为 259.55mm，即磨损深达 0.55mm。两磨损带中央区各有一个“工”字形润滑槽；在润滑槽底部可见各有两个油孔，但孔内填埋有坚硬干固的板结状填充物。在两端平面中心各有一油孔（润滑通道口），A 端还连接有润滑通道螺纹接头，拆卸下可见接头通道内充满有黑色胶乳物。

销轴下方损伤形貌如图 8 所示，图中左侧为 A 端区，图右侧为 B 端区。在 A、B 两区亦可见宽约 115mm 的磨损带，分别距两端各约 130mm 及 120mm，与上方磨损带一致，表明销轴在服役过程中发生过转动。

（2）L 形卡板

A、B 两 L 形卡板分别与轴 A 端及 B 端槽匹配。A 卡板及损伤形貌见图 9 所示，在与轴槽匹配处，卡板挤压流变呈弧形凹槽，损伤凹槽宽约 108mm（图 9 中 L_A 标注），深约 12mm（图 9 中 D_A 标注），

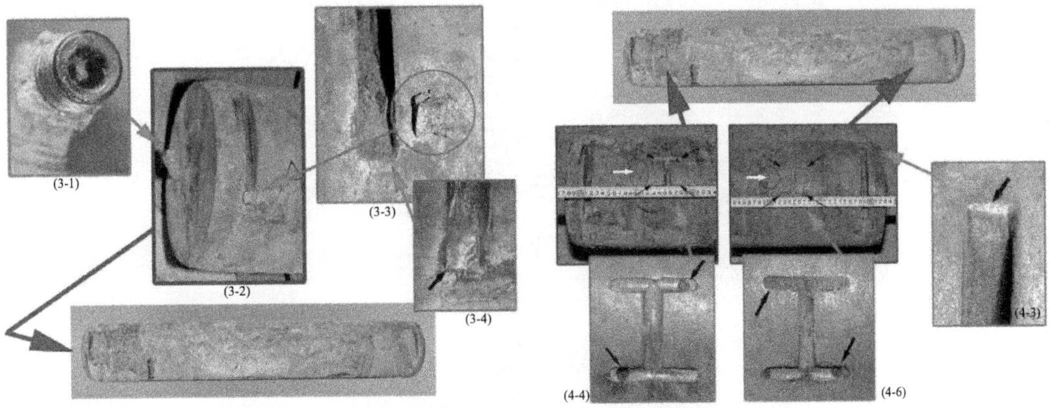

图 7 销轴上方表面损伤形貌（组图）

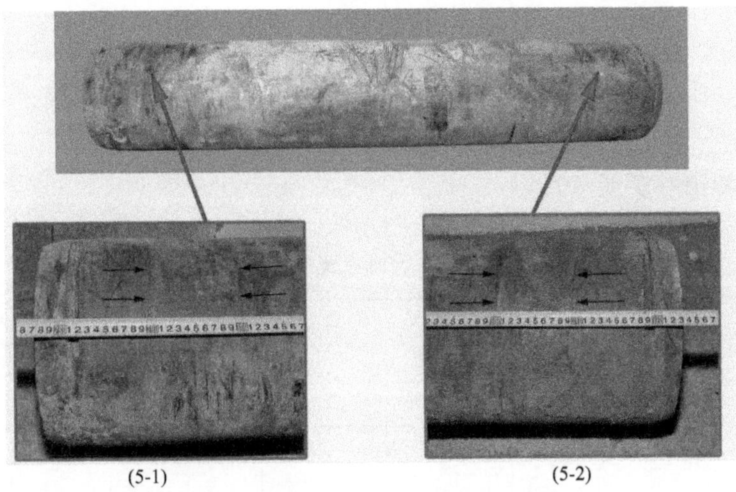

图 8 销轴下方损伤形貌

横向挤出约 12mm。A 卡板凹槽表面形貌如图 10 所示，可见金属流变痕迹，有周向也有侧向。同时，该凹槽形状与轴外径基本吻合，见图 11，表明挤压流变由轴的转动及轴向移动造成。

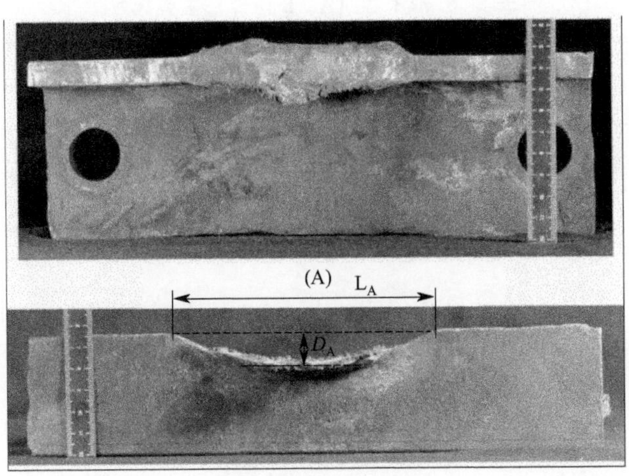

图 9 A 卡板损伤形貌

B 卡板的形貌及损伤基本与 A 卡板相同。损伤凹槽宽约 124mm，深约 13.3mm，横向挤出约 24mm。凹槽表面同样可见金属周向及侧向流变痕迹，其横向挤出更为严重。凹槽同样与轴外圆吻合，即卡板受损伤与轴的转动及轴向移动有关。

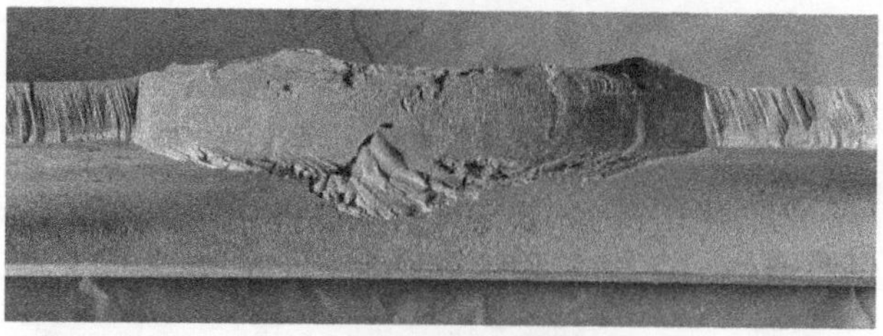

图 10　A 卡板凹槽表面形貌

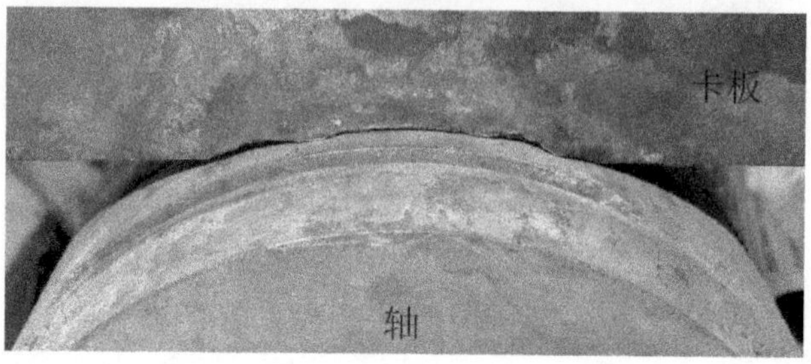

图 11　A 卡板凹槽与轴匹配形貌

3.3　销轴及卡板主要尺寸测量

表 1　销轴主要尺寸　　单位：mm

部位	总长	外径	卡槽	
			宽	最深处
图样	1470	ϕ260±0.1	13	25
轴实测	1470	ϕ260.1	13.2(A) 12.9(B)	25.4(A) 25.2(B)

根据表 1 的测量结果，对比卡板挤压变形凹槽区最深处深度：A 样 13.2mm，B 样 12.9mm；而相匹配轴的卡槽深度分别为 25.4mm 及 25.2mm，表明卡板在槽内深度仅约为卡槽深度的二分之一。

表 2　L 形卡板（A、B 两件）主要尺寸　　单位：mm

部位	总长	底座宽	卡板区	
			宽	高
图样	270	85(*Ra*12.5)	12	65(*Ra*12.5)
A 样实测	270	85.5～86.7(气割)	12.1	54.6～55.4(气割)
B 样实测	272	88.4～88.7(气割)	8.57	55.3～56.4(气割)

如表 2 所示，卡板主要尺寸测量结果还表明，A、B 两 L 形卡板嵌入区的主要尺寸高度不符合图样要求（设计要求 65mm，实测 54.6～55.4mm），此外，B 卡板的厚度过薄（设计要求 12mm，实测 8.57mm），不符合图样要求。

3.4　金相分析

在 A、B 卡板挤压凹槽弧顶区域的横向截面上进行金相分析，该区域组织分布相貌见图 12 左图所示，该区域表层组织有明显流变折叠现象，并可见斜向分布的，与流变相关的折叠状裂纹。卡板挤压凹槽弧顶区纵向截面组织分布形貌见图 12 右图所示，该区域组织趋带状分布，表层组织亦有明显的受挤压流变现象，变形层深达 0.4mm。卡板基体组织为：铁素体＋珠光体。金相分析结果表明，卡板凹槽区域横向和纵向均有严重的挤压流变变形。

图 12　卡板挤压凹槽弧顶区域横向、纵向组织分布形貌（组图）

3.5　化学成分分析

销轴的化学成分符合 42CrMo 的技术要求（GB/T 3077—1999），相对出厂设计有变化，经查为更换件。两件 L 形卡板（A、B）的化学成分符合 Q235B 的相关技术要求（GB/T 700—2006）。光谱分析表明销轴 A 端槽内嵌入物的材质符合 Q235B，为 A 卡板剥离所致。

3.6　力学性能试验

(1) 拉伸、冲击力学性能试验结果表明，两件 L 形卡板（A、B）的力学性能符合 Q235B 的相关标准要求（GB/T 700—2006）。

(2) 销轴材料洛氏硬度平均值 31.7（HL HRC），相当于布氏硬度值 300（HBW），L 形卡板材料布氏硬度平均值 140（HBW），结果表明二者硬度相差较大。

3.7　材料失效综合分析

由卡板与轴槽的匹配情况以及卡板的损伤形貌，尤其损伤表层的金属流变形貌可以推断，两件 L 形卡板的损伤主要由销轴转动时槽两端对卡板的冲击起始，冲击的发生主要因卡板在槽内过浅，造成空隙较大，而卡板的硬度与轴的硬度相差过大，促进了冲击变形的发生。同时，B 卡板过薄也加速了变形（尤其当轴向移动发生时）。

4　事故原因分析

4.1　U 形架销轴及 L 形卡板的缺陷分析

U 形架销轴与 L 形卡板的检测分析结果表明，销轴与 L 形卡板主要存在下述缺陷：

①两块 L 形卡板插入槽内部分的高度低于设计图样的要求，B 卡板插入槽内部分的厚度小于设计图样的要求；②销轴材料与 L 形卡板材料布氏硬度相差较大；③销轴的润滑脂通道堵塞。

4.2　L 形卡板失效原因分析

起重机大车运行时，吊物沿大车运行方向的摆动会带动吊钩及 U 形架的摆动。由于 U 形架销轴润滑脂通道堵塞和油脂板结，销轴与 U 形架之间的润滑作用减弱，使两者间的摩擦力增大，导致 U 形架作用于销轴的动转矩增大，加大了销轴产生转动的趋势。

L 形卡板的作用之一是防止销轴转动，由于卡板插入槽内部分的高度低于设计图样要求，而卡板安装位置仍按原位置设置，未能正确落至槽底，其下缘与卡槽底部存在较大间隙（12mm），造成卡板对销轴的初始阻转矩消失，销轴上的阻转矩的仅剩销轴与立板轴孔之间的摩擦阻转矩，当动转矩大于阻转矩时，销轴从静态的转动趋势变为动态的转动。计算结果表明，当销轴累计转动的角度达到约 11°后，其卡槽两端中的随机一端将与卡板下沿接触，开始了销轴对卡板的纵向冲击和挤压过程。由于销轴的材料硬度远大于卡板材料的硬度，冲击和挤压使得卡板与槽的匹配处逐渐形成损伤性圆弧凹槽。

起重机小车运行时，吊物沿小车方向摆动产生的横向力会经过主吊钩、U 形架传递到 U 形架销轴上，成为销轴轴向位移的动力。由于两块卡板与销轴卡槽之间存在轴向间隙（A 卡板 0.9mm，B 卡板 4.4mm），销轴轴向位移时将对卡板产生横向冲击和挤压。

综上分析，起重机运行过程中，L 形卡板受到 U 形架销轴纵向和横向的冲击和挤压产生累积损伤，当损伤性圆弧凹槽和基体厚度减薄扩展至与销轴外缘轮廓吻合时，L 形卡板将彻底失去阻止销轴轴向位移和转动的功能。

4.3 事故技术原因综合分析

（1）销轴与 U 形架之间的油脂润滑通道堵塞，油脂板结，使两者间的摩擦力增大，加大了销轴产生转动的趋势。

（2）L 形卡板的几何尺寸错误与实际安装位置导致卡板下缘与卡槽槽底之间留有较大间隙，使销轴产生了不应有的转动，并对卡板产生了初始的冲击和挤压。

（3）L 形卡板材料与销轴材料之间的硬度差过大，B 端卡板的厚度偏小，加速了卡板防止销轴转动和轴向位移功能的丧失。

（4）在卡板失效的情况下，当东侧 U 形架销轴的轴向位移累积至其 A 端脱出连接立板的销轴孔后，板钩下部滑脱，铁水包翻转坠落、铁水泄出造成人员伤亡。

5 事故预防对策措施

（1）技术层面而言，高温环境下 U 形架销轴润滑失效是事故发生的重要诱因，卡板存在几何尺寸错误是另一个重要因素。这两个因素的存在，既反映了相关各方对类似安全隐患认知的局限性，也反映了人为的疏忽。冶金起重机高温辐射和热传导的双重作用下，销轴润滑失效概率加大，因此对其日常检查和润滑维护中，应注意将其列为要点，不能因其所处位置难以到达而忽视该风险。

（2）管理层面而言，起重机龙门架曾在事故发生的半年前进行过大修保养，但在卡板的制造（下料）和安装过程中存在显著的零部件质量失控，相关各方均未能在设备投入使用前及时发现尺寸错误的情况。设备投用后，日常检查同样未能及时发现销轴的转动和 L 形卡板逐渐失效的潜在隐患；卡板功能失效后，亦未能发现销轴逐渐发生轴向移动直至最终完全脱出、事故发生。只有在设备生命周期的各环节充分认知隐患、有效排查和消除隐患，方能真正预防和减少同类事故。

参考文献

[1] 吴旭正，等．特种设备典型事故案例集（2005-2013）．北京：化学工业出版社，2015.

[2] 孙仁山．起重机事故案例分析（2002-2018）．北京：中国劳动社会保障出版社，2020.

[3] 李继承，茅根新，罗云东，等．冶金起重机卷筒断轴事故分析及维护措施 [J]．机械工程与自动化，2005，6：81-82，84.

[4] 郭鹏伟，刘振刚，王磊．冶金起重机事故分析及安全检验 [J]．起重运输机械，2014，10：105-108，109.

[5] 朱士杰．180t 铸造起重机起升限位失效导致事故的分析 [J]．冶金设备管理与维修，2014，32（3）：23-24，27.

国内外客运索道生产质量状况比对研究

苑一琳，吴　茉，张君娇，史冰洁

中国特种设备检测研究院，北京， 100029

摘　要： 客运索道是旅游观光行业中的一种重要基础设备设施，也是一种高效的交通工具，在人们的生产生活中发挥了重要的作用。客运索道安全运行直接关系到人们的生命财产安全，生产质量是其安全运行的最基础保证。因此，本文围绕客运索道的生产质量，从生产企业的管理水平、设备的质量水平以及成功的经验等方面，对国内外的生产质量现状开展了比对分析研究，找出与国外发达国家之间存在的差距，并尝试给出合理化的建议，以期提高我国客运索道的生产质量水平。

关键词： 客运索道；生产质量；状况比对；管理水平

Comparative study on production quality of passenger ropeway at home and abroad

Yuan Yilin, Wu Mo, Zhang Junjiao, Shi Bingjie

China Special Equipment Inspection and Research Institute, Beijing, 100029

Abstract: Passenger ropeway is not only an important infrastructure in the tourism industry, but also an efficient means of transportation. It plays an important role in people's production and life. The safe operation of passenger ropeway is directly related to the safety of people's lives and property, and the production quality is the most basic guarantee for its safe operation. Therefore, focusing on the production quality of passenger ropeway, this paper makes a comparative analysis and Research on the current situation of production quality at home and abroad from the aspects of the management level of production enterprises, the quality level of equipment and successful experience, finds out the differences with foreign developed countries, and tries to give reasonable suggestions in order to improve the production quality level of passenger ropeway in our country.

Keywords: passenger ropeway; production quality; condition comparison; management level

0　引言

截至 2020 年底，全国特种设备总量达 1648.41 万台。其中客运索道 1103 条，占比为 0.01%，是八大类特种设备中数量最少的。但由于其承载人数多，事故或故障后果严重，其安全运行受到社会高度关注[1]。

我国的客运索道数量约占世界客运索道总数量的 5%，与其他国家客运索道中滑雪索道占比较大不同的是，我国客运索道中约 70%为旅游索道，其余 30%为滑雪索道[2]。其中，固定抱索器索道数量最

基金项目：总局科技计划项目“国内外特种设备安全状况比对分析研究”（编号：2019MK133）。

作者简介：苑一琳，1988 年生，女，工程师，硕士，主要研究特种设备无损检测技术。E-mail：yilin1988@126.com。

多，约占总数的44%；拖牵索道主要用于滑雪场，约占总数的35%；脱挂索道运量大技术先进，近年来得到较大发展，目前约占总数量15%；往复式索道主要用于大跨距需求如跨江跨河等，约占4%；地面缆车总数较少，约占总数的2%。

生产质量对客运索道的运营安全至关重要，我国对客运索道生产实行许可制度，保证了生产企业具有与生产相适应的专业技术人员、设备设施和工作场所、质量保证、安全管理和岗位责任等制度，并对持证企业进行定期不定期的抽查。国内生产企业在业务上各有侧重。由于国产设备经常设计、制造、安装分别由多家单位承担，导致设备总体质量难以提高，自主创新较难实现，且设备所占市场份额有限，产量不高，专业化生产程度较低[3-5]。相较于国外发达国家的生产制造水平，仍有较大差距，因此本文从客运索道生产质量的角度，分析了国内外的状况，并给出了合理化的建议，希望能缩小与发达国家之间的差距。

1 我国客运索道生产制造水平分析研究

1.1 生产企业管理水平

生产企业的管理水平直接影响到生产设备的质量，继而影响设备的安全运行水平。依据《中华人民共和国特种设备安全法》的规定，国家按照分类监督管理的原则对客运索道生产实行许可制度。《特种设备生产单位许可目录》规定由国家市场监督管理总局负责客运索道制造（含安装、修理、改造）的许可，由省级市场监管部门负责客运索道安装（含修理）的许可。申请单位经负责特种设备安全监督管理的部门许可后方可从事生产活动。为规范许可工作，2019年国家市场监督管理总局颁布了TSG 07—2019《特种设备生产和充装单位许可规则》，规范了客运索道生产许可的通用条件、程序和要求，明确了专项许可条件。生产许可制度规范了从事客运索道生产企业所需满足的基本条件，确保了企业已经建立并执行了质量保证体系文件，对保证客运索道设备质量起到了重要的作用。

除此之外，各级特种设备监察部门还会不定期地对已取得许可的客运索道生产企业进行监督抽查，强化了事中事后的监管，以质量体系运行、工作（产品）质量以及资源条件为重点，保证其持续满足许可条件，督促其保持产品质量和工作质量。

在国内客运索道的制造企业中，只有北京起重运输机械设计研究院有限公司、中国有色工程有限公司、四川矿山机器有限公司、北京北方车辆集团有限公司等几家企业规模较大。北京起重运输机械设计研究院有限公司的产品在国产设备中所占份额最大，现已承建和技术服务各类客运索道约460条，其中国产脱挂索道约65条，主要业务是索道的设计及制造，暂没有安装；中国有色工程有限公司从1953年开始即从事货运索道的设计，目前已承揽近200条客运索道的设计，在索道土建工程设计和往复式索道设计领域具有一定的实力[6]。四川矿山机器（集团）有限责任公司前身为四川矿山机器厂，原属国有大型重装备制造骨干企业，2014年进行改制成为一家民营股份制企业。2018年在公司“工程总承包事业部”基础上，成立“四川川矿索道工程有限责任公司”经营范围涵盖客、货运架空索道、滑道、地面缆车及大型游乐设施的工程承包。

且大多数企业的规模相对较小，客运索道装备制造的外委情况普遍。驱动迂回装置、支架等非标产品，工艺要求比较高。但由于索道所需量小，产值小，产品很难成为制造单位的主导产品，除吊篮、吊厢等个别产品专业化生产程度较高之外，其他零部件基本上都是制造企业的附属产品，制造专业性差。大多数制造企业由于不具备设计能力，对产品的要求、轮体加工、轴的锻造、镀锌、热处理、材质分析等质量控制点不清楚。同时缺少大吨位锻压设备、热处理设备、表面处理设备等，加工手段落后，产品质量难以保证。

1.2 设备生产质量水平

国产客运索道的型式和种类逐渐增多，已经具备了独立自主设计、制造、安装固定抱索器循环索道、脉动循环索道、脱挂抱索器循环索道、大型双线往复式客运索道、地面缆车等多种类型索道工程的能力。在固定抱索器索道上，我国已经完全掌握了相关技术，在设备形式、参数上与进口设备已经没有差距，依靠较高的性价比已经基本占领了国内市场并部分出口。但在运输能力大、速度快、科技含量高的现代化脱挂式客运索道、大客厢的单牵引往复式客运索道、带夹轨器自动化程度较高的大型客运地面缆车等还主要依赖进口。与发达国家仍存在较大差距。

在客运索道的设计方面，我国的客运索道的设计单位有的已经建成索道 CAD 中心，将不同结构类型索道的特点，技术参数，实践经验，设计方法，计算程序，安全规范等主要内容输入专用 CAD 软件系统，能够根据市场信息快速提供满足各种要求和约束的设计方案，还可以从中选择和确定最优方案，大幅度地缩短索道设计周期。随着对工艺设计计算的数学、力学模型系统研究不断深入，我国客运索道技术人员将基础力学理论与数学模型相结合，开始使用解析计算、多体动力学手段，综合运用于客运索道的虚拟仿真模拟分析，开展索道设计阶段的风险分析和评估；在理论研究方面，针对索道设备及其安全性开展了相应的理论研究，如索道关键部件和钢结构的有限元分析和索道风险评价方法研究等；在关键部件可靠性试验方面，对抱索器、制动器等设计了专门的试验装置；基于物联网和互联网的远程监控技术已逐渐得到应用，使用永磁同步电机代替减速器直接驱动也正在研究和开发中。脱挂抱索器索道也已由北京起重运输机械研究所研制成功并投入运营。并逐步形成以索道技术研发和设计单位为龙头的索道工程承包建设模式。

在客运索道的制造方面，虽然近年来我国客运索道的制造水平在不断提升，固定抱索器客运索道、简单的往复式索道和地面缆车及其配件已能实现自主生产。但整体能力有限，自主创新能力不强，产值较低，产品质量稳定性较差，基础性工业产品薄弱，还未形成完备的制造业体系。缺少专用部件的配套厂家，轴承、橡胶制品、各种型材、紧固件、减速机等国产零部件不能满足高标准的使用要求。另有相当部分的专用部件如：窄 V 带、取力轮衬、弹簧、受力轮体等在国内找不到理想的生产厂家。

国内企业在科研开发和试验测试方面投入较少，索道设计风险分析评估还不成熟，设计理念相对守旧，对索道整机和关键部件产品的试验验证能力不强，可靠性试验不足。与世界发达国家相比仍有较大差距。增大研发投入，培养索道高水平设计、制造、安装的人才，提高自主创新能力是我国客运索道生产单位发展的当务之急。

2 国外发达国家客运索道生产制造水平分析研究

2.1 欧盟客运索道生产质量水平

欧洲装备制造业起步较早，发展比较成熟，客运索道制造基础条件比较好，有成熟的技术和工艺，在技术上处于领先地位。索道技术领先的国家主要有奥地利、法国和意大利。每年全世界索道设备本身的产值约有 20 亿欧元，80%被欧洲几个大的索道公司所占有，世界最具实力的客运索道制造企业，包括法国的 Poma 公司、奥地利的 Doppelmayr 公司和瑞士 Garaventa 公司等。这几年索道公司之间的兼并重组成为一种潮流。

上述企业将设计、研究合二为一，同时也与高等院校合作进行产品的科研工作，在设计中十分重视安全研究，进行危险性预先分析、指出危险因素、触发事故的条件、不安全的现象或状态、把不安全转化为安全所应具备的条件、如此下去产生事故的情况、能产生什么样的后果、产生危险的等级、根据危险性的起因采取什么预防措施、避免它发展成为事故。所有避免风险的方案都是绝对优先考虑的。它们对客运索道设计方案极为重视，也十分严格，没有通过的设计方案是绝对不允许制造施工的。而且提供设计方案的文件资料也是很多的。这样做可以避免重复错误而导致事故。从源头上避免事故隐患。

上述企业建设了现代化的设备加工厂，从原材料进厂、下料、设备加工到设备组装已经形成一条非常完善的加工、组装、质量检测质量保证体系，从材料进厂到产品出厂都严格按标准进行检测验收。他们的产品实行专业化制造，吊厢、抱索器、托压索轮、驱动装置等都由专业的厂家生产，不仅可以降低零部件费用，而且质量越做越好。如 Doppelmayr 集团未兼并 Garavente 公司之前遍及世界的协作企业 1220 个，而公司兼并重组后的遍及世界的协作企业多达 2192 个。除此之外，原材料的供应也是专用型材、甚至半成品供应，产品实行标准化设计，允许尺寸模块化，为提高制造质量、降低产品成本、美化产品外观创造了条件。同时也可以按照客户的要求量身定做，但应用的都是标准化组件。

此外，这些索道企业都建有试验基地，如地面缆车试验线，脱挂索道试验线、托压索轮组试验线、轮衬试验机、振动试验台、脱挂抱索器装配试验台、客车制动器试验台等，除了标准的测试外还对产品进行防水性能测试，风洞测试和对撞测试等，向最新的飞机和汽车制造业技术看齐。它们通过大量试验，得出数据，再通过数据的分析，既可找出最佳设计方案，又可以避免设计失误。国外索道公司之所以能够不断推出新的产品，先进的试验设备功不可没。

2.2 英国客运索道生产质量水平

英国客运索道生产制造多依赖进口。其中奥地利多贝玛亚公司建设了包括阿联酋航空空中缆车等索道。对于索道用钢丝绳，英国的波来顿和钢绳联合公司主要生产索道用钢丝绳。

2.3 美国客运索道生产质量水平

美国客运索道生产制造多依赖进口。其中法国波马 BOMA 建设了包括罗斯福空中缆车等索道，2012 年 10 月末桑迪飓风席卷了美国东海岸和纽约，在所有交通方式都瘫痪的情况下，只有罗斯福岛空中缆车在飓风过后仅仅两个小时，又完好无损地重新投入运行，确保了公共交通服务的持续性。

2.4 日本客运索道生产质量水平

日本索道株式会社从事设计、生产和安装胎背和材料索道、缆车、缆车、缆车、轮椅升降机、停车系统、坡道升降机和游乐园游乐设施等，同时还拥有和经营日本和加拿大的滑雪场，包括北美最大的滑雪场 Whistler Blackcomb 25%的股权。除了在东京的总部外，公司在习志野设有工厂，在长野、大阪、札幌设有分公司，在福冈设有办事处，在新泻和高桥设有服务中心。日本索道株式会社开发和建造了一系列具有划时代意义的最新型索道设备，包括实现了世界上最大 166 人额定乘员的新泻县“汤泽高原索道”、长野县的“龙王索道”和最高速度达 12.0m/s 的滋贺县“琵琶湖马铃索道”（额定乘员 121 人）等，建设了世界上首个单线自动循环式 8 人乘坐缆车、日本首个脉冲缆车和防强风自动循环式复式单线索道等，还包括一些地面缆车及斜坡式升降机。另外，全国各地的各行各业都在使用着日本索道的工业用索道，例如在水库建设、防灾工程建设等中发挥着积极作用的货物运输索道等。

3 存在的问题及建议

3.1 存在的问题

我国客运索道安全水平总体接近世界工业发达国家客运索道安全水平，但中国客运索道与世界工业发达国家的客运索道最高水平对比还存在一定的差距，主要体现在以下几个方面。

（1）自主创新能力不足，技术更新缓慢

20 世纪 80 年代初，我国就自主开发了单线循环式吊椅索道、单厢可承载 81 人的大型双线往复式客运索道、单线脉动循环式吊厢索道以及脱挂式吊厢索道，当时的单线索道总体工艺计算方法及计算程序达到了国际先进水平。然而，二十多年来我国的客运索道技术水平进步缓慢，至今只能生产固定抱索器索道以及一些小容量的往复索道、脱挂抱索器索道和客运地面缆车，客运索道新技术的开发一直停滞不前。客运索道设计单位依然停留在原来的技术水平，在索道设计方面无重大技术突破，与欧洲先进索道企业差距越拉越大。近四十年来我国的客运索道设计技术水平在逐渐进步，但与欧洲先进索道企业仍有较大差距。

造成这种状况的原因是多方面的，其中最主要的是高端客运索道产品的开发周期长、费用高、难度大，现有的设计单位无法承担技术开发失败所带来的巨大风险。其次，由于我国部分人反对发展索道，使索道市场萎缩，没有发展先进索道的动力，特别是近些年来各设计单位的设计人员老化、人员流失情况严重，自主研发和自主创新能力不足。另外，设计理念相对守旧，缺乏创新意识和魄力也是重要原因。

(2) 制造企业规模小，加工手段落后，质量管理体系不完善

概括起来我国的客运索道制造企业数量相对较多，整体水平不高，能力有限。除了四川矿山机器有限责任公司、北京北方车辆集团有限公司、贵州云马飞机制造厂、成都飞机制造厂等规模较大之外，其他大多数企业的规模相对较小。

专业化是保证客运索道产品质量和提高技术水平最有效的手段之一。专业化生产可以实现产品标准化设计，批量生产或规模化生产，为提高制造质量、降低产品成本、美化产品外观创造了条件。

我国的客运索道装备制造企业加工手段比较落后，缺少一些关键的制造设备，如大型立车或落地车、大吨位锻压设备、热处理设备、表面处理设备等。

3.2 建议

近些年来，我国客运索道技术的研发和创新虽然已有较大的进步，但总体还是比较缓慢。对此提出下列建议。

(1) 完善客运索道行业的法律法规与标准体系

贯彻实施《安全生产法》和《特种设备安全法》《特种设备安全监察条例》《客运索道安全监察规定》等法律法规；修订不适应环境友好型客运索道建设的法规和标准；修订设计文件鉴定、检验检测、型式试验、制造安装许可、使用管理等规则规程，指导和规范客运索道生产、使用和检验检测等工作。建立健全我国客运索道产品制造标准，为我国客运索道制造质量的提高建立技术保障基础。加强客运索道安全规章、制度建设，制订关于召回、报废等方面的相关配套制度，探索建立安全技术规范与标准的协调机制；研究建立针对老旧索道的检查、检验及大修的技术方法与规定。从规章制度上保证索道的安全性，并鼓励环保性索道的建设。

(2) 改善客运索道行业发展的政策环境

推动完善客运索道规划政策，鼓励客运索道发展，强调客运索道布局的统筹合理规划，推动客运索道与景区统一规划，统一建设，统一管理，为客运索道发展提供更好的环境；推动改善客运索道设计、制造、安装维修等各环节企业的经营环境，构建相对宽松的企业发展政策环境，继续鼓励客运索道生产运营单位联合重组。

(3) 大力发展和支持我国自主研发的先进索道产品

推动提升客运索道制造业技术改造，加快我国客运索道制造体系的建立，重点增强新型客运索道产品开发能力和品牌创建能力，技术工艺系统集成水平，客运索道产品质量、技术含量优化；制定相应的政策措施，鼓励国产先进索道的推广和应用；对国内客运索道设计制造单位开拓海外市场给予一定的政策扶持，鼓励和支持我国客运索道制造向专业化、集团化发展，尽快形成具有和国际客运索道制造强国

相竞争的制造实体。

4 结论

① 比对分析了我国客运索道在生产质量方面与国外发达国家之间的现状和差距，指出了我国客运索道整体水平仍然不高，在大运输能力、高运行速度等高科技含量的现代化客运索道方面与世界先进水平仍存在较大差距，主要依赖进口，没有实现国产化。

② 通过比对分析研究，指出了当前我国客运索道行业仍然存在的和急需解决的问题。

③ 针对我国的现状和存在的问题，给出了若干合理化的建议，以期提高我国客运索道的生产质量水平，更好的服务与社会的生产和生活。

参考文献

[1] 刘京本．中国客运索道的现状及发展前景 [J]．中国特种设备安全，2006，22（04）：9-13.

[2] 李良寿，王睿．我国客运索道技术发展分析 [J]．起重运输机械，2014（03）：1-3.

[3] 年夫顺．关于故障预测与健康管理技术的几点认识 [J]．仪器仪表学报，2018，39（08）：1-14.

[4] Bousdekis A, Magoutas B, Apostolou D, et al. Review, analysis and synthesis of prognostic-based decision support methods for condition based maintenance [J]. Journal of Intelligent Manufacturing. 2018, 29 (6): 1303-1316.

[5] Van Hecke B, Yoon J, He D. Low speed bearing fault diagnosis using acoustic emission sensors [J]. Applied Acoustics. 2016, 105: 35-44.

[6] 丁志成，葛洪伟，周竞．基于 KL 散度的密度峰值聚类算法 [J]．重庆邮电大学学报（自然科学版），2019，31（03）：367-374.

第六篇　综　合

检验锤敲击检测中的特种设备宏观缺陷智能识别研究

余焕伟，陈仙凤，赵星波，杜锡勇

绍兴市特种设备检测院，绍兴，312000

摘　要： 敲击检测是特种设备检验中常用的一种方法，但该方法对人员的经验依赖较大，容易发生误判. 本文通过设计金属构件敲击检测试验，研究分析了敲击信号的频谱特征，并对利用语音识别技术“听出”金属材料内部缺陷的可能性进行了验证，结果表明，在局部敲击激励下，缺陷的存在会导致敲击信号的频谱向低频段移动或频率主峰发生分裂，利用敲击信号的 MFCC 特征参数构建的 GMM-HMM 模型可以有效识别出不同类别的试件，但识别结果易受到噪声的影响；经“二元信息融合＋噪声泛化”算法改进后的 GMM-HMM 在强烈噪声干扰下（10dB 信噪比）仍具有的缺陷识别率，且在敲击声信息融合权重为 0.6 时达到最优值 99.3％。

关键词： 高斯混合-隐马尔可夫模型；敲击检测；噪声泛化；特种设备

Study on intelligent recognition of special equipment macroscopic defects in hammer percussion detection

Yu Huanwei, Chen Xianfeng, Zhao Xingbo, Du Xiyong

Shaoxing Special Equipment Testing Institute, Shaoxing, 312000

Abstract: Percussion detection is a common inspection method of special equipment, which relies on experience of personnel and has high possibility of misjudgment. In this paper, an experiment of percussion detection was designed and feature extraction methods of percussion signals were studied, and then the possibility of using speech recognition technology to " hear" internal defects in metal materials was verified. The results show that defects would lead the frequency spectrum of the percussion signals to move to low frequency band or to be split in more peaks under the hammer-impact. GMM-HMM built on MFCC parameters of percussion signals could identify different types of specimens effectively but were liable to be affected by noise. The model improved with “binary information fusion + noise generalization” had higher recognition rate in the extreme noise circumstance. Under the noise (10dB SNR) circumstance, the recognition rate of the improved GMM-HMM reached the optimal value 99. 3% with the sound information fusion rate at 0. 6.

Keywords: GMM-HMM; percussion defection; noise generalization; special equipment

0　引言

敲击检测属于声振无损检测方法的一种[1]，最早是用于铁路工人对车轮的完整性检测，现在逐渐扩大到

基金项目：金属材料失效分析及材质评价能力提升建设（浙江省市场监管局检验检测技术装备项目 20210156）。

作者简介：余焕伟，1983 年生，男，高级工程师，博士研究生，主要从事特种设备无损检测和智能化检测方向的研究。

陶瓷[2]、航天复合材料[3]、蠕墨铸铁件[4]、风力机叶片[5] 等领域。在特种设备检测中也常使用检验锤敲击进行锅炉宏观检验[6]，可以对被检对象金属材料的开裂、劣化、腐蚀、结垢等进行初步判断，国家标准[7]规定了使用铜锤轻击钢瓶瓶壁进行音响检查的判定方法，指出音响十分浑浊低沉，余韵重而短，并伴有破壳音响的气瓶应报废。但是传统的敲击检测要求检测人员本身具有较丰富的知识经验。降低敲击检测主观性的传统方法是利用传感器记录下敲击对象的声振的幅值频率等信息，通过敲击力持续时间时频域特征[4,5,8-10]等参量的研究来判断出被检对象的缺陷或故障状况，或者再结合具体知识模型进行故障诊断[11,12]。

上述研究主要是从声振检测理论出发，比较依赖信号处理技巧和专家的知识经验，在实际应用中有一定的局限性。本文将在对敲击信号频域特征分析的基础上，借助于智能语音识别技术，提出一种基于改进的高斯混合-隐马尔可夫模型（Gaussian Mixture Model-Hidden Markov Model，GMM-HMM）的敲击检测模型，模拟检测人员从敲击中“听出”缺陷的过程，并通过实验对模型的有效性和鲁棒性进行验证。

1 隐马尔可夫语音识别理论

HMM 是以概率统计理论为基础，应用在语音识别等多个领域[13,14]。HMM 中包含了两个双随机过程，可参数 $\{S, X, \Pi, A, B\}$ 来描述：

$$S=(s_1, s_2, \cdots, s_{N-1}, s_N) \tag{1}$$

$$X=(x_1, x_2, \cdots, x_{M-1}, x_M) \tag{2}$$

$$\Pi=(\pi_1, \pi_2, \cdots, \pi_{N-1}, \pi_N) \tag{3}$$

$$A=[a_{ij}]_{N\times N}, a_{ij}=P(q_{t+1}=s_j \mid q_t=s_i), 1\leqslant i, j\leqslant N \tag{4}$$

$$B=[b_{jk}]_{N\times M}, b_{jk}=P(o_t=v_k \mid q_t=s_j), 1\leqslant j\leqslant N, 1\leqslant k\leqslant M \tag{5}$$

式中，S 表示隐藏状态，N 为隐藏状态数，X 为 L 维的观测状态序列，M 为观测状态数，Π 为状态初始分布概率，A 为状态转移概率矩阵，a_{ij} 表示从时刻 t 到 $t+1$ 时状态 s_i 转移到状态 s_j 的概率，B 为状态发射矩阵，b_{jk} 表示 t 时刻隐藏状态 s_j 生成观察状态 v_k 的概率。本文利用 HMM 实现两个目的：“学习训练”，给定观测序列样本集 $\{X\}$，寻找最佳的 HMM 参数 $\lambda=(S, \Pi, A, B)$；“模式识别”，给定 HMM 参数 λ 和观测序列 X，求解发生概率最大的隐藏状态序列 S。

当 X 的样本值是连续值时，发射概率 b_{jk} 可用高斯混合模型 $\mathrm{GMM}(\mu, \sigma, w)$ 来描述[15]，其中 μ、σ 分别为 X 的平均值和标准差向量，$w=(w_1, w_2, \cdots, w_m)$ 为高斯子分布权重，m 为高斯子分布数。第 i 个高斯子分布可表示为：

$$p_i(\mu, \sigma, X)=\frac{1}{(2\pi)^{L/2}\prod_{l=1}^{L}\sigma_l}\exp\left[-\sum_{l=1}^{L}\frac{(x_l-\mu_l)^2}{2\sigma_l^2}\right] \tag{6}$$

式中，$P_{\mathrm{Gmm}}=\sum_{i=1}^{m}w_i\times p_i$ 等于发射概率 b_{jk}，参数 B 等价于参数 (μ, σ, w)。采用 EM 算法（Expectation Maximization）对 GMM-HMM 参数 $\lambda=\{\Pi, A, (\mu, \sigma, w)\}$ 进行迭代更新，采用 Viterbi 算法计算模型的总输出概率 P_{out}，当收敛率 RC 满足式(7) 时停止迭代：

$$RC=\frac{(P_{\mathrm{out}_n}-P_{\mathrm{out}_{n-1}})}{P_{\mathrm{out}_n}}<5\times 10^{-6} \tag{7}$$

式中，$P_{\mathrm{out}_{n-1}}$、P_{out_n} 分别为模型在第 $n-1$ 次、第 n 次迭代时的总输出概率。

2 敲击信号特征提取

2.1 模拟试件与敲击信号采集

图 1 为检验中发现的几种常见的特种设备本体缺陷情况，主要为裂纹、局部减薄、腐蚀凹坑，实际

中可能多种缺陷同时存在。为了减少数据采集阶段其他因素的干扰，揭示缺陷体普遍性的声振规律，本文通过人工试件来模拟特种设备金属部件存在的凹坑、开裂、夹层、局部减薄、对接焊缝、环向裂纹等9类情况，其中2＃、3＃、5＃和8＃试件依次与图1中的（a)-(d）缺陷相对应，如图2所示：(a）1＃无缺陷的平板；(b）2＃平板底部开孔；(c）3＃平板边缘至中心垂直表面开裂；(d）4＃平板一半厚度处夹层；(e）5＃平板底部中心减薄；(f）6＃平板对接焊缝；(g）7＃钢管中心长度处环向开裂；(h）8＃钢管端部焊缝处环向开裂；(i）9＃无缺陷的钢管。平板试件的尺寸均为400mm×400mm×30mm，钢管试件长度为1000mm的ϕ50mm×3 mm无缝钢管，材质均为低碳钢。

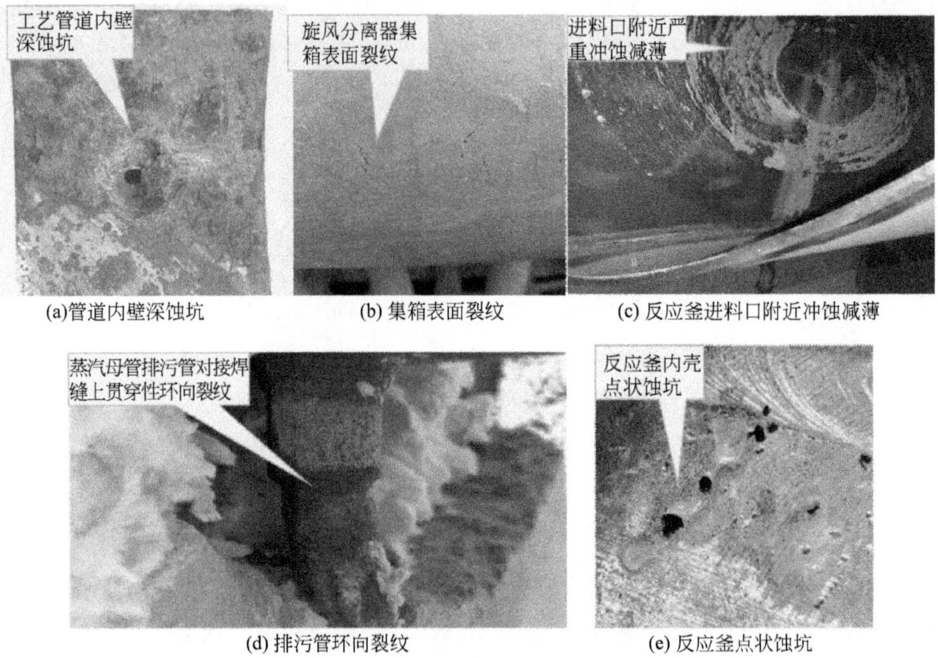

(a)管道内壁深蚀坑　(b) 集箱表面裂纹　(c) 反应釜进料口附近冲蚀减薄

(d) 排污管环向裂纹　(e) 反应釜点状蚀坑

图1　常见的特种设备本体缺陷情况示例

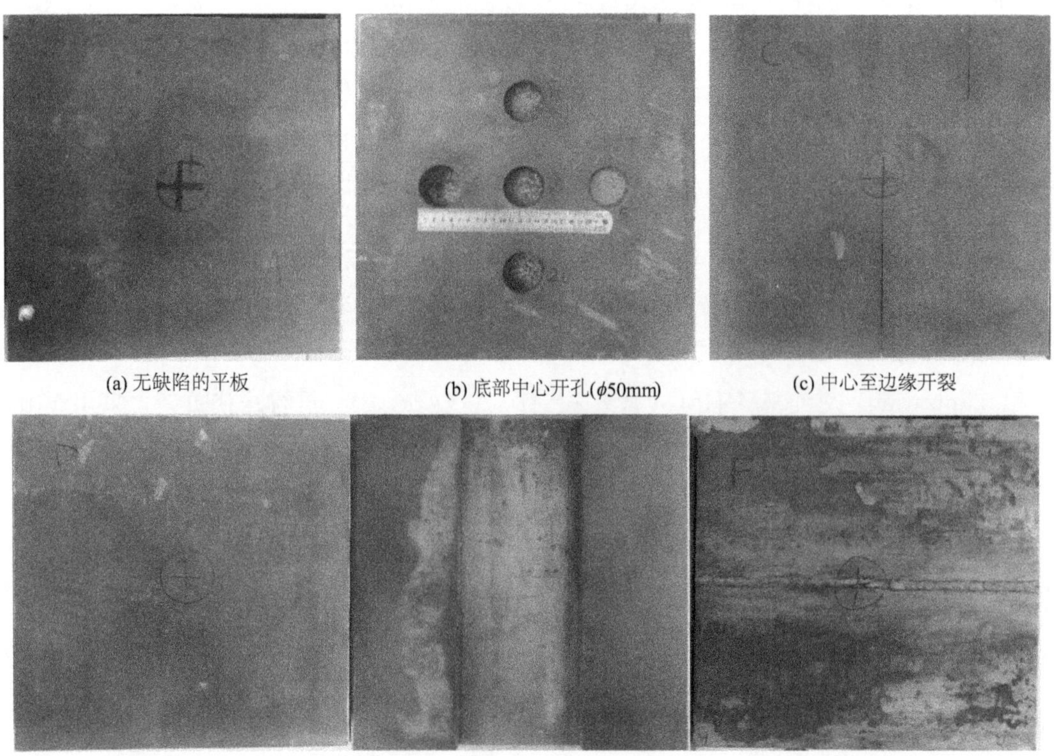

(a) 无缺陷的平板　(b) 底部中心开孔(ϕ50mm)　(c) 中心至边缘开裂

(d) 平板一半厚度处夹层　(e) 平板底部一半厚度处减薄　(f) 平板对接焊缝

(g) 钢管试件(从上到下依次为:中心长度处开裂,端部焊缝处开裂,完好参照样)

图 2 缺陷模拟试件

信号采集系统主要包括动态信号测试分析仪、力锤（检验锤)、加速动传感器和声音传感器，如图 3 所示。声音传感器布置在距离敲击中心 25cm 附近，振动传感器吸附于敲击中心附近约 10cm 处，采样频率为 51200Hz，图 4 为在 1＃试件上采集的连续 30 次敲击声信号。

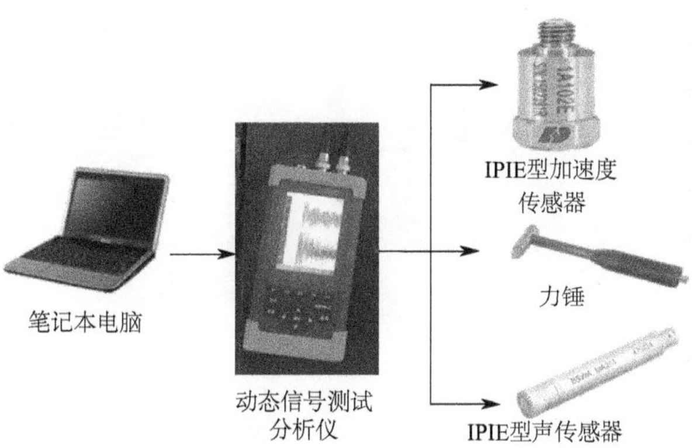

图 3 敲击信号采集系统图

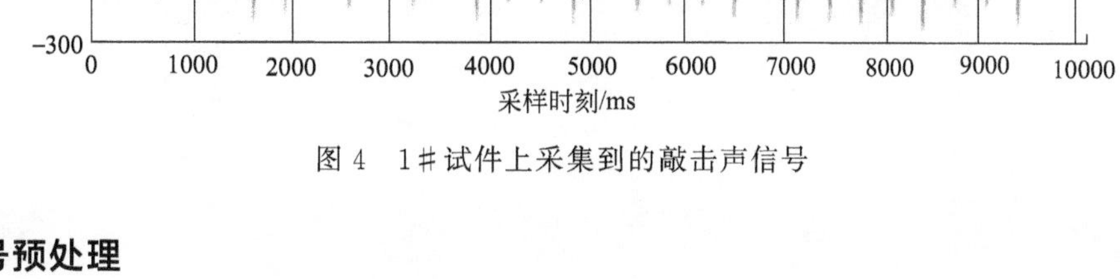

图 4 1＃试件上采集到的敲击声信号

2.2 敲击信号预处理

首先对信号进行“五点三次滑动滤波”，然后选择“db3”小波包基函数对平滑后的信号进行 5 层小波包去噪（软阈值＝0.05)，处理后的信号尖端噪声明显降低而且没有明显的相位和波形畸变，如图 5 所示，最后采用“最大值法”对去噪后信号进行标准化。采用“状态机”方法根据短时能量、短时过零率、最小等待长度等综合判断各帧所处的状态（敲击等待、模糊、敲击进行、敲击结束)，把敲击信号分割成单独的信号段[16]。分割后的信号段长度稍有差别，取以上各信号段长度的中值为参考值对各信号段进行截止，如图 6 所示。

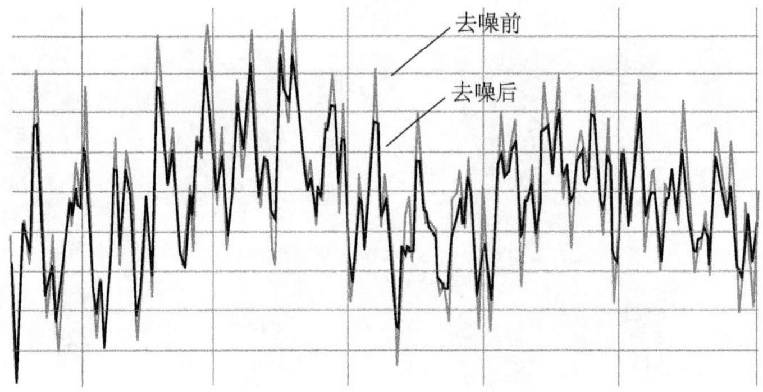

图 5　去噪前后的敲击声信号

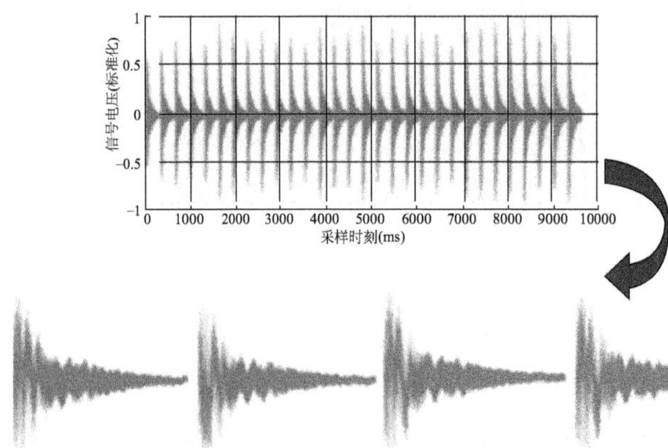

图 6　敲击声信号的端点检测及分段

3　敲击信号的频谱分析

3.1　构件缺陷与敲击声信号的相关性

图 7 为在 1＃试件上某次敲击信号波形及频谱图，可以看出敲击声和敲击振动信号的频率峰出现的

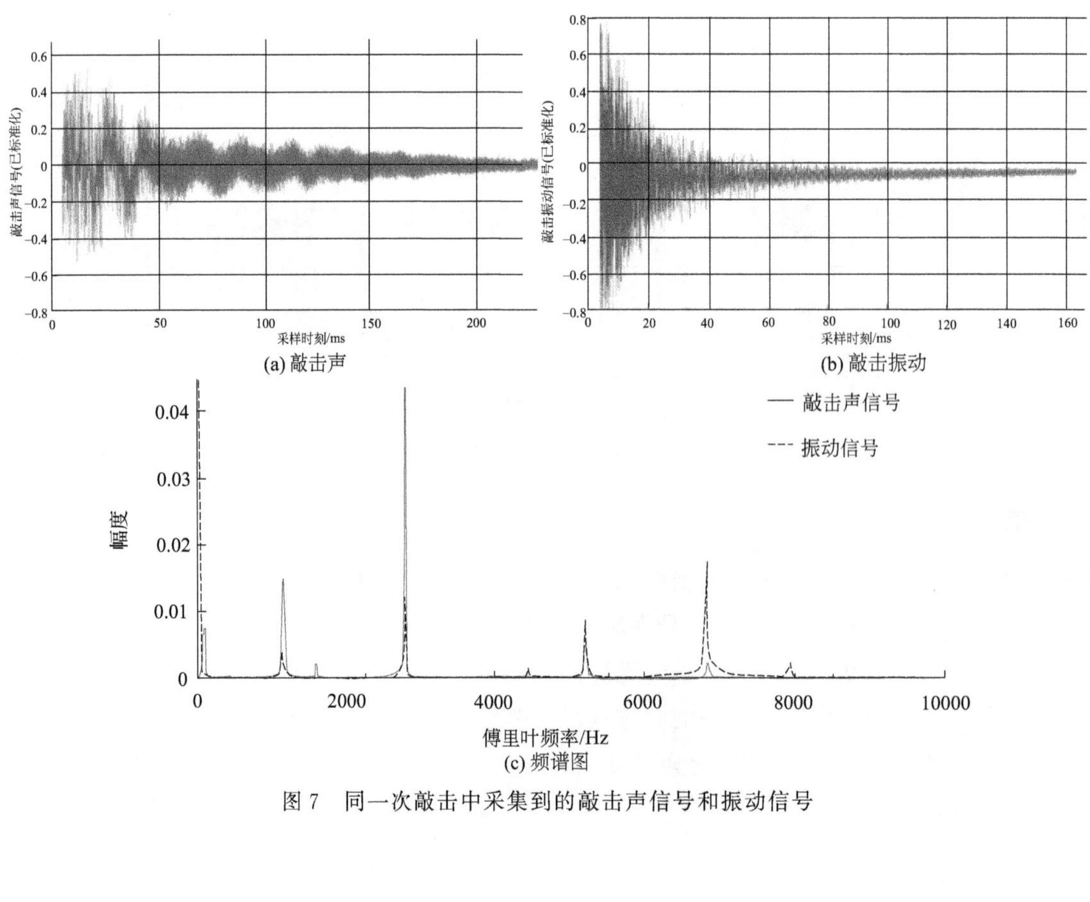

图 7　同一次敲击中采集到的敲击声信号和振动信号

位置基本一致，这是因为二者为同源信号，都是由构件的振动模态和结构特性决定[17]。图 8 为敲击力增大时的信号曲线，与图 7(a) 的时域曲线高度相似且频域谱峰重叠，这说明在一定敲击力度范围内，敲击力的大小对构件的振动模式影响较小。

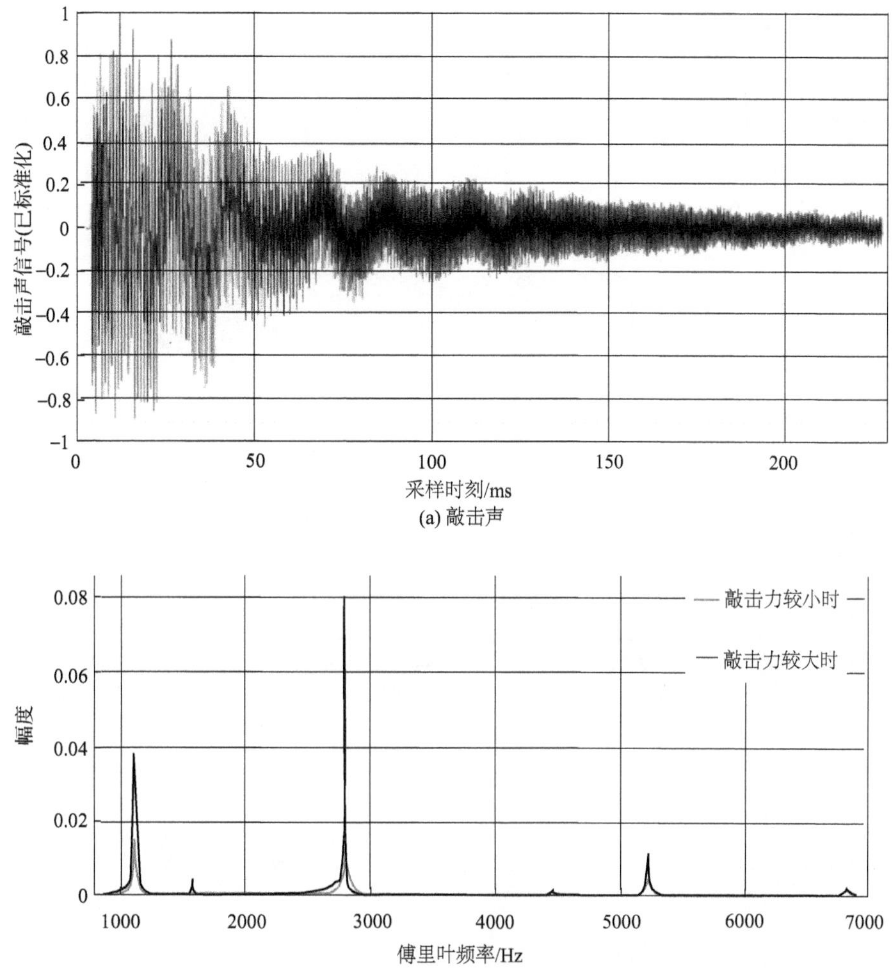

(a) 敲击声

(b) 频谱图

图 8　敲击力大增大时的敲击声信号（1＃试件）

图 9 为 1～4＃试件的敲击声频谱图，可以看出 2＃与 1＃的敲击声频率分布高度相似，但四个主要谱峰向低频端偏移了 49Hz、36Hz、59Hz 和 89Hz，且最高峰位置也发生了转移；3＃和 4＃试件包含开裂和夹层缺陷，对试件的结构完整性的破坏更大，其频率主峰向低频端偏移更严重、杂散峰数量也明显增多。

图 10(a) 为 7＃～9＃钢管试件的敲击声频谱图，其中 7＃和 8＃的频率幅值人为上移了 0.01、0.035，可以看出三个试件的频率曲线比较相似，频率峰集中在 3500～4000Hz，从图 10(b) 的局部图可看出无裂纹的 9＃试件在 3747Hz 处有 1 个主频率峰，而有环向裂纹的 7＃和 8＃试件在 3747Hz 附件发生了主峰分裂，峰值降低较大，最高峰位置也发生了一定偏移。

上述敲击过程可用图 11 所示的弹簧模型进行解释[18]：当敲击右边完好部位时，相互作用过程可抽象成一个弹性系数为 k_c 的弹簧；当敲击左边缺陷部位时，相当于在右边完好构件的弹簧模型上串联一个由缺陷引起的弹性系数为 k_d 的弹簧，k_d 与 h、l 以及被敲击部位的截面惯性矩等有关。假设局部敲击时系统中运动部分的抽象质量为 m，等效弹簧的弹性系数为 k，x 和 $\ddot{x}$ 分别为局部位移和局部位移加速度，则有：

$$m\ddot{x}=-kx,\ f_c=\frac{1}{2\pi}\sqrt{\frac{k}{m}} \tag{8}$$

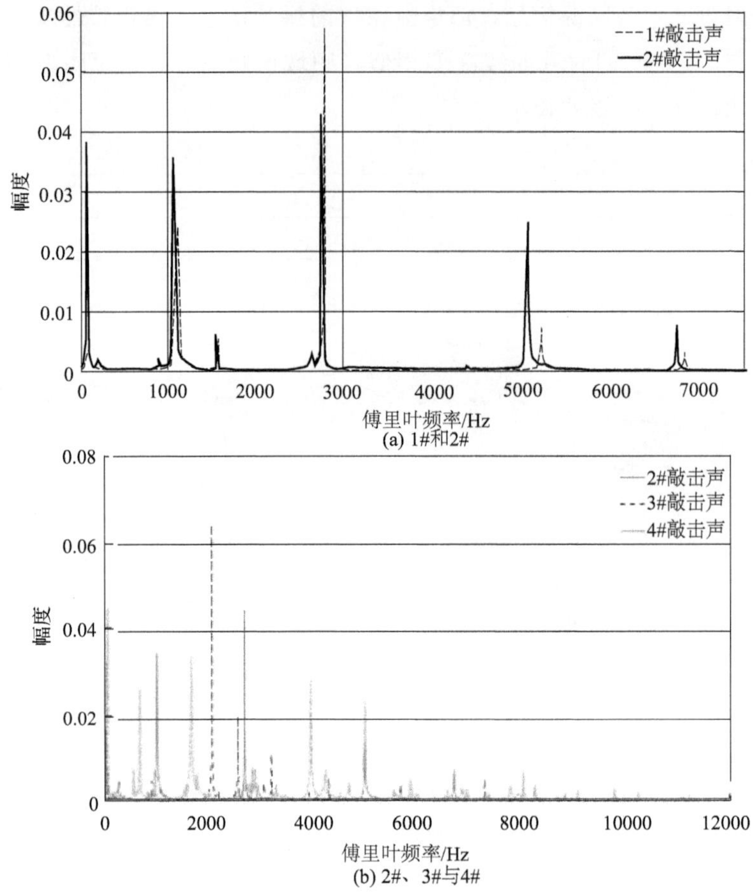

图 9　不同类别试件的敲击声信号频谱图

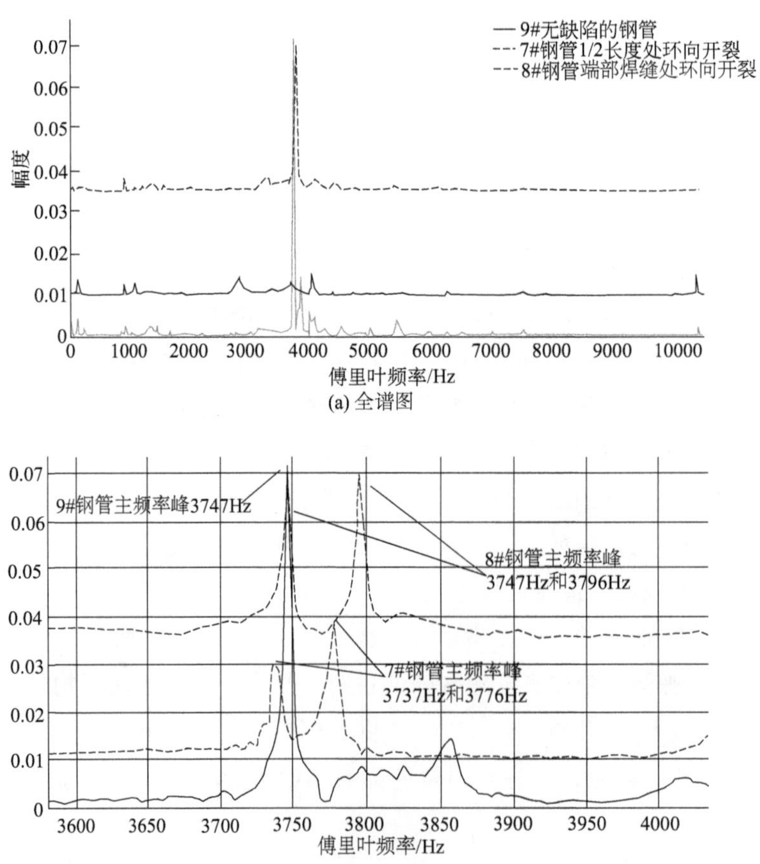

图 10　7＃、8＃和 9＃钢管试件的敲击声频谱图

式中，f_c 为构件振动频率，在完好构件部位 $k=k_c$，而在缺陷部位 $k=k_c\times k_d/(k_c+k_d)$ 小于 k_c，由式(8)可知 f_c 变小，因此缺陷平板构件的振动频率会有向低频端偏移的趋势，这与图 9 中的频谱分析结果一致。

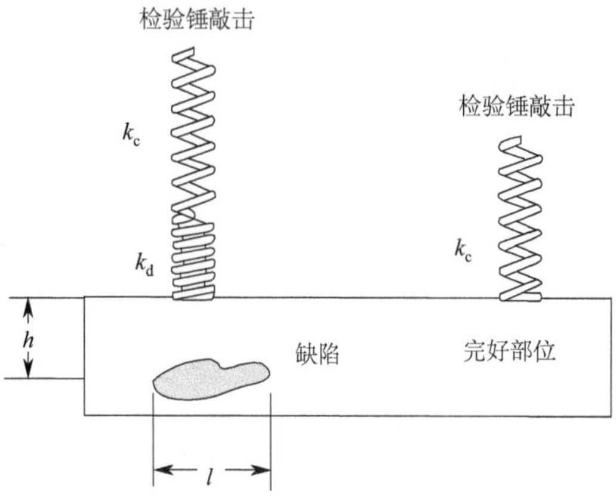

图 11 敲击检测的弹簧模型

薄壁钢管的敲击检测可以用图 12 的模型来描述，环向裂纹处相当于一个长度为 0 的自由面，瞬时敲击振动波 U_I 沿着管壁传播在裂纹面会产生反射波 U_R 与透射波 U_T。假设裂纹等效面积为 S_c，无损伤处管壁面积为 S_0，当忽略相位变化时 U_R 和 U_T 有以下近似关系：

$$U_R(0,\omega)=CU_I(0,\omega),U_T(0,\omega)=KU_I(0,\omega) \quad (9)$$

其中 ω 为振动波的频率，C、K 为与 S_c/S_0 有关的常数项，根据能量守恒关系则有：

$$|U_R(0,\omega)|^2=|U_I(0,\omega)|^2+|U_T(0,\omega)|^2 \quad (10)$$

由以上两式可知，当在薄壁直管段上存在环向裂纹时，振动波的传播不可避免地被裂纹自由面所影响，管段上的振动波也以裂纹面为界分为不同的两部分，这也是图 10 中 7# 和 8# 试件在 3747Hz 处发生谱峰分裂的原因。

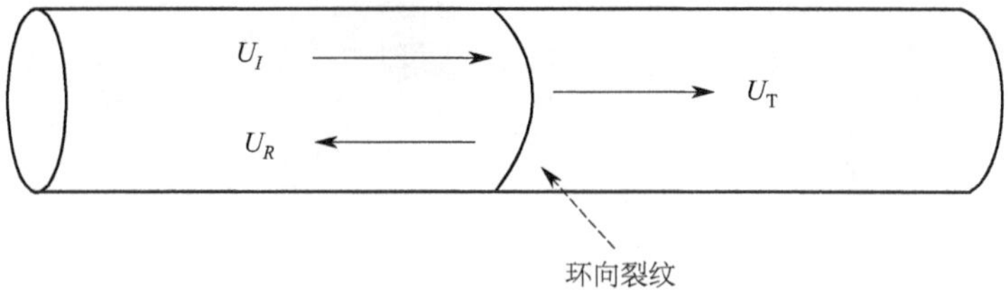

图 12 薄壁钢管的敲击检测模型

3.2 敲击信号的互相关分析

互相关性分析可以用来衡量两个周期信号随时间变化时的相关性，图 13 为敲击信号的 $R_{xy}(m)$ 曲

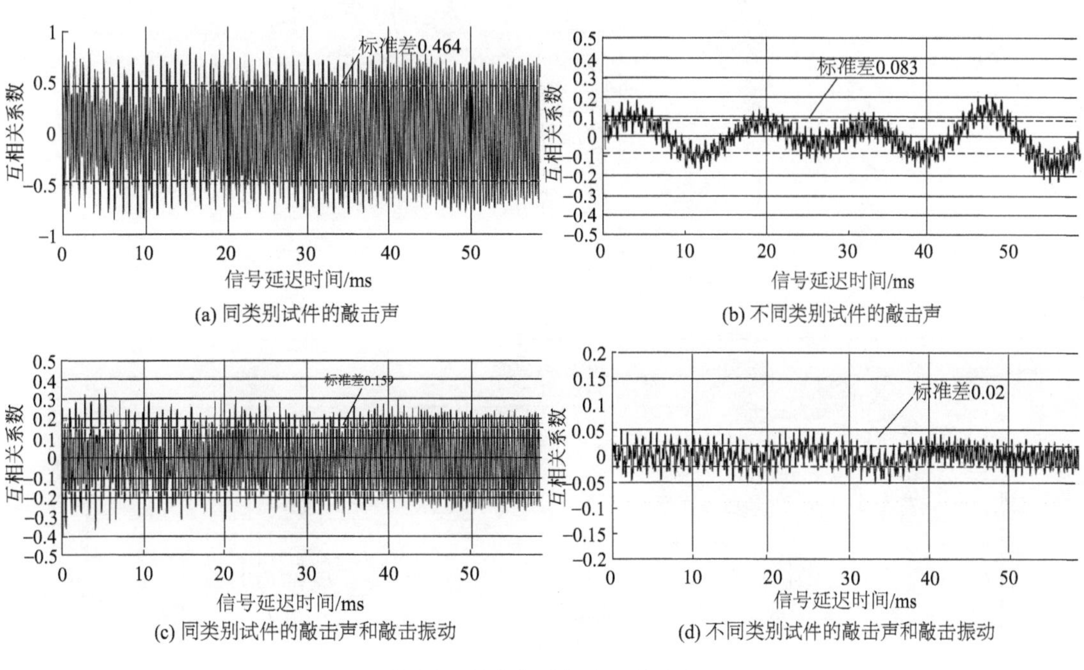

图 13 敲击信号的互相关分析

线（$m=1,2,3,\cdots,3000$，表示信号 y 的采样点延迟数），可以看出 R_{xy} 在零点上下呈周期性振荡，但同类试件敲击信号 R_{xy} 曲线标准差要远大于不同类试件之间的 R_{xy} 曲线标准差，该特性可以用来验证两种信号是否源自同一类别。

3.3 MFCC 特征集

在语音识别方面，最常用到的语音特征就是 Mel 倒谱系数（Mel-scale Frequency Cepstral Coefficients，MFCC），可以描述人耳频率的非线性特性[19]。敲击信号经预加重、分帧、傅里叶功率谱提取，经 24 维度三角 Mel 滤波器组和离散余弦变换后得到 Mel 系数，舍弃后 12 维系数并用前 12 维系数的一阶差分替换，最终得到 24 维的 MFCC 参数，如图 14 所示。整个敲击信息特征提取流程如图 15 所示。

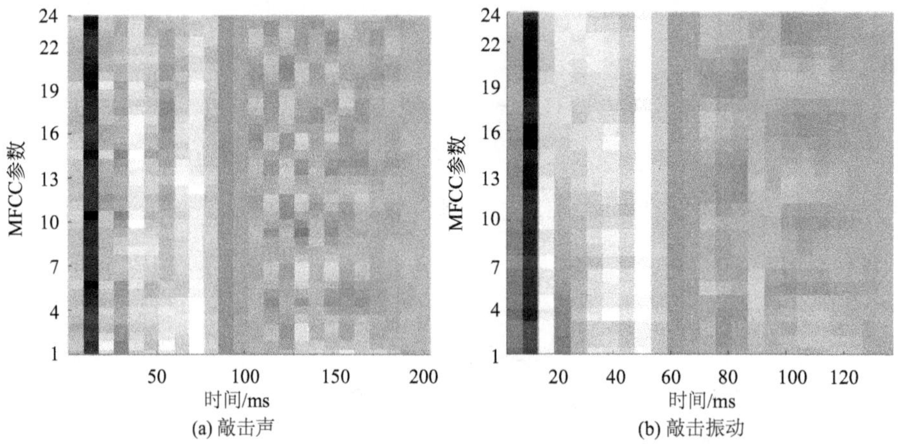

图 14　MFCC 参数的灰度映射图

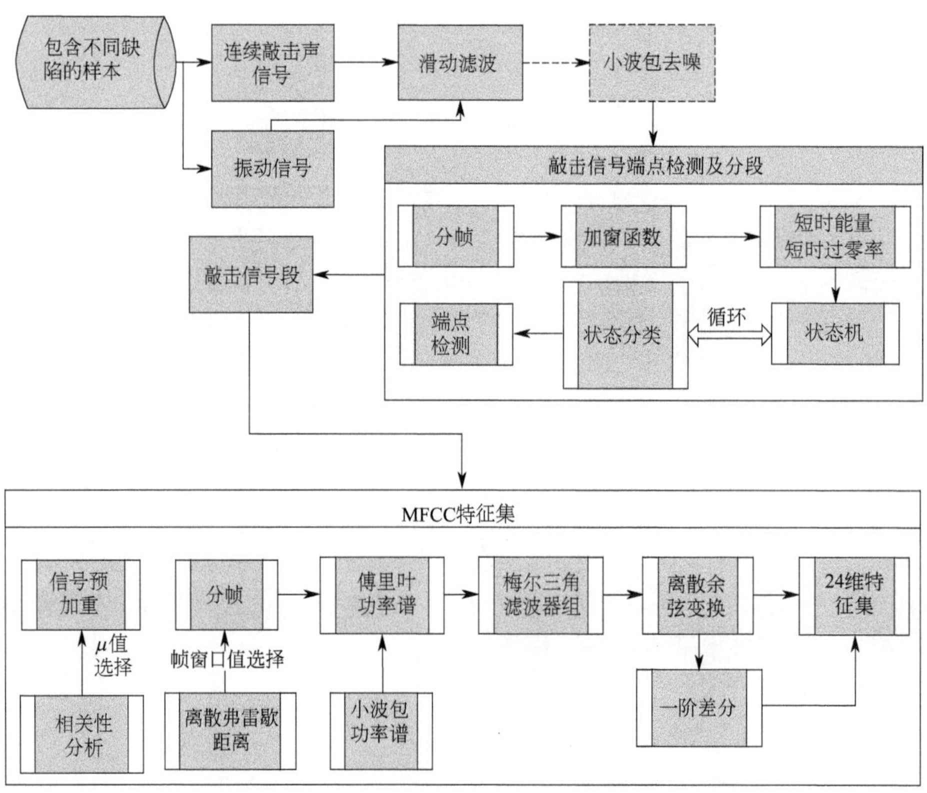

图 15　敲击信息的特征提取流程图

4 缺陷识别模型搭建与实验结果分析

4.1 GMM-HMM 模型搭建

敲击信号样本划分为训练和测试两个样本集，每个试件的训练样本集包含 80～100 个样本，测试集大小为训练集的 1/4。GMM-HMM 模型中 9 个子模型，与试件类别相对应，隐藏状态数为 6。隐藏状态的发射概率由 k 个高斯子分布函数描述，主要参数可由 Kmean 等聚类算法得到，本文在参数初始化时引入 Calinski-Harabasz 指标 CH(k) 对不同 k 值的聚类效果进行评价，选取合适的 k 值。采用 EM 算法进行训练，当训练模型的收敛率小于 5×10^{-6} 时停止训练，图 16 为各分别利用敲击声和敲击振动信息得到的两个子模型 A 和 B 的收敛曲线图，纵坐标为对数收敛率。

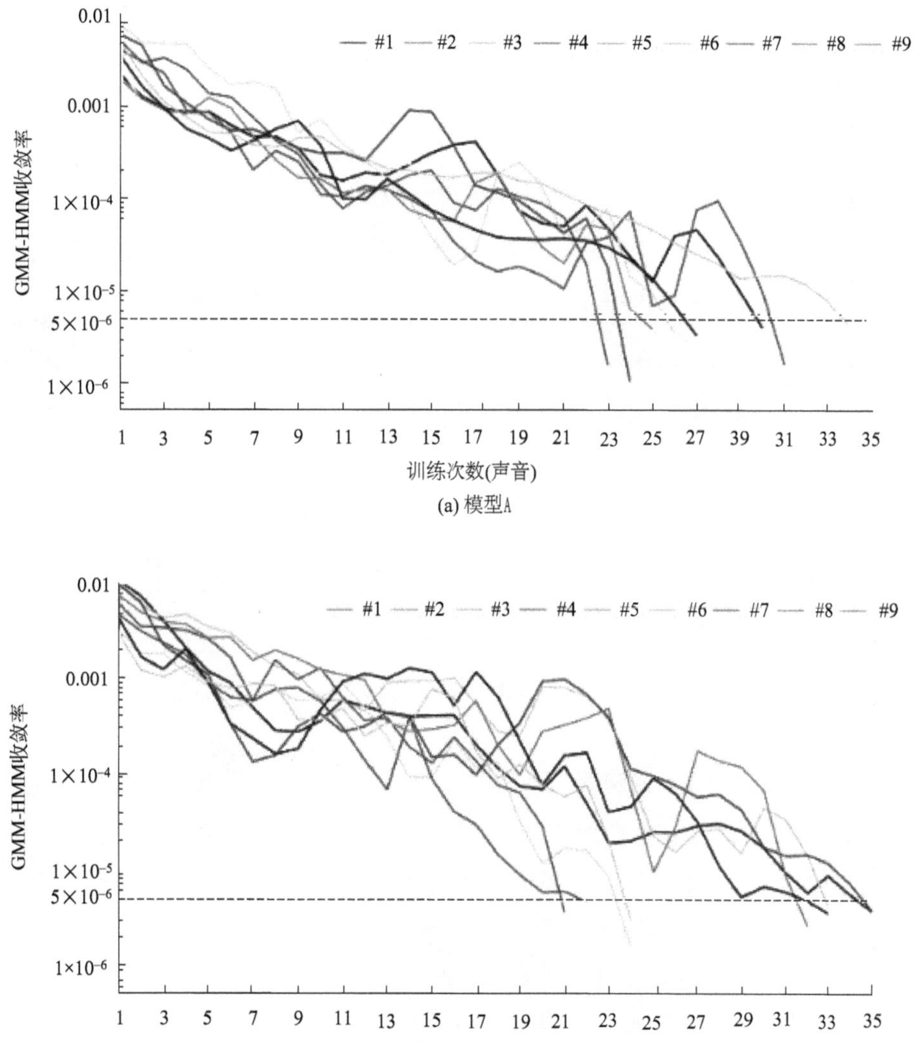

图 16 GMM- HMM 训练时的收敛率曲线

在没有噪声干扰时，模型 A 和 B 的识别率分别为 96.3%、100%，表现出良好的识别效果。在测试信号上混入一定强度的高斯白噪声，如图 17 所示，混入噪声后的信噪比为 30dB（假设原始信号中不含噪声），此时模型 A 和 B 的识别率为 57.4%、72.1%，在 25dB 时则为 54.8%、61.0%，识别率随着噪声增大而急剧降低。图 18 为模型 A 和 B 对 9 类试件的识别率，在噪声环境下，模型 A 不能正确识别 3＃、4＃、7＃和 8＃试件，模型 B 不能正确识别 1＃、3＃和 4＃试件。

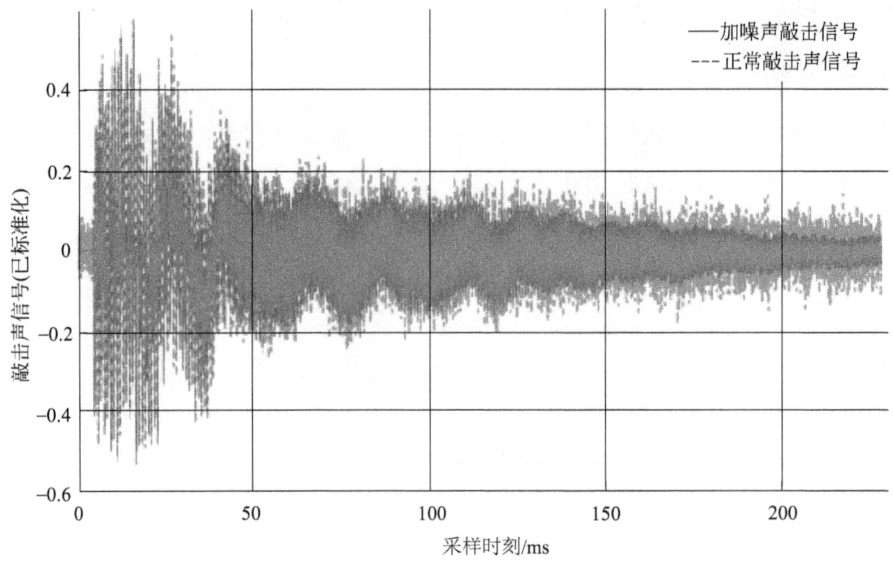

图 17　混入高斯白噪声前后的敲击声信号

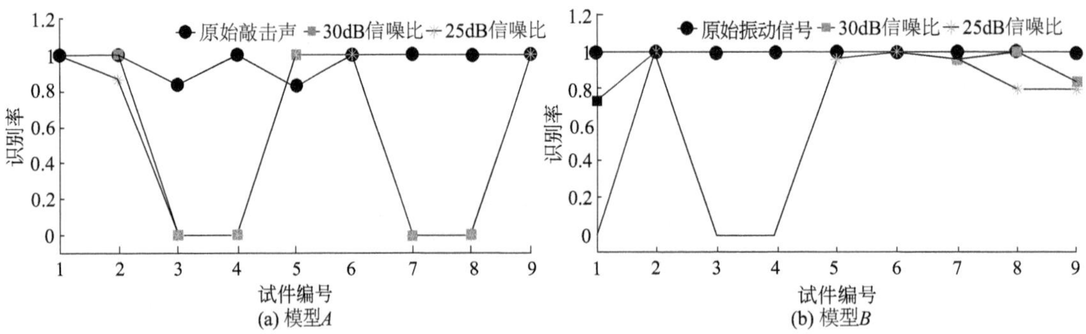

图 18　GMM- HMM 对不同类别试件的识别率

4.2　GMM-HMM 模型改进

4.2.1　二元信息融合＋互相关性反向决策

为了提高 GMM- HMM 模型的鲁棒性，采用“二元信息融合＋互相关性反向决策”算法对其识别过程进行改进，如图 19 所示，具体如下：①提取训练样本集中 9 类样本的敲击声信号 TS_1，TS_2，…，TS_9 作为参考信号；②计算“二元信息融合”概率向量 $P_{out}(p_1,p_2,\cdots,p_9)=p_{out_1}\times w_1+P_{out_2}\times w_2$，$P_{out_1}$、$P_{out_2}$ 分别为模型 A、B 的输出概率向量，权重系数 w_1、w_2 均为 0.5；③利用“互相关性反向决策”算法对概率向量 Pout 中排在前三位的输出值进行校验和重新排序。在 30dB 和 25dB 的信噪比下，采用“二元信息融合”算法的模型 C 识别率分别为 87.4%、80.0%，采用“二元信息融合＋互相关性反向决策”算法的模型 D 识别率则为 97.8%、90.4%，优于模型 C。与采用单一信息的模型 A、B 相比，模型 C 由于综合了敲击声和敲击振动两种信息，又利用“互相关性反向决策”对识别结果进行校验，进一步提高了识别效果。

4.2.2　二元信息融合＋噪声泛化

在某些极端噪声环境下，如 10dB 信噪比时模型 D 的识别率仅为 58.9%，已不能满足工程需求。在深度学习算法中常采用噪声泛化来提高训练集的多样性[20]，本文采用类似的方法在初始训练集中混入一定的强度的高斯白噪声（10～30dB 区间内的随机信噪比），然后和初始训练集共同组成新的训练集。图 20 为采用"二元信息融合＋噪声泛化"算法的模型在测试集信噪比为 10dB 时的识别率，其中横坐标为敲击声信息融合权重 w_1，最大值 1 表示只使用敲击声信息，从图中可以看出当 $w_1=0.6$ 时模型的识别率为最高，记为模型 E。此外，由于添加噪声的影响，在模型 E 再融合"互相关性反向决策"算法并不能进一步提高识别率，甚至还会降低识别率。

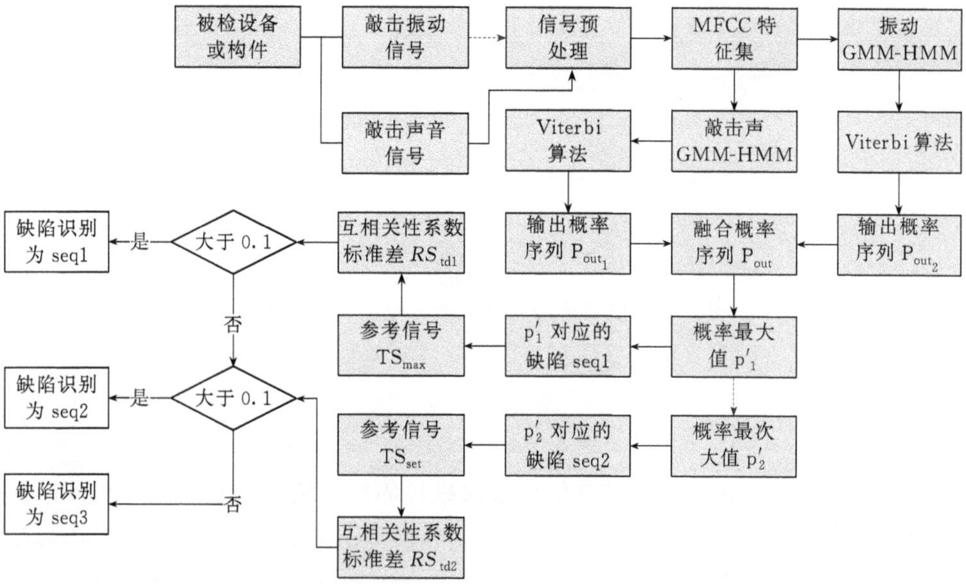

图 19 "二元信息融合＋互相关性反向决策"算法流程图

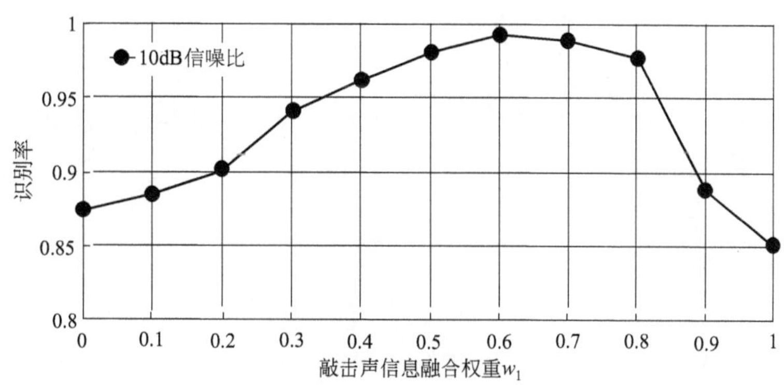

图 20 "二元信息融合＋噪声泛化"改进模型在不同信息融合权重时的识别率

图 21 为模型 E 和 D 的识别率曲线，模型 E 明显优于模型 D，其在 10dB、5dB 信噪比时分别为 99.3%、80.4%，表现出较强的鲁棒性。

进一步地，模型 E 与参照文献［20］中方法建立的卷积神经网络模型（CNN）进行对比，如表 1 所示，在信噪比 10dB 时模型 E 识别率要优于基于敲击振动信息的 CNN 模型（98.2%），稍低于基于敲击声信息的 CNN 模型（100%），但本文构建的模型的可解释性要优于 CNN 模型，而且对硬件设备的要求也相对降低，更适合于工程应用。

表 1 CNN 模型 2 与二元 GMM-HMM 融合模型的识别率对比

方法模型	10dB 信噪比	5dB 信噪比	空压机噪声	2 倍空压机噪声
CNN 模型	100%	99.2%	99.4%	99.4%
GMM-HMM 融合模型	99.3%	80.4%	87.4%	41.5%

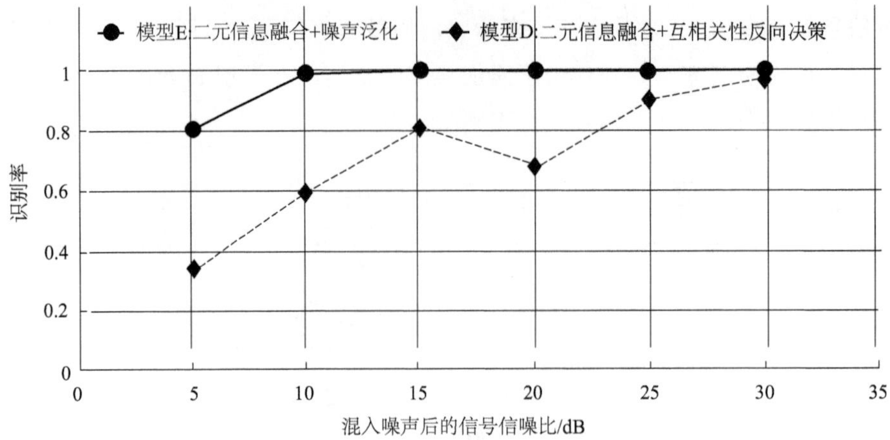

图 21　模型 E 和 D 在不同噪声强度下的识别率

5　结论

① 在局部敲击激励下，金属部件的敲击信息与被敲击部位的结构完整性密切相关，特定的频域特征峰对应着特定的缺陷形式，缺陷的存在会导致敲击信号的频谱向低频段移动或频率主峰发生分裂。

② 利用敲击声和敲击振动信号的 MFCC 特征参数构建的 GMM-HMM 模型可以有效识别出不同的缺陷试件，但识别结果易受到信号噪声的影响，通过引入聚类分析最优评价、二元信息融合、互相关性反向决策、噪声泛化等算法可以显著提高 GMM-HMM 模型的识别率和泛化能力。

③ 经“二元信息融合＋噪声泛化”算法改进后的 GMM-HMM 模型在噪声干扰下仍具有较好的识别率，而且在敲击声信息融合权重为 0.6 时达到最优，在 10dB 信噪比时可达到 99.3%，相关算法模型可用于特种设备金属部件内部缺陷的快速敲击识别及其他无损检测的智能化领域。

参考文献

[1] 邬冠华，林俊明，任吉林，等．声振检测方法的发展 [J]．无损检测，2011，33 (02)：35-41.

[2] 陈建平，梁湘鹏，赵海军，等．非金属基体表面涂层质量检测方法研究 [J]．应用声学，2017，36 (2)：105-110.

[3] 詹绍正，宁宁，杨鹏飞，等．复合材料夹芯结构的数字化敲击检测技术研究 [J]．航空制造技术，2018，61 (3)：90-94.

[4] 周飞．音频技术在蠕墨铸铁检测中的应用 [J]．铸造技术，2019，40 (6)：573-576.

[5] 刘荣梅，孙梁，周克印．敲击锤参数对风力机叶片声振法检测深度的影响 [J]．无损检测，2016，38 (5)：5-9.

[6] 苏波武，莫李珍，左嘉琦．一种能够对狭小空间锤击的锅炉检验用检验锤：中国专利，201921754643. X [P] 2020-06-09.

[7] GB/T 13004—2016．钢质无缝气瓶定期检验与评定 [S]．

[8] SUN D，YAN Y，CARTER R M，et al. On-line nonintrusive detection of wood pellets in pneumatic conveying pipelines using vibration and acoustic sensors [J]．IEEE Transactions on Instrumentation & Measurement，2014，63 (5)：993-1001.

[9] Kotb A，ABDULAZIZ A M. Cavitation detection in variable speed pump by analyzing the acoustic and vibration spectrums [J]．Engineering，2015，07 (10)：706-716.

[10] 赵杨超，李艳军，曹愈远，等．基于 K-means 聚类的航空复合材料敲击检测研究 [J]．航空科学技术，2019，30 (10)：45-49.

[11] 杨勇，芦俊伟，李荣喆，等．基于 Burg 功率谱的无砟轨道功能层缺陷边缘估计方法研究 [J]．振动与冲击，

2020, 39 (10)：1-6.

[12] Tokuda K, Nankaku Y, Toda T, et al. Speech Synthesis Based on Hidden Markov Models [J]. Proceedings of the IEEE, 2013, 101 (5)：1234-1252.

[13] 郝芳，王宏超，李宏伟．基于连续隐马尔可夫的滚动轴承故障诊断 [J]．中国工程机械学报，2019, 17 (02)：184-188.

[14] GEETHA K, VADIVEL R. Estimation of HMM-GMM parameter for Tamil words [J]. International Journal of Engineering and Technology, 2017, 9 (1)：93-97.

[15] 费宇泉，王英健，夏愉乐．语音端点检测算法研究．[J]．自动化技术与应用，2017, 36 (8)：98-102.

[16] 李乐，刘文峰．声音识别结构模态方法的研究 [J]．科学技术与工程，2010, 10 (22)：5441-5444.

[17] 许振腾．数字敲击检测在航空航天复合材料检测中的应用技术研究 [D]．南京：南京航空航天大学，2016.

[18] 曹辉，徐晨，赵晓，等．说话人识别中的 Mel 特征频率倒谱系数 [J]．西北大学学报（自然科学版），2013, 43 (2)：203-208.

[19] 袁文浩，娄迎曦，梁春燕，等．利用生成噪声提高语音增强方法的泛化能力 [J]．电子学报，2019, 47 (4)：791-797.

[20] 侯一民，李永平．基于卷积神经网络的孤立词语音识别 [J]．计算机工程与设计，2019, 40 (6)：1751-1756.

基于小波时频图和 ResNet 的回转支承轴承故障诊断

李云飞，苏文胜

江苏省特种设备安全监督检验研究院，无锡，214174

摘　要： 为解决大型回转支承转速低、背景噪声大、常规的振动诊断方法难以适用的问题。提出了一种基于小波时频图和 ResNet 模型相结合的振动信号处理方法。首先运用窗口滑动法将振动信号编码为二维小波时频图像，并通过 ResNet 模型去识别振动信号编码得到的小波时频图，通过训练模型实现对大型回转支承的故障诊断。本文对某型号的大型回转支承进行了试验，结果表明，以小波时频图作为故障诊断依据，可以显著的提高回转支承的故障诊断准确率，相比于传统方法，泛化性能和鲁棒性能更好，可以很好地应用在实际工况中的大型回转支承故障诊断。

关键词： 大型回转支承；振动信号；时序二维化；深度学习

Fault Diagnosis of Slewing Ring Bearing Based on Wavelet Time-frequency Diagram and ResNet

Li Yunfei, Su Wensheng

Special equipment safety supervision inspection of Jiangsu Province, Wuxi, 214174

Abstract: In order to solve the problems of low speed of large slewing bearings, large background noise, and the difficulty of applying conventional vibration diagnosis methods. A vibration signal processing method based on the combination of wavelet time-frequency diagram and ResNet model is proposed. First, the window sliding method is used to encode the vibration signal into a two-dimensional wavelet time-frequency image, and the ResNet model is used to identify the wavelet time-frequency image obtained by the vibration signal encoding, and the fault diagnosis of the large slewing bearing is realized through the training model. In this paper, a certain type of large-scale slewing ring has been tested. The results show that using wavelet time-frequency diagram as the basis for fault diagnosis can significantly improve the accuracy of fault diagnosis of slewing ring. Compared with traditional methods, it has generalization performance and robust performance. Better, it can be well applied to the fault diagnosis of large slewing bearings in actual working conditions.

Keywords: large slewing ring; vibration signal; two-dimensional time series; deep learning

0　引言

回转支承作为旋转类起重机的重要转向部件，在运行时会受到多种力的作用，因此易出现故障[1]。回转支承出现故障时维修成本高，而且可能会导致生产线停工，对其进行故障诊断具有重大意义[2]。

基金项目：江苏省特检院科研项目（KJ（Y）2017004）

作者简介：李云飞，1984 年生，男，工程师，硕士研究生，主要从事特种设备试验研究。

回转支承部位产生的振动信号复杂，需要对信号进行必要的处理来提高故障诊断的精度。例如，文献［3］利用包络谱分析方法，有效消除了振动信号中的背景噪声的影响，提取到了隐藏在信号中的特征。文献［4］运用EEMD方法，根据分解所得到的IMF分量很好地实现了回转支承的故障诊断。文献［5］针对多工况下滚动轴承故障振动信号智能识别问题，提出了一种长短时记忆网络与迁移学习相结合的故障识别新方法，端对端的实现多种类型工况下故障的实时在线智能监测任务。回转支承的转速低，特征频率小，传统的故障诊断方法具有一定的局限性，而且进行诊断的特征是人为进行选择的，不一定是最优的特征。深度学习方法可以从原始数据中自适应地提取特征[6]，特征是计算机通过训练和学习得到的，因此在信号识别方面更有优势。模型的效果受模型结构和输入的影响，虽然也有基于一维卷积神经网络搭建的CNN网络，但是1D-CNN的学习能力有限，不能很好地提取到复杂工况中的振动信号特征[7]。CNN以图像为输入时，具有更好的特征提取能力。

综合上述研究，本文提出一种基于小波时频图和ResNet相结合的回转支承振动信号处理方法。通小波时频图编码方式将振动信号编码为二维图像。并以识别能力优越的ResNet模型搭建网络框架，重点关注图像的细节特征，使模型具备更好的特征提取能力，并准确区分振动信号的时序差异性，达到精准的回转支承故障诊断。试验结果表明，二维化后的振动信号更加容易被识别和分类，采用ResNet模型可以更好地实现回转支承的故障诊断，优于传统方法，具有较高的诊断精度。

1 回转支承振动信号的时序二维化

在时频域变换的方法中，连续小波变换针对非平稳信号可以提取到各个频率段内特征，是一种应用广泛的时频分析方法。此方法可以根据时频窗口来进行数据的改变和调整，不会丧失时域或者频域的关键信息，因为该方法在信号的高频率部分保留了具有高分辨率的时域信息，而在低频率部分，其频域信息也是具有很高的分辨率，这样一来可以综合表征回转支承运转信号全方位的状态特征。本文借助于小波时频图，将一维数据信号转化为了二维图像，实现了数据的重构，实现连续小波变化如式(1)所示。

$$W(a,b)=\int_{-\infty}^{\infty} x(t)\,\frac{1}{\sqrt{a}}\psi\left(\frac{t-b}{a}\right)\mathrm{d}t \tag{1}$$

首先我们将需要处理的原始信号 x_t 输入，然后设置信号采样频率为 fs 和小波中心频率参数 Fc，然后选择小波函数moler做连续小波变换，尺度 a 数值的选择应根据信号的采样频率来定，a 对应的实际频率 Fa 如式(2)所示。

$$Fa=(Fc * fs)/a \tag{2}$$

在进行转换时，我们需要将频率序列转化为比较均匀的格式，只有比较均匀我们所转化的频率序列才会有更好的效果。在进行转化时，尺度序列的选择一般都按照式(3)所示来进行转换。

$$c/\mathrm{totalscal},c/(\mathrm{totalscal}-1),\cdots,c/2,c \tag{3}$$

其中，totalscal表示的是一种尺度，代表所选尺度序列的采样点的长度。本文所使用的是尺度为256，也是常用的尺度。c 是一个无量纲的常数，但是 $c/\mathrm{totalscal}$ 的商应满足所要变换信号的采样频率的一半，所以就可以根据采样频率和尺度大小确定 c 的值，如所示

$$c=2\cdot Fc\cdot \mathrm{totalscal} \tag{4}$$

给定原始信号并设置好切片长度，根据上述步骤就可以得到转换的小波时频图，具体转换的步骤如图1所示。

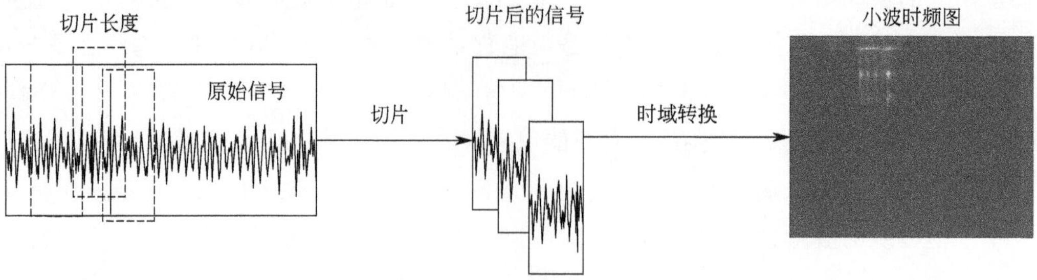

图 1　小波时频图转换步骤

2　基于 ResNet 的分类模型

卷积神经网络（convolutional neural networks，CNN）自从诞生以来，取得了较大发展，涌现出了各种各样的 CNN 模型，在刚开始，使用最多的是 LeNet5 模型，该模型是深度学习中最经典的模型。LeNet5 包含两个卷积、池化层，2 个全连接层和 1 个输出层，这种方式也被称为是平铺式网络结构。LeNet5 在简单图像分类识别中发挥出了较大优势，但是在较为复杂的图像识别工作中，受限于模型层数限制，该模型不能很好地实现复杂图像的识别。为解决这个问题，相继又出现了学习能力更加优秀的 AlexNet、GoogLeNet 和 VGG，这些模型有着合理的结构和较深的层数，因此在对复杂图像识别方面优于传统的 LeNet5 模型。但是在实际使用时，较深层次的网络没有取到预估的理想效果，虽然模型层数很多，模型的训练精度却出现了下降，甚至深层次网络的表现比浅层次的网络更差[8]。在理论上来说，网络的层数越深，网络就可以提取到更为复杂的特征参数，所以深层次网络表现应该比浅层网络好。后来经研究发现，当模型深度过深时，容易出现梯度消失和梯度弥散问题，这使得深层次网络变现不如浅层次网络。

ResNet[9] 在平铺的卷积神经网络上引入了 Shortcut 分支结构，使残差单元以跳层连接的形式实现，解决了反向传播过程中梯度无法更新的问题，有效地解决了 CNN 模型在设计时的层数限制，采用 ResNet 搭建的模型有更加优越的性能。ResNet 中的 Basic Block 和 Bottleneck Block 结构如图 2 所示。

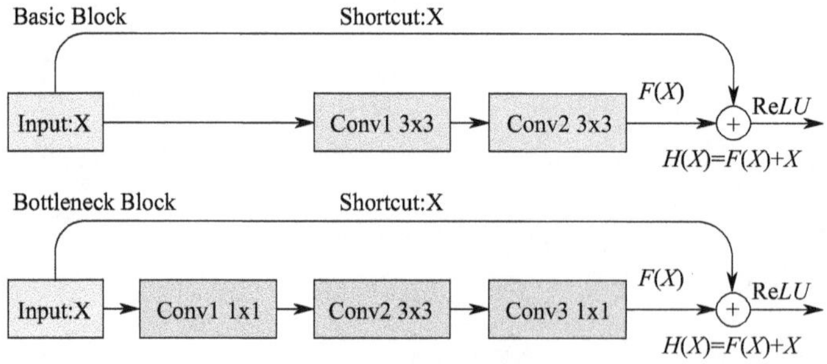

图 2　残差网络结构

本文所用数据为振动信号编码得到的小波时频图像，为了使模型在保留全部输入特征信息的同时又具备细节特征提取和抗噪声干扰的能力，避免网络过拟合，选择性能优越的 Resnet18 作为网络模型，并对网络参数进行了优化，使其适用于本文所使用的小波时频图，优化后的网络结构如图 3 所示。

优化后的网络模型将 Resnet18 模块作为子结构，每个子结构卷积核大小不同，在最后将三个子模块的输出展平为一维张量，并通过设置三个全连接层以及 Dropout 操作防止过拟合现象的发生，最后通过 Softmax 输出分类结果，优化后的模型计算原理图如图 4 所示。

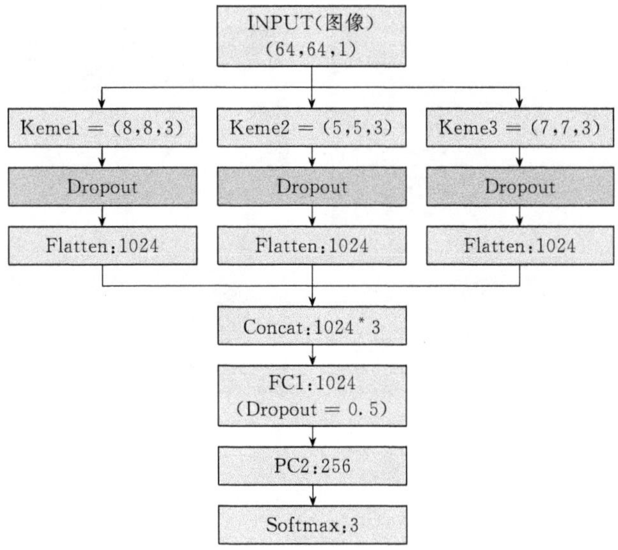

图 3 基于 Resnet18 网络的改进模型

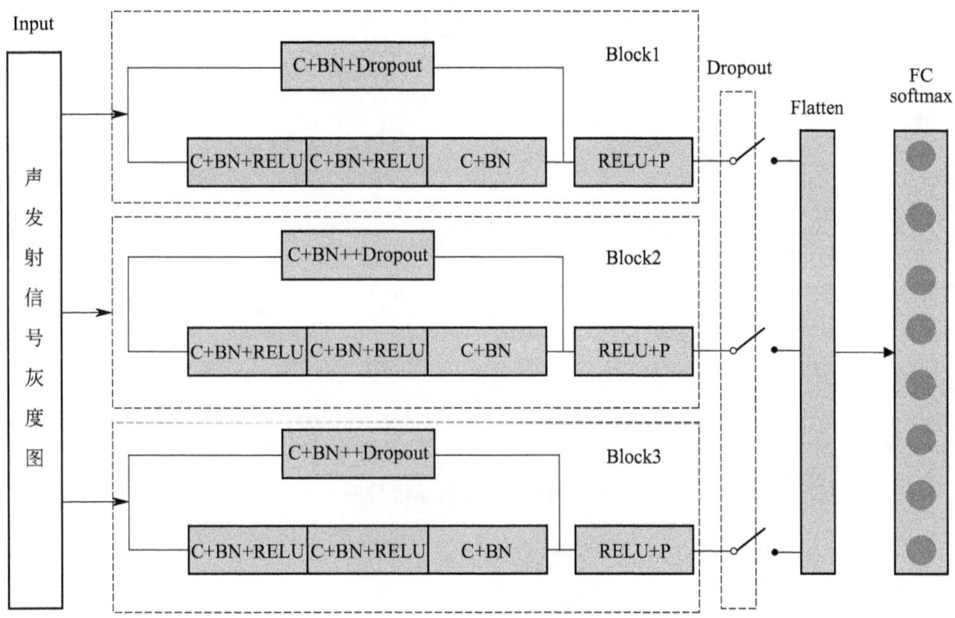

图 4 计算原理图

3 试验结果分析

3.1 试验设置

本试验采用的回转支承为某船厂的 150T 大型回转支承，结合工程实际信号开展实验，进行信号采集和处理。该回转支承由洛阳中兴重工制造，型号为 132.45.2800.03，运转速度为 5r/min，实物图如图 5(a) 所示。

本次试验所设置信号采样频率为 12kHz，采样点数为 4096，本次试验共采集了 4 种不同运动状态下的回转支承振动信号数据。分别为内环、外环和滚动体故障，再加上正常状态信号，试验共采集 4 种回转支承的振动信号，采集到的回转支承振动信号如图 6 所示。

采集结束后共得到回转支承在四种运行状态下的各 60min 的振动信号。之后根据需要将采集到的振动信号分为了两部分：①一部分（50min）作为训练数据，用于训练模型；②一部分（10min）作为

(a) 检测对象　　(b) 传感器安装

图 5　采集现场图

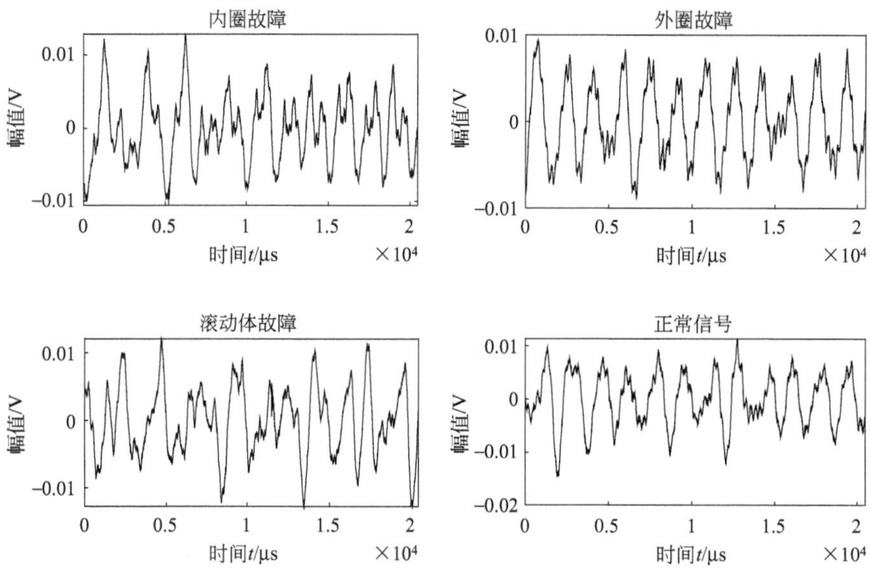

图 6　四种故障振动信号图

测试数据，用于验证模型。经编码得到的四种信号小波时频图如图 7 所示。

3.2　模型设置

回转支承部位的声信号复杂，模型在设计时需要解决的问题就是从复杂的信号中提取到可以很好地区分回转支承故障，提高故障诊断精度。为评估本文所用模型的优越性，本文选取了传统机器学习常用的 SVM 和 BP 神经网络分类器，以及深度学习中主流的 CNN 模型和自动编码器（SAE）作为对比。参与对比的试验算法有 SVM+fea、BP+fea、SAE+fea、1D-CNN+ori、ResNet18+GSI、VGG16+GSI。

SVM 本质上是一种二分类器，目的是从输入特征中学习出一个 0/1 的分类模型，SAE 类似于 SVM，只不过 SAE 可以很好地实现多分类问题。BP 神经网络是一种采用反向传播算法训练的多层反馈网络，训练后会得到输入-输出模式映射关系。SVM 和 SAE 需要具有较少特征的样本进行训练，而 BP 神经网络权值太多，也需要较少的特征的样本来减小计算量。SVM 和 SAE 所需的存储空间小，但是调参困难，SVM 较难解决多分类问题。1D-CNN 是由一维卷积核搭建的卷积神经网络，1D-CNN 可实现信号的端到端识别，省去信号处理步骤，缺点是其特征提取能力欠缺，模型层数受限，对于复杂的信号难以实现分类。VGG16、ResNet50 和 AMResNet18 都是基于二维卷积神经网络搭建的，但是结构和层数都不同，特征提取能力优于采用一维卷积神经网络搭建的模型，但需要输入为二维图像。

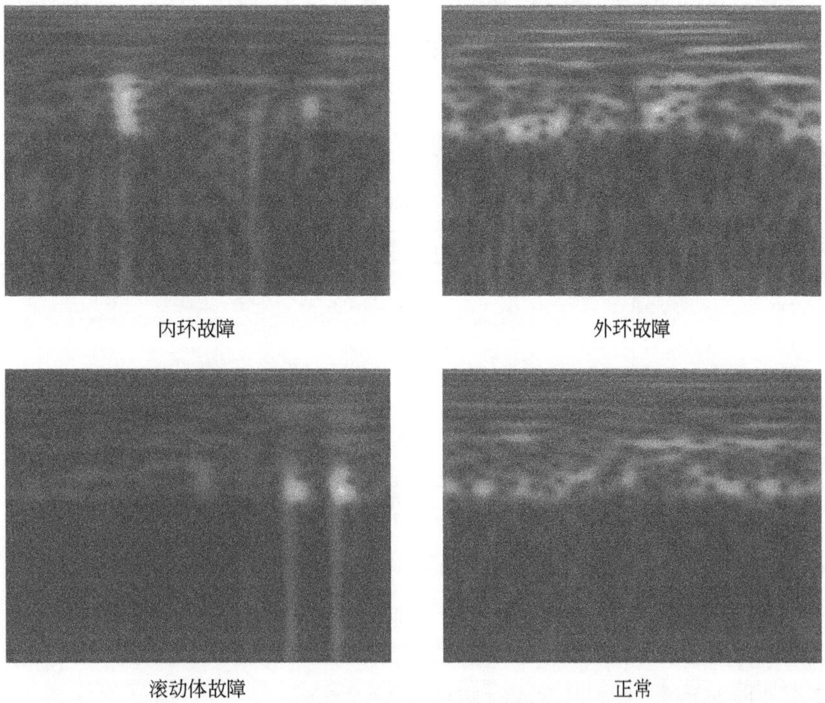

图 7　小波时频故障图

表 1　样本集划分表

故障类型	训练样本/测试样本	One Hot 编码
内环故障	500/124	1000
外环故障	500/124	0100
滚动体故障	500/124	0010
正常状态	500/124	0001

3.3　试验结果分析

在参与对比的模型里，SVM 分类器的输入为振动信号的时频域特征，较少样本即可完成模型的训练，因此不进行 200 次的迭代，其余每种算法都进行了 200 轮次的迭代，经过迭代之后各个模型的训练结果如图 8 所示。

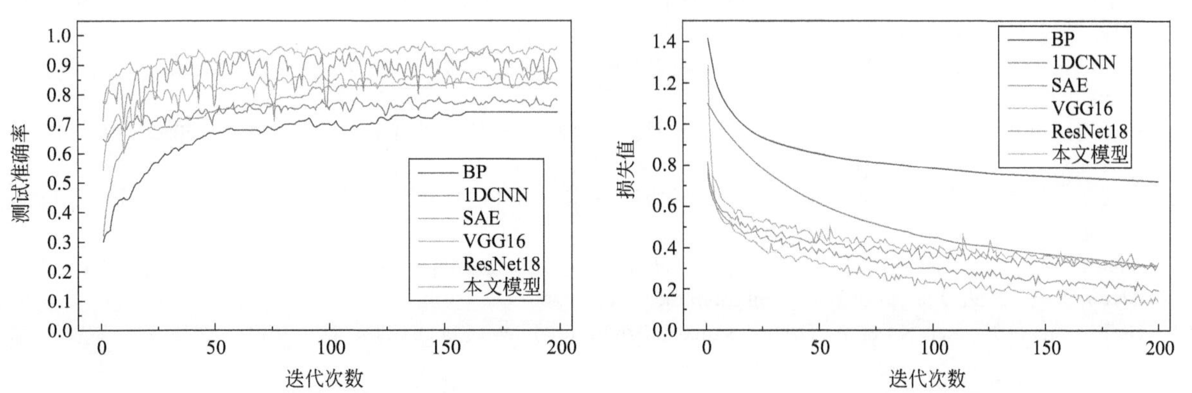

(a) 训练准确率　(b) 训练损失值

图 8　训练结果

图 8 为各模型在训练 200 次之后得到的测试准确率和损失函数收敛曲线。根据图 8 可知，BP 神经网络分类器的最终损失函数值最大，最终分类准确率也最低。采用 1DCNN+原始信号的训练方式，训练损失值较大，其最终准确率也比较低。SAE 和 VGG16 模型初始损失值和准确率相近，SAE 经过 30

轮次迭代之后逐渐收敛，VGG16 则是经过在 60 轮次迭代之后趋于稳定，VGG16 的最终准确率高于 SAE。ResNet18 和本文模型的初始准确率最高，损失值收敛最快，训练损失值小于其他模型，最终分类准确率也高于其他模型，但是 ResNet18 的准确率波动较大，呈现出不稳定的状态，而本文模型的测试准确率更加稳定，曲线也更平滑，因此性能也更好。

表 2　试验结果

输入数据	所用模型	诊断精度
小波时频图	本文模型	97.84%
33 个特征参数	SAE	93.45%
原始时域信号	1D-CNN	95.08%
小波时频图	VGG	95.72%
33 个特征参数	SVM	90.36%
33 个特征参数	BP 神经网络	91.25%
小波时频图	ResNet18	95.93%

4　结论

本章以起重机大型回转支承为研究对象，以回转支承的振动信号为依据，然后对振动信号进行了数据的重构，得到了小波时频图。然后将小波时频图作为本文改进模型的神经网络输入，通过对所用改进模型的训练学习，获得了具备较高精度的回转支承故障诊断模型。在此基础上，并与传统的特征提取识别方法和传统分类模型进行对比，体现出了本文所提方法的优越性。

参考文献

[1] 沈玉成，孙冬梅，袁倩．基于峭度的概率密度分析法在风电回转支承故障诊断中的应用研究 [J]．机床与液压，2017，45 (23)：181-184.

[2] 王振尧，孙冬梅，袁倩．基于改进 HHT 算法的大型回转支承故障诊断方法研究 [J]．机床与液压，2018，46 (05)：134-137.

[3] 郭福平，沈书乾，段志宏，等．基于包络谱分析的滚动轴承内圈故障振动诊断研究 [J]．机床与液压，2015，43 (17)：210-212+ 190.

[4] 朱静，邓艾东，李晶，等．基于改进 EEMD 和振动技术的行星齿轮箱故障诊断研究 [J]．噪声与振动控制，2018，38 (S2)：657-660.

[5] 于洋，何明，刘博，等．基于 TL-LSTM 的轴承故障振动信号识别研究 [J]．仪器仪表学报，2019，40 (05)：51-59.

[6] 王赛赛，陈捷，王华，等．基于改进 DBN 的回转支承寿命状态识别 [J]．振动与冲击，2020，39 (07)：238-244+ 259.

[7] 骆俊锦，王万良，王铮，等．基于时序二维化和卷积特征融合的表面肌电信号分类方法 [J]．模式识别与人工智能，2020，33 (07)：588-599.

[8] Intelligent rotating machinery fault diagnosis based on deep learning using data augmentation. LI Xiang, ZHANG Wei, DING Qian, et al. Journal of Intelligent Manufacturing. 2020.

[9] He K, Zhang X, Ren S, et al. Deep Residual Learning for Image Recognition [J]. IEEE, 2016.

基于 IDSS 技术的特种设备事故调查辅助决策系统框架搭建

邱　郡，秦　昊，邱　俊

上海市特种设备监督检验技术研究院，上海，200062

摘　要： 为解决当前我国特种设备事故调查处理工作经验不足、能力欠缺的问题，充分挖掘、总结和利用既有宝贵事故资源和优秀专家经验，本文以问题和需求为导向，以现有资源和研究积累为基础，综合运用机器学习、大数据、云计算等新技术方法，提出构建一套包含数据库、模型库、方法库、知识库、文字库的五库结构，具有智能型、交互式、集成化特征，同时面向决策者和决策过程的综合性智能辅助决策 IDSS 系统。利用系统开放式、分布式的特性，能够充分发挥用户、计算机（知识系统、专家系统）、通信网络等各种资源联合优势，为特种设备事故调查处理和技术分析工作提供辅助决策支持。该系统还能够不断汇聚行业资源经验，形成安全教育培训、事故应急演练等衍生应用功能，对预防和减少特种设备事故、进一步提升特种设备安全水平作出有益贡献。

关键词： 特种设备；事故调查；智能辅助决策 IDSS；系统框架

Framework of special equipment accident investigation assistant decision system based on IDSS Technology

Qiu Jun, Qin Hao, Qiu Jun

Shanghai Institute of Special Equipment Inspection and Technology Research, Shanghai, 200062

Abstract: In order to solve the problems of the lack of experience and ability in the investigation and treatment of special equipment accidents in China, and fully excavate, summarize and utilize the existing valuable accident resources and excellent expert experience, this paper, guided by problems and demands, based on the existing resources and research accumulation, this paper proposes to build a comprehensive intelligent assistant decision-making IDSS system, which consists of database, model base, method base, knowledge base and text base, has intelligent, interactive and integrated features, and faces decision-makers and decision-making process. Using the open and distributed characteristics of the system, it can give full play to the joint advantages of users, computers (knowledge system, expert system), communication networks and other resources, and provide auxiliary decision support for special equipment accident investigation and processing and technical analysis. The system can also continuously gather industry resources and experience, form derivative application functions such as safety education and training, accident emergency drill, etc., and make beneficial contributions to prevent and reduce special equipment accidents and further improve the safety level of special equipment.

基金项目：国家重点研发计划（编号：2017YFC0805705）。

作者简介：邱郡，1981 年生，男，高级工程师，研究生，主要从事特种设备检验、事故调查处理、应急管理。

Keywords: special equipment; accident investigation; IDSS; system framework

0 引言

事故防控是特种设备安全监管的最主要目的之一，我国的特种设备安全监察事业也因事故而生。近15年来，全国特种设备事故数量和人员伤亡情况总体上呈“双下降”趋势，安全形势稳定可控。“十一五”期间，我国共发生较大以上特种设备事故1538起，死亡1601人，受伤1744人。“十二五”期间，我国共发生特种设备事故和相关事故1270起，死亡1441人，受伤1610人。“十三五”期间，我国共发生特种设备事故和相关事故927起，死亡939人，受伤435人；万台特种设备死亡率已经从2016年的0.33逐步下降至0.09，总体上达到中等发达国家水平[1]。

另一方面，事故本身具有突发性、偶然性等特性，虽然当前特种设备总体安全形势稳定向好，但是行业从业人员决不可掉以轻心，应当本着有备无患、预防为主的指导思想开展相关工作。根据国家《市场监管总局关于2020年全国特种设备安全状况的通告》数据显示，截至2020年年底，全国特种设备总量达1648.41万台，另有气瓶1.79亿只，压力管道101.26万千米。在如此庞大的设备底数基础上，即便事故发生概率微小，其绝对数量也仍然存在，特种设备事故防控理应常抓不懈。

作为特种设备安全监察和事故防控工作的重要环节，事故调查处理工作历来是各级特种设备安全监察部门的难点。截至2020年年底，全国市级以上特种设备安全监察机构共有511个（其中国家级1个、省级33个、市级477个）；比较而言，近五年（2016～2020）全国年平均事故数量不足200起，年平均到各地具有组织特种设备事故调查权限的市区级以上的特种设备安全监管部门的事故数量不足1起。虽然针对特种设备事故调查处理工作的行政规章和安全技术规范都已建立，但规章制度不能完全替代实战经验，对既往事故调查报告的研究发现其中存在不少不当之处，更有大量新进监察人员从无事故调查处理经历。长此以往，经历缺失、经验不足、能力欠缺或将成为制约特种设备事故调查处理工作的主要掣肘，可能导致实际工作时事故情况不能摸清、原因难以查明、防范得不到落实，还会给监管部门自身带来行政复议、行政诉讼等履职风险。

面向具体的事故调查处理工作时，现有事故调查和技术分析大多停留在经验基础上，事故分析往往局限于专家自身水平；而基于个人或者小群体经验的决策方式具有主观随意性较强、信息分析不全面等缺点，决策结果的正确性和科学性难以保证。事故是血与泪的教训，是安全技术进步的代价，行业从业者应当重视历史积累和经验总结，珍惜、用好宝贵的事故资源和有效抓手。基于特种设备专业特点和资源条件，构建一套专家系统ET与辅助决策系统DSS相结合的智能辅助决策系统IDSS，既可在事故场景下应用，为特种设备事故调查处理和技术分析工作提供辅助决策支持；也可具备安全培训教育、事故应急演练等系列衍生应用及功能，这将有益于特种设备事故防控和安全水平的进一步提升。

1 研究基础与技术可行性

1.1 特种设备事故报告和调查处理程序标准化研究

自2014年起，为了提高特种设备事故应急处置的工作效率，降低行政复议和行政诉讼的风险，根据特种设备安全监管部门的需求，研究人员基于《特种设备事故报告和调查处理规定》《特种设备事故调查处理导则》的规定和事故调查处理工作实践，开展了特种设备事故报告和调查处理标准化研究[2]，建立了特种设备事故调查处理过程的法制化、规范化、程序化模式，并纳入了特种设备移动监察系统（图1）。

但是，该系统的设计开发主要目标为特种设备事故调查处理过程中各个环节的标准化流程制定与完

图 1　特种设备事故处理流程功能的系统界面（举例）

善，重点关注了事故信息报送、调查处理流程的程序开发，包括特种设备事故调查处理中所涉及的：调查组的组成、调查程序的启动、人员的锁定、现场调查注意事项、时间节点、调查主体的认定、事故鉴定的委托、询问笔录的制作、事故信息报送基本要求、原因分析、事故性质、事故等级判定等。对于其中事故调查处理最重要、最关键的事故原因分析环节，没有给出具体的技术路径、方法和指导性意见，因而在纳入移动监管系统后的实际应用中，仅体现出对程序正确的支持作用。当前，TSG 03《特种设备事故报告和调查处理导则》已经修订完成一次，并将根据正在修订的 115 号令《特种设备事故报告和调查处理规定》的变化作出相应的调整。因此，该系统和流程，也需要进一步完善改进。

1.2　特种设备事故调查分析工作基础

研究团队参与了 TSG 03《特种设备事故报告和调查处理导则》和 115 号令《特种设备事故报告和调查处理规定》的修订工作，具有包括重大事故在内的 400 起以上特种设备事故和相关事故、生产安全事故的调查处理和技术分析经历，参与全国《特种设备典型事故案例集》（2005～2013）《起重机事故案例分析》（2002～2018）等著作的编写工作，从规章、规范层面，到事故调查和技术分析的实践层面，以及系统性、技术性归纳分析的层面，均储备了一定的经验。

1.3　辅助决策系统（DSS）

辅助决策系统（DSS）是能参与、支持人决策过程的一类信息系统。DSS 概念自 20 世纪 70 年代提出以来，在理论研究、系统开发和实际应用诸方面取得了令人瞩目的进步，并呈现出积极的多元化的发展态势，正广泛应用于机械、医疗、教育、交通、司法等领域。相比而言，传统的基于经验的决策方式主要是决策人员根据已有的经验和知识对当前信息进行辨识和分析，从而发现其中的规律，进而据此进行决策。显然，基于经验的决策方式具有主观随意性较强、信息分析不全面等不足，该决策方式下的决策结果的正确性很难保证，研究表明采用辅助决策系统相比于经验的方法具有更高的效率和更出色结果[3]。

决策支持系统是以管理科学、运筹学、控制论和行为科学为基础，以计算机技术、仿真技术和信息技术为手段，针对结构化、非结构化和半结构化的决策问题，支持决策活动的具有智能作用的人机系统。该系统能够为决策者提供所需的数据、信息和背景资料，帮助明确决策目标和问题识别，建立或修改决策模型，提供各种备选方案，并且对各种方案进行评价和优选，通过人机交互功能进行分析、比较和判断，为正确的决策提供必要的支持。它通过与决策者的一系列人机对话过程，为决策者提供各种可靠方案，检验决策者的要求和设想，从而达到支持决策的目的。基于 DSS 的决策制定过程示意如图 2 所示。

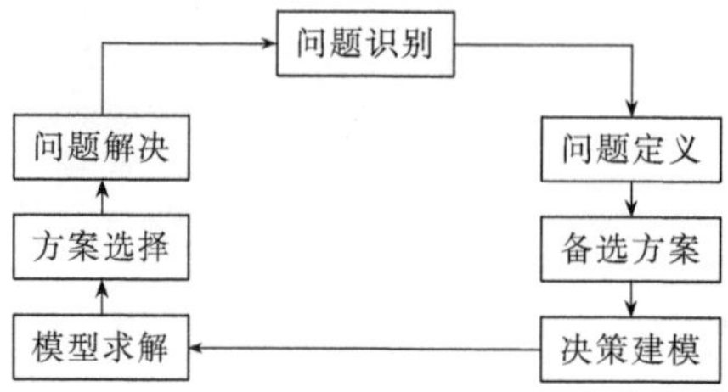

图 2　DSS 决策制定过程示意图

传统的 DSS 系统为语言子系统、问题处理子系统和知识子系统组成的三库系统；将人工智能技术引入 DSS，使系统智能化并组成知识库，构成了四库系统；五库结构系统则包含数据库、模型库、方法库、知识库和文字库。基于数值分析和数值判断的二库、三库结构是 DSS 发展的初级阶段，称为传统 DSS；四、五库 DSS 系统，是其发展的高级阶段。将专家系统 ET 与辅助决策系统 DSS 相结合，充分利用专家系统定性分析与 DSS 定量分析优点形成智能辅助决策系统 IDSS[4]，可以提高 DSS 支持非结构化决策问题的能力。

决策支持系统在特种设备领域也有相关研究报道，但主要集中在特种设备管理、设备维护、应急救援等方面[5-11]。因为特种设备系统繁杂，失效原因复杂多变，针对特种设备事故分析的决策支持系统，目前尚未出现系统全面的解决方案。

2　基于 IDSS 技术的特种设备事故调查智能辅助决策系统框架

2.1　总体思路

顺应人工智能、云计算、大数据等新技术发展潮流，设计并构建一套适用于特种设备事故调查处理的智能辅助决策系统并完善相关配套管理制度，能够从根本上解决既往依赖经验的弊端，使得具有简单专业背景的人员借助辅助决策系统的标准化流程也能够快速准确地开展相关工作。

所设计的特种设备事故调查智能辅助决策系统，能够综合事故调查标准化流程、历史特种设备事故案例和规范化数据、典型事故技术分析模型方法、历史和实时专家经验知识等资源，包含数据库、模型库、方法库、知识库、文字库的五库结构，具有智能型、交互式、集成化等特征，能够同时面向决策者和决策过程，并且能够在问题导向下发挥用户、计算机（知识系统、专家系统）、通信网络等各种资源联合优势，为特种设备事故调查处理和技术分析提供辅助决策支持。

2.2　系统关键特征与功能

在决策理论与方法发展的过程中，从单人决策到群体决策，从单目标决策到多目标决策、从静态决策到动态决策，智能决策理论和方法已经发生了巨大的变化。随着决策者获取的决策信息的特征不断变化，决策环境已经由确定型向不确定型转变，决策过程正在由结构化向非结构化过渡，而相应的辅助决策系统也从集中式向分布式发展。日益复杂且不断变化的决策环境正在不断地影响着决策问题的描述、决策过程的求解以及辅助决策系统的构建等多个方面，特别是随着云计算以及大数据等技术应用到

DSS，不仅改变了复杂决策问题的求解方式和过程，而且改变了相应的智能辅助决策系统的体系与结构。基于IDSS技术所构建的特种设备事故调查智能辅助决策系统，应当具备如图3所示的14项关键特征与功能。

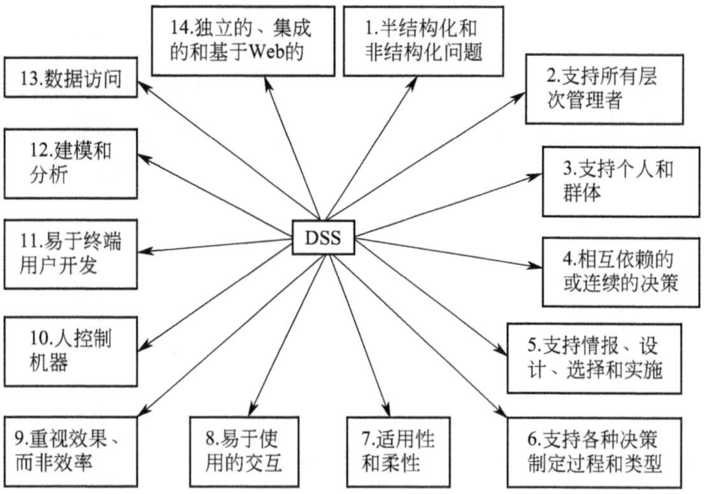

图3　特种设备事故调查智能辅助决策系统关键特征与功能

2.3　系统结构设计

如图4所示，特种设备事故调查智能辅助决策系统框架结构设计包括：用户、人机界面以及问题处理界面三个部分，每个部分（模块）具有不同的结构，实现不同功能。

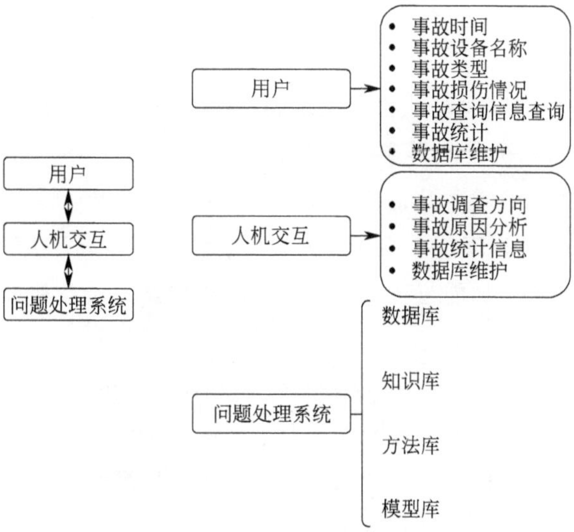

图4　系统（子模块）结构设计示意图

2.4　重点与难点

系统重点要解决的问题是：基于数据库，根据事故现象或者特征，找出事故原因，减少人的主观参与，使事故原因的判断更具有客观性。用户模块主要用于用户与系统的输入交互，用来实现系统的功能，主要输入信息一般包括三方面：一是事故原因调查分析，包括事故时间、事故设备、事故类型以及事故损失情况；二是事故统计，包括事故查询，统计事故高发期、事故预警等；三是数据库维护，用于维护现有系统的数据库、知识库、方法库以及模型库。

问题处理系统是系统的核心部件，通过输入信息以及数据库信息，将处理结果反馈到人机交互模块。数据库主要包括特种设备事故数据库，包含事故类别、事故时间、事故类型以及相关信息，方便数据挖掘以及分析。知识库主要包括相关特种设备法律法规、特种设备需要检测、鉴定的基本信息等。方法库包括事故调查处理流程、数据统计部分。模型库主要包括关键技术模型、数据处理算法等。

系统主要难点集中在数据库、模型库建立部分。数据库的建设需要全面搜集事故素材，根据事故致因理论总结归纳典型事故调查处理经验，形成案例库。再针对案例库中典型事故基于事故树系统解析，建立事故数据表规范，明确相关定义（语义），采用录入、导入等方式逐步充实数据库，作为决策分析应用的基础。为了使辅助决策支持系统结论更加客观准确，除了要保证数据库数据真实可靠，数据库存储量也要达到一定数量级别的要求。

在模型库建设和数据算法方面，不同的算法在处理效率上并不相同，初期算法可以采用层次分析的方法，该算法相对简单，并且比较成熟，更加适合初期探索研究。层次分析法的四个步骤包括：建立层次结构模型，构造判断矩阵，层次单排序及其一致性验证，层次多排序及其一致性验证。其中，最主要的是判断矩阵的构造，对数据库已有的数据进行统计归纳，将可能的事故原因排序，并按照权值的大小依次反馈给用户。基于聚类算法、关联算法、决策树算法、神经网络以及知识图谱等大数据、人工智能技术方法，有助于在样本量更为充足的条件下，提升模型决策的准确性和效率，基于既有专家经验和在线、离线专家介入，能够进一步完善模型库的建设，实现事故调查处理决策更为科学的输出。

3 结论

① 在全国特种设备事故“双下降”的大背景下，为解决事故调查处理经验欠缺、能力不足的问题，利用既有资源、避开经验误区、充分发挥专家经验，提升决策可信度，提高决策效率，采用智能辅助决策系统是有效可行的方案。

② 根据辅助决策系统的技术发展程度和特点，确定了系统设计方案选择综合专家系统 ET 定性分析与辅助决策系统 DSS 定量分析的优点形成的智能辅助决策系统 IDSS，可以提高支持半结构化和非结构化决策问题的能力，更为适用于特种设备事故调查处理和技术分析。

③ 设计并初步构建了包含数据库、模型库、方法库、知识库、文字库五库结构的辅助决策系统框架结构，明确了各模块和子模块的功能与特征，分析出系统构建的重点和难点在于数据库、模型库的建设，给出可行的实现路径；

④ 构建的特种设备事故调查智能辅助决策系统能够嵌入特种设备移动监管系统，并在特种设备事故调查与技术分析中的推广应用中不断得到充实完善，系统储备的典型事故案例、决策分析模型、应急处置经验以及事故防控措施，还可以作为安全培训教育、技术标准和管理要求制修订的素材和依据，对事故防控和特种设备安全水平的整体提升具有重要意义。

参考文献

[1] 邱郡，欧阳韦平，等．国家特种设备安全水平评价指标体系构建与应用 [C]．国家质量监督检验检疫总局，2016.

[2] 李博，黄文和，邱郡，等．基于 Web 及 PC/移动终端的特种设备事故调查处理系统研究 [J]．中国特种设备安全，2015 (S1)：39-44.

[3] Sharda R，Mcdonnell JC. Decision Support System Effectiveness：A Review and Empirical Test. Management Science. 1988，34 (2)：139-159.

[4] 马芸生，杜俊俐．决策支持系统与智能决策支持系统．北京：中国纺织出版社，1995.

[5] 陈利琼，张鹏，范志刚，赵春兰．管道完整性维护决策优化模型．油气储运．2004; 23：19-22.
[6] 陈文．基于在线监测的门座式起重机维修决策支持系统研究 [D]．武汉：武汉理工大学，2011.
[7] 马福军．基于贝叶斯决策理论的电梯群控交通模式识别．机电工程．2009; 26：104-7.
[8] 汤晓英，徐恺，薛小龙，鲁红亮．基于数据挖掘技术的气瓶决策分析系统研究．中国特种设备安全．2015：12-6.
[9] 王雪婷．基于 B/S 架构的火力发电厂锅炉安全辅助决策系统的设计与实现 [D]．济南：山东大学；2008.
[10] 张健，陈磊，梁学栋．基于系统科学的特种设备事故隐患分类分级管理．中国特种设备安全．2015; 31：38-44.
[11] 焦瑶晔．上海市特种设备综合管理系统 DSS 功能规划研究．质量与标准化，2016：47-9.

VOCs 排放控制政策、标准体系及对企业绿色发展的促进作用

许金沙，汤陈怀，刘重阳，刘书宏，张蒲根，王胜辉，朱旭晨

上海市特种设备监督检验技术研究院，上海，200062

摘　要： 挥发性有机化合物（VOCs）已成为破坏大气环境的重要污染物。长三角区域石化与化工行业是 VOCs 排放控制的重点区域重点行业。针对 VOCs 排放和污染防治，我国和地区已经形成完整的 VOCs 排放管控政策及标准体系。本文以长三角地区某大型石化企业为例，计算说明管控政策及标准的实施不仅降低了 VOCs 的排放，节约了物料泄漏浪费，为企业节省了巨大的排污费用，降低了企业运作成本，还促进产业结构调整和废气处理技术的创新。

关键词： 挥发性有机化合物；排放标准；绿色发展

VOCs emission control policies，standard systems and their promotion of the green development of enterprises

Xu Jinsha，Tang Chenhuai，Liu Chongyang，Liu Shuhong，Zhang Pugen，Wang Shenghui，Zhu Xuchen

Shanghai Institute of Special Equipment Inspection and Technology Research，Shanghai，200062

Abstract: Volatile organic compounds (VOCs) have become important pollutants that damage the atmospheric environment. The petrochemical and chemical industries in the Yangtze River Delta are the key regional and the key industries for VOCs emission control. For VOCs emission and pollution prevention，a complete VOCs emission control policy and standard system has been formed in my country. Taking a large petrochemical enterprise in Yangtze River Delta as an example，the calculation shows that the implementation of control policies and standards not only reduces the VOCs emissions，saves the material leakage waste，saves the sewage charges for enterprises，reduces the operation costs，but also promote the adjustment of industrial structure and innovation of waste gas treatment technology.

Keywords: volatile organic compounds; emission standards; green development

1　引言

挥发性有机化合物（volatile organic compounds，VOCs）是一类化合物的总称，通常是指在常温常压下，易挥发的有机化学物质，主要包括脂肪族和芳香族的各种烷烃、烯烃、含氧烃和卤代烃等，VOCs 一般具有较强的刺激性和毒性，部分具有致畸、致癌、致突变作用。同时 VOCs 具有较强的光化学反应活性，能在环境中进行二次转化，其光化学反应会引发城市光化学烟雾，造成二次污染；VOCs 作为细颗粒物（PM2.5）的前体物之一，是造成雾霾的重要原因。

作者简介：许金沙，1986 年生，男，高级工程师，博士，主要从事承压类特种设备检验、结构完整性评价研究。

随着经济的发展，VOCs 排放总量正逐年增加，导致光化学烟雾、城市灰霾等问题日益严重。完善 VOCs 排放政策、制定 VOCs 排放标准对于控制 VOCs 排放量、改善环境空气质量、保护人体健康和生态环境有重要意义。另一方面，新政策和标准的执行也会促进产业结构调整和废气处理技术的创新。

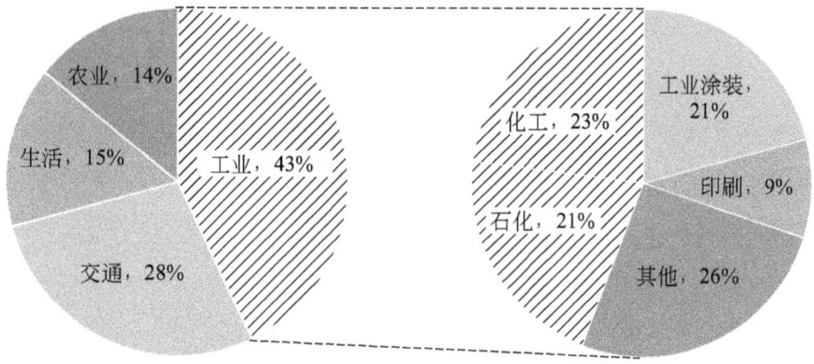

图 1　我国 VOCs 人为源排放的主要来源

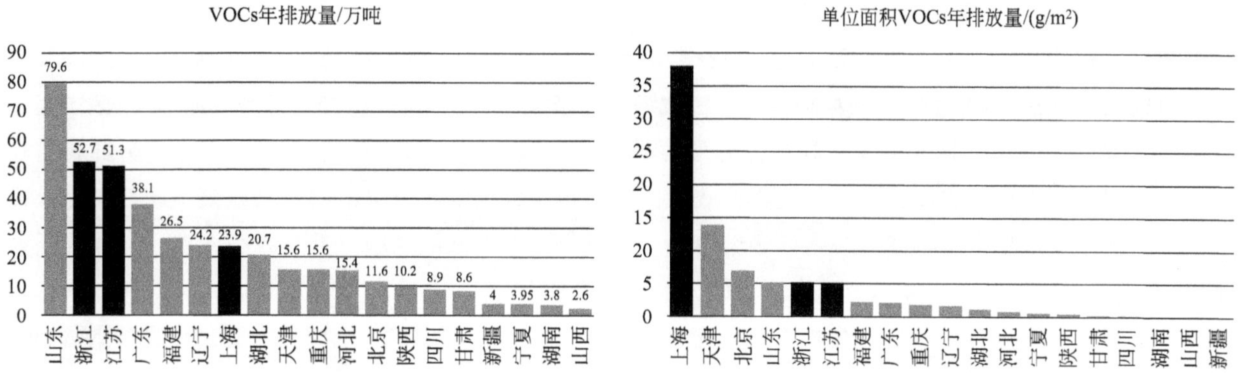

(a) 排放总量　　(b) 单位面积排放量

图 2　重点区域代表性行业 VOCs 年排放量统计

2　我国 VOCs 排放的行业与空间分布

依据 2015 年全国人为源挥发性有机物排放清单的结果，在人为源 VOCs 排放构成中，工业源、交通源、生活源、农业源分别占 43%、28%、15%、14%（见图 1），其中工业源占比最高[1]。工业源中石化与化工占 44%，占比最大。因此，石化与化工行业的 VOCs 排放成为 VOCs 排放整治的重点。

根据 2012 年 10 月环境保护部颁布了《重点区域大气污染防治“十二五”规划》，首次发布了我国包括京津冀、长三角和珠三角地区 19 个省、直辖市、自治区的 13 个重点区域的 VOCs 数据［见图 2(a)］[2]。从排放总量上看，重点区域代表性行业 VOCs 排放最大的 3 个区域为山东省、浙江省和江苏省。上海市排放量为 23.9 万吨，位列第七。从单位面积排放量看，重点区域代表性行业 VOCs 排放浓度最大的区域为上海市，浙江省和江苏省位列第五和第六［见图 2(b)］。综上可知，无论从排放总量还是单位面积的排放强度来看，东部长三角地区 VOCs 的排放量常年高于中西部省份。

3　我国及长三角地区 VOCs 控制政策及标准体系

随着长三角地区经济结构调整和产业转型，工业污染源排放的 VOCs 对大气环境的复合影响日益显现。石化与化工企业作为 VOCs 排放大户，引起了政府和公众极大的关注。目前，通过不断的探索，我国已在 VOCs 排放控制方面上形成了“政策＋标准”双支撑体系。

3.1 政策法规

VOCs 相关的政策表现在以大气污染防治法为基础，分别对技术政策和管理条例进行指导，通过技术导则和部门管理办法确定相应的环境标准，在排污费收费制度和重点行业 VOCs 排放检测标准的共同作用下形成一个完善的政策体系。

2011 年 12 月发布的《国家环境保护“十二五”规划》中强调“加强挥发性有机污染物和有毒废气控制”，正式提出控制挥发性有机污染物的排放，并明确提出开展 VOCs 监测工作。2013 年 9 月，国务院印发的《大气污染防治行动计划》中明确了推动 VOCs 的治理。2014 年 12 月，环境保护部发布《石化行业挥发性有机物综合整治方案》，石化行业的挥发性有机物治理工作率先开展，成为 VOCs 工业排放行业治理的第一枪。2015 年 8 月新修订的《大气污染防治法》首次将挥发性有机物（VOCs）纳入监管范围。近日，《“十三五”挥发性有机物污染防治工作方案》已经通过审议，对十三五期间重点区域重点行业 VOCs 排放量控制提出了总体目标和全面部署。随着国家政策不断推进，地方政府陆续出台相关政策，对 VOCs 响应力度和效率不断提高，且标准往往相对国家标准会更高。

2015 年 6 月 13 日，财政部、国家发展改革委、环境保护部联合发布通知，制定并印发了《挥发性有机物排污收费试点办法》，VOCs 排污收费试点行业包括石油化工包装印刷两个大类。上海、浙江、江苏均根据《办法》制定了本地区 VOCs 排污收费试点实施办法，对排污进行差别化收费，建立奖惩机制。为调动污染源企业对 VOCs 监测和治理的积极性，地方政府部门对其进行补贴为行业发展提供有效动力。目前上海等省市已颁布相关奖补政策。不同地区根据实际情况不同补贴政策不同。这为激励企业“绿色创新”留出了空间，多排污多缴费，对环境有正面贡献的可获得补贴或少缴费，从而为企业“绿色发展”提供创新的内在动力，真正让政策起到应有的作用。

2017 年 9 月《“十三五”挥发性有机物污染防治工作方案》对十三五期间重点区域重点行业 VOCs 排放量控制提出了总体目标和全面部署。2020 年 5 月，召开“2020 全国挥发性有机物（VOCs）污染防治科技大会”，为“十四五”期间的 VOCs 治理攻坚提供科学思路。

3.2 标准体系

排放标准是环保行业排污费收费的一个重要参考点，也是整个行业正常运行、顺利实施惩罚激励制度的基础。我国的大气污染物排放标准主要可分为国家和地方标准，国家标准又分为跨行业综合性排放标准和行业性排放标准。综合性排放标准和行业性排放标准不交叉执行，即：有行业性排放标准的执行行业性排放标准，没有行业性排放标准的执行综合性排放标准[3]。

表 1 国内有关 VOCs 排放标准

类型	标准名称
国家标准	恶臭污染物排放标准(GB 14554—1993)
	大气污染物综合排放标准(GB 16297—1996)
	饮食业油烟排放标准(GB 18483—2001)
	加油站大气污染物排放标准(GB 20952—2007)
	储油库大气污染物排放标准(GB 20950—2007)
	汽油运输大气污染物排放标准(GB 20951—2007)
	合成革与人造革工业污染物排放标准(GB 21902—2008)
	火电厂大气污染物排放标准(GB 13223—2011)
	橡胶制品工业污染物排放标准(GB 27632—2011)
	炼焦化学工业污染物排放标准(GB 16171—2012)
	轧钢工业大气污染物排放标准(GB 28665—2012)
	电池工业污染物排放标准(GB 302828—2013)
	锅炉大气污染物排放标准(GB 13271—2014)
	合成树脂污染物排放标准(GB 31572—2015)
	石油炼制工业污染物排放标准(GB 31570—2015)

续表

类型	标准名称
国家标准	石油化学工业污染物排放标准(GB 31571—2015) 制药工业大气污染物排放标准(GB 37823—2019) 农药制造工业大气污染物排放标准(GB 39727—2020)
长三角地区地方标准	上海市半导体行业污染物排放标准(DB 31/374—2006) 上海市生物制药行业污染物排放标准(DB 31/373—2010) 上海市餐饮业油烟排放标准(DB 31/844—2014) 上海市汽车制造业(涂装)大气污染物排放标准(DB 31/859—2014) 上海市印刷业大气污染物排放标准(DB 31/872—2015) 上海市涂料、油墨及其类似产品制造工业大气污染物排放标准(DB 31/881—2015) 上海市船舶工业大气污染物排放标准(DB 31/934—2015) 上海市大气污染物综合排放标准(DB 31-933—2015) 上海市恶臭(异味)污染物排放标准(DB 31/1025—2016) 上海市家具制造业大气污染物排放标准(DB 31/1059—2017) 上海市锅炉大气污染物排放标准(DB 31/387—2018) 上海市燃煤耦合污泥电厂大气污染物排放标准(DB 31/1291—2021) 上海市汽车维修行业大气污染物排放标准(DB 31/1288—2021) 浙江省生物制药工业污染物排放标准(DB 33/923—2014) 浙江省纺织染整工业大气污染物排放标准(DB 33/962—2015) 浙江省化学合成类制药工业大气污染物排放标准(DB 33/2015—2016) 浙江省制鞋工业大气污染物排放标准(DB 332046—2017) 浙江省燃煤电厂大气污染物排放标准(DB 33/2147—2018) 浙江省工业涂装工序大气污染物排放标准(DB 33/2146—2018) 江苏省化学工业挥发物有机物排放标准(DB 32/3151—2016) 江苏省表面涂装(汽车制造业)挥发性有机物排放标准(DB 32/2862—2016) 江苏省工业炉窑大气污染物排放标准(DB 32/3728—2019) 江苏省半导体行业污染物排放标准(DB 32/3747—2020) 江苏省固定式燃气轮机大气污染物排放标准(DB 32/3967—2021) 江苏省表面涂装(汽车零部件)大气污染物排放标准(DB 32/3966—2021)

目前，对于石油炼制、石油化工、炼焦化学、橡胶制品、电池等重点行业，也都制订了相应的标准，如表 1 所列，均对 VOCs 年排放量、污染成分排放浓度指标等做出了规定。而对于整个工业行业也制定了综合的排放标准，为没有排放标准或排放量较少的行业进行统一规定，如恶臭污染物排放标准(GB 14554—1993)、大气污染物综合排放标准（GB 16297—1996)。据统计目前国家已经颁布涉及 VOCs 排放标准共有 18 项（见表 1)，同时还有十余项项标准正在制订中。

长三角地区地方性 VOCs 排放标准陆续出台，上海相关标准出台较早，主要排放标准集中在化工制药、印刷涂装等行业；浙江和江苏近几年也相应颁布了生物制药、纺织染整、表面涂装行业的地方标准。

4 VOCs 排放控制政策及标准对企业绿色发展的促进作用

在我国 VOC 排放控制“政策＋标准”体系约束下，各污染源企业须严格按照相关政策及国家地方标准，严控 VOCs 排放量。并在各种排放标准制修订的基础上，辅以 VOCs 排放控制的经济奖惩措施，落实排污收费制及治理奖励制，促进污染企业减排和治理的积极性，目前已经收得了很大的成效。

以长三角地区某大型石化企业中设备动静密封点 VOCs 泄漏为例，该企业自 2014 年开始开展设备动静密封点 VOCs 泄漏检测及修复（LDAR）工作。LDAR 是通过对炼化装置潜在泄漏点进行 VOCs 检测，及时发现存在泄漏现象，并进行修复或替换，进而降低泄漏排放。据检测数据统计，每年设备动静密封点的 VOCs 的实际排放量约为 200 至 300 万吨。根据 GB 31570—2015《石油炼制工业污染物排放标准》中的规定，当泄漏检测值大于等于某个限定值（2000μmol/mol 或 500μmol/mol)，企业需对该泄漏点进行修复或更换。标准中泄漏检测阈值的设定，为企业泄漏修复提供了判定标准。据已修复的泄漏点数据统计，2018 年至 2020 年三年的因泄漏点修复减少的 VOCs 排放量分别为 68 万吨、60 万吨、66 万吨。

同时，积极开展 LARD 检测等 VOCs 检测与治理工作，给该企业也带来了巨大的经济效益。根据《上海市工业企业挥发性有机物放量通用计算方法（试行）》（简称“计算办法”）中的规定，若不进行密封点检测，按照平均排放系数法进行计算，依据该企业密封点的数量，计算得到每季度泄露点排污费为 4476.5 万元（见表 2）。该企业一直进行 LARD 检测，根据《计算办法》的规定，VOCs 排放量根据密封点净检测值采用相关方程法进行计算。自 2015 年 10 月 1 日后开始实施《挥发性有机物排污收费试点办法》。2019 年第四季度以来，每季度的排污量计算值及排污费见表 3 及所示。对比该企业对设备动静密封点是否实施 LARD 检测的 VOCs 排污费金额发现，企业实施 LARD 检测后，每季度缴纳的 VOCs 排污费从 4476.5 万元，降低至 150 万元以下，降幅近 95%。不难发现，通过排放系数法计算得出的 VOCs 排放量基本按照排放最多的标准进行估算，通过监测设备可以使 VOCs 排放量计算达到最精确水平，由此得出的 VOCs 排放量将使企业排污费成本大大降低。因此，开展 VOCs 排放的监测和治理，能大大降低企业的排污成本，这也是企业持续开展 VOCs 排放检测和治理工作的动力，引导企业选择引入有利于环保的设备或生产工艺，从而减少污染物排放，以实现环境友好的经济绿色增长模式。

表 2　某石化企业每季度泄漏点排污金额估算表（平均系数法）

设备类型	介质	数量/个	每季度 VOCs 排污费金额/万元
阀	气体	25958	669.45
	轻液体	40129	698.65
	重液体	4401	4.35
泵	轻液体	485	41.7
	重液体	40	1.5
压缩机	气体	2	1.95
泄压设备	气体	1375	617.75
法兰、连接件	所有	306355	2421.9
开口阀或开口管线	所有	2614	19.2
采样连接系统	所有	1	0.05
总计			4476.5

表 3　某石化企业实施与不实施 LDAR 检测的 VOCs 排污费对比

季度	排放量/t	实施 LDAR 检测后排污费/万元	不实施 LDAR 检测需缴纳的排污费/万元
2019 年 4 季度	72.17	144.34	4476.5
2020 年 1 季度	71.24	142.48	4476.5
2020 年 2 季度	71.54	143.08	4476.5
2020 年 3 季度	52.38	104.76	4476.5
2020 年 4 季度	53.47	106.94	4476.5

5　结语

在 VOCs 排放控制政策及排放标准的有效推动下，重点行业的企业绿色发展和转型初见成效。但目前现行的 VOCs 行业排放标准还相对较少，使用综合排放标准的局限性较大，例如综合排放标准并未包括部分重点行业的特征污染物、排放限值无法满足治理技术的要求等。因此，建议更加完善以行业排放标准为主的 VOCs 排放标准体系，这样不仅能有效控制有机污染物的排放，也能满足经济社会发展的需要。

参考文献

[1] 宁森，孙亚梅．“十三五”挥发性有机物污染防治的思路与途径 [J]．世界环境，2016，6：27-29.
[2] 王铁宇，李奇锋，吕永龙．我国 VOCs 的排放特征及控制对策研究 [J]．环境科学，2013，12：4756-4763.
[3] 郭森，周学双，童莉，等．完善我国工业源 VOCs 控制标准的对策建议 [J]．环境影响评价，2015，2：41-45.

煤气化 CO 变换冷凝液汽提系统常用钢腐蚀损伤研究

陈　昇，何　萌，孙　丽，康昊源，刘娟波

中国特种设备检测研究院，北京，100029

摘　要： CO 变换气冷凝液腐蚀介质主要为 H_2S、CO_2、NH^{4+}、Cl^-，常导致设备和管线腐蚀失效。通过腐蚀失重试验、电化学测试和形貌表征等方法考察了 20＃钢、304L 不锈钢和 316L 不锈钢三种常用钢在变换冷凝液模拟环境中的腐蚀行为和损伤机理。实验结果表明，20＃钢材质腐蚀形态以均匀减薄为主，300 系列不锈钢以点蚀为主。对于 20＃钢，腐蚀受 CO_2、H_2S 竞争与协同作用；对于 300 系列不锈钢，CO_2 和 H_2S 主要通过破坏不锈钢氧化膜对腐蚀产生一定影响。

关键词： 煤气化；变换冷凝液；CO_2；H_2S

Research on corrosion damage of common steel in condensate stripping process in industrial coal gasification unit

Chen Sheng, He Meng, Sun Li, Kang Haoyuan, Liu Juanbo

China Special Equipment Inspection and Research Institute, Beijing, 100029

Abstract: The condensate involving H_2S、CO_2、NH^{4+}、Cl^- usually causes severe corrosion of equipment and pipelines in condensate stripping process of industrial coal gasification unit. The corrosion behavior and mechanism of 20# steel, 304L stainless steel and 316L stainless steel in the simulated corrosion environment were investigated using by corrosion weight loss test, electrochemical test and morphological characterization. The experimental results show that the corrosion morphology of 20# carbon steel was mainly uniform corrosion, and that of 300 series stainless steel was mainly pitting corrosion. For 20# steel, the corrosion behavior and mechanism was affected by the competition and synergism of CO_2 and H_2S. For 300 series stainless steel, CO_2 and H_2S can enhance corrosion by destroying the oxidation film on the stainless steel surface.

Keywords: coal gasification unit; the condensate; CO_2; H_2S

0　引言

煤气化装置中变换工段腐蚀失效造成的非计划停工或安全事故常占到总量 50％以上，其中变换冷凝液是造成变换工段设备和管道腐蚀失效（腐蚀减薄和应力开裂）的主要原因，常见腐蚀位置出现在变换气冷凝管线、回流管线、气液分离罐、换热器管程、冷凝液汽提塔上部塔板等。

变换冷凝液来源于变换气冷凝后的产物，其内涉及 H_2S-CO_2-Cl^--$NH_4{}^+$-H_2O 多种腐蚀介质，存

基金项目：国家市场监督管理总局科技计划项目“复杂非均匀液固两相流冲刷腐蚀高精度模拟研究（2020MK180）”。

作者简介：陈昇，男，高级工程师，博士，主要从事多相流腐蚀、风险评估、密封泄漏监测与评价研究。

在多介质耦合腐蚀作用且随pH值和介质浓度变化腐蚀机理也发生变化[1,2]。以碳钢在变换冷凝液腐蚀环境为例，碳钢腐蚀以和CO_2造成的腐蚀减薄为主，pH值小于7时溶液中H^+参与腐蚀反应，pH值大于7时以HS^-、HCO_3^-与Fe^{2+}构成电化学腐蚀。目前，针对CO_2与H_2S复杂机理的腐蚀研究较为多见[3-5]，例如Pots[6]等认为当CO_2/H_2S分压比在20～500时两者存在竞争与协同效应。姚培芬等[7,8]认为H_2S既能通过阴极反应加速CO_2腐蚀，又能通过产生FeS和NH_4HS等腐蚀产物膜阻碍腐蚀进行。但针对在变换冷凝液中更复杂的腐蚀介质中，碳钢可能发生的腐蚀机理和规律尚少有研究。另外在冷凝液汽提塔中，304L衬里易发生严重的局部腐蚀，316L浮阀也常发生严重的全面腐蚀，且腐蚀产物呈灰色粉末状。一般来说，不锈钢耐CO_2、H_2S混合介质腐蚀性能较强，在氨水中耐蚀性也较强，而不锈钢材料在变化气冷凝液发生严重腐蚀的机理尚不清晰。

本研究结合腐蚀失重试验、电化学测试和形貌表征等方法研究了20#钢、304L不锈钢和316不锈钢在变换冷凝液模拟环境中的腐蚀行为，明确上述三种常用钢的损伤机理，为煤气化CO变换冷凝液汽提系统中常用钢的应用和提供理论依据和数据支撑。

1 实验方法

1.1 实验条件

实验所用材料为20#碳钢、304L不锈钢和316L不锈钢，试样化学成分见表1所示。根据凝液汽提塔塔顶工艺运行及介质组成参数设计腐蚀模拟实验，如表2所示[9]。其中氮气作为补充气体。通过腐蚀失重实验、电化学实验和腐蚀产物表征等手段考察20#、304L、316L在变换气冷凝液下腐蚀机理及状况。

表1 试样化学成分组成

实验材料		C	Mn	P	S	Si	Ni	Cr	Mo
20	标准值	0.17～0.24	0.35～0.65	≤0.035	≤0.035	0.17～0.37	≤0.25	≤0.25	/
	实测值	0.18	0.55	0.03	0.025	0.28	0.08	0.1	/
304L	标准值	≤0.03	≤2.00	≤0.035	≤0.03	≤1.00	10～14	17～19	≤0.3
	实测值	0.08	1.86	0.035	0.029	0.72	8.5	18.25	0.053
316L	标准值	≤0.03	≤2.00	≤0.035	≤0.03	≤1.00	12～15	16～18	2～3
	实测值	0.03	1.79	0.035	0.029	0.89	14.15	17.02	2.3

表2 腐蚀模拟环境

相态	压力/MPa	温度/℃	pH值	Cl^-浓度	NH_4^+浓度	H_2S浓度	CO_2/H_2S体积比
气液两相	0.25	105	7.5(初始)	1.6%	1.6%	0.15% 0.25% 0.3%	200 250 300 350(330)

1.2 实验设置

(1) 腐蚀失重实验

腐蚀失重试样尺寸为50mm×13mm×3mm，试样经丙酮、去离子水、无水乙醇清洗并干燥后测量尺寸、称重并拍照记录原始形貌。试样固定在反应釜内，加入1%除氧NH_4Cl溶液（pH值为7.5）。纯N_2除氧2h后，通入$CO_2/H_2S/N_2$混合气至饱和。然后关闭反应釜进出口并升温至实验温度，升温后打开进气口继续通CO_2/H_2S混合气至釜内压力稳定在0.25MPa后停止通气。实验结束后取出试样并拍照记录，再用10%的浓硝酸溶液水浴加热至60℃酸洗，吹干称重，拍照记录。

（2）电化学测试

电化学测试试样尺寸为10mm×10mm×3mm，经丙酮、去离子水清洗后，试样一边焊接导线，并用环氧树脂封装，然后经砂纸逐级打磨至1000#，吹干待用。电化学测试采用三电极体系，工作电极为待测金属材料，参比电极为高温高压参比电极，辅助电极为铂电极。首先进行60min开路电位测试，电位稳定后进行线性极化曲线测试，电位扫描范围为－20mV～20mV（vs. Ag/AgCl），电位扫描速率为0.167mV/s。然后对20#钢进行极化曲线测试，电位扫描范围为±250mV（vs. Ag/AgCl），电位扫描速率为0.167mV/s。对不锈钢材料进行循化极化测试，起始扫描电位为－200mV（vs. Ag/AgCl），当电流密度达到100μA/cm^2时开始反向扫描。

2 碳钢腐蚀机理

图1所示为20#钢表面腐蚀产物的SEM图，试样表面覆盖了较厚的腐蚀产物膜，并存在一些龟裂纹，可见20#钢在变换冷凝液中以均匀腐蚀为主且腐蚀程度严重。图2为试样表面腐蚀产物XRD分析，随着H_2S与CO_2组分的变化，腐蚀产物中有时存在FeS膜，有时同时存在FeS膜和$FeCO_3$膜。这说明20#钢腐蚀受H_2S与CO_2的共同作用，两者的腐蚀机理存在竞争与协同效应。H_2S与CO_2气体一方面通过溶解降低溶液pH值，另一方面会产生HS^-和HCO_3^-或CO_3^-，直接参与阴极还原反应，从而加速金属阳极溶解。

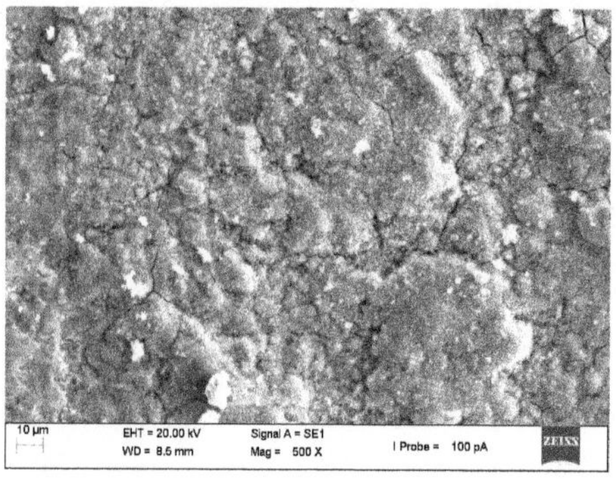

图1 20#钢腐蚀表面微观形貌（0.3%-1:330-105℃-1.6%工况下30天浸泡）

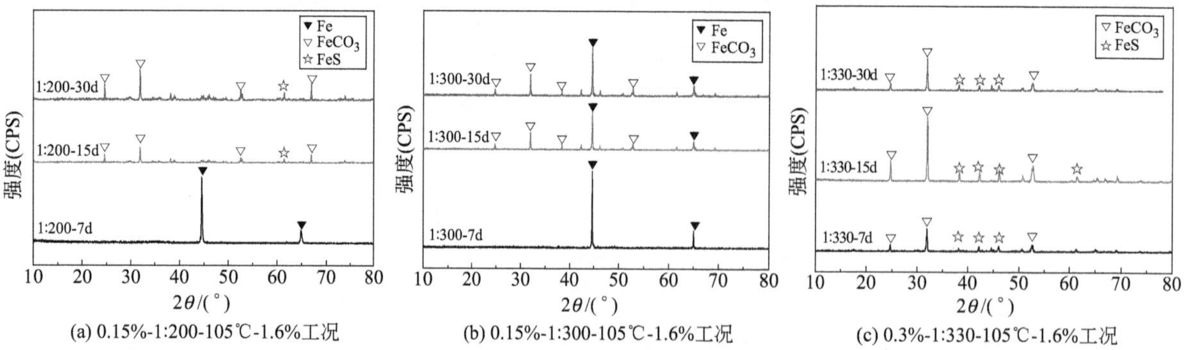

图2 20#腐蚀产物腐蚀产物XRD分析图

图3为20#在不同CO_2/H_2S体积比下自腐蚀电流密度和平均腐蚀速率变化图，可见，在0.15% H_2S浓度下，随CO_2浓度增大，腐蚀速率先增大后降低，腐蚀机理由CO_2与H_2S交替主导；在0.2% H_2S浓度下，随CO_2浓度增大，腐蚀速率变化很小，腐蚀机理由H_2S主导；在0.3%H_2S浓度下，随CO_2浓度增大，腐蚀速率逐渐增大，腐蚀机理由CO_2主导。

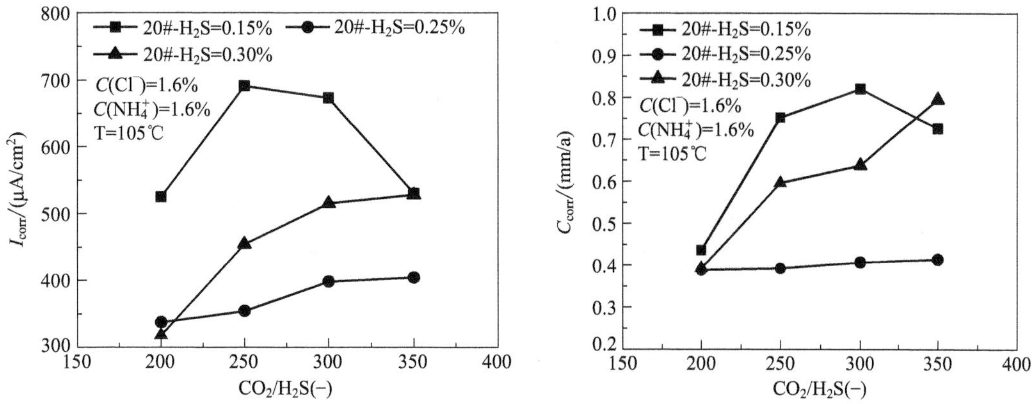

图 3 20＃随 CO_2/H_2S 体积比变化下自腐蚀电流密度和平均腐蚀速率变化图

3 300 系列不锈钢腐蚀机理

3.1 304L 不锈钢

如图 4 所示为 304L 不锈钢试样表面的 SEM 图，在模拟变换冷凝液腐蚀环境下，304L 不锈钢腐蚀不明显且以点蚀为主。图 5 为腐蚀失重试验后试样表面腐蚀产物 XRD 分析，腐蚀产物主要为 Fe_2O_3 和 $(Fe，Cr)_3O_4$ 氧化膜。

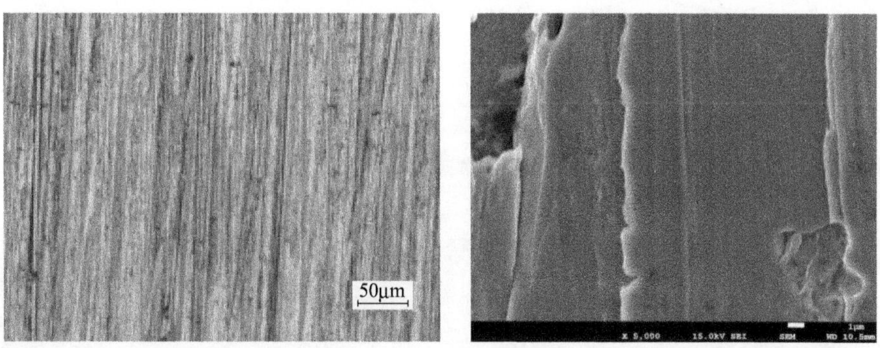

图 4 304L 不锈钢腐蚀表面微观形貌（0.15%-1：350-105℃-1.6%工况下 30 天浸泡）

图 6 分别为 304L 不锈钢在不同 CO_2/H_2S 体积比下自腐蚀电流密度和平均腐蚀速率变化图，可见自腐蚀电流密度变化不大，但从平均腐蚀速率分布可发现，H_2S 和 CO_2 浓度对 304L 不锈钢腐蚀有一定的影响，说明试样表面氧化膜破坏程度有所不同。随着 CO_2 浓度增大，腐蚀机理出现 H_2S 和 CO_2 交替控制作用。在 0.25%H_2S 浓度下随 CO_2 浓度增大，腐蚀速率变化很小，此浓度下以 H_2S 为主导。

虽然变换冷凝液使 304L 不锈钢发生了一定的点蚀，但相比于 20＃钢，304L 不锈钢腐蚀程度轻得多，304L 不锈钢表面的氧化膜仍能够在一定程度上抑制腐蚀。

3.2 316L 不锈钢

在模拟变换冷凝液中，316L 不锈钢腐蚀现象与 304L 不锈钢同样以点蚀为主，如图 7 所示。图 8 为 316L 不锈钢腐蚀失重试验后试样表面腐蚀产物 XRD 分析，腐蚀产物主要为 $(Fe,Cr)_3O_4$，说明 316L 不锈钢表面的氧化膜也抑制了腐蚀。

316L 不锈钢在不同 CO_2/H_2S 体积比下自腐蚀电流密度和平均腐蚀速率变化如图 9 所示，与 304L

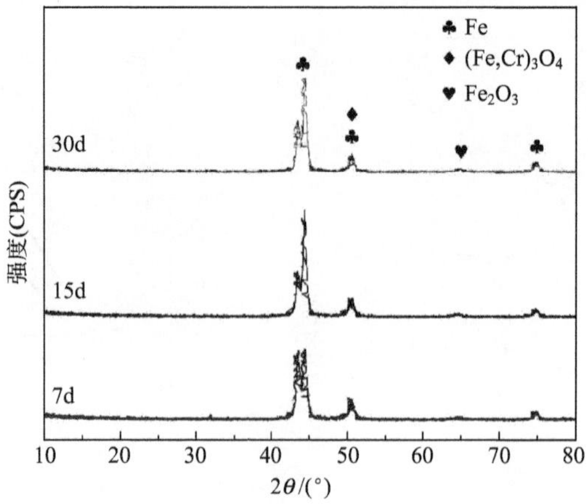

图 5　304L 不锈钢腐蚀产物 XRD 分析图

（0.15%-1：350-105℃-1.6%工况下 30 天浸泡）

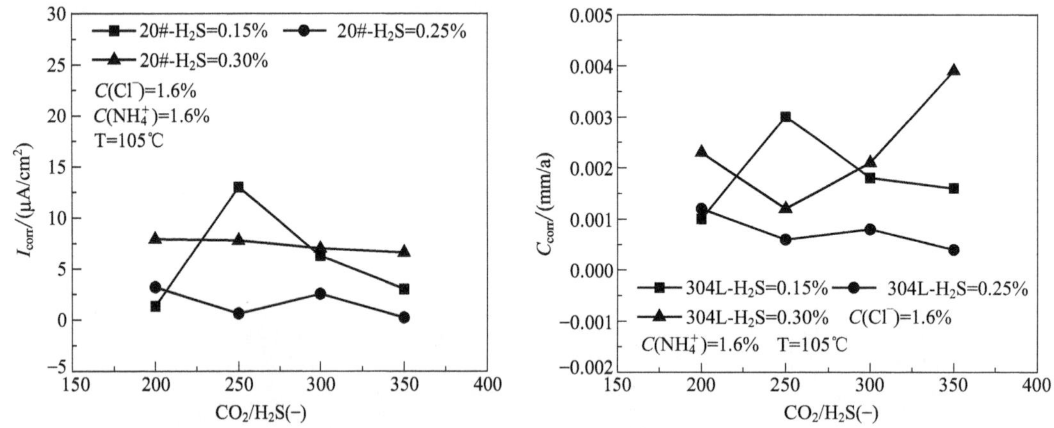

图 6　304L 不锈钢随 CO_2/H_2S 体积比变化下自腐蚀电流密度和平均腐蚀速率变化图

图 7　316L 不锈钢腐蚀表面微观形貌（0.15%-1：300-105℃-1.6%工况下 30 天浸泡）

不锈钢腐蚀规律类似，随着 CO_2 浓度增大，316L 不锈钢自腐蚀电流密度变化不大，但从平均腐蚀速率变化规律看，腐蚀出现 H_2S 和 CO_2 交替控制作用，说明 316L 不锈钢点蚀程度也相应有所变化。在 0.25%H_2S 浓度下，随 CO_2 浓度增大腐蚀速率变化很小，此浓度下以 H_2S 为主导。

与 304L 不锈钢类似，相比于 20#钢，316L 不锈钢表面的氧化膜在一定程度上能够抑制其发生严重腐蚀。

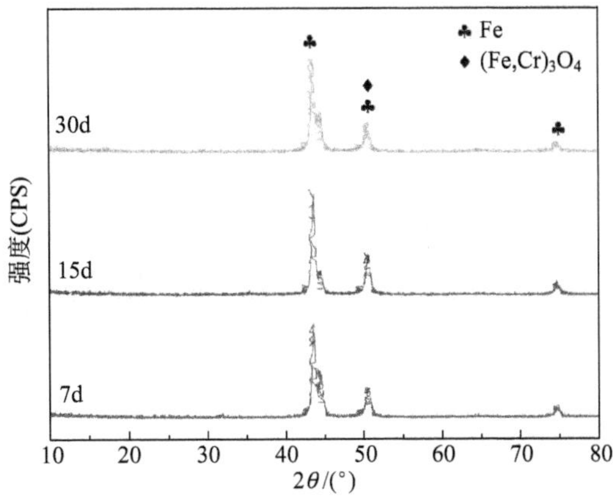

图 8　316L 不锈钢腐蚀产物 XRD 分析图

（0.15%-1:300-105℃-1.6%工况下 30 天浸泡）

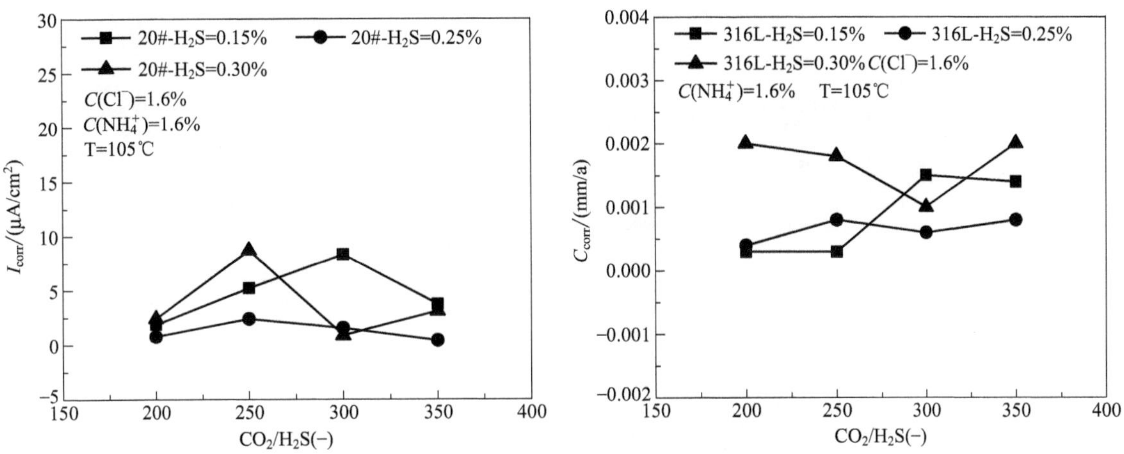

图 9　316L 不锈钢随 CO_2/H_2S 体积比变化下自腐蚀电流密度和平均腐蚀速率变化图

4　结论

本文研究了 CO 变换段设备和管线在模拟变换冷凝液腐蚀环境（H_2S、CO_2、Cl^-、NH_4^+）下 20＃钢、304L 与 316L 不锈钢的腐蚀机理和规律，在大量实验的基础上，得出以下结论：

① 煤气化 CO 变换冷凝液腐蚀环境下，20 钢材质腐蚀以均匀减薄为主，300 系列不锈钢以点蚀为主。三种常用钢耐腐蚀性从高向低依次为 316L、304L、20 钢。

② 对于 304L 和 316L，CO_2 和 H_2S 主要通过破坏不锈钢氧化膜对腐蚀产生一定影响；

③ 对于 20＃，主要受 CO_2、H_2S 竞争与协同作用；随 CO_2 浓度增大，在 0.15%H_2S 浓度下，CO_2 与 H_2S 交替主导；在 0.2%H_2S 浓度下，H_2S 主导；在 0.3%H_2S 浓度下，CO_2 主导。

参考文献

[1]　曹逻炜，陈昇，谢国山．煤气化变换单元汽提塔塔顶冷凝设备与管线损伤模式识别与分析［J］．煤化工，2019，047（005）：57-60＋80.

[2]　卢利飞．煤化工变换冷凝液汽提系统存在的问题及技术现状［J］. 神华科技，2016，14（003）：72-77.

[3] 汪衍刚，陈毅，孙东征，等．几种热采井用油管钢在次生 H_2S/CO_2 环境中的腐蚀行为 [J]．腐蚀与防护，2018，039（006）：443-448.

[4] 马新元．浅析 CO_2 腐蚀和 H_2S 腐蚀的影响因素 [J]．云南化工，2018，45（07）：84-86.

[5] 赵国仙，祝恒倩．镍基合金 718 在 H_2S/CO_2 环境中的腐蚀行为研究 [J]．腐蚀科学与防护技术，2019，31（03）：43-48.

[6] Pots B F M，et al. Improvements on De Waard-Milliams corrosion prediction and applications to corrosion management：Proceeding of corrosion 2002 [C]．Colorado：NACE International，2002：Paper No. 02235.

[7] 姚培芬．油气管道 CO_2 与 H_2S 腐蚀与防护研究进展 [J]．腐蚀与防护，2019，40（05）：327-332.

[8] 廖柯熹，周飞龙，何国玺，等．流动条件下 20 钢在 H_2S/CO_2 共存体系中的腐蚀行为及预测模型研究 [J]．材料保护，2019，7：29-36.

[9] 李剑晖．水煤气冷凝液汽提系统腐蚀的探讨与改进措施 [J]．煤化工，2017，045（004）：47-51.

三维射线成像技术的设计与应用探讨

黄　崧，吴小阳，黄　勇，陈　杰，熊姝涛，赵忠国

重庆市特种设备检测研究院，重庆，401121

摘　要： 本文对三维射线成像技术的设计与应用进行了探讨，从原理上对三维射线检测技术进行了梳理，三维射线成像系统由拍摄和成像两个部分组成，其中拍摄系统的主要目的获取试样的多角度的射线图片，而成像系统是根据射线系统获取的多角度图片重构出试样的真实立体形貌。在此基础上进行了设备开发，目前设备开发接近尾声，后续待技术成熟后在特种设备检验领域内实现应用。

关键词： 射线检测；图像识别；三维重构；缺陷

Discussions of design and application of 3D X-ray examination

Huang Song，Wu Xiaoyang，Huang Yong，Chen Jie，Xiong Shutao，Zhao Zhongguo

Chongqing Special Equipment Inspection Institute, Chongqing, 401121

Abstract: In this paper, the design and application of 3D X-ray examination technology are discussed. From the principle, the technology of the detection is reviewed. This equipment is consist of two parts, which are called the camera system and imaging system. The main purpose of the camera system is to obtain the multi-angle ray images of the sample, and to provide the image to the imaging system. And the role of the imaging system is to reconstruct the real three-dimensional morphology of the sample. Now the equipment development is nearly finished, and it will be applied in the field of special equipment inspection.

Keywords: X-ray detection; Image recognition; 3D reconstruction; defects.

0　引言

目前对材料损伤的检测大多使用无损检测的方法，在目前常规的无损检测手段中，射线检测相比于其他的无损检测手段，可以直观地显示缺陷图像，使用面宽，底片长期存档备查，便于分析，目前在特种设备制造与检验中广泛使用[1,2]。然而，最终我们观察的射线底片仅仅是一张二维图像，对缺陷也仅仅是平面认识，这也导致我们出现定位不准确，人为判断错误的情况，导致无效返工或者未返工的情况出现。这是因为，在判断缺陷的危害性过程中，缺陷纵向深度也是一个很重要的指标，而缺陷的纵向情况在射线检测中无法体现。为精确判断缺陷情况，需要在现有的射线检测基础上加以改进，使得缺陷的纵向深度观察得以实现，即实现缺陷的三维立体观察。

基金项目：国家市场监督管理总局科技计划项目“基于射线检测的缺陷立体成像技术开发”（2019MK065）。

作者简介：黄崧，1989 年生，男，工程师，博士研究生，主要从事气瓶型式试验与新检验检测方法的研究。

1 三维射线成像技术的国内外概况

国外X射线实时成像技术领先的企业，包括德国YXLON、以色列VIDISCO等公司都已经将DR实时成像系统用于储罐罐壁的高效率检测成像，并且利用其核心的图像处理技术来帮助客户实现检测图像的优化及自动化判别。以色列VIDISCO公司利用特制滤噪硬件及软件处理技术，帮助客户恢复因种种原因造成的图像降质；德国YXLON公司则利用其核心的图像识别处理技术来帮助客户增强缺陷，并进一步达到缺陷自动化识别的目的。但是，在缺陷三维重构方面，两家公司只是提供了“假三维”显示，即根据图像的灰度值对检测图像进行浮雕显示。以色列VIDISCO公司最新的系统上还提供了用图像灰度值进行深度估算的功能，但因为图像灰度数值受外界影响太大（甚至包括电池电量），如若推广应用较为困难[3]。

而在国内，作为领导者的兰州三磊、重庆日联、丹东奥龙等也都在提供X射线实时成像系统，利用自身的技术实现了检测图像的优化处理，但在图像缺陷自动化识别方面跟国外相比还有很大的差距，无法实际应用。在缺陷三维重构技术方面，也仅仅能对检测图像进行浮雕显示[4]。

在近几年，基于二维投影视图的三维建模技术研究[5-8]，出现了许多非传统的处理算法。Ibrahim[8] 提出了一种新的三维重建框架，这种方法首先将初始对象视为棱柱体，然后在空间确定需要移除的特征面。Wen[9] 提出了一种新的特征识别算法来处理截面视图。可以通过在截面视图中提取不完全投影的语义信息来识别期望的特征，包括显示特征和隐式特征。此外，他还提出了一种新的基于置信度的算法来验证特征信息。

目前，基于投影视图的三维建模方法可以分为四类：

① 面向线框的重建法。这种算法是基于图形元素中的点、线来构建三维形体。

② 基于模型引导的重建法。这种算法通过模型匹配直接从二维投影图像中提取出基本图形。利用CSG建模原理生成CSG树，并最终完成三维实体建模。

③ 基于体切割的重建法。这种方法通过平移或者旋转构建基本体。然后将这些形体通过交、并、差等布尔运算得到与投影对应的复杂体。

④ 基于专家系统的重建法。这种方法将投影视图输入到包含图形知识库的专家系统中进行匹配和推理[7]，得到投影视图表达的三维形体。

因此，采用三维重构技术对准确判断设备内部缺陷形貌是十分有效的。而且通过几十年的努力，对基于三维投影视图的三维重建的研究已经有了很大的突破，但与此同时，仍有很多具体的技术和工程问题需要解决，需进一步进行研究。

2 三维射线成像技术的实现原理

2.1 系统的总体设计

三维射线成像系统由拍摄和成像两个部分组成，其中拍摄系统的主要目的获取试样的多角度的射线图片，而成像系统是根据射线系统获取的多角度图片重构出试样的真实立体形貌。系统设计思路如图1所示。

其中多角度射线拍摄系统由移动平台控制系统和以机械臂为核心的运动控制系统组成，移动平台可拖运6轴关节式机械臂到达罐壁上缺陷位置附近，并完成位置固定；机械臂可托举射线机实现不同的位姿，从而实现对缺陷的多角度检测。

图像重构系统包括控制计算机、建模计算机等，通过汇总机械臂的拍摄位姿参数和获取的射线检测图片，经过图像识别、逆向投影和模型修正等环节，三维重构出缺陷的立体形貌。

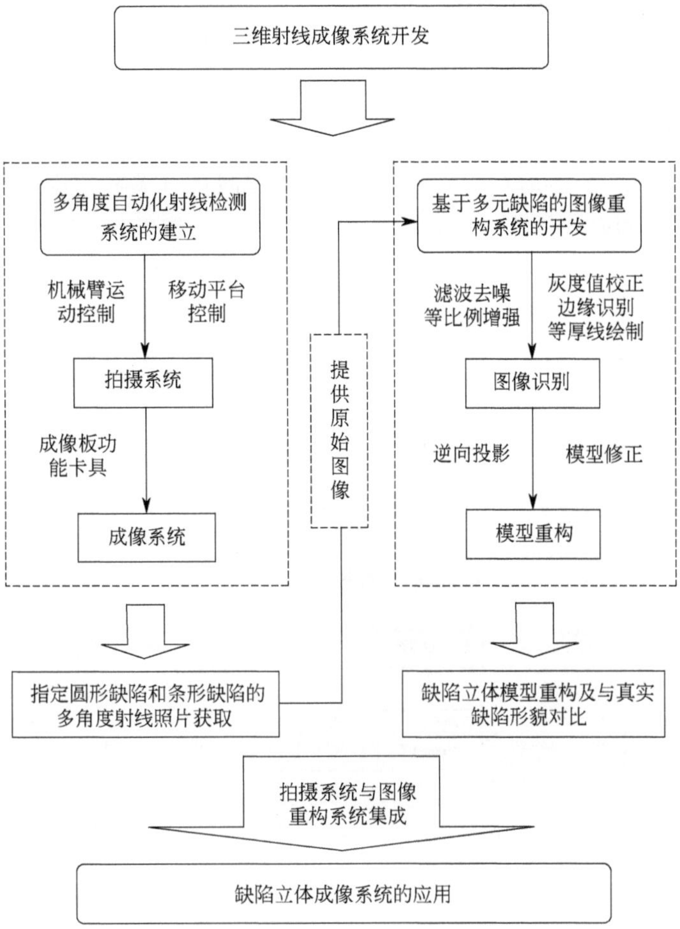

图 1　三维射线成像系统的研发思路

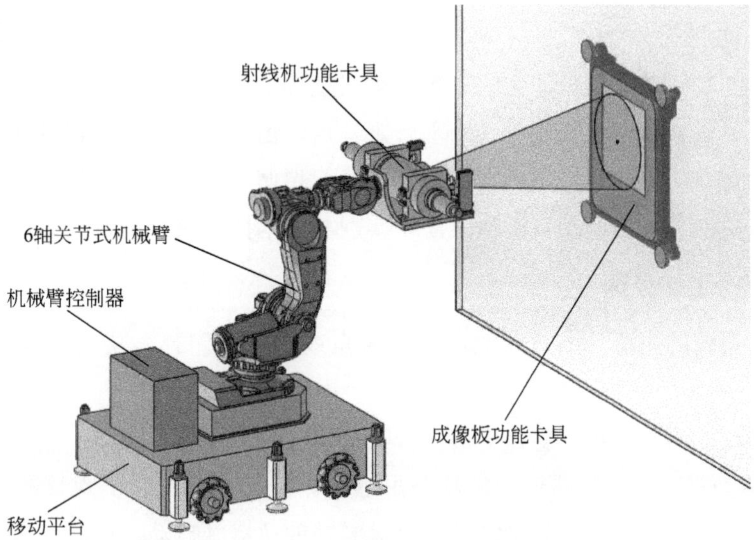

图 2　三维射线拍摄系统结构图

2.2　射线拍摄系统的组成

（1）基本组成

射线拍摄系统的结构组成如图 2 所示，包括移动平台（含运动控制器）、6 轴关节式机械臂（含机器人控制器)、射线机功能卡具、成像板功能卡具、控制计算机和建模计算机等组成。6 轴关节式机械臂可托举射线机实现不同的位姿，从事实现对缺陷的多角度检测；射线机功能卡具用于固定射线机；成像板功能卡具用于实现成像板在罐壁上的可靠固定；控制计算机用于实现对系统的整体控制；建模计算机用于实现基于射线照片的缺陷立体建模运算，并显示最终结果。

（2）移动平台控制系统

移动平台控制系统是一个典型的开环系统，可通过对电机的开关和速度调节，实现对平台的移动；通过人眼观察，实现对平台运动方向的控制和最终定位，如图 3 所示。

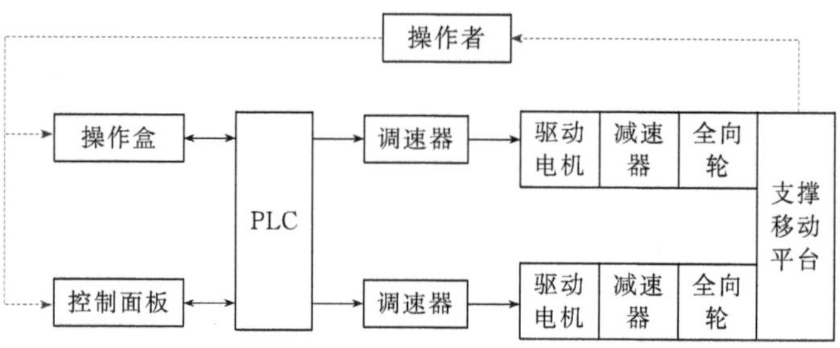

图 3　移动平台控制系统结构框图

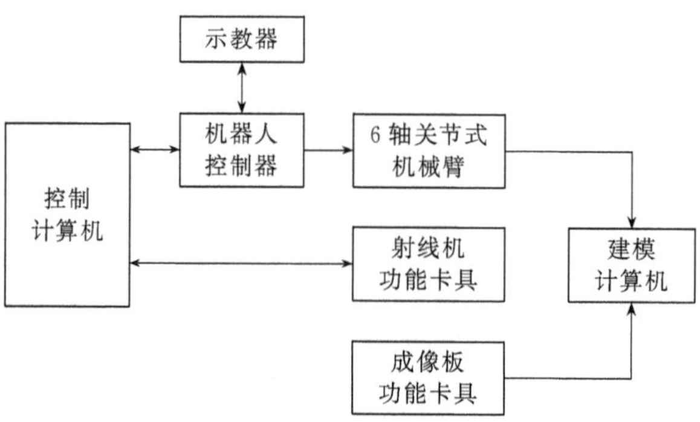

图 4　运动控制系统结构框图

（3）运动控制系统

运动控制系统以 6 轴关节式机械臂为核心，其组成框图如图 4 所示。机械臂的运动可分别由示教器和控制计算机控制。示教器控制主要用于移动平台定位后，由操作者操控机械臂在中央测距仪激光束的指引下，将射线机发射口对准指定缺陷所在位置。而后，控制计算机协调操控机械臂的连续运动，以及射线机功能卡具上各功能部件的运动与工作时序，实现对缺陷的多角度检测。

2.3　射线拍摄系统的工作原理

多角度射线拍摄系统的主要目的是获取试样的多角度的射线图片，从而实现后续的试样三维形貌重构。

射线机的操作过程如图 5 所示，由如下四个步骤组成。

① 操作者操控移动平台运动到罐壁指定缺陷附近，固定支撑顶升，实现移动平台的定位，随后发射器功能卡具上的中央测距仪运动到与射线机发射口同轴的位置并启动。此时，以中央测距仪的激光束为指示，操作者通过示教盒操控 6 轴关节式机械臂，使中央测距仪的激光束指向管壁上缺陷位置，如图 5(a) 所示。

② 确定中心位置后，同时启动 4 个周边测距仪和中央测距仪，检测其所在位置与罐壁之间的距离。通过对 5 个距离值和机械臂当前位姿的结算，可以得到 6 轴机械臂与罐壁之间的相对位姿，如图 5(b) 所示。

③ 以指定缺陷为球心，以指定距离为半径（该半径为射线检测距离），构建一半球体，在该半球体上设定一系列多角度检测时射线机所处的位置点，控制计算机完成机械臂的整体运动轨迹规划，如图 5（c）所示。

④ 中央测距仪移动到起始位，让开发射器发射口。机械臂带动射线机依次运动到各检测位置点，射线机启动，进行射线检测，直至完成所有位置点的检测，如图 5(d) 所示。拍摄完后，计算机记录射线图片及其包含的位姿信息。

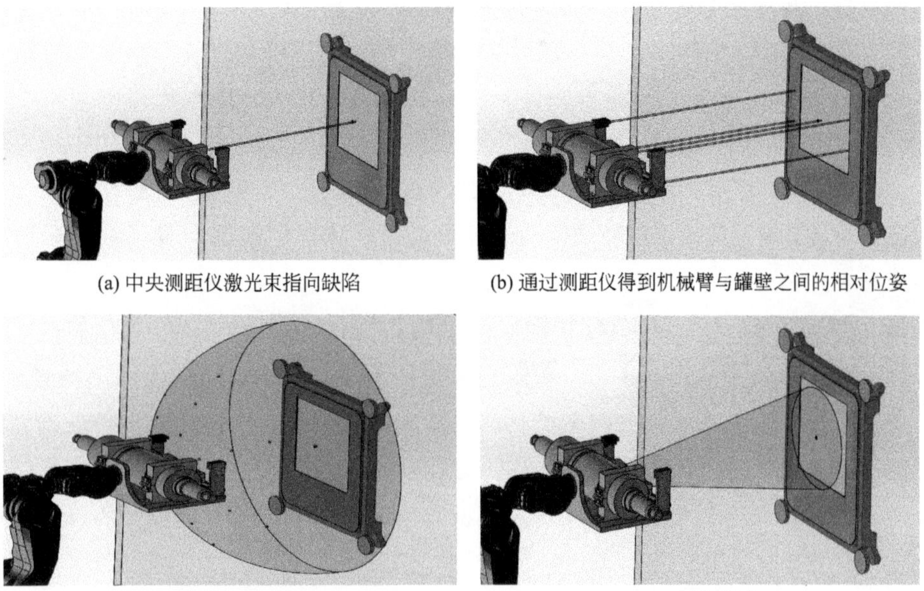

(a) 中央测距仪激光束指向缺陷　(b) 通过测距仪得到机械臂与罐壁之间的相对位姿

(c) 规划检测位置点　(d) 射线检测

图 5　射线拍摄系统的工作原理

2.4 图像重构系统的设计

射线检测完成后，射线成像板将不同位置得到的图像和其对应的机械臂位姿数据实时或作业后传输到建模计算机，进行缺陷立体模型的构建。具体建立步骤如图 6 所示。

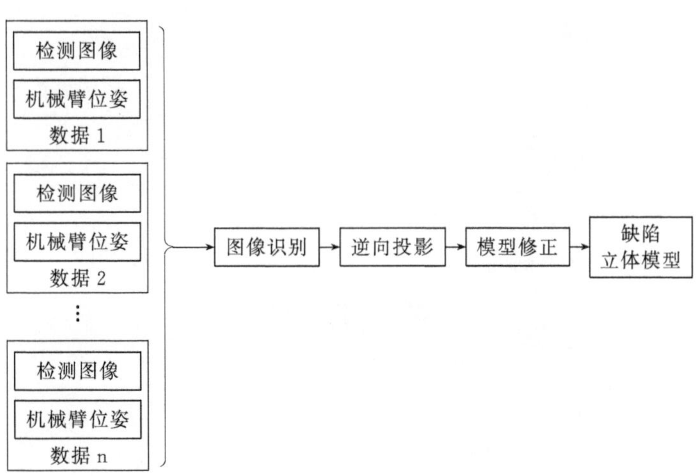

图 6　模型重构系统的建立流程

（1）图像识别

图像识别的目的是从原始的检测图像中抽取得到包含有立体建模所需信息的“纯净”图像，为后续处理奠定基础。其具体流程如图 7 所示，包含滤波去噪、等比例增强处理、灰度值校正、边缘识别、等厚线绘制等。

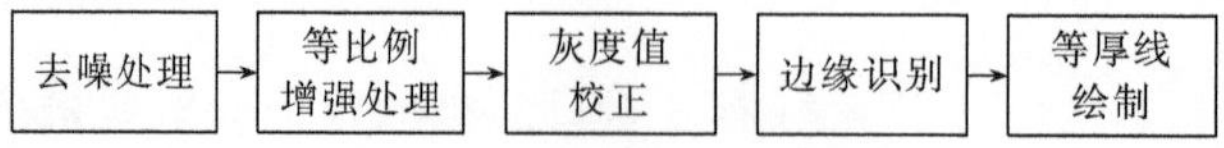

图 7　图像识别的流程

(2) 逆向投影与模型修正

以所有检测方向所得缺陷边缘轮廓线为基准［如图 8(a)］，沿与检测方向相反的方向做柱状拉伸，即进行逆向投影［图 8(b)］。将所有柱状拉伸进行并集运算，即可得到粗略的缺陷立体模型［如图 8(c) 所示］。根据缺陷结构特点，合理选择检测角度，可以利用尽可能少的检测次数得到尽可能精确的缺陷立体模型。

由图 8(c) 所示，针对球形缺陷，在其最靠近射线源和最院里射线源的位置均存在锥状凸起，这是由于射线机无法以检测角 $\alpha=0°$的角度对缺陷进行检测，故而无法通过逆向投影并集运算的方式得到上述两处的结构信息。

对所得缺陷立体模型进行修正主要是为了弥补逆向投影中无法得到具体结构信息的两处“死角”位置处的结构信息。在图像识别最后一步，以缺陷边缘轮廓线为起点，可以完成缺陷图像等厚线的绘制。理论上，同一条等厚线意味着在检测方向上该处的缺陷宽度相同。但在实际中，很难建立起图像灰度与缺陷厚度之间精确的对应关系，该等厚线只能作为定性的参考。但通过对不同角度多张检测图像等厚线的总和综合分析，可以对上述“死角”位置，及模型其他部分细节进行一定程度的修正，从而重构出更为精确的缺陷立体模型。

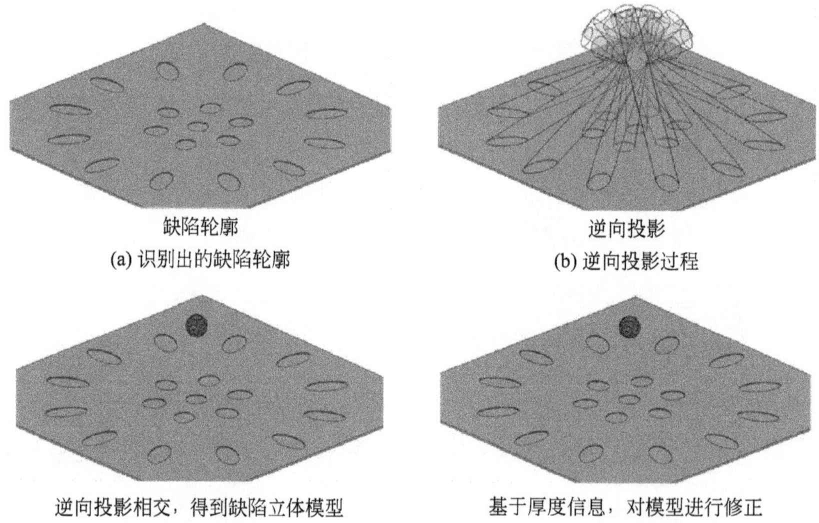

(a) 识别出的缺陷轮廓　(b) 逆向投影过程　(c) 缺陷立体模型的重构　(d) 模型修正

图 8　图像重构原理与流程

3　三维射线检测设备的开发

射线机选用美国高登 XRS-4 便携式 X 射线机，尺寸 49.5cm×11.5cm×21.6cm，重量 10.5kg。已完成多角度机械手的开发［如图 9(a)］，该机械手具备托举 30kg 重物的能力，具有 6 自由度旋转的能力，旋转角度 120°，满足多角度 X 射线照片的拍摄。移动小车［如图 9(b) 所示］可匹配机械手的重量软件开发是基于 solidworks 软件采用 Constructive Solid Geometry 法进行。

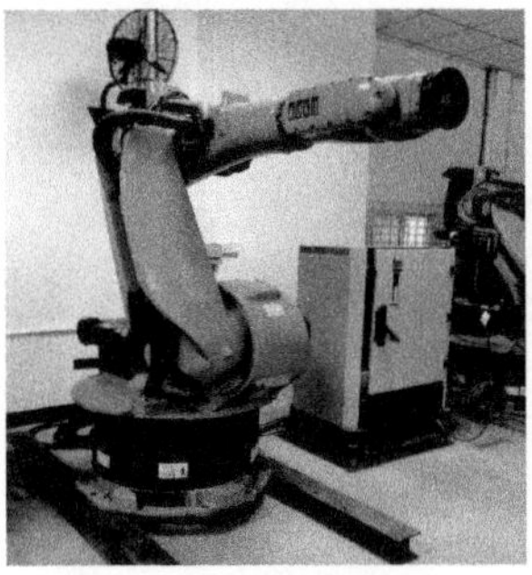

(a) 多角度机械手的开发

(b) 移动小车的开发

图 9　部分硬件开发过程图片

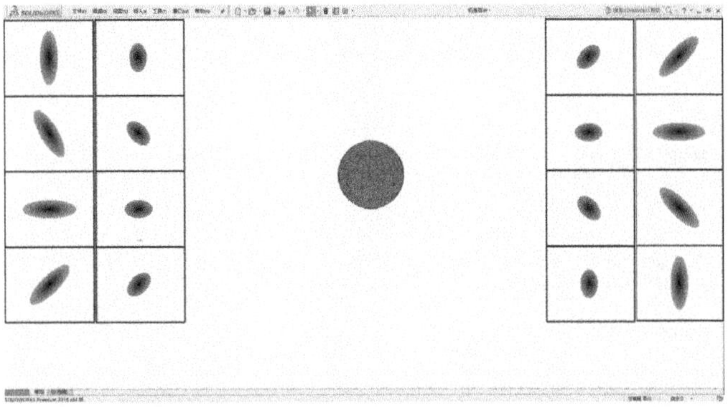

图 10　软件开发界面

4　结论与展望

本文对三维射线成像技术的设计与应用探讨，从原理上对三维射线检测技术进行了梳理，三维射线成像系统由拍摄和成像两个部分组成，其中拍摄系统的主要目的获取试样的多角度的射线图片，而成像系统是根据射线系统获取的多角度图片重构出试样的真实立体形貌。在进行原理设计的同时，也同时进行了设备开发，该技术可广泛应用在特种设备无损探伤领域。

参考文献

[1] 王思宇，高炜欣，张翔松．X 射线焊缝图像缺陷检测算法综述 [J]．热加工工艺，2020，10：1-8.

[2] 沈功田．中国无损检测与评价技术的进展 [J]．无损检测，2008，284 (11)：787-793.

[3] Eckel S，Zscherpel U，Huthwaite P，et al. Radiographic film system classification and noise characterisation by a camera-based digitisation procedure [J]．NDT & E International，2020，111：102241.

[4] 王春莉，梁立波，王宝玉．计算机三维重建技术发展与应用 [J]．沈阳大学学报，2003，8 (1)：63-67.

[5] Idesawa M. A System to Generate a Solid Figure from Three Views [J]．JSME Bulletin，1973，2：216-255.

[6] Markowsky G，Wesley M A. Fleshing out wire frames [J]．IBM J Res Dev，1980，24 (5)：582-597.

[7] Wesley M A，Markowsky G. Fleshing out projections [J]．IBM J Res Dev，1981，25 (6)：934-953.

[8] Ibrahim C. A new method for machining feature extracting of objects using 2D technical drawings [J]．Computer-Aided Design，2009，41：1008-1019.

[9] Wen Y M，Zhang H，Sun J G，et al. A new method for identifying and validating features from 2D sectional views [J]．Computer-Aided Design，2011，43 (6)：677-686.

重大场合氨制冷系统动态风险综合评估方法

康昊源，陈　昇，郭璟倩，何　萌

中国特种设备检测研究院，北京，　100029

摘要： 基于风险分析理论，针对重大场合的特殊性，采用模糊综合评价法和层次分析法，借助氨浓度监测设备建立以环境中氨浓度值为主要指标的重大场合氨制冷系统动态风险综合评估模型，实现氨制冷设备风险的实时评估预警，从而为提高重大场合中氨制冷系统的安全运行保障提供技术方法支撑。

关键词： 重大场合；氨制冷系统；动态风险评估；模糊综合评价法；层次分析法。

Research on dynamic risk comprehensive evaluation method of ammonia refrigeration system for major events

Kang Haoyuan, Chen Sheng, Guo Jingqian, He Meng

China Special Equipment Inspection and Research Institute, Beijing, 100029

Abstract: Based on risk analysis theory and in view of the particularity of major occasions, fuzzy comprehensive evaluation method and analytic hierarchy process are used to establish a dynamic risk comprehensive evaluation model of ammonia refrigeration system in major occasions with ammonia concentration monitoring equipment as the main index. Real-time risk assessment and early warning of ammonia refrigeration equipment are realized. And it provides a technical support for improving the safety of ammonia refrigeration system in major occasions.

Keywords: major events; ammonia refrigeration system; dynamic risk evaluation; fuzzy comprehensive evaluation; analytic hierarchy process.

0　引言

21 世纪以来，中国的国际地位显著提升，承办各类国际重大活动越来越多，如北京夏季奥运会、上海世界博览会。在重大活动中保障特种设备的安全运行至关重要，尤其是涉及危险介质的设备。

氨制冷系统常用于重大场合的制冰、制冷，如 2022 年北京-张家口冬季奥运会国家雪车雪橇中心场馆。然而，目前国内风险评估方法多是基于石化企业检验数据，对装置中每个设备单元固有的或潜在的失效模式引起的危险及其后果，进行定性或定量的分析评估来量化风险的大小并确定装置中各台设备的风险等级[1,2]。氨制冷装置有一定的特殊性，如其使用中损伤累积不明显、设备多处于室内且其风险大小与设备周围人口密度相关性较大等特点，很多新的研究尝试对氨制冷装置的设备风险大小进行改进，

基金项目：国家重点研发计划项目（编号：2019YFF0302202）。

作者简介：康昊源，1991 年生，男，工程师，硕士研究生，主要从事承压类特种设备风险评估、失效分析等工作。

例如采用半定量方法基于专家对设备全生命周期环节进行打分确定失效可能性，基于周围人口密度及后果减缓措施修正后的设备失效后果等级[3-6]。但现有方法一方面无法实现动态风险评估并满足风险实时快速预警；另一方面未考虑重大场合特殊性，如国际影响、社会效应、人员流动性大等，造成适用性差。

因此，本研究针对重大活动氨制冷系统，结合先进的可调谐二极管激光光谱（TDLAS）氨泄漏在线监测技术，采用模糊综合评价法和层次分析法，建立适合的动态风险综合评估方法，并结合案例进行应用。

1 重大场合动态风险综合评估方法

为适应重大场合的特殊性和实现动态风险的快速辨识预警，本研究汇集多源动态数据（设备运行参数、区域氨浓度实时监测数据、实时赛事信息等），筛选关键影响因子，并确定出各个风险影响因子权重；结合模糊综合评价法和层次分析法[7,8]，对关键影响因子动态数据进行隶属度关系分析和权重集确定，实现风险动态评估。

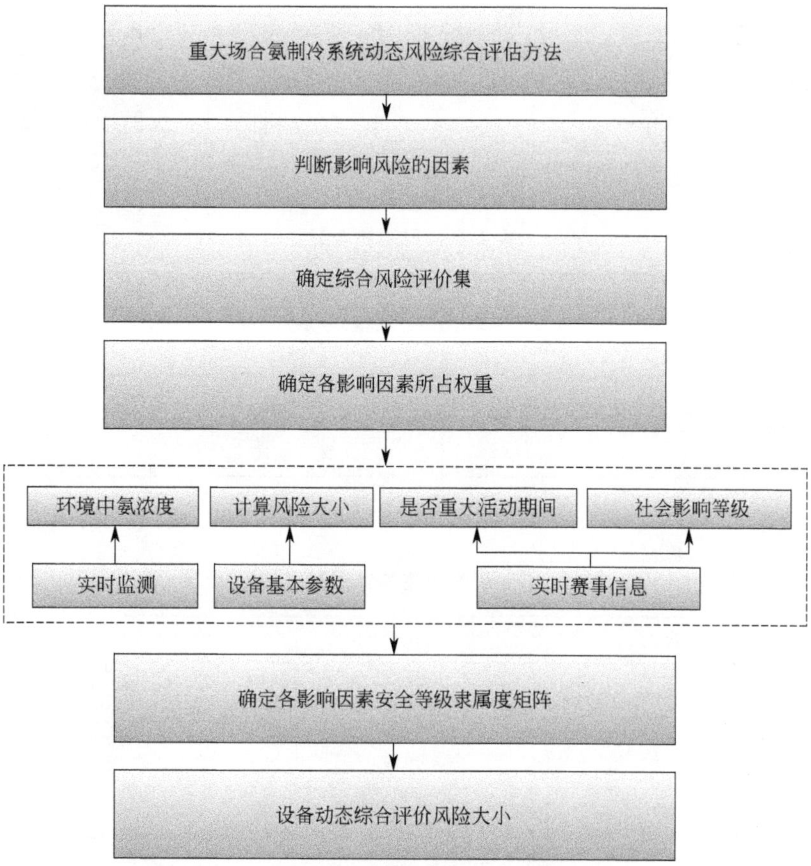

图1 重大场合动态风险评估方法流程图

1.1 影响风险的因子

氨介质泄漏是该氨制冷系统风险的源头，美国工业卫生协会对空气中有毒化学物质制定的应急响应规定中提出空气中氨浓度到 25ppm 将达 ERPG-1 级（有短暂不良健康影响或嗅到明显的异味的最大容许浓度），空气中氨浓度到 150ppm 将达 ERPG-2 级（身体造成不可恢复的伤害或出现健康影响或症状不会削弱该个体采取有效防护措施的能力的最大容许浓度），空气中氨浓度到 750ppm 将达 ERPG-3 级（对生命造成威胁的最大容许浓度）[9]。氨泄漏的产生可能性和后果是风险评估的两个要素，本研究基于设备基本参数和氨实时监测数据确定氨泄漏可能性，从设计、制造、安装、改造、使用、检验检测和监察全寿命周期环节对失效可能性进行计算分析，此外，氨泄漏后果考虑氨制冷设备的本质后果影响面积和设置的氨泄漏防护措施的影响[4]。

此外，由于重大场合的特殊性，本研究结合实时赛事信息，考虑氨制冷系统泄漏后的社会影响以及设备自身风险水平，综合判断确定重大场合影响氨制冷承压设备的风险因素集：氨制冷承压设备风险R=｛环境中氨浓度,设备自身风险,是否重大活动期间,社会影响效应｝。

1.2 区域氨浓度实时监测

基于氨浓度监测设备(可调谐二极管激光光谱(TDLAS)氨泄漏监测)，监测不同设备监测点及设备周围环境的氨浓度大小，从点到面实现区域内氨浓度实时监测。

1.3 评价集建立

将氨制冷设备在重大场合风险划为 4 个安全等级，每个等级的控制措施及综合评分区间划分如表 1 所示，建立氨制冷设备在重大场合风险评价集 A=｛Ⅰ,Ⅱ,Ⅲ,Ⅳ｝=｛100,60,40,0｝。根据安全等级控制值，确定每一个影响因素的安全等级控制值，本模型中部分指标是动态变化的，如空间中氨浓度值、是否重大活动期间、社会影响效应，有些指标是静态的，如计算出来的设备自身风险水平，本研究设备自身风险计算方法采用基于专家打分的失效可能性评价方法及考虑后果减缓措施的失效后果计算方法[4]。设备的计算风险水平划分根据 GB/T 26610 划分，其余风险因素根据多位专家打分确定其安全等级，不同影响因素的危险等级控制值见表 2。

表 1 重大场合风险综合评估等级

综合风险得分	风险等级	风险大小	响应措施
(80,100]	Ⅰ	低风险	设备潜在风险较低,保持常规巡检
(60,80]	Ⅱ	一般风险	需加强巡检
(40,60]	Ⅲ	较大风险	需立即检查泄漏点,疏散人群
(0,40]	Ⅳ	重大风险	需立即启动应急响应程序

表 2 不同影响因素的危险等级控制值

风险因素	低风险	一般风险	较大风险	社会影响效应
环境中氨浓度/ppm	TDLAS 低报设定值/2	TDLAS 低报设定值	(TDLAS 高报设定值-TDLAS 低报设定值)/2	TDLAS 高报设定值
计算风险	低风险	一般风险	较大风险	重大风险
是否重大活动期间	否	/	是	/
社会影响效应	四级	三级	二级	一级

1.4 确定隶属度关系

为确定各影响因素之间的关系，本研究采用模糊综合评价法[7]，其是一种基于模糊数学的综合评价方法，根据模糊数学的隶属度理论把定性评价转化为定量评价，即用模糊数学对受到多种因素制约的事物或对象做出一个总体的评价。这里根据各影响因素对应风险分级的隶属函数，得到模糊关系矩阵 R。假设环境中的氨浓度监测值的隶属度函数服从线性分布[10]，环境中的氨浓度的安全等级隶属度函数曲线如图 2 所示。各影响因素的隶属度确定方法见表 3。

表 3　各影响因素的安全等级隶属度

控制值	判断条件	低	一般	较大	重大
氨浓度	监测值	根据监测结果结合线性关系判断隶属度			
计算风险	计算等级	低	一般	较大	重大
是否重大活动期间	活动期间	0	0	1	0
	非活动期间	1	0	0	0
社会影响效应	三级(有一般重要人物)	0	1	0	0
	二级(有市级领导人物)	0	0	1	0
	一级(有国内外重要人物)	0	0	0	1

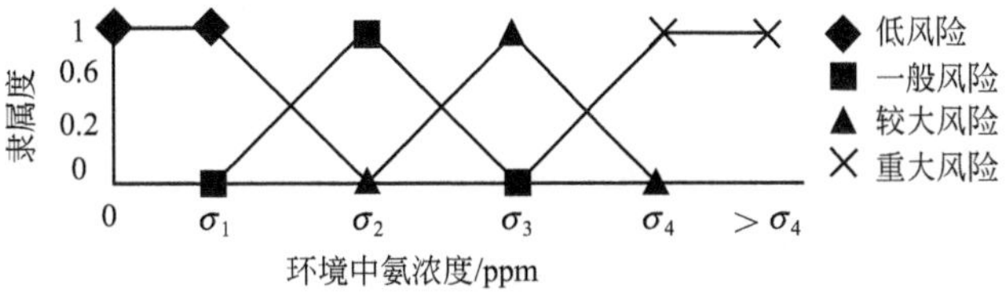

图 2　环境中氨浓度隶属度函数曲线

1.5　风险指标权重集

为分析各影响因素权重，这里采用层次分析法(Analytic Hierarchy Process)[8,11]的 9 标度法，将复杂的多因素作为一个系统，将氨制冷系统设备的风险分解为多个目标，进而分解成若干层次，通过定性指标模糊量化方法计算出层次单排序(权数)和总排序，理清各个因素的作用关系，最终决定重大场合各设备的最终风险评估风险大小。这里将各影响因素按照两两相对重要性评估准则(表 4)，构造重大场合各风险因素判断矩阵(表 5)，经一致性检验后，将判断矩阵的归一化特征向量作为重大场合设备综合风险各因素的权重集。

表 4　因素两两相对重要性评估准则

序号	标度	因素重要性比较说明
1	1	i 因素与 j 因素完全一样重要
2	3	i 因素比 j 因素稍微重要一点
3	5	i 因素比 j 因素明显重要
4	7	i 因素比 j 因素重要得多
5	9	i 因素比 j 因素极为重要
6	2,4,6	两两因素重要性在上述标度 2 值之间
7	倒数	上述重要性相反情况，即 j 比 i 重要

表 5　重大场合各风险因素判断矩阵

i \ j	氨浓度	计算风险	是否比赛期间	社会影响效应
氨浓度	1	9	8	8
计算风险	1/9	1	8	8
是否比赛期间	1/8	1/8	1	1
社会影响效应	1/8	1/8	1	1

通过上述方法，得到重大场合氨制冷设备综合风险各因素的权重集：$B=\{0.7052,0.2093,0.0430,0.0424\}$

1.6　动态风险综合评估

基于上述各因素，重大场合氨制冷系统动态风险分值 $D=B\times R\times A^{T}$，其中 A^{T} 是评价集 A 的转置。计算所得分值与表 1 中各风险等级相对应，从而实现重大场合氨制冷系统风险动态综合评估。

2 应用案例

2.1 应用对象

基于上述方法，以 2022 年冬季奥运会国家雪车雪橇中心氨制冷系统为对象，在比赛活动期间，有国家领导人出席，氨制冷系统中氨气液分离罐的计算风险大小是中风险，环境中氨浓度 t_1 时刻实时监测值是 15ppm，t_2 时刻实施监测值是 50ppm，评估 t_1 和 t_2 两个时间点氨气液分离罐的综合风险大小。

2.2 综合风险评估结果

根据各影响因素的隶属度判断方法，得到此时各影响因素的隶属度，见表 6。重大场合氨制冷系统动态风险分值计算方法，得到此时氨气液分离罐的综合风险得分。

表 6 案例中各影响因素的隶属度

风险等级	环境中氨浓度 t_1	环境中氨浓度 t_2	计算风险	是否重大活动期间	社会影响效应
低	1	0.625	0	0	0
一般	0	0.375	1	0	0
较大	0	0	0	1	0
重大	0	0	0	0	1

$$t_1 \text{时刻风险 } D_1=(0.7052,0.2093,0.0430,0.0424)\times\begin{pmatrix}1&0&0&0\\0&1&0&0\\0&0&1&0\\0&0&0&1\end{pmatrix}\times\begin{pmatrix}100\\60\\40\\0\end{pmatrix}=84.8$$

$$t_2 \text{时刻风险 } D_2=(0.7052,0.2093,0.0430,0.0424)\times\begin{pmatrix}0.625&0.375&0&0\\0&1&0&0\\0&0&1&0\\0&0&0&1\end{pmatrix}\times\begin{pmatrix}100\\60\\40\\0\end{pmatrix}=74.2$$

按照表 1 重大场合风险综合评估得分等级划分原则，气液分离罐在 t_1 时刻处于低风险状态，此时该设备的潜在风险较低，操作人员保持常规巡检即可，在 t_2 时刻处于一般风险状态，此时该设备泄漏量高于正常值，需加强巡检保证不发生更大的泄漏情况发生。通过本应用案例，为设备维保人员在 t_2 时刻需要进行响应提供了支撑。

3 结论

本研究针对重大场合的特殊性，采用模糊综合评价法和层次分析法并结合先进的可调谐二极管激光光谱（TDLAS）氨泄漏在线监测技术，建立了重大活动中氨制冷系统的动态风险综合评估方法，得出以下结论。

① 基于在线监测环境中的氨泄漏浓度，结合氨制冷设备计算风险等级、是否在重大活动期间及社会影响效应等多源因素，客观动态的计算重大活动中氨制冷设备的风险变化，为动态评价重大场合氨制冷系统风险评估提供支撑。

② 开展真实场景应用，实时辨识氨泄漏引发的设备风险变化，为氨制冷设备维保人员对设备风险进行快捷评估、排查及控制提供数据支撑，验证了该动态风险综合评估方法的可行性。

③ 为政府监管部门提供智慧监管的创新监管方式技术支撑和理论依据。

参考文献

[1] API Recommended Practice 581, Risk-Based Inspection Methodology [S].

[2] GB/T 26610. 1～5.《承压设备系统基于风险的检验实施导则》 [S].

[3] 王素娟, 徐欣, 吴佳亮 . Hazop 分析在食品行业氨制冷系统中的应用 [J]. 现代商贸工业, 2016, 37 (034) : 513-514.

[4] 王伟华, 谢国山, 韩志远, 等 . 小型氨制冷装置风险评估方法研究 [J]. 化工机械, 2016, 43 (02) : 137-139.

[5] 余旭红，周春香 . 在用氨制冷管道风险分析 [J]. 化学工程与装备, 2011, 4: 152-156.

[6] 韩志远, 王伟华, 谢国山 . 室内氨泄漏扩散后果面积评价模型 [J]. 中国特种设备安全, 2015, S1: 41-45.

[7] 汪培庄 . 模糊集合论及其应用 [M]. 上海：上海科学技术出版社，1986.

[8] SAATY T. The analytic hierarchy process [M]. New York: McGraw-Hill Into, 1980.

[9] Manual A T . Emergency Response Planning Guidelines (ERPG) and Dow Emergency Exposure Planning Guidelines (EEPG) [M]. John Wiley & Sons, Inc. 2010.

[10] 汪圣华, 贾波, 陈文杰, 等 . 有限空间作业动态风险评估模型研究与应用 [J]. 中国安全科学学报, 2018, 28 (8) : 3-5.

[11] 周红波，赵林，邓绍伦 . 层次分析法在工程项目风险评估中的应用研究 [J]. 土木工程学报，2005，38（增）：72-77.

特种设备隐患风险动态化分级管控系统研发

戚作秋[1]，刘致双[2]，李蓉华[1]，江黎丽[1]，徐忠哲[3]，张静波[1]，张　岩[3]

1. 辽宁省安全科学研究院，沈阳，　110004

2. 沈阳化工大学，沈阳，　110000

3. 沈抚改革创新示范区市场监管局，抚顺，　113001

摘　要： 以实现特种设备系统安全为目的，运用系统安全工程的原理和方法，对特种设备系统中存在的风险隐患进行辨识与分析，建立特种设备固有风险和残余风险分级指标体系，构建风险模型，确定风险判定准则，建立特种设备隐患风险动态化管控体系，根据分级结果，采取针对性的管控策略，建立特种设备隐患全过程管控体系，方便、引导与规范特种设备使用单位进行隐患的全过程、闭环管控，优化配置政府监管资源，为制定企业管控措施和政府宏观决策提供方法和手段支持。

关键词： 特种设备；风险分级；隐患排查；监管体系；信息化

Research and development of dynamic risk classification management and control system for special equipment

Qi Zuoqiu[1], Liu Zhishuang[2], Li Ronghua[1], Jiang Lili[1], Xu Zhongzhe[3], Zhang Jingbo[1], Zhang Yan[3]

1. Liaoning Provincial Academy of Safety Science, Shenyang, 110004

2. Shenyang Institute of Chemical Technology, Shenyang, 110000

3. The market supervision bureau of Shen Fu reform and innovation demonstration area, Fushun, 113001

Abstract: In order to realize the safety of special equipment system, the principles and methods of system safety engineering are used to identify and analyze the hidden risks existing in the special equipment system, establish the inherent risk and residual risk classification index system of special equipment, build the risk model, determine the risk judgment criteria, and establish a four level risk dynamic management and control system of special equipment, take targeted management and control strategies according to the classification results. The establishment of a four-color management and control information system for special equipment hidden danger investigation and risk classification will facilitate, guide and standardize the whole process of hidden risk management and control of enterprises, optimizes the allocation of government regulatory resources, and provides method support for the formulation of enterprise management and control measures and government macro decision-making.

Keywords: special equipment; risk classification; hidden danger investigation; regulatory system; informatization

---

作者简介：戚作秋，1979 年生，男，教授级高级工程师，博士研究生，主要从事特种设备及安全生产技术等相关工作。

1 概述

特种设备安全事关人民群众切身利益，事关经济发展和社会和谐稳定大局，特种设备安全是安全生产最为关键的环节之一。据统计，2020 年全国发生特种设备相关事故 107 起，死亡 106 人，与 2019 年相比，事故起数减少 23 起，降幅 17.7%，死亡人数减少 13 人，降幅 10.9%，从 2010 年至 2020 年特种设备事故数及死亡人数来看我国特种设备安全形势总体向好，但与发达国家相比差距仍然很大[1]，特种设备安全监管形势仍然严峻，不容忽视。目前，我国正在推进特种设备三年专项整治行动以及特种设备“双重预防”体系建设，隐患排查与整治是一项系统化工程。可以说当前我国在特种设备监管方式和手段上尚未形成一套系统、科学、规范的特种设备风险分级管控体系，对特种设备隐患排查的全过程管理尚未形成动态化的管控机制，因此，构建风险评估模型，根据风险分级结果，采取针对性的管控措施，建立信息化平台，预防和减少特种设备事故风险，保障特种设备安全，保护人民生命和财产损失，具有重要的经济价值和社会意义[2]。

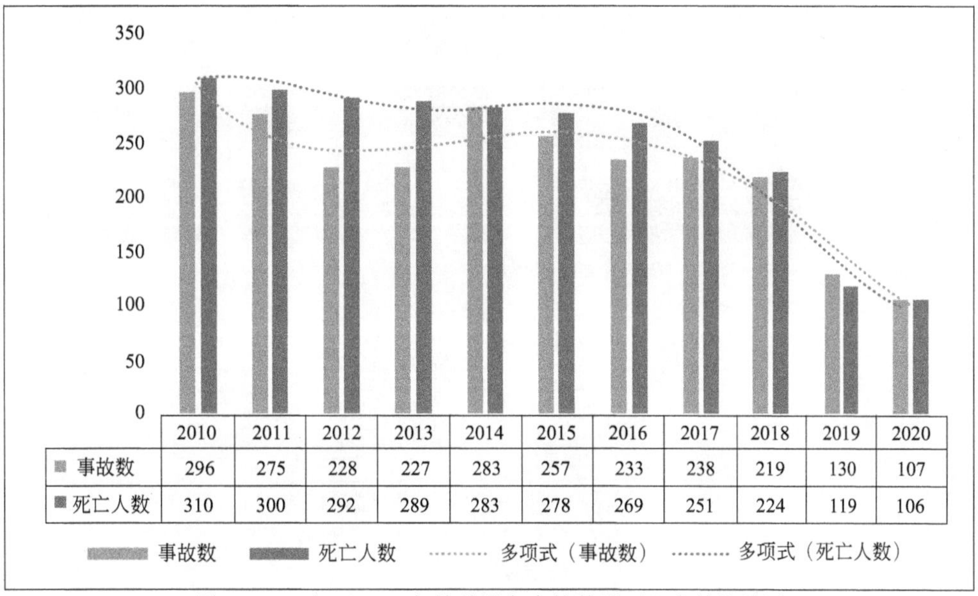

	2010	2011	2012	2013	2014	2015	2016	2017	2018	2019	2020
事故数	296	275	228	227	283	257	233	238	219	130	107
死亡人数	310	300	292	289	283	278	269	251	224	119	106

图 1 2010 年至 2020 年特种设备事故数及死亡人数统计图

2 特种设备隐患风险动态化管控系统构思

特种设备四色分级动态化管理信息系统是在特种设备摸底调查与隐患排查的基础上建立的一种风险动态化管理系统[3]。系统主要分为基础信息模块、隐患排查与整改模块、风险分级模块、风险预警模块、统计分析模块、点检模块以及检索查询、二维码管理、通知公告、任务、文件下载、信息维护等组成[4]。见图 2 所示。

3 特种设备风险分级动态管理基本流程

特种设备风险分级动态化管理的基本流程包括摸底调研、隐患排查、风险分级、隐患整改、风险再评估等，具体流程见图 3 所示[5]。

4 特种设备风险分级方法

特种设备风险分为固有风险、残余风险两大类，固有风险是指在不考虑隐患的前提下，所具有的本质风险，固有风险决定了事故的后果严重性，是由系统的危险源性质决定的，属于第一类危险源。残余风险是指与隐患相关的风险，残余风险决定了事故的可能性，是由系统的隐患特性决定的，属于第二类危险源[6]。

根据系统安全工程理论，风险是事故的严重性和可能性的组合，即固有风险和残余风险的组合就是总体风险。固有风险与危险源的性质、危害物质或能量的量以及发生事故可能影响的人、财、物及环境等因素相关，一个系统一旦确定其固有风险是不变的。残余风险则与隐患的性质直接相关，隐患越多、性质越严重则导致事故发生的可能性就越大，其残余风险就越大。一个系统的残余风险是动态的，随着隐患的消除而减小。

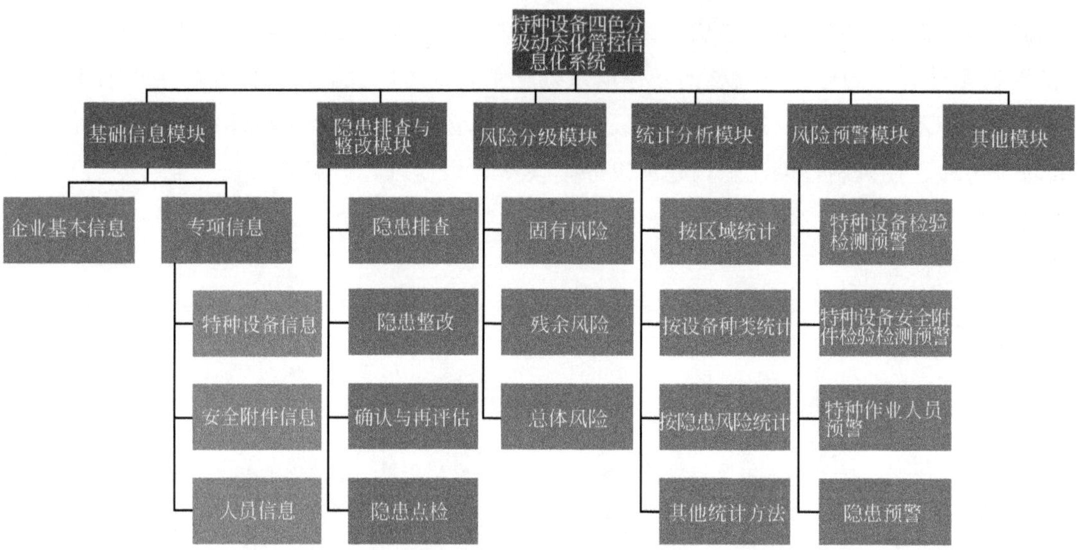

图 2 特种设备隐患风险动态化管控系统框架图

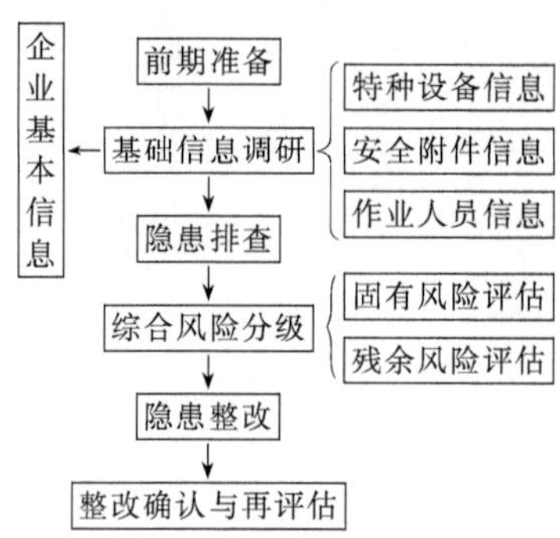

图 3 特种设备隐患分级管控基本流程图

系统中固有风险可通过两种方式确定，一种是采用专家主观评估法，二是采用系统安全的风险评估法，分为红、橙、黄、蓝四级。

残余风险则采用检查表打分法，分为安全管理、作业现场两部分，各 100 分，取平均值作为判定结果，见表 1 和表 2 所示，具体检查项目和详细分值在本文中不做详细介绍。

表 1 安全管理检查项目

序号	项目	分值
1	管理机构	15
2	管理制度	20
3	管理人员	25
4	技术档案	20
5	应急管理	20
合计		100

表 2　作业现场检查项目

序号	项目	分值
1	操作规程	12
2	作业人员	12
3	使用(变更)登记	17
4	设备标识	3
5	定期检验	15
6	维护保养	6
7	现场设备及作业	20
8	安全附件和安全保护装置	15
合计		100

5　风险判别准则

5.1　残余风险评分法判别准则

特种设备残余风险分级准则见表 3 所示。

表 3　残余风险判别准则

等级	分值	等级
1	(0,40)	红
2	[40,60)	橙
3	[60,80)	黄
4	[80,100]	蓝

5.2　固有风险主管评价法判断准则

特种设备固有风险分级准则见表 4 所示。

表 4　固有风险判别准则

等级	判定准则	等级
A	特大风险、一旦发生事故可能造成极为严重的损失(10 人及以上)	红
B	重大风险、一旦发生事故可能造成严重的损失(3 人及以上)	橙
C	较大风险、一旦发生事故可能造成较重的损失(1 人及以上)	黄
D	一般风险、一旦发生事故可能造成一般的损失(不会造成人员伤亡)	蓝

5.3　总体风险主管评价法判断准则

特种设备总体风险评判采用风险矩阵法，见图 4 所示。

图 4　总体风险判别矩阵图

6　特种设备四色分级动态化管理系统各功能模块

特种设备固有风险与残余风险四色分级动态监管信息化系统见图 5 所示[7-9]。分为企业端、专家端、监管端，主要由企业信息管理、特种设备及人员信息管理、隐患排查管理、风险预警研判、数据统计分析等模块组成。

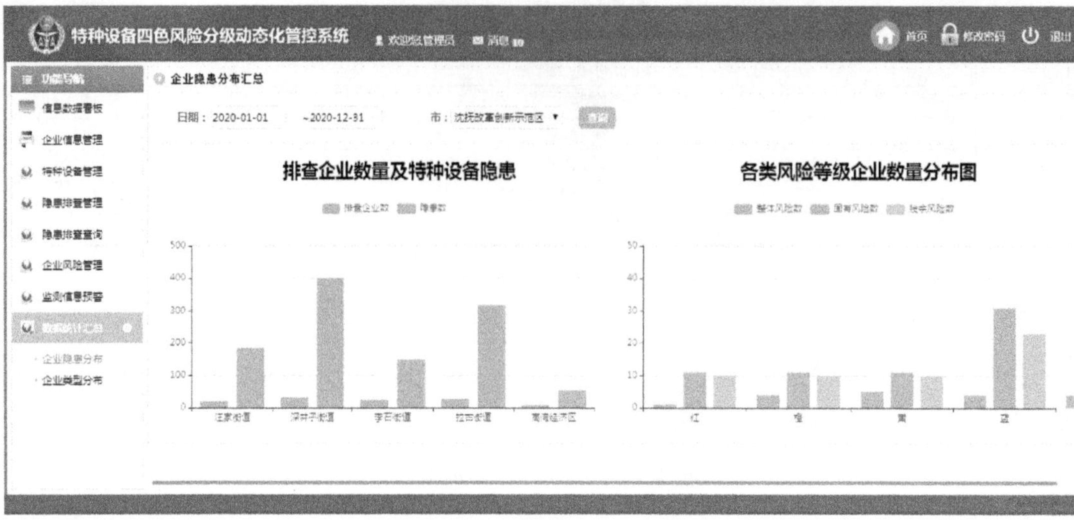

图 5　特种设备风险分级动态化管控系统

6.1　特种设备基本信息模块

特种设备信息模块包括企业基本信息、特种设备信息、安全附件信息以及特种作业人员信息等。企业基本信息模块包括：企业名称、机构代码、企业类型、所属行业、类别、所属区域等基本信息。特种设备信息模块包括：特种设备名称、编号、使用登记号、上次检验日期、下次检验日期等基本信息。安全附件信息主要包括：名称、类型、上次检验日期、下次检验日期等。人员基本信息主要包括：人员姓名、身份证号、证件编号、作业种类、取证日期、到期日期等信息。

6.2　特种设备隐患排查模块

隐患排查部分分为专家检查评价、检查结果修正、专家意见建议、隐患整改审核、审核归档查询等功能组成，隐患排查表包括安全管理检查表和作业现场检查表，专家现场打分、记录，保存后自动进入下一步。

6.3　企业风险等级自动计算

企业风险等级极端分为固有风险（专家评估法、风险模型法）和残余风险（检查表打分法），最终自动计算出总体风险。企业风险等级模块见图 6 所示。

6.4　特种设备预警研判模块

系统将自动统计即将到期或已经到期的未检验的特种设备及安全附件，自动统计即将到期或已经到期的特种设备作业人员证书，自动提示企业及监管部门及时进行特种设备及安全附件的检验检测及特种作业人员换证。

6.5　特种设备统计信息模块

按照不同的统计规则，对区域内的特种设备及隐患进行统计分析，为特种设备监管决策提供依据。统计分析模块见图 7 所示。

7　结论

本文运用系统安全工程原理和方法，对特种设备系统中存在的风险隐患进行辨识与分析，建立了特种设备风险分级评估指标体系，构建了风险评估模型，确定了风险判定准则，建立了特种设备四级风险管控体系，并建立了特种设备风险动态化管控系统，极大地方便了特种设备隐患的动态化管理。研究成果可用于指导特种设备使用单位开展特种设备隐患全过程管理，为制定防范措施和管理决策提供科学依据[10]。对监管部门有效开展特种设备分类分级监管，优化了资源配置，增加政府管理效率，减少或降低特种设备事故发生，保护劳动者的生命和财产安全，具有重要的经济和社会价值。

图 6 风险分级模块

图 7 信息统计分析模块

参考文献

[1] 蒋玫．特种设备检验中大数据的应用分析 [J]．科技创新与应用，2021，02：171-172+ 175.

[2] 王磊．加强企业特种设备安全管理的建议 [J]．企业改革与管理，2021，01：21-22.
[3] 田家鹏，田家翔．浅谈特种设备安全管理 [J]．中国设备工程，2020，16：45-46.
[4] 薛庆，李娟，刘丽梅，陈树芳．特种设备数据集成技术与平台研发 [J]．信息技术与信息化，2020，12：44-47.
[5] 陈世友．承压类特种设备建立双重预防机制促进安全使用管理 [J]．化学工程与装备，2020，09：173-174.
[6] 陈星斌，毛锦荣，周叶平，冷庆虎．特种设备安全管理评估方法应用及综述 [J]．设备管理与维修，2020，11：38-40.
[7] 郑耿峰．基于直觉模糊层次分析的特种设备事故应急预案评价 [J]．计算机科学，2020，47（S1）：616-621.
[8] 赵青．特种设备信息化综合管理平台研究与实现 [J]．设备管理与维修，2020，18：150-151.
[9] 宋剑华．承压类特种设备现场检验辅助工具软件的开发与应用 [J]．中国设备工程，2021，04：166-167.
[10] 何媛媛，张潇，殷鹰，杜波．浅析特种设备检验机构安全文化及评价体系构建 [J]．西部特种设备，2020，3（06）：64-72.

氟化氢预反应器磨蚀模拟研究

付 钰[1]，张冲冲[2]，刘岑凡[1]

1. 中国特种设备检测研究院特种设备安全与节能国家市场监管重点实验室，北京， 100029

2. 中国石油大学（北京），北京， 102249

摘 要： 为了解决由螺旋桨叶磨损腐蚀导致的氟化氢生产过程中预反应器寿命短的缺陷．本文通过Fluent软件模拟预反应器内部螺旋桨叶磨损腐蚀特性。利用Fluent对与反应器内流场进行模拟，使用DDPM模型模拟液固两相流，对螺旋轴及桨叶处的冲蚀速率绘制云图，从而得到减薄最易发生位置。通过模拟结果的分析，最终预测氟化氢生产预反应器中最易发生问题位置，从而为设备的检验检测、维修等提供技术支撑。

关键词： 氢氟酸；预反应器；数值分析；磨损规律

Study on the abrasion simulation of hydrogen fluoride pre-reactor

Fu Yu[1]，Zhang Chongchong[2]，Liu Cenfan[1]

1. China Special Equipment Inspection and Research Institute, Beijing, 100029

2. China University of Petroleum (Beijing) Beijing, 102249

Abstract: In order to solve the shortcoming of the short life of the pre-reactor in the hydrogen fluoride production process caused by the wear and corrosion of the propeller blades, this paper simulates the wear and corrosion characteristics of the propeller blades in the pre-reactor through Fluent software. The Fluent is used to simulate the flow field in the reactor, the DDPM model is used to simulate the liquid-solid two-phase flow, and the erosion rate at the screw shaft and the blade is drawn to obtain the most likely location for thinning. Through the analysis of the simulation results, it is finally predicted that the most problematic locations in the hydrogen fluoride production pre-reactor, so as to provide technical support for the inspection, inspection, and maintenance of the equipment.

Keywords: hydrofluoric; prereactor; numerical analysis; law of wear

0 引言

氢氟酸是氟化学工业的基础，而我国则是全球氟化氢的最大生产国，国内无水氟化氢生产线（AHF）居多，随着社会需求的增加，增加了许多小型生产线，然而面对市场需求，产品质量成了各个厂家竞争的热点，技术创新是一条必须走的捷径，而氢氟酸的反应装置是产品质量的源头，提高前端反

基金项目：氟化工过程关键设备腐蚀机理及腐蚀在线检测技术装备研究（编号：2018YFC0808602）。

作者简介：付钰，1996年生，男，硕士，主要从事氟化工预反应器磨蚀规律研究。

应质量成为了大家所关注的话题。在生产中常会出现反应转炉的腐蚀问题，因此，采用有效的防护措施，防止反应转炉的腐蚀，对其安全生产有着十分重要的意义。在一些生产单位，对装置改造后，在混合物料过程配置了预反应器，被大家称为预反应法生产工艺，取得了良好的效果。本文通过对预反应器内部桨叶及螺旋轴的磨损腐蚀情况进行分析，运用模拟和实验相结合的办法，利用 Fluent 软件进行流场和磨损速率的模拟计算，再与电化学分析相结合，得到其内部结构的腐蚀速率。

1 氟化氢预反应器国内外研究概况

在无水氟化氢生产中使用预反应器，就是利用 HF 两个阶段的反应特点，使前期反应在预反应器内进行，由镍基合金材料制作的预反应器承担腐蚀高峰，因炉子只承担后期反应，从而得到了有效的保护，延长了使用寿命，炉内也不必设衬板。从它的反应性质看，预反应法反应是当前最先进、最合理的 AHF 生产手段。

国外阿托化学公司[1] 早先提出了将硫酸与氟石送入预反应器内，加热到 80～120℃，在预反应器内停留 8～15min，该设备用抗氢氟酸和硫酸的材料制成，并且将利用预混合器、预反应器以及用刮板装置等方法进行比较其生产能力，最终结果显示采用预反应器的方案生产能力明显提高。

浙江巨化集团[2] 第一次从国外引进预反应器用于无水 HF 的生产，紧接着湘铝从国外引进预反应器用于干法氟化铝的生产，此后，国内一些无水 HF 和干法氟化铝的生产厂家也开始使用预反应器。同时国内许多相关人员也对预反应器内部螺旋轴和桨叶进行国产化研究，直到目前很多厂家使用了预反应器作为萤石与硫酸前期反应的反应器，但即使如此，还是有很多问题存在。

国内有很多相关人员在氟化工防腐问题上做了许多努力，侯利芳[3] 将传统混料器改为预反应器，使其主要承担反应前的混料工作，并对预反应器改造，使用镍基合金材料；使用内返料装置以及在炉头前段固定区域加入内衬板。

黄海林[4] 提出了改进了螺旋轴套制作焊接工艺、固溶热处理方法，并在其外表缠绕、烧结聚四氟乙烯，实际应用于生产后，使用寿命从 1 个多月延长至 6 个多月，为氢氟酸装置的稳产高产发挥了重要作用。姚笛[5] 等将两台预反应器串联使用，随着物料在预反应器内停留时间的延长。能确保前三阶段的前期反应有充分的时间，甚至第四阶段的部分后期反应也能前移到预反应器内进行，转化率可达 60％以上。炉内转化率不到 40％，此时炉子完全免于腐蚀，其长度也可以缩短，这也是低品位萤石生产 HF 的可靠工艺途径。

应武权等[6] 利用 Fluent 中的离散相模型（DPM）对矿浆泵叶轮进行了磨损特性的数值分析，模拟得到主要磨损区为叶片进出口压力面，与实际磨损情况基本一致。得到了固相浓度和粒径基本不会影响叶轮磨损分布，但随着固相浓度和粒径增大，整体磨损加剧。这个模拟结果基本符合实际工况的磨损特点，模拟结果相对可靠，可以用于叶轮结构优化，易磨损区防护研究等。

2 氢氟酸预反应器防护原理

(1) HF 反应全过程

硫酸和萤石反应生成 HF 反应如下：

$$CaF_2 + H_2SO_4 \longrightarrow CaSO_4 + 2HF\uparrow$$

氟化氢制备整个反应过程分为“浆状物、膏状物、黏稠状物和颗粒状物”4 个阶段。

第一阶段反应：萤石和硫酸混合后，得到具有流动性的混合物——浆状物。

第二阶段反应：$CaF_2 + H_2SO_4 \longrightarrow Ca(HSO_4 \cdot F \cdot HF)$，膏状物。在物料由浆状物转化为流动性很

差的膏状物 $Ca(HSO_4 \cdot F \cdot HF)$时，其黏度也随之上升，这一过程称为硬化。其中没有 HF 气体放出。只有中间产物，如果不加热，膏状物能保持较长时间。

第三阶段反应：$Ca(HSO_4 \cdot F \cdot HF)+H_2SO \longrightarrow Ca(HSO_4)_2+2HF$，黏状物。膏状物受热后继续发生反应，生成中间产物——$Ca(HSO_4)_2$；并释放出大部分 HF 气体。该阶段副反应产物为水，此时物料黏度、腐蚀性达到了高峰。温度愈高，HF 转化率愈高，转化时间愈短。在第三阶段反应末期. 物料已呈半干状态. 并且黏度开始下降。

以上 3 个阶段称为“前期反应”[4]，反应速度较快，在单台预反应器内能转化出 40%左右的 HF 气体。由于第三反应阶段物料已是半干状态。后系统的粉尘等杂质大为减少，腐蚀高峰也已在预反应器内完成。因此. 保护反应炉使其免受腐蚀，使装置运行周期延长、生产环境得以改善，这是预反应工艺的独特优势。

在预反应工艺中. HF 的 1～3 阶段反应在预反应器内进行，只有第四阶段反应在炉内进行，这种工艺称为“二步法反应”工艺。

萤石中存在杂质，主要包括二氧化硅、碳酸钙、金属氧化物、金属硫化物和浮选剂油酸等，与 HF 生成副反应物水，主要副反应方式如下：

$$Al_2O_3+3H_2SO_4 \longrightarrow Al_2(SO_4)_3+3H_2O$$

$$SiO_2+4HF \longrightarrow 2H_2O+SiF_4\uparrow$$

$$CaCO_3+H_2SO_4 \longrightarrow CaSO_4+H_2O+CO_2\uparrow$$

$$Me_2O_3+3H_2SO_4 \longrightarrow Me_2(SO_4)_3+3H_2O$$

$$\text{油酸}+2H_2SO_4 \longrightarrow CO_2\uparrow+2SO_2\uparrow+2H_2O$$

(2) 预反应器主要结构（图 1）

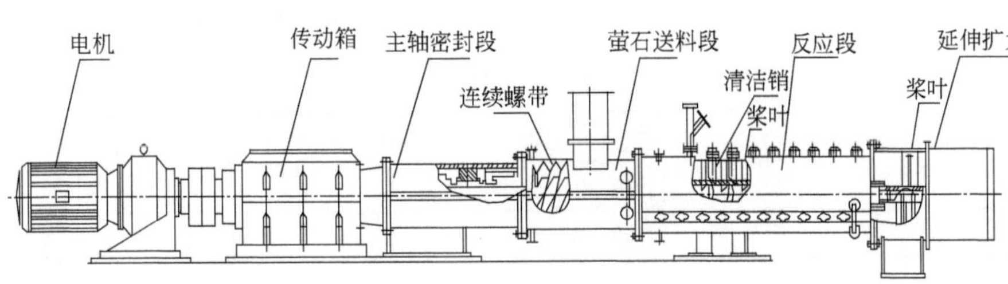

图 1 预反应器结构图

预反应器是一台具有混控和加热反应的螺旋输送装置。其主要包括螺旋搅拌器，传动系统和机筒三部分。

螺旋搅拌器由主轴承密封段、萤石送料段、反应段、延伸扩大段等几部分组成。萤石送料段为连续螺旋，材质为碳钢；反应段为间断桨叶，该段腐蚀最严重，需采用哈氏合金材料制作；延伸扩大段为间断桨叶，该段腐蚀较严重，所以也需采用哈氏合金材料制作。

传动系统由电机和传动箱组成。传动箱为一特殊结构，该结构可以使螺旋搅拌器进行旋转加往复运动。

机筒的反应段和萤石扩大段筒壁上焊接有数量不等的清洁销，其材质为哈氏合金[5]。

(3) 运行原理

热萤石进入萤石混料段后在螺旋的推动下进入反应段和一定比例高温混酸（98%硫酸发烟硫酸和洗涤酸的混合物加热以后）混合。在反应段内萤石和硫酸产生反应（用蒸汽采用夹套加热为反应提供热量）。预反应器内的螺旋搅拌器旋转和往复运动使物料捏合均匀并向前移动。随着搅拌的运行，搅拌桨叶一方面扰动反应物料，使萤石粒子不发生沉降，反应能顺利进行；另一方面在搅拌过程中，萤石表面得以更新，与硫酸充分接触，提高了反应的速度。混合并初步反应的物料推进至延伸扩大段。因该段的空间较大，反应产生的 HF 从物料中脱出。最后物料在螺旋搅拌器的推动下进入反应炉。预反应器筒体的反应段和延伸扩大段的内壁上安装有大量的清洁销，其与螺旋搅拌器桨叶配合，能及时清除粘附在螺旋搅拌器桨叶之间以及表面的反应副产物，使螺旋搅拌器能够在预反应器内正常运行。

在严格的工艺条件下硫酸和萤石生成 HF 的反应在预反应器内反应大约 8～15min，可以完成整个反应的 40％左右，度过了腐蚀最强烈的时段。使进入反应炉的物料腐蚀较弱，有效地延长了反应炉的使用寿命。而预反应器的反应段和扩大段都是采用抗腐蚀较强的镍基合金制作，有效避免了预反应器的腐蚀，提高了设备的使用寿命。

3 氢氟酸预反应器腐蚀模拟模型设计

现场氟化氢预反应器内部为螺旋桨叶往复旋转运动，流体为高黏度低流速的浆态，酸度由强到弱（硫酸到硫酸＋氢氟酸的过程），而对金属的腐蚀性逐渐增加，由开始的硫酸腐蚀到最后为 HF 溶于水形成的氢氟酸的强烈腐蚀，此时必须使用抗腐蚀合金（镍基合金、哈氏合金等）才可以使预反应器有效提高使用寿命。

4 氢氟酸预反应器内部流场及两相流模拟

氢氟酸预反应器内部结构复杂，主要由螺旋轴，螺旋桨叶，清洁销构成，腐蚀磨损主要发生位置为桨叶和螺旋轴。

（1）计算模型选取

计算颗粒模型选取：

目前氟化氢预反应器内部流体实测物性参数较少，确定相关计算参数较困难。为了保证本模拟数据模型的可靠性，选取刘希林[7] 等基于某矿山泥石流地质事件作为参考资料。实验样本颗粒组成见表 1。

表 1 实验样本颗粒组成 单位：%

项目	粒径/mm				
	＜0.005	0.005～0.05	0.05～0.5	0.5～2	＞2
中值粒径 1.7mm	11.8	10.3	11.5	20.5	45.9

由于本模型尺寸较小，故模拟颗粒粒径与上表缩小至 1％。

计算流体模型选取：

由于颗粒内部流体主要经过螺旋轴及螺旋桨叶，使用 SCDM 进行建模，模型总长 1050mm，反应段 680mm，扩大段 370mm，液体进料口直径 30mm，固体为 50mm，具体出料口及桶径参数如下图 2。

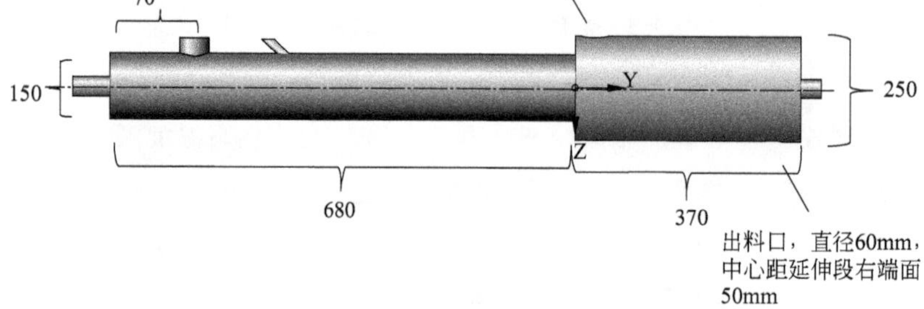

图 2 流体模型尺寸图

(2) 计算域、边界条件及网格划分

由于模型复杂，网格移动考虑到计算量问题，暂时以小尺寸桨叶进行模拟，图 3 给出了预反应器模拟的几何模型，该模型主要由螺旋轴（带桨叶）以及筒壁两部分组成，筒径为 600mm，长度为 460mm，桨叶间距为 166.7mm，螺旋轴直径为 200mm。

如图 4 所示，整个模型使用六面体和多面体划分网格，网格数量为 1330000，入口边界为速度边界，出口为压力出口，模型内部使用 Interface 以及滑移网格使模型中的螺旋轴能旋转+往复运动，旋转速度为 40r/min，平移距离 15mm，速度为 0.015×[cos(omega×Time)]。

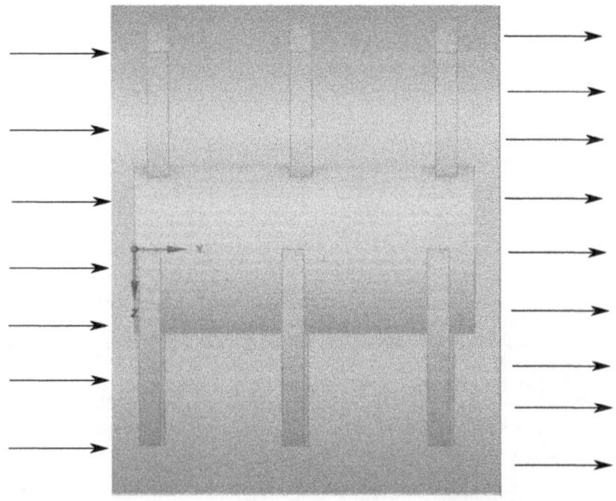

图 3　预反应器的几何模型

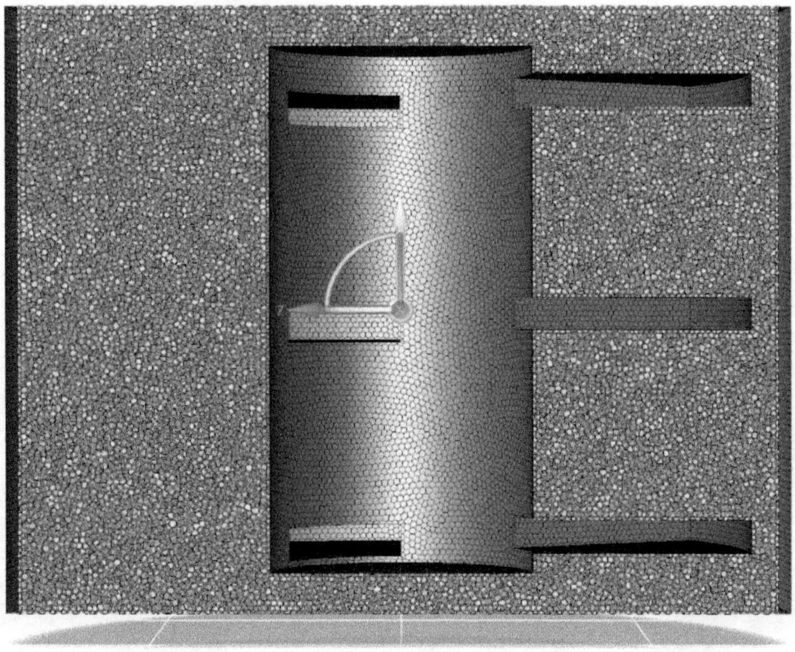

图 4　预反应器模型的网格划分

(3) 模型参数的选取

由于预反应器内部参数有限，故采用泥石流相关参数[7]，加以修改（表 2）。

表 2　泥石流特征参数

浆体宾汉应力/$(N\cdot m^{-2})$	体积质量/$(kg\cdot m^{-3})$	浆体黏性系数/$(N\cdot s\cdot m^{-2})$	固相质量分数/%	液相浆体质量分数/%
3	17836	0.012	0.23	0.35
泥石流整体黏性系数/$(N\cdot s\cdot m^{-2})$	固相颗粒密度$(kg\cdot m^{-3})$	泥石流密度/$(kg\cdot m^{-3})$	浆体密度/$(kg\cdot m^{-3})$	固相颗粒摩擦系数
0.028	2650	1820	1580	0.65

颗粒和浆体参数如上，目前初步结果采用的入口为流体，颗粒直径为 0.027mm，流速为 0.05m/s，颗粒入口质量流速为 2.384kg/s。

(4) 数值模拟结果

在 Fluent 中使用 DDPM 模型，计算时间为 2s（计算量巨大，只允许短时间模拟）的结果如图 5 所示，螺旋轴上冲蚀主要发生在轴上桨叶位置前端的一块小区域，在此区域冲蚀较为强烈。

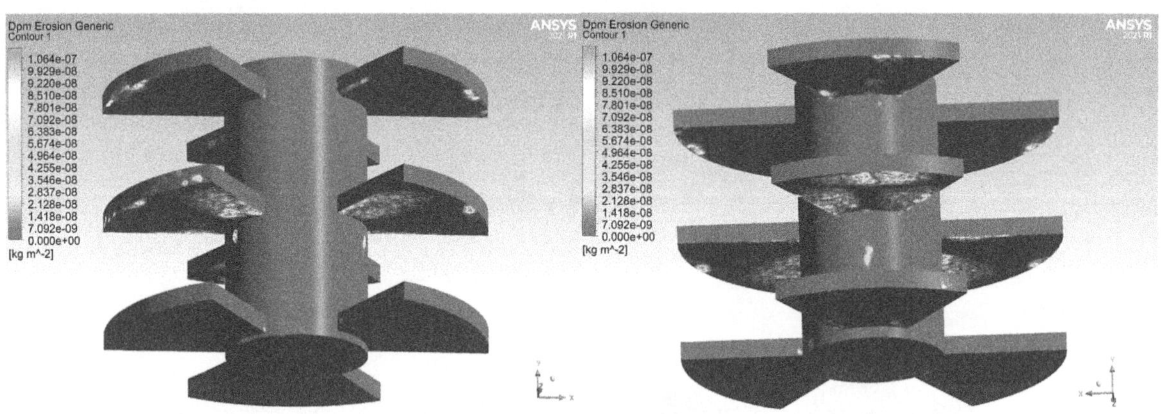

图 5　预反应器螺旋轴冲蚀速率云图

如图 6 所示，螺旋桨叶上冲蚀主要发生在边缘区域，且主要为入口第二，第三排桨叶，大部分冲蚀在第二排桨叶上。

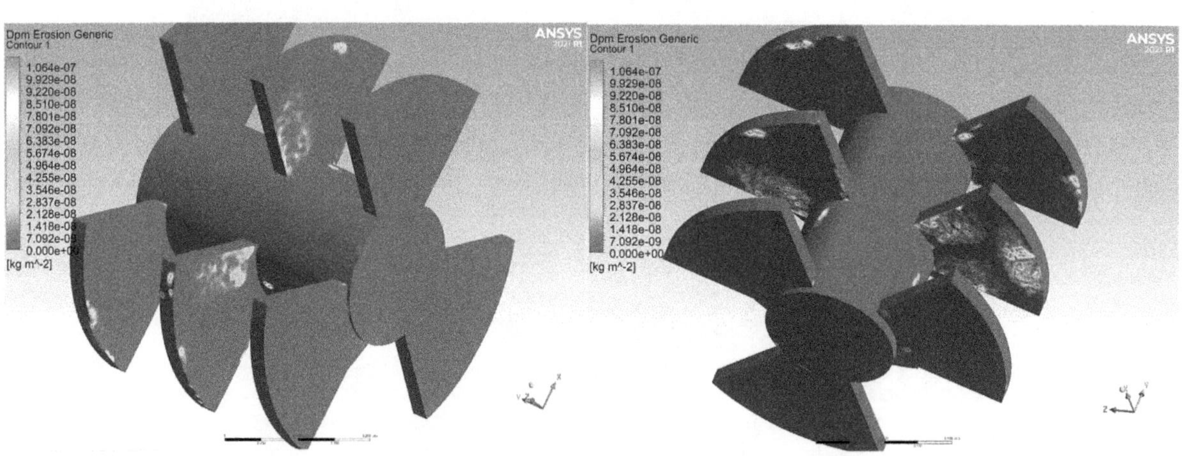

图 6　预反应器螺旋桨叶冲蚀速率云图

结果体现出冲蚀主要发生部位，由于实验正在进行中，故实验验证部分还未体现。

参考文献

[1] 阿托化学公司．硫酸与氟石在旋转炉内反应生产氢氟酸的方法：CN85104494 [P]．1986-12-10.
[2] 庞枫林，刘慈军，韩拥军．预反应器和内返料装置在HF生产中的应用 [J]．化学工程与装备，2012，7：70-72.
[3] 侯利芳．论无水氟化氢反应炉内的腐蚀防护改造 [J]．无机盐工业，2015，47 (8)：73-75.
[4] 黄海林．氢氟酸预反应器螺旋轴套制作工艺的改进 [J]．化工生产与技术，2019，25 (3)：39-40.
[5] 姚笛，任伟民，肖明坤．萤石法制无水氢氟酸串联式预反应器工艺的探讨 [J]．上海化工，2019，44 (11)：21-24.
[6] 应武权，何家宁，郭凯，等．矿浆泵叶轮磨损数值模拟及陶瓷防护研究 [J]．宇航材料工艺，2019，49 (2)：24-29.
[7] 刘希林，唐川．泥石流危险性评价 [M]．北京：科学出版社，1995.

16MnDR 常压低温液氨储罐裂纹成因分析

胡培根，王平杰，李　波，邓　兵

四川省特种设备检验研究院, 成都, 610000

摘　要： 在对某合成氨制尿素企业的常压低温液氨储罐进行检验时发现，该储罐底部壁板内表面的焊缝上分布有大量表面裂纹。从裂纹宏观和微观特征判断，该裂纹为应力腐蚀裂纹。本文从应力状态、金属材料性能、腐蚀环境三方面，对储罐发生应力腐蚀的原因进行了综合分析，并提出了处理维修方案。为常压低温储罐设计、制造、使用提供合理建议，对检验提供重要案例参考。

关键词： 液氨储罐；裂纹；应力腐蚀

Analysis of Crackles Forming in the 16MnDR Atmospheric and Cryogenic Liquid Ammonia Tank

Hu Peigen，Wang Pingjie，Li Bo，Deng Bing

Sichuan Special Equipment Inspection and Research Institute, Chengdu, 610061

Abstract: It was found that a large number of surface cracks were distributed on the welds of the tank bottom panel' s inner surface，when the atmospheric and cryogenic liquid ammonia tank of a synthetic ammonia enterprise was inspection. According to the macroscopic and microscopic characteristics of the crack, the cracks is caused by stress corrosion. The causes of ammonia stress corrosion in storage tanks are comprehensively analyzed from stress state, metal material properties and corrosion environment, also putting forward the treatment and Maintenance method of this storage tank. It provides reasonable suggestions for the design, manufacture and use of atmospheric cryogenic tank, Provides important case reference for inspection.

Key words: liquid ammonia storage tank；cracks；stress corrosion

0　引言

液氨作为重要的化工原料，主要用于生产硝酸、尿素等，也常被用作工业制冷剂。常用的液氨储存设备有球形储罐和常压低温储罐。液氨属于中度危害毒性物质，其储存设备的安全性在化工安全生产中至关重要。

在对某公司年产 40 万吨合成氨 45 万吨尿素装置的一台 16MnDR 常压低温液氨储罐进行全面检验时发现，在底部壁板的纵、环焊接区域上存在大量内表面裂纹。本文通过对该储罐裂纹形貌和产生原因进行分析，根据分析结果对液氨常压低温储罐设计、制造、使用、检验提出建议。

1　储罐的基本情况

该储罐于 2008 年 12 月建成并投入使用，在 2009 年 01 月发生超压事故停用。事故发生后，使用单

作者简介：胡培根，1988 年生，男，工程师，硕士学历，主要从事压力容器检验和安全评估工作。

位对该罐体的底板，第一、二层壁板和第三层部分壁板进行维修更换，维修完成后的储罐于 2010 年 05 月重新投入使用。在 2019 年 11 月卸料清洗开罐，进行首次检验。

储罐设计数据参数如表 1。

表 1 储罐设计数据表

介质	液氨	主体材料	16MnDR
有效容积/m^3	7500	腐蚀裕量/mm	3/1.5(顶盖)
热处理要求	无	壁板厚度/mm	8/10/12/14/16
顶板厚度/mm	6	底板厚度/mm	16/12
工作温度/℃	−33.3	工作压力/kPa	3.5
设计温度/℃	−35	设计压力/kPa	−0.5～7

审查储罐运行记录表明：储罐实际工作压力保持在 3～4.5kPa，液相工作温度保持在－32℃左右，气相工作温度保持在－15～10℃，罐体充装量保持在 25%～35%。

储罐主体材料选用 GB/T 3531—1996《低温压力容器用钢板》中的 16MnDR，现场组焊采用全手工电弧焊(SMAW)，焊材选用 J507RH 焊条。

储罐主体(底板、筒体、顶板)材料的化学成分和力学性能见表 2 和表 3。

表 2 16MnDR 钢化学成分 单位：%

元素	C	Si	Mn	P	S	Al
标准值(GB 3531)	≤0.20	0.15～0.50	1.20～1.60	≤0.020	≤0.010	≥0.020
复验值	0.13	0.29	1.52	0.011	0.003	0.030

表 3 16MnDR 钢力学性能

项目	抗拉强度 R_m/MPa	屈服强度 R_e/MPa	断后伸长率/%	冲击吸收能量 $KV_{-40℃}$/J	弯曲试验 180°，$b=2a$
标准值(GB 3531)	490～620	≥315	≥21	≥47	$D=2a$，合格
复验值	575	485	29.0	120，86，90	$D=2a$，合格

2 储罐的全面检验

2.1 宏观检验

罐顶防腐层破坏，部分顶板锈蚀严重，并有起皮、脱落等情况。罐体内部的底板、壁板未发现严重腐蚀情况。罐壁外部保温层完好无破损，罐体未见层下腐蚀。

罐壁内表面焊接质量较差，在焊接接头及母材存在焊瘤、焊疤、熔滴等焊接缺陷，以及划伤、工卡具凹坑等机械损伤，如图 1 所示。罐壁顶部至底部存在大量油迹，经确认为压缩机润滑油渗漏由进料管进入储罐。

2.2 壁厚测定

对罐体钢板进行壁厚测量，罐底板最小壁厚为 15.72/11.62mm（名义厚度 16/12mm）；罐顶板最小厚度为 5.86mm；罐壁板最小壁厚分别为 15.82/13.58/11.57/9.76/7.88mm（名义厚度 16/14/12/10/8mm）。

2.3 无损检测

利用荧光磁粉对内表面焊缝进行表面检测发现，在一、二、三环、纵焊缝上存在大量密集裂纹区域、四层环焊缝出现了少量的密集裂纹区域，如图 2 所示。裂纹均为近内表面裂纹，延展深度最深处为 6.5mm。罐体外表面抽检，未检测出裂纹。

采用超声检测、漏磁检测、高频导波等手段对底板和壁板进行埋藏缺陷检测，未发现缺陷。

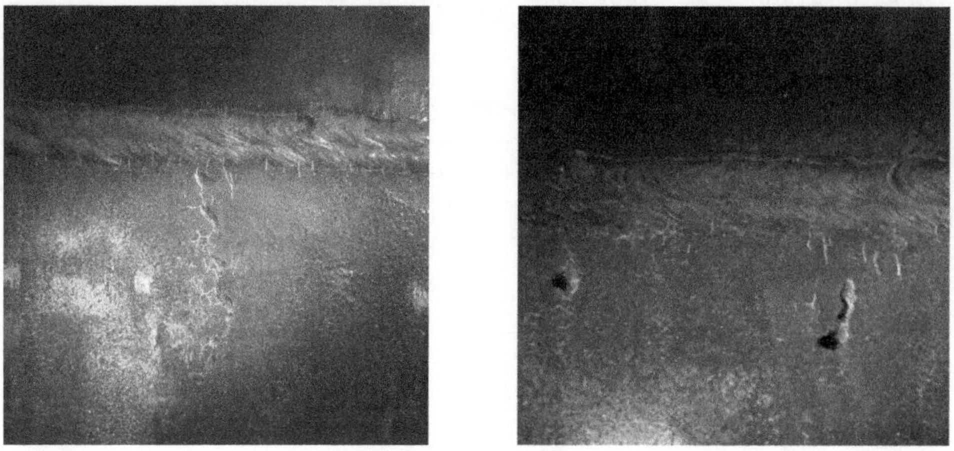

图 1 储罐内表面焊缝

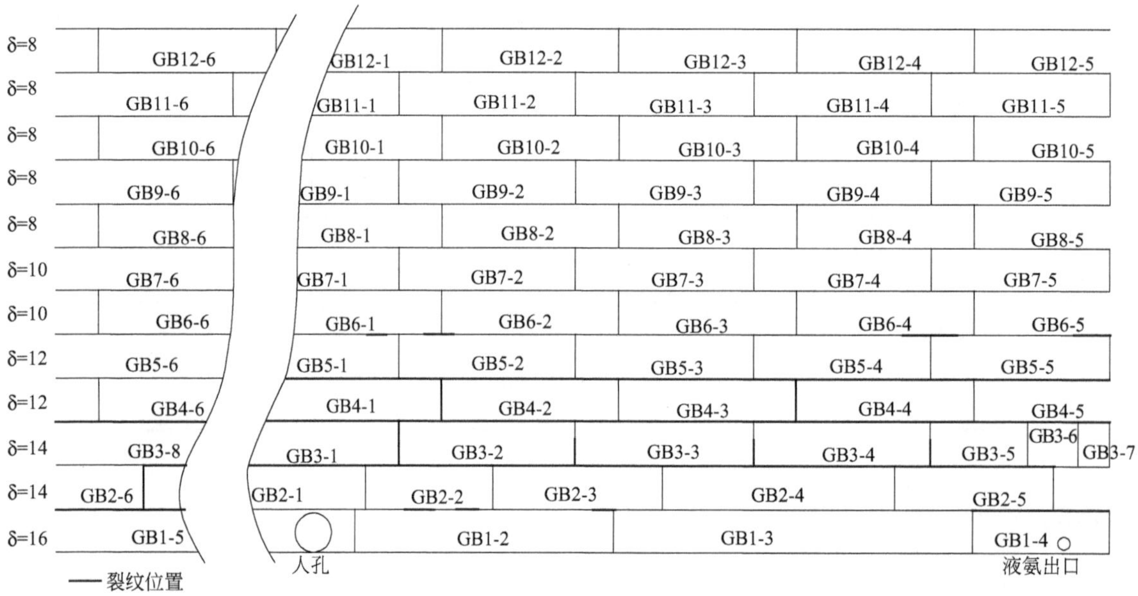

图 2 裂纹分布位置图

2.4 裂纹的金相分析

对典型裂纹进行金相检验。利用 4%硝酸酒精溶液侵蚀，得到裂纹的微观图，如图 3。

2.5 硬度检测

对出现裂纹的焊缝进行硬度检测。焊缝各部位硬度值，如表 4。焊接接头各区域硬度相差不大，且均小于 185HB，符合相应标准要求。

表 4 硬度检测数据

测量位置	焊缝	热影响区	母材
硬度(HB)	157～168	138～146	135～142

3 裂纹的特征分析

3.1 微观形貌（金相形貌）

图 3 为裂纹的微观形貌特点。该裂纹微观形貌多表现为穿晶开裂特点、几乎没有沿晶开裂特点，裂

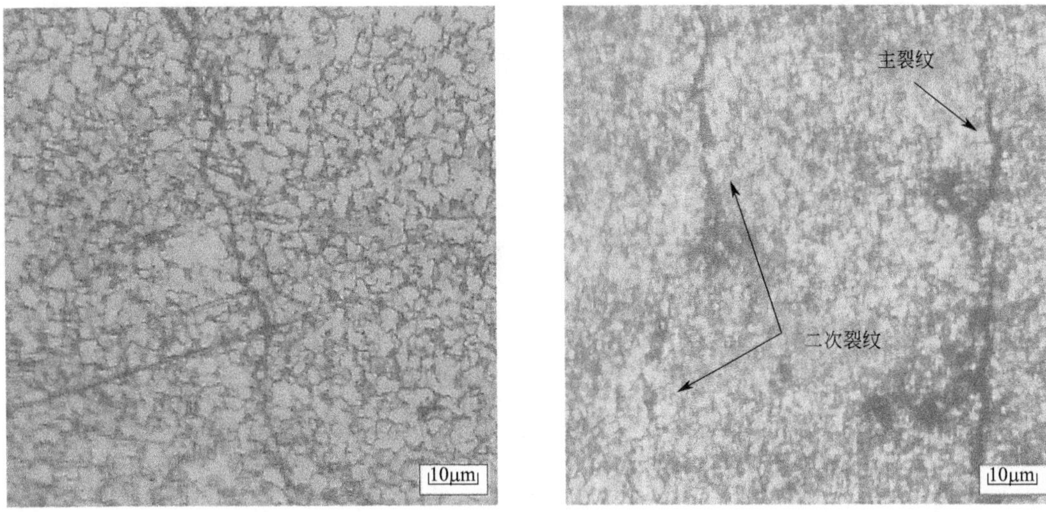

(a) (b)

图 3 储罐裂纹微观形貌（金相照片）

纹较细且有分叉，在主裂纹附近伴有二次裂纹出现。该裂纹具有典型的应力腐蚀的特点。

3.2 宏观形貌

图 4 为内表面裂纹荧光磁粉检测图片，裂纹分布在焊缝、熔合线、热影响区及母材位置上。焊缝上表现为横向分布。熔合线上纵向分布，基本与熔合线走向一致。热影响区和母材上的裂纹既有横向分布也有纵向分布，出现在焊接缺陷和机械损伤附近。上述各区域的裂纹宏观形貌表现为树枝状、发丝状，主裂纹较长，周围有大量的二次裂纹。

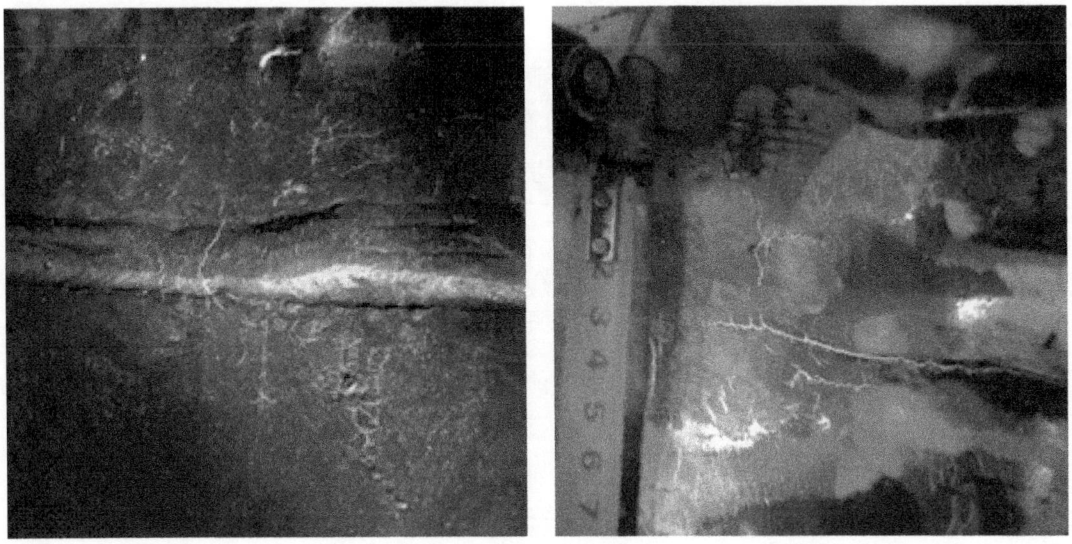

图 4 裂纹宏观形貌

裂纹的微观和宏观形貌特征与应力腐蚀裂纹的特征相同[1]，判定裂纹为应力腐蚀产生。

4 裂纹成因分析

应力腐蚀是金属材料在应力和腐蚀介质的协同作用下引起的一种局部破坏过程[1]。发生应力腐蚀必须同时具备三个必要条件，即：材料处于受拉应力状态，特定的腐蚀环境，对腐蚀介质敏感的金属材料。

4.1 应力状态分析

根据宏观检验，储罐内表面焊接质量差，存在未焊满，焊瘤、飞溅、熔滴等焊接缺陷；热影响区及母材上存在划伤，工卡具凹坑，等机械损伤，如图1所示。较差的焊接质量、机械损伤导致这些部位结构不连续，存在应力集中，也是裂纹多出现在这些区域的重要原因。

其次，储罐壁板的名义厚度未达到标准要求的最小热处理厚度，设计也未对焊后热处理做出要求，故现场焊接后未进行焊后消应力热处理。焊接过程温度变化引起的热应力和组织应力得不到释放，造成焊接残余应力大。

同时，超压事故后对罐体的底板，第一、二层壁板和第三层部分壁板进行了更换。维修过程中需对原有的壁板进行校正再进行现场组对焊接，难以避免会存在强力组对情况，罐体焊缝周围也会出现较高的应力状态。多个残余应力相互作用，使得焊缝周围受到较高的应力水平。

应力腐蚀开裂是中低应力脆性断裂，导致应力腐蚀开裂的最低应力远小于过载断裂的屈服强度应力[1]。因此在储罐在常压的低载荷的状态下，由于残余应力的影响，使储罐具备了应力腐蚀发生的条件，当应力值越高，发生应力腐蚀速度越快。

4.2 敏感的金属材料

金属材料的应力腐蚀敏感性和金属材料的化学成分、组织结构、力学性能密切相关。1998年化工部标准HG 20581—1998《钢制化工容器材料选用规定》开始对液氨储罐用材做出规定：要求所用材料的屈服强度≤355MPa，抗拉强度≤630MPa；并应进行焊后消除应力热处理，或采用硬度不大于185HB的焊接工艺施焊[2]。该储罐所用16MnDR属于低合金高强低温用钢，其化学成分与力学性能如表2和表3所示，焊缝接头硬度检测值如表4所示。由上述表格可知，储罐焊缝成型后的焊接接头硬度小于185HB，焊接工艺符合标准要求，但所用钢板屈服强度为485MPa，明显高于标准要求，具有敏感的应力腐蚀倾向。

综合国内外液氨储罐的调查资料可以看出，屈服强度高于320MPa的钢材焊制的液氨储罐，几乎都发现有应力腐蚀裂纹；而屈服强度低于220MPa的低碳钢储罐，只有极少几台存在少量的应力腐蚀裂纹[3]。因此，该储罐所用的钢板，在特定的腐蚀环境中易发生应力腐蚀。

4.3 腐蚀介质环境

通常来说，低合金钢在纯净的液氨是不会发生应力腐蚀，但液氨中混入氧气、二氧化碳等杂质的情况下，金属在溶液中将发生阳极溶解反应，导致应力腐蚀发生。宏观检验发现罐体内混有压缩机润滑油，在润滑油进入罐体同时难以避免会混入空气等杂质，根据该企业对储存液氨的定期取样分析结果表明，液氨的纯度为99.9%，液氨中存在部分杂质。其次，储罐卸料、清洗、开罐过程中也会使罐体内部混入空气、水等杂质。此时，罐体壁面就会发生如下电化学腐蚀反应：

$$2NH_3+CO_2 \longrightarrow NH_4CO_2NH$$

$$NH_4CO_2NH \longrightarrow NH_4^+ + CO_2NH_2^-$$

$$2NH_4^+ + O_2 + 2Fe \longrightarrow 2Fe_2^+ + 2OH^- + 2NH_3$$

在上述阳极溶解发生时，储罐的焊接缺陷和机械损伤为阳极溶解提供了一个“活性区域”，腐蚀在这些位置优先进行，阳极（Fe）侵蚀处形成了狭小的裂纹源或蚀坑。小阳极的裂纹内部与大阴极的金属表面构成腐蚀电池，在被阴离子（$CO_2NH_2^-$）酸化的电解质溶液中，阳极（Fe）快速溶解，成为正离子融入进入电解液发生溶解形成裂纹尖端[1]。如图5所示。

另一方面，金属在腐蚀介质中溶解进入电解液，附着在金属表面的腐蚀产物形成一层钝化膜，金属表面钝化膜阻止溶解发生，当拉应力状态下，使金属位错发生滑移，滑移台阶使有缺陷位置的膜破裂，露出无膜新鲜金属，裸露的金属继续产生瞬时溶解。在拉应力作用下，上述过程在垂直拉应力方向上循环发生，则阳极溶解电化学腐蚀反应持续进行，裂纹逐步扩展，如图 6 所示。在此过程中，因金属不断被溶解，裂纹尖端向金属晶体内部扩展，故裂纹就表现为穿晶微观形态。

另外，罐体内液氨温度液相工作温度保持在－32℃左右，根据 GB/T 30579—2014 低合金钢在－5℃下敏感性较低，几乎不会发生氨应力腐蚀[4]。但储罐在卸料、置换、清洗、检修过程中，罐内温度逐渐上升至－5℃以上，此时罐壁就具备了发生氨应力腐蚀的温度条件。此外，应力腐蚀裂纹扩展的速度一般由受拉应力大小、金属材料的屈服强度、腐蚀环境等因素影响，其腐蚀速率一般为 10^{-6}～10^{-3} mm/min[1]。在卸料、置换、清洗、检修过程中，各种因素共同诱导下，焊接接头及附近金属在残留的液氨环境中，迅速地发生了氨应力腐蚀。

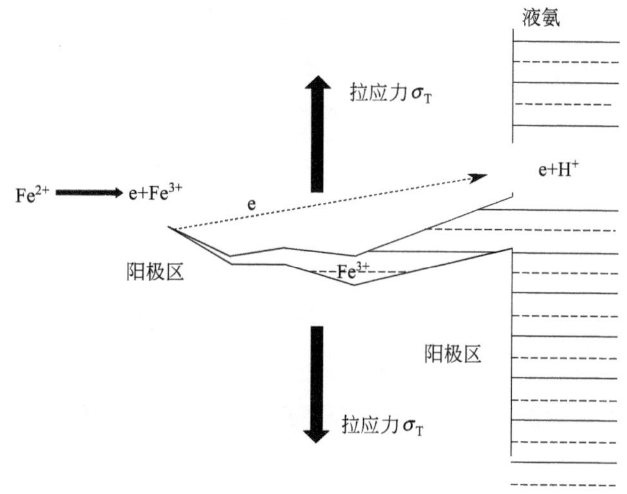

图 5　电化学阳极溶解示意图

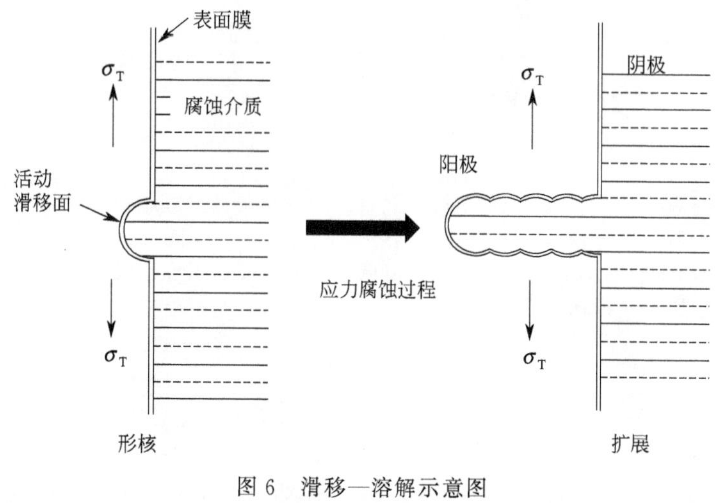

图 6　滑移—溶解示意图

综上分析，储罐在卸料、置换、清洗、检修阶段具备氨应力腐蚀的三个基本条件：焊缝存在拉应力状态，敏感的金属材料，特定的腐蚀环境。因此，在卸料、置换、清洗、检修过程中，该储罐发生氨应力腐蚀产生了裂纹。

5　裂纹处理及相关意见

5.1　裂纹处理及消除

对该储罐的裂纹进行消除和修复。

① 查明压缩机组泄露原因，及时维修防止空气、水等杂质混入液氨产品。

② 消除焊接接头及母材焊接缺陷和机械损伤。

③ 打磨消除裂纹，磁粉检测复检合格。打磨后的壁厚应满足最小壁厚要求，对打磨后深度较大，不满足最小壁厚要求的凹坑进行补焊，补焊时宜采用与原罐体制造相同焊接工艺，必要时增加局部消除应力热处理，按照设计技术要求进行盛水试验。

5.2 相关建议

① 设计方面，对于具有应力腐蚀倾向的设备，在满足强度要求的前提下，采用屈服强度较小的材料，应提出相应的焊后热处理要求。

② 制造方面：优化组对方案，避免强力组对；加强焊接过程控制，焊工严格按照焊接工艺施焊，提高焊缝焊接质量；进行焊前预热和焊后热处理，避免局部应力集中，减小容器保留的残余应力。

③ 使用方面，控制操作参数，保持该储罐中液氨的温度始终在－5℃以下；定期取样分析，监控产品水含量，使液氨中含水量不少于0.2%。储罐重新投入使用前，必须清理污染物，在注入液氨之前采用氮气置换清除空气。

6 结论

① 通过宏观和微观形貌判断，该储罐产生的裂纹具备应力腐蚀裂纹的典型特征，属于应力腐蚀裂纹。

② 该储罐在卸料、置换、清洗、检修过程具备了应力腐蚀的三个必要条件：材料处在拉应力状态、敏感的金属材料、特定的腐蚀环境，发生了氨应力腐蚀。

③ 低温液氨储罐检验宜采用不开罐技术进行，如采用红外热成像检测、声发射检测、相控阵检测、导波检测等，减少开罐次数，避免罐体发生氨应力腐蚀。

参考文献

[1] 乔利杰，王燕斌，褚武扬．应力腐蚀机理 [M]．北京：科学出版社，1993.

[2] HG/T 20581—1998. 钢制化工容器材料选用规定 [S].

[3] 王家辉．石油化工用液氨设备的应力腐蚀开裂及其防护 [J]．石油工程建设，2008，034（003）：10-12.

[4] GB/T 30579—2014. 承压设备损伤模式识别 [S].

09MnNiDR 焊缝金属低温冲击失败原因分析

纪 熙，刘 磊

江苏省特种设备安全监督检验研究院，常州，213000

摘 要： 某公司在制造一批低温设备，选用 09MnNiDR 低温合金钢，焊条 W707Ni，在－70℃低温冲击时，焊缝金属冲击达不到客户要求的不低于 60J。为确定冲击失败原因，针对焊缝金属进行材料复验，力学性能试验。分析表明，焊接工艺评定不满足要求，需要重新制定新的焊接工艺评定。

关键词： 低温合金钢；焊接；冲击值

Analysis of Failure of 09MnNiDR Weld Metal Low Temperature Impact

Ji Xi，Liu Lei

Special Equipment Safety Supervision Inspection Institute of Jiangsu Province Jiangsu，Changzhou，213000

Abstract: A company uses 09MnNiDR low-temperature alloy steel for welding, and selects welding material W707Ni. When the impact at －70℃, the customer's requirement is not less than 60J. In order to determine the cause of the impact failure, a material re-inspection and mechanical performance test were carried out for the weld metal. The analysis shows that the welding procedure qualification does not meet the requirements, and formulate a new welding procedure qualification.

Keywords: low temperature alloy steel; welding; impact value

0 引言

09MnNiDR 低温合金钢具有良好的焊接性能，主要应用于石油、化工设备等低温设备[1]。某制造厂在承制一批低温设备，选用 09MnNiDR 低温合金钢制备，为保证设备在使用温度下具有足够的塑性及抵抗脆性破坏的能力，选用 W707Ni 焊条，焊芯 ϕ3.2mm，采用直流反接，根据客户要求在－70℃低温冲击时，其冲击值不低于 60J。该制造厂在现有的焊接工艺评定下制作产品试板时，分别对试板的焊缝和热影响区进行－70℃低温冲击，热影响区冲击值能满足客户要求，而焊缝金属冲击值达不到客户要求的 60J 见表 1。

表 1 09MnNiDR 试板在－70℃冲击试验结果

冲击位置	冲击功(10mm×10mm×5mm)			要求
焊缝 热影响	35 276	18 265	19 295	焊态 ≥60J

作者简介：纪熙，男，1984 年生，高级工程师，硕士，主要从事特种设备检验。

1 成分分析

焊条 W707Ni 是低氢钠型药皮含 Ni 的低温钢焊条，在－70℃时焊缝金属仍具有良好的冲击韧性。在 09MnNiDR 焊缝金属－70℃冲击不达要求，对同批次的焊条 W707Ni 进行材料成分复验，复验结果见表 2，焊条成分合格。

表 2 W707Ni 化学成分（质量分数）（%）[2]

项目	C	Si	Mn	P	S	Ni
成分范围	≤0.12	≤0.60	≤1.25	≤0.035	≤0.035	2.00～2.75
实测值	0.051	0.16	0.53	0.009	0.001	2.24

2 力学性能试验

焊条 W707Ni 力学性能进行试验见表 3，力学性能满足要求。

表 3 W707Ni 力学性能试验结果[2]

项目	抗拉强度/MPa	屈服强度/MPa	伸长率/%	冲击吸收功/J(－70℃)
标准值	≥540	≥440	≥17	≥27
实测值	590	525	25	76/80/88

3 分析原因

09MnNiDR 低温用钢由于含碳量低，淬硬倾向和冷裂倾向小，焊接性良好[3]。焊接时，为避免焊缝金属及热影响区形成粗晶组织而降低低温韧性，要求采用小的焊接线能量，焊接电流不宜过大，宜用快速多道焊以减轻焊道过热，并通过多层焊的重热作用细化晶粒，多道焊时要控制层间温度不得过高。

针对 09MnNiDR 焊缝金属在－70℃冲击值达不到 60J，分别对焊条 W707Ni 进行成分和力学性能进行复验，焊条符合要求，而焊缝金属冲击小于 60J，焊接工艺评定不满足要求，需要重新制定新的焊接工艺评定。

针对此种情况，采用不同的焊接工艺参数，尝试是否满足冲击要求，选用含碳量低的焊条，减少 09MnNiDR 低温用钢焊接淬硬倾向，对 ϕ3.2mm 焊条，改变焊接参数，适当增大焊条线能量，在不影响 09MnNiDR 低温用钢焊接性能的情况下，多次进行试验，焊前对焊件清洗油污、铁锈，采用多道焊，控制道间温度在 140～150℃，发现焊接电流在 115～120A 之间时，其冲击值接近达到客户要求。当改变焊条直径，选用 ϕ4.0mm 同等材质的焊条，其焊接电流在 140～150A 时，冲击值也能达到客户要求见表 4。

表 4 09MnNiDR 焊缝金属在－70℃冲击试验结果

焊条直径/mm	冲击位置	冲击功(10mm×10mm×5mm)			要求
ϕ4.0	焊缝	188	76	138	焊态
ϕ3.2	焊缝	65	90	70	≥60J

4 建议与措施

① 09MnNiDR 低温用钢焊接性良好，焊接线能量小，焊接电流也不宜过大，在选用 ϕ3.2mm 焊条 W707Ni 时，焊接电流适当增大，增大焊接线能量，但焊接电流不宜太高，焊接电流太高会影响

09MnNiDR 低温用钢焊接性能。

② 在 09MnNiDR 低温用钢焊接时，每道焊缝从第二层开始必须采用多道焊，焊缝坡口角度不小于 70°，焊缝间隙不小于 3mm。

③ 焊前必须对焊件清除铁锈、油污、水分等，焊接过程中焊条不作横向摆动，一律采用直道焊。焊接速度不小于 5mm/s，道间严格清渣。

④ 道间温度不能太高但也不能太低，实践证明太高会使组织晶粒粗大；太低会造成组织不均，应保持在 140～150℃范围内。

⑤ 在生产时，为能提高生产率，除接头第 1 层、第 2 层采用 ϕ3.2mm 焊条以外，其余焊道均推荐采用 ϕ4.0mm 焊条。

⑥ 09MnNiDR 低温用钢由于含碳量低，淬硬倾向和冷裂倾向小，在选用焊条 W707Ni 时，建议选其含碳量尽可能控制在≤0.030%，以减少晶界碳化物的析出。

5 结论

① 09MnNiDR 焊缝金属冲击值要大于 60J，现有焊接工艺评定不满足要求。在不影响 09MnNiDR 低温用钢焊接性能，重新制定焊接工艺评定，当选用 ϕ3.2mm 焊条时，焊接电流宜选 115～120A 之间；当选用 ϕ4.0mm 焊条时，焊接电流宜选 140～150A 之间。

② 焊条选用含碳量低的，以减少晶界碳化物的析出。

③ 09MnNiDR 低温用钢焊接时，实行快速多道焊，控制好层间，温度不宜过高。

参考文献

[1] 陈晓．高韧性－70℃低温钢板 09MnNiDR 的性能 [J]．压力容器，1998，3：29-32.
[2] 李伟．－70℃低温钢用焊条 W707Ni 的研制及其性能 [J]．焊接技术，2012, 41: 43-47.
[3] 周鑫．09MnNiDR 焊接工艺评定 [J]．中国设备工程，2010. 10（上）：104-105.

“互联网＋公共服务”体系在特种设备行业的应用

刘天昕

北京市特种设备检测中心，北京，100029

摘　要： 将互联网与传统特种设备行业进行深度融合，以互联网信息化为手段，建成覆盖北京市特种设备的整体监管、多部门协同的“互联网＋公共服务”体系。切实提升特种设备行业质量，提高公共服务质量与时效，加强企业内部的自我管理，为人民群众增便利，保障社会稳定和人民财产安全，为特种设备检验检测提升核心竞争力寻找新的发展方向。

关键词： 互联网＋；公共服务；特种设备；质量

Application of the public service internet system in special equipment industry

Liu Tianxin

Beijing Special Equipment Inspection & Testing Center, Beijing, 100029

Abstract: In this paper, we use the Internet of information as a means to deeply integrate the Internet with the traditional special equipment industry, to build an " Internet + public service" system that can cover Beijing's special equipment, overall supervision, and multi-sector collaboration. This system can effectively improve the quality of the special equipment industry, improve the quality and timeliness of public services, strengthen self-management within the enterprise, increase convenience for the people, and ensure social stability and the safety of people's lives and property. The " Internet + public service" system is also looking for new development directions for special equipment inspection and testing to enhance core competitiveness.

Keywords: internet plus; public service; special equipment; quality

0　引言

在工业和信息化加速融合的时代大背景下，国务院统筹推进“放管服”改革，提出建设令人民满意的服务型政府，这对于特种设备行业也提出了更高的要求。如何进一步加强特种设备的精准监管，落实企业的主体责任，同时为百姓提供高质量的技术服务，目前仍然缺少相关技术实现手段。因此，推进开展“互联网+ 公共服务”体系在特种设备行业的应用，是特种设备行业转型升级的必然要求。

1　研究的目的意义

目前，北京市特种设备数量增长迅猛，截止到 2020 年底，北京市在用特种设备已经突破 35

作者简介：刘天昕，女，1994 年生，本科，主要从事特种设备信息化研究

万台。随着特种设备数量的不断攀升，政府和企业的管理难度也将逐年增加，群众对于日常公共安全质量也产生了极大的压力。因此，推进“互联网+ 公共服务”体系在特种设备行业的应用研究，主要目的是为政府精准监管提供技术支撑，为百姓日常生活提供安全保障，为企业客户提供高质量技术服务。通过结合国家“互联网+ ”信息化发展大方向[1]，将“互联网+ 公共服务”的创新发展模式应用到传统特种设备行业，构建一种以互联网信息为载体的特种设备公共服务的新生态。

2 优化网上办事流程、提升综合服务质量

通过全面梳理特种设备行业的办事清单，调研特种设备行业在“互联网+ ”方面的需求和成功借鉴[2]。针对北京市特种设备行业自身存在的特点、难点进行分析，制定特种设备网上办事流程和清单，梳理特种设备告知、报检、现场检验、报告领取、注册登记的全流程办事清单。依托“互联网+ ”实现特种设备公共服务事项的线上办理，简化办理环节，实现对特种设备安全的全链条闭合管理。

通过建立检验报告电子化管理系统，使用户在线上完成电子报告和使用标志的领取。不仅可以节省纸张，缓解库房存档压力，同时也能提高服务质量与时效，切实为人民群众增便利。电子报告通过 CA 服务器加密认证处理，生成合法有效的电子版检验报告。生成电子检验报告后，对特种设备检验中全部的记录及报告资料进行建档，使整体监管更加系统化、规范化。

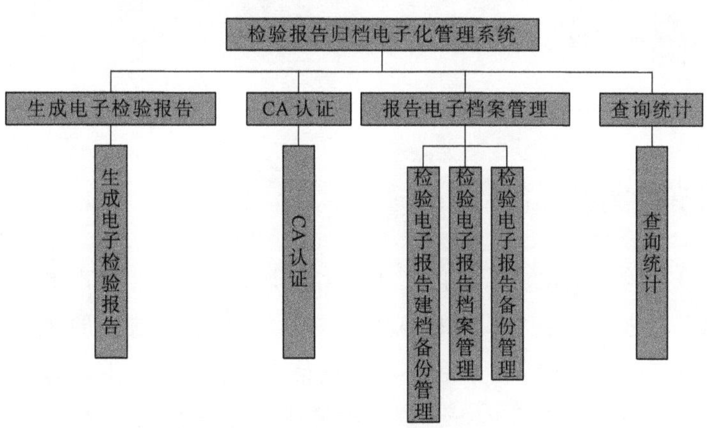

图 1 特种设备检验报告电子化管理系统功能结构

3 落实企业主体责任、加强总体管理质量

通过特种设备检验检测过程电子化，加强现场检验工作环节的监管[3]，提升检验效率。检验过程电子化系统可以实现检验任务分配、离线下载、检验原始记录电子化现场填写、检验报告自动转化、地理信息采集、现场拍照上传等相关功能。从而更好地推进检验检测工作的全流程线上运行，保障现场检验工作质量，提高检验时效，进一步加强检验检测机构的内部管理质量。

通过建立电梯维保管理服务平台，实现企业对设备、人员、资质的有效管理，督促企业内在质量提升，落实安全主体责任。通过维保平台客户端实现对维保单位基本情况的登记核查、记录维保单位的重大不良记录、维保单位资质的有效性管理、维保人员的注册登记管理，以及维保电梯的到期检验预警等功能。进一步提高企业的维保质量，保障电梯安全稳定运行。

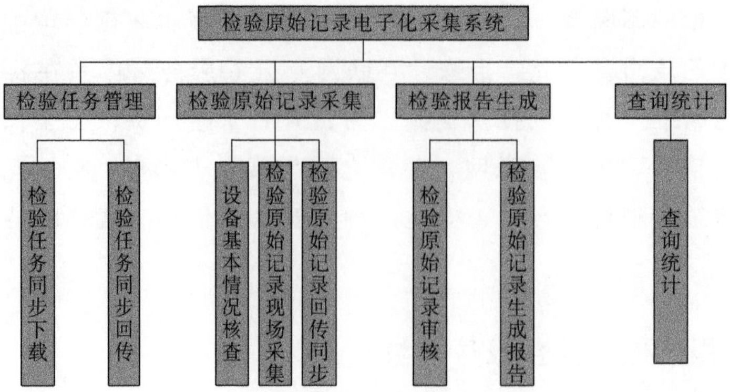

图 2　特种设备检验检测过程电子化系统功能结构

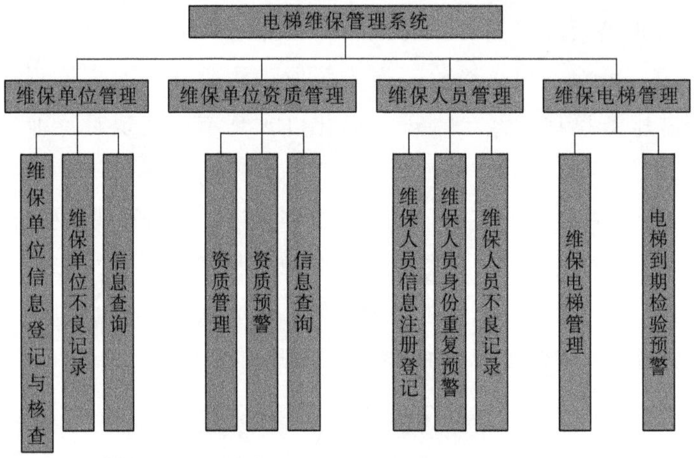

图 3　电梯维保管理服务平台功能结构

4　加强数据开放共享、实现设备精准监管

为推进特种设备安全风险可视化、精准化、动态化管理，建立了北京市电梯决策分析系统。通过提供可扩充性系统接口服务，来打通多个孤立的信息化系统，做好各系统间的实时数据共享。电梯决策分析系统整合了设备基础信息、检验信息、维保等多维度信息，利用大数据信息平台进行数据分析，实现信息共享，为政府精准监管提供了有利依据。通过电梯决策分析系统实现对电梯分布、分类、使用状态、单位信息、检验合格率、新增趋势等的实时数据统计和可视化展示，从而实现对特种设备的重点监管、分级分类监管。

5　结论

通过建成覆盖北京市特种设备的整体监管、多部门协同的“互联网+ 公共服务”体系，将“互联网+ 公共服务”的创新发展模式应用到特种设备的日常监管和检验检测过程中，得到如下结论：

① 通过建立检验报告电子化管理系统，对特种设备检验的全部资料进行建档管理，电子报告能够提高检验服务质量与时效，为人民群众增便利；

② 通过建立特种设备检验过程电子化系统，检验检测机构能够更好地规范现场检验过程，保证现场检验工作质量，同时提升检验效率；

③ 通过建立电梯维保管理服务系统，为企业提供了自我管理的技术手段，督促企业内在质量提升，更好地落实安全主体责任；

④ 通过建立北京市电梯决策分析系统，实现信息整合共享，为政府精准监管提供依据，实现重点

监管、分级分类监管。

参考文献

[1] 国务院．关于积极推进“互联网+ ”行动的指导意见（国发〔2015〕40 号）[Z]．2015.
[2] 耿雪峰．我国特种设备信息化管理现状研究 [J]．中国新通信，2015，3：62～64.
[3] 金樟民．特种设备现场检验信息化建设研究 [J]．中国管理信息化，2017，10：65.

浅析检验检测机构设备期间核查

吕 勤，陈 虎，张鹏嚚

上海市特种设备监督检验技术研究院，上海，200062

摘 要： 本文介绍了检验检测机构按照《测量设备期间核查的方法指南》的要求，进行设备期间核查。从仪器的分类、期间核查的要求、期间核查的实施、期间核查的结果判断等方面进行了阐述。

关键词： 设备；检验检测机构；期间核查

Discusses of Intermediate Checks for Equipment in Inspection and Testing Organization

Lü Qin, Chen Hu, Zhang Pengzhao

Shanghai Institute of Special Equipment Inspection and Technology Research, Shanghai, 200062

Abstract: This paper introduces the equipment intermediate checks that the inspection and testing institutions according to the requirements of "Guide on intermediate checks for measuring equipment". This paper expounds the classification of instruments, the requirements of intermediate checks and the implementation of intermediate checks.

Keywords: equipment; Inspection and testing organization; intermediate checks

1 期间核查的目的及现状

期间核查是指为保持对设备校准状态的可信度，在两次校准之间进行的核查，包括设备的期间核查和参考标准器的期间核查。这种核查应按规定的程序进行。通过期间核查可以增强实验室的信心，保证检测数据的准确可靠。

我们国家对设备期间核查的相关指导性文件比较少，每个检验检测机构对期间核查的理解、要求和实施都没有统一的标准。检验检测机构应结合实际情况，对检验检测机构设备期间核查进行策划及实施。

2 检验检测机构设备期间核查

（1）设备及核查的分类

设备在投入使用前，应按照方法对设备功能或计量特性的不同分为 A、B、C 三类（表 1）。若通过一台仪器得出检测结果的，可认为该仪器对检测结果的准确性和有效性有明显影响，为 A 类，也是检验检测机构重点关注的设备；通过两台或两台以上仪器的数值，得出结果的，需

作者简介：吕勤，1981 年生，女，工程师，本科，主要从事仪器计量管理工作。

要计算每台仪器不确定度对于检测结果的影响，大于10%的为A类，小于10%的为B类，其它辅助设备为C类（表1）。

表1 设备分类及核查要求

设备分类	对检测结果影响	量值要求	校准	核查/期间核查
A类	对检测结果的准确性和有效性有明显影响	检测/校准方法对其有量值要求	需要	两次校准之间，进行期间核查
B类	对检测结果的准确性和有效性无明显影响，仪器不确定度小于检测结果不确定度的10%	检测/校准方法对其有量值要求	不需要	投入使用前，进行核查，使用过程中进行期间核查
C类	辅助设备，对检测结果的准确性和有效性无影响	检测/校准方法对其无量值要求	不需要	投入使用前，进行核查，使用过程中进行期间核查

在首次使用前，为了验证设备功能或计量特性是否满足要求，要进行校准或核查。在使用过程中或相邻两次校准之间，为了验证设备功能或计量特性是否持续满足要求，要对设备进行期间核查（图1）。

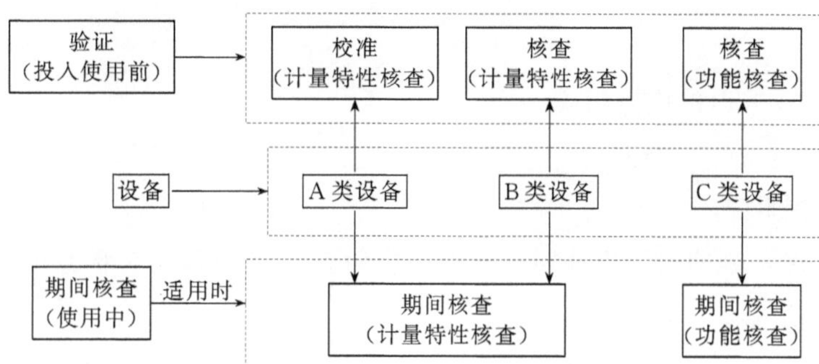

图1 设备分类、校准、核查和期间核查关系图

根据核查内容的不同，期间核查可以分为：测量功能期间核查、计量特性期间核查[1]。而计量特性期间核查又可分为准确性期间核查和其他计量特性期间核查（稳定性、重复性、灵敏性、漂移、检出限等的核查）（图2）。

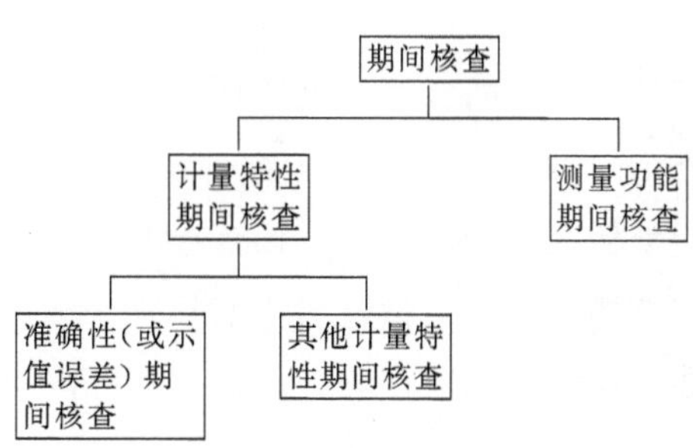

图2 期间核查的分类

A类和B类设备主要是进行计量特性期间核查，C类设备主要进行测量功能期间核查。

期间核查适用于所有设备，但不是所有设备均需要进行期间核查，机构可根据资源条件、风险和必要性决定是否对其进行核查。

下列几种情况，常常是期间核查考虑的重点：

① 新购买的设备；

② 计量校准周期较长的设备；

③ 使用比较频繁的设备；

④ 使用环境比较恶劣的设备；

⑤ 使用年限较长的设备；

⑥ 稳定性差，测量数值容易漂移的设备；

⑦ 有要求必须进行期间核查的设备。

（2）期间核查的过程

1）编制作业指导文件

对于实施期间核查的设备，需要对核查对象、实施期间核查活动相关人员的职责和要求、实施期间核查的作业指导文件等内容，做出文件化规定。

作业指导文件的内容应明确具体，便于操作人员的理解和实施，通常包括以下几点内容。

① 被核查对象，包括设备的名称和型号等信息；

② 核查内容；

③ 核查标准；

④ 核查的环境要求；

⑤ 核查步骤；

⑥ 核查频次；

⑦ 核查结果的判据及采取的应对措施；

⑧ 核查的记录表格。

2）编制期间核查计划

根据规定及使用情况编制期间核查计划，计划中应包含仪器设备的名称，编号，型号，实施日期，使用部门，核查方法等信息。

3）期间核查的实施

相关人员按核查计划进行期间核查，并做好期间核查记录，根据核查记录判断仪器设备是否符合要求。如不符合检验检测要求，应立即办理停用手续，查找原因。

4）文件存档

将期间核查记录和相关文件进行整理归档。

（3）期间核查标准选择及结果判定

期间核查标准选择及结果判定是设备期间核查的重要环节。设备期间核查标准应具有良好的稳定性和重复性，只有其性能稳定，核查结果的判定和据此做出的决定才可靠。根据不同设备性能特点的差异，可选择准确度或不确定度优于被核查对象的设备，如核查准确度 1 级的电压表，可用 0.2 级电压表为测量标准；或具有良好稳定性的被测样品或实物量具，如量块、标准砝码。

期间核查的方法通常有：标准传递法、仪器比对法、核查标准法等，核查方法不同，核查结果判定也不相同。

1）标准传递法——采用准确度等级高的计量标准器或检测仪进行比较。

当准确度高的设备的不确定度小于被核查设备不确定度的 1/3 时，

核查点的平均值

$$\bar{y}_0=\frac{y_1+y_2+\cdots+y_n}{n}$$

核查点示值误差

$$\Delta=|\bar{y}-y_s|$$

式中 y_s——标准器示值。

当 $\Delta \leqslant$ 最大允许误差，则核查通过。

2）仪器比对法——采用 3 台或 3 台以上同样设备进行比对。

第 1 台核查设备平均值

$$y_1=\frac{y_{11}+y_{12}+\cdots+y_{1n}}{n}$$

评定得到平均值 y_1 的扩展不确定度为 U_1（$k=2$）

第 2 台核查设备平均值

$$y_2=\frac{y_{21}+y_{22}+\cdots+y_{2n}}{n}$$

同样可计算得：y_3，…，y_N。

待核查仪器总平均值：

$$\bar{y}=\frac{y_1+y_2+\cdots+y_N}{N}$$

当 $|y_1-\bar{y}| \leqslant \sqrt{\frac{n-1}{n}}U_1$，则核查通过。

3）核查标准法——采用具有良好稳定性，作为被测对象的设备、样品等作为核查标准。

待核查仪器在检定/校准后，马上测量核查标准 n 次，得到平均值 y_0，如证书上核查点的误差为 Δ，则得到核查标准参考值 $y_s=y_0-\Delta$。

在需核查时，在用待核查仪器测量核查标准 n 次，得到平均值 y_1。

新的示值误差 $\Delta_1=y_1-y_s$。

当 $|\Delta_1| \leqslant$ 最大允许误差，则核查通过。

3 结束语

通过上述分析，检验检测机构可以对设备科学地进行分类管理，制定合理的期间核查作业指导文件和期间核查计划，提高检验检测设备管理效率，节省计量成本。在检验检测过程中通过期间核查能及时预防和发现不合格的仪器并避免误用，保证检验检测结果持续的准确性、有效性，为顾客和社会提供可信的数据和满意的服务。

参考文献

[1] CNAS-GL042. 测量设备期间核查的方法指南 [S].

特种设备功能安全实验室调研与建设要素分析

王一粟[1]，于洪杰[1]，钱才富[1]，覃　杰[2]，刘再斌[3]

1. 北京化工大学，北京，　100029

2. 海南省锅炉检测研究所，海南，　570203

3. 中国特种设备检测研究院，北京，　100029

摘　要： 特种设备是指失效后会产生人员伤亡的设备，由于后果严重，特种设备的功能安全一直备受重视，国际上因此成立许多专门的检测认证机构，相对而言，我国特种设备功能安全防护系统建设比较晚，也不够完善。本文作为国家重点研发计划项目“特种设备安全防护系统功能安全保障关键技术研究”的内容之一，对国内外典型功能安全相关机构进行调研，并研究“特种设备功能安全实验室”建设基本要素，为完善国内特种设备功能安全防护系统提供参考。

关键词： 特种设备；功能安全；安全保护系统

Investigation and major constructional elements analysis of special equipment functional safety laboratory

Wang Yisu[1], Yu Hongjie[1], Qian Caifu[1], Qin Jie[2], Liu Zaibin[3]

1. Beijing University of chemical technology, Beijing, 100029

2. Hainan Boiler Testing Institute, Hainan, 570203

3. China Special Equipment Inspection and Research Institute, Beijing, 100029

Abstract: Special equipment are the ones that may cause live loss if failure in service. As the results are serious, the functional safety of the special equipment is widely concerned. There are now a lot of well-constructed special testing and certification institutions abroad, but relatively the development of the functional safety protection system of special equipment in China is late and not versatile in function. In this paper, as one of the contents of the national key research and development project “study of key functional safety ensurance technologies for the special equipment safety protection system”, investigation of special testing and certification institutions abroad and in China was conducted and the major elements needed to construct a functional safety laboratory are studied with the purpose to provide references for improving China's special equipment safety protection system.

Keywords: special equipment; functional safety; safety protection system

0　引言

欧美等国家对功能安全理论研究起步较早，形成了完整的法律-法规-标准体系，并已有国际知名的

基金项目：由国家重点研发计划项目（2018YFC0808900）课题5“特种设备安全防护系统功能安全保障法规标准体系研究及平台建设”基金资助。

作者简介：王一粟，1997年生，男，北京化工大学机电学院硕士在读。

专门机构开展功能安全测试认证服务，内容涉及产品测试认证、工厂认证、设备安装认证与人员资格认证等多方面，如德国的 TUV 组织、美国的 FM Global 及 UL、英国的 Sira 认证服务公司和 InterteK、法国 BV、瑞士 SGS 等。我国对功能安全研究相对较晚，功能安全检测认证机构从数量、规模、业务范围等方面都存在很大差距，系统化和规范化的特种设备安全防护系统尚不完善。本文作为国家重点研发计划项目“特种设备安全防护系统功能安全保障关键技术研究”的内容之一，对国内外典型功能安全相关机构进行调研，并研究“特种设备功能安全实验室”建设基本要素，为完善国内特种设备功能安全防护系统提供参考。

1 功能安全综述

功能安全是指通过一定的技术或设备手段来保证系统功能按照设定正常运行。功能安全目的是保证安全设施的可靠性，以防止由于安全设施的失效造成的危险。完善合理的防护系统及功能安全保障对安全生产具有重大意义。安全防护体系及功能安全的研究与应用，国外比较早，也比较完备。我国起步较晚，且还在发展阶段。

功能安全理论研究起源于美国 ANSI/ISA-S84.01 标准。随后 2000 年，标准 IEC61508 发布，成为了国际各个领域功能安全研究的基础标准，功能安全标准体系开始逐步形成，同时许多风险分析方法应运而生，如早期为了对飞机发动机故障进行分析，美国研究人员开发出故障类型和影响分析（FMEA）；1964 年，美国道（Dow）化学公司创造了经典的道火灾爆炸指数评价方法，其目的就是研究化工中的风险并加以预防；英国帝国化学公司（ICI）于 1974 年开发了危险性与可操作性分析（HAZOP），其子公司蒙德（MOND）提出 MOND 评价方法；20 世纪 80 年代，美国化工过程安全研究中心提出了保护层的概念，并于 2001 年对 LOPA 的基本原理和方法进行了完整的介绍，随后相继颁布了针对不同领域安全防护系统的功能安全如流程工业领域的 IEC 61511、核工业领域的 IEC 61513、机械领域的 IEC 62061、通信系统的 IEC 61784、道路车辆的 ISO 26262 等。目前，欧洲与美国已将 IEC 标准纳入安全法规范畴，形成了完整的法律-法规-标准体系。各个国家安全法规体系以及责任体系都不全相同，因为存在着法律责任的问题，功能安全标准规定了与安全控制相关的法律责任体系。

在我国特种设备领域，2003 年《特种设备安全监察条例》发布，规定了我国特种设备的定义和范围。我国尽管于 2006 年启动了 RBI 技术试点项目，但对特种设备行业的风险管理研究还在起步阶段，一些单位和学者开展了对锅炉、压力容器和压力管道的风险评估技术和方法的研究，结合我国的实际状况，在美国或英国的风险评估技术和方法的基础上完成修正和改进，在评价指标、方法和软件方面取得了一些进展。2013 年《中华人民共和国特种设备安全法》颁布，目的为加强特种设备安全工作，预防特种设备事故，保障人身和财产安全，促进经济社会发展。同时，2013 年发布特种设备安全技术规范（TSG），该规范是特种设备法规标准体系的重要组成部分，其作用是将特种设备有关的法律、法规和规章的原则规定具体化，主要内容包括特种设备安全性能、能效指标以及相应的生产（包括设计、制造、安装、改造、修理）、经营、使用和检验、检测等活动的强制性基本安全要求、节能要求、技术和管理措施等内容。

2007 年，中国发布了等同于 IEC 61508 的 GB/T 20438 标准和针对过程工业领域的 GB/T 21109 标准。机械工业仪器仪表综合技术经济研究所在 2005 年建立了功能安全中心并且联合业内专家，结合我国国情，固化科技研究和工程实践成果，启动制定多项面向基础技术方法及行业应用领域的国家标准，并成功发布实施，带动了安全相关系统的设计、开发、集成、检测、运维、评估、认证等全生命周期各个环节的全方位立体化发展，中国的功能安全标准体系逐步形成。目前国内一些学者基于功能安全对特种设备中的电梯、大型游乐设施、承压类特种设备等的安全防护系统已经开展了相关的研究，但是整体来说特种设备安全防护技术在理论化、系统化、体系化方面都存在不足。已有标准大多是等同转化国际标准，适用性和可操作性较差，各个方面距离实施功能安全标准 IEC 61508 所要求的条件都存在一些差距。

2 功能安全检测机构调研

顾名思义，功能安全检测机构是从事功能安全测试、认证、监管、检测及监管等工作的专门机构。下面对目前国内外发展成熟且较权威的功能安全检测机构进行综述。

2.1 国外功能安全检测机构

最早期对风险分析与安全评估的研究来源于保险业，美国的法特瑞互助保险公司（FMGlobal）及美国保险商试验所（UnderwriterLaboratoriesInc. UL）都是从商业保险开始发展，逐渐发展到各个行业各个领域的安全认证。

美国法特瑞互助保险公司（FMGlobal）是全球最大的工商业财产互助保险公司之一，具有独特的针对财产损失和商业连续性的保险产品和风险管理。其业务范围包括 AFM（中间市场的财产保险专业知识），FM Approvals（在第三方认证中设定标准），FM Global Cargo（保护贵重货物免受风险侵害），Mutual Boiler Re 和 Emergency Response Consultants（机械，电气和压力系统需要专业的保险专业知识。Mutual Boiler Re 为这些系统提供故障条约再保险和相关支持服务。），应急响应顾问及产品认证（ FM 向防火器材、电子电器设备、危险场所设施、火场勘测、信号设备、建筑材料等产品的生产商颁发认证证书；标准检测：FM 向生产商提供产品单一特性的标准检测服务；ISO 9000 注册：FM 是 ISO 9000 的注册机构，可以为企业进行 ISO 9000 体系审核）

UL 是美国保险商试验所（Underwriter LaboratoriesInc.）的简写。UL 安全试验所是美国最有权威的，也是世界上从事安全试验和鉴定的较大的民间机构。它是一个独立的、营利的、为公共安全做试验的专业机构。UL 认证在美国属于非强制性认证，主要是产品安全性能方面的检测和认证，其认证范围不包含产品的 EMC（电磁兼容）特性。UL 认证涉及各种材料、装置、产品、设备、建筑等，主要从事产品的安全认证和经营安全证明业务。其认证内容包括 ISO9000 质量体系认证，ISO14000 环境保护认证，QS9000 汽车行业质量体系认证和 AS9000 飞机行业质量体系认证服务。

再往后发展，就出现了典型的检测认证机构，如英国的 Sira 认证服务公司和 InterteK、法国 BV、瑞士 SGS 等。但是不同的公司认证的内容有所不同，如 TUV 主要是工业设备和技术产品的安全认证及质量保证体系和环保体系的评估审核，而 Sira 认证服务公司主要针对产品认证、计量、检验及测试、质量管理体系认证、环境管理体系认证、职业健康安全管理体系、人员能力认证等。

德国 TUV 集团的前身就是专门针对由于技术的消极因素而成立的组织，黑森州和萨克森州等工业心脏地区建立了这一私人行业性协调团体，其商业宗旨为“保护人类，环境和财产，防止技术的消极影响”，之后对于锅炉等特种设备的功能安全得到了更广泛的重视。特种设备功能安全包括锅炉和压力容器认证、检验和检测服务，有助于满足在国外，具体而言在欧洲出口、销售和推广产品的前提条件。理解欧洲和全球范围内众多压力容器法规的相似性和差异性。

德国 TUV 业务范围主要包括交通、车辆和铁路、商品和消费品、工业和基础设施、体系和过程、组织和个人、职业健康和安全。服务内容包括测试和评估、认证和审核、检验和监督、培训和资格认证、咨询和项目管理。目前 TUV 为特种设备及相关应用提供了服务如产品认证、系统认证、人员认证等。其中国内莱茵技术（上海）有限公司共有五大事业群：工业服务与信息安全、交通服务、产品服务、管理体系服务、莱茵学院与生命关怀。业务涉及商业活动和日常生活的所有重要领域，不仅包括能源行业和消费品行业，还包括汽车行业、基本材料和投资产品、环保技术、贸易、建筑、食品工业、航空、铁路技术、IT行业、信息安全和数据保护、物流、银行和金融服务提供商、农业、旅游以及教育和医疗行业。

Intertek作为第一家进入中国的国际商业检验机构，自1989年以来，已在全国建立20多个分支机构及国际水准的实验室，拥有超过4000名优秀的专业技术人才，以全球统一标准，为客户提供优质的本地化服务。各个检测认证公司都发现了中国这个大市场纷纷在华开展业务，同时也带来了先进的理念与技术，对国内功能安全实验室的发展有一定的积极作用。

2.2 国内功能安全检测机构

在国内，虽然功能安全研究也开展较迟，但目前也有一些实力较强的功能安全认证机构，如中国特种设备检测研究院、机械工业仪器仪表综合技术经济研究所、上海工业自动化仪表研究院、浙江中控技术股份有限公司、吴忠仪表有限责任公司等。

针对特种设备功能安全，中国特种设备检测研究院依据国家有关安全方面的法律、法规、技术标准，对锅炉、压力容器、电梯、起重机械等特种设备的安全性能进行检验，瞄准特种设备前沿高端领域，以高参数高风险高技术特种设备为重点，提供安全保障技术解决方案，支撑国家重大战略实施，服务国民经济重点领域，特检院还下设有锅检所等单位，为国内特种设备功能安全奠定了基础。

机械工业仪器仪表综合技术经济研究所成立于1980年，前身为国家仪器仪表工业总局情报研究室和标准化研究室合并组建的研究所。经过30多年的努力，研究所已发展成为以标准科学技术和软科学研究为核心，测量控制与自动化、工控信息安全和功能安全、可靠性等高端前沿技术和基础共性技术为研究重点的科技中介机构。研究所建有测量控制设备及网络质量检测中心、控制网络及系统功能安全重点实验室、测控设备及系统功能安全工程中心、国家中小企业公共服务示范平台、全国工业过程测量控制和自动化标准化技术委员会等机构。目前，承担着先进制造与自动化、智能制造、科学仪器、传感器和物联网、文化科技创新工程等领域一批国家级和省部级科技计划项目。

上海仪器仪表自控系统检验测试所有限公司（SITIIAS）原为上海工业自动化仪表研究院有限公司（SIPAI）的分所，始建于1960年，于2003年成为独立注册的法人机构。经过近60年的建设和发展，SITIIAS建立了温度、流量、压力、测力、液位、阀门、执行器、长度、电磁、时间频率等专业试验室，也建立了防爆安全、电磁兼容、电气安全、气候环境、机械环境等共性试验室，具备可靠性、功能安全、软件测试、信息安全等技术研究、试验和评估能力，以及工程项目防爆安全检查、评价、验收、监理等技术能力。SITIIAS专业从事仪器仪表、电工电子、电气设备、工控系统等产品的检测、校准、评估与认证；工程项目检查、评价、验收、监理；试验设备研发和标准化归口服务等技术工作，技术服务涉及航空航天、海洋船舶、石油化工、节能环保、智能制造、新能源、核电站、汽车电子、信息技术、医疗器械、家用电器等领域，是专业、独立、综合的第三方技术机构。

浙江中控技术股份有限公司提供以自动化控制系统为核心，涵盖工业软件、自动化仪表及运维服务的技术和产品。形成具有行业特点的智能制造解决方案，赋能用户提升自动化、数字化、智能化水平，实现工业企业高效自动化生产和智能化管理。中控技术主要产品包括集散控制系统（DCS)、安全仪表系统（SIS)、先进控制与优化软件（APC)、生产过程执行系统（MES)、实时数据库（RTDB)、仿真培训软件（OTS)、安全栅、压力变送器、智值控制阀等，主要应用于炼油、石化、化工、煤化工、电力、核电、制药、冶金冶炼、建材、造纸等流程工业领域。

吴忠仪表有限责任公司是国家高新技术企业，拥有国家级企业技术中心、国家工程研究中心、国家博士后科研工作站等研究平台。在产品研发、制造能力、检测手段、服务体系、营销渠道具有很强的竞争力，服务于（石油、天然气、煤、盐碱）化工、冶金、电站、油气储运、轻工、船舶、水系统等流程工业自动控制。为我国1000万吨/年炼油、80万吨/年乙烯、1000万吨/年炼钢、60万kW火电、100万kW核电以及西气东输等重大装备发挥民族工业的重要作用。产品品种覆盖率为85%，市场占有率达30%。公司通过了质量、环境、安全和计量检测体系认证和API、PED、DNV、TS、SIL认证。

2.3 国内外功能安全检测机构对比小结

国外功能安全检测机构起源于保险业，有着较为悠久的发展历史，涉及的业务范围比较广泛，安全检测与认证涉及工业生活各个方面，测试和认证专业化程度高，且许多著名功能安全检测机构在国际上设有多个分支机构或实验室。

国内功能安全检测机构建设相对来说发展较晚，多数机构业务范围相对单一，功能强的综合性功能安全检测机构较少。

3 特种设备功能安全实验室建设要素分析

国家重点研发计划项目“特种设备安全防护系统功能安全保障关键技术研究”提出了建立“特种设备功能安全实验室”的设想，本节在上节国内外典型功能安全相关机构调研的基础上，分析特种设备功能安全实验室建设基本要素和整体框架。

3.1 业务范围与服务领域

主要业务主要应有四个方面：检验与监督、测试与评估、认证与审核以及培训与标准制定。

服务领域可涉及：纺织服装鞋包、家居生活百货、食品与农产品、环境健康安全、原材料与电子电气、工业制造与材料、美妆与卫生清洁、汽车与零部件、制药医疗、石油化工、冶金矿产、电子商务，特别是承压类特种设备、机电类特种设备。具体如表1。

表1 特种设备功能安全实验室业务范围与服务领域

检验与监督服务	通过检验确保产品和货物的质量是供应链最为关键的环节。检验和现场服务应满足各行业需求：特种设备功能安全实验室的检验与监督应该覆盖特种设备的全生命周期，检验与现场服务应覆盖整体供应链：生产初期检验、生产中期检验、生产终期检验、定制化检验、抽样服务、监装服务、货损检验、项目催交，以及供应商能力评估、物流质量控制、供应链表现评估等。特种设备功能安全实验室应提供以下服务： (1)工业产品检验 (2)在役服务 (3)项目检验 (4)项目设备监造
测试与评估服务	测试与评估服务涉及航空航天、海洋船舶、石油化工、节能环保、智能制造、新能源、核电站、汽车电子、信息技术、医疗器械、家用电器等各行业。安全相关用于石化、机械、电力等行业，热电偶/阻、传感器、变送器、气体(火焰)探测器；执行机构、阀门、定位器；浪涌保护器、安全栅；逻辑处理器(例PLC)、安全相关的分布式控制系统(DCS)、电梯控制系统、急停控制系统(ETS)等。产品同样适用。特种设备功能安全实验室应提供以下服务： (1)功能安全服务 (2)产品评测服务 (3)信息安全服务 (4)安全一体化服务 (5)可靠性服务
认证与审核服务	通过认证，能够证明产品、流程、系统或服务是否符合国内和国际标准及规范或客户定义的标准。特种设备功能安全实验室应提供以下服务： (1)特种设备认证 (2)功能安全(FS/SIL)认证

续表

功能安全培训 与标准制定服务	功能安全相关工作的基础就是IEC61508(GB/T 20438)为基础的功能安全国家标准体系，对IEC61508(GB/T 20438)为功能安全工作的开展和运行起着指导性的作用。所以作为功能安全实验室必然需要能够承担与功能安全相关的标准制修订和参与国家课题研究。特种设备功能安全实验室应提供以下服务： (1)功能安全相关培训 (2)国家基础标准、行业标准、产品标准的研究与制订

3.2 机构人员与组织架构

功能安全检测和评定是通过各个部门的协调来进行的，专业技术人员也是重要的组成要素。功能安全实验室应有足够数量的工业功能安全专业人员，表2为特种设备功能安全实验室机构人员与组织架构。

表2 特种设备功能安全实验室机构人员与组织架构

组织架构	单位或企业应有相应的组织机构及业务板块，功能安全和工控信息安全标准和技术研究、评估、咨询认证和培训，要有明确的业务板块，如仪综所图建有测量控制设备及网络质量检测中心、控制网络及系统功能安全重点实验室、测控设备及系统功能安全工程中心、国家中小企业公共服务示范平台、全国工业过程测量控制和自动化标准化技术委员会等机构
机构人员要求	因此功能安全实验室机构人员应包括以下技术或管理人员：HAZOP、SIL分析工程师，检测仪表工程师（防爆、安全、计量），可靠性工程师，电磁兼容检测工程师，软件工程师，传感器研发及应用工程师，科研管理工程师，科研项目助理，标准化管理工程师，安全管控信息系统规划咨询师，战略规划研究工程师等

3.3 软硬件要求

需要建立实验室质量体系ISO/IEC 17025，通过相关实验室认证，以表明其出具的检测报告结果真实、可靠，软硬件实力强也能增加客户信任度，增强企业竞争力，表3为特种设备功能安全实验室软硬件基本要求。

表3 特种设备功能安全实验室软硬件基本要求

软件要求	功能安全工作开展前需要的相关资质文件如：事业单位法人证书(三证合一)；质量管理体系认证证书；中国合格评定国家认可委员会(CNAS)检查机构认定资质证书；人员资质(TUV证书和SGS证书等功能安全工程师认证证书；HAZOP/LOPA主席证和简历表)。 信息安全涉及的软件要求：针对产品包括阿基里斯、思博伦、韦努特等测试仪系统，针对系统的评估评测主要依靠定制的相关软件，如仪综所的工业互联网安全评测评估管理平台
硬件要求	功能安全实验室的硬件测试要求要满足功能安全认证[xiv]所适用所有用来实现过程控制安全功能的设备，主要分为安全部件和安全系统。成立相关的试验室也是功能安全实验室的组成要素，如应建立温度、流量、压力、测力、液位、阀门、执行器、长度、电磁、时间频率试验室，建立防爆安全、电磁兼容、电气安全、气候环境、机械环境等共性试验室，具备可靠性、功能安全、软件测试、信息安全等技术研究、试验和评估能力，以及工程项目防爆安全检查、评价、验收、监理等技术能力。相关仪器应满足GB/T 20540.1、GB/T 20540.2、GB/T 20540.3、GB/T 20540.4、GB/T 20540.5、GB/T 20540.6标准及PROFIBUSPA行规V2.01、GB4943/IEC/EN60950、GB 4793/IEC/EN 61010要求的测试设备。例如包括：数字存储示波器、投影仪、综合测试仪、数字功率表、高压数字表、示波表、自动泄漏电流测试仪、数据采集仪、电压发生器、浪涌脉冲发生器、精密LCR数字电桥、电子负载、试验指/针/探头、推拉力计、液压阀门试验台、稳定性试验台、涂层耐划痕试验机、X(.γ)辐射剂量仪、激光功率计、微波漏能测试仪、电源插头组件试验台、电源负载柜等仪器

3.4 特种设备功能安全实验室整体框架

通过以上调研和分析，可以给出图 1 所示的特种设备功能安全实验室整体框架。

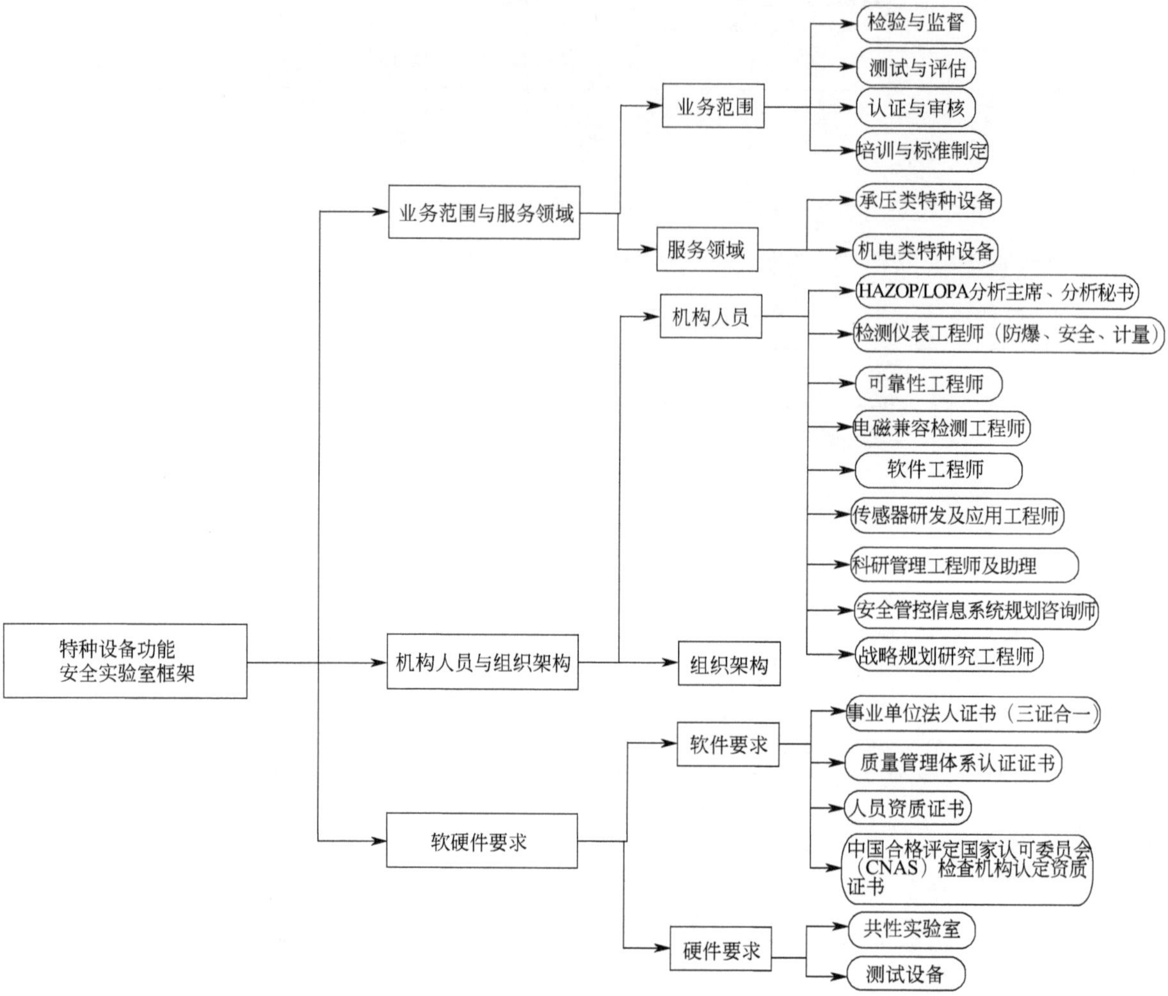

图 1　特种设备功能安全实验室整体框架

4　结语

国家重点研发计划项目“特种设备安全防护系统功能安全保障关键技术研究”提出了建立“特种设备功能安全实验室”的设想，本文对国内外典型功能安全相关机构进行调研，发现国内功能安全检测机构建设相比于国外发展较晚，业务范围比较单一，为保证我国特种设备长周期安全运行，建立功能强、水平高的综合性特种设备功能安全实验室很有必要。本文虽然分析了特种设备功能安全实验室建设的基本要素和整体框架，但显然还是十分粗浅，特种设备功能安全实验室的建设是一项涉及多个领域的庞大工程，需要政府相关部门大力支持。

参考文献

[1]　邓意．功能安全和安全完整性等级 [C]．第七届工业仪表与自动化学术会议论文集，2006.

[2]　IEC 61508. 电气/电子/可编程电子安全相关系统的功能安全 [S].

[3] 孟邹清．功能安全技术讲座第六十六讲：我国功能安全标准化创新发展路线的思考与实践 [J]．仪器仪表标准化与计量，2018，4：9-11.
[4] Dussault, H. B.. Automated FMEA Status and Future [P]. Reliability and Maintainability Symposium, 1984. Proceedings. Annual, 1984.
[5] 张安明，张延松，秦文贵．火灾、爆炸指数评价方法在危险化学品生产单位安全评价中的应用 [J]．矿业安全与环保，2005，02：20-22+32.
[6] Tait, J. I.. Building on HAZOP (hazard and operability) studies to produce knowledge-based systems [P]. Knowledge-Based Systems for Safety Critical Applications, IEE Colloquium on, 1994.
[7] GB/T 32857—2016. 保护层分析 (LOPA) 应用指南 [S].
[8] CCPS. Layer of Protection Analysis. Simplified Process Risk Assessment [M]. New York: John Wiley&Sons，2001.
[9] 史学玲，冯晓升．IEC61508 标准的基本原理与方法研究 [J]．工业控制计算机，2006，11：17，36.
[10] 罗云．风险分析与安全评价 (第 2 版) [M]．北京：化学工业出版社，2010.
[11] GB/T 20438—2017. 电气/电子/可编程电子安全相关系统的功能安全 [S].
[12] GB/T 21109—2007. 过程工业领域安全仪表系统的功能安全 [S].
[13] 陈宝智，吴敏．本质安全的理念与实践 [J]．中国安全生产科学技术，2008，4 (3)：79-83.
[14] 史学玲，冯晓升．功能安全与安全完整性等级综述 [J]．自动化博览，2013，30 (3)：24-27.

基于CNAS“能力验证”模式的特种设备N分包质量监督的探讨与实践

杨 博，王祖悦，王海荣，汤 健

上海市特种设备监督检验技术研究院，上海， 200062

摘 要： 针对分包方的质量监督是特种设备检验检测总体质量监督中的重要环节，本文借鉴CNAS将“能力验证”模式运用到对分包方质量监督的活动中，通过第三方平台开展检测分包方无损检测能力比对以达到对其技术能力和数据可靠性进行质量监督的目的。

关键词： 质量监督 分包方 能力验证

Discussion and Practice of the Quality Supervision Based on Proficiency Testing Mode on NDT Subcontractors

Yang Bo, Wang Zuyue, Wang Hairong, Tang Jian

Shanghai Institute of Special Equipment Inspection and Technology Research, Shanghai, 200062

Abstract: The quality supervision on subcontractors is the important part in the overall quality supervision of special equipment inspection and testing, the proficiency testing from CNAS can be used for reference in the supervisions for subcontractors. The paper will discuss how to supervise and control the technology competence and results reliability by carrying out proficiency testing of NDT subcontractor.

Keywords: quality supervision; subcontractors; proficiency testing

0 引言

特种设备检验检测是指对特种设备产品、部件制造过程进行的监督检验，对特种设备安装、改造、重大维修过程进行的监督检验，对在用特种设备进行的定期检验，对特种设备产品、部件的型式试验，对特种设备进行的无损检测等活动[1]。按照国家有关的法律、法规及安全技术规范的要求，特种设备检验检测机构客观、公正和独立地从事检验检测，特种设备检验检测机构作为特种设备监督管理部门的技术支撑承担着经济社会中保障特种设备安全运行的重要职责，为社会提供公正数据是特种设备检验检测机构对经济社会的重要输出。

特种设备检验检测机构在特种设备质量管理体系的框架下有效运行能够确保特种设备检验检测工作的有效性和可靠性，根据检验检测业务实际情况，通过开展定期使用有证标准物质（参考物质）进行内

项目名称：2020年上海TBT项目（编号：20TB023）。

作者简介：杨博，1983年生，女，高级工程师，硕士研究生，主要从事检验保障技术研究及检验检测机构质量管理。

部质量控制、参加检验机构之间比对、使用相同或不同方法进行重复检验检测、对存留样品进行再检验检测、分析样品不同特性结果的相关性和对检验检测人员的监督检查等方法开展质量监督，验证检验检测工作的有效性和可靠性。按照监督管理部门的相关规定，特种设备检验机构按相关安全技术规范实施监督检验和定期检验时无损检测等专项检验检测项目可以分包[1]，分包方出具的检验检测报告作为特种设备检验检测机构的报告一部分，直接关联特种设备的检验结论和安全状况等级，因此对分包方的质量监督是特种设备检验检测总体质量监督中的重要环节。由于特种设备检验检测的特殊性，特种设备检验机构对无损检测分包质量监督的常规做法是定期对分包方进行资格评审、对分包检验检测报告和检测现场进行抽查。随着特种设备数量的增加和检验项目的更新，特种设备检验过程中无损检测的数量在不断增加，需要特种设备检验机构不断探索更有效的对无损检测分包质量的监督模式。

1 新模式探讨

能力验证是指利用实验室比对，按照预先制定的准则评价参加者的能力[2]。能力验证作为重要的外部质量评价活动，能客观地评价检验检测机构的能力。为了进一步提高特种设备无损检测分包工作质量，保证特种设备检验检测工作的有效性和可靠性，本机构借鉴CNAS“能力验证”模式，对本机构的无损检测分包单位开展能力验证式的质量监督，以达到对其技术能力和数据可靠性进行质量监督的目的。参加比对的单位覆盖院全部无损检测分包单位，每个单位参加比对项目一项或多项，两年覆盖RT、UT、MT、PT四个项目。参照CNAS-RL02《能力验证规则》[3] 规定的能力验证方法，本机构制定了相关的实施方案具体内容如下。

① 相关职能部门协调第三方平台提供检测试样，试样的发放和比对报告均由第三方平台独立完成，比对报告由其发出，一份寄参加比对单位，一份寄本机构相关部门。能力验证过程中，各分包方严格按照时间节点在规定时间内独立完成对试样的检测，进行检测试样传递和结果数据报送；

② 比对结论分为满意、有问题、不满意三类。比对结论纳入分包单位年度考核内容；

③ 相关部门按照各无损检测分包单位上一年度的分包工作量的大小，挑选工作量较大的一项或多项作为首选的比对项目，并通知第三方平台协调相关的比对工作；

④ 考核结论为不满意或有问题的单位，须在获得结论之日起二个月内，报能力验证提供者参加能力验证或测量审核，并将结论报本机构相关部门备案。在此期间，分包单位应分析原因，采取相应措施，保证无损检测工作的质量，相关实施分包的业务部门无损检测责任人员应加强现场的抽查工作；

⑤ 经能力验证或测量审核结论仍为不满意的单位，本机构相关部门将建议相关分包业务部门暂停该项目的无损检测相关业务，直到能力验证或测量审核结论为满意时，才能恢复该项目的相关业务；

⑥ 本机构相关部门对比对数据进行统计分析。

2 新模式实践

2.1 以“能力验证”模式为基础的比对活动

比对活动共有7家具有无损检测核准证书的分包方参加，比对项目包括：RT、UT、MT、PT四个项目，共18项．家，其中RT有4家分包方参与、UT有5家分包方参与、MT有4家分包方参与、PT有5家分包方参与，整个比对过程历时3个月。

2.2 结果统计

首批质量监督验证，能力验证提供者利用稳健平均值和“Z比分数”的判定原则进行统计，

判定准则：$Z=(x_i-x)/\delta$

$|Z|\leqslant 2$ 的数据为满意（无需采取进一步措施）

$2<|Z|\leqslant 3$ 为有问题（产生警戒信号，实验室应查找原因）；

$|Z|>3$ 为不满意（产生措施信号，实验室应查找原因，进行整改）。

x_i 为参加者的结果，x 为指定值，δ 为能力评定标准差。

经计算，统计数据以柱形图的方式表示如图 1 和图 2：

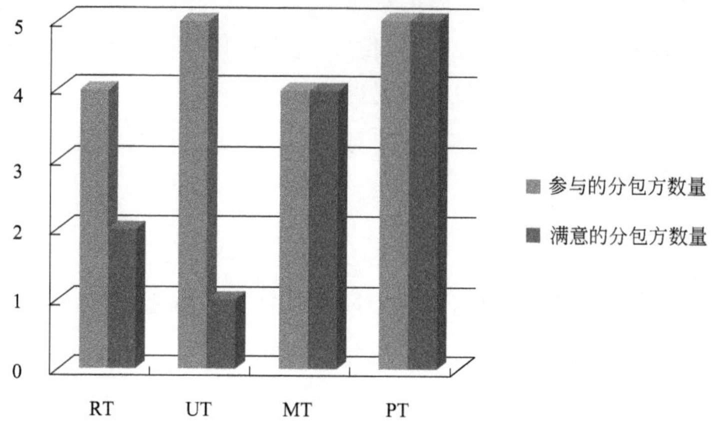

图 1　首批质量监督验证满意率

从图中可看出，RT 项目有 50%的满意率，UT 项目有 20%的满意率，MT 项目和 PT 项目均为 100%的满意率。能力验证提供者将评价结果通报参与的分包方和组织方，随后未获得满意结果的分包方按照各自质量控制的要求，经过查找原因、纠正及整改后重新申请测量审核，测量审核的结果采用偏倚估计值进行统计，最终 6 个项目均获得满意的结果。

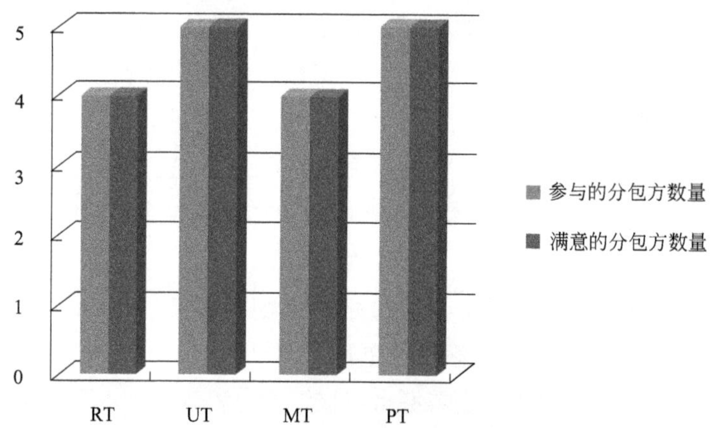

图 2　最终质量监督满意率

2.3　影响能力验证结果的主要因素

（1）人的因素

能力验证的全过程均需要人的参与，参与能力验证的单位，应从人员所具备的资质、技术能力和经验方面考虑，选派符合资格要求的检测人员参加能力验证项目。操作人员技术水平的高低，操作过程的规范性和熟练度、对检测数据的分析能力都直接影响试验结果的准确度。

（2）设备的因素

能力验证不仅仅是操作人员技术能力的直接反映，也是间接地验证了设备的可靠性，对于一些破坏性试验，在使用先进试验设备的时候人为影响因素较小，试验结果在很大程度上是取决于设备的精度和准确性。另外，有些无损检测的设备，是否按照 NB/T 47013—2015《承压设备无损检测》等标准的要求开展校准、期间核查等计量溯源性管理，并对其结果进行符合性确认，这些因素都直接影响试验结果的准确性和可靠性。

(3) 样品的因素

能力验证的样品通常是由能力验证提供者提供，按照CNAS-GL003《能力验证样品均匀性和稳定性评价指南》[4] 的要求，能力验证的组织方应确保能力验证中出现的不满意结果不归咎于样品之间或样品本身的变异性，即保证能力验证样品的均匀性和（或）稳定性。样品在运输、接收、处置、保护、存储和清理等环节中，可能会受到不可预计的污染、丢失或损坏，在进行检测前应对样品的完整性和有效性进行确认。

(4) 检测方法的因素

对于参加能力验证的单位，应认真研读能力验证作业指导书，严格按照作业指导书中的要求进行检测。如果作业指导书指定检验依据或推荐多种标准，要考虑不同方法标准对测试结果的影响。

(5) 环境的因素

环境条件是直接影响检测结果的要素，是保证检测工作正常开展的前提条件。能力验证的参加者应该在检测标准和作业指导书要求的环境下实施检测，实验室的设施与环境应满足检测方法、校准规程、所用检测/校准设备的要求，保证检测工作的有效性，确保检测结果的准确性、稳定性和可靠性。

2.4 无损检测分包的质量监督

(1) 无损检测分包单位的监督

通常作为特种设备检验检测机构的分包单位，要进行合格分包方的质量监督，每年定期组织合格供方评审，对分包单位的单位资质、人员资质、业绩等进行符合性评审；以评审的方式对分包单位的资质、人员资质、设备条件及工作质量进行确认，通过评审的分包单位可以延续合格供方的资格参与分包行为。

另外，对分包单位现场工作质量的监督抽查和出具的检测报告的监督抽查也是日常质量监督的重要内容。

(2) 对无损检测机构人员的监督

除定期对分包单位的质量监督，定期开展对参与特种设备检验检测机构分包业务的分包单位内检测人员的能力和技术水平的确认，如特种设备检验检测机构组织各分包单位的检测人员进行质量监督活动，规定只有参与机构组织的质量监督活动并且达到满意结果的人，才能做分包业务的检测项目并有资格出具分包业务的检测报告。这种形式的质量监督，能够减小特种设备检验检测机构和检验人员的业务分包的风险，调动分包单位和检测人员的主动性和积极性，是一种借鉴能力比对模式的质量监督的探索。

3 总结

通过第三方开展能力验证，对分包方的工作质量进行考核，是一种有效的质量监督方式，不仅有助于分包方查找不满意或有问题项目的原因并及时采取有效的纠正措施，与其他分包方的技术比对也促使分包方不断查找短板提高检测数据的可靠性，进一步强化了特种设备检验检测机构报告内容的有效性和可靠性。科学、合理地利用技术方法，充分发挥持续改进的质量管理理念，积极探索提升检验检测工作质量、提高质量管理水平的方式方法，符合高质量发展新时代特检事业的大趋势。

参考文献

[1] TSG Z7003—2004. 特种设备检验检测机构质量管理体系要求 [S].
[2] ISO/IEC 17043—2010. 合格评定-能力验证的通用要求 [S].
[3] CNAS-RL02—2018. 能力验证规则 [S].
[4] CNAS-GL003—2018. 能力验证样品均匀性和稳定性评价指南 [S].

树牢安全发展理念，做好特种设备安全检验检测工作

姚国龙，石　乐，尹　鹏

宁夏特种设备检验检测院，银川，　750000

摘　要： 安全生产关乎国计民生，特种设备检验检测安全意义重大。本文从人员安全责任意识、工作态度、技术水平、人机矛盾、三违现象五个方面分析了特种设备检验检测安全责任事故原因，提出了四项特种设备检验检测安全管理应对措施，要求树牢安全发展理念，做好特种设备安全检验检测工作，确保高质量发展。

关键词： 特种设备检验检测；安全事故；安全管理

Strengthen The Concept of Safety Development and Do a Good Job in The Safety Inspection and Testing of Special Equipment

Yao Guolong[1]，Shi Le[2]，Yin Peng[3]，

Ningxia Special Equipment Inspection And Testing Institute, Yinchuan,　750000

Abstract: Safety production is related to the national economy and people's livelihood, and the inspection and detection safety of special equipment is of great significance. This paper analyzes the causes of safety liability accidents in special equipment inspection and detection from five aspects: safety responsibility consciousness, work attitude, technical level, man-machine contradiction and three violations, Four safety management measures for inspection and detection of special equipment are put forward. It is required to firmly establish the concept of safety development, do a good job in safety inspection and detection of special equipment, and ensure high-quality development.

Keywords: special equipment inspection; safety accident; safety management

0　引言

“当前，全国正在复工复产，要加强安全生产监管，分区分类加强安全监管执法，强化企业主体责任落实，牢牢守住安全生产底线，切实维护人民群众生命财产安全”。2020 年 4 月 10 日，中共中央总书记、国家主席、中央军委主席习近平就安全生产作出重要指示，引发社会各界强烈反响。作为特种设备检验检测人员，要深入学习贯彻落实习近平总书记关于安全工作的重要指示和要求，牢固树立安全发展理念，要高度认识特种设备检验检测工作的重要意义，做好特种设备检验检测工作。

基金项目：2019 年国家市场监督管理总局科技计划项目（编号：2019MK077）。

作者简介：姚国龙，1982 生，男，高级工程师，硕士研究生，主要从事特种设备质量管理与机电类特种设备检验检测工作。

1 特种设备检验检测工作的重要意义

根据《中华人民共和国特种设备安全法》，特种设备是指对人身和财产安全有较大危险性的锅炉、压力容器（含气瓶）、压力管道、电梯、起重机械、客运索道、大型游乐设施、场（厂）内专用机动车辆，以及法律、行政法规规定适用本法的其他特种设备[1]。在工业生产和日常生活过程中，所使用的各种特种设备的运行状态和性能指标都非常关键，要了解和获取这方面的准确信息，就必须开展合理的检验检测工作，运用合理的检验检测设备、技术和方法来获取设备运行期间的各种数据和信息。特种设备检验检测的目的是为了及时发现设备中潜伏的安全隐患和可能引发的事故风险，为特种设备监察提供强有力的技术支撑，从而为人民生命和财产安全保驾护航。另一方面，在保障人民群众生命财产安全的同时，需要注意到，特种设备检验检测工作本身就需要很强的安全意识，一旦疏忽管理或安全责任意识不强也极有可能出现安全事故。总之，不论特种设备事故发生在哪一环节，都将产生巨大的社会影响，在已报道研究的案例中，人为造成的事故占特种设备事故总数的90%以上，而如果严格按照相关规定，事故都是可以避免发生的。目前由于对特种设备检验检测的安全管理工作不到位、违章指挥、不按规章制度操作等现象而引发的种种特种设备安全事故，在社会上都产生了非常大的不良影响，所以对特种设备的检验检测就显得愈发重要。

2 特种设备检验检测安全责任事故原因分析

（1）检验检测人员安全责任意识淡薄

对于特种设备安全性的检验检测，由于相关检验检测人员缺乏必要的安全责任意识，很难对潜伏起来并且不容易被发现的安全隐患问题有高度的重视和关注，就会造成疏忽大意，形成检验工作中严重的缺陷和漏洞；另外特种设备检验检测工作本身就具有很高的安全风险，如果操作不当就会对检验检测人员本身造成一定的伤害，再加上在从事特种设备检验检测的工作中没有树立正确的安全观念和意识，就会引发难以挽回的检验检测安全事故。

（2）检验检测人员缺乏严谨的工作态度和质量意识

如果检验检测人员缺乏严谨的工作态度，没有树立质量意识，也会对带来极大的安全风险。一方面，在日常工作中不认真执行国家有关法律法规、安全技术规范的要求，并且检验检测现场工作不认真、不负责，把检验检测工作当成走过场，不能很好发现特种设备安全隐患和缺陷；另一方面，对于检验检测中发现的一般的问题隐患和缺陷不重视，自认为该问题隐患不严重，不会造成质量事故，不向用户出具检验意见通知书告知隐患问题；还有检验完成后出具检验报告不严谨，该写数据的地方不写实测数据，该画图的地方不画图标注，报告里面错误较多，经不起检查和调查。这些行为都会引发很大的检验检测安全隐患风险，严重的引发事故，造成生命财产的损失。

（3）检验检测人员专业技术水平不高

检验检测工作人员的专业水平也有待提升，在检验检测中对于工作流程不熟悉，技术水平不高，现场检验中不能有效发现设备存在的隐患问题；不会操作新的仪器设备进行检验检测；对国家标准、安全技术规范及其修改单不能及时进行系统的学习，仅凭以往经验进行现场检验检测工作，同样都会带来很大的检验检测安全隐患风险。

（4）检验检测工作“人机矛盾”严重

近些年，随着经济社会的飞速发展，特种设备数量增速较快，但是检验检测人员数量增速跟不上特种设备数量增速。现在人均检验数量较以前有了大幅度增加，尤其是发达城市和工业密集地区，特种设备数量较多，检验检测人员严重不足，使得检验检测有效工作时间明显减少。很多情况下，为了配合使用单位能够按时完成检验任务，只能加快检验速度、缩短检验时间、增加人均检验数量。这样势必会造成不能完全发现设备所有缺陷和问题，留下安全隐患风险。

(5) 检验检测工作存在“三违”现象

检验检测工作要杜绝“三违”现象，即“杜绝违章操作、违章指挥、违反劳动纪律”，要做到“不伤害自己，不害他人，也不被别人伤害”。

3 特种设备检验检测安全管理应对措施

① 建立健全质量安全管理、职业健康体系并严格执行，全面提升检验检测质量和安全。

第一，特种设备检验检测机构必须要按照国家相关的法律法规和安全技术规范的要求，建立健全适合本单位的质量安全管理体系。一般包括质量手册、程序文件、作业指导书及制度、记录表格四个层次。尤其是程序文件和作业指导书必须要具有可操作性，能够对检验人员现场工作进行指导。

第二，要严格按照检验工作程序和作业指导书要求，对各种特种设备的具体情况进行全面细致的研究和分析，对设备的性能指标、操作人员的专业技术水平以及使用期限等多方面信息进行了解和掌握，逐项进行审查比对[2]。某些特殊类型或者大型设备装置检验检测还必须制定检验方案，并严格履行审核审批手续。

第三，对于在检验中发现的各类安全隐患，要求使用单位按照国家相关法律法规标准进行整改和隐患消除，要立即查找出隐患的具体原因，明确问题的出处，然后向使用单位出具检验意见书或检验报告，涉及严重安全隐患，必须及时上报属地安全监察部门，并督促相关单位及时排除安全隐患。

第四，建立健全职业健康安全管理体系。采用现代化的管理模式，使包括安全管理在内的所有检验检测活动科学化、规范化和法制化。使检验检测机构的职业健康安全管理由被动强制行为转变为主动自愿行为，提高职业健康安全管理水平；做到事事有人管、人人有专责、办事有程序、检查有标准、问题有处理，切实提高检验检测质量和安全。

② 加强培训，提升检验检测人员专业技术水平，树牢质量安全意识。

特种设备种类和结构形式在不停地更新变化，国家的相关标准、安全技术规范也在不停地推陈出新。需要强化对检验检测人员的培训工作，尤其是近些年来新进人员的培训，虽然已获得相应检验员资格，但是检验经验和综合水平还不高。只有不断地加强检验检测人员的培训教育工作，提升检验检测人员专业能力和技术水平，才能更好地适应检验检测的需求。还要在培训和日常工作中督促检验检测人员树牢质量意识和安全责任意识，消除安全隐患，降低安全事故风险。

③ 更新检验检测仪器设备，优化检验检测技术方法。

近些年来，随着社会的发展，特种设备为了适应生产、生活的需要，也不断推陈出新，设备的性能指标和质量状况已经发生了很大的改变。为了确保检验检测工作的安全性和稳定性，维护好特种设备的正常运行状态，降低安全风险系数，防止造成安全事故，因此相应的检验检测仪器设备和技术方法也必须跟上特种设备发展的步伐，不断进行升级和优化[3]。令人欣喜的是，一些主要的特种设备检验检测技术方法也在不断创新发展之中。例如，承压类特种设备检验检测中用到的声发射在线检测仪器和技术：对于一些大型储罐底板腐蚀可以通过在线检测来完成；漏磁检测仪器和技术：采用漏磁检测技术，可以不用进行防腐层清除就能直接进行检测；爬壁机器人自动测厚仪器和技术：此技术主要通过超声来完成检测；脉冲涡流检测仪器和技术：此技术的最大特点就是不用破坏保温层，就能够直接进行金属本体腐蚀状况的测量；超声导波仪器和技术：此技术主要是通过埋设地下管道的方式来实现；便携式光谱仪：这种方式主要是进行设备现场的金属成分分析[2]。然而，还有许多检验问题还需依靠检验员的经验来判断，并没有有效可实用的检验设备和仪器，例如机电类设备中电梯制动性能的测试仪、轿厢意外移动测试仪、平衡系数测试仪等等，这些关乎电梯重要性能的测试也亟需相关测试仪器和检测技术的创新，来将检验检测技术提升到新的高度。

④ 引进高端人才，积极发展科技创新。

近些年来，特种设备相关技术有了突飞猛进的发展，设备速度越来越快，大型装置技术密集程度越来越高。这些都迫切地需要检验检测机构引进高学历和高水平的人才，作为技术带头人和学术带头人带领大家攻坚克难，并且要不断加大投入，积极发展科技创新工作，推动特种设备检验检测技术不断进步。

4 结论

我们特种设备检验机构作为全国特种设备法定综合检验检测机构，更要深入学习贯彻践行习近平总书记重要指示精神，牢固树立安全发展理念，切实提高政治站位，担负起“促一方发展、保一方平安”的责任。做好特种设备安全检验检测工作，为地方经济发展保驾护航、切实保护人身和财产安全，推动各项工作高质量发展。

参考文献

[1] 中华人民共和国特种设备安全法 .

[2] 李海霞 . 关于特种设备检验检测安全问题的分析 [J]. 黑龙江科技信息，2018004（000）： 195-196.

[3] 孙旭军 . 关于特种设备检验检测安全问题的研究 [J]. 中华建设科技，2018（04）： 244-245.

特种设备科普教育课程体系研究

叶　超，刘　然

中国特种设备检测研究院，北京，　100029

摘　要： 特种设备是与国民经济发展以及人民群众生活密切相关的重要基础设施。但公众对于特种设备的普遍缺乏了解，系统全面的特种设备科普教育较为缺乏。本文从特种设备科普教育基地建设、科普教育讲师队伍建设、科普课程及教具开发等方面进行了研究。力争形成特种设备“基地＋讲师＋教具教材”的科普教育课程体系，达到较好的科普效果。对保障特种设备安全使用，宣传特种设备行业文化，促进国家工业转型升级都有重要意义。

关键词： 特种设备；科普；教育课程；教育体系

Research on Special Equipment Popular Science Education System

Ye Chao，Liu Ran

China Special Equipment Inspection And Research Institute, Beijing, 100029

Abstract: Special equipment is an important infrastructure closely related to the development of the national economy and the lives of the people. But the public has very little understanding of special equipment, and systematic and comprehensive science education on special equipment is still lacking. This article conducts research from the construction of special equipment science popularization education base, science popularization education talent team construction, and science popularization curriculum and teaching aid development. Strive to form a popular science education courses system of " lecturers + textbooks + base" to achieve better science popularization effects, which are of great significance to the safe use of special equipment, promotion of special equipment industry culture and the promotion of national industrial transformation and upgrading.

Keywords: special equipment；polular science；education courses；education system

1　特种设备科普教育现状

《特种设备安全法》规定：特种设备是指涉及生命安全、危险性较大的锅炉、压力容器（含气瓶)、压力管道、电梯、起重机械、客运索道、大型游乐设施、场（厂）内专用机动车辆等。截止2020年底，全国特种设备总数达1648.41万台[1]，并以每年约10％的速度持续增长。特种设备是工业生产的基础装备、民生保障的重要设施、休闲娱乐的重要载体，广泛应用于石化、电力、冶金、

基金项目：中国特种设备检测研究院发展研究课题计划“特种设备知识体系和研学模式探索研究”（2020战略发展研究课题04)。

作者简介：叶超，1988年生，男，工程师，硕士，主要从事机电类特种设备检验及标准化工作。

医药、食品、交通、旅游等国民经济重点领域，支撑全国 GDP 总量的 64%。其质量和科技的进步是制造强国、质量强国建设的重要内容，其安全是国家公共安全的重要组成部分。特种设备一旦发生事故，极易造成爆炸、火灾、群死群伤等灾难性事故。

在国家实施中国制造 2025、工业转型升级、产业链供应链升级的大背景下，政府和社会对特种设备的需求不仅局限在需要特种设备安全、稳定、节能的保障国民经济发展和人民群众生活，也有认识、了解特种设备本身及其蕴含的科技、文化，以及通过特种设备这个重要的应用场景来认识、了解国家制造业、工业、科学技术发展的新需求。做好特种设备科普教育对宣传特种设备行业文化，介绍特种设备科技，保障特种设备安全，促进国家工业转型升级都有重要意义。

《特种设备安全法》第十一条规定：负责特种设备安全监督管理的部门应当加强特种设备安全宣传教育，普及特种设备安全知识，增强社会公众的特种设备安全意识。原国家质量监督检验检疫总局和中华人民共和国教育部共同印发文件《关于加强中小学校特种设备安全工作的意见》，强调要把特种设备安全纳入学生公共教育内容，培育学生安全文化和自我保护的理念。

目前特种设备科普教育推广主要由监管部门及其下属公益检验单位承担。市场监管部门重视包括特种设备在内的科普工作。“市场监管科普信息平台”（www. scjgkp. com）于 2020 年上线，包括科普信息动态、科普活动互动、科普知识宣传、优秀科普书籍及微视频推介等板块，对发挥互联网和新媒体作用、展示科技创新成果、满足疫情防控期间公众线上科普需求起到积极作用，成为市场监管科普知识的宣传发布平台、科普活动的交流平台及与社会公众沟通互动的服务平台。公益检验单位也在积极地开展科普宣传工作。浙江省特种设备科学研究院建设了特种设备安全科普教育基地，研制了普法科普大篷车；河北省特种设备监督检验院建设了特种设备安全科普教育展厅；西安特种设备检验检测院与地铁运营公司合作打造了“电梯安全号”专列车，制作了科普动画片等。在科普宣传内容、形式等方面做了很多积极的探索。但各单位大多没有开展科普工作的整体工作规划和固定团队，缺乏与教育、科技、旅游等行业的协调联动和掌握传媒、教育、心理、旅游等专业知识的科普人才，常作为临时事务抽调技术人员兼职从事。一些优秀的科普宣传形式和作品没有形成连续性的经验积累，仍多局限于传统宣传形式，借助新媒体形式力度不够，宣传片、场景体验等宣传形式还处于起步探索阶段。科普教育受众随机，规模较小，影响力有限。

对大多数百姓来说特种设备仍然名称陌生、范围模糊。整个社会对特种设备行业的了解程度，特种设备安全知识的掌握程度，特种设备文化的认可程度还较低。不了解特种设备对应的危险，更谈不上应急处理能力。反映出特种设备科普教育的不足，以及特种设备安全核心文化的缺失。公众对于特种设备的陌生客观上也制约了特种设备行业的发展和进步。

习近平总书记在 2016 年召开的“科技三会”上强调指出：“科技创新、科学普及是实现创新发展的两翼，要把科学普及放在与科技创新同等重要的位置”[2]。总书记关于科普工作的论述给我们指明了工作方向，要把特种设备科普工作切实提到与科研同等地位，将科普工作推向常态化，高质量供给特种设备科普产品和服务，满足社会新需求，提高公众安全意识和特种设备行业知名度。

2 特种设备科普教育优势分析

2.1 应用场景范围广，与生活联系紧密

锅炉、压力容器、压力管道等承压类特种设备不仅促进工业生产，也为百姓生活提供保障。天然气是如何通过西气东输跨越数千公里输送到我们身边？电站锅炉是如何把煤炭变成电照亮我们的城市？

电梯、起重机械、客运索道、大型游乐设施、厂内机动车辆等机电类特种设备更是老百姓生活天天

离不开的特种设备。电梯如何工作保障乘客？过山车、大摆锤这些明星游乐设施如何运行？

公众对于身边的特种设备如何稳定、安全、可靠的为日常生活提供服务和便利很感兴趣，这是特种设备科普工作成功开展的前提。

2.2 涉及专业学科宽，综合实践性强

特种设备综合性强，应用专业学科广。在特种设备中，数学、物理、化学等理学学科和力学、机械、仪器科学、光学、热能、电气、液压、材料、冶金、动力、通信、控制等绝大多数工学学科均有所应用。特种设备涉及的众多理工科知识点可以通过设备制造、应用场景串接起来，为设计出公众感兴趣、综合实践性强、适合开展研究性学习的科普内容及课程提供了很好的可能性。

2.3 产业链联系紧密，科普主题选择多样

特种设备专业性强，行业联系紧密。产业链上的设计、制造、安装、使用、监察、检验、标准各方交流较多，为联合行业内资源，提供全产业链科普教育产品提供了可能。同时，大型游乐设施本身属于文旅产品，特种设备行业与一线文旅企业联系紧密。这些企业实力雄厚，文旅产业经验丰富，极有利于高质量共同开发相关漫画、教材、文创等科普产品，打造特种设备科普文化 IP。

另一方面，特种设备中既有公众喜爱的大型游乐设施，客运索道，观光车，又有日常生活离不开的电梯、起重机械，还有生产离不开的锅炉、容器、管道、叉车等等。特种设备既可开展特种设备全门类，安全、科技、文化全主题的科普教育活动，又可以与大型生产企业、园区、大型游乐园等合作，结合当地特色，选取不同侧重点，开展不同范围、不同主题、不同规模的科普建设。

2.4 现有科普文创产品丰富

目前市场上已有较为成熟的特种设备主题相关文创产品，基本覆盖了全种类特种设备，可直接作为科普研学用教具、纪念品使用，有利于快速、较高质量开展科普研学工作。后期还可以根据研学课程的需要，开发相关的具有自主知识产权的模型、玩具等文创产品。提高科普研学质量的同时，也可作为科普文化产业的新业态。

3 特种设备科普教育课程体系研究

3.1 特种设备科普教育基地

科普教育基地是高质量开展科普教育活动，弘扬科学精神、普及科学知识、传播科学思想和科学方法的重要载体。建设特种设备科普教育基地，首先要梳理特种设备相关知识体系，确定布展的内容及科普活动的主题内容。为了达到让公众更熟悉特种设备行业、更了解特种设备科学技术、更安全使用特种设备的目标，科普教育内容应至少包括特种设备文化、科学、安全三方面。

特种设备文化，是特种设备的“魂”。通过特种设备文化科普宣传可以增加公众对特种设备行业的熟悉度和认同感，了解特种设备从哪里来、有什么、有多少、做什么、未来发展方向等问题。参考其他行业经验，结合特种设备行业特点，特种设备文化主题科普内容应包括特种设备行业历史发展过程、总体规模数量、对国民经济和人民生产生活所起的巨大作用、全球交流合作、未来前景以及各种类特种设备的含义、范围、种类、主要结构几个方面。

特种设备科学，是特种设备的“核”。科学技术的应用和升级对特种设备技术进步、安全状况改善，节能减排都起到重要作用。近年来国家市场监管总局在上海、江苏等省市开展的电梯智慧监管试点、全

国大型游乐设施监测平台、基于车联网的观光车辆应急预警系统等都是依托近年来的科技进步以及科研成果。特种设备是一门综合性强的应用型学科，涉及设备种类多、学科广。数学、物理、化学等理学学科和力学、机械、仪器科学、光学、热能、电气、液压、材料、冶金、动力、通信、控制等绝大多数工学学科均有所应用。特种设备科学知识体系包括科学及应用、材料、加工制造、零部件等部分，下设若干知识点。比如科学部分，可以对驱动、传动、电气、制动等基础性科学内容及设备应用进行介绍，加深公众和学员对书本知识的理解；再比如加工制造部分，可以对金属焊接、热处理、机械加工、机械传动、机械连接、润滑、防腐防锈等内容进行介绍。通过特种设备科学的介绍，可以让公众了解特种设备的运行过程，同时给公众提供一个难得的对大国制造建立感性认识的平台。对提高民众科学素质、服务国家工业升级都有重要的意义。

特种设备安全，是特种设备的“本”，是特检行业安身立命的基石。在十三届全国人大四次会议上表决通过的《中华人民共和国国民经济和社会发展第十四个五年规划和2035年远景目标纲要》中强调要全面提高公共安全保障能力。坚持人民至上、生命至上，健全公共安全体制机制，严格落实公共安全责任和管理制度，保障人民生命安全。特种设备是安全整治的重点领域[3]。特种设备安全不止依靠行业从业人员如制造、检验、监察人员的努力，与设备使用者的安全意识、安全知识水平等也有很大关系。以往发生的很多特种设备事故都是由于不正确使用引起的。所谓“无知者无畏”，公众很多时候意识不到特种设备的危险性是因为对特种设备缺乏敬畏之心，不了解特种设备事故原因，也对事故后果缺乏基本概念。从某种意义上说，特种设备在使用环节的安全是靠科普来保障的。宣传特种设备安全，让公众了解如何识别危险源，当特种设备事故发生在身边时应该怎么面对、怎么处置，有利于提高民众的安全意识，减少事故损害和事故发生后的舆情控制。同时还可以让公众熟悉特种设备安全管理体系，了解特种设备安全工作成果，增强公众对特种设备安全的信心。特种设备安全知识体系可以包括特种设备安全形势、特种设备安全装置、特种设备安全使用、特种设备故障的面对、特种设备事故的危害、特种设备检验、特种设备监察等方面的内容。

传统科普场馆以博物馆为主要形式，主要面对社会散客参观，布展方式以藏品展示为主，讲解服务缺乏对不同行业、不同年龄、不同知识层次受众接受能力差异的考虑。大多数受众短时间内接受能力有限，因此博物馆建设经常投资巨大，而展示效果经常是“自说自话”，参观者收获不大。随着社会的发展，公民素质从知识核心向素养核心跨越，科普场馆在讲解、展示的基础上，逐渐加强了教育功能，从博物馆形式为主发展成兼备学生教育和公众参观功能的科普教育基地，以更好地发挥和扩展社会教育和服务职能。展示形式尽可能地让参观者参与、互动进来，提供“浸入式”体验特种设备及相关技术的机会。对具体知识点，针对不同受众可提供不同的教育体验形式。比如金属焊接，对小学生可以通过观摩样件等形式讲解，对初中生可以增加焊接观摩或者虚拟焊接体验，而高中生就可以在教员或老师的指导下开展简单的（如电弧焊）操作体验。同时还可以通过全息影像等展示形式向公众介绍水下焊接、焊接机器人等现代焊接技术进步成果。让学生在“学习—认知—成长—再学习—再认知—再成长”的过程中不断加深认识，巩固学习成果。

同时，特种设备科普教育基地的建设可以依托现有特种设备安全与节能技术研究实验基地，对较高需求的参观对象提供“科普展馆初级体验+实验室深入学习”的特色科普产品和服务。建设成集科技展览、文化宣传、安全教育、科研课题、产业孵化等功能于一体的专业化、科学化的科普教育基地。扩大行业影响力，提升行业形象。

3.2 特种设备科普教育讲师队伍

长期以来，科研人员由于缺乏主动积极性、担心质疑、心存顾虑、缺乏渠道等原因，一直缺席科普教育。特种设备专业性强，开展高质量的科普教育需要行业技术专家、科研人员发挥经验和技术优势，参与到科普基地的建设以及科普教育工作当中来。因此，在加快特种设备科普教育硬件建设的同时，还要建立完善科普工作目标管理和激励考核长效机制，打造“科学家讲堂”等科普产品，给予科研人员更多的平台以及物质、精神获得感，调动科研人员参与科普工作积极性，将行业专家和科研人员发展成科学知识、科学方法、科学文化、科学成果、科学精神的传播者。培养一批特种设备主题国培精品讲师以及国家、市场监管总局、特种设备局首席科普传播专家，建设一支专兼职人员相结合、规模适度、覆盖全部特种设备种类的科普讲师队伍。特种设备科普在加深社会对特种设备行业及技术的了解的同时，也为行业内技术交流进步提供了平台。

3.3 特种设备科普教具及教材开发

科普课程可通过积木、模型、设备、试验机等形式的教具和漫画、照片、表格等形式的教材，引导、帮助学员进行探索性学习，加深理解，实现课程学习目标。目前，市场上已有较为丰富的特种设备主题教具、玩具、文创产品等，可以满足初期开展特种设备科普课程的需求。未来可以利用与国内一线文创企业及教具设计、生产企业联系紧密、交流广泛的优势，依托其文创业产业的丰富经验，开发具有自主知识产权的图书、漫画、动画、交互型文创产品，打造特种设备科普文化 IP。

3.4 特种设备科普教育课程

做好以文化、科学、安全为主题，兼备学生教育和公众参观功能的特种设备科普教育基地建设；调动行业专家和科研人员参与科普工作积极性，建设覆盖全部特种设备种类的科普教育讲师队伍；制定指导纲要，联合教育、出版、文创行业优势力量，开发与特种设备科普基地内容相配套的科普教具教材。“基地＋讲师＋教具教材”形成特种设备科普教育课程体系。

围绕不同课程主题，结合科普教育课程体系实际，开发以知识体系为结构，与学校课堂教育内容相衔接的主题科普课程。将科普教育基地变为移动课堂，实现课堂空间的拓展和课本内容的活化。特种设备科普教育课程设计将强调以学员为中心，突出学员体验。不单纯是传授知识，更多是体验式和探究式的学习过程及经验积累。特种设备是多学科交叉的综合应用，其科普课程内容具有“多学科综合、多知识串联、多教法并用”的特点。强调“场景真实性、体验情景化、主题探究性、过程参与性”，通过案例分析与研究方法的导入，以“导师指引、学员参与、学员发现、学员解决”的问题解决程序指导学员完成任务。以提高学员独立思考和实践能力，达到知行合一的效果。同时针对不同课程对象理解和吸收知识的能力、需求存在明显的差异性，要求课程开发针对心理、生理接受能力和知识文化接受水平不同群体区别对待，符合不同学段学员。

科普课程教育的广泛开展需要学校、培训机构和旅行社、科普基地、保险业等多方的参与和配合支持形成合力。学校重点保证教学工作；培训机构和旅行社对接学校快速完成过程安排，压缩成本；科普基地做好科普课程；保险业支持科普活动的安全等。在“基地＋讲师＋教具教材”特种设备科普教育课程体系基础之上，进一步形成特种设备“课上学＋课下游”的科普教育模式。

4 展望

特种设备“基地＋讲师＋教材”科普教育课程体系和“课上学＋课下游”的科普教育模式初步建立后，可以在政府监管部门的支持和市场机制的调节下，调动公众和社会资本的积极性，共建共享，研发相关文创产品，开展科普基地建设，推广科普文化品牌，形成特种设备科普产业网络，向国家、社会和公众提供科普产品和科普服务，实现社会效益和经济效益的双赢。

参考文献

[1] 市场监管总局关于 2020 年全国特种设备安全状况的通告 [EB]. 国家市场监管总局 . 2021 年第 12 号 .
[2] 把科学普及放在与科技创新同等重要位置 [N]. 南方日报 . 2016 (F02).
[3] 《中华人民共和国国民经济和社会发展第十四个五年规划和 2035 年远景目标纲要》 [EB].

一种基于 AHP 和熵权法的特种设备结构化数据质量评估方法

张莉君，杨　静

福建省特种设备检验研究院，福州，350008

摘　要： 本文提出一种基于层次分析（AHP）和信息熵加权的特种设备数据质量评价方法，从特种设备数据的准确性、完备性、一致性、时效性、依从性 5 个分析类型维度出发，将主客观评价方法结合，通过对各地区提交的特种设备结构化数据进行分析，评价其特种设备数据汇聚上报质量。

关键词： 特种设备；AHP；熵权法；数据质量评估；结构化数据

A structured data quality evaluation method for special equipment based on AHP and entropy weight

Zhang Lijun, Yang Jing

Fujian Institute of special equipment inspection, Fuzhou, 350008

Abstract: This paper proposes a special equipment data quality evaluation method based on analytic hierarchy process (AHP) and information entropy weighting. Starting from the accuracy, completeness, consistency, timeliness and compliance of special equipment data, the subjective and objective evaluation methods are combined to evaluate the special equipment data aggregation by analyzing the special equipment structured data submitted by various regions Report quality.

Keywords: special equipment; AHP, entropy weight method; data quality evaluation; structured data

0　引言

现阶段，数据已作为第五大生产要素发挥重要价值，大数据战略正式上升为国家战略。在大数据、物联网以及新基建的推动下，我国信息化技术创新和产业变革不断加强，我国信息化技术和应用均得到迅猛发展。随着大数据时代的加速到来，数据质量的高低直接影响到政府的形象和政府的公信力[1]。现在的数据并不仅局限于单一的数值变化，而是涵盖多元数据信息、并对其进行分析和整合的海量数据集[2]。面对大数据属性的数据量大量化、数据多样化、交换快速化、价值密度低等特点，也对特种设备整个行业的数据质量的评估和分析提出了更高的要求和新的挑战。本文中提出一种基于 AHP 和熵权法的特种设备结构化数据质量评估方法，从特种设备数据的准确性、完备性、一致性、时效性、依从性 5 个分析类型维度出发，将主客观评价方法结合起来，通过对各地区提交的特种设备结构数据进行分析，评价特种设备数据汇聚上报质量。

基金项目：国家重点研发计划资助项目“特种设备多源数据分析利用基础方法研究”（编号：2018YFC0809001）。

作者简介：张莉君，1982 年生，女，高级工程师，本科，主要从事特种设备信息化工作。

1 特种设备数据质量分析现状

目前，数据挖掘技术已广泛应用于各个行业，如电商行业、金融行业、互联网行业、能源行业等多个行业和领域，在信息化发展的今天，信息化技术不断提升，为行业大数据提供了技术支持保障[3]。基于大数据的特种设备安全形势分析及应用是近几年的研究热点，通过查阅文献，走访企业，了解到目前国内外关于大数据质量评估的研究多出现在政府统计、商业报告等领域，无特种设备行业相关数据质量分析论文及标准。尽管我国特种设备信息化已经形成了集生产、检验、监管、公众、应急救援等多源价值数据，但因尚未形成统一的标准及质量评价指标，数据资源共享程度低，也为后期数据资源的整合和分析带来一定困难。

2 总体技术路线图

如图 1 所示，数据质量评估方法分为设定数据分析类型、采用 AHP 法建立指标体系、采用熵权法确定指标权重、获得指标综合得分、质量评价 5 个步骤。其中设定数据分析类型根据特种设备数据质量特点将分析类型分为准确性、完备性、一致性、时效性、依从性五大类，采用 AHP 法建立指标体系阶段建立，层次分明，同一层级间指标相互独立，易于比较的指标标准；采用熵权法确定各分析类型对应的指标权重并得出各数据样本中对应的综合指标得分，最后根据最终综合指标分数对数据质量进行评价，得到其区域样本的最终数据质量的优良差的等级。

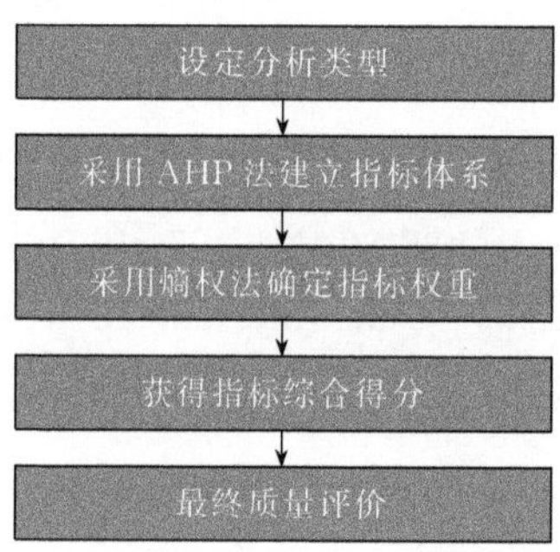

图 1 基于熵权法的特种设备数据质量评价方法

3 数据质量分析方法

（1）设定分析类型

根据系统与软件质量要求和评价数据质量模型[4]、系统与软件质量要求和评价数据质量测量[5] 标准结合特种设备多源大数据的特点，最终选取准确性、完备性、一致性、时效性、依从性 5 个质量特性。每个质量特性的定义如表 1 所示。

表 1 质量特性的定义

序号	质量特性	说明
1	准确性	数据值是否能正确地表示一个概念或者事件的相关属性的真实值的程度
2	完备性	与一个实体相关联的主题数据具有所有预期属性的值和相关的实例值的程度
3	一致性	数据具有表征其与其他数值无矛盾且是连贯的程度
4	时效性	在特定的使用环境中．数据具有表征其有正确寿命的属性的程度
5	依从性	提供了在特定使用环境中数据值和/或格式符合标准、惯例或规章的程度

（2）采用 AHP 法建立指标体系

AHP 法也叫层次分析法，是一种主观分析法，将与决策相关的因素分成目标、准则、方案三个层次，在此基础上进行定量和定性分析的方法，适用于复杂庞大且难以完全用定量方法分析的问题。如图 2 所示。本文采用层次分析法将决策相关的因素分成目标、准则、方案三个层次，其中数据质量分析为目标，将数据质量特种分为三层（质量特性、评价对象、分析特征）为分析准则，质量特性层为准确性、完备性、一致性、时效性、依从性 5 个特性。评价对象层为根据不同质量特性分为不同评价对象，以准确性为例，分为日期型数据准确性、数值型数据准确性、数据范围数据准确性，分析特征层为各指标数据元，最后形成质量评价（优、良、差）的方案。

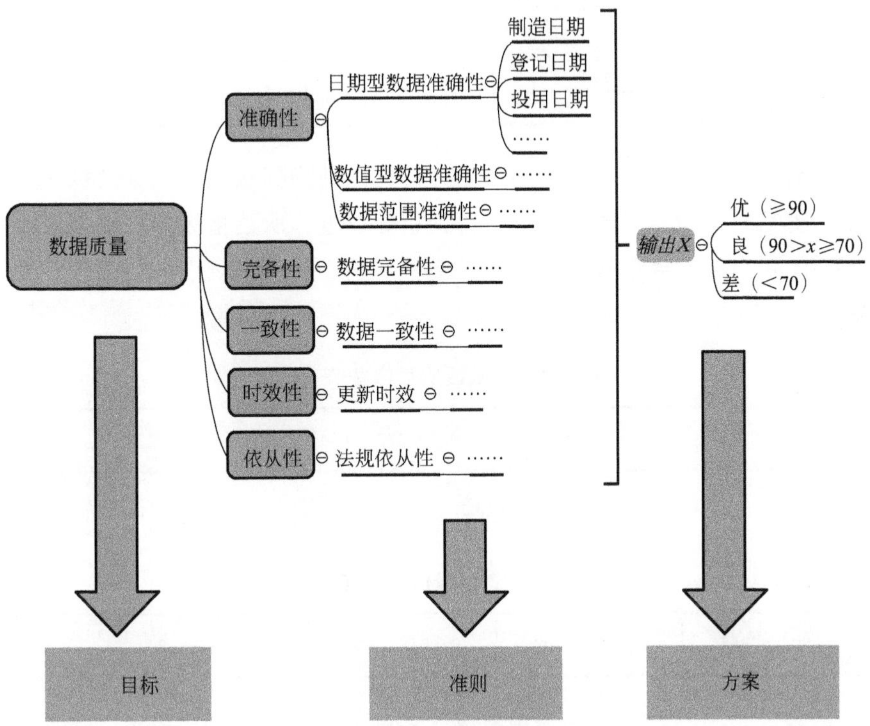

图 2　特种设备数据质量分析指标

（3）采用熵权法确定指标权重

由于层次分析法中指标过多时数据统计量大，且权重难以确定，故在指标权重设定时本文拟选取客观赋权法。目前确定指标权重系数主要分为主观赋权法和客观赋权法两种权重分析类别。其中主观赋权法是根据专家或者决策者根据自身经验和主观意识给出的权重，如专家调查法、层次分析法等。客观赋权法是通过建立统一的数学模型，通过数学的方式计算出指标权重[6]。例如熵权法、离差及均方差法、主成分分析法等。由其得出的权重独立于决策者的主观偏好以及经验，使得评价过程能够有较强的数学理论依据支撑，评价结果更具有客观性，实际上客观赋权法忽视了专家或者决策者对于主观知识的偏好，通过数据模型对赋权进行了客观标准更具有客观仲裁性。客观赋权法中主成分分析法特征值分解有一些局限性，比如变换的矩阵必须是方阵；在非高斯分布情况下，得出的结果可能并不是最优的。综合以上考虑，本文中采用客观赋权法中的熵权法对指标权重进行自动赋值。表 2 中为 4 个地区根据上述分类依据形成的标准分值，设 m 为地区 1 到地区 4 的 4 个样本。

表 2　数据质量分析标准分值

地区	准确性	完备性	一致性	依从性	时效性
地区 1	83.77	84.06	79.89	74.00	78.98
地区 2	80.56	60.44	87.52	45.34	92.42

续表

地区	准确性	完备性	一致性	依从性	时效性
地区 3	65.45	78.8	88.34	58.56	89.34
地区 4	79.23	68.67	75.00	66.45	79.56
总分值	309.01	291.97	330.75	244.35	340.3

将样本对应的单个指标标准分值转化为变量权重。这样如得到地区 1 的日期型准确性变量权重为 $Y_{11}=83.77/309.01$。得到表 3 中变量权重值。

表 3　数据质量分析变量权重

地区	准确性	完备性	一致性	依从性	时效性
地区 1	0.27109155	0.287906292	0.24154195	0.302844281	0.232089333
地区 2	0.260703537	0.207007569	0.264610733	0.185553509	0.271583897
地区 3	0.211805443	0.269890742	0.267089947	0.239656231	0.262533059
地区 4	0.256399469	0.235195397	0.22675737	0.271945979	0.233793711

使用熵权法得到各地区数据样本中对应的每个分析类型的指标权重 W_j；所述步骤 5 进一步具体为：先计算指标信息熵、然后计算信息熵冗余度最后得到指标权重；所述指标信息熵为 $E_j=-[1/\ln(m)]\sum[Y_{ij}\times\ln(Y_{ij})]$，其中 m 为地区数据样本个数，Y_{ij} 为变量权重；该示例中地区压力容器数据样本个数为 4；得到表 4 数据。

表 4　数据质量信息熵

指标信息熵 E_j	0.996933133	0.994311492	0.998376669	0.988810858	0.998261877

根据所述信息熵冗余度为 $d_j=1-E_j$，得到五个质量指标的信息熵冗余度，如表 5 所示。

表 5　数据质量信息熵冗余度

信息熵冗余度 d_j	0.003066867	0.005688508	0.001623331	0.011189142	0.001738123

根据所述指标权重 $w_j=d_j/\sum d_j$，通过信息熵冗余度，得到最终指标权重，如表 6 所示。

表 6　数据质量指标权重

指标权重 w_j	13.15915%	24.40794%	6.9653%	48.00977%	7.457843%

（4）获得指标综合得分

设定指标综合分数为 S，则各地区数据样本中对应的每个分析类型的指标综合得分为 $S_{ij}=w_j\times Y_{ij}$，最终结果如表 7 所示。

表 7　数据质量综合得分

地区	准确性	完备性	一致性	依从性	时效性	综合得分
地区 1	83.77	84.06	79.89	74	78.98	78.52
地区 2	80.56	60.44	87.52	45.34	92.42	60.11
地区 3	65.45	78.8	88.34	58.56	89.34	68.78
地区 4	79.23	68.67	75	66.45	79.56	70.25

（5）质量评价

根据指标综合得分能得出各地区的数据质量。如表 7 所示，根据指标综合得分设定为：优，则大于等于 90 分；良，则大于等于 70 分小于 90 分；差，则小于 60 分。对于数据质量等级为优的数据，可应用于数据公示及统计；数据质量等级为良的数据，可应用于数据挖掘与价值利用；数据等级质量为差的数据，应进行数据处理后再进行二次质量评估。

4. 总结

本文通过针对不同特种设备的数据特征，建立特种设备数据质量评估方法。将 AHP 和熵权法结合，充分考虑主观和客观情况得出评估结果本文的模型具有拓展性与可操作性，可根据实际需求对指标体系进行调整。但该方法仅针对八大类特种设备的标准数据元做了质量评估，需要建立各特种设备各环节流程的数据质量评估方法，今后仍然需要进一步完善。

参考文献

[1] 王安娜．杭州市富阳区统计数据质量的管理提升研究 [D]．西安：西北大学，2019.

[2] 祝君仪．大数据时代背景下统计数据质量的评估方法及适用性分析 [J]．中场，2015, 29: 41-42.

[3] 冯永明．基于 Hadoop 的电梯安全大数据挖掘研究 [D]．西安：西安科技大学，2017.

[4] GB/T 25000. 12—2017, 系统与软件工程 系统与软件质量要求和评价 (SQuaRE) 第 12 部分：数据质量模型 [S].

[5] GB/T 25000. 24—2017, 系统与软件工程 系统与软件质量要求和评价 (SQuaRE) 第 24 部分：数据质量测量 [S].

[6] 陈华友．多属性决策中基于离差最大化的组合赋权方法 [J]．系统工程与电子技术，2004, 02: 194-197.

流量仪表检测创新平台的研究

张　申[1]，李元满[2]

1. 上海特种设备监督检验技术研究院, 上海，200333
2. 上海科洋科技股份有限公司, 上海，201501

摘　要： 阐述了在流量计壳体列入了特种设备管理范围的背景下，流量仪表检测创新平台的社会需求和意义，对新平台的研发过程进行了介绍。通过综合静态质量法、标准表法和压力试验法的检测方法，同时满足了压力测试和计量性能指标的要求，且大大提高了对流量仪表的检测范围和性能指标。

关键词： 特种设备；流量仪表；压力测试

Research on the innovative platform of flow meter detection

Zhang Shen[1], Li Yuanman[2]

1. Shanghai Institute of Special Equipment Inspection and Technology Research, Shanghai, 200333
2. Shanghai KE YANG Technology Co. Ltd, Shanghai, 201501

Abstract: The social needs and significance of the flow meter detection innovation platform under the background that the flowmeter housing is included in the scope of special equipment management, and introduces the development process of the new platform. Through the comprehensive static quality method, standard meter method and pressure test method, it meets the requirements of pressure test and measurement performance indicators, and greatly improves the detection range and performance indicators of flow meters.

Keywords: special equipment; flow meter; pressure test

0　引言

2019 年 5 月 13 日，国家市场监督管理总局颁布了 TSG 07—2019《特种设备生产和充装单位许可规则》，并于 2019 年 6 月 1 日施行，新的许可规则首次将流量计壳体列入了特种设备管理目录。2020 年 5 月 16 日，国家市场监督管理总局颁布了 TSG7006—2020《压力管道监督检验规则》，并于 2020 年 9 月 1 日施行，新的监检规则提出，流量计壳体需要按照特种设备——压力管道元件进行制造监检。监检规则的发布实施，给流量计制造企业带来了许多困扰；流量计既要进行压力试验又要进行计量性能检测；制造企业工作量增加较多。本文从减少企业工作量，同时兼顾计量性能管理要求和满足特种设备管控要求，介绍一种满足上述要求的多功能的流体试验装置。

1　需求分析

流量计量是计量科学技术的组成部分之一，它与国民经济、国防建设、科学研究有密切的关系。而包

作者简介：张申，男，1994 年生，主要从事特种设备的检验及实验研究。

括水流量标准装置在内的计量标准器具，是计量部门和流量计制造企业进行量值传递、溯源与检定测试工作的标准设备之一。特种设备目录把流量计壳体纳入了特种设备的管控范畴；流量计壳体在出厂前，需要进行制造监检，而制造监检的关键A类控制点又是压力测试。流量计制造在流量计出厂前既要进行计量性能测试，又要进行压力测试。这样既给企业增加了较大的负担，也存在重复建设和重复劳动。

据统计，流量计使用场所，压力在1.6MPa以下的工况，占到了流量计应用工况的70%左右。这给我们将流体计量性能测试装置和压力测试装置整合成一套装置提供了可能。

2 装置的设计依据及工作原理

2.1 设计依据

流量计量装置依据国家计量检定规程JJG 164—2000《液体流量标准装置》、JJG 643—2003《标准表法流量标准装置》进行设计和制造；压力测试装置依据《特种设备生产和充装单位许可规则》，《压力管道监督检验规则》等特种设备技术规范进行设计和制造。

2.2 工作原理

多功能流体试验装置(以下简称“装置”)装置是以清洁水为流体介质，大流量部分用高精度电子秤(检定分度优于20,000e)，小流量部分采用电子秤(检定分度优于30,000e)为质量法流量标准，标准表(电磁流量计，精度优于0.2%)作为标准表法流量标准的流量标准装置。

水流量标准装置，是采用静态质量法＋标准表法＋压力测试系统为一体的水流量标准装置。静态质量法为最高标准，它即可与标准表法分别单独使用，又可作为标准器具对标准表进行在线标定。质量法配备检定分度优于1/20000(0.005%)的电子秤和检定分度优于1/30000(0.0033%)的电子秤作为标准器，保证静态质量法的扩展不确定度(DN2～DN1200)：优于0.033%($k=2$)；DN2～DN1200管线配置的标准表，准确度等级优于0.2%的电磁流量计作为标准器具，标准表法的扩展不确定度：优于0.2%($k=2$)；整套装置的使用可根据被测流量计准确度的不同，而选择不同的检定标准。同时，根据流量计使用场所对特种设备管理要求，进行耐压测试。

水泵组产生满足检定条件的循环水流量源；变频器和水塔效果稳压罐、调节阀组等设备控制稳定可调的流量，检定管线满足流量计最大前、后直管段的要求；气动夹表机构方便被检流量计的快速装卡，检定流量的切换采用智能气动换向器，严格与检定时间、被检表信号(脉冲、电流及多媒体)同步。

计量性能测试：根据满管流的基本特性，检测相同时间流过的相同流量的基本原理，流经被检表的流量和经换向器控制换向流进称量容器的流量按流量计量规程计算评价被检表的仪表系数、示值误差、重复性、测量结果的不确定度。

耐压测试：工作原理是通过试压泵，按照仪表壳体的设计耐压要求进行水压测试，记录压力测试结果。

装置主要有水池、水泵、试压泵、压力测试系统、稳压设备、试验管路、称量系统、试验启停设备、控制设备、气动伸缩器、电磁力电子秤、砝码、自校准系统、管路、阀门仪表控制系统等组成。

整个工艺流程是通过多台水泵及试压泵组合使用，用水泵将水池中的水输入稳压罐，稳压罐出水至经前直管段、被检流量计、后直管段、标准表组、流量调节阀、换向器、最后注入称重容器，由电子秤进行称量。称重过程由换向器同步带动电子秤计时、流量计计数，然后回水池，形成一个水流量循环系统。

3 适用功能及性能

3.1 基本功能

装置适用于检定/校准速度式、质量式、容积式流量计、浮子流量计、大口径工业水表。被检表口径 DN2～DN1200，满足脉冲、电流输出信号、现场总线（RS-485 总线）流量计以及无发信示值表头流量计。同时，可以对流量计壳体进行压力试验。

图 1　标准表＋静态质量法流量标准装置

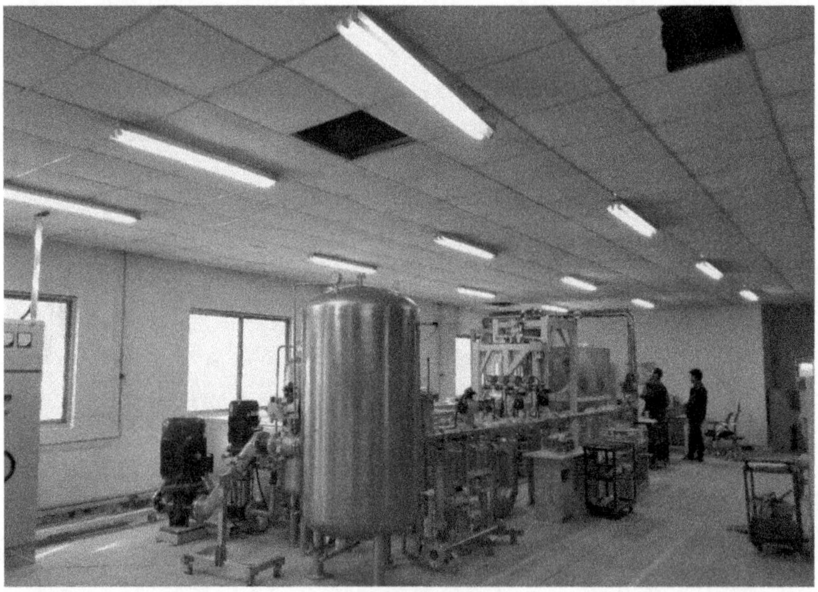

图 2　测试检定测控系统

软件系统具有自检功能，辅助测试功能，流量计试验功能，方便设备、仪表维护。

测试/检定数据库除记录检定原始数据外，还具有数据统计、分析功能，并有变化曲线、直方图表示，使结果更加直观、清晰。对检定过的在用流量计提前提示到检日期，及早通知，合理安排送检时间。

计算机数据自动测控检定系统进行综合数据测量、控制和运算处理，并根据相应检定规程自动生成检定记录和压力测试记录。

3.2　装置技术指标

工艺结构：水平平铺方式

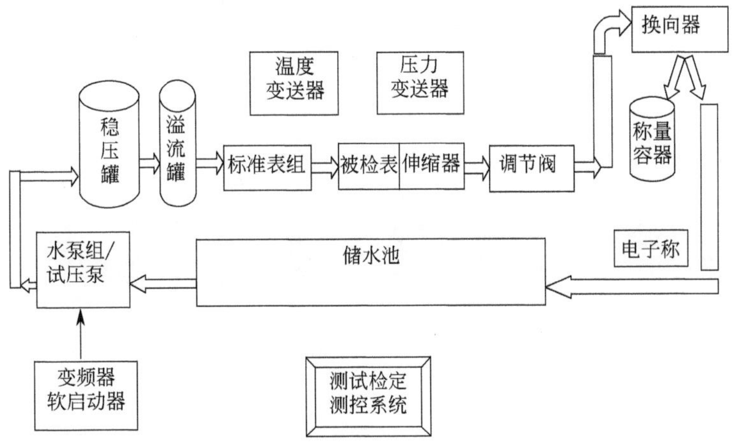

图 3　检定测控系统流程图

检表种类：电磁流量计、涡轮流量计、涡街流量计、超声流量计、科里奥利质量流量计、浮子流量计、水容积式流量计、差压式流量计、靶式流量计、速度式流量计。

口径范围：DN2～DN1200。

流量范围：静态质量法 0.01～1800m^3/h；标准表法 0.5～6300m^3/h。

静态质量法装置不确定度：U=0.05%（检定数据结果控制在U=0.033%），标准表法装置不确定度：U=0.2%。

装置流量稳定性：≤0.2%。

质量法检定台位：20000kg、3000kg、600kg、150kg、30kg 共 5 台电子称。

最短测量时间：30s。

压力试验：0～1.6MPa。

被检流量计信号类型：脉冲信号、电流信号、电压信号、RS232、RS485、无转换器等。

介质：清洁水。

4　结论

通过对需求进行分析，确定了此多功能流体试验装置平台研发的重要性及意义。以静态质量法与标准表法相结合的检定方式作为基本方法，采用变频调速和稳压容器双重稳压的方式进行计量检定和计量校准工作，使得其适配仪表更多，检测工作范围更广，性能和检测效率得到大幅提升。

参考文献

[1]　TSG 07—2019. 特种设备生产和充装单位许可规则 [S].
[2]　TSG D0001—2009. 压力管道安全技术监察规程——工业管道 [S].
[3]　TSG D7006—2020. 压力管道监督检验规则 [S].
[4]　JJG164—2000. 水流量标准装置检定规程 [S].